高中课程标准实验教科书

普通高中课程标准实验教科

数学 4

必修

人民教育出版社　课程教材研究所
中学数学课程教材研究开发中心　编著

数学

4

必修

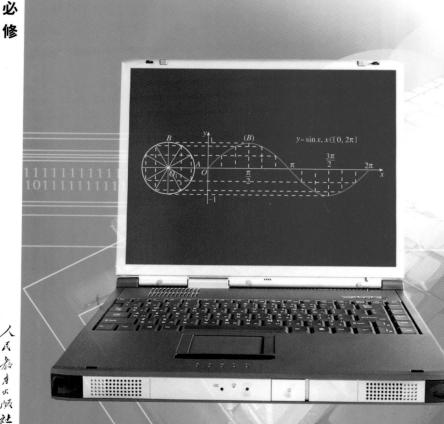

人民教育出版社

二如亭群芳谱

[明] 王象晋 纂辑

尚·语 点校

云南出版集团

云南美术出版社

图书在版编目（CIP）数据

二如亭群芳谱 /（明）王象晋纂辑；尚语点校. --
昆明：云南美术出版社，2023.3
ISBN 978-7-5489-5140-7

Ⅰ．①二… Ⅱ．①王… ②尚… Ⅲ．①《群芳谱》
Ⅳ．① S-092.48

中国版本图书馆 CIP 数据核字（2022）第 177087 号

出 版 人：刘大伟

项目统筹：刘大伟　赵文红
审　　读：高国强　康春华
责任编辑：刁正勇　罗现唐
装帧设计：郑玉如　刁正勇
责任校对：梁　媛　洪　娜　王飞虎

二如亭群芳谱

[明] 王象晋　纂辑　　尚　语　点校

出版发行：云南出版集团
　　　　　云南美术出版社（昆明市环城西路 609 号）
印　　刷：云南出版印刷集团有限责任公司华印分公司
开　　本：787mm×1092mm　1/16
印　　张：46.75
字　　数：1150 千字
版　　次：2023 年 3 月第 1 版
印　　次：2023 年 3 月第 1 次印刷
ISBN 978-7-5489-5140-7
定　　价：560.00 元

前　言

　　中国古人在与自然紧密相处，从自然获取生产生活资料、维持自身生存和发展的进程中，观察、认识、记载、描述并研究包括动物、植物、天文、气象、地理、地质、矿物、器物及人类自身等在内的万事万物，出现了大量谱录类著作，其内容涉及面广，源自日常生活，多具实用性，且包含大量古代科技成果，形成了包罗万象、独具特色的中华博物学，是古代中国人探索精神的体现和智慧的结晶。这类著作自魏晋时期开始出现，到唐宋时期形成一次高潮，到明清时期又形成一次高潮。明代晚期，博学稽古、纂辑汇编之风盛行，涌现出一批影响深远的谱录类著作，其中王象晋纂辑的《二如亭群芳谱》，正是谱录纂辑发展到高潮时期的集大成之作。

　　王象晋（1561—1653），字子进，又字荩臣、子晋，一字康候，号康宇、群芳主人、好生居士，晚年自号明农隐士、清寤斋、赐闲老人，也被称为二如亭主人，山东桓台新城人。王象晋出生于山东巨族——新城王氏家族，是家族发展中承上启下的重要人物。其祖父王重光，明嘉靖二十年（1541 年）进士，官至贵州按察使参议，殉于王事，赠太仆寺少卿，祭称忠勤公。其父王之垣，明嘉靖四十一年（1562 年）进士，官至户部左侍郎，赠户部尚书，累赠太子太保、兵部尚书。其兄王象乾，明隆庆五年（1571 年）进士，官至兵部尚书，累加太子太师。其兄弟王象恒等多人均为进士出身。其孙王士禛，清顺治十五年（1658 年）进士，官至刑部尚书，清初杰出诗人、文学家，以诗蜚声海内，被尊为一代诗宗，与浙江朱彝尊并称"南朱北王"。王象晋为明万历三十二年（1604 年）进士，万历三十五年（1607 年）授中书舍人，历任礼部仪制司主事、行人司左司副、礼部精膳司员外郎、仪制司员外郎、按察司副使、浙江右布政使、河南按察使等职。王象晋为官才干优长，急公好义，关心国计民生，"济人利物常恐不及"（《山东通志》），政绩斐然，但他为人正直清高甚至有些迂腐，清廉自持，不肯趋炎附势，屡忤权贵，受同乡上司排挤打击，仕途坎坷，官场不如意，几度赋闲归籍。崇祯十一年（1638 年），王象晋七十八岁，以年迈上书致仕。明清易代，次子王与胤与妻儿一同自缢殉国，王象晋遂绝人事，以明朝遗老身份居于乡间，过着"日与二三野老优游郊园，对花木，观鱼鸟，饮酒赋诗"的隐逸生活。清顺治十年（1653 年）十月，王象晋去世，享年九十三岁，同乡人私下谥他为"康节先生"。

王象晋一生饱览群书，勤于著述，心有所感即随时记录，纂辑成书，留下了许多流传后世的作品，内容包罗万象，涉及面广。其存世著作有十六种，散佚著作有二十余种，除集大成的博物学著作《二如亭群芳谱》外，还有诗文集《赐闲堂集》、词集《秦张两先生诗余合璧》《词坛汇锦》《保和砚田》、笔记《剪桐载笔》《扶舆间气》、养生养心类作品《清寤斋心赏编》、家训类作品《日省格言》《日省撮要》、救荒农书《救荒成法》、医书《三补简便验方》、蒙学书《字学快编》、畜牧业书《广爱仁术》、指导射箭的《操觚觚说》等。

王象晋身居官位时，时时不忘农本要义，常找机会到田间地头了解各种农作物的栽培技术及生产情况，细心观察，用心体验。1607—1627年，王象晋退居乡里，寄情于田园农事，专门开辟了一个名曰"涉趣"的园子，遍植花草树木，试种农作物，养鱼放鹤，读书著述。"涉趣园"取意于陶渊明《归去来辞》中"园日涉以成趣"之语，但王象晋之于农事，并不像陶渊明"种豆南山下，草盛豆苗稀"那样窘迫尴尬，无可圈点，他生平重视农圃耕植，鄙视五谷不分的所谓"大人者"，通过长期亲力亲为的农业生产实践，积累了丰富的农业生产知识、技能和经验，用于指导农业生产。农事之余，他辑录古籍中的植物理论知识和逸闻辞藻，请教咨询农人老圃，搜集民谣农谚，结合自己多年投身实践的心得体会，旁征博引，细心考订，历十余寒暑，于明天启年间纂辑完成①四十余万言"熔铸百氏，汇成一家"的博物学著作——《二如亭群芳谱》（简称《群芳谱》）。书名中的"二如亭"，为涉趣园中所建亭之名，是王象晋读书著述的地方。"二如"取意于孔子"吾不如老农""吾不如老圃"之言。王象晋纂辑《二如亭群芳谱》，其初心是"与同志者共焉，相与怡情，相与育物，相与阜财用而厚民生，即不敢谓调二气、冶万有，其于天地之大生广生未必无小补"（《二如亭群芳谱叙》），他希望通过自己的农事实践与著书立说，影响志同道合的人一起投身到繁育种植农作物的活动中来，对发展经济、改善民生能有所裨益，体现了他虽远离朝堂但心系民生的社会使命感。他以"二如亭"入书名，寄寓着他"吾如老农、吾如老圃"的内心想法。

《二如亭群芳谱》成书问世后便受到众多文人墨客的追捧，成为他们书架上的必备

---

① 关于《二如亭群芳谱》的成书时间，有三种说法：（一）成书于明天启元年（1621年），依据是王象晋《群芳谱跋语》落款为"天启辛酉花朝好生居士再题于涉趣园"，天启辛酉为天启元年，即1621年。（二）成书于明天启元年之后，依据是《二如亭群芳谱叙》里的时间描述和语气语境表明其作于《二如亭群芳谱跋语》之后两三年间，故《二如亭群芳谱》成书时间应在天启辛酉之后两三年间，即1623—1624年。（三）成书于天启四年至天启七年（1624—1627年）间，依据是《二如亭群芳谱·谷谱》"麦"条"典故"类目中有"天启四年，嘉麦生余田中，一茎五穗（《新城志》）"的记述，而此记述的出处《新城志》即天启《新城县志》，成书于天启四年（1624年），故由此推论《二如亭群芳谱》成书不会早于天启四年（1624年）。见付美洪：《中医药学视角下的〈群芳谱〉研究》，硕士学位论文，中国中医科学院，2014年，第17—19页。

之品，也成为后世编纂此类书籍的重要参考和依据。在广泛流传中，此书出现了多种版本，然而历来对其载述不一，较为混乱，没有形成清晰的版本描述。现存版本主要有：明崇祯抄本（甘肃农业大学图书馆藏）、明代汲古阁刻本（淄博市博物馆藏）、明代汲古阁藏版重镌本（南京图书馆有藏）、明末沙村草堂藏版刻本（南京图书馆有藏）、明末虎丘礼宗书院刻本、明刻清修书业古讲堂刻本（南京图书馆有藏）、清十三卷刻本（北京大学图书馆有藏）、清康熙新城王氏诠次本（南京图书馆有藏）、清康熙文富堂刻本（四川大学图书馆有藏）、清雍正年间刻本等。

在《二如亭群芳谱》各版本中，新城王氏诠次本是流行最广的一个版本。该本以明代汲古阁刻本为底本刻印而成。王象晋孙子王士禛有一段文字记述了底本的由来："先方伯著书尤富，版在常熟毛氏汲古阁者已多散佚，惟《群芳谱》一书亦归吴中质库。士禛于二千里外多方赎归，告诸家庙，不啻宝玉大弓焉！"清康熙四十四年（1705 年），康熙皇帝敕令汪灏等人在王象晋《二如亭群芳谱》的基础上增广扩编为一百卷，并以康熙书房名"佩文斋"命名为《佩文斋广群芳谱》。新城王氏家族对此深感荣幸，便在刊刻《二如亭群芳谱》时将家族子弟姓名署于诠次人名单中，包括并未参与诠次的新城王氏第九代"启"字辈、第十代"兆"字辈，涵盖了王象晋子、孙、曾孙、玄孙四代人，其中子六人、孙十人、曾孙二十人、玄孙七人，欲借此让子孙扬名显姓。因此，新城王氏诠次本应刻于清康熙四十四年（1705 年）开始编纂《佩文斋广群芳谱》之后。

新城王氏诠次本装订为二十四册，内容按元、亨、利、贞四部编排，共三十卷：诸序一卷（包括王象晋《二如亭群芳谱叙》、毛凤苞[①]《小序》、方岳贡[②]《群芳谱引》、陈继儒[③]《群芳谱序》），往哲芳踪一卷，天谱三卷，岁谱四卷，谷谱全一卷，蔬谱二卷，果谱四卷，茶竹谱全一卷（正文分为茶谱一卷、竹谱一卷），桑麻葛棉谱全一卷（正文分为桑麻葛谱一卷、棉谱一卷），药谱三卷，木谱二卷，花谱四卷，卉谱二卷，鹤鱼谱全一卷。全书主体内容由天谱、岁谱、谷谱、蔬谱、果谱、茶谱、竹谱、桑麻葛谱、棉谱、药谱、木谱、花谱、卉谱、鹤鱼谱十四个谱类构成。各谱首端有一篇"小序"，对本谱概貌作简要介绍；接着有一篇"首简"（岁谱、果谱、花谱、卉谱、鹤鱼

[①] 毛凤苞（1599—1659），毛晋原名，字子晋，又字子久，别号潜在、隐湖、汲古阁主人、笃素居士，江苏常熟人。明末清初藏书家、刻书家。王象晋挚友，多次将王象晋作品刊刻付梓，其中包括《二如亭群芳谱》。
[②] 方岳贡（？—1644），字四长，谷城（今湖北襄阳谷城县）人。明天启二年（1622 年）进士，官至户、兵二部尚书兼文渊阁大学士。李自成攻入北京后自缢殉国。作品有《国纬集》《经世文编》等。与王象晋交往颇深。
[③] 陈继儒（1558—1639），字仲醇，号眉公，亦号麋公，一号白石山樵，华亭（今上海松江）人。明代文学家、书画家。诸生，工诗能文，兼能书画。作品有《陈眉公全集》《白石樵真稿》《晚香堂小品》等。王象晋挚友。

谱五谱目录中写作"首简",而正文中写作"简首";桑麻葛谱、棉谱无"首简"),概述本谱要点,引录与本谱内容相关的先贤名士的言论及文献阐述。各谱分卷列有目录,载列本卷所谱录的名物或事象。在编排顺序上,新城王氏诠次本与其他版本有所不同,对首卷诸序的顺序作了调整,将易代之际王氏族长王象晋的《二如亭群芳谱叙》前移作首篇,将"天谱小序"排于"义例"之后、"总目"之前,故天谱开篇就是"天谱首简"。王象晋作于明天启辛酉年的《群芳谱跋语》置于全书最后。

书中对各种名物或事象进行分类谱录。王象晋在"天谱小序"中说:"予谱群芳:谱谷,溥粒食也;谱蔬、谱果、谱茶,佐谷也;谱木棉、谱桑麻葛,广衣被也;谱药、谱木、谱竹,利用也;谱花、谱卉,傍及鹤鱼,资茂对、鬯天机也。"这大体上表明了王象晋谱录名物和事象的分类原则和谱录意图。在具体谱录中,因类属和性质不同,各名物或事象的类目设置亦有所不同,但总体框架体例基本一致,即:先列出词条,从名称、形态、性状、特征、品种、产地、分布、功用等方面进行解说,然后分类目从不同角度进行阐述。天谱下设休征(吉祥预兆)、咎征(灾祸验证)、占候(预言吉凶)、典故、丽藻等类目;岁谱下设占候、调摄、种植、制用、疗治、典故、丽藻等类目;谷谱、蔬谱、果谱、茶谱、竹谱、桑麻葛谱、棉谱、药谱、木谱、花谱、卉谱等记载植物的谱录下设种植、壅培、嫁接、扦插、修治、采摘、收子、贮存、制用、服食、辨讹、禁忌、占验、疗治、典故、丽藻等类目;鹤鱼谱下设喂养、疗治、典故、丽藻以及针对金鱼的筑池、收藏、鱼忌、卫鱼等类目。其中:"疗治"类目下辑录各种名物对相关疾病的药用配方和治疗作用;"典故"类目下辑录与名物或事象有关的经史子集等典籍记载和奇闻逸事、神话传说及其他相关内容;"丽藻"类目下按文体分类,辑录与名物或事象有关的历代名家艺文作品语句或全文。书中辑录文献资料,一般都注明出处、书名或作者信息等。

《二如亭群芳谱》成书问世以来,因其具有多方面的价值而受到士人和官方的重视。近年来,学界专家学者从不同角度对《二如亭群芳谱》进行了全方位研究,取得了丰硕成果。崔建英《〈二如亭群芳谱〉版本识略》(1986)及王佐槐、高万庆《古农书〈群芳谱〉抄本略考》(2002)对该书流传版本进行考证研究;符奎《〈群芳谱〉的农学价值及地位》(2009)揭示书中所蕴藏的丰富的农学思想和农业科学技术知识,对其农学价值进行系统研究;陈平平《〈二如亭群芳谱〉在经济植物研究上的成就》(1996)论述该书在明代经济植物研究上的成就及其对我国经济植物研究的影响和意义;付美洪《中医药学视角下的〈群芳谱〉研究》(2014)及付美洪、胡晓峰《〈群芳谱〉与〈本草纲目〉渊源初探》(2014)从中医药学视角分析论述该书的医药学价值和文献学价值,对其与《本草纲目》之间的渊源关系进行探究;张梦琴《王象晋〈二如亭群芳谱〉研究》(2019)在综合述评的基础上,对王象晋的文学观念进行梳理、总结,挖掘该书的文学价值;车艳妮、刘庆超《人文视域下的〈二如亭群芳谱〉》(2022)独辟蹊径,论述指出该书是一部人文价值高于自然科学价值的人文作品;韵晓雁《"熔铸百氏,汇成一家"的博物之作——〈二如亭群芳谱〉和它的群芳主人》(2021)及邹鸣《王象晋研究》(2018)对该书及其纂辑者王象晋的总体情况进行介绍;王芹娟《〈群芳谱〉中的园艺技术成就》对书中所体现的园艺技术成就进行详细介绍;等等。根据专家学者的研究成果,《二如亭群芳谱》的价值主要体现在以下几个方面:

一、**农学价值**。《二如亭群芳谱》成书四百来年来,一直被视为农书,《明史·艺文志》将其列入农家类,《四库全书总目》将其归为"草木禽鱼之属",直至20世纪90年代仍将其列入农学书录,这是由著作内容本身更多涉及农作物种植、农业生产技术及体现作者农业思想的实际情况决定的。王象晋在书中强调农业生产要因时制宜、因地制宜、因物制宜,强调人在农业生产中的主导作用,提出"人力夺天工"的农学思想,强调农时在农业生产中的重要性,阐述气象节令与农业生产的关系及其对农业生产的影响,提出一系列减少农业灾害和救荒济饥的措施,以达到预防农业灾害和救荒济饥的目的,形成了科学的农学思想体系。其最突出的贡献,是总结、提炼出一系列农业生产技术,如稻、麦等粮食作物的栽培技术,果木的栽培管理与滴灌技术,甘薯的藏种、繁殖、用地技术,苎麻、棉花的整枝技术,以及肥料的堆积煨制技术,而其中的滴灌技术至今仍然是世界上最先进的农业灌溉技术之一。《二如亭群芳谱》作为产生于十七世纪中国的一部重要的涉农著作,蕴含着丰富的农学思想和先进的农业科学技术,在理论上推动了传统农学的发展,在实践上促进了农业生产水平的提高和农业进步,在中国农学史上占有重要的一席之地,具有非常高的农学价值。

二、**植物学价值**。《二如亭群芳谱》的内容涉及多种学科,但总体上是一部以植物为主要载述对象、以植物学为中心的著作,是明代介绍栽培植物和涉植物研究的内容丰富的重要著作,全书十四个谱类中植物谱类占了十一个,即谷谱、蔬谱、果谱、茶谱、竹谱、桑麻葛谱、棉谱、药谱、木谱、花谱、卉谱。书中分门别类地对植物加以辑录和描述,载述的植物数量达四百六十多种。对各种植物的阐述,先著录其正名,附有别名、异名等,并进行考订,所订正的三十多种植物名称为今《植物学大辞典》和《中国植物图鉴》采用,并载明为《二如亭群芳谱》首先著录;然后对植物的形态、性状、特征、品种、生境、产地、分布、功用等加以描述,接着介绍种植、壅培、修整、采摘、贮存、制用等;还关联天文、气象、农业、园艺、医疗保健、营养养生、生态环境、社会风俗、政治经济、文学艺术等方面。《二如亭群芳谱》保存了丰富的植物信息，对植物的记载、描述和研究呈现出中国古代植物学和植物文化学的特征，反映了中国古人对自然认识的广度和深度，为研究古代植物和古代植物学提供了重要依据。

三、中医药学价值。《二如亭群芳谱》专设了一个独立谱类——"药谱"，记述了六十九种药用植物，蕴含着大量的中医药学内容，拥有多方面的中医药学成果，体现出非常高的中医药学价值，主要体现在以下几方面：从五运六气的角度探讨天人合一的中医基本理论；总结了药物的四气五味、药物毒性等药性理论，分析不同地理环境、贮存及炮制手段等对药物性味的影响；详细描述每一种药用植物的产地、性状和形态特征，指出不同地域环境对药用植物形态和功用所产生的影响；记述了多种药用植物的不同种类及别名，且多为首次著录；详细介绍药用植物如姜、山药、地黄、牛膝、黄精、枸杞、桂、人参等的栽培技术，系统总结了有关土壤选择、整地耕作、播种繁殖、田间管理等方面的种植栽培经验；重视药用植物的采集和收藏，对多种药用植物如人参等的采收时节、采集方法、保管方法作详细记述；介绍了一百六十五种药物的炮制、修治方法，涉及纯净处理、粉碎切制、干燥、水制、火制、水火共制、加辅料制、制霜发酵等，内容丰富多样，其中仅姜的制用就介绍了十二种方法；在食疗方面有许多新颖的记述，丰富了食疗本草的内容；阐述植物的药用价值，不仅体现在"药谱"中的药用植物，还对其他各谱中植物的疗治功效进行描述，共有二百二十一种植物下设"疗治"类目，收录了大量治疗疾病的附方，虽多采自李时珍《本草纲目》，但也融入了王象晋本人的用药经验。对该书具有的中医药学价值，需要更进一步挖掘、整理和研究。

四、文学价值。《二如亭群芳谱》也是一部有着较高文学价值的综合性典籍，除各序跋本身具有较高文学性外，各谱各名物或事象下的"丽藻""典故"中或摘录或全文照录地汇编了大量文学作品，文体涵盖了散语、诗、词、赋、记、传、序、颂、评、歌、论、叙、操、说、表、赞、解、喻、对、拍、文、诏、启、骚、辞、谱、谣、录等二十八种，收录的作品早至上古歌谣，晚至明末王象晋本人及其亲友诗文，时间跨度达数千年。其中尤其是对明末以前的植物文学进行了全面梳理，辑录的植物文学作品数量巨大，内容丰富，篇幅占《二如亭群芳谱》全部内容的一半多，集中呈现了明末以前中国植物文学创作的历史概貌和文学作品对植物知识、植物文化记录、传承的情况，堪称植物文学的集大成之作，是进行文学跨界研究特别是植物文学门类研究的重要参考文本，具有非常高的文学史研究价值、文学欣赏价值和植物审美价值。书中还辑录了众多女性诗人、词人的作品。这些女性，有声名远播的才女，如唐代姚月华、元代曹妙清、明代陆卿子、明代医者周履靖妻桑贞白；有身份显贵的官宦贵妇，如唐代鲍参军妻张文君、唐代户部侍郎吉中孚妻张夫人、宋代李清照、宋代朱淑真、元代诗人傅若金妻孙淑、明代贡生黄卯锡妻项兰贞、明代福建布政司参议范允临妻徐媛；有色艺双全的青楼名妓，如宋代官妓营蕊、元代名妓罗爱爱、明代名妓赵彩姬、明代福清膳部员外郎林鸿外室张红桥等。这一情况反映了明代对女性教育的重视和女性自我意识的萌发，为研究明末以前中国女性文学和古代女性社会生活状况提供了线索和样本，具有文学史资料价值。对文学作品的选择，反映了王象晋的文学思想和审美取向。

五、文献价值。《二如亭群芳谱》作为一部博物学类书，其引用的文献资料数量巨大，来源广博，范围宽广，经史子集无所不包，时间跨度上自先秦，下自明末王象晋生活的年代，征引的文献达一千三百七十多种，与文献相关的人物达一千零五十多人，涵盖了从王公大臣到文人墨客、从画家到将军、从医生到隐士等各种身份的历史人物留下的文献资料。引录资料体例严谨，出处明确，来源清楚，标记明晰，忠于原文，校雠精准，体现了王象晋著书立说的审慎态度和严谨作风，为研读者进行文献辑佚、辨伪、校勘提供了可靠的帮助和查证的便利。尤为突出的是，书中涉猎并展示了时间跨度达数千年的植物文献，还保留了一些后世亡佚的植物文献内容，堪称明末以前植物文献大观园，为后世研究古代植物学和植物文化提供重要信息，为古典文献学研究提供了重要的线索，起到了承上启下的纽带作用，具有非常高的文献价值。

六、人文价值。《二如亭群芳谱》的内容包罗万象，涉及众多领域，表面上看它以植物为主要载述对象，介绍了植物的栽培、制用等技术，但书中包含了许多与植物学乃至农学无关的内容。其纂辑者王象晋真正关注的对象其实是人物而非植物，其出发点是人事而非农事。书中所讲的内容主要是为了满足人生日常所需，是以人为本，尊重、关心人自身的价值和利益。书中表现的是作者自己的生存实境与人生日常，以及作者为人、为学的基本样貌，折射的是王象晋本人的生活方式及人生态度，体现的是王象晋关注民生、体恤民情的人文情怀。王象晋一生阅尽人间浮华，中年归隐后的淡泊静修，宁静守神，直至九十三岁高龄去世。他始终心系百姓，希望该书"与同志者共焉，相与怡情，相与育物，相与阜财用而厚民生"。正是由于拥有这种精神境界和思想情怀，王象晋被后世铭记和感怀。该书的内容贯通了自然和人文两个领域，除了具备中国特色植物学、农学、医药学的特征和实质外，也是"一部布局独特、立意新颖、内涵丰富且有着深厚生活积淀和扎实学理依据的人文作品"，其人文价值甚至可以与其自然科学价值相媲美。

《二如亭群芳谱》作为一部以植物为主要载述对象，兼及天文学、气象学、农学、医药学、园艺学、营养学、动物学、生态学、民俗学、文献学、文学等多学科、跨领域内容，资料包罗万象的集大成博物学著作，称得上是涵盖社会、自然的百科全书，蕴含着丰富的动植物养育、农业生产、医药疗治、养生保健、园艺审美、环境美化、文献编纂、文学创作等知识技能和关注民生、知行合一、务本求实、传授经验、以文化人等思想理念，它包含的价值是多种的、巨大的，它取得的成果是多样的、丰硕的。当然，书中辑录的资料，有些内容在今天看来显得荒诞无稽，不很科学，甚至错误，这反映古人在当时的条件下探索认识自然、社会存在局限性和滞后性，对此应持客观、理性、辩证的态度，取其精华，去其糟粕，不能简单地用今天的认知水平去苛求古人。传承弘扬中华优秀传统文化，是推进社会主义文化强国建设、增强国家文化软实力的重要行动。在新的历史条件下，将《二如亭群芳谱》这样一部满载着众多中华优秀传统文化特质的博物学著作加以整理出版，对吸收古人智慧促进当今科学文化发展，进行动植物知识教育，发展农业生产，开展生态文明建设，美化优化生态环境，保障人民身体健康和生命安全，丰富人民文化生活，提高人民审美水平和生活质量，推动中华优秀传统文化创造性转化、创新性发展，增强中华优秀传统文化的生命力和影响力，铸就中华文化新辉煌，具有积极的现实意义。

凡　例

　　一、《二如亭群芳谱》之点校整理以清康熙年间刻新城王氏诠次本为底本，以清雍正年间刻本参校，其中引录的文献资料主要参照"四库全书"相关文献进行校订。

　　二、底本为二十四册。点校本合编为一册，内容编排顺序沿袭底本，唯抽出总目及各谱各卷目录重新编排置于书前。

　　三、书写格式，点校本改底本的竖排书写为横排书写，对底本双行书写的解说性、引录性文字一律改为单行书写，依照《标点符号用法》进行断句标点。

　　四、底本版心上栏有对文字的注音，下栏有对字词、人物、书籍、地名等的释义和介绍，点校本将其移入正文相应对象之后作为夹注，以不同于正文的字体表示。对同一个字的上栏注音和下栏释义，底本分别列出字头，点校本合并移入正文后不重出字头，先注音后释义。

　　五、点校本文字形体依照《通用规范汉字表》执行：将繁体字改为简体字，表中未列简体字的繁体字沿用原字形，不作类推简化；底本中若出现繁体字、简体字并存并以简体字注繁体字时，则保留繁体字，或因校记中需要使用繁体字的仍使用繁体字。异体字除人名、地名用字外，一般改为现行正体字；表中列正体字而未列异体字的，据《康熙字典》《现代汉语词典（第7版）》等工具书确定为异体字的，改为现行正体字，如改"鼇"为"鳌"等；表中未收录的异体字，如"黚—肝"等，以底本使用频次多少为原则确定字形。表中未收录的其他字形，如古体字、俗体字等，在无法确认有对应的现行规范字的情况下沿用原字形。古今字一般保留古字，不改作今字，如"反"不改作"返"、"要"不改作"腰"、"然"不改作"燃"、"说"不改作"悦"等；冷僻古字出校记予以说明，如"蘜，同菊""栜，同蘽"等。通假字不改回本字，不常见通假字出校记予以说明，如"胗，通诊""翼，通翌""钜，通锯""殖，通植"等。避讳字一律改回本字，不出校记。

　　六、对底本中的讹、衍、倒字，点校本以圆括弧"（　）"标示，以六角括弧"〔　〕"标示校改的字和脱漏校补的字，有的出校记说明理由及依据。阙疑处和异文一般不改原文，尽可能出校记说明。

　　七、底本中墨丁、缺字空白及墨团污损、漫漶不清的字，能够校补的予以校补，无法校补的，墨丁保留，其他情况以"□"表示。

八、底本中因字形相近而混刻或误刻的字，如"己已巳""炙灸""歧岐""圻坼拆""氾汜""刺剌""戊戌戍""辨辩""卻郤""傅傳［传］""干千""天夭""掃［扫］埽"等，根据文义确定用字，一般不出校记。

九、底本岁谱、果谱、花谱、卉谱、鹤鱼谱五谱的首简名称，谱目录中写作"首简"，而正文中写作"简首"。点校本根据全书实际情况，将此五谱正文中的"简首"均改为"首简"。

十、底本谱目录所列名物名称有的与正文所录名称不一致，如：天谱二目录所列"汉"，正文录为"云汉"；果谱一目录所列"林禽"，正文录为"林檎"；药谱一目录所列"黄蓍"，正文录为"黄耆"；等等。点校本目录所列名物名称一律以正文所录名物名称为准。

十一、底本谱目录中标注的名物数量，有的与所列名物的实有数量不吻合，如天谱二中"清凉十八种"，所列名物数量实际有二十一种。点校本目录中标注的名物数量根据所列名物的实际数量修改确定。

十二、底本引录文献资料，有的并未完整引录，或掐头去尾，或取两端而去中间，点校本一仍其旧，不作补录，亦不出校记。

十三、校记以脚注形式著录，注序码采用带圈阿拉伯数字，正文中校注对象以上标序码标示。

目　录

元部

亨部

菀　决明　半夏　牵牛　景天附慎火树　谷精草　蓖麻　王瓜　麻
黄　香薷　紫苏　薄荷　泽兰　大风子

贞部

海棠附秋海棠　紫薇　玉蕊花　玉兰花　木兰　辛夷　紫荆附牡
荆、蔓荆、取荆沥法　山茶　栀子　合欢附合欢草及合欢诸物　木芙蓉
木槿　扶桑木　蜡梅　绣球　夹竹桃

二如亭群芳谱花部卷之二

牡丹附秋牡丹、缠枝牡丹　瑞香附结香、鸡舌香、七里香　以上木本　以
下藤本　迎春花　凌霄花　素馨　茉莉附指甲花、雪瓣　木香　玫瑰
刺蘼　酴醾附金沙罗　蔷薇附蔷薇露　月季花　金雀花

二如亭群芳谱花部卷之三

葵附蒲葵、凫葵、天葵、兔葵　萱附鹿葱　兰附朱兰、伊兰、风兰、箬兰、
赛兰、树兰、真珠兰、含笑花　蕙　菊附丈菊、五月白菊、七月菊、翠菊

二如亭群芳谱花部卷之四

芍药　水仙　玉簪花　凤仙　罂粟　丽春　金钱花　剪春罗附剪
红纱花　剪秋罗附剪罗花、剪金罗　金盏花附金盏草　鸡冠花　山丹
沃丹　石竹　四季花　滴滴金

二如亭群芳谱

二如亭群芳谱

验草　卉之性　卉之似　卉之恶　总论　题咏

二如亭群芳谱卉部卷之一

蓍　芝　菖蒲　吉祥草附吉利草　商陆　以上灵草　红花　茜草　蓝
蘗蓝　以上杂草　苜蓿　蒺藜附沙苑蒺藜　以上蔓草

二如亭群芳谱卉部卷之二

二如亭群芳谱

二如亭群芳谱

二如亭群芳谱鹤鱼部卷全

群芳谱跋语 / 王象晋

二如亭群芳谱叙

尼父有言："吾不如老农，不如老圃。"世之耳食者遂哗然曰："农与圃小人事也，大人者当剂调二气，冶铸万有，乌用是龊龊者为？"果尔，则陈《豳风》者不必圣，爱菊爱莲者不必贤，税桑田树榛栗者不必称塞渊，侈咏歌哉！

予性喜种植，斗室傍罗盆草数事，瓦钵内蓄文鱼数头，薄田百亩，足供饘粥。郭门外有园一区，题以"涉趣"。中为亭，颜以"二如"。杂艺蔬茹数十色，树松竹枣杏数十株，植杂草野花数十器。种不必奇异，第取其生意郁勃，可觇化机；美实陆离，可充口食；较晴雨时浇灌，可助天工；培根核，屏菑翳，可验人事。暇则抽架上《农经》《花史》，手录一二则，以补咨询之所未备。每花明柳媚，日丽风和，携斗酒，摘畦蔬，偕一二老友，话十余年前陈事。醉则偃仰于花茵莎榻、浅红浓绿间，听松涛，酬鸟语，一切升沉宠辱，直付之花开花落。

因取平日所涉历咨询者，类而著之于编，而又冠以天时岁令，以便从事。历十余寒暑始克就绪，题之曰"二如亭群芳谱"，与同志者共焉，相与怡情，相与育物，相与阜财用而厚民生，即不敢谓调二气、冶万有，其于天地之大生广生未必无小补云。因思尼父所言，盖恐石隐者流果于忘世而非厌薄农圃，以为琐事不足为也，请以质诸世之所谓大人者。

好生居士王象晋荩臣甫题

小序

　　谱群芳者何？凡两间之夭乔无不卉也，无不芳也。故桐以乳掩，莽以旗蔽。稻麻黍麦，落其获者称以穗；榛梗楠梓，取其杖者著以本。之数者，孰非含花吐萼，秀造化之精英也邪？谱之者，叙其类也。

　　客有嘲之而且诘曰："品物有万，不出一色一香，小者南强，大者北胜，业已九命而荣辱之矣。甚且宠木为仙，尊草为帝，呼花为圣人，奚啻氏锦心而郎绣腹也。段记室之广植足裨见闻，陆师农之《埤雅》实资荒漏，则兹编者弗既赘疣乎？"予曰："吁！胡尔见之径庭也？锦洞之天不设，谁悟蕉迷；红云之宴久虚，畴司花禁。是以扬雄之旧菜，增伽小菰非误；崔融之瓦松，作赋昨叶何殊？人第谓草木显绣，蟠红而颓青，岂知萑苇乎，性乃霜辛而露酸矣？"

　　新城宪伯王公尝读氾氏之书，深悲无稷；每稽尹君之录，差可征葵。嵇含仅状夫南方，张骞略采①乎西域。此虽后②圃，云未能灌园，诚不足也，况彻六合之外、八荒之表乎？是顾世有神瓜，人为桂父。冥郁荫如何之树，翠矣餐重思之米。堕英舞山香之曲，相赠殿荎尾之春。

　　其为书也，显集幽通，横罄竖穷；鼓吹农皇，臣妾国风；碧杜红蘅，男紫女青；蒇蕤拟貌，稴稦成形；湖目思莲，鬒面咒桃；引之齐赵，鼻选舌交。至鞞韡之俀，曼殊之沙，可散而可贯者，皆佛国鹿苑之华，又存而不论者也。更若文章之树珑璁，科名之草茸茸，调五宜而进百益者，无非九锡吾之王公。谨叙。

海虞门人毛凤苞顿首拜撰

---

① 采，底本为墨斑，据清雍正年间刻本补。
② 后，清雍正年间刻本作"治"。

群芳谱引

周官九扈之隶，农扈最详；汉史百家之胪，说家尤著。迨成都桑下，卧来麟甲皆龙；暨栗里蘜①伤，卷成雾雨为豹。讵种植乃为小道，即栽培便属化工。

有美琅琊，贞蕤遞播。用开宪伯，鸿藻饶多。手谱群芳，汇成名册。缘八政以起义，顺四时以观生。精究天人，广搜典要。较崔寔试谷之法，倍觉详赅；视氾胜种树之书，更无挂漏。㮤丝青筐，衣被冠于他州；吉贝南来，杼轴劳乎周道。尧韭撷百蔬之首，姬歜非一味之珍。吴传千里之莼，蜀有七菜之赋。卫卿裹其云液，松子下彼玉浆。顾况颂茶，发清吟于当暑；夏侯美葛，萌嘉种于盛阴。荔香果有五滋，蓉华粲其十酒。以至渭滨清富，疗俗不患无资；緱岭羽仪，声闻固已在远。草木极南方之状，虫鱼入东观之笺，可谓响嗣《豳风》，情兼《广雅》矣。

原公雅知，以长养补摧折之偏，以茂对舒化育之意。以前民用，则疏商衣食之源；以类物情，则遍谂时宜之术。公尝谓：谷不自生，繇人为植。水泉动而治其亩，蜩螗鸣而芸其荒。其耨也，删其非类，不使伤根；其植也，相其土宜，不俾违性。伤哉季世之凋瘵，何殊映潦之无秋？故所至布宽大之条，随事寓轸恤之厚。借寇君于河内，土纳方调；镇鲜于松江东，福星共戴。况乎忠勤祠畔，正看宰木敷荣；司马门前，行逢大树交让。既棣先而萼后，更桥引而梓昂。华实皆芬，枝蒂永茂。兹册也，岂云兴寄偶及，亦曰生意方将。

昔孔子之广樊须，策陋圃而小稼，迨他日之语曾子，又分地而用天，道恶乎往而不存，言恶乎绎而不旨。知此意者，请先从《周礼》着眼，何如？

谷山方岳贡顿首拜撰

---

① 蘜，同"菊"。

群芳谱序

今海内推乔木世家，首屈新城王氏，名公卿累累，项背相望。家有诸刻，皆圣贤轨正督世之书，非直《花蕚集》《棠棣碑》也。今康翁所著《群芳谱》者何？谱花木也。

按天文，农丈人一星在斗之西南，与箕、杵相近。桑亦箕星之精也。农桑之业，天且弗违，而况人乎？谱蔬佐谷也，谱麻佐桑也，而未闻有谱吉贝木棉以佐桑麻之所未及者，盖自王公始。

其次乃谱花木，谱形、谱名，谱占候、休咎，谱种植、接插、收采诸法，谱制用、疗治，补丽藻，亦俱自王公始。虽托名农圃，而大人三才之能事毕具矣。

夫家有谱，犹国有史也。李九疑之叙《花史》也，以月令为花编年，以姚魏牡丹、哀家梨、安石榴为花世家、花列传，以东篱、孤山为花隐逸，以天女散之、如来拈之为花方外，似亦浓丽极矣。自王公《群芳谱》出，而觉《花史》尽可废。公非为农圃设也，洪荒到今，其间正闰，兴亡理乱，不知历几千余年矣。正如群芳之荣落，悉听于二十四番花信之风，而究竟本深者末茂，人定者胜天，宁讵委之气数而已乎？

老臣以爱惜人材为主，老宗长以爱惜子弟为主，老农圃以爱惜花木为主。接引生机，此花之初学也；护持香艳，此花之盛年也；茹其英而收其实，此花之晚节末路也。劚腐稿、剔虸蠹、疏堙滞，此去夫花之败群圮族，而成就为家干为国桢者也。

若夫养失其性，用违其才，岂花之罪也哉？吾故于王公之是谱也，得收族之义焉，得国家树人之术焉。富哉言乎！此谱繇《周礼·薙氏、柞氏》《灵枢》《本草》以及经史二氏、百家之流，无所不裒采而引证之。其辨博可与崔寔、汜胜、陆师农比肩。其以无用而为有用，即何迪功之《花木考》、贾平章之《花虫艳异经方》之蔑如矣。虽欲不传，得乎？王之先颖川公，煮麋赈饥。门有槐树可十围，啖粥者挂蓑笠其上，世称大槐王。今公家兄弟父子，直追司徒公之世德而栽培之，以道义为雨露，以名节为风霜，以拔茅连茹为连枝同气。里人过忠勤祠而指之曰："兹非王氏三槐之报耶？"儒闻声而不得至，但手《群芳谱》一编，神游于二如亭中，作吾家灌园于陵子足矣。

云间陈继儒顿首撰

二如亭群芳谱

义例

——圣人作，则因物赋名，裔是而降，渐以庞杂，有一物数名者，有异物同名者，不有标识，谁辨淄渑，于是乎谱物名。

——名为实宾，实因形辨，或枝叶之少异，或华实之相仿，不有区别，或致误用，于是乎谱物形。

——天垂象，见吉凶，圣人则之，考往古所以镜将来也。然惟关种植者始列之编，其谈利害涉怪诞者置不录，于是乎谱占候，谱休征、咎征。

——南北之异地也，阴阳寒燠之异宜也。物之不齐，物之性也。顺其性则事半功倍，拂其性则无益反害。圣人不能违时，能不失时而已，于是乎谱种植，谱接插，谱壅培、灌溉、整顿、收采。

——饮食日用，所以尊生；燥湿温凉，或至伐性。即一物之微，一匕之细，所关于躯命，非渺浅也，于是乎谱制用，谱疗治。

——语云：前事之不忘，后事之师也。又曰：君子多识前言往行，以畜其德。故往迹之胪传，词锋之绣错，凡可以鼓天机、豳性灵者，孰非日用裨益之资，于是乎谱典故、谱丽藻。

——平居而饱，藜藿珍错皆唾弃之余；中流而失楫，维一壶享千金之用。贵贱美恶皆人之所造，非天之所设也。其有形类近似者皆著之编，亦以见天地之无弃物耳，于是乎谱附录。

——音释标之上层，训诂列之下格。国朝名公，书名书号、书地书官，缕析条分，岂好为烦哉？庶便简阅云尔。独愧管窥之见无当大方，奚囊所携有惭邺架，复蔓挂漏，未足语成书云尔。所冀补逸删陋，遫稽冥搜，近成一家之言，远适万方之用，请以俟博雅之君子。

元部

二如亭群芳谱

天谱小序

　　予谱群芳：谱谷，溥粒食也；谱蔬、谱果、谱茶，佐谷也；谱木棉、谱桑麻葛，广衣被也；谱药、谱木、谱竹，利用也；谱花、谱卉，傍及鹤鱼，资茂对、邕天机也。而又冠以天者何？《礼》云：圣人作，则必以天地为本，以阴阳为端，以四时为柄，以日星为纪。天也者，群物之祖、万化之枢也。亭之毓之曰唯天，_{毓，音育。}消之息之曰唯天，语物而不求端于天，是自绝其本、自杜其枢机也。作"天谱"。

济南王象晋荩臣甫题

二如亭群芳谱

往哲芳踪小序

　　谱既就，两间菁英亦几收而罗之楮墨中矣。间披往籍，得超然物外、不染世氛者三十余人，逸韵高标，芳留千载。其视予谱群芳之指，暗相符合，遂欣然执管而勒之卷首，虽今古明哲，讵止数人。即诸公懿媺，讵尽数语，然而吉光片羽，崑冈寸玉，亦足窥宝藏之一斑，垂历劫之永慕已。语不云乎：高山仰止，景行行止；虽不能至，心向往之。予于诸公亦云。

济南王象晋荩臣甫题

二如亭群芳谱卷首

济南　王象晋荩臣甫　纂辑
虞山　毛凤苞子晋甫　较正
济南　男王与龄、孙士瞻、曾孙启淳　诠次

往哲芳踪

荣启期，周人也。隐居穷处，遗物求己，时披裘带索，行吟于路，曰："吾著裘者何求？带索者何索？"尝鼓琴而歌。孔子过之，问曰："先生何乐？"曰："吾乐有三：天生万物，惟人为贵，而吾得为人；以男为贵，而吾得为男；或不见日月，不免于襁褓，而吾行年九十矣。夫贫者，士之常也；死者，命之终也。居常待终，当何忧乎？"孔子曰："善哉，能自宽者也！"

仲长统曰：使居有良田广宅，背山临流，沟池环匝，竹木周布，场圃筑前，果园树后。舟车足以代步涉之劳，使令足以息四体之役。养亲有兼珍之膳，妻孥无苦身之劳。良朋萃止，则陈酒肴以娱之；嘉时吉日，则烹羔豚以奉之。蹰躇畦苑，游戏平林，濯清泉，追凉风，钓游鲤，弋高鸿，风乎舞雩之下，咏归高堂之上。安神闺房，思老氏之玄虚；嘘吸清和，求至人之仿佛。与达者数子论道讲德，俯仰二仪，错综人物。弹南风之雅操，发清商之妙曲。逍遥一世之上，睥睨天地之间。不受当时之责，永保性命之期。如是，则可以凌霄汉、出宇宙之外矣！岂羡夫入帝王之门哉！

庞德公居汉之阴，司马德操宅州之阳，望衡对宇，欢情自接，泛舟褰裳，率尔休畅。

王右军曰：坐而获逸，遂其宿心。比常与安石东游山海，颐养闲暇之余，欲与亲故时共欢宴，衔杯引满，语田里所行，故以为抚掌之资。其为得意，可胜言耶！常依依陆贾、班嗣宗处世，老夫志愿尽于此也。　又曰：修植桑果，令盛敷荣。率诸子，抱弱孙，游观其间，有一味之甘，剖而分之，以娱目前。犹欲教子孙以敦厚退让，仿佛万石之风。

阮光禄在东山，萧然无事，常内足于怀。有人以问王右军。右军曰："此君近不惊宠辱，虽古之沉冥，何以过此？"

何胤以会稽山多灵异，往游焉。后迁秦望山，山有飞泉，乃起学舍，即林成楼，因岩为堵，别为小阁。寝处其中，躬自启闭，僮仆罕得至。

陆景与从兄安成王书：仰承发止，已次新林。三湘奥区，九疑形胜。加以夏壁奇云，秋江迥月，翰飞纸落，理丰词富。赏末兴余，时希逮忆。

陶靖节云：少乐琴书，偶爱闲静，开卷有得，便欣然忘食。见树木交荫，时鸟变声，亦复欢然有喜。尝言：吾五六月北窗下卧，凉风暂至，自谓是羲皇上人。　先生不知何许人也，亦不详其姓字，宅边有五柳树，因以为号焉。闲静少言，不慕荣利。

好读书，不求甚解，每有会意，便欣然忘食。性嗜酒，家贫不能常得。亲旧知其如此，或置酒而招之。造饮辄尽，期在必醉。既醉而退，曾不悋情去留。悋、吝同。环堵萧然，不蔽风日；短褐穿结，箪瓢屡空，晏如也。常著文章自娱，颇示己志。忘怀得失，以此自终。

戴安道有言：山林之客，非徒逃人患，避争门，谅所以翼顺养和，涤除机心，容养淳淑。故荫映岩流之际，偃息琴书之侧，寄心松竹，取乐鱼鸟，则澹泊之愿于是乎毕矣。

王勣云：独坐河渚，结构茅屋并厨厩总十余间，奴婢数人，足以应役用。天之道，分地之利，耕耘蓙蓑，黍秫而已。春秋岁时，以酒相续，兼多养凫雁，广牧鸡豚，黄精白术，枸杞薯蓣，朝夕采掇，以供服饵。床头素书数帙，《庄》《老》及《易》。过此以往，罕尝或披。忽忆家兄，则渡河归家，维舟岸侧，兴尽便返。每遇天地晴朗，则于舟中咏大谢"乱流趋孤屿"之诗，渺然尽陂泽山林之思，觉瀛洲方丈森然在目。又曰：比风痹发动，常劣劣不能住，然烟霞山水，性之所适，琴瑟酒赋，不绝于时。时游人间，出入郊郭，暮春三月登北山，松柏群吟，藤萝翳景，意甚乐之。箕踞散发，与鸟兽同群，醒不乱行，醉不干物，赏洽兴穷，还归河渚，蓬室瓮牖，弹琴诵书，优哉游哉，聊以卒岁。

陶弘景曰：山川之美，古今共谈。高峰入云，清流见底。两岸石壁，五色交辉。青林翠竹，四时俱备。暗雾相歇，猿鸟乱鸣；夕日欲流，沉鳞竞跃。实是欲界之仙都。自康乐以来，未有能与其奇者。又曰：偃蹇园巷，从容郊邑，守一介之志，非敢蔑荣嗤俗，自致云霞，盖任性灵而直往，保无用以得闲，垄薪井汲，乐有余欢，切松煮术，此外何务？

张志和居江湖，自称烟波钓徒。筑室越州东郭，茨以生草，椽栋不施斤斧。豹席棕屩，每垂钓不设饵，志不在鱼也。陈少游表其居曰"玄真坊"，为买地，大其闳，号"回轩巷"。门阻流水，无梁。少游为构之，号"大夫桥"。陆羽尝问："孰为往来？"曰："太虚为室，明月为烛，与四海诸公共处，未常少别。"

田游岩尝补太学生，罢归，入太白山，栖迟山水间。自蜀历荆楚，爱夷陵青溪，止庐其侧。召赴京师，行及汝，辞疾入箕山，居许由祠傍，自号曰"由东邻"。高宗幸嵩山，遣使就问其母，又亲至其门。游岩野服出拜。帝谓曰："先生比佳否？"对曰："臣所谓泉石膏肓，烟霞痼疾者也。"

李约，唐司徒汧公子。雅度玄机，萧萧冲远，有山林之致。在湖州尝得古铁一片，击之清越。又养猿，名山公，尝以随逐。月夜泛江，登金山，击铁鼓琴，猿必啸和，倾壶达旦，不俟外宾。

王维与裴迪书曰：近腊月下，景气和畅，故山殊可过。足下方温经，猥不敢相烦，辄便往山中，憩感配寺，与山僧饭讫而去。北涉玄灞，清月映郭。夜登华子冈，辋水沦涟，与月上下。寒山远火，明灭林外。深巷寒犬，吠声如豹。村墟夜舂，复与疏钟相间。此时独坐，僮仆静默，多思曩昔，携手赋诗，步仄径，临清流也。当待春中，草木蔓发，春山可望，轻鲦出水，白鸥矫翼。露湿青皋，麦陇朝雊，斯去不远，傥能从我游乎？非子天机清妙者，岂能以此不急之务相邀？然是中有深趣矣！无忽。

白乐天《与元微之书》云：仆去年秋始游庐山，到东西二林间香炉峰下，见云水泉石，胜绝第一，爱不能舍，因置草堂，前有乔松十数株，修竹千余竿。青萝为墙壁，白石为桥道，流水周于舍下，飞泉落于檐间，绿柳白莲，罗生池砌。每一独往，动弥旬日。平生所好，尽在其中。不惟忘归，可以终老。 匡庐奇秀，甲天下山。山北峰曰香炉峰，峰北寺曰遗爱寺。界峰寺间，其境胜绝，又甲庐山。元和十一年秋，太原人白乐天见而爱之，若远行客过故乡，恋恋不能去。因面峰腋寺，作为草堂。明年春，草堂成，三间两柱，二室四牖，广袤丰杀，一称心力。洞北户，来阴风，防徂暑也；敞南甍，纳阳日，虞祁寒也。木斫而已，不加丹；墙圬而已，不加白。砌阶用石，幂窗用纸，竹帘纻帏，率称是焉。堂中设木榻四，素屏二，漆琴一张，儒、道、佛书各三两卷。乐天既来为主，仰观山，俯听泉，傍睨竹树云石，自辰至酉，应接不暇。俄而物诱气随，外适内和。一宿体宁，再宿心恬，三宿后颓然嗒然，不知其然而然。自问其故，答曰："是居也，前有平地，广轮十丈，中有平台，半平地；台南有方池，倍平台。环池多山竹野卉，池中生白莲、白鱼。又南抵石涧，夹涧有古松老杉，大仅十围，高不知几百尺。修柯戛云，低枝拂潭，如幢竖，如盖张，如龙蛇走。松下多灌丛，萝茑叶蔓，骈织承翳，日月光不到地。盛夏风气如八九月时，下铺白石，为出入道。堂北五步，据层崖积石，嵌空垤〔埌〕，杂木异草，盖覆其上。绿阴蒙蒙，朱实离离，不识其名，四时一色。又有飞泉，采茗就以烹燀，好事者见，可以永日。堂东有瀑布，水悬三尺，泻阶隅，落石渠，昏晓如练色，夜中如环佩琴筑声。堂西倚北崖右趾，以剖竹架空，引崖上泉，脉分线悬，自檐至砌，累累如贯珠，霏微如雨露，滴沥飘洒，随风远去。其四傍耳目杖屦可及者，春有锦绣谷花，夏有石门涧云，秋有虎溪月，冬有炉峰雪。阴晴显晦，昏旦含吐，千变万状，不可殚记，故云甲庐山也。噫！凡人丰一屋，华一簪，而起居其间，尚不免有骄稳之态。今我为是物主，各以类至，又安得不外适内和、体宁心恬哉？" 醉吟先生者，忘其姓字。乡里、官爵，忽忽不知吾为谁也。所居有池五六亩，竹数千竿，乔木数十株，台榭舟桥，具体而微，先生安焉。家虽贫，不至寒馁；年虽老，未及耄。性嗜酒，耽琴淫诗。洛城内外六七十里间，凡观寺、丘墅有泉石花竹者，靡不游；人家有美酒、鸣琴者，靡不过；有图书、歌舞者，靡不观。自居守洛川韦布家，以宴游召者，亦时时往。每良辰美景，或雪朝月夕，好事者过之，必为之先拂酒罍，次开诗箧。酒既酣，乃自援琴，操宫商，弄《秋思》一遍。若兴发，命家僮调法部丝竹，合奏《霓裳羽衣》一曲。若欢甚，又命小妓歌《杨柳枝》新词十数章。放情自娱，酩酊而后已。往往乘兴，履及邻，杖于乡，骑游都邑。肩舁适野，舁中置一琴一枕，陶、谢诗数卷，舁杆左右悬双酒壶。寻水望山，率情便去，抱琴引酌，兴尽而返。如此者凡十年。其间日赋诗约千余首，日酿酒约数百斛，而十年前后赋酿者不与焉。妻孥弟侄虑其过也，或讥之，不应，至于再三。乃曰："凡人之性鲜得中，必有所偏好。吾非中者也。设不幸吾好利而货殖焉，以至于多藏润屋，贾祸危身，奈吾何？设不幸吾好博弈，一掷百万，倾财破产，以致于妻子冻馁，奈吾何？设不幸吾好药，损衣削食，炼铅烧汞，以至于无所成，有所误，奈吾何？今吾幸不好彼而自适于杯觞、讽咏之间，放则放矣，庸何伤乎？不犹愈于好彼三者乎？此刘伯伦所以闻妇言而不听，王无功所以游醉乡而不还也。"

孟浩然，字浩然，襄阳人。骨貌淑清，风神散朗。救患释纷，以立义表；灌蔬艺竹，以全高尚。交游之中，通脱倾盖，机警无匿；学不为儒，务（拟）〔掇〕菁藻；文不（接）〔按〕古，匠心独妙。五言诗天下称其尽美矣。闲游秘省，秋月新霁，诸英华赋诗作会。浩然句曰："微云澹河汉，疏雨滴梧桐。"举坐嗟其清绝，咸阁笔不复为继。

吴均《与顾章书》云：仆去月谢病，还觅薜萝。梅溪之西有石门山，森壁争霞，孤峰限日；幽岫含云，深溪蓄翠；蝉吟鹤唳，水响猿啼，嘤嘤相杂，绵绵成韵。既素重幽居，遂葺宇其上。幸富菊花，偏饶竹实。山谷所资，于斯已办。仁智所乐，岂徒语哉！又《与施从事书》云：故鄣县东有青山，绝壁千尺，孤峰入汉。归飞之鸟千翼竞来，企水之猿百臂相接。秋露为霜，春萝被径。信足荡累颐物，娱衷散赏。又《与朱元思书》云：自富阳至桐庐，一百许里，水皆缥碧，千丈见〔底〕，游鱼细石，直视无碍。急湍甚箭，猛浪若奔。夹峰高山，皆生寒树，负势竞上，互相轩邈，十百成峰。泉水激石，泠泠作响；好鸟相鸣，嘤嘤成韵。经纶（昔）〔世〕务，咸窥谷忘返矣。

王僧孺《答江琰书》：蹲林卧石，藉卉班荆。田畯野老，渔父樵客，酌醴焚枯，呜呜相劳，羹藜含糗，果然满腹。咏高梧而赋修竹，背清淮而游长汜，留东阁以从容，登石室而高视。

魏野居陕州之东郊，手植竹树，清泉还绕，旁对云山，景趣幽绝。凿土袤丈，曰乐天洞。前为草堂，弹琴其下。好事者多载酒肴从之游，啸咏终日。出则跨白驴，见者异之。

林逋恬淡好古，客游江淮，久之归杭，结庐西湖之孤山，二十年足不及市城。尝蓄两鹤，或泛小艇出。游客至，则童子开笼纵鹤，逋随放棹而归。

曾南丰曰：宅有桑麻，田有秔稌，而渚有蒲莲。弋于高，以追凫雁之上下；缗于深，而逐鳣鲔之潜泳。息有乔木之繁荫，藉有丰草之幽香。登山而凌云，览天地之奇变；弄泉而乘月，遗氛埃之溷浊。此吾取其急倦而乐于自遂也。

周茂叔品甚高，胸中洒落，光风霁月，好读书，雅意林壑，虽仕宦三十年，而平生之志终在丘壑。溢城有水发源于莲花峰下，洁靓绀寒，下合于溢江。茂叔濯缨而乐之，筑屋其上。

甫里先生者，不知何许人也。人见其耕于甫里，甫里在松江。故云。先生性野逸，无羁检，好读古圣人书，探六艺，识大义，就中乐《春秋》，抉摘微旨。见有文中子王仲淹所为书云"三传作而《春秋》丧"，深以为然。贞元中，韩晋公尝著《通例》，晋公名混。刻之于石，今刻石在润州文宣王庙。意以是学为己任，而颠倒漫漶翳塞，漶，胡馆切。无一通者。殆将百年，人不敢指斥疵额。先生恐疑误后学，乃著书撦而辩之。先生平居以文章自怡，虽幽忧疾痛，茫然无旬日生计，未尝暂辍，点窜涂抹，纸札相压，投于箱箧中，历年不能净写一本。或为好事者取去，后于他人家见，亦不复谓己作矣。少攻歌诗，欲与造物者争柄。遇事辄变化不一。其体裁始则凌轹波涛，穿穴险固，囚镾①怪异，破碎阵敌，卒造平淡而后已。好洁，几格、窗户、砚席肃然无尘。得一书，详熟然后置于方册，值本即较，不以再三为限，朱、黄二毫未尝一日去手。所藏虽少，咸

---

① 镾，同"锁"。

精实正定，可传借人。书有简编断坏者，缉之；文字谬误者，正之。乐闻人为学，讲评通论不倦。有无赖者毁折揉污，或藏去不返，先生蹙然自咎。先生贫而不言利。问之，对曰："利者，商也。今既士矣，奈何乱四人之业乎？且仲尼、孟轲氏所不许。"先生之居有地数亩，有屋三十楹，有田畸十万步，残田曰畸。十万步，四百亩也。有牛不减四十蹄，减，少也。有耕夫百余指。而田污下，暑雨一昼夜，则与江通，无别己（由石）〔田他〕①田也。先生由是苦饥，仓无升斗储蓄，乃躬负畚锸，畚，音本，苇薄。锸，铁器，耒属也。率耕夫以为具。具，区也。由是岁波虽狂，不能跳吾防、溺吾稼也。或讥刺之，先生曰："尧舜黴瘠，黴②，音梅，青黑色。大禹胼胝，胼胝，皮厚也。彼非圣人耶？吾一布衣耳，不勤劬，何以为妻子之天乎？且与其蚤虱名器、蚤，音早。雀鼠仓庾者何如哉？"先生嗜茶荈，取早为茶，晚为荈。置小园于顾渚山下，岁入茶租十许，薄为瓯蚁之费。自为《品第书》一篇，继《茶经》《茶诀》之后。《茶经》，陆羽撰；《茶诀》，皎然撰。张又新尝为水说，凡七等，其二曰慧山寺石泉，其三曰虎丘寺石井，其六曰吴松江。是三水距先生远不百里，高僧逸人时致之，以助其好。先生始以喜酒得疾，血败气索者二年，然后能起。有客至，亦洁樽置馔，但不复引满向口耳。性不喜与俗人交，虽诣门不得见也。不置车马，不务庆吊。内外姻党，伏腊丧祭，未尝及时往。或寒暑得中，体佳无事，则乘小舟，设篷席，赍一束书、茶灶、笔床、钓具、棹船郎而已。所诣小不会意，径还不留，虽水禽决起、山鹿骇走之不若也。人谓之"江湖散人"，先生乃著《江湖散人传》而歌咏之。由是浑毁誉，不能入利口者，亦不复致意。先生性狷急，遇事发作，辄不含忍，寻复悔之，屡改不能矣。先生无大过，亦无出入事，不传姓名，无有得之者，岂涪翁、渔父、江上丈人之流者乎？　散人者，散诞之人也。心散、意散、形散、神散，既无羁限，为时之怪民。束于礼乐者外之曰："此散人也。"散人不知耻，乃从而称之。人或笑曰："彼病子之散而目之，子反以为号，何也？"散人曰："天地之大也，在太虚中一物耳，劳乎覆载，劳乎运行，差之晷度，寒暑错乱，望斯须之散，其可得耶？水土之散，稽有用乎？水之散，为雨、为露、为霜、为雪。水之局，为潴、为洳、为潦、为污。土之散，封之可崇，穴之可深，生可以艺，死可以入。土之局，埙不可以为埏，埙，乐器，土为之，状如鹅卵，六孔。埏，砖也。甓不可以为盂，甓，瓴甋也。盂，饮器也。得非散能通于变化，局不能耶？退若不散，守名之筌；筌，取鱼者。进若不散，执时之权。权，枰锤也。筌可守耶？权可执耶？"遂为散歌散咏，以志其散。

朱晦庵每经行处，闻有佳山水，虽迂途数十里，必往游焉。携酒一壶，银杯大几容半升，时饮一杯。登览竟日，未尝厌倦。

竹溪逸民陈泗尝抵掌曰："人生百岁，能几旦暮？所难遂者适意尔。"居近大溪，篁竹翛翛。当明月高照，水光潋滟，辄吹短箫，乘水舫，荡漾空明。箫声挟秋气为豪，直入无际，宛转若龙鸣。箫已，叩舷歌曰："吹玉箫兮弄明月，明月照兮头成雪。头成雪兮将奈何？白鸥起兮冲素波。"

娄寿，隆中人。孩童岐嶷有志，挽发传业，好学不厌。荣沮溺之耦耕，甘山林之

---

① 由石，应作"田他"。"四库全书"［唐］陆龟蒙《甫里集》卷一六《甫里先生传》作"田他"。
② 黴，同"霉"。

杏蔼。迟夷衡门，乐以忘忧。郡县礼请，终不回顾。粗绨大布之衣，栃糌蔬菜之食。篷户茅宇，棬枢瓮牖，乐天知命，确乎其不可拔也。

胡汲仲，天台人。特立独行，冻饿有守。罗司徒奉钞百锭请作墓铭，长孺怒曰："我岂为宦官誉墓耶？"是日绝粮，子以情白，坐客咸劝之，长孺愈坚。尝送蔡如愚归东阳，云："〔薄〕糜不继袄不温，呕吟犹是钟球鸣。"语之曰："此余秘密藏中休粮方也。"

王冕买舟下东吴，入楚淮，历览名山川，或遇奇才侠客，谈古豪杰事，即呼酒共饮，慷慨悲吟，人目为狂奴。游燕，馆泰不花家。语泰曰："不满十年，此中狐兔游矣。"隐九里山，种豆三亩，粟倍之，树梅花千株，桃杏居其半，芋一区，薤韭各百本。引水为池，种鱼千余头。结茅庐三间，自题为梅屋主人。

王敬美云：予行役关西，尝由汉阴入子午谷。山行，崖壁巀嶪，林木翁郁。见水濙二叟策杖行歌，意似逍遥者，乃揖而问之曰："叟何许人？"对曰："山中深究也。"又问："何能自适如此？"一叟对曰："力田收谷，可供饘粥；酿泉为酒，可留亲友。临野水，看浮云，世事百不闻。"一叟对曰："浚池养鱼，灌园艺蔬，教子读书，不识催租吏，不见县大夫。"予乃作而谢曰："真太古之民哉！"

屠纬真曰：流水相忘游鱼，游鱼相忘流水，即此便是天机。太空不碍浮云，浮云不碍太空，何处别有佛性？　性鲜贪嗔，六时畏作恶趣；心能领略，四季都是良辰。　醇醪百斛，不如一味太和之汤；良药千包，何似一服清凉之散。　老去自觉万缘都尽，那管人是人非；春来尚有一事关心，只在花开花谢。　青溪白石，倏生潇洒之怀；黑雾黄埃，便起炎嚣之念。此是心依境转，恐于学道无当。必也月随人走，月竟不移；岸逐舟行，岸终自若。

陈麋公曰：余辈胶粘五浊，羁锁一生，每忆少年青松白石之盟，何止浩叹！丁酉始得筑婉娈草堂于二陆遗址，故有"长者为营栽竹地，中年方惬住山心"之句。然山中亦不能如道家保炼吐纳以啬余年，即佛藏六千卷，随读随辍。惟喜与邻翁院僧谈接花、艺果、种秫、剧苓之法。客过草堂，叩余岩栖之事。余倦于酬答，但拈古人诗句以应之。问："是何感慨而甘栖遁？"曰："得闲多事外，知足少年中。"问："是何功课而能遣日？"曰："种花春扫雪，看篆夜焚香。"问："是何利养而获终老？"曰："研田无恶岁，酒国有长春。"问："是何往还而破寂寥？"曰："有客来相访，通名是伏羲。"　又曰：箕踞于斑竹林中，徙倚于青石几上，所有道笈梵书，或校雠四五字，或参讽一两章。茶不甚精，壶亦不燥；香不甚良，灰亦不死。短琴无曲而有弦，长讴无腔而有音。激气发于林樾，好风送之水涯。若非羲皇以上，定亦嵇阮兄弟之间。　三月茶笋初肥，梅风未困；九月莼鲈正美，秫酒新香。胜客晴窗，出古人法书名画，焚香评赏，无过此时。　吾山无薇蕨，然梅花可以点汤，蒨卜、玉兰可以蘸面，牡丹可以煎酥，玫瑰、蔷薇、茱萸可以酿酒，枸杞、鹿葱、紫荆、藤花可以佐馔，其余豆荚、瓜菹、菜苗、松粉又可以补笋脯之阙。　与其结新知，不若敦旧好；与其施新恩，不若还旧债。　莫言婚嫁蚤，婚嫁后事不少；莫言僧道好，僧道后心不了。惟有知足人，鼾鼾直到晓；惟有偷闲人，惫惫直到老。　香令人幽，酒令人远，石令人隽，琴令人寂，茶令人爽，竹令人冷，月令人孤，棋令人闲，杖令人轻，水令人空，雪令人旷，剑令人悲，蒲团令人枯，美人令人怜，僧令人淡，花令人韵，金石彝鼎令人古。　吾家田舍在十字水中数重花外。每当二分前后，日遣平头长须移花种之。老于花中，可以长世；披荆畚砾，灌溉培植，皆有法度，可以经世。谢卿相灌园，可以避世，又可以玩世。

言志二首

　　登籍三十年，息肩犹未得。静中自寻思，永夜劳转侧。来日苦无多，胡不惜筋力？宝贵如浮云，百岁犹顷刻。世途多险巇，反复无终极。何不早挂冠，咸友相亲悭。西塾课儿孙，东皋艺黍稷。早毕公家赋，早完私家逼。浊醪聊适口，粗粝堪供食。八口可无饥，四邻好为德。时而曳杖游，时而曲肱息。一事不萦怀，两耳常紧塞。用以怡吾神，徜徉华胥国。其一

　　堪叹世间人，多为愚憕累。偶而值荣华，扬扬便恣肆。偶而值坎坷，戚戚思遁避。达人有大观，常变惟一视。譬彼暑与寒，禅代取诸寄。譬彼阴与晴，瞬息忽变易。造化本无私，赋予宁有意。此亦何所爱，彼亦何所忌。试溯邈古初，流览逮叔季。谁享无疆寿？谁免荒郊弃？贤愚总同归，彭殇有何异？藐兹七尺躯，乌能长适志？流芳饶修名，自弃甘匪类。圣哲与狂愚，总繇人自致。扬扬固可嗤，戚戚亦足愧。何如饮醇醪，夷险任所值。其二

不佞策名以来垂三十载，中间为同乡权贵摈斥山林者居三之一，兼之三承使命、两值家难，其奉朝请修职业者亦仅三之一。自顾鹿鹿庸庸，漫无建竖，蠹鱼公廪，实惭厥心。其欲栖迹长林，侣渔樵而友麋鹿，为念久矣。会圣明励精严禁，请告未敢以情白，暇日偶拈数语，用表厥志，聊附编末，以识景行往哲之意云。象晋又题。

二如亭群芳谱

天谱首简

论太极　孔子《易·系辞》

易有太极，是生两仪，两仪生四象，四象生八卦，八卦定吉凶，吉凶生大业。

又　《朱子语录》

太极只是天地万物之理。在天地，则天地中有太极；在万物，则万物中各有太极。只是个极好至善底道理。人人有一太极，物物有一太极，太极便是性，动静阴阳是心，金木水火土是仁义礼智信，化生万物是万事。"无极之真，二五之精，妙合而凝"，此数句甚妙，是气与理合而成性也。

天论　刘禹锡

夫世之言天者有二道焉。拘于昭昭者则曰："天与人实影响：祸必以罪降，福必以善徕，穷厄而呼必可闻，隐痛而祈必可答，如有物的然以宰者。"故阴骘之说胜焉。泥于冥冥者则曰："天与人实相异：雷震畜木，未尝在罪；春滋堇荼，未尝择善。跖、蹻焉而遂，孔、颜焉而厄，是茫然无有事者。"则自然之说胜焉。余之友河东解人柳子厚作《天说》，以抗韩退之之言，文信美矣，盖有激而云，非所以尽天人之际。故余作《天论》，以极其辩云。大凡入形器者，皆有能有不能。天，有形之大者也；人，动物之尤者也。天之能，人固不能也；人之能，天亦有所不能也。故余曰："天与人交相胜耳。"说曰："天之道在生植，其用在强弱；人之道在法制，其用在是非。"阳而阜生，阴而肃杀；水火伤物，木坚金利；壮而武健，老而耗眊；气雄相君，力雄相长：天之能也。阳而艺树，阴而揫敛；防害用濡，禁焚用光；斩材窾坚，液矿硎芒；义制强讦，礼分长幼；右贤尚功，建极闲邪：人之能也。人能胜乎天者，法也。法盛行，则是为公是，非为公非，天下之人蹈道必赏，违之必罚。当其赏，虽三旌之贵，万钟之禄，处之咸曰宜。何也？为善而然也。当其罚，虽斩艾之惨，鼎镬之加，处之亦曰宜。何也？为恶而然也。故其人曰："天何预乃事耶？惟告虔报本，肆类授时之礼，曰天而已矣。福兮可以善取，祸兮可以恶召，奚预乎天邪？"法小弛则是非驳，赏不必尽善，罚不必尽恶。或贤而尊显，时以不肖参焉；或过而僇辱，时以不辜参焉。故其人曰："彼宜然而信然，理也；彼不当然而固然，岂理邪？天也。福或可以诈取，而祸或可以苟免。"人道驳，故天命之说亦驳焉。法大弛，则是非易位，赏常在佞，而罚常在直，义不足以制其强，刑不足以胜其非，人之能胜天之具尽丧矣。夫实已丧而名徒存，彼昧者方挈挈然。提无实之名，欲抗乎言天者，斯穷矣。故曰："天之所能者，生万物也；人之所能者，治万物也。"法盛行，则其人曰："天何预于人耶？我蹈道而已。"法大弛，则其人曰："道竟何为也？任人而已。"法小弛，则天人之论驳焉。今以一己之穷通，而欲质天之有无，惑矣！余故曰："天常执其所能以临乎下，非有预乎治乱云尔；人常执其所能以仰乎天，非有预乎寒暑云尔。生乎治者人道明，咸知其所自，故德与怨不归乎天；生乎乱者人道昧，不可知，故由人者举归乎天，非天预乎人尔。"

度量 《鹖冠子》

天地之所以无极者，以守度量而不可滥，日不逾辰，月宿其列，当名服事，星守弗去，弦望晦朔，终始相巡，逾年累岁，用不缦缦，此天之所柄以临斗者也。中参成位，四气为政，前张后极，左角右钺，九文循理，以省宫众，小大毕举。先无怨仇之患，后无毁名败行之咎。故其威上际下交，其泽四被而不鬲。天之不违，以不离一，天若离一，反还为物。不创不作，与天地合德，节玺相信，如月应日。此圣人之所以宜世也。知足以滑正，略足以恬祸，此危国之不可安，亡国之不可存也。故天道先贵覆者，地道先贵载者，人道先贵事者，酒保先贵食者。待物也，领气时也，生杀法也。循度以断，天之节也。

疾喻 孙思邈

卢照邻问："高医愈疾，奈何？"答曰："天有四时五行，寒暑迭居，和为雨，怒为风，凝为雪霜，张为虹霓，天常数也。人之四肢五脏，一觉一寐，吐纳往来，流为荣卫，章为气色，发为音声，人常数也。阳用其形，阴用其精，天人所同也。失则烝生热，否生寒，结为瘤赘，陷为痈疽，奔则喘乏，竭则焦槁。发乎面，动乎形，天地亦然。五纬缩嬴，孛彗飞流，其危诊也；寒暑不时，其烝否也。石立土踊，是其瘤赘；山崩土陷，是其痈疽；奔风暴雨，是其喘乏；川渎竭涸，是其焦槁。高医导以药石，救以砭剂；圣人和以至德，辅以人事。故体有可愈之疾，天有可振之灾。"

二如亭群芳谱天部卷之一

济南　王象晋荩臣甫　纂辑

松江　陈继儒仲醇甫

虞山　毛凤苞子晋甫　同较

宁波　姚元台子云甫

济南　男王与胤、孙士和、曾孙啟泓　诠次

天谱一

天，积阳之精，群物之祖也。周环无端，其形浑然，确乎在上，清而明此，天之礼也。天去地八万里，天包水，水承地，气又承天，故日月星辰所以能从地下运而出没也。《星经》曰："天无体，以二十八宿为体。"分之，周三百六十五度四分度之一，每度二千九百三十二里，积之共一百七万九百一十三里，径三十五万六千九百七十一里，半露地上，半在地下。其二端谓之南极、北极。北极出地三十六度，南极入地三十六度，两极相去一百八十二度半强。绕地北极径七十二度，常见不隐，谓之上规；南极径七十二度，常隐不见，谓之下规。赤道带天之纮，去两极各九十一度少强。天行一日一夜，常周三百六十五度四分度之一，而仍过一度，日不及天一度，月不及天十三度有奇，不及日十二度有奇。金与水一岁一周天，火二岁一周天，木十二岁一周天，土二十八岁一周天。天以南为阳，北为阴；地以北为阳，南为阴。天之昼夜以日出入为分，人之昼夜以昏明为限，日未出二刻半而明，日已入二刻半而昏。此天之概也。

二气。立天之道，曰阴与阳。阴、阳，二气也，而其实一气也。以法象论，天为阳，地为阴。以方隅论，西北为阳，东南为阴。以岁论，春夏为阳，秋冬为阴。以月论，自朔至望为阳，自望至晦为阴。以日论，昼为阳，夜为阴。以时论，自子正初刻至午为阳，自未至子初四刻为阴。以人论，君为阳，臣为阴；男为阳，女为阴；中国为阳，夷狄为阴。以物论，雄者、牡者、奇者、浮者为阳，雌者、牝者、偶者、沉者为阴。岂不判然差别哉？然而天地相附也，四方相维也，四时相序也，晦朔时刻相仍也，君臣男女相须也，中国夷狄相制也，雌雄牝牡相求也，奇偶浮沉相丽也。有阳中之阳，阴中之阴，有阳中之阴，有阴中之阳。平旦至日中，阳中之阳；日中至黄昏，则阳中之阴矣。合夜至鸡鸣，阴中之阴；鸡鸣至平旦，则阴中之阳矣。阳死则阴生，阴死则阳生，循环周流，如环无端，非阳自阳、阴自阴，截然二物也，故独阳不生，独阴不长，此造化生生不息之妙也。第子半阳生，其气极清，至午而浊，此后浊者渐减，至戌亥又清。人身一天地也，人性之清莫如夜半，故平旦为清明之气，至日中则浊矣。此孟子所为惓惓致戒于旦昼之牿亡也。四气四变。天有四气，又有四变。四气者，寒、暑、凉、暖也，以应四时。四变者，韶、占、阴、阳也，以和八节。如春气本暖也，仍冬令则犹寒，至惊蛰朔气值甲而变为韶，天地之启气所以变化也。既变，而春之暖气始得以生物矣。夏气本暑也，仍春令则犹暖，至芒种朔气值丙而变为阴，天地之合气所以变化也。既变，而夏之暑气始得以长物矣。秋气本凉也，仍夏令则犹暑，至白露朔气值庚而变为占，天地之渗气所以变化也。既变，而秋之凉气始得以成物矣。冬气本寒也，仍秋令则犹凉，至小雪朔气值壬而变为阳，天地之闭气所以变化也。既变，而冬之寒气始得以收物矣。四气位乘中正，得天度多，故东西南北不易，四变临甲丙庚壬之宫。天度既不齐，地气亦异应，以故江北无阴，江南无韶，西土无占，东土无阳。虽曰阴阳之（遍）〔偏〕，抑亦造化之妙也。五运六气。医书有云：天有六气，淫为六疾，故运气不可不讲也。五运者，五行也。如甲己化土、乙庚化金、丁壬化木、丙辛化水、戊癸化火之类，乘乎天干者也。六气者，风、火、暑、湿、燥、寒之气也。如子午少阴君火、丑未太阴湿土、寅申少阳相火、卯酉阳明燥金、辰戌太阳寒水、巳亥厥阴风木之类，乘乎地支者也。甲己何以化土也？语云：逢龙则化。甲己数至辰为戊，故化土。推之而乙庚之金，丁壬之木，丙辛、戊癸之水、火，莫不皆然。此五运之义也。少阴司子午者何？少阴为君火，南离为尊位，故正化于午、对化于子也。太阴司丑未者何？太阴属土，居中而寄于坤，未坤同宫，故正化于未、对化于丑也。少阳司寅申者何？少阳相火，位卑于君，火生于寅，故正化于寅、对化于申也。阳明司卯酉者何？阳明属金，酉为金正位，故正化于酉、对化于卯也。太阳司辰戌者何？太阳为水，君火居子，故避之而居辰，辰为水库，故正化于辰、对化于戌也。厥阴司巳亥者何？厥阴为木，木生在亥，故正化于亥、对化于巳也。此六气之义也。明于五运六气，合之四气四变，则化机可窥而以措之日用，庶无胶柱鼓瑟之患矣。五行休旺。阴阳之运，往过来续；五行之气，始终循环。当局者旺，将来者生，生我者休，尅我者囚，我尅者死，如金生巳，木生亥，火生寅，水土生申。此五行之定位也。甲乙寅卯木，丙丁巳午火，戊己辰戌丑未土，庚辛申酉金，壬癸亥子水，甲丙戊庚壬为阳，乙丁己辛癸为阴。此五行阴阳之定理也。木旺则火相、水休、金囚、土死，推之火土金水，莫不皆然。此五行贞胜之定势也。长生、长，音掌。沐浴、冠带、临官、帝旺、衰、病、死、墓、绝、胎、养，此五行循环之定局也。阳生阴死，阴生阳死，如阳金生巳死子，则阴金生子死巳，推之四行，莫不皆然。此五行递生之定机也。天神名考。天神之大者曰昊天上帝，即耀魄宝也，亦曰天皇大帝，又曰太乙。其佐五帝：东方青帝威灵仰，南方赤帝赤熛怒，西方白帝白招拒，北方黑帝叶光纪，中央黄帝含枢纽。《五经通义》。

休征。叔虞母梦天，谓武王曰："命汝生子，名虞。"及生子，有文在手，曰"虞"。遂命之。《史记》。 秦穆公梦至帝所，观钧天广乐。帝锡之以策，秦遂大昌。《史记》。 邓皇后幼时尝梦扪天，天体荡荡正青滑，如糖饧，又如钟乳状，乃仰漱饮之，以讯诸占梦，言尧梦攀天而上，汤梦及天而舐之，此皆圣主之前占，吉不可言。《汉史》。 韩魏公知秦州，卧疾数日，忽曰："适梦以手捧天者再，其后援英宗于藩邸，翼宗于东宫。"《倦游录》。 宋羊袭吉少时忽见天开眼，其内云霞绘锦，楼阁参差，光明下照山岳，后状元及第。曲襟溪《农桑要览》。曲公名迁梧，长山人，官训导。 明天顺间，陕西陈鸾生一子哑，年十四，仰见天开眼，上帝冕旒袍衮，端拱其中，仪卫甚众，宫殿栏楹，炫彩耀目。其子巫拜，不觉声出若钟。后耕田获金狮一枚，遂大富。同前。 正德间，扬州有哑人姓郑，忽见空中红光炳耀，仰视则天开眼也，随拜随唤人观，不觉声出。《七修类稿》。

咎征。昭四年初，穆子去叔孙氏适齐，娶于国氏，生孟丙、仲壬。梦天压己，弗胜，顾而见黑而上偻，深目而豭喙，号之曰"牛助予"，乃胜之。《左传》。 陶侃梦生八翼，飞而上天，见天门九重。已登其八，余一门不得入。以翼搏天，闻者以杖击之，因而坠地，折其左翼。及寝，左腋犹痛。《倦游录》。 李贺，字长吉，梦绯衣人持版告之曰："天帝新成白玉楼，请君为记。"贺不得已，随之。遂卒后，其母梦贺曰："上帝迁都丹圃，建白瑶宫，召某为《新宫记》。又作凝虚殿，使某辈篆《集乐章》。"《宣室志》。 莆田方朝散病厥，三日复苏，云至玉华殿，遇一道士，谓曰："先生昔有阴功。"上帝召见白玉楼，试文一篇。帝览之，大喜，拜玉华侍郎。因有过，谪堕人世，不久当返。《夷坚志》。 天宝十四年五月五日午时，烈日中空，中天鸣若雷，群臣震恐。其年安禄山反。《农桑要览》。 元顺帝十八年三月，绛州天鼓鸣，其声响哓，空中若战斗，干戈之声遍地，火光或出或入，有声无形。其年妖气四塞，人民迷惑。同前。 中和三年，浙西天鸣，声如转磨，无云而雨。谚云："无云而雨，谓之天泣。"《五行志》。 洪武元年八月，建业天鸣，如河倾海，注乃肆赦。刘诚意《草木子余录》。刘公名基，青田人。封诚意伯。 宣德中，一日未申时，忽天裂于西南，视之若十余丈。时晴碧无翳，内外际畔，了然可察。见其中苍茫深昧，不可穷极，良久乃合。《志怪录》。 成化末，正旦，中天有白气如练。仰视之，宛转如白蛇，渐升渐消，忽有声如雷，盖天鼓也。王守溪《震泽长语》。王公名鏊，吴县人。会元，大学士。 弘治辛酉闰七月午后，阴云迷漫如欲雨，俄闻空中哄然有声，约三刻乃止，人皆谓之天鸣。是年有火筛之变。《西樵野记》。 嘉靖四十一年六月，天西北忽陨物如升，体圆而长，上锐下大，其色黄白，下有紫，赤光炎炎而坠，瞬息大如斗，如数石瓮，精光四烛，明彻毫芒。将至地，作踊跃状，光影起伏者再。后有人来自淮扬及闽中，所见皆同，类天狗，但坠地不闻有声耳。《定海志》。

占候。天开眼，谓之天晴下照，又谓之天笑主。其地人民康泰，五谷秀实，见者大获吉庆。《农桑要览》。 有物如小钱许大，从地中出，如麻黍稷大，名天雨釜甑，雨，去声。主岁穰。 天雨冰石，则水失其性，主其下大疫。 天雨绪如麻纻，民大饥。俱《宋志》。 天鸣有声，谓之天鼓鸣，百姓劳形。《五行传》。 天雨黄尘，天下大饥。《隋书》。

典故。共工氏与颛顼氏争为帝，此共工名康回，非尧时共工也。不胜而怒，乃头触不周山，崩天柱，折地维，缺。女娲氏炼五色石以补天缺，断鳌足以立四极。《外纪》。 颛顼，高阳氏，命南正重司天以属神，北正黎司地以属民。《史记》。 询之下西洋兵邓老言：向历占城、古里等十余国，唯地上之物有异耳，其天象大小远近显晦之类，虽极远国，一切与中国无异，因此益知以二十八宿分隶中国之九州者谬也。祝枝山《前闻记》。祝公名允明，苏州人。 范文正倅陈州时，郡守母病。召道士奏章，终夜不动，五更始苏，谓守曰："夫人寿有六年，所苦勿虑。"问："今夕奏章何以久？"曰："方出天门，遇放明年进士春榜，观者骈道，以故稽留。"问："状元何姓？"曰："姓王。二名，下一字墨涂，傍注一字，远不可辨。"既而郡守母病果愈。明春放榜，状元乃王拱寿，御笔改为拱辰。公始叹道士之通神。《括异志》。

丽藻。散语：巍巍乎，惟天为大！　天何言哉？《论语》。　天地位焉。　及其至也，察乎天地。　今夫天斯昭昭之多。《中庸》。　天之高也。　知其性则知天矣。《孟子》。　大哉乾元，万物资始，乃统天。　广大配天地。　天行健，君子以自强不息。　天道亏盈而益谦。　天垂象，见吉凶。　天之所助者，顺也。《易》。　乃命羲和，钦若昊天，历象日月星辰，敬授人时。　敕天之命，惟时惟几。　先王顾諟天之明命，以承上下，神祇、社稷、宗庙，罔不祇肃。《书》。　明明上天，照临下土。　上天之载，无声无臭。　小心翼翼，昭事上帝。　天难谌思。　天维显思，命不易哉！　我其夙夜，畏天之威。《诗》。　天子者，与天地参，故德配天地，兼利万物。《礼记》。　天，颠也。至高无上，从一大也。《说文》。　易有太极，是生两仪。两仪未分，其气混沌。清浊既分，伏者为天，偃者为地。《河图·括地象》。　春为苍天，夏为昊天，秋为旻天，冬为上天。于春言色，于夏言气，于秋言情，于冬言位。《尔雅》。　天秉阳，垂日星。地秉阴，窍于山川。《礼运》。　吾与日月参光，与天地为长。《广成子》。　天地初起，溟滓鸿濛。《帝系》。　天得一以清。天之道，其犹张弓乎？高者抑之，下者举之，有余者损之，不足者补之。《老子》。　杞国有人忧天地崩坠，身无所寄，废寝食。又有忧彼之所忧者，曰："天，积气耳，亡处亡气，奈何崩坠？"其人曰："天果积气，日月星宿，不当坠耶？"晓者曰："日月星宿，亦积气中之有光耀者，正复使坠，亦不能有所中伤。"其人曰："奈地坏何？"晓者曰："地，积块耳，亡处亡块。若躇步跐蹈，躇，音住。跐，音千。终日在地上行止，奈何忧其坏？"其人舍然大喜。《列子》。　恬淡寂寞，虚无无为，此天地之平，道德之质也。　天之苍苍，其正色耶！《庄子》。　天大地小，表里有水，地乘气而立，载水而浮。天运如车毂之运。《浑天仪》。　天者，群物之祖，故遍覆包含而无所殊。董仲舒。　东方皞天，东南方阳天，南方赤天，西南方朱天，西方成天，西北方幽天，北方玄天，东北方变天，中央钧天，是为九天，又名九野。《楚辞注》。　天何依依于地，地何附附于天？邵康节。　说：尝观刘向《灾异五行传》，后世或以为牵合。天固未必以屑屑为事，然殃咎各以类至，理不可诬，若遽以牵合少之，则箕子之五事庶征相为影响，顾亦可得而议乎？试以一身言之。五行者，人身之五官也，五气应五脏，五气调顺，则百骸俱理，一气不应，一病生焉。然人之受病，必有所属，太阳为水，厥阴为木是也。而太阳之证，为项强，为腰疼，为发热，为恶寒，其患杂然而并出。要其指归则一，出于太阳之证也，犹貌不恭而为常雨、为狂、为恶也。况五官之中，或貌言之间两失其正，即《素问》所谓阳明厥阴之合病也。其为病，又岂一端之所能尽哉？以一身而察之，则五事庶证之应，盖可以类推矣。刘向《五行传》直指某事为某证之应，局于一端，殆未察医书两证合病之理耳。后之人主五事多失，受病不止一证，宜乎灾异之互见迭出也。夫冬雷则草木华，蛰虫奋，人多疾疫，一炁①使然。天生圣贤则产祥瑞，象见于上则事应于下。如虹霓，妖气也，当夏而见则物不损，物未成也；秋见则百谷用耗矣，或入人家而能致火，饮水则泉竭，入酱则化水，和气致祥，妖气致异，厥有明验，天道感物，如响斯应，人事感天，其有不然者乎？如风花出海而为飘风，山

___

① 炁，同"气"。

川出云而为时雨。农家以霜降前一日见霜则知清明前一日霜至，霜降后一日见霜则知清明后一日霜至。五日、十日而往，前后同占，欲出秧苗，必待霜止，每岁推验，若合符节，天道果远乎哉？感于此则应于彼，有此象则有此数，不易之理也。　昔人言天体者三：一曰周髀，二曰宣夜，三曰浑天。浑天莫知其始。《书》："璇玑玉衡，以齐七政。"盖浑，体也。宣夜，夏殷之法；周髀，周公所传也。近世言天有四术：一曰方正，兴于王充；二曰昕天，起于姚信；三曰穹天，闻于虞昺。皆臆断浮说，不足观也。惟浑天之事，征验不差。贺道养。　东西南北径三十五万七千里，此言周三径一也。考之径一不啻周三，率周百四十二而径四十五，则天径三十三万九千四百一里一百二十二步二尺二寸一分七十一分之十。陆绩《周天度数说》。　赋：玄素子涉方壶之滨，蹑玄圃之巅。驱海若以为御兮，戴长虹以为冠。放清歌于云表兮，把孤碧于霞端。御奔飙以欻忽兮，凌层虚而若仙。乃喟然啸曰："天度者，鬼神之虚车；天辰者，日月之精舍；天躔者，太微之清都；天冲者，璇玑之缀旒；天市者，经纬之妙轴；天巧者，虚灵之玄丘。天赋我以形，劳我以生，启我以性，完我以神，使我遨游乎大造之真，胡为乎踽踽而泯泯？"慨轩黄之返旆兮，暨勋华之回旌。乾枢坤轴之循环兮，乌精兔魄之沉升。逮王社之既屋兮，吊伯业之峥嵘。真学晦以湮沦兮，古风漓而弗淳。人妖物怪之荐臻兮，天鸣地鼓之交征。太白炫辉于阁道兮，箕斗失次而相刑。羽气凛凛其乘宫兮，黄雾阴阴其弗清。嗟我生之何似兮，而乃彷徨于斯世。豹韬累于玄谷兮，淬龙泉于砺石。山鸟忘机而栖集兮，溪花含芳而旖旎。美我心之耿耿兮，抱白云以终日。将欲旋元气于神宇兮，罔怪见而妖张。置吾人于淳朴兮，几川泳而云翔。斯老狐之夜嗥兮，斯，音捉，斩也。《周书》："斯朝涉之胫。"剖林驳之晨狂。劓浥虹之天娇兮，洗尘垢之飘飖。激清湍于九河兮，还穆风于八表。鼓天下而同休兮，明冰雪而皎皎。奏钧天之逸响兮，闻凤韶之缥缈。嘘太和于甄镕兮，吸元精于虚濑。乃物我其想忘兮，若乘夫莽渺之鸟。于是游于桃泉，憩于筑溪。有父老莞尔而笑曰："化之旋也，孰握其几道之门也？孰执其枢？子实其虚。惟几之顺，子智其愚。惟枢之遇，子何玄机之未启，而至化之未窥也？夫盈虚消息，动静之根也。进退行藏，天人之局也。子知之乎？"言既登岸，觅之不识其处。玄素子歌曰："秋月兮半空，玉立兮群峰，饮蒙泉兮溪之东，天与吾游兮泠泠其风。"廖道南。　诗五言：皓天舒白日。左思。　回风送天声。李白。　高天逐望低。　春色浮天外。　天高云去尽，江迥月来迟。　频惊适小国，一拟问高天。俱杜甫。　得罪风霜苦，无私天地仁。刘长卿。　日月东西行，寒暑冬夏易。阴阳无停机，造化渺莫测。开目为晨光，闭目为夜色。一开复一闭，明晦无休息。居然六合外，旷我天地德。苏辙。　七言：气体苍苍号曰天，其中有理是为乾。浑然气理流行际，万物同归此一源。朱晦庵。　一物其来有一身，一身还有一乾坤。能知万物备于我，肯把三才别立根。天向一中分造化，人从心上起经纶。天人焉有两般义，道不虚行只在人。邵康节。

二如亭群芳谱天部卷之二

济南　王象晋荩臣甫　纂辑
松江　陈继儒仲醇甫
虞山　毛凤苞子晋甫　同较
宁波　姚元台子云甫
济南　男王与朋、孙士鹄、曾孙啟溥　诠次

天谱二

日，阳精也。《说文》曰：日者，实也。大明盛实。字从○从一，象形也。又君象也，一名灵曜，一名大明，一名朱明，一名东君，一名阳乌。日径千里，围三千里，下于天七千里。《考灵曜》云：日有九光，光照四极，光之所及经八十一万里，日循黄道三百六十五日有奇。而一周天黄道，日之所行也，半在赤道外，半在赤道内，与赤道东交于角五弱，西交于奎十四少强。其出赤道外极远者，去赤道二十四度，斗二十一度是也。其入赤道内极近者，亦二十四度，井二十五度是也。日南至，去极最远，景最长。自南至之后，日去极稍近，故景稍短。日昼行地上度稍多，故日稍长；夜行地下度稍少，故夜稍短。日所在度稍北，故日出入稍北，以至于夏至日最北，去极最近，景最短。自夏至之后，日去极稍远，故景稍长。日昼行地上度稍少，故日稍短；夜行地下度稍多，故夜稍长。日所在度稍南，故日出入稍南，以至于南至而复初焉。冬至日南行三万里，夏至北行三万里，春秋东西亦如之。东至角，西至娄，去极中。仲春、仲秋日行南北中，与地之卯酉相当，是以昼夜均平，则为春分、秋分，日月之光不至，则万物寝息。日内黑而外莹，光丽中天，照耀万物，有迟疾发敛，南北之行，日北而万物生，日南而万物死。行东，陆谓之春；行南，陆谓之夏；行西，陆谓之秋；行北，陆谓之冬。若夫春日红润，夏日炎蒸，秋日燥烈，冬日温平，皆吉征也。日光曰景，日影曰晷，日气曰晛，晛，音现。日初出曰旭，日大明曰昕、曰晞、曰温、曰煦，在午曰亭午，在未曰昳，昳，音迭。日晚曰旰，日将落曰薄暮，日西落光返照于东曰返景，在下曰倒景。

休征。圣王在上，则日光明，五色备具。《易纬》。　日者君象，德政无失，百姓安宁，则日华五彩。至德之朝，日月若连璧。《坤灵图》。　日冠如半晕，法当在日上。如冠有两耳者更吉。《杂占》。　君德应天，上下和平，则日中有王字。　人君德政皆备，则日色精明而扬光。　人君有德，天下大丰，则有四彗。四彗者，日出光芒如彗也。俱《宋志》。　少昊邑于穷桑，日五色互照。《尸子》。　日中有王字，汉文帝。　汉景帝王夫人梦日入怀，后生武帝。　唐玄宗开元二年二月朔日应亏不亏，姚崇表贺。　唐开元十二年七月戊午朔，于历当食半强，自交趾至朔方候之，乃不食。十二月庚戌朔，于历当食大半，时东封泰山，还次梁宋间，皇帝徹膳，不举乐，不盖，素服，日亦不食。时群臣与八荒君长之来助祭者，皆奉寿称庆，肃然臣服。　陶隐居母梦日入怀，因而有孕，后生隐居。　戚少保继光生之日，日华五色。后立功闽浙蓟镇，为世虎臣，官至左都督少保。

咎征。人君德政有瑕，人民怨咨，则日生变异，以彰乖愆。　人君男教不修，阳事不得，適见于天，適，音谪。日为之食，故日食则天子素服而修六宫之职，荡天下之阳事。　哀公六年，楚有云如众赤鸟，夹日以飞三日。周太史曰："其当王身乎？禜之，禜，音谏。可移于令尹司马。"王曰："除心腹之疾而置之股肱，何益？"乃勿禜。孔子曰："昭王知大道矣。其不失国也，宜哉！"　唐僖宗乾符六年十一月朔，两日并出，而斗离，而复合，三日乃不见。是月，黄巢、刘汉宏作乱，帝迁巴蜀。　周显德七年正月，日既出，下复有一日相掩，黑光摩荡者久之。　宋政和二年四月，日中黑子，乍二乍三，如栗。　德祐二年二月，日中黑子如鹅卵相荡。　汉正和四年八月朔，日食不尽，如钩。　梁武帝太清元年正月朔，同。　唐开元十七年十月朔，同。　宋仁宗康定元年正旦，同。　嘉祐四年正旦，同。　神宗熙宁元年正旦，同。　宋仁宗景祐元年四月，日食。四月纯阳，古人尤忌。　唐□年，日食。〔东〕壁李泌曰："吾当之矣。"东壁，图书之府。日食，大臣当有忧者。

护日。季秋月朔，辰弗集于房，辰，日月会次之名。集，合也，不合则食。瞽奏鼓，司瞽者奏于王。啬夫驰，主币者驰币以礼神，供救日之役。庶人走。《夏书》。　天子救日，置五麾，麾，旗旛也。陈五兵五鼓。五兵，戈、戟、钺、弓、矢。诸侯置三麾，陈三兵三鼓。大夫击柝，充其阳也。《榖梁传》。　日有食之，以朱丝萦社。《公羊传》。　用牲于社，伐鼓于朝。《左传》。　国朝遇日食，百官朝服，于礼部行救护礼，预行天下救护。　春秋二百四十二年，日食三十有六。　日月之会，自有常数，每一百七十三日有余，日月之道一交，则日月必食。《春秋正义》。　昭二十一年秋七月，日有食之。公问于梓慎曰："是何物也？祸福何为？"对曰："二至二分，日有食之，不为灾。日月之行也，分同道也，至相过也。其他月则为灾，阳不克也，故常为水。"《左传》。　昭公十七年六月，日食。祝史请用币，季平子不许。太史曰："日过分而未至，三辰有灾。"于是百官降物，君不举，乐奏鼓，祝用币，史用辞。《白孔六帖》。　汉文纪十一月晦，日有食之，谪见于天，灾孰大焉？　黄琬祖父琼为魏郡守时，日食，而京师不见。琼表日食之状，太后诏问："日食多少？"琼久而无对。琬年七岁，在傍谓琼曰："何不言日食之余如月之初？"琼遂用其言答诏。《东汉书》。

占候。安居而日晕，多成风雨。　晕黑则谷伤大水，晕青则籴贵多风，晕赤则暑雨霹雳，晕黄则风雨时，农田治，数见则大安。俱《祥异赋》。　日晕两半相向，天下大风。　晕两珥有云贯之，其分多疾。俱《宋志》。　日生耳，谚云："南耳晴，北耳雨，日生双耳断风雨。"若长而下垂通地，名曰"日幢"，主久晴。　日行失度出阳道，多旱。风出阴道，多阴雨。　谚云："今夜日没乌云洞，此言一朵乌云渐起，而日落其中也。明朝晒得背皮痛。"谓半天原有黑云，日落云外，其云夜间开亮也。又云："日没返照，言半天虽有云，及日没，下段无云，如日在岩洞也，返照在日入之前。晒得猫儿叫。"　日没后起青白光数道，下狭上阔，直起亘天，俗呼"青白路"，主来日酷热，惟夏秋间有之。　正月：日蚀，人流亡多病，五谷贵，齐大饥。《黄帝占》。　又主秦大旱。日赤如血，大旱。　日上有黑云，大旱。　立春：晴明少云岁熟，阴则虫伤禾豆。　立竿野中量日影，一尺大饥旱，二尺赤地千里，三尺旱，四尺五尺低田收，六尺大收，七尺次收，八尺涝，九尺一丈大水。　雨水：阴多，主水少，高下并吉。　朔日：晴，主人安、国泰、岁丰、寇息、牲旺。连三日内无风雨，而阴和不见日色，主一岁大美。　三日：晴明，主上下安。　五日：晴明，民安。　六日：晴，主大熟。　七日：晴，民安，君臣和会。　八日：晴暖，宜谷，高田大熟。　上元：晴，主一春少雨，又宜百果。　十六日：夜晴，主旱，惟水乡宜之。　十七日：是日为秋收日。晴，主秋成，百果蕃茂。　日晕：丙丁日，主旱；戊己大水，土工起；庚辛，兵；壬癸，江河决溢。四月同。　二月社日：晴明，六畜大旺。　春分：晴明，燠热，万物不成。　二日：田家谓之上工，佣工之人，此日上工。日宜晴。　十二日：晴则百果实，怕夜雨。若此日虽雨多亦无妨。陈元义云："二月得十二夜晴，一年晴雨调匀。"十五日：为劝农日。晴，主年丰。又为花朝，晴则百果实。　二十日：晴，主籴平。三月：日蚀，大人忧其分，大水出，有旱饥，丝绵布米贵，楚地大凶。《黄帝占》。　清明：喜晴恶雨。谚曰："檐前插柳青，农人休望晴。檐前插柳焦，农人好作娇。"又："午前晴，早蚕收；午后晴，晚蚕收。"《月令通考》。　三日：晴，主桑贵。谚云："三月三日晴，桑上挂银瓶。"夏：日色黄，主雨。《隋书·占》。　四月：日蚀，天下旱疫，牛无食，六畜死，宋大凶。《京房占》。　立夏：日晕，主水。晴，主旱。大晴，其年必旱。《文林广记》。　朔日：晴，岁丰。晴而燠，主旱。有晕，主水、主风、主热，有重种两禾之患。十四：晴，主岁稔。谚云："有利无利，但看四月。"十四黄昏时，日月对照，主春秋旱。《月食通考》。　十六：日月对照，同上。　五月：日蚀，大旱，大饥，人死，六畜贵，梁大凶。《乙巳占》。　芒种：晴明，主丰。午时量日影，不及四尺二寸，分瓜不成。《东方朔占》。　夏至：日晕，主有水。《便民图纂》。　日月无光，五谷不成，人病。《岁时杂占》。　午时量日影，不及一尺八寸，禾不成。《东方朔占》。　一日：晴，主年丰。　五日：大晴，主水。值夏至，天阴，日无光，谷不全收。　六月：日蚀，六畜五谷贵，主旱，沛大凶。《月令通考》。　三日：晴，主旱。谚云："六月初三晴，山筱尽枯零。"《田家五行》。　六日：晴，主收干稻。《月令通考》。　七月：日无光，虫灾，岁凶。《家塾事亲》。　日食，人流亡，大水坏城郭，缯帛贵，岁恶，秦国恶之。《庚辛占》。　日月失色，令人食不入口，腰脊股肩背皆肿。《家塾事亲》。　立秋：晴，主万物少成熟。一云主岁稔。《田家五行》。　八月：日蚀，人病疮疥。白露：晴，主收稻，属火，蝗虫多，难种菜。秋分：晴，主不收。《月令通考》。　朔日：晴，主连冬旱，宜姜。《月令通考》。　十一日：小晴，妙。　十五日：晴，主来年高田成熟，低田水。《月令通考》。　九月：晴，日食，饥疫，布帛贵，盐贵，女工贵，韩大凶。《己巳占》。　朔日：晴明，万物不成。《四时占候》。　九日：晴，则冬至、元旦、上元、清明四日皆晴。《田家五行》。　十三日：晴，则一冬多晴。《农占》。　十月：日食，冬旱，六畜贵，鱼盐贵，秦大凶，来秋谷贵。《黄帝占》。　立冬：晴，主小寒，人吉。又谚云："立冬日晴主冬暖。"又主多鱼。《月令通考》。　是日先立一丈竿占日影，得一尺大疫、大旱、大暑、大饥，二尺赤地千里，三尺大旱，四五尺低田收，六尺高低田俱熟，七尺高田收，八尺涝，九尺大水，一丈水入城。《家塾事亲》。　朔日：晴，则一冬多晴。《月令通考》。　十五、十六日：晴，主冬暖。同上。　十一月：日食，人畜俱疫，鱼盐贵，籴贵，牛死，燕大凶。《乙巳占》。　冬至：晴，万物不成。又主年必雨。《便民图纂》。　是日日中竖八尺表，视其晷如度，岁美人和，不则岁恶人惑。晷进则水，晷退则旱；进一尺则日蚀，退一尺则月蚀。《历法》。　十二月：日蚀，其下水灾，夏麦不收，谷贵，牛多死，赵大凶。《黄帝占》。

　　典故。天子春朝日，秋夕月，朝日以朝，古者春分朝日。夕月以夕。　天子玄端朝日于东门之外。郊泰畤，平旦出行宫揖日，其夕西南向揖月。《礼·玉藻》。　钟山之神名曰烛阴，视为昼，瞑为夜，吹为冬，呼为夏。身长千里，人面蛇身，赤色。又名烛龙。天不足西北，无阴阳消息，故有龙衔火精以往照天门云。《山海经》。　若木在建木西，末有十日，若木端有十日，状如连珠。其华照地。　日中有踆乌。踆乌，三足乌也。俱《淮南子》。　灰野之山有树，青叶赤华，名若木，生昆仑山，附西极，其华光下照地。又曰：大荒之中旸谷上有扶桑木，十日所浴，九日居下枝，一日居上枝，皆戴乌。《山海经》。　东南桃都山有大树，名若术，枝上有天鸡。日出照此木，鸡即鸣，天下鸡皆鸣。　太山东南名日观，鸡一鸣时，见日出三丈许。《玄中记》。　羲、和，东方二国名，日所由过也。每日出，二国人为御，推升太虚，故唐虞取以名官。《山海经》。　人主兄日姊月。《春秋感精符》。　郁华又名郁仪，奔日之仙，故曰"郁仪赤文，与日同居"；结邻①，奔月之仙，故曰"结邻黄文，与月同居"。《黄庭经》："郁仪结邻善相保。"《鸡跖集》。　桀无道，两日并照，在东者将起，西者将灭。费昌问冯夷曰："何者为殷？何者为夏？"冯夷曰："西，夏也；东，殷也。"于是费昌徙族归殷。王充《论衡》。　白水之南，建木之下，日中无影，盖天地之中也。又宋景德元年十二月甲辰，日有二影，如三日状。《吕氏春秋》。　齐有不夜县。古者有日夜出于东莱，故莱人立城以"不夜"为名，在登州府文登县东北。《齐地记》。　方诸山真人皆呼日为圆罗耀，外国人呼日为濯罗耀。《真诰》。　尧时十日并出，草木焦枯。尧命羿射之，中其九乌，皆死。《淮南子》。　穆王驾八骏之乘，西观日所入处，日行万里。《列子》。　懿王元年，天再旦于郑。《汲冢纪年》。　秦始皇作石桥于海上，欲过海观日出处。有神人驱石，去不速。神人鞭之，皆流血。《三秦略》。　汉成帝问刘向曰："俗说谓文帝及征，后期不得立，日为再中，有诸？"向曰："文帝少即位，不容再中。"《风俗通》。　魏文帝为王时，梦日坠地，分为三。已得其一，纳之怀中。《谈薮》。　晋明帝幼而聪慧，元帝宠爱之。年数岁，常置膝前。属长安吏来，帝因问之曰："日与长安孰近？"对曰："长安近。不闻人从日边来，只闻人从长安来。"明日宴群臣，又问之。对曰："日近。"帝动容，曰："何乃异昨日之言乎？"对曰："举头见日，不见长安，以是知近。"帝大悦。　虞公与夏战。日欲落。以剑指之，遂不落。　鲁阳公与韩战酣。日暮，援戈挥之，日返三舍。俱《淮南子》。　魏程立梦登太山，捧日立以白太祖。太祖因改名曰昱。　人生一世间，如白驹过隙。白驹，日影也。《魏豹传》。　有客登岱岳绝顶，以伺日出。久之，星斗渐稀，东望如平地，天际已明，其下则暗。又久之，明处有山数峰，如卧牛、车盖之状。星斗尽不见，其下尚暗。久之，日从暗出，初露一痕，照耀东海水，如杯大泓，乍沉乍浮。倏焉日轮涌出，正红色，腾起数十丈。至

---

① 结邻，月神。也作"结璘""结鳞"。

明处，全无光，其下亦尚暗。《邵氏闻见录》。　宋有田父，曝日于野，美之。谓其妻曰："吾负日之暄，以献吾君，必获重赏。"　夸父不量力，夸父，神人名。欲追日影。逐之崲谷，渴。饮河渭，不足，将北饮大泽。未至，渴而死。俱《列子》。　文七年，丰舒问于贾季曰："赵衰、赵盾孰贤？"对曰："赵衰，冬日之日也；赵盾，夏日之日也。"冬日可爱，夏日可畏。《左传》。　唐宫中以女工揆日长短，冬至后以红线量日晷，增一线之长。

丽藻。散语：日月丽乎天。　明两作，离，大人以继明照于四方。　君子终日乾乾，夕惕若厉，无咎。　日中则昃，月盈则食。天地盈虚，与时消息，而况于人乎？况于鬼神乎？　悬象著明，莫大于日月。　日月得天而能久照。　日月之道，贞明者也。《易》。　分命羲仲宅崲夷，曰旸谷。寅宾出日，寅饯纳日。《虞书》。　自朝至于日中昃，不遑暇食。　一日二日万几。《书》。　日居月诸，胡迭而微。　日之夕矣。　瞻彼日月，悠悠和思。　岂不日戒？一日三捷。　我日斯迈。　吉日维戊。　吉日庚午。　日月告讻，不用其行。　日监在兹。　日就月将。俱《诗》。　日南则景短，多暑；日北则景长，多寒；日东则景夕，多风；日西则景朝，多阴。　以土圭测日之法，以正日景，以求地中。俱《周礼》。　日者，众阳之宗，阳精外发，故以昼明。《万年历》。　夫日者，乃阳德之母也。《春秋内事》。　阳燧见日则燃而为火。《淮南子》。　日者，众阳之宗，辉光所烛，万里同晷，故日将旦，清风起，群阴伏。《李寻传》。　日出三竿，黄色赤晕。《南齐·天文志》。　化国之日舒以长，故其民闲暇而力有余；乱国之日促以短，故其民困鹜而力不足。舒长者，非羲和安行、君明民静也；促短者，非分度减损、上暗下乱也。《潜夫论》。　月则阴精，日则阳精，故《周髀》云："日犹火，月犹水。火则施光，水则含影。月光生于日所照，魄生于日所蔽。"《事林广记》。　日行舒疾，与骐骥步相类。（正充）〔王充〕《论衡》。　日行迟、月行疾者何？君舒臣劳也。日月所以愚者何？助天行化、昭明下地也。《白虎通》。　日者，太阳之精，积而成鸟，象乌，阳之类，其数奇。月者，阴精之宗，积而成兽，象兔，阴之类，其数偶。张衡《灵宪》。　日者，火精也。《范子计然》。　积阳之气生火，火气之精为日。《淮南子》。　宋玉《招魂》："十日代出，流金铄石。"《楚辞》。　日为流珠。《参同契》。　天地间理与气而已。有理斯有气，有气斯有形。天之气下柔而上刚，愈高则愈清，清则愈刚，故日月星辰历千古而不毁。地之气上柔而下刚，愈深则愈坚，坚则愈刚，故江湖之底、深山之谷类多坚刚。　按天体北高南下，日近北则去地远，而出早入迟，故昼长。日近南则去地近，而出迟入早，故昼短。　四时者，天之吏。日月者，天之使。《淮南子》。　按地居天之中，地平不当天之半。地上天多，地下天少，是以日出落时见日大，近人也；日中时见日小，远人也。日初出时见日大，宜暖热而尚寒凉者，阴凝而阳未盛也。日中时见日小，宜寒凉而反暖热者，阳盛而阴已消也。申未时愈热者，阳积而盛也。　广海冬热者，由冬日南行，正当戴日之下，故热；朔北夏寒者，夏日虽北行，然朔北直当阴山之背处，日光斜及，故寒。由此观之，南北寒热亦由于日也。　日，君道也，无朒魄之变；月，臣道也，远日益明，近日益亏。望与日轨相会，则徙而浸远，远极又徙而近交，所以注人臣之象也。望而止于黄道，是谓臣（于）〔干〕君明，则阴斯食矣。朔而止于黄道，是谓臣壅君明，则阳为之食矣。若过至未分，月或变行而避之；或五星潜在日下，御侮而救之；或涉交数浅，或在阳历，阳盛阴微则不食；或德之休明而有小眚焉，则天为之隐，虽交而不食。此四者，皆德教之所由生。《唐书》。　物类相动，本标相应，故虎啸而谷风至，龙举而景云属，麒麟斗而日月食，鲸鱼死而慧星出，蚕珥丝而商弦绝，贲星坠而渤海决。《淮南子》。　孔子东游，见两小儿问辨，问其故。一儿曰："我以日始出去人近，日中时远。"一儿曰："日中时近，日初出时远。"一儿曰："日初出时如大车轮，及中如盘盂，此不为远者小而近者大乎？"一儿曰："日初出苍苍凉凉，日中时如探汤，此不为近者热而远者凉乎？"孔子不能决。两儿笑曰："丘，孰谓汝多知乎？"《列子》。　取日虞渊，洗光咸池，潜授五龙，夹日以飞。《唐狄仁杰赞》。　日中则移。《吴越春秋》。　暾将出兮东方。日初出，其容暾。暾，盛貌。《楚词》。　日月者，人君之象也。君不假臣下之权，则日月扬光。《瑞应图》。　九暑乃至，时雨乃降，五谷百果乃登，此谓日德。《管子》。　日月不高，其威不赫。《荀子》。　远而望之，皎若太阳升朝霞。《洛神赋》。　日出于地，万物蕃息。《文子》。　景日曜灵，玄鸟攸生。傅玄《拟天问》。　昺明离章，五色淳光。《太玄经》。　日神五色，明照四方。　日为太阳之宗。《晋·天文志》。　扶桑晓兮白日飞。李白。　日出于旸谷，浴于咸池，拂于扶桑，拂桑在碧海中，高数千丈，两干同根，互相依倚。是谓晨明．登于扶桑，爰始将行，是谓胐明。胐明，将明也。胐，斐、配二音。至于曲阿，曲阿，山名。是谓旦明。临于会泉，会泉，东方多木地。是谓蚤食。次于桑野，是谓晏食。臻于衡阳，是谓隅中。对于昆吾，昆吾，南方之丘。是谓正中。靡于鸟次，鸟次，西方山。是谓小环。至于悲谷，悲谷，西方大壑。是谓铺时。至于女纪，女纪，西方之阴。是谓大还。经于隅泉，是谓高舂。高舂，未暝铺时也。顿于连石，连石，西北之山。连，音烂。是谓下舂。下舂，日将暝。爰止羲和，羲和，驭者。爰息六螭，螭，音鸥，龙也。是谓悬车。悬车，日至此悬而不用。薄于虞渊，是谓黄昏。沦于蒙谷，是谓定昏。日入崦嵫，崦嵫，山名，日所入处。崦，音淹。嵫，音兹。经于细柳，细柳，西方之野。入于虞渊之汜，曙于蒙谷之浦。蒙谷之浦，蒙汜之水。汜，音巳。日西垂，景在树端，谓之桑榆。《淮南子》。　赋：煦百川以冰开，暖千林而花发。煎绿潭而水沸，澜青云而火生。曜凝霜而轻白，带飞霞而淡红。赫然作色，无物不惮；温然为容，有情皆玩。终而复始，既明且焕。自非造化之至精，焉能作群生之壮观？王珪《日赋》。　步栖迟以徙倚兮，白日忽其将匿。风萧瑟而并兴兮，天惨惨而无色。兽狂顾以求群兮，鸟相鸣而举翼。王粲《登楼赋》。　相彼乌矣，超然莫同。不振羽于域上，自呈形于日中。仪凤肯惭，信五色而都混；高天已及，岂三年之始冲？懿此生成，贯乎今昔。东西必随于运动，升降宁离于赫奕。俯黄人而更助金光，映玉宇而偏疑鸟迹。既乃腾陵霄汉，披拂云霓。那楚幕而堪处，匪霜台之足栖。分明而不似笼中，固非仙鹤；仿佛而还如镜里，岂是山鸡？曷九雏之莫对，乃三足而长在。黑羽虽同于不黔，白头讵得而终待？始来何地，谁见入于重轮？爰止何年，孰可闻于真宰？徒讶其炜炜煌煌，形标翼张。纵横弄色，宛转和光。风起而遥疑飞动，烟含而杳若潜藏。足令人子闲窥，因寄情于反哺；日官频测，空怀望于殊祥。嘉其霭尔无匹，衮然斯出。鸣琴安得写其啼，琴有乌夜啼曲。流水焉能变其质？复不知见也何期，隐也奚归。有咸池兮饮不饮，有蟠桃兮依不依。谁使梯航景象，沐浴光辉？炫晃乎清昼，优游乎翠微。靡愿稻粱，志士留之而莫得；无猜弹射，夸父惊之而不飞。客有指寥廓之仪形，访前时之歌咏。且彼素姿神异，赤羽辉映。不为阴骘之符，盖本阳精之命。今仁风已扇，孝理方盛。乌之灵兮，得不降休而瑞圣。康僚《日中乌赋》。 喻：生而眇者不识日，问之有目者，或告之曰："日之状如铜槃①。"扣槃而得其声。他日闻钟，以为日也。或告之曰："日之光如烛。"扪烛而得其形。他日揣籥，以为日也。日之与钟、籥亦远矣，而眇者不知其异，以其未尝见而求之人也。道之难见也甚于日，而人之未达也，无以异于眇。达者告之，虽有巧譬善导，亦无以过于槃与烛也。自槃而之钟，自烛而之籥，转而相之，岂有既乎？故世之言道者，或即其所见而名之，或莫之见而意之，皆求道之过也。然则道卒不可求欤？苏子曰："道可致而不可求。"何谓致？孙武曰："善战者致人而不致于人。"孔子曰："百工居肆以成其事，君子学以致其道。"莫之求而自至，斯以为致也欤！南方多没人②，日与水居也。七岁而能涉，十岁而能浮，十五而能没矣。夫没者岂苟然哉？必将有得于水之道者。日与水居，则十五而得其道；生不识水，则虽壮，见舟而畏之。故北方之勇者问于没人而求其所以没，以其言试之河，未有不溺者也。故凡不学而务求道，皆北方之学没者也。昔者以声律取士，士杂学而不志于道；今也以经术取士，士知求道而不务学。渤海吴君彦律③，有志于学者也，方求举于礼部，作《日喻》以告之。苏东坡。 对：臣闻日者，众阳之宗，人君之表，至尊之象。君德衰微，阴道盛强，侵蔽阳明，则日蚀应之。《书》曰"羞用五事"，"建用皇极"。如貌、言、视、听、思失，大中之道不立，则咎征荐臻，六极屡降。皇之不极，是为大中不立，其传曰"时则有日月乱行"，谓眺、侧匿④，甚则薄蚀是也。又曰"六沴之作"，岁之朝日三朝，其应至重，乃正月辛丑朔日有蚀之变，见三朝之会。上天聪明，苟无其事，变不虚生。臣闻师曰：天右与王者，故灾异数见，以谴告之，欲其改更。若不畏惧，有以塞除，而轻忽简诬，则凶罚加焉，其至可必。《诗》曰："畏天之威，于时保之。"皆谓不惧者凶，惧之则吉也。孔光《日蚀对》。 歌行：赫赫初出咸池中，浴光洗迹生天东。不觉有物来晦昧，团团一片如顽铜。前时虾蟆食尔妃，天下戢戢无有忠。责骂四方谁胆大，仰头愤愤唯卢仝。欲持寸刃去其害，气力虽有天难通。是时了无毫芒益，徒有文字辩且雄。仝死于今百余载，日月几度遭遮蒙。有人见之如不见，谁肯开口咨天公。老鸦居处已自稳，三足鼎峙何乖慵！而今有嘴不能噪，而今有爪不能攻。任看怪物翳天眼，方且省事保尔躬。日月与物固无恶，应由此乌招祸凶。吾意仿佛料此乌，定亦闪避离日宫。安逢后羿不乖暴，直与审壳弯强弓。射此贾怨乌，以谢毒恶虫。二曜各安次，灾害无由逢。南不尤赤鸟，东不诮苍龙。北龟勿吐气，西虎勿啸风。五行不沴陈，虞舜生重瞳。我今作此诗，可与仝比功。梅圣俞。 诗五言：遥峰隐半规。 晚见朝日暾。俱谢灵运。 太阳移日晷。 浮云蔽紫闼，白日难回光。李白。 野润烟光薄，沙暄日色迟。 白日移歌袖，青霄近笛床。 江城孤照日，山谷远含风。 沧海先迎日，银河倒列星。 落日邀双鸟，晴天卷片云。 寒日外澹泊，长风中怒号。 羲和冬日近，愁畏日车翻。俱杜少陵。 青天敷翠彩，朝日

---

① 槃，同"盘"。
② 没人，善于潜泳的人。
③ 吴君彦律，苏轼知徐州时曾为监酒正字。
④ 眺，晦而月见于西方。侧匿，朔日而月见于东方。

含丹辉。　旸谷发精曜，九日栖高枝。愿得并天驭，六龙齐玉羁。傅玄。　阴阳迭用事，乃俾夜作晨。咿喔天鸡鸣，扶桑色昕昕。赤波千万顷，涌出黄金轮。刘禹锡《观日出》。　杲杲冬日出，照我屋南隅。负暄闭目坐，和风生肌肤。初似饮醇醪，又如蛰者苏。外融百骸畅，中适一念无。旷然忘所在，心与空虚俱。白居易。　落日在帘钩，溪边春事幽。芳菲绿岸圃，樵爨倚滩舟。啅雀争枝坠，飞虫满院游。浊醪谁造汝，一酌解千忧。杜甫。　让尔名千载，还吾适一区。竹深留客坐，苔湿借儿扶。雨歇啼鸠妇，风疏绽鼠姑。雕阑白日下，堪老托注湖。于念东。于公名若瀛，济宁人。都御史。　长绳难系日，自古共悲辛。黄金高北斗，不惜买阳春。石火无留光，还如世中人。即事已如梦，后来我谁身？提壶莫辞贫，取酒会四邻。仙人如恍惚，未若醉中真。李白。　七言：春渚日落梦相牵。杜甫。　东边日出西边雨，道是无晴也有晴。刘禹锡。　未离海底千山黑，才到天中万国明。宋太祖。　岭上晴云如劈絮，树头初日挂铜盘。苏东坡。　城头旭日照阑杆，城下降戎彩仗攒。九陌尘埃千骑合，万方臣妾一声欢。楼台乍仰中天异，衣服初回左衽难。清水莫教波浪浊，从今一统属长安。薛逢。　朝游碧峰三十六，夜向天坛月边宿。仙人携我擥玉英，坛上半夜东方明。仙钟撞撞迎海日，海中离离三山出。霞梯赤城遥可分，霓旌绛节拥彤云。八龙五凤纷在御，王母欲上朝云君。李益。

　　月，阙也，随时圆缺也。积阴之寒气为水，水气之精为月。朔后则魄死明生，故曰哉生明；哉，始也。生明，光也。望后则明死魄生，故曰哉生魄。生魄，暗也、形也。朔而月见东方谓之朒。朔，苏也。死而复苏，生也。朒，音玉。承大月，月生二日谓之魄；承小月，月生三日谓之朏。朏，未成明也。弦，弦者，月形，一旁曲，一旁直，形若弓弦也。月半之名也。望，望者，日月正对，若遥相望。又满盈也。月满之名也。十五为望，亦有十四、十六、十七者，视节气迟速也。晦而月见西方谓之朓。朓，音桃。晦，灰也。火死为灰。月尽无光，似之。《京房》曰："月与星辰阴也，有形无光，日照之乃有光。一说其质圆，其体黑，受日之光而白，不照处则暗。"《礼·祭义》："祭日于坛，祭月于坎，以别幽明，以制上下。"月顺天左旋，积二十七日有奇而与日会，积二十九日有奇而与天会。月有九行：中为黄道；黑道二，出黄道北；赤道二，出黄道南；青白各二，出黄道东西。月与日一年十二会，会则食，食必于望。十二望有食有不食，交则食，不交则不食也。日食少而月食多者，日月之行皆有常度，一月必一会，但月体小，日体大，故虽行度交关，苟非相掩太多，则日常不食，月少有交关，相射则必食，食且既也。日之食也以形，月之食也以气。月受日之光，不受日之精，相望中弦，则光为之食。至于日火之精也，火正当焰上，必有黑晕，月正对黑晕中，故必食也。月中有兔与蟾蜍者，阴阳并居，明阳之制阴，阴必倚阳也。月之名曰夜光，一曰夜明。月之御曰望舒，又曰阿纤。

　　休征。女狄[1]暮汲石纽山，水中得月精如鸡子，爱而含之，不觉吞下，遂有娠，十四月，生禹。《开山图》。　羿请不死之药于西王母，羿妻嫦娥窃以奔月。往筮之于有黄。占之曰："吉。翩翩归妹，独将西行。逢天晦芒，毋惊毋恐，后且大昌。"嫦娥遂托身于月，为蟾蜍。张衡《灵宪》。　元后母梦月入怀而生，后遂为天下母。《汉书》。　孙

---

[1] 女狄，相传为有莘氏之女，鲧之妻，禹之母。又作女志、女嬉、修己。

坚妻梦月入怀，告坚曰："妾昔怀策梦月入怀，今又梦。"坚曰："子孙兴矣！"后生权。《搜神记》。

咎征。成十六年，楚晋将战。晋侯梦吕锜射中月，退入于泥。占之，曰："姬姓，日也。异姓，月也。必楚王也。"及战，射中共王目，锜死之。《左传》。 高祖七年，月晕，围参、毕七重。占曰："毕、昴之间，天街也。街北胡，街南中国。昴为匈奴，毕为边兵。"是岁，高祖自将，至平城，为冒顿所围，七日乃解。

护月。都城中每月蚀，士女取鉴，向月击之以救月。 国朝遇月食，百官角素于中府，行救护礼，预行天下救护。

占候。月顺轨道，縣乎天街，行于中道，人主益寿，民和岁丰，天下安宁。出阳道则旱风，出阴道则阴雨。 君道福昌，则有黄芒或紫气。 国有喜，则正月有偃月。《宋志》。 月行中道，安宁和平。政太平，则月圆而多晖；政升平，则月清而明。 月若变，青为饥，赤为旱，黑为水，黄为喜、为德，皆以其宿分占之。 月望而月中蟾蜍不见者，其分大水、民流。 月旁有两珥，十日有雨水。 月晕，七日内有风雨。 终岁无晕，天下偃兵。俱《宋志》。 云如人头在月傍，白风黑雨。 大风将至，月晕重圆。 晕而珥，时岁平康。晕岁星，则主病、粜贵；晕辰星，则其下多水。俱《祥异赋》。 月犯木，则其分饥荒、民流。月凌木，则多盗贼、水。食月，则大水横流。《宋志》。 月赤则天将旱。《隋书》。 新月落北，主荒、米贵。谚云："月照后壁，人食狗食。" 月晕主风，看何方有缺，风从缺处来。 新月下有云横截，主来日雨。谚云："初三月下有横云，初四日里雨翻盆。" 正月：月蚀有灾旱，人灾多盗，齐大恶，米贵。一曰秦地大旱。 无光人多灾。 上旬三晕，明年大赦。 雨水：月蚀，粟贱，多盗。 一二日：晕，主土功。 三日：晕，所宿国小熟。 八日：云掩月，主春雨多。 八日、九日、十六日：晕，三月有德合。 十日：晕，主大旱。 十二日：晕，飞虫多死。 上元日：竖一丈竿，候月午影，至七尺大稔，六尺小稔，九尺、一丈主水，五尺旱，三尺大旱。 廿三、廿四：晕，五谷不成。 廿五：晕，枭贵。 一说正月上旬，一晕树木虫，二晕禾谷虫，三晕雷震物，四晕民灾岁恶，五晕有灾变，七、八晕路多死人。 二月：月蚀，粟贱，人饥。月无光，有灾异事。 三月：月蚀，丝、绵、米贵，人饥。无光，主水灾。 夏：晕，主风。 四月：月蚀，大旱，谷荒，人饥。 无光，大旱。 十六：月上早，无云，红色，大旱。迟而白主雨，夜深主大水。一云：月上早，低田好收稻；月上迟，高田剩者稀。 五月：月蚀，主旱，梁地恶，六畜贵，齐地虫。无光，火灾，旱。 六月：月蚀，主旱，六畜贵，沛国恶，鲁有水灾。 无光，六畜大贵。 朔日：月蚀，主旱。 七月：月蚀，人灾，来年牛马贵，楚地大旱。 十六：谚云："月上早，好收稻；月上迟，秋雨徐。"言多也。 八月：月蚀，饥，郑大凶，鱼、盐贵，人多病疮癣。 中秋：无月，蚌无胎，荞麦无实。 夜月光，主多兔，少鱼。无月，主来年灯时雨。谚云："云罩中秋月，雨打上元灯。" 九月：月蚀，韩国恶，赵分牛羊，灾。月无光，布帛贵，虫灾。 十月：月蚀，鱼、盐贵，卫国恶，秋谷贵。无光，六畜贵。 十五日：月蚀，鱼贵。 十一月：月蚀，米贵，赵、燕恶。 无光，鱼、盐大贵。 十二月：月蚀，有大水，秦国恶。无光，五谷贵。若九月至十二月皆无光，主五谷大贵。

典故。月中有物婆娑者，乃山河影也。其空处，海水影也。又释氏书云："须弥山南面有阎扶树。月过，树影入月中。"《淮南子》。《秋官》："司烜烜，音萱。氏，掌以夫遂取明火于日，以鉴取明水于月。"《周礼》。方诸见月，则津而为水。方诸，大蛤，一名阴燧。拭令热，向月，则生水。《淮南子》。老蚌吸明月而降胎。苏子美。月，群阴之本。月望，则蚌蛤实，群阴盈；月晦，则蚌蛤虚，群阴擘。擘，音揪。《吕氏春秋》。画芦灰而月晕阙。月晕以芦灰为环，缺其一面，晕亦缺于上。《淮南子》。尧时有草夹阶而生，每月朔日生一荚，至月半则生十五荚，十六日后日落一荚，至晦而落尽，若月小余一荚。一名历荚，一名仙茆。成帝建始元年八月戊午，晨漏未尽三刻，有两月见东方。《京房易传》曰：日为阴所乘，则月并出。《五行志》。徐孺子年九岁，尝夜戏月下。人语之曰："若令月中无物，当极明。"徐曰："不尔。譬人眼中瞳子无之，未必不暗也。"《世说》。会稽王道子庭中夜坐，月色无玷，叹以为佳。谢重率尔对曰："不如微云点缀。"道子曰："卿居心不净，乃欲滓秽太清耶？"《晋书》。阚泽年十三，梦见名字炳然在月中。《会稽先贤传》。刘琨在晋阳为胡骑所围。琨乃乘月登楼清啸。贼闻之，皆凄然而退。谢尚镇牛渚，秋夜乘月，率尔与左右微服泛江。会袁宏在舫中讽诵，声既清会，辞又藻拔。久之，遣问，答云："是袁临汝郎诵诗。"父为临汝令。即其咏史之作也。尚即迎近舟，与之谭论，申旦不寐。开元中秋，明皇与申天师游月中，见大宫府，榜曰"广寒清虚之府"，兵卫甚严，不得入。天师引明皇跃身起，烟雾中下视，王城嵯峨，若万顷琉璃之田，仙人道士乘云驾鹤往来。觉翠色冷光相射，见素娥十余人，皓衣，乘白鸾，笑舞于广庭大桂树下，乐音嘈杂清丽。明皇归，编律音，制《霓裳羽衣曲》。《异闻录》。鄂州罗公远中秋夜侍玄宗玩月，取拄杖向空掷之，化为大桥如银色，请玄宗同登至月宫。《唐逸史》。玄宗八月望夜与叶法善同游月宫，还过潞州城，俯视城郭悄然，而月色如昼。法善因请上以玉笛奏曲。时玉笛在寝殿中。法善命人取之，旋顷而至。曲奏既竟后，以金钱投城中而还。旬余，潞州奏是夜有天乐临城，兼获金钱，以进。《集异记》。唐玄宗朝苏颋、李义甫对掌文诰，帝顾念之深。是夕直宿①，备玩月文酒之宴。长天无云，月色如昼。苏曰："清光可爱，何用灯烛？"遂命撤去。《天宝遗事》。唐太和中，有周生者有道术。中秋夜与客会，月色方莹。谓坐客曰："我能梯云取月，置之怀袂。"因取箸数百条，绳而驾之。俄以手举衣，怀中出月，寸许，光色照烂，寒气入肌骨。《宣室志》。赵知微有道术。中秋积阴不解，众惜良辰。知微曰："可备酒肴，登天柱峰玩月。"既出门，天色开霁。登峰，月色如昼。及下山归，则凄风苦雨，阴晦如故。《三水小牍》。长庆中，有人见八月十五夜月光属于林中，如匹布。其人寻观之，见一金虾蟆，疑是月中者。永乐中秋，上方开宴赏月，月为云掩，召学士解缙赋诗，遂口占"落梅风"一阕。其词曰："嫦娥面，今夜圆。下云帘，不着臣见。拼今宵，倚栏不去眠。看谁过，广寒宫殿。"上览之，欢甚，复命赋长篇。又成长短句以进。上益喜，同缙饮。过夜半，月复明朗。上大笑曰："子才真可谓夺天手段也。"唐上官仪应诏诗中用"影娥池"，学士无解其事者。祭酒令狐德棻召张柬之等十余人求出处。柬之对曰："《洞冥记》，汉武于望鹤台西起俯月台，台下穿

---

① 直宿，值夜、守夜。

影娥池，每登台眺月，影入池中，如仙人乘舟，笑弄月影，因名影娥池。"德棻叹其博。　后山云："宋祖幸后池，对新月置酒，召当直学士赋诗。"卢多逊请韵，曰："用儿字。"其诗云："太液池边看月时，好风吹动万年枝。谁家玉匣新开镜？露出清光些子儿。"太祖大喜，尽以坐间饮食器赐之。　曹希蕴货诗都下，有人以"敲""梢"交为韵，索赋新月诗。曹云："禁鼓初闻第一敲，乍看新月出林梢。谁家宝镜新磨出？匣小参差盖不交。"盖模多逊之句，然终不能过之。《桐江诗话》。　瞿天师乾祐曾于江岸与子弟十许人玩月。或问："月中竟何所有？"乾祐曰："随我指看之。"弟子中两人见月规半圆，琼楼金阙满焉。数息间不复见。　太和中，郑仁表弟与王秀才游嵩山，忽迷路。见一人方睡熟，呼之。其人枕襆而卧，曰："君知月乃七宝合成乎？月势如丸，其影则日烁其凸处也。常有八万三千户修之，予即一数。"因开襆，出玉屑，饭两裹，授二人曰："分食此，虽不足长生，可一生无疾。"乃起，与二人别，指一支径曰："但由此，自合官道。"言已不见。《酉阳杂俎》。　有远飞鸡，夕则还依人，晓则绝飞四海。尝衔桂实，归于南土。《洞冥记》。　晏元献守南都，值中秋阴晦。金判王君玉琪函诗以入，曰："只在浮云最深处，试凭弦管一吹开。"公喜，却枕，召客治具。至夜分，月果出。乐饮达旦。《石林诗话》。　江东诸处每至四五月后，常于衢路拾得桂子，大如狸豆，破之辛香。故老相传是月路①也。北方独无者，非月路也。《本草图经》。　有一士舫，其中榜曰"贯月查"。昔禹平水土，有巨查浮海，其上有光，夜明昼灭，若星月然，十二年周天而更始，名曰"贯月查"。　今岁残暑方退，既望之后，月出逾迟。予尝夜起登江楼，或与客游丰湖西禅寺，扣罗浮道院，登逍遥堂，逮晓乃归。杜子美诗云："四更山吐月，残夜水明楼。"此古今绝唱。因其句作五首，仍以"残夜水明楼"为韵，云："一更山吐月，上塔挂微澜。正似西湖上，涌金门外看。冰轮横海阔，香雾入楼寒。停鞭且莫上，照我酒杯残。二更山吐月，幽人方独夜。可怜人与月，夜夜江楼下。风枝久未停，露草不可藉。归来掩关卧，唧唧幽夜话。三更山吐月，栖鸟亦惊起。起寻梦中游，清绝正如此。驱驱扫泉溜，俯仰迷空水。幸可饮我牛，不须遣洗耳。四更山吐月，皎皎为谁明？幽人赴我约，坐待玉绳横。野桥多断板，山寺可微行。今夕定何夕，梦中游化城。五更山吐月，窗白室幽幽。玉钩还挂户，江练却明楼。星河淡欲晓，鼓角冷如秋。不眠翻五咏，清切变蛮讴。"苏东坡。　元祐二年正月，东坡先生在汝阴州，堂前梅花大开，月色鲜霁。王夫人曰："春月色胜如秋月色。秋月色令人凄惨，春月色令人和悦。何如召赵德麟辈来饮此花下？"先生大喜，曰："吾不知子能诗耶！此真诗家语矣。"遂召二欧饮，作"减字木兰词"云："不似秋光，只与离人照断肠。"后山云："老杜诗亦云'秋月解伤神'，语简而益工。"　东坡和僧守诠诗云："但闻烟外钟，不见烟中寺。幽人行未已，草露湿芒履。惟应山头月，夜夜照来去。"未尝不喜其清绝。及读诠诗云："落日寒蝉鸣，独归林下寺。松扉竟未掩，片月随行履。时闻犬吠声，更入青萝去。"其幽深清远，自有林下风味也。　"岩栖木食已皤然，交旧何人慰眼前。素与画公心印合，每思秦子意珠圆。当年步月来幽谷，拄杖穿云冒夕烟。台阁山林本无异，故应文字未离禅。"辨才作此诗时年八十一矣，

---

① 路，通"落"。"四库全书"［明］彭大翼《山堂肆考》卷三《衔桂鸡》作"落"。

平生不学作诗，如风吹水，自成纹理，而参寥与吾辈诗，乃如巧人织绣耳。 匈奴举事常随月，盛壮以攻战，月亏则退兵。《汉书》。 长庆初，山人杨隐之在郴州，常寻访道者。有唐居士，土人谓百岁人。杨谒之，因留杨止宿。及夜，呼其女曰："可将一下弦月子来。"其女遂帖月于壁上，如片纸耳。唐即起祝之，曰："今夕有客，可赐光明。"言讫，一室朗若张烛。

丽藻。散语：月盈则食。 日月运行，一寒一暑。《易》。 月经于箕则多风，月经于毕则多雨。《书》。 月出皎兮。 月离于毕，离，历也。俾滂沱矣。《诗》。 星之昭昭，不如月之暖暖。《晏子春秋》。 日月之行，有冬有夏。月之从星，以风以雨。《周书》。 月者，阴之宗也，是以月虚而鱼脑减，月死而螺蠬膲。螺，一作蠃。螺、蠃俱音罗。蠬，音惺。膲，音焦。《淮南子》。 月之精生水，是以月盛而潮大。《抱朴子》。 桂华满兮明月辉。李白。 秋露如珠，秋月如规。明月白露，光阴往来。江淹。 月出皦兮，君子之光。鹍鸡舞于兰渚，蟋蟀鸣于西堂。君有礼乐，我有衣裳。猗嗟明月，当心而出。隐员岩而似钩，蔽修堞而分镜。既少进以增辉，遂临庭而高映。炎日匪明，皓壁非净。躔度运行，阴阳以正。文林辨囿，小臣不佞。公孙乘。 赋：隐侯秀世，轹古躏今。轹，音历。躏，音吝。标韵朗畅，才美郁沉。埋光削迹，退栖中林。截孤云而抱影，指冥鸿以喻心。窥游鱼于青沚，舒风啸于碧岑。时而行游，泠然御风。扬帆江上，蜡屐山中。或采璚芝，或拾古松。东探林屋之洞，南蹑大王之峰。发响摩，苍烟送歌；凌飞淙，归来掩关。独立巀嵲，巀，音截。嵲，音孽。乃筑高阁之苍苍。开芳榭而延明月，不户不牖，豁焉萧广。峰峦四面而缭崇墉，又取丹霞，以为屏障。长江日夜以走其下，天汉辘轳而挂其上。虚空不坏，巨石无恙。仰逼帝座，俯临盘涡。涡，音窝。夹以杉栝，罥以藤萝。近而眺之，眇树绿兮若荠；远而瞩之，堆列岫兮青螺。当三五之良夜，吾想夫君之婆娑。阴峰日落，高秋登台。凉风洒衣，神飙荡回。飙，音标。海水乍涌，望舒忽来。芙蓉露披，平江镜开。初隐岫而半珪，渐溶溶而出箧。绿烟尽灭，绛云微接。疏星斜点，水光相晔。萎蕤芳兰之堤，徘徊紫苔之阁。骊龙献此大珠，神女呈其宝匳。澹清辉之媚人，客匡坐而摇箑。箑，音霎。又如青阳布令，万物增耀。黄冒长坂，莎弥大道。春湛湛而可怜，月娟娟而始照。入杨柳而萧疏，经芍药而窈窕。濯春罗之毵毵，毵，苏含切。羌把酒而孤啸。又如平沙莽屯，空云冻咽。江光低敛，人迹杳绝。林开鸟惊，万里如揭。明月在天，下映残雪。维彼幽人，登览超越。披鹤氅，拄龙笙，吸灏气，收凄清。羡姮娥之耐冷，绝黄鹄于瑶京。若乃履綦，来莓苔破。佳宾零乱，朗月宵堕。解衣磐薄，歌吹答和。弹棋则松风荐爽，鸣琴则山溜入座。又若花径雨歇，云房钟断；车马不喧，郊居萧散；兰膏欲落，桂香初满。绕赤栏而独行，度白苎而声缓。其藏书则《楞严》《坛经》《阴符》《黄庭》，总二酉之秘藏，发五岳之英灵。飞扬则四海相荡，沉寂则六合为冥。其临文则上搜九天、下穷九渊，思奔罔象，豪挨云烟。试登高而望远，罗震旦而成篇。吁嗟噫嘻！高台既倾，曲池亦平。楚舞电灭，吴歌露零。怅柔丝之与菀蔓，野鸟下而飞虫鸣。念繁华其何益，岂若兹台之表幽贞？抱朴见素，乘理来往。千秋一瞬，大地一掌。苟睹其然，何物不妄乐哉？兹丘悠悠，天壤朝暾非不嘉。夕月尤足赏，于是为之歌。歌曰："川原澄兮云气鲜，瑶台朗兮兔魄圆。掇红兰于长谷，写朱弦于山泉。"复歌曰："昨日登台兮众草柔，今日登台兮风飕飔。良夜一何短，明月一何迟！登台既有酒，君不乐兮空忧。"屠隆《明月榭赋》。 初生微月，若无若有。出城中兮才广于眉，入堂上兮不盈于手。若乃金壶稍滴，银汉将流，暗鹊惊夜，寒蛩送秋。天清晕灭，露白光浮，临皓壁而添粉，映珠帘而半钩。纤光润海，重明表垡；的的蚩上，娟娟未落。衔破镜而非斜，抱弯弓而势却。莫稀叶少，桂短花新。无箧笥之团扇，有虚空之半轮。怅徘徊以将失，情郁结而莫伸。命后车之文雅，恭进牍于词人。郑遹《初月》。 陈王初丧应、刘，端忧多暇。绿苔生阁，芳尘凝榭。悄焉疚怀，弗怡中夜。乃清兰路，肃桂苑，腾吹寒山，弭盖秋坂。临浚壑而怨遥，登崇岫而伤远。于时斜汉左界，北陆南躔，白露零空，素月流天。沉吟齐章，殷勤陈篇，抽毫进牍，以命仲宣。仲宣跪而称曰："臣东鄙幽介，长自丘樊。昧道懵学，孤奉明恩。臣闻沉潜既又①，高明既经，日以阳德，月以阴灵。擅扶桑于东沼，嗣若英于西溟。引玉兔于帝台，集素娥于后庭。朒朓警阙，朏魄示冲。顺辰通烛，从星泽风。增华台室，扬采轩宫。委照而吴业昌，沦精而汉道融。若夫气霁地表，云敛天末，洞庭始波，木叶微脱。菊散芳于山椒，雁流哀于江濑。升清质之悠悠，降澄晖之蔼蔼。列宿掩缛，长河韬映，柔祇雪凝，圆灵水镜。连观霜缟，周除冰净。君王乃厌晨欢，乐宵宴，收妙舞，弛清悬，去烛房，即月殿，芳酒登，鸣琴荐。若乃凉夜自凄，风篁成韵，亲懿莫从，羁孤递进。聆皋禽之夕闻，听朔管之秋引。丝桐练响，音容选和，徘徊房露，惆怅阳河②。声林虚籁，沦池灭波。情纡轸其何托，诉皓月而长歌。歌曰：'美人迈兮音尘阔，隔千里兮共明月。临风叹兮将焉歇，川路长兮不可越。'歌响未终，余景就毕，满堂变容，回遑如失。又再歌曰：'月既没兮露欲晞，岁方晏兮无与归。佳期可以还，微霜沾人衣。'"陈王曰："善！"乃命执事献寿荐璧，敬佩玉音，服之无斁。谢希逸。 歌：君不见云中月，暂盈还复缺。君不见林下风，声远意难穷。亲故平生或聚散，欢娱未尽樽酒空。叹息青青陵上柏，岁寒能有几人同？贺兰进明。 青天有月来几时，我今停杯一问之。人攀明月不可得，月行却与人相随。皎如飞镜临丹阙，绿烟灭尽清辉发。但见宵从海上来，宁知晓向云间没。白兔捣药秋复春，姮娥孤栖与谁邻。今人不见古时月，今月曾经照古人。古人今人若流水，共看明月皆如此。唯愿当歌对酒时，月光长照金樽里。李白。 去年与郎别，杨花飞白雪。今年候郎归，杨柳绿依依。闻郎买船下湘渚，日日门前望行旅。行人过尽乳鸦啼，徘徊日暮空延伫。揽衣回洞房，对镜下新妆。那知清漏短，但爱明月光。月光照席凉于水，帐里灯光散红蕊。好事从来不浪传，明日升堂报姑喜。胡伊。胡公字若思，号顺庵，南昌人。太子宾客。 拜新月，拜月出堂前。暗魄初笼桂，虚弓未引弦。 拜新月，拜月妆楼上。鸾镜未安台，蛾眉已相向。 拜新月，拜月不胜情。庭前风露清，月临人自老，人望月长生。东家阿母亦拜月，一拜一悲声断绝。昔年拜月逞容辉，如今拜月双泪垂。回看众女拜新月，却忆红闺年少时。吉中孚妻张夫人。 纤云四卷天无河，清风吹空月舒波。沙平水息声影绝，一杯相属君当歌。君歌声酸辞且苦，不能听终泪如雨。洞庭连天九疑高，蛟龙

---

① 又，应作"义（義）"。吕延济注：沉潜地，故称义；高明天，故称经。
② 阳河，应作"阳阿"。《淮南子》：夫歌采菱发阳阿。

出没猩鼯号。十生九死到君所，幽居默默如藏逃。下床畏蛇食畏药，海气湿蒸重腥①臊。昨者州前槌大鼓，嗣皇继圣登夔皋。赦书一日行万里，罪从大辟皆除死。迁者追回流者还，涤瑕荡垢清朝班。州家申名使家抑，坎坷只得移荆蛮。判司卑官不堪说，未免捶楚尘埃间。时辈迁流多上道，天路山险难追攀。君歌且休听我歌，我歌今与君殊科。一年明月今宵多，人生由命非由他。有酒不饮奈月何？韩愈。　诗五言：落月如金盆。　月生初学扇。　月明散清影。杜甫。　明月耀清辉。阮籍。　金波丽鳷鹊，玉绳低建章。谢朓。　明月出海底，一朝开光耀。　月落西上阳，余辉半城楼。　绮楼青云端，眉目映皎月。李白。　经心石镜月，到而雪山风。　星随平野阔，月涌大江流。　云掩初弦月，香传小树花。　翳翳月沉雾，辉辉星近楼。杜甫。　相逢成夜宿，陇月向人圆。　稀星点银砾，落月堕金镮。白乐天。　人占星下聚，月向雨余多。　猿啼秋壑静，月落晓岩空。冯琢庵。冯公名琦，青州人。官礼部尚书。　镂月为歌扇，裁云作舞衣。李义山。　洞房今夜月，如练复如霜。为照离人恨，亭亭到晓光。王维。　月堕沧浪西，门开树无影。此时归梦阑，立在梧桐井。曹邺。　开帘见新月，即便下阶拜。细语人不闻，北风吹裙带。李端。　家国知何在，风沙满目愁。惟余天上月，还似汉宫秋。马景约。　稿砧今何在？山上复有山。何当大刀头，破镜飞上天。　清夜游西园，飞盖相追随。明月澄清影，列宿下参差。曹子建。　夜中不能寐，起坐弹鸣琴。薄暮见明月，清风吹我衿。阮籍。　大江阔千里，孤舟无四邻。唯余故楼月，远近必随人。朱越。　忌满光恒缺，重昏影暂流。既能明似镜，何用曲如钩？骆宾王。　微月生东海，幽阳始化升。圆光正东满，阴魄已朝盈。陈子昂。　玉阶生白露，坐久侵罗袜。却下水晶帘，玲珑望秋月。李白。　新月如佳人，出海初弄色。娟娟到潮上，潋潋摇空碧。东坡。　月明坐空山，不觉石苔冷。猿啸摇藤萝，乱我松桂影。傅汝舟。　紫室经年别，黄龙濯路容。故山今夜宿，明月在楼中。李益。　夜静砧初动，凉风雨乍收。一钩新月上，应照故园楼。项兰贞。　长安一片月，万望捣衣声。秋风吹不尽，总是玉关情。何日平胡虏？良人罢远征。李白。　舟中夜离家，开舲望月华。山明疑有雪，岸白不关沙。天汉看珠蚌，星桥视桂花。岸飞重晕阙，蓂落独轮斜。庾信。　寥寥天地内，夜魄爽何轻！频见此轮满，即应华发生。不圆争得破，才正又须倾。人事还如此，因知倚伏情。曹松。　皓魄东山吐，烟霾四野无。故人千里共，银汉一轮孤。寒影惊乌散，清光湛玉壶。长安今夜永，砧杵满城隅。　光细弦欲上，影斜轮未安。微升古塞外，已隐莫云端。莫，音"暮"。河汉不改色，关山空自寒。庭前有白露，暗满菊花团。　万里瞿塘峡，春来六上弦。时时开暗室，故故满青天。爽气风襟静，空堂泪脸悬。南飞有乌鹊，夜久落江边。　明月长生好，浮云薄渐遮。悠悠照边塞，悄悄忆东华。清动杯中物，高随海上查。不眠瞻白兔，百过落乌鸦。　四更（出）〔山〕吐月，残夜水明楼。尘匣元开镜，风帘自上钩。兔应疑鹤②发，蟾亦恋貂裘。斟酌嫦娥寡，天寒耐九秋。　并照巫山出，新窥楚水清。羁栖愁里见，二十四回明。必验升沉体，如知进退情。不违银汉落，亦伴玉绳横。　江月光于水，高楼思杀人。天边长

---

① 重腥，应作"熏腥"。"四库全书"《全唐诗》卷三三八作"熏腥"。
② 鹤，同"鹤"。

作客，老去一沾巾。玉露团清影，银河没半轮。谁家挑锦字，烛灭翠眉颦。 旧把金波爽，皆传玉露秋。关山随地阔，河汉近人流。谷口樵归唱，孤城笛起愁。巴童浑不寐，半夜有行舟。 秋月仍圆夜，江村独老身。卷帘还照客，倚杖更随人。光射潜虬动，明翻宿鸟频。茅斋依橘柚，清切露华新。 夜深露气清，江月满江城。浮客转危坐，归舟应独行。关山同一照，乌鹊自多惊。欲得淮王术，风吹晕已生。 孤月当楼满，寒江动夜扉。委波金不定，照席绮逾依。未缺空山静，（亭）〔高〕悬列宿稀。故园松桂发，万里共清辉。 天上秋期近，人间月影清。入河蟾不没，捣药兔长生。只益丹心苦，能添白发明。干戈知满地，休照国西营。 满目飞明镜，归心折大刀。转蓬行地远，攀桂仰天高。水路凝霜雪，林栖见羽毛。此时瞻白兔，直欲数秋毫。 稍下巫山峡，犹衔白帝城。气沉全浦暗，轮侧半楼明。刁斗皆催晓，蟾蜍且自倾。张弓倚残魄，不独汉家营。俱杜甫。 华月当秋满，朝轩假兴同。净林新霁入，规院小凉通。碎影行筵里，摇花落酒中。清宵凝爽意，并此助文雄。王湾。 净夜天如水，闲阶月似霜。金茎悬露掌，银阙想霓裳。捣练催砧急，衔杯引漏长。关河音信阻，莫遣照流黄。申瑶泉。申公名时行，苏州人。状元，少师首相。 炎灵全盛地，明月半秋时。今古人同望，盈亏节暗移。彩凝双月迥，轮度八川迟。共惜鸣珂去，金波送酒卮。杨凭。 高（唐）〔堂〕①新月明，虚殿夕风清。素影纱窗霁，浮凉羽扇轻。稍随微露滴，渐逐晓参横。遥忆云中咏，萧条空复情。郑锡。 旅梦何时尽？征途望每赊。晚秋淮上水，新月楚人家。猿啸空山近，鸿飞极浦斜。明朝南岸去，言折桂枝花。刘方平。 待月月未出，望江江自流。倏忽城西郭，青天悬玉钩。素华虽可揽，清景不同游。耿耿金波里，空瞻鸂鶒楼。太白。 天使下西楼，光含万里秋。台前疑挂镜，帘外似悬钩。张尹将眉学，班姬取扇俦。佳期应借问，为报在刀头。康庭芝。 秋旅情何限？禅房月自圆。静闻松子落，寒并析声传。有雁皆南翅，无人问北船。天涯慈母意，此夕念儿单。王烨。 月华临静夜，夜静成氛埃。方晖竟户入，圆影隙中来。高楼切思妇，西园游上才。网轩映珠缀，应门照绿苔。洞房殊未晓，清光信悠哉。沈约。 恨寄朱弦上，含情意不任。早知云雨会，未起蕙兰心。月色苔阶静，歌声竹院深。门前红叶地，不扫待知音。鱼玄机女冠。 片月转洪蒙，扶疏万古同。根非生下土，叶不坠秋风。每向圆时足，还随缺处空。影高群木外，香满一轮中。未种丹霄日，应虚白兔宫。何时随羽化？细问得元功。李建封。 花间一壶酒，独酌无相亲。举杯邀明月，对影成三人。月既不解饮，影徒随我身。暂伴月将影，行乐须及春。我歌月徘徊，我舞影凌乱。醒时同交欢，醉后各分散。永结无情游，相期邈云汉。 月色不可扫，客愁不可道。玉露生秋衣，流萤飞百草。日月终销毁，天地同枯槁。蟋蟀啼青松，安见此树老？金丹宁误俗，昧者难精讨。尔非千岁翁，多恨去世早。饮酒入玉壶，藏身以为宝。俱李白。 小时不识月，呼作白玉盘。又疑瑶台镜，飞在白云端。仙人垂两足，桂树作团团。白兔捣药成，问言谁与餐。蟾蜍蚀圆影，大明夜已残。羿昔落九乌，天人清且安。阴精此沦惑，去去不足观。忧来其何如，凄怆摧心肝。 高楼入青天，下有白玉堂。明月看欲堕，当窗悬清光。遥夜一美人，罗衣沾秋霜。含情弄柔瑟，弹作《陌

---

① 唐，应作"堂"。"四库全书"《全唐诗》卷二六二录郑锡《望月》作"堂"。

上桑》。弦声何激烈，风卷绕飞梁。行人皆踯躅，栖乌起回翔。但写妾意苦，莫辞此曲伤。愿逢同心者，飞作紫鸳鸯。　天阴积气清，水德本虚静。云收风波止，始见天水性。澄光与粹容，上下相涵映。乃于其两间，皎皎挂寒镜。余晖所照耀，万物皆鲜莹。矧夫人之虚，岂不醒视听？而我于此时，翛然发孤咏。纷昏忻洗涤，俯仰恣涵泳。人心旷而闲，月色高愈迥。惟恐清夜阑，时时瞻斗柄。欧阳永叔。　七言：中天月色好谁看？开尽南窗借月看。山谷。　多情只有春庭月，犹为离人照落花。张泌。　白沙翠竹江村暮，相送柴门月色新。　思家步月清宵立，忆弟看云白昼眠。俱杜子美。　北斗横天夜欲阑，愁人望月思无端。徐安贞。　(水)〔冰〕簟银床梦不成，碧天如水夜云轻。雁声远过潇湘去，十二楼中月自明。温庭筠。　草遮回磴绝鸣鸾，云树深深碧殿寒。明月自来还自去，更无人倚玉栏干。崔鲁。　玉清宫下水悠悠，一种相思两地愁。月色不知人事改，夜深还照粉墙头。　三十六宫秋夜深，昭阳歌断信沉沉。惟应独伴陈皇后，照见长门望幸心。　监宫引出暂开门，随例趋朝不是恩。银钥却收金锁合，月明花落又黄昏。俱杜牧。　露湿瑶花春殿香，月明歌吹在昭阳。似将海水添更漏，共滴长门一夜长。李益。　暮云收尽溢清寒，银汉无声转玉盘。此生此夜不长好，明月明年何处看？苏东坡。　几年无事傍江湖，醉倒黄公旧酒垆。觉后不知新月上，满身花影倩人扶。陆龟蒙。　宫殿沉沉月色新，昭阳更漏不堪闻。珊瑚枕上千行泪，不是思君是恨君。刘阜。　且向焦桐寄别情，未弹先作断肠声。欲教翻作孤鸾调，又恐君王月下听。黄佐。　鸧鹒楼头鼓二更，梅花帐里梦初醒。起来独坐庭前月，更有何人识此情。乔承华。　碧天凉月湛悠悠，独上高楼望女牛。昨夜西风何处起？宫中无树不知秋。林世璧。　相送还怜踏雁沙，相思何处望天涯。无情最是溪头月，独照寒梅一树花。陆乡子。　娟娟霜月冷侵床，更漏沉沉抵死长。正是凄凉眠不得，又闻歌吹在昭阳。丘琼山。丘公名濬，广东人。官大学士。　卸髻娇娥夜卧迟，梨花风静鸟栖枝。难将心事和人说，说与青天明月知。伯虎。唐公名寅，苏州人。解元。　几多心事(杔)〔托〕鹍弦，弹向君王不见怜。一片芙蓉花上月，照人清泪落灯前。孙文叔。　霁月疏窗分外明，狂风无奈海潮声。谁能忍冷孤峰宿，坐看沉波光太青。王凤洲。王公名世贞，太仓人。官尚书。　两两宫娥向月前，暗将心事卜金钱。监宫错报羊车至，各自仓忙堕翠钿。汤义仍。汤公名显祖，临川人。礼部主事。　十二天街月正饶，翩翩裘马狎春宵。迟明弦管歌声沸，不道风流减六朝。于念东。　金铺玉露月流辉，宝坐瑶堂映紫衣。圣主观书居太善，三更龙辇未言归。黄五岳。黄公名省曾，字勉之，吴县人。举人。　共忆蟾宫第一歌，宴酣其奈月明何。禁门深锁无人到，却许衔花野鹿过。朱纯。　碧窗斜月蔼清辉，愁听寒蛩泪湿衣。梦里分明见关塞，不知何路向金微。张仲素。　拜月幽堂月未圆，愿乘月色到君前。洞房冷落如秋水，梦断关山独自怜。马嘉松。　砧杵声停闻管弦，薰炉香烬夜如年。芙蓉池上梧桐月，照见鸳鸯独自眠。刘玉。　裙布钗荆尚未全，敢思珠翠作春妍。辟纩夜夜赊明月，羞杀邻姬灯下眠。阴云薄暮尚空虚，此夕清光已破除。只恐异时开霁后，玉轮依旧养蟾蜍。罗隐。　几点梅花发小盆，冰肌玉骨伴黄昏。隔窗久坐怜清影，闲画金钗记月痕。孙蕙。　桃源人去绛帏寒，强折花枝带笑看。月上梅梢空有影，风吹柳絮不成团。赵彩姬。　桥上千花点碧空，美人遥隔水云东。一声宝马嘶明月，惊起沙汀几点鸿。　芙蓉作帐锦重重，比翼和鸣玉漏中。共道瑶池春似海，月明飞下一双鸿。

俱张红桥。　美人绝似董娇娆，家住南山第一桥。不肯随人过湖去，月明夜夜自吹箫。_{曹妙清女郎。}　寒云薄雾五湖秋，风动芦花荡客愁。遥望旧山何处是，青天孤月思悠悠。_{潘女郎。}　银烛清樽久延伫，出门入门天欲曙。月落星稀竟不来，烟柳朦胧鹊飞去。_{姚月华女郎。}　少嶂磨成白玉盘，六丁擎出太虚宽。清光灿灿垂千古，留向人间此夜看。_{田画。}　早晚更看吴苑月，西斋长忆月当窗。不知明夜谁家见，应照离人隔楚江。_{李频。}　柳稍新月照孤城，花气薰人入夜清。遥想深闺春寂寞，有人对月漫含情。_{郭鳗溪。郭公名临臣，长洲人。官。}　娟娟霜月夜寒侵，宿莽澄湖入望深。自笑山中云卧客，一床林影类栖禽。_{王雅宜。王公名宠，字履吉，吴县人。贡士。}　月出天边水在湖，微波倒浸玉浮图。掀帘欲共嫦娥语，肯教霓裳一曲无？_{女郎罗爱。}　初闻征雁已无蝉，百尺楼台水接天。青女素娥俱耐冷，月中霜里斗婵娟。_{李商隐。}　手把琼箫作凤鸣，满天风露月华明。如何王子缑山上？却有秦楼弄玉声。_{冯琢庵。}　风卷浮云散九区，海天澄彻月轮孤。三秋爽气凌空碧，一点寒光照太虚。狂客醉酣歌白苎，素娥起舞击苍梧。何须更觅神仙术？我已藏身白玉壶。_{曹蕤。曹公名鼏，宁晋人。状元，大学士。}　碧空如洗界清光，为控疏帘照晚妆。花柳有情浑弄影，鱼龙何事欲深藏？玉绳露湿斜阴滥，银汉星稀曲转廊。怪的栖乌惊不定，一湾早已落横塘。_{朱兰喁。朱公名之蕃，应天人。状元，侍郎。}　始看东上又西浮，圆缺何曾得自由。照物不能长似镜，当天多是曲如钩。定无列宿敢争耀，好伴晴河相映流。直使奔波急于箭，只应白尽世人头。_{杜光庭。}　转缺霜轮上转迟，好风偏忍送佳期。帘斜树隔情无限，烛暗香消坐不辞。最爱笙调闻北里，渐看星淡失南箕。何人为较清凉力？欲减初圆及午时。_{陆龟蒙。}　听月楼高接太清，倚楼人听最分明。碾空喑哑冰轮转，捣药叮咚玉杵鸣。机织广寒声历历，斧侵丹桂韵铮铮。忽然一阵天风下，吹落嫦娥笑语声。_{钱鹤滩《题听月楼》。钱公名福，华亭人。会元。}　晴云散彩月轮圆，桂阙飞丹落绮筵。曲度霓裳收万籁，河翻银影界遥天。平原十日雄谈里，天柱孤峰醉眼前。何似故人常对面，飞仙笑挟自年年。_{张祥鸢。张公号虚庵，金坛人。}　雨晴秋色满长安，月贯黄云百宝团。见说秋光天下共，不图今夜客中看。天垂紫禁星河淡，江绕金城风露寒。吹断碧箫丹桂发，玉人何处倚阑干？_{文衡山。文公名徵明，苏州人。翰林待诏。}　徒倚高轩望月轮，幽居不受绮罗尘。总无浊酒酬佳节，未厌清谈对故人。何处银花偏照夜？满庭玉树别成春。看君便作高阳里，元凯何时起凤麟？_{冯琢庵。}　词：青烟幕处，碧海飞金镜。永夜闲阶桂影。露凉时、零落多少寒蛩。神京远，唯有蓝桥近。_{晁补之。}　袅娜腰肢浑似柳，碧花茗碗劳纤手。清昼小横陈，阳台梦未真。　一声鹈鸩暮，两桨催人去。新月曲如眉，黄昏怅望时。_{杨升庵《菩萨蛮》。杨公名慎，成都人。状元。}　泊雁小汀洲，冷淡湘裙水漫秋。裙上吐花无处觅，重游。隔柳惟存月半钩。　准拟架层楼，望得伊家见始休。还怕彩云天冻起，悠悠。化作相思一片愁。_{韩文璜《南乡子》。}　绣面芙蓉一笑开，斜飞宝鸭衬香腮，眼波才动被人猜。　一面风情深有韵，半笺娇恨寄幽怀，月移花影约重来。_{李易安《山花子》。}

星之为言精也。阳精为日，日分为星，故其字从日下生。庶物蠢蠢，咸得系命。精存神守，丽职宣明，皆在日月之下。众星布列，其以神著者，载在天文图籍，可考镜也。一居中央，谓之北辰。动变挺占，实司王命。四布诸方，是为列宿。纲维众动，用佐天枢。景星、周伯、含誉、格泽，星之吉也；彗星、孛星、长星、蓬星，星之凶也。中外之官，常明者一百二十有四，可名者三百二十。为星共二千五百，微星之数计万一千五百二十，中间伏见早晚，邪正存亡，虚实阔狭，合散犯守，凌历斗蚀，其本在地而上发于天。日月运行，历示吉凶，五纬经次，用告祸福，故详著于篇。　北极：五星，在紫微宫中，一曰天极，一曰北辰，星之最尊者。第一星主月，太子也；第二星主日，帝王也；第三星主五星，庶子也；第五纽星，天之极也。天运无穷，三光迭照，而极星不移，故曰居其所而众星拱之。　北斗：七星，相去九千里，是为帝车运于中央，临制四方，七政之枢机，阴阳之本元也。北斗七星，所谓"璇玑玉衡，以齐七政"也。七星各有所主：第一天枢，名执阴，主日法天；第二璇，名叶诣，主月法地；第三玑，名视金，曰命火；第四权，名拒理，曰煞土；第五衡，名防忤，曰伐水；第六开阳，名开宝，曰危木；第七摇光，名招摇，曰罚金。第一至四为魁为璇玑，第五至七为杓为玉衡，杓，斗柄也。衡，斗之中也。合则为斗，居阳布阴。《天官书》。　第一曰正星，主阳德，天子之象也；二曰法星，主阴刑，女主之象也；三曰令星，主祸害；四曰伐星，主天理，伐无道；五曰杀星，主中央，助四方；六曰危星，主天仓五谷；七曰部星，亦曰应星，主兵。王者，德合天地，则北斗齐明。北斗七星出地，故见；南斗六星入地，故不见。石氏。　东汉李固谓北斗天之喉舌，斟酌元气，运乎四时，则信乎所系之重已。北斗色黑，主水；填星入，大饥；赤云入，旱；黑云，主雨。　斗杓南三星及魁第一星、西三星曰三公主，宣德化，和阴阳。　除夜占斗，贪主荞麦，巨主粟，禄主黍，文主芝麻，廉主麦，武主粳糯，破主赤豆，辅主大豆，明则熟，暗则有损。《月令通考》。　天乙：在紫微阊阖门右星之南，主天道，又主战斗，知人吉凶。其星欲小明而有光，则阴阳和，万物成；星大盛明，则水旱不调，五谷不成，天下饥，人流亡。　天乙星光明润泽，则天子吉。客星犯天乙，五谷大贵。流星抵天乙，冬涝夏旱，物不成。《黄帝占》。　太乙：在天乙南，相近天地之神也，主使十六神而知凶荒，星明有光则吉，暗则凶。客星守太乙，天下大水旱。　紫微：十五星，东西列。东藩八星，第一星为左枢，第二星为上宰，第三星为少宰，第四星为上辅，第五星为少辅，第六星为上卫，第七星为少卫，第八星为上丞。西藩七星，第一星为右枢，第二星为少尉，第三星为上辅，第四星为少辅，第五星为上卫，第六星为少卫，第七星为少丞。两藩之间如开门象，名阊阖门，星欲均明，大小有常则吉。紫微宫在北斗之北，系藩屏之臣，以卫北极，太乙之所常居也。日月五星所不至，若有入者，主凶。　太微：十星，在翼轸之北，天子之庭，上帝之所治。一曰天庭，一曰保舍，五帝之座，十二诸侯之府。其外藩九卿，轩辕为权，太微为衡，主平之器。　大微，土官也。巫咸。　太微东西两藩各四星，南北列。西藩：第一星为上将，北间为太阳西门；门北一星为次将，北间为中华西门；北一星为次相，北间为太阴西门；又北一星为上相。东藩：第一星为上相，北间为太阳东门；门北一星为次相，北间为中华东门；北一星为次将，北间为太阴东门；又北一星为上将。其南藩两星，东西列，西星为右执法，东星为左执法。两执法之间为太微，天庭端门也。右执法西间为右掖门，左执法东间为左掖门。右执法为御史大夫之象。左执法，廷尉、尚书之象，主刺奸去恶。十星齐明，则将相同心，天下治安。月入太阴西门，出太阳东门，有大水；木入太微东行，岁不登，人民饥；客星入太微端门，天下大旱，五谷不成。《黄帝占》。 少微：四星，在太微西北列，士大夫之位也。一名处士，水官也，主宾贤、才弼、教化，亦曰主卫掖门。南第一星处士也，第二星议士了也，第三星博士也，第四星大夫也。其星明大而黄泽，则贤士举，忠臣用，天下安；微暗失色，则天地闭，贤人隐。 少微主艺能道术之士。星明，则王者任贤良，举隐逸，天下治安；微小不明，则贤良不出，道术潜藏。《黄帝占》。 五星木：曰岁星，曰摄提，曰重华，曰经星、纪星。秉东方木德之精，司春，主角、亢、氐、房、心、尾、箕七星，岁行一次十二年一周天，与太岁相应，故曰岁星，主人君、诸侯、道德之事及农官。五福所居为德，其国有福，不可伐。木之余为紫气。 火：曰荧惑，曰赤星，曰执法，曰罚星。秉南方火德之精，司夏，主井、鬼、柳、星、张、翼、轸七星，其行无常。火之余为罗睺。 土：曰镇星，曰地侯。秉中央土德之精，寄旺四季，主东井，常晨出东方，夕伏西方，所在有福。 变白，《宋志》曰：季夏行秋令，则镇星变白。水涝，不熟。 变青，国多风雨，主谷贵，人迁徙，多飓风。 色黑为风寒不时，名财星变色。 色黄为溽暑当位，吉。土之余为计都。 金：曰太白，曰殷星，曰太正，曰营星、明星，晨见东方曰启明，夕见西方曰长庚。秉西方金德之精，司秋，主奎、娄、胃、昴、毕、觜、参七星，大而白，故曰太白。晚见者其常也，与日抗则为昼见，过巳当丙位则为经天。其变也，在朝象官，在人象事，在野象物。 水：曰辰星，曰能星，曰钩星，曰司农。秉北方水德之精，司冬，主斗、牛、女、虚、危、室、壁七星，附日而行，出入不违其时。一时不出，其时不和；四时不出，天下大饥。常以十二月二十二日夜占辰星去月及何方，如辰在月之南，至近不移，主夏旱，晚田不收；在月西，五谷熟；在月东北，禾少收，人不安；在月东南，主风雨雷伤禾，亦少收；在月西南，有虫旱灾；在月西北，田苗伤。水之余为月孛。凡五星东行为顺，西行为逆，同舍曰合，同宿曰聚。此五星之概也。 五星同色，天下偃兵，百姓安宁，歌舞以行，不见灾疾，五谷繁息。 五星色白圜，为丧旱；赤圜，则中不平，为兵；青圜，忧水；黑圜，为疾，多死；黄圜，吉。黑角，水患。《天官书》。 凡五星盈缩失位，其精降于地为人，岁星为贵臣，荧惑为童儿歌谣嬉戏，镇星为老人妇女，太白为壮夫处林麓，辰星为妇人。吉凶之应随其象。《晋·天文志》。 列宿东方：青帝其精，苍龙其属。三十二星，七十五度。司春，司木，司东岳，司东海，司鳞虫，三百有六十。 角：二星，南北正直，计十二度，为天关，苍龙角也。其间天门，其内天庭，黄道经其中，日月之所行也。一曰维首，一曰天陈，一曰天相，一曰天根，一曰天田。金星也。主造化万物，布君威信。两角之间，阳气所升。左角为理，主刑，其南三尺曰太阳道。右角为将，主兵，其北三尺曰太阴道。天之三门，犹房之四表也，七曜由其中，则天下安宁。或失行而入其阳，则为旱；入其阴，则为水。角直指辰，即是耕始，以为农官。角星明大，则王道平，贤人用，天下安。月犯左角大水，金犯右角有旱火；辰乘左角旱，右角水；黑云气两角间为水。 亢：四星，状如弯弓，计九度，为天庭，为疏庙，为天子之府。火星也。其下八尺，日月五星所行之中道，主统领四海，总天下之政，奏事、录功、听讼、理狱；天子内朝，主享祀，主疾病。若星齐明，则宗庙有敬，朝廷有叙，臣忠，民无疾病、乱；动摇移徙，则人多疾病；不见，则水旱为灾。郗萌曰：秋分视亢不见，则五谷俱伤。月乘左星，主水。木星守亢，五谷大熟，左星旱，右星水。火犯亢，大疫，粟贵。左星火灾。土逆行亢，五谷伤，人流亡。又曰：五谷以水败，虫生，人疫。
乘右星，水灾；左星，谷贵。水犯亢，阴蔽阳光，大水洋洋，无有堵墙，天下疾疢。
客星出亢，大旱，米贵；守亢，天下多蝗。流星犯亢，秋冬盗贼、水灾。彗、孛出亢，
大饥，人相食，不出三年。云气入亢，青色，主疫；黑色，水灾。　氐：四星，似斗
侧形，计十五度，为天子宿宫休解之所，后妃之府。土星也。中央为七曜中道，又主
徭役。木犯氐，若环绕勾巳，其国饥。金入氐，大疫，霜雨不时。乘右星，大水。辰
星守氐，大水，万物不成。一曰多恶风，天下大疫。流星入氐，秋冬为水、为旱。云
气入氐，黑为水，青为瘟疫。　房：四星，直下，计五度，曰天床，总官四方。一曰
天旗，一曰天市，一曰天龙，一曰天仓，一曰天府。木星也。　房为明堂，天子布政
之宫也，主农事。甘氏。　农祥晨正。农祥，房星也。晨正，谓立春之日。房星晨见南方，为农事之候。
《国语》。　中间为天衢大道，亦谓天之黄道，日月五星之所行也。南二星为阳环，亦
谓阳间。其南为太阳道。北二星为阴环，亦曰阴间。其北为太阴道。七曜由乎天衢，
则天下和平，由阳间则多旱，由阴间则多水。或失行而南，由太阳道为大旱，又为大
丧；失行而北，入太阴道，则为大水。金星留舍于房，霜雨不时，人饥，马牛多死。
水星犯天下，大水。水逆行守房，人食糟糠。犯之，马大贵。一曰天下水。客星犯房，
人饥，骨肉相残。守之，在阳为旱，阴为水。入房米贵，人相食。彗星出房，水旱，
人饥死。　心：三星，内一星稍高，计五度，曰大火，亦曰大辰。一曰天司空，一曰
天相。火星也，故其色赤。心为明堂中央大星，天王之正位欲明。其北四尺为日月五
星中道。火星犯心，有饿死者，万物不成。土星犯心，万物不成。金星守心，大饥。
辰星犯心，水灭火，百川大溢。客星出心，大旱，天下慎火。流星犯心，春夏有火灾。
巫咸。　尾：九星，如钩，计十八度，苍龙之尾也。一曰天狗，一曰析水，一曰风后，
一曰天庙，一曰天司空，一曰九子。水星也。其北十丈为日月五星中道尾，主风。尾
箕之间谓之九江口，主水。金星守尾，天下大饥，人相食。一曰"金守九江，赤地千
里"。土犯尾，大旱，人饥，多盗。太白犯尾，多水灾，五谷不成。辰星入尾，天下
大水，江河决溢，米贵，鱼、盐三倍。客星入尾，天下饥，人相食，流徙他乡，疾病
死亡，男不得耕，女不得桑。彗、孛出尾，岁多恶风暴雨，天下大水，人多饥。　箕：
四星，如箕，计十一度。一曰天津，一曰天潢，主津梁。一曰风口，一曰风星主八风，
一曰狐星主狐貉，一曰天鸡主时，一曰天阵。金星也。性好风，主口舌。其北六尺为
日月五星中道。又主蛮、夷、戎、貊。四夷将动，必占于箕。箕星明大，五谷蕃熟。
四夷来庭，动则有暴灾，有口舌相杀，离徙则人流亡。就聚细微，则岁凶粟贵。前二
星天舌，芒动则大风，不出二日。木星犯箕，岁多恶风，五谷贵。木守箕，天下大旱，
人相食。火犯箕，废耕织，牛马多死。太白犯箕，天下大饥。水星犯箕，江河决溢，
岁多恶风。客星出箕，南为旱，北为水；入箕，天下大饥。流星入箕，多风雨。彗、
孛出箕，大水，人饥，米贵五倍。　北方：黑帝其精，玄武其属。三十五星，九十八
度四分度之一。司冬，司水，司北岳，司北海，司介虫，三百有六十。　斗：六星，
状如北斗，计二十六度。一曰天庙，一曰天机，一曰天府，一曰天库，一曰天同。玄
龟之守，丞相之位。木星也。主酌量政事，禀受爵禄，日月五星贯之，为中道。其南
首二星曰魁，为天库，主兵；中二星为天相，主爵禄；北尾二星曰杓。六星欲其均，

天下安宁，爵禄不僭，风雨顺时，人主寿康，五谷蕃昌。月入南斗，吴越有灾，不出三年。木犯南斗，岁饥，人相食。土犯斗，有大水，一曰先水后旱。辰守斗，水灾。客星守斗，大水溢出；入斗，谷不登，人相食。流星入斗，夏犯大水。苍白云气入斗，大风。赤云入斗，大旱。　牛：六星，近河岸，计八度，曰牵牛。一曰天鼓。木星也。为关梁，主牺牲之事，日月五星贯之，为中道。其上二星，一曰即路，一曰聚火，主道路。次二星主关梁，明则关梁通，天下宁；不明则五谷不成，牛多灾；变色，五谷不成。月犯牛，多疫，牛马羊暴死。木守牛，天下和平。火守牛，牛贵十倍，人饥相食。水守牛，大水涌出，虎狼伤人，五谷不成，牛多死。苍白云气入牛，牛多死。赤气贯牛，牛马多死。　女：四星，形如箕，计十二度。一曰须女，一曰婺女，天之少府。水星也。主珍宝、库藏、瓜果。其下九尺为日月五星中道。须女者，贱妾之称，妇职之卑者。又主嫁娶、丝绵、布帛、女工。其星明则天下丰，女工就府，库充；暗则女工失职，府库空虚；色变，麻不成。月犯女，人多灾。岁星守女，多雨水，人有冻死者。火守女，布帛大贵，人多死。土守女，蚕凶，女多灾，吴越民灾。金犯女，布帛贵。水守女，有水灾，万物不成，布帛大贵，其国饥，人疫多死者。流星犯女，天下蚕麻不成。云气苍白入女，天下女子多疾。赤气入女，妇多产死。　虚：二星，上下各一，计十度。一曰玄枵，一曰颛顼，一曰天节。水星也。主死丧、哭泣、坟墓、祭祀，主北方，又主律管黄钟。其下九尺为日月五星中道，主风云。其星名静，则天下安；不明，则天下旱。月犯虚，民饥。岁星守虚，其国饥。中犯乘陵，天下饥。火守虚，天下旱，女子多死，万物不成，一曰赤地千里。土守虚，风雨不时，大旱，赤地千里。水守虚，主水，万物不成；犯之，其分水。　危：三星，不直，计十七度。曰天府。一曰天市。土星也。主坟墓、宫室、祭祀，主架屋。又为百姓市。其下九尺为日月五星中道。水犯危，其下大水。　室：二星，上下相直，计十六度。曰营室，一曰定星，一曰玄宫，一曰清庙，一曰玄冥，一曰天官，一曰天库，一曰体官。主三军、廪食及土工之事。其下九尺为日月五星中道。木犯室之阴主水，阳主旱。水犯室，其下有水灾，民大饥。客星出室，人饥、疫。彗、孛出室，大水。　璧：二星，相直颇近，计九度。曰东璧。一曰天街，一曰天梁，一曰天池。主文章、图书之府。土星也。亦主土工之事，与营室共为天四辅。其下九尺为日月五星中道，星明则君子进，小人退，道术行，图书集。土犯璧，万物不成，人多病。金犯璧，文章士多病。客星犯，同。　西方：白帝其精，白虎其属。五十一星，八十度。司秋，司金，司西岳，司西海，司毛虫，三百有六十。　奎：十有六星，腰细头尖，两中阔，如葫芦形，计十六度。一曰天豕，一曰天库，一曰天边。金星也。主文章、武库。其南九尺为日月五星中道，西南大星为天豕目，亦为大将。　奎主沟渎、（坡）〔陂〕泽、江河之事。必占于奎，奎之大星欲其明，明则天下安，动摇则有沟渎之事；奎中小星明，则天下有大水。石氏。　一曰天豕目，主水渎。动摇，有大水，以日占其国。月犯奎，大水。火犯奎，民多疫。金守奎，大水，伤五谷；犯奎，大霜，物不成。水守奎，多水灾，江河决。客星出奎，大水。彗、孛出奎，大饥。苍白云气出奎，天下嫁女多灾。　娄：三星，横列，其二相近，计十二度。曰天狱。一曰客星，一曰天市，一曰天庙。土星也。主牺牲、宗庙、五祀、苑牧，故置天仓以养之。娄，聚也。又主兴兵，将有聚众之事。占于娄，其下九尺为日月五星中道，万物之所藏也。娄星明，则郊祀得礼，天子有福，多子孙，臣忠子孝。岁星守娄，人多病，牛马多死，米贵。火星守娄，大旱，人饥，谷贵，多火灾。辰守娄，有火灾，物不成。客星守娄，有火灾。彗、孛出娄，天下民饥。　胃：三星，鼎足，计十四度。曰大梁。一曰天中府，一曰天库，一曰密宫。金星也。为赵之分野。胃者，五谷之府，天之厨藏。主仓廪入藏，积聚万物。又主讨捕诛杀之事。其南下九尺为日月五星赤道。星明，则仓廪益、天下丰；暗小，则天下米贵、仓空。月犯胃，五谷不收。岁守胃，岁饥。木犯胃，天下谷不实，其地大水，鱼行人道。火守胃，人多病，谷大贵。土犯胃，多水。金守胃，人饥。辰守胃，仓廪空，水灾，谷贵；犯之，天下谷不实。客星守胃，天下饥，五谷贵。流星入胃，春米贵，秋五谷不成。彗、孛出胃，五谷不成。　昴：郭璞注：昴，别名髦头，胡星也，为白衣会。七星，横列，上四下三，计十一度。曰毛尾。一曰天器，一曰天狱，一曰天厨，一曰天路。水星也。昴为天耳目，又为胡星。主兵丧，主口舌奏对，主狱事。其下九尺为日月五星中道。大星欲明，其六星不欲明，明与大星等，则天下多水。岁星守昴，米贵，人饥。火犯昴，大旱，大饥。金入昴，旱。水入昴，五谷不成。云气苍白入昴，人多病疫；出，则祸除。　毕：八星，如张兔之毕，计十六度，附耳一星。主边兵、弋猎之事。一曰天珥，一曰天口，一曰虎口，一曰天都尉主制候四方，一曰天空。水星也。性好雨。又为天狱，主伺鬼方之动静，察奸谋以备外患，直衢地之阳，以为胡之候，故立附耳以讥不祥。又主街巷，主阴谋。南天之雨，师也。北七尺为日月五星中道。月犯毕，春多雨，夏多风。月入毕，大风雨。火守毕，其分饥。金乘陵，五谷不成。客星守毕，岁饥。云气苍白入毕，岁不收。　觜：三星，鼎足相近，计二度。觜觿，觿，音奚。白虎之首也。为三军（侯）〔候〕，行军之府藏。金星也。主葆聚，收敛万物，亦为刀铁斩刈之事。一曰天货，主宝货。其北三尺为日月五星中道。星明则天下安，五谷熟；动则天下旱。木守觜，人饥；久守，五谷不成，天下大疫。火犯觜，大旱，多火灾。金守觜，天下安宁。水犯觜，有水灾，其国大饥。彗、孛出觜，粟贵。　参：七星，两肩双足三为心，计九度。三星曰参伐，七星为虎，伐为尾，觜为首，共为白虎。主西方。一曰大辰，一曰天市，一曰钟龙。金星也。北三尺为日月五星中道。月犯参，大旱，饥，人相食。木守参，大疫，民流散；犯之，岁大疫。土守参，五谷不成。客星守参，岁大饥。　南方：赤帝其精，朱雀其属。六十四星，一百一十二度。司夏，司火，司南岳，司南海，司羽虫，三百有六十。　井：八星，横列河中，计三十三度。曰天府。一曰东陵，一曰天门，一曰天渠，一曰天池。水星也。主水泉，亦为天之南门，日月五星贯之，为中道。又主酒食，主水衡法令之所取平也。三光行必由其中，虽经之不得留之。王者心正，则井星正而明；太盛，则多风雨而有大水；移徙，则洪水为灾。铁一星，附井口，第一星边二寸，不欲太明，中星亡则天下大水。月犯井，多风雨，大水为灾。一曰岁荒人饥。月入井，大水。木守井，二十日以上有火灾，五谷伤；犯之，其年大水，人饥。火守井，六十日天下大水。土守井，大旱，五谷不成。火出入，留守井三十日，大水，人流亡。水犯井，马暴贵。水守井，角动色黑；为水守之，大水，百川皆溢。客星入井，水旱为灾。流星所至，其国大水。青云气出入井、入河中，大水。赤云气入井，大水，不则疾疫，亦为旱。　鬼：四星，方似柜，计四度。一曰天目。主视明察奸，主神明、疾病、死丧。土星也。其中为日月五星中道。其东北星主积马，东南星主积兵，西南星主积布帛，西北星主积金玉。其中央色白如粉絮者积尸气，主死丧、祠祀，又主刑法、诛斩。不欲其明，明则鬼害人，多病死。四星欲其明，明则五谷成，动摇则疾病，水灾，人死如麻。月犯鬼，人疾疫；入鬼，人多病死。南入为男，北为女，西为老人。木守鬼，五谷伤，民饥。木犯鬼，五谷贵，金玉废。水犯鬼，五谷不登；守鬼，大水，蝗起。彗、孛出鬼，大疫。白气入鬼，人多病疾。赤云气，大旱，有火灾。　柳：八星，头垂似柳，计十五度，为朱鸟喙。一曰天相，一曰天库，一曰注，亦作咮，一曰天大将军，一曰天厨。主酒食、仓库，又主雷雨、工匠、草木。火星也。一曰土星。其北六尺为日月五星中道。失色则天下饥馑，开张则人流亡。木守柳，天下丰熟；久守之，多水灾，人饥，万物不成；犯之，多水，谷不成；犯其西，民疾。火守柳，多火灾，万物不成。土守柳，君臣和，大①下大喜；久守之，万物不成，天下大饥；犯柳，其国旱，有火灾。辰守柳，岁不收；入则先涝后旱。客星犯柳，周地灾；出柳，大水，入，主天下饥，人流亡。彗、孛出柳，大旱，谷贵。云气赤入柳，有火灾；出柳，大旱。　星：七星，如钩，计七度。一曰天都，一曰员官。为赤地之府于午，主衣裳黼黻文绣；为朱鸟之颈，以象鹑火。亦为贤士，又为烽亭，主急兵，守盗贼。水星也。一曰火星。右星北上三尺为日月五星中道。七星明大，则人主昌。木守，天下安，王道昌，五谷熟。火守二十日以上，水灾，人饥。土守，其分有福，天下安。金守二十日以上，水灾，万物不成。水守，民多疫，万物不成。客星守，河水溢，民流亡。流星出七星，五谷不成；犯之，水灾。彗、孛犯，大水。　张：六星，计十六度，为天府。一曰御府，一曰天昌。为朱雀之嗉。火星也。主金玉、珍宝、宗庙所用之器物；主天厨、饮食、赏赉之事；又主长养万物。其北十三尺为日月五星中道。星明大，则人主昌，天下治，民阜蕃。岁星守张，岁大丰，君臣同心，天下太平。火星犯，五谷不成。土守，天下和平。太白守，多水灾，五谷不成。辰星守，天下大水；犯之，人有疾病，且饥。客岁守，天下饥。　翼：二十二星，上五下五，又六横列中央，又六相联，计十八度。曰天化。一曰天都市，一曰天徐，一曰天旗。土星也。是为朱雀之翼，天之乐府。主和五音、六律、五乐、八佾，以御天宫，是南宫之羽仪，文物声名之所丰茂；主三公、化道、文籍及蛮夷、远客、负海之宾，俳优、秋提、戏娱之事。其北三尺为日月五星中道。光明有叙，则君臣贤，礼乐兴，天下平。火守之，五谷不熟；犯而守之，天下大疫，大饥。土守，君臣明良；守之一年，岁丰十年。金守，万物不成；犯之，大风，五谷不成。辰守，鱼、盐贵；犯之，其地荒。彗、孛出，人饥。黑云入，大水。　轸：四星，计十七度。一曰天车。主车骑、任载、盗贼、战伐之事。一为丧车。主死丧。四星为天之四辅，冢宰之官，察愆咎、凶灾。水星也。又主风雨。北上三尺为日月五星中道。明则大吉。出月入轸，大风，雨水；守轸，水伤五谷，天下大疫。客星犯，车马贵。　列宿行度：轸十及角亢以至氐，一在。　辰：氐二及房心以至尾，二在。　卯：尾三及箕至斗，三在。　寅：斗四及牛至女，一在。　丑：

---

① 大，疑应作"天"。

女二及虚至危，十二在。　　子：危十三及室璧至奎，一在。　　亥：奎二及娄至胃，三在。　　戌：胃四及昴至毕，六在。　　酉：毕七及觜参至井，八在。　　申：井九及鬼至柳，三在。　　未：柳四及星至张，十四在。　　午：张十五及翼至轸，九在。　　巳：此二十八宿之分野也。谓之宿者，为有二十八星当度，故立以为宿。星度皆以赤道为准，黄道则有邪有直，与赤道不等，故言列宿者，取衷于赤道。　　寿星：天狼比地有大星，比地，近地也。一说见于丙，没于丁。曰南极老人星，一曰寿星，为人主寿命延长之应，常以秋分之曙见于丙，春分之夕见于丁。王者承天，则老人星临其国。常以立夏之夜观之，明朗则天下治安，岁大熟；不见，岁灾，十月应；半明小，收；大暗，不收。一云以秋分候于南郊。　　景星：景星者，天之精也，状如半月，生于晦朔，助月为明。王者不私人以官，使贤者在位，则见。　　帝舜时，景星出房，尧即位，七十载景星出翼。《宋·符瑞志》。　　三台：六星，两两而居，一曰三能，一曰三奇，一曰天柱，一曰天阶，在人为三公之位，诸侯、农人之象也。星象齐则君臣和。上台起文昌为司命，中台对轩辕为司中，下台抵太薇为司禄。上阶上星为天子，下星为女主；中阶上星为诸侯、三公，下星为卿大夫；下阶上星为士，下星为庶民。主和阴阳，理万物，开德宣符。明，吉。上台不俱，春不得耕；中台不俱，夏不得耘；下台不俱，秋不得收。火星犯下台，民多疾病死丧。　　文昌六星，天之六府也，主集计天道，泰阶六符。泰阶，三台也。每台二星，凡六星。六符者，六星之符验也。《天文志》。　　六甲：六甲在紫薇宫中，主分阴阳，记节候，所以布政授时。明则阴阳和，不明则寒暑易，不见则有水旱之灾。客星守六甲，黑为水，赤为旱，白为疾疫。　　八谷：八星，在紫薇西藩之外，主岁丰凶。土官也。明则八谷成，暗则不成，亡则天下大饥。客星犯之，谷大贵。彗星犯之，水涝，谷大贵。黑气入，万物不成，人死大半。　　帛度：二星，在天市中宗星东北，主度量、平货、交易。明大则尺度平，商人不欺；不明反是。彗、孛、客星犯守，绵丝枭大贵。　　列肆：二星，在斛星西北，主市货。移徙则市不安。　　斗：五星，在天市中宫者西南，主平量。星明则吉，不明则五谷不成，亡则岁大饥，人相食，斗斛不用，覆则岁穰。火星守之，米贵；入其中，米贵十倍。　　斗斛不平，斛星在市楼北斗南，主度量。占与斗星同。石氏。　　天田：二星，在右角北，天子籍田也。岁星守之，五谷大丰。荧惑守之，主旱，五谷不成。辰星守之，大水，伤五谷。客星入之，天下焦旱，蝗多，五谷不生。　以上角宿。　　亢池：六星，在亢北摄提中，主水道。星微暗，有大水。五星守犯之，百川皆溢。客星守之，水虫多死。火犯之，海中大鱼多死者。　以上氏宿。　　龟：五星，在尾南汉中。其星明，则君臣和，神明享；其星不居汉中，则川有易者，天下水旱，万物不成。星亡，赤地千里。五星犯守，阳为旱，阴为水。火守之，天下大水，去之疾则旱，万物不成。流星入之，天下有水，珠玉贵；出之，天下大旱，五谷贵。　　天江：四星，在尾北，主太阴。星不欲明，明则天下水灾；微，如常，则阴阳和，水旱调；明而动，则水暴出，江河溢，五谷不成，民以水饥；不齐，则马多死，芒角动摇，大水没城。月犯之，大水，民饥流移。火守之，赤地千里，民流亡。客星出天江，大水。流星入，大水，河海溢，人饥。彗、孛出天江，天下大水，五谷不成，人饥相食。青气入天江，大水。　　鱼：一星，在尾后河中，知云雨之期。一曰蒙星，其状如星如云，忽忽大明，常居汉中，则阴阳和，风雨时；明大动摇，风雨失节，有大水。近箕为常，若入河中，水暴出；出河，主旱。五星守犯，阳为旱，鱼、盐贵；阴为水，鱼行人道。火暴出，天下大旱，五谷不成，民大饥。客星出之，鱼、盐贵五倍，一曰有大水。流星抵之，大水，鱼、盐贵；出之，大水，鱼行人道。彗、孛出或守之，期年内天下大水。 以上尾宿。 糠：一星，在箕口前，主簸扬，给犬豕糠粃。明则天下丰熟，暗则荒歉，不见则人相食。 杵：三星，在箕南，木官也，主春白之用。小而明，则五谷成，天下安；不明，则岁恶之杵从天下，民食足；移徙，则人失业。流星入杵，五谷贵，杵不用。彗、孛出杵，岁大饥荒。 以上箕宿。 鳖：十四星，在南斗南，常居汉中，主水族。其星微而不明，则雨泽时，天下和；不居汉中，则阴阳不和，天下水旱。五星守犯，有大水。流星入，国有大水；出之，色青黑为水，黄大旱；犯之，水虫死，鱼大贵。客星犯之，大水。 天鸡：二星，主候时，动徙失常主大水。荧惑入之，天下大旱；守之，鸡多夜鸣，人尽惊。土犯之，民流亡。客星守之，大水。彗、孛出天鸡，雨旸失节，水旱不时。 农丈人：一星，在南斗西南，箕星之东，老农也。主稼穑丰耗。其星明，则天下丰稔；暗，则饥；不见，民失业。一云在箕东则岁熟，箕西则饥，箕南小旱穰，箕北大水。岁星守之，丰稔。余四星及彗、孛、客星守犯，天下不耕。 以上斗宿。 天田：九星，在斗宿东南，天子籍内田也，与角南天田同。岁星守之，年丰熟。火星守之，大旱，五谷不成。太白犯之，大水，一曰五谷霜死。水守之，大水出；客星入之，天下大饥。彗、孛犯之，农人失业。 罗堰：三星，在牛宿东，主渠堰。其星明大，则大水为灾。月、五星犯之，皆主水。 以上牛宿。 扶筐：七星，在紫微宫东藩外，主采桑、育蚕，又主藏盖。星明则蚕吉，暗则丝绵不成。客星、流星、彗、孛犯之，蚕不成，丝绵大贵。 匏瓜：五星，在河鼓东，主掌瓜果。其星明，则果实成，岁丰；暗，则果物不成，大水，岁不登。五星犯守，果实贵，鱼、盐贵十倍，期一年。客星入之，鱼、盐贵；守之，出谷多水。流星出匏瓜，鱼、盐贵十倍。彗星守匏瓜，果实不成，鱼、盐贵。 以上女宿。 人星：五星，在车府下，如人形，主万民。土官也。主静安众庶，柔远能迩。五星、客、彗、孛犯守，天下饥荒，人大灾。 杵：三星，在人星东，主春粮。正直下白则吉，不相当则粮乏，不直则民饥，不明则岁凶，聚则丰，疏则歉，动摇则大饥民流。 臼：四星，在杵南。仰则丰，覆则歉。余占与杵同。客星守杵臼，岁饥，一曰民失杵臼；犯之，岁歉，人饥。彗、孛出杵臼，天下大饥。 以上危宿。 螣蛇：二十二星，在室北河滨，若盘蛇之状。一曰天蛇，与龟鳖交，水虫之长也，主水族。明则水族茂，鱼、盐贱；明大动摇，则水虫为孽，天下大水。火犯之，鱼、盐贵。金、水犯之，为水灾，水物不成。客星守之，雨水为灾，水物不成。流星犯之，水旱俱作；入之，雨水为害，水物不成。黑气出入，天下大水。 以上室宿。 云雨：四星，在霹雳东南，主雨泽。明则多雨，有水灾；亡则旱。火守之，大旱；水守之，大水。 以上壁宿。 土司空：一星，在奎南，地官也。主水土之事，知岁祸福。明大黄润，则天下安；微暗，则旱。岁星犯之，天下旱。太白守之，亦旱。一曰忧水。客星入守，主水灾，工役大兴，男女不得耕织，天下大疾。镇星守犯，土工兴作。 以上奎宿。 天仓：六星，在娄南，主仓库之藏，大司农之事。黄大而明，则仓廪丰；天仓户开，中小星聚，则储积富；稀小，则仓廪虚。 天仓户开，则岁大熟；闭，则岁不登，天下饥。水入天仓而守之，岁恶，民饥。火近天仓，天下大旱，饥。石氏。　火经天仓，去而不守，籴大贵。若逆行守犯之，天下大饥。客星入，米贵于玉。流星犯之，五谷大贵，民大饥；入之，天下饥。流星赤色犯之，旱，有火灾。彗、孛出天仓，粟出，民饥。苍白气入，岁不熟。赤气入，有火灾。《春秋图》。天庚：三星，在天仓东南积粟之所，占与天仓同。　　以上娄宿。　天廪：四星，在昴南，主蓄黍稷。其星齐明，则年丰，民足，国安，天子吉；小而不明，岁恶，国虚，人饥；色青，廪粟腐败。五星犯之，民大饥。月犯之，天下粟贵，一犯一贵。客星入，色赤，大旱，多火灾；黄白，岁熟。出之，粟贵，民流亡。流星入，五谷不成，天下大饥。彗、孛出天廪，人饥。流星犯，蝗虫为害，岁饥，民流亡。赤气入，粟腐败。黄白气入，岁丰。　天囷：十三星，在胃南，主百库之藏。明而众，则库藏满；失色，则天下饥。五星犯之，民大饥。太白入，大水，旱，大饥。客星出天囷，若守之，天下大旱，人饥相食。彗、孛出天囷，民饥，流亡。　天船：九星，在大陵北河中，主疾疫、水旱，常居汉中。其中有四星，常欲均明，则天下安。船不居汉中，大水泛出。月入犯之，百川流溢。辰星犯，客星、流星入，彗、孛出，皆主大水。　　以上胃宿。　五车：九星，在毕东北，亦曰天库、天仓。明则五谷丰，暗则五谷不成，失色则赤地千里。荧惑入之，大旱，五谷不成。土犯之，布贵。水犯之，天下大水。　天街：二星，在昴毕间，黄道之所分毕以东，街南中华昴以西，街北夷狄天街处，其中为日月五星正道。月行天街中，天下安，百姓顺。五星入之，大水；逆犯，岁饥；犯之，大水，道路不通。　天园：十三星，天苑南，屈曲横列，植果菜之所也。其中小勾曲明，则果实成，马牛羊皆吉；不见反是。五星守犯，牛羊灾。　　以上毕宿。　玉井：四星，在参右足下。水官也。主水泉。星微小如常，则阴阳和，五谷成；明大动摇，则天下大水，大饥。五星入之，国有水忧，谷有水败，水物不成。流星入之，大水。彗、孛守之，天下大水，河海溢，民多死于水。　屏：二星，在玉井南，主疾病。星不明，天下寝疾；不具，则人多疾病。火守之三日，民疾病。客星入之，四足虫大疫，民多病；出、入、犯，皆主病。流星犯之，人多病死。彗、孛出屏，民多疾病。青气入屏，多瘟疫。　天厕：四星，在屏东，主疾病。其星色黄而明，则吉；若有陷厕，天下人疫。木星守之，客星出之，皆大饥，人相食。流星入，大水，大饥。彗、孛犯之，人相食。　天屎：一星，在厕南，候吉凶。色黄，则吉；微小，万物不昌；不见，则人多病死；色黑，主人饥，疾疫多。五星守之，天下饥，人多死。火守之，主旱。流星入，若抵之，大饥，民多病死。　　以上参宿。　南河北河：各三星，分夹东井。一曰天高，一曰天亭。主关梁。南河曰南戍，一曰南宫，一曰阳门。北河曰北戍，一曰北宫，一曰阴门，又为胡门。南河为权，主火；北河为衡，主水。两河间为天中道。七曜常行而过之则吉，久留则疢咎生。星明则天下安，不具则水道不通，南则南不通，北则北不通。月犯南河，大旱，人疫，男子多死；犯北河，夷狄凶，大水，人疫，女子多死。火犯守河与月犯同。太白犯南为旱，北为水。苍白气入两河，道路不通。　积水：一星，在北河上，主聚美水给天子酒食。明则天下安宴享行，暗则五谷不登，人民忧。明大动摇，河海溢决，津梁不通。五星犯守，有水灾。火犯之，主旱。流星抵积水，若入之，大水。苍白气入，天下水灾。　积薪：一星，在积水东，聚星也。给亨祀，供庖厨。星明则五谷熟，亨祀修，庖厨足；暗则庖厨空，天下旱，岁歉，人饥。积水、积薪相去五尺以内，则天下平，五谷登；一丈内，则天下饥荒，人民流亡。火守之，旱。水守之，大水。五星犯积薪，若守之，五谷不成，民饥，流亡。赤气入，火焚积薪。　水位：四星，在东井北，主水衡，以泄淫溢。水官也。微小如常，则雨泽时，天下安；明，则大水横流，五谷伤，民饥。五星犯之，大水入城廓伤人。五星守之，北大水，南大旱。客星守之，百川泛溢；犯之，大水，河灾。流星入，天下有水灾，河溢，五谷不成。彗、孛出水位，天下大水，人饥；犯之，水路不通。黑气入，大水。赤气入，大旱。　四渎：四星，在东井南。明大动摇，大江泛溢。以上井宿。　轩辕：十七星，在七星北。一曰东陵，一曰权星。主雷雨，合阴阳。其星黄润，大小有序，则时和岁丰。月犯，大饥。　天稷：五星，在七星南。农也。主百谷。其星润而明，则百谷成；不，则不成；不见，主大饥，人相食。五星守犯，大旱，谷不成，民大饥。流星入，若彗、孛出，五谷不成，天下饥，人流亡。以上张宿。

　　休征。至德之朝，五星若贯珠。《坤灵图》。　星圆大如日，四边小星拱之，国兴。　帝颛顼母，蜀山氏女昌仆，是为女枢，感摇光贯月，生帝若水。二十即帝位。《帝纪》。　颛顼作历，以孟春之月为元。是岁正月朔立春，五星会于营室。冰冻始泮，蛰虫始发，鸡始三号。《帝纪》。　周王之兴，五星聚房，赤雀衔书，止于王居。《宋·符瑞志》。　帝舜十有四载，景星出，卿云兴，百工相和而歌。　汉高帝元年，五星聚于东井。《汉史》。　永嘉中，岁星、镇星、荧惑、太白聚牛女。识者以为兴王之兆。是岁元帝即位。《晋史》。　元魏晋太元年十月，岁星、荧惑、镇星、太白聚觜、参。太史占曰：当有王者兴。后高欢兴。《齐·北史》。　春三月，司天氏奏岁居心，黄明润大，光泽帝位，积五十余日。诏下有司，颁示中外。唐·权德舆。　宋乾德四年，五星聚于奎。朱史。　辰星居于卯地，或辰星勾月，主年丰国泰。《天文志》。　星大光明夺月者，出忠臣、孝子。

　　咎征。凡星之变，绝迹而去曰飞，横飞而过曰流，自下而上曰奔，奔星为枉约。枉，音勺。自上而下曰陨，早出为赢，晚出为缩，趁舍而前为赢，退舍为缩，光而明灭不定为动，光而有锋为芒，芒长四处为角，长而扁光四扫为彗。彗曰搀抢，形如帚，即旄头泮也，见则有近患。搀，初衔切。恒星不见，星陨如雨。《左传》。　仁亏貌失，逆春令，伤木气，罚见岁星。礼亏视失，逆夏令，伤火气，罚见荧惑。义亏言失，逆秋令，伤金气，罚见太白。智亏聪失，逆冬令，伤水气，罚见辰星。四者皆失，镇星乃动，五星在天，高则影小，底则影大。《汉·天文志》。　襄公二十八年春，无冰。梓慎占曰："今兹宋、郑其饥乎？岁在星纪而淫于玄枵，是年岁星当在星纪，明年在玄枵。今已在玄枵，则淫行失次矣。以有时菑①。"《左传》。　义熙元年，太白昼见，经天凡七，乃人更主、异姓当兴之象。时晋禅于宋。　有星赤而芒角，自东北西南流入诸葛亮营，三投再还，往大还小。俄而亮卒。　会稽谢敷隐居若耶山，月犯少微星。少微一名处士星。时戴逵名著于敷，时人为逵忧。俄而敷死。会稽人嘲逵曰："吴中高士，求死不得。"俱《续晋阳秋》。　成化元年，襄阳星变地震。时北方流民聚山中，凡数十万。朝廷发兵讨之，捣其巢穴，湖湘

---

① 菑，同"灾"。

始靖。

占候。正月八日，参星夜在月西，主大水，夏中一节晴。若在月东，对月口，主高田半收。在南，大旱。在北，大恶风，人疫。　璇玑中星调，则风雨时。《考灵曜》。　摄提东向，天下无事。招摇光泽，天下安宁。天市明则众贼。《荆州纪》。　星光闪烁不定，主来日风。星明灭不动，主雨。夏月星密，来日热。　星坠，主大风。　星自东流向西，来日有雨；北流向东，连日雨不断；北流向南，主来日阴而无雨；西流向东，主二日内有风；西流向北，来日风雨大作；南流向东，主旱；北流向西，水淹田禾；南流向北，主雾；东流向南，主来日火；西流向南，当年水旱灾伤；南流向西，秋霜冬雪；东流向北，七日内有人报盗贼。星春坠，岁不登；秋坠，大水。　谚云"一个星保夜晴"，言久雨天阴，晚间但见一两个星，此夜必晴。　又云"明星照烂地，来朝依旧雨"，言久雨正当黄昏，卒然云开见星，岂但明日有雨，当夜亦未必晴。若夜半后云开雨止，星月朗然，则又主晴无疑。异星如火，国有火灾。《梁书·占》。

典故。尧舜时有五星自天而霣①。一是土之精坠于谷城山下，其精化为圯桥老人，以兵书授张子房云："读此当为帝王师，后求我于谷城山下，黄石是也。"子房佐汉功成，求于谷城山下，果得黄石焉。子房隐于商山，从四皓学道。其家葬其衣冠黄石，占者常见墓上黄气高数丈。后为赤眉所发，不见其尸，黄石亦失所在，其气自绝。　岁星之精坠于荆山，化而为玉，侧而视之色碧，正而视之色白。卞和得之，献楚王，后入赵献秦。始皇一统天下，琢为受命玺，李斯篆其文，历世传之，为传国宝。又《古今异说》云是大角星精。大角亦木星也。　火星之精坠于南海中为大珠，径尺余，时出海上，光照数百里，红气亘天。今名其地为珠池，亦名珠崖。　金星之精坠于终南圭峰之西，因号为太白山。其精化为白石，状如美玉，时有紫气覆之。天宝中，玄宗皇帝立玄元庙于长安大宁里，临淄旧邸欲塑玄元像。梦神人曰："太白北谷中有玉石，可取而琢之，紫气见处是也。"翼②日命使入谷求之山下。人云："旬日来常有紫气，连日不散。"果于其下掘获玉石，琢为玄元像，高二尺许。又为二真人二侍童之形。　水星之精坠于张披郡柳谷中，化为异石，广丈余，高三尺。汉之末渐有文彩，未甚分明。魏青龙年，忽如雷震，声闻百余里。其石自立，白色为文，有牛马仙人之状，及玉环、玉玦兼文字，果应司马氏为晋，以符金德。俱《录异记》。　仲尼曰："吾闻尧与舜等游首山，观河渚，有五老游河。一老曰：'河图将来告帝期。'二老曰：'河图将来告帝谋。'三老曰："河图将来告帝书。"四老曰："河图将来告帝图。"五老曰："河图将来告帝符。"歌讫，五老飞为流星上入天。《论语谶》。　庄子曰："道有情有信，无为无形；可传而不可受，可得而不可见。莫知其始，莫知其终。傅说得之，以相武丁。"奄有天下，乘东维，骑箕尾，而比于列星。盖言说死其精神，托箕尾也。　天地开辟，甲子冬至日，月若悬璧，五星若编珠。《尚书·中候》。　仰观天形如车盖，众星累累如连贝。《尚书·考灵曜》。　南宫后聚一十五星蔚然，曰郎位；傍一大星，将位也。《正义》曰："郎位五星在太微中帝座东北。周之元士，汉之光禄、中散、谏议，此三署郎中即今之尚

---

① 霣，通"陨"。
② 翼，通"翌"。

书郎也。"郎将一星在郎位东北，即今左右中郎将也。《史记·天官书》。 昔高辛氏有二子，长曰阏伯，季曰实沉，不相能也，日寻干戈以相征讨。后帝不臧，迁阏伯于商丘，（王）〔主〕辰。商人是因，故辰为商星。迁实沉于大夏，主参。唐人是因，故参为晋星。子产。 七月初七夜，洒扫于庭露，施几筵，设酒脯、时果，散香粉于河鼓、织女二星，神当会守夜者，咸怀私愿。或云：见天汉中有奕奕正白气，有光曜五色，以此为征应。见者便拜而愿，乞富、乞寿、乞子，唯得乞一，不得兼求，三年乃言之。《四民月令》。 织女，天女孙也。《天官书》。 河鼓谓之牵牛。黄姑即河鼓也。《岁时记》。 牵牛星，荆州呼为河鼓，主关梁。织女星则主瓜果。尝见道书云牵（女）〔牛〕娶织女，取天帝二万钱下礼，久不还，被驱在营室。《荆楚岁时记》。 七月六日有雨，谓之洗车雨。七日雨则曰洒泪雨。《岁时杂记》。 孙休永安二年，将守质子群聚嬉戏，有异小兄①忽来，曰："我非人，荧惑星也。"言讫上升。仰而观之，若曳一匹练，有顷而没。《宋书》。 李晟初屯渭桥时，荧惑守岁，久之方退。或劝曰："荧惑已退，可速用兵。"晟曰："汝安知大道及克敌？"谓参佐曰："前者士大夫劝晟出兵，非敢拒也。闻五纬盈缩无准，晟惧复来守岁，则我军不战而自溃矣。"众皆曰："非所及也。"《唐史》。 彗星出东则西指，出西则东指，此其常也。东西遍指，其变也。 昭公十八年，有星孛于大辰，西及汉。申须曰："彗所以除旧布新也。今除于火，火出必布焉。诸侯其有火灾乎？"梓慎曰："在宋、卫、陈、郑。"郑裨灶言于子产曰："宋、卫、陈、郑将同日火，若我用瓘斝玉瓒，郑必不火。"郑人请用之，子产不可，曰："天道远，人道迩，非所及也。灶焉知天道？"遂不与，亦不火。《左传》。 傅说为列星，张良为弧星，萧何昴星，樊哙狼星，东方朔岁星。太白之生梦长庚，东坡之殁为奎宿。 西王母使者至，东方朔死。上问使者，对曰："朔，木帝之精，是为岁星。下游人间以观天下，非陛下臣也。"《武帝内传》。 和帝遣使观采风谣。二使到蜀部，投馆吏李邰舍。邰问曰："二君发京师时，知朝廷遣二使否？"问："何以知之？"邰曰："前有二使星向益州分野，故知之耳。"《东汉书》。 僖公五年，晋侯代虢，围上阳，问于卜偃曰："吾其济乎？"对曰："克之。"童谣："丙之晨，龙尾伏辰，均服振振，取虢之旂。鹑之贲贲，天策焞焞，火中成军，虢公其奔。"其九月、十月之交乎！龙尾，尾星也。日月之会曰辰日，在尾，故尾伏而不见。《左传》。 宋景公时，荧惑守心。心，宋分也。公召子韦问焉，子韦曰："可移于相。"公曰："相，所以治国家也。"曰："可移于百姓。"公曰："百姓死，寡人将孰与为君？"曰："可移于岁。"公曰："岁饥人饿，必死。"子韦曰："君有至德之言三，天必三赏君。"是夜，荧惑退三舍。《吕氏春秋》。 七夕为织女牵牛聚会之日。戴德云"此日织女东向"，盖言星也。《春秋运斗枢》云：牵牛神名略。《石氏星经》云：牵牛名入关。《佐助期》云：织女神名收阴。《史记·天官书》云：是天帝外孙。河鼓、黄姑，牵牛也。人家妇女结彩楼，穿九孔针以乞巧。《荆楚岁时记》。 汉彩女常以七月七日穿七孔针于开襟楼。陈简斋诗："七孔针穿可得过。"西京天宝宫中，七夕以锦彩结成楼殿，高百丈，可容数十人。陈瓜果酒肴，设坐具，以祀牛女二星。嫔妃各执九孔针、五色线，向月穿之，过者为得巧。动清商之曲，宴乐达旦，士民皆效

---

① 兄，应作"兒"，简化作"儿"。

之。《天宝遗事》。 唐玄宗与杨贵妃避暑骊山（官）〔宫〕。七日，牛女相见之夕，妃独侍上。上凭肩密相誓，心愿世世为夫妇。故《长恨辞》曰："七月七日长生殿，夜半无人私语时。在天愿为比翼鸟，在地愿为连理枝。"《锦绣万花谷》。 郭子仪初从军沙塞间，至银州数十里。将宿，既夜忽见左右皆有赤光。仰视空中，骈车绣幄中有一美人，坐床垂足，自天而下，俯视子仪。拜祝曰："今七月七日，必是织女降临。愿赐长寿富贵。"女笑曰："大富贵亦寿考。"言讫，冉冉腾天，犹正视子仪，良久而隐。子仪后立功贵盛，威望烜赫。大历初，镇河中，疾甚，三军忧惧。公谓幕僚等曰："吾此病自知未便衰殒。"因述所遇之事，众称贺欢悦。其后拜尚父，寿九十余薨。《感遇传》。 七夕，妇人结彩楼，穿七孔针，或以金银鍮石为针，陈瓜果于庭中以乞巧。有蟢子罗于瓜果上，则以为得巧。《荆楚岁时记》。 光武破圣公，与伯叔书曰："交锋之日，神星昼见，太白清明。"《东观汉记》。 建武五年，帝征处士严遵，赐宴阳明殿。会暮留宿，遵以足加帝腹。明日，太史奏客星犯帝座，甚急。帝曰："此无他，昨夜与故人严子陵共卧耳。"《汉史》。 光和元年四月，客星出东方，胃八度，长三尺，历阁道入紫微，留四十日灭。《汉书》。 周敞师京房，房以（右）〔石〕显①谮，系狱，谓敞曰："吾死后四十日，客星入天市，即吾无辜之验也。"果如其言。《后汉书》。 桂阳成武丁有仙道，忽谓其弟曰："七月七夕，织女当渡河，诸仙悉还宫。吾向已被召，今与尔别矣。"弟问："何事渡河？兄何日还？"答曰："织女暂诣牵牛。吾去后三十年当还。"故世人至今云"织女嫁牵牛"。《续齐谐记》。 （奏）〔秦〕主苻生时有奏太白犯东井者曰："东井，秦之分，太白谪见，必有暴兵起于京师。"生曰："星入井者，自为渴耳，何足怪乎？"未几，苻坚弑生自立。 奏苻坚以弟融为冀州牧。将发，祖于灞上。坚母苟氏以融少子，比发，三至灞上，其夕又窃如融所，内外莫知。是夜，坚寝前殿。太史奏："天市南门屏内后妃星失明，左右阉寺不见，乃后妃移动之象也。"坚推问知之，惊曰："天道不远！" 隋吴峤，雪溪人，雪，音闾。精天文，袁天纲师事之。炀帝时尝过邺，告其令曰："中星不守太微，主君有嫌。王气流萃于秦地，子知之乎？"令不之信。及唐高祖即位，始知其言不诬。 唐太宗时，李淳风奏北斗七星当化为人，明日至西市饮酒。使人候之，有僧七人共饮二石。太宗使人召之，七人笑曰："此必李淳风小儿在彼言我也。"忽不见。 宋艺祖居潜，日与赵普游长安，入酒舍。普偶坐席左，陈希夷怒曰："紫微躔一小星耳，辄据上次可乎？"斥使居帝右。 汉馆陶公主为子求郎，明帝不许，而赐钱千万，谓君臣曰："郎官上应列宿，出宰百里，苟非其人，民受其殃，是以难之。" 陈太丘诣荀朗陵，贫俭无仆役，乃使子元方将车，季方持杖从后，孙长文尚少，载著车中。既至，荀使叔慈应门，慈明行酒，余六龙下食，文若亦小，坐著膝前。时夜德星聚。明旦，太史奏："五百里内有贤人聚。" 晋时，有妖星见豫州之分。陈训曰："今年西北大将宜当之。"祖逖亦见星，曰："为我矣！方平河北，天欲杀我，此天不祐国也。"俄而逖卒。《祖逖传》。 荧惑守南斗经旬。王导语陶回曰："南斗，扬州分野，而荧惑守之，吾当逊位以厌其谪。"回答曰："公以明德作相，辅弼明主，当亲忠贞，远邪佞，而与桓景造膝，荧惑何由退舍！"导深愧之。《晋史》。 梁武帝大通六年，

---

① 石显，字君房，济南人。西汉元帝时乱政宦官。

荧惑入南斗，去而复还。上以谚曰"荧惑入南斗，天子下殿走"，乃跣足下殿以禳之。及闻魏主西奔，惭曰："虏亦应天象耶？"唐李白母梦长庚星而生白，故名曰"字太白"。《天官书》："长庚如一匹布著天。此星见，兵起。"《韩诗》："太白晨出东方曰启明，昏见西方曰长庚。"朱氏曰："启明、长庚，皆金星也。以其先日而出，故谓之启明；后日而入，故谓之长庚。盖金、水二星常附日行，而或先或后，但金大水小，故独以金星言之也。"伍乔，庐江人，性嗜学。渡江入庐山，诗调清苦。山中浮屠，夜梦仰视一大星。旁有人指之曰："此伍乔星也。"乔在庐山时，苦节自励。一夕见人掌自牖入，掌中有读易二字。乔因取易读之，后举进士第一。《南唐书》。宋臧丙，旧名愚，字仲回，大名人。既孤，尝梦其父召立于庭，向空指曰："老人星见矣。"愚仰视之，黄明润大，因望而拜。既寤，私喜曰："吉祥也。"以寿星出丙入丁，因改名丙，字梦寿。宋窦仪，字可象，蓟州渔阳人。善推步。周显德中，与卢多逊、杨徽之同在谏议，谓二公曰："丁卯岁五星当聚于奎。奎主文明，又在鲁分，自此天下始太平。公必见之，老夫不与也。"至宋乾德四年三月，五星如连珠，在降娄之次，果验。宋徽宗一日启醮，道士拜章伏地，良久方起。上问故，对曰："适至上帝所值奎宿奏事，良久方毕，始能达其章，故也。"上问："奎宿是何人？"对曰："本朝臣苏轼也。"《尚书》："星有好风，星有好雨。"古注云："箕，东方宿也。东木克北土，以土为妻。雨，土也。土好雨，故箕星从妻所好而多雨。毕，西方宿也。西金克东木，以木为妻。风，木也。木好风，故毕星从妻所好而多风。"由此推之，则北好燠，南好旸，中央四季好寒，皆以所克为妻，而从妻所好也。予一日偶述此义，坐有善谑者应声曰："天上星宿亦怕老婆乎？"满堂为之哄然。江绿梦。江公名盈科，楚桃源人。提学佥事。

丽藻。散语：辟如北辰，居其所而众星共之。日月星辰系焉。星辰之远也。四书。庶民维星，星有好风，星有好雨。《书》。嘒彼小星，维参与昴。绸缪束薪，三星在天。星言夙驾。哆兮侈兮，成是南箕。箕好风，毕好雨。三星在罶。跂彼织女，终日七襄。睆彼牵牛，不以服箱。东有启明，西有长庚。有捄天毕，载施之行。维南有箕，载翕其舌。维北有斗，西柄之揭。《诗》。燦若天星之罗。扬雄。万物之精，上为列星。《说文》。星者，水之精也。《三五历纪》。众星浮生虚空之中，其行其止皆须气焉。《晋·天文志》。山川精气，上为列星。《唐·严善思传》。星者，散也。言列位布散也。宋玉《九辩》。文章昭回之光，粲然如繁星丽天，而芒寒色正。柳文。保章氏掌天星，以志日月星辰之变动，以观天下之迁，辨其吉凶，以星土辨九州之地。所封之域皆有分星，以观妖祥。《周礼》。明明上天，烂然星陈。日月光华，弘于一人。《八伯歌》。星者，体生于地，精成于天，列居错峙，各有迪属。迪，音由。在野象物，在朝象官。张衡。苍龙连蜷于左，白虎猛据于右，朱雀奋翼于前，灵龟匡首于后，黄龙轩辕于中。前人。文：柳子夜归自外庭，有设祠者：餐饵馨香，蜜，设延切，厚粥。饵，仍吏切。蔬是①交罗，插竹垂绥，绥，而追切，与"绥"同。剖瓜犬牙，且拜且祈。怪而问焉，女隶进曰："今兹秋孟七夕，天女之孙将嫔于河鼓，河鼓，牵牛也。邀而祠者，幸而与之巧，驱去蹇拙，手目开利，组纴缝制，将无滞于心焉。为是祷也。"柳子曰："苟然欤？吾亦有

——————
① 是，应作"果"。"四库全书"［唐］柳宗元《柳河东集》卷一八《乞巧文》作"果"。

所大拙，傥可因是以求去之。"乃缨弁束袥，促武缩气，旁趋曲折，伛偻将事，再拜稽首称臣而进曰："下土之臣，窃闻天孙专巧于天，璆辂璇玑，璆辂，音交葛。经纬星辰，能成文章，黼黻帝躬，以临下民。钦圣灵、仰光曜之日久矣。今闻天孙不乐其独，得贞卜于元龟，将蹈石梁，款天津，天津，九星横天河中。俪于神夫，于汉之滨。两旗开张，左旗在河鼓左，右在河鼓右。中星耀芒，灵气翕欻，欻，音歇，暴风。兹辰之良。幸而弭节，薄游民间，临臣之庭，曲听臣言：臣有大拙，智所不化，医所不攻，威不能迁，宽不能容。乾坤之量，包含海岳；臣身甚微，无所投足。蚁适于垤，蜗休于壳。龟鼋螺蛑，皆有所伏。臣物之灵，进退唯辱；仿佯为狂，仿佯，音房羊，徙倚也。局束为诮；吁吁为诈，坦坦为忝。他人有身，动必得宜。周旋获笑，颠倒逢嘻。己所尊昵，人或怒之。变情徇势，射利抵巇。中心甚憎，为彼所奇。忍仇佯喜，悦誉迁随。胡执臣心，常使不移。友人是己，曾不惕疑。贬名绝命，不负所知。抃嘲似傲，贵者启齿。臣旁震惊，彼且不耻。叩稽匍匐，言语谲诡。令臣缩恧，彼则大喜。臣若效之，瞋怒丛己。彼诚大巧，臣拙无比。王侯之门，狂吠狴犴。臣到百步，喉喘颡汗，睢盱逆走，魄遁神叛。欣欣巧夫，徐徐纵诞。毛群掉尾，百怒一散。世途昏险，拟步如漆，左低右昂，斗冒冲突。鬼神恐悸，圣智危栗，泯焉直透，所至如一。是独何工，纵横不怵。非天所假，彼智焉出？独啬于臣，惜使玷黜。沓沓骞骞，恣口所言，迎知喜恶，默测憎怜。摇唇一发，径中心原，胶如钳夹，誓死无迁。探心扼胆，踊跃拘率，彼虽佯退，胡可得旃？独结臣舌，暗抑衔冤，擘背流血，一辞莫宣。胡为赋授，有此奇偏？眩耀为文，琐碎排偶，抽黄对白，啴咺飞走。啴咺，音嘽弄，鸟声也。骈四俪六，锦心绣口，宫沉羽振，笙簧触手。观者舞悦，夸谈雷吼。独溺臣心，使甘老丑，戾昏荓卤，朴钝枯朽，不期一时，以俟悠久。旁罗万金，不鬻弊帚，跪呈豪杰，投弃不有。眉矉颊蹙，矉，音频，目恨张也。嚛唾胞欧，欧，即呕。大赧而归，填恨低首。天孙司巧，而穷臣若是，卒不余畀，独何酷欤？敢愿圣灵悔祸，矜臣独艰。付与姿媚，易臣顽颜。凿臣方心，规以大圆。拔去呐舌，纳以工言。文词婉软，步武轻便。齿牙饶美，眉睫增妍。突梯卷脔，突梯，随俗貌。卷脔，音拳挛，不伸貌。为世所贤。公侯卿士，五属十连。五国为属，十国为连。彼独何人，长享终天。"言讫，又再拜稽首，俯伏以俟。至夜半，不得命，疲极而睡。见有青褏[1]朱裳，手持绛节而来，告曰："天孙告汝，汝词良苦。凡汝之言，吾所极知。汝择而行，嫉彼不为。汝之所欲，汝自可期。胡不为之，而诳我为？汝唯知耻，谄貌淫辞，宁辱不贵，自适其宜。中心已定，胡妄而祈？坚汝之心，密汝所持，得之为大，失不污卑。凡吾所有，不敢汝施。致命而升，汝慎勿疑。"呜呼！天之所命，不可中革。泣拜欣受，初悲后怿。抱拙终身，以死谁惕！柳子厚《乞巧文》。　　岁（帷）〔维〕壬辰七月之七，王子潜居，讧讧弗怿。讧，音红，溃乱也。适冷风飒然，月绽云拆，桐籁荐秋，露花凝夕。有一婵娟欻莅吾席，析析步摇，滟滟繁饰，睨王子而言曰："吾帝之女孙也。职司天巧，式利下民。祷吾者泰，背吾者屯，趋吾者富，违吾者贫。吾久闻子多戆少文，吾实临子，来济子身。汝或不憚，吾悉汝陈。"王子竦肩敛踵，觑觑忞忞，觑，七虑切，伺视。忞，音民，勉强。似梦非梦，谓神非神，蒲伏而言曰："臣固拙矣，敢不愿闻！"天孙整裾端坐，恍然曰："噫！人生

----
[1] 褏，同"袖"。

两间，孰弗冀通？今子弗克巧进，自贻丑穷。不师诡遇，祗业专攻。末涂噂嗒，噂，聚也。嗒，重复也，多言以相悦也。厖言滋丰。技夸鬼蜮，蜮，短狐，能含沙射水中人影，人病而不见其形。计逞狙公。乌翼蛇骧，蜂聚蚁同。托根巍柯，名曰宛童。寓木为宛童，即寄生也。俾不曲合，焉致斯崇。路欺握雄，祝天祛虫。阳纵阴戕，内倾外融。憎陋忻嬹，憎，於怪切，憎嫌也。嬹，美容貌。人心攸同。聋俗瞽世，谲行迂踪。季子由是而贵，曲逆由是而封。子不闻钦劍乎？妙夺工倕，纡行曲施。能若是者，庸无不宜。前邀后障，左绳右规。笑涴薇露，戏焚玉蕤。锦心绣腹，侮书嫚诗。启喙成讼，转趾微疵。予予夺夺，是是非非，颠倒纵横，起灭提揳。荷天拔地，断蛟刜犀。藻葩缀缛，陟降驰驱。气蒯屈子，目短相如。诸侯见构，豪族争储。一誉可喜，一毁可悲。致显若彼，汝奚不为？今子讓吃赭颜，讓吃，言呐也。沉吟支颐。穷乡僻地，运日以奇。我今告汝，汝应缔思。汝不改辙，焉能救而。夫骐骥捕鼠，弗逮狐狸。吾将锡子语阱，助子嘲机，纳子之黠，驱子之痴，讵不伟哉？"王子曰："臣闻驽马安步，麒麟踯躅，各有攸得，奚慰奚恧。良玉浑然，乌事刻琢？马宫善宦，宫，哀帝时人，附王莽。倪宽朴学。宁为拙伤，毋为巧获。歧途术异，彼此相角。沾沾求容，栩栩强语。栩栩，欣畅貌。栩，音许。手擎足旋，神辱志沮。我嗟其人，泪此灵府。命栖险竿，躬埋游弩。嵩目蓬心，臣实不取。"天孙㗋然笑曰：㗋，谓口舌之中大笑则见。"井蛙不见东海，蟪蛄不知春秋，弗识宜枢，弗察芳猷。方柄圆凿，事恒弗投。毁方瓦合，懵不知谋。耳与目敌，心与身仇。么麽之技，自矜寡俦。汝不思变，吾实汝羞。汝今绛宫弗惩，绛宫，玉皆心也。玉堂弗收。攻苦敷澹，羁如楚囚。匪徒羞之，吾实汝忧。"王子又蒲伏而谢曰："天孙之心固仁矣，启臣之智固备矣。然强哭者虽疾不哀，强欢者虽笑不妍。生龟脱筒，顾非自然。危鹤断胫，乃违厥天。机械藏心，神德不全。夫巧者言，拙者默；巧者劳，拙者逸；巧者贼，拙者德；巧者凶，拙者吉。此先正之格言，敢弗服膺而警惕？"于是天孙恚然冥逝，恚，音画，皮骨相离声。茫无所得。出门视之，但见繁星丽天，万里一碧。王达《却巧文》。 颂：皇上宅位六祀，七政贞明于上，七教敷闻于下，其有不迪、不吉、不庭、不若之徒，皆薰然而和，暸然而化。春三月，司天氏奏：岁星居心宿五度，其色黄明润大，光泽帝位。积五十余日，诏下有司，颂示中外，故臣得而言之，以形歌颂。谨按：岁星，五帝为苍，五行为木，五常为仁，五事为貌。天意若曰：时以至仁为理，覆露万民，浃洽生类。协夫五行、五事之用，则发于星纬，形于祯应，阴骘大化，始报成功。玄符幽赞，其昭昭如是。《礼运》之论圣人，以日星为纪。《洪范》之叙"皇极"曰："敛时五福，用敷锡厥庶民。"发于人，格于天，天人交感，合若符节。其年秋，平河中之寇，葬其遗骸，复其世纪，班淮右之师，用弘文告，用去武备，此二帝三代所以恢令名也。于是一统类以昭德，明法制以塞违，荐礼百神，宾怀犷俗，嘉瑞美祥，纷委狎至，置之而不有。哲人端士，连茹播职，求之如已失，然后端拱于穆清，怡神于靖冥，驱一代为纯诚，接万灵于明庭。斯又登迈遂古，光昭闻见，巍乎绍天统物之盛者也。微臣琐贱，沐浴仁圣，敢献《岁星居心颂》一章，以备周诗《由庚》《由仪》之缺。颂曰：皇天上帝，降鉴下人。后王承之，制作礼文。人用明德，家尚孝仁。人无疵疠，俗以阜蕃。敷佑四方，发为天祥。重华煌煌，乃居明堂。下煦仁泽，上为祥光。回复感通，天人攸同。乃法五事，乃建大中。君君臣臣，德辉昭融。保祐命之，自天无穷。微臣颂歌，敬备唐风。权德舆《岁星居心颂》。 赋：倬垂象以昭回，唯帝居之曰斗；壮魁台以立极，建衡杓而为首。齐七政而均序五行，临四海而横制九有。所以附乾枢，压坤纽，携龙枕参，左枪右楛。总列宿而环卫中宫，体群臣而辅弼元后。范围六合，纪纲四维，其道不昧，其照无私。若乃铜浑作式，未央取则，其变可考，其动可测。履端于始，当献岁以指南；举正于中，在阴方而主北。观夫峥嵘，缅联若悬。揭西柄以戒满，拱北辰而处偏；乘三台而干运，齐七曜而回旋。酌天地之心，岂酒浆之可挹？分寒暑之气，较钧石而罔愆。躔次靡失，历数斯在。昼其隐也，不争曜于太阳；昏必见焉，能藏辉于真宰。照万国兮犹鱼从网，宗百川兮北朝于海。参差北斗，阑干太清。环帝座之焜耀，薄河汉之纵横，不应丰以中见，每居次而自明。总五纬于天统，行四时而岁成。非止雄桥梁于巴蜀，壮都邑于咸京而已。崔捐。 分宿有章，悬象成文，或青龙垂尾，或白虎距①参。玄龟匿首于女虚，朱雀奋翼于井鬼。桓屏连珠，三台雁行。轩辕华布而曲分，摄提鼎峙而直扫。成公绥。 表：光净而明，当井络之端；色黄而润，叶中方之正。杨凭《贺老人星》。 既在井东，又当秦分，色侔蒸栗，光掩连珠。彰尔宝图，类尧年之河出；延长圣历，齐汉代之山呼。同前，令孤楚。 自南耀采，将弘解愠之风；近晓流光，欲助无私之日。送玄燕于梁间，伤时自切；望白榆于天上，厌路无縠。《贺老人星见》。 赋：宛彼佳人，阻银潢兮。岂无同仇，谁与航兮？翘首天路，寡修梁兮。忧心燋妍，厘七襄兮。资质靓好，蒙素裳兮。九秋兹夕，欢未央兮。别促遘希，安可长兮？予思怨嫔，实与并兮。扃殿寥寥，昼凄清兮。君不为御，徒荧荧兮。瞻望深宫，怀广庭兮。单栖守誓，感斯灵兮。何景明《织女赋》。 歌：仰观府察天人际，羲和死来职事废，官不求贤空取艺。昔闻西汉元成间，下陵上替谪见天。北辰微暗少光色，四星煌煌如火赤。耀芒动角射三台，半见半没中台坼。是时非无太史官，眼见心知不敢言。明朝趋入明光殿，唯奏庆云寿星见。天文时变雨如斯，九重天子不得知。不得知，安用台高百尺为？白居易。 诗五言：星桥视桂华。庾信。 宫阙罗北极。 超然若流星。 戮力扫搀抢。杜甫。 心将客星隐，身与浮云闲。 阵解星色尽，营空海雾消。 文质相炳焕，众宿罗星文。俱李太白。 蜀星阴见少，江雨夜闻多。杜子美。 金钿已照耀，白日未蹉跎。欲待黄昏后，含娇渡浅河。刘孝威。 蜀都灵槎辅，丰城宝剑新。将军临北塞，天子入西秦。未作三台赋，宁为五老臣。今宵（颖）〔颍〕川曲，谁识聚贤人？李峤。 古来传织女，七夕渡明河。巧意世争乞，神光谁见过？隔年期已拙，旧俗验方讹。五色金盘果，蜘蛛浪作窠。梅圣俞。 相传会牛女，今夕喜应多。凉风气璇阁，秋风澹玉河。鹊桥原缥缈，龙驾竞蹉跎。天上无情极，人间更若何？王烨。 粉席秋期缓，针楼别怨多。奔龙争度月，飞鹊乱填河。失喜先临镜，含羞未解罗。谁能留夜色，来夕倍还梭。宋之问。 一年衔别怨，七夕始言归。敛泪开星屦，微步动云衣。天迥兔欲落，河旷鹊停飞。那堪尽此夜，复往弄残机。杜审言。 白露含明月，青霞断绛河。天街七襄转，阁道二神过。祛服锵环珮，香筵拂绮罗。年年今夜尽，机杼别情多。前人。 宝婺摇珠珮，姮娥照玉轮。灵归天上匹，巧遗世间人。花果香千户，笙竽溢四邻。明朝晒犊鼻，方信阮郎贫。李义山。 旦暮已凄凉，离人远思忙。夏衣临晓薄，秋影入檐长。前事风随扇，归心燕在梁。殷勤寄

---

① 距，通"踞"。"四库全书"〔唐〕虞世南《北堂书钞》卷一五〇《天部二·星五》作"踞"。

牛女，河汉正相望。元稹。 耿耿玉京夜，迢迢银汉流。影斜乌鹊渡，光映凤凰楼。云锦虚张月，星房冷闭秋。遥怜天帝子，辛苦会牵牛。欧阳修。 远山敛氛祲，广庭扬月波。气往风集隙，秋还露泣柯。节气既已屏，中宵振绮罗。来欢讵终夕，收泪欲分河。王僧孺。 天河横欲晓，凤驾俨应飞。落月移妆镜，浮云动别衣。欢逐今宵尽，愁随还路归。犹将宿昔泪，更上去年机。王眘。 仙车驻七襄，凤驾出天潢。月映九微火，风吹百和香。来欢暂巧笑，还泪已啼妆。别离不得语，河汉渐汤汤。何逊。 玉皇颁彩诏，金女送青娥。翠帐含春满，雕窗领月多。画眉鸾镜入，携袖鹊桥过。百岁开今夕，其如灿者何？王少广。 奔流兰浦合，羽盖逐星移。倚月施青靓，凭空拂翠眉。驾龙来斗渚，填鹊向河湄。促夜罗帏寂，居然对锦丝。范夫人徐淑。 鹊桥断银汉，别恨黯清流。雾带朝来减，风鬟午夜愁。敛妆消旧粉，整匣抱新裯。脉脉凭机杼，双双似去秋。范夫人。 迢迢牵牛星，皎皎河汉女。纤纤濯素手，札札弄机杼。终日不成章，泣涕零如雨。河汉清且浅，相去复几许。盈盈一水间，脉脉不得语。古诗。 汉曲天榆冷，河边月桂秋。婉娈期今夜，飘飖渡浅流。轮随月宿转，路逐彩云浮。横波翻泻泪，束素反缄愁。此时机杼息，独向素妆羞。江总。 白露月下圆，秋风枝上鲜。瑶台含碧雾，罗幕生紫烟。妙会非绮节，佳期乃隔年。玉壶承夜急，兰膏依晓煎。昔悲汉难越，今伤河易旋。怨咽双念断，凄悼两情悬。梁简文帝。 盈盈河水侧，朝朝长叹息。不言渐衰苦，波流讵可测。秋期忽云至，停梭理容色。束衿未解带，回鸾已沾轼。不见眼中人，谁堪机上织？愿逐青鸟去，暂因希羽翼。邢子才。 凤律惊秋气，龙梭静夜机。星桥百枝动，云路七香飞。映月回雕扇，凌霞曳绮衣。含情向华幄，流态入重闱。欢余夕漏尽，怨结晓骖归。谁念分河汉，还忆两心违。张文恭。 红妆与明镜，二物本相亲。用持施点画，不照离居人。往秋虽一照，一照复还尘。尘生不复拂，蓬首对河津。冬夜寒如此，宁遽到阳春。初商忽云至，暂得奉衣巾。施衿诚已故，每聚忽如新。沈约《织女赠牵牛》。 新知与生别，由来侥相值。如何寸心中，一宵怀两事。欢娱未缱绻，倏忽成离异。终日遥相望，只益生愁思。犹忆今春悲，尚有故年泪。忽遇长河转，独喜凉飙至。奔情翊凤轸，纤阿警龙辔。王筠《代牵牛答织女》。 青天何历历，明星如白石。黄姑与织女，相去不盈尺。银河无鹊桥，非时将安适？闺人理纨素，游子悲行役。瓶水知冬寒，霜露欺远客。客似秋叶飞，飘飖不言归。别后罗带长，愁宽去时衣。乘月托宵梦，因之寄金徽。李白。 落日隐檐楹，升月照帘栊。团团满叶露，渐渐振条风。蹀足循广除，瞬目俪层穹。云汉有灵匹，弥年阙相从。遐川阻昵爱，修渚旷清容。弄杼不成藻，耸辔骛前踪。昔离秋已两，今聚夕无双。倾河易回干，款颜难久悰。沃若灵鸳旋，寂寥云幄空。留情顾华寝，遥心逐奔龙。谢惠连。 牵牛出河西，织女处其东。万古永相望，七夕谁见同。神光意难候，共事终朦胧。飒然精灵合，何必秋遂通。亭亭新妆立，龙驾具层空。世人亦为尔，祈请走儿童。称家随丰俭，白屋达公宫。膳夫翊堂殿，鸣玉栖房栊。暴衣遍天下，曳月扬微风。蜘蛛小人态，曲缀瓜果中。初筵泄重露，日出甘所终。嗟汝未嫁女，秉心郁冲冲。防身动如律，竭力机杼中。虽无舅姑事，敢昧织作功。明明君臣契，咫尺或未容。义无弃礼法，恩始夫妇恭。小大有佳期，戒之在至公。方圆苟龃龉，丈夫多英雄。杜甫。 七言：南极一星朝北斗，五云多处是三台。杜甫。 年年乞与人间巧，不道人间巧已多。杨朴。 更阑独坐意偏嘉，静倚阑干望斗斜。好句忽来情思洽，梅花和月上窗纱。秦贞白。 月帐银河次第开，多情惟恐曙光催。时人不用穿针待，没得心情送巧来。罗隐。 云阶月地一相过，未抵今年别恨多。最恨明朝洗车雨，不教回却渡天河。杜牧之。 天空露下夜如何，漫道双星已渡河。见说人间方恤纬，可知天上欲停梭。 七夕千门望女牛，争言乞巧独登楼。人间机事知多少，永夜蜘丝总未收。俱冯琢庵。 广殿阴阴桂树青，嫦娥千古说娉婷。伤心乌鹊桥边过，安得身如织女星？屠隆。 东人杼轴总伤心，云锦千箱天阙深。一线未堪持补衮，还从儿女笑穿针。眭石。 灵鹊成桥事有无，人间今夜忆仙姑。倚窗久坐秋声动，一夜西风到碧梧。马氏。 传说银河有鹊桥，昭阳饮宴似元宵。谁嫌牛女佳期少，犹胜朱门锁寂寥。胡安。 鸾扇斜分凤幄开，星桥横道鹊飞回。争将世上无期别，换得年年一度来。李商隐。 邻家乞巧候天孙，月转参横不掩门。拙癖病来逾自爱，卧陪孤影度黄昏。王凤洲。王公名世贞，太仓人。官尚书。 清风明月等闲天，重理机丝情暗牵。回首鹊桥成底事，流光迢递又经年。 饮牛河畔水潺湲，饮，去声。俯首长河思惨然。堪羡江干老渔父，妻孥聚首永团圆。 牛女佳期传七夕，一年犹得一回怜。争似嫦娥居月窟，朝朝暮暮只孤眠。俱王芝臣。 长安城中月如练，家家此日持针线。仙裙玉佩空自知，天上人间不相见。长信深阴夜转忧，玉阶金阙数萤流。班姬此夕愁无限，河汉三更看斗牛。崔濒。 恐是仙家好别离，故教迢递作佳期。来由碧海银河畔，可要金风玉露时。清漏催移相望久，微云未接过家迟。岂能无意酬乌鹊，惟有蜘蛛乞巧丝。李义山。 巧夕频年望鹊桥，明河耿耿夜迢迢。七襄有恨留千古，一水无情恨九霄。匣镜半开银兔窟，针楼虚伫紫鸾镳。缑山何处邀笙鹤，对酒当歌兴自饶。申瑶泉。申公名时行，苏州人。状元，首相。 计拙谁云巧可图？逢人且醉酒家胡。银河渡鹊宜清浅，宝月窥人乍有无。七夕今年还自夏，双星明夜便成孤。不知相隔杳何许，一水盈盈不可呼。曹合斋。曹公名大章，金坛人。会元，榜眼。 微云远汉淡无波，夜久天孙漫渡河。蟋蟀壁间摧织早，梧桐月上听砧多。十年旅客伤离别，此日仙郎对笑歌。尽道燕京人竞巧，独怜拙宦欲如何。方九功。 燕阙天高暮雨收，青钱沽酒醉兰舟。蓼花曲岸回残照，禾黍西风动早秋。三载空成南国梦，一官还向上林游。遥思今夜吴门月，几处穿针望斗牛。郭鲲溟。 年年此夜结殷勤，终古看来只此心。满载秋容清火宅，斜分月色照金针。人间巧思多成拙，老大陈缘未了今。花果阶前人拜祷，经声遥答漏声沉。孙慎行。孙公号淇澳，武进人。礼部尚书。 北斗佳人双泪流，眼穿肠断为牵牛。封题锦字凝新恨，抛掷金梭织旧愁。桂树三春烟漠漠，银河一水夜悠悠。欲将心向仙郎说，借问榆花早晚秋。曹唐。 河边独自对星宿，夜织天孙难接续。抛梭振躞动明珰，为有秋期眠不足。遥愁今夜河水隔，龙驾车辕鹊填石。流苏翠帐星渚间，环珮无声灯寂寂。画作天河刻作牛，玉梭金镊彩桥头。每年宫女穿针夜，敕赐诸亲乞巧楼。王建。 亭皋一叶梧桐飘，蓐收行秋回斗杓。灵官召集役灵鹊，直渡天河云作桥。河边女儿天帝子，机杼年年劳玉指。织成云雾紫绡衣，辛苦无欢容不理。帝怜独居无与娱，河边嫁与牵牛夫。自从嫁后废织纴，绿鬓云鬟朝暮梳。贪欢不归天帝怒，谪归却踏来时路。但令一岁一相逢，七月七夕桥边渡。别多会少知奈何，却忆从前欢爱多。忽忽万事说不尽，烛龙已驾随羲和。河边灵官催晓发，令严不管轻离别。空将泪作雨滂沱，泪痕有尽愁无歇。寄言织女君休怨，地久天长会相见。犹胜嫦娥不嫁人，夜夜孤眠广寒殿。张文潜。 词：碧梧初出，桂英才吐，池上水花微谢。穿针人在合欢楼，正月露、玉盘高泻。　　蛛忙鹊懒，耕慵织倦，空做古今佳话。人间刚道隔年期，想天上、方才隔夜。妓严蕊《鹊桥仙》。

云汉，一名天河，一名天汉，一名绛河，一名银河，一名银潢，一名明河，一名金汉，一名银湾，一名银汉，一名星河，一名绳河，一名斜汉，一名天津。箕南斗北，天河所经，日月五星于此往来，故谓之津。汉中四星，曰天驷。旁有八星，绝汉，曰天潢。云汉自坤至艮为地纪。《河图括地象》曰："河精上为天汉。"

休征。王者有道，天河其直如绳。纬书。

咎征。旱则天河明。

占候。天河中有黑云生，谓之"河作堰"，又谓之"黑猪渡河"。黑云对起，一路相接亘天，谓之"织女作桥"。两下阔，谓之"合罗阵"。皆主大雨立至，少顷必作"满天阵"，名"通界雨"，言广阔也。若是天阴之际，或作或止，忽有"雨作桥"，必有"挂帆雨脚"，是又雨将断之兆。　　七夕已前占河，影没三日而复见则谷贱，七日复见则谷贵。

典故。七月七日乌鹊填河而渡织女。《淮南子》。　　旧说天河与海通。近世有人居海渚者，年年八月有浮槎去来，不失期。人有奇志，立飞阁于槎上，多赍粮，乘槎去。十余日至一处，有城郭状，屋舍甚严，遥望宫中有织妇。见一丈夫牵牛渚次饮之。牵牛人乃惊问曰："何由至此？"此人说来意，并问此是何处，答曰："君还至蜀都，访严君平则知之。"竟不及登岸，因还至蜀，问君平，曰某年月有客星犯牵牛宿。计其年月，正是此人到天河时也。《博物志》。　　汉武帝令张骞使大夏，寻河源。乘槎经月，而至一处，见城（廓）〔郭〕如州府，室中有一女织。又见一丈夫牵牛饮河。骞问曰："此是何处？"女人授一石曰："可问成都卖卜严先生。"归问君平，君平曰："此织女支机石也。汝何得来？"告以故。君平曰："某年某月，客星犯牛女。"是矣。《荆楚岁时记》。　　唐武后时，丘愔论李昭德云："臣观其胆，乃大于身，鼻息所冲，上拂云汉。"状小人骄盈恣睢之态，可谓曲尽。　　天河从北极分为两头，至南极，随天而转入地下过。《抱朴子》。

丽藻。散语：倬彼云汉，昭回于天。　　维天有汉，鉴亦有光。《诗》。　　天河水气也，精光转于天。《毛诗云笺》。　　河精上为天汉。《河图括地象》。　　水气之在天为云，水象之在天为汉。《埤雅》。　　云汉含星而光辉洪流。左思。　　赋：客有远人，寰家海沉。声销迹卷，兑塞巧绝。浩然太素之和气，劲然乔松之全节。当郁鸟以闲安，就灵涛以怡悦。喜仙查之千里，每秋风之八月。知必至之不欺，乃乘流以长发。尔乃制荙傲装，舂菰裹粮。以昼以夜，若行若藏。沉浮于渤潏之中央，荡摇乎声轧之大方。岂灵怪之历讨，实险阻之备尝。独出于有间之世，转入于无何之乡。听不闻其声，类冯异之依大树；久乃有所遇，若伊尹之在空桑。乘攸远兮不知其行，道渺弥兮无遗其迹。人与木兮俱浮，天与海兮同碧。次黄道之的的，穿白榆之历历。反不记其所从，又焉知其所适。饮牛于津者谁子，弄杼于室者何人。轧轧有声，缤绮缟兮如雪；盈盈不语，灿明眸兮若神。忽睭①胎以相顾，虽婉娈而不亲。既持石以赠子，令致问于严遵。当是时也，星则知

---

①　睭，疑应作"愕"。"四库全书"〔清〕陈元龙《历代赋汇》卷五引作"愕"。

客犯尔位，客不知星则吾身。何碧空之无涯，乃飘然而独往。非智力之所及，实风波而是仰。昔未乘查也，则在地而成形；今之乘查也，则在天而成象。若不资巨浪之潜运，安得排青冥而直上？倬彼星汉，自天而垂。瞻潢河之清浅，皎列宿以参差。客无查，徒劳勤而事何可济；查非客，虽往来而世莫之知。信其致人于霄汉者，不必轻舟迅楫之力。忘情于夷险者，亦无波臣川后之欺。吾既异此事，乃斯焉而赋斯。何类瑜《客查赋》。　歌：兰膏如昼买不眠，玉炉夜起沉香烟。青娥一行十二仙，欲笑不笑花枝燃。碧窗弄娇梳洗晚，户外不知银河转。被郎嗔罚屠苏盏，酒入四肢红玉软。施肩吾。　诗五言：天河宿殿阴。杜甫。　招摇西北驰，天津东南流。李陵。　天汉回西流，三五正纵横。魏文帝。　安知天汉上，白日悬高名。　渭水银河清，横天流不息。李太白。　乘槎断消息，无处问张骞。　迢迢秋夜永，河汉正西流。　问道寻源使，从天北路回。俱杜子美。　夜色消银烛，流云湿绛河。冯琢庵。　皎皎天月明，奕奕河宿烂。　萧瑟含风蝉，寥唳度云雁。寒商动清闺，孤灯暖幽幔。耿介繁虑积，展转长宵半。谢惠连。　常时任显晦，秋至最分明。纵被微云掩，终能永夜清。含星动双阙，伴月落边城。牛女年年度，何曾风浪生。杜甫。　把酒对秋天，秋烟静可怜。夜当牛女后，人拟惠庄前。河汉复几许，濠梁遂渺然。宾筵休隔日，别思恐经年。阁道通银汉，高丘挂晚霞。九重天咫尺，三五月光华。云作瑶台幕，霜飞玉树花。怪来多白雪，曾是泛仙槎。俱冯琢庵。　七言：东来银汉是红墙，隔得卢家白玉堂。古诗。　云汉西流夜未央，牵牛织女遥相望。魏文帝。　安得壮士挽天河，净洗甲兵长不用。杜甫。　何时探得支机石，力挽天河洗甲兵。王苌臣。　星河入夜窥龙气，芦荻横江入雁秋。沈公谅。　云母屏风烛影深，长河渐落晓星沉。嫦娥应悔偷灵药，碧海青天夜夜心。李商隐。　家住东城十二楼，霓裳一曲未曾休。天河有路通人世，更许乘槎湖上流。门可生。　云幕无波斗柄移，鹊慵乌懒得桥迟。若教精卫填河汉，一水还应有尽时。晏叔原。　澄澄碧汉跨虹桥，袅袅晴丝拂柳条。明月一天花似锦，玉人清夜自吹箫。曹大章。　银汉清秋万里遥，月开妆镜挂云霄。可怜精卫空填海，不及天孙鹊驾桥。　银河万里接长安，转为分携惜合欢。隔岁女牛相见少，老年兄弟远离难。莼鲈一夜秋风早，砧杵千家月影寒。明日便为桥上别，人间天路两漫漫。俱冯琢庵。　八月凉风天气晶，万里无云河汉明。昏见南楼清且浅，晓落西山纵复横。洛阳城阙天中起，长河夜夜千门里。复道连甍共蔽亏，画堂琼户特相倚。云母帐前初泛滥，水晶帘外转逶迤。倬彼昭回如练白，复出东城接南陌。南北征人去不归，谁家今夜捣寒衣？鸳鸯机上疏萤度，乌鹊桥边一雁飞。雁飞萤度愁难歇，坐见银河渐微没。已能舒卷任浮云，不惜光辉让流月。明河可望不可见，愿得乘槎一问津。更将织女支机石，还访成都卖卜人。宋之问。

二如亭群芳谱天部卷之三

济南　王象晋荩臣甫　纂辑
松江　陈继儒仲醇甫
虞山　毛凤苞子晋甫　同较
宁波　姚元台子云甫
济南　男王与敕、孙士熊、曾孙启泽　诠次

天谱三

风，天地之气噫而成风，为天地之始，为万物之首，故曰："挠万物者莫疾于风。"一说："风，泛也，其气博泛而动物也。"得怒之气则暴，得喜之气则和，得金之气则凉，得木之气则温，得火之气则炎，得水之气则烈。春风自下而上，夏风横行空中，秋风自上而下，冬风著土而行。南风谓之凯风，东风谓之谷风，北风谓之凉风，西风谓之泰风。四气和为通正，谓之景风。焚轮谓之颓，颓，暴风从上下也。扶摇谓之焱风，焱，音标，景风从下上也，底炽盛也。与火谓之庬。猛风曰飚，凉风曰飕，微风曰飙，小风曰飔，回风曰飘。日出而风曰暴，阴而风曰曀，风而雨土曰霾，春晴日出而风曰光风，秋冬余风曰绪风，终日风曰终风，从震方来曰婴儿风，在树杪动曰少女风。江淮间三月有鸟信风，五月有麦信风。南中六月，东南长风曰黄雀风，九月风曰鲤鱼风。梅雨过清风弥日曰舶棹风。舟行遇打头风曰石尤风。江南自初春至初夏有二十四番风，始于梅花，终于楝花，曰花信风。风吹万物有声曰籁。箕星为风宿，飞廉为风伯，巽二封十八姨为风神。

风候。风之为言萌也，养成万物，所以象八卦。阳生于五，极于九，五九四十五日则变，变以为风。阴合阳以生风，皆以节日寅时候之。距冬至四十五日立春，艮卦应，条风至。条者，正也。风从本宫来，绰绰然和而徐至，地暖。四十五日春分，震卦应，明庶风至。庶物，光明也。风从本宫来，非高非低，习然得中。四十五日立夏，巽卦应，清明风至。清明者，清芒也。风从本宫来，陶陶然圆缓而不散乱。四十五日夏至，离卦应，景风至。景，大也，阳气长养。风从本宫来，薰然融和而普。四十五日立秋，坤卦应，凉风至。凉，寒也，行阴气也。风从本宫来，清畅而不渝。四十五日秋分，兑卦应，阊阖风至。阊阖者，戒收藏也。风从本宫来，其（侯）〔候〕肃然。四十五日立冬，乾卦应，不周风至。不周者，不交也，阴阳不合也。风从本宫来，洁清莹爽。四十五日冬至，坎卦应，广莫风至。广莫者，大也。风从本宫来，凄凉不怒，应候则泰宁，自冲来不利。明庶风至万物产，清明风至物形干，景风至棘造实，凉风至泰禾干，阊阖风至生荠麦，不周风至蛰虫匿，广莫风至则万物伏。

休征。太平之世风不鸣条，开甲散萌而已矣。董仲舒。　项王围汉王三匝。于是大风从西北起，折木发屋扬砂石。楚军大乱，汉王乃得与数十骑遁去。《史记》。 老子将西出函谷。令尹喜占风，知有神仙过，乃扫道见老子。老子停关下，授以《道德》五千言。《神仙传》。 河朔春时多大风，飞尘撼木，数日一作，二三日方止。以访左右，对曰："不得是风，且无年，名曰'吹花擘柳风'，草木百谷皆藉之。"《遁斋闲览》。

咎征。周公征管、蔡，居东二年，为诗以贻王，名曰《鸱鸮》。秋大熟，未获。天大雷电以风，禾尽偃，大木斯拔，邦人大恐。王与臣尽弁，以启金縢之书。王执书泣，出郊迎周公，天乃雨，反风，禾则尽起，岁大熟。《周书》。 汉乾祐三年闰五月，西北风暴雨至，戴楼门外坏营舍瓦木，吹起郑门门扇，落十余步外。《农桑要览》。 元顺帝至正元年四月，赤风，昼晦。 至正八年，永嘉大风，吹一海舟至平陆高坡处，离水二三十里。 弘治甲寅，辽东大风，昼晦，雨蟲满地，黑壳，大如蝇。

占候。月离于箕则风扬沙。《春秋纬》。 月在箕、毕、轸、翼，起火之日也。四日主有风，宜火攻。《孙子·火攻篇》。 夏秋之交大风，及有海砂云起，俗谓之风潮，古名飓风，飓，音具。言具四方之风也。有此风必有大雨，甚则拔木偃禾，坏房屋，决堤堰。其先必有如断虹之状者见，名曰飓母，又名破帆风。 风单日起者单日止，双日起者双日止。日里起者善，夜间起者毒；日内息者和，冬月夜半息者必大冻。 谚云："西南转西北，搓绳来绊屋。""半夜五更西，天明拔树枝。""日晚风和，明朝再多。""南风愈吹愈急，北风初起便大。"谚云："南风尾，北风头。"又曰："西风头，南风脚。"盖西风初起，飘发以渐而缓，南风初来甚缓，后则渐急而雨随之。 西南风早起，至晚必静。谚曰："西南早日没不动草。"按：近日西南风略急便作雨，每晚转东南必晴。谚云："朝西暮东，正旱天公。" 不拘四时，暴风起西方，主秋早霜。 凡风终日，至晚必稍息。谚云："暴风不终日。"凡夜间大风，日出之时必略静，谓之风让日。谚云："日出三竿，不争便宽。" 春风多，秋雨必多。谚云："一场春风对一场秋雨。" 风从月建方来，万物得所，晴雨得宜。如对方来，主米贵。 谚云："东风急，备蓑笠。""风急云起，愈急必雨。" 雨后东北风主雨多。谚云："东北风，雨太公。" 夏天北风主雨，冬天南风主雪。谚云："冬南夏北，有风便雨。" 吴中梅雨过风弥日，海人谓之舶樟风，是时海舶初回，云此风与海舶俱至。 春己卯风树头空，夏己卯风禾头空，秋己卯风水里空，冬己卯风栏里空。 正月：东风，夏米平。甲日东风，蚕旺。南风，旱，米贵。西风，春夏米贵，桑贵。北风，涝。东北风，大熟。东南风，禾麦小熟。西北风，水，桑贱。西南风，春夏米贵，蚕不利。 立春：风从乾来，暴霜杀物，谷猝贵。坎来，多大寒。艮来，风雨调，五谷熟。震来，多暴雷，气泄，不成。巽来，多风、虫，晴主旱。 离来，旱伤万物。坤来，冲方为逆气，主春寒。六月大水，民愁，土功兴。兑来，旱，霜，疾疫。又西风为虚邪风，中之必病。如夜半至，无害。朣仙占：立春天阴无风，民安，蚕麦百倍；东风，吉，人民安，果谷盛。 正旦：大风，主旱。无风，夏田不熟，禾黍小贵。微阴，东北风，主大熟。谚云："岁朝东北，五禾大熟。"历年经验多是水旱匀调，高下皆熟之兆，余说皆讹。壬癸亥子之方谓之水门，其方风来主大水。谚云："岁旦西北风，大水妨农功。"西南风主米贵，南风及东南风皆主旱。 一日：大风雨，其年大恶；小风雨，小恶；风悲鸣，多病。又云：米贵，多蚕伤。 初三日：东北风，水旱调。东南风，晴，主旱。西北风，主水。 十六日：最喜西南风为入门风，低田大熟。　晦日：风雨，籴贵，禾恶。　二月春分：震卦气应，明庶风至，风从乾来，岁多寒，金铁贵。应四十五日，民饥，多灾。　坎来，米贵，豆菽不成，民多疾。　艮来，谷不收，米倍贵，水暴出。　震来，谷熟麦贱，人安年丰。　巽来，虫生，四月暴寒，雨。　离来，五月先水后旱。　坤来，多水，人多疟疾。　兑来，为逆气春寒，八月忧兵，麦贵，凶。　朔：风雨，稻恶，籴贵，人灾。　八日：东南风主水，西北风主旱。　三月：风不衰，九月霜不降。　清明：东北风末市桑贵；东南风中市贵，末市贱；西南风晴损桑，末市贵；西北风中市贵。　朔日：风，民病，木多虫。北风自早至午，米贵。　七日：南风，岁歉。　十六：西南风主大旱，风愈急则愈旱。是日为黄姑浸种日，故南方上乡人有撩起已浸稻种之说。又悬百文钱于檐下，风力能动，则举家失声相吊。　四月：月内宜，风雨频。谚云："麦秀风摇，稻秀雨浇。"暴风起东南方，人病泻痢，乳妇暴病死。　立夏：巽卦气应，清明风至，是日有风，主熟。风从乾来，为逆，气疾凶饥。夏有霜，麦不利。　从坎来，多雨，地动，鱼虾广，人疾疫。　艮来，山崩地动，人疫，损谷。　震来，雷不时击物。一云籴贵。　巽来，岁丰民安。　离来，夏旱，禾焦，人病。一云米贱。　坤来，人不安，万物伤。　兑来，蝗、兵起，六畜灾，大凶。　朔日：风雨，麦恶，米贵。　四日至十四：风，主大风，禾贵。晦朔，大雨，大蝗。　十四：晴，得东南风尤吉。　二十：分龙，东南风谓之鸟儿信风，上下大熟。《田家五行》。　五月：仲夏长风扇暑，此节东南常有风，名黄雀风。《风土记》。　夏至：风从乾来，寒伤万物。　坎来，为逆气，寒暑不时，夏月多寒，山水暴出。　艮来，山水暴出，泉涌，山崩，米贵。　震来，八月人灾。　巽来，九月风落草木，伤百果。　离来，五谷熟。　坤来，六月（两）〔雨〕水横流。谚云："急风急没，慢风慢没。"　兑来，秋多雨霜，寒。　夏至后半月：名三时，首三日为头时，次五日中时，后七日末时。风在中时前二日，大凶。谚云："时里一日风，准黄梅三日雨。"主旱。　最怕交节半月内西南风。谚云："梅里西南，时里潭潭。"梅天西南风急，主雨立至易过。若微微之风，最毒，应在时里来，大凶。　时里西南风微和，每晚转东，主旱，才风急即雨。　朔日至十日：不雨，大风，大旱，风，雨，米贵，牛贵，人饥。风从北来，人相残，米贵。东来，半日吉，终日米贵。　晦日：风雨，来春米贵。　六月三伏：西北风，主稻秕，冬冰坚。　小暑：东南风兼成块白云，主有半月舶棹风。　朔日：风雨，谷贵。西南风，主虫伤禾，秋前犹可再发，秋后则无望。　晦日：风，米贵。南风，虫灾。　七月立秋：风凉，吉；热，主来岁灾，旱，疫。秋天云兴，若无风，则无雨。　风从乾来，暴寒，多雨。　坎来，冬多雨雪，阴寒。　艮来，为逆气，谷不熟，籴贵。　震来，秋多暴雨，人不和，草木再荣。　巽来，凶。　离来，多旱。　坤来，五谷熟，田禾倍收，无秕谷，三日三石，四日四石。　兑来，秋多雨，霜重。　早禾怕北风，晚禾怕南风。　秋分：风从乾来，主寇盗起，人相掠，来年多阴雨。　坎来，多寒，高低俱收。　艮来，二麦收。风急，又主十二月多阴寒。　震来，为逆气，人疫，百花虚，谷贵，应在四十五日内。　巽来，十月多暴气。　离来，民灾，岁恶。　坤来，土工兴，民忧。　兑来，五谷大熟。　朔日：风雨，人不安，米贵。南风，禾倍收。　七夕：西南风谓之金风，不要播匦，言无秕谷也。《田家五行》。　九月朔：风雨，来春早。夏水，麻、米贵。　风自东来半日，米、麦贵。 九日：东北风，来年丰；西北风，来年歉。其月上卯日北风、东风，三、七月米贵。 十月立冬：风从乾来，天下安，年丰。 坎来，多霜，杀走兽，人殃。 艮来，地气泄，人病。 震风，人不安，深雪，酷寒。 巽来，冬温，明年夏旱。 离风，五月大疫。 坤来，水泛溢，鱼、盐倍贵。 兑来，米贵，妖言为灾。 冬天南风三日，主雪。 小雪：东风，春米贱；西风，春米贵。 朔：风雨，来年夏旱，芝麻贵，麻不收。 望：为五风生日。此日有风，终年风雨如期，谓之五风信。 十一月冬至：是日风，寒，吉。 风从乾来，明年夏旱。 坎风，岁稔。 艮风，正月多阴雨。 震风，雷不止，大雨连行，乳母多死。 巽风，百虫害物。 离风，名虚风、贼风，冬温，乳母多死，水旱不时，谷贵，人疫，避之吉。夜至无害。 坤风，虫伤禾，多水，民不安。 兑风，明秋多雨。一云禾熟。 冬至后下巳日，风从巳方来，大赦。 东南风，名岁露，若饥而中其气，开年瘟，谨避之。 朔：有风雨，宜麦。 一日、三日、十九、二十日：乃各天会合日，主有恶风。庚寅至癸巳日，风雨，籴贵。 十二月大寒、小寒：风雨，损畜。 朔：风雨，来春旱，月内冷，风暴作。六、七月，横水，米贵。 东风半日不止，六畜灾。西风半日不止，主旱，六畜灾。 除夜：东北风，来年大熟。

典故。奇肱民去玉门四万里，能为飞车，从风远行。汤时西风吹至豫州，汤破其车，不以示民。十年，东风至，复作车赐之。《帝王世纪》。 僖十六年，六鹢退飞过宋都，风也。《左传》。 海鸟爱居，止于鲁国东门之外三日，展禽曰："今海其有灾乎？"是岁海多大风。《国语》。 汉郑弘樵射的山，得一遗箭，顷有人来，觅还之。其人问所欲。弘曰："常患若耶溪采薪为难，愿旦南风，暮北风。"故若耶溪风至今犹然，人呼为郑公风，又曰樵风。《郑弘传》。 献帝初平四年，六月，寒风如冬。《续五行志》。 零陵山有石燕，风雨则飞，风雨止还，化为石物，大如指，形似燕。《湘州记》。 象州溪石山有石燕，凿石出之，磨去腹下半边，置醋碟中，能两相就，开之复合。 昆山有四面风，又有祛尘风，若衣服尘污，风至吹之即净。王子年《拾遗记》。 唐明皇时，五王宫中各立长竿，挂五色旌于竿上，四垂缀以金铃。有声，即往视旌所向，知四方风候。《开元遗事》。 岐王于竹林内悬碎玉片，每夜闻相触声，即知有风。同前。 晋时车驾出，以相风竿在前，刻乌于上。今樯乌是其遗意。 占五两之动静。以鸡羽为之，重五两，系樯尾以候风。《文选》。 长安宫南灵台上有铜浑天仪，又有相风铜乌，遇有千里风乃动。《述征记》。 崔元徽月夜见青衣女，伴曰杨氏、李氏、陶氏，又绯衣小女曰石醋。醋忽报封家十八姨来，言辞泠泠，有林下风，色皆殊绝，芳香袭人。醋曰："女伴在苑中，每被恶风相挠，常求十八姨相庇。处士每岁旦作一幡，上图日月五星，立苑东，则免难矣。今岁旦已过，乞于此月一日立之。"其日立幡，东风刮地，折木飞花，而苑中繁花不动。崔乃悟女伴即众花之精，封家姨乃风神也。后杨氏辈来谢，各襄桃李花数斗，云："服之可以却老，某等亦得长生矣。"至元和中，元徽犹在，貌若少年，亦一异也。《传异记》。 熙宁九年，恩州武城县有旋风自东南来，望之插天如羊角，大木尽拔。俄顷旋风卷入云霄中。既而渐近，乃经县城，官舍、民居略尽，悉卷入云中。县令儿女奴婢卷去，复堕地，死伤者数人。民间死伤亡失者不可胜计。县城悉为丘墟，遂移今县。《笔谈》。 孝武坐未央前殿，天新雨。东方朔屈指独语。上问之，对曰:"殿后柏上有鹊立枯枝上,东向而鸣。"视之果然。问朔何以知之,对曰:"此以人事知之。风从东方来,鹊尾长,顺风则安,背风则蹶,必当顺风而立,是以知之。"《朔传》。 时大旱,有问何当雨,言今夜当大雨。至日向暮,了无云气,众人并欲嗤公明。公明言:"树上已有少女微风,树间阴鸟和鸣,若少女反风,阴鸟乱翔,其雨至矣。"须臾玄云四集,大雨河倾。《管公明传》。 萧至忠为晋州刺史,欲猎。有樵者于霍山见一长人,俄有虎、兕、鹿、豕、狐、兔杂骈而至。长人曰:"余九冥使者,奉北帝命萧君收汝辈。若干合鹰死,若干合箭死。"有老麋屈膝求救。使者曰:"东谷严四善课,试为求计。"群兽从行,樵者觇之。行至深岩,有茅堂,黄冠一人。老麋哀请。黄冠曰:"若令滕六降雪,巽二起风,即萧使君不出矣。"群兽散去。翼日未明,风雪大作竟日,萧果不出。《幽怪录》。 飞廉神禽,飞廉,鹿身,头如雀,有角而蛇尾豹文。能致风气。《吕氏春秋》。 鹏之徙于南溟也,抟扶摇羊角而上者九万里。《逍遥篇》。 太平瑞应,五日一风,风不鸣条。 满奋畏风。在晋武帝坐北窗下,作琉璃屏,实密似疏。奋有寒色。帝笑。奋曰:"臣犹吴牛,见月而喘。" 江淹《别赋》云:"闺中风煖,陌上草薰。"薰,香气也。《广雅》以蕙草为香草。又佛经云:"奇草芳花,能逆风闻薰。"张七泽。张公名所望,上海人。进士,布政。

丽藻。散语:君子之德风。 风乎舞雩。四书。 风行地上,观。君子以省方观民设教。 风行天上,小畜。君子以懿文德。 风雷益,君子以见善则迁,有过则改。 风自火出,家人。君子以言有物而行有恒。 天下有风,姤。君子以施命诰四方。 山下有风,蛊。君子以振民育德。《易》。 凯风自南。 习习谷风。 北风其凉。 风雨凄凄。 匪风发兮。 大风有隧,有空大谷。《诗》。 调畅祥和,天之喜风。《风经》。 冲风至兮水扬波。《楚词》。 光风转蕙泛崇兰。转,摇也。泛,动也。崇,光也。宋玉。 犹条风之时洒。《淮南子》。 风萧瑟而并兴。王粲。 上则松风萧飒瑟(旭)〔飓〕①。李白。 大块噫气,其名为风,作则万窍怒号。 吹万不同。 风一西一东,孰嘘吸是?孰披拂是?予蓬蓬然起于南海,而入于北海,折大木、蜚大屋者,唯我能也。《庄子》。 赋:楚襄王游于兰台之宫,宋玉、景差侍。有风飒然而至者,王乃披襟而当之,曰:"快哉此风!寡人所与庶人共者耶?"宋玉对曰:"此特大王之风耳,庶人安得而共之?"王曰:"夫风者,天地之气,溥畅而至,不择贵贱高下而加焉。今子独以为寡人之风,岂有说乎?"宋玉对曰:"臣闻于师:枳句来巢,枳句,曲。空穴来风,其所托者因也,然则气与风殊焉。"王曰:"夫风始安在哉?"宋玉对曰:"夫风生于地,起于青蘋之末,浸淫溪谷,盛怒于土囊之口,缘于太山之阿,舞于松柏之下,飘忽溷澷,激扬熛怒。耾耾雷声,回穴错迕。蹶石伐木,稍杀林莽。至其将衰也,被丽披离,冲孔动楗,眴焕灿烂,离散转移。故其清凉雄风,则飘忽升降。乘凌高城,入于深宫。邸萼叶而振气,邸,触也。徘徊于桂椒之间,翱翔于激水之上,将击芙蓉之精。猎蕙草,离秦蘅,概新夷,被梣杨,回穴衝陵,萧条众芳。然后徜徉中庭,北上玉堂,跻于罗帏,经于洞房,乃得为大王之风。故其风中人状,直憯凄淋溧,清凉曾欷。清清冷冷,愈病析酲,发明耳目,宁体便人。此所谓大王之雄风。"王曰:"善哉

---

① 旭,应作"飓"。"四库全书"《李太白文集》卷二四《剑阁赋》作"飓"。飓,音聿,大风。

论事！夫庶人之风，岂可闻乎？"宋玉对曰："夫庶人之风，塕然起于穷巷之间，堀堁扬尘，勃郁烦冤，冲孔袭门。动沙堁，吹死灰，骇溷浊，扬腐邪，薄入瓮牖，至于室庐。故其风中人状，直憯懔郁悒，殴温致湿，中心惨怛，生病造热。中唇为胗，得目为蔑，啗齰嗽获，死生不卒。此所谓庶人之雌风也。"宋玉。　起日域而摇落，集桂宫而送清。开翠帐之影蔼，响行佩之轻鸣。扬淮南之妙舞，发齐后之妍声。下鸿池而佩散，上雀台而云生。至于新虹明岁，高月照秋，晬仪乃豫，冲想云浮。邹马之宾咸至，申穆之醴已酬。朝绎登楼之咏，夕引小山之讴。厌朱邸之沉邃，思轻举而远游。骕骦之马鱼跃，飘鉴车而水流。此乃宋玉之盛风也。若夫子云寂莫，叔夜高张，烟霞润色，荃蕙结芳，出涧幽而泉列，入山户而松凉，眇神王于丘壑，独起远于孤筋。斯则幽人之风也。谢灵运。　记：文慧大师应符，居成都玉溪，为阁曰清风，以书来求文为记，五返而益勤。余不得已，戏为浮屠语以问之，曰："符，而所谓身者，汝之所寄也。而所谓阁者，汝之所以寄所寄也。身与阁，汝不得有，而名乌乎施？名将无所施，而安用记乎？虽然，吾为汝放心遗形而强言之，汝亦放心遗形而强听之。木生于山，水流于渊，山与渊且不得有，而人以为己有，不亦惑欤？天地之相磨，虚空与有物之相推，而风于是焉生。执之而不可得也，逐之而不可及也，汝为居室而以名之，吾又为汝记之，不亦太惑欤？虽然，世之所谓已有而不惑者，其与是奚辨？若是而可以为有耶？则虽汝之有是风可也，虽为居室而以名之，吾又为汝记之可也，非惑也。风起于苍茫之间，彷徨乎山泽，激越乎城郭道路，虚徐演漾，以泛汝之轩窗栏楯幔帷而不去也。汝隐几而观之，其亦有得乎？力生于所激而不自为力，故不劳；形生于所遇而不自为形，故不穷。尝试以是观之。"　解：元祐二年春二月，马子与二三子客于程氏堂。程氏觞客，酒半酣，道古今治乱成败事，惨戚不乐。有风生于檐户间，飘人襟裾，已而入肌骨，荡涤肠胃，胸中之感拂不平者，不觉散失。起视万物，欣欣然如春台之人，有喜笑色。万窍起音，如歌咏太平之声。长枝牵柔，婉蔓婀娜，如翟羽庭佾，舞蹈盛德。客曰："异哉是风，和气也！"马子曰："噫嘻嗟嗟！此南风也。辽乎邈哉，旷数百千岁，有时乎一来。今其时乎？吾试为客历古以数几年几何时乃一来，今几来矣。吾闻舜孝格天，五弦之上，微动帝指，拂拂以起，被动植鱼鳖咸若。汤之时，吹云横霓，沛作霖雨，扫涤八载之孽，而吾民偾苏。文武成康，醇和塞周，飘然自阿，敷及路革，使天地祖考安乐福禄。汉孝文时，吾民阜财，国亦富贵，太仓、中都之储者不可胜计。唐太宗贞观之间，与三代同其和，年谷屡登，行旅不粮，外户不闭，断狱希少，几至刑措。宋受天命，躯①逐群阴，圣子神孙，保养休息。吾闻间数十世圣人必兴，是风必来，若合符矣。祸灾愁惛之气，立以减息而生氤氲。舜五百岁至于汤，汤五百岁至于周，周九百余岁至于汉，汉八百余岁至于唐，唐三百余岁至于宋，自舜迄今三千三百余岁矣。是风也，凡六来。非此六时，其风中人状直凄凄，着物颜色，零落憔悴。吾与客今日之所遇，何兹其幸欤！"客于是名其堂曰"迎薰"，而马子记之。　仲秋之夕，客有叩门指云物而告予曰："海氛甚恶，非禔非祥。断霓饮海而北

---

① 躯，通"驱"。"四库全书"［宋］王庭震《古文集成》卷八引马存《迎薰堂记》作"駈"。"駈"为"驱"异体字。

指，赤云夹日而南翔。此飓之渐也，子盍备之？"语未卒，庭户肃然，槁叶籁籁。惊鸟疾呼，怖兽辟易。忽野马之决骤，矫退飞之六鹢。袭土囊而暴怒，掠众窍之叱吸。予乃入室而坐，敛衽变色。客曰："未也，此飓之先驱尔。"少焉，排户破牖，殒瓦擗屋。礧击巨石，揉拔乔木。势翻渤澥，响振坤轴。疑屏翳之赫怒，执阳侯而将戮。鼓千丈之清澜，翻百仞之陵谷。吞泥沙于一卷，落崩崖于再触，列万马而并驾，会千军而争逐。虎豹謷骇，鲸鲵奔蹙。类巨鹿之战，殷声呼之动地；似昆阳之役，举百万于一覆。予亦为之股栗毛耸，索气侧足。夜拊楫而九徙，昼命龟而三卜。盖三日而后息也。父老来唁，酒浆罗列，劳来僮仆，惧定而说。理草木之既僵，辑辕槛之已折。补茅屋之罅漏，塞墙壁之隙缺。已而山林寂然，海波不兴，动者自止，鸣者自停。湛天宇之苍苍，流孤月之荧荧。忽悟且叹，莫知所营。呜呼！小大出于相形，忧喜因于相遇。昔之飘然者，若为巨耶？吹万不同，果足怖耶？蚁之缘也吹则坠，蚋之集也呵则举。夫嘘呵曾不能以振物，而施之二虫则甚惧。鹏水击而三千，搏扶摇而九万。彼视吾之惴惴，亦尔汝之相芜。均大块之噫气，奚巨细之足辩？陋耳目之不广，为万物之所变。且夫万象起灭，众怪耀眩，求仿佛于过耳，视空中之飞电。则向之所谓可惧者，实耶虚耶？惜吾知之晚也。 歌：大风起兮云飞扬，功加海内兮归故乡，安得猛士兮守四方？汉高帝。 秋风起兮白云飞，草木黄落兮雁南归。泛楼船兮济汾河，横中流兮扬素波。汉武帝。 拍：东风应律兮暖气多，知是汉家天子兮布阳和。羌胡蹈舞兮共讴歌，两国交欢兮罢兵戈。忽遇汉使兮称近诏，遗千金兮赎妾身。喜得生还兮逢圣君，嗟别稚子兮会无因。十有二拍兮哀乐均，去住两情兮难具陈。蔡文姬。 诗五言：阴壑生灵籁。杜甫。 土宇来清风。刘休玄。 微雨从东来，好风与之俱。陶靖节。 未效风霜劲，空惭雨露私。严武。 天空彩云灭，地远清风来。 清风洒六合，邈然不可攀。 玄冬霜雪积，况在回风吹。 风轻粉蝶喜，花暖蜜蜂喧。 野云低渡水，檐雨细随风。 风连西极动，月过北庭寒。 天风吹断柳，客泪堕清笳。杜子美。 水国无边际，舟行夜使风。孟浩然。 空阔湖水广，青荧天色同。舣舟一长啸，四面来清风。裴迪。 季鹰归计早，不待秋风至。一对云中君，忘却人间事。冯琦。 大火五月中，景风从南来。数枝石榴发，一丈荷花开。恨不当此时，相遇醉金罍。李白。 落日生蘋末，摇飏遍远林。带花疑凤舞，向竹似龙吟。月动摇秋扇，松清入夜琴。兰台宫殿峻，还拂楚王襟。李峤。 何地无芳草，良游及晓风。尘分三径外，春尽百花中。著屐冲残絮，钩帘惜落红。幽情殊未极，移酌小园东。 天宇澄秋序，凉风夜色微。为怜明月好，不掩白云扉。远火孤村径，邻灯寒女机。砧声欲愁绝，几处赋无衣。冯琦。 西风下木叶，寒色莽萧萧。白屋容疏放，青山慰寂寥。邻翁闲策杖，野水漫穿桥。苦乏匡时略，躬耕答圣朝。 大地声回薄，千林影动摇。天威谁敢测，风伯亦何骄。雷雨虚相望，尘埃苦未消。愿君调玉烛，终日不鸣条。 漫道春来好，狂飙拥乱沙。惊闻天号令，愁掩日光华。暝色连千里，涛声响万家。寄言崔处士，早护上林花。俱冯琢庵。 处世若大梦，胡为劳其生？所以终日醉，颓然卧前楹。觉来盼庭前，一鸟花间鸣。借问此何时，春风语流莺。感之欲叹息，对之还自倾。浩歌待明月，曲尽已忘情。李白。 今日风日好，明日恐不如。春风笑世人，何乃愁自居？吹箫舞彩凤，酌醴鲙神鱼。千金买一笑，取乐不求余。达士遗天地，东门有二疏。愚夫同瓦石，有才知卷舒。无事坐悲苦，块然涸辙鲋。前人。 步屧随春风，村村自花柳。田翁逼社日，邀我尝春酒。酒酣夸新尹，畜眼未见有。回头指大男，渠是弓弩手。名在飞骑籍，长番岁时久。前日放营农，辛苦救衰朽。差科死则已，誓不举家走。今年大作社，拾遗能住否？叫妇开大瓶，盆中为吾取。感此气扬扬，须知风化首。语多虽杂乱，说尹终在口。朝来偶然出，自卯将及酉。久客惜人情，如何拒邻叟。高声索果栗，欲起时被肘。指挥过无礼，未觉村野丑。月出遮我留，仍嗔问升斗。杜子美。 七言：楚天不断四时雨，巫峡长吹万里风。杜子美。 橐鞬欲动风云色，兵甲直销日月光。冯琢庵。 懒慢无堪不出村，呼儿自在掩柴门。苍苔浊酒林中静，碧水春风野外昏。杜子美。 残灯无焰影幢幢，此夕闻君谪九江。垂死病中惊起坐，暗风吹雨入寒窗。元微之。 祥烟瑞气晓来轻，柳变花开共作晴。黄鸟远啼鸡鹊观，春风流出凤皇城。杨凌。 逍遥堂后千寻木，长送中宵风雨声。误喜对床寻旧约，不知漂泊在彭城。苏子由。 西风瑟瑟水潺潺，羞向秋波照玉颜。怪道宫愁流不尽，秋来一叶重如山。凉风昨夜上阳偏，镜里蛾眉转自怜。一叶香随流水去，秋英落尽又今年。俱冯琢庵。 三旬已过黄梅雨，万里初回舶趠风。几度萦回渡山曲，一时仓驭满江东。惊回籁籁先秋叶，唤醒昏昏嗜睡翁。欲作兰台快哉赋，却嫌分别问雌雄。苏子瞻。 东风吹雨过青山，却望千门草色闲。家在梦中何日到，春来江上几人还？川原缭绕浮云外，宫阙参差落照间。谁念为儒逢世难，独将衰鬓客秦关。卢纶。 狂风怒发飞砂砾，白日回光翳林薄。寒威冱结天地愁，狱户阴森滋味恶。再食不饱腹凝冰，百结难完肤尽削。夜来偃卧梏桎交，灯火烟销魂暗落。官吏尚得缓须史，穷民屡见填沟壑。中间情罪总茫茫，半厌虎狼半鼠雀。君门万里谁叫阍，义士九原安可作？行边使者于公贤，于公讳冰清，山东青城人。御史。对此苦寒心错愕。天回日转叹无时，薪桂米珠嗟困托。愿效缊衣授一餐，岂为殷勤接杯酌？马迁亲友惜片言，卫臣只武供馈橐。吁嗟世态何炎凉，外负强阳中绰约。斗升绝贷贷西江，刍牧不求求掩脱。纵囚赎罪竟何人，俯仰乾坤空落拓。为君感激赋无衣，为君委曲分蒸藿。营中挟纩语生春，江上投醪恩足乐。君家旧有廷尉门，君今已作衣绣客。天道自昔助仁人，看君几世恢宗祐。何玉岘。何公名栋如，无锡人。太仆少卿。

云，山川之气也。《易》曰："天降时雨，山泽发云。"阴重则色深黑而风，阴稍轻则色浅黑而雨，惟晴明则白。云游飑乃云之本相，日射之则红而成霞，月射之则炫而为彩。云五色为庆云，一名景云，一名卿云；三色为矞云，一云外赤内青为矞云。《史记》："韩云如布，赵云如牛，楚云如日，宋云如车，鲁云如马，卫云如火，周云如轮，秦云如美人，魏云如鼠，齐云如绛衣，越云如龙，蜀云如囷仓。"《淮南子》曰："山云草莽，水云鱼鳞，旱云烟火，涔云水波。"涔，音潜。《周礼·保章氏》："以五云之物辨吉凶、水旱、丰荒之祲象。"气为祲，形为象。冬至初阳，云出箕，如榆；立春少阳，云出房，如积水；春分正阳，云出轸，如白鹄；谷雨太阳，云出张，如车盖；立夏初阴，云出觜，如赤珠；夏至少阴，云出参①，如水波；立秋浊阴，云出□，如赤缯；

---

① 参，底本为□，据"四库全书"［明］杨慎《升庵集》卷七四《云名》引《易通卦验》补。

寒露正阴，云出井 ①，如冠缨；霜降太阴，云出鬼 ②，上如羊，下如蟠石。云师曰屏翳。

休征。黄帝受命有云瑞，故以云纪官。帝与蚩尤战于涿鹿之野，常有五色云气、金枝玉叶止于帝上。《史记》。 尧沉璧于河，白云起；成王观于河，青云浮河。《尚书中侯》。 舜将兴，黄云升于堂；汤将兴，白云入于房。孔衍图。 高祖隐于芒砀山泽间，吕后常求得之。高祖怪，问。后曰："季所居上常有云气。" 汉武帝得汾阴宝鼎，上祀之，黄云覆马。帝至泰山封禅，其夜有白云起封中。《史记》。 光武封泰山，山上云起，遂成宫观。 唐玄宗天宝十三年封泰山，有庆云随马。 宋孝宗乾道九年十月，日出前东方，入日后西方，若烟非烟，若雾非雾，青、红、黄三色光润，占者曰矞云，见则国有庆，乃人君修德之所致也。

占候。常以二分二至观云气，青为虫，白为丧，赤为兵荒，黑为水，黄为丰年。 观云于子时、寅时及各节正时：无云，大凶；云气如乱穰，大风将至，视其从来避之。《隋书·占》。 立春日北望，有紫、绿、白云者，为三素飞云。三元君以是日上诣天帝，当再拜，陈乞得给侍轮毂三过，见元君白日升天。《修真诀》。 矞云见，主明君治世；庆云见，主贤人文士，丰年之兆。 正月：东方青云，人病，多雨；赤云，春旱；白云，八月旱；黑云，春多雨。 南方赤云，夏旱，米贵。 元旦：四方有云，黄即为熟，青为蝗，赤为旱，白为兵。东井上有云，岁涝，宜耕高田、山田。《便民书》。 云苍色，麦熟；青，蝗灾，麦半损。 上甲日：西方黄云，岁恶。 二月春分：青云，岁丰。 三月：云甚润厚大，暴雨将至。《隋书·占》。 四月立夏：有云大如车盖十余，此阳水之气，必暑有暍者。 其日南方有云，岁丰。 五月：炮车云起急，舟人避之，此风候也。东坡诗云："今日江头天色恶，炮车云起风暴作。" 夏至：宜少阴雨，如水波无，则三伏热。又青云为虫，白为丧，赤为兵荒，黑为水，黄为丰。 十六：有云主草多，黑云主有蟹。 二十：云和则岁熟。 六月：白云横斗下，东方生云，皆主雨。浮云不布，十二月草不丧。 七月立秋：是日西方有云及小雨，吉。 晡时西南黄云如群羊，坤气至也，宜谷粟。赤黄，气不至，其年物不成。 黑云相杂，宜桑麻豆。如无此气，则岁多霜，人民疾，应在来年二月。 赤云，来年旱。一云申时西南方有赤云，宜粟。如无，万物不成，地震，牛羊死，在来年正月。《万宝全书》。 八月：黄云，吉；无云，麦不成；赤云，麦枯死。 秋分：酉时西方有白云如群羊，是分气，主大稔。有黑云相杂，并宜麻豆。赤云，主来年旱。八月浮云不归，二月雷不行。 十二月冬至：见云送迎，从下乡来，岁美，民人和，不疾疫。无云送迎，德薄岁恶。 青云北起，岁熟，民安。赤，旱。黑，水白，灾。黄，大熟。无云，凶。

典故。哀六年，吴伐陈。楚子救陈，将战。王有疾，庚寅卒于城父。是岁也，有云如众，赤鸟夹日以飞三日。楚子使问周太史。周太史曰："其当王身乎？若禜之，可移于令尹、司马。"王曰："除腹心之疾而置之股肱，何益？不谷不有大过，天其舍诸？有罪受罚，又焉移之？"遂弗禜。 崔希乔转冯翊令，有云如盖，当其厅事。须

---

① 井，底本为□，据"四库全书"［明］杨慎《升庵集》卷七四《云名》引《易通卦验》补。
② 鬼，底本为□，据"四库全书"［明］杨慎《升庵集》卷七四《云名》引《易通卦验》补。

吏，五色错杂，遍于州郡。《唐新语》。　　唐狄仁杰授并州法曹。亲在河阳。仁杰登太行山，反顾，白云孤飞，谓左右曰："吾亲舍在其下。"怅望久之，云移乃去。　　韩琦及第，唱名，太史奏："五色云见。"色映殿庭。　　余自城还，道中云气自山出，如马奔突。以手掇开，笼收其中。归家，云盈笼，开而放之，作《攓云篇》。苏东坡。　　宋章淳谪雷州，与僧奉恕倚槛看云，曰："'夏云多奇峰'，真善比类。"恕曰："相公曾见夏云诗否？诗云：'如峰如火复如绵，飞过微阴落槛前。大地生灵干欲死，不成霖雨漫遮天。'"盖讥淳也，亦捷而巧矣。　　"楚江巫峡半云雨，清簟疏帘看奕棋。"此句可画，但恐画不就耳。仆言："公禅人，亦复能爱此语耶？"廖云："譬如不事口腹人，见江瑶柱，岂免一朵颐哉？"李寄于言杜老诗。

丽藻。散语：不义而富且贵，于我如浮云。四书。　　坎为云。　　云从龙。　　云上于天，需。君子以饮食宴乐。　　密云不雨，自我西郊。　　云雷屯，君子以经纶。　　云行雨施，天下平也。俱《易》。　　上天同云。《诗》。　　天降时雨，山川出云。《礼记》。　　云师霮以交集。张平子。　　山云蒸，柱础润。《淮南子》。　　云，山气也。《说文》。　　云之为言，运也。触石而起谓之云。《春秋说题》。　　黄帝以云纪官，故为云师而云名。《左传》。　　吾令丰隆磔[1]云兮，求宓妃之在下。《离骚》。　　金柯分，玉叶散。陆机。　　舒则弥纶覆四海，卷则消液入无形。成公绥。　　华封人谓尧曰："夫圣人鹑居而鷇食。天下有道，与物皆昌。乘彼白云，至于帝乡。"又曰："乘云气，御飞龙，而游乎六合之外。盖神人者，乘虚不坠，触实不碍，故能狎虎兕，贯金石，乘云雾而浮游如此。"《庄子》。　　若烟非烟，若云非云。郁郁纷纷，萧索轮囷，是谓庆云。《史记》。　　抱日增丽，浮空不收。既变化而无穷，亦舒卷而莫定。韩退之。　　若层台高观重楼叠阁，或如钟首之郁律，或如塞门之寥廓。　　触石而出，肤寸而合，侧手写肤，按指为寸。不崇朝而遍天下，其惟泰山之云乎？《公羊传》。　　表：《援神契》曰："德至，山林则景云出。"又曰："天子孝则庆云见。金枝玉叶，若临轩帝之宫，萧索氤氲，复入唐臣之咏。许敬宗《贺庆云表》。　　赋：当翠辇黄屋之方行，见金枝玉叶之可数。陋泰山之触石方出，鄙高唐之举袂如舞。昭示于公侯卿士，莫不称万岁者三；并美于麟凤龟龙，可以与四灵而五。虽有光华之万状，不若丰穰于四郊。"凡百庶僚，相趋而过。稍疑江上之绮，果异封中之素。补天者虽欲抑之而不出，握笔者安可寝之而无赋？元稹《郊天日五色云赋》。　　落日将暾，山衔断云。绿气阴郁，岚光氤氲。横截高岩，惊数峰之顿失；却临幽石，与残雪而俱分。乃赋《归云》之曲，曰归云之状兮不一，归云之趣兮难俦。云不以朝晴而异赏，士不以前后而异求。诚在位之如是，知夫鸿渐之高秋。乔潭《太乙归云赋》。　　白云缥缈如仙客，只在轩前人不识。高人与云若故知，近固追随远亦得。譬衷人物偶尔成，岂有神情与香色？泊然一以气类从，如磁与铁自相即。主人玉女潭边住，楼居正直高崖处。赤栏翠竹与山平，便是孤云来去路。朝随马迹渡头风，幕宿卷画溪上树。云耶君耶递为主，茶烟湿处飞泉怒。雨中自有徐熙山，秋来忽遇王维句。只今长安浩浩尘，云亦随君马上去。西山逼眼万螺青，是中应有云流寓。东华举首即重霄，垂天漠漠如飞絮。袁宏道《云起楼赋》。　　云之可观，时惟佩兰。映婺女而扇薄，透姮娥而

---

　　① 磔，"四库全书"［汉］王逸《楚辞章句》卷一引《离骚》作"乘"。

慢寒。缥缈如画,霏微似残。乍逐乘槎之人,讶鸳裾远曳;每映衔芦之雁,谓燕幕遥看。且晓雾如縠,于今何在?余霞成绮,须臾则改。讵若终日似是,有时而待。拟六铢而披拂,恍仙女绛衣。临七夕以轻盈,助牵牛纳采。幂幂风引,笼笼露涵。染绛日而成旧,映青空而似蓝。冰绡若无,孰不比方而皆忝?霓裳傥有,谁谓裁缝而不堪?侯喜《秋云似罗赋》。　歌:卿云烂兮,礼缦缦兮。日月光华,旦复旦兮。帝舜。　朝亦有所思,暮亦有所思。登楼望君处,霭霭浮云飞。浮云遮却萧关道,掩泪谁知妾怀抱。玉井苍苔春院深,桐花落尽无人扫。刘云。　诗五言:屏翳吐重阴。陆士衡。　屏翳寝神变。湛方生。　云卧衣裳冷。关云常带雨。杜子美。　晴云如擘絮。韩昌黎。　惜无同怀客,共登青云梯。青云梯,谓登仙之流冲举者。谢康乐。　望云惭高鸟,临水愧游鱼。陶渊明。　月生初学扇,云细不成衣。　水流心不竞,云在意俱迟。　峡云笼树小,湖日落江明。　云散灌坛雨,春多逆水风。　云气接昆仑,涔涔塞雨繁。　天高云去尽,江迴月来迟。　塞云多断续,边日少光辉。　径石相萦带,川云自去留。俱杜子美。　流波恋旧浦,行云思故山。张岳阳。　西北有浮云,亭亭如车盖。魏文帝。　玄云起高岳,终朝弥八方。刘桢。　日暮碧云合,佳人殊未来。《文选》。　矞云时暧曃,怪峡转龙揳。　浮云千树色,残日半山阴。　野云侵坐冷,春月向人低。　五云联玉佩,片月照冰壶。　避地甘华发,看云望紫泥。俱冯琢庵。　潜虬媚幽姿,飞鸿响远音。薄霄愧云浮,栖川作①渊沉。谢灵运。　山中何所有?岭上多白云。只可自怡悦,不堪持赠君。陶弘景。　吹箫凌极浦,日暮送夫君。湖上一回首,青山卷白云。王维。　跂日复临水,弄波情未极。日暮川上寒,浮云澹无色。裴迪。　谷口杂山云,一台敌孤峭。松风激萝月,时见孙登啸。于若瀛。　溶溶溪口云,才向溪中吐。不复归溪中,还作溪中雨。鲍参军妻张文姬。　振衣庐山头,上筑漳江侧。中有素心人,不愧白云色。　万乘出郊圻,君王御布衣。晓云低不散,尽逐六龙飞。　云接御炉烟,天临玉几前。至尊方罢己,莫拟赋甘泉。　霭霭时出岫,霏霏欲承宇。莫是白云间,终当作霖雨。　帘卷山当户,林开云满身。始知衣上色,不是洛京尘。俱冯琢庵。　南北各万里,有云心更闲。因风离海上,伴月到人间。洛浦少高树,长安无旧山。徘徊不可驻,漠漠又东还。　层云如积雪,雨罢漾余辉。锦树栖难定,山堂望不归。宿潭寒欲坠,侵汉远相依。岂是悠悠者,因之一息机。张懋忠。　欲隐从龙质,仍余触石文。霏微依碧落,仿佛误非云。度月光无隔,倾河影不分。如逢作霖处,当为起氤氲。卢殷。　彩云呈瑞质,五色发人寰。独作龙虎状,孤飞天地间。隐隐临北极,峨峨象南山。恨在帝乡外,不逢枝叶攀。梁德裕。　昔时望白云,亲当在其处。今日问而亲,已乘白云去。云去云来无古今,丹青难写忆亲心。巫山不是为云所,只向孤儿一寸寻。王世贞。　雨过云犹湿,烟深径转迷。乍闻人语响,遥隔水声西。岸抱孤村转,山连远树齐。持竿聊寄兴,休拟钓璜溪。冯琦。　生来负奇癖,老去猒②多闻。草草水连屋,层层岩际云。凉阴随树转,清梦共樵分。百尺楼头话,还留榻待君。陈眉公。陈公名继儒,华(卒)〔亭〕人。高隐。　万水交加翠,千山一径通。剩云犹带雨,临日暗回风。萝磴清流细,松崖

----

① 作,《文选》李善注录谢灵运《登池上楼》作"怍"。
② 猒,同"厌",简化作"厌"。

紫雾同。陂塘幽趣远，俯仰意何穷！张有德。　七言：行云莫自湿仙衣。　天上浮云如白衣，斯须改变成苍狗。杜可勉。　寂莫江天云雾里，何人道有少微星。　喜逢山色开眉黛，愁对江云起炮车。张文潜。　青海边头春色浅，太行天外白云多。冯琦。　何日雨晴云出溪，白沙青石洗无泥。只须伐竹开荒径，柱杖穿花听马嘶。　秋天一夜静无云，断续鸿声到晓闻。欲寄征人问消息，居延城外又移军。张仲素。　得路直为霖济物，不然闲共鹤忘机。无端走向阳台畔，长送襄王暮雨归。　万里黄云塞草枯，琵琶无语月明孤。玉关日望将军寨，锦帐氍毹夜博卢。童轩。　水流逐器知难定，云出无心肯再归。惆怅春风楚江暮，鸳鸯一只失群飞。鱼玄机。　晴云晓压石城孤，江树江烟淡欲无。梅雪未残灵谷寺，东风已绿莫愁湖。于若瀛。　因登巨石知来处，勃勃元生绿藓痕。静即寺闲藏草木，动时顷刻遍乾坤。横天未必朋元恶，捧日还曾瑞至尊。不独朝朝在巫峡，楚王何事谩劳魂。　深葱离情蔼落晖，如车如盖早依依。山头触石应长在，天际化龙自不归。莫向隙窗笼夜月，好来仙洞湿行衣。春风淡荡无心后，见说襄王梦亦稀。　倚峰触石湿苔钱，便逐高峰离瀑泉。深处卧来真隐逸，上头行处是神仙。千寻有影沧溟底，万里无踪碧落边。长忆旧山青壁里，绕庵闲伴老僧眠。齐己。　蓬岛琼台近紫薇，春云重叠映空飞。凌风缥缈随仙仗，傍日氤氲捧禁闱。时霭龙纹浮瑞气，还成凤彩焕晴辉。几回天上为霖去，仍向岩前伴鹤归。岳正。

霞，如云，有光彩。其形不一，有如铺锦者，有如匹练者，有五色具者，有五彩不全者，有接联不断者，有寸寸断绝者。昆仑山有五色水，赤水之气上蒸为霞，故霞之赤者常多。

占候。霞，五色明彩，月内天恩诏赦；如铺锦，国中命相；如长练，人民安康。　霞光明，四方不开，年内出忠臣孝子。　五彩明，圆如车轮，年内出名臣贤子。　五彩，状如虎豹，年内出大武臣。　接联不断如匹锦，年内其地生贵子。　寸寸断绝，光艳，年内其地生贵女。　五彩不全，月内其地生贵女。《农桑要览》。　朝霞暮霞，朝、暮霞，言久〔旱〕之霞。无水煎茶，主旱。　暮霞有火焰形而干红者，非但主晴，必主久旱。朝霞，雨后乍有，定雨无疑。若晴天，隔夜原无，朝来忽有，则当看颜色断之。干红，主晴；间有褐色，主雨。满天，谓之"霞得过"，主晴；略有，谓之"霞不过"，主雨。若西方有浮云稍厚，雨当立至。霞如墨洒，来日午时大雨；霞如牛卧，来日辰时大雨。霞如蛇状，主人民饥馑。　元旦：霞，主虫、蝗、蚕少，果菜盛，妇女灾；红色，丝贵。

典故。老君母玉女昼寝，梦五色霞光入户，结如弹丸，流入口中，吞之有孕。怀八十一年，游花园，倦，息李树下。老君剖左腋而生，须发皓白，指李树为姓。生于武丁九年，至秦昭公九年，历年九百九十六岁，西升昆仑山修道。尝仕于周敬王时。孔子往问礼焉。　李白名播海内。玄宗诏登便殿。神气高朗，轩轩然若霞举。《酉阳杂俎》。　蒲坂（顷）〔项〕曼都好道学仙，三年而返。家人问其状，云："欲饮食，仙人辄饮我以流霞，每饮一杯，数日不饥。"《论衡》。　上元夫人谓西王母曰："阿琼有六甲之术，用之可以游景云之宫，登流霞之室。"《汉武内传》。　西郡北有丹山。天晴，山岭有霞忽起。《宜都记》。　潄正阳而餐朝霞。朝霞，气也。见后"气谱"。《楚辞》。　符伟明在太学，幅巾奋袖，谈词如云霞。《后汉书》。

丽藻。散语：丹霞蔽日，彩虹垂天。魏文帝。　琼华之室，紫翠丹房，景云烛日，朱霞流光。《十洲记》。　青霞起而照天。　抚陵波而兔跃，吸翠霞而天矫。郭璞。　干青霄而秀出，舒丹气以为霞。左思《蜀都赋》。　历丹危而寻绝径，攀翠险而觅修途。耸飞情于霞道，振逸想于烟衢。王无功。　诗五言：轩霞冠秋日。　朝霞晴作雨。　云外聚紫霞。　仰首嗽①朝霞。　余霞明远川。　残霞照高阁。　落霞沉绿绮。　敛态出朝霞。冯琢庵。　高谈一何绮，蔚若朝霞烂。陆士衡。　振发戴翠霞，解褐披绛霄。　朝霞升东山，朝日何晃朗！郭璞。　朝霞炙琼林，夕影映玉芝。嵇含。　余霞散成绮，澄江静如练。杜甫。　朝霞迎白石，丹气临旸谷。张梦阳。　献酬既已周，轻举乘紫霞。总辔扶桑枝，濯足汤谷波。　丹霞夹明月，华星出云间。上天垂光彩，五色一何鲜！曹丕。　翠柏（若）〔苦〕犹食，明霞高可餐。世人共卤莽，吾道属艰难。不爨井晨冻，无衣床夜寒。囊空恐羞涩，留得一钱看。杜子美。　七言：一片离心对暮霞。冯琢庵。　赤城霞起以建标。　霞照海兮锦绣开。　晚霞飞处散朱晖。　五色流霞接一身。　海风吹断暮天霞。　万里洞中朝玉帝，九光霞内宿仙坛。《真诰》。

气， 浮游虚空，动荡舒卷，似云非云，似雾非雾，仿佛若可见，乃吉凶之先兆者也。每于夜半及清朝，乘天光澄朗时，望之始见。初出森森然，桑榆之上，高五六尺者，千五百里矣。

休征。汉王所居，上多龙，成五彩。范增。　光武在春陵，望气者言春陵城中有喜气，曰："美哉王气，郁郁葱葱！"《东观汉记》。　世祖封禅坛，所有白气上与天属。《汉官仪》。　汉末孙氏墓数有光，如五色云气属天。《吴录》。　上巡狩过河间，有紫青气自地属天。望气者谓其下当有奇女，天子之祥。上使求之，得钩弋夫人，后生昭帝。《汉武故事》。　下后以延熹三年生，有黄气满室，移日。《魏书》。

咎征。两敌相当，其气如人；相背，如鹿；相随，如车骑，如败楼，如坏山，皆败气也。兵书。

占候。赤气覆日，如血光者，大旱，民饥千里；如死蛇在日下，大饥，疫。黑气如龙，在日上下，风雨之候。　青气如蛇贯日，主疫；黑，主雨。俱《宋志》。　元旦：四方有黄气，大熟；白气，凶；青气，蝗虫；赤气，旱；黑气，水。　立夏：是日巳时，东南有青气，年丰；不，则岁多灾，应在十月。《万宝全书》。　巽气不至，则大风扬沙，无云气，日月无光，五谷不成，人病。《岁时杂占》。　夏至：午时南方赤气，百谷丰；出右，万物平；出左，赤地千里。　六月：黑气，主雨。　立冬：西北有白气，如龙马，宜麻；如不至，大寒伤物，人疫，应在来年四月。《万宝全书》。　冬至：赤气，旱；黑，水；白，疾。

典故。《陵阳子明经》：子明姓窦，汉丹阳人。剖白鱼得丹书，论服饵之术，遂得仙。"春食朝霞。朝霞者，日始欲出，赤黄气也。秋食沧阴。沧阴者，日没后赤黄气也。冬食沆瀣。沆瀣者，北方夜半气也。夏食正阳。正阳者，北方日中之气也。并天地玄黄之气，是为六气。"

丽藻。散语、诗五言：山气日夕佳，众鸟欣有托。　密树参云合，飞流与砌平。汲泉烹鹿竹，避暑卧桃笙。花萼沾新雨，莺声报晓晴。西来多爽气，一带远山横。冯琢

---

① 嗽，同"嗽"，吮吸。

庵。　七言：大人祠西佳气浓，缘云拟上最高峰。杜子美。

虹霓，《史记》云："虹，阳气之动也。"虹，攻也，纯阳攻阴之气也。《春秋斗运枢》云："枢星散为虹霓。"斗失度则虹霓见，雄曰虹，雌曰霓。虹霓常双见，鲜盛者雄，暗者雌，赤白色为虹，青白色为霓。清明后十日，虹霓始见。小雪日，虹藏不见。一名天弓，一名帝弓。《诗》谓之"蝃蝀"。云出，天之正气；霓出，地之正气。阴阳，物也。阳气下而阴气应，则为云而雨；阴气起而阳不应，则为虹。朱子曰："日与雨交，倏然成质，天地之淫气也。"故诗人以之喻淫奔者。俗名旱龙，以为此物见则雨止故也。

休征。瑶光之精贯月如虹，女枢感之生颛顼。大星如虹，下流华渚，女节意感而生少昊。　握登见大虹，感之而生舜。俱《帝王世纪》。　孔子作《春秋》《孝经》，既成，斋戒，向北辰而拜，告备于天。有赤虹自上而下，化为黄玉，长三尺，有刻文。孔子跪受而读之。《搜神记》。　晋陵薛愿，义熙初，有虹饮其釜，须臾便竭。愿犟酒灌之，随投随咽，便吐金满器。于是灾弊日祛，丰富岁臻。《异苑》。　韦皋镇蜀，尝宴西亭，遇暴风雨。俄顷而霁，有虹霓自空而下，垂首于筵，吸其饮食，且尽。皋惧。窦庐署曰："虹霓，天使也，降于邪则为庚，降于正则为祥。公，正人也，敢以为贺。"后旬日，拜中书令。《祥验集》。　永贞二年三月，有彩虹入润州大将张子良宅，初入浆瓮饮水尽，复入井饮。后子良拜金吾，寻历方镇。《南部新书》。　李时妻罗氏生二子，长盈次雄。孕雄时，罗梦二虹升天，一虹中断。罗曰："二儿有一先亡，后者必贵。"雄后果王蜀。《华阳国志》。

咎征。灵帝光和元年，虹昼见于崇德殿前，庭中色青赤。杨赐曰："妖邪所生，不正之象也。"

占候。水虹，屈霓也，主雨。风虹，月晕也，主风。《山堂〔肆〕考》。　夫妇失礼，则虹气盛。有赤在上者，阴来乘阳也。《诗义问》。　虹，俗名鲎。东鲎晴，西鲎雨。括云："东出日头西出雨，南见刀兵北太平。"《农桑要览》。　虹食雨，主晴，孟子所谓"大旱之望云霓"是也。雨食虹，主雨。万历壬寅六月望日，雨后偶出郊外，忽东南鲎出，旋为云蔽，亟归来抵舍，大雨如注，且连雨数日。同前。　谚云"对日鲎，不到昼"，主雨，言西鲎也。若鲎下便雨，返主晴。《田家杂占》。　虹挂东一场空，虹挂西雨弥弥。　紫霓围日，其疾不割。《太玄经》。　虹五色迭至，照于宫殿，有兵革之事。　正月：虹见七月，谷贵。一云东见，主秋月米贵；西见，主蚕贵，霜多，旱。　立春：出正东，贯震中，春多雨，夏火灾，秋多水，民流，冬多海寇。　雨水：见，主七月谷贵。　二月：见东，秋米贵；见西，蚕、谷贵，民灾。　三月：见，九月米贵，鱼、盐贵，妇人吉。出西方，青云覆之，其下多寒，人病疟，苦瘟；赤云覆，夏旱；黄云覆，夏小旱，谷半收；白云，夏多风，人疫；黑云，夏多雨。　夏季：出西方，麦贵。出西方，青云覆之，秋冬寒，民病疟；赤云覆之，秋旱；黄云覆之，秋多大风；黑云覆之，秋多雨。　四月：见，米谷贵。　立夏：出正南，贯离中，火，旱灾，麻不收。夏三月出西方，米贵。青云覆之，秋冬寒，民病疟；赤云覆之，秋旱；黄云，秋多风；黑云，秋多雨。　五月：虹见，主小水，米麦贵。　夏至：至后四十六日内出西南，贯坤中，有小水，蝗灾，鱼不滋。　六月：虹见，米麻贵。　七月立秋：四十六日内虹出正西，贯兑中，秋有旱。《家塾事亲》。　虹见西方，万物皆贵。　秋：见西方，青云覆之，冬多寒，人病疟，苦湿；赤云，冬旱；黄云，米贱；白云，冬多风；黑云，冬多雨。　朔：虹见，年内米贵。大抵交秋后忌见虹，主田不收。　八月：见，秋米平，来春米贵。　秋分：四十六日虹见西北，贯乾中，秋多水，虎食人畜，盗贼起。　九月：出西方，大小豆贵。朔日虹见，麻贵，油贵。一云人灾。《文林广记》。　秋冬：虹出西方，色多白。说见十月。《文林广记》。　十月：内虹见，主麻贵，又主五月谷贵。　出西方，稻贵，一出一倍，再出再倍，三出三倍，四出四倍，五出五倍，民流千里。出东北方，其邑亡。　立冬：四十六日内虹出正北，贯坎中，冬少雨，春多水，灾。　虹冬三月出西方，青云覆之，春雨调和；白云覆之，春多狂风；黑云覆之，春多雨水。　小雪：此日不藏，天气不上腾，地气不下降，妇不专一。《周书》。　西方麻贵，五月谷贵，一出一倍，二出二倍。　十一月：虹见，火色，吉。　冬至：四十六日内虹出东北方，贯艮中，春多旱，夏多火灾，粟贵。《京房易占》。　十二月：虹见，主黍谷贵。

典故。威公时，虹贯牛山。管仲谏曰："勿近宫妃。"《鸡跖集》。　武帝东临大海，虹气苍黄，若飞鸟集于成阳宫上。《汉书》。　灵帝时，有黑气堕温明殿，如车盖腾起奋迅，长十余丈，其貌似龙。上问蔡邕，对曰："虹著于天而降于庭，此所谓天投蜺也。"《东汉书》。　晋安帝义熙二年七月，彩虹出西方，蔽月。《山堂肆考》。　建隆元年六月戊子，虹蜺亘天。蜺者，斗之精。占曰："后妃阴协王者。"《五行志》。　古有夫妇荒年死，俱化成青绛，俗呼为美人虹。《异苑记》。　尝见夕虹下涧中饮，两头皆垂涧中，使人过涧，隔虹对立，相去数丈，间[1]如隔绡縠。《笔谈》。　聂政刺韩相，白虹贯日。《战国策》。　荆轲为燕太子谋刺秦王，白虹贯日。《烈士传》。　延和元年六月，幽州都督孙佺帅兵袭奚。将入贼境，有白虹垂头于军门。占曰："其下流血。"《白孔六帖》。

丽藻。散语：若大旱之望云霓也。《孟子》。　蝃蝀在东，莫之敢指。《诗》。　据青冥而摅虹。《楚辞》。　川蜺饮练光。杜子美。　慷慨则气成虹蜺。曹丕。　曳虹彩之流离兮，顾翠气之宛延。扬雄。　序：东南峤外爰有九石之山，乃红尘十里，青萼百仞，苔滑临水，石阴带溪，自非巫咸采药，群帝上下者，皆敛意焉。于是夏莲始舒，春苏未歇，肃舲波渚，缓拽汀潭。正逢岩崖相照，雨云烂色。俄而雄虹赫然，晕光耀水；偃塞山顶，焉奕江湄。仆追而察之，实雨日阴阳之气，信可观也。又忆昔登炉峰上，（乎）〔手〕[2]接白云；今行九石下，亲弄绛蜺。二事难再，感而作赋。江文通。　赋：迤逦埼礒兮，礒，音拟。太极之连山。鰡鳙虎豹兮，鰡，音颙。鳙，音慵。玉虺之腾轩。孟夏茵蓝兮，蓝，音於云切。荷叶承莲。怅何意之容与兮，冀暂缓此忧年。失代上之异人兮，迟山中之虚迹。掇仙草于危峰，镌神丹于崩石。视鳣岫之吐翕，看鼋梁之交积。于是紫油上河，绛气下汉；白日无余，碧云卷半。残雨萧索，光烟艳烂；水学金波，石似琼岸。错龟鳞之峻峻，绕蛟色之漫漫。俄而赤蜺电出，蚴虬神骧。暧昧以变，依俙不当。非虚非实，乍阴乍光。㠉㠉山顶，㠉，音鬽。照燎水阳。虽图纬之有载，旷代识而未逢。既咨嗟而踯躅，聊周流而从容。想番禺之广野，意丹山之乔峰。禀传说之一星，乘夏后之两

---

① "四库全书"《梦溪笔谈》卷二一《异事》"间"字前有"中"字。
② 乎，应作"手"。"四库全书"［南朝梁］江淹《江文通集》卷一《赋·赤虹赋》作"手"。

龙。彼灵物其诇几，象火灭之山红。余形可览，残色未去，耀菱蕤而在草，映菁葱而结树。昏青苔于丹渚，暖朱草于石路。霞晃朗而下飞，日通笼而上度。俯形命之窘局，哀时俗之不固。定赤乌之易遗，乃鼎湖之可慕。既以为朱鬐白鼋之驾，方瞳一角之人，帝台北荒之际，翁山西海之滨，流沙之野，析木之津。云或怪彩，烟或异鳞。杂蜕之气，阴阳之神。江文通。 诗五言：鼻息干虹蜺，行人皆怵惕。 安得五彩虹，驾天作长桥？李白。 练练峰上雪，纤纤云外虹。杜甫。 锦堂邀落日，绣岭亘长虹。 梅圃悬春月，松扉指洞虹。俱冯琢庵。 纡徐带星渚，窈窕架天浔。空因壮士见，还共美人沉。逸势含良玉，神光藻瑞金。独留长剑彩，终负惜贤心。苏味道。

雷，有声无形，盖天地之怒气也。《周易》曰："雷出地奋，豫。"又曰："天地解而雷雨作，雷雨作而百果草木皆甲拆①。"雷于天地为长子，以其首长万物为出入也。仲春之月，日夜分，雷乃发声出地，一百八十三日，雷出则万物出。仲秋之月，日夜分，雷始收声入地，一百八十三日，雷入则万物入。入则除害，出则兴利，人君之象也。《五行志》："雷入地则孕育根荄，保藏蛰虫，避盛阴之害；出地则养长华实，发扬隐伏，宣盛阳之德。"故先王先雷三日，奋木铎以令兆民，戒其容止，所以畏天威也。雷之迅疾者为霆，一名霹雳。《淮南子》曰："阴阳相薄，感而为雷，激而为霆。"程正叔曰："霹雳者，天地之怒气也。"轩辕星主雷雨，丰隆为雷师。

雷神考。画工图雷之状，累累若连鼓。又图一人，若力士，谓之雷公，左手引连鼓，右手推之。《论衡》。 雷州每大雷，雨多，于田野得礜石，谓之雷公墨。又于霹雳处得楔，如斧，谓之霹雳楔，小儿佩之可以辟恶。李肇《国史补》。 玉门之西有一国，国中有山，山上一庙。国人岁输石碣数千于庙，名霹雳碣，碣，音役②。结霹雳用。从春雷出，碣日减，至秋而尽。《玄中记》。 闻雷州有雷穴，雷从穴中出。土人岁造鼓若干投穴中。 白玉蟾曰：阴阳之气，结而成雷，有神主之，曰神霄真王。雷有五，曰天雷、水雷、地雷、神雷、社雷，或曰凤雷、火雷、云雷、龙雷、蛮雷，或又曰天雷、地雷、水雷、神雷、妖雷。天雷箕星掌之，地雷房星掌之，水雷奎星掌之，神雷鬼星掌之，妖雷娄星掌之。玉蟾独以此说为正。又有玉枢、神霄、大洞、仙都、北极、太乙、紫府、玉晨、太霄、太极诸雷，书所载互有异同。张七泽。

休征。武王伐纣，雨甚③雷疾，震武王之乘。周公曰："天不佑周矣。"太公曰："秉德而受之，不可如何也。"《六韬》。 秦穆公出狩，天震大雷，下有火，化为白雀，衔丹书集公车。《尚书中候》。 刘媪息大泽中，梦与神遇。是时雷电晦冥。太公往视之，见蛟龙据腹上。已而有娠，遂生高祖。《史记》。 吴柴再用为光州。一日，雷大震，家人皆伏匿，再用不动。俄有襦裤四人异再用出。复大震，屋折，有龙出。《九国志》。

咎征。介休百姓送解牒，宿晋祠。夜半闻人扣门，云："介休王暂借霹雳车，某日至介休界收麦。"良久，数人共持一物，如幢，环缀幡旗，凡十八叶，有光如电，以授之。至日，介休大雷雨，损麦千余顷。《酉阳杂俎》。 雷震夷伯之庙，罪之也。于是展

---

① 拆，通"坼"，裂开，绽开。"四库全书"［三国魏］王弼《周易注》卷四《周易下经咸传》引作"坼"。
② 役，疑应作"祳"。《康熙字典》碣，《玉篇》子林切，《集韵》咨林切，并音祳。
③ 甚，底本为空白，据［宋］李昉《太平御览》卷一三《雷》引《六韬》文补。

氏有隐慝焉。《左传》。　汉建和中，雷震宪陵寝室。是时梁太后兄冀用事，杀李固、杜乔。汉史。　晋安帝义熙三年，霹雳震太庙鸱尾，彻壁柱，各有文字。《中兴书》。　晋元康七年，雷破城南高禖石。高禖石，中宫求子祠也。贾后妒忌，故天怒，击破之。《晋朝杂事》。　宣和殿立元祐党人碑，一夕大风雨，震雷击碎。《步里客谈》。　内侍李舜家为雷所震，火从窗出，杂贮银铅器皿悉镕流在地，一宝刀亦镕为汁，而室独俨然。《梦溪笔谈》。　宋淳熙十四年六月甲申昧爽，祷雨太乙宫，乘舆未驾，雷声自内发，及和宁门，人马辟易相践。

占候。发雷喜甲子日，主大熟。秋雷忌甲子日，主人多暑死，岁大凶。《农桑要览》。　雷从金门起，上田旱，下田熟。《师旷占》。　雷自夜起，必至连阴。谚云："一夜起雷三日雨。"　雷声猛烈者，雨虽大，易过。若殷殷然沉响，卒未得晴。卯前雷主有雨，打头雷主无雨。谚云："未雨先雷，船去步归。"　雪中有雷，主阴雨百日。　无云而雷，饥疫大起。人梦雷，主惊恐。《占梦书》。　雷初起，其声格格，霹雳者，雄雷，旱气也；其鸣依依，不大霹雳者，雌雷，水气也。　雷初发，声微和，主季内吉；猛烈，多凶变。　初发声在艮，余贼；震，岁稔。巽、坤，主蝗；离，主旱；兑，主五金长价，五谷虫灾，人病；乾，主大旱，民灾；坎，主水荒，一云大吉。　春甲子：雷，五谷丰登。　正月：雷鸣，为失时，主疾疫不收，应所发之方。元旦：雷鸣，一方不安，七月有霜。　二月：不鸣，五谷不成，小儿多灾。　惊蛰：以前动雷，一月断火灰。惊蛰日雷在上旬，主春寒，黄梅水大；在中旬，主禾伤；在末旬，主虫侵禾。二月、三月不鸣，多盗。　春分：前后一日内有雷，主岁稔。　三月：雷多，岁稔。　清明：雷小，麦贵。　朔日：雷多，主旱。无雷，多盗。　三日：雷鸣，小麦贵。夏不闻雷，人多病，五谷不成。甲、子、庚、辰、辛、巳雷，蝗死。　四月：雷不鸣，十月虫不蛰。　五月：不鸣，五谷减半，大臣灾。　芒种：老农云："芒种后半月内不宜雷，谓之'禁雷天'。"谚云："梅里一声雷，时中三日雨。"又谚云："迎梅雨，送时雷。送了去，并弗回。"　夏至：日雷，主久雨。　十日：以后雷，名"送时雷"，主久晴。　交节半月内怕雷。谚云"梅里一声雷，低田拆舍归"，言低田必致巨浸也。或者强为曲解，谓声多及响震，反以为旱兆，往往验，有雷便雨，有雨便为插秧之患。　二十日：大分龙无雨而有雷，谓之"锁龙门雷"，主当地少雨。分龙日，农家早以米筛盛灰藉之纸，至晚视之，若有雨点迹，则秋不熟，谷价高，人多闲暇。　六月：雷不鸣，蝗生，冬民不安。　秋月：暴雷为之，天收百谷，虚耗不实，秋雷不藏，民多暴疾。　七月：雷大吼，有急令。　立秋：有雷，损晚禾。大抵秋后雷多，晚田不收。雷雨折木，多怪异。　朔：有雷，损晚禾。　八月：此月雷声不宜有。谚云："八月一声雷，遍地都是贼。"　九月：雷鸣，谷大贵。　冬：雷，地必震，民饥，万物不成。　十月：雷鸣，人民灾，五谷薄。朔：雷鸣，所当之乡骸骨盈野，夜尤甚。　庚戌辛亥日：雷鸣，来年正月米贵，阴气盛，田薄收。　十一月：雷，主来春米贵。　十二月：雷，主来年旱涝不均。又云："雷鸣雪里，阴雨百日。"

典故。帝乙嫚神而震死。《汉志》。　子路感雷精而生，尚刚勇，亲涉卫难，结缨而死。孔子每闻雷鸣，则中心恻然。《论衡》。　正月雷微动而雄雌。《洪范·五行传》。　曹公与先主共坐，谓先主曰："天下英雄，惟使君与操耳。本初之徒，不足数也。"先主方食，会雷震，失匕箸。谓公曰："圣人言'迅雷风烈必变'，良有以也。"《华阳国志》。　夏侯玄尝倚柱读书，时暴雨霹雳，破所倚柱，衣服焦，读书如故。《世说》。　诸葛诞以气迈称，常倚柱读书，霹雳震其柱，而诞自若。同上。　滕放夏枕文石枕卧，雷震其枕四解，傍人莫不怖慑，放若不知。　刘曜年八岁，从刘元海猎于西山，遇雨，止树下，雷震树，傍莫不颠仆，曜神色自若。元海异之曰："此我家千里驹也。"《晋载记》。　楚高梁子出游九皋之泽，张罞置罝，罞，音孤。罝，音古。临曲池而渔，疾风霣电，霣，音元。雷电晦冥，玄鹤翔其前，白虎吟其后，乃援琴作霹雳引。《琴操》。　唐天台道士王远知善易，知人生死祸福，作易总十五卷。一日雷雨，云雾中有老人叱远知曰："所泄禁书何在？上帝命吾摄六丁，追取。"远知据地，傍有六人青衣，已捧书立。老人责曰："上方禁文自有飞天保衡，金科秘藏玄都，何能辄秘箱帙？"《异人记》。　晋王袅母畏雷。及终，每大雷，袅绕墓曰："袅在此。"《晋书》。　蔡顺母平生畏雷。亡后，每雷震，顺环冢泣曰："顺在此。"《先贤传》。　竺弥父畏雷。及终，每至天阴，辄驰至墓，伏坟泣。《孝子传》。　河南李叔卿应举孝廉，有欲害之者宣言叔卿淫其寡妹。叔卿杜门自绝，妹亦到府门自杀。后三日，霹雳害叔卿者，以其尸置叔卿冢前。其家收葬之。又复震，发冢。《列女传》。　吴兴章苟耕田，以饭箩置菰丛。至晚，见一大蛇偷食，以锄击之，逐至一阪。蛇入穴。闻号哭，云研伤其甲。或云："当付雷公霹雳杀之。"须臾云雨冥合，震雷伤苟。苟跳梁呼天，曰："我贫，力田，蛇偷我饭，罪在蛇，反来击我，是无知也。雷公若来，当研破汝肠。"须臾云开，乃更击蛇，死者数十。《续搜神记》。　柳公权元和末止建州山寺，夜半觉门外喧哄，因潜于窗中观之，见数人运斤造雷车，如图画者。久之，一嚏气，忽斗暗，失其人，两目遂昏。《百阳杂俎》。　世人有得雷斧、雷楔者，多于震雷下得之。元丰中，予居随州，夏月大雷震，一木折，其下得一楔，信如所得。凡雷斧，多以铜铁为之，楔乃石，似斧而无孔。《笔谈》。　长庆中，有人雷震死，背上粉书云："市中用小斗。"李用晦《芝田录》。　邵子谓程子曰："子知雷起处乎？"曰："某知之，尧夫不知也。"尧夫愕然，曰："何谓也？"曰："既知之，安用数推？以其不知，故待推而后知。"尧夫曰："子以为起于何处？"曰："起于起处。"尧夫瞿然称善。《语录》。　扶风杨道和于田中锄禾，天雷雨，止桑树下。霹雳下击，道和以锄格之，折其左股，遂落地，不得去，长三尺余，色如丹，目如镜，角如牛，状如畜，头如猕猴。《搜神记》。　雷公冬月多蛰于山，山中人掘地，往往得之，状如苍鹰。得者必取而食之，不则来春发雷，先击其人。宋祥符中，岳州玉真观为天火所焚，惟留一柱，倒书"谢仙火"三字，字如刻画。有问何仙姑者曰："此雷，部中鬼也。夫妇皆长三尺，色如玉，掌行火。"后于道藏中简之，果然。《国史补》。　义兴周某，永和中出都，日暮，见道旁新草屋一女子迎门，周求宿。一更中，门外有小儿呼阿香云："官唤汝推车。"女子辞去，忽骤雷雨。明朝视宿处，乃一新冢，冢口有马迹。傅玄诗云："童女掣飞电，童男挽雷车。"《搜神记》。　泗泾有两人方对弈，适闻雷震，戏相谓曰："诅便击我。"须臾忽不见，良久闻地板下有呼声。启视之，则两人在焉，竟不知从何而入。其发每茎相对绾结，少选自解。两人遂终身如痴。　上海马之梧行道中，忽遇震霆，一霹雳针落其腋下，此人竟无恙，但惶怖累日而已。俗谓雷神好戏，观此二事，良然。　安丰县尉裴颢，士淹孙也，言玄宗尝冬月召山人包超令致雷声。超对曰："来日及午有雷。"遂令高力士监之。一夕醮式作法，及明至巳矣，天无纤翳。力士惧之。超曰："将军视南山，当有黑气如盘矣。"力士望之，如其言。有顷，风起，黑气弥漫，疾雷数声。玄宗又每令随哥舒西征，每阵常得胜风。　　贞元初，郑州百姓王幹有胆勇，夏中作田，忽暴雨雷，因入蚕室中避雨。有顷，雷电入室中，黑气陡暗。幹遂掩户，把锄乱击。声渐小，云气亦敛。幹大呼，击之不已。气复如半床，已至如盘，驒然坠地，变成熨斗、折刀、小折脚铛焉。　　处士周洪言，宝历中，邑客十余人逃暑会饮，忽暴风雨，有物坠如獲，两目睒睒。众人惊伏床下。倏忽上阶，历视众人，俄失所在。及雨定，稍稍能起，相顾，耳悉泥矣。邑人言，向来雷震，牛战鸟坠，邑客但觉殷殷而已。　　元稹在江夏襄州贯垫有庄，新起堂，上梁才毕，疾风甚雨。时庄客输油六七瓮，忽震一声，油瓮悉列于梁上，一滴不漏。其年元卒。　　贞元年中，宣州忽大雷雨，一物坠地，猪首，手足各两指，执一赤蛇啮之。俄顷，云暗而失时。皆图而传之。俱《酉阳杂俎》。

丽藻。散语：雷在地中，复。先王以至日闭关，商旅不行，后不省方。　云雷屯，君子以经纶。　震来虩虩，震惊百里。　天下雷行，物与无妄。　风雷相薄。　雷出地上，豫。君子以作乐崇德，殷荐之上帝，以配祖考。　雷风恒，君子以立不易方。　雷雨既作，君子以赦过宥罪。　鼓之以雷霆。　动万物者，莫疾于雷。俱《易》。　殷其雷，在南山之阳。　虺虺其雷。　如霆如雷。俱《诗》。　玉虎晨鸣。《河图》。　太平之时，雷不惊人，号令启发而已矣。董仲舒。　疾雷破山。《庄子》。　雷填填，雨冥冥。《楚辞》。　霆声荣发。《前礼乐志》。　惊浪雷奔。《海赋》。　左玄冥而右黔雷兮，前长离而后矞皇。浮云郁而四塞兮，天窈窈而昼阴。雷阴阴而响起兮，声象君之车音。司马相如。　伊有汤之肇化兮，陶万殊于天壤。结隆郁蒸而成雷兮，鼓訇积之逸响。訇，音轰。乘云气之郁翁兮，舒电光之炯晃。惊蛰虫于始作兮，惧远迩之异象。李颙。　旁则飞湍走壑，洒日喷阁，汹涌而惊雷。李白。　解：问："人有不善，霹雳震死，莫是人怀不善之心，闻霹雳震而死，然否？"伊川曰："不然。是雷震之也。""如是雷震之，还有使之者否？"曰："不然。人作恶，有恶气与天地之恶气相击搏，遂以震死。霹雳，天地之怒气也。如人之怒，固自有止，然怒时必为之作恶，是怒亦恶气也。怒气与恶气相感故尔。"曰："雷所击处必有火，何也？"曰："雷自有火，如钻木取火，若使木中有火，岂不烧了木？盖自动极则阳生，亦自然之理。"《语录》。　世言乖龙苦于行雨而多窜匿，为雷神捕之，或古木及檐楹之内。《北梦琐言》。　赋：雷车阗阗，六合喧吼。骤风雨于南极，簇星云于北斗；瘛东海以荡波，摆太山而瓜剖。玉石至坚，切如泥沙；松柏至劲，粉为枯朽。鼍皮击考而魑魅睒睗，龙颜抵触而鲸鲵奔走。陶铸造化之炉，而鸿毛万像；干运乾坤之轴，而婴孩群有。由是言之，九鼎琐细，三山培塿；鼎鼐可以指挥，蓬莱可以背负。殊不测离苍天之远近，常惧惊魂，亦不识在玄云之几重。徒来矫首，及夫白日雨歇，长虹霁后，列缺缓辔，玄冥假手。蓄残怒之末威，聆余音之良久。而小子之谬学，敢献疑于座右。今若谓别善恶之殊途，操赏罚之休咎，胡不扶持颜闵之膻行，天阔跙蹰之龟寿？罪一乱臣，惩天下之凶丑；旌一孝行，激天下之悌友。法高悬于尧典，刑不试于周后，何必霹雳潜窟之龙，养育吠尧之狗？　诗五言：巫山冬可异，十月有奔雷。　巫峡中宵动，沧江十月雷。龙蛇不成蛰，天地划争回。　却碾空山过，深蟠绝壁来。何须妒云雨？霹雳楚王台。杜甫。　芳村昏渡口，江散派难分。一夜驱雷雨，知为震泽云。于含东。于公名若瀛，济宁人。都宪。 七言：闲人倚柱笑雷公，又向深山霹怪松。必若有苏天下意，何如惊起武侯龙？ 陌上冬干泣老农，天留甘雨付春工。阿香急试雷霆手，莫放人间有卧龙。

电，雷光也。阴阳暴格，分争激射，有火生焉，其光为电。今金石相击则生火，况真火之所激射乎？又电为阳光，阳微则光不见。仲春阳气渐盛，以击于阴，其光乃见。以故，仲春始电。

占候。在南主久晴，在北主便雨。谚云："南闪千年，俗呼电为闪。北闪眼前。"北电俗名北辰，闪主雨立至。谚云："北闪三夜，无雨大怪异。"言必有大风雨也。《田家杂占》。 梦电光为县官。《解梦书》。 正月：人民多殃。元旦见同。 三月：电多，岁稔。 三日：电，主小麦贵。 夏：多雨电，民饥。 四月：电，民不安，秋禾伤。 夏秋间：夜晴而见远电，谓之热闪。

典故。天公与玉女投壶，枭而脱误不接者，天为之笑，所以为电。《神仙传》。 黄帝母曰附宝，见大电绕北斗枢星，照郊野，感而孕，遂生黄帝。《帝王世纪》。 齐寡妇，庶贱之女也，无子不嫁，事姑谨敬。姑无男，有女利母财，令母嫁妇，妇终不肯。女杀母以诬寡妇，妇不能自明，冤结叫天，天为作雷电，下击景公之台，毁景公之支体。《淮南子》。 晋王戎目视日不眩，烂烂若岩中电一①。月支献猛兽，两目②天礚碚之炎光。礚，先念反。碚，徒念反。《太平广记》。

丽藻。散语：雷电合而成章。 雷电噬嗑。《易》。 晔晔震电，不宁不令。《诗》。 恐天时之代序兮，耀灵晔而西征。灵晔，电光貌，言速也。《离骚》。 丰隆轩其震霆兮，列缺晔其照夜。《文选》。 阴气伏于黄泉，阳气上通于天。阴阳分争，故为电。《庄子》。 电，激气也，雷以为鞭策。 阴阳相薄为雷，激扬为电。俱《淮南子》。 凌惊雷之硫磕兮，硫，音伉。磕，音榼。弄狂电之淫裔。《思玄赋》。 击电无停光。《公孙子》。 太平之世，电不眴目，宣示光耀而已。董仲舒。 雷砰电射，天之怒也。不能终朝，故曰昊天无竟日之怒。吴武陵。 有声曰雷，无声曰电。《公羊》。 诗五言：震雷驱号令，惊电夜舒光。陆士衡。 余霞张锦帐，轻电闪红绡。刘禹锡。 电尾烧黑云，雨脚飞银线。韩〔偓〕。 过眼金蛇掣，鞭空银索飞。古诗。 一生复能几？倏如流电惊。陶渊明。 容颜若飞电，时景如飘风。李白。

雨者，辅也。水从云下，辅时以生养万物也。三月雨为榆荚雨，榆荚雨，高地强土宜种禾。南方为迎梅雨。四五月为梅雨，五月终为送梅雨。六月大雨为濯枝雨，旦日雨为月额雨。《僖公三年》书：六月雨，喜雨也。六月内有三时雨，田家以为甘泽，邑里相贺。八月雨为豆花雨，徐雨曰零雨，时雨曰霶③、曰甘霖，疾雨曰驶雨、曰骤雨、曰涷雨，小雨曰霡霂，久雨曰淫雨、曰苦雨、曰滞雨、曰愁霖，暴雨曰剧雨，与雪杂下曰霰雨，水曰潦雨，晴曰霁雨，而骤晴曰啓。啓，音欠。玄冥为雨师。赤松子，尧时为雨师。张元宾得仙，为理禁伯职，主水，盖雨官也。

---

① 一，疑为衍文。
② "四库全书"《太平广记》卷四《神仙四·月支使者》"两目"后有"如"字。
③ 霶，同"澍"，及时雨。

　　雨候。《占雨》诗云："朝霞不出门，暮霞行千里。今晨日未出，晓氛散如绮。心疑雨再作，眼转云四起。我岂知天道？吴侬谚云尔。古来占滂沱，说者类恢诡。飞云走群羊，停云浴三豕。日占出海时，月验仰瓦体。月当毕宿见，风自少女起。烂石烧成香，汗础润如洗。逐妇知拙鸠，穴居有智狸。蜥蜴能兴云，蜉蝣知晴雨。垤鸣东山鹳，堂审南柯蚁。或加阴石鞭，或议阳门闭。或云逢庚变，或自换甲始。刑鹅与象龙，聚讼非一理。何如老农谚，影响捷于鬼。吟诗敢夸博，聊用醒午睡。"范石湖。　　甲子日晴主两月内多晴，雨则久雨妨农，寻常极验，盖甲子乃天干地支之首，犹岁之有元日，月之有朔旦，关系最重。一说夏雨甲子主秋旱四十日，此说盖取久阴之后必有久晴。谚云"半年雨落半年晴"，亦此理也。往年夏月忽值甲子日雨，正以妨农为忧。老农云："喜遇双日是雌，甲子虽雨无妨。"余默笑，未信，后果无雨。因考《岁时杂占》注云："甲子值只日多验，双日少验。"又古人诗云："老尚夸雌甲，狂宁作散仙。"方知古人元有雌雄之说，乃知老农之言有稽也。后至秋，大收获。　　又谚云："日出早，出早，谓久雨当天明忽见日也。雨淋脑；日出晏，出晏，谓久雨后天已明，徐徐云开也。晒杀南来雁。"又云："月悬如弓，少雨多风；月如仰瓦，不求自下。"湾弓者，月行赤道，在黄道南，属阳，故少雨。仰瓦者，月行黑道，在黄道北，属阴，故多雨。以新月论。范石湖。　　又："逢庚必变，逢戊必晴。久晴逢戊雨，久雨望庚晴。"　　毕星雨师，月离之则雨，但离于阴则雨，离于阳则不雨。　　壬子日，值满，毕星中已有水气。水气之发，动于卯辰，此必雨之应。《管公明占》。　　日下黑气如覆船，立雨。《易飞候》。　　四方无云，惟天河中有云相连如浴豕，三日必大雨。夜半天汉有黑气相连，俗谓黑猪渡河，雨候也。《述异志》。　　朱鳖浮于波上，必有大雨。　　天将雨也，阴曀未集，而鱼已噞矣。噞，音言。黑蜮潜泉而居，蜮，音立，神蛇也，言久雨忽晴见星也。将雨则跃。俱《淮南子》。　　蚁封穴户，大雨将至。《易占》。　　乾星照湿土，来日依旧雨。姚令威《丛语》。　　常以戊申日候日入时，日上有冠云，不问大小，黑者雨大，青者雨小。《相雨书》。　　焦明至为雨候。焦明，水鸟。《动声仪》。　　五卯日候西北有云如群羊者，雨至矣。《师旷占》。　　雨乘虚而坠，风多则合速，故雨大而疏；风少则合迟，故雨细而密。《董仲舒传》。　　董仲舒曰："阴阳之气，上薄为雨。"鲍敞问曰："雨既为阴阳相薄，四月纯阳，十月纯阴，无二气相薄，则不雨乎？"仲舒曰："纯阳用事，未夏至一日是；纯阴用事，未冬至一日是。"敞曰："其不雨乎？"曰："然，有则妖也。"《西京杂记》。　　山云蒸，柱础润，地气湿，皆将雨之候。《淮南子》。　　五鼓忽雨，日中必晴。谚云："雨打五更，日晒水坑。"　　卒然有雨，不久必晴。《道德经》云："暴雨不终日。"　　雨着水面，上有浮泡，主卒未晴。谚云："一点雨一个钉，下到来朝也不晴。"　　久雨云黑，忽然明亮，主大雨。谚云："亮一亮，下一丈。"　　晏雨难晴，俗谓之黄昏雨。谚云："开门风，闭门雨。"　　久雨后，若午后少住，或可望晴；若午前少住，午后雨必多。谚云："雨住午，下无数。"　　雨同雪下，卒难得晴。谚云："夹雨夹雪，无休无歇。"　　立夏到夏至热，则有暴雨。　　占雨谚云："云行东雨无踪，云行西马践泥，云行南雨潺潺，云行北一场黑。"　　云笼日，雨不止。范晔《汉书》。　　日始出及欲入，黑云贯之，不出三日，有暴雨。《宋志》。　　云起自西南，必多雨。谚云："西南阵阵单过也。"落三寸起，自东南无雨。谚云："太婆八十八，不见东南阵头发。"云自东北起，多风雨，风愈急，雨愈连绵；云自西北起，必黑如泼墨，先大风，而后雨终易晴。　　旱年若见远处云生，或自西引而东，或自东引而西，必主无雨。谚云："旱年只怕沿江跳。"　　云起下散四野，满目如烟如雾，名"风花"，主大风立至。谚云："云似炮车形，没雨定有风。"　　阴天卜晴。谚云："朝看天①顶穿，暮要四脚悬。"又云："朝看东南，晚看西北，西北但晴无雨。"谚云："西北赤，好晒麦。"谚云："鱼鳞天不雨也风颠。"言云细细如鱼鳞也。老鲤斑云障，言满天大片云也。晒杀老和尚。　　秋天云阴，无风则无雨。　　冬天近晚，忽有老鲤斑云起，渐合成浓阴者，必无雨，名曰"护霜天"。　　夏初食鲫，脊骨有曲，主水。　　鱼浮水面，主雨。　　蚱蜢、蜻蜓、黄虾等虫，小满以前生者，主雨。　　蜻蜓乱飞，主雨。　　蜘蛛添丝，晴吊水雨。　　蠓飞磑雨。　　鸠呼妇晴，逐妇雨。　　鸦浴风，鹊浴雨，八歌浴断风雨。　　夏时水底生苔，主暴水。苔浮水，立时大雨。谚云："水面生青靛，天公又作变。"　　浸稻，稻包既沉复浮，主有水。　　江湘二浙，四五月间梅欲黄落，则水润土溽，柱础皆汗，蒸郁成雨，故曰"梅雨"。

休征。太平之时，十日一雨。又云"天下太平，夜雨日晴"，言不妨农也。　　太平之世，雨不破块，润叶津茎而已矣。董仲舒。　　甘雨降，万民以喜，谓之醴泉。《尔雅》。　　出军，雨沾衣，是润兵也，其军有喜。《抱朴子》。　　梁大同中尝骤雨，殿前往往有杂色宝珠。武帝观之有喜，象卢奇上瑞雨。颂云："飞甘洒润，玉散珠联。"　　嘉靖元年六月雨苍鹿于后宫，世宗奇之，后享国四十五年。

咎征。春甲子雨，赤地千里；夏甲子雨，乘船入市；秋甲子雨，禾头生耳；冬甲子雨，牛羊冻死。谚云："甲子日阴，晴六十日。"凡占，以初甲子。　　鹊巢近地，其年大雨。　　久雨而亭午忽乍晴，若有日色，俗谓之启昼。是日雨必甚，滇中人目为天笑，亦以占雨。　　晋永嘉中，梁州雨十旬，麦化飞蛾；荆州久雨，粟化为蛊。《述异记》。　　齐有一足鸟飞集殿前，舒翅而跳。齐侯使问，孔子曰："鸟名商羊，水祥也。且谣云：'天将大雨，商羊起舞。'将有大水，急治沟渠，修堤防。"果大霖雨，诸国俱伤，惟齐有备乃免。《家语》。　　西海有神人乘白马，朱鬣、白衣、玄冠，从十二童子驰马如飞，名河伯使者，所至之国雨水滂沱。　　万历丁亥正月下旬，寒甚，大雨，树枝皆凝雨成冰。识者曰："此木介兵兆也。昔正德己巳冬十二月，吴中亦曾有此。是岁吴中虽无它虞，但五六月连旬大雨，田野滒②没。七月又大风两日，嗣是而戊子、己丑到壬辰，连年岁祲，民之苦灾无异苦兵。大都木介其兵，与饥荒之兆欤？"

祈雨。孟夏以后旱，则先祈岳镇、海渎于北郊。《通典》。　　水干土则大旱。旱之言悍也，阳骄寒所致也。　　大旱金石流，土山焦而不热。　　顷者炎旱，日更增甚，沙砾销铄，草木焦卷，处凉台而有郁蒸之烦，浴寒冰而有灼烂之惨，宇宙虽广，无阴以憩。　　司巫若国，大旱则率巫而舞雩。　　南方有人长二三尺，袒身而日在顶，上行如风，名曰魃。所见之国大旱，赤地千里，一名狢，狢，同貊。遇者得之，投溷中乃死，旱灾消。　　僭常旸若，龙见而雩。雩者，为旱求也。旱，所谓常阳。不谓常阳而谓旱者，以为灾也。旱之为言干，万物伤干，不得水也。　　土龙致雨之法，甲乙日不雨，命为青龙，东方小童舞之。丙丁不雨，命为赤龙，南方壮者舞之。戊己不雨，命为黄龙，中央

---

① 天，底本缺，据"四库全书"［明］徐光启《农政全书》卷一一《农事·占候》补。
② 滒，同"淹"。

壮者舞之。庚辛不雨，命为白龙，西方老人舞之。壬癸不雨，命为黑龙，北方老人舞之。如此不雨，潜处，阖南门，置水其外；开北门，取人骨埋之。如此不雨，命巫祝而曝之。曝之不雨，神山积薪，击鼓而焚之。《神农求雨书》。　董仲舒为江都相，以春秋灾异之变推阴阳所以错，故求雨闭诸阳，纵诸阴，闭阳纵阴，如闭南门，勿举火，开北门，水洒人之类。止雨反是。《春秋繁露》。　汤伐桀后，大旱七年，煎砂砾石。太史占之曰："当以人祷。"汤曰："吾所谓请雨者，民也。若必以人祷，吾请自当之。"遂斋戒，剪发断爪，素车白马，身婴白茅，以身为牺牲，祷于桑林之野，持三足鼎祝于山川，曰："政不一与？民失职与？宫室崇与？妇谒盛与？苞苴行与？谗夫昌与？何不雨之极？"言未已，而天大雨。　鲁岁旱，穆公召县县，音悬。子而问曰："吾欲暴尪，尪，音汪。而奚若？"曰："天则不雨，而暴人之疾，子虐，毋乃不可与？""然则吾欲暴巫，而奚若？"曰："天则不雨，而望之愚妇人，求之，毋乃已疏乎？""徙市，则奚若？"曰："天子崩，巷市七日；诸侯薨，巷市三日。为之徙市，不亦可乎。"《檀弓》。　齐景公时大旱，乃召群臣而问曰："天久不雨，民有饥色。寡人欲少赋敛，以祠灵山，可乎？"君臣莫对。晏子进曰："不可。夫灵山固以石为身，草木为发，天久不雨，发将燋，身将（爇）〔熬〕，彼独不欲雨乎？祠之无益。"景公曰："吾欲祠河伯，可乎？"晏子曰："夫河伯以水为国，以鱼鳖为民，天久不雨，百川将竭，国民将亡矣，独不用雨乎？祠之无益！"景公曰："奈何？"曰："避宫殿暴露，与山灵河伯共其忧，其幸而雨乎！"景公乃出野暴露，三日，天果大雨。　宋景公时大旱三年，卜之，以人祠乃雨。公下堂，顿首曰："吾所以祈雨，以为民也，将自当之。"言未卒，天大雨。　永初二年三月，京师旱。至五月和熹，邓太后幸洛阳，省狱举冤。未还宫而澍雨大降。《东观汉记》。　东汉周畅为河南尹。夏旱，久祷无雨。因收葬洛城傍客死骸骨万余，应时澎雨。《后汉书》。　袁安为楚王相，会楚王英事系千余人，三年不决，死者甚众，岁大旱。安决狱，凡为王所引者，应时理遣，一旬之中延千人之命。其时甘雨滂沱，岁以大熟。《汝南先贤传》。　唐颜真卿为监察御史，使河陇。时五原有冤狱，久不决，天大旱。真卿辨狱而雨，郡人呼为"御史雨"。　戴丰字平仲，迁西华令。其年大旱，祷请无获。乃积薪坐其上以自焚，火起而大雨，远迩叹服。　王彦威镇汴，夏旱。李玙过之，王以旱为言。李曰："欲雨甚易，可求蛇医四头，石瓮二枚，实以水。每瓮浮二蛇医，以木盖密泥之，置于闹处，瓮前后设席烧香。选小儿十岁以下者十余，令执小青竹，昼夜击瓮，不得少辍。"王如言试之，一日夜雨大注。《杂俎》。　后周达奚武以太保为同州刺史。时旱，武祀华山庙，岳既高峻，人迹罕通。武年逾六十，攀藤而上，晚不得还，于岳上藉草而宿。梦一白衣执武手曰"辛苦"，甚相嘉尚。武惊觉，旦而澍雨。　郑侠见荆公，言青苗之害，不答。久之，得监在京安上门，会大旱。自十一月至于三月，河东、河北、陕西流民大入京师，与城外饥民市麻糁、麦麸为糜，或掘草根、采木实以食。侠上疏曰："今天下忧苦，质妻鬻女，父子不保。拆屋伐桑，争货于市，输官籴米，皇皇不给之状，绘为一图。此臣安上门日所见，百不及一。陛下观臣之图，行臣之言，十日不雨，乞斩臣以正欺周之罪。"　永熙幸佛寺塔庙祷雨，至天庆，三馆起居。因驻辇，问曰："天久不雨，奈何？"或对天数，或对至诚，必有应。一绿衣少年越次对曰："刑政不修故也。"上颔之而行。归，复驻辇，召绿衣者问状。对曰："某所守臣犯赃，法当配，宰相以亲则不配。某所守臣犯赃，不当死，宰相以嫌卒死之。"翌日，上为罢宰相，天即大雨。绿衣者，寇莱公也。　庆历间，京师夏旱，谏官王公素乞亲行祷雨。帝曰："太史言月二日当雨，一日欲出祷。"公曰："臣非太史，是日不雨。"帝问故。公曰："陛下幸其当雨以祷，不诚。不诚，不可动天，臣故知不雨。"帝曰："明日祷雨醴泉观。"公曰："醴泉之近，犹外朝也，岂惮暑不远出耶？"帝每意动则耳赤，耳已尽赤，厉声曰："当祷西太乙宫。"公乞传旨。帝曰："车驾出郊不预告，卿不知典故？"公曰："国初以虞非常，今久太平，预告使百姓望清光者众耳，无虞也。"谏官故不扈从。明日，特召王公以从。日甚炽，埃雾涨天，帝正色不怡。至琼林苑，望西太乙宫，上有云气，如香烟以起。少时，雷雨至。帝却逍遥辇，御平辇，彻盖还宫。明日召对，帝曰："朕自卿得雨。"

占候。正月：上旬雨，谷贵一倍。中旬雨，谷贵十倍。甲、乙日雨，春雨多；丙、丁、戊、己，夏雨多；庚、辛，秋雨多；壬、癸，冬雨多。四时但遇此日，必雨。一日有风雨，三月谷贵。　立春：春甲子雨，旧作赤地千里，谓第一甲子雨，大旱。或曰赤当作尺，谓行者苦雨，尺地若千里也。四季甲子日雨，皆主雨多。　初甲申至己丑、庚寅至癸巳雨，主籴贵。甲寅、乙卯雨，夏谷贵。　朔日：雨，春旱，人食一升。二日雨，人食二升。以渐而增。五日雨，大熟。一云元旦雨雪，吉。谚云："难拜年，易种田。"一云："一日值雨，人食百草。"又曰："一日晴一年丰，一日雨一年歉。"《农占》。　上旬：先得丙寅，夏雨多；戊寅，秋雨多；壬寅，冬雨多。　雨卯，谷贵一倍。　中旬：雨卯，谷贵十倍。　五日：雨，田大收，蚕不收。　七日：风雨，多灾。　八日：此夕雨，低田收。八日雨，元夜亦雨。　十二日：为花朝，晴则百果实，夜尤宜晴；雨则四十日夜雨，久阴。淮俗，初二、十六雨，每月多雨。　上元：无雨，主春旱。又云："雨打上元灯，云罩中秋月。"又云："雨打上元灯，早稻一束草。"　十六日：雨，岁俱收。　晦日：风雨，籴贵，禾恶。　二月：甲子雨，旱。　甲寅、乙卯雨，米贵。　春社日：有雨，主五谷果实少。　二日：宜雨，夜宜晴，否则蚕柘贵。大抵二月怕夜雨。　十二日：怕夜雨。若此夜无雨，虽雨多亦无妨。　十五日：为劝农日，风雨，主歉。　三月清明：喜晴恶雨。谚云："檐头插柳青，农夫休望晴。檐头插柳焦，农人好作骄。"又《诗括》云："清明无雨少黄梅。"午前晴，早蚕熟；午后晴，晚蚕熟。　寒食：系清明前二日，人家墓祭，谓之扫松，多值风雨。是日雨，主岁丰。谚云："雨打墓头钱，谓坟头纸钱也。今岁好丰年。"　一日：雨，民疾疫，百虫生。又云：井泉空，主旱。　二日：雨，泽无余。　三日：雨，宜蚕，水旱不时。　四日：雨，变易治沟渠，主涝。　六日：雨，坏墙屋。　七日：雨，决堤防。　八日：雨，乘船行。　九日：雨，难可期。又云：一日至三日当雨不雨，主秋多大雾，道有饿死人；七日当雨不雨，主谷贵；九日至十五日当雨不雨，兵在外者罢。　晦日：雨，麦不熟。又云：甲寅、乙卯、甲申至己丑，庚寅至癸巳，三辰日雨，三未日雨，皆主米大贵。　辰日雨，百虫生。更得未日雨，百虫死。夏月同，有暴雨，名迎梅雨，又名桃花水，主梅雨多。　夏：庚辰、辛巳雨，主蝗，大雨，虫多。丙寅、丁卯雨，秋谷贵。　庚寅至辛巳雨，麦平。　壬子雨，牛无食，如甲寅晴。谚云："拗得过。"　四月立夏：宜雨。谚云："立夏不下，田家莫耙。"若夜雨，多损麦及蚕。　小满：有雨，岁熟。谚云："小满不满，芒种莫管。" 前后风雨，白腊不收。 朔：大风雨，主大水。小风雨，主小水，岁恶，米贵。又云主种重犯之患。谚云："四月初一见青天，高山平地任开田。四月初，满地涂，丢了高田去种湖。"此日最紧要。 四日：雨，五谷贵。 五日至八日：雨，宜早麦。 八日：昼雨，主丰熟，果实少，忌夜雨。谚云："小麦不怕神共鬼，只怕四月八夜雨。大的北方麦昼花，忌昼雨；南方麦夜花，忌夜雨。"又谚云："四月八，晴料焯，高田好张钓；四月八，乌漉渎，上下一齐熟。"又云："四月八日雨，鱼儿岸下死；四月八日晴，鱼儿上蒿林。" 十三日：雨，麦不收。 十四日：晴，主岁稔。谚云："有利无利，只看四月十四。" 二十：小分龙。晴分懒龙，主旱。雨分健龙，主水。东南风分黑龙，主旱。正南风分赤龙，主大旱。西北风分白龙，主大水。东北风分青龙，主小水。西南风分黄龙，上下大熟。《四时占候》。 五月芒种：芒种宜雨，雨宜迟。谚云："雨芒种头，河鱼泪流；雨芒种脚，鱼捉不着。"谚云："芒种端午前，处处有荒田。"主无秧。 芒种后逢壬日，或庚、或丙日，进梅。闽人以壬日进梅前半月为立梅，有雨，主旱。谚云："雨打梅头，无水饮牛。"一说主水。谚云："迎梅一寸，送梅一尺。"试以二说比之，梅雨大抵主旱，虽有雨亦不多。《农占》。 芒种逢丙进霉，小暑得未出霉。《神枢经》。 按天道，自南而北，凡物候先南方，故闽粤万物早熟，半月始及吴楚。今验江南梅雨将罢，而淮上方梅雨，又逾河北至七月少有霉气而不觉。以此言之，壬丙进梅不足定，拟当易地而论。《风土记》。 夏至前芒种后雨，为之黄梅雨，最长久。半月内验西（雨）〔南〕① 风以定雨候，有一日西南风，主时里三日雨。谚云："梅里西南，时里潭潭。" 西南风急，名曰哭雨风，主雨立至，易过。若风微，最毒。应在时里。 梅雨中冬青花开，主旱。盖此花不落湿地，关系水旱。谚云："黄梅雨未过，冬青花未破。冬青花若开，黄梅便不来。" 时雨最怕在中时前二日来，谓之中时头，必大凶。若到得末时，纵有雨亦善。谚云："夏至未过，水袋未破。"《四时占候》。 江湘、二浙五月间梅欲黄落，则水润土溽，础壁皆汗，蒸郁成雨。其雨如雾，谓之梅雨，沾衣服皆败黦，黦，於勿、於月二切，黑而有文也。故自江以南，五月雨谓之送梅，转淮而北则否。 夏至：无雨，旱。谚云："夏至无雨，碓里无米。"得雨，其年必丰。谚云："夏至日个雨，一点值千金。"《农占》。 一说至日晴，主三伏晴，晴则必热。 谚云："夏至端午前，坐了种田年。"言水调也。有雨，谓之淋时雨，主久雨。《便民图纂》。 夏至逢丁卯日下雨五寸，主秋米贵五倍。《易占》。 夏至日是雨分路日，有雨，雨寻旧路。其夜天河中星密有雨，星疏雨多。《岁时杂占》。 夏至前雨，蟹上岸。夏至后雨，水到岸。《法天生意》。 朔日：此日至十日不雨，大风，大旱。《四时气候》。 朔日雨，主来年三月雨。一云：大饥，吃百草，米贵。又云：不出一年，民大饥，蝗起。又云：一日雨落井泉浮，二日雨落井泉枯，三日雨落连大湖。又云：一日晴年丰，雨则歉。 重午：只喜薄阴但欲晒得蓬艾，主丰。谚云："端午晴干，农人喜欢。"雨，主丝绵贵。大风雨，主田内无边蒂，言风水多也。一云：雨，来年大熟。《四时杂占》。 曙时有雨东来，人灾。七月七日有雨即解。 二十日：为大分龙，占同小分龙。 两浙谚云："廿一有雨岁丰，无雨则旱。"又云："熟不熟，但看五月廿五六，

① 雨，应作"南"。［明］冯应京《月令广义·五月令》作"南"。

大晴则大旱。"楚俗以廿九、三十为分龙节，雨则多水。闽俗以夏至后为分龙。《四时占候》。　二十五六：谚云："此日阴沉沉，谷子压田塍。"　三十：不雨，民病。　上辰日：雨，主蝗起，雨下食禾，大验。　上巳日：雨，主蝗虫。　六月小暑：雨，名黄梅雨，主水。有东南风及成块白云，主退水，兼主旱。无，则水不能卒退。又主有半月白棹风。无南风，则无白棹风，水卒不能退。谚云："白棹风云起，旱魃精空欢喜。仰面看青天，头巾落在麻圻里。"东坡诗云："三时已断黄梅雨，万里初来白棹风。"　甲、乙、丙、丁日无雨，民不耕，主旱；丙、寅、丁、卯雨，主秋米贵。　三日：雨，难稿稻。谚云："六月初三晴，山筊尽枯零。六月初三一阵雨，夜夜风潮到立秋。"　初六日：晴，主收干稻。雨，谓之湛辘耳雨，主有秋水。　夏秋之交，稿稻还水喜雨，多岁稔。谚云："夏末秋初一剂雨，赛过唐朝万斛珠。"又云：雨，主秋水。　七月立秋：小雨吉，大雨伤谷，晴明万物不成。《田家五行》。　处暑：处暑雨不通，白露柱用功；处暑根头白，白露柱霖来。　七夕：有雨，吉，名洗车雨，麦麻豆贱。谚云："七月无洗车，八月无蓼花。"　十六日：雨，名洗钵盂雨，主来年荒。十方寺观，每年四月十五日结夏上堂，七月十五日解夏散堂。此日即雨，故名洗钵盂。下年荒，必停堂也。《田家五行》。　晦日：风雨，主人多殃，生痌疽，宜麦、布贵，油、麻贵十倍。　八月白露：雨，谓之苦雨，主万物伤损，瓜、果、菜生虫，稻禾沾之则白飓，蔬菜沾之则味苦。谚云："白露前是雨，白露后是鬼。"若双日白露，有雨不损苗，单日有雨则损苗。如连阴雨，不为害。　此日名天收，若纳音属火，主虫多，难种菜。　秋分：微雨或阴天最妙，来年大熟。　八月内雨多，米贵，牛贵。　秋社：雨，来年丰。　朔日：略得雨，宜麦。大雨，伤禾。一云：风雨宜麦，主布绢丝绵及麻子贵，多雨，牛贵。又曰：月月初一要晴，惟此月初一雨好种麦。一云：朔日至三日阴雨宜麦，主布贵，油、麻少。一云：八月初一下一阵，旱到来年五月尽。　中秋：雨，主涝，又主来年低田熟。　九月朔：小雨吉，大雨伤禾，风雨来春旱，夏水米贵。《四时占候》。　庚寅、辛卯雨，冬谷贵。　九日：是雨归路。此日雨，大宜禾，又主来年熟。晴则冬至、元旦、上元、清明四日皆晴，雨则皆雨，主饥荒。谚云："九日雨，禾成脯。"又云："重九湿漉漉，穰草千钱束。"《田家五行》。　一云：重阳无雨一冬干。或谓无字当作雾。　冬十月：壬寅、癸卯雨，春粟贵。谚云："雨间雪，无休歇。"　十月雨连连，高山也是田。　朔：风雨，年内旱，多阴寒。大雨米大贵，小雨小贵。　二日：雨，芝麻贵。　十六日：雨，主寒。　晦：占与朔同。　十一月：雨雪多，冬春米贵。　甲申至己丑雨，主籴贵；壬寅、癸卯雨，春谷大贵。　定液雨：闽俗，立冬后十日为入液，至小雪为出液。液内得雨为液雨，即药雨，百虫饮此而蛰，来春二月雷鸣启蛰。　冬至：雨则年必晴，晴则年必雨。　十二月：有冷雨暴作，来年六七月横水。　上酉日：雨，主冬春连阴两月。

　　典故。鲁僖公夏四月，不雨。不雨者，闵雨也，有志乎农者也。孔子将远行，命使者皆持盖，已而果雨。巫马期问曰："旦无云，既日出，而夫子命持雨具，敢问何以知之？"子曰："昨暮月宿毕。《诗》不云乎：'月离于毕，俾滂沱矣。'"《家语》。　卫有大旱，卜有事于山川，不吉。宁庄子曰："昔周饥，克殷而年丰。今邢无道，诸侯无伯，天其或者欲使卫讨邢乎？"从之，师兴而雨。　夏旱，公孙卿曰："黄帝时，封则天旱，干封三年。"上乃下诏曰："天旱，意干封乎？其令天下尊祠灵星焉。"《西汉郊祀志》。　武帝时，岁小旱。上令百官求雨。太子太傅卜式曰："今桑弘羊令吏坐市列，贩物求利，烹弘羊，天乃雨。" 东海有孝妇，少寡，无子，养姑甚谨。姑告邻人曰："孝妇养我勤苦，哀其无子守寡。我老，久累，无丁壮，奈何？"遂自经死。姑女告吏："妇杀我母。"吏捕孝妇，妇诬服。郡中枯旱三年。后太守至，杀牛自祭孝妇冢，因表墓，天立大雨，岁熟。 汉百里嵩为徐州刺史，境内旱。嵩行部，车所经，甘雨辄降。 后汉郑洪迁淮阴太守，行春大旱，随车致雨。 汉栾巴，蜀人。征为尚书郎。大朝，得酒不饮，西南噀之。诏问巴。巴曰："成都大火，臣以酒为雨救之。"帝驿问，咸云："雨从北来，有酒气。"《神仙传》。 李崇，魏延昌初都督江西诸军事。时有泉水涌于八公山顶，寿春城中有鱼数十从地涌出，野鸭群飞入城，与鹊争巢。五月大霖雨，十有三日大水入城，屋宇皆没。城上水增，乘船附于女墙。《本纪》。 魏管辂，字公明。过清河倪太守。时天旱，倪问雨期。辂曰："今夕当雨。树上已有少女风，树间又有阴鸟和鸣，又少男风起，众鸟乱翔，其应至矣。"倪不之信。辂曰："十六日壬子，毕星中已有水气。"又作檄召五星，宣布星符，刺下东井，告南箕，使召雷公、电父、风伯、雨师，须臾风云并兴，玄云四合，大雨河倾。 后汉任文公为治中从事，时天大旱，白刺史曰："五月当有大水，宜令民预为备。"刺史不听，文公自贮大舟。百姓闻，亦有为防者。至日，旱烈愈甚。文公急令促载，白刺史。刺史笑之。日中，天北云起，须臾大雨至。晡时，满十余丈，漂坏田庐，所害数千人。文公遂以占术驰名。《白孔六帖》。 李靖微时，尝射猎山中。会暮，抵宿一朱门家。夜半闻扣门甚急，见一妇人，谓靖曰："此非人世，乃龙宫也。今天符命行雨，二子皆不在，欲奉烦刻间，如何？"遂命黄头鞴青骢马，又命取雨器，乃一小瓶。戒曰："马蹑地嘶鸣，即取瓶中水一滴，滴马鬃上。此一滴水，乃地上一尺，慎勿多也。"既而电掣云间，特连下三十余滴。此夜半，平地水三丈。 僧一行穷数有异术。开元中尝旱，玄宗令祈雨。一行言："当得一器，上有龙状者，方可致雨。"上令于内库中遍视之，皆言不类。数日后，指一古镜，鼻盘龙，喜（白）〔曰〕："此有真龙矣。"乃持入道场，一夕而雨。 梵僧不空得总持门，能役百神，玄宗敬之。岁常旱，上令金刚三藏设坛请雨，雨不止，坊市有漂溺者。遽召不空，令止之。不空遂于寺庭中，捏泥龙五六，当溜水，作胡言骂之。良久，复置之，乃大笑。有顷，雨霁。 玄宗又尝召术士罗公远与不空同祈雨，互校功力。上俱召问之。不空曰："臣昨焚白檀香龙。"上令左右掬庭水嗅之，果有檀香气。又与罗公远同在便殿，罗时反手搔背。不空曰："借尊师如意。"殿上花石莹滑，遂一击牢至其前，罗再三取之不得。上欲取之，不空曰："三郎勿起，此影耳。"因举手示罗如意。 天宝十一载六月，虢州阌乡黄河中，女娲墓因大雨晦冥，失其所在。至乾元二年六月乙未夜，滨河人闻有风雷声，晓见其墓涌出，下有巨石，上双柳各长丈余，时号风陵堆。《五行志》。 熙宁中，京师久旱，按古法，令坊巷以瓮贮水，插柳枝，泛蜥蜴。小儿呼曰："蜥蜴蜥蜴，兴云吐雾。降雨滂沱，放汝归去。"时蜥蜴不能尽得，往往以蝎虎代之，入水即死。小儿更曰："冤苦冤苦，我是蝎虎。似恁昏沉，怎得甘雨？" 唐段文昌帅荆南，或旱，禬解必雨；或久雨，出游必霁。民为语曰："旱不苦，祷而雨；雨不愁，公出游。" 郁林郡山有池，池有石牛。岁旱，百姓杀牛祈雨，以牛血和泥，泥石牛背。祠毕大雨，洪注牛背，泥尽即晴。顾微《广州记》。 有僧讲经山寺。常有一叟来听，问其姓氏，曰："某乃山下潭中龙也。幸岁旱，得闲来此听法。"僧曰："公能救旱乎？"曰："上帝封江湖，有水不得辄用。"僧曰："此砚中水可用乎？"乃就砚吸水，径去。是夕雷雨大作。逮晓视之，悉黑水。　　使者甘宗所奏西域事，云："方士能神咒者，临泉禹步吹气，龙即浮出，长十数丈。更吹，龙辄缩至数寸，乃掇取著壶中，或有四五龙，以少水养之。闻有旱处，便赍龙往卖，一龙直数十斤金。"发壶中，出一龙，著潭中，复禹步吹之，长十数丈，须史而云雨四集。　　肃宗将至灵武一驿。黄昏，有妇人长大，携双鲤咤于营门，曰："皇帝何在？"众谓风狂，遽白上潜视举止。妇人言已，止大树下。军人有逼视，见其臂上有鳞。俄天黑，失所在。及上即位，归京阙，虢州刺史王奇光奏女娲坟云："天宝十三载，大雨晦冥，忽沉。今月一日夜，河上有人觉风雷声，晓见其坟涌出，上生双柳树高丈余，下有巨石。"兼画图进。上初克复，使祝史就其所祭之。至是而见，众疑向妇人其神也。

丽藻。散语：沛然下雨。　　七八月之间雨集，沟浍皆盈。四书。　　密云不雨。　　既雨既处，尚德载，妇贞厉。《易》。　　肃时雨若。《书》。　　有渰凄凄，兴雨祁祁。　　其雨其雨，杲杲出日。　　月离于毕，俾滂沱矣。《诗》。　　天降时雨，山川出云。《礼记》。　　使冻雨兮洒尘，涑骤雨不终日。《庄子》。　　皇天淫溢，而秋霖后土，何时而得干？《楚辞》。　　云乍披而旋合，溜暂辍而复零。傅咸。　　春霆殷以远响，兴雨霈而载涂。傅亮。　　瞻玄云之晻晻，听长溜之淋淋。曹植。　　文：夏满不雨，民前后走神所，刲羊豕而跪乞者凡三，而后得请。民大喜，且将报祀。愚独以为惑，何者？天以神乳育百谷，必时既丰，然后民相率以劳神之勤，于事而祀焉。今始吝其施，以愁疲民，是神怠天之职也。必希民之求而后应，是神玩天之权也。既应而俾民输怨于天，归惠于己，是神攘天之德也。推怨，何以为义？利腥膻之馈，何以为仁？怠天之事，何以为敬？蔑是数者，何以为神？假曰"非吾所得颛"，然知民之情，而不时请于上，是亦徒偶于位。此愚所以惑也。噫！天不可终谩，民不可久侮。窃为神危之！司空图。　　风雨雪霜，天地之所权也；山川薮泽，鬼神之所伏也。故风雨不时，则岁有饥馑；雪霜不时，则人有疾病。然后祷山川薮泽以致之，则风雨雪霜果为鬼神所有也明矣。得非天之高，不可以自理，而寄之山川；地之厚，不可以自运，而凭之鬼神。苟祭祀不时则饥馑作，报应不至则疾病生，是鬼神用天地之权也，而风雨雪霜为牛羊之本矣。复何岁时为？复何人民为？是以大道不旁出，惧其弄也。大政不问下，惧其偷也。天欲何言？罗隐。　　记：亭以雨名，志喜也。古者有喜则以名物，示不忘也。周公得禾，以名其书；汉武得鼎，以名其年；叔孙胜狄，以名其子。虽其喜之大小不齐，其示不忘一也。余至扶风之明年，始治官舍，为亭于堂之北，而凿池其南，引流种树，以为休息之所。是岁之春，雨麦于岐山之阳，其占为有年。既而弥月不雨，民方以为忧。越三月，乙卯乃雨，甲子又雨，民以为未足。丁卯大雨，三日乃止。官吏相与庆于庭，商贾相与歌于市，农夫相与忭于野，忧者以乐，病者以愈，而吾亭适成。于是举酒于亭上，以属客而告曰："五日不雨可乎？"曰："五日不雨则无麦。""十日不雨可乎？"曰："十日不雨则无禾。""无麦无禾，岁且荐饥，讼狱繁兴，而盗贼滋炽，则吾与二三子虽欲优游以乐于此亭，其可得耶？今天不遗斯民，始旱而赐之以雨，使吾与二三子得相与优游而乐于此亭者，皆雨之赐也。其又可忘耶？"既以名亭，又从而歌之，曰："使天而雨珠，寒者不得以为襦；使天而雨玉，饥者不得以为粟。一雨三日，伊谁之力？民曰太守。太守不有，归之天子。天子曰不然，归之造物。造物不自以为功，归之太空。太空冥冥，不可得而名。吾以名吾亭。"苏子瞻。　赋：览万物兮，窃独悲此秋霖。风横天而瑟瑟，云覆海而沉沉。居人对之忧不解，行客见之思已深。若乃千井埋烟，百廛涵潦。青苔被壁，绿萍生道。于时巷无马迹，林无鸟声。野阴霾而自晦，山幽暧而不明。长涂未半，茫茫漫漫。莫不埋轮据鞍，衔凄茹叹。惜如尼父去鲁，围陈畏匡，将饥不饛，欲济无梁。问长沮与桀溺，逢汉阴与楚狂。长梢风而沐雨，永凄凄以皇皇。及夫屈平既放，登高一望，湛湛江水，悠悠千里。泣故国之长秋，见玄云之四起。嗟夫！子卿北海，伏波南川；金河别雁，铜柱辞莺；关山天骨，霜露凋年。眺穷阴兮断地，看积水兮连天。别有东国儒生，西都才客，屋满铅椠，家虚甑石，茅栋淋淋，蓬门寂寂。芜碧草于园径，聚绿尘于庑宇。玉为粒兮桂为薪，堂有琴兮室无人。抗高情以出俗，驰精义以入神。论甚能鸣之雁，书成已泣之麟。睹皇天之淫溢，孰不隅坐而含颦？已矣哉！若夫绣毂银鞍，金杯玉盘，坐卧珠璧，左右罗纨，流酒为海，积肉为峦。视襄陵而昏垫，曾不辍乎此欢。岂知夫尧舜之臞瘠，而孔墨之艰难？卢照邻。　歌行：雨溟溟，风零零，老松瘦竹临烟汀。空江冷落野云重，村中鬼火微如星。夜惊溪上渔人起，滴沥蓬声满愁耳。子规叫断独未眠，瞿岸春涛打船尾。张泌。　四山多风溪水急，寒雨飒飒枯树黑。黄蒿古城云不开，白狐跳梁黄狐立。我生胡为在穷谷，中夜起坐万感集。呜呼五歌兮歌正长，魂招不来归故乡。杜子美。　诗五言：密雨散如丝。　炊爨不复举，灶中产蛙虾。傅玄。　檐雨乱淋幔，山云低度墙。　细雨鱼儿出，微风燕子来。　蜀天常夜雨，江槛已朝晴。　一秋常苦雨，今日始无云。　夜足沾沙雨，春多逆水风。　久雨巫山暗，新晴锦绣文。　湛湛长江去，冥冥细雨来。　楚岸收新雨，春台引细风。俱杜子美。　白雨映寒山，森森似银烛。李太白。　长江风送客，空馆雨留人。　水国芒种后，梅天风雨凉。俱唐诗。　空林初过雨，小苑尚余春。　洞口明残雨，天池饮断虹。俱冯琢庵。　蓝溪白石出，玉川红叶稀。　山路元无雨，空翠湿人衣。王摩诘。　远客坐长夜，雨喜孤寺秋。请量东海水，看取浅深愁。李颀。　春阴正无际，独步意如何。不及闲花草，翻承雨露多。侯夫人。　掣电引狂雷，昼天忽成暮。万里泻银河，四檐垂瀑布。僧可遵。　龙武新军罢，勾陈御路开。红尘都不扫，留待雨帅来。冯琢庵。　好雨知时节，当春乃发生。随风潜入户，润物细无声。野径云俱黑，江船火烛明。晓看红湿处，花重锦官城。　冥冥甲子雨，已度立春时。轻箠烦相向，纤绤恐自疑。烟添才有色，风引更如丝。直觉巫山暮，兼催宋玉悲。　南国旱无雨，今朝江出云。入空才漠漠，洒径已纷纷。巢燕高飞尽，林花润色分。晚来声不绝，应得夜深闻。　凉气好萧萧，江云乱眼飘。风鸳藏近渚，雨燕集深条。黄绮终辞汉，巢由不见尧。草堂樽酒在，幸得过清朝。　村晚惊风度，庭幽过雨沾。夕阳薰细草，江色映疏帘。书乱谁能帙，杯干自可添。时闻有余论，未怪老夫潜。俱杜甫。　乞雨女郎魂，袅羞洁且繁。庙开鼯鼠叫，神降越巫言。旱气期销荡，阴官想骏奔。行看五马入，萧飒已随轩。韩愈。　烈旱犹非久，甘霖剩足夸。密云藏玉兔，飞电掣金蛇。豆熟丰隆荚，林分润透花。农人忘帝力，但说好年华。罗理。　西北云肤起，东南雨足来。灵童出海见，神女向山回。斜影风前合，圆纹水上开。十旬无破块，九土信康哉。李峤。　亭据蓬瀛胜，池开岛屿幽。谁将银汉水，来注玉壶秋。日映龙文丽，风微雁影留。好凭朱鬣使，分洒遍皇州。田中台。田公名一儁，莆田人。会元。　片雨拂檐楹，烦襟四座清。霏微过麦陇，萧散傍莎城。静爱和花落，幽闻入竹声。朝观趣无限，高咏寄闲情。僧皎然。　只在重楼上，翛然隔世氛。帘飞三径雨，窗落万山云。日暮牛羊入，天清鸿雁闻。谁知扬子宅，不草太玄文。　花气雨相和，仙郎喛屐过。空斋邀夜月，高咏对星河。忆旧欢方洽，忘形语渐多。豫愁良会少，秋色入骊歌。俱冯琢庵。　暑雨动经旬，开门欲问津。飞烟迷远树，浊酒对愁人。悟主风雷异，瞻天气象新。恩波还似雨，旦夕下枫宸。何玉岘。　萧萧秋雨歇，冰簟嫩凉生。云净天逾碧，湖虚月倍明。停针神益倦，阁笔句难成。最是伤情处，清砧断续声。陆圣姬。　夜雨渐流渐，空山兰蕙时。一灯高士传，四壁古人碑。白帢眠春树，青菰接晚炊。重来应止宿，不负草堂期。陈眉公。　一雨火灵尽，闭门心冥冥。兰花与芙容，满院同芳馨。佳人天一涯，好鸟鸣嘤嘤。我有双白璧，不羡于虞卿。我有径寸珠，别是天地精。玩之室生白，萧洒身安轻。只应天上人，见我双眼明。释贯休。　大雨虽霶霈，隔辙分晴阴。小雨散浸淫，为润广且深。浸淫苟不止，利泽何穷已。无言雨大小，小雨农尤喜。宿麦已登实，新禾未抽秧。及时一日雨，终岁饱丰穰。夜响流霡霂，晨晖霁苍凉。川原净如洗，草木自先光。童稚喜瓜芋，耕夫望陂塘。谁云田家苦，此乐殊未央。欧阳永叔。　隤云嫒前驱，连鼓讧后殿。讧，音红。骎骎失高丘，扰扰暗古县。白龙起幽蛰，黑雾佐神变。盆倾耳双聩，斗暗目四眩。帆重腹逾饱，橹润鸣更健。圆漪晕雨点，溅滴走波面。伶俜愁孤鹜，飑闪乱饥燕。麦老枕水卧，秧稚与风战。牛蹊没城沉，蚁隧汹领建。水车竞施行，岁事敢休宴。咿哑啸簧鸣，轣辘连锁转。转，去声。骈头立妇子，列舍望宗伴。东枯骇西渍，寸润惊尺淀。嗟余岂能贤，与彼亦何辨。扁舟风露熟，半世江湖遍。不知忧稼穑，但解加餐饭。遥怜老农苦，敢厌游子倦。范至能。　行去递崇高，飞雨蔼而至。潺潺石间溜，汩汩松上驶。亢阳乘秋热，百谷亦已弃。皇天德泽降，燋卷有生意。前雨伤暴卒，今雨喜容易。不可无雷霆，间作鼓增气。佳声达中宵，所望时一致。清霜九月天，仿佛见滞穗。郊扉及我私，我圃日苍翠。恨无抱瓮力，庶减临江费。　西蜀冬不雪，春农尚嗷嗷。上天回衰眷，朱夏云郁陶。执热乃沸鼎，纤缔成缊袍。风雷飒万里，霈泽施蓬蒿。敢辞茅苇漏，已喜黍豆高。三日无行人，二江声怒号。流恶邑里清，矧兹远江皋。荒庭步鹳鹤，隐几望波涛。沉疴聚药饵，顿忘所进劳。则知润物功，可以贷不毛。阴色静垄亩，劝耕自官曹。四邻出未耜，何必吾家操。俱杜甫。　七言：依微香雨青氛氲。李贺。　云驱铁骑千山合，雨挽银河一夜倾。　桃林渺渺春多雨，柏府深沉夜有霜。冯琢庵。　一庭新雨苔侵径，满坐凉云月近人。首人。　欲作鱼梁云覆湍，因惊四月雨声寒。青溪先有蛟龙窟，竹石如山不敢安。　雨映行宫辱赠诗，元戎首赴野人期。江边老病虽无力，强拟晴天理钓丝。　何日雨晴云出溪？白沙青石洗无泥。只须伐竹开荒径，拄杖穿花听马嘶。俱杜甫。　森森沧波淡淡鸥，绿蒲青苇响如秋。人生不听潇湘雨，行遍江湖未是愁。杨基。　渭城朝雨裛[1]轻尘，客舍青青柳色新。劝君更尽一杯酒，西出阳关无故人。王摩诘。　居然鳞介不能容，石眼环环水一钟。闻说旱时求雨泽，只疑蝌蚪是蛟龙。韩愈。　桑条无叶土生烟，箫管迎龙水殿前。朱门几处看歌舞，犹恐

---

① 裛，通"浥"。"四库全书"［唐］韦縠《才调集》卷一引王维《送元二使安西》作"裛"。

春阴咽管弦。李约。　　连云接塞添迢递，洒幕侵灯送寂寥。一夜不眠孤客耳，主人窗外有芭蕉。杜牧之。　　今年思家客里愁，雨声落落屋檐头。照泥星出依然黑，淹烂庭花不肯休。王建。　　瑶阶雨过一番风，狼藉胭脂满地红。恰是愁人千点泪，夜来洒向月明中。殷云霄。　　前山远极碧云合，清夜一声白雪微。欲寄相思千里月，傍溪残照雨霏霏。杜牧之。　　阑风长雨秋纷纷，四海八荒同一云。去马来牛不复辨，浊泾清渭何当分。　　禾头生耳黍穗黑，农夫田父无消息。城中斗米抱衾裯，相许宁论两相直。　　长安布衣谁比数，反锁衡门守环堵。老父不出长蓬蒿，稚子无忧走风雨。　　两声飕飕催早寒，胡雁翅湿高飞难。秋来未曾见白日，泥污后土何时干？　　屋小茅干雨声大，自疑身着蓑衣卧。兼是孤舟夜泊时，风吹折苇来相佐。　　我有愁衿无可那，才成好梦刚惊破。背壁寒灯不及萤，重桃却向灯前坐。俱杜子美。　　西方龙儿口犹乳，初解驱云学行雨。纵恣群阴驾老虬，勺水蹄涔尽奔注。李沇。　　月华星采坐来收，岳色江声暗结愁。半夜灯前十年事，一时和雨到心头。杜荀鹤。　　细雨飘飘入纸窗，地炉灰尽冷侵床。个中正罢相思梦，风扑梅花斗帐香。　　春光九十雨绵绵，楚水江云一望连。千叠苍萝万行径，更怜马足滑泥田。范夫人徐淑。　　黄昏愁听雨萧萧，挑尽残灯夜寂寥。针线不拈肠欲断，薰笼香冷火应消。王素娥。　　雨滴梧桐秋夜长，愁心和雨到昭阳。泪痕不学君恩断，拭却千行更万行。女郎刘媛。　　为惜分携倍惜春，客愁已共柳条新。生憎南浦桥边雨，不遣离人望去尘。冯琢庵。　　山村雨霁水痕加，鸭嘴滩头燕尾沙。新结松棚新试茗，好风无力扫藤花。陈眉公。　　东堤黑风驾海水，海底卷上天中央。铮栈雷车辙轴壮，矫矫蛟龙爪尾长。神鞭鬼御载阴帝，来往喷洒何颠狂！四方岁腾玉京伏，万里横牙羽木枪。杜牧之。　　坐来簌簌山风急，山雨随风暗原隰。树带繁色出竹间，溪将大点穿篱入。饷妇寮翘布领寒，牧童拥苫蓑衣湿。此时高味共谁论，掩鼻吟诗空伫立。韩（渥）〔偓〕。　　积雨空林烟火迟，蒸藜炊黍饷东菑。漠漠水田飞白鹭，阴阴夏木啭黄鹂。山中习静观朝槿，松下清斋折露葵。野老与人争席罢，海鸥何事更相疑？王维。　　何假嗔雷击怒桴，默然嘉泽浃民区。经时兀隔群心骇，数月焦熬一阵苏。已发宋苗安在揠，再生庄鲋不虞枯。须臾慰满三农望，敛却神功寂似无。韩稚圭。　　煤（炲）〔炱〕[①]著天无寸空，白沫上岸吹鱼龙。羲和推车出不得，河伯欲取山为宫。城门昼开眠百贾，饥孙得糟夜馎翁。老人惯事少所怪，看屋箕踞歌南风。王介甫。　　一番风雨酿重阴，云树苍茫自远林。径满烟萝围作障，石分泉溜细鸣琴。青门插柳关幽思，紫陌行春滞赏心。最是桃花争欲放，不禁庭院晓寒侵。陆平泉。陆公名树声，华亭人。会元，尚书。　　弱云将螟暗柴关，急雨萧然落坐间。山鸟近人呼滑滑，春泉隔屋送潺潺。小窗破睡茶瓯浅，别院生凉羽扇间。满目新诗题不得，登楼自看郭西山。文衡山。　　殷雷破柱蛰龙惊，万点飞涛木叶鸣。何处长风吹海立，一时行潦看渠成。不愁泾渚迷牛马，愿泻天河洗甲兵。秋到江南今几日，玉兰堂下待凉生。前人。　　水啮平堤沙岸回，野田空见荻花开。江涛挟雨秋仍壮，燕雁冲寒暮独来。岁晚风霜欹客枕，夜深灯火傍鱼台。悲时已有《江南赋》，愁听荒城画角哀。张太岳。张公名居正，荆州人。大学士。　　小亭午坐静钩帘，细雨残花三月天。点砌乱红沾屐齿，扑檐新绿湿茶烟。春光照眼能忘酒，麦冷侵衣未脱绵。溪水朝来添一尺，柳阴

---

① 炲，应作"炱"，烟气凝积而成的黑灰。"四库全书"〔宋〕王安石《临川文集》卷七《久雨》作"炱"。

堪系钓鱼船。张祥鸢。 河伯初逭旱魃舞，草木生烟炙焦土。太湖泥燥坼龟文，朱雀纵横射玄武。安得上帝诛懒龙，血腥酿作山雨浓。野人高卧天柱峰，细看膏沐生青松。陈眉公。 杨花未放麦苗齐，滑滑泥深没马蹄。遥岭云蒸将作雨，高塘水怒半成溪。电开帝笑诸天晓，雷起儿声何处啼？路远行人愁日暮，前村惊听午时鸡。郭明龙。郭公名正域，江夏人。礼部侍郎。 九月愁霖苦未干，秋声的历动长安。云垂薇阁群鸟下，风满榆关一雁寒。白羽书来兵转急，黄河水落岁将残。壮心未觉消髀肉，夜夜旄头倚剑看。焦漪园。焦公名竑，应天人。状元，侍郎。 四川翛翛映赤日，田背坼如龟兆出。湖阴先生坐草室，看踏沟车望秋实。雷蟠电掣云滔滔，夜半载雨输亭皋。旱禾秀发埋牛尻，豆死更苏肥荚毛。倒持龙骨挂屋敖，买酒浇客追前劳。三年五谷贱如水，今见西成复如此。元丰圣人与天通，千秋万岁与此同。先生在野故不穷，击壤至老歌元丰。王介甫。 堪笑蛇医一寸腹，衔冰吐电何时足？苍鹅无罪亦可怜，斩头横尾不敢哭。岂知泉下有猪龙，卧枕雷车踏阴轴。前年太守为旱祷，雨点随人如撒菽。中山山人信英武，拗驾雷车呵电母。山中归时风色变，中路已见商羊舞。夜窗骚骚闹松竹，朝畦泫泫流膏乳。庶将积润扫余孽，收拾丰岁还明主。苏子瞻。 词：南园满地堆轻絮，愁闻一霎清明雨。雨后却斜阳，杏花零落香。 无言匀睡脸，枕上屏山掩。时节欲黄昏，无聊独倚门。何籀《菩萨蛮》。

露，立秋，凉风行，白露降，万物始实。《大戴礼》云："阴气胜则凝为霜雪，阳气胜则散为雨露。"霜以杀草木，露以润草木。露从地出，和气津液之所凝也。花上露最香美，然不可多得。柏上露能明目。荷叶中露颇多而清，酿酒最佳。露气浓甘者为甘露，一名荣露。甘露者，仁泽也，其凝如脂，其美如饴。王者施德惠则甘露降，耆老得敬则松柏受之，尊贤容众则竹苇受之。一名膏露，一名天酒。

休征。君政治，则轩辕之精散为甘露。《斗威仪》。 东方朔对汉武帝曰："吉云之泽，其国以云气占吉凶苦乐之事。吉则满室云起，五色照人，著于草木皆成五色露，味极甘。"乃以玄黄之露盛以琉璃器授帝。帝遍赐群臣，得尝者，老者皆少，疾者皆除。《洞冥记》。 天元七年，甘露降于乐游苑。驾幸苑，采露以赐君臣。《陈纪》。 洪武乙卯十一月，甘露降圜丘松叶上，凝若悬珠。上诣斋宫视坛，见而命采食之，其甘如饧。儒臣献歌颂德。 上曰："人情好祥恶妖，然天道幽微莫测，祥未必皆吉，妖未必皆凶。盖闻灾而惧，或以见休；见瑞而喜，或以致咎。朕德不逮，惟图修之不暇，岂敢以为己所致哉？"因著《甘露篇》，以示君臣。《通纪》。

咎征。宋熙宁六年，甘露降进士徐上交松上，浓厚如酒，其味甘香。时有野人卖药于市，谓人曰："吾尝客华阴，民亦有以甘露降告县者。有道人笑曰：'如人身精液流通，周布于六七十年中。若其寿短促，则涌并于未死之前矣。此木盖将槁，故耳。官人不信，请留我以待明春，此松必不复荣也。'县令留之，果然。"《渔隐丛话》。

典故。黄帝时，丹丘国献甘露，盛以玛瑙瓮，尧时尚存，谓之宝露，颁赐群臣。至舜时渐减，时淳则露满，时漓则露竭。《十洲记》。 昆仑山有甘露，色如丹，著草木皎然如霜雪，宝器盛之如饴。《拾遗记》。 伊尹说汤曰："水之美者有三危之露，三危，西极国名。和之美者有揭雩之云，揭雩，露紫色。其色紫。"《吕氏春秋》。 伍子胥谏吴王许越王成，不听。暮归，子胥举衣而行。群臣曰："宫中无泥露，相君举衣，行高为何？"子胥曰："吾以越谏，王不听。吾恐宫中生荆棘，宫露沾吾衣也。"《吴越春秋》。 吴王欲伐荆，曰："有敢谏者死。"舍人少孺子者欲谏不敢，乃怀丸操弹于后园，露沾其衣，如是者三朝。王曰："子何来，露沾其衣如是？"对曰："园中有树，其端有蝉。蝉高居悲鸣，吸风饮露，不知螳螂在其后；曲跗欲取之，而螳螂又不知黄雀在后；延颈欲啄之，然黄雀又不知臣操弹丸在其下也；臣但知弹雀，不觉露沾衣如此者。为贪其利，而不思后患也。"王曰："善哉！"遂罢兵。刘向《说苑》。 魏明帝与东阿王诏："昔先帝，甘露屡降于仁寿殿前，灵芝生于芳林园。自吾建承露盘已来，甘露复降。"《魏志》。 建章宫作承露盘，高二十丈，大十围，以铜为之，上有仙人掌擎玉杯，以承云表之露，和玉屑饮之，云可以长生。《汉武故事》。 汉宣帝诏：乃者凤皇集泰山、陈留，甘露降未央宫，其大赦天下。《汉史》。 杨太真宿酒初消，晨游后苑，口吸花露以润肺。《开元遗事》。 弘农邓绍八月旦入华山采药，见一童子执五彩囊盛柏叶上露，露皆如珠，满囊中。绍问这，答曰："赤松子先生取以明目。"忽失所在。今人常于八月旦作明眼囊以相遗，始此。《续齐谐记》。 八月一日作五明囊，盛柏上露以洗眼。《述仙记》。 八月月旦，妇人多制锦为明眼囊，凌晨取露试目。《齐谐记》。 初一日取柏叶上露水浓磨墨，头痛者点太阳穴，劳瘵者点膏肓穴，谓之天灸。《田家五行》。 山阳百里嵩为济南相，甘露降于郡。安帝嘉之，征拜大鸿胪，为徐州刺史。甘露再降厅事前树。《汉书》。

丽藻。散语：畏行多露。 湛湛露斯，在彼杞棘。蓼彼萧斯，零露瀼瀼。俱《诗》。 露在阴之液也。蔡邕《月令》。 宝露起于露台，祥风生于月馆。东方朔。 人生一代，若朝露之托柏叶耳。苏子。 甘露宵凝于丰年。班固。 日出天而耀景，露下地而腾文。江淹。 朝饮木兰之队露，夕餐秋菊之落英。《楚词》。 荣露腾轩，萧云掩阁。《宋·符瑞志》。 神浆可挹流珠九户之前，天酒自零凝照三阶之下。卢道。 朝露濯范，夕霞抱月。夏侯湛《禊赋》。 薄冰凝池，非宗庙之宝；零露垂林，非缀冕之饰。束皙。 表：其凝如脂，其甘如饴。盖神灵之精，仁瑞之泽，是使孟坚持论谈功德而未详，抱朴裁书称太平而不尽。崔融《贺甘露降表》。 赋：花禽拂著，宛如陈宝之鸡。平野未成，焕若徐方之土。夜寂空知，警鹤寒轻，犹未为霜。白居易。 诗五言：团团满叶露。谢灵运。 浓露沾我裳。《文选》。 露从今夜白，月是故乡明。 愁眼看霜露，寒城菊自花。俱杜甫。 聚荷疑碎玉，缀柳若垂旒。李义山。 清露被兰皋，疑霜沾野草。朝为美少年，夕暮成丑老。阮籍。 秋露白如玉，团团下庭绿。我行忽见之，寒早悲岁促。 玉阶生白露，夜久侵罗袜。却下冰晶帘，玲珑望秋月。俱李太白。 秋河一滴露，清夜堕玄天。将来玉盘试，不定始知圆。韦应物。 新雨横山带，凉风散水衣。芙容空欲采，晨露未全晞。冯琢庵。 下空讵可状，着物始成濡。荷藻风微动，疑是走盘珠。于若瀛。 滴沥明花苑，葳蕤泣竹丛。玉垂丹棘上，珠湛绿荷中。夜警千年鹤，朝零七月风。愿凝仙掌上，长奉未央宫。李峤。 泫夜浓初滴，横江白渐多。珠光联玉陛，金气逼银河。甘和杯中屑，凉侵袜底罗。无人为收拾，的烁满秋荷。杨基。 但陈孺子榻，不待主人留。露下高云薄，天空淡月流。祺期子及汝，风物夏兼秋。莫美三峰胜，终当赋五游。冯琢庵。 七言：玉露凋伤枫树林，巫山巫峡气萧森。江间波浪兼天涌，塞上风云接地阴。丛菊两开他日泪，孤舟一系故园心。寒衣处处催刀尺，白帝城高急暮砧。杜少陵。

雾，地气上发，天气不应，为雾。雾，冒也。腾水上溢，蒙冒万物也。阴阳之气，怒而为风，乱而为雾。《五行传》曰："雾者，百邪之气，阴来冒阳，在天为雺，在人为雾。"李淳风曰："雾气不顺，为阴阳错乱，阴积不解，雨未降。有雾不可冒行，冒之者有毒，故田禾花果之类莫不畏雾。"一云：旱雾有毒，雨后者无毒。

休征。太平之世，雾不塞望，浸淫被泊而已矣。高祖围于平城，天大雾三日，汉使往还，胡人不觉，卒免于难。《汉书》。

咎征。桀无道，地吐黄雾。《尚书申①候》。 伊尹卒，年百有余岁，大雾三日。《帝王世纪》。 王氏五侯同日俱封，黄雾四塞终日。《汉书》。 曹孟德败于赤壁，行云梦泽中，遇大雾，迷失道路。《英雄记》。

占候。正月：大雾，人民多灾。 元旦：有雾，主人疫，岁饥，蚕广桑贱。又主大水。 五日：有雾，伤谷，伤民。 上元：有雾，主水。 五月五日：雾，主大水。 六月：黑雾相连，主雨。 三日：雾，大热。 七月三日：有雾，主年丰。 十月：有雾，为沫露，主来年水大，相去二百单五日水至，须看雾着水面则轻，离水面则重。谚云："十月沫露塘溢，十一月沫露塘干。"《田家五行》。 癸巳：雾，赤为兵，青为殃。 十一月：雾，主来年旱。 十二月：雾，主来年（早）〔旱〕，禾伤。谚云："腊月有雾露，无水做酒醋。"酉日尤验。 重雾三十日，群獝起。《湘潭记》。

典故。黄帝与蚩尤战于涿鹿之野。蚩尤作大雾三日，军人皆惑。帝令风后作指南车，以别四方，遂擒蚩尤。《志林》。 东海黄公立兴云雾，坐成山河。《西京杂记》。 淮南王阜词厚币，以致道术之士，于是八公之徒乃往，中一人能坐致风雨，立起云雾。 栾巴为尚书郎。正旦，天大雾，失巴所在。后问其故，乃还成都，与亲故别也。《神仙传》。 曲江县有银山，常多素雾。《湘州记》。 陶答子治陶三年，名誉不兴，家富三倍。其妻数谏曰："昔楚令尹子文之化，家贫而国富，福贻子孙，名垂后代。今夫子贪富务大，不顾后害。妾闻南山有玄豹，雾雨七日不下食者，何也？欲以泽其衣毛而成其文章，故深藏以远害。今君与此悖，不无后患乎？"处期年，陶子之家果以盗诛。《列女传》。 谢禀行路中，忽遇云雾，中一人乘龟而行。禀知为神人，拜请求随去。神人曰："汝无仙骨。"王烈之《安成记》。 衡山山陵有阴云瘴雾，累结不散，民多受害。韩文公潜心默祷于南岳，云雾顿开，人民感之。 河南张楷好道术，能作五里雾。关西裴优能作三里雾。《后汉书》。 唐大历二年十一月，坠雾如雪。《五行志》。 汉武帝葬茂陵，芳香之气常积于坟埏之宫，如大雾。雍丘县夏后祠中有神井，能兴云雾。《陈留风俗记》。 王肃、张衡、马均俱冒重雾行，一人无恙，一人病，一人死。问其故，无恙者饮酒，病者饱食，死者空腹。《博物志》。 贞元十年三月乙亥，黄雾四塞，日无光。 正月朝，天子临德阳殿受贺，舍利从南来，戏于殿前，激水化为比目鱼，跳跃漱水，作雾翳日。《后汉书》。 景龙三年十一月甲寅日入后，昏雾四塞，二日乃止。占曰："雾连日不解，其国昏乱。"《楚世家》。 刘雄鸣每出行，雾中识道不迷。《魏略》。 平沙千里，色如金，细如粉，风吹沙如雾，亦曰金沙雾。《拾遗记》。 宋永徽二年十一月，阴雾凝冻封树木，数日不解，名为树介，兵象也。《本纪》。 成化六年二月，象山县天雨白雾，

---

① 申，疑应为"中"。《尚书中候》为一种汉代谶纬之书，凡十八篇，乃模仿《尚书》的文体记述古代帝王的符命瑞应。汉代人认为《尚书中候》是和《尚书》同时产生的书，都是由孔子删定的。

山林草木、行人须眉皆白，数日乃止。　嘉靖二十一年，天雨黄雾，行人眉须耳鼻皆满。俱《宁波志》。　雾灵山在密云县东北一百里，拥祥光如雾，每于六月六日现，土人如期候之。上多奇花，又名万花台。《一统志》。　马援南征交趾，谓官属曰："吾从事①少游，尝哀吾慷慨有大志，曰：'士生一世，但取衣食才足，乘下泽车，御②款段马，为郡掾吏，守坟墓，乡里称为善人，斯可矣。'当吾在浪泊、西里间，贼未灭时，下潦上雾，毒气薰蒸，飞鸢跕跕堕水中。思念少游平日语，何可得也？"《后汉书》。　张鲁之女浣衣于山下，有白雾蒙身，因而孕，耻之。自杀将死，谓其婢曰："我死，可破肠视之。"婢如其言，得龙子一双，送之汉水。既而女葬于山顶，后有龙数至墓前。其墓今在褒城县。　曲江县有银山，山常多素雾。《湘州记》。　烈祖元玺六年，蒋干遣侍中缪嵩、太子詹事刘猗赍传国玺诣晋求救。猗负之，黄雾四塞，迷不得进。易取行，玺乃得去。《燕书》。　蜀都邓公呼吸成雾。苏子。　宜都郡西北陆行三十里有丹山，天晴出岭，忽有雾起，回转如烟。不过，再朝雨即大降。《宜都山川记》。　李广，南阳人。刘玄德遣军士取之，起雾半天，来骑自相杀，广乃入吴。《李广传》。　朱玉善画，尝作《紫雾龙宫》《翠蓬神阙》二图，十年始就，人谓妙入神品。元季海寇犯境，邑人皆弃家避难，王独抱二图坐楼中，家人不能强其去。寇遥望城中，虹气贯月，踪迹而来。虹自玉楼中出，疑有至宝。登楼取观，执不肯与。寇攘臂得之，乃二图耳。寇怒，裂碎而去。杨铁崖名其楼为"虹月"，并记。《昆山县志》。

丽藻。散语：飞龙乘云，腾蛇游雾。韩子。　腾蛇游于雾露，乘于风，非千里不止。《说苑》。　雾露蒙蒙其晨降兮，云依霏而承宇。使枭扬先导兮，枭扬，即狒。白虎为之前后。浮云雾而入冥兮，骑白鹿而容与。贾谊。　诗五言：九衢炎雾敛，双阙曙烟笼。冯琢庵。　日高不可见，窈郁匝平芜。五里城闉晦，三晨远隔无。南山曾隐豹，新柳更藏乌。讵意洛川上，鱼龙始见图。于若瀛。　七言：飓母射岩风动地，蛟精徙穴雾连空。元微之。

雹，阴阳相搏之气，盖沴气也。阳暖，阴胁之不能入，则转而为雹。雹者，阴胁阳也。第大小无常，缓骤不一，皆系乎时与风。形似半珠，珠皆三出。出，音缀。雪六出而成花，雹三出而成实，此阴阳之辨也。东方之气雷，南方之气电，西方之气虹，北方之气云、雨、雹、霰、雪。昭公四年大雨雹。季武子问于申丰曰："雹可御乎？"对曰："圣人在上，无雹，虽有，不为灾。"古者，日在北陆而藏冰，西陆朝觌而出之，则冬无愆阳，夏无伏阴，春无凄风，秋无苦雨，雷出不震，无菑③霜雹。

休征。汉韩棱为下邳令，视事（未）〔未〕及周岁，吏民爱慕。时邻县皆有雹伤，下邳独无。《东观汉记》。　宋熙宁中，河州雨雹，大者如鸡子，小者如莲茨；或如人头，耳目口鼻皆具，无异镌刻。次年，王师平河州，蕃戎授首者甚众。

咎征。乾符六年五月丁酉，宣授群臣，崔沆、卢（琢）〔瑑〕制，雹如兔卵。《五行志》。

---

① 事，"四库全书"《后汉书》卷五四《马援传》作"弟"。
② 御，底本缺，据"四库全书"《后汉书》卷五四《马援传》补。
③ 菑，通"灾"。

占验。春：雹，吉，主丰年。 夏：雹，小杀。 秋：雹，禾迟熟。 冬：雹，大臣死。《农桑要览》。 正月：雹，大臣有暴死者，人多疮痍。《月令通考》。 元旦：雹，主盗贼，疮疥。 五月：雨雹，杀鸡犬，妇人任事，民不安。《京房易占》。 九月：雹，不利牛马。《月令通考》。

典故。雍丘县夏公祠有神井，能兴雾雹，古来享祀不绝。《陈留风俗记》。 齐国有山，山有泉，如井状，深不测。春夏雹从井中出，败五谷。常以柴塞之，故号柴都。《玄中记》。 安丘城南三十里有都泉，其雹或出或否，皆不为灾。 嵩山有大蜥蜴数百，能吐雹。 宋时，有樵夫山行，见蜥蜴从石窟中出，下饮于井，旋入窟中，往来不绝。樵夫击破其窟，见中积雹数升，乃知蜥蜴所为也。急驰归，方行四里许，忽大雷雨雹随至。 刘法师尝在龙兴府西山见许多蜥蜴，如手臂大。一日，无限入井中饮水皆尽，即吐为雹。蜥蜴形如龙，是阴属，故气相感应。能如此，盖雹是阴阳交争上面结成底也。有是蜥蜴做底，若全谓蜥蜴做则不可。 夷王七年冬陨雹，大如砺。《竹书纪年》。 文帝后元年雨雹，如桃李，深三尺。《风俗通》。 景帝二年秋雨雹，大者五寸，深二尺。 武帝元封三年雨雹，大如马头。 宣帝地节四年，山阳济阴雨雹，如鸡子，深二尺五寸，杀人，飞鸟皆死。 汉成帝河平二年，楚地雨雹，大如斧，飞鸟皆死。俱《汉书》。 汉永初三年，河西县大雨雹，如杯棬，或如斗，杀牲畜，折树木。孔丛子。 献帝初平三年雨雹，大如扇。《后汉书》。 晋太兴三年雨雹，大如鸡子。《晋中兴书》。 开成五年六月雨雹，如拳，杀人甚众。《五行志》。 长安三年六月，京师大雨雹，人畜有冻死者。《异闻录》。 嘉靖庚申四月初一日未时，天雨雹，其大如地稞，更无一异。 万历庚寅九月初四日午后，长洲县永昌地方忽大雹，间有如斗大者，次俱如升，田野道路之人被伤头耳甚众，垂成稻谷压折堕地。 万历丙辰六月十五日，天雨雹，俱大如蚕豆，密而且骤。十七日复然，大小俱圆，人工不能如是之一致。 泰昌元年，弘州人张珪晚憩石上，有神人言曰："律吕，律吕，上天敕汝此月二十日行硬雨。"语毕，腾空去。至家，遍语邻人，使速收麦。未及收者，至日为雹所伤。 闻秦晋间多供番僧，每遇云色恶，知有雹，则番僧急持咒驱之，甚至雹不得施，弃之山涧。或云楞严咒能驱雹，贾凤池云系尊胜咒。贾生名■■，蓟州人。精堪舆术。出《藏经》。

霜，丧也，物遇之皆凋丧，故名之曰霜。《大戴礼》："季秋之月霜始降。"盖阴气胜则凝而为霜，天地之杀气，冬令也。大抵彻夜清明，天必降露，寒气凝则为霜。天气清明又极寒冱，则霜必重。若虽寒而不甚，有霜亦轻，稍有云气而不清明，则无霜矣。《淮南子》曰："秋三月，青女出以降霜。"青女者，青腰玉女司霜雪者。

休征。天圣中，盛冬，青州浓霜着屋瓦，皆成百花状。《退朝录》。 扶桑山常有青雪，冰霜之色，皆如绀。《拾遗记》。 山东长山县南孝子董永祠四围无霜，人以为孝感所致。《农桑要览》。

咎征。王者诛不原情，则霜附木不下地。不教而诛，其霜反在草下。《京房易传》。 定公元年冬十月，周十月，夏之八月。陨霜杀菽。《春秋》。 邹衍事燕惠王，尽忠。左右谮之，王系之狱，衍仰天而哭。夏五月，天为之陨霜。《淮南子》。 元光四年四月，陨霜杀草。自是征伐四夷，师出三十余年。《汉武帝纪》。 元帝永光元年三月，陨霜杀桑，时石显用事。 齐孝妇含冤，六月飞霜。《农桑要览》。 唐宁王宪疾，时寒甚，凝霜封树，名曰树介。宪叹曰："此俗所谓树嫁者也。谚云：'凌树嫁，达官怕。'吾其死乎？"已而果薨。《唐书》。　　证圣元年六月，睦州陨霜。吴越地燠，盛夏陨霜，昔所未有。《五行志》。　　唐贞观九年五月，李靖戌吐谷浑，使侯君集、道宗由南道引兵行无人之境二千余里，盛夏降霜雪，人马俱死。《方舆胜览》。

占候。霜初下，只一朝，谓之孤霜，主来岁歉。连得两朝以上，主岁熟。　　霜降日见霜，则清明日霜止，或前或后，日数皆同。田家出秧，必待霜止，甚验。　　霜降，上有锋①芒、吉平者，凶。　　春：霜，主旱，人病。　　正月：霜下着物，见日不消，五谷万物不实，牛马多疫死。着木，冻损木枝，杀草木，是谓阴隆。　　元旦：有霜，主七月旱，禾苗好。　　二月：霜，主旱。是月宜连霜。谚云："一夜春霜三日雨，三夜春霜九日晴。"《便民纂》。　　三月：上巳有霜，三月冷。　　谷雨：前一日霜，主旱。　　八月：秋分后多霜，人多病。　　九月：霜不下，三月多阴寒。　　冬：前霜多，早禾好。冬后霜多，晚禾好。冬三月无霜，虫不蛰，麦恶，来年蝗虫害五谷，人灾疫，万物不成。

典故。季秋，霜始降，鹰隼击，王者顺天行诛，以成肃杀之政。《春秋感精符》。　　驷见而霜陨，驷，房星也。霜陨而寒裘具。《国语》。　　北方白雁深秋乃来，来则霜降，谓之霜信。《古今诗话》。　　霜降之日豺祭兽。《月令》。　　丰山有九钟，是知霜鸣。霜降则钟鸣。《山海经》。　　尹吉甫之子伯奇孝，甫听后妻之言逐之。伯奇编水荷而衣，采庭花而食。清朝履霜，自伤无罪见逐，乃援琴而鼓，作履霜操。　　贠峤之山有冰蚕，霜雪覆之，然后作茧，其色五彩，作为文锦，入水不濡，投火不燎。尧时海人献之，以为黼黻。《拾遗记》。　　鸀鸟常向日而飞，畏霜露，夜栖以树叶覆其背。崔豹《古今注》。

丽藻。散语：履霜坚冰至。《易》。　　九月肃霜。《诗》。　　霜者，阴精，冬令也。四时代谢，以霜收敛。《春秋考异》。　　贱臣扣心，飞霜击于燕地。江淹。　　赋：方其寒气晓集，锵然应急，发越林峦，周流井邑。前声未尽，后韵相及。羁臣之空馆屡来，思妇之高楼远入。无不怅然惊梦，歔欷掩泣。夫钟之应霜也，应以无心；士之知己也，贵知其音。不鼓而鸣者，其声远；不言而信者，其分深。乔潭。　　操：凉风起兮天陨霜，惟君子兮渺难望，感予心兮多慨慷。赵飞燕。　　诗五言：秋霜晓驱雁，春雨暗成虹。鲍照。　　霜结梅梢玉，阴凝竹干银。李白。　　劲风方凝酒，清威正折绵。庾肩吾。　　瓦冻银成叠，林凝玉作团。郑谷。　　霜威朝折绵，风力夜冰酒。黄山谷。　　剑转霜文落，弓弯月影回。冯琢庵。　　七言：微霜凄凄簟色寒。李〔白〕。　　阳和微弱阴气竭，海冻不流绵絮折。阮籍。　　霜落荆门江树空，布帆无恙挂秋风。此行不为鲈鱼鲙，自爱名山入剡中。李白。　　一夜新霜着瓦轻，芭蕉心折败荷倾。耐寒惟有东篱菊，金蕊初开晓更清。白乐天。　　寥寥缺月看将落，檐外霜华染罗幕。不知兰棹到何山，应倚相思树边泊。陆龟蒙。　　宫闱月照五更霜，前殿铜龙堕玉窗。梦里钩帷欹枕侧，炉香飞翠过回廊。薛方山。薛公名应旂，■■人。②会魁，学宪。　　霜满长河月满船，澄波如练远连天。芦花漫鼓鸣榔去，无数惊鸿过客前。方九功。　　不是鲈鱼忆钓矶，为求彩服问初衣。莫教霜气催秋暮，尚有天涯人未归。冯琢庵。　　楼上残灯伴晓霜，独眠人起合欢床。相思一夜情多少，

---

① 锋，"四库全书"〔明〕徐光启《农政全书》卷一一《农事·占候》作"锸"。
② 《四库全书总目》卷三七《经部》介绍薛应旂字仲常，武进人。

地角天涯不是长。盼盼。盼盼，张建封妾。 晴天霜落寒风急，锦帆罗帏羞更入。秦筝不复续断弦，回身掩泪挑灯立。女郎崔公达。 词：玉楼深锁薄情种，清夜悠悠谁共？羞见枕衾鸳凤，闷则和衣拥。无端画角严城动，惊破一番新梦。窗外月华霜重，听彻梅花弄。秦少游《桃源忆故人》。 金堂风蜡匀红泪，帘外一钩霜满地。鸳鸯被冷不成眠，两点瞳人剪秋水。 千回万结心头事，熨贴相思成两字。不须支枕盼天明，十二时愁从此始。王凤洲《玉楼春》。

雪，天地积阴之气，温则为雨，寒则为雪，盖因空中风结而成。雨为气之和，雪为阴之盛。盈尺顺时，益于万物则为瑞；及丈逆令，损于万物则为灾。草木之花皆五出，雪花六出。出，音缀。朱文公谓地六生水之义，然观立春后雪皆五出。冬属阴，春属阳，想阴阳奇耦，天亦不能违也。刘熙《释名》曰："雪，绥也。水遇寒而凝，绥绥然下也。"寒甚则为粒珠，寒浅则为花粉。雪寒在上，故高山多雪，此来年丰稔之兆。谚云："冬无雪，麦不结。"又云："若要麦，见三白。一月见三白，田翁笑吓吓。"冬至后第三戌为腊，腊前两三番雪谓之腊前三白，大宜菜麦。若立春后雪，则不宜。故又云："腊雪是被，春雪是鬼。"言为麦之害也。又冬雪，主杀地中蝗子。雪一寸，蝗入地一尺；雪一尺，蝗入地一丈；主次年无蝗灾。雨雪杂下，谓之霰。非时而降，草木皆冰，谓之树介，又谓之百草戴孝，主兵荒、岁饥及大臣灾。地上凝一层如薄冰，谓之地甲，主兵戈。雪神名滕六。

休征。太平之世，雪不封树，凌渗毒害而已矣。 西王母进周穆王以嵊州甜雪。《拾遗记》。 晋新蔡王腾次真定，大雪平地数尺，门前数丈独不积。腾怪而掘之，得玉马，高尺许《晋书》。 积雪久不消，有人掘地，得金羊玉马，高三尺许。《广异记》。

咎征。武王伐纣，都洛邑，雨雪十日，深丈余。《太公金匮》。 天子游黄台之丘，猎于钘山，日中大寒，北风雨雪，有冻死人，作《黄竹》诗三章以哀之。《穆天子传》。 汉高帝自将击匈奴，冬大寒雨雪，士卒堕指者十之二三。《匈奴传》。 元封二年，大雪深一丈，野中鸟兽皆死，牛马蜷缩如猬。《西京杂记》。 太康七年十二月，河阴降赤雪。《晋朝杂事》。 赤乌四年正月大雪，平地深三尺，鸟兽死者大半。《吴志》。 东海有孝妇，姑听女谗，诉诸太守，杀之，五月大雪。《汉书》。

占候。唐长寿二年元日大雪，上谓群臣曰："元日雪，百谷丰。此语有何故实？"姚寿曰："《氾胜之书》云：'雪是五谷之精。'"《旧唐书》。 雪经久日照不消，来年多水。《农桑要览》。 正月：雪至地三日内即化，岁成人安；七日不消，秋谷不成。 三月：雪经日不消，秋禾不成，米贵三倍，人相食，大臣忧。 秋：雨雪，大饥，民多死，人物相食。 八月：雪，多疾病，有妖贼。 冬：雪盈尺，来年大丰。积雪，岁美人和。无雪，来年麦恶，五谷不成，虫生，人疫。 十一月：雪多，冬春谷贱。雪少，来年旱。 朔：大雪，主年荒，岁凶，民灾。 冬至：雪，盗贼横行。若前后有雪，来年大水，人饥。 十二月：上旬、中旬有雪，来年梅水盛。上酉日雪，来年旱涝不匀。 凡雪日间不积，谓之羞明。霁而不消，谓之等伴，主再雪，又主来年多水。

制用。腊雪水，甘，大寒，贮藏解天行时疫及一切疮毒。 雪水浸原蚕矢，和五谷种之，耐旱，不生虫。 淋猪可治小儿斑疹。 调蛤粉拂痱子，极妙。 腊雪水调寒食面为糊，裱背书画，不生蠹。《山居四要》。 收腊雪，用大瓮盛贮，埋窖内。无窖，埋于背阴高阜地下，稻草盖之，勿令雨水流入。

典故。卫君重裘累茵而坐，见负薪而哭者，问之。对曰："雪下衣薄，故也。"君惧，见乎颜色，于是开府金，出仓粟，以赈贫穷。《公孙子》。　齐景公时大雪三日，公衣狐白之裘。晏子入，公曰："怪哉！雨雪三日，不寒。"晏子曰："古之贤君，饱而知人饥，温而知人寒。"公曰："善！"乃脱裘，发粟以赈饥寒者。《晏子春秋》。　曾子耕泰山下，雨雪，不得归，思父母，作《梁山操》。　燕人羊角哀与左伯桃为死友，闻楚王贤，二人同往见之。至梁山，遇雨雪，计不能俱全，伯桃乃并衣粮与角哀，入空树中饿死。角哀至楚，为上大夫，乃告楚王备礼，葬于莆塘，在溧水县四十里。一夕，角哀梦伯桃，云："与荆将军墓邻，数苦我。九月十五日，幸兵于冢上，助我。"哀泣曰："冢上安知汝之胜负？"开棺，自刎而死，就葬于墓中。《春秋》。　苏武使虏，单于幽之大窖中，绝饮食。天雨雪，武啮雪与毡毛并咽之，数日不死，匈奴惊以为神。《汉书》。　东郭先生久待诏公车，贫困饥寒，衣敝，履不完。行雪中，履有上无下，足尽践地。道中人皆笑之。《史记》。　汉袁安性清耿。时大雪丈余，洛阳令出按，行至安门，无路。令人除雪，入户见安僵卧，问："何以不出？"安曰："大雪，人皆饥饿，不宜出以干人。"令以为贤，举孝廉。　魏焦先，人莫知其所出。野火烧其庐，因露寝，遭冬雪大至，先祖卧不移，人以为死，就视如故。《高士传》。　谢安集儿女讲论文义。俄而雪降，公欣然曰："白雪纷纷何所似？"兄子胡儿胡儿，谢朗小字。曰："撒盐空中差可拟。"兄女道韫道韫，王凝之妻。曰："未若柳絮因风起。"公大笑为乐。《世说》。　晋王徽之字子猷，居山阴，大雪，夜眠觉，开室，命酌。四望皎然，因咏左思《招隐》诗，忽忆戴安道。安道，戴逵字。时戴在剡溪，即乘夜轻舟往访，经宿方至。既造门，不前而返。人问其故，王曰："吾本乘兴而来，兴尽而返，何必见安道耶？"《何氏语林》。　晋王恭尝乘高舆，披鹤氅裘，涉雪而行。孟昶于篱间窥之，叹曰："此真神仙中人也。"《晋书》。　晋孙康家贫无油，映雪读书，交游不杂。　宋武帝大明五年元日瑞雪。上曰："朕心存百姓，如得丰年岁稔，可为大瑞，虽获麟凤，何用哉？"　大明中元日，雪花降殿庭。右将军谢庄下殿，雪集衣上，以为瑞。《纲目》又云："雪落太宰义恭衣，义恭奏以为瑞。"君臣皆作雪花诗。俱《宋书》。　（王扬）〔杨王〕休幼肄业僧舍，雪积其背，不自觉。《宋记》。　唐贞元十年三月雨雪。巨豪王元宝，每大雪，令仆夫自所居门巷至坊口，扫雪为径，迎接宾客。《天宝遗事》。　天宝初，命王天运伐勃律。勃律恐惧，请罪，愿岁贡献。天运不许，即屠其城，虏三千人而返。有术者言："将军无义，天将大风雪矣。"行数百里，忽风四起，雪花如翼，四万人一时冻死。　韩愈侄湘子有仙术，言能开顷刻花。愈试之。湘子取杯土覆，少顷出二花。花片出小金字诗一联，云："云横秦岭家何在？雪拥蓝关马不前。"后愈谏佛骨，贬潮州。一日，途中遇雪，有一人冒雪而来，乃湘子也。湘子曰："尚忆花上之句乎？"公询其地，乃蓝关也。嗟叹久之，因续成诗，云云。或曰湘子乃愈侄韩老成之子，老成所谓十二郎是也。湘子乃愈侄孙。　唐韦斌每朝会，不敢离立笑言。遇大雪，在庭者皆振裾更立，斌独不徙足。雪甚，几至没靴。　柳子厚上韦中立诗，仆闻庸蜀之南常雨少日，日出则犬吠，予以为过言。前六七年，仆来南，大雪逾岭，被越中数州，数州之犬皆仓皇吠噬，狂走累日，至无雪乃已，然后始信前所闻者。　都下大雪，中书舍人路群芳于南园茆亭肆目山雪，鹿巾鹤氅，构火命筯，以赏佳致。《唐阙史》。　吴元济以蔡州叛，李愬用李祐计夜袭蔡州。会大雪，蔡人不知。行七十里，夜半至悬瓠城，雪甚。城旁有鹅鹜池，鹅鹜池即悬瓠池，在汝宁府北门外。愬令击之，以乱军声。遂登城，缚元济。《李愬传》。　宋太祖一日大雪叩赵普门。普出，见帝立风雪中，曰："已约晋王。"已而晋王至，共于普堂中设重茵地坐，炽炭烧肉。普妻行酒，帝以嫂呼之。普从容问曰："夜雪寒甚，陛下何以出？"帝曰："吾睡不着，一榻之外皆他人也，故来见卿。"普曰："南征北伐，此其时也。"遂定下江南之策。《邵氏闻见录》。　宋陶榖为学士，得党太尉家姬。遇雪，陶取雪水烹茶，谓姬曰："党家有此风味否？"对曰："彼粗人，安有此？但能于销金帐中浅斟低唱，饮羊羔儿酒耳！"陶默然，惭其言。　欧阳公在颍州，因雪，会客赋诗，禁体物语，如玉、月、梨、梅、练、絮、鹭、鹤、鹅、银等字，皆请勿用。又东坡守汝阴，遇雪，会饮聚星堂，约客赋诗，以声、色、气、味、富、贵、势、力为八章，仍效欧公体，不使盐、玉、鹤、鹭等为比，不使皓、白、鲜、素等字落句。《渔隐丛语》。　盛次仲、孔平仲同在馆中，雪夜论诗。平仲曰："当作不经人道语。"曰："斜拖阙角龙千尺，澹沫墙腰月半棱。"次仲曰："甚佳！惜未大也。"乃曰："看来天地不知晓，飞入园林总是春。"平仲乃服。　宋祥符中有王伦者，为太子中允。其女年十四，自称燕华君，作《雪诗》曰："何似月娥欺不在，乱飘瑞叶在人间。"父问瑞叶何出，女曰："天上有瑞木，花开六出也。"《冷斋诗话》。　游定夫、杨中立初见伊川。伊川瞑目而坐，二子侍立。既觉，顾谓曰："贤辈尚在此乎？日晚，且休矣。"及出门，雪深三尺。《语录》。　宋徐积事母孝谨。母终，庐墓三年，雪夜伏墓哀号，问："安否？"雪为之消。　宋种世衡知環州，羌酋牛奴讹素崛强，未尝出。世衡至，始来迎。世衡与约，明日当至其帐慰劳。是夕雪深三尺，世衡冒雪而往。奴讹寝，因惊起，罗拜感激。　耿先生有姿色，明道术，保大中召入宫。尝大雪，帝戏之曰："能以雪为银否？"曰："可。"乃取雪实之，削如锭，投炽炭中，食顷取出，烂然为银，下若垂酥滴乳之状。《异人录》。　季胜游洪州，与处士卢齐辈雪夜共饮。坐中一人偶言："雪势如此，不可出门。"胜曰："欲有何诣？吾当往。"其人曰："吾有书在星子，可为取之乎？"胜曰："可。"乃出门去。饮未散，携书至。相距凡三百里，人皆异之。　蜀有道士阳狂，俗号灰袋，尝大雪中衣布褐入青城山，暮投僧宿。夜半，雪深风起，僧虑其已死，就视之。去床数尺，气如炊，流汗袒寝。僧知为异人。天未明，不辞而去。《百阳杂组》。

丽藻。散语：如彼雨雪，先集维霰。　上天同云，雨雪纷纷。　今我来斯，雨雪霏霏。俱《诗》。　藐姑射之山有神人居焉，肌肤若冰雪，绰约如处子，不食五谷，吸风饮露，乘云气，御飞龙，而游乎四海之外。《庄子》。　宋玉对楚王曰："昔有歌于郢中者，其为《阳春白雪》，国中属而和者不过数十人，是其曲弥高，其和弥寡。"　仿佛兮若轻云之蔽月，飘飘兮若流风之回雪。曹子建。　群公对雪，尚隆之曰："面堆金井，谁调汤饼？"吴永素曰："玉满天山，难刻佩环。"坐间服其清韵。《姑臧记》。　赞：资清以化，乘风以霏。值象能鲜，即洁成晖。羊孚。　洗欲界之龌龊，洒火坑之烦恼。填世路之坎坷，唤夜气之清晓。陈仲醇。　表：萦楼栖槛，凝璧台之九重；落叶飘花，似芳林之二月。岂惟洛神呈象，来舞帝宫，故亦海骑相趋，下朝仙阙。东皋欣而望岁，南史庆而书祥。李峤。　赋：岁将暮，时渐昏。寒风积，愁云繁。梁王不悦，游于兔园。俄而微霰零，寒雪下。王乃歌北风于卫诗，咏南山于周雅。授简于司马相如，曰："为寡人赋之。"相如曰："臣闻雪宫建于东国，雪山峙于西域。岐（旦）〔昌〕①发咏于来思，姬满申歌于《黄竹》。《曹风》以麻衣比色，楚谣以幽兰俪曲。盈尺则呈瑞于丰年，袤丈则表沴于阴德。雪之时义远矣哉！若乃玄律穷，严气升，焦泉涸，汤谷凝，火井灭，温泉冰，于是河海生云，朔漠飞沙。霰淅沥而先集，雪纷糅而遂多。始缘甍而冒栋，终开帘而入隙。既因方而为珪，亦遇圆而成璧。眄隰则万顷同缟，瞻山则千岩俱白。其状霭霭浮浮，瀌瀌奕奕，联翩飞洒，徘徊委积。于是台如重璧，逵如连璐。庭列瑶阶，林挺琼树，皎鹤夺鲜，白鹇失素。至夫回霰萦积之势，飞聚凝曜之奇，固转展而无穷，嗟难得而备知。"谢惠连《雪赋》。　歌行：皇穹何处飞琼屑，散下人间作春雪。五花马踏白云衢，七香车碾瑶墀月。苏岩乳洞拥山家，涧藤古栗盘银蛇。寒郊复叠铺柳絮，古碛烂熳吹芦花。流泉不下孤汀咽，断臂老猿声欲绝。鸟啄冰潭玉镜开，风敲檐溜水晶折。拂户初疑粉蝶飞，看山又讶白鸥归。孙康冻死读书帏，火井不暖温泉微。　超然台上雪，城郭山川两奇绝。海风吹破碧琉璃，时见三山白银阙。　盖公堂前雪，绿窗朱户相明灭。就中山堂雪更奇，枯松怪石乱琼丝。苏东坡。　诗五言：不妆空散粉，无树独飘花。唐太宗。　洒篁留直节，著柳送长条。　骋巧先投隙，潜光乱入池。　随车翻缟带，逐马散银杯。韩退之。　练练峰上雪，纤纤云表霓。杜子美。　仙人宁底巧，剪水作花飞。陆畅。　儿吟雏凤语，翁坐冻鸱蹲。欧文忠。　千门委圭璧，晓日烂不收。　刻兽堆盐虎，为山倒玉人。俱黄山谷。　尖峰排玉笋，圆石叠银杯。刘师道。　竹外雪萧萧，天涯暮寂寥。冯琢庵。　终南阴岭秀，积雪浮云端。林表明霁色，城中增暮寒。祖咏。　耻均班女扇，羞俪鲁人衣。浮光乱粉壁，积照朗彤闱。刘孝绰。　飞雪带春风，徘徊乱绕空。君看似花处，偏在洛阳东。刘方平。　玉阶映瑶雪，拥炉时并肩。纤手抚郎背，低声问郎寒。屠隆。　雪霰飘何甚，因风袅更斜。腊前偏为谷，春闰未凝花。曙色开银瓮，寒光入绛纱。床头社酒熟，扶醉到邻家。唐荆川。唐公名顺之，武进人。会元，都宪。　云叶兼天合，冰花到地融。片轻犹带雨，势稳不随风。多病愁春冷，将归喜岁丰。郢中谁作赋，白雪苦难工。　何意冰霜色，能先桃李开。偶分清禁影，不为艳阳来。白日双扉掩，清宵短棹回。青山浑欲老，玉树莫相猜。俱冯琢庵。　石磴三千级，况当雨雪时。青苔寒宿霭，古木淡春姿。峰乱皆攒玉，花轻稍翳枝。此中饶秀色，应不减峨嵋。方扶乎。方公名广德，南阳人。进士。　溪云常不断，雨雪自多端。收得听泉意，分来众岭寒。烟凝成秀壁，晴泻作哀湍。贪就山房息，火边逢懒残。谭元春。谭公字友夏，三楚名士，丁卯解元。　七言：瑶台雪花数千点，片片吹落春风香。李白。　风云快约千丝雨，天地共无一点尘。石敏若。　蝶遗粉翼轻难拾，鹤坠霜毛散未搏。崔德符。　老石益深盐虎陷，冷枝檠重玉龙寒。韩魏公。　闲思北阙银宫畔，谁架丹山白凤皇。晏珠。　五更晓色来书幌，半夜寒声落画檐。应为王孙朝上国，珠幢玉节与排衙。俱东坡。　战退玉龙三百万，败鳞残甲满天飞。张元昊。　袖里玉霜三百斛，化为飞雪向人间。高丽女状元。　风卷寒云暮雪晴，江烟洗尽柳条轻。檐前数片无人扫，又得书窗一夜明。戎昱。　乱飘僧舍茶烟湿，密洒

---

① 岐旦，"旦"应作"昌"，指姬昌，即周文王。"四库全书"《文选》卷一三谢惠连《雪赋》作"岐昌"，李善注："岐，周所居。昌，文王名也。"

歌楼酒力微。江上晚来堪画处，渔人披得一蓑归。郑谷。　六出飞花处处飘，黏窗拂砌上寒条。朱门到晚难盈尺，尽是三军喜气消。章孝标。　六出装成百兽王，日头出后便郎当。撑眉挂眼人谁怕，想汝应无热肚肠。张文潜《咏雪狮子》。　清淡晓林初落索，冷和弄雨转飘萧。堪怜雀避来闲地，最爱僧冲过短桥。林逋。　茅君失却三神鹤，王母应添五色鳞。草木未香花事动，乾坤不夜月华新。舒亶。　九陌凄风战齿牙，银杯逐马带随车。也知不作坚牢玉，无奈能开顷刻花。　门外山光马亦惊，阶前屐齿我先行。风光误入长春苑，云月长临不夜城。俱东坡。　龙喷雨花天作瑞，象占云叶气生和。月明蟹过银沙岸，风细鱼吹玉海波。杨维桢。　天山雪后北风寒，抱得琵琶马上弹。曲罢不知青海月，徘徊犹作汉宫看。李于鳞。李公名攀龙，历城人。学宪。　八月天山雪作花，合围千骑渡龙沙。传呼莫射南飞雁，欲寄平安到汉家。邓定宇。邓公名以讚，江西人。会元，侍郎。　寒气先侵玉女眉，清光旋绕省郎闱。梅花大庾岭头发，柳絮章台街里飞。欲舞定随曹植马，有情应点谢庄衣。龙山万里无多远，留待行人二月归。李义山。　大江西面小溪斜，入竹穿松似若耶。雨岸岩风吹玉树，一滩明月洒银砂。因寻野渡逢渔舍，更泊前湾上酒家。去去不知归路远，棹声烟里独呕哑。韦庄。　旋扑珠檐过短墙，轻于柳絮重于霜。已随江令夸琼树，又入庐家炉玉堂。侵夜可能争桂魄，忍寒应欲试梅妆。关河冻合东西路，肠断斑骓送陆郎。李商隐。　楼头初日始翻鸦，陌上晴泥已没车。冻合玉楼寒起粟，光摇银海眩生花。道家以肩为玉楼，目为银海。遗蝗入地应千尺，宿麦连云有几家。老病自嗟诗力退，空吟《冰柱》忆刘叉。刘叉，韩文公门人，作《雪车冰柱诗》。苏东坡。　云重寒空思寂寥，玉尘如糁满春朝。片才著地轻轻陷，力不禁风旋旋消。甃砌任他香粉妒，萦丛自学小梅娇。谁家醉卷珠帘看，弦管堂深暖易调。秦辐玉。　天街晴雪照帘栊，万户千门似郢中。先向晓营添朔气，却随春仗转条风。上林花信梅边出，太液波声柳外通。郢客高歌谁属和，巴人下曲本难工。杨升庵。　天门晴雪映朝冠，步涩频扶白玉栏。为语后人须把滑，正忧高处不胜寒。饥乌隔竹餐应尽，驯象当庭踏又残。莫向都人夸瑞兆，近郊或恐有袁安。吴魏庵。吴公名宽，苏州人。状元。　使程岁晚下长安，雪满关河行路难。远水不流琼作岸，乱山半出玉成峦。冻云接地归鸿断，古戍无人还自寒。疑入剡中迷去住，一航夜色寄蓬看。张虚庵。　箧笥玄经草已成，园庐高卧谢浮名。当窗一榻云常白，绕舍千岩雪乍晴。散发岂知轩冕贵，初衣不改薜萝情。沧浪亭榭临江渚，日暮行歌自濯缨。方九功。　春水谁移阆苑来，琼为岛屿玉为台。虚疑郢里歌声动，却讶吴门练影开。万树生花供染翰，千岩浮白佐衔杯。东林旧社堪乘兴，不必山阴泛棹回。申瑶泉。　凄景能将傲骨支，楼头风景晚晴时。千家雪色明空阁，一树鸦声入薄帷。逸兴久知逃阮酒，闲情犹爱看陶诗。知君长坐虚窗月，月在虚窗君不知。孙淇澳。　恍然天地半夜白，群鸡失晓不及鸣。清晨拜表东上阁，郁郁瑞气盈空庭。退朝骑马下银阙，马滑不惯行瑶琼。晚趋宾馆贺太尉，坐觉满路流歌声。便开西园扫径步，正见玉树花凋零。小轩却坐对山石，拂拂酒面红颜生。主人与国共休戚，不惟喜悦将丰登。谁怜铁甲冷彻骨，四十余万屯边兵。时西夏用兵，晏元献为枢密，大雪置酒。公以是诗讥之。欧文忠。　词

悠飔飔，做尽轻模样。半夜萧萧窗外响，多在梅边竹上。　朱楼向晚帘开，六花片片飞来。无奈薰炉烟雾，腾腾扶上金钗。孙夫人《清平乐》。　云垂幕，阴风惨淡天花落。天花落，千林琼玖，满空鸾鹤。张安国《忆秦娥》。

二如亭群芳谱

岁谱小序

谱首天，溯其源也。继之岁者何？《管子》有言："唯圣人知四时。不知四时，乃失治国之基。不知五谷之故，国家乃路。"天不能冬燠而夏寒，圣人不能冬播植而春刈获。治古之世，观日月星辰之运，察分至启闭之机，调寒暑凉燠之变，循浮沉升降之节。承天顺时，阴阳薰栗，而百物以生焉、以成焉；不则刑德离乡，时乃逆行，作事不成，必有天殃。时之所系，顾不重哉！作岁谱。

济南王象晋荩臣甫题

二如亭群芳谱

岁谱首简

岁纪

《易》曰："天行健，君子以自强不息。"故论天者以行度为准。每日十二时者，太阳随天运周行方隅十二位也。太阳到子方为子时。天行一周，昼夜百刻，以十二时分之，每时八刻，共九十六刻。余四刻，每刻分为六十分，共二百四十分。每时又得二十分，故有初初刻十分，正初刻十分，共八刻二十分，是为一时。一昼一夜百刻尽而日一周天，是为一日。每月三十日者，朔日日月会度而月始苏，二日哉生明，前月小则在三日。八日上弦，十五日月盈为望，十七日哉生魄，前月小则在十六日。二十三日下弦，三十日为晦，月小则在二十九日。历三十日而月之盈亏晦朔备，是为一月。每年十二月者，太阳丽天，历轮十二星次也。一日顺行十二隅为时，每岁逆躔十二次为月。每月五日一候，十五日一气，四十五日一节，历四立、二分、二至，共八节。而七十五候以遍，四序以周，是为一岁。一岁十二月三百六十日，此常数也，但月与日会率少五日九百四十分日之五百九十二分六十三刻，是为朔虚。日与天会率多五日九百四十分日之三百二十五分二十五刻，是为气盈。以气盈、朔虚二数合之，而闰生焉，所以齐有余、不足之数而通天地之气也。三岁一闰，五岁再闰，天无余气，气无余分，而造化始全矣。

岁差 熊太古

古人治历，有岁差之法。郭太史言：自汉至今凡十次差，故作简仪以考中星，作土圭十五丈以验日景，又以盖天仰观日之所躔。是以《授时历》日测月验，永终无弊。遣使十四辈，分隶十四处，于夏至日测景长短，往往千里差一寸，而地之高下，水之缓急，皆得而知之。上都去大都千里而近，其高四十里。日之广千里，星之广百里，或七十里、五十里，故王畿千里象日，大国百里、次国七十里、小国五十里象星，日景每千里差一寸。大都在地东北，故夏至日昼六十二刻，夜三十八刻。若洛阳有周公测景台，夏至日昼六十刻，夜四十刻。

二如亭群芳谱岁部卷之一

济南　王象晋荩臣甫　纂辑

松江　陈继儒仲醇甫

虞山　毛凤苞子晋甫　同较

宁波　姚元台子云甫

济南　男王与龄、孙士雅、曾孙启沆　诠次

岁谱一

岁，《说文》："岁，木星也。"一岁之内历二十八宿，宣遍阴阳，与太岁相应。《春秋胡传》曰："四时俱而后成岁。"《尔雅》："夏曰岁，商曰祀，周曰年，唐虞曰载。"岁取岁星行一周也。祀取四时一终，四时之祭遍举也。年取禾一熟也。载取物终更始也。董仲舒曰："阳出布施于上而主岁功，阴伏于下而时出以佐阳，阳不得阴之助亦不能独成岁。"一岁八节：立春、春分、立夏、夏至、立秋、秋分、立冬、冬至。每节四十五日。太岁在四仲岁行三宿，太岁在四孟、四季岁行二宿，共行二十八宿，故十二年一周天。《汉志》云："天一昼夜而运过，星从天而西，日违天而东，日行与天运周，在天成度，在历成日。"月周于天，四时备成，摄提迁次，青龙移辰，谓之岁。岁首至也，月首朔也。至朔同日为章，至朔同在日首为蔀，蔀终六旬为纪，岁朔又复为元。太史公以十九年为章，七十六年为蔀，五百十三年为会，一千五百年为纪，四千五百年为元。《越绝计倪》曰："天下六岁一穰，六岁一康，凡十二岁一饥，是以民相离也。"圣人蚤知天地之反，为之预备。故汤之时，七年旱而民不饥；禹之时，九年水而民不流。汉儒贾谊论积贮，晁错论贵粟，皆祖之。

周天气候考。一岁共十二月、二十四气、七十二候。大寒后十五日，斗柄指艮，为立春，正月节。立，始建也，春气始至而建立也。一候东风解冻，冻结于冬，遇春风而解也。二候蛰虫始振。蛰，藏也，振动也，感三阳之气而动也。三候鱼陟负冰，上游而近冰也。立春后十五日，斗柄指寅，为雨水，正月中。阳气渐升，云散为水，如天雨也。一候獭祭鱼，獭，一名水狗。獭祭，圆铺，水象也。岁始而鱼上，则獭取以祭。二候候雁北，阳气达而北也。三候草木萌动，天地交泰，故草木萌生发动也。雨水后十五日，斗柄指甲，为惊蛰，二月节。蛰虫震惊而出也。一候桃始华。《吕览》作"桃李华"。二候仓庚鸣。仓庚一名黄鸟，一名搏黍，一名黄袍郎，僧家谓之金衣公子，俗名黄栗留、黄莺儿，色黧黑。一作鹂，黄鹂也。仓，清也。庚，新也。感春阳清新之气而初出，故鸣。三候鹰化为鸠，即布谷。仲春之时，鹰喙尚柔，不能捕鸟，瞪目忍饥，如痴而化。化者，反归旧形之谓。春化鸠，秋化鹰，如田鼠之于驾也。若腐草雉爵，皆不言化，不复本形者也。惊蛰后十五日，斗柄指卯，为春分，二月中。分者，半也，当春气九十日之半也。一候玄鸟至。玄鸟，燕也，春分来，秋分去。二候雷乃发声，四阳渐盛，阴阳相薄为雷。乃者，象气出之难也。三候始电。电，阳光也，四阳盛长，气泄而光生也。凡声属阳，光亦属阳。春分后十五日，斗柄指乙，为清明，三月节。万物至此皆洁齐而明白也。一候桐始华。桐有三种，华而不实曰白桐，亦曰花桐，《尔雅》谓之荣桐，桐与天地合气。造琴用花桐。至是始花也。二候田鼠化为鴑。田鼠，大头，似兔，尾有毛，青黄色，生田中，俗所谓地鼠也。鴑，鹑也。鼠，阴类；鴑，阳类。阳气盛，故阴为阳所化。三候虹始见。虹蜺即蟏蛛，俗为之蛞，日与雨交，天地之淫气也。清明后十五日，头柄指辰，为谷雨，三月中。雨为天地之和气，谷得雨而生也。一候萍始生。萍，阴物，静以承阳也。二候鸣鸠拂其羽。拂羽，飞而翼迫其声，气使然也。三候戴胜降于桑，戴胜，首毛如花胜。蚕候也。谷雨后十五日，斗柄指巽，为立夏，四月节。夏，大也，物至此皆假大也。一候蝼蝈鸣。蝼蝈一名土狗，好夜游，有五能，不成一技：飞不过屋，缘不穷木，游不渡谷，穴不覆身，走不先人。蝼蝈一名鼫鼠，一名毂。毂，音斛。阴气始，故蝼蝈应之。二候蚯蚓出。蚯蚓即地龙，一名曲蟮。蚯蚓，阴类。出者，乘阳而见也。三候王瓜生。王瓜一名落鳎瓜，生野田泽墙边，叶有毛如刺，蔓生，五月开黄花，旋结子如弹，生青熟赤。王瓜，土瓜也，以为菝葜、菝葜者，非。立夏十五日，斗柄指巳，为小满，四月中。物长至此皆盈满也。一候苦菜秀。荼为苦菜，感火气而苦味成。不荣而实曰秀，荣而不实曰英。此苦菜宜言英，以为苦英者，非。二候靡草死。靡草，草之枝叶靡细者，葶苈之属。凡物感阳生者强而立，感阴生者柔而靡。靡草则阴至所生也，故不胜阳而死。三候麦秋至。麦以夏为秋，感火气而熟也。小满后十五日，斗柄指丙，为芒种，五月节。言有芒之谷可播种也。一候螳螂生。螳螂饮风食露，感一阴之气而生，能捕蝉。深秋生子于林木，一壳百子。至此时破壳而出。药中谓之螵蛸，生于桑者佳。二候鵙始鸣。鵙，百劳也，《本草》作"博劳"。恶声之鸟，枭类也。不能翱翔直飞而已。三候反舌无声。诸书谓反舌为百舌鸟，能反覆其舌。感阴而鸣，遇微阴而无声也。以为虾蟆者，非。芒种后十五日，斗柄指午，为夏至，五月中。万物至此皆假大而极至也。一候鹿角解。鹿，山兽，形小，属阳，角支向前。夏至一阴生，鹿感阴气，故角解。二候蜩始鸣。蜩，蝉之大而黑色者，蜣螂脱壳而成，雄者能鸣，雌者无声，今俗称蜘蟟。蝉乃总名也。鸣于夏为蜩，《庄子》谓"蟪蛄"，夏蝉也。语曰"蟪蛄鸣朝"。三候半夏生。半夏，药名，居夏之半而生也。夏至后十五日，斗柄指丁，为小暑，六月节。暑气至此尚未极也。一候温风至。温热之风至小暑而极，故曰至。二候蟋蟀居壁，蟋蟀一名蛬，一名蜻蛚，促织也。感肃杀之气。初生则在壁，感之深则在野。三候鹰始挚。挚，鸷击也。《月令》："鹰乃学习。"杀气未肃，鸷鸟始习击搏，迎杀气也。小暑后十五日，斗柄指未，为大暑，六月中。暑至此而尽泄。一候腐草为萤，萤一名丹良，一名丹鸟，一名夜光，一名宵烛。离明之极，则幽阴至微之物亦化而为明。《诗》"熠耀宵行"。另一种形如米虫，尾亦有火。不言化者，不复原形也。二候土润溽暑。土气润，故蒸郁为溽湿，俗称龌龊热是也。三候大雨时行，前候湿暑，而后候则大雨时行以退暑也。大暑后十五日，斗柄指坤，为立秋，七月节。秋，揫也，物至此而揫敛也。一候凉风至。凉风，《礼》作"盲风"，西方凄清之风也，温变而肃也。二候白露降。大雨之后凉风来，天气下降，茫茫而白，尚未凝珠，故曰白露降。白，秋金色也。三候寒蝉鸣。寒蝉，寒蜩也，俗名都了，色绿，形小于夏蝉。今初秋夕阳声小而急疾者是也。立秋后十五日，斗柄指申，为处暑，七月中。阴气渐长，暑将伏而潜处也。一候鹰乃祭鸟。鹰，义禽，不击有胎之鸟。金气肃杀，鹰感其气，始捕击，必先祭，犹人饮食必先祭祖也。二候天地始肃。三候禾乃登。禾者，谷连稿秸之总名，成熟曰登。处暑后十五日，斗柄指庚，为白露，八月节。阴气渐重，露凝而白也。一候鸿雁来。鸿雁，《淮南子》作"候雁"，自北而南来也。二候玄鸟归。玄鸟，北方之鸟，故曰归。三候群鸟养羞，谓归藏美食以备冬月之养。白露后十五日，斗柄指酉，为秋分，八月中。至此而阴阳适中，当秋之半也。一候雷始收声。雷属阳，八月阴中，故收声入地，万物随以入也。二候蛰虫坯户。淘瓦之泥曰坯，细泥也。坯，音培。坯益其蛰穴之户，使通明处稍小，至寒甚乃瑾塞之也。三候水始涸。水，春气所为。春夏气至故长，秋冬气返故涸也。秋分后十五日，斗柄指辛，为寒露，九月节。气渐肃，露寒而将凝也。一候鸿雁来宾。雁后至者为宾。二候雀入大水为蛤。雀，黄雀也。严寒所致，蜇化为潜也。蛤，蚌属之小者。三候菊有黄花。菊独华于阴，故曰有也。应季秋土王之时，故言其色。寒露后十五日，斗柄指戌，为霜降，九月中。气愈肃，露凝为霜也。一候豺乃祭兽，以兽祭天报本也，方铺而祭秋金之义。二候草木黄落，色黄摇落也。三候蛰虫咸俯，皆垂头畏寒不食也。霜降后十五日，斗柄指乾，为立冬，十月节。冬，终也，物终而皆收藏也。一候水始冰。水面初凝，未至于坚，故曰始冰。二候地始冻。土气凝，寒未至于坼，故曰始冻。三候雉入大水为蜃。雉，野鸡也。大蛤名蜃。蜃，大者为车轮岛屿，月下吐气成楼台，与蛟龙同。大水，淮也。立冬后十五日，斗柄指亥，为小雪，十月中。气寒而将雪矣。第寒未甚，而雪未大也。一候虹藏不见。阴阳气交为虹，阴气极，故虹伏。虹非有质，故曰藏，言其气之下伏也。二候天气上升。三候地气下降，天地变而各正其位，不交则不通，故闭塞也。小雪后十五日，斗柄指壬，为大雪，十一月节。言积阴凛烈，雪至此而大也。一候鹖鴠不鸣。鹖，毅鸟也，似雉而大，有毛角，斗死方已，古人取为勇士冠名。黄黑色，故名鹖。阳鸟，感六阴之极而不鸣。以为寒号虫者，非。二候虎始交。虎感微阳萌动，故气益甚而交也。三候荔挺生。《本草》谓荔为蠡，实即马薤，似蒲而小，根可为刷。以为零陵香，非。大雪后十五日，斗柄指子，为冬至，十一月中。日南阴极而阳始生也。一候蚯蚓结。六阴寒极之时，蚯蚓交结如绳。(三)〔二〕[1]候麋角解。麋，泽兽，形大，属阴，角支向后。冬至一阳生，麋感阳气，故角解。三候水泉动。水者，一阳所生。一阳初生，故泉动也。冬至后十五日，斗柄指癸，为小寒，十二月节。时近小春，故寒气犹小。一候雁北向。向者，向道之义。雁避热而南，今则北飞，禽鸟得气之先故也。二候鹊始巢。至后一阳已得来年之气，鹊遂为巢，知所向也。三候雉雊。雉，文明之禽，阳鸟也。雊，雌雄同鸣，感于阳而有声也。小寒后十五日，斗柄指丑，为大寒，十二月中。时已二阳，而寒威更甚者闭藏，不甚则发泄不盛，所以启三阳之泰，此造化之微权也。一候鸡乳。乳，育也。鸡，木畜丽于阳而有形，故乳。二候征鸟厉疾。征，伐也。杀伐之鸟，鹰隼之属。至此而猛厉迅疾也。三候水泽腹坚。腹，内也。冰彻，上下皆凝，故曰腹坚。一元默运，万汇化生，四序循环，千古不易，极之而阳，九百六不过，此气之推迁耳。盖天运四千六百一十七万为一元，初入

元百六岁有厄，故曰百六之会。传曰：百六有厄，过剥成灾。一元之中九度，阳厄五，阴厄四，阳为旱，阴为水，合之为九，故曰阳九之厄也。　朔望弦晦考：月初日朔，与日同度也。弦，弓弦也，月半之名。望前月之上半仰，故曰上弦，在初七八；望后月之下半覆，故曰下弦，在廿二三。日月相去近一远三，谓之弦。望，月满也。《汉志》：日月相与为衡，分天下之中，谓之望。月体无光，待日照而光生，半照即为弦，全照即成望。交在望前，朔则日食，望则月食；交在望后，望则月食，后月朔则日食；交正在朔则日食，既前后望不食；交正在望则月食，既前后朔不食。大率一百十三日有余而道始一交，非交则不相侵犯，故朔望不常有，食月大十六日，望月小十五日，望间亦有十四十七望者，月尽日晦。《汉志》云：以月及日光尽体伏谓之晦。注：阴远阳近则晦，小尽二十九日，大尽三十日。　一日百刻考：刻，镂也，漏也。锲漏箭以候日晷曰刻，故因谓晷度曰刻。古制昼长六十刻，夜短四十刻；昼短四十刻，夜长六十刻；昼夜中五十刻，损夜五刻以禆于昼，则昼多于夜五刻。夏至昼六十五刻，夜三十五刻；冬至昼三十五刻，夜六十五刻；春秋分昼五十五刻，夜四十五刻。从春分至夏至增九刻半，夏至至秋分减亦如之；从秋分至冬至减十刻半，冬至至春分增亦如之。汉初大率九日增减一刻。至和帝时，霍融始请改之，曰"昼夜百刻"，律令所谓"言日者以百刻"是也。　十干名义考：昔黄帝命大挠作甲子，而干支之名始立。甲，物将生，剖孚甲也；乙，物之生轧轧也；丙，阳气著名也；丁，物丁壮也；戊，物皆茂盛也；己，物可纪识也；庚，阴气更万物也；辛，物既成而新也；壬，任也，阳气任养万物于下也；癸，揆也，物可揆度也。以岁论，甲曰阏逢，乙曰旃蒙，丙曰柔兆，丁曰疆圉，戊曰著雍，己曰屠维，庚曰上章，辛曰重辉，壬曰玄黓，黓，音亦。癸曰昭阳。以月论，月在甲曰毕，在乙曰极①，在丙曰修，在丁曰圉，在戊曰厉，在己曰则，在庚曰窒，在辛曰塞，在壬曰终，在癸曰极。　十二支名义考：子，滋也，阳气至此滋生也。上四刻属往日，下四刻属来日，主阴司、暗昧、妇女。丑，纽也，阳气未升，物纽结未敢出也，主田泽、园圃、斗争。寅，津也，生物之津途也，主文书、木器。卯，冒也，物冒土而生也，主生育、斗讼。辰，震也，物皆震动而出也。巳，起也，物至此而尽起也，主怪异、阴私。午，长也，大也，物皆长大也，主文书、丝绵、红色、苦味、火光。未，味也，物皆成有滋味也，主燕会、衣物、田宅。申，身也，皆成就也，主行程、消息。酉，绣也，物皆绣缩也，主金刀、子女、逃亡。戌，灭也，物尽衰灭也，主见贵、印绶、奴仆、死亡。亥，刻也，气刻杀万物也，主吉祥。以岁言，子曰困敦，困，音群。敦，音顿。言物初萌，混沌于泉下也。丑曰赤奋若，言阳气奋迅而起，物皆遂其性也。寅曰摄提格。格，起也，物承阳而起也。卯曰单阏。单，音明。单，尽也，阳气尽吹万物也。辰曰执徐。执，蛰。徐，舒也。伏蛰之物皆振舒出也。巳曰大荒落，物炽盛而大出也。午曰敦牂。牂，音壮。牂，壮也，物皆盛壮也。未曰协洽，阴阳化生，万物和合也。申曰涒滩，涒，音敦。物吐秀倾垂之貌。酉曰作噩，噩，一作鄂。物皆落，枝干扬起之貌。戌曰阉茂，物皆蔽冒也。亥曰大渊献，物深藏而献于地也。以月论，正月为陬，二月为如，三月为窈，四月为余，五月为皋，六月为且，七月为相，八月为壮，

---

① 极，《尔雅·释天》作"橘"。对照下文"在癸曰极"，此"极"应作"橘"。

九月为玄，十月为阳，十一月为辜，十二月为涂。　十二次名考：子曰玄枵，枵，音耗。丑曰星纪，寅曰析木，卯曰大火，辰曰寿星，巳曰鹑尾，午曰鹑火，未曰鹑首，申曰实沈，沈，音沉。酉曰大梁，戌曰降娄，亥曰娵訾。娵，音歜。訾，音兹。　十六神名考：子曰地主，丑曰阳德，艮曰和德，和德，言气渐和。寅曰吕申，卯曰高丛，辰曰大阳，巽曰大炅，大炅，音憬，言有光明。巳曰大神，午曰大威，未曰天道，坤曰大武，大武，言物受伤。申曰武德，酉曰大簇，戌曰阴主，乾曰阴德，阴德，言物渐生。亥曰大义。

典故。司会以岁之成，质于天子，冢宰斋戒受质。　冢宰制国用，必于岁之杪，五谷皆入，然后制国用，用地大小，视年之丰耗。以三十年之通制国用，量入以为出。俱《王制》。《天官》：太宰之职，岁终则令百官各正其治，受其会。《天官·小宰》：赞冢宰会岁，岁终则令群吏致事。正岁，帅治官之属而观治象之法，徇以木铎，曰"不用法者，国有常刑"。《周礼》。　昭三年，子大叔曰：昔文、襄之伯也，令诸侯三岁而聘，五岁而朝。《左传》。

丽藻。散语：岁寒，然后知松柏之后凋也。　日月逝矣，岁不我与！《论语》。　千岁之日至，可坐而致也。《孟子》。　三岁食贫。　三岁为妇，靡室劳矣。　岁聿云暮，采萧获菽。《诗》。　隐公六年秋七月，传曰：四德备而后为乾，一德不备则乾道熄矣；四时具而后成岁，一时不具则岁功亏矣。故《春秋》虽无事，首时过则书。时，天时也。月，王月也。书时又书月，见天人之理合也。《春秋胡传》。　诗五言：三岁如转烛。杜甫。　微月生西海，幽阳始代升。圆光正东来，阴魄已相凝。太极生天地，三元更废兴。至精量在斯，三五谁能征？陈子昂。　吾观阴阳化，升降八纮中。前瞻既无始，后际那有终。至理谅斯存，万世与同。谁言混沌死？幻语惊盲聋。朱元晦。　浑沦大无外，磅礴下深广。阴阳无停机，塞暑互来往。皇羲古圣神，妙契一俯仰。不待窥马图，人文已宣朗。混然一理贯，昭晰非象罔。珍重无极翁，为我重指掌。前人。

春，蠢也，物至此时皆蠢动也。东方为春。先立春三日，太史谒之天子曰："某日立春，盛德在木。"乃斋。立春之日，天子亲率三公、九卿、诸侯、大夫以迎春于东郊。东方曰苍天，其星房、心、尾。东北曰变天，其星箕、斗、牛。其帝太皞，太皞，伏羲，木德之君。乘震执规而司春。其佐句芒，句芒，少皞子，名重，木官。其神岁星，其兽苍龙，其音角，其日甲乙，其数八，其虫鳞，其味酸，其臭膻，其色青，其祀户，祭先脾。木尅土，故先脾。春曰青阳，亦曰阳春、青春、芳春；景曰媚景、韶景；时曰芳时、嘉时；节曰华节、淑节；辰曰嘉辰、芳辰。

调摄。春三月，此谓发陈，天地俱生，万物以荣。夜卧早起，广步于庭，披发缓行，以使志生，生而勿杀，与而勿夺，赏而勿罚，此养气之应，养生之道也，逆之则伤肝。肝病宜食小豆、韭、李、犬肝。木味酸，木能胜土。土属脾，主甘。春宜减酸益甘，以养脾土①。春阳初生，万物发萌。正、二月间，乍寒乍热，年高之人多有宿疾，春气所攻，则精神昏倦，宿病发动。又兼去冬以来，拥炉薰衣，啖炙炊煿，渐积至春，因而发泄，致体热头昏，壅隔涎嗽，四肢倦怠，腰脚无力，常当体候，稍觉发动，不

---

① 土，"四库全书"［宋］吕祖谦《少仪外传》卷下引作"气"。

可便用疏利之药，恐别生余疾。惟用消风去热、凉膈化痰之剂，或选食治方中性稍凉、利饮食，调停自然通畅。若无病，不可服药。春日融和，当眺园林亭阁虚敞之处，用摅滞怀，以畅生气，不可兀坐，以生他郁。饮酒不可过多，米面团饼多伤脾胃难化，老人尤忌。天气寒暄不一，不可顿去绵衣。老人气弱骨疏体怯，风冷易伤腠里，时备夹衣，遇暖易之，以次渐减，不可暴去。　肝藏魂名龙烟，字含明。肝者，干也，状如树之有枝干也，居心下稍近后，左三叶，右四叶，重四斤四两，神如龙象，如悬匏，色如缟映绀。脉出于大敦，大敦，左手大指端三毛中。中有三神，三神名爽灵、胎光、幽精。为心之母、肾之子，属木，春旺，卦震。其液泪，其性仁孝慈悯，故闻悲则泪出者，其性慈也。著于内者为筋，见于外者为爪。以目为户，以胆为腑。应东岳，上通岁星之精。《卫生延年纪》。

典故。天宝中，长安士女春时斗花，以奇多者为胜，皆以千金市花，植于庭，为探春之宴。《四时遗事》。　明皇时，春景明媚，曰："对此岂可不与他判断？"命取羯鼓，自制曲名《春光好》。回顾柳杏皆发，笑曰："此一事，不唤我作天公乎？"　穆宗宫中花开，以重顶帐蒙蔽，置惜春御史，号曰括春。　长安贵游子弟，每至春时，游宴供帐于园圃中，随行载以油幕，或遇阴雨，以幕覆之，尽欢而归。《天宝遗事》。　开元人家，春时移各花植槛中，下设轮脚，挽以彩絙，所至牵以自随。　邹衍居燕。燕有谷地，美而寒，不生黍稷。衍吹律，暖气乃至，草木乃生。至今名黍谷。刘向《别录》。　山中有鸟，如鹘鸼而小，苍黄色。每至正二月作声，云"春起也"；至三四月作声，云"春去也"。采茶者呼为报春鸟。《硕洁山记》。　长安春游之家，以脂粉作红餤，餤，音谈。竿上成双挑挂，夹杂画带，前引车马。《曲江春宴录》。　长安贵家游赏，剪百花妆成狮子，互相送遗。《曲江录》。　长安侠少，每至春时，结朋连党，各乘矮马，饰以锦鞯金络，鞯，音笺。并辔于花树下往来，使仆从执酒器随之，遇名园，辄驻马而饮。《天宝遗事》。　楚立春日，剪彩为燕以戴。　立春日，门庭楣上写"宜春"二字贴之。王诗云："宝字贴宜春。"

丽藻。散语：春省耕而补不足。《孟子》。　春日载阳，有鸣仓庚。　春日迟迟，卉木萋萋。仓庚喈喈，采蘩祁祁。《诗》。　以青圭礼东方。青圭，象物之初生。《周礼·春官》。　青阳司候，句芒御辰。《晋·律历志》。　斗柄东指，而天下皆春。《鹖冠子》。　震宫初动，木德惟仁。龙精戒旦，鸟历司春。隋《青帝歌》。　春可乐兮缀杂花以为盖，集繁蕤以饰裳。夏侯湛。　幕丰叶而为幄，靡翠草而成裀。谢万。　握月担风，且留后日。吞花卧酒，不可过时。虞抟。　杏花菖叶，耕获不愆。《文选》。　王孙游兮不归，春草生兮萋萋。《楚辞》。　玄鸟司春，苍龙登岁，节物变柳，光风转蕙。《文选》。　献岁发春兮汨吾南征，菉蘋齐叶兮白芷生。湛湛江水兮上有枫，目极千里兮伤春心。《楚辞》。　游穹周回，三朝肇建。青阳散晖，澄景载焕。美哉灵蓏，爰来爰献。圣容映之，永寿于万。刘臻妻。　诏：方春时和，草木群生之物皆有以自乐，而吾百姓，或阽于危亡而莫之省忧，其议所以赈贷之。汉文帝。　叙：万株果树，色杂云霞；千亩竹林，气含烟雾。激樊川而萦碧濑，浸以成波；望太乙而怜少薇，森然逼座。尚书未至，曳履惊邻；宫尹递来，鸣驺动蛰。宋之问《春宴曲庄》。　夫天地者，万物之逆旅；光阴者，百代之过客。而浮生若梦，为欢几何？古人秉烛夜游，良有以也。况阳春召我以烟景，大块假我以文章。会桃花之芳园，叙天伦之乐事。群季俊秀，皆为惠连；吾人咏歌，独惭康乐。幽赏未已，高谈转清。开琼筵以坐花，飞羽觞而醉月。不有佳作，何伸雅怀？如诗不成，罚依金谷酒数。李太白《春夜宴桃李园》。　　赋：东风归来，见碧草而知春。荡漾惚恍，何垂杨旖旎之愁人。天光青而妍和，海气绿而方新。彩翠分芊眠，云飘飘而相鲜。演漾兮羹缘，窥青苔之生泉。缥缈兮翩绵，见游丝之萦烟。魂与此兮俱断，醉风光兮凄然。若乃陇水秦声，江猿巴吟。明妃玉塞，楚客枫林。试登高而望远，痛切骨而伤心。春心荡兮如波，春愁乱兮如雪。兼万情之悲欢，兹一感于芳节。若有一人兮湘水滨，隔云霓兮见无因。洒别泪于尺波，寄东流于情亲。若使春光可揽而不灭兮，吾欲赠天涯之佳人。李太白《愁阳春赋》。　　天兮何为？令北斗而知春兮，回指于东方。水荡漾兮碧色，兰葳蕤兮红芳。试登高而望远，极云海之微茫。魂一去兮欲断，泪流频兮成行。吟清风而咏沧浪，怀洞庭兮悲潇湘。何余心之缥缈兮，与春风而飘扬。心飘扬兮思无垠，念佳期兮莫展。平原蓁兮绮色，爱芳草兮如剪。惜余春之将阑，每为恨兮不浅。汉之曲兮江之潭，把瑶草兮思何堪！想游女于岘北，愁帝子于湘南。恨无极兮心氤氲，目眇眇兮忧纷纷。披卫情于淇水，结楚梦于阳云。春每归兮花开，花已阑兮春改。叹长河之流速，送驰波于东海。春不留兮时已失，老衰飒兮逾疾。恨不得挂长绳于青天兮，系此西飞之白日。若有人兮情相亲，去南国兮往西秦。见游丝之横路，网春晖以撩人。沉吟兮哀歌，踯躅兮伤别。送行子之将远，看征鸿之消灭。醉愁心于垂杨，随柔条以斜结。望夫君兮咨嗟，横涕泪兮怨春华。寄遥影于明月，送夫君于天涯。李太白《惜余春赋》。　　溯长流而进棹，驾日彩以浮梁。云蒙蒙兮轻曳，烟霭霭兮微扬。维时青帝司晨，女夷节鼓。莺窈吴歈，蝶翻赵舞。碎银沼之萍花，散玉楼之冰箸。气暖平原，香繁别浦。欲流月姊之辉，未值风姨之怒。冶游则拾翠采珠，奇乐则沉宫振羽。嗟哀乐之致殊，匪一理之可研。类衔伤于暮序，或抚心于绮年。境何触而非恨，泪何人而不泉。若阃外之殊惊，羌难得而备宣也。至如金屏椒壁，绣栭瑶碣。若有人兮闲其中，步徙倚兮私自惜。帘卷水精，枕留琥珀，风斜转而吹查，月孤生而照隙。艳朱谢唇，轻黄罢额，池桃空紫，石苔长碧。羊车过而尘香，凤吹繁而院隔。何游丝之似绕，更落花之如掷。舞惊鸿其已缅，慰珍珠其奚益？杨妃能舞。江采蘋诗："何必珍珠慰寂寥。"乃天遥之凤子，适月窟之乌孙。三月飞雪，万里昼昏。星悬汉影，笳折胡魂。骇惊沙之无断，伤芳草之尽髡。俗侏僪其难接，色芜绝而不言。登别馆而冻云集，眺荒野而苦雾屯。毡乡侍寝，膻酪当飧。臆中鸡鹊之观，梦里苍龙之门，睇故国兮无日，知天子兮少恩。亦有少小容华，生来婉弱；笑非蔡而群迷，腰未楚而先约。芳菲菲而入宫，党訾訾其谣诼。訾訾谣诼，汉广川王姬因谗而死。君意不自坚，君恩俄已落。脩成之肉可糜，新人之鼻几斫。新人鼻，楚妃郑袖事。鬼帝谁叩，皇孙欲啄。皇孙啄，赵飞燕事。势甚槐椎，十夫槐椎，魏武歌妓。危逾巢幕。恒抚节而骨销，转当春而神索。别有便娟铜雀妓，漳水东来写咨媚。俱照渚而成莲，各临风而拂翠。弇窭玉喉，翩翻绣袂。旋娟为之气夺，洛珍因之色坠。值君王之未疲，泊宾筵之半醉。态转裾回，魂挑眼刺。雕阁黛浮，璜台香腻。守宫之血未干，辟寒之金争饵。痛尊酒其寂寞，空西陵之歌吹。駘荡青阳，凄焉雪涕。况乃初归瑶镜，惯画青眉。忽河关其遐别，邀烟路而安之。琅玕结意，勺药赠离。举邯郸之翠袖，泛兰陵之浅卮。君啼妾拭，妾臂君持。孤舟尚舣，短笛乍吹。草萦情而磴碍，柳带恨而桥垂。写素怀于石阙，申舟衰于廞廖。渭水波兮代咽，越鸟吟兮助悲。故欢亮已矣，良晤终何期？及夫秦生赴椽，秦生名嘉。细君未从。君千里而同子，何二竖之留侬。一则故庐善病，一则天涯浪踪。铛茶夕冷，杵药晨春。锦衾横而炉气歇，华灯灿而楼影重。怜琴心之别鹤，妒镜背之蟠龙。梦遥琴而难寄，书促往而忘封。对此关关鸠语、灼灼花苴，何尝不抽簪觉短，约带憎松，予美忘此，谁适为容？是以新花新气新景新愁，固千悲而一族，亦异感而同忧，莫不寄微情于湘女，结幽恨于灵修。岂与夫康娱漂盖，流连住舟，艳曲平原之第，巧笑如皋之游，夜以继日，忽忽悠悠者哉？贾大夫事。重曰：菉蘋既已广，红兰亦已长。浩空江兮无人，邀予心兮怆怳。复鹢鸠兮先鸣，抚岁华兮将往。宁攀云际之琼枝，不愿河洲之宿莽。有韩娥者闻此辞，乃抗音而奏阳春之歌。歌曰：鱼�瀺灂兮鸟绵蛮，逝白日兮销朱颜。荡许春愁终不去，解许春怀终不闲。诅怨多而心死，直欢余而泪斑。欲知妾恨复谁是，蹙尽双娥不似山。徐媛《续思春赋》。歌行：波渺渺，柳依依。孤村芳草远，斜日杏花飞。江南春尽离肠断，蘋满汀洲人未归。寇平仲。春向晚，春晚思悠哉。风云日已故，花叶自相摧。漠漠空中去，何时天际来？春已暮，苒苒如人老。映叶见残花，连天是青草。可怜桃与李，从此同桑枣。俱刘禹锡。春风东来忽相过，金樽渌酒生微波。落花纷纷稍觉多，美人欲醉朱颜酡。青轩桃李能几何？流光欺人忽蹉跎。君起舞，日西夕，当年意气不肯平，白发如丝叹何益。李太白。雨微微，烟霏霏，小庭半折红蔷薇。钿筝斜倚画屏曲，零落几行金雁飞。萧关梦断无寻处，万叠春波起南浦。凌乱杨花扑绣帘，晚窗时有流莺语。张泌。诗五言：汉节梅花外，春城海水边。杜甫。辛盘得春韭，腊酒是黄柑。苏东坡。春生翡翠帐，花点石榴裙。李元绒。银鞍白鼻䯄，绿地障泥锦。细雨春风花落时，挥鞭直就胡姬饮。李太白。染云为柳叶，剪水作梨花。不是春风巧，何缘有岁华？王安石。北地凝阴尽，千门淑气新。年年金殿里，宝字贴宜春。王珪。为惜韶华去，春深出绣帏。扑将花底蝶，只为妒双飞。商素庵。商公名辂，浙江淳安人。三（先）〔元〕宰相。燕草如碧丝，秦桑低绿枝。当君怀归日，是妾断肠时。春风不相识，何事入罗帏？李太白。春砌落花梅，飘零上凤台。拂妆疑粉散，逐溜似萍开。映日花光动，迎风香气来。佳人早插髻，试立且徘徊。陈后主。寓思本多伤，逢春恨更长。露沾湘竹泪，花堕越梅妆。睡怯交加梦，闲倾潋滟觞。后庭人不到，斜月上松篁。韦庄。圣后乘乾日，皇朝御历辰。紫宫初启坐，苍璧正临春。雷雨垂膏泽，金钱赠下人。诏醑欢赏遍，交泰睹惟新。杜审言。桃李有奇质，樗栎无妙姿。皆承庆云沃，一种春风吹。美恶苟同归，喧嚣徒尔为。相将任玄造，聊醉手中卮。欧阳詹。力疾坐清晓，来诗悲早春。转添愁伴客，更觉老随人。红入桃花嫩，青归柳叶新。望乡应未已，四海尚风尘。冥冥甲子雨，已度立春时。轻箑烦相向，纤絺恐自疑。烟添才有色，风引更如丝。直觉巫山暮，兼催宋玉悲。花飞有底急，老去愿春迟。可惜欢娱地，都非少壮时。宽心应是酒，遣兴莫过诗。此意陶潜解，吾生后汝期。落日在帘钩，溪边春事幽。芳菲缘岸圃，樵爨倚滩舟。啅雀争枝坠，飞虫满院游。浊醪谁造汝，一酌散千忧。俱杜子美。徐步春园日，风轻云淡时。嫩苔生翡翠，新水映玻璃。柳色频经眼，花香暗袭衣。碧桃舒笑脸，黄鸟自闲啼。王荆石。前旦出园游，林华都未有。今朝下堂望，池冰开已久。雪避南轩梅，风催北庭柳。遥呼灶前妾，却报机中妇。年光恰恰来，满瓮营春酒。王绩。景为春时短，愁随别夜长。暂棋宁号隐,轻醉不成乡。风雨曾通夕,莓苔有众芳。落花如便去,楼上即河梁。唐彦谦。 佳人眠洞房,回首见垂杨。寒尽鸳鸯被,春生玳瑁床。庭阴暮青霭,帘影散红芳。寄语同心伴,迎春且薄妆。刘庭芝。 草短花初折,苔青柳半黄。隔帘春雨细,高枕晓莺长。无事含闲梦,多情识异香。欲寻苏小小,何处觅钱塘?柳中庸。 生来怕春色,春已十分骄。花笑文君黛,莺歌弄玉箫。当垆挑过客,游骑问归樵。后院焚香待,清歌子夜调。陈眉公。 无人种春草,随意发芳丛。绿遍郊原外,青回远近中。罩烟粘落絮,和雨衬残红。不解王孙去,凄凄对晓风。陈氏。 苔径临江竹,茅檐覆地花。别来频甲子,归到忽春华。倚杖看孤石,倾壶就浅沙。远鸥浮水静,轻燕受风斜。世路虽多梗,吾生亦有涯。此身醒复醉,乘兴即为家。杜子美。 太昊启东节,春郊礼青祇。鹰化日夜分,雷动寒暑离。飞泽洗冬条,浮飙解春澌。采虹缨高云,文蛤鸣阴池。冲气扇九垠,苍生衍四垂。时至万宝成,化周天地机。张协。 梅将雪共春,彩艳不相因。逐吹能争密,排枝巧妒新。谁令香满座,独使净无尘。芳意饶呈瑞,寒光助照人。玲珑开已遍,点缀坐来频。那是俱疑似,须知两逼真。荧煌初乱眼,浩荡忽迷神。未许琼华比,从将玉树亲。先期迎献岁,更伴占兹辰。愿得长辉映,轻微敢自珍。韩文公。 七言:渐觉东风料峭寒,青蒿黄韭试春盘。东坡。 绣衣春当霄汉立,彩服日向庭闱趋。 懒慢无堪不出村,呼童自在掩柴门。苍苔浊酒林中静,碧水春风野外昏。俱杜子美。 芳草和烟暖更晴,闲门要路一时生。年年简点人间事,唯有春风不世情。罗邺。 轻花细叶①满林端,昨夜春风晓色寒。黄鸟不堪愁里听,绿杨宜向雨中看。宋邕。 五陵年少金市东,银鞍白马度春风。落花踏尽游何处?笑入胡姬酒市东②。李太白。 春光冉冉归何处,更向尊前把一杯。尽日问花花不语,为谁零落为谁开。 弱柳摇烟落絮轻,绿阴初长小池平。杜鹃处处催春急,不是东风太薄情。程楷。 明月断魂清霭霭,绿芜归思路迢迢。人生莫遣头如雪,纵有春风亦不消。高蟾。 花事阑珊绿正肥,伤春细减小腰围。一声杜宇前山幕,风雨萧萧人不归。宋之问。 西宫夜静百花香,欲卷珠帘春恨长。斜抱云和深见月,朦胧树色隐昭阳。 昨夜风开露井桃,未央前殿月轮高。平阳歌舞新承宠,帘外春寒赐御袍。 闺中少妇不知愁,春日凝妆上翠楼。忽见陌头杨柳色,悔教夫婿觅封侯。俱王昌龄。 肠断春江欲尽头,杖藜徐步立芳洲。颠狂柳絮随风舞,轻薄桃花逐水流。杜子美。 一片孤城万仞山,黄河直上白云间。羌笛何须怨杨柳,春光不度玉门关。王之涣。 自有春愁正断魂,不堪芳草忆王孙。落花寂寂黄昏雨,深院无人独倚门。韦庄。 纱窗日落渐黄昏,金屋无人见泪痕。寂寞空庭春欲晚,梨花满地不开门。刘方平。 白玉堂前一树梅,今朝忽见数花开。儿家门户重重闭,春色缘何得入来?薛维翰。 银屏绣幕暗生尘,御柳青青半是榛。闻说上林花又老,重门深琐不曾春。江寰祚。 重重帘幕庑亭台,春到人间花自开。时有落红三四点,随风飞过粉墙来。刘玉。 小雨如烟掩画扉,卷帘忽见燕双飞。不知春色能多少,总向昭阳柳上归。刘伯温。 东风淡荡落花稀,坠素翻红暗着衣。无奈春光自来去,双双紫燕傍帘飞。苏佑。 七宝为台锦作墀,会将金屋贮峨眉。菱花玉镜当年赐,春日缄愁不忍

---

① 月,"四库全书"〔唐〕韦縠《才调集》卷四引宋邕《春日》作"叶"。
② 市东,"四库全书"《李太白文集》卷四《少年行》作"肆中"。

窥。屠应畯。屠公号渐山，平湖人。谕德。　惜花无计可留春，倚遍阑干不见人。细雨霏霏长不寐，坐听残角两三声。　夜深孤枕觉春寒，倦起羞将宝镜看。最怕黄鹂相对语，惹人春思恨无端。马维铭。　池塘嫩柳拂青苔，向晓梨花带露开。蝴蝶似知春色好，随风飞入画楼来。　东风吹雁各分飞，柳色青青恋夕晖。此去影娥池上月，照人千里一帆归。俱项兰贞。　赵女乘春上画楼，一声歌发满城秋。无端更唱关山曲，不是征人亦泪流。王表。　宫赐罗衣不赐恩，一薰香后一销魂。虽然舞袖何时舞，长对春风挹泪痕。周数。　烟笼寒水月笼沙，谁信流年鬓有华。燕子衔将春色去，梦中犹记咏梅花。孙蕡。孙公号西庵，无锡人。　倚遍阑干惜暮春，片云初霁月华新。红妆夜着胭脂湿，浑似当年睡起人。孙齐之。孙公号七政，常熟人。　春残何事苦思乡，病里梳头恨最长。梁燕语多终日在，蔷薇风细一帘香。李易安。　草香花暖醉春风，郎去西湖水向东。斜倚石栏频怅望，月明孤影一双鸿。　终日寻春不见春，芒鞋踏破岭头云。归来笑撚梅花嗅，春在枝头已十分。尼习静。　杏艳桃娇夺晚霞，乐游无庙有年华。汉朝冠盖皆陵墓，十里宜春下苑花。唐彦谦。　春风昨夜到榆关，故国烟花想已残。少妇不知归不得，朝朝应上望夫山。卢弼。　蝶原无意飞相逐，花似有情枝故撩。恨杀春闺娇艳妇，如痴如醉度良宵。王茞臣。　拂旦鸡鸣仙卫陈，凭高龙首帝城春。千官黼帐杯前寿，百福香奁胜里人。山鸟初来犹怯啭，林花未发已偷新。天文正照韶光转，设报愚知用此辰。杜审言。　闻道春还未相识，走傍寒梅访消息。昨夜东风入武阳，陌头杨柳黄金色。碧水浩浩云茫茫，美人不来空断肠。预拂青山一片石，与君连日醉壶觞。　燕麦青青游子悲，河堤弱柳郁金枝。长条一拂春风去，尽日飘扬无定时。我在河南别离久，那堪坐此对窗牖。情人道来竟不来，何人共醉新丰酒？李颀白。　春日春盘细生菜，忽忆两京梅发时。盘出高门行白玉，菜传纤手送青丝。巫峡寒江那对眼，杜陵逐客不胜悲。此身未知归定处，呼儿觅纸一题诗。杜子美。　莺啼燕语报新年，马邑龙堆路几千。家住秦城邻汉苑，心随明月到胡天。机中锦字论长恨，楼上花枝笑独眠。为问元戎窦车骑，何时返旆勒燕然？皇甫冉。　半掩朱门白日长，晚风轻堕落梅妆。不知芳草情何限，只怪游人思易伤。才见早春莺出谷，已惊新夏燕巢梁。相逢只赖如渑酒，一曲狂歌入醉乡。韦庄。　荏苒红黄夹道斜，双双飞燕落谁家？青骢有路嘶芳草，玉女无情傍酒车。眼底逢人闲折柳，意中扑蝶解穿花。春风刺骨冰肌瘦，不亚神仙萼绿华。　百花桥上渡横塘，相近相亲笑语香。趁得春风排翡翠，耐乘清夜奏宫商。缓歌玉树翻新调，斜倚金鞍学醉妆。竹院寒潭共系马，暂栖红粉斗群芳。　香风百和趁花朝，弱质盈盈嘶马骄。栩栩游丝飘绣带，依依官柳拂金镳。行怜锦卉频回首，坐怯罗幨更助娇。此日春光莫尽歌，王孙万骑总萧条。　锦鞍玉勒五花纹，耐可伤春春色分。细柳数行人似画，天桃几朵鬓生云。逗遛犹怯霜蹄滑，绰约偏宜落日曛。笑问啼莺归去晚，平堤蔷蕊刺罗裙。　紫陌春和径草生，吴姝结驷踏春晴。花溪半渡深深见，柳巷斜临款款行。宝髻堆云施黛浅，朱颜映日衣罗轻。金鞭指点红尘外，惟听珊珊杂佩声。俱马德澄。　乍觉幽闺物候新，锦衾角枕自伤神。十年征戍深嗟晚，四季怀人最惜春。垂柳千条难系马，飘风万点正沾茵。封帘不顾繁华色，独梦阳关一片尘。冯文所。冯公名时可，上海人。副使。　特为春归闭晓窗，愁看香霭洒春江。俄争丽藻萦新荇，更逐轻风点客艭。寻杀狂蜂迷个个，衔来乳燕坐双双。一年春事真堪惜，剩有香风扑玉缸。　桑条弱带总难持，减尽春光在此时。香杳无心萦蝶梦，舞轻随意冒蛛丝。魂消罗绮风前恨，肠断芳菲雨后思。自是愁人伤景暮，况逢游子客天涯。　不问深红与浅红，名园次第暗芳丛。乍随絮逐仍依草，忽向西飞又转东。嫩碧朝添眉自恨，流黄夜罢锦成空。年年一度开还落，始信隋家剪未工。于念东。　春风无力柳条斜，新草微分一抹沙。欲向主人借锄插，扫开残雪买梅花。陈眉公。　淡淡轻寒雨后天，柳丝无力带朝烟。弄声莺舌于中巧，着雨花枝分外妍。消破旧愁凭酒盏，却除新恨赖诗篇。年年未到梨花月，瘦不胜衣怯杜鹃。朱淑真。　袅袅东风吹水国，金鸦影暖南山北。蒲抽小剑割湘波，柳拂长眉舞春色。白铜堤下烟苍苍，林端细蕊参差香。绿桑枝下见桃叶，回看青云空断肠。《才调集》。　春风吹花落红雪，杨柳阴浓啼百舌。东家蝴蝶西家飞，前岁樱桃今岁结。秋千蹴罢鬓鬖髿，粉汗凝香沁绿纱。侍女亦知心内事，银瓶汲水煮新茶。郑奎妻。　书省谁能任醉歌，名园休暇好相过。柳边飞絮沾莺乱，花外游丝冒蝶多。近水岸平看蕺草，倚岩径仄欲扪萝。严城鼓角催人急，留恋春光奈夕何？方九功。　流水飞香送酒卮，东风行佩集瑶池。愁心旧事空桃叶，作赋闲情自柳枝。白雪正逢题凤客，青春刚及放花时。一尊春色南山好，明月清歌归未迟。　东风绿草到平台，小槛晴临曲涧隈。月影上洲杨柳乱，露香沾酒杏花开。佳人步郭逢君饮，卧病怜春强自来。寻胜正当花度日，蕊宫莺蝶一齐回。俱曹大章。　春尽烟消望欲迷，更怜芳草白凄凄。龙沙此日无烽火，鲸海何时罢鼓鼙。飞絮细沾花露湿，游丝斜趁树云低。韶华对尔惭无补，东观空燃太乙藜。袁玉蟠。袁公名宗道，公安人。会元，谕德。　小园载酒日经过，满目春光映绿莎。桃李含情呈笑靥，柳榆献媚缀晴螺。鸟穿翠筱簧调舌，鱼跃澄泉玉掷梭。莫讶老夫频命骑，忍绿皓首负阳和。王芑臣。　词：照野弥弥浅浪，横空暧暧微霄。障泥未解玉骢骄，我欲醉眠芳草。　可惜一溪明月，莫教踏碎琼瑶。解鞍欹枕绿杨桥，杜宇数声春晓。苏东坡《西江月》。　风乍起，吹皱一池春水。闲引鸳鸯芳径里，手挼红杏蕊。　斗鸭阑干独倚，碧玉搔头斜坠。终日望君君不至，举头闻鹊喜。冯延巳《谒金门》。　楼外东风到，早染得柳条黄了。低拂玉阑干，却春寒。　正是困人时候，午睡浓于中酒。好梦是谁，惊一声莺。杨升庵《昭君怨》。　吟罢池边杨柳，酌尽几壶春酒。水面上风来，吹乱一天星斗。消瘦，消瘦，正是忆人时候。陈道复《如梦令》。　春雨蒙蒙，淡烟深（琐）〔锁〕垂杨院。暖风轻扇，落尽桃花片。　薄幸不来，前事思量遍。无由见，泪痕如线，界破残妆面。何籀《点绛唇》。

正月，斗柄建寅，日在营室，昏参中，旦尾中，日月会于娵訾。是月也，天气下降，地气上腾，阴阳和同，草木萌动。天子以元日祈谷于上帝，乃择元辰，亲载耒耜，帅三公、九卿、诸侯、大夫躬耕帝籍。乃命有司布农事，简稼器，修封疆，端径术，术即遂，田间水道，径在遂上，可行车马。善相丘陵、阪险、原隰，土地所宜，五谷所植，以教道民，道、导〔导〕同。必躬亲之。田事既饬，先定准绳，农乃不惑。正月为孟春、孟阳、孟陬、上春、发春、献春、献岁、肇岁、华岁、芳岁，又曰端月、陬月。

　　占候。得甲：二日得甲，为上岁。四日中岁，五日下岁。月内有甲寅，米贱。　得辛：一日旱，二日小收，三、四日主水，麦半收。五、六日小旱，七分收。八日岁稔，一云春旱不收。《占书》。　一日麦收十分，二日禾蚕收，三日、四日田蚕全收，五日、六日麻粟麦蚕半收，七日、八日旱，禾麻麦粟少收，丝贵。　得子：歌云："甲子丰年丙子旱，戊子蝗虫庚子乱。惟有壬子水滔滔，都在上旬十日看。上旬十日若无子，朝中大臣死一半。"甲子虫灾，桑谷贵，丙子旱，戊子收，庚子虎狼多，壬子绵贵。《通书》。 得寅：甲寅谷畜贵，丙寅油盐贵，戊寅、壬寅谷先贵后贱，庚寅谷畜贵。 得卯：有三卯宜豆，无则早种禾。一云：一日得卯十分收，二日低田半收，三、四日大水，五日、六日半收，七日、八日春涝全收。 乙卯荆楚米贵，丁卯周秦米贵，己卯燕赵米贵，辛卯韩魏米贵，癸卯宋鲁豆贵。 得辰：一日雨多。二日风多，先旱，半熟，低田全收。七月雨多，麻豆全收。三日雨晴匀。四日收七分。五日岁稔。六日大稔。七日水损田，荞麦收。八日先旱后涝。九日大麦收，仲夏水灾。十日旱，禾半收。十一日五谷不收，冬大雪。十二日冬大雪，五谷收。 得申：甲申五谷收，丙申谷损虫食菜，戊申六畜灾，壬申涝。 得酉：一日、二日大丰，三日、四日民安，五日至十日中岁民不安，十一、十二日岁大熟。一云：乙酉荆楚吉，丁酉周秦吉，辛酉韩魏吉，癸酉齐鲁吉，己酉燕赵吉。 子卯亥：月内有三子叶少蚕多，无三子则叶多蚕少；有三卯则早豆收，无则少收；有三亥主大水，一云正月得三亥，湖田变成海，在正月节气内方准。详周益公日记。 八占：一日鸡，天晴，人安，国泰。二日犬，晴，主大熟。三日猪，晴，主君安。四日羊，晴，主春暖，臣顺。五日马，晴明，四望无怨气。六日牛，晴明，日月光明，大熟。七日人，晴明，民安，君臣和。八日谷，夜晴，五谷熟。所值之日晴暖则安泰蕃息，风雨寒惨不吉。东方朔《占书》。 元旦：值甲，谷贱，人疫；乙，谷贵，民病；丙，四月旱；丁，丝绵贵；戊，米麦鱼盐贵；己，米贵，蚕伤，多风雨；庚，田熟，民病，金铁贵；辛，米平，麦麻贵；壬，绢布、豆贵，米麦平；癸，主禾伤，多雨，人民死。一说元日值戊，主春旱四十五日。 上元：初日占百果，中日占晚稻，末日占早稻。 占谷：旦至食为麦，食至日昳为稷，昳至铺为黍，铺至下铺为菽，下铺至日入为麻。欲终日有雨、有云、有风、有日，日当其时者深而多实；无云，有风、日，当其时，浅而多实；有云、风，无日，当其时，深而少实；有日，无云、风，当其时者，稼有败。如食顷，小败；熟五斗米顷，大败。风复起，有云，其稼复起。各以其时用云色占种其所宜。其日雨雪若寒，岁恶。 听声：元旦听人民之声，声宫则主岁善吉，商则有兵，徵旱，羽水，角恶。《吕览》。 凡听声，徵如负豕觉骇，羽如鸣马在野，宫如牛鸣窌中，商如离群羊，角如雉登木以鸣。雉登木鸣，音凄以清。此言呼以听土地之音，非谓他音皆然也。声合乎五音，听其首声协而详之也。《管子》。 占土牛：头黄，主熟，又专主菜麦（人）〔大〕熟。青，春多瘟。赤，春旱。黑，春水。白，春多风，身主上乡，蹄主下乡。田家以此占，颇验。 验水：元旦至十二日，每日取水一瓶秤之，一日主正月，二日主二月，其日水重则其月雨多，轻则少。 占火：初一五鼓，束高长草把烧之，名照庭火。伺烧将过，看向何方倒。所向之方，其年必熟。乃以大橡重举抛丢，听其声则众和曰："一跌田禾盛茂，二跌五谷满仓，三跌六畜成群，四跌人口和平。"如此随口说，不拘几跌。 验牛：元日，牛俱卧，则苗难立。半卧半起，岁中平，俱立，则五谷熟。他如响卜紫姑之类，往往有验。

种植：大麦、杏、豌豆、芋。 移栽：地棠、栀子、木香、紫薇、白薇、玫瑰、银杏、樱桃、锦带、榆、柏、金雀、木兰、柳、松、槐。 贴接：腊梅、梅、黄蔷薇。 插压：木樨、杜鹃。 雍培：石榴、海棠。 浇灌：桃、李、瑞香、杏。 整顿：烧荒田、耕禾地、烧苗蓿根、理蔬畦、葺室宇、垄瓜畦、整农具、筑墙堵、修花圃、粪田亩、理篱堑。　修树：诸果树修去低小乱枝，勿分木力，则结子肥大。　稼树：元旦，五鼓以斧斫诸果树，则结子繁而不落。辰日亦可。　李树、石榴，以石安丫中，堆根下，则结子繁。　驱虫：元旦，鸡鸣时以火照诸树，无虫，此时虫尚未出。凡聚叶腐枝，皆虫所穴，宜去之。　收采：络石、菊根。　田忌：天火子、地火戌、粪忌未、九焦辰、荒芜巳。

典故。元旦，三更先诣厨，迎祀灶神。毕，乃钉桃符，书渐耳，画重明鸟，及贴门神钟馗于门，以辟一年邪祟，设香烛酒果，供献于天地前。五更，家长率合家焚香，祈答上帝，致祭平日供祀神祇，以祈一年之安，用牲醴享祀祖考。毕，于家堂叙长幼坐，自少至长各饮屠苏酒三杯，食马齿苋数箸，以祛一年不正之气。天明，祭农家所司六畜之神，以祈一年蕃息。再取犁耙蓑笠之属，祭以鸡豚，以祈一年吉利。乃设肴馔馄饨，馄饨一名不托，即今扁食也。自幼至长称觞庆祝，尽饱而休，以取一年快乐。《神隐》。　正月之吉，告期日也。始和，布治于邦国都鄙。乃悬治象之法于象魏，象魏，阙也。使万民观治象，浃日而敛之。浃日，谓从甲至癸。敛，收也。《周礼》。　天子以孟春上辛日，于南郊总受十二月之政，藏于祖庙，月取一政，颁于明堂。《唐·礼乐志》。　尧在位七十年，有祇支国献重明鸟，一名双睛，状如鸡，鸣似凤，时解落毛羽，肉翮而飞。能搏逐猛兽虎狼，使妖灾群恶不能为害。饮以琼膏，或一岁数来，或数岁不至。国人莫不扫洒门户，以望重明之集。其未至时，国人或刻木，或铸金，为此鸟之状，置于门户间，则魑魅丑类自然退伏。今人每岁元日刻木铸金，或画鸡，始此。　孟春四日祀户。　安定郡王，立春日作五辛盘。　立春日黎明，有司为坛，以祭先农。官吏各具彩仗，击土牛者三，以示劝农之意。《梦华录》。　立春日剪彩为燕戴之。《荆楚岁时记》。　北朝妇人于立春日进春书，以青丝为帜，刻龙象衔之。《酉阳杂俎》。　江南风俗，于正月二十日为天穿日，以红丝缕系煎饼置屋上，谓之补天漏。一立春之日，迎春于东郊，祭青帝、勾芒。车旗服饰皆青，歌《青阳》，八佾舞《云翘》之舞。《汉·郊祀志》。　景龙四年正月八日立春，上令侍臣迎春，内出彩花树，人赐一枝，令学士赋诗。　唐制，立春赐三省官彩胜，有差。《文昌杂录》。　立春日，自郎官、御史、寺监、长贰以上，皆赐春幡胜，以罗为之。亲王、宰执、近臣，皆赐金银幡胜。入贺讫，戴归私第。士夫家剪彩为小幡，缀于花枝之上，或剪春蝶、春钱、春胜，以为戏。《梦华录》。　东坡立春日亦簪幡胜。　春社日，以诸肉杂调和铺饭上，谓之社饭。　戴凭习《京氏易》，为侍中。正旦朝贺，百僚礼毕，光武命群臣能说经史，更相诘难，义有不通者，夺其席以益通者。凭遂重五十余席。京师语云"解经不穷戴侍中"。《东观汉记》。　魏郑公徵尝出行，以正月七日谒太宗。太宗劳之曰："卿今日至，可谓人日矣。"　京城街道有执金吾晓暝传呼，吾，音牙。以禁夜行，唯正月十五夜敕许弛禁，前后各一日，谓之放夜。《西都杂记》。　开元十八年正月望日，帝谓叶法师曰："四方之灯，何处最胜？"对曰："无逾广陵。"帝曰："何术以观之？"师曰："可。"俄而虹桥起于殿前。师奏："桥成，但无回顾。"于是帝步而上。太真及高力士、黄幡绰、乐官数人从行。俄顷已到广陵，寺观陈设之盛，灯火之光照灼殿宇，士女华丽，皆仰望曰："仙人现于五色云中。"帝大悦。师曰："请敕伶官奏《霓裳羽衣》一曲。"后数日，广陵果奏，云云。《幽怪录》。　正月十五夜，玄宗于长春殿张临光宴，白鹭转花，黄龙吐水，金凫银燕，浮光洞，攒星阁，皆灯名。奏月光分曲。又撒闽江红荔枝千万颗，令宫人争拾，多者赏以红圈帔、绿晕衫。《影灯记》。　　正月望日祭门，先以杨枝插门，随枝所指，以酒脯饮食及豆粥，插箸而祭。《岁时记》。　　韩国夫人置百枝灯树，高八十尺，竖之高山，元夜燃之，百里皆见，光明夺月。《开元遗事》。　　唐睿宗先天二年十五、十六夜，上御安福门外，作灯轮，高二十丈，衣以锦绮，饰以金银。燃灯五万盏，望之如花树。宫女千数，耀珠翠，施香粉。又妙简长安年少妇女千余人，衣服花钗称是，于灯轮下踏歌三日。《朝野佥载》。　　狄青宣抚广西时，侬智高守昆仑关。青至宾州，值上元，大张灯烛，首夜享将佐，次夜宴从军官。一鼓，青称疾，辄起，令孙元规暂主席，数使人劳坐客。至晓，各未敢退。忽有驰报曰：“是夜三鼓已夺昆仑关矣。”《笔谈》。　　宋至道元年灯夕，太宗御楼。时李文正公昉以司空致仕家居，上以安舆召至，赐坐，敷对明爽，精力康劲。上亲酌御樽饮之，选肴核之精者赐焉，谓侍臣曰：“昉可谓善人君子也，事朕两入中书，未尝有伤人害物之事，宜有今日。”因赐诗。　　宋仁宗正月十四日御楼，遣中使传宣从官曰：“朕非好游观，与民同乐耳。”《东斋录》。　　黄帝时，有神荼、郁垒二神，于朔山东鬼门桃树下执无道之鬼，缚以苇索，以饲虎，故肖其形于桃板上，置之门户间。　　晋帝问董勋礼俗，对曰：“一日鸡至七日人，正旦（昼）〔画〕鸡贴门，七日贴人于帐。今俗一日不杀鸡，二日不杀狗，七日不行刑。此日晨至门前，呼牛羊鸡畜令来，乃置粟豆于灰，撒之宅内以招之。”《太平御览》。　　正月人日当登山眺远。李充诗曰：“命驾升西山，寓目眺原畴。”正旦，县官杀羊，悬其头于门，又磔鸡以副之。磔，音翟。裴玄以问伏君，对曰：“是月土气上升，草木萌动，羊啮百草，鸡啄五谷，故杀之以助生气。”《裴玄新语》。　　道州有舜祠，每元日，山狙千百群祠旁跳跃，五日乃去。猿亦如之，三日乃去。《稗史》。　　元日食胶牙饧，取胶固之义。《金门岁节》。　　洛阳人家正旦造丝鸡、蜡燕、粉荔枝。《荆楚记》。　　元日赐银幡。苏东坡云：“朝回两袖天香满，头上银幡笑阿咸。”又云：“年年幡胜剪宫花。”　　元日进椒酒，次第从少至老。今屠苏其遗意也。唐孙思邈有道术，作庵名屠苏。除夕遗闾里药囊，浸井中，元旦取置酒中，名屠苏酒。合家饮之，不染瘟疫，谓“屠绝鬼气，苏醒人魂”。　　刘谓能见鬼，以正旦至市，见一书生入市，众鬼悉避。刘谓书生曰：“子有何术致此？”书生云：“我本无术，出之日，家师以一丸药绛囊裹之，令以系臂，防恶气耳。”于是刘就书生借此药，至所见鬼处，诸鬼悉走。所以世俗行之。　　吴人王成，夜见一人立宅东南角，谓成曰：“此地是君蚕室。我即地神。明日正月半，宜作白粥，泛膏于上以祭。我必当令君蚕桑百倍。”言讫，失所在。如其言祀之，大得蚕。　　人日食七种菜羹，剪彩胜为人，或镂金为人，贴屏风，戴头鬓，或以相遗，取迎新之意。《荆楚岁时记》。　　元（霄）〔宵〕三夜放灯，起唐玄宗开元年间，谓天官好乐，地官好人，水官好灯。上元乃三官下降之日，故从十四至十六夜放灯，后增至五。《七修稿》。　　陈文惠公任开封府为政，一以诚信。前此正月放灯，则籍恶少年禁锢之，岁以为常。公独召诸少年论曰：“尹以恶人待汝，汝安得为善？吾以善人待汝，汝其为恶耶？”因尽纵之。凡五夜，无一人犯法者。　　天街观灯，武林旧事，自正月十三日起至十七日止，满城大小人户，跨街以竹棚悬挂彩灯，辉煌映月，灿烂摇星，鼓吹烟火，达旦不绝。　　上元张灯，《太平御览》所载《史记·乐书》曰：“汉家祀太乙，以昏时祠到明。"今人正月望日夜游观灯，是其遗事，而今《史记》无此文。唐韦述《两京新记》曰："正月十五日夜，敕金吾弛禁前后各一日以看灯。"本朝京师增为五夜。俗言钱忠懿纳土进钱买两夜，如前史所谓买宴之比。初用十二、十三夜，至崇宁初，以两日皆国忌，遂展至十七、十八夜。予按国史，乾德五年正月，诏以朝廷无事，区宇义安，令开封府更增十七、十八两夕。然则俗云因钱氏及崇宁之展日，皆非也。太平兴国五年十月下元，京城张灯如上元之夕，至淳化元年六月罢中元、下元张灯。洪迈。　正月元会，设白兽樽于殿庭，樽盖上施白兽，若有能献直言者，则发此樽饮酒。《晋·乐志》。　戚夫人侍高帝，常以正月上辰，出池边盥濯，食蓬饵，以祓妖邪。　安定皇甫嵩真、玄菟曹元理并明算术，皆成帝时人。真常自算其年寿七十三，至绥和元年正月二十五日晡死，书其壁以记之。至二十四日晡时死。其妻曰："见真算时长下一算，欲以告之，虑脱真旨，故不敢言，今果校一日。"《西京杂记》。　汉武帝常以正月杀枭为羹，以赐群臣食之，云："使天下之人知杀绝其恶类也。"《金谷园记》。　元日向辰，至门前呼牛马六畜。《五行书》。　邯郸民以正朝旦献鸠于简子。简子大悦，厚赏而放之，曰："正旦放生，示有恩也。"客曰："得赏，竞捕之，不如不赏之，愈也。"又《地理志》："荥阳有厄公井，沛公避项羽，双鸠集井上。"故汉时正旦放鸠献雀。　北齐正旦会，侍中黄门郎宣诏劳诸郡上计。劳讫，遗纸陈事宜。字有脱误者，呼起席；书迹滥劣者，令饮墨水一升；文理孟浪者，夺容刀及席。俱《西京杂记》。　元日食五辛以练形，以助五脏。《风土记》。　赵伯符为豫州刺史，立义楼。每至元日、人日、七日、月半，乃于楼上作乐。楼下男女盛饰，游看作乐。《寿阳记》。　人日作煎饼于中庭，谓之熏天。《述征记》。　唐有虚耗小鬼，空中窃取人物。终南山进士钟馗能捉之，刳其目，劈而啖之，故正月图之厌鬼。　西方深山中有人长尺余，喜犯人，则病寒热，名曰山臊。以竹箸火作煿烞声，山臊惊遁。　高阳氏子好衣敝食糜，正月晦日巷死。世人于是日作糜，弃破衣祝于巷，曰除贫鬼。《四时宝鉴》。

丽藻。散语：三之日于耜。《诗》。　三始如淳。鲍宣。　摄提贞于孟陬。《楚词》。　招摇东指。黎季明。　三微月令，阳气始施，万物始动。《白虎通》。　孟春之月，惟气权舆，和气初动，有穆其舒。魏文帝。　七十二候之初，三百六旬之首。　律暖而池冰销玉，风和而园柳绽金。饮竹叶之一觞，妆梅花之满面。韩鄂。　日往月来，元正首祚。太族告辰，微阳始布。罄无不宜，和神养素。王羲之。　翼翼京邑，巍巍紫极。庭燎光舒，华灯火炽。俯而察之，如元烛龙而照玄方，仰而观焉，若披丹霞而鉴九阳。傅玄。　启：北斗周天，送玄冥之故节；东风拂地，启青阳之芳辰。梅花舒两岁之装，柏叶泛三光之酒。飘飘余雪，入箫管以成歌；皎洁轻冰，对蟾光而写镜。敬想足下神游书帐，性纵琴堂，谈丛发流水之源，笔阵引崩云之势。昔时文会，长思风月之交；今日言离，永叹参商之隔。但某执鞭贱品，耕凿腐流，沉形南亩之间，滞迹东皋之上。长怀盛德，聊吐愚衷。谨凭黄耳之传，伫望白云之信。昭明太子。　歌行：帝握千秋历，天开万国欢。莺花周正月，灯火汉长安。长安正月璇玑正，万户阳春布天令。新岁风光属上元，中原物力方全盛。五都万宝集燕台，航海梯山入贡回。白环银瓮殊方至，翡翠明珠万里来。薄暮千门凝瑞霭，当天片月流光彩。十二楼台天不夜，三千世界春如海。万岁山前望翠华，九光灯里簇明霞。六宫尽罢鱼龙戏，千炬争开菡萏花。六宫千炬纷相似，星桥直接银河起。赤帝真乘火德符，玉皇端拱红云里。灯烟散入五侯家，炊金馔玉斗骄奢。桂烬兰膏九微火，珠帘绣冕七香车。长安少年喜宾客，驰骛东城复南陌。百万纵博输不辞，十千（活）〔沽〕酒贫何惜？夜深纵酒复征歌，归路曾无醉尉诃。六街明月吹笙管，十里香风散绮罗。绮罗笙管春如绣，穷檐蔀屋寒如旧。谁家朝突静无烟，谁家夜色明如昼？夜夜都城望月新，年年郡国告灾频。愿将圣主光明烛，普照冰天桂海人。冯琢庵。　风吹一夜西湖雪，湖上桃花郁不发。蜒蜿六桥玉作堤，参差三竺银为阙。新晴破雾不可状，千峰万峰列屏障。空青倒浸湖水阔，石径斜盘龙井上。龙井流泉汩汩鸣，欹帘怪石片云生。雪里探奇探不足，还过烟霞与石屋。穴空返照西岩紫，林深烟暝南屏绿。黄昏击柝生暮寒，何处吹箫度新曲。六出九枝光斗妍，千门万户火熏天。复阁平铺白玉瓦，孤城乍涌黄金盘。复阁孤城何巀嵲，白玉黄金争皎洁。疏星离离芒欲垂，急管嘈嘈悲乍咽。如花少女娇轻盈，映雪王孙马蹀躞。少女王孙彩袖联，垆头陌上两相怜。垆头侠客遗金弹，陌上妖姬落翠钿。西出钱塘送明月，舞雪回风声渐歇。近水人家尽掩扉，极浦渔灯半明灭。朝游龙井暮虎林，扶桑月吐日西沉。宋家陵阙衰草深，岳坟风木号怒阴，乍喧乍寂不可寻。问君底事劳奔走，逢时无如开笑口。人生百岁真可哀，百岁观灯能几回？于若瀛。　诗五言：九陌连灯影，千门庆月华。　红入桃花嫩，青归柳叶新。　酒垆先叠鼓，灯市早投琼。　苇桃犹在户，椒柏已称觞。岁美风先应，朝回日渐长。苏轼。　帝宫通夕燎，天门拂曙开。瑞云生宝鼎，荣光上露台。萧懿。　问春从此去，几日到秦原？凭寄还乡梦，殷勤入故园。柳宗元。　晓日千门启，初春入舍归。赠兰闻宿昔，谈树隐芳菲。沈佺期。　入春才七日，离家已二年。人归落雁后，思发在花前。薛道衡。　小雨暗人日，春愁连上元。水生桃菜渚，烟湿落梅村。苏东坡。　元日到人日，未有不阴时。冰雪莺难至，春寒花较迟。云随白水落，风振紫山悲。蓬鬓稀疏久，无劳（北）〔比〕素丝。杜子美。　九陌连灯影，千门遍月华。倾城出马骑，匝路转香车。烂熳惟愁晓，周旋不问家。更闻清管发，处处落梅花。郭利正。　月上九门开，星河绕露台。君方枕中梦，我亦化人来。光动仙球缒，香余步辇回。相从穿万马，衰病若为陪。　人日伤心极，天时触目新。残梅诗兴晚，细草梦魂春。挑菜年年俗，飞蓬处处身。蟆颐频雨及，仿佛见东津。俱苏轼。　火树银花合，星桥铁锁开。暗尘随马去，明月逐人来。游妓皆秾李，行歌尽落梅。金吾不禁夜，玉漏莫相催。苏味道。　元日王正月，传呼晚殿班。千官齐鹄立，万国候龙颜。辨色旌旗入，冲星剑佩还。圣躬无乃倦，几欲问当关。李梦阳。李公号空同，庆阳人。江西提学。　火树连龙苑，烟花绕鹫峰。词人高宴会，令节喜过逢。阁度银河上，窗含宝月重。九衢风起夜，处处有歌钟。何景明。何公号大复，信阳人。陕西提学副使。　七言：一枚煎饼补天穿。十方桂魄千门晓，万斛莲花一夜开。　自知年纪偏应少，先把屠苏不让春。倘更数年逢此日，还应惆怅羡他人。　老病行穿万马群，九衢人散月纷纷。归来一点残灯在，犹有传柑遗细君。苏东坡。　端门魏阙郁峥嵘，灯火城中辇路平。不待上林莺百啭，教坊先已进新声。秦少游。　鱼龙曼衍六街呈，金锁通宵启玉京。冉冉游尘生辇道，迟迟春箭入歌声。宝坊月皎龙灯淡，紫管风微鹤焰平。宴罢南端天欲晓，回瞻河汉尚盈盈。夏英公。　青帝东来日驭迟，暖烟轻逐晓风吹。罽袍公子樽前觉，锦帐佳人梦里知。雪圃乍开红菜甲，彩幡新剪绿杨丝。殷勤为作宜春曲，题向花笺帖绣楣。韦庄。　雪消华月满仙台，万烛当楼宝扇开。双凤云中扶辇下，六鳌海上驾山来。镐京春酒沾春宴，汾水秋风陋汉才。一曲升平人尽乐，君王又进紫霞杯。王珪。　此日此时人共得，一谈一笑倍相看。樽前柏叶休随酒，胜里金花巧耐寒。佩剑冲星聊暂拔，匣琴流水自须弹。早春重引江湖兴，直道无忧行路难。杜少陵。　高列千峰宝炬森，端门方喜翠华临。宸游不为三元夜，乐事还同万众心。天上清光留此夕，人间和气合春阴。要知尽庆华封祝，四十余年惠爱深。蔡君谟。　喜近元宵雪更晴，千门翠竹结高棚。珠帘半卷将团月，玉指初调未合笙。新放华灯连九陌，旧传金钥启重城。少年结伴嬉游去，遮莫鸡声下五更。《十三夜》。　灯光渐比夜来饶，人海鱼龙混暮潮。月照梅花青锁闼，烟笼杨柳赤阑桥。钿车过去抛珠果，宝骑重来听玉箫。共约更深归及早，大家明日看通宵。《十四夜》。　一派春声送管弦，九衢灯烛上薰天。风回鳌背星球乱，云散鱼鳞璧月圆。逐队马翻尘似海，踏歌人盼夜如年。归迟不属金吾禁，争觅遗簪与坠钿。《十五夜》。　次第看灯俗旧传，宝筝重按十三弦。人心未必今宵异，兔魄还如昨夜圆。尚觉繁华夸乐土，何须广乐听钧天。追欢独美儿童健，尽对梅花忆往年。《十六夜》。　绣帘窣地护轻寒，明月来迟凤蜡残。风扫烟花春烂熳，云沉星斗夜阑珊。醉敲马镫还家去，谁抱龙香隔夜弹。试看烧灯如白日，鳌山无影黑漫漫。《十七夜》。俱刘邦彦。　长安灯烛接烟霄，小酌清谈兴自饶。人世几能兼四美，月华况不减元宵。九衢罗绮骄春色，万户笙歌托圣朝。乍似火城催剑佩，晓来转觉汉宫遥。冯琢庵《咏十六夜》。　云霞骀荡晓光和，手折梅花对酒歌。暮齿不嫌来日短，霜髭较似去年多。东风渐属青阳候，流水微生绿玉波。鸟弄新音晴昼永，相看不饮奈春何。文徵明。　劳生九十漫随缘，老病支离幸自全。百岁几人登耄耋，一身五世见曾玄。只将去日占来日，谁谓增年是减年。次第梅花春满目，可容愁到酒樽前。前人。　空庭草色映帘明，短鬓春风细细生。檐溜收声残雪尽，空花落几晓寒轻。非贤宁畏蛇年至，多难欣占谷日晴。诗思搅人眠不得，山禽屋角有新声。前人。　东风依旧是天涯，坐对椒盘懒颂花。双阙未曾瞻日表，半生真觉负年华。宦情老去仍忧国，客况闲来倍忆家。稍喜青春堪作伴，故山遥指海边霞。冯琢庵。　及时膏雨已阑珊，黄道春泥晓未干。白面郎敲金镫过，红妆人揭绣帘看。管弦沸月喧和气，灯火烧空夺夜寒。咫尺凤楼开雉扇，玉皇仙仗紫云端。　轩后凝图玉律悬，尧阶授节下尧天。干草更记颁正月，宇宙争传历万年。漫讶阳春联紫极，回看象纬丽瑶编。皇舆此日宜无外，共庆神功格上天。陶石篑。陶公名望龄，会稽人。会元。　千户鳌山百仞堤，六龙飞共五云齐。笙箫响振钧天乐，灯烛光涵太乙藜。赐荔乱抛金阙下，传柑纷出御城西。微臣目极宫墙断，琼树瑶花思转迷。何栋如《元宵》。　词：帘幕东风寒料峭。雪里香梅，先报春来早。红蜡枝头双燕小，金刀剪彩呈纤巧。　旋暖金炉熏蕙藻。酒入横波，困不禁烦恼。绣被五更春睡好，罗帏不觉纱窗晓。欧阳忠《蝶恋花》。　一夜东风，不见柳梢（变）〔残〕①雪。御楼烟暖，对鳌山彩结。箫鼓向晚，凤辇初回（空）〔宫〕②阙。千门灯火，九（逵）〔街〕③风月。绣阁人人，乍嬉游、困又歇。艳妆初试，把珠帘

---

① 变，应作"残"。"四库全书"［明］陈耀文《花草粹编》卷一五引晁叔用《传言玉女》作"残"。
② 空，应作"宫"。"四库全书"［明］陈耀文《花草粹编》卷一五引晁叔用《传言玉女》作"宫"。
③ 逵，应作"街"。"四库全书"［明］陈耀文《花草粹编》卷一五引晁叔用《传言玉女》作"街"。

半揭。娇羞向人，手撚玉梅低说。相逢长是，上元时节。孙巨源[1]《传言玉女》。 紫禁烟花一万重，鳌山宫阙隐晴空。玉皇端拱彤云上，人物嬉游陆海中。 星转斗，驾回龙，五侯池馆醉春风。而今白发三千丈，愁对寒灯数点红。

二月，斗柄建卯，日在奎，昏弧中，旦建星中，日月会于降娄。是月也，日夜分，雷乃发声，始电，蛰虫启户。是月也，安萌芽，养幼少，存诸孤，择元日，命民社。耕者少舍，少舍，暂息也。乃修阖扇，门双曰阖，单曰扇。寝庙毕备，勿作大事以妨农。是月曰仲春，亦曰仲阳、如月、令月。社无定日，春社常在二月，秋社常在八月。自立春后五戊为春社，立秋后五戊为秋社。《群书要》语：择元日，命民社。如戊日立春、为春事，故祭以祈农，谓近春分前后戊日元吉也。立秋，本日不算。《左·昭二十九年》：晋太史蔡墨曰：共工氏有子曰句龙，能平水土，故祀以为社。《礼·祭法》：共工氏之霸九州也，其子曰后土，能平九州，故祀以为社。姚令威《丛语》又以杜诗《社日》用伏日事为误，然观《史记·年表》，秦德公始用伏日祠社，则知社伏原自同日，至汉方有春秋二社与伏分也。

占候。惊蛰：值朔日，主蝗灾。 春分：值朔日，岁歉，米贵。 社：在春分前，主岁丰；在春分后，主岁恶。谚云："社了分，米谷如锦墩；分了社，米贵遍天下。" 二月二日：见冰，主旱。

种植：谷、黍、稷、稷，即今橙。蜀秫、韭、椒、葱、夏萝卜、梨、瓠子、王瓜、丝瓜、菠菜、苦荬、苋宜晦日、山药、莴苣、稍瓜、茼蒿、生菜、茄、冬瓜、紫苏、四月芥、西瓜、香芋、银杏、十样锦、落花生、芝麻、莲藕、枸杞、剪春罗、黄精、决明、松、萱草、山丹、蜀葵、罂粟、荼蘼、柏、桑椹、红花、丽春、黄葵、金钱、剪秋罗、金凤、络麻、老少年。 移栽：蓖麻子、映山红、茄、莴苣、各色藤菜、甘露、雪梅堆、粟、百合、苦荬、薤、石榴、十姊妹、慈菇、木瓜、茱萸、甘菊、松、梧桐、葡萄、薄荷、黄精、牛旁、槐、紫荆、木槿、芙蓉、萱花、凌霄、杜鹃、桑、海棠、山茶、玉簪、迎春、玫瑰、菊、石竹、望江南、苎麻、芭蕉。 贴接：桃、李、梨、花红、梅、杏、柑、海棠、丁香、柿、栗、桑。 插压：雨水中埋诸般树木条皆活。石榴、芙蓉、栀子、梨、葡萄、瑞香、木槿、蔷薇。 壅培：木樨。 灌溉：樱桃、橙、芍药、牡丹、橘、瑞香。 收采：蒌蒿、蕨芽、板荞荞、笔管菜、白芨、荠菜、百合、马兰头、蚕豆苗、甘遂、薯蓣、王不留行、黄精、榆皮、人参、枸杞、蒲公英、黄檗、云母、云母有五色。蕺菜、白石英、石苇叶、白芷、白蔹、甘草、紫石英、狼毒根、麝香、猪苓、地黄、金银花、麦门冬、白术、当归、知母、天门冬、苎根、牛膝、香附、茯苓、诸药有日干，有阴干，须依法制。茯神、黄连、狗脊、藁本、茅香根、升麻、黄芩、紫苑、萆薢、金雀花、前胡、防己、大黄、巴戟天、秦皮、地榆、天雄、杜仲、丁香、柴胡、楝实、楝实即金铃子。蓬蒿、桂皮、虎杖。 整顿：去树裹，架葡萄。 田忌：天火卯，地火酉，九焦丑，粪忌戌，荒芜酉。

典故。卯，冒也。二月万物冒地而出，象开门之形，故二月为天门。《说文》。 仲

---

① 孙巨源，"四库全书"［明］陈耀文《花草粹编》卷一五引《传言玉女》署著者为"晁叔用"。叔用，晁冲之字，济州钜野（今山东巨野）人。北宋江西派诗人。

春后，率六宫献种稑之种于王。种，音童。稑，音陆。《周礼》。　岁二月，东巡狩，至于岱宗，柴望秩于山川，肆觐东后。五玉、三帛、二生、一死赘。协时月正日，同律度量衡。修五礼如五器，卒乃复。《尧典》。　仲春击土鼓，龡豳诗以逆暑。龡、吹同。逆，音迎。自外入内曰逆也。《礼·龠官》。　僖五年正月辛丑朔，日南至。公既视朔，遂登观台以望。而书，礼也。凡分、至、启、闭，必书云物，为备故也。《左传》。　唐李泌奏曰："以正月晦为节，非也。请以二月朔为中和节。"因赐。民间以青囊盛百谷瓜李果种相问遗，号献生子。令百官进农书，以示务本。　是月也，毋竭川泽，毋漉陂池，漉，音鹿，亦竭也。陂，音悲。毋焚山林。《月令》。　二月降鸎。降，下也。鸎、燕同。《大戴礼》。　二月祭鲔鱼。鲔，音委，乃鱼先至者也。《大戴礼》。　望杏而耕。以杏花开为候，恐阳气未达也。二月上丁日，释奠孔子。《唐·礼仪志》。　命大师陈诗以观民风。《礼》。　开元十九年，始置太公尚父庙。仲春上戊祭，制如文宣王，以古名将为十哲。《唐史》。　二月初旬，令百官休日选胜行乐。《唐制》。　仲春献鸠于国老。鸠，不噎助生气。惊蛰日以石灰掺门墙壁下，除诸狱虫蚁。　古者冠以仲春。　成王冠，周公使祝雍，祝王曰："使王近于民，远于年，啬于时，惠于财，亲贤使能，以承皇天嘉禄。"《大戴礼》。　司烜以木铎修火禁于国中用火之处，烜，音毁。及避风燥而防之。季春将出火也。《媒氏》：仲春，令民会男女，奔者不禁。奔者为妾，泆而奔者禁。《礼》。　二月之夕，女夷鼓歌，女夷，春夏长养之神。以司天和，以长百谷、禽兽、草木。《淮南子》。　二月十五日为花朝，为扑蝶会。蜀人又以是日鬻蚕于市，因作乐纵观，谓之蚕市。　每中和节，王公戚里上春服，士庶以刀尺相问遗。《唐纪》。　日夜分，则同度量，钧衡石，角斗甬，甬，音勇，斛也。概执以平量器者。正权概。《礼·月令》。　日月之行也，分同道也。《左传》注云："日夜等，故曰同道。"　玄鸟氏，玄鸟，燕也。春分来，秋分去。司分者也。《左传》。　日中星鸟以殷仲春，日中者，春分五十刻，于冬夏为中也。星鸟者，鹑火，为春分昏之中星是也。厥民析鸟兽孳尾。《虞书》。　鹈鴂，鹈鴂，音题厥。鸟名，关西曰巧妇，关东曰鹈鴂。春分鸣则众芳生，秋分鸣则众芳歇。服虔曰："鹈鴂一名鵙，鵙，音决。即伯劳也。"《唐韵》。　是月也，玄鸟至。至之日，以太牢祠于高禖。注云：燕以施生时，巢人堂宇而生乳，秋分归，春分至。古者以其至之日祠高禖之神，以祈嗣也。《月令》。　震，东方也，主春。春分日出，青气出东[1]震，此正气也。《易通卦验》。　封人掌设王之社壝，壝，音位。坛在中，其外为壝。为畿，封而树之。《周礼》。　《小宗伯》：社之日，莅卜来岁之稼。若家有大故，则令国人祭。《周礼》。　社，土地之主也。土地阔不可尽祭，故封土社以报功也。《孝经纬》。　《郊特牲》：社供粢盛，所以报本反始也。《礼》。　先王建社，遂艺树立坛。湛方生。　村社作中和酒，祭勾芒神，以祈年谷。《广记》。　《春官·舞师》：教帗舞，帗舞，以五色彩缯为之，乃舞者所执。帅而舞社稷之祭祀。《春官》：鬯人掌共秬鬯而饰之。凡祭祀，社壝曰[2]大罍。罍，音雷。社祭土用九罍，以罍出于土也。《周礼》。　二月祀大社之日，荐韭、卵于祖祢。《礼》。　社日，四邻并结综会社，为屋于社下，先祭神，然后享其胙。《岁时记》。　天子大社，以五色土为坛。封诸侯者，取方面土，苴以白茅授之，各以其方色，立社于其国，故谓之授茅土。《汉书》。　汉高

---

① 东，应作"直"。"四库全书"〔汉〕郑玄《易纬通卦验》下作"直"。
② 曰，应作"用"。"四库全书"《周礼注疏》卷一九作"用"。

祖初起，祷于枌榆社。四年，诏御史治枌榆社，春秋以羊彘祠之。及高祖即位，因太上皇思故丰里，乃置新丰县，徙故丰人实之，故曰新丰，并移枌榆旧社街衢栋宇，一如丰里旧制，虽鸡犬混放，亦知其家焉。《通典》。　　洪武三年二月，朝日于东郊。《乐律志》。　　嘉靖九年二月，始祈谷于南郊。同上。　　王者为群姓立社曰大社，自立社曰王社。诸侯为百姓立社曰国社，自立社曰侯社。大夫以下立社曰置社。王者、诸侯所以立社稷者，为万人求福报功也。《礼》。　　社必受霜露风雨，以达天地之气。社所以亲地也。供粢盛，所以报本返始。《史记》。　　《载芟》，春籍田而祈社稷也。《良耜》，秋报社稷也。《诗传序》。　　里闬立社，用洽乡党之欢。《唐·高祖纪》。　　用命赏于祖，不用命戮于社。注云社主阴，阴主杀。　　俗云社公社母不食旧水，故社日必有雨，谓之社公雨。　　汉高祖令州县以春二月及腊祀社稷以羊彘。《独断》。　　社日祭五谷之神。《神隐》。　　里中社，陈平为宰，分肉甚均。父老曰："善乎，陈孺子之为宰也！"平曰："使我得宰天下，亦如是肉矣。"《汉史》。　　东方朔字曼倩，为郎。社日诏赐从官肉，大官承旨日晏不来。朔独拔剑割肉，谓同官曰："社日当早归，请受赐。"即怀肉去。太官奏之。朔入，上问曰："赐肉，不待诏，何也？"令其自责。朔免冠谢曰："受赐不待诏，何无礼也！拔剑割肉，何壮也！割之不多，又何廉也！归遗细君，又何仁也！"上笑曰："使先生自责，乃反自誉！"复赐酒一石，肉百斤。《汉书》。　　大社二祭多差近臣。王岐公禹玉在两禁二十年，熙宁间为翰林学士，复被差，题诗于斋宫，曰："邻鸡三唱晓骖催，又向灵坛饮福杯。自笑治聋知不足，明年强健更重来。"《诗话》。　　俗传社日吃酒治耳聋。《贾氏谈录》。　　李昉为翰林学士，月给内酝。兵部李相涛，小字社翁，好滑稽，尝因春社寄昉诗："社翁今日没心情，为乏治聋酒一瓶。恼乱玉堂将欲遍，依稀巡到第三厅。"　　邴原避地辽东，得遗钱，拾以系树枝，从此系钱者众，谓之神树。原以由己而成淫祠，遂辨之。里中敛其钱，以为社供。《邴原别传》。　　唐贞元间遇中和节，赐百官宰臣以下金钱宴于曲江，谓之金钱会。杜诗："何时诏卜金钱会？暂醉佳人锦瑟傍。"　　李士谦宗族豪盛，二社会宴，饮醉喧哗。至士谦所，盛馔盈前，先设黍，曰："孔子称黍为谷之长，荀卿亦云食先黍稷，宁可违乎？"少长肃然，退相谓曰："既见君子，方觉吾徒不德。"《北史》。　　董龙，蓋屋人。家贫，与里人共祀社，众买牲牢，龙撰文以祭，祭毕分胙。众人不平，逐龙出。龙造泥饭祭于树下，将焚文，有白鼠衔文入地穴。掘之，获白金一斗。龙不自私，率众首官。县令贤之，奏闻旌表，其闾曰"义夫里"。　　昔巢氏时，二月二乞得人子归养之，家便大富。后以此日出野田采蓬艾，向门前以祭之，云迎富。《岁华纪丽》。　　二月八日，释氏下生之日，迦文成道之时，信舍之家建八关斋戒，车轮宝盖，七变八会之灯，故云今二月八日平旦，执香花绕城一匝，谓之行城。《岁时记》。《寿阳纪·梁陈典》曰：二月八日行城乐歌曰："皎镜寿阳宫，四面起香风。楼形若飞凤，城势似盘龙。"　　阮修字子宣，伐社树，或止之。修曰："若社而为树，伐树则社移；树而为社，伐树则社亡矣。"《纪丽》。　　《周礼·肆师职》曰：社之日，莅卜来岁之稼。郑虔注云：为取地财也。　　世尊见杀牛羊以为社，戒之曰："地狱满塞，正坐杀害，汝等何以为社？奉斋守戒，则获福无量矣。"《佛经》。　　王修字叔治。七岁，母以社日亡。来岁社时，修哭甚哀，邻里为之罢社。《魏史》。　　鲜于文宗七岁丧父。父以二月种芋时亡，年年此时对芋呜咽。　　张端为河南司录。府当祭社，买猪，已呈尹，猪突入端厅，即杀之。吏以白尹，尹问端，对曰："按律（诸）〔猪〕无故夜入人家，主人登时杀之，勿论。"尹大笑，为别市猪。《贡父诗话》。

丽藻。散语：四之日举趾。　四之日其蚤，献羔祭韭。　二月初吉。《诗》。　授时建命，备物陈仪。《文选》。　时维太平，日乃初吉。　作为令节，以殷仲春。　发挥阳和，幽赞生植。　仲序中和，仲序，谓仲春也。中和节，二月一日也。助发生之德，覃生育之恩。　助阴阳之交泰，表天地之和同。　当太平之昭代，属初吉之良辰。《岁华纪丽》。　瞻榆东皋，望杏开田。用凭戬谷，式永丰年。牛弘春。　启：节应佳辰，时登令月。和风拂迥，淑气浮空。走野马于桃源，飞少女于李径。花明丽日，光浮窦氏之机；鸟弄芳园，韵响王乔之管。敬想足下优游泉石，放旷烟霞。寻五柳之先生，琴尊雅兴；谒孤松之君子，鸾凤腾翮。成万世之良规，实百年之令范。但某席户幽人，蓬门下客。三冬勤学，慕方朔之雄才；万卷尝披，习郑玄之逸气。既而风尘顿隔，仁智并乖。非无衰侣之忧，诚有离群之恨。谨伸数字，用写寸诚。昭明太子。　诗五言：社瓮尔未尝。杜牧。　社雨报丰年。　田翁遭社日，邀我尝春酒。杜甫。　步辇千门出，离宫二月开。　几点社翁雨，一番花信风。陆龟蒙。　二月春来半，王家日渐长。高适。　江皋已仲春，花下复清晨。　布谷叫残雨，杏花开半村。魏子大。　农亩怀岁功，壶浆祝神釐。朱晦翁。　升坛预结礼，诘早肃分司。椒兰卒清酌，簠簋撤香萁。李叔远。　耗磨传兹日，纵横道未宜。但令不忌醉，翻是乐无为。　上月今朝减，流传耗磨辰。还将不时事，同醉俗中人。俱赵奂曦《耗磨日饮》。　东风生意闹，农圃正宜勤。稻种开包晒，菊苗依谱分。畤西晓耕雨，舍北暮锄云。莫待荒三径，归欤陶令君。《柳州月象》。　九农成德业，百祀发光辉。报效神如在，馨香旧不违。南翁巴曲醉，北雁塞声微。尚想东方朔，恢谐割肉归。杜甫。　陈平亦分肉，太史竟论功。今日江南老，他时渭北童。欢娱看绝塞，涕泪落秋风。鸳鸯回金阙，谁怜病峡中？首人。　铁马三军去，金关二月还。边愁归上国，春梦入阳关。池水琉璃净，园花玳瑁斑。岁华空自掷，愁黛不胜颜。沈佺期。　天气近寒食，村居远市朝。翠低新柳弱，红润稚花娇。听鸟频移榻，看云偶过桥。隔村春社至，曾赴野人招。张祥鸢。　七言：二月山城未见花。　春半如秋意转迷。　二月黄鹂飞上林，春城紫禁晓阴阴。　盍簪共结鸡豚社，一笑相从万事休。简斋。　穷郊二月初离别，独倚寒林嗅野梅。唐彦谦。　殿前明日中和节，连夜琼林赐舞衣。王建。　二月寒梅开满枝，素心宁与艳阳期。何大复。　竹笋才生黄犊角，蕨芽初长小儿拳。试寻野菜炊香饭，便是江南二月天。黄山谷。　白布长衫紫领巾，差科未动是闲人。麦苗含穗桑生葚，共向田头乐社神。韩文公。　鹅湖山下稻粱肥，豚栅鸡栖对掩扉。桑柘影斜春社散，家家扶得醉人归。张演。　江南二月试罗衣，春尽燕山雪尚飞。应是子规啼不到，故乡虽好不思归。周在。　南浦东冈二月时，物华撩我有新诗。含风鸭绿粼粼起，弄日鹅黄袅袅垂。王安石。　社下烧钱鼓似雷，日斜扶得醉人回。青枝满地花狼籍，知是儿孙斗草来。范至能。　庭前春鸟啄林鸣，红夹罗襦缝未成。今朝社日停针线，起向朱樱树下行。张籍。　熙熙丽日开青野，漠漠平畴散碧波。山鸟一声催布谷，绿杨阴里听农歌。陆平泉。　罗绮生香散隐霞，春光不让五侯家。东风二月苏堤路，树树桃花间柳花。曹大章。　二月寻芳已有期，横来风雨固难知。润添水榭千波涨，寒勒林花十日迟。晓匣气昏鸾不舞，宝弦声纵雁频移。伤春遗恨君须会，重暖山炉醋玉卮。宋公序。　千寻古栎笑声中，此日春风属社公。开眼已怜花压帽，放怀聊喜酒治聋。携刀割肉余风在，下瓦传神俚俗同。闻说已栽桃李径，隔溪遥认浅深红。李伯时。　　长安二月多香尘，六街车马声辚辚。家家楼上如花人，千枝万枝红艳新。帘间笑语自相闻，何人占得长安春？长安春色本无主，古来尽属红楼女。如今无奈杏园人，骏马轻车拥将去。薛逢。　　玉卯不吞龙嗜肉，燕子成儿去华屋。老栎半黄田鼓鸣，树下宰平谁似玉。茂陵长说泣秋风，王母惜传双翼绿。东方伏日思怀归，长饥不及侏儒腹。獭罴新烹白醪熟，奋衣地坐无拘束。骊山夜寒坑底哭，谩把漆书留冢竹。梅圣喻。　　二月郊南柳色春，淡云晴霭动芳辰。霏霏花气偏随酒，袅袅莺歌解和人。野舫醉乘明月渡，芳洲情与白鸥驯。武陵溪水深几许，笑逐桃花欲问津。曹大章。　　夹衣初薄暖初回，甲子山中又几回。看历始知春社到，敲门刚道故人来。细听时鸟留连语，笑指庭花次第开。时事不谈心共远，只凭清话送深杯。张祥鸢。

三月，斗柄建辰，日在胃，昏七星中，旦牵牛中，日月会于大梁。是月也，生气方盛，阳气发泄，句者毕出，句，音勾。萌者尽达，不可以内。是月也，时雨将降，下水上腾，巡行国邑，周视原野，修利堤防，导达沟渎，开通道路，毋有障塞，毋伐桑柘。是月曰季春，亦曰暮春、末春、晚春。上巳一曰上除，一曰元巳。《周礼》"女巫掌岁时，以被除疾病"，被，音弗。曰禊。禊，音异。禊者，洁也，于水上盥洁之也。巳者，祉也，邪疾已去，祈介祉也。去冬至一百五日，即有疾风甚雨，谓之寒食。齐人呼寒食为冷节，又曰熟食，又曰禁烟，野祭而焚纸钱。

占候。总占：有三卯宜豆，无则麦不收。　　三月：戌不温，民多寒热。月内有暴水，谓之桃花水，主多梅雨；无则无，雪不消则九月霜不降。　　清明：有水而浑，主高底田大熟，雨水调。　　朔日：值清明，草木茂；值谷雨，主年丰。　　三日：即上巳，听蛙声。上昼叫，上乡熟；下昼叫，下乡熟；终日叫，上下齐熟。声哑，低田熟；声响，低田涝。

种植。谷、芝麻、薏苡、棉花、白扁豆、黍、黑豆、御麦、豇豆、落花生、蚕豆、刀豆、红豆、葫芦、山药、茄、生菜、菠菜、莙菜、茼蒿、萝菖、葱、稴、瓠子、茭笋、稍瓜、沿篱、香芋、韭、王瓜、南瓜、冬瓜、菜瓜、蘘荷、茴香、姜、大豆、银杏、葡萄、薤、荸荠、笋、香菜、樱桃、枸杞、椒、土瓜、白苏、天茄、望江南、梨、菊、紫苏、薄荷、玫瑰、十样锦、藕、栗、牛旁、凤仙、山丹、红花、紫草、薇、百谷、鸡冠、石竹、罂粟、商陆、葵、独帚、萆麻子、决明、麻。　　移植：石榴、地黄、梧桐、杨梅、木瓜、海棠、柑、橘、夜合、冬青、宝相、桧、桑、橙、菱、木槿、丽春、玉簪、杉、槐、芙蓉、蔷薇、秋海棠、芭蕉、楮、栀子、水香、醒头香、紫荸。　　贴接：柑、柚、柿接桃、香橼、桐接栗、橙、橘、杏接梅、玉兰、枣。　　收采：藤花、椿芽、笔管菜、蒌蒿、蒲公英、槐芽、菊芽、金雀花、荠菜、黄楝芽、蕨芽、葵菜、藜菜、看麦娘、黄连芽、灰苋、薇菜、斜蒿、老鹳嘴、蓬蒿芽、葛花、水苔、紫草、车前叶、牛舌科、牛膝、王瓜、钩藤、天茄苗、雁儿肠、厚朴、紫花、荆芥、碎米荠、天门冬、狗脊、土瓜、泽兰、川芎芽、紫参根、芫花、白附子、紫葛根皮、紫背浮萍、防葵、谷精草、青箱茎叶、泽漆茎叶、夏枯草、芫荽实、小水萍、玄参、枣、羊踯躅、白薇根、防风芽、白木、艾、桑寄生、黄芩、射干根。　　整顿：开沟渠、修蜂窝、犁秧田、理花棚、收蚕沙、虎刺、浸稻、出菖蒲、锄蒜、拔蓬。　　田忌：天火午、九焦戌、地火申、粪忌辰、荒芜五。

制用。鸡鸣时，以隔宿冷炊汤洗瓶甑、饭箩、厨物，永无百虫之患。济世仁术。　　三月六日，日中洗头令人利官，身体光泽；夜沐浴，令无厄。初七日早暮浴，并招财延生。二十七日宜沐浴，令人神清气爽。　　酸浆水清明熟炊粟饭，乘热倾冷水中，以缸浸五七日，酸便好食。天热逐日看，才酸便用，如过酸则不堪用。　　清明取泉水造酒，可留久。　　清明前二三日，螺蛳浸水中，不拘多少，至清明日以水洒墙壁甃砌，去蜒蚰。《山居四要》。　　羊脯三月以后有虫，如马尾，有毒，杀人。　　勿食鸡子，终身昏乱。　　勿食血脾，季月土旺在脾。　　勿食鸟兽五脏及生果菜、五辛等物，大吉。　　勿食蛟龙鱼肉，令饮食不化，发宿病，神气恍惚。

典故。是月也，天子布德行惠，命有司发仓廪，赐贫穷，振乏绝。　　是月也，命百工审五库之量，金铁、皮革筋、角齿、羽箭干、脂胶丹漆，毋或不良。《月令》。　　命国傩，傩，音那。九门磔攘，磔，音责。以毕风气。乃合累牛腾马，游牝于牧，牺牲驹犊，举书其数。春盛，故合。累系之牛，腾跃之马，使牝就牡，游于牧地，俾孳生也。《月令》。　　文王受命九年，时维暮春，在鄗谓太子发曰："吾语女所保所守。守之哉，厚德广惠，忠信爱人，君子之行。山林非时，不升斧斤，以成草木之长；川泽非时，不入网罟，以成鱼鳖之长；不麛不卵，以成鸟兽之长。畋鱼以时，童不夭胎，马不驰骛，士不失宜。土可犯，财可蓄，润湿不可谷，树之竹、苇、莞、蒲，砾石不可谷，树之葛木，以为絺綌，以为财用。"　　郑国上巳于溱洧之上招魂续魄，秉兰草，祓除不祥。韩诗。　　汉仪，上巳，官及百姓皆禊于东流水上。　　魏以后，但用三日，不复有巳。《宋书》。　　唐人游赏曲江，莫盛于中和上巳节。　　天子肇置三令节，诏公卿群有司率厥官属饮酒以乐。三月初吉，实维其时，司业武公于是总太学儒官三十有六人，列燕于祭酒之堂。有一儒生，魁然其形，抱琴而来，历阶而升，坐乎樽俎之南，鼓有虞之《南风》，赓之以文王宣父之操。武公作诗歌以美之。韩退之。　　昔周公城洛邑，因流水以泛酒。故逸诗云："羽觞随波。"又秦昭王以三日置酒河曲，见金人奉水心之剑，曰"令君制有西夏"，乃霸诸侯，因此立为曲水。帝大悦，赐黄金五十斤。《束晳对晋武帝》。　　穆帝永和九年三月三日，王羲之与大帝孙统等四十有一人会于会稽山阴之兰亭，修禊事。酒酣，赋诗制序，用蚕茧纸、鼠须笔书，凡二十八行三百二十四字，字有重者皆构别体。《法书要录》。　　乐游园，汉宣帝所立。唐太平公主于原上置亭游赏。其地四望宽敞，每三月上巳、九月重阳，士女游戏，就此祓禊登高，幄幕云布，车马填塞，绮罗耀日，馨香满路，朝士词人赋诗，翼日传于京师。《西京记》。　　开皇元年三月三日，玄帝产母左胁，当生之时，瑞星覆国，天花散漫，异香纷然，身宝光焰，充满王国，土地皆变金玉。《启圣录》。　　净土树在鄠县南八里，三月开花如桃花，八月结实，状如小粟，壳中皆黄土。俗传鸠摩罗什憩此，覆其屦土中所生。《一统志》。　　三月三日，武帝登八公山刘安故台，望曰："城郭如匹练之绕丛花。"《宋书》。　　唐人上巳日在曲江倾都禊饮踏青。《辇下岁时记》。　　三月三日上踏青履。《岁时记》。　　《左传》："晋文公反国，赏从亡者。介之推不言禄，禄亦弗及。推遂与母偕隐而死。晋侯求之不获，以绵上为之田，绵上，河西介休县地。曰：'以志吾过。'"《史记》则曰："子推从者书宫门，有'一蛇独怨'之语。文公见其书，使人召之，则已入绵上山中。于是环山封之，名曰'介山'。"至刘向《新序》始云："子推怨于无爵，去之介山。文公待之，不出，谓焚其山宜出，遂不出而焚死。"《先贤传》则云："太原俗以介子推焚骸，一月寒食。"《(节)〔邺〕中记》云："并州俗冬至后一百五日，为子推断火冷食三日。魏武帝以太原、上党、西河、雁门皆沍寒之地，令人不得寒食。亦谓冬至后一百有五日也。"按《后汉·周举传》云："太原一郡旧俗以介子推焚骸，有龙忌之禁，每冬中辄一月寒食，莫敢烟爨。举为刺史，作吊书，置子推庙，言盛冬去火，残损民命，非贤者意，宣示愚民，使还温食。于是众惑稍解，风俗顿革。"然则所谓寒食，乃是冬中，非二三月间也。《容斋随笔》。 《周礼》："司烜氏仲春以木铎修火禁于国中。"为季春将出火也。然则禁火盖周之旧制，非为子推也。 《周礼》："四时变火。"唐惟清明取榆柳火以赐近臣戚里，宋朝惟赐大臣，顺阳气也。《春明退朝录》。 每岁清明，内园官小儿于殿前钻火，先得者进。上赐绢三四、金碗一口。寒食赐近臣帖绣彩球。《卢氏杂记》。 唐侍御郑正则《祠享仪》云："古者无墓祭之文，孔子许望墓以时祭祀。"《春秋左氏传》："革有适伊川，见被发于野而祭者，曰：'不及百年，此其戎乎！竟为陆浑氏。'" 汉光武初纂大业，诸将出征，有经乡里者，诏有司给少牢，令拜扫以为荣。曹公过乔玄墓致祭，其文凄怆。此亦寒食墓祭之一。 唐开元敕："寒食上墓，礼经无文。近代相传，寝以成俗。宜许上墓，同拜扫礼。" 柳宗元《书》："近世礼重拜扫，今已阙者四年矣。每遇寒食，则北向长号，以首顿地。想田野道路，士女遍满，皂隶庸丐，皆得上父母丘垄，马医夏畦之鬼，无不受子孙追养者。" 刘梦得《嘉话》云："为诗用僻字，须有来处。宋考功诗云'马上逢寒食，春来不见饧'，饧，米糖也。尝疑此字。因读《毛诗》，郑笺说吹箫处云'即今卖饧人家物'，故宋朝宋子京《寒食诗》云'草色引开盘马路，箫声吹暖卖饧天'，词致骚雅，胜考功远矣。"《青箱杂记》。 以面裹枣蒸食，谓之枣糕。蜀人遇寒食，用杨桐叶并细冬青叶染饭，色青而有光，食之资阳气，道家谓之青精乾饭食。饭，音信。今俗以夹麦青草捣汁，和糯米作青粉团，乌柏叶染乌饭作糕，是此遗意。 洛阳人家寒食日装万花舆，煮桃花粥。《金门岁节》。 江淮间寒食日，家家折柳插门。《岁时记》。 刘向《别录》："寒食蹴鞠，蹴，音踏。鞠音菊。黄帝所造，本兵势也。或云起于战国。" 北方戎狄至寒食为秋千戏，以习轻趫。后中国女子学之，乃以彩绳悬木立架，士女坐立其上，推引之，谓之秋千。或曰本山戎之戏，自齐威公北伐山戎，此戏始传中国。一云作千秋，字本出汉宫祝寿词，后世误倒读为秋千耳。《古今艺术图》。 《涅槃经》谓之胃索。《岁时记》。 天宝宫中至寒食节竞筑秋千，令宫嫔辈嬉笑以为乐，帝常呼为半仙之戏。《遗事》。 明皇乐民间清明节斗鸡戏，及即位，治鸡坊，索长安雄鸡，金尾、铁距、高冠、昂尾千数，养于鸡坊。选六军小儿五百，教饲之。时贾昌为五百小儿长，天子甚爱幸之，金帛之赐日至其家。又云明皇以乙酉生而喜斗鸡，是兆乱之象也。《东城父老传》。 清明新进士开宴，集于曲江亭。既彻[1]馔，则移乐泛舟，又有灯月打球之会。《东城父老传》。 唐制：春榜后赐宴曲江，随题名于慈恩寺雁塔。相传谓慈恩寺有巨雁集于庭，僧捕得，将烹食之。一老僧曰："此雁王也。"因

---

[1] 彻，通"撤"。

痤[①]之，造塔于上，名雁塔。　东坡在黄州梦参寥诵所作新诗，觉而记两句云："寒食清明都过了，石泉槐火一时新。"梦中曰："火固新矣，泉何故新？"答曰："俗以清明日淘井。"《志林》。　郑侠以言青苗得监在京安上门。会大旱，自十一月至于三月，流民大入京师，与城外饥民市麻糁麦麸为糜，或掘草根采木实以食，质妻鬻女，父子不保，拆屋伐桑，争货于市。侠乃绘为图，上疏言之，曰："陛下行臣之言，十日不雨，乞斩臣以正欺罔之罪。"　咸平中，王晦叔知益州。先是，张咏守蜀，季春粜粟米以济贫民。后改之，贫无所济。晦叔奏复之。民为谣曰："蜀守之良，先张后王。"　王济常解裓洛水。明日，或问："昨日游，有何语议？"王曰："张华善说《史》《汉》，裴逸民叙前言往行，历历可听。"《竹林七贤论》。　晋夏统，字仲御。母病，至洛市药。会三月三日，洛中王公以下莫不方驾连轸，并于南浮桥修禊。仲御在舡中曝所市药，见此辈，危坐不摇。《晋书》。　泰和六年三月三日，临流杯酒[②]，依东堂小会也。《晋起居注》。　三月三日，四民踏百草，今人因有斗百草之戏。郑谷诗云："何如斗百草，赌取凤凰钗。"《五色线》。　后汉梁商上巳日会客于洛水，酒酣，继以《薤露歌》。周举叹曰："哀乐失时，殃咎必至。"商旋果卒。《岁华纪丽》。　卢充三日临水傍戏，遥见水傍有犊车。充往开车户，见崔女氏并三岁儿共载，因抱儿还，赠充金碗，乃别。《搜神记》。　上巳日取黍麹和菜作羹，以厌时气。《岁时记》。　文公焚山求子推，时有白鸟从烟中毕。《拾遗记》。

丽藻。散语：莫春者，春服既成。《论语》。　嗟嗟保介，维莫之春。《诗》。　暮春三月，江南草长，杂花生树，群莺乱鸣。临川王宏。　上巳禊饮，肇自古昔。采兰祓除，尤称佳事，不知废自何时，迄今遂莫之举也。余家水乡胜地，不乏愿约一二同好，及此风日清美，驾言出游，临绿波，藉碧草，览芳物，听嘤鸣，娱情觞咏之中，寄想烟霞之外，便觉兰亭诸贤去人不远。《阅耕余录》。　维季春兮华色，麦含金兮方秀。梁伯鸾。　客里遥逢令节，城中不见繁华。南山漠漠烟远，清渭迢迢日斜。独树桃花自发，高楼燕子谁家。可惜年年春色，催人白发天涯。何大复。　临清川而嘉宴，聊假日以游娱。荫朝云而为盖，托茂树以为庐。好修林之蓊郁，乐草莽之扶疏。列肆筵而设席，祈吉神于斯途。酌羽觞而交酬，献遐寿之无疆。同欢情而悦豫，欣斯乐之恺慷。发中怀而弦歌，托情盛于宫商。阮瞻。　虚心定乎昏中，龙星正乎春辰。嘉勾芒之统时，宣太皥之威神。素冰解而泰液洽，玄獭祭而雁北征。迷蛰蠢动，万物乐生。依依杨柳，翩翩浮萍。桃之夭夭，灼灼其荣。繁华烨而耀野，炜芬葩而扬英。鹊营巢于高树，燕衔泥于广庭。睹戴胜之止桑，聆布谷之晨鸣。习习谷风，洋洋绿泉。丹霞横景，文虹竟天。傅玄。　序：永和九年，岁在癸丑，暮春之初，会于会稽山阴之兰亭，修禊事也。群贤毕至，少长咸集。此地有崇山峻岭，茂林修竹，又有清流激湍，映带左右，引以为流觞曲水，列坐其次。虽无丝竹管弦之盛，一觞一咏，亦足以畅叙幽情。是日也，天朗气清，惠风和畅。仰观宇宙之大，俯察品类之盛，所以游目骋怀，足以极视听之娱，信可乐也。夫人之相与，俯仰一世。或取诸怀抱，晤言一室之内；或因寄所托，放浪形骸之外。虽取舍万殊，静躁不同，当其欣于所遇，暂得于己，快然自足，曾不知老

---

① 痤，应作"瘗"。"四库全书"《陕西通志》卷九九《拾遗第二·琐碎》引《志林》作"瘗"。
② 酒，"四库全书"［明］彭大翼《山堂肆考》卷一〇《时令》引作"池"。

之将至；及其所之既倦，情随事迁，感慨系之矣。向之所欣，俯仰之间，以为陈迹，犹不能不以之兴怀，况修短随化，终期于尽！古人云："死生亦大矣。"岂不痛哉！每览昔人兴感之由，若合一契，未尝不临文嗟悼，不能喻之于怀。固知一死生为虚诞，齐彭殇为妄作。后之视今，亦犹今之视昔也，悲夫！故列叙时人，录其所述，虽世殊事异，所以兴怀，其致一也。后之览者，亦将有感于斯文。王羲之。 禊，逸礼也，《郑风》有之，盖取诸勾萌发达，阳景敷煦，握芳兰，临清川，乘和蠲洁，用徼介社，厥义存矣。晋氏中朝，始参燕享之乐。江右宋齐，又间以文咏。风流遂远，郁为盛集焉。若夫华林曲水，万乘之降也；兰亭激湍，专城之践也。而方伯之欢，未始前闻，以俟乎今辰。粤天宝乙未，暮春三月，河南连帅领陈留守李公，以政成务简，方国多暇，率府郡佐吏、二三宾客，禊饮于蓬池，备被除之礼也。梁有蓬池，前迤溦颍，右汇郭邑，渺弥沦涟，荡日澄天，舟楫是临，泛波景从。其左则遥原萦属，崇冈杰竦，嘉卉异芳，杂树连青，即为台亭，登眺斯在。尔乃郡曹颁镪以给费，县吏领徒而修顿，先夕以定议，诘朝而集事。是日方牧乃拥车徒，曳旌旆，卯出乎北牖，辰济乎南川。匪疾匪闲，翼翼闉阇，以税驾于东焉。然后降春流，颭彩舟，羽觞芳羞，缓舞清讴。援青𬜴，骇紫鳞，回环中汀，缅望南津。饮于巳，酣于未，歌乐只，赋既醉。坐阑而靡怠，日入而未阕，陶陶乎有以表胜境佳辰之具美。名公好事之厚意，下客不敏，闻于前载曰："夫德洽礼成，则咏歌系之。"梁故魏也，请皆赋诗志焉。萧颖士。 观夫天下四方，以宇宙为城池；人生百年，用林泉为窟宅。虽朝野殊致，出处异途，莫不拥冠盖于烟霞，披薜萝于山水。况乎山阴旧地，王逸少之池亭；(水)〔永〕①兴新交，许玄度之风月？琴台寥落，犹停隐遁之宾；酿渚荒凉，尚遍逢迎之客。仙舟溶裔，若海上之槎来；羽盖参差，似辽东之鹤举。或昂骐骥，或泛飞凫，俱安名利之场，各得逍遥之地。而上属无为之道，下栖玄邈之风。永淳二年，暮春三月，迟迟风景，出没媚于郊原；片片仙云，远近生于林薄。杂花争发，非止桃蹊；群鸟乱飞，有逾鹦谷。王孙春草，处处争鲜；仲阮芳园，家家并翠。于是携旨酒，列芳筵，先祓禊于长洲，却申交于促席。良谈吐玉，长江与斜汉争流；清歌绕梁，白云将红尘并落。他乡易感，增凄恨于兹辰；羁客何情，更欢娱于此日。加以今之视昔，已非昔日之欢；后之视今，亦是今时之会？人之情也，能不应乎？且题姓字，以表襟怀。使夫会稽竹箭，则推我于东南；昆阜琳琅，亦归予于西北。王勃《三月上巳祓禊序》。 仆不游于兹十有五年矣。心由物感，退矣不忘；迹为事牵，近而难挹。南阳宗邕，文通学古，器重名高，令君有奉倩象贤，丞相生玄成迈德，暮春修以文之会，上巳邀禊祓之游。乃结搢绅，撰清晨，殷殷辚辚，敲雾惊尘，望于昆明之滨。观其大浸川陆，博资畿甸，凫鹥发海，来往沉浮；日月丽天，东西出入。千年珍馆，无复豫章；四面金堤，仍同树杞。是日也，驾肩错毂，备朝野之欢娱；祢服靓妆，匝都城之里闬。翠幕星布，锦帆霞属，余沥下醉于绚人，新声远聒于川后。纵目遐览，识皇代之承平；得意同归，有吾侪之行乐。高明一座，桂树丛生，君子肆筵，玉山交映。束皙以言谈得俊，张华以《史》《汉》先鸣，登旨酒而无荒，弦清琴而自逸。于是涉连榻，命孤舟，桃水涨而浦红，蘋风摇而浪白。逼匡阜兮遵彭

---

① 水，应作"永"。"四库全书"〔唐〕王勃《王子安集》卷四《三月上巳被禊序》作"永"。

蠡，邈矣载浮；指衡岳而超洞庭，眇焉疑到。曲岛之光灵乍合，神鬼密游；中流之萍藻忽开，龟鱼潜动。晞镂鲸而鼓棹，共看烧劫之灰；历牵牛而问津，欲取支机之石。晴光划野，有象而必形；夕阳照山，无奇而不见。思溢今古，心摇草木。汉家城阙，遗之以杂霸之风；秦塞膏腴，润之以太平之色。景穷胜践，归限严闉。思染翰于上林，愿挥戈于蒙汜。主称未醉，唯见马驻浮云；宾共少留，自有鱼衔明月。宫商待叩，群公之获助已多；序引先题，下走之求蒙不逮。请授素幅，以颂佳游，使一时之兴咏遥存，千古之姓名常在。宋之问《上巳泛舟昆明池宴宗主簿席序》。 启：景逼徂春，时临变节。啼莺出谷，争传求友之音；翔蕊飞林，竞散佳人之屧。鱼游碧沼，疑呈远道之书；燕语雕梁，状对幽闺之语。鹤带云而作盖，遥笼大夫之松；虹跨涧以成桥，远现美人之影。对兹节物，宁不依然。敬想足下，声驰海内，名播云间。持郭璞之毫鸾，词场月白；吞罗含之彩凤，辩圃日新。某山北逸人，墙东隐士。龙门退水，望冠冕以何年；鹢路颓风，想簪缨于几载。既违语默，且阻江湖。聊寄八行之书，代申千里之契。昭明太子。 赋：夫何三春之令月，嘉天气之氤氲。和风穆而布畅，百卉晔而敷芬。川流清泠以汪濊，原隰葱翠以龙鳞。游鱼澹滪于渌波，玄鸟鼓翼于高云。美节庆之动物，悦群生之乐欣。幸新服之既成，将襖除于水滨。于是缙绅先生，肃俦命友。携朋接党，冠童八九。主希孔墨，宾慕颜柳。临崖咏吟，濯足挥手。乃至都人士女，奕奕祁祁。车驾岬嵑，充溢中逵。粉葩翕习，缘阿被湄。振袖生风，接衽成帏。若夫权戚之家，豪侈之族。采骑齐镳，华轮方毂。青盖云浮，参差相属。集乎长州之浦，曜乎洛川之曲。遂乃停舆蕙渚，税驾兰田。朱幔虹舒，翠幕蜺连。罗樽列爵，周以长筵。于是布椒醑荐柔嘉，祈休吉蠲百疴。漱清源以涤秽兮，揽绿藻之纤柯。浮素卵以蔽水兮，洒玄醪于中河。张协。 臣闻尧以仲春之月刻玉而游河，舜以甲子之朝披图而巡洛。夏后瑶台之上，或御二龙；周王玄圃之前，犹骖八骏。我大周之创业也，南正司天，北正司地，平九黎之乱，定三危之罪。云纪御官，鸟司从职，皇王有秉历之符，玄珪有成功之瑞。岂直天地合德，日月光华而已哉！皇帝以上圣之姿，膺下武之运，通乾象之露，启神明之德。夷典秩宗，见之三礼；夔为乐正，闻之九成。克己备于礼容，威风总于戎政。加以卑躬菲食，皂帐绨衣，百姓为心，四海为念。西郊不雨，即动皇情；东作未登，弥回天眷。兵革无会，非有待于丹乌；宫观不移，故无劳于白燕。银瓮金釭，山车泽马。岂止竹苇两草，共垂甘露；青赤三气，同为景星。雕题凿齿，识海水而来王；乌戈黄皮，验东风而受吏。于时玄鸟司历，苍龙御行；羔献冰开，桐叶萍生。皇帝幸于华林之园，玉衡正而太阶平，闾阖开而勾陈转。千车雷动，万骑云屯。落花与芝盖同飞，杨柳共春旗一色。乃命群臣，陈大射之礼。虽行祓襖之饮，即用春蒐之仪。止立行宫，裁舒帐殿。阶无玉璧，既异河间之碑；户不金铺，殊非许昌之赋。洞庭既张，《承云》乃奏。《驺虞》九节，《狸首》七章。正饰五彩之云，壶宁百福之酒。唐弓九合，冬干春胶。夏箭三成，青茎赤羽。于是选朱汗之马，校黄金之勒。红阳、飞鹊，紫燕、晨风，唐成公之骕骦，海西侯之千里，莫不饮羽衔竿，吟猿落雁。钟鼓震地，埃尘涨天。酒以墨行，肴由鼎进。彩则锦市俱移，钱则铜山合徙。太史听鼓而论功，司马张旃而赏获。上则云布雨施，下则山藏海纳，实天下之至乐，景福之欢欣者也。既若木将低，金波欲上，天颜惟穆，宾歌既醉。虽复暂离北阙，聊宴西城，即同酆水之朝，更是岐山之会。小臣不佞，奉诏为文，以管窥天，以蠡酌海，盛德形容，岂陈梗概？岁次昭阳，月在大梁。其日上巳，其时少阳。春史司职，青祇效祥。征万骑于平乐，开千门于建章。属车酾酒，复道焚香。皇帝翊四围于帝闲，回六龙于天苑，对宣曲之平林，望甘泉之长坂。华盖平飞，凤鸟细转。路直城遥，林长骑远。帷宫宿设，帐殿开筵，傍临细柳，斜盖宜年。开鹤列之阵，靡鱼须之旃。行漏抱刻，前旌载鸢。河湄薙草，渭口浇泉。珊云五色，的晕重圆。阳管既调，春弦实抚。总章协律，成均树羽。翔凤为林，灵芝为圃。草衔长带，桐垂细乳。鸟啭歌来，花浓云聚。玉律调钟，金镎节鼓。于是咀衔拉铁，逐日追风。并试长楸之埒，俱下兰池之宫。鸣鞭则汗赭，入埒则尘红。既观贤于大射，乃颁政于司弓。变三驱而画鹿，登百尺而悬熊。繁弱振地，铁骊蹋空。礼正六耦，诗歌九节。七札俱穿，五豝同穴。弓如明月对埒，马似浮云向埒。雁失群而行断，猿求林之路绝。控玉勒而摇星，跨金鞍而动月。乃有六郡良家，五陵豪选，新回马邑之兵，始罢龙城之战。将军戎服，来参武宴，尚带流星，犹乘奔电。始听鼓而唱筹，即移竿而标箭。马喷沾衣，尘惊洒面。石堰水而浇园，花乘风而绕殿。熊耳刻杯，飞云画罍。水衡之钱山积，织室之锦霞开。司筵赏至，酒正杯来。至乐则贤乎秋水，欢笑则胜上春台。既而日下泽宫，筵阑相圃，怅从跸之留欢，眷回銮之余舞。欲使石梁衔箭，铜山饮羽。横弧于楚水之蛟，飞镞于吴亭之虎。况复恭己无为，《南风》在斯，非有心于蜓翼，岂留情于戟伎？惟观揖让之礼，盖取威雄之仪。庾信《三月三日华林马射赋》。　歌行：寒食家家出古城，老人看屋少年行。丘垄年年无旧道，车徒散行入衰草。牧童驱牛下冢头，畏有人家来洒扫。远人无坟水头祭，还引妯娌望乡拜。三日无火烧纸钱，纸钱那得到黄泉。但看垄上无新土，此中白头应无主。王建。　东风吹云海天黑，饥龙冻雨愁不滴。嗔雷隐隐愁烟白，宿露无光瑶草寂。东皇染花满春国，天为花迷惜春色。呼云琐月恐红蔫，几日春阴养花魄。悠悠远絮萦空掷，愁思纤春挽不得。高楼去天无几尺，远岫参差（辞）〔乱〕屏碧。欧文忠。　三月三日天气新，长安水边多丽人。态浓意远淑且真，肌理细腻骨肉匀。绣罗衣裳照暮春，蹙金孔雀银麒麟。头上何所有？翠为蔺叶垂鬓唇。背后何所见？珠压腰衱稳称身。就中云幕椒房亲，赐名大国虢与秦。紫驼之峰出翠釜，水精之盘行素鳞。犀筋厌饫久未下，鸾刀缕切空纷纶。黄门飞鞚不动尘，御厨络绎送八珍。箫鼓哀吟感鬼神，宾从杂遝实要津。后来鞍马何逡巡，当轩下马入锦茵。杨花雪散覆白蘋，青鸟飞去衔红巾。炙手可热势绝伦，慎莫近前丞相嗔！杜甫。　东（见）〔风〕芳草长，寒食春茫茫。家人掩门去，鸡犬自相将。原头簇簇柳与花，行人往来长叹嗟。旧坟新冢累累是，列钱浇酒何人家？桑上鸣鸠唤山雨，雨脚萧萧山日暮。归来门巷正春寒，花底残红落无数。北里悲啼夜未休，清弦脆管起南楼。古今歌哭何时尽？芳草白杨春复秋。去年巧笑秋千女，今年嫁作东家妇。彩绳画柱似当年，只有朱颜不如故。百人学仙无一成，麻姑不见但闻名。万斛春醪须痛饮，江边渔父笑人醒。张文潜。　鸟啼鹊噪昏乔木，清明寒食谁家哭？风吹旷野纸钱飞，古墓累累春草绿。棠梨花映白杨树，尽是死生离别处。冥漠重泉哭不闻，萧萧暮雨人归去。白乐天。　著处繁华矜是日，长沙千人万人出。渡头翠柳艳明眉，争道朱蹄骄啮膝。此都好游湘西寺，诸将亦自军中至。马援征行在眼前，葛强亲近同心事。金镫下山红日晚，牙樯捩拖青楼远。古时丧乱皆可知，人世悲欢暂相遣。弟侄虽存不得书，干戈未息苦离居。逢迎少壮非吾道，况乃今朝更被除。杜子美。　长短句：考吉日，简良辰，被除解禊，（同）〔司〕会洛（临）〔滨〕。妖童婉女，喜游河曲，或振纤手，或濯素足。（滨）〔临〕清流，坐沙场，列罍樽，飞羽觞。成公绥。　四言：（时）〔矧〕乃暮春，时物芳衍。滥觞逶迤，周流兰殿。礼备朝容，乐（阗）〔阕〕夕宴。谢灵运。　五言：春晚绿野秀。谢灵运。　岂无青精饭，使我颜色好。杜甫。　圆明清飺饭，飺，音信。光润碧霞浆。郑畋。　晴风吹柳絮，新月起厨烟。贾岛。　桃花生玉涧，柳叶暗金沟。庾肩吾。　杏粥犹堪食，榆羹已稍煎。韦应物。　留饧合冷粥，出火煮新茶。白乐天。　岭外逢寒食，春来不见饧。洛中新甲子，何日是清明？沈佺期。　绿暗连村柳，红明委地花。画梁初看燕，废沼已鸣蛙。陈后山。　马上逢寒食，途中属暮春。可怜江浦望，不见洛桥人。宋之问。　禁苑春晖丽，花溪绮树装。缀条深浅色，点露参差光。向日分千笑，迎风共一香。如何迁岭侧，独秀陷遥芳。俱张正见。　普天皆灭焰，匝地尽藏烟。不知何处火，来就客心然。沈佺期。　春晚思悠哉，花叶自相催。漠漠空中去，何时天际来？刘禹锡。　习习谷风兴，回回景云飞。青天敷翠彩，朝日含丹晖。傅玄。　春暮越江边，春阴寒食天。杏花香麦粥，柳絮伴秋千。酒是芳菲节，人当桃李年。不知何处恨，已解入筝弦。柳中庸。　上巳接寒食，莺花寥落晨。微微泼火雨，草草踏青人。竟似三秋景，清无九陌尘。与余同病者，对此合伤神。唐彦谦。　连骑游南浦，方舟泛绿波。日华云际薄，春色水边多。兰渚容樽俎，花林映绮罗。被除期又逼，奈此宿醒何。王荆公。　令节家家柳，孤踪处处蓬。纸惊他冢白，花怯故园红。勋业山中道，春愁雨后风。兰亭有高兴，郤谢耿深衷。王晔。　仁风导和气，勾芒御昊清。姑洗应时月，元祀启良辰。密云映朝日，灵雨洒微尘。飞轩游九陌，置酒会众宾。张华。　九重驰道出，三巳禊堂开。画鹢中川动，青龙上苑来。野花飘御座，河柳拂天杯。日晚迎祥处，笙镛下帝台。沈佺期。　巳日帝城春，倾都被禊辰。停车须傍水，奏乐要惊尘。弱柳障行骑，浮桥拥看人。犹言日蚤晚，更向九龙津。崔颢。　消渴游江汉，羁栖尚甲兵。几年逢熟食，万里逼清明。松柏邙山路，风花白帝城。汝曹催我老，回首泪纵横。　寒食江村路，风花高下飞。汀烟轻冉冉，竹日静晖晖。田父要皆去，邻家问不违。地偏相识尽，鸡犬亦忘归。杜甫。　清明千万家，处处是年华。榆柳芳晨火，梧桐分日花。祭日结云骑，游陌拥香车。惆怅田郎去，原迥烟树斜。杨巨源。　卜洛成周地，浮杯上巳筵。斗鸡寒食下，走马射堂前。垂柳金堤合，平沙翠幕连。不知王逸少，何处会群贤。孟浩然。　上巳余风景，芳辰集远坰。湖光迷翡翠，草色醉蜻蜓。鸟弄桐花日，鱼翻谷雨萍。从今留胜会，谁看画兰亭。　碧草晴川丽，游人兴渺然。岁时聊杖屦，儿女更秋千。沙白孤城日，山青万井烟。风花暮无数，片片落（可）〔河〕①边。俱张又新。　慢阴通碧砌，日影度城隅。崖柳垂长叶，窗桃落细株。花留蝴蝶粉，竹曒蜻蜓珠。赏心无与共，染翰独踟蹰。　小雨作寒②食，东风吹散丝。翠沾杨柳眼，红湿海棠枝。细草香生榻，新流绿满池。小亭花正好，曾与故人期。　小窗一夜雨，新水晓平池。翡翠衔红蕊，鸳鸯戏绿漪。村中农圃社，案上韦陶诗。不谓沉溟者，翻能傲鼎彝。俱张祥

---

① 可，应作"河"。"四库全书"〔明〕何景明《大复集》卷一七《五言律诗八十二首》引《清明》作"河"。
② 寒，底本为空白，据"四库全书"《宋金元明四朝诗·明诗》卷五八《五言律诗九》引张祥鸢《寒食》补。

莺。　喜值清明节，踏青野兴同。孤亭留客雨，满院落花风。余润含新绿，残阳射晚虹。近寒拼一醉，促骑过烟丛。方九功。　丽日属元巳，年芳具在斯。开花已匝树，流莺复满枝。洛阳繁华子，长安轻薄儿。东出千金堰，西临雁鹜陂。清晨戏伊水，薄暮宿兰池。宁忆春蚕起，日暮桑欲萎。沈约。　妍英弄芳意，丽色含春姿。物华浩无涯，骀荡东风吹。东风日以熙，草色日以滋。青春万里道，游子有所思。浮云漏白日，宿露朝已晞。攀条惜婉丽，忽得瑛琼枝。芳踪未有托，暮景已西驰。菁华难复恃，结花聊自怡。文衡山。　芳年多美色，丽景复妍遥。握兰惟是旦，采艾亦今朝。回沙溜碧水，曲岫散桃夭。绮花非一种，风丝乱百条。云起相思观，日照飞虹桥。繁华炫姝色，燕赵艳妍妖。金鞍汗血马，宝髻珊瑚翘。兰馨起縠袖，莲锦束琼腰。相看隐绿树，见人还自娇。玉袿鸣罗荐，渠枕泛回潮。洛滨非拾羽，满握讵贻椒。梁简文帝。　三月草萋萋，黄鹂歇又啼。柳桥晴有絮，沙路润无泥。禊事修初毕，游人到欲齐。金钿耀桃李，丝管骇凫鹥。转岸回船尾，临溪簇马蹄。闹于（杨）〔扬〕子渡，踏破魏王（提）〔堤〕。妓接谢公宴，诗陪荀令题。舟同李膺泛，醴为穆生携。水引春心荡，花牵醉眼迷。尘街从鼓动，烟树任鸦栖。舞急红腰旋，歌迟翠黛低。夜归何用烛，新月凤楼西。白居易。　七言：楚乡寒食橘花时。刘禹锡。　雨中寒食空斋冷。韦应物。　粥香饧白杏花天。李义山。　火冷饧稀杏粥稠。且将新火试新茶。俱苏东坡。　帘幕千家锦绣垂。秦少游。　点点花飞春事晚，青青芳草暮愁生。谢无逸。　一百五日寒食雨，二十四番花信风。徐师川。　楝花开后风光好，梅子黄时雨意浓。　早禾秧雨初晴后，苦楝花风吹日长。　沾衣欲湿杏花雨，吹面不寒杨柳风。南上人。　江边石上谁知处，绿战红酣别是春。李太白。　杏酪渐香邻舍粥，榆烟欲变旧炉灰。崔鲁。　人为子推初禁火，花愁青女再飞霜。《文苑英华》。　翠浪有声黄伞动，春风无力彩旌垂。张文潜。　已着单衣犹禁火，海棠花下怯黄昏。王介甫。　杯盘饧粥春风冷，池馆榆钱夜雨新。欧文忠。　东风也作清明意，开遍来禽一树花。陈简斋。　落花游丝白日静，鸣鸠乳燕青春深。蜀国曾闻子规鸟，宣城还见杜鹃花。一叫一回肠一断，三春三月忆三巴。李白。　糁径杨花铺白毡，点溪荷叶叠青钱。笋根稚子无人见，沙上凫雏傍母眠。二月已破三月来，渐老逢春能几回？莫思身外无穷事，且尽生前有限杯。杜甫。　东风波火雨新休，异尽春泥扫雪沟。走马挟车当御路，汉阳公主谢鸡球。熊持螯。　小院无人雨长苔，满庭修竹间疏槐。春愁兀兀成幽梦，又被流莺唤醒来。杜牧。　雨前初见花间蕊，雨后全无叶底花。蜂蝶纷纷过墙去，却疑春色在邻家。王驾。　春城无处不飞花，寒食东风御柳斜。日暮汉宫传蜡烛，轻烟散入五侯家。韩翃。　初过寒食一百六，店舍无烟宫树绿。念奴觉得又连催，特敕宫中许燃烛。元微之。　莺娇燕點弄风烟，士女儿童满野田。草色浅深围幄幕，花枝上下逐秋千。刘禹锡。　恻恻轻寒剪剪风，杏花飘雪小桃红。夜深斜搭秋千索，楼阁朦胧细雨中。　清江碧草两悠悠，各自风流一种愁。正是落花寒食雨，夜深无伴倚空楼。俱韩（渥）〔偓〕。　朝来新火起新烟，湖色春光净客船。绣羽冲花他自得，红颜骑竹我无缘。杜甫。　小醉初醒过别村，数家残雪拥篱根。枝头有恨梅千点，溪上无人月一痕。吴可。　一春无事又成空，拥鼻微吟半醉中。夹道桃花新过雨，马蹄无处避残红。　小白长红又满枝，筑球场外好支颐。春风自是人间客，主管繁华得几时。晏原叔。　宝马香车清渭滨，红桃碧柳禊塘春。皇情尚忆垂竿佐，天祚先垂捧剑人。沈佺期。　三月正当三十日，风光别我苦吟身。共君今夜不须睡，未到五更犹是春。贾岛。 未敢分明赏物华，十年如见梦中花。故人过尽衡门掩，独自凭栏到日斜。崔涂。 滩激金沙过枕前，雨丝斜织曲尘烟。绿杨红杏宜寒食，紫燕黄鹂聒昼眠。僧楚。 萧萧三月闭柴荆，绿叶阴阴忽满城。自是老来游兴少，春风何处不堪行。王安石。 北城寒食烟花微，落花蝴蝶作团飞。王孙出游乐忘归，门前骢马紫金羁。苏轼。 万绿丛中春色分，妖娇泡露郁氤氲。秋千动处飘红袖，点破青天一片云。李载。 近寒食雨草凄凄，着麦苗风柳映堤。早是有家归未得，杜鹃休向耳边啼。 满街杨柳绿丝烟，尽出清明三月天。好是隔年花树动，女郎撩乱送秋千。韦庄。 梦入故园千里远，觉来寒食在并州。垂杨不是相思树，那得花开便白头？浦源。 深院沉沉独掩扉，忽闻啼鸟泪沾衣。江南三月春将尽，何事征人尚未归。黄卯锡。 安乐窝中三月期，老来才会惜芳菲。美酒饮教微醉后，好花看到半开时。邵雍。 东城酒散夕阳迟，南北秋千寂寞垂。人与长瓶卧芳草，风将急管度青枝。王介甫。 春阴垂野草青青，时有幽花一树明。晚泊孤舟古祠下，满川风雨看潮生。苏子美。 无花无酒过清明，兴味都来似野僧。昨日邻翁乞新火，晓窗分与读书灯。魏野。 茆屋泥香燕子飞，东风日暖谷莺啼。游人漫自穿花柳，别有春光在竹西。文衡山。 素衣不染帝京城，出阁看春已暮春。我自倦游君未遇，杨花如雪送归人。冯琢庵。 太平风物是京华，白马黄衫七宝车。寒食斗鸡归去晚，院门新月印梨花。陈眉公。 即看燕子入山扉，岂有黄鹂历翠微？短短桃花临水岸，轻轻柳絮点人衣。春来准拟开怀久，老去亲知见面稀。他日一杯难强进，重嗟筋力故山违。 暮春三月巫峡长，晶晶行云浮日光。雷声忽送千峰雨，花气浑如百和香。黄莺过水翻回去，燕子衔泥湿不妨。飞阁卷帘图画里，虚无只少对潇湘。 佳辰强饮食犹寒，隐几萧条戴鹖冠。春水船如天上坐，老年花似雾中看。娟娟戏蝶支闲慢，片片轻鸥下急湍。云白山青万余里，愁看直北是长安。俱杜甫。 早是阳春暮雨天，可堪芳草更芊芊。内宫初赐清明火，上相闲分白打钱。紫陌乱嘶红叱拨，绿杨高影画秋千。游人记得承平事，暗喜风光似昔年。韦庄。 古今春过知多少，人不留春头白早。君欲留春心可知，为君更赋留春诗。留春莫只留花住，花老春风亦随去。孰若芝兰看不歇，亭下长如二三月。杨次公。 鱼钥侵晨放九门，天街一骑走红尘。桐华应候催佳节，榆火推恩忝侍臣。多病正愁饧粥冷，清香但爱蜡烟新。自怜贯识金莲烛，翰苑曾经七见春。 一雨初消九陌尘，采兰修禊及芳辰。恩深始锡龙池宴，节正须知凤历新。红琥珀传杯潋滟，碧琉璃莹水齑沧。上林未放花齐发，留待鸣鹢出紫宸。 饧饮初逢禊节佳，昆池新涨碧无瑕。九门寒食多游骑，三月春阴正养花。共喜流莺修故事，自怜双鬓惜年华。凤城残照归鞍晚，禁苑无风柳自斜。俱欧文忠。 兰陵士女满晴川，郊外纷纷拜古埏。万井间阎皆禁火，九原松柏自生烟。人间后事悲前事，镜里今年老去年。介子终知禄不及，王孙谁有一相怜。郭郧。 朝光瑞气满官楼，彩纛鱼龙四面稠。廊下御厨分熟食，殿前香骑逐飞球。千官尽醉犹教坐，百戏皆呈未放休。共喜拜恩侵夜出，金吾不敢问行由。张籍。 海棠时节又清明，尘敛烟收雨乍晴。几处青帘沽酒市，一竿红日卖花声。彩球时向梭门过，绣毂遥随辇路行。日暮人人醉归去，熙熙春物见升平。曹组。 画架双裁翠络偏，佳人春戏小楼前。飘扬血色裙拖地，断送玉容人上天。花板润沾红杏雨，彩绳斜挂绿杨烟。下来闲处从容立，疑是蟾宫谪降仙。可正平。 三年寒食住京华，寓目春风万万家。金络马衔原上草，玉钗人折路傍花。轩车竞出红尘合，冠盖争回白日斜。谁念都门两行泪，故园寂寞在长沙。胡曾。　暖风芳草竟芊绵，多病多愁负少年。弱柳未胜寒食雨，好花争奈夕阳天。溪边物色堪图画，林畔莺声似管弦。独有离人开泪眼，强凭杯酒亦潸然。张泌。　柳带东风一向斜，春阴澹澹蔽人家。有时三点两点雨，到处十枝五枝花。万井楼台疑绣画，九原珠翠似烟霞。年年今日谁相问，独卧长江泣岁华。李山甫。　几度春山共陆郎，清明时节好风光。细穿绿苧船头滑，碎踏残花屐齿香。风急岭南飘迥野，雨余田水落芳塘。不堪吟罢东回首，满耳蛙声正夕阳。来鹏。　莺啼燕语画楼东，丽日轻云护绮栊。香篆暖飘烟缕碧，花房晴滴露珠红。缠绵客思王孙草，摇荡春光少女风。暗想多情惟落絮，时时飞入翠帘中。曾子启。曾公名棨，永丰人。状元，少詹事。　郭外青烟柳带柔，洞庭西去水悠悠。故人不见沙棠楫，燕子齐飞杜若洲。日落晚风吹宿酒，天寒江草唤新愁。佳期寂寞春如许，辜负山花插满头。　三月春光积渐微，不须风雨也应归。与人又作经年别，回首空惊昨梦非。江燕引雏芳草满，林莺出谷杏花稀。沈郎别有伤情地，不为题诗减带围。俱文徵明。　才喜新春已莫春，夕阳吟杀倚楼人。锦江风散霏霏雨，花市香飘漠漠尘。今日尚追巫峡梦，少年应遇洛川神。有时自患多情病，莫是生前宋玉身。韦庄。　无聊独坐意徘徊，记得春来春又催。几片落花门尽掩，数声啼鸟梦初回。微风入幕红消篆，细雨收阶绿长莓。弱质自怜光景掷，晓窗羞试匣中煤。郭奎。　红点苔痕绿满枝，一杯和泪送春归。鹧鸪有意留残景，杜宇无情叫落晖。蝶趁残花盘地舞，燕随狂絮入帘飞。醉中曾记题诗处，临水人家半掩扉。朱淑真。　不到西庄垂一旬，重来春色倍欣欣。海棠枝重堆红锦，杨柳条长散麹尘。跨水小桥闲可倚，衔花驯鸟宛相亲。晴和天气逢寒食，急遣苍头招故人。张祥鸢。　千峰不断入嵯峨，客里登临兴若何。风景忽看三月暮，繁华偏属武陵多。樽前黄鸟鸣芳树，花外青云绕碧萝。自是皇州春色好，望高一和郢人歌。沈少林。沈公名懋学，南直隶宁国人。状元。　长安三月百花残，满城飞絮何漫漫！千门万户东风起，陌上河边春色阑。美人高楼锁深院，白花蒙蒙落如霰。晴窗窈窕朝日迟，乱入帘栊趁双燕。游丝相牵时袅袅，委地飘廊不须扫。君不见江头绿叶吹香绵，随波化作浮萍草。何大复。　词：都城水绿嬉游处，仙棹往来人笑语。红随远浪泛桃花，雪散平堤飞柳絮。　东君欲共春归去。一阵狂风和骤雨。碧油红旆锦障泥，斜日画桥芳草路。贾子明《木兰花》。　帝里春晚，重门深院。草绿阶前，暮天雁断。楼上远信谁传？　恨绵绵。多情自是多沾惹，难拼舍，又是寒食也。秋千巷陌，人转皎月初斜，浸梨花。李易安。　子规啼血，可怜又是春归时节。满院春风，海棠铺绣，梨花飞雪。　丁香露泣残枝，悄未比、愁肠寸结。自是休文，多情多感，不干风月。贺方回。　欲减罗衣寒未去，不卷珠帘，人在深深处。红杏枝头花几许？啼痕止恨清明雨。　尽日水沉香一缕，宿酒醒迟，恼破春情绪。飞燕又将归信误，小屏风上西江路。赵德麟《蝶恋花》。　遥夜亭皋闲信步，才过清明，渐觉伤春暮。数点雨声风约住，朦胧淡月云来去。　桃杏倍稀香暗度，谁在秋千，笑里轻轻语。一寸相思千万绪，人间没个安排处。李世英《雀踏枝》。　鸭头波染浓于酎。风起处，红香①青皱。乳燕双双帘幕透。梨花未雪，绿杨犹絮，蚕饱桑阴瘦。　无端酿出清明

---

① 红香，底本为空白，据"四库全书"《佩文斋广群芳谱》卷三《天时谱》引王世贞《青玉案》补。

候。忽忆城南乍分手。十二阑干寒更陡。踏青人远，斗茶时近，滋味如中酒。王元美《青玉案》。 是谁约勒东君去？枝上晓声寒杜宇。柔绿犹能抵死留，妖红不解逡巡住。 灞陵一阵飘香雨。宛转玉骢蹄下土。记他含蕊拆苞时，总有千金无赎处。王元美《玉楼春》。 金博山头半吐烟，玉凌波底未舒莲，韶光悄悄恨绵绵。 柔似原蚕春再浴，困如人柳日三眠，细笺心语衬胸前。王元美《浣溪沙》。 柳阴池馆占风光，呢喃清昼长。碧波新涨小池塘，双双蘸水忙。 萍散漫，絮飘扬，轻盈体态狂。为怜流去落红香，衔将归画梁。鲁纯甫。 宝钗分，桃叶渡。烟柳暗南浦。陌上层楼，十日九风雨。断肠点点飞红，都无人管，倩谁唤、流莺声住。 鬓边觑。试把花卜归期，才簪又重数。罗帐灯昏，哽咽梦中语。是他春带愁来，春归何处？又不解，带将愁去。辛幼安《英台近》。 遍园林绿暗，浑如昨翠幄。下无一片是花萼。可恨狂风横雨，忒煞情薄。尽底把、韶华送却。 杨花无奈，是处穿帘透幕，岂知人意正萧索？春去也，这般愁，没处安著。怎奈何，黄昏院落？叶道卿《凤凰阁》。 昨夜雨疏风骤，浓睡不消残酒。试问卷帘人，却道海棠依旧。知否？知否？应是绿肥红瘦。李易安《如梦令》。 紫燕贴风飞，黄鹂试雏巧。粉墙门外卖花人，一声声道。谷雨新晴，禁烟乍歇，清明来到。陈眉公《醉春风》。 家家祭扫，画船容与，白马迢遥。提壶挈榼沿村到，难画难描。青竹杖半挑山色，紫藤筐乱插花梢。红衫粉面争调笑，高呼低唤，齐度小溪桥。陈眉公《寒食·满庭芳》。 记得去年谷雨，柳蘸鹅黄春水。水上奏琵琶，一痕沙。 曲罢留侬归去，家在竹溪西住。古木挂藤花，吃新茶。陈眉公《浪淘沙》。

二如亭群芳谱岁部卷之二

济南　王象晋荩臣甫　纂辑
松江　陈继儒仲醇甫
虞山　毛凤苞子晋甫　同较
宁波　姚元台子云甫
济南　男王与曾、孙士禄、曾孙啟溶　诠次

岁谱二

夏，假也，物至此时皆假大宜平也。南方为夏，先立夏三日。太史谒之天子曰："某日立夏，盛德在火。"乃斋。立夏之日，天子亲率三公、九卿、诸侯、大夫以迎夏于南郊。南方曰炎天，其星鬼、柳、星；东南曰阳天，其星张、翼、轸。其帝炎帝，炎帝，神农。祝融，颛顼子，名黎，为火官。乘离执衡而治夏。其佐朱明，其神荧惑，其兽朱雀，其音徵，其日丙丁，其数七，其虫羽，其味苦，其臭焦，其色赤，其祀灶，祭先肺。日行南陆，南方赤道，故曰南路。斗柄南指，阳气毕上，阳常居大夏，以生育长养为事，是故夏三月以丙丁之日发五政。五政苟时，夏雨乃至，万物阜昌。夏至一阴生，是阴动用而阳复于静也。夏曰朱明，亦曰长嬴、朱夏、炎夏、三夏、九夏。节曰炎节。景曰修景。

占验。夏冰，岁饥，民流，五谷不成。

调摄。夏三月属火，可以居高明，可以远眺望，可以升山陵，可以处台榭。阳气在外，宜绝声色，薄滋味，早卧早起，以顺正阳，逆之则伤心。心病宜食小麦、杏、韭、羊。火旺，味苦。火能克金，金属肺，肺主辛。夏宜减苦增辛以养肺。心气当呵以疏之，嘘以顺之。三伏内腹中常冷，特忌下利，恐泄阴气，故不宜针灸，惟宜发汗。夏至后夜半一阴生，宜服热物，兼服补肾汤药。夏季心旺肾衰，虽大热，不宜吃冷淘冰雪、蜜水、凉粉、冷粥，饱腹受寒，必起霍乱。莫食瓜茄生菜，腹中方受阴气，食此凝滞之物，多为症块。若患冷气痰火之人，尤宜切忌，老人尤当慎护。平居檐下、过廊、衖堂、破窗，皆不可纳凉。此等所在虽凉，贼风中人最暴，惟宜虚堂、净室、水亭、木阴洁净空敞之处，自然清凉。更宜调息净心，常如冰雪在心，炎热亦可少减，不可以热为热，更生热矣。每日宜进温补平顺丸散，饮食温暖，不令大饱，常常进之，宜桂汤豆蔻熟水，其于肥腻当戒。不得于星月下露卧，兼便睡着，使人扇风取凉，一时虽快，风入腠里，其患最深。汗身当风而卧，多成风痹。手足不仁，语言謇涩，四肢瘫痪。若逢年岁方壮，当时或得幸免，至后还发。若年力衰迈，当时便中，为患最烈。头为诸阳之总，尤不可受风，卧处宜密防小隙微孔，恐伤脑户。夏三月，每日梳头一二百遍，勿着头皮，尤当在无风处，自然去风明目。　夏三月，每朝空心吃小葱头酒，令血气通畅。　夏至已后，老人宜服不燥热、平补、肾气暖药三二十服，以助元气，若苁蓉丸、八味丸之类。《奉亲养老书》。　心藏神，名丹元，字守灵。心者，纤也。贯注纤微，变水为血，居肺下肝上，对尾鸠下一寸，尾鸠下一寸，腕中心口掩下尾鸠是也。重十二两，盛精汁三合，神如朱雀，状如莲蕊下垂，色如缟映绛，下有三毛，上智七孔，中智五孔，下愚无孔。脉出中冲，中冲在左手大指端，去甲二分许陷中。为脾之母、肝之子，属火，夏旺，卦离。其液汗，其性乐，著于内者为脉，见于外者为色。以喉舌为户，以小肠为腑。应南岳，上通荧惑之精。《卫生延年纪》。

制用。夏三月，宜用五枝汤澡浴讫，以香粉傅身，能除瘴毒，疏风气，活血脉。桑、槐、楮、柳、桃枝各一握，麻叶二斤，右六味以水一石煎至八斗，去滓，温浴，一日一次。其傅身香粉方：蛤粉一升，如无，以粟米粉代之。青木香、麻黄根、附子炮制，甘松、藿香、零陵香、牡（犡）〔蛎〕各一两，杵罗为末，生绢袋盛之，浴毕傅身。　丑未辰日及丁巳、己巳、戊申日，修药及炼丹药。　宜畜雄黄以备急用，诸虫毒皆可治。　夏月凡制一切果蔬，俱用腊雪水最佳。　凡器，以肥皂汤洗抹过则无蚁。　焚鳗鲡骨及浮萍，祛蚊。又鳖骨最妙。　荞麦秆铺床止臭虫，烧蜈蚣祛壁虱，浮萍、雄黄及木瓜枝叶皆可薰。　收藏：凡书画于未梅雨前晒极燥，顿匣柜中，厚以纸糊门及小缝，令不通风，即不黦①。古人藏书多用芸香辟蠹，即今之七里香也。匣柜须用楸、梓、杉、杪之类，忌油松，内不用漆。《苦窗类纪》。　皮货用芫花末掺之，不蛀。或以艾卷放瓮中，泥封其口。或花椒卷收亦得。《农桑撮要》。　一法用白布在靛缸染即提出，勿涤晾干，包貂鼠风领、暖耳等物，不落毛。《冯代口谈》。　禁忌：夏至阳气极，上至朱天，下至黄泉，故不可以夷丘上屋。《淮南子》。

疗治。水煮小麦白面饮，或服甜瓜，永不中暑。若多食作痢。　中暑、霍乱，取釜下黑煤半钱，和灶额当火处赤土少许，以百沸汤投土煤搅数十遍，用碗盖汗出适口，微呷一两口，立止。　役中暑死，移有日色树阴下，取道中热土，积在死人脐中腕一窝，热尿注内，仍灌蓼汁。不可用冷水灌沃，及以冷物逼外，得冷即死。　中暑暍，转筋，腹痛绞，吐欲绝，以盐炒极热，投水煮作汤，热饮之，即定。

典故。武王荫暍人于柳下，暍人，暑热而死者。暍，音谒。而天下怀。《淮南子》。　鲁宣公夏滥于泗渊，里革断其罟而弃之，曰："古者大寒降，大寒，建丑之月。降，初下也。土蛰发，土蛰发，建寅之月。发，始震也。水虞于是乎讲罟罶，罟罶，音姑柳。取名鱼，名鱼，大鱼。登川禽而荐之寝庙，川禽，鳖蜃之属。行诸国人，助宣气也。今鱼方别孕，不教鱼长，又行网罟，贪无艺也。"公曰："吾过而里革匡我，不亦善乎！是良罟也！为我得法。使有司藏之，使我无忘谂。"师存（传）〔侍〕②曰："藏罟不如置里革于侧之不忘也。"《国语》。　越王欲复吴仇，冬则抱冰，夏则握火，悬胆于户，出入尝之。《吴越春秋》。　楚王夫人夏月纳凉而抱铁柱，心有所感，遂怀孕，后产一铁。楚王命镆铘为双剑，一雌一雄。镆铘乃留雄，而以雌进，剑在匣中常悲鸣。王问群臣，对曰："剑有雌雄，雌忆其雄也。"王大怒，杀镆铘。眉间赤，铘子也，乃为父杀楚王。《烈士传》。　燕昭王登握日之台，得

---

① 黦，应作"黴"，即"霉"。因形近而误。"四库全书"《佩文斋广群芳谱》卷四《天时谱·夏》作"黴"。霉、黴、黴异体字。

② 传，应作"侍"。"四库全书"《国语》卷四《鲁语上》作"侍"。

神鸟，衔洞光之珠以消烦暑，谓之招凉珠。《广记》。 马援征武溪蛮，会盛暑，穿崖为屋，以避炎气。 东汉马融夏夜直宿馆中。是夕蒸郁，如坐甑中，谓同舍曰："安得披襟赤脚踏阴山之层冰，以洗涤尘燠乎？"《山堂肆考》。 羊茂为东海郡守，夏则处单板榻。《汉书》。 陶渊明夏月高卧北窗下，清风飒至，自谓羲皇上人。 或问不热之道，曰："服玄冰丸、飞雪散及六壬六癸之符。"王仲都并用此方。《抱朴子》。 晋武帝作迎风观寒露台以避暑。 陆机在洛，夏月忽思东头竹筱饮，语刘宝曰："吾思乡转深矣。"《语林》。 嵇康性巧而好锻。宅有一柳树盛茂，乃激水环之，夏月居其下以锻。《晋书》。 考成子学幻于尹文先，能翻校四时，夏造冰。《列子》。 葛洪从祖玄学道得仙，自号仙翁。每大醉，夏则入水底，八日方出，以能闭气胎息也，号抱朴子。《晋书》。 晋元帝被病，广求方士，得汉中逸人王仲都。诏问所能，对曰："但能忍寒暑耳。"因为待诏。至夏月，使曝坐，环以十炉火，口不言热，汗亦不出。《抱朴子》。 孙登，字公和。时人于汲县北山窟中得之，夏则编草为裳，冬则被发自覆。《晋书》。 羊欣父不疑，为乌程令。欣时年十二。王献之为吴兴守，甚爱之。尝夏月着新练裙昼寝，献之不欲惊之，书数幅而去。欣本工书，因此弥善。《宋书》。 长安巧工丁缓作七轮扇，连续七轮，大皆径丈。夏月使一人运之，满堂皆寒。《西京杂记》。 天毒国最热，夏则草木皆干。《括地图》。 朱提郡堂狼山多毒草。盛夏之月，飞鸟过之，亦不得去。《山堂肆考》。 明义楼南有明义井，夏有冷浆、甘饮、罗扇、羽扇。《寿阳记》。 拂菻国盛夏之节，菻，音麻，又音廪。引水潜流，上遍屋宇，机制巧密，人莫之知。观者惟闻屋上泉鸣，俄见四檐飞溜悬波如瀑布。《山堂肆考》。 樊山东有小溪，春夏时凛然有寒气。《武昌记》。 明皇以申王畏暑，赐之冷蛇，色白而不伤人，冷如冰雪，玩之不复有烦暑。《酉阳杂俎》。 刘真长见王丞相导，丞相了不与语。时大热，丞相以腹熨石棋局，曰："何如乃㴞？"㴞，音轰。既出，人问："见王公何如？"曰："未见他异，惟作吴语。"《世说》。 王元宝家有一龙皮扇，制作甚质。每暑月宴客，以扇置座前，新水洒之，则飒然风生，巡酒之时，客有寒色。《天宝遗事》。 宋守约为殿帅，夏日轮军校十数辈捕蝉，不使得闻声。有鸣于前者，皆重笞之，人颇不堪。神宗一日以问，守约曰："然。"上以为过。守约曰："军中以号令为先。臣承平挂兵殿前，无所信其号令，故寓以捕蝉耳。蝉鸣固难禁，而臣能使必去。若陛下误令守一障，臣庶几或可使人。"上以为然。《石林燕语》。 李辅国夏月堂中设迎凉草，其色碧，干似苦竹，叶细于杉，刺之窗户间，举室皆凉。《杜阳杂编》。 元载夏月设紫龙须拂，色如烂椹，长五尺，水精为柄，夜则蚊蝎不敢近，拂之有声，鸡犬惊逸。《剧谈录》。 唐文宗夏月延学士讲《易》，赐避暑犀。《杜阳杂编》。 唐同昌公主夏月大会，暑气方盛，命取澄水帛，帛中有龙涎，能涓暑。以水蘸之，挂于内轩，满坐皆思挟纩。同上。 李德裕尝宴客，时当炎曦，咸有郁蒸之苦。既延入小斋，列坐开樽，烦暑都尽。及罢出户，则燺然焦灼。有询之其亲信者，曰："此日以金盆注水，渍白龙皮，置末坐，故也。"《剧谈录》。 汲桑当盛暑，重裘累茵，使人扇之，患不清冷，斩扇者。《赵书》。 吕正献公居家，夏不挥扇，冬不附火。一日盛夏，杨大夫环宝将赴官，来辞。吕公于西窗下烈日中公裳对坐，饮酒三杯。杨汗流浃背，公凝然不动。《事文类聚》。

丽藻。散语：夏歌朱明。《汉书》。 土润溽暑。《月令》。 流金烁石。《楚词》。 炎风之野，赤帝祝融之所司。《淮南子》。　金石流，土山焦。《庄子》。　指冰室不能起暍子之热。《抱朴子》。　方大暑，火烘曝賨，赤壤坠于炉，若燎于原，舌呀而不能持支，坠而不能自运。《竹室记》。　歌：南风之薰兮，可以解吾民之愠兮。南风之时兮，可以阜吾民之财兮。虞舜。　骚：魂兮归来，南方不可以止些。雕题黑齿，得人肉以祀，其骨为醢些。蝮蛇蓁蓁，封狐千里些。雄虺九首，往来倏忽，吞人以益其心些。归来归来，不可以久淫些。宋玉《招魂》。　赋：皇昌运之元祀兮，余出守乎清颖之区。背国门而南骛兮，弭节乎大昊之墟。方炎夏之隆赫兮，悯时泽之不濡。魃乘时而行虐兮，盗威烈乎阳乌。驾毕方而骖荧惑兮，回禄为其前驱。烬灰极于一燎兮，何有瓦石与璠玙。丰隆致其凝阴兮，飞廉荡覆而无余。野曈曈而扬尘兮，何萧艾之纷敷！应龙矫首于下泽兮，仅自免于槁枯。鸟呀呀而忘飞兮，兽逃穴而深居。嗟人胡独不能兮，无乃欲息而被驱。张文潜。　吾将东走乎泰山兮，履崔嵬之高峰。荫白云之摇曳兮，听石溜之玲珑。松林仰不见白日，阴壑惨惨多悲风。邈哉不可坐致兮，安得仙人之术解化如飞蓬？吾将西登乎昆仑兮，出于九州之外。览星辰之浮没，视日月之隐蔽。披阊阖之清风，饮黄河之百派。羽翰不可以插予之两腋兮，畏举身而下坠。既欲泛乎南溟兮，瘴毒流膏而销骨。何异避喧之趋市兮，又如恶影之就日。又欲临乎北荒兮，飞雪丛冰之所聚。鬼方穷发无人迹兮，乃龙蛇之杂处。四方上下皆不得以往兮，顾此大热吾不知夫所避。万物并生于天地兮，岂余身之独遭？任寒暑之自然兮，成岁功而不劳。唯衰病之不堪兮，譬燎枯而灼焦。矧室庐之湫卑兮，甚黾蜗之踞蹜。飞蚊幸予之露坐兮，壁蝎冀予之入屋。赖有客之哀予兮，赠端石与蕲竹。得饱食以安寝兮，莹枕冰而簟玉。知其无可奈何而安之兮，乃圣贤之高躅。惟冥心以息虑兮，庶可忘于烦酷。欧阳永叔。　行：祝融南来鞭火龙，火旗焰焰烧天红。日轮当午凝不去，万国如在红炉中。五岳翠乾云彩灭，阳侯海底愁波竭。何当一夕金风发，为我扫却天下热。《玉谷》。　六龙衔火烧寰宇，魏王冰井若汤煮。松枝桂叶凝若痴，喘杀溪头啸风虎。北冥融却万丈冰，千斤冻鼠忙如蒸。我闻胡土长飞雪，此时日晒地皮裂。仙芝瑶草不敢茁，湘川竹焦琅玕折。西郊云好雨不垂，堆青叠碧徒尔为。梅圣俞。　诗五言：紫燕雏深夏。　浦夏荷香满，田风麦气清。　瀑水含秋气，垂藤引夏凉。　蝉急知秋早，莺疏觉夏阑。　炎光灿南溟，溽暑融三夏。黮黵重云荫，砰磅震雷咤。李颙。　懒摇白羽扇，裸体青林中。脱巾挂石壁，露顶洒松风。李太白。　羲和骋丹衢，朱明赫其猛。融风拂晨霄，阳精一何迥。闲宇静无娱，端坐愁日永。郭璞。　雷霆空霹雳，云雨竟虚无。火赫衣流汗，低垂气不苏。乞为寒冰玉，愿作冷秋菰。何似儿童岁，风凉出舞雩。杜子美。　人皆苦炎热，我爱夏日长。熏风自南来，殿阁生微凉。一为居所移，苦乐永相忘。愿言均此施，清阴遍四方。苏东坡。　夏日出东北，陵天经中街。朱光彻厚地，郁蒸何由开。上苍久无雷，无乃号令乖。雨降不濡物，良田起黄埃。飞鸟苦热死，池鱼涸其涯。万人尚流冗，举目唯蒿莱。至今大河北，尽作虎与豺。浩荡想幽蓟，王师安在哉？对食不能餐，我心殊未谐。眇然贞观初，难与数子偕。　永日不可暮，炎蒸毒我肠。安得万里风，飘飖吹我裳。昊天出华月，茂林延疏光。仲夏（若）〔苦〕夜短，开轩纳微凉。虚明见纤毫，羽虫亦飞扬。物情无巨细，自适固其常。念彼荷戈士，穷年守边疆。何由一洗濯，执热互相望。竟夕击刁斗，喧声连万方。青紫虽被体，不如早还乡。北城悲笳发，鹳鹤鸣且翔。况复烦促惨，激烈思时康。　朱夏热所婴，清且步北林。小园皆高冈，挽葛上崎嵚。旷望延驻目，飘飘散疏襟。潜鳞恨水壮，去翼依云深。勿谓地无疆，岁于山有阴。石根遍天下，水陆兼浮沉。自我登陇首，十年经碧岑。剑门来巫峡，薄倚浩至今。故园暗戎马，骨肉失追寻。时远无消息，老去多归心。志士惜白日，久客藉黄金。敢为苏门啸，庶作梁父吟。俱杜甫。　七言：留客夏簟青琅玕。　南州溽暑醉如泥，隐几熟眠（门）〔开〕北牖。日午独觉无余声，山童隔竹敲茶（白）〔臼〕。柳宗元。　南风吹断采莲歌，夜雨新添太液波。水殿云廊三十六，不知何处月明多。王蒙。　绿荫松萝暑气凉，清泉泻入小池塘。人间昼永无聊赖，一朵荷花满院香。　卢龙塞外草初肥，雁乳平芜晓不飞。乡国近来音信断，至今犹自著寒衣。　嫋嫋凉风断复连，青山深处藕花边。谁家楼外停歌舞，又上西风小画船。吴宽。　火轮迸焰烧长空，浮埃扑面愁蒙蒙。赢童走马喘不进，忽逢碧树含清风。清风留我移时住，满地浓阴懒前去。却叹人无及物功，不似团团道边树。王毂。　绳床瓦枕兴偏赊，静简残编玩物华。蝶梦欲残香散霭，鸟声不断树笼霞。林塘乍逅翁孙竹，篱落齐开姊妹花。便托瑶琴奏清赏，南薰早为过山家。苏浚。　祝融司令继芳春，四望郊原乐事均。翠浪翻池荷盖绿，黄云布垄麦痕新。榴花焰焰红喷火，葵叶翩翩影应辰。偃仰茂林酷暑遁，呼朋酌酒莫辞频。王岑臣。　芭蕉叶展青鸢尾，萱草花含金凤嘴。一双乳燕出雕梁，数点新荷浮绿水。困人天气日长时，针线慵拈午漏迟。起向石榴阴畔立，戏将梅子打莺儿。郑奎妻。　今年毒热异常年，似为吾园稍见蠲。谢客琴樽宽约束，亲人鱼鸟恣留连。已多苔色侵衣上，时有松声到枕边。凿就双溪长贮月，叠成三岛别藏天。莺花得所朝偏丽，虾菜趋时晚更鲜。中散酒鎗盛沆瀣，右军书笔走云烟。弦中白雪非江左，奁里青山是辋川。大雅诗歌篇十九，古文金石卷三千。乍谈飒尔凉飙至，小坐翛然大火捐。见说长安饶炙手，可容分借北窗眠。王世贞。　词：门外绿阴千顷，两两黄鹂相应。睡起不胜情，行到碧梧金井。人静，人静。风弄一枝花影。秦少游《如梦令》。　庭下石榴花乱吐，满地绿阴亭午。午睡觉来时自语，悠扬魂梦，黯然情绪，蝴蝶过墙去。　骀骀娇眼开仍睟，悄无人欲出还凝伫。团扇不摇风自举，盈盈翠竹，纤纤白苎，不受些儿暑。文衡山《青玉案》。

四月，斗柄建巳，日在毕，昏翼中，旦（婺）〔婺〕女中，日月会于实沉。是月也，天子始绨，命野虞出行田原，为天子劳农劝民，勿或失时；命司徒巡行县鄙，命农勉作，勿休于都，驱兽，毋害五谷，毋大田猎。农乃登麦，蚕事毕，后妃献茧。乃收茧税，以桑为均，贵贱长幼如一，以给郊庙之服。是月曰孟夏，亦曰首夏，八节为立夏。

占候。总占：月建巳，宜暑已不暑，民多瘅病，热而眼黄。　月内有三卯，宜麻，无则麦不收。月内寒，主旱。谚云："黄梅寒，井底干。"　朔日：值立夏地动，人民不安；值小满，主灾。　十六：谚云："有谷无谷，且看四月十六。"立一丈竿量月影，月当中时，影过竿，雨水多，没田，夏旱，人饥；长九尺，主三时雨水；八尺、七尺，主雨水；六尺，低田大热，高田半收；五尺，主夏旱；四尺，蝗；三尺，人饥。

种植。秋王瓜、芝麻、萝卜、扁豆、粟、麦门冬、小豆、丝瓜、枇杷、葱、紫苏、菱、苋、瑞香、芡。　移植：石菖蒲、樱桃、茄、秋牡丹、枇杷、葱、秋海棠、茉莉换盆、栀子、翠云草、菊上盆、芋。　压插：玉绣球、玉蝴蝶、木樨、栀子、锦葵、木香、荼蘼、芙蓉。　　收采：豨莶草、晒干晾冷，收不浥易尘。菜子、白藓根、蜜蜂、楮实子、析冥子、蚕豆、柴胡、笋干、黄葵花、桃杏仁、红花、蕤仁、桑椹、苍耳子。　　整顿：防露伤麦，晒皮毡，锄葱，晒书画，筑堤防，伐树，斫楮皮，非此日，斫树必枯死，十二月亦可。收僵蚕、素馨，剪菖蒲，埋蚕沙，络麻。　　田忌：天火酉，九焦未，地火未，粪忌寅，荒芜申。

疗治。四月节内，宜腹暖，食羊肾粥。《千金月令》。　　四月吉日制药，治时行热病，望日尤佳：浮萍一两，麻黄去根，桂心、附子炮去脐皮各五钱，共捣为末。每用一两，入生姜二片、葱头二个，煎至八分，热服，盖覆之，立发汗。

典故。孟夏一日祀灶。《会典》。　　四月中气，以含桃荐寝庙。《礼记》。　　宗伯以夏日至，致地祇示物魃，魃，音昧，百物之神。以禬国之凶荒、禬，祭名。民之礼丧。同虫。　　十五以后为樱笋厨。《岁时记》。　　四月八日为佛诞辰，诸寺院有浴佛会，僧尼竞以小盆贮铜像，浸以糖果之水，覆以花棚，铙鼓交迎，遍往邸第富室，以小杓浇灌佛身，以求施利。　　是日西湖作放生会，舟楫之盛，略如春时，小舟竞卖龟鱼螺蚌，售以放生。　　周昭王二十四年甲寅四月初八日中，周之四月，夏之二月。天竺国净饭，王妃摩耶氏生太子悉达多，三十五岁于菩提场中成无上道，号曰佛世尊，以周穆王五十二年二月十五日于拘尸那城娑罗双树间入涅槃。　　大慧禅师浴佛上堂，语云："今朝正是四月八，净饭王宫生悉达。吐水九龙天外来，捧足七莲从地发。"《佛运统纪》。　　秦始皇九年四月寒冻，民有死者。《洪范·五行传》。　　唐元和十四年四月，淄、青陨霜，杀恶草及荆棘，而不害嘉谷。　　是月也，继长增高，毋有坏堕，毋起土功，毋发大众，毋伐大树。《月令》。　　天子四月休于濩泽，濩泽，今平阳濩县。于是射鸟。《穆天子传》。　　周成王时，涂循国献丹鹊，一雄一雌。孟夏取翅爲扇，一名条翮，一名素影。《拾遗记》。　　刘敬宣见四月八日灌佛，乃下金镜，为母灌象。　　李揆初夏夜宿堂之前轩，有巨狐鸣噪于庭，人立而跳，目光逆射。久之，逾墙而去。揆甚恶之。及晓入朝，其日拜相。《集异记》。　　横州出枫，始生，多有食叶之虫，似蚕而赤黑。四月熟，如蚕之将丝。州人挈取其丝，光明如琴弦，海滨蜑人鬻之，作钓缗。《月令通考》。

丽藻。散语：四月秀葽。　　四月维夏。　　正月繁霜，我心忧伤。正月，夏四月也。《诗》。　　立夏清风至，暑鹊鸣声，博谷飞，电见，龙升天。龙，星名。《易卦验》。　　收恢台之孟夏。恢，大也。台，即胎。夏气大而育物也。《楚词》。　　卢橘夏熟。卢橘，枇杷也。《上林赋》。　　朱明盛长，敷与万物。敷华就实，既昌既阜。《汉郊祀歌》。　　四月惟夏，运臻正阳。和气穆而扇物，麦含露而飞芒。清徵泛于琴瑟，朱鸟感于炎荒。鹿角解于中野，草木蔚其条长。傅玄。　　悲炎节之赫羲，览祝融之御辔。游井耀兮南离，晞辰凯之长吹。荫绿柳之扬枝，挹黄云之献瑞。云郁律以泉涌，雨淋澡而方筵。筵，音洗。奋骇霆之奔磕，舒惊电之横擒。李颙。　　启：节届朱明，晷钟丹陆。依依笔盖，俱临帝女之桑；郁郁丹城，并挂陶潜之柳。梅风拂户牖之内，麦气拥宫阙之前。昭明太子。　　歌：晓凉暮凉树如盖，千山浓绿生云外。依微香雨青氛氲，腻叶盘花照曲门。金塘闲水摇碧漪，老景沉重无惊飞，堕红残萼暗参差。李贺。　　诗五言：梅天一雨清。严维。　　麦候始清和，凉雨消炎燠。谢朓。　　麦天晨气润，槐日午阴清。摘荷才首夏，骢马尚余春。杜甫。　　麦随风里熟，梅逐雨中黄。湛湛长江去，冥冥细雨来。茅茨疏易湿，云露密难开。竟日蛟龙喜，盘涡与岸回。杜甫。　悠悠雨初霁，独绕清溪曲。引杖试荒泉，解带围新竹。沉吟亦何事，寂寞固所欲。幸以息营营，啸歌尽赏煦。柳宗元。　风雨将春去，清和四月天。桐阴摇白日，草色散青烟。兴寄琴樽外，筋骸杖履前。若为消永（书）〔昼〕，窗下有残编。文衡山。　高枕应吾道，衡门岂世情。对床纷树色，入梦乱禽声。雨气沾书湿，茶烟隔竹清。美人天共远，一水暮盈盈。　桐叶碧如玉，桐荫薄似云。森沉坐草阁，次第续炉薰。花气沾书湿，莺歌傍竹闻。玄珠自沧海，薄俗徒纷纷。俱张祥鸢。　端居聊尔耳，芳草自缤纷。久雨霁新月，碧空生晚云。苔痕惟鸟迹，水槛见鸥群。斜日湘帘卷，微波静有文。　孟夏草木长，绕屋树扶疏。众鸟欣有托，吾亦爱吾庐。既耕亦已种，时还读我书。穷巷隔深辙，颇回故人车。欢言酌春酒，摘我园中蔬。微雨从东来，好风与之俱。泛览《周王传》，流观《山海图》。俯仰终宇宙，不乐复何如？陶渊明。　七言：四月清和雨乍晴。　春事无多樱笋来。山深四月始闻莺。　石枕凉生菌阁虚，已应梅润入图书。林和靖。　落絮蒙蒙立夏天，楼前槐树影初圆。传闻紫殿深深处，别有薰风入舜弦。《西清诗话》。　绿树阴浓夏日长，楼台倒影入池塘。水精帘动微风起，一架蔷薇满院香。高骈。　梅子金黄杏子肥，麦花雪白菜花稀。日长离落无人过，惟有蜻蜓蛱蝶飞。　长养薰风拂晓吹，渐开荷芰落蔷薇。青虫也学庄周梦，化作南园蛱蝶飞。徐寅。　喧喧新蝉绿叶遮，一声临晚到山家。未应春色全归去，犹有芳丛刺史花。惠洪。　地旷楼雄夏日宜，碧（梯）〔梯〕①芳树绕花迟。清歌不用邀明月，一笑山河入酒卮。李梦阳。　衰年正苦病侵凌，首夏何须气郁蒸？大水森茫炎海接，奇峰突兀火云升。思沾道暍黄梅雨，敢望宫恩玉井冰。不是尚书期不顾，山阴雪夜兴难乘。欧文忠。　望朝斋戒是寻常，昼启金根第几章。竹叶饮为甘露色，莲花鲊作肉芝香。松膏背雨凝云磴，丹粉经年染石床。剩欲与君终此志，顽仙唯恐鬓成霜。颜暄。　未明先见海底日，良久远鸡方报晨。古树含风长带雨，寒岩四月始知春。中天气爽星河近，下界时丰雷雨均。前后登临思无尽，年年改换往来人。方干。　词：四月园林春去后，深深密幄阴初茂。折得花枝犹在手，香满袖，叶间梅子青如豆。《忆王孙》。　蜂欲分衙燕补巢，清和天气绿阴娇。一阵窗前风雨到，打芭蕉。　惊起幽人初睡午，茶烟撩绕出花稍。有个客来琴在背，度红桥。陈眉公《初夏增减浣溪沙》。　睡起流莺语，掩苍苔，房栊向晓，乱红无数，吹尽残花无人问，惟有垂杨自舞。　渐暖霭，初回轻暑，宝扇重寻明月影，暗尘侵。尚有乘鸾女，惊旧恨，镇如许。　江南梦断衡皋渚，粘天蒲萄涨绿。半空烟雨，无限楼前沧波意，谁采蘋花寄取？　但恨兰舟容与，万里云帆何时到，送孤鸿，目断千山阻。谁为我，唱金缕？叶梦得。

五月，斗柄建午，日在东井，昏亢中，旦危中，日月会于鹑首。是月也，命有司为民祈祀山川百源。大雩用盛乐，乃命百县雩祀百辟卿士有益于民者，以祈谷实，农乃祭黍。是月也，日长至，阴阳争，生死分。君子斋戒，处必掩身，毋躁，止声色，薄滋味，节嗜欲，定心气，百官静，事毋刑，以定阴气之所成。是月曰仲夏，亦曰暑月、皋月。五日名端午。端，始也。为天中节，道家谓之地腊八节，为夏至。至有数

---

① 梯，应作“梯”。“四库全书”［明］李梦阳《空同集》卷三七《七言绝句·夏日阁宴》作“梯”。

义，一以明阳气之极至，一以明阴气之始至，一以明日行之北至。

占候。总占：月内有三卯，宜稻及大小豆，无则宜早豆。　五月大，种瓜不下；五月小，种秧必须早。又云：五月小，瓜果吃不了。　五月不热，十一月不冻。《博雅》。　五月宜热。谚云："黄梅寒，井底干。"又夜亦宜热。谚云："昼暖夜寒，东海也干。"俱主旱。　五月暴热之时，看窠草忽自枯死，看窠草，一名干戈草，芦苇之属。主有水。《便民图纂》。　夏至：在月初，主雨水调。谚云："夏至端午前，坐了种田年。"《田家五行》。　在初二、三，主米麦贵。初五，米贵。谚云："夏至连端午，家家卖儿女。"初七、八，米麦平。二十，大饥。又云：上旬米贱，中旬大丰米大贱，末旬大歉米大贵。《藏时记》。　有雨谓之淋时雨，主久雨。《便民图考》。　又谚云："夏至在月头，边吃边愁。"　夏至在月中，耽阁棠米翁。　夏至属水，主妖；属金，大暑毒。值甲寅、丁卯，粟贵。　朔日：值芒种，六畜灾；值夏至，冬米大贵。　辰日：十日得辰，早禾半收；十一日得辰，五谷不收。　上半月夏至前，田内晒杀小鱼，主水。口开，水立至，易过；口闭，反是。《老农俚语》。　鹈鹕来，鹈鹕，一名淘，河湖泺中鹅鹳之属，其状异常。主大水。至正庚寅五月，梅水泛涨时，忽怪鸟数十自西而东。众讶，谓没田之兆。一老农云："无妨也。夏至前来，谓之犁湖；夏至后来，谓之犁途。谓其嘴之状似犁，湖言水涨，途言水退也。今则夏至已过，水必退矣。"后果然。

种植：晚大豆、夏萝卜、黑豆、黄豆、晚菘菜、赤豆、菉豆、瓜。　移植：枇杷、月季、荼蘼、石榴、锦带、蔷薇、木香、樱桃、瑞香、宝香、棠棣、玉堂春、西河柳、橘、素馨、剪春萝、竹、橙。　收采：菖蒲、卷柏、蒜（薹）〔薹〕、麦、诸菜子、马齿苋、青箱子、藤花、苋、天茄苗、白花菜、大小蓟、旋复花、红花、萱花、杜仲、蛇床子、酸浆草、黄柏、槐花、浮萍、蒲公英、马兰子、车前子、金银花、天麻、艾、益母草、豨莶草、罂粟子、麻黄、水仙根、泽泻。　整顿：割苎麻，采练葛，斫桑枝，粪桑。　田忌：天火子，地火酉，荒芜巳，九焦卯，粪忌午。

制用。梅雨时置大缸于庭前收水，煎茶甚美，且经宿茶色不变，收瓶中可久用。　梅雨水洗癣疥灭瘢痕，入酱令易熟，沾衣便腐，浣浴如灰汁，有异他水。　五月初一取枸杞菜煎汤浴沐，令人光泽，不病不老。午时亦可。《保生月录》。　夏至阴滋，恐伤物不茂，以朱索连帛，缚柳、杞、桃结，印五色书文施门户，可止恶气。《礼》。　五日系五彩丝于臂，名续命缕，辟兵厌鬼，令人不染瘟疫，口内常称游光厉鬼，则鬼远避。《荆楚记》。　或问抱朴子辟兵之道，答曰："以五月五日画赤灵符，着心前。"　闽人于午日必海立罗鸶，以充节馔。如无鸶，以鹅代之。故鼎贵之家以得鸶为喜。《岁时记》。　鲎鱼、蚯蚓二物，异类同穴，为雌雄。五月五日候交时取来，夫妇带之相爱。《证类本草》。　桃朱术生园中，细如芹，花紫，子作角。以镜向旁敲之，则子自发。令妇人带之，与夫相和。五月收。《千金月令》。　五月食未成果核，发痈疖、寒热。夏果落地，恶虫缘食，患九漏。一切生菜，五月五日勿食，发百病。　五日五更，使一人堂中向空扇，一人问云："扇甚底？"答云："扇蚊子。"凡七问七答，一夏无蚊虫。　午时朱砂写茶，倒贴之，蛇蝎不敢近。俱《家塾事亲》。　五日午时，望太阳写白字，倒贴于柱上，四处则无蝇子。五日书仪方二字，倒贴柱脚上，辟蛇虫。《便民图纂》。

疗治。疫气时行，用管仲置水缸内食之，一家不染。　消暑服五味子汤。五味子一大合，木杵捣碎，置小磁瓶内，投以百沸汤，入少蜜，封，安火边，良久堪服。　治痢二黄丹，五日用鲜红广丹四两，先将透明黄蜡二两，炭火上用铜杓化开，茶匙将丹徐徐投入蜡内，一人用桃柳条各一枝不住手搅匀。丹投尽，即去火，乘热为丸桐子大，每服一丸。红痢，甘草汤下；白痢，生姜汤下；水泻，米汤；红白相兼，甘草、生姜同煎汤送下。每日二服，不过二三服即愈。　嗓臭，五日并夏至日，日未出时，汲井华水一盏，作三漱，吐门阃里。如此三十日，口臭永除。一说自五日起至夏至日亦可。　治急中风，目瞑牙禁，无门下药，以龙脑、天南星等分为末，端五时研和，以揩左右大牙二三次，口自开，始得下药。《救民易方》。　治瘟疫并大头风方：大力子、防风各等分，共为细末，每服五钱，用黄酒一钟、水一钟同煎，空心温服，盖厚被，汗出即愈。《虞氏经验方》。　治粉刺、黑斑，五月五日收带根紫花天麻，全用，晒干烧灰；商陆捣自然汁，加酸醋和匀，绢绞净。搜天麻作饼，炭火煅过，收之半年方用，入面药，尤能润肌。《居家必用》。　治齿宣露、热肿、出血，五月五日采鸡肠草，日干为末，揩齿立效。《万氏家抄》。　又五月五日午时水煎瓦上青苔，或百草霜，俱入盐频漱，或水煎羊蹄草汁漱，或醋煮川椒温漱。《千金月令》。　治打扑伤损，血出不止，用海螵蛸一两，石灰四两，青蓟草、莴苣菜各一虎口，五月五日日未出时，本人不语，将三味同捣烂杵匀，揑作饼子晒干。用时刀刮傅之，无脓退痂便愈。《青囊秘末》。　治刀斧伤，五月五日采马鞭草、血见愁即草血竭擂烂，同风化石灰为末，涂之即愈。又方：用五月五日采露草一百种阴干，烧作灰，等分，以井花水和丸烧白，刮傅疮上，止血生肌。《医方选要外集》。　五日午时，于韭畦，面东弗语，收蚯蚓泥。遇鱼刺鲠者，以少许擦喉外，其刺即消。《坡集》。　治恶虫伤，端午取白矾一块，自早日晒，至晚收之。凡百虫所伤，以此末傅，效。　治蜈蚣咬，以麻鞋底揩之。

典故。五日，人皆踏百草及斗百草之戏。欧诗云："共斗今朝胜，盈襜百草香。"章简公帖子云："五荚开瑞荚，百草斗香苕。"《荆楚岁时记》。　新野庾家尝于五日曝席，忽见一小儿于席下，俄而失所在，相传以为忌。《初学记》。　京师以端午为解粽节，叶长者胜，短者输，酒。《岁时记》。　北人端午以杂丝结合欢索缠手臂，又名条达，织组杂物，以相赠遗，及日月星辰鸟兽之状，文绣金缕帖画，贡献于所尊。古诗云："绕臂双条达。"欧诗云："绣茧夸新（功）〔巧〕①，萦丝喜续年。"章简公云："茧馆初成长命缕，珠囊仍带辟兵缯。"《栾城帖子》云："饮食祈君千万寿，良辰更上辟兵缯。"《初学记》。　雄雉飞来，登王弘直内馆柱头，令管辂作卦，曰："到五月必迁。"时三月也。至时，果为勃海太守。《锦绣万花谷》。　陈林为苍梧太守，去后，郡人以此日登临于东城门，令小儿洁服而舞。《后汉书》。　元王氏女，父出耘舍傍，遇豹，为所噬，曳之升山。父大呼。女识父声，惊救之，将父所弃锄击豹脑而杀之，父乃得生。《前府群玉》。　于阗国有玉池。每以端午日，王亲往取玉。自王以下至庶人皆取之，每取一团玉，以一团石投之。《锦绣万花谷》。　五日竞渡，起于越王勾践。《越地传》。　袁绍在河朔，每夏至大饮，云避一时之暑，故号为河朔避暑饮。《湘山野录》。　唐天宝中，扬州进水心镜一面，

---

① 功，应作"巧"。"四库全书"〔宋〕欧阳修《文忠集》卷八七《夫人阁五首·其一》作"巧"。

清莹耀目，背有盘龙，势飞动。玄宗览而异之。进官李守恭①曰："铸镜时，有老人自称护，须发皓白，眉垂至肩，衣白衣。有小童衣黑衣，呼为玄冥。至镜所，谓镜匠吕晖曰：'老人解造真龙镜，为汝铸之，将惬帝意。'遂令玄冥入炉所扃户。三日，及开已失，但遗素书一纸，云：'开元皇帝通神灵，吾遂降祉。斯镜可辟众邪，鉴万物，秦皇之镜无以加焉。歌曰：盘龙盘龙，隐于镜中。分野有象，变化无穷。兴云吐雾，行雨生风。上清仙子，分献圣聪。'吕晖等以五月五日移炉于江心铸之。后大旱不雨，叶法善祠镜龙于凝阴殿，须臾云气满殿，甘雨大澍。"《异闻》。　宋太祖以五月暑气方盛，下诏诸州，令长史督掌狱掾，每五日一检视狱中，宽其桎梏，给饮食、药饵，小罪即时决遣，岁以为常。《衍义补》。　太宗征太原，四日行次澶渊，寺丞宋捷迎谒道左。太宗见其姓名，喜，以为我师有必捷之兆，语攻城诸将曰："次日端午当置酒高会于太原城中。"至癸未，继先降，正五月五日也。《宋朝事实》。　甄彬有行业，尝以苎质人，及赎，中有金五两，送还之。人问其故，曰："五月披裘负刍，岂有余金耶？"仕梁，为录事参军。《北窗丛语》。　一僧舍有大树，不知其名，春时如枯，夏月方萌，每岁待黄梅过方始舒叶。叶既开，则水定，极准，一境农人凭以卜水候。后一山丁过，见之，云："此望水檀也。"《便民图纂》。　披裘公者，吴人。延陵季子出游，见道有遗金，顾谓公曰："取彼。"公嗔目曰："何子之高而视之卑？五月被裘而负薪，岂取金者哉！"季子惊谢，问其姓名，曰："子皮相之士耳，安足语姓名？"《高士传》。　北方有石湖，方千里，深五丈余，岁常冰，惟夏至前后五十六日解。《神异经》。　齐田婴贱妾五月五日生文，父命勿举，母窃举之。及长，其母因兄弟而见婴，怒。文遂启父曰："不举五月子，何也？"婴曰："五月子者，长与户齐，将不利其父母。"文曰："人生受命于天，岂命于户？何不高其户，谁能至其户耶？"父知其贤，曰："小子休矣。"后封孟尝君。俗以五月为恶月，故忌。《本传》。　王凤以五月五日生，其父欲不举，曰："俗谚举此子，长及户，则自害，否则害其父母。"其叔父曰："昔田文亦以此日生，非不祥也。"遂举之。《西京杂记》。　胡广本姓黄，以五月五日生，父母恶之，藏之葫芦，弃之河流岸侧。居人收养。及长，有盛名，父母欲取之。广以为背所生则害义，背所养则害恩，两无所归。托葫芦而生也，乃姓胡，名广。后登三司。《本传》。　崔信明五月五日生，有异雀数头，身形甚小，五色备，集于庭树，鸣声清亮。太史占之曰："五月为火，火为离，离为文彩。日中，文之盛也。此儿必文名播天下。崔形既小，禄位殆不高。"及长，博学强记，下笔成章，而官果不达。《本传》。　王镇恶以五月五日生，家人欲弃之。其祖猛曰："昔日孟尝君以此日生，卒得相齐。此儿必兴吾宗，以镇恶名之。"《宋略》。　唐太宗五日飞白龙凤等字扇赐近臣，诏长孙无忌等曰："五日，旧俗必用服玩相贺。今朕各遗卿扇二枚，庶动清风，以增美德。"　唐学士赐食，夏至颁冰及酒，盖禁中酒郣冰也。　大奚山在广州境内，山有一洞。每岁五月五日洞开，土人预备墨纸，入其中，以手摸石壁，有（镩）〔镈〕隙，若镌刻者。覆纸，以墨刷之，出视，或咒语，或药方，应用无不验。洞亦随闭。《文昌杂录》。　雍之洋县念佛岩下有潭如碧镜，每岁五日巳午间，忽有泡光出，色艳异甚，常时则无。《方舆胜览》。

---

① 恭，一作"泰"。

丽藻。散语：日永星火，以正仲夏。《书》。 五月鸣蜩。 五月斯螽动股。《诗》。 夏至景风至，蝉始鸣，螳螂生。《易卦验》。 夏至少阴，云如水波。《合璧事类》。 浴兰汤兮沐芳华。《离骚》。 启：麦陇移秋，桑律渐暮。莲花泛水，艳如越女之腮；蘋叶漂风，影乱秦台之镜。炎风以之扇户，暑气于是盈楼。冻雨洗梅树之中，火云烧桂林之上。昭明太子。 表：五神定位，祝融（同）〔司〕长养之功；六律钧和，蕤宾有酬酢之义。故节推《戴礼》，日著《汉仪》，彼艾人远具于《岁时》，角黍近标于《风土》，乃《耆旧》传闻之末，亦君亲庆赐之常。伏惟陛下克协乐章，允符时训，恩沾近戚，惠浃元僚。守介蛮圻，程遥凤阙，敢希瘴峤，特降乾文，轻缟染衣，真金备器，海绡掩丽，渠碗藏珠。拜受若惊，捧持未惯。当昼而不假交扇，向日而唯宜饮冰。况又将以珠丝，萦诸画轴，用禳故气，兼续残龄。爰自微臣，颇谙诸技。鞠躬被宠，全逾锡带之荣；睹物传辉，实动请缨之思。唯当仰成帝力，粗举藩条，誓相率于明时，庶同登于寿域。李商隐。 时或愆阳，岁之常候，式当圣日，无害丰年。陛下敦本务农，忧人闵雨，宸虑所至，天心自通。故得瑞马迎舟，掩商羊之舞；仙云覆水，协从龙之征。初泛洒于上宫，遂滂霈于率土。自中徂外，皆荷生成，雨公及私，靡不硕茂。殷后徒勤于自剪，周公空愧于舞雩。臣以庸虚，谬司藩翰，有年之庆，惟圣之功。柳子厚。 诗五言：百灵扶绣户。王沂公。 菰生四五尺，素身为谁珍？辟邪书宝篆，竞渡斗龙舟。 臂缠长命缕，衣带赤灵符。仙艾垂门丝，灵丝绕户长。王禹玉。 越女天下白，鉴湖五月凉。剡溪蕴秀异，欲罢不能忘。杜甫。 麦随风里熟，梅逐雨中黄。衫含蕉叶气，扇动竹花凉。庾子山。 雕玉押帘上，轻縠笼虚门。井汲铅华水，扇织鸳鸯文。 回雪舞凉殿，甘露洗空绿。罗袖徒回翔，香汗沾宝粟。李贺。 棹争飞鸟疾，标夺彩龙回。江影浑翻锦，欢声远震雷。郭功父。 清晓会披香，朱丝续命长。一丝增一岁，万缕献君王。章简公。 大火五月中，景风从南来。数枝石榴发，一丈荷花开。恨不当此时，相遇醉金罍。李白。 宫衣亦有名，端午被恩荣。细葛含风软，香罗叠雪轻。自天题处湿，当暑着来清。意内称长短，终身荷圣情。杜甫。 万里江边次，孤城对海安。朝霞晴作雨，湿气晚生寒。苔色侵衣桁，潮痕上井栏。题诗招茂宰，思尔欲辞官。李嘉祐。 往岁沾宫扇，含香拜玉墀。只今飘白发，刈麦向东菑。树树鸣蜩日，家家望雨时。万方多难意，谁达圣明知。李空同。 径草侵衫色，庭梧生昼阴。时光临角黍，穑事望梅霖。习静炉薰细，醒烦茗碗深。草堂宾客散，欹枕听幽禽。文徵仲。 蕤宾五月中，清朝起南飔。不驶亦不迟，飘飘吹我衣。重云蔽白日，闲雨纷微微。流目视西园，晔晔荣紫葵。于今甚可爱，奈何当复衰。感物愿及时，每恨时所挥。悠悠待秋稼，寥落将赊迟。逸想不可淹，猖狂独长悲。陶潜。 楚俗不爱力，费力为竞舟。买舟俟一竞，竞敛贫者赇。年年四五月，茧实奏小秋。积水（偃）〔堰〕堤坏，校秧满稗稠。此时集丁壮，习竞（舟）〔南〕①亩头。朝饮村社酒，暮椎邻舍牛。祭船如祭祖，习竞如习雠。连今数十日，作业不复忧。君侯选良吉，会客陈膳羞。画鹢四来合，大竞长江流。建标明取（合）〔舍〕，胜负死生求。一时欢呼罢，三月农事休。元微之。 七言：辟兵已佩灵符小，续命仍萦彩缕长。文秀。 愿储医国三年艾，不作沉湘九辩人。五日看花怜并蒂，

---

① 舟，应作"南"。"四库全书"［唐］元稹《元氏长庆集》卷三《古诗·竞舟》作"南"。

今朝斗草最宜男。章简公。　五月榴花照眼明，枝间时见子初成。可怜此地无车马，颠倒青苔落绛英。韩愈。　春满猎猎弄轻柔，欲立蜻蜓不自由。五月临平山下路，藕花无数满汀洲。李衆子。　荷叶初开笋渐抽，东坡南荡正堪游。无端陇上翛翛麦，横起风寒占作秋。王安石。　岭水争分路转迷，桄榔椰叶暗蛮溪。愁冲毒雾逢蛇草，畏落沙虫避燕泥。五月畲田收火米，三更津吏报潮鸡。不堪肠断思乡处，红槿花中越鸟啼。李德裕。　积雨空林烟火迟，蒸梨炊黍饷东菑。漠漠水田飞白鹭，阴阴夏木啭黄鹂。山中习静观朝槿，松下清斋折露葵。野老与人争席罢，海鸥何事更相疑？王维。　竹里行厨洗玉盘，花边立马簇金鞍。非关使者征求急，自识将军礼数宽。丰年地僻柴门迥，五月江深草阁寒。看弄渔舟移白日，老农何有罄交欢。杜甫。　五月五（目）〔日〕天气鲜，艾叶榴花对眼前。乡土岁时殊不恶，闾阎风俗自堪怜。邻人角黍能相送，野老蒲觞得共传。回首十年车马地，每逢佳节泪潸然。何大复。　五月江南樱笋残，疏花吹尽绿漫漫。雨来却及梅黄候，春去犹余麦秀寒。白日幽深茅屋静，野情萧散苎袍宽。美人何处经时别，满耳新蝉独倚兰。文衡山。　谁将艾虎向人愚，惹得离愁到客边。时序每从沙漠改，恩光未见置邮传。漫随尊酒酬佳节，更藉榴花媚远天。闻说诸山多圣药，日中采取学飞仙。黄正色。　却惊诗句髑潘郎，莫讶巫云峡雨长。萱草林间舒翠带，榴花枝上湿红妆。喜看物色新吴苑，愁逐烟波问楚湘。续命不须萦彩缕，昌阳已进万年觞。孙七政。　当年锦缆帝王州，此日荒津竞渡游。宾客未销梁苑气，江山聊写汨罗愁。流金赤日偏输浪，似盖轻云故翼舟。渔听歌钟沉复跃，燕窥舞袖去还留。调冰雪藕佳人并，断艾分蒲上客酬。出溜只疑天上转，沂回真在镜中浮。阴阴暝色凫鹥岸，嬝嬝风香杜若洲。醉里惊闻催住浆，别船追进玉延羞。李空同。　五月五日天清明，杨花绕江啼晓莺。使君未出郡郭外，江下早闻齐和声。使君出时皆有准，马前已被红旗引。两岸罗衣破鼻香，银钗照目如霜刃。鼓声三下红旗开，两龙跃出浮水来。棹影斡波飞万剑，鼓声劈浪鸣千雷。鼓声[1]渐急标将近，两龙望标目如瞬。波上人呼霹雳惊，竿头彩挂虹霓晕。前船抢水已得标，后船（大）〔失〕势空挥桡。疮眉血首争不定，输案一明心似烧。只将输（赢）〔赢〕定罚赏，两岸十舟互来往。须臾戏罢各东西，竞脱文身请书上。吾今细观竞渡儿，何殊当路权相持。不思得所各休去，会到摧舟折楫时。《文苑英华》。　词：梅霖初歇，正绛色海榴，争开佳节。角黍包金，香蒲切玉，是处玳筵罗列。斗巧输年少，玉腕彩丝双结。舣画舫，见龙舟两两，波心齐发。　奇绝，难画处，激起浪花，翻作湖间雪。画鼓轰雷，红旗掣电，夺罢锦标方彻。望中水天日暮，犹自珠帘高揭。棹归晚，载荷香十里，一钩新月。吴子和《喜迁莺》。　绿槐高柳咽新蝉，薰风初入弦。碧纱窗下水沉烟，棋声惊昼眠。　微雨过，小荷翻，榴花开欲然。玉盆纤手弄清泉，琼珠碎又圆。

六月，斗柄建未，日在柳，昏火中，旦奎中，日月会于鹑火。是月也，土润暑溽，大雨时行，烧薙行水，薙，音替。利以杀草，如以热汤，可以粪田畴，可以美土疆。疆，音强。是月也，树木方盛，命虞人入山行木，行，音幸。毋有斩伐，不可以兴土

---

① 声，底本缺，据"四库全书"［宋］李昉等《文苑英华》卷三四八引刘禹锡《竞渡歌》补。

功，勿举大事，以摇养气，毋发令而待，以防神农之事。水潦盛昌，神农将持功，举大事则有天殃。是月曰季夏伏日。师古曰："伏者，谓阴气将起，迫于残阳而未得升，故为伏藏，因名伏日。"一说春、夏、冬三季相代，皆系相生，惟秋代夏是以金代火，金畏火，故至庚日必伏。夏至后第三庚为初伏，第四庚为中伏，立秋后初庚为末伏。

占候。总占：无蝇，主米价平。谚云："六月无蝇，新旧相登。" 朔日：值大暑，民病。 值夏至，大荒，宜备米谷。值小暑，山崩河溢。二日同。 遇甲，饥。 三伏：宜热。谚云："六月不热，五谷不结。"盖当槁稻之时，又当下壅晴热，则苗旺，凉雨则（白）〔苗〕没。立秋在晦，早稻迟。

调摄。当盛暑时，食饮加意调节，缘伏阴在内，腐化稍迟。又果蓏园蔬多将生啖，蓏，音倮。泉水桂浆唯欲冷饮，生冷相值，克化尤难。微伤即餐泄，重伤即霍乱吐利，是以暑月食物尤要节减，使脾胃易于磨化，戒忌生冷，免有腹脏之疾。《食治通说》。 盛夏畏暑，难以全断饮冷，但刻意少饮，勿与生硬果菜、油腻、甜食相犯，亦不至生病也。不宜引饮过多，先能省减碱酸厚味、煎炖燥物，自然津液不乏，必不至引饮太频。《食物通说》。 夏月，老人尤宜保扶，若檐下故道，穿隙破窗，皆不可纳凉，此为贼风，中人暴毒。宜居虚堂静室，水次木阴洁净之处，自有清凉。每日侵晨，进温平暖气汤散一服，饮食温软，不令太饱，但时复进之。渴饮粟米温饮，豆蔻热水，生冷肥腻尤戒。缘老人气弱，当夏之时，伏阴在内，以阴弱之腹当冷肥之物，则多成滑泄，一伤真气，卒难补复。宜服不燥热平补肾气暖药二三十服，以助元气，若苁蓉丸、八味丸之类。《养生杂纂》。 夏日服六壬六癸符，或玄冰符、飞霜散，暑不能侵。《养生全书》。 清暑十味香薷散，香薷一两、白术、人参、陈皮、茯苓、區豆炒、黄蓍、木瓜、厚朴姜制、甘草炙，各半两，共为末，每服二钱，热汤或冷水调。 三伏用麦门冬、五味子、人参等分，加炙甘草少许，绝胜他品。若因无力，少加柏皮，则两腋气力涌出。《家塾事亲》。 苦荬，夏月宜食以益心。《琐碎录》。 瓜熟者，除暑解渴，性温不寒。同上。 勿专（皮）〔用〕①冷水浸手足，慎东来邪风，犯之令手足瘫痪，体重气短，四肢无力，切宜忌之。《养生仁术》。 勿露天夜卧。 勿食泽水，令人病鳖瘕。 勿食血脾，季月土旺在脾。 勿食茱萸，伤神气。 勿食韭，昏目。 勿食野鸭、雁等肉，伤人神气。 勿食羊肉及血，损人神魂，健忘。 勿食生葵，成水癖，若被犬咬，终身不瘥，又令人饮食不消，发宿疾。 六月极热，扇手心则五体俱凉。《济世仁术》。 勿沐浴后当风。《内经》。 初一日沐浴，令人去疾穰灾。《金丹解》。 二十七日食时煎枸杞汤沐浴，令人轻健，不病不老。《摄生要术》。

种植。秋赤豆、豇豆、萝卜、胡萝卜、秋菜豆、芥菜、晚瓜、蔓菁、素馨、小蒜。 壅培：麦冬、橙、橘、锄芋、韭。 灌溉：菊、牡丹、芍药、茉莉。 收采：花椒、刘苧、砍竹、青箱子、紫草、槐花、取藕、天仙子、莲须、莲房、松香、杜仲、凤仙花茎、莲花、茅根、干漆、藿香、白芷、葛、菱科、苜蓿、灯草、郁李根、野白荠、苋菜、苇草、菌、旋覆花、眼子菜、地踏菜、泽泻、野荸荠。 整顿：晒书画，锄竹园，耕麦地，晒衣物，沤麻。 田忌：天火卯，九焦子，粪忌子，地火巳，荒

---

① 皮，应作"用"。"四库全书"［宋］张君房《云笈七签》卷三六《杂修摄·摄生月令》作"用"。

芜辰。

制用。神曲：赤豆、杏仁，先用青蒿、红蓼、苍耳草捣汁和白面，同前二味捣腌收。　神水：六月六日贮水净瓮，六日为六神交会日。一年不臭；用作醋酱腌物，一年不坏。《关西旧俗志》。　六一散：即益元散，三伏内服，免中暑泄泻。滑石去黄漂研飞净六两，甘草末一两，加辰砂尤妙。《抱朴子》。　擦牙盐：六日清晨汲井花水，以白盐淘于水中，用新锅复煎作盐，擦牙毕，吐手心洗眼，日日如此，虽老夜能细书。《便民图纂》。　伏中造三黄醋。　六月造糯米醋。　大麦酱醋。　凡热天留饮，以生苋茶铺饭上，置凉处，经宿不馊。　凡收鲜肴熟馔，以笪缶盛，悬井中不坏。

疗治。治水痢百病，乌兰子，六月六日面炒黄，等分为末，空心米饮调下二钱，效。《法天生意》。　旅途中暑，不可用冷水灌沃，急就道间掬热土于脐上，拨开作窍，尿其中，次用生姜、大蒜细嚼，热汤送下。《便民纂要》。

典故。季夏之月，温气始至。《礼·月令》。　子位一阳虽生，而未出乎地。至寅位泰卦，则三阳之生方出地上，而温厚之气从此始焉。巳位乾卦，六阳虽极，而温厚之气未终。午位一阴虽生，而未害于阳。必至未位遁卦，而后温厚之气始尽至极也，言温厚之气至季夏而始极也。《六经天文编》。　季夏之月，命泽人纳材苇，命妇官染采，黼黻文章必以法。《月令》。　季夏之月，令渔师伐蛟升龟。蛟能害人，难得，故言伐。龟可以卜，尊之，故言升。《吕氏春秋》。　殷纣六月猎西土，发民逐禽。或谏："今六月，天务覆施，地务长养，而发民逐禽，元元悬命于野，君践一日之苗，则民百日不食。天子失道，后必无福。"纣以为妖言而诛之，天暴风雨，拔屋折木。《太公金匮》。　孔子之楚，有渔者献（渔）〔鱼〕，孔子不受。渔者曰："天暑，市远，无所鬻之，弃之粪壤，不若献之君子。"孔子再拜而受之，扫地祭之。《家语》。　六月伏日，周时无，至秦德公二年初伏祠，磔狗邑四门，以御虫灾。　高祖用良平策，还定三秦，席卷天下，论功定封金帛，宠异重复。令自择伏日，不同凡俗。《汉书》。　初伏荐麦瓜于祖祢。《四民月令》。　伏日进汤饼，名为辟恶。《荆楚岁时记》。　张良见下邳圯上老父，圯，音夷。出一编书，曰："读是，则为王者师。后十三年，孺子见我济北，谷城山下黄石即我矣。"遂去之。旦视其书，乃《太公兵法》也。良后十三年从高帝过济北，果见谷城山下黄石，取而葆祠之。留侯死，并葬黄石，每上冢伏腊祠黄石。《史记》。　东汉和帝永元六年，初令伏闭尽日。伏日厉鬼行，故尽日闭，不干他事。《汉官旧仪》。　刘松镇袁绍军，绍子弟日共饮宴。当三伏之际，昼夜酣饮，极醉，至于无知，云以避一时之暑，故河朔有避暑饮。《典论》。　临漳县治西南，曹操建石虎，于上藏冰，三伏之月，以赐大臣，名冰井台。《一统志》。　杨氏子弟每至伏中，取大冰，使匠琢成山，周围于宴席间，客虽酒酣而各有寒色，至有挟纩者。又以冰（镂）〔镂〕凤兽之象，送王公家，冰以药固之，数日不消。《天宝遗事》。　都人最重三伏，盖六月中别无时节，往〔往〕风亭水榭，峻宇高楼，雪槛冰盘，沉李浮瓜，流杯曲沼，苞鲊新荷，远迩笙歌，通夕始罢。《东京梦华录》。　郗嘉宾三伏之月诣谢公，炎暑重赫，虽当风交扇，犹沾汗淋离。谢着故衣，食热白粥。郗谓谢曰："自非君体，几不堪此。"《世说新语》。　隋文帝乘怒，于六月杀人。赵绰固争曰："季夏之日，天地盛长庶汇，不可以是时诛杀。"帝曰："天道岂无雷霆? 我则天而行，何不可之有?"《衍义补》。　避暑宫在寒溪上，相传吴王避暑于此，即西山寺基，至今无暑气。宋王伯虎诗："闻说吴王避暑宫，满山六月绛纱红。"《一统志》。 帝幸九成宫避暑，姚思廉以离宫游幸是汉武、秦皇之事，非尧、舜、禹、汤所为。帝谕曰："朕苦气疾，热即烦剧，岂为游赏乎？"赐帛五十四。《白孔六帖》。 玄帝幸洛，时属炎暑。上曰："姚崇多计。"令高力士往探。回奏曰："崇方纱①绤乘小驷，按辔木阴。"上乃命小驷，顿忘繁溽。《开元记》。 宋思礼事继母孝。会大旱，井池涸，母赢疾，非泉不适口。思忧优惧，且祷，忽有泉出诸庭，味甘寒，日不乏汲。县人异之。 岑文本避暑山亭，忽有报上清童子参，衣浅青衣，曰："此上清五铢服。"出门不见。文本掘古钱一枚，自是钱帛日盛，位中书令。《传异志》。 夏至日，妇人进扇及粉脂囊。《酉阳杂俎》。 长安富人每至暑伏中，各于林亭内植画栋，以锦结为凉棚，设坐，具召长安名妹间坐，间，去声。递请为避暑会。《开元遗事》。 梓橦郪县，唐大历七年六月甲子，涪水泛滥，流木数千条，梁栋榱楄具备，补城屋，悉此木。《洽闻记》。 真宗东封，六月放梁固以下进士及第。后土于汾阴，放张师德以下进士及第。固，状元梁颢子。师德亦状元，张华子。魏野以诗贺之曰："封禅汾阴连岁榜，状元俱是状元儿。"《通考》。 陕妇人嫠居，事叔姑甚谨，家欲嫁之，毁面自誓。后叔姑病死，有女在夫家，从妇乞假不得，因诬杀其母。有司诛之，鸟哀鸣尸上，盛夏暴之十日不腐，虫兽亦不败，境内经年不雨。呼延谋为太守，访其墓，谥曰"真烈妇"，其日大雨。《六贴》。 日济国西南海中有三岛，各相去数十里。其岛出黄漆，似中夏漆树。彼土六月破树腹取汁，以漆器物，若黄金，其光夺目。《洽闻记》。

丽藻。散语：六月徂暑。 六月食郁及薁。 六月栖栖，戎车既饬。《诗》。 季夏烦暑，流金烁石。梁元帝。 养羊酤酪，以供伏腊之费。潘岳。 启：三伏渐终，九夏将谢。萤飞腐草，光浮帐里之书；蝉噪繁柯，影入机中之襞。濯枝迂潦溢，芳槿茂而发荣；山土焦流金，海水沸而漂烁。昭明太子。 序：三伏之节始奏，商秋之辰未期。下里贫生，居室卑狭，陋巷不来清风，短庑不足增荫。并天而寒暑殊，同世而忧乐异。嵇舍。 赋：维青春之代谢兮，接朱明之季月；何太阳之曦赫兮，反郁陶以兴热。于是大吕统律，祝融记节；蒸泽外熙，火阴内闭。若乃三伏相仍，徂暑彤彤，上无纤云，下无微风。夏侯湛。 歌行：裁生罗，伐湘竹。披拂疏霜簟秋玉，炎炎红镜东方开。晕如车轮上徘徊，啾啾赤帝骑龙来。李贺。 诗五言：朱明运将极，溽暑昼夜兴。傅玄。 曲池煎晚景，高阁绝微飙。王言史。 轻纱一幅巾，小簟六尺床。无客尽日静，无风终夜凉。白乐天。 三伏忽以过，骄阳化为霖。欲归瀼西宅，阻此江浦深。 万事销身外，生涯在镜中。惟将满头雪，明日对秋风。李益。 麦候始清和，凉雨消炎燠。红莲摇弱荇，丹藤绕新竹。《白孔六帖》。 郑门古城曲，小筑成幽园。为厌朝簪扰，兼辞人境喧。矮堂交杂树，炎日驻游轩。默默林中意，相看对一尊。李空同。 六月骄阳伏，凄清似蚤秋。调笙添火炙，行药带云收。竹限曦光薄，松藏人语幽。笑予非钓叟，亦拟着羊裘。陈眉公。 南陆迎修景，朱明送末垂。初伏启新节，隆暑方赫曦。朝想庆云兴，夕迟白日移。挥汗辞中宇，登城临清池。凉风自远集，轻衫随风吹。露圃曜华果，通衢列高椅。潘岳。 六龙鹜不息，三伏启炎阳。寝兴烦几案，俯仰倦帏帱

---

① 纱，应作"袗"，单衣。《论语·乡党》有"当暑，袗绤绤，必表而出之"语。

床。滂沱汗似铄，微靡风如汤。泂池愧生浪，兰殿非含霜。细帘（特）〔时〕①半卷，轻幌乍横张。云斜花影没，日落荷心香。愿见洪涯井，讵怜河朔觞。梁简文帝。 苦热中夜起，登楼独褰衣。山泽凝暑气，星汉湛光辉。火晶燥露滋，野静停风威。探汤汲阴井，炀灶开重扉。凭阑久彷徨，流汗不可挥。莫辨亭毒意，仰诉璇与玑。谅非姑射子，静胜安能希？柳宗元。 父耕原上田，子劚山下荒。六月禾未秀，官家已修仓。锄田当日午，汗滴禾（上）〔下〕土。谁念盘中餐，粒粒皆辛苦。二月卖新丝，五月粜新谷。医得眼前疮，剜却心头肉。我愿君王心，化作光明烛。不照绮罗筵，只照逃亡屋。聂夷中。 七言：炎官驾日照人低，燕处征行总不宜。商略人间可人处，蕲州簟竹卷琉璃。王三松。 毕竟西湖六月中，风光不与四时同。接天莲叶无穷碧，映日荷花别样红。东坡。 南陵水面谩悠悠，风紧云轻欲变秋。正是客心孤迥处，谁家红袖倚江楼。杜牧。 几日不登峰上头，参差竹树已沉楼。到来不用寻消夏，鹤叫一声天欲秋。陈眉公。 西北楼成雄楚都，远开山岳散江湖。二仪清浊还高下，三伏炎蒸定有无。推毂几年惟镇静，曳裾终日盛文儒。白头受简焉能赋，愧似相如为大夫。杜甫。 新沐朝来懒着冠，疏花和露隔帘看。不因今日为园乐，谁识当年行路难。田薄幸逢连岁熟，家贫聊藉旧庐安。衡门反锁无人扣，梧竹风清六月寒。 火山六月应更热，赤亭道口行人绝。知君惯度祁连城，岂能愁见轮台月？脱鞍暂入酒家垆，送君万里西击胡。功名只向马上取，真是英雄一丈夫。岑嘉川。 词：清昼绿阴如许，树底莺雏学语。顾影碧池中，忽成翁。 且自枕书鼾睡，睡起一杯微醉。池上落花风，扑流莺。陈眉公《销夏昭君怨》。 风雨霎时晴，荷叶青青，双鬟捧着小红灯。报道绿纱廊底下，皎月分明。 枕簟嫩凉生，茉莉香清，兰花新吐百余茎。扑得流萤飞去也，团扇多情。陈眉公《初夏·浪淘沙》。

土王，四季位居中央，其星角亢氐，其帝黄帝，执绳而制四方。其佐后土，其神镇星，其兽黄龙，其音宫，其日戊巳，其数五十，其谷稷，其虫倮，其味甘，其臭香，其祀中溜，其乐埙，祭先心，土德实辅四时，出入以风雨，节土益力。其德平而不阿，明而不苛，包裹覆露，无不囊怀，溥泛无私，正静以和，行秺鹥，养老衰，吊死问疾，以送万物之归。

九土：天地之间，九州八极，东南神州曰农土，正南次州曰沃土，西南戎州曰滔土，正西弇州曰并土，正中冀州曰中土，西北台州曰肥土，正北济州曰成土，东北薄州曰隐土，正东阳州曰申土。 轻土多利，重土多迟，中土多圣，坚土人刚，弱土人肥，垆土人大，沙土人细，息土人美，耗土人丑。《淮南子》。 星宿：土星即镇星，主德。占为夏季，迹陈于外，兆发于中。 四神：艮神和德，言春冬将交，阴阳气和，群物方生也。巽神太炅，言光明发挥，万物洁齐也。坤神太武，言阴气渐生，万物杀伤也。乾神阴德，言阴终阳生，大有其德也。《太乙数》。

秩祀。其祀中溜。古未有宫室，陶复陶穴，皆开其上以漏光明，而雨溜之后，因名室中为中溜。土居五行之中，故其神亦在室之中央。季夏土气盛，故祀之。

---

① 特，应作"时"。"四库全书"［宋］郭茂倩《乐府诗集》卷六五《杂曲歌辞》引梁简文帝《苦热行》作"时"。

调摄。中央生湿，湿生土，土生甘，甘生脾，脾生肉，肉生肺。其在天为湿，在地为土，在体为肉，在气为充，在脏为脾。其性静，其德为濡，其用为化，其色为黄，其化为盈，其政为谧，其令云雨，其变动注，其眚淫溃，其志为思。思伤脾，怒胜思；湿伤肉，风胜湿；甘伤脾，酸胜甘。　中央生土者，天六入之湿，居中央地体中，为生化之始也，自湿土而生。凡中央惟用德化政令之类，皆本乎湿，而合乎人之脾气者也。故脾居腹，象湿之生于中央；肉充一身，象土之充实大地。　脾脏中央，旺于四季，神肖凤形，神之气，土之精也。脾者，裨也，裨助胃气。居心下三寸，重一斤二两，阔三寸，长五寸。为心之子，肺之母，外通眉阙，能制谋意辩，其神多嫉。脾无定形，主土阴。妒亦无准，妇人多妒，受阴气也。食熟软热物，全身之道。故脾为五脏之枢，开窍于口，在形为颊。脾乃肉之本意处也。谷气入于脾，于液为涎，肾邪入脾则多涎。六腑，胃为脾之腑，合为五谷之府也。口为脾之官，气通则口知五味，脾病则口不知味。脾合于肉，其荣唇也。肌肉消瘦者，脾先死也。心邪入脾则恶香。脾之外应中岳，上通镇星之精。季夏并三季各十八日，存镇星黄气入脾中，连于胃上，以安脾神。脾为消谷之府，如转磨然，化其生而入于熟也。脾不转则食不消，遂为食患。脾神好乐，乐能使脾动荡也。故诸脏不调则伤脾，脾脏不调则伤质，质神俱伤则病速。人当慎食硬物，老人尤甚。不欲食者，脾中有不化食也；贪食者，脾实也；无宿食而不喜食者，脾虚也；多惑者，脾不安也；色憔悴者，脾受伤也。脾不足则好食甜，脾无病则肌肉鲜白滑腻。肺邪入脾则多歌，故脾有疾当用呼，呼以抽脾之邪也。中热亦宜呼以出之。当土王时，少思虑，养恬和，顺坤之德而宁其神，逆之则脾胃受邪，土木相克则病。四季勿食诸兽之脾及肝及羊血，皆令脾病。酸味助肝克脾，宜少食。

丽藻。散语：土，地之吐生万物者。《说文》。　帝致役乎坤。坤者，地也，万物皆致养焉。阳。　岁三百六十五日，五行各司七十二日，土居中央，分旺于辰、（成）〔戌〕、丑、未。四季之月，各一十八日，是谓土王用事，性爱稼穑，稼穑味甘。人身之脉为肉，其诊为缓，人气为意。五官曰口，脏曰脾，腑曰胃。其声歌，其志思，其形肥，其变秽，其恶风。于天时为云，于地形为岗坡。天元化运为甲巳，其星隶天芮、天任，天之气为太阴、厥阴，其果为枣。　歌：四序循环经万古，古贤推定五般土。阳土须知不过阴，阴土遇阳当细数。四季中央戊己同，万物凭土以为主。《玉函经》。　说：以气候言之，人身五行与天地同。一岁七十二候，每候五日变，土始足。五日未足，土之未来，候不变也。虽五行足而候不变者，土气不全则一候生灾，若人身一节不调即百病生。五日五行，所谓五土是也。四时一岁，日日有土，百骸九窍，处处有土。十二支四维，方方有土，万物由土而生旺，亦由土而归休。四时之序，季月属土，以墓四行，亦以生所代之令也。盖天地人同一气，而土居中央，艮为阳土，坤为阴土。艮，东北之卦，冬春之交，万物成终成始者；坤，西南之卦，夏秋之交，万物归极还元者，气归神伏也。四月一阴生，而阳土育生万物，至此而盛，则土力衰绝，故曰不过阴；十一月一阳生，而阴土收藏万物，至此不生不化，而土力将旺，故当细数。此阴阳交媾生物之机不穷，而土德之流润，无物不有，无时不然也。如五脏之脉必得土气始为有神，如无土气则病矣。土脉带钩，本为缓脉，而四方诊法，克配权宜，不可胶执，大抵以土为根蒂。

占验。地土忽陷，万民离散。　地陷，主兵乱。《京房》。　地生毛，人劳兵起。《地镜》。　地折裂有声，兵大起，境土不宁。　军中地忽裂，急徙居。《抱朴子》。　地忽生毛，为金失其性，人将劳疫。　地无故自成泉，主兵乱，大水。　土涌如山出，即阴盛，土失其性，下人将起。俱《宋志》。《地镜》曰：山移徙及山石自动，或湿或血，皆主兵乱。《天元玉历玄黄赋》。

疗治。药中毒者，土能解之。万物生于土，归于土。土之利用甚博。凡大热暍甚者，以凉水打土浆灌之，可苏。　服药中毒，先宜饮泥浆水。又解河豚毒。　马蝗入腹，宜吞泥丸。多用，则蝗见泥而奔入，然后以行药下之。　痘疹、疫疠、发斑等毒热极者，但卧阴土地则解凉拔毒，能减其半。土之妙用如此，智者类而推之。

避忌。土气湿热。　土王湿气，起居宜慎避之。六月湿热，尤宜节饮凉冷及居处湿寒之地。伏阴在内，阳气外散，苟失调养，内外相感，易生百疾。其余三季，皆当慎寒湿。《济阴方论》。　唐浮屠泓与张说市宅，戒无穿东北隅。他日，怪宅气索然，视隅有三坎丈余，惊曰："公富贵一（出）〔世〕而已。"说将平之。泓曰："客土无气，地脉如身疮，补以他肉，无益也。"　戊己日，燕不衔泥，虑巢不坚。凡宅舍土工等事，亦宜避土日。

怪异。木石之怪夔、罔两，水之怪龙、罔象，土之怪羵羊。《韩诗外传》。　鲁哀公穿井得玉羊。孔子曰："水之精为玉，土之精为羊，此羊肝乃土耳。"哀公杀羊，其肝果土。《博物志》。　秦穆公时，人掘墓得一物如羊，将献之，逢二童曰："此名蝹，在地食死人脑。若杀之，以柏东南枝捶其首，即毙。"由是，后世墓皆植柏，名柏为鬼庭。

二如亭群芳谱岁部卷之三

济南　王象晋荩臣甫　纂辑
松江　陈继儒仲醇甫
虞山　毛凤苞子晋甫　同较
宁波　姚元台子云甫
济南　男王与朋、孙士禧、曾孙启演　诠次

岁谱三

秋，揫也，物至此皆揫敛也。西方为秋，先立秋三日。太史谒之天子曰："某日立秋，盛德在金。"天子乃斋。立秋之日，天子亲率三公、九卿、诸侯、大夫以迎秋于西郊。西方曰皓天，其星胃、昴、毕；西南方曰朱天，其星觜、参、井。其帝少昊，乘兑执矩而治秋。其佐蓐收，其神太白，其兽白虎，其音商，其日庚辛，其数九，其虫介，其味辛，其臭腥，其色白，其祀国行，祭先肝。日行西陆，斗柄西指，是故秋三月以庚辛之日发五政。五政苟时，五谷皆入，百物乃收。

调摄。秋三月谓之容平，天气以急，地气以明，早卧早起，与鸡俱兴，使志安宁，以缓秋刑，收敛神气，使秋气平，无外其志，使肺气清，此秋气之应、养收之道也，逆之则伤肺。秋气燥，宜食麻以润之，禁寒饮并穿寒湿内衣。肺病宜食黍、桃、葱。　三秋服黄芪等丸一二剂，却百病。肺气旺，味属辛，金能克木，木属肝，肝主酸。当秋宜减辛增酸以养肝气，立秋以后稍宜和平将摄。但凡春秋之际，故疾发动，切须安养，不宜吐汗，令人消烁，以致脏腑不安。清晨睡觉，宜闭目咽津，以两手搓热熨眼数多，能明目。脑足俱宜冻，戒温暖。《千金方》。　肺藏魄，名（的）〔皓〕华，字虚成。肺者，勃也，其气勃郁也。对胸有六叶两耳，居五脏之上，如盖，故号曰华盖，重三斤三两。神如虎，象如悬磬，色如缟映红。脉出少商，少商在左手大指端内侧，去甲二分许，陷中。下有七魄，七魄名尸狗、伏尸、雀阴、吞贼、非毒、除秽、避臭。如婴儿，为肾之母、脾之子。属金，秋旺，卦兑。其液涕，其性怒，怕冷成嗽。著于内者为肤，见于外者为毛，以鼻为户，以太肠为腑，应西岳，上通太白之精。

农圃。秋耕宜早，恐霜后掩入阴气。　六畜房圈，秋收之时，预先整理，以避风雪，不使冻损。六畜之性与人不殊，亦有饥寒之苦，在留心保护。　收五谷，择吉日上仓，先祭仓神。　收藏鲜果，梨橘之类带枝插萝卜或芋中，仍用纸或干穰草包护瓮，勿通气。

典故。明皇制秋风高曲，每奏之则清风徐来，夜叶交坠。《鸦鼓录》。　唐宫人丽娟善歌，常唱回风曲，庭叶翻落如秋。《洞冥记》。

丽藻。散语：江汉以濯之，秋阳以暴之。《孟子》。　秋日凄凄，百卉具腓。《诗》。　火见而秋风戒寒。《国语》。 秋为白藏。《尔雅》。 秋曰素秋。《纂要》。 兑正秋，万物之所说也。《兑卦》。 壮士悲秋，感阴气也。《韩诗》。 西方金行之气。《西羌传》。 一叶落，天下知秋。《淮南子》。 秋歌西籁。《礼乐志》。 时秋积雨霁，凉气入郊墟。韩文公。 少昊司农，少昊，金天氏。蓐收按辔，蓐收，少昊之子，名该，金官也。《文选》。 悲哉，秋之为气也！萧瑟兮草木摇落而变衰。憭栗兮若在远行，登山临水兮送将归。泬漻兮天高而气清，寂寥兮潦收而水清。秋风兮萧萧，舒芳兮振条。 日月忽其不掩兮，春与秋其代序。 皇天平分四时兮，切独悲此凛秋。白露既下降百草兮，潦离被此梧楸。 袅袅兮秋风，洞庭波兮木叶下。 秋既先戚以白露兮，冬又申之以严霜。俱《楚词》。 云既净而天高，潦将收而水平。虞世南。 秋夜清白兮，播商气以收温。湛万生。 书：零雨送秋，轻寒迎节。江枫晓落，林叶初黄。登舟玉河，殊足劳止。解维金（關）〔阙〕，定在何日？八区内侍，厌直御（吏）〔史〕之庐；九棘外府，且息官曹之务。应分竹南川，剖符千里。但黑水初旋，未申十千之饮；桂（官）〔宫〕既启，复乖双阙之宴。文雅纵横，即事分阻。清夜西园，眇然未克。想征舻而结叹，望桂席而沾衿。若使弘农书疏，脱还邺下；河南口占，傥归乡里；必达青泥之封，且观《朱明》之诗。白云在天，苍波无极，瞻云岐路，眷慨良深。爱护波潮，敬勖光采。梁文简帝《与萧临川书》。 昔越张修盟，用弘美绩，边延善政，实著民谣。吾冲弱寡能，未明理道，猥以庸薄，作守京河，将恐五裤无谣，两岐难志，思立恩惠，用布风猷。前人。 垂示三首，风云吐于行间，珠玉生于字里。跨蹑曹左，会超潘陆，双鬓向光，风流已绝，九梁插花，步摇为古，高楼怀怨，结眉表色，长门下泣，破粉成痕。复有影里细腰，令与真类，镜中好面，还将画等。此皆性情卓绝，亲致英奇。故知吹箫入秦，方识来凤之巧；鸣瑟向赵，始睹驻云之曲。手持口诵，喜贺交并也。前人。 辞：八月空堂，前临隙荒。抽关散扇，晨乌未光。左右物态，森疏强梁。天随子爽骊恂栗，恍军容之我当。濠然而沟，垒然而墙，蠡然而桂，队然而篁。杉木攒矛，蕉标建常。槁艾矢束，矫蔓弦张。蛙合助吹，鸟分启行。若革进而金止，固违阴而就阳。无何，云颜师，风旨伯。苍茫惨澹，骧危械划。烟蒙上焚，雨阵下棘。如濠者注，如垒者辟；如蠡者亚，如队者析；如矛者折，如常者折；如矢者什，如弦者磔；如吹者喑，如行者惕。石有发兮尽垄，木有耳兮咸戢。云风雨烟，乘胜之势骄；杉篁蕉蔓，败北之气摄。天随子曰：吁！秋无神则已，如其有神，吾为尔羞之。南北畿圻，盗兴五期。方州大都，虎节龙旗。瓦解冰碎，瓜分豆离。斧抵耋老，千穿乳儿。昨宇今烬，朝人暮尸。万犉一啖，千仓一炊。扰践边朔，奸伤蛮夷。制府守帅，披攘城池。弓卷不刑，甲缀不离，凶渠歌笑，裂地无疑。天有四序，秋为司刑。少昊负辰，亲朝百灵。蓐收相臣，太白将星。可霆可电，可风可霆。可垫溺颠陷，可天札迷冥。曾忘鏖剪，自意澄宁。苟蜡礼之云责，触天怒而谁丁，奈何欺荒庭？凌坏砌，摵崇茝，批宿蕙，揭编茅而逞力，断纬萧而作势，不过约弱欹垂，戕残废替。可谓弃其本而趋其末，舍其大而从其细也。辞犹未已，色若愧耻，于是堕者止，偃者起。陆龟蒙。 赋：白帝承乾，乾坤悄然。潘岳乃惊素发，感流年，抽彩笔，叠花笺。驱走群言，写壹郁之怀矣。（抽）〔搜〕罗万象，赋萧条之景焉。于时凄凄漠漠，零露蒙作；杳杳冥冥，劲风吹成。或青山兮薄暮，或绿野兮新晴。昨日金舆，天子自西郊而迎入；此时火斾，祝融指南极以遄征。于是踆乌减赫，顾兔添明。地上落红蕖之态，烟中吟玉笛之声。泰华峰高，染莲华而翠活；湘川树老，换枫叶以霞生。愈碧吴山，偏清汉水。松柏风高兮岁寒出，梧桐蝉急兮烟翠死。衡阳落日，和旅雁以飞来；剑阁中宵，逐哀猿而啸起。遂使隋堤青恨，吴岭绿愁。庐阜之蟾开石面，钱塘之雪入涛头。空三楚之暮天，楼中历历；满六朝之故地，草际悠悠。鱼美东鲈，兽狞西虎。送鸾扇之藏箧，迎朱丝之织户。海上而轻笼皓月，皎洁成冰；陇头而葱着阴云，苍茫欲雨。斯则寒暑推移，衰荣可知。金生火死，菊换兰荃。岂惟自迩及迩，穷高极卑。上澄鹊汉以清浅，东莹鳌洲而渺弥。数声之玄鹤惊时，九皋摇落；一夜之新霜扑处，百卉离披。是时坐客闻之，侘色揣称，咸言此日之摘藻，更苦囊篇之秋兴。黄滔《秋赋》。　越王之孙，有贤公子，宅于不土之里，而咏无言之诗，以告东坡居士曰："吾心皎然，如秋阳之明；吾气肃然，如秋阳之清；吾好善而欲成之，如秋阳之坚百谷；吾恶恶而欲刑之，如秋阳之陨群木。夫是以乐而赋之，子以为何如？"居士笑曰："公子何自知秋阳哉？生于华屋之下，而长游于朝廷之上，出拥大盖，入侍帏幄，暑至于温，寒至于凉而已矣。何自知秋阳哉！若予者，乃真知之。方夏潦之流也，云蒸雨泄，雷电发越，江湖为一，后土冒没，舟行城郭，鱼龙入室。菌衣生于用器，蛙蚓行于几席。夜违湿而五迁，昼燎衣而三易。是犹未足病也。耕于三吴，有田一廛。禾已实而生耳，稻方秀而泥蟠。沟塍交通，塍，音成。墙壁颓穿，面垢落墍之涂，目泣湿薪之烟。釜甑其空，四邻悄然。鹳鹤鸣于户庭，妇宵兴而永叹。计无食其几何，矧有衣于穷年。忽釜星之杂出，又灯花之双悬。清风西来，鼓钟其镗。奴婢喜而告予，此雨止之祥也。早作而占之，则长庚淡其不芒矣。浴于旸谷，升于扶桑。曾未转盼，而倒景飞于屋梁矣。方是时也，如醉而醒，如暗而鸣，如痿而行，如还故乡初见父兄。公子亦有此乐乎？"公子曰："善哉！吾虽不身履，而可以意知也。"居士曰："日行于天，南北异宜。赫然而炎非其虐，穆然而温非其慈。且今之炎者，昔之温者也，云何以夏为盾而以冬为衰乎？吾侪小人，轻愠易喜，彼冬夏之畏爱，乃群狙之三四。自今知之，可以无惑。居不障户，出不御箑，暑不言病，以无忘秋阳之德。"公子拊掌，一笑而起。苏子瞻。　晋十有四年，余春秋三十有二，始见二毛，以太尉掾兼虎贲中郎〔将〕，寓直于散骑之省。高阁连云，阳景罕曜，珥蝉冕而袭纨绮之士，此焉游处。仆野人也，偃息不过茅屋茂林之下，谈话不过农夫田父之客。摄官承乏，猥厕朝列，夙兴晏寝，匪遑底宁，譬犹池鱼笼鸟，而有江湖山薮之思。于是染翰操纸，慨然而赋。于时秋也，以"秋兴"命篇。辞曰：四运忽其代序兮，万物纷以回薄。览花莳之时育兮，察盛衰之所托。感冬索以春敷兮，嗟夏茂而秋落。虽末事之荣悴兮，伊人情之美恶。善乎，宋玉之言曰："悲哉，秋之为气也，萧瑟兮草木摇落而变衰！憭栗兮若在远行，登山临水送将归。"夫送归怀慕徒之恋兮，远行有羁旅之愤。临川感流以叹逝兮，登山怀远而悼近。彼四戚之疾心兮，遭一涂而难忍。嗟秋日之可哀兮，谅无愁而不尽。野有归燕，隰有翔隼。游氛朝兴，槁叶夕陨。于是乃屏轻箑，释纤绤，藉莞箬，御夹衣。庭树槭以洒落兮，劲风戾而吹帷。蝉嘒嘒以寒吟兮，雁飘飘而南飞。天晃朗以弥高兮，日悠扬而浸微。何微阳之短晷兮，觉凉夜之方永。月朦胧以含光兮，露凄清以凝冷。熠耀粲于阶闼兮，蟋蟀鸣乎轩屏。听离鸿之晨吟兮，望流火之余景。宵耿介而不寐兮，独展转于华省。悟岁时之道尽兮，慨俯首而自省。斑鬓彪以承弁兮，素发飒以垂领。仰群俊之逸轨兮，攀云汉以游骋。登春台之熙熙兮，珥金貂之炯炯。苟趣舍之殊途兮，庸讵识其躁静。闻至人之休风兮，齐天地于一指。彼知安而忘危兮，故出生而入死。行投趾于容迹兮，殆不践而获底。阙侧足以及泉兮，虽猴猿而不履。龟祀骨于宗桃兮，思反身于绿水。且敛衽以归来兮，忽投绂以高厉。耕东皋之沃壤兮，输泰稷之余税。泉涌湍于石间兮，菊扬芳乎崖澨。澡秋水之涓涓兮，玩游鲦之潎潎。逍遥乎山川之阿，放旷乎人间之世。优哉游哉，聊以卒岁。潘岳。　碧天如水兮，宵宵悠悠。百虫迎暮兮，万叶吟秋。欲辞秋而萧飒，潜命侣以啁啾。送将归兮临水，非吾土兮登楼。晚枝多露蝉之思，夕草起寒螀之愁。至若松竹含韵，梧楸早脱。惊绮疏之晚吹，坠碧砌之凉月。念塞外之征行，顾闺中之骚屑。夜蛩鸣兮机杼促，朔雁叫兮音书绝。远杵续兮何泠泠，虚室静兮空切切。如吟如啸，非竹非丝，合自然之宫徵，动终械之别离。废井苔合，荒园露滋。草苍苍兮人寂寂，树械械兮虫伊伊。则安石风流，巨源多可。平六符而佐主，施九品而自我。犹复感阴虫之鸣轩，叹凉叶之初堕。异宋玉之悲伤，觉潘郎之么么。嗟乎！骥伏枥而已老，鹰在鞲而有情。聆朔风而心动，盼天籁而神惊。力将瘼兮足受绁，犹奋迅于秋声。刘禹锡。　欧阳子方夜读书，闻有声自西南来者，悚然而听之，曰："异哉！"初淅沥以萧飒，忽奔腾而砰湃，如波涛夜惊，风雨骤至。其触于物也，鏦鏦铮铮，金铁皆鸣；又如赴敌之兵，衔枚疾走，不闻号令，但闻人马之行声。予谓童子："此何声也？汝出视之。"童子曰："星月皎洁，明河在天，四无人声，声在树间。"余曰："噫嘻悲哉！此秋声也。胡为乎来哉？盖夫秋之为状也：其色惨淡，烟霏云敛；其容清明，天高日晶；其气栗冽，砭人肌骨；其意萧条，山川寂寥。故其为声也，凄凄切切，呼号愤发。丰草绿缛而争茂，佳木葱茏而可悦；草拂之而色变，木遭之而叶脱。其所以摧败零落者，乃其一气之余烈。夫秋，刑官也，于时为阴；又兵象也，于行用金，是谓天地之义气，常以肃杀而为心。天之于物，春生秋实，故其在乐也，商声主西方之音，夷则为七月之律。商，伤也，物既老而悲伤；夷，戮也，物过盛而当杀。嗟夫！草木无情，有时飘零。人为动物，惟物之灵；百忧感其心，万事劳其形；有动乎中，必摇其精，而况思其力之所不及，忧其智之所不能；宜其渥然丹者为槁木，黟然黑者为星星。奈何以非金石之质，欲与草木而争荣？念谁为之戕贼，亦何恨乎秋声！"童子莫对，垂头而睡。但闻四壁虫声唧唧，如助予之叹息。欧文忠。　积芳兮选木，幽兰兮翠竹。上芄芄兮阴景，下田田兮被谷；左蕙畹兮弥望，右芝圃兮寓目；山霞起而削成，水积明以经复。于是蔽风闼之蔼蔼，耸云馆之迢迢。周步檐以升降，对玉堂之沈寥。追夏德之方暮，望清秋之始飙。藉宴私而游衍，时晤语而逍遥。尔乃日栖榆柳，霞照夕阳，孤蝉已散，去鸟成行。惠风湛兮帷殿肃，清阴起兮池馆凉。陈象设兮以玉瓒，披兰藉兮咀桂浆。仰微尘兮美无度，奉英轨兮式如璋。藉高文兮清谈，预含毫兮握芳。则观海兮为富，乃游圣兮知方。谢朓。　登九疑兮望清川，见三湘兮漰湲。水流寒以归海，云横秋而蔽天。余以鸟道计于故乡兮，不知去荆吴之几千。于时西阳半规，映岛欲没。澄湖练明，遥海上月。念佳期之浩荡，渺怀燕而望越。荷花落兮江色秋，风袅袅兮夜悠悠。临穷溟以有羡，思钓鳌于沧洲。无修竿以一举，抚洪波而增忧。归去来兮，人间不可以托些，吾将采药于蓬丘。李白。　歌行：秋风清，秋月明，落叶聚还散，寒鸦栖复惊。相思相见知何日，此时此夜难为情！李太白。　金井梧桐露光白，流萤几点辉寒夕。绮窗儿女愁脉脉，素手空垂斗双碧。蛱蝶栩栩石榴裙，倦理流黄向夜分。织就鸳衾为谁许，问之无言泪如雨。于舍东。　诗五言：哲匠感萧晨。殷仲文。　开秋肇凉气。《文选》。　秋风生桂枝。杜甫。　清商应秋至，溽暑随节阑。《文选》。　菊散金风起，荷疏玉露清。唐太宗。　金兰气尚低，火老候愈浊。韩文公。　残暑已俶装，好风方来归。黄山谷。　水落鱼龙夜，山空鸟鼠秋。　风云开古镜，淮海慰冰纨。黄山谷。　水声万户竹，寒色五陵松。李颀。　江上亦秋色，火云终不移。巫山犹锦树，南国且黄鹂。　宋玉天南客，秋来愁自深。清霜数行雁，明月万家砧。王庭相。　绿水明秋月，南湖采白蘋。荷花娇欲语，愁杀荡舟人。李白。　百年已过半，秋至转饥寒。为问彭州牧，何时救急难。杜甫。　急雨收残暑，西风吹暮蝉。烟浮水空阔，露洗月华圆。张芸叟。　日照前窗竹，露湿后园薇。夜蛩扶砌响，轻蛾绕烛飞。阳休之。　祝融解炎缨，蓐收起凉驾。高风催节变，凝露督物化。长林悲素秋，茂草思朱夏。鸣雁薄云岭，蟋蟀吟深榭。寒蝉向夕号，惊飙激中夜。感物增人怀，凄然无欣暇。江逌。　秋兰徒晚绿，流风渐不亲。飙我垂恩幕，惊此梁上尘。沉阴安可久，丰景将遂沦。何由忽灵化，暂见别离人。鲍照。　旻天清且高，秋气发初凉。白露下微津，明月流素光。凝烟泛城阙，凄风入轩房。朱华先零落，绿草就芸黄。纤罗还笥箧，轻绤改衣裳。宋·（王）〔刘〕铄。　林塘夜发舟，虫响荻飗飗。万影皆因月，千林各为秋。岁华空复晚，乡思不堪愁。西北浮云外，伊川何处流？刘方平。　草绿长门掩，苔青永巷幽。宠移新爱夺，泪落故情留。啼鸟惊残梦，飞花搅独愁。自怜春色罢，团扇复迎秋。杜审言。　江城如画里，山晚望晴空。两水夹明镜，双桥落彩虹。人烟寒橘柚，秋色老梧桐。谁念北楼上，临风怀谢公。李白。　清风望不及，迢递起层阴。远水兼天净，孤城隐雾深。叶稀风更落，山（回）〔迥〕日初沉。独鹤归何晚，昏鸦已满林。　竹凉侵卧内，野月满庭隅。重露成涓滴，稀星乍有无。飞萤自照水，宿鸟竞相呼。万事干戈里，空悲清夜徂。俱杜子美。　律变新秋至，萧条自此初。花醋莲报谢，叶在柳呈疏。淡日非云映，清风似雨余。卷帷凉暗度，迎扇暑先除。草静多翻燕，波澄下露鱼。今朝散骑省，作赋兴何如！司空曙。　冻冷三秋夜，安闲一老翁。卧迟灯灭后，睡美雨声中。灰宿温瓶火，香添暖被笼。晓晴寒水起，霜叶满阶红。白乐天。　试向疏林望，方知节候殊。乱声千叶下，寒影一巢孤。不蔽秋天雁，惊飞夜月乌。霜风与春日，几度遣荣枯。姚伦。　秋霁禁城晚，六街烟雨残。墙头山色健，林外鸟声欢。翅日楼台丽，清风剑佩寒。玉人襟袖薄，斜凭翠阑干。韦庄。　玉树起凉烟，凝情一叶前。别离伤晓镜，摇落思秋弦。汉垒关山月，胡笳塞北（人）〔天〕。不知肠断梦，空绕几山川。柳中庸。　秋月并州路，黄榆落故关。孤城吹角罢，数骑射雕还。帐幕遥临水，牛羊自下山。（行）〔征〕人正垂泪，烽火出云间。李宣远。　久雨南宫夜，仙郎寓直时。漏长丹凤阙，秋老白云司。萤影侵阶乱，鸿声出苑迟。萧条人吏散，小谢有新诗。李嘉祐。　凉风飒已至，久瘵未全瘳。有吏催年课，无人贷社钱。秋叶惊商候，稻花香早田。兰舟泛西渚，影静沉寥天。王■。　始惊三伏尽，又遇立秋时。露彩朝还冷，云峰晚更奇。陇香禾半熟，原迥草微衰。幸好清光里，安仁谩起悲。僧齐己。　天净河汉高，夜闲砧杵发。清秋忽如此，离恨应难歇。风乱池上萍，露光竹间月。与君共游处，勿作他乡别。李巘。　快阁临飞鸟，遥天入断峰。白云山面面，红叶树重重。空翠当杯落，晴光刺眼秾。愿言随楚客，木末采芙蓉。张祥鸢。　田野安吾拙，襟期颇自由。已滋兰九畹，未种橘千头。日月闲穷巷，乾坤老素秋。向来飞动意，寂寞对吴钩。王世懋。王公字敬美，太仓人。太常少卿。 蓐收肃金气，西陆弦海月。秋蝉号阶轩，感物忧不歇。良辰竟何许，大运有沦忽。天寒悲风生，夜久众星没。恻恻不忍言，哀歌逮①明发。李白。 秋色冷蒹葭，长林绕岸斜。看山频召客，近水欲携家。移席依杨柳，沿溪问稻花。未穷丘壑趣，策杖入烟霞。冯琢庵。 修竹荫清流，荷花满院秋。已知三径好，况与二难游。隔树看调马，临池欲狎鸥。年来频赐告，一壑主恩优。 空谷秋声急，飞流下石岩。凭虚飘玉屑，满壑挂冰帘。云宝长风吼，苔花细雨沾。盘窝深不测，疑有卧龙潜。 秋色遽如许，客心郁未安。微微日影薄，肃肃天宇宽。高风下木叶，零露被崇兰。四气自干运，谁为衰盛端。朱华曾几何，素萼忽已残。楚楚松柏姿，凌风以自完。愿言附高节，与君同岁寒。 秋色正无际，登楼兴渺然。虚空通野气，小径入山烟。鸟影松萝外，人家桑柘边。端居怀土世，独诵白云篇。俱冯琢庵。 凉风度秋壑，吹我乡思飞。连山去无际，流水何时归？（月）〔目〕极浮云色，心断明月晖。芳草歇柔艳，白露催寒衣。梦长银汉落，觉罢天星稀。含悲想旧国，泣下谁能挥。 餐霞卧旧壑，散发谢远游。山蝉号枯桑，始复知天秋。朔雁别海裔，越燕辞江楼。飒飒风卷沙，茫茫雾萦洲。黄云结暮色，白水（杨）〔扬〕寒流。恻怆心自悲，潺湲泪难收。蘅兰方萧瑟，长叹令人愁。 何处闻秋声，翛翛北窗竹。回薄万古心，揽之不盈掬。静坐观众妙，浩然媚幽独。白云南山来，就我檐下宿。懒从唐生决，（差）〔盖〕访季主（十）〔卜〕。四十九年非，一往不可复。野情转萧散，世道有翻覆。陶令归去来，田家酒应熟。 北风吹海雁，南渡落寒声。感此潇湘客，凄其流浪情。每怀结沧洲，霞想游赤城。始探蓬壶事，旋觉天地轻。澹然吟高秋，闲卧瞻太清。萝月掩空幕，松霜结前楹。灭见息群动，猎微穷至精。桃花有源水，可以保吾生。俱李白。 平生无志意，少小婴忧患。如何辛②苦心，翘复值秋晏。皎皎天月明，奕奕河宿烂。萧瑟含风蝉，嘹唳度云雁。寒商动清闺，孤灯暖幽幔。耿介繁虑积，展转长宵半。夷险难预谋，倚伏昧长算。未知古人心，且从性所玩。宾至可命筋，朋来当染翰。颓魄不再圆，倾仪无两旦。金石终销毁，丹青暂雕焕。各勉玄发观，无贻白首叹。谢惠连。 七言：琪树西风枕簟秋。 汉家宫阙动高秋。 清秋幕府井梧寒。 尚书气与秋天杳。 鱼龙寂寞秋江冷。 丹凤城南秋夜长。 玉京人去秋萧索，画檐鹊起梧桐前。白衣女子。 君意一如秋节序，不教芳草得长春。孟淑卿。 长安雨洗新秋出，极目古镜开尘函。韩退之。 纤尘不动天如水，一色无痕月共霜。舒亶。 夫戍萧关妾在吴，西风吹妾妾忧夫。一行书信千行泪，寒到君边衣到无。王驾。 银烛秋光冷画屏，轻罗小扇扑流萤。天阶夜色凉如水，卧看牵牛织女星。杜牧。 洞庭湖西秋月辉，潇湘江北早鸿飞。醉客满船歌白苎，不知霜露入秋衣。李太白。 芙蓉不及美人妆，水殿风来珠翠香。却恨含情掩秋扇，空悬明月待君王。王昌龄。 寒蛩唧唧草间鸣，叫出新闻无限情。三十六宫秋一色，不知何处月偏明。 松间小槛接波平，月淡烟沉暑气清。半夜水禽栖不定，绿荷风动露珠倾。吴融。 丁丁漏水夜何长，漫漫轻云露月光。秋逼寒

① 逮，一作"逯"（达）。
② 辛，"四库全书"〔南朝梁〕萧统《文选》卷二三引谢惠连《秋怀诗一首》作"乘"。

蛩通夕响，寒衣未寄莫飞霜。王维。　秋来东阁凉如水，客去山公醉似泥。困卧北窗呼不醒，风吹松竹雨凄凄。苏子由。　翡翠楼中落日明，芙蓉帐里嫩寒生。人间一种清秋色，偏到深宫别样清。薛蕙。　风卷珠帘月上钩，箧中纨扇不宜秋。炎凉只在君王手，莫拟承恩到白头。蒋山卿。　夜雨空阶静自鸣，梦回枕上太分明。萧萧几片芭蕉叶，故起秋风满凤城。苏祐。　梧桐月寒秋似水，凄凄四壁蛩声起。玉阶怅望君不来，烟脂泪湿鸳鸯绮。沈石田。沈公名刑，字启南，苏州人。高士。　落叶萧萧飘舞榭，秋风瑟瑟起歌台。侍儿错报羊车到，拭泪空将金锁开。王雅宜。王公名宠，字履吉，苏州人。高士。　一派笙歌出苑墙，隔帘犹自暗闻香。秋来殿殿添宫漏，只在昭阳不夜长。王敬美。　秋草凄凄冷玉除，昭阳残月落空虚。任教中道捐纨扇，不向君王乞共车。冯琢庵。　井梧落叶白蘋秋，雁过江城人倚楼。极目五陵何处是，晚风吹月上帘钩。贺道星。贺公名灿然，嘉兴人。吏部郎中。　金樽玉碗醉垆头，月色湖光相映流。落落孤帆挂离思，半林秋色拥征裘。范夫人徐淑。　阶下蛩吟又暮秋，倚栏独立恨悠悠。几多心事三年泪，忍向更深枕上流。王素娥。　惆怅秦城更独归，蓟门云树远依依。秋来莫射南飞雁，纵遣青春更北飞。李益。　柳短沙长溪水流，雨微烟暝立溪头。寒鸦闪闪前山远，社曲黄昏独自愁。唐彦谦。　苇风荷露逼人寒，午梦天高眼界宽。落落与谁同此意，纤纤初月上云端。僧贯休。　杯酒离亭忆旧游，归心别恨不堪秋。悬知十二天街月，影落三江伴客舟。　云下天空大火流，河桥水色黯生愁。布帆缥缈延陵道，桂树千山为子秋。俱冯琢庵。　草满玉阶延夜月，霜凄绣户掩秋虫。一生不识君王面，那得龙舆入梦中。屠赤水。　草绿蘋香縠水纹，秋山寂寂冷斜曛。庭前双桂窗留影，时宿寒鸦与断云。　秋老江濒漾夕空，萧萧枫叶挂疏红。那知三泖清秋思，偏寄芦花一寺中。　太湖月出秋冥冥，辨得渔装上钓舲。两岸芙蓉一声笛，侍儿新赐号樵青。俱陈眉公。　瘦玉含风秋复秋，曲眉双结水波愁。白云明月知归路，去客倒行何尽头。俞君宣。俞公名纶，长洲人。西安知县。　高栋层轩已自凉，秋风此日洒衣裳。翛然欲下阴山雪，不去非无汉署香。绝壁过云开锦绣，疏松隔水奏笙篁。看君宜著王乔履，真赐还疑出上方。　七月六日苦炎蒸，对食暂餐还不能。每愁中夜自足蝎，况乃秋后转多蝇。束带发狂欲大叫，簿书何急来相仍。南望青松架短壑，安得赤脚踏层冰。　秋尽东行且未回，茅斋今在少城隈。篱边老却陶潜菊，江上徒逢袁绍杯。雪岭独看西日落，剑门犹阻北人来。不辞万里长为客，怀抱何时得独开。俱杜子美。　上马萧萧襟袖凉，路穿禾黍绕宫墙。半山残月露华冷，两岸野风莲荸香。烟外驿楼红隐隐，渚边云树暗苍苍。行人自是心如火，兔走乌飞不觉长。韦庄。　月色驱秋下穹昊，梁间燕语辞巢鷇。古苔凝紫贴瑶阶，露槿啼红堕江草。越客羁魂挂长道，西风欲揭南山倒。粉娥恨骨不胜衣，映门楚碧蝉声老。《才调集》。　叶满苔阶杵满城，此中无限恨难平。疏檐看织蟏蛸网，暗隙愁听蟋蟀声。醉卧欲抛羁客思，梦归偏动故乡情。觉来独步长廊下，半夜西风吹月明。卢翮。　云物凄凉拂曙流，汉家宫阙动高秋。残星几点雁横塞，长笛一声人倚楼。紫艳半开篱菊静，红衣落尽渚莲愁。鲈鱼正美不归去，空戴南冠学楚囚。赵嘏。　绮窗红烛淡秋光，凤帐流苏减夕香。机杼隔花开翠户，辘轳临水冻银床。秋风紫塞书千里，夜月清砧泪数行。望断金鞍秋又杪，芙蓉零落玉池霜。揭轵。　扬子江头晓濯缨，迢迢匹马向南征。川途不断千山雨，楼阁方开十日晴。王粲浩歌为客久，相如渴病入秋清。天涯信有衡阳札，漏下风高无雁声。冯海浮。冯公名惟敏，青州人。　江城秋色净堪怜，翠柳鸣蝉锁断烟。南国新凉歌《白芷》，西湖夜雨落红莲。美人寂寞空愁暮，华发凋零不待年。莫去倚栏添怅望，夕阳多在小楼前。　新寒高阁夜何其，野笛荒砧不断思。泽国变衰蔬菜老，长安迢递帛书迟。江空露下芙蓉叶，月出风吹桂树枝。何必潘郎能自省，年来青鬓已丝丝。俱文衡山。　枫霜芦雪净江烟，锦石游鳞清可怜。贾客帆樯云里见，仙人楼阁镜中悬。九秋雁影横清汉，一曲梅花落远天。无限沧洲渔父意，夜深高影独鸣舷。张太岳。张公名居正，江陵人。首相。　萝屋无邻长闭门，芙蓉秋水自成村。退耕喜及筋骸健，小筑欣看松菊存。农圃生涯共伏腊，江湖身世任乾坤。更堪心迹双清处，风竹萧疏月一痕。　露冷风高落木天，客程初系潞河船。怀人梦远芙蓉水，奉使空歌《杕杜》篇。秋色暗随蓬鬓老，月华应共故乡圆。亲帏今夜遥千里，彩袖清尊忆去年。俱张祥鸢。　秋尽千山木叶稀，草堂萧索对针晖。黄花带露篱边湿，白鸟依人宇下飞。车马已辞富路客，芰荷犹剪旧时衣。求羊不见来相访，独醉清樽赋《采薇》。方九功。　多病经时只闭关，清秋欲尽始登山。岩前桂树堪同隐，峰顶莲花未可攀。泉石有灵孤刹在，烟霞无恙一身闲。参禅试访支公社，古木云深鹤未还。申遥泉。　九点芙蓉堕森茫，平川如掌揽秋光。人从隐后称湖长，水在封中表谷王。日落鱼龙骄夜壑，霜清钟磬度寒塘。浮生底阅风波险，欲问蒹葭此一方。董思白。　独怜秋色倍清幽，花月娟娟夜气浮。满院风飘香欲散，一天云净影交流。光摇皓魄庭如水，寒染霜葩玉作球。把酒啜英夸二美，赏心还以继前修。　秋风鼓枻乱流中，极目微茫大地空。兴狎烟波随去鹢，望回天汉度来鸿。龙宫峻拟标灵鹫，鳌岛虚疑驾彩虹。欲约沧洲寻瀚漫，不知清啸可谁同？　清秋风物候初分，会洽同人思不群。色映庭柯城吐月，声传歌馆座停云。迢遥银汉来鸿杳，淅沥金飙落叶纷。向夕追欢淹客驾，为余清论把兰芬。俱陆平泉。　雨余秋色满金台，九日聊因选胜来。紫陌马行苔径滑，仙源犬吠荜门开。登高几负茱萸约，对客频倾竹叶杯。既醉回瞻天阙近，九重佳气郁三台。郭鲲溟。　碧天如洗净氛埃，万里秋光明镜开。湖势欲浮金柱去，涛声忽拥玉环来。微茫雁影云间没，缥缈渔歌海上回。我欲凭虚吹铁笛，列真举手一徘徊。　夜来秋色到梧桐，片叶分飞禁苑中。鸿雁一声长塞北，鲈鱼七月大江东。青楼少妇调砧杵，白马胡儿问角弓。大火西流寒欲近，授衣谁复念《豳风》？　一片秋声入野塘，西风萧瑟响寒螿。马嘶大漠川沙白，鹰下平原草木黄。疏菊篱边如待酒，芰荷池上可为裳。怀人万里情无限，隔岸蒹葭夜未霜。　悲秋无奈独高歌，歌罢其如秋色何？金屋佳人啼素扇，玉门老将枕珊戈。玄蝉咽露惊飞叶，乌鹊披星欲渡河。闻说洞庭湖水阔，朝添新绿漾微波。俱陈眉公。　梵域高悬谷口峰，似看仙掌渺芙蓉。天清鹳鹤迎风下，水冷蒹葭泛露浓。舟散浪花晴作雨，钵翻云气夜藏龙。中流待月忘归路，已报香岑起暮钟。陆平泉。　壮士常悲秋序催，我怜秋景更徘徊。清风净扫炎凉态，明月重教天地开。禾黍满场堆玉粒，橘柚弄色挂金罍。况当紫蟹初肥日，敢惮浊醪罂作杯。王荩臣。　词：深院静，小庭空，断续寒砧断续风。无奈夜长人不寐，数声和月到帘栊。李后主《捣练子》。　心耿耿，泪双双，皓月清风冷透窗。人去秋来宫漏永，夜深无语对银缸。秦少游《捣练子》。　蛩声泣露惊秋枕，罗帏夜湿鸳鸯锦。独卧玉肌凉，残更与恨长。　阴风翻翠（幌）〔幔〕，雨涩灯花暗。毕竟不成眠，鸦啼金井寒。秦少游《菩萨蛮》。　烟草凄凄小楼西，云压雁声低，两行疏柳，一丝残照，数点鸦栖。　春山碧树秋重绿，人在武陵溪。无情明月，有情归梦，同到幽闺。*刘基《眼儿媚》。*

七月，斗柄指申，日在翼，昏斗中，旦毕中。是月也，清风戒寒，农乃登谷。天子尝新，先荐寝庙，命百官始收敛，完堤防，谨壅塞，以备水潦。是月曰孟秋、首秋、初秋、上秋，又曰凉月。八节中为立秋，风霜已严，鹰隼始击，盖天地肃杀之候。汉以是日授御史。十五日为中元，乃大庆之月，当地官较籍之辰，是白帝乘时之运，天下僧尼道俗，悉盆供于诸寺院道观。

占候。总占：有三卯，田禾熟。无，则早种麦。　　立秋：己酉日立秋多晴。　　日属火，老人不安，地震，牛羊死，应来年正月。　　七月秋热到头，六月秋便罢休。朝立秋，暮飕飕，夜立秋热到头。　　坤西南，主立秋。*《易说》。*　　立秋坤，主凉风用事。*《京房易占》。*　　朔日：值立秋处暑，人多疾。　　八日：得满斗秋成。

调摄。立秋日不宜浴，令人皮肤粗燥，生白屑。*《法天生意》。*　　廿三日沐浴，令发不白。　　廿五日沐浴，令人长寿。其日早食时沐浴，令人进道。　　廿八日拔白发，终身不白。　　七日勿想恶事，况为者乎？仙家大忌。　　其月勿食生蜜，令人暴下霍乱。　　勿食獐肉，动气。勿食猪肉。　　勿食雁，伤神。　　立秋后七日，去手足甲，烧灰服之，灭九虫、三尸。*《云笈七签》。*

种艺。萝〔卜〕、白菜、芜菁、芥菜、秋黄瓜、甜菜、菠菜、莴苣、芜荽、水仙根、苦荬、晚红花、牛膝、葱、乌菘、腊梅子、蜀葵、韭。　　浇灌：桂树忌浇，橙橘粪。　　收采：*秋收宜晚，俟成熟也。*胡桃、干姜、蘑菇、斑猫、浮萍、楮实、瞿麦、刘蓝、卷柏、海棠、覆盆子、使君子、苹澄茄、麻子、藕、蔓荆子、麻黄茎、白蔷薇、刘芑、芋、石硫黄、马鞭草、露蜂房、石龙芮皮、鼠尾草、甜瓜蒂、天门冬、眼子菜、旋覆花、白蒺藜、荷叶、槐实、藿香、五加皮、菱、芡、石苇、蒺藜、漆。　　整顿：沤晚麻，修城廓，翻麦地，伐木，修宫室，坏墙堵，坏，音培。修猪圈，斫竹。*此时耕地，杀草，伐竹木，辰日不蛀。*田忌：天火午，地火辰，荒芜亥，九焦酉，粪忌酉。

制用。酱凤仙茎，制瓜齑，晒葫芦、茄、瓜干。

典故。孟秋祭门。*孟秋上旬择日祭。《会典》。*　　立秋日郊迎毕，始扬威武，斩牲于东门，荐陵庙。*《汉书》。*　　王子乔者，周灵王太子晋也。好吹笙作凤凰鸣。道士浮丘公接以上嵩山。三十余年，求之不得。偶见桓良曰："告我家：七月七日待我于缑氏山。"至时，果见乔乘白鹤驻山顶，举手谢时人而去。*《列仙传》。*　　陶安公者，六安铸冶师也。一朝火散上，紫气冲天。安公伏冶下求哀。须臾，朱雀止冶上，曰："安公，安公，冶与天通。七月七日，迎汝以赤龙。"至日，龙至，安公骑之东南上。*《列仙传》。*　　汉宫中尝以七月七日临百子池，以五彩缕相羁，谓之相连爱。其俗自戚夫人以是日侍高帝于池上始也。*《事林广记》。*　　汉武帝七日于承华殿斋，有青鸟从西方来集殿前。东方朔曰："此西王母欲来也。"武帝张云锦帷，燃九微灯，焚百和香以候。顷，王母驾九色斑龙紫云车至，有二青鸾侍其旁。王母以蟠桃食武帝。东方朔从殿牖窥之。王母曰："此桃三千年一开花，三千年一结实。此儿已三次偷吾桃矣。"*《内传》。*　　窦后小时头秃，不为家人所齿。遇七夕，人皆看织女，独不许后出。乃有神光照室，为后之瑞。*《代传》。*　　汉孙宝为京兆尹，以立秋日署候文为东郊督邮。入见，敕曰："今日鹰隼始击，当从天气，取奸恶，以成严霜之诛。"　　汉家授御史多于立秋日，盖以风霜已严，鹰隼初击。*《事文*

《类聚》。　　阮咸，字仲雍，尚道弃事，好酒家贫。旧俗，七月七日法当晒衣。诸阮庭中，铺陈烂然，莫非锦绣。咸时总角，乃竖长竿，标大布犊鼻裈曝于中庭。曰："未能免俗，聊复尔耳。"《竹林七贤论》。　　郝隆七月七日仰卧曝腹于庭中。人问之，曰："我曝腹中书耳。"《世说》。　　织女七夕渡河，使鹊为桥，故古诗云："寂然香灭后，鹊散渡桥空。"《风俗记》。　　嵩山之上有玉女捣帛石，莹彻光洁，人莫能测。岳下之人云："每立秋前一日中夜，尝闻杵声响。"秦再思《记异》。　　七夕，俗以腊作婴儿形，浮水中以为戏，为妇人宜子之样，谓之化生。本出西域，谓之摩睺罗。今富家犹有此。"《岁时记异》。　　王远，字方平，东海人。得道，老君赐之七转变景灵符，位为总真真人。尝以七月七日过蔡经家，仙从赫奕，如大将军。教蔡经尸解法，如过狗窦。经忽身热，因解失其尸。《总仙集》。　　王方翼以七月次叶河，无舟，而冰忽自合，时以为祥。《白孔六帖》。　　开元中，帝与妃子每至七夕夜在华清宫宴。时宫女辈各以蜘蛛内小金盒子中，至晓开视蛛丝稀密，以为得巧之多少。民间效焉。《开元遗事》。　　唐开元中，有李氏为尼，号曰真如。天宝七年七月七日，忽见五色云坠地，一囊中有五物，乃宝玉也。肃宗元年，真如为神人召往化城见天帝，授以八宝，俾献于朝。真如乃并前五物皆献之。《唐·天宝纪》。　　七月七日，中尚署进七孔金钿针。《唐·百官志》。　　七日研饼，膳部有节，曰食料。《大唐六典》。　　七月七夕，京师卖小塑土偶，悉以雕木彩装栏座，或用红碧纱笼，或饰金珠牙翠，有一对直数千者。禁中及贵家与士庶为时物追陪。又以黄蜡做为凫雁、鸳鸯、鸂鶒、龟、鱼之类，彩（盡）〔画〕金缕，谓之"水上浮"。又以小板上傅土种粟，令生其苗，置小茅屋花木，作田舍家小人物，皆村落之态，谓之"谷板"。又以瓜雕刻成花样，谓之"花瓜"。又以油面糖蜜造为笑靥儿，谓之"果食"。花样奇巧百端，如捻香方胜之类。若买一斤数，内有一对被介胄者，如门神之像。盖自来风俗，不知其说，谓之"果食将军"。又以绿豆、小豆、小麦于磁器内，以水浸之，生芽数寸，以红蓝丝缕束之，谓之"种生"。皆于街心彩幕张设货卖。至初六初七晚，贵家多结彩楼于庭，谓之"乞巧楼"，铺陈磨喝乐本、花果、酒炙、笔研、针线，或儿童裁诗，女郎呈巧，焚香列拜，谓之"乞巧"。妇女望月穿针。或以小蜘蛛在盒子内，次日看之，若网圆正，谓之"得巧"。里巷与妓馆往往列之门首，争以侈靡相尚。磨喝乐本佛经摩侯罗，今通俗而书之。《梦华录》。　　道书：七月七日为庆生中会。此日，地官三宫九府四十二曹同会天水，二官六宫十八府七十八曹同考罪福。　　洛阳人家七夕结万字，造明星酒，装同心脍。《金门岁节记》。　　韦宙为永州刺史。邑中少年常以击鼓群入民家行盗，皆迎为辨具，谓之"起盆"。后为解索，喧呼疢斗。宙至，一切禁之。《白孔六帖》。　　郭翰少有清标，乘月卧庭中，视空中有人冉冉而下，乃一少女，曰："吾天之织女也。上帝赐命游人间，愿乞神契。"乃升堂共寝，柔肌腻体，妍艳无比。欲晓辞去，面粉如故。试为拭之，乃本质也。后夕复来，翰戏之曰："牛郎何在？那敢独行？"对曰："阴阳变化，关渠何事？且河汉隔绝，无可复知。纵复知之，不足为虑。"将至七夕，遂不复来，数夜方至。翰问曰："相见乐乎？"笑曰："天上那比人间？正以感遇当尔，非有他故。"问曰："卿来何迟？"曰："人中五日，彼一夕耳。"忽一夜，凄恻流涕，曰："帝命有程，便用永诀。"以七宝枕留赠，腾空而去。《墨庄冗录》。　　明皇七月十五日甚思姚崇论时务，以苦泥泞，令抬步辇往召，中外荣之。　　唐时七月望日，宫中造盂兰盆，缀饰镠琲，设高祖以下圣位，幡节、衣冠皆具，各以帝号识其幡，自禁内分诣道院佛寺。是日立仗，百官班光顺门，奉迎道从，岁以为常。《王缙传》。　　七月十五日，乃太上老君同元始天尊会集降福世界。《道藏经》。　　中元日，昔有设盂兰盆斋者，纲目特书以示讥。国朝于是节则设厉坛之祭，盖因民俗以均惠于幽明仁政无遗耳，然则为子若孙者，使果追远是勤，随时继孝，则虽未尽合礼，意要亦不失为永慕。苟惟侈物，狥俗而悲怛，眇乎不存，则失礼之中又失礼矣。《杭州志》。　　目连比丘见其亡母生饿鬼中，即钵盛饭往饷。其母食未入口，化成火灰，遂不得食。目连大叫，驰还白佛。佛言："汝母罪重，非汝一人力所奈何，当须十方众僧威神之力。"至七月十五日，当为七代父母。见在父母厄难中者，具百味五果，以著盘中，供养十方大德。佛敕众僧，皆为施主祝愿。七代父母行禅定意，然后受食。是时，目连母得脱一切饿鬼之苦。后人因此传盂兰盆供养，诵《兰盆经》。

　　丽藻。散语：七月流火。　　七月鸣鵙。　　七月食瓜。　　七月烹葵及菽。《诗》。　　火流而清风寒。　　七月青女乃出，青女，天神，青要玉女，司霜雪者。以降霜雪。　　天河之西有星煌煌，与参俱出，谓之牵牛；天河之东有星凝凝，在氐之下，谓之织女。《樵林大斗记》。　　序：若夫龙津燕喜，地切登仙；凤阁玄虚，门称好事。亦有似仙山临水，长想巨源；秋风明月，每思玄度，未有能星驰一介，留美迹于芳亭；云委八行，抒劳思于彩笔。遂令启瑶缄者，攀胜集而长怀；披琼翰者，仰高筵而不暇。王子猷之独兴，不觉浮舟；(稽)〔嵇〕叔夜之相知，欣然命驾。琴樽重赏，始诣临邛；口腹良游，未辞安邑。乃知两乡投分，林泉可攘袂而游；千里同心，烟霞可传檄而定。友人河南宇文峤，清虚君子；中山郎馀令，风流名士。或三秋意契，辟林院而开襟；或一面新交，叙风云而倒屣。彭泽陶潜之菊，影泛仙樽；河阳潘岳之花，光县妙理。岩岩思壁，家藏虹岫之珍；森森言河，各控骊泉之宝。偶同金碧，暂照词场；巴汉英灵，潜光翰院。矗矗焉，萧萧焉，信天下之奇托也。于时白藏开序，青女御律。金风高而林野动，秋露下而江山静。琴亭酒榭，磊落乘烟；竹径松扉，参差向月。鱼鳞积磴，还升兰桂之峰；鸳翼分桥，即映芙蓉之水。亦有红蘋绿荇，亘渚连翘；玉带瑶华，分楹间植。池帘夕敞，香牵十步之风；岫幌宵褰，气袭三危之露。纵冲衿于俗表，留逸契于人间，东山之赏在焉，南涧之情不远。夫以中牟驯雉，犹婴触网之悲；单父歌渔，罕继鸣琴之趣。俾夫一同诗酒，不挠于牵丝；千载岩溪，无惭于景烛云尔。王勃《宇文德阳宅秋夜山亭宴序》。　　启：素商惊辰，白藏届节。金风晓振，偏伤征客之思；玉露夜凝，直(法)〔泫〕[1] 山人之掌。桂吐花于小山之上，梨翻叶于太谷之中。故知节物变衰，草木摇落。敬想足下，时称独步，世号无双。万顷澄波，黄叔度之器量；千寻耸干，(稽)〔嵇〕中散之楷模。但某一介庸才，三隅顽学，怀经问道，不遇披云，负笈寻师，罕逢见日，俯仰兴叹，形影自怜，不知龙前，不知龙后。莺鹏虽异，风月是同。幸矣择交，希垂影拂。昭明太子。　　赋：若夫乾灵鹊谶之端，地辅龙骖之始。凭紫都而授历，按玄丘而

---

[1] 法，应作"泫"，水珠下滴。"四库全书"［南朝梁］萧统《昭明太子集》卷三《启·夷则七月》作"泫"。

命纪。凤毛钟桂闻之祥，麟角灿椒庭之（駏）〔祉〕①。驰绿轩于九域，振黄麾于万里。抗芝馆而星罗，攉兰宫而雾起。则有皇慈雾洽，圣渥天浮；庭分玉禁，邸瞰金楼。剪兔洲于细柳，披鹤氅于长楸。启鱼铃而分帝术，授虹璧而控神州。拥黄山于石磴，泄玄灞于铜沟，列瑶窗而送燠，辟银榜而迎秋。君王乃排青幌，摇朱鸟，戒鹓舆，静鸾披。绕震廊而转步，傃云阡而纵迹。啸陈客于金床，命淮仙于桂席。翔萃罕于云甸，迎箫吹于凤驿。仁灵匹于星期，眷神姿于月夕。于时玉绳湛色，金汉斜光。烟凄碧树，露湿银塘。视莲潭之变彩，见松院之生凉。引惊蝉于宝瑟，宿兰燕于瑶筐。绿台分千仞，艳楼分百常。拂花筵而惨恻，披彩序而徜徉。结遥情于汉陌，飞永睇于霞庄。想佳人兮如在，怨灵欢兮不扬；促径悲于四运，味遗歌于七襄。于是虬檐晚静，鱼扃夜饰。忘帝子之光华，下君王之颜色。握犀管，展鱼笺，顾执事，招仲宣。仲宣跪而称曰："臣闻九变无津，三灵有作。"布元气于浩荡，运太虚于寥廓。辨河鼓于西墉，下天孙于东堮。堮，音谔。循五纬而清黄道，正三衡而澄紫落。海人支机之石，江女穿针之阁，鄙尘情于春念，拟仙契于秋诺。于是光清地岊，岊，同岊。气敛天标；霜凝碧宙，水莹丹霄。跃灵轩于雾术，褰翠羽于星桥。征赤螭而架渚，漾青翰而乘湖。停翠梭兮卷霜縠，引鸳杼兮割冰绡。举黄花而乘月艳，笼黛叶而卷云娇。抚今情而恨促，指来渚而伤遥。既而丹轩黄拱，紫芳朱籥，山御逶迟，灵徒扰弱，风惊雨骤，烟回电烁。娲皇迁冀野之龙，庄叟命雕陵之鹊。驻麟驾，披鸾幕，奏云和，泛霞酌。碧虬玉室之馔，白兔银台之药。莎叶赪鲛，芙蓉青雀。上元锦书传宝字，王母琼箱荐金约。彩禩鱼头比目缝，香缄燕尾同心缚。罗帐五花悬，珉砌百枝然。下芸帱而瞑枕，弛兰（眼）〔服〕而交筵。托新欢而密勿，怀往眷而潺湲。于是羁鸾切镜，旅鹤惊弦。悲侵玉履，念起金钿。俨归装而容曳，整还盖而迁延。洞庭波兮秋水急，关山晦兮夕雾连。谓河汉之无浪，似参商之永年。君王乃背雕砌，陟玄室，冲想自闲，神情如逸。痛灵妃之稀偶，嘉沈思之可毕。荆艳齐升，燕佳并出。金声玉貌，蕙心兰质。珠栊绮槛北风台，绣户雕窗南向开。响曳红云歌面近，香随白雪舞腰来。掩清琴而独进，凌绛树而轻回。卢女黄金之枕，张家碧玉之杯。奉君王于终夕，夫何怨于良媒？俄而月还西汉，霞临东沼。兔氏鸣秋，鸡人唱晓。玉关空鹤，琼林飞鸟。君王乃驭风殿而长怀，俯云台而自矫，矜雅范而霜厉，穆冲襟而烟渺。迎十客，召三英，香涵蔗酌，箫吹兰旌。娃馆疏兮绿草积，欢房寂兮紫苔生。耸词锋于月径，披翰薮于云扃。方绝元凯而高视，岂与梁楚而骈声。王勃《七夕赋》。浑元告秋，羲和奏晓。太阴望兮圆魄皎，闾阖开兮凉风皛。四海澄兮百川晶，阴阳肃兮天地睄。扫离宫，清重阁，设皇邸，张帝幕。鸾凤翱翔，晱晹倏烁；云舒霞布，翕赫冥霍。陈法供，饰盂兰，壮神功之妙物，何造化之多端？赤莲吐而非夏，赪果摇而不寒。赪，音圣。铜铁铅锡，璆琳琅玕。映以（百）〔甘〕泉之玉树，冠以承露之金盘。宪章三极，仪（刑）〔形〕万类，上寥廓兮法天，下安贞兮象地。殚怪力，穷神异。少君王子，掣曳兮若来；玉女瑶姬，翩跹兮悉至。鸣鹓鶵与鸑鷟，舞鹓鸡与翡翠。毒龙怒兮赫然，狂象奔兮沉醉。怖魍魉，潜魑魅。离娄明目，

---

① 駏，应作"祉"。"四库全书"〔唐〕王勃《王子安集》卷一《赋·七夕赋》作"祉"。底本作"駏"，疑因受下文"驰"影响致误。

不足见其精微；匠石洗心，不足征其奥秘。缤缤纷纷，氛氛氲氲，五色成文若荣光，休气发彩于重云。奋奋粲粲，燠燠烂烂，三光启旦若合璧，连珠耿耀于长汉。夫其远也，天台灿起，绕之以赤霞；夫其近也，青城孤峙，覆之以莲花。晃兮瑶台之帝室，旎兮金阙之仙家。旎，音骔。其高也，上诸天于大梵；其广也，遍诸法于恒沙。上可以荐元符于七庙，下可以纳群动于三车者也。于是乎腾声名，列部伍：前朱雀，后玄武，左苍龙，右白虎；环卫匝，羽林周。雷鼓八（而）〔面〕，龙旂九斿①。星戈耀日，霜戟含秋。三公以位，百僚乃入。鸣佩锵锵，高冠发发。规矩中，威容翕，无族谈，无错立。若乃山中禅定，树下经行，菩萨之权现，如来之化生，莫不汪洋在列，欢喜充庭。天人俨而同会，龙象寂而无声。圣神皇帝乃冠通天，佩玉玺，晃旒垂目，絋纩塞耳。前后正臣，左右直史，身为法度，声为宫徵，穆穆然南面而观矣。八枝初会，四影高悬。上妙之座，取于灯王之国；大悲之饭，出于香积之天。随蓝宝味，舍卫金钱。面为山兮酪为沼，花作雨兮香作烟。明因不测，大福无边。铿九韶，撞六律；歌千人，舞八佾。孤竹之管，石和之瑟。麒麟在郊，凤凰蔽日，天神下降，地祇咸出。于是乎上公列卿、大夫学士，再拜稽首而言曰："圣人之德，无以加于孝乎？散元气，运洪炉；断鳌足，受龙图；定天宝，建皇都。至如立宗庙，平圭（泉）〔臬〕，绣栭文楣，山櫹藻梲，昭穆叙，樽罍设，以观严祖之耿光，以扬先皇之大烈，孝之始也。考辰耀，制明堂，广四修一，上圆下方，布时令，合蒸尝，配天而祝文考，配帝而祝高皇，孝之中也。宣大乘，昭群圣，光祖考，登灵庆，发深心，展诚敬，刑于四海，加于百姓，孝之终也。夫孝始于显亲，中于礼神，终于法轮。武尽美矣，周命维新。圣神皇帝，于是乎唯寂唯静，无营无欲，寿命如天，德音如玉。任贤相，惇风俗；远佞人，措刑狱；省游宴，披图箓；捐珠玑，宝菽粟。罢官之无事，恤人之不足，鼓天地之化淳，作皇王之轨躅。太阳夕，乘舆归；下端闱，入紫微。杨炯《盂兰盆赋》。 素历旋秋，瑶星启夜。昏暧暧以卷帷，凉冷冷而泛榭。指列次于南端，睹大辰之西舍。计时往其必迁，亮功成而自谢。方其炎精向丽，烦歊郁充，大地皆火，火曜乃中。挂绤衣而临水，倦团扇以追风。曾俯仰之何几，失绪暑于寥空。尔其银浦随流，璇玑向倚，辞南陆以云徂，溯金方而庋止。抚天运兮密移，遍民功兮可弛。虽霜叶之未零，凛壶冰其代至。于是周原田父，幽野山矅，巫蚕桑于播始，接杼轴于明逾。忽兹星之在牖，念卒岁之勤劬。戒红女与织妇，可当寒而同繻。则有羔羊大夫，狐裘公姓。西成平秩之官，盖藏蓐收之正。察颓景于坤维，惕先时而布政。诏世妇于泉人，孰先民而弗竞。若乃征夫绝塞，思妇空房，瞻星移之有岁，顾影只以无光。来长飙兮大汉，惜下月兮流黄。机何年而暂下，衣何日而远将？别有翡翠帘垂，芙蓉殿锁。怅斜汉之秋星，隔西宫之夜火。秋未老兮哀吟，夜方长兮愁坐。岂罗绮之无温，揽齐纨而泪堕。暨夫驰光系慨，换节惊魂。时序定民依之要，歌谣发王化之端。孰闺帏之猥务勿恤？孰同巷之烦思可谖？琼楼兮针线，砧杵兮荒村。雕筵兮瓜果，蓝缕兮覆盆。此际新秋深乐事，谁为七月采陈言？稼穑开基远，艰难缔业尊。追星火于尧历，信圣哲之所敦。眭东苏《七月流火赋》。眭公名石，丹阳人。编修。 歌行：王子乔，爱神仙，七月七日上宾天。白虎摇瑟凤吹笙，乘

---

① 斿，同"旒"。《周礼·夏官·弁师》：诸侯之缫斿九就。郑玄注：每缫九成，则九旒也。

骑云气噉日精。噉日精，长不归，遗庙今在而人非。空望山头草，草露湿君衣。宋之问。　君不见昔日宜春太液边，披香画阁与天连。灯火灼烁九衢映，香气氛氲百和然。此夜星繁河正白，人传织女牵牛客。宫中扰扰曝衣楼，天上娥娥红粉席。舒罗散彩云雾开，缀玉垂珠宵汉回。朝霞彩色羞衣架，晚月春花列镜台。上有仙人长命缕，中看宝媛迎欢绣。玟瑁筵中别作春，琅玕窗里翻成昼。椒房金屋宠新流，意气骄奢不自由。汉文宜惜露台费，晋武须焚前殿裘。沈佺期《七夕曝衣》。　长安城中月如练，家家此夜持针线。仙裙玉佩空自知，天上人间不相见。长信深阴夜转幽，玉阶金阁数萤流。班姬此夕愁无限，河汉三更看斗牛。崔灏。　鹊桥崔嵬河宛转，织女牵牛夜相见。岳阳女儿迎七夕，乞巧楼高高百尺。华灯明月光窈窕，结彩蟠花绮罗绕。富家女儿恃娇小，年年乞巧不得巧。贫家女巧世所稀，只为他人缝嫁衣。须臾露湿金剪刀，双星渐没河渐高。人间天上两迢遥，步袜仙裙空寂寥。君不见古来巧拙何足语，岁岁楼前竞儿女。何大复《乞巧》。　双星隔汉渚，终岁遥相望。岂不念绸缪，欲济河无梁。含情罢机杼，何由成报章。玉衡指孟秋，金飙扇微凉。鹊驾飞虹起，鸾驭乘云翔。七襄开阁道，环佩逾天潢。盈盈限一水，昔如参与商。关关在河洲，今为鸳与鸯。琴瑟畅和乐，殽醴罗芬芳。一言申缱绻，再顾扬辉光。试问夜何其，其，音几。初旭升扶桑。新欢挟故愁，款语不及详。歧路独徘徊，涕下沾衣裳。良会固有期，转盼成星霜。耿耿夜虽促，绵绵岁何长。犹胜月中娥，终古不得双。不恨久离别，但愿无相忘。申瑶泉。　诗四言：大仪斡运，天回地游。四气鳞次，寒暑环周。星火既多，忽焉素秋。凉风振落，熠耀宵流。吉士思秋，实感物化。日与月俱，荏苒代谢。逝者如斯，曾无日夜。嗟尔庶士，胡宁自舍。张华《励志》。　商风初授，辰火微流。朱明送夏，少昊迎秋。嘉禾茂园，芳草被畴。于时秋游，以豫以休。潘尼。　五言：将秋数行雁，离夏几声蝉。　汉曲天榆冷，河边月桂秋。横波翻泻泪，束素反缄愁。江总。　凤历惊秋气，龙梭静夜机。惟余夕漏尽，怨结晚骖归。张文潜。　白露下玉墀，风清月如练。坐看池上萤，飞入昭阳殿。刘基。　独坐小窗下，幽蛩不绝鸣。青天孤月净，满耳是秋声。潘女郎。　火逝首秋节，明经弦月夕。月弦光照户，秋首风入隙。凌峰步层岑，凭云肆遥脉。徙倚西北庭，竦踊东南觑。纨绮无报章，河汉有骏轭。谢灵运。　落星初伏火，秋霜正动钟。北阁连横汉，南空映凿龙。祥鸾栖竹实，灵蔡上芙蓉。自有南风曲，还来吹九重。庾信。　盈盈一水边，夜夜空自怜。不辞精卫苦，河流未可填。寸情百重结，一心万处悬。愿作双青鸟，共舒明镜前。范云。　结绮罗瓜果，喧喧儿女曹。云章织不就，天女思空劳。蛛网萦逾细，云阃叩转高。谁知捣衣妇，秋意静兰皋。王晔。　秋动清风扇，火移炎气歇。广檐含夜阴，高轩通夕月。安步巡芳林，倾望极云阙。组幕萦汉陈，龙驾凌霄发。沈情未申写，飞光已飘忽。来对眇难期，今欢自兹没。刘铄。　独坐满清听，秋空何处寻？刁骚喧岸苇，渐沥递霜林。杂响云中雁，和鸣月下砧。初从寒叶渡，转向夕山沉。不雨泉生夜，无钟梵送音。瑶琴将玉笛，一倍助萧森。区海日。区公名大相，高明人。左中允。　明月皎夜光，促织鸣东壁。玉衡指孟秋，众星何历历。白露沾野草，时节忽复易。秋蝉鸣树间，玄鸟逝安适。思我同门友，高举振六翮。不念携手好，弃我如遗迹。南箕北有斗，牵牛不负轭。良无盘石心，虚名复何益？古诗。　皎皎河汉月，照我西南楼。七夕远宾集，置酒城东陬。展席对双星，盈盈隔中流。艳艳靓妆女，欲济无方舟。神爽即易合，茫昧竟难求。明明君子德，寡妁谁为仇。岂无采唐约，失身良可尤。心事信龃龉，世事良悠悠。不见古人时，皓首犹公侯。葵藿不我死，富贵安可谋？愿萦场下驹，尽我盘中羞。我今为秦声，子也当吴讴。酣歌达清曙，临分赠吴钩。李空同。李公名梦阳，陕西人。提学副使。　七言：是时新秋七月初，金秋按节炎气除。韩文公。　桂魄初生秋露微，轻罗已薄未更衣。银筝夜久殷勤弄，心怯空房不忍归。王维。　萧萧木叶动鸣秋，寂寞寒泉带雨流。西风一夜披霜月，飞向江南草木愁。徐淑。　铁马声喧风力紧，雪窗梦破鸳鸯冷。玉炉烧麝有余香，罗扇扑萤无定影。洞箫一曲是谁家？河汉西流月半斜。要染纤纤红指甲，金盆夜捣凤仙花。郑奎妻。　客有相过选胜游，西山爽气满城头。尊前白破双鸿溟，笛里横催一叶秋。万户清砧新夜色，六宫团扇故年愁。登高幸不逢摇落，避暑仍惊暑乍收。凤洲。　词：七月新秋风露早，莲渚未折庭梧老。是处瓜花时节好。金樽倒，人间彩缕争祈巧。　万叶敲声凉乍到，百虫啼晚烟如扫。漏箭初长天杳杳。人语悄，那堪夜雨催清晓。欧阳修《渔家傲》。　梧桐坠，秋光碎，一痕河影添娇媚。锦梭撒，彩桥结，今宵天上欢娱节。嫦娥凝望，也应痴绝。热！热！热！　天如醉，云如睡，朦胧方便双星会。鸡饶舌，催离别，别时打算间年月。自从盘古，许多周折。歇！歇！歇！《钗头凤》。　抛团扇，拈针线，画楼笑拥如花面。拜中庭，问双星，何故牛郎，偏对娉婷？卿，卿。　时光箭，恩情电，一年一度来相见。天河清，万里明，月坠银瓶，犬吠金铃。行，行。《惜分钗》。　早起未梳头，倦倚高楼，添些半臂挂帘钩。剪剪轻风来拂面，微带温柔。　莺老燕含羞，交付轻鸥，荷花十里蓼花洲。对对双双眠水上，卖弄新秋。《浪淘沙》。俱陈眉公。

八月，斗柄建西，日在角，昏牵牛中，旦觜中。是月也，薸定禾熟，薸，音毛，禾穗之芒也。定，成也。芒成，故禾熟。筑城郭，建都邑，穿窦窖，圆曰窦，方曰窖。凡可备饥，无不储贮。修囷仓。乃命有司趋民收敛，趋，音促。务蓄菜，多积聚，种麦母，或失时，报社祭稷。报祭，重农功也。是月也，日夜分，雷始收声，蛰虫坏户，坏，音培，墐也，培涂其穴户也。水始涸。

占候。总占：有三卯三庚，低田麦稻吉。三庚二卯，麦宜高田。无三卯，不宜麦。谚云："三卯三庚，麦出低坑。三庚二卯，麦出拗巧。"　月大尽，有水灾，少菜。　秋分：谚曰："分社同一日，低田尽叫屈。""秋分在社前，斗米换斗钱。""秋分在社后，斗米换斗豆。"《月令通考》。　朔日：值白露，主果谷不实。值秋分，主物价贵。　十一日：卜来年水旱。侵晨或隔夜，于水边无风浪处，作一水则子。至晚看之，若没，主水；露，主旱；平，主小水，又主本年好种麦，名曰横港。

调摄。是月养衰老，授几杖，行麋粥饮食。《月令》。　初一日以朱点小儿额，名为天灸，以厌疾。《荆楚岁时记》。　初三、初七日宜沐浴，令人聪明大吉。　摘白，初二、初四、十五、十九、二十五。　秋社日，人家当令儿女凤兴则寿。晏起，有神名社翁、社婆者遗尿面上，其后面白或黄，切忌。　月忌夫妇容止，犯者减寿。朔望日各十年，晦日一年，上下弦各五年，庚申、甲子本命二年。初三日万神都会，及十四日、十六日，三官降，犯者中恶。二十八日，人神在阴，忌之。秋分、社日各四年。　秋分日勿杀生，勿用刑，勿处房帏，勿吊丧、问病，勿大醉。　勿食雉肉，损人神气，令人气短。　勿食獐肉，动气。　勿食芹菜，恐成蛟龙瘕，发则颠住，面色青黄，小腹胀。　勿饮阴地流泉，令人发疟，又损脚令软。　勿食生蜜，多作霍乱。　勿食生果子，令人多疮。　勿食鸡子，伤神。　勿食未经霜蟹，有毒。　勿犯贼邪之风。　勿增肥腥，令人霍乱。　勿食生蒜、胡荽，伤人神，损胆气，令人喘悸，胁肋气急。　勿食姜，伤人神，损寿。　勿食猪肺及饧和食之，冬至发疽。八月以后即微火暖足，勿令冷。

种植。箭干菜、豌豆、蚕豆、莴苣、麦、水晶葱、萝卜、芥菜、蔓菁、蒜、春菜、菠菜、油菜、白菜、蒿、红花、乌菘、胡荽、胡麻、鸡头、葱、木瓜、罂粟、黄矮菜、芍药、菱。　移植：樱桃、橘、李、柚、枇杷、柑、杏、梅、银杏、桃、栀子、芍药、枸杞、木樨、梧桐、橙、牡丹、玫瑰、丁香、木笔、石菊、百合、水仙、山丹。　压插：玫瑰、蔷薇。　贴接：牡丹、绿萼梅、海棠。　浇灌：牡丹、瑞香、芍药并宜猪粪。　收采：割谷、著实根、豇豆、石楠实、大枣、狼毒、牛膝、韭花、金毛狗脊、人参、酸枣、山药、桔梗、牡丹皮根、薏苡、草龙胆、白敛、当归、白蒺藜、升麻、芍药根、柴胡、黄芩、乌药根、秦艽、生地、泽泻、巴戟天、白藓皮、甘草、白术、黄连、萱草根、香附子、百合、知母、玄参、天门冬、山豆根、地榆、防己、前胡、茅香苗、胡黄连、萆薢、桂皮、茯神、苎根、蜀椒、椒、甘松、茯苓、丁香、猪苓、雷丸、王不留行根苗花子、蓝种、秦皮、虎杖、巴豆、角蒿。　整顿：修牡丹，芟芍药，菊加土，放芋根，锄竹园，兰换盆，刈苎，忌浇橙橘。　田忌：天火酉，地火卯，九焦午，粪忌申，荒芜卯。

制用。八月四日，以丝就北辰星下，祝求长命。

典故。秋分享寿星于南郊。　仲秋择元日，元日，近秋分前后戊日，赛秋成也。命人社。　昭三十一年，日夜之行，分同道也。日月等，故曰同道。《左传》。　乃命宰祝循行牺牲，视全具，按刍豢，牛羊曰刍，犬豕曰豢。瞻肥瘠，察物色，必比类，量大小，视长短，皆中度。五者备当，上帝其飨。《月令》。　乃命有司申严百刑，斩杀必当。天子乃傩，以达秋气，以犬尝麻，先荐寝庙。《月令》。　周秦尝以八月遣輶轩使者，采异俗方言，藏之秘府。《风俗通》。　仲秋甲戌东游，次雀梁，蠹书于羽陵。《穆天子传》。　汉高祖戚夫人侍儿贾佩兰，后出为扶风人段儒妻，尝言在宫时，见戚夫人八月四日出雕房北户竹林下围棋，胜者终年有福，负者终年疾病。《西京杂记》。　明皇以降诞日宴百僚于花萼楼下。百僚表请每年八月五日为千秋节，改千秋节为天长节。百僚上寿，王公以下献镜及承露囊，独张九龄献《千秋金镜录》五卷，言万古兴废之道。玄宗赏异。　中秋夜，贵家结饰台榭、民家争占酒楼玩月，丝簧鼎沸。近内庭居民，夜深遥闻笙竽之声，宛若云外。间里儿童连步嬉戏，夜市骈阗至晓。《梦华录》。　陈留富翁，年九十娶妾，一交而死。后生男，其大男与争财，数年不决。丙吉云："曾闻真人无影，老翁子亦无影，又不耐寒，可试之。"八月，取同年小儿裸之。此儿独啼寒。置日中，独无影。讼乃决。　魏明帝青龙九年八月，诏宦官牵车西取汉孝武承露盘仙人，欲置前殿。宦官乃拆盘。仙人临载，潸然泪下。歌曰："茂陵刘郎秋风客，夜〔闻〕马嘶（风）晓无迹。画栏桂树悬秋香，三十六宫土花碧。（槐）〔魏〕官牵（牛）〔车〕指千里，东（阁）〔关〕酸风射眸子。空将汉月出宫门，忆君清泪如铅水。衰兰送客咸阳道，天若有情天亦老。携盘独出景荒凉，渭城已远波声小。李贺。　晋庾亮镇武昌。佐史殷浩之徒，秋夜乘月登楼。俄而亮至，将起避之。亮曰："诸君少住，老子于此兴复不浅。"便据胡床坐，谈咏达曙。　敬晖为卫州刺史时，河北经突厥之乱，仲秋筑城。晖曰："金汤非粟不守，讵弃农亩事城隍哉？"纵民归敛，阖郡安利。　武夷山神号武夷君，一日语村人曰："汝等以八月十五日会山顶。"是日毕集，闻空中人声，不见其形。须（吏）〔史〕乐响，但见乐器，不见其人。《诸仙记》。　鄠县南，鄠，胡古切。俗传西域鸠摩罗什憩此，覆其履土中，生净土树，三月开花如桃花，八月结实，状如小粟，壳中皆黄玉。《一统志》。　贾客吕筠卿常于中秋夜泊舟于君山侧，命酒吹笛数曲，忽见一老父拏舟而来，遂于怀袖间出笛三管，其一大如合拱，其次如常人之所蓄，其一如细笔管。筠卿请老父一吹，老父曰："其大者，诸天之乐，不可发。其次者，对洞府诸仙合乐而吹。其小者，是老身与朋侪可乐者，试为子吹之，不知可终一曲否？"言毕，吹笛三声，湖上风动，波涛汹漾，鱼龙跳喷。五六声，君山上鸟兽叫噪，月色昏昧。舟人大恐，老父遂止。《博异志》。　钟陵西山有游帷观，每至中秋，车马骈阗，数十里若阛阓。豪杰多召名姝善讴者，夜与丈夫间立握臂，连踏为唱和，惟应对敏捷者胜。太和末，书生文箫往观，见一姝甚丽。其词曰："若能相伴陟仙坛，应得文箫驾彩鸾。自有绣襦并甲帐，琼台不怕雪霜寒。"歌罢，穿大松，陟山扪石，冒险而升。生蹑其踪，姝曰："莫是文箫耶？"相引至绝顶坦然之地，忽风雨，裂帷覆几。俄有仙童持天判曰："吴彩鸾以私欲泄天机，（摘）〔谪〕为民妻一纪。"姝乃与生下山，归钟陵。《传奇》。　武肃王钱镠始筑捍海塘，在候潮门外。潮水冲激，乃命强弩数百以射潮，遂成堤岸。　杭之凤凰山有石如片云拔地，高数丈。将巅有一窍尺余，名曰月岩，惟中秋之月穿窍而出，他月则斜出窍外。古今名人游赏，题咏最多。《七修类稿》。　广州去大海二百里。每年八月，潮水最大，复多飓风，早潮不落，晚潮又至，波涛溢岸，没庐舍，荡苗稼，沉溺舟船，谓之沓潮。或十数年一有之，俗呼为海翻，又为慢天。　中秋天色阴晴与夷狄同。苏东坡曰："故人史生为余言，尝见海贾云中秋之月，虽相去万里，他日会合相问，阴晴无不同者。"公集中有《中秋诗》："尝闻此宵月，万里同阴晴。天公自着意，此会那可轻？"　熙宁丙辰中秋，东坡居士欢饮达旦，大醉，作《水调歌头·兼怀子由》。元丰间，都下传唱此词。神宗问内侍，因得上尘乙览。读至"又恐琼楼玉宇，高处不胜寒"之句，上曰："苏轼终是爱君。"乃量移汝州。　惠州南海有黄雀鱼，常以八月化为黄雀，至十月后复入海，化为鱼。《惠州志》。　王岐公在翰苑。中秋之夕，帝于宫中问当直学士，左右以对。遂召至，赐酒，令对御榻坐，语曰："天下无事，与其醉声色，何如与学士对饮？"令宫嫔进酒，命各以巾带索诗。已令脱金珠花簪簪其幞头，曰："须与润笔。"宴毕，醉，起谢。令内侍扶披，不得拜。辍金莲烛送归苑。明日，都下盛传天子请客。《说略》。　至正丙午八月十日，上海牧羊儿于城北闻头上恰恰有声，仰视之，流光中陨一鱼盈尺，其状不常。时天晴无云，四顾又无雕鹘之类，甚骇。及晡归，市人哄传，见一星长尺，自南投北而下，始知向陨鱼乃星化也。其家盐而藏之，人多就观。《辍耕录》。　冀州北，八月朝作饮食为膢，膢，音楼。其俗曰膢腊。　何中正登第后，求卜于郭从周。从周赠之诗云："三五来时月正圆，一麾从此出秦关。"何后以八月十五日授知制诰，因言边事忤旨，出知秦州。《翰苑名谈》。　龙，鳞虫之长，春分登天，秋分潜渊。　八月，丹鸟羞白鸟。《夏小正》。

丽藻。散语：分命和仲宅西曰昧谷，寅饯纳日，平秩西成，以殷仲秋。《书》。　八月萑苇。　八月其获。　八月载绩。　八月断壶。　八月剥枣。《诗》。　仲秋之月，杀气浸盛，阳气日衰。《礼记》。　初酉仲，气之始生于酉。　少采夕月。《国语》。　序：月可玩。玩月，古也。谢赋、鲍诗，朓之庭前、亮之楼中，皆玩也。贞元十二年，瓯闽君子陈可封游在秦，寓于永崇里华阳观。予与乡人安阳邵楚苌、济南林蕴、颍川陈诩亦旅长安。秋八月十五日夜，诣陈之居，修厥玩事。月之为玩，冬则繁霜大寒，夏则蒸云大热。云蔽月，霜侵人，蔽与侵俱害玩。秋之于时，后夏先冬；八月于秋，季始孟终；十五于夜，又月之中。稽之天道，则寒暑均；取之月数，则蟾魄圆。况埃壒不流，天空悠悠，婵娟徘徊，桂华上浮，升东林，入西楼，肌骨与之疏凉，神气与之清冷。四君子悦而相谓曰："斯古人所以为玩也。"欧阳詹《玩月诗序》。　启：一叹分飞，三秋限隔，遐思盛德，将何以伸？白云断而音信稀，青山暝而江湖远。敬想足下，羽仪胜侣，领袖嘉宾，倾玉醅于风前，弄琼驹于月下。但某登山失路，涉海迷津。闻猿啸而寸寸断肠，听鸟声而双双下泪。当以黄花笑冷，白羽悲秋。既传苏子之书，更泛陶公之酒。聊因三鸟，略叙二难。会面取书，不能尽述。或叨风念，不黜鱼缄。昭明太子。　歌：八月凉风动高阁，千金丽人卷绡幕。已怜池上歌芳菲，不念君恩坐摇落。世上荣华如转蓬，朝随阡陌暮云中。飞燕侍寝昭阳殿，班姬饮恨长信宫。长信宫，昭阳殿，春来歌舞妾自知，秋至荣华君不见。昔时嬴女厌世氛，学吹凤箫乘彩云。含情转睐向箫史，千载红颜持赠君。沈佺期。　诗五言：西风尘残暑。山谷。　此际若无月，一年空过秋。司空图。　常无偏照处，刚有不明时。裴说。　莫辞终夕看，动是隔年期。王禹偁。　九十日秋色，今朝已中分。孤光含列宿，四面绝纤云。众木排疏影，寒流泪细纹。廖凝。　苍旻霁凉雨，石路无飞尘。千念集暮节，万籁悲肃辰。鹍鸪昨夜鸣，蕙草色已陈。况在远行客，自然多苦辛。本嘉州。　满目飞明镜，归心折大刀。转蓬行地远，攀桂仰天高。水路疑霜雪，林栖见羽毛。此时瞻白兔，直欲数秋毫。天将今夜月，一遍洗寰瀛。暑退九霄净，秋澄万景清。星辰让光彩，风露发晶英。能变人间世，（终）〔倏〕然（自）〔是〕玉京。　高秋浑似水，万里正圆明。玉兔步虚碧，水轮转太清。广寒宫有路，桂子落无声。吾馆无弦弹，栖鸟莫要惊。灵原夫人。　八月更漏长，愁人起常早。闭门寂无事，满地生秋草。昨宵西窗梦，先入荆门道。远客归去来，在家贫亦好。戎昱。　鸡鸣朝谒满，露白禁门秋。爽气临旌戟，朝光映冕旒。河宗来献宝，天子命焚裘。独负池阳议，言从建礼游。沈佺期。　八月潮水平，涵虚混太清。气蒸云梦泽，波撼岳阳城。欲渡无舟楫，端居耻圣明。坐观垂钓者，徒有羡鱼情。　秋月仍圆夜，江村独老身。卷帘还照客，倚杖更随人。光射潜虬动，明翻宿鸟频。茅斋依橘柚，清切露痕新。俱杜甫。　银汉高秋露，严城月色阴。美人今夜酒，游子故乡心。乌鹊桥边去，蛟龙海上吟。汉宫楼殿迥，莫使暮云侵。何景明。　萧瑟中秋月，雁唳风云高。山居感时变，远客兴长谣。疏林积凉风，虚岫结凝霄。湛露洒庭树，密叶乱紫条。抚叶悲先落，攀松羡后凋。孙绰。　秋风何日凝？白露为朝霜。柔条旦夕劲，绿叶日夜黄。明月出云崖，皦皦流素光。披轩临前庭，嗷嗷晨雁翔。高志局四海，块然守空房。壮齿不恒居，岁暮常慨慷。张华。　天上何所有？迢迢白玉绳。斜低建章阙，耿耿对金陵。汉水旧如练，霜江夜清澄。长江泻落月，洲渚晓寒凝。独酌板桥浦，古人谁可征。玄晖难再得，洒酒气填膺。李白。　八月三五夕，旧嘉蟾兔光。斯从古人好，共下今宵堂。素魄常孤凝，芳辉纷四扬。徘徊林上头，泛滟天中央。皓露助流华，轻飙佐浮凉。清冷到肌骨，洁白盈衣裳。惜此苦且玩，揽之非可将。含情顾广庭，愿至沉西方。欧阳詹。　七言：清光此夜为谁明？　八月秋高风怒号。　听猿实下三声泪，奉使虚随八月槎。俱杜甫。　凉风八月露为霜，日夜孤帆入帝乡。王泠然。　少皞磨成白玉盘，六丁擎出太虚宽。清光千古复万古，留向人间此夜看。　银汉无声露暗垂，玉蟾初上欲圆时。清樽素瑟宜先赏，明夜阴晴未可知。　暮云收尽溢清寒，银汉无声转玉盘。此宵此景不长好，明月明年何处看？　中秋月镜五云开，妃子凭栏太液来。犹恨清光看不尽，敕教明岁筑高台。黄省曾。　风帘渐渐漏镜痕，一半秋光此夜分。天为素娥霜怨苦，故教西北起浮云。罗隐。　桂轮斜挂粉楼空，漏水丁丁烛影红。露湿暗香珠翠冷，赤阑桥上待归鸿。张红桥女郎。　八月霜飞柳遍黄，蓬根吹断雁南翔。陇头流水关山月，泣上龙堆望故乡。卢弼。　待月东林月正圆，广庭无树草无烟。中秋云尽出沧海，半夜露寒当碧天。轮影渐移金殿外，镜光犹挂画楼前。莫辞达曙殷勤望，一堕西岩又隔年。许浑。　昔年八月十五夜，曲江池畔桂花边。今年八月十五夜，湓浦沙头水馆前。西北望乡何处是，东南见月几回圆。临风一叹无人会，今夜清光似往年。白居易。　星斗疏明禁漏残，紫泥封后独凭栏。露和玉屑金盘冷，月射珠光贝阙寒。天衬楼台归苑外，风吹歌管下云端。长卿只为长门赋，未识君王际会难。韩偓。　月晃长江上下同，画桥横截冷光中。云头滟滟开金饼，水面沉沉卧彩虹。佛氏解为银色界，解，上声。仙家多住月华宫。地雄景胜言难尽，但欲追随乘晓风。　清秋山色净帘栊，八月芙蓉满镜中。醉任岭云连海绿，愁禁枫叶接天红。养鱼好伴鸥夷子，饮水如无桑苎翁。江上美人期不到，吹箫独自向虚空。慕羽。　常时好月赖新晴，不似今年此夜生。初出海涛疑尚湿，渐来云路觉偏清。寒光入水蛟龙起，静色当天魑魅惊。不独坐中堪仰望，孤光应到凤池明。秦韬。　扁舟湖上弄潺湲，万顷秋容澹远山。鸣榔时惊沙雁起，开樽独对渚鸥闲。渔灯黯黯菰蒲外，僧梵微微草树间。云里素娥那可问，空怜箫鼓夜深还。申瑶泉《中秋不见月》。　玉宇沉沉夜气寒，金飙飒飒桂香残。人怜此夜重轮满，天与中秋两度看。小沼芙蓉添暮色，深怀醽醁借余欢。佳期胜会还能再，解道山中岁月宽。申瑶泉《闰月中秋》。　词：凭高眺远，见长空万里，云无留迹。桂魄飞来光射处，冷浸一天秋碧。玉宇琼楼，乘鸾来去，人在清凉国。江山如画，望中烟树历历。　我醉拍手狂歌，举杯邀月，对影成三客。起舞徘徊风露下，今夕不知何夕。便欲乘风，翻然归去，何用骑鹏翼。水晶宫里，一声吹断横笛。苏轼。　八月秋高风历乱，衰兰败芷红莲岸。皓月十分光正满，清光畔，年年常愿琼筵看。　社近愁看归去燕，江天空阔云容漫。宋玉当时情不浅，成幽怨，乡关千里危肠断。

九月，招摇指戌，日在房，昏虚中，旦柳中。是月也，天子乃以犬尝稻，先荐寝庙。是月也，霜始降，百工休。乃命有司曰："寒气总至，民力不堪，其皆入室。"乃命冢宰，农事备收，备收，皆敛也。举五谷之要，要，谓粗赋之数。藏帝籍之粟，收于神仓，籍田归之神仓，以供粢盛。祗敬必饬，祗，谓谨其事。敬，谓一其心。饬，谓致其力。申严号令。命百官贵贱无不务内，以会天地之藏。犲祭兽，然后田猎。草木零落，然后入山林。昆虫未蛰，不以火田。不麑，不卵，不杀胎，不妖夭，不覆巢。季秋务畜菜。是月也，乃伐薪为炭。是月曰季秋，亦曰暮秋、末秋、暮商、季商、杪商，又曰玄月。

占候。总占：九月物不凋，三月草木伤。《博雅》。　朔日：值寒露，主冬寒严凝。　值霜降多雨，来年岁稔。

调摄。是月肝气微，肺金用事，宜增酸，以益肝气，助筋血。月末一十八日，宜省甘增碱，以益肾气。《法天生意》。　十六日，宜拔白。　二十日，宜斋戒，沐浴净念，必得吉事，天祐人福。鸡三唱时沐浴，令人辟兵。　二十一日，谓之天开仓日，宜入山修道。　二十八日，阳气未伏，阴气既衰，宜沐浴，服夹衣，补养之药。以上《法天生意》。　是月勿食血脾，季月土旺在脾。　勿食犬肉，伤神气。　勿食霜下瓜，成翻胃血，必冬发。　勿食生冷，防痢疾。　勿食鸡、雉等肉，损人神气。　勿以猪肝和饧同食，至冬成嗽病，经年不瘥。　是月忌夫妇，戒容止，犯者减寿，朔望各十年，晦日一年，上下弦各五年，庚申、甲子本命二年。二十八日，人神在阴，切忌。

种艺。小麦、大麦、油菜、豌豆、水仙、春菜、芫荽、乌松、莴苣、白菜、诸斑冬瓜、蒜、芥菜、罂粟。　移植：牡丹、芍药、萱草、山茶、腊梅、丽春、玫瑰、竹、诸果木。　收采：五倍子、五谷种、菊花、蔷薇子、芝麻秆、木瓜、干姜、兔丝、大豆、杜仲、白术、粟、厚朴、芎藭、橄榄、茱萸、栀子、皂荚、皂角、茶子、豆秸、茄种、松节、抓抓儿。抓抓儿，生水湄，似瓦松，晒干，和谷煮食。　整顿：采菊花，锄席草，掘姜，粪麦门冬，刈紫草收子，刈茵帚，掘芋，收苎麻子，去荷叶缸水。　田忌：天火子，地火寅，粪忌巳，九焦寅，荒芜未。

制用。凡枣用，九月采，日干，补中益气，久服神仙。《本草》。　其月采太乙余粮，久服耐寒暑，不饥，轻身。《本草》。　腌诸色菜。　造茭苣、藕、萝卜、葫芦诸生鲊。　香茄、蒜茄、蒜、东瓜、芥薤。

典故。荣鞠树麦。鞠，即菊。《夏小正》。　九月九日，律中无射而数九。俗尚此日折茱萸房以插头，言辟除恶气，为御初寒。《风土记》。　重阳日作馇糗蜜饵，皆以糖和米面为之。《壶中赘录》。　尧于季秋梦白帝遗以乌喙子。其母曰扶始，升高丘，白帝上有云如虎，感已生皋陶。皋陶乌喙。《元命苞》。　九月九日，秋荐豚黍。炊新黍米饭馔，侑蒸豚。祭文云：伏以农夫之庆，百谷用成，稷黍馨香，适当时荐。谨以重九，祗率尝事，致严斯格，仰冀鉴歆，尚飨。《孙氏养蒙仪范》。　洛阳人家，重九作迎凉脯、羊肝饼，佩癭水符。《金门岁节》。　二社重阳，以枣为糕，或加以粟以肉。《岁时杂记》。　越王无诸于重九日尝宴于九仙山，大石樽尚存。山有四彻亭于秋堂。《一统志》。　范式，字巨卿，游太学，与张邵、元伯为友，并告归，共刻期日过元伯。九月十五日，白母杀鸡为黍以待之。母曰："二年之别，千里结言，何信之？"邵曰："巨卿信士，必不失期。"是日果至。　宁康三年九月九日，上讲《孝经》时，谢安侍坐，陆纳下忱执读，谢石袁安执经，车胤王温摘句。　孟嘉为桓温参军。九月九日，温游龙山，有风吹落嘉帽，起如厕，不觉。温命孙盛作文嘲之，置嘉坐处。嘉还见嘲，请笔作答，了不容思，文辞超卓，四座叹服。《孟嘉传》。　汉俗九日饮菊酒，以被除不祥。《风土记》。　汉武帝尝以季秋泛灵鹢舟于淋池，以香金为钓，缩纽丝为纶，丹鲤为饵，钓得白蛟，付之太官为鲊，肉紫骨青，香美无伦。《拾遗记》。　汉武帝宫人贾佩兰云，九月九日宫中佩茱萸，饮菊酒，令人长寿。《西京记》。　笾人职曰："羞笾之实，糗米粉餈。"糗，炒干米麦，捣为饵。餈，稻饼也，炊米捣之，以豆为粉糁其上。《周官》。　宋武帝为公时，在彭城，九月九日登项羽戏马台，至今相承为故事。《宋书》。　魏奉古为雍丘尉，九日公宴，有客草序五百言。奉古曰："此旧文也。"援笔倒疏之，徐笑曰："适记之耳。"守目为聪明尉。　九月九日马射，讲习武事，象汉立秋之仪。《南齐书》。　齐武帝九月九日燕群臣于蒋陵冈。《十道志》。　唐王勃，字子安。年十三时，侍父官游，舟次马当，遇老叟；曰："子非王勃乎？来日重九，南昌都督命客作《滕王阁序》，子有清才，盍往赋之？"勃曰："此去七百余里，今已九月八日矣，夫复何言？"叟曰："吾助清风一席。"勃谢登舟，翌日昧爽抵南昌，会府帅阎公宴僚属于滕王阁。帅有婿吴子章善为文辞，帅欲夸之，乃宿构《滕王阁序》，俟宾合而出为之，若即席而就者。宾既集，因出纸笔遍请，客莫敢当。至勃，漫然不辞。都督怒，起更衣，遣吏伺其文得句辄报，报至"落霞与孤鹜齐飞，秋水共长天一色"，乃矍然曰："天才也！"顷而成文，帅大悦。子章惭而退。帅谢勃五百缣。回棹，谢叟曰："当具菲礼，以答神休。"叟笑云："但过长芦，焚阴钱十万，足偿薄债矣。"勃如命。《摭言》。　贞元四年诏，正月晦日、三月三日、九月九日，三节日，任百僚追赏为乐，故韩退之《听颖（帅）〔师〕弹琴序》云："肇置三令节，诏群有司饮酒。"《旧唐书》。　开元二年九月，宴京师耆老于含元殿，赐九十以上几杖，八十鸠杖，妇人亦如之，赐于其家。《白孔六帖》。　汝南桓景随费长房游学。长房谓曰："九月九日，汝南当有灾厄。急令家人缝绛囊，盛茱萸系臂上，登高饮菊花酒，此祸可消。"景从其言，举家登山。夕还，鸡犬俱暴死。长房曰："此可代之。"今人九月九日登高，是其遗事。《续齐谐记》。　唐尹氏善歌，因重阳与群女戏登南山文峰，同辈命之歌，乃颦眉缓颊，怡然一曲，声达数十里，故俗耆旧云："尹氏之歌，闻于长安。"《江南野史》。　唐德宗季秋出，大有寒色，顾左右曰："九月犹衫，十月而袍，不为顺时。朕欲改月，谓何？"左右称善，李程独曰："玄宗著《月令》十月始裘，不可改。"帝瞿然止。《唐史》。　唐德宗以九月九日诏群臣宴曲江，自为诗，敕宰相择文人赓和。李泌等请群臣皆和，帝自第之。刘太真、李纾等为上，鲍防、于邵等次之，张满等为下。与择者四十一人。《唐史》。　韦绶为集贤院学士。九月九日宴群臣曲江，绶请集贤院学士得别一会，帝从之。《唐书》。　唐韦绶以心疾还第。九月九日，德宗为《黄菊歌》，顾左右曰："安可不示韦绶！"即遣使持往，绶时疾遽，奉和附进。《韦绶传》。　李义山乃令狐楚故吏，楚子绹继相，殊不展分。重阳日，义山诣绹厅事，题云："曾共山翁把酒卮，霜天白菊正披离。十年泉下无消息，九日樽前有所思。莫学汉臣栽苜蓿，还同楚客咏江蓠。郎君官重施行马，东阁无由再得窥。"绹乃闭此厅，终身不处。《北梦琐言》。　赵宋九日以花糕、法酒赐近臣。《风土记》。　韩忠献尝遇重阳，置酒私第，惟欧阳文忠与一二执政，而苏明允以布衣参其间，都人以为异礼。席间赋诗，明允有"佳节屡从愁里过，壮心还倚醉中来"之句，其志气不少衰如此。　刘梦得欲用糕字作九日诗，以五经中无之。宋子京以为不然，故子京《九日食糕》诗云："飙馆经霜拂曙袍，糗餈花饮斗分曹。刘郎不敢题糕字，虚负诗中一世豪。"遂为绝唱。《邵氏闻见录》。　谢无逸以书问潘大临近作新诗否，答曰："秋来景物，件件是佳致。昨日清卧，闻扰林风雨声，遂起题笔曰'满城风雨近重阳'，忽催租人至，败意，止此一句奉寄。"《尺牍》。　苏东坡《与李公择书》："秋色佳哉，想有以为乐。人生惟寒食、重九，慎不可虚掷，四时之景，无如此节。"《山堂肆考》。　僧皎然九日与陆羽煎茶。皎然，名清昼，谢灵运之孙。坡诗云："明年桑苎煎茶处，桑苎翁，羽号也。忆着衰翁首重回。"《事文类聚》。　九月诗多用落帽事，独东坡《南柯子》词云"破帽多情却恋头"反之，尤奇特。东柔晋云"我欲插萸重整帽，肯如坡老赋《南柯》"，亦反坡意也。杜诗"不眠瞻白兔，百过落乌纱"，东坡闰九月《题披云楼》云"九日再逢堪一笑，终朝百过更深忧"，谓短发不堪落帽也。《后山诗话》。　宋武陵王骏为刺史，改马鞍山为望楚山。后遂为飞龙，人号为凤岭，高处有三磴，即刘弘、山简九日宴赏之所。《襄阳记》。　元符中，盐城时叟有请于徐神翁，告曰："尔亟归。九月中有道者来，宜善待，仍布施。"至期，暴客夜集其门。时悟，出迎，设酒肴金帛慰遣，乃（兔）〔免〕陵暴。《徐神翁传》。　宋京师重九日各以粉面蒸糕相遗，上插剪彩小旗，糁钉果实，（加）〔如〕①石榴子、栗黄、银杏、莲实、松子之类。二社、重阳尚食糕，而重阳为盛。《风土记》。　苏东坡在杭，于九日望见有美堂上鲁少卿饮，以诗戏之曰："指点云间数点红，笙歌正拥紫髯翁。谁知爱酒龙山客，却在渔舟一叶中。"　玄宗天宝十三载重阳日，猎于沙苑，云间有孤鹤回翔。上御弧矢中之，鹤带箭，矫翼西南而逝。益州城西十五里有明月道观，第一院有青城山道士徐佐卿，一岁率三四至，一日忽不怡，曰："偶为飞矢所加，今已无恙，然此箭非人间所有，因留之于壁。往年箭主至，则宜付之。"乃记壁去。留箭之时则十三载九月九日也。上幸蜀，暇日命驾行游，偶至斯观，入此堂，忽观其箭，取而玩之，乃御箭也。深异之。佐卿乃中箭鹤耳。《神异记》。

丽藻。散语：九月授衣。　九月叔苴。　九月筑场圃。　九月肃霜。《诗》。　季秋献功裘。《天官》。　岁九旻之暮月，肃晨驾而北逝。度回墅以停辕，临孤馆而远憩。何物惨而节衰，又云悠而风厉？悴绿蘩于寒渚，陨丰灌于荒澨。玩中原之芬菊，惜兰圃之凋蕙。旌竹柏之劲心，谢梧楸之零脆。傅亮。　书：岁往月来，忽复九月九日。九为阳数，而日月并应，俗嘉其名，以为宜于长久，故以宴享高会。是月律中无射，言群木庶草无有射地而生者，惟芳菊纷然独菲。非夫（食）〔含〕②乾坤之纯和，体芬芳之淑气，孰能如此？故屈平悲冉冉之将老，思飡秋菊之落（芙）〔英〕。辅体延年，莫斯之贵。谨奉一束，以助彭祖之术。魏文帝《与钟繇》。　启：宿昔亲朋，平生益友，不谓穷通有分，云雨将乖。既深伐木之声，更问采葵之咏。属以重阳变叙，节景穷秋。霜抱树而拥柯，风拂林而下叶。金堤翠柳，带星采而均调；紫塞苍鸿，追风光而结阵。敬想足下，秀标东箭，价重南金，才过吞鸟之声，德迈怀蛟之智。但某衡门贱士，瓮牖微生，既无白马之谈，且乏碧鸡之辩。叹分飞之有处，嗟会面以无期。聊申布服之言，用述并粮之志。昭明太子。　文：征西天府，重九令节。驾言龙山，宴凯群哲。壶歌雅奏，缓带轻恰。胡为中觞，一笑粲发。梗楠竞秀，榆柳独脱。骐骥交骛，鸾寒几蹶。楚狂醉乱，陨帽莫觉。戎服囚首，枯颜茁发。唯明将军，度量宏达。容此下士，颠倒冠袜。宰夫杨觯，咒觥举罚。请歌相鼠，以侑此爵。苏轼《补孙盛嘲孟嘉落帽文》。　吾闻君子，蹈常履素。晦明风雨，不改其度。平生丘壑，散发箕踞。堕车天全，颠沛何惧？腰适忘带，足适忘履。不知有我，帽复奚数？流水莫系，浮云暂寓。飘然随风，非去非取。

---

① 加，应作"如"。"四库全书"〔明〕《说略》卷四《时序》作"如"。
② 食，应作"含"。"四库全书"〔唐〕欧阳询《艺文类聚》卷四《岁时部中·九月九日》引作"含"。

我冠明月，佩服宝璐。不缨而结，不簪而附。歌诗宁择，请歌相鼠。罚此鄙人，俾出童羖。苏轼《补孟嘉解嘲文》。 赋：余以暮秋之月述职内禁，夜清务隙，游目艺苑。于时风霜初戒，蛰类尚繁，飞蛾翔羽，翩翾满室，赴轩幌，集明烛者，必以燋灭为度。虽则微物，矜怀者久之。退感庄生异鹊之事，与彼同迷而忘反鉴之道，此先师所以鄙智，及齐客所以难目论也。怅然有怀，感物兴思，遂赋之云尔。在西成之暮晷，肃皇命于禁中。聆蜻蛚于前庑，鉴朗月于房栊。风萧瑟以凌幌，霜皑皑而被墉。怜鸣蜩之应节，惜落景之怀东。嗟劳人之萃感，何夕永而虑充。眇今古以遐念，若循环之无终。咏倚相之遗短，希重生之方融。钻光灯而散帙，温圣哲之遗踪。坟素杳以难暨，九流纷其异封。领三百于无邪，贯五千于有宗。考旧闻于前史，访心迹于污隆。岂夷阻之在运，将全丧之由躬。游翰林之彪炳，嘉美手于良工。辞存丽而去秽，旨既雅而能通。虽源流之深浩，且扬榷而发蒙。习习飞蚋，飘飘纤蝇，缘幌求隙，望焖思陵。糜兰膏而无悔，赴朗烛而未惩。瞻前轨之既覆，忘改辙于后乘。匪微物之足悼，怅永念而拊膺。彼大道之为贵，参二仪而比灵。禀清旷以授气，修缘督而为经。照安危于心术，镜纤兆于未形。有徇末而舍本，或耽欲而忘生。碎随侯于微爵，捐所重而要轻。矧昆虫之所昧，在智士其犹婴。悟雕陵于庄氏，几鉴浊而迷清。仰前修之懿轨，知吾迹之未并。虽宋元之外占，曷在予之克明。岂知反之徒尔，喟投翰以增情。宋·傅亮。 诗四言：凉风北起，高雁南翻。叶浮初水，草折梁园。凄清霜野，惆怅晨鹍。云轻寒树，日丽秋原。三金广设，六羽高陈。寒英始献，凉（酹）〔酎〕初醇。靡靡神襟，锵锵群彦。思媚储猷，洽和奉宴。恩畅兰席，欢同桂殿。景遽乐推，临风以眷。丽景天枝，位非德举。任伍辰阶，祚均吴楚。负岳未胜，瞻云难侣。望古兴惕，心焉载伫。 凭玉宅海，端扆御天。上流飞銮，静震胜川。凝神贯极，摛道漏泉。西裘委衽，南风在弦。暮芝始绿，年桂初丹。上林叶下，沧池水寒。霜沾玉树，雁动轻澜。停跸玉陛，徙卫璇墀。雕箱凤彩，羽盖鸾姿。虹旌迢递，翠华葳蕤。礼弘灞（纳）〔汭〕，义盖洛湄。俱沈约。 明明储后，冲默其量。徘徊礼乐，优游风尚。微言外融，几神内王。就日齐晖，移云等望。本茂条荣，源澄流洁。汉称间平，周云鲁卫。咨我繁华，方轨前轶。秋日在房，鸿雁来翔。寥寥清景，霭霭微霜。草木摇落，幽兰独芳。眷言淄苑，尚想濠梁。既畅旨酒，亦饱徽猷。有来斯悦，无远不柔。王俭。 离光丽景，神英春裕。副极仪天，金锵玉度。监抚昭明，善物宣布。惠澜昆琼，泽熙垂露。秋晨精曜，驾动宫闱。露点金节，霜混玉玑。玄戈侧卫，翠羽翻晖。庭卫鹤盖，水照犀衣。兰羞荐俎，竹酒澄芬。千音写凤，百戏承云。紫鸾跃武，赤兔越空。横飞乌箭，半转蛇弓。梁文简帝。 朱明已谢，蓐收司理。爰礼祓秋，备扬旌棨。奉璋峨峨，金貂济济。上林弘敞，离宫非一。彩殿回风，丹楼映日。隋珠甲帐，屯卫周悉。晬容徐动，天仪澄谧。云物游飏，光景高丽。枯叶未落，寒花委砌。丝桐激舞，楚雅闲慧。参差繁响，殷勤流诣。丘迟。 五言：龙沙重九会，千骑驻旌旗。权德舆。 捧篋萸香遍，称觞菊气浓。 九日龙山饮，黄花笑逐臣。醉看风落帽，舞爱月留人。李白。 霜威始落翠，寒气初入堂。隋珠烂似烛，悬藜疑夜光。舞步因弦折，歌声随袂扬。夜深闻漏缓，檐虚觉唱长。梁·王僧己。 端居临玉扆，永律启金商。凤阙澄秋色，龙闱引夕凉。野静山气敛，林疏风露长。砌兰窥半影，岩桂发全香。满盖荷凋翠，圆花菊散黄。挥鞭争电烈，飞羽乱星光。柳空穿石碎，弦虚侧月张。怯猿啼落岫，惊雁断分行。斜轮低夕景，归旆拥通庄。唐高宗。　商飙凝素籥，玄览贲黄图。晚霜惊断雁，晨吹结栖乌。寒花低岸菊，凉叶下庭梧。泽宫申旧典，相圃叶前模。玉砌分雕戟，金沟转镂戚。带星飞夏箭，映月上轩弧。庆展簪裾洽，恩融雨露濡。天文发丹篆，宝思掩玄珠。承欢徒竽挦，负弛窃忘躯。贺敳。　世短意常多，斯人乐久生。日月依辰至，举俗爱其名。露凄暄风息，气彻天象明。往燕无遗影，来雁有余声。酒能祛百虑，菊为制颓龄。如何蓬庐士，空视时运倾。尘爵耻虚罍，寒华徒自荣。敛襟独闲谣，缅焉结深情。栖迟固多娱，淹留岂无成？陶潜。　九日正乘秋，三杯兴已周。泛桂迎樽满，吹花向酒浮。长房萸早熟，彭泽菊初收。何藉龙沙上，方得恣淹留。唐中宗。　今日云气好，水绿秋山明。携壶酌流霞，搴菊泛寒荣。地远松石古，风扬弦管清。窥觞照欢颜，独笑还自倾。落帽醉山月，空歌怀友生。李白。　是节协阳数，高秋气已晶。檐芝逐月启，帷风依夜清。远烛承歌黛，斜桥闻履声。梁尘下未息，共爱赏心并。梁简文帝。　蟋蟀期归晚，茱萸节候新。降霜青女月，送酒白衣人。高兴要长寿，卑栖隔近臣。龙沙即此地，旧俗坐为邻。杜审言。　今日好相见，群贤仍废曹。晚晴吹翰墨，秋兴引风骚。绛叶拥虚砌，黄花随浊醪。闭门无不可，何事更登高。高适。　九日黄花酒，登高会昔闻。霜威逐亚相，杀气傍中军。横笛惊征雁，娇歌落塞云。边头幸无事，醉舞荷吾君。岑参。　九日明朝是，相要旧俗非。老翁难早出，贤客幸知归。旧采黄花剩，新梳白发微。谩看年少乐，忍泪已沾衣。　伊昔黄花酒，如今白发翁。追欢筋力异，远望岁时同。弟妹悲歌里，朝廷醉眼中。兵戈与关塞，此日意无穷。　藜杖侵寒露，蓬门启曙烟。力稀经树歇，老困拨书眠。秋觉追随尽，来因孝友偏。清谈见滋味，尔辈可忘年。　寒花开已尽，菊蕊独盈枝。旧摘人频异，轻香酒暂随。地偏初衣夹，山拥更登危。万国皆戎马，酣歌泪欲垂。　旧岁重阳日，传杯不放杯。即今蓬鬓改，但愧菊花开。北阙心长恋，西江首独回。茱萸赐朝士，难得一枝来。俱杜少陵。　春阳如昨日，碧树鸣黄鹂。芜然蕙草暮，飒尔凉风吹。天秋木叶下，月冷莎鸡悲。坐愁群芳歇，白露凋华滋。李太白。　迢迢江汉路，秋色又堪惊。半夜闻鸿雁，多年别弟兄。高风云影断，微雨菊花明。欲寄东归信，徘徊无限情。江为。　宝地原依海，珠林更假山。登临重九遇，城阁五云还。歌吹喧侯里，边烽入汉关。望乡归未得，能对菊花斑。李梦阳。　梧小秋添晚，萸深节又当。百年多此醉，一笑展重阳。山报衣须倍，花知闰胜常。莫疑篱色减，霜缓是初黄。　九日陪天仗，三秋幸禁林。霜威变绿树，云气落青岑。水殿黄花合，山亭绛叶深。朱旗夹小径，宝马驻清浔。苑吏收寒果，饔人膳野禽。承欢不觉暝，遥响素秋砧。沈佺期。　靡靡秋已夕，凄凄风露交。蔓草不复荣，园木空自凋。清气澄余滓，杳然天界高。哀蝉无归响，丛雁鸣云霄。万化相寻绎，人生岂不劳？从古皆有没，念之中心憔。何以称我情？浊酒且自陶。千载非所知，聊以永今朝。陶渊明。　辙迹光周颂，巡游盛夏功。钩陈万骑转，阊阖九门通。秋晖逐行漏，朔气绕相风。献寿重阳节，回鸾上苑中。疏山辟辇道，间树出离宫。玉醴吹岩菊，银床落井桐。饮羽山西射，浮云冀北骢。尘飞金埒漏，叶破柳条空。腾猿疑矫箭，惊雁避虚弓。雕材滥杞梓，花绶接鹓鸿。愧乏天庭藻，徒参文雅雄。庾肩吾。　六郡良家子，幽并游侠儿。立乘争饮羽，倒骥竞纷驰。鸣珂饰华眊，金鞍映玉羁。膳羞殚海陆，和齐眠秋宜。云飞雅琴奏，风起洞箫吹。曲终高宴罢，景落树阴移。微薄承嘉惠，饮德良不赀。取效绩无纪，感恩心自知。刘苞。 九日天气清，登高无秋云。造化辟川岳，了然楚汉分。长风鼓横波，合沓蹙龙文。忆昔侍游豫，楼船壮横汾。今兹讨鲸鲵，旌旆何缤纷！白羽落酒樽，洞庭罗三军。黄花不掇手，战鼓遥相闻。剑舞转颓阳，当时日停晖。酣歌激壮士，可以摧妖氛。龌龊东篱下，渊明不足群。 渊明归去来，不与世相逐。为无杯中物，遂偶本州牧。因招白衣人，笑酌黄花菊。我来不得意，虚过重阳时。题舆何峻发，遂结城南期。筑土按响山，俯临远水湄。胡人叫玉笛，越女弹霜丝。自作英王胄，斯乐不可窥。赤鲤涌琴高，白龟道冰夷。灵仙如仿佛，莫酹遥相知。古来登高人，今复几人在。沧洲违宿诺，明日犹可待。连山似惊波，合沓出溟海。扬袂挥四座，酩酊安所知。齐歌送清扬，起舞乱参差。宾随落叶散，帽逐东风吹。别后登此台，愿言长相思。俱李太白。 风至授寒服，霜降休百工。繁林收阳彩，密叶解华丛。巢幕无留燕，遵渚有来鸿。轻霞冠秋日，迅商薄清穹。圣心眷嘉节，扬銮庆行宫。四筵沾芳醴，中堂起丝桐。扶光迫西汜，余乐安有穷。逝矣将归客，养素克有终。临流怨莫从，欢心叹飞蓬。谢宣远。 七言：重阳未到已登临，探得黄花且独斟。司空图。 九月寒砧催落叶，十年征戍忆辽阳。沈佺期。 雁门九月西风高，绵梨万树垂金绍。耶律楚材。 秋叶风吹黄飒飒，晴云日照白鳞鳞。归来特问茱萸女，今日登高醉几人。张谔。 满城风雨近重阳，无奈黄花恼意香。雪浪翻天迷赤壁，令人西望忆潘郎。 满城风雨近重阳，不见修文地下郎。想得武昌门外柳，垂垂老叶半青黄。 满城风雨近重阳，安得斯人共一觞？欲问小冯今健否，云中孤雁不成行。谢无逸。 一见黄花只自羞，萧然短发不禁秋。谁人为整乌纱帽，独倚西风满眼愁。 重阳独酌杯中酒，抱病起登江上台。竹叶于人既无分，菊花从此不须开。殊方日落玄猿哭，旧国霜前白雁来。弟妹萧条各何往，干戈衰谢两相催。 风急天高猿啸哀，渚清沙白鸟飞回。无边落木萧萧下，不尽长江滚滚来。万里悲秋常作客，百年多病独登台。艰难苦恨繁霜鬓，潦倒新亭浊酒杯。 去年登高郪县北，今日重在涪江滨。苦遭白发不相放，羞见黄花无数新。世乱郁郁久为客，路难悠悠长傍人。酒阑却忆十年事，肠断骊山清路尘。 老去悲愁强自宽，兴来今日尽君欢。羞将短发还吹帽，笑倩傍人为正冠。蓝水远从千涧落，玉山高并两峰寒。明年此会知谁健，醉把茱萸仔细看。俱杜少陵。 汉文皇帝有高台，此日登临曙色开。三晋云中皆北向，二陵风雨自东来。关门令尹谁能识，河上仙翁去不回。且欲近寻彭泽宰，陶然共醉菊花杯。崔曙。 节使横行西出师，鸣弓擐甲羽林儿。台上霜风凌草木，军中杀气傍旌旗。预知汉将宣威日，正是胡尘欲灭时。为报使君多泛菊，更将弦管醉东篱。岑参。 江涵秋影雁初飞，与客携壶上翠微。但将酩酊酬佳节，不用登临叹落晖。古往今来只如此，牛山何必泪沾衣。杜牧之。 征帆高挂酒初酣，暮景离情两不堪。千里晚霞云梦北，一川霜橘洞庭南。溪风送雨过秋寺，涧石惊龙落夜潭。莫把羁魂吊湘魄，九疑愁绝锁烟岚。张泌。 欲赋前贤九日诗，茱萸相斗一枝枝。可怜宋玉情何限，争似陶潜醉不知。绿鬓爱随风景变，黄花能与岁时期。登临问处狂多少，笑杀高阳拍手儿。李群玉。 霜飞木落正重阳，侠客登临到上方。习静暂投祇树苑，凭高仍泛菊花觞。琴台雾暗龙吟寂，笠泽天空雁影长。胜会且教容白发，好将蜡屐破秋光。申瑶泉。 风雨高台隔素秋，名园且泛木兰舟。寒烟淡挂河边菊，细浪轻翻棹外鸥。佳节几人能胜赏，清樽入夜尚淹留。莫愁更落龙山帽，竹箨而今解恋头。邓定宇。 帝陵佳气郁苍苍，龙武千军捧玉皇。山与翠华同一色，天临黄道又重阳。九秋霜霭迎仙仗，万壑烟霞接御香。此日周王方定鼎，卜年卜世共灵长。 天涯节序强欢娱，落帽风前客思孤。酒力渐消人易倦，乡书欲寄雁难呼。一天凉雨催庭菊，九日西风下井梧。寄问故园诸少弟，相思谁为插茱萸？ 风雨重阳万木寒，苍然秋色满长安。自携北海先生酒，不减东篱处士欢。节序他乡同落帽，云霄吾党一弹冠。明朝又折河桥柳，今日茱萸莫漫看。 寂寞谁当慰索居，浮云暮色正愁余。二三兄弟能相问，重九风流尚不虚。入夜青藜堪自续，绕篱黄菊未全舒。莫言侧弁疏狂甚，犹是龙山落帽余。俱冯琢庵。 词：九日欢游何处好？黄花万蕊雕栏绕，通体清香无俗调。天气好，烟滋露结功多少。 日脚清寒高下照，宝钉密缀圆斜小，落叶西园风袅袅。催秋老，丛边莫厌金樽倒。欧阳修。 霜降水痕收，浅碧粼粼露远洲。酒力渐消风力软，飕飕。破帽多情却想头。 诗酒若为酬，但把清樽断送秋。万事到头都是梦，休休。明日黄花蝶也愁。苏轼《南柯子》。 黄菊枝头破晓寒，人生莫放酒杯干。风前横笛斜吹雨，醉里簪花倒着冠。 身健在，且加食。舞裙歌板尽清欢，黄花白雪相牵挽，付与时人冷眼看。黄鲁直《鹧鸪天》。 记得东坡老叟，莫负清明重九。今日正重阳，菊花黄。 花插满头归去，落日前村枫树。树里唱歌声，钓渔人。陈眉公《重阳·昭君怨》。

二如亭群芳谱岁部卷之四

济南　王象晋荩臣甫　纂辑
松江　陈继儒仲醇甫
虞山　毛凤苞子晋甫　同较
宁波　姚元台子云甫
济南　男王与敕、孙士良、曾孙启浣　诠次

岁谱四

　　冬，终也，物至此时皆告终也。北方为冬，先立冬三日。太史谒之天子曰："某日立冬，盛德在水。"乃斋。立冬之日，天子亲率三公、九卿、诸侯、大夫以迎冬于北郊。北方曰玄天，其星女、虚、危、室。西北方曰幽天，其星壁、奎、娄。其帝颛顼，乘坎执权而治冬。其佐玄冥，玄冥，水官，少皞之子，曰修，曰熙，相代任职。其神辰星，其兽玄武，其音羽，其日壬癸，其数六，其虫介，其味咸，其臭腐，其色黑，其祀行，祭先肾。日行北陆，斗柄指北，是故冬三月以壬癸之日发五政。五政苟时，冬事不过，地乃不泄。

　　调摄。冬三月，天地闭藏，水冰地坼，宜节嗜欲，止声色，早卧晚起，以待日光，去寒就温，毋泄皮肤，逆之伤肾，春为痿厥。肾病，宜食粟米、大豆、胡桃、藿。肾燥，食辛以润之。盖冬时伏阳在内，有疾宜吐，心膈多热，所忌发汗，恐泄阳气，宜服酒浸补药，或山药酒一二杯，以迎阳气。寝卧之时，稍宜虚歇，宜稍寒，大寒方加绵衣，以渐加厚，不得顿多，惟无寒即已，不得频用大火烘炙，尤甚损人。手足应心，不可以火炙手，引火入心，使人烦躁。不可就火烘炙食物。冷药不治热极，热药不治冷极，水就温，火就燥耳。饮食之味，宜减咸增苦，以养心气。冬月肾水味咸，恐水克火，心受病，宜养心，宜居处密室，温暖衣衾，调饮食，适寒温。不可冒触寒风，老人尤甚，恐寒邪感冒，多为嗽逆、麻痹、昏眩等疾。冬月阳气在内，阴气在外，老人多有上热下冷之患，不宜沐浴。阳气内蕴之时，若加汤火所逼，必出大汗。高年骨肉疏薄，易于感动，多生外疾，不可早出，以犯霜威。早起服醇酒一杯以御寒，晚服消痰凉膈之药，以平和心气，不令热气上涌。切忌房事，不可多食火煿肉、面、馄饨之类。　冬三月宜暖足冻脑，则无眩晕之疾。温养神气，无令邪气外至。　君子斋戒，处必检身，身欲宁，去声色，禁嗜欲，安形性，事欲静，以待阴阳之所定。《月令》。　肾藏志名玄冥，字育婴。肾者，根也，如树之有根也。生对脐，附着腰脊，两枚，重一斤一两，神如玄鹿两头，象如圆石子，色如缟映紫，脉出涌泉。涌泉穴在足中心。左为正肾，配五脏；右为命门，男以藏精，女以系胞。职分水气，灌注一身，经于上焦，荣于中焦，卫于下焦，为肝之母、肺之子，属水，冬旺。卦坎，其液唾，其性智，著于内者为骨，见于外者为齿，应北岳，上通辰星之精。

占候。水冬不冰，为饥，为兵，有灾疫；地不冻，其乡人流亡。

典故。楚庄王围萧，申公巫臣曰："师人多寒。"王巡三军，抚而勉之，士皆如挟纩。《左传》。　雨雪，楚庄王披裘当户，曰："我犹寒，彼百姓宾客甚矣。"乃使巡国中，求百姓宾客之无居宿、绝粮者赈之，国人大悦。《尸子》。　景公起大台，岁寒，役者冻馁。公延晏子坐，饮酒乐。晏子歌曰："庶民之冻，我若之何？奉上靡弊，我若之何？"歌终，喟然流涕。公止之曰："子殆为大台之役夫，寡人将罢。"　齐景公时，雪三日，公衣狐白之裘，谓晏子曰："天下不寒，何也？"晏子曰："贤君饱知人饥，温知人寒。"公曰："善！"遂出衣发粟，以与饥贫者。　卫灵公天寒凿池。（苑）〔宛〕春曰："天寒，恐伤民。"公曰："寒哉？"春曰："君衣狐裘，坐熊席，四阵有火，是以不寒。民衣敝不补，履决不苴，君则不寒，民则寒矣。"公曰："善！"命罢役。《吕氏春秋》。　高祖闻韩王信降匈奴，上自将击之，连战乘胜逐北。至楼烦，会天寒，士卒堕指者十二三。　冬为岁余，故冬月可就问学。《汉书·东方朔》云："三冬文史足。"　东汉钟离意为大司徒侯霸掾，诏部送徒诣河内。时冬寒，徒病，不能行。路过弘农，意辄移属县使作徒衣，县不得已与之，上书言状，意亦具以闻。光武得奏，引见霸，曰："君所使掾何乃仁于用心？诚良吏也！"　盛吉为廷尉，每至冬月，罪囚当断。其妻执烛，吉持丹笔，相向垂泣。又汉虞诩祖父经为郡县狱吏，按法平恕，冬月上其状，流涕随之。尝曰："东海于公高为里门，其子定国卒至丞相。吾决囚六十年矣，虽不及于公，其庶几乎？子孙何必不为九卿耶？"故字诩曰升卿。后诩任至尚书令。《会稽典录》。　王祥字休徵，晋琅琊人。少失母，后母朱氏憎而谮之，祥孝弥谨。盛寒河冰。母欲食生鱼。祥解褐扣冰求之，忽冰少开，有双鲤出游，垂丝获之。时人谓至孝所感也。《孝子录》。　葛仙公与客谈论，时天大寒。仙翁谓客曰："居贫，不得人人炉火。请作一大火，共致暖者。"仙翁因吐气，火赫然从口中出，须臾火满屋，客皆热脱衣。　东汉药崧，冬月尝直宿。公家贫，无被，枕杜。杜，翅、寺二音，俎几也。明帝闻而嘉之，诏太官赐尚书郎以下食，并给帷被。　董遇好学。人来从学，每曰："当先读书百遍，义自见。"从学者云："苦难得暇日。"遇曰："当于'三余'：冬，岁之余；夜，日之余；阴雨，时之余。"《魏志》。　邴原就师学，每三冬讲《孝经》《论语》。　天宝间有一研炉，曲尽其巧，寒冬置研炉上，不冻。　袁天罡女授张无颇暖金盒，寒时出此，一室暄热。　颜斐为京兆尹，课民当输租时，以车牛各致薪两束，为冬月寒冰炙笔砚之用。《魏略》。　刘长盛母王氏冬月思董。长盛时年九岁，乃于泽中恸哭，声不绝者半日。忽若有人云"止声"，长盛收泪视地，有董生焉，因得斛余以供母。《晋书》。　罗威字德行，少丧父，事母至孝。母年七十。天大寒，尝以身自温席而后寝。《孝子传》。　吴隐之为守，冬月无被，尝浣衣，乃披絮，勤苦同于贫庶。《晋书》。　东汉黄香事亲极孝，身执勤苦，冬月无裤，而亲极滋味。　唐高宗时，凡天子享会，冬幸新丰，历白鹿观，上骊山，赐浴汤池，给香粉兰泽。帝赋诗，学士属和。《李适传》。　唐同昌公主堂中设却寒帘，类玳瑁斑，有紫色，云却寒鸟骨所为。《杜阳杂编》。　李辅国遇严寒，置凤首木于堂，（冰）〔木〕高一尺，刻如凤形。和煦如二三月，又别名常春木。《述异记》。　杨国忠冬月选婢，肥大者行列于前，令遮风，谓之肉障。《开元遗事》。　邕管溪峒不产丝纩，民多以木绵、茅花、鹅毛为被。土人家家养鹅，三月至十月挈取软毛，积以御寒。 宋人有善为不龟手之药者，龟，音均。客买其方，以说吴王。越有难，吴王使之将，冬与越人水战，大败越人。《庄子》。

丽藻。散语：北风其凉，雨雪其雱。 我有旨蓄，亦以御冬。 冬日烈烈，飘风发发。《诗经》。 嘉南周之炎德兮，丽桂树之冬荣。《楚词》。 劲阴杀节，不凋寒木之心。 冬为玄英。《尔雅》。 天地不通，闭塞而成冬。《月令》。 阴居大冬，积于空虚不用之地。董仲舒。 阳气伏于下，于时为冬。《律历志》。 斗柄指北，而天下皆冬。《鹖冠子》。 冬之德寒，寒不信，其地不成刚；地不成刚，则冻闭不固。《吕氏春秋》。 十一月、十二月，阳气潜藏，未得用事，育嘘万物，养其根荄。《鲁恭传》。 今冬大寒过节，毒害鸟兽，爰及池鱼，城傍松竹皆为伤绝。《窦武》。 凝惨冰雪，寒之化；凛冽霜电，寒之用。柔耎之物，遇寒则坚。寒之致，太虚澄净，黑气浮空，天色黯然，高空之寒气也。气如散麻，本末皆黑，川泽之寒气也。太虚清白，空明雪映，遐迩一色，山谷之寒气也。太虚白昏，大明不翳，如雾雨气，遐迩肃然，北望色玄，凝雾夜落，此水气所生，寒之化也。太虚微黑，白埃昏翳，天地一色，远视不分，此寒温凝结，雪之将至也。地裂水冰，河流干涸，枯泽浮咸，木敛土坚，是土胜水，水不得自清，水所生，寒之用也。《运行论注》。 使天下瓦砾悉化而和璞，沙石皆变为隋珠，如值水旱之岁，琼粒之年，璧不可以御寒，珠未可以充饥。刘画。 赋：悲夫冬之为气，亦何憯凛以萧索。天悠悠其弥高，雾郁郁而四幕。夜绵邈其难终，日晼晚而易落。陆机《感时赋》。 歌行：汉时长安雪一丈，牛马毛寒缩如猬。楚江巫峡冰入怀，虎豹哀号不堪记。秦城老翁荆楚客，惯习炎蒸岁缔绤。玄冥祝融气成交，手持白羽未敢释。去年白帝雪在山，今年白帝雪在地。冻埋蛟龙南浦缩，寒刮肌肤北风利。楚人四时皆麻衣，楚天万里无晶辉。三足之乌足恐断，羲和送送将安归？杜子美。 诗五言：天曙星河淡，楼寒鼓角哀。 长风入短袖，内手如怀冰。李白。 倒身无着处，呵手不成温。唐诗。 坐闻西床琴，冻折两三弦。贾岛。 重衾无暖气，挟纩似怀冰。《文选》。 草带消寒翠，花枝发夜红。 霜威能折绵，风力欲冰酒。 劲气方凝酒，清威正折绵。庾肩吾。 严云乱山起，白日欲还次。鲍照。 甲子西南异，冬来只薄寒。江云何夜静，蜀雨几时干？行李须相问，穷愁岂有宽？君听鸿雁响，恐致稻粱难。杜子美。 地际朝阳满，天边宿雾收。风兼残雪起，河带断冰流。北阙驰心极，南图尚旅游。登临思不已，何处可消忧？于良史。 运速天地闭，胡风结飞霜。百草死冬月，六龙颓西荒。太白出东方，彗星扬精光。鸳鸯非越鸟，何为皆东翔？惟昔鹰将犬，今为侯与王。得水成蛟龙，争池夺凤凰。北斗不酌酒，南箕空簸扬。李太白。 七言：月寒江静夜沉沉。 山中〔贝〕〔幸〕有梅花历，开到南枝便是春。 残星数点雁横寒，长笛一声人倚楼。 阳和微弱阴气竭，东海不流绵絮折。阮籍。 朔风吹雪透刀瘢，饮马长城窟更寒。半夜火来知有敌，一时齐保贺兰山。卢纶。 西风送冷入琼楼，一夜青山尽白头。斜日棹歌寒水上，分明还有晋风流。吴魏庵。 红梨无叶庇花身，黄菊分香委路尘。岁晚苍官才自保，日高青女尚横陈。王介甫。 郡城南下接通津，异服殊音不可亲。青箬裹盐归洞客，绿荷包饭趁虚人。鹅毛御腊缝山罽，鸡骨占年拜水神。愁向公庭问重译，欲投章甫作文身。柳子厚。 苍茫枯碛阴云满，古来号空昼光短。云拥三峰岳色低，冰坚九曲河身断。浩瀚霜风刮天地，温泉火井无生意。泽国龙蛇冻不伸，南山瘦柏销残翠。《才调集》。 山茶未开梅先吐，风动帘旌雪花舞。金盘冒冷塑狻猊，绣幕围春护鹦鹉。倩人呵笔画双眉，脂水凝寒上脸迟。妆罢扶头重照镜，凤钗斜压瑞香枝。郑奎妻。 烟锁凝尘四壁空，青灯欲烬夜溶溶。凉声度竹风如雨，碎影摇窗月在松。病枕萧条闻永漏，草堂摇落已深冬。不堪酒醒凄然地，抚景怀人意万重。文衡山。 蜡祭喧喧土鼓槎，纷纷髦稚拥如波。咏齿恍际周王世，布令行宣青帝和。冰箸迎阳辞碧瓦，梅珠散彩耀繁柯。春光积渐来茅舍，对酒能忘鼓腹歌。王荩臣。 默坐深闺思有余，霜威渐觉袭衣裾。青绫被冷无鸳梦，紫塞天寒断雁书。竹叶舞风侵户响，梅花和月上窗虚。双蛾争似庭前柳，腊尽春来忽又舒。孟淑卿女郎。 词：月往霜林寒欲坠。正门外、催人起。奈别离，如今真个是。欲住也、留无计。欲去也、来无计。 马上离情衣上泪，冬月俱憔悴。问江路，梅花开也未？春到也、须频寄。人到也、须频寄。程正伯《酷想思》。

十月，招摇指亥，日在尾，昏危中，旦七星中。是月也，天子始裘，命有司曰："天气上腾，地气下降，天地不通，闭塞而成冬。"命百官谨盖藏；命有司循行积聚，无有不敛。坏城郭，坏、培同。戒门闾，修键闭，慎管钥籥，固封疆。孟冬大饮蒸，天子乃祈来年于天宗，天宗，日月星辰也。大割祠于公社及门闾。腊先祖五祀，腊，以田猎所获之物祀先祖五祀之神也。劳农以休息之。乃命水官渔师收水泉池泽之赋。毋或敢侵削众庶兆民，以为天子取怨于下。其有若此，行罪无赦。是月名上冬，亦曰畅月。

占候。总占：有三卯，余平，无则谷贵。 十月中不寒，民多暴死。 立冬日，先立一丈竿占影，得一尺大疫、大旱、大暑、大饥，二尺赤地千里，三尺大旱，四尺、五尺低田收，六尺高低田熟，七尺高田收，八尺涝，九尺大水，一丈水入城郭。《家塾事亲》。 朔日：值立冬，主灾异。值小雪，有东风，春米贱；西风，春米贵。 其日用斗量米，若缀在斗，来春陡贵，甚验。

调摄。冬三月，早卧晚起，必待日光，无泄大汗，勿犯冰冻，温养神气，无令邪气外至。 初八、十八日，鸡鸣时沐浴，令人长寿。 初十、十三日，宜拔白。 是月夜长内热，少食温软之物。食讫摇动令消，不尔成脚气。其月勿食猪肉，发宿疾。勿食椒，损心伤血脉。勿食獐肉，动气。勿食猪肾，勿食熊肉，伤神。 食霜菜，令人面无光。 冬七、十二日，省咸增甘，以养心气。 其月宜服寒衣，伸足卧，则一身俱暖。 夜卧宜被盖覆用暖，睡觉睁目转睛，可出心气，永无眼疾。 冬三月卧，须头向西，有所利益。 是月枕铁石，令人眼暗。 其月不得入房，避阴阳纯用事之月，夫妇戒容止，犯者减寿，朔望日各减十年，晦日一年，上下弦、下元各五年，庚申、甲子、本命各一年。初九日牛鬼初降，犯者百日中恶。初十夜西天王降，犯之一年死。二十八日人神在阴，切忌。俱《法天生意》。

种艺。豌豆、油菜、葵菜、冬芥菜、麦、菠菜、乌菘、萱草、冬白菜、黄芪、防风。 移植：五味子、黄精、梅、柑、五加皮、菊、橙、橘。 收采：枸杞、枳壳、山茱萸、芎䓖、五加皮根、栀子、皂荚、麦门冬、苦参、白豆蔻、贝母、牛膝、女贞叶、桑叶、决明子、陈皮、地黄、山药子、槐实、芙蓉花、苧根、冬瓜、栝蒌根、蕨根、甘蔗、山芋。 浇培：橙、橘诸果，包裹诸畏寒花果，墩诸畏寒花木根上，土壅苧麻，壅茴香根。 整顿：墐北牖，造牛衣，窖茉莉、芙蓉、兰、菊、菖蒲、夹竹桃、虎刺，耘麦，养萝葡，种著莛菜，泥饰牛马屋，筑墙。　田忌：天火卯，地火丑，粪忌亥，九焦亥，荒芜寅。

典故。是月也，命渔师始渔，天子亲往，乃尝鱼，先荐寝庙。《月令》。　孟冬恤孤寡，以逮不足。　亥月其暖如春，故谓之小春。《初学记》。　十月，阴虽用事，而阴不孤立。纯阴，疑于无阳，故谓之阳月。《西京杂记》。　孟冬，命有司祭司寒、司中、司命、司人、司禄于国西郊。农功毕，里社置酒食，以报田神。　下元日，九江水帝、十二河源溪谷大神与旸谷神王、水府灵官同下人间，校定生人罪福。　下元日，三品解厄，水官主录。百司检察人间善恶，上诣天阙进呈。俱《正一旨要》。　十月一日祀井，井之精名观，状如美女，好吹箫，呼其名即去，井鬼名琼。《太常记》。　孟冬命有司，秫稻必齐，曲蘖必时，湛炽必洁，水泉必香，陶器必良，火齐必得，兼用六物，酒官监之，无有差忒。《周礼》。　宋皇国父为平公筑台，妨于农收。子罕请俟农工之毕，公不许。筑者歌曰："泽中之皙，实兴我役；邑中之黔，实慰我心。"子罕闻之，亲执扑，以行筑者，而抶其不勉者，曰："君为一台而不速成，何以为役？"讴者乃止。《左传》。　吴十二年冬十月，濬东塘之杨林江水出火可燃物。《九江国志》。　十月朔，唐宋是日赐宰臣以下衣锦袄。　李太白于便殿对明皇撰诏诰，时十月大寒，笔冻莫能书字。帝敕宫妃十人侍白左右，执牙笔呵之，白随取具书。其受圣眷如此。《开元遗事》。　杨国忠既遥领剑南，每十月，帝幸华清宫，五宅车骑皆从，家别为队，队一色。俄五家队合，烂若万花，川谷成锦绣，国忠导以剑南旌节。遗钿堕舄，瑟瑟玑琲，狼籍于道，香闻数十里。《杨贵妃传》。　十月丙申，有星犯昴，韦见素言于帝曰："禄山将死矣。"帝曰："日月可知乎？"见素白："福应在德，祸应在刑。昴金忌火，行当火位，昴之昏乃其时也。既死其月，亦死其日。明年正月甲寅，禄山其殪乎！"《唐史》。　学士，旧规十月赐锦长袄。国初以来，赐翠毛锦。太宗改赐黄盘雕锦。《金坡遗事》。　十月朔，翰林旧赐对衣红锦袍，淳化二年代以细花盘雕锦袍，下丞相一等。苏续志。　峡人十月一日多以蒸裹为节物，荆楚人多食燋糟，或作燋糖。故杜诗云："蒸裹如千室，燋糟幸一柈。"兹辰南国重旧俗自相欢。

丽藻。散语：十月获稻。　十月纳禾稼。《诗》。　启：节届玄灵，钟应阴律。秋云拂岫，带枯叶以飘空；朔气浮川，映危楼而叠迥。胡风起截耳之冻，赵日兴曝背之思。敬想足下山岳钟神，星辰挺秀，潜明晦迹，隐于朝市之间；纵法化人，不混乡闾之下。某陋巷孤游，穿墙自活，终朝息爨，若孔子之为贫；竟日停炊，如范生之在职。牛衣当被，畏见王章；犊鼻亲操，恐逢犬子。虽此惭贱，而不羞贫。绮服有时，此言何述？昭明太子。　歌：玉壶银箭稍难倾，缸花夜笑凝幽明。碎霜斜舞上罗幕，烛龙两行照飞阁。珠帷怨卧不成眠，金凤刺衣着体寒，长眉对月斗湾环。李贺。　四言：日月不留，四气回周。节庆代序，万国同休。庶尹群后，奉寿升朝。我有嘉礼，式宴百僚。张华。　五言：殊俗还多事，方冬变所为。破柑霜落爪，尝稻雪翻匙。巫峡寒都薄，乌蛮瘴远随。终然减滩濑，暂喜息蛟螭。杜甫。　今日孟冬朔，轻烟淡晓暾。北风飘一雁，寒气入千门。消息断行客，关河迷故园。浮生元不定，俯仰任乾坤。　晓寒冬月白，城夜海云收。上客攀兰省，清光迫凤楼。关山一北望，河汉迥西流。未见乘槎使，迢迢上斗牛。俱何景明。　孟冬寒气至，北风何惨烈！愁多知夜长，仰观众星没。三五明月满，四五蟾兔缺。客从远方来，遗我书一札。上言长相思，下言久离别。置书怀袖中，三岁字不灭。一心抱区区，惧君不识察。《汉书》。　喧尘是时息，静坐对重峦。冬深柳条落，雪后桂枝残。星明露色净，天白雁行单。云飞乍想阁，冰结远疑纨。晚橘隐重屏，枯藤带回竿。获阴连水气，山峰染月寒。梁简文帝。　七言：荷尽已无擎雨盖，菊残犹有敖霜枝。一年好景君须记，正是橙黄橘绿时。苏轼。　柳家汀洲盂冬月，云寒水清获花发。一枝持赠朝天人，愿比蓬莱殿前雪。朱长文。　小麦青青水半陂，半落不落杨柳枝。回风欲送天南雁，恰似春江二月时。李空同。　时候频过小雪天，江南寒色未全偏。枫江尚忆逢人别，麦（拢）〔陇〕惟应欠雉眠。更拟结茅临水次，偶因行（乐）〔药〕到村前。邻翁意绪相安慰，多说明年是稔年。陆龟蒙。　词：十月小春梅蕊绽，红炉暖阁新妆遍。锦帐美人贪睡暖，羞起懒，玉壶一夜冰渐满。　楼上四垂帘不卷，天寒山色偏宜远。风急雁行吹字断，红日晚，江天雪意云撩乱。欧文忠《古调渔家傲》。

十一月，招摇指子，日在斗，昏东壁中，旦轸中。是月也，日短至，阴阳争，诸生荡。荡，生机振动也。有司曰："土事毋作，慎毋发盖，盖，藏也。毋发室屋，及起大众，以固尔闭。地气沮泄，沮泄，散坏宣泄也。是谓发天地之房，房，犹室也。诸蛰则死，民必疾疫。"农有不收藏积聚者，牛马畜兽有（故）〔放〕①佚者，取之不诘。不诘，任人取，不诘问也。山林薮泽，有能取蔬食、田猎禽兽者，野虞教道之；有相侵夺者，罪之不赦。是月曰玄明天，又曰广寒月。

占候。冬至日数至元旦，五十日者民食足，若不满五十日者一日减一升，有余日益一升，最验。《四时纂要》。　月内总占：至前米价长，至后必贱，落则反贵。　寒不降，五月雷电。《博雅》。　朔日值冬至，主年荒岁凶。　古占书以朔日冬至为令辰。　得壬：一日主旱，二日小旱，三日赤旱，四日五谷大熟，五日小水，六日大水，七日河决，八日海翻，九日大熟，十日少收，十一、十二日五谷不成。《田家五行》。　冬至：日中竖八尺表，晷如度者，其岁美人和，不则岁恶人惑。晷进则水，进，谓长于度也。晷退则旱。进一尺则日食，退一尺则月食。　历家推朔旦，冬至夜半甲子谓之历元，最难得。俱《历法》。

调摄。冬至日，一阳方生，省言语，宜养元气，勿劳其体。其月肾气正王，王，音旺。心肺衰，宜助肺安神，补理脾胃，无乖其时，勿暴温暖，切慎东南贼邪之风，犯者令人多汗面肿，腰脊强痛，四肢不仁。《保生月录》。　其月冬至后五日，夫妇当别寝，戒容止，犯者减寿，朔望日各减十年，晦日一年，上下弦各五年，甲子、庚申、本命各三年，冬至四年。二十八日，人神在阴，切忌。《法天生意》。　冬至后庚辛日不可合阴阳，大凶。《千金异方》。　十一月属子，火气潜伏闭藏，以养其本然之真，而为来春发生升动之本。此时若恣欲戕贼，至春升之际，下无根本，阳气轻浮，必有温热之病。《保生心鉴》。　冬至阳气萌，阴阳交精，始成万物，气微在下，不可动泄。《五经通义》。　冬至日，宜于北壁下厚铺草而卧，以受元气。《养生要术》。　是日钻燧取火，可去瘟疫。《简易良方》。　冬至日取水储之，后七日辄生白物，如云母状。《仇池笔记》。　初十日拔白，

***

① 故，应作"放"。"四库全书"《吕氏春秋》卷一一《仲冬季第十一·十一月纪》原句中作"放"。

永不生。《金谷园记》。 十六日沐浴，吉。《法天生意》。 冬至阳气归内，腹中热，物入胃易消化。《养生集要》。 雉肉味酸，寒，无毒，虽野味之贵，食之损多益少，十一月食之有补。《食物本草》。 兔肉味辛，平，无毒，主补中益气。孟诜云"十一月可食，服丹石人相宜"，性冷故也。与姜橘同食，令人患心痛。《食物本草》。 勿食经霜菜，令人面无光泽。《千金方》。

种艺。松、杉、桧、柏、春菜、菠菜、箭干菜、黄矮菜、茼蒿、莴苣。 移植：松、腊梅、桧。 壅培：移在社前，至后者培以厚土。石榴、牡丹、椒、瑞香、芙蓉、木香、竹、芍药、麦冬。 收采：冬葵子、陈皮、款冬花、鬼箭。 整顿：浇海棠，修荼蘼，荭蔷薇，锄油菜，修房屋，剉牛草，荭木香，埋雪水，修池塘，酵沟泥，收牛粪。 田忌：天火午，地火子，粪忌丑，九焦申，荒芜午。

典故。十一月祀昊天上帝。《礼》。 十一月建子，周之正月。冬至日极南影长，阴阳日月万物之始，当黄钟律，其管最长，故有履长之贺。《玉烛宝典》。 冬至日在牵牛，景长一丈三尺。夏至日在东井，景长五寸。《周礼》。 十一月乾之初九日，阳气伏于地下，始著为一，万物萌动，钟于太阴。《前·律历志》。 阳生于子，阴生于午。阳生于子，故十一月日冬至，鹊始巢，人气钟首。《淮南子》。 日冬至，则斗北中绳，阴气极，阳气萌，故曰冬至为德。《淮南子》。 冬至成天文。天文谓三光云行，冬至而数讫，于是祭而成之，所以报也。二十三日，南斗星君奏上生籍之辰。《翰墨全书》。 斗指子为冬至。至有三义：一者阴极之至，二者阳气始至，三者日行南至，故谓之至。《孝经纬》。 冬至极低，天运近南，日去人远，斗去人近，北天气至，故冰寒。极低，日行地中深，故夜长；天去地近，故昼短。姚信《昕天论》。 冬至日，日入峻狼之山。《淮南子》。 子有两义，冬至前半月属旧岁，后半月属新岁。故遁甲未交，冬至作阴遁逆行；既交，冬至作阳遁顺行。大抵子位正北，有终阴始阳之义，其神玄武，亦两曰龟曰蛇。《中庸新论》。 候气之法，为室三重，户闭，涂垒周，密布缇幔。室中以木为琯，每律各如之，内卑外高。从其方位，加律其上，以葭莩灰抑其两端。案历而候之，气至者灰去。《律历志》。 惟二至乃候。《后·律历志》。 武帝元封元年十一月甲子朔旦冬至，五星如连珠。《汉·律历志》。 《大司乐》：凡乐，雷鼓孔①竹之管，云和之琴瑟，云门之舞，冬至日于地上之圜丘奏之。《天官书》。 冬至日则阳乘阴，是以万物仰而生。《淮南子》。 汉武帝时，齐人公孙卿曰："今年得宝鼎，其冬辛巳朔旦冬至，与黄帝时等。"卿有札书曰："黄帝得宝鼎宛朐，问于鬼臾区。鬼臾区对曰：'黄帝得宝鼎神策，是岁己酉朔旦冬至，得天之纪，终而复始。'于是黄帝迎日推策。后率二十岁复朔旦冬至，凡二十推，三百八十年，黄帝仙登于天。"卿因所忠欲奏之。所忠视其书不经，谢曰："宝鼎事已决矣，尚何以为？"卿因嬖人奏之。上大说，乃召问卿。《史记》。 薙氏掌杀草，冬日至而耘之。《周礼·秋官》。 柞氏掌攻草木及林麓，冬日至，令剥阴木而水之。《周礼·秋官》。 日冬至而井水盛，盆水溢，羊脱毛。《淮南子》。 冬至阴气极，则北至北极，下至黄泉，故不可以凿池穿井。《淮南子》。 北斗之神有雌雄，十一月始建于子，月从一辰，雄左行，雌右行。《淮南子》。 冬至阳起，君子道长，故贺。夏至阴起，君子道消，故不贺。《汉

---

① 孔，一般作"孤"。

书》。　冬至阳气始起，故寝钟鼓，鼓以动众，钟以止众。身欲宁，志欲静，不听事，送迎五日。　冬至贺礼，古无有也，其殆始于汉乎？《汉杂记》。　唐人冬至前一日乃谓除夜，所谓冬除也。《老庵笔记》。　冬除夜与岁除夜为对，盖闽俗也。陈师锡《家享仪》。　冬至，朝廷大会庆贺排当，并元正仪，都人最重一阳贺冬，车马填壅于九街，诣诸神庙，炷香，店肆罢市三日，垂帘饮博，谓之做节。《武林旧事》。　京师最重冬节，更易新衣，备办饮食，亨祀先祖，官放关扑，一如年节。《梦华录》。　冬至之始，人主与群臣左右纵乐五日，天下之众亦家家纵乐，以为近日至之礼也。《易通卦验》。　共工氏有不才子，以冬至日死，为疫鬼。鬼畏赤小豆，故于冬至日作赤豆粥以禳之。　月晦，一设望月，一设冬至。煮赤豆作糜以祭门，禳疫也。　仙人马湘在刺史马植坐上，仲冬月以酒杯盛土种瓜子，须臾蔓引生实，食其味甚美。《列仙传》。　僖公五年辛亥朔，日南至。公既视朔，遂登观台以望，礼也。分、至、启、闭，必书云物，为备故也。《左传》。　宦者淳于陵渠核太初历晦朔，五星如连珠。《汉书》。　魏太初上元甲子夜半朔朝冬至时，七曜皆会牵牛。　从天元以来，讫十一月朔朝冬至日，日月如连璧。《桓谭新论》。　魏晋冬至日，受万国及百僚称贺，因小会，其仪亚于岁朝。《宋书》。　晋魏间，宫中以红线量日影，冬至日增一线。《岁时记》。　唐宫中以女功揆日之长短，冬至后比常日增一线之功。《杂录》。　近古妇人常以冬至进履袜于舅姑，践长至之义也。崔浩《女仪》。　崔（税）〔梲〕迁太常。高祖诏太常复文武二舞。冬至，高祖会朝崇元殿，庭设宫县，二舞在北，登歌在上。王公上寿，天子举爵，奏《玄同》，赐金帛，群臣左右观者皆嗟叹之。《五代史》。　开元二年冬至，交趾国进犀一株，色黄如金。使者请以金盆置于殿中，温温然有暖气袭人。上问其故。使者对曰："此辟寒犀也。项自隋文帝时，本国曾进一株，直至今日。"上甚悦，厚赐之。《唐书》。　开元十二年十一月戊子，有雄雉飞入泰山斋宫内。封禅，所以告成功，祀事无有重于此者，而野鸟驯飞，不避禁卫，不祥之兆。其后安禄山反。《存心录》。　肃宗元年建子月十六夜，女尼真如忽见二皂衣引至一所，见天帝，出宝授真如曰："女往令刺史崔侁，进达于天子。"肃宗寝疾方甚，视宝，召代宗，谓之曰："汝自楚王为皇太子，今上天赐宝，获于楚，天祚汝也，宜保爱之。"代宗再拜受赐，即日以宝应纪节云。《唐书·纪典》。　冬至，宰相朝贺，华烛至数百炬，曰火城。宰相至，百官灭烛以避之。《国史补》。　南齐东阳太守王志治郡有惠政。郡有重囚十余，冬至日悉遣过节，皆反，惟一人失期。曰："此自太守事，主者勿忧。"明日，果至。吏人益敬服之。《方舆览胜》。　建隆三年，帝御讲武殿，亲阅六军。其法刻木为箭，两相射，胜者迁隶之。《通考》。　东坡在玉堂。十一月朔苦寒，诏赐官烛法酒。坡诗："光分玉烛星辰乱，拜赐（官）〔宫〕壶雨露香。"　梁席阐出为东阳守，在郡有能名，冬至悉放狱中囚，依期而至。

丽藻。散语：岁十一月徒杠成。《孟子》。　一之日觱发。《诗》。　冬至则八风之序立，万物之性成。《魏相传》。　日短星昴以正仲冬，日短，昼四十刻也。星昴，西方宿，冬至中星也。正者，子为正阴之位也。厥民隩，隩，音郁，室内也。（乌）〔鸟〕兽氄毛。氄，音绒，奥氄细毛也。《书》。　《易·复卦》"反复其道，七日来复"，疏云：阳气始于剥尽之后，至阳气来复时，凡经七日，然褚氏、庄氏并云自五月一阴生，至十一月一阳生，凡七月。今《易》不云七月，而云七日者，欲阳长速，故变月言日。又曰：一阳为复，二阳为临，三阳为泰。天行也。　启：日往月来，灰移火变，暂乖语嘿，顿隔秦吴。既传苏、李之书，更共范、张之志。冷风盛而结鼻，寒气切而凝唇。虹入汉而藏形，鹤临桥而送语。彤云垂四面之叶，玉雪开六出之花。敬想足下，世号冰壶，时称武库。命长袂而留客，施大被以招贤。酌醇酒而据切骨之寒，温兽炭而祛透心之冷。某携戈日久，荷戟年深。挥白刃而万定死生，引虹旗而千决成败。退龙剑而却步，月下开营；进鲸鼓而横行，云前起阵。徒劳斩斫，岂用功勋？诸不具陈，谨申微意。梁昭明。　怀五更三点之鸳行，旧同班于吴下。验一寸四分之牛晷，今假荫于黔中；方图修献履之辞，已先拜鸣谦之宠。故情未整，弱念易盈。恭惟某官礼乐，宗英侯王相种。决科唐殿，肯吟丽日之煌煌；宅佽相源，聊和舞风之济济。对此重缇之候，蔼然五裤之歌。鲁云必书，翻手随看于短至；赵日可爱，举头即近于长安。某比德微芒，甘心半刺。地炉煨芋，已渐参南岳之禅；山意放梅，倘尚忆西湖之饮。李标《冬启》。　表：七政上齐，协玑衡于景至；九仪下辨，旋圭璧于阳生。休气氤蒙，褥容饬备，恭惟陛下，道原皇极，化浃太和，天地之心，玩仪爻而来复，日月所照，观周正之遍颁，同轨同文，时万时亿。臣等迹污班联，目睇帘陛。南面而朝，群臣虽亚，岁彝章之旧；北乡而寿，慈极实照，朝庆典之新。《播方大全》。　赋：五行倏而竞骛兮，四节终而电逝。量暑往而寒来兮，十二月而成岁。日月会于析木兮，重阴凄而增肃。在仲冬之祁寒兮，迅季旬而逾瘵。彩虹藏于虚廓兮，鳞介凄而长伏。若乃天地凛冽，庶极气否。严霜夜结，悲风昼起。飞雪山积，萧条万里。百川咽而不流兮，水冻合于四海。扶木憔悴于旸谷兮，肃霜零落于濛汜。晋·傅玄。　歌行：阳和微弱阴气结，地冻不流绵絮折，呼吸不通寒冽冽。阮嗣宗。　素雪任风流，树木转枯悴，松柏无所忧。折杨柳，寒衣履薄冰，欢讵知侬否？　宫城团迥凛严光，白天碎碎堕琼芳。挝钟高饮千日酒，天却凝寒作君寿。御沟泉合如环素，火井温泉在何处？李贺。　诗四言：玄阴受谢，青阳启号。气以升新，光以承照。王讚。　五言：冬至初日长。杜甫。　长河夜阑干，层冰如玉炭。鲍照。　绿水去清夜，黄炉摇白烟。山谷。　星昴殷仲冬，短晷穷南陆。柔荔迎时蔓，芳芸应节馥。傅亮。　北杓指玄朔，南景留严冬。中衢返羲驭，淑气肩黄钟。何大复。　序节严冬暮，寒云掩落晖。远闻风瑟瑟，乱观雪霏霏。浪起川难渡，林深人至稀。山禽背径走，野鸟历塘飞。简文帝。　暑度随天运，四时互相承。东壁正昏中，涸阴寒节升。繁霜当夕冷，悲风中夜兴。朱炎青无光，兰膏坐自凝。重衾无暖气，挟纩如怀冰。张华。　天宫初动磬，缇室已飞灰。暮风吹竹起，吹，去声。阳云覆户来。折冰开荔色，除雪出兰栽。惭无宋玉辩，滥吹楚王台。萧惠。　连星贯初历，令月临首岁。荐乐行阴政，登金赞阳滞。收凉降天德，萌华宣地惠。司瑞纪夜稀，书云掌朝誓。袁淑。　荒村建子月，独树老夫家。雪里江船度，风前径竹斜。寒鱼依密藻，宿鹭起圆沙。浊酒禁愁得，无钱何处赊？杜甫。　侯气窥玄籥，清斋席白茅。彤云连北阙，春雪近南郊。窗迥檐花积，风回范树交。天心如可见，暗点易中爻。周孟简。　冬至子之半，天心无改移。一阳初动处，万物未生时。玄酒味方淡，太音声正稀。此言如不信，更请问庖羲。邵康节。　细雨丹阳郭，新寒小雪天。孤舟系遥夜，乱叶落暝烟。一斗吴姬酒，三百水衡钱。淹留问丛桂，高咏小山篇。张祥鸢。　行迈日峭峭，山谷势多端。云门转绝岸，积阻霾天寒。寒峡不可度，我实衣裳单。况当仲冬交，沂船增波澜。野人寻烟语，行子傍水餐。此生免荷芰，未敢辞路难。杜少陵。　七言：夜久雪猿啼岳岭，梦回清月上梅花。惠洪。　禽翻竹叶霜初下，人立梅花月正高。杨诚斋。　去岁兹晨捧御床，五更三点入鸳行。何人错认穷愁日，愁日愁添一线长。杜少陵。　邯郸驿里逢冬至，抱膝灯前影伴身。想得家中夜深坐，还应说着远行人。白居易。　新阳气候未全佳，尚纵寒威压岁华。赖有椒汤共卵酒，不妨和雪看梅花。韩子华。　年年至日长为客，忽忽穷愁泥杀人。江上形容吾独老，天涯风俗自相亲。杖藜雪后临丹壑，鸣玉朝来散紫宸。心折此时无一寸，路迷何处见三秦。　金华山北涪水西，仲冬风日始凄凄。山连越巂蟠三蜀，水过巴渝下五溪。独鹤不知何事舞，饥乌似欲向人啼。射洪春酒寒仍绿，极目伤神谁为携。　天时人事日相催，冬至阳生春又来。刺绣五纹添弱线，吹葭六管动飞灰。岸容待腊将舒柳，山意冲寒欲放梅。云物不殊乡国异，教儿且覆掌中杯。俱杜少陵。　远信初凭双鲤去，他乡正遇一阳生。樽前岂解愁家国，辇下惟能忆弟兄。旅馆夜忧姜被薄，暮江寒觉晏裘轻。竹门风过还惆怅，疑似松窗雪打声。杜牧之。　奉天门下玉栏桥，此日催班早侍朝。占史奏云欢万国，大官传宴散层霄。苑梅迎律春先动，宫柳临风色欲摇。一出忽今惊十载，百年勋业有渔樵。李空同。　中宵忽见动葭灰，料得南枝有早梅。四海便应枯草绿，九重先觉冻云开。阴氛莫向河源塞，阳气今从地底回。不道惨舒无定分，都忧蚊响却成雷。韩倔。　子月风光雪后看，新阳一缕动长安。禁钟乍应云和曲，宫树先驱黍谷寒。台上书祥传太史，斋居问礼向祠官。纷纷双阙鸣环佩，未觉玄关闭独难。董玄宰。　词：薄雪初消银月端，疏疏浮竹影红兰，梅花梦事落孤山。禁人处，霜重鼓声寒。　留取晓来看，斑帘低小阁，烛花残、一帆明月去苍湾。空相忆，雪浪月痕翻。曾宾轩《小重山》。

十二月，招摇指丑，日在婺女，昏娄中，旦氐中。是月也，日穷于次，月穷于纪，星回于天。去年季冬日次玄枵，今穷尽还次玄枵。纪，会也。日月仍会玄枵，列宿随天，至此复其故处，与去冬早晚相似，故曰"回于天"。数将几终，岁且更始。令告民出五种，种，上声。命农计耦耕事，修耒耜，具田器。专尔农民，毋有所使。乃命四监收秩薪柴，薪大柴小。以供郊庙及百祀之薪燎。凡在天下九州之民者，无不咸献其力，以共皇天、上帝、社稷、寝庙、山林、名川之祀。

月内。总占：冰后水长，主来年水。冰后水退，主来年旱。若冰坚可渡，亦主水。　柳眼青，来年夏秋米贱。　月内萌类不见，六月五谷不实。两春夹一冬，十个牛栏几个空。一云：两春夹一冬，无被暖烘烘。　朔日：值小寒，主白兔见祥。　值大寒，虎害人。二十四日，田夫牧竖，候昏时争立竿，爇火于野，名曰照田蚕，看火色占来年水旱，白主水，红主旱，猛烈主丰，衰微主歉。东北风，吉。腊尽火光及烧粞盆爆竹看火色，大率与田蚕火同。　作粉窝：除日作粉窝十二枚，甑中蒸热验之，第一枚主正月，以次挨看，如有水，则其月有雨，水多则雨多，干则无雨。闰月加一枚。　秤水：除夕取长流水秤轻重，元日又取水秤之，以较两年之高下。　听声：除夜以安静为吉。谚云："除夜犬不吠，新年无疫疠。除夜恶犬嗥，新年多火盗。"或因公私作闹，惊动闾里者，村中来年必遭横事。

调摄。十二月，去冻就温，勿泄皮肤大汗，以助胃气，勿大暖，勿犯大雪。是月肺脏气微，肾脏方旺，可减咸服苦，以养其神，宜小宣，不欲全补。是月众阳息，水气独行，慎邪风，勿伤筋骨，勿妄针刺，以血涩，精不行。　末一十八日少甘增咸，以养肾气。　初一、初二日宜沐浴去灾。　七日宜拔白，永不生。初十、十八、二十日同。　八日沐浴，消除罪障。　二十八、二十九、三十日斋戒、焚香、净坐，谓之存神，可通仙灵。　大寒冷，早出噙真麻油，则耐寒。　十三日夜半沐浴，得神人卫护。　十五日沐浴，去灾；二十三日沐浴，吉。　勿食经霜菜果，减人颜色。　月忌夫妇容止，犯者减寿，上下弦各减五年，朔望日各十五年，晦日一年，甲子、庚申、本命二年。初七日夜犯之，恶病死。二十八日人神在阴，切忌。　其月勿食蟹鳖虾蚌鳞虫之物，损人神气。俱《法天生意》。　岁除夜五更，抱小儿于独槽猪窠内滚过，生痘稀，有验。《家塾事亲》。

种艺。苘麻、苘蒿、菠菜，栽桑。　移植：山茶、玉梅、海棠、柳。　压插：石榴、蔷薇、十姊妹、月季、木香。　收采：大戟根节、榖树皮、款冬花、木兰皮、鬼箭、忍冬藤、冬葵子、蒲公英、菖蒲。　壅培：橘、韭、桑、苎麻、竹、芍药。　整顿：垦秧田，烧荒，浴蚕种，修杞柳，修桑，干蒿，伐竹木，磨桑叶，造农具，挑沟塘，砍榖树，刈茅草，葺园篱，酵河泥，贮雪水，贮麻油。　田忌：天火酉，地火子，粪忌卯，九焦巳，荒芜戌。

制用。十二月癸丑日造门，盗贼不敢近。　十二月暮于宅或屋四角各埋大石为镇，主灾异，惊吓不起。　腊月挂猪耳于堂梁上，令人致富。　腊八日悬猪脂于厕上，则一家无蝇。　是月收雄狐胆，若有人暴亡，未移时者，急以温水微研，灌入喉中即活。常预备救人，移时即无及矣。　是月取青鱼胆阴干，如患喉闭及骨鲠者，以少许入口中则愈。　收猪肪脂，背阴悬挂，能治诸般疮疥，敷汤火疮及六畜疮疥，去蛆蝇，熟诸般皮条不烂，加倍壮韧。　是月上亥日取猪肪脂安瓷罐内，埋亥地上一百日，治痈疽。内加鸡子白十四枚，水银二三钱，极妙。以上俱《家塾事亲》。　腊后遇除日，收鼠头烧灰，于坎地上埋之，永无鼠耗。《(镇)〔琐〕碎录》。　自入腊，遇上水日，勿令人见，以少水细洒荐席毯褥，避狗蚤壁虱。《山居四要》。　二十四日五更，取井花水平旦第一汲者，盛净器中，量人口多少，浸乳香至岁旦五更，暖令温。从小至大，每人以乳香一小块，饮水三吸，一年不患时疾。《负暄杂录》。　治头风痛，以腊月川乌炒黄，绢袋装，入酒渍，温服少许，即愈。《法天生意》。　八日收鳜鱼，治小儿瘢疹不出，烧灰存性，研极细，用淡酒调服，即发。悬厕上，不生虫。《农桑撮要》。

典故。夏曰嘉平，殷曰清祀，周曰大蜡，汉改曰腊。腊者，猎也，因猎取兽以祭先祖。或曰新故交接，大祭以报功也。《风俗通》。　腊者，报诸鬼神及古圣贤有功于民者也。《汉旧仪》。　腊者，祭先祖。蜡者，报百神。同日异祭也。《玉烛宝典》。　腊者，岁终大祭，纵吏民宴饮，非但迎气，故但送不迎。蔡邕。　蜡则吹豳颂，击土鼓，以息老物。《周礼》。　腊，接也，祭宜在新，故交接。俗谓之腊。腊明日为初岁，秦汉以来有贺。晋·张亮议。　子贡观于蜡。孔子曰："赐也乐乎？"对曰："一国之人皆若狂，赐未知其乐也。"子曰："百日之蜡，一日之泽，非尔所知也。"《礼》。　宋用汉腊，盖冬至后第三戌，(大)〔火〕墓日也，是为腊。己酉年闰八月冬第三戌，乃在十一月末，太史局旧历以十一月第三戌为腊。识者云：古法遇闰岁，即以第四戌为腊，不可在十一月也。《丛语》。　腊月八日，东京作浴佛会，以诸果品煮粥，谓之腊八粥，吃以增福。　汉阴子方尝腊日晨炊，灶神形现。子方再拜。家有黄羊，因以祀之。自后暴富三世，光烈皇后。　十二月腊夜，令人持椒卧井旁，无与人言，纳椒井中，可除瘟病。《养生要论》。　甄宇，北海人，建武中以青州从事征拜博士。每腊诏赐^①博士羊，人一头。羊有大小肥瘦。时博士祭酒议，欲杀羊分肉。宇曰："不可。"又欲投钩。宇复耻之，因先自取其最瘦者。后上诏问"瘦羊博士"所在，京师因以为号。《东观汉记》。　东汉陈咸，字子康，为廷尉监。至王莽篡位，还家杜门不出。莽改汉法令。及祖腊日，祖，道祭也。昔共工氏子修好远游，道死，故祀为祖神。咸犹用汉家祖腊。人问其故，咸曰："我先人岂知王氏祖腊乎？"汉以午日祖，戌日腊。莽篡汉，故改其法。　范乔，有人于腊夕盗斫其树。或告乔，乔佯不闻，邑人愧而归之。乔曰："卿腊日取柴，欲与父母相欢娱耳。"《陈留志》。　韩卓有奴，于腊月窃食祀其先人。卓义其心，即免出之。《后汉书》。　唐贞元十一年腊日畋于苑中，止多杀行三驱礼，军士咸感。　天授二年腊，卿相诈称上苑花开，请幸则天许之。乃遣使宣诏，曰："明朝游上苑，火急报春知。花须连夜发，莫待晓风吹。"于是明晨，名花瑞草皆发，群臣咸服其异。《卓异记》。　唐制：腊日宣赐口脂面药，及赐宴群臣。　景龙三年腊日，帝于苑中召近臣赐腊，晚自北门入于内殿，赐食，加口脂，盛以碧镂牙筒。《酉阳杂俎》。　唐韩偓于腊日赐银盒子、驻颜膏、牙香等，绣香囊袋一枚。《韩偓传》。　魏制：群臣季冬朝贺，服裤褶行事，谓之小岁。《通鉴》。　何凤为建安太守，伏腊每放囚还家，依期而返。《梁书》。　王长文元康初为江源令。县收得盗马及发冢贼，长文引见诱慰。时适腊晦，皆遣归，谓曰："教化不厚，使汝等如此，良吏之过。蜡节庆祚，肆汝就上下善相欢乐，过节来还，当为汝思他理。"郡吏惶怖，争请不许。后寻有赦，无不感恩。《华阳国志》。　萧炅为李林甫所引，素不知书，尝与严挺之言，称蒸尝伏腊为"伏猎"。挺之白九龄："省中有伏猎侍郎乎！"《唐书》。　高堂隆曰："王者各以其行之盛祖，以其终腊。水始于申，盛于子，终于辰，故水行之君以子祖辰腊。火始于寅，盛于午，终于戌，故火行之君以午祖戌腊。木始于亥，盛于卯，终于未，故木行之君以卯祖未腊。金始于巳，盛于酉，终于丑，故金行之君以酉祖丑腊。土始于未，盛于戌，终于辰，故土行之君以戌祖辰腊。魏，土德也，宜以戌祖、辰腊。《后汉·礼仪志》。　天子大蜡八，伊耆氏始为蜡。蜡也者，索也。岁十二月，合聚万物而索享之也。八蜡者：一先啬，神农也；二司啬，上古后稷之官；三农，古田畯；四邮表畷，表田畔相连缀处为邮亭居，田畯以督耕也；五猫虎，猫食田鼠，虎食田豕；六防，堤也；七水庸，沟也；八昆虫，为位相对向。祝曰："土反其宅，水归其壑，昆虫勿作，丰年若上，岁取千百。"蜡之义，自伊耆氏之代而有其礼，古之君子便之，是报田之祭也，其神农初为田事，故以报也。《杜氏通典》。　昔者，仲尼与于蜡宾，事毕，出游于观之上，喟然而叹。仲尼之叹，盖叹鲁也。言偃在侧，曰："君子何叹？"孔子曰："大道之行也，与三代之英，丘未之逮也，而有志焉。"《礼运》。　蜡之明日为小岁贺，称初岁福始，罄无不宜。《徐爰家仪》。　哀公十有二年冬十有二月，螽。季孙问诸仲尼，曰："丘闻之，火伏而后蛰者毕。今火犹西流，司历过也。"《左传》。　汉光武以建平元年十二月甲子夜生于洛阳县舍，有赤光照室。《东观汉记》。　宋真宗，开宝元年十二月初二日生。先是，乾德六年五星聚奎，从镇星辰见东

① 赐，底本缺，据"四库全书"《东观汉记》卷一六《列传十一·甄宇》补。

方。占曰："有德受庆，王者能致天下重福。"明年，真宗生。　南诏以十二月十六日为星回节，是日登避风台，清平官赋诗。《太平广记》。　鲁之母师者，鲁九子之母也。腊日休家作，召诸子谓曰："妇人之义，非有大故，不出夫家。然吾父母家幼，初岁时祀不理。吾从汝谒往监之。慎房中之守，吾夕而反。"于是天阴还，失早，至闾外而止，待夕而入。鲁大夫从台上见而怪之，使人问之。对曰："妾归视私家，语诸奴孺子，逮夕而反。妾恐其醑歠醉饱，人情公有也。妾返早，故止闾外。"穆公闻之，赐号母师。《列女传》。　秦始皇时，太原真人茅盈曾祖濛，于华山乘云驾龙，白日升天。先是，有邑人谣曰："神仙得者茅初成，驾龙上升入太清，时游玄洲戏赤城，继世而往在我盈，帝若从之腊嘉平。"始皇闻之欣然，有寻仙之志，因改腊日"嘉平"。按秦惠王十二年初为腊，至始皇三十一年改名嘉平，以应邑人谣也。《一统志》。　元符三年十二月十九日，东坡生日，置酒赤壁下，酒酣。笛声起岸上，使人问之，乃进士李委闻坡生日，作《鹤南飞》曲以献。奏曲嘹唳，有穿云裂石之声。《玉局文》。　二十四日交年，都人至夜备酒果送神，烧化钱纸，以酒醴涂抹灶门，谓之"醉司命"。夜于床底点灯，谓之"照虚耗"。市井皆印卖门神、钟馗、桃符、回头禄马、天行帖子，以备除夜之用。自入此月，即有贫者十数人为一彩，装妇人神鬼，敲锣击鼓，巡门乞钱，俗呼为"打夜胡"，亦御祟之遗也。《梦华录》。　门神左曰门丞，右曰门尉，盖司门之神。其义本自桃符，以神荼、郁垒辟邪，故树之门。　子游乌问于雄黄曰："今人逐疫出鬼，击鼓呼噪，何也？"雄黄曰："黔首多疫，黄帝立巫咸，使黔首鸣鼓振铎，以动心劳形，发阴阳之气。击鼓呼噪，逐以出鬼。黔首不知，以为祟魅也。"《事物纪原》。　东海度索山有神荼、郁垒之神，以御凶鬼，为民除害，因制驱傩之神。季冬先腊一日，大傩，谓之逐疫。选侲子十岁至十二者百二十人，侲，震、真二音。皆赤帻皂衣，执大鼗鼓。方相氏黄金四目，蒙熊皮，玄衣朱裳，执戈持盾，率百隶及童子，桃弧棘矢且射之，以赤丸、五谷播洒之，持火炬而时傩，以逐恶鬼于禁中。颛顼氏有三子，亡而为疫鬼：一居江水中，为疟鬼；一居若水，为魍魉蜮鬼；蜮，音域。一居人宫室区隅中，善惊小儿，为小鬼。于是以岁十二月命祀官时傩，以索室中而驱疫鬼。黄门倡，侲子和，曰："甲作食凶，（佛）〔胇〕胃食虎，雄伯食魅，腾简食不祥，揽诸食咎，伯奇食梦，强梁、祖明共食磔死寄生，磔，音窄。委随食奸，错断食巨，穷奇、腾根共食蛊。凡使十二神追恶凶，赫女躯，女，作汝。拉女干，节解女肉，抽女肺肠。女不急去，后者为粮。"《礼乐志》。　命有司大傩，季春惟国傩，仲秋天子之傩，此则下及庶人。又阴气极盛，故云大傩。旁磔，旁磔，谓四方之门，磔牲以(以)攘阴气。出土牛，以送寒气。出，犹作也。牛属土，胜水，故作之以送寒气。又《汉书》："十二月立土牛六头于国都郡县城外，以送大寒。"《月令》。　唐明皇昼寝，梦虚、耗二鬼，怒，呼武士。俄有大鬼，顶帽衣袍，捉鬼啖之。问其姓字，曰："钟南山钟馗也。"今人挂其像以除虚、耗。《挛下岁时记》。　爆竹之夕，人家各于门首燃薪满盆，无贫富皆尔，谓之相暖热。《吴中风俗》。　山臊魈犯人则病，其鬼畏爆竹声，今人故作火爆。《神异记》。　李畋邻家有山魈为厉报谢，而妖愈甚。畋教之爆竹数千竿，如除夕，事祟遂止。《广记》。　西方深山中有人长丈余，人见之则病寒热，名曰山臊。以竹著火中，煏烞有声，则山鬼惊遁，故今除夕爆竹。《神异记》。　除日禁中呈大傩仪，并用皇城新事官、诸班直共千余人，自禁中驱祟，出南薰门外，谓之埋祟。是夜禁中爆竹山呼，声闻于外，士庶之家围炉团坐，至旦不寝，谓之守岁。《梦华录》。 岁除日，傩皆作鬼神状，二老人为傩翁、傩母。《秦中岁时记》。 除夜，有司疫使者降人间，宜以黄纸朱书"天行已过"四字贴门额，吉。《法天生意》。 除夜宜焚辟瘟丹，或苍术、皂角、枫、芸诸香，以辟邪祛湿，宣郁气，助阳德。即闷室虚堂，亦无不到。 除夕，家家具肴蔌以迎新年，相聚酣饮，留宿岁饭，至新年则弃之街衢，以为去故纳新。闽中风俗，除日以食物送穷，想此义也。《荆楚岁时记》。 唐贞观初，天下乂安。时属除夜，太宗盛饰宫掖，明设灯烛，盛奏乐歌，乃延萧后观之。后曰："隋主淫侈，每除夜，殿前诸院设火山数十，尽沉香木根。每一山皆焚沉香数车，火光暗则以甲煎沃之，焰起数丈，香闻数十里。一夜之间，用沉香二百余乘，甲煎过二百石。"太宗口刺其奢，心服其盛。欧公诗："隋宫守夜沉香火，楚俗驱神爆竹声。"《纪闻》。 辛寅逊仕伪蜀孟昶，为学士。王师致讨之。前岁除，昶令学士写桃符。寅逊题云："新年纳余庆，佳节贺长春。"乃宋圣节名也。 吴越王镠尝于除夜命诸子及诸孙鼓胡琴，一再行，遽止之曰："人将以我为长夜之饮也。"《九国志》。 除夜祭先竣事，长幼聚饮，祝颂而散，为之分岁。又吴蜀风俗晚岁相与馈问，谓之馈岁。《风土记》。 岁暮，家家具肴蔌，备宿岁之储，以迎新年。《风土记》。 吴中风俗，除夜村落间以秃帚若麻䕣竹枝等燃火炬，缚于长竿之梢，以照田蚕，烂然遍野，以祈丝谷。 梁简文除夕诗"一年夜将尽，万里人未归"，自是佳语。戴叔伦"一年将尽夜，万里未归人"，全用简文句，但颠倒两字，而矫健过之，不得以文人相袭为病矣。

丽藻。散语：二之日其同。 二之日凿水冲冲。 二之日栗烈。《诗》。 启：分手未遥，翘心且积。引领企踵，朝夕不忘。眷友思仁，行坐未舍。既属严风极冷，苦雾添寒。冰坚汉地之池，雪积袁安之宅。敬想足下，栖神鹤驾，眷想龙门，披玩之间，愿无捐德。某种瓜贱士，卖饼贫生。入爨灶以扬声，不逢蔡子；驾盐车而显迹，罕遇孙阳。徒怀叩角之心，终想暴腮之患。既为久要，聊吐短章。纸尽笔穷，何能恳露？梁昭明。 赋：颛顼御时，玄冥统官。沧重阳于潜户兮，严积阴于司寒。坚冰涸于川底兮，白雪陨于云端。时凛烈其可悲兮，气萧索以伤心。凄风怆其鸣条兮，落叶翻而栖林。兽藏丘而绝迹兮，鸟攀木而凄音。山振枯于层岭兮，人怀惨于重襟。陆士龙。 日躔女度，岁华云暮；衡轻炭燥，权重泉涸。藏玄武于太阴，蛰腾蛇于高雾。日临圭而易落，晷中代而南傺；凝寒气于广庭，洞层阴于端库。风飨切而晚作，云沧浪而晦景；霞的砾于彤庭，霙藏菼于丹屏。韬采昆之飞栋，没屠苏之高影；始飘舞于圆池，终停华于方井。萧子云。 歌吟：古传腊月二十四，灶君朝天欲言事。云车风马小①留连，家有杯盘丰典祀。猪头烂热双鱼鲜，豆沙甘松粉饵团。男儿酌酒女儿起，酹酒烧钱灶君喜。婢子斗争君莫闻，猫犬触秽君莫嗔；送君醉饱登天门，杓长杓短勿复云，乞取利市归来分。 家家腊月二十五，淅米如珠和豆煮；大杓轑铛分口数，疫鬼闻香走无处。镂姜屑桂浇蔗糖，滑甘无比胜黄粱。全家团圞罢晚饭，在远行人亦留分。襁中孩子强教尝，余波遍沾获与臧。新元叶气调玉烛，天行已过来万福；物无疵疠年谷熟，长向腊残分豆粥。 岁朝爆竹传自昔，吴侬正用前五日。食残豆粥扫罢尘，截筒五尺煨以薪；

---

① 马小，底本为空白，据"四库全书"［宋］范成大《石湖诗集》卷三〇《祭灶诗》补。

节间汗流火力透，健仆取将仍疾走；儿童却退避其锋，当阶击地雷霆吼。一声两声百鬼惊，三声四声鬼巢倾；十声百声神道宁，八方上下皆和平。却拾焦头叠床底，犹有余威可驱疠；屏除药裹添酒杯，昼日嬉游夜浓睡。　春前五日初更后，排门燃火如晴昼。大家薪干胜豆萁，小家带叶烧生柴。青烟满城天半白，栖乌惊啼飞格磔。儿孙围坐鸡犬忙，邻曲欢笑遥相望。黄宫气应才两月，岁阴犹骄风栗烈。将迎阳艳作好春，正要火盆生暖热。　质明奉祠今古同，吴侬用昏盖土风。礼成席散夜未艾，饮福之余即分岁。地炉火暖苍术香，钉盘果饵如蜂房。就中脆饧专节物，四座齿颊锵冰霜。小儿但喜新年至，头角长成添意气。老翁把杯心茫然，增年翻是减吾年。荆钗劝酒仍祝愿，但愿尊前且强健。君看今岁旧交亲，大有人无此杯分。老翁饮罢笑撚须，明朝重来醉屠苏。　除夕更阑人不睡，厌禳钝滞迎新岁。小儿呼叫走长街，云有痴呆召人买。二物于人谁独无？就中吴侬仍有余。巷南巷北卖不得，相逢大笑相揶揄。栎翁愧坐重帘下，独要买添令问价。儿云翁买不须钱，奉赊痴呆千百年。　除夜将阑晓星灿，粪扫堆头打如愿。杖敲灰起飞扑篱，不嫌灰浣新节衣。老媪当前再三祝，只要我家粮富足。轻舟作商重船归，大特引犊鸡哺儿。野茧可缫麦两歧，短裋换着长衫衣。当年婢子挽不住，有耳犹能闻吾语。但如我愿不汝呼，一任汝归彭蠡湖。俱范成大。　诗四言：日躔星纪，大吕司辰。玄象改次，庶众更新。岁事告成，八蜡报勤。告成伊何，年丰物阜。丰禋孝祀，介兹万祜。报勤伊何，农功是归。穆穆我后，务兹蒸黎。宣力蓿亩，沾体暴肌。饮飨清祀，四方来绥。充牣郊甸，鳞集京师。交错贸迁，纷箙相追。反袂成幕，连袗成帷。有肉如丘，有酒如泉。有肴如林，有货如山。和气来臻，率土同欢。祥风协顺，降祉自天。方隅清谧，嘉祚日延。与民优游，享寿万年。裴秀。　五言：冬气恋虬箭，春色候鸡鸣。　残灯和腊尽，晓角带春来。　挑灯犹改岁，听角已新年。皮日休。　岁熟鸭声乐，天寒雁影稀。欧文忠。　画楼初满月，香殿早迎春。明朝元会日，万寿乐章陈。杜审言。　除夜子星回，天孙满月杯。岁炬常燃桂，春盘预折梅。沈佺期。　凝寒迫清祀，有酒晏嘉平。宿心何所道，藉此慰中情。魏收。　四时运灰琯，一夕变冬春。送寒余雪尽，迎岁早梅新。唐太宗。　暮景斜芳殿，年华丽绮宫。寒辞去冬雪，暖带入春风。阶馥舒梅素，盘花卷烛红。共欢新故岁，迎送一宵中。　岁阴穷暮纪，献节启新芳。冬尽今宵促，年开明日长。冰消出镜水，梅散入风香。对此欢终宴，倾壶待曙光。俱唐太宗。　今岁今宵尽，明年明日来。寒随一夜去，春逐五更回。气色空中改，容颜暗里催。风光人不觉，已入后园梅。史青。　守岁阿戎家，椒盘已颂花。盍簪喧枥马，列炬散林鸦。四十明朝过，飞腾暮景斜。谁能更拘束，烂醉是生涯。杜少陵。　旅馆谁相问，寒灯独可亲。一年将尽夜，万里未归人。寥落悲前事，支离笑此身。愁颜与衰鬓，明日又逢春。戴叔伦。　我惜今朝促，君愁玉漏频。岂知新岁酒，犹作异乡身。雪向寅前冻，花从子后春。到明追此会，俱是隔年人。韦庄。　南北游萍迹，年华又暗催。残灯和腊尽，晓角带春来。鬓欲渐催雪，心仍未肯灰。金门旧知己，谁为脱尘埃。高蟾。　画省开云幔，西堂对雪峰。一年惟此会，万里几相逢。守岁亲灯火，朝天候鼓镛。江湖有歧路，漂转叹萍踪。何景明。　人行犹可复，岁行那可追？已逐东流水，赴海归无时。东邻酒初熟，西舍彘亦肥。且为一日欢，毋为穷年悲。苏东坡。　寝迹衡门下，邈与世相绝。顾盼莫谁知，荆扉昼常闭。凄凄岁暮风，翳翳经日雪。倾耳无希声，在目皓已洁。劲气侵襟袖，箪瓢谢屡设。萧索空宇中，了无一可悦。历览千载书，时时见遗烈。高操非所攀，深得固穷节。平津苟不由，栖迟讵为拙。寄意一言外，兹契谁能别？陶渊明。　七言：金吾除夜进傩名，画裤朱衣四队行。院院烧灯如白日，沉香火底坐吹笙。王建。　旅馆寒灯夜不眠，客心何事转凄然。故乡今夜思千里，霜鬓明朝又一年。高适。　爆竹声中一岁除，春风送暖入屠苏。千门万户曈曈日，总把新桃换旧符。王介甫。　缇室重飞玉琯灰，物华全为斗杓回。依依残腊无情别，历历新春满眼来。司马温公。　腊日常年暖尚遥，今年腊日冻全消。侵陵雪色还萱草，漏泄春光有柳条。纵酒欲谋良夜醉，还家初散紫宸朝。口脂面药承恩泽，翠管银罌下九霄。　今朝腊月春意动，云安县前江可怜。一声何处送书雁，百丈谁家上濑船。未将梅蕊惊愁眼，要取楸花媚远天。明光起草人所羡，病废几时朝日边。俱杜少陵。　季冬除夜接新年，帝子王孙捧御筵。宫阙星河低拂树，殿前灯烛上薰天。弹弦奏节梅风入，对局探钩柏酒传。欲向正元歌万寿，暂留欢赏寄春前。杜审言。　残腊泛舟何处好？最多吟兴是潇湘。就船买得鱼偏美，踏雪沽来酒更香。猿到夜深啼岳麓，雁知春过别衡阳。与君剩采江山景，裁取新诗入醉乡。杜牧之。　腊雪初消上古台，桑郊向日彩旗开。山横南陌城中见，春逐东风海上来。老去每惊新岁换，病多能使壮心摧。自嗟空有东阳瘦，览物惭无八咏才。欧阳修。　连冰累雪欺年暮，累，上声。除岁年丰放夜晴。挂酒拖星犹冻色，趣钟催鼓逐春声。喧城车马朝元客，战野旌旗御寇兵。人事物华应递转，烛堂深坐独含情。李梦阳。　易却桃符拂却尘，愁穷残病总更新。三彭漫守庚申夜，万事重迎戊午春。狼籍杯盘聊复醉，尽情灯火笑相亲。孙曾次第前称寿，惭愧承平白发人。　云霞駘荡晓光和，手折梅花对酒歌。暮齿不嫌来日短，霜髭较似去年多。东风渐属青阳候，流水微生绿玉波。鸟弄新音晴昼永，相看不饮奈春何？　劳生九十漫随缘，老病支离幸自全。百岁几人登耄耋，一身五世见曾玄。只将去日占来日，谁谓增年是减年。次第梅花春满目，可容愁酒到樽前。　空庭草色映帘明，短鬓春风细细生。檐溜收声残雪尽，窗光落几晓寒轻。非贤宁畏蛇年至，多难欣占谷日晴。诗思搅人眠不得，山禽屋角有新声。俱文衡山。　词：腊月严凝天地闭，莫嫌台榭无花木，惟有酒能欺雪意。增豪气，直教耳热笙歌沸。　陇上雕鞍宜数骑，猎围半合新霜里，霜重鼓声寒不起。千人指，马前一雁寒空坠。欧阳修《渔家傲》。　捡尽历头冬又残，爱他风雪耐他寒。拖条竹杖家家酒，上个蓝舆处处山。　添老大，转痴顽，谢天教我老来闲。道人还了鸳鸯债，纸帐梅花醉梦间。朱希真《鹧鸪天》。

闰，附月之余日，积分而成于月者也。《虞书》曰："咨！汝羲暨和，期三百六旬有六日。"以为一岁之枢纽，所以归奇也。《左传》云："先王之正时也。履端于始，举正于中，归余于终。"履端于始，序则不愆；举正于中，民则不惑；归余于终，事则不悖。历法以十一月甲子朔夜半冬至为历元，其时日月五星皆起于牵牛初度，更无余分，以此为步占之端，故"履端于始"。每月皆有中气，惟闰月独无中气。斗柄指两辰之间，闰前之月则中气在晦日，闰后之月则中气在朔日。举中气而正，月则置闰不差，故曰"举正于中"。置闰之法，以气盈、朔虚而归日月之余分，周天三百六十五度四分度之一。日之行也，日一度，自今年冬至至明年冬至方一周天，实计三百六十五日零三时辰，而一岁止有三百六十日，更有五日零三时无所归著，是为日行之余分，所谓气盈也。月行，日十一度十九分度之七，常以二十九日中强而与日合于朔，是每月又有半日弱无所归著，是为月行之余分，所谓朔虚也。积日月之余分，每岁常余十一日弱，故十九年而置七闰，是为一章之数，故曰"归余于终"。三闰而无气，七闰而无余分。

置闰。欲知来岁闰，先算至之余，更看大小尽，决定不差殊。　如来年该置闰。只以今岁冬至后余日为率，如今岁十一月二十二日冬至，本月尚余八日，则来年当闰八月。如系小尽，则闰七月。若冬至在上旬，则以望日为断，十二日足，则复起一数。若余十三日，则无闰。《榶曝偶谈》。

物候。闰月之年，桐增叶，藕益节，棕榈半叶，黄杨厄寸，凤尾十三。

典故。炎帝分八节以始农功，乃命羲和占日，常仪占月，甲区占星，伶伦造律，大挠造甲子，隶首造算数。容成综斯六术，考定气象，建五行，察发敛，起消息，正闰余。　黄帝己酉朔旦日南至而获神策，得宝鼎，问鬼臾蓲。对曰："是谓得天之纪，终而复始。"乃迎日推策，造十六神历，积邪分以置闰，配甲子而设蔀。于是时而神从。　尧以闰月定四时成岁。《尧典》。《春官》：太史闰月诏王居门，终月。又，王在门谓之闰。《周礼》。　文公三年，闰月不告朔，犹朝于庙。曷为不告朔？天无是月也。《公羊》。　古历法以章蔀纪元为宗，十九岁为一章，至朔日同；四章为蔀，至朔同在甲子日；二十蔀为纪，至朔同在甲子时；三纪为元，至朔年月日时皆值甲子，谓之历元。日月如合璧，五星如贯珠。《月令广义》。　太初历以四千六百一十七岁为一元，以八十一为分岁，已尽都无丝毫之余，重新起历。是时定十一月甲子朔旦夜半冬至，日月如合璧，五星如连珠，乃新历之第一日，故谓之历元。汉元封七年始当其时，故改秦历用汉历，改秦正用夏正。　李盛作安南守，梦人掷玉于门。盛曰："门内玉，闰字也，必有荣润暴富贵。"晋伐郑。十二月癸亥，门其三门。闰月戊寅，济于阴阪。杜预曰："此年无闰月，戊寅是十二月二十日。疑闰为门字，玉为五字，月为日字。晋攻郑三门，门各五日，自癸亥至戊寅，凡十五日也。"《左传诗释》。　秦用颛帝历，十月为岁首，遇闰即谓之后九月。今真腊国置闰亦用九月，其月尽大小皆与中国不同，盖尚祖此说。

丽藻。散语：归奇于扐以象闰。《易》。　闰月，附月之余日也，积分而成于月者也。《左传》。　闰以正时，时以作事，事以序生，生民之道于是乎在矣。《左·文》录。　五年再闰，天道乃备。天地之灵，犹五载而成其化，况人道乎？《朱浮传》。　历数以闰正天地之中，以作事厚生，皆所以定命也。《后·律历志》。歌行：年重华，月重辉，七十二候回环推，天官玉琯灰剩飞。今岁何长来岁迟，王母移桃献天子，羲氏和氏迁龙辔。李贺。　成闰暑与寒，春秋补小月，念子无时闲。折杨柳，阴阳推我去，却得有定主。　诗五言：山带新晴雨，溪添闰月花。戎昱。　羲和骋丹衢，朱明赫其猛。融风拂晨霄，阳精一（和）〔何〕同！闲语①静无娱，端坐愁日永。郭璞。　春色闰冬后，元宵惊蛰边。软尘欺日散，繁火夺星悬。车马中原地，笙歌全盛年。无劳卜花昼，难测是皇天。李空同。　幕幕复苍苍，微和傍早阳。惜寒春已尽，待闰月犹长。柳变非因雨，花迟岂为霜！自兹延圣历，谁不驻年光？方平。　闰节开重九，贞游下大千。花寒仍荐菊，座晚

① 闲语，"四库全书"《汉魏六朝百三家集》卷五七《晋郭璞集·诗·夏》作"间宇"。

更披莲。刹凤回雕辇，幡红间彩旌。还将西梵曲，助入南薰弦。李峤。 七言：斗柄未回犹带闰。元稹。 只有黄杨厄闰年。东坡。 桂影中秋特地妍，况今余闰魄澄鲜。因怀胜赏初经月，免使诗人叹隔年。万象敛光增浩荡，四溟收夜助婵娟。纤云清廓心田豫，乘兴能无赋咏篇。赵大臣。 词：银蟾光彩。喜稔岁闰正，元宵还再。乐事难并，佳时罕遇，依旧试灯何碍。花市又移星汉，莲炬重彷银海。尽勾引，遍嬉游宝马，香车喧隘。 晴快。天意教、人月更圆，偿足风流债。媚柳烟浓，夭桃红小，景物迥然堪爱。巷陌笑声不断，襟袖余香仍在。待归也，便相期明日，踏青挑菜。吴子和《喜迁莺》。

亨部

二如亭群芳谱

谷谱小序

《说文》曰："谷，善也，养也。"谷以养人，较蔬果尤为切要，故诸谱以谷为先。《尔雅翼》云："粱者，黍稷之总名。稻者，溉种之总名。菽者，众豆之总名。"三谷各二十，蔬果之属助谷各二十，是为百谷。《孝经援神契》曰："黄白土宜禾，黑坟宜麦，赤土宜粟，污泉宜稻，山田宜强苗，泽田宜弱苗，良田宜种晚，薄田宜种早。良田非独宜晚，早亦无害。薄田晚种必不成实，诚能顺天时、因地宜，相继以生成，相资以利用，又何匮乏之足虑哉？"作谷谱。

济南王象晋荩臣甫题

二如亭群芳谱

谷谱首简

农道 《亢仓子》

人舍本而事末，则不一令。不一令，则不可以守，不可以战。人舍本而事末，则亓产约。亓，音其。亓产约，则轻流徙。轻流徙，则国家时有灾害，皆生远志，无复居心。人舍本而事末，则好智。好智，则多诈。多诈，则巧法令。巧法令，则以是为非，以非为是。古先圣王之所以理人者，先务农桑，非徒为地也，贵其志。人农则朴，朴则易用，易用则边境安，边境安则主位尊。人农则童，童则少私议，少私议则公法立，公法立则力博深。人农则其产复，其产复则重流散，重流散则死其处，无二虑，是天下鼍一心矣。鼍，音为。天下一心，轩辕几蘧之理，蘧，音蘧。不是过也。古先圣王之所以茂耕织者，以为本教也。是故天子躬率诸侯耕籍田，大夫士第有功级，劝人尊地产也。后妃率嫔御丝于郊桑，劝人力妇教也。男子不织而衣，妇人不耕而食，男女贸功资相为业，此圣王之制也。故敬时恧日，恧，音爱。埒实课功，非老不休，非疾不息，一人勤之，十人食之，当时之务，不兴土功，不料师旅，男不出御，女不外嫁，以妨农。黄帝曰："四时之不正，正五谷而已耳。"

稼说 苏轼

盖尝观于富人之稼乎？其田美而多，其食足而有余。其田美而多，则可以更休，而地力得完；其食足而有余，则种之常不后时，而敛之常及其熟。故富人之稼常美，少秕而多实，久藏而不腐。今吾十口之家，而共百亩之田。寸寸而取之，日夜以望之，锄、耰、铚、艾，相寻于其上者如鱼鳞，而地力竭矣。种之常不及时，而敛之常不待其熟，此岂能复有美稼哉？古之人，其才非有大过今之人也。其平居所以自养而不敢轻用，以待其成者，闵闵焉如婴儿之望长也。弱者养之以至于刚，虚者养之以至于充。三十年而后仕，五十而后爵。信于久屈之中，信，音伸。而用于至充之后；流于既溢之余，而发于持满之末。此古人所以大过人，而今之君子所以不及也。吾少也有志于学，不幸而早得与吾子同年；吾子之得，亦不可谓不早也。吾今虽欲自以为不足，而众且妄推之矣。呜呼！吾子其去此而务学也哉！博学而约取，厚积而薄发，吾告子止于此矣。子归过京师而问焉，有曰辙子由者，吾弟也，其亦以是语之。

审时 《吕览》

凡农之道，厚之为宝。斩木不时，不折必穗；稼就而不获，必遇天菑。夫稼，为之者人也，生之者地也，养之者天也。是以人稼之容足，容足，谓苗根疏数之间。耨之容耨，据之容手。此之谓耕道。是以得时之禾，长秱长穗，秱，音同。大本而茎杀，茎杀，尾小也。其粟圆而薄糠，其米多沃而食之强。如此者不风。不风，不为风摇。先时者，茎叶带芒以短衡，穗矩而芳夺，秱米而不香。后时者，茎叶带芒而末衡，末，小也。穗阅而青零，青零，未熟先落。多秕而不满。得时之黍，芒茎而徼下，穗芒以长，抟米而薄糠，舂之易，而食之不嚘而香。嚘，音怨，噎也。如此者不饴。饴，音怡。先时者，大本而华，茎杀而不遂，遂，长也。叶藁短穗。藁，音考。后时者，小茎而麻长，短穗而厚糠，小米钳黯而不香。得时之稻，大本而茎葆，长秱疏機，機，音己，禾也。穗如马尾，大粒无芒，抟米而薄糠，舂之易而食之香。如此者不益。益，息也。先时者，大本而茎叶格对，短秱短穗，多秕厚糠，薄米多芒。后时者，纤茎而不滋，厚糠多秕，庉辟米，庉，音■①。辟，小也。不得恃定熟，卬天而死。得时之麻，必芒以长，疏节而色阳，小本而茎坚，厚枲以均，后熟多荣，日夜分复生。如此者不蝗。得时之菽，长茎而短足，其美二七以为族，二七，十四荚也。多枝数节，竞叶繁实，大菽则圆，小菽则抟以芳，称之重，食之息以香。如此者不虫。先时者，必长以蔓，浮叶疏节，小英而不实。后时者，短茎疏节，本虚不实。得时之麦，秱长而颈黑，二七以为行，而服薄糙而赤色，糙，音灼。称之重，食之致香以息，使人肌泽且有力。如此者不蚼蛆。蚼，音吼。先时者，暑雨未至，蚼动蚼蛆而多疾，蚼，音咐。其次羊以节。后时者，苗弱而穗苍狼，薄色而美芒。是故得时之稼兴，失时之稼约。茎相若，称之，得时者重。粟之多，量粟相若而舂之，得时者多米。量米相若而食之，得时者忍饥。忍，耐也。是故得时之稼，其臭香，其味甘，其气章，百日食之，耳目聪明，心意睿智，四卫变强，殟气不入，殟，同凶。身无苛殃。

论耕 氾胜之

凡耕之本，在于趋时、和土、务粪泽、早锄获。春冻解，地气始通，土一和解。夏至，天气始暑，阴气始盛，土复解。夏至后九十日，昼夜分，天地气和。以此时耕田，一而当五，名曰膏泽，皆得时功。春地气通，可耕坚硬强地黑垆土，垆，刚土也。辄平摩其块以生草。草生，复耕之。天有小雨，复耕和之，勿令有块，以待时，所谓强土而弱之也。春候，地气始通。椓橛木长尺二寸，埋尺，见其二寸。立春后，土块散，上没橛，陈根可拔。此时二十日以后，和气去，即土刚，以此时耕，一而当四。和气去，耕，四不当一。杏始华荣，辄耕轻土、弱土。望杏花落，复耕，耕辄蔺之。草生，有雨泽，耕，重蔺之。土甚轻者，以牛羊践之，如此则土强，此谓弱土而强之也。春气未通，则土历适不保泽，终岁不宜稼，非粪不解。慎无旱耕。须草生，至可种时，有雨即种，土相亲，苗独生，草秽烂，皆成良田。此一耕而当五也。不如此而旱耕，块硬，苗秽同孔出，不可锄治，反为败田。秋无雨而耕，绝土气，土坚垎，垎，音尬，干也。名曰脂田。及盛冬耕，泄阴气，土枯燥，名曰脯田。脯田与脂田皆伤稼，二岁不起稼，则一岁休之。凡爱田，常以五月耕，六月再耕，七月勿耕，谨摩平以待种时。五月耕，一当三。六月耕，一当再。若七月耕，五不当一。冬雨雪止，辄以蔺之，掩地雪，勿

---

① 底本为墨丁。《康熙字典》未收"庉"字，"廛"字下引《吕氏春秋》出句作"廛"，注曰"音未详"。

使从风飘去。后雪，复蔺之，则立春保泽，冻虫死，来年宜稼。得时之和，适地之宜，田虽薄恶，收可亩十石。

任地 《吕览》

后稷曰：子能以窒为突乎？窒，音规。子能藏其恶而揖之以阴乎？子能使吾土靖而甽浴土乎？甽、畎同。子能使保湿安地而处乎？子能使雚夷毋淫乎？雚，即鹳字。子能使子之野尽为泠风乎？子能使藁数节而茎使乎？子能使穗大而坚均乎？子能使粟圜而薄糠乎？子能使米多沃而食之强乎？无之若何？凡耕之大方：力者欲柔，柔者欲力；息者欲劳，劳者欲息；棘者欲肥，棘，瘠也。肥者欲棘；急者欲缓，缓者欲急；湿者欲燥，燥者欲湿。上田弃亩，下田弃甽。五耕五耨，必审以尽。其深殖之度，阴土必得。大草不生，又无螟蜮。今兹美禾，来兹美麦。是以六尺之耜，耜，详子切，六尺刀。所以成亩也；其博八寸，其博八寸，谓耜广八寸。所以成甽也。甽，广五尺。耨柄尺，此其度也。其耨六寸，所以间稼也。稼，入苗也。地可使肥，又可使棘：人肥必以泽，使苗坚而地隙；人耨必以旱，使地肥而土缓。草端大月。端，音团，让也。大月，孟日。冬至后五旬七日，菖始生。菖始生，草避孟月，至此始生。菖者，百草之先生者也。于是始耕。孟夏之昔，昔，终也。杀三叶而获大麦。三叶，荠、葶苈、菥蓂也。日至，苦菜死而资生，资，菜名。而树麻与菽。此告民地宝尽死。凡草生藏，日中出，日中，春分。猣首生而麦无叶，猣首，草名。而从事于蓄藏。此告民究也。五时见生而树生，五时，五行发生之时。见生，望杏瞻蒲之类。见死而获死。天下时，地生财，不与民谋。有年瘗土，无年瘗土。瘗，祭也。无失民时，无使之治下。知贫富利器，皆时至而作，渴时而止。是以老弱之力可尽起，其用日半，其功可使倍。不知事者，时未至而逆之，逆，作迎。时既往而慕之，当时而薄之，使其民而郄之。民既郄，乃以良时慕，此从事之下也。操事则苦。不知高下，民乃逾处。种稑禾不为稑，种重禾不为重，是以粟少而失功。

辨土 《吕览》

凡耕之道，必始于垆，为其寡泽而后枯；必厚其靯，为其唯厚而及镈①者菈②之，坚者耕之，泽其靯而后之。（土）〔上〕田则被其处，下田则尽其污。无与三盗任地。夫四序参发，大甽小亩，为青鱼胠，胠，开发也。苗若直猎，地窃之也。既种而无行，耕而不长，则苗相窃也。弗除则芜，除之则虚，则草窃之也。故去此三盗者，而后粟可多也。所谓今之耕也营而无获者，其蚤者先时，晚者不及时，寒暑不节，稼乃多蓄。实其为畮也，畮，古亩。高而危则泽夺，陂则埒，见风则偾，偾、蹶同。高培则拔，高培，田侧也。寒则彫，彫，不实也。热则修，一时而五六死，故不能为来。来，成也。不俱生而俱死，虚稼先死，众盗乃窃。望之似有余，就之则虚。农夫知其田之易也，不知其稼之疏而不适也；知其田之际也，不知其稼居地之虚也。不除则芜，除之则虚，此事之伤也。故畮欲广以平，甽欲小以深，下得阴，上得阳，然后咸生。稼欲生于尘而殖于坚者，慎

---

① 镈，"四库全书"《吕氏春秋》卷二六《士容论第六·辨土》作"鑐"。
② 菈，《康熙字典》字下引《吕氏春秋》出句，注曰"音义阙"。

其种，勿使数，数，音朔。亦无使疏。于其施土，无使不足，亦无使有余。熟有稷也，必务其培。其稷也植。植者，其生也必先。其施土也均。均者，其生也必坚。是以畮广以平则不丧本。茎生于地者，五分之以地。茎生有行，故遬长；遬、速同。弱而不相害，故遬大。衡行必得，纵行必术。正其行，通其气，夬心中央，夬，音决。帅为泠风。帅，率也。苗，其弱也欲孤，长也欲相与居，其熟也欲相扶。是故三以为族，乃多粟。凡禾之患，不俱生而俱死。是以先生者美米，后生者为秕。是故其稷也，长其兄而去其弟。树肥无使扶疏，树烧不欲专生而族居。肥而扶疏则多秕，烧而专居则多死。不知稼者，其稷也，去其兄而养其弟，不收其粟而收其粗。上下安则禾多死，厚土则蟄不通，薄土则蕃轓而不发。轓，音翻，飘也。垆埴冥色，刚土柔种，免耕杀匿，使农事得。

地员 《管子》

九州之土为九十物，每土有常而物有次。群土之长是唯五粟，次曰五沃，次曰五位，次曰五蘟，蘟，音隐。次曰五壤，次曰五浮。凡上土三十物，种十二物。中土曰五态，次曰五垆，次曰五壏，壏，胡览切。次曰五剽，次曰五沙，次曰五塥。凡中土三十物，种十二物。下土五犹，次曰五壮，次曰五殖，次曰五觳，次曰五凫，次曰五桀。凡下土三十物，种十二物。凡土物九十，其种三十六。按《大司徒》土会、土宜之法，此古制之存者。《河图》谓东南神州曰晨土，正南邛州曰深土，西南戎州曰滔土，正西弇州曰开土，正中冀州曰白土，西北柱州曰肥土，北方玄州曰成土，东北咸州曰隐土，正东扬州曰信土。

土化 《周礼》

草人掌土化之法，化之使美。以物地，相其宜而为之种。如高燥宜麦、下湿宜稌之类。凡粪种，煮其汁以渍种。骍刚色赤而刚强。用牛，牛骨。赤缇缊色也。用羊，坟起也。壤白块。用麋，渴竭。泽放水处。用鹿，咸（泻）〔潟〕水已泻其地。（泻）〔潟〕，音昔。咸，卤也。用狟，狟，音丸。獾也。勃壤粉解者。用狐，埴黏也。垆疏也。用豕，彊㯺坚强。㯺，音咸。用蒉。轻㯺轻而脆者。㯺，音摽。用犬。

金粟 《管子》

野与市争民，金与粟争贵。又曰："狄诸侯，亩钟之国也，故粟十钟而锱金。程诸侯，山东之国也，故粟五釜而锱金。"商子曰："金生而粟死，粟死而金生，金一两生于境内，粟十二石死于境外。粟十二石生于境内，金一两死于境外。好生金于境内，则金粟两死，仓府两虚，国弱。好生粟于境内，则金粟两生，仓府两盈，国强。"

田事各款。耕地：长梧封人谓子牢曰："君为政焉勿卤莽，治民焉勿灭裂。昔予为禾，耕而卤莽之，其实亦卤莽而报；芸而灭裂之，其实亦灭裂而报。" 语云：春耕宜迟，秋耕宜早。宜迟者，冻渐解，地气始通，虽坚硬土亦可耕。宜早者，乘天气未寒，将阳和之气掩在地中，来春宜苗也。 耕麦地，六月初旬，乘露未干，耕牛凉而力倍。荞麦地若耕二遍，只耘一遍，亦可。谚云："懒汉种荞麦，懒妇种菉豆。"又云：

"种菉豆地宜瘦不宜肥。"言瘠薄地亦可种也。 粪地：积地莫若积粪，地多无粪，枉费人工。故孟子不曰百亩之田，而曰百亩之粪。 肥地法，种菉豆为上，小豆、芝麻次之，皆以禾黍末一遍耖时种，七八月耕掩土底，其力与蚕沙热粪等，种麦尤妙。春间将嫩草踏入田中能肥地。 耨地：凡五谷，惟小锄为良，勿以无草而暂停，盖"锄头自有三寸泽"，言及时锄草去，而苗随滋茂，若迟，必为草蠹，虽结实亦不多，而芝麻尤甚。谚云："麻耨地，豆耨花。"麻须初生早耨，豆即花开亦不可废耨也。 黍谷苗未与垄齐，即锄一遍。经五七日，更锄第二遍。候未蚕毕，锄第三遍。无力则止，如有余力，秀后更锄第四遍。脂麻宜多锄，大豆只锄两遍止，不厌早。锄谷，第一遍便定科，每科只留两三茎，更不得多。每科相去半尺。两垄头空，锄未可全深。第二遍，惟深是（末）〔求〕。第三遍，少浅。第四遍，又浅。盖谷科大则根浮故也。第一次撮苗曰镞，第二次平垄曰布，第三次培根曰拥，第四次添功曰复。一次不至，则莨莠之害，秕稗之杂入之。谚云："谷锄八遍饿杀狗。"为无糠也。其谷，亩得十石，斗得八米，此锄多之效也。《农桑撮要》。 开荒：凡开久荒之地，烧去野草，纵横复耕两三次。耕过，先种芝麻一年，使草木之根败烂，后种五谷，则无草荒之害。盖芝麻之于草木，若锡之于五金，性相制也。 谷名：五谷者，禾、麻、粟、麦、豆。《周礼注》以麻、黍、稷、麦、豆为五谷，即《月令》五行所食是也。六谷者，谷、黍、稷、稻、粱、麦、苽。①苽，音姑。九谷者，谷、黍、稷、秫、稻、麻、大小豆、大小麦。郑云：九谷无秫、大麦，而有粱、苽。 占种：按后稷树艺之法云："五时见生而树生，见死而获死。"《师旷占术》曰："五木者，五谷之先。欲知五谷，先视五木。择其木盛者，来年多种之，万不失一。"禾生于枣或杨，黍生于榆，大豆生于槐，小豆生于李，麻生于杨或荆。五木自天生，五谷待人生。五谷候于五木，故曰见生而树生也。靡草死而麦秋至，草木黄落禾乃登，故曰见死而获死也。 日至苦菜死，树麻与菽。《吕氏春秋》。 二月杏花甚，可蔺白沙轻土之田。又曰：二月昏，参夕，杏花盛，桑椹赤，可种大豆，谓之上时。按，五果之义，春之果莫先于梅，夏之果莫先于杏，季夏之果莫先于李，秋之果莫先于桃，冬之果莫先于栗。五时之首，寝庙必有荐，而此五果适丁其时，故特取之。《四民月令》。 冬至日，取诸种各平量一升，盛以布囊，埋于阴地。后五十日取量之，息最多者，岁所宜也。果菜同。《农桑要览》。 储种：凡种，浥郁则不生，生亦寻死。种杂者，生既不齐，熟亦难均。宜拣好穗别贮之，勿近墙壁、湿地。将种前二十日取出，晒令燥。牵牛马就谷堆食数口，仍以马践过，无蛃蚄等虫害。以雪水、原蚕矢五六日摩之，渍种则耐旱。雪者，五谷之精也。 藏米：白米，将稻草去稻紫，囤收贮，仍用稻草盖之以收气，须踏实，则不蛀，且易热。 板仓藏米，必用草荐衬板，则无木气。若藏糯米，勿令发热。《便民纂要》。 脱粟：三衢道中脱粟之法，皆从溪流泻处截流置车，车承水势，状如桔槔，不劳人力，机动自转，横木悬杵，掘地为臼，谓之机舂，俗呼水碓。

田事宜忌。宜：庚午、甲戌、丙子、丁丑、戊寅、己卯、壬午、癸未、辛卯、壬辰、庚子、壬子、癸丑、戊午、己未，除满成收，开天仓、母仓、生气、丰旺、六仪、

---

① 六谷通指黍、稷、稻、粱、麦、苽。此处所列为七，疑"谷"为衍字。苽，同"菰"。

黄道、不食、无虫等日。　忌：乙日、火日、建平、闭破、天火、地火、田火、虚耗、荒芜、九空、死神、受死、死气、焦坎、狼籍、地隔、土瘟、田痕、地空、九焦、大小耗，不成不收。粪忌及西风，麦忌壬子。又小麦戌，大麦子，谷忌丙子，黍忌庚申，豆忌卯、辰、申、戌，稻忌丑、辰，麻忌寅、未、辛亥、上日。　耕田：宜乙丑、己巳、庚午、辛未、癸酉、乙亥、丁丑、戊寅、辛巳、壬午、乙酉、丙子、丁丑、甲午、己亥、辛丑、甲辰、丙午、癸丑、甲寅、丁巳、癸未、庚申、辛酉，成、收、开日，忌地隔、荒芜、枯焦。　种田：宜成、开日。　麦：宜庚午、辛未、辛巳、庚戌、庚子、辛卯及八月三卯。　黍：宜戊戌、己亥、庚子、庚申、壬申。　谷：宜丁巳、己卯、己未、辛卯、庚申。　豌豆、蚕豆：宜八、九、十月。　开荒：宜天福、丰旺、母仓、生气、黄道、上吉、己未及开日，忌地火、地隔、空亡、焦坎、田痕。　置场：宜黄道、天仓、丰旺、成旺日、二德及合。　修仓：宜乙丑、丙寅、丁卯、己巳、庚午、丙子、己卯、壬午、癸未、庚寅、壬辰、甲午、乙未、庚子、壬寅、癸卯、丁未、甲寅、戊午、己未、壬戌、满成开。　入仓：宜庚午、甲戌、乙亥、丙子、己卯、辛巳、壬午、癸未、乙酉、戊子、己丑、庚寅、乙未、壬寅、癸卯、甲辰、己酉、丙辰、癸亥、二德、母仓、平满、成收。　母仓：春亥子，夏寅卯，秋辰、戌、丑、未，冬申酉。　无虫：正壬二。　三壬，四丁、壬，五壬，六丁、巳，七、八癸，九丙，十庚，十一、十二丙。　百虫不食：乙丑、乙亥、乙未、己亥、壬寅、壬子、癸卯。　鸟鼠不食：甲午、癸亥。　飞禽不食：初一、初三、初四、初五、初七、初九、初十、十八、廿一、廿九。　不收：丙戌、壬辰、辛亥。　不成日：乙未。　蛀日：乙丑、己卯、己丑、戊申。　荒芜：孟月平日，仲月破季月收，逢子、寅、巳、戌更毒。　田痕：大月初六、初八、廿二、廿三，小月初八、十一、十三、十七、十九。　田祖田父忌：丙戌、丁亥、癸巳、乙巳、丁未、辛亥、甲寅。　田家月令：宜粘置茆堂左右，使修理墙屋不失向，调摄起居不失节，炮制物料不失常，种蒔花木不失候。

二如亭群芳谱谷部卷之全

济南　王象晋荩臣甫　纂辑
松江　陈继儒仲醇甫
虞山　毛凤苞子晋甫　同较
宁波　姚元台子云甫
济南　男王与龄、孙士祐、曾孙啟湄　诠次

谷谱

麦，一名来，来，亦作徕。俗称小麦。秋种厚（狸）〔埋〕谓之麦。苗生如韭，成似稻，高二三尺，实居壳中，芒生壳上，生青熟黄；秋种夏熟，具四时中和之气，兼寒热温凉之性，继绝续乏，至夏，旧谷既没，新谷未登，是其绝也；民食缺少，是其乏也；麦以夏熟，是接其绝、续其乏也。为利甚普，故为五谷之贵。亦可春种，至夏便收，然不及秋种者。性有南北之异。北地燥，冬多雪，春少雨，麦昼花，薄皮多面，食之宜人。南方卑湿，冬无雪，春多雨，麦受卑湿之气，又夜花，食之生热，腹痛难消。且鱼稻宜江淮，羊面宜河洛，亦地气使然也。北麦固佳，陈者更良。《说文》云："麦属金，金旺而生，火旺而死。"他如燕麦、籥麦、雀麦、荞麦，皆殊形异性，至瞿麦则药名耳。

浮麦：入水浮起者，焙用。益气除热，治自汗盗汗，骨蒸劳热。　麦麸：治时疾热疮汤火疮烂，扑损伤折，散瘀血，止泄痢，除寒湿，止虚汗，小儿暑月痘溃，及凡人体痛，或疮肿不能着席者，用夹褥盛麸卧，凉而且软。　麦苗：捣汁饮，消酒疸、目黄。煮汁服，解虫毒，除烦闷、狂热，退胸膈积热。作齑食，益颜色。　麦粉：世用以糨衣者，补中益气，和脏腑，调经络。炒热汤服，断痢。醋熬膏，消痈肿及汤火。　面筋：麸中洗出者，宽中益气，解热和中，劳热人宜煮食，为素食要物，用油炒则热。　麦奴：穗黑霉者，治热毒、阳毒、湿毒、丹石毒，热极发狂，及瘟疟。

种麦。八月白露节后，逢上戊为上时，中戊为中时，下戊为下时，种须简成实者，棉子油拌过，则无虫而耐旱，大约杏多则不蛀。宜肥地，土欲细，沟欲深，种欲匀，喜粪，有雨佳。谚云："无雨莫种麦。"又云："麦怕胎里旱。"又云："要吃面，泥里缠。"春雨更宜。谚云："麦收三月雨。"春间锄一遍，收子多。若三春有雨，入夏时有微风，此大有之年也。谚云："麦秀风摇。"初种忌戌日。谚云："无灰不种麦，两经社日佳。"以灰粪拌种，妙。　种塌麦：六月初旬，五更时乘露未干，阳气在下，耕地，牛得其凉。耕过，稀种菉豆。候七月间，豆有花，犁翻豆秧入地，胜如用粪，麦苗易茂。《法天生意》。　护麦：防露伤麦，但有沙雾，将苘麻散拴长绳上。侵晨，令两人对持其绳，于麦上牵拽，抹去沙雾，则不伤麦。《农桑辑要》。　刈麦：麦熟时，带青割一半，合熟一半，盖麦熟同时，不比别田。熟有先后，若候齐熟，一遇风雨，必致抛撒。刈过即载归，晒干，恐生蛾。密密苫盖，以防雨。不及载者，坡下苫之，乘晴明旋刈旋打，扬籽粒收起。即未净，俟所收打遍，将秸再打。大抵农家之忙，无过蚕麦，若迁延过时，秋苗亦误锄治。谚云"收麦如救火"，信然。 贮麦：《太平御览》云：麦之为蝶蟊湿也，万物之变皆有化也。止麦之化，区之以灰法，于伏天晒极干，乘热覆以石灰，则不生虫。又以蚕沙和之，辟蠹。苍耳或艾曝干剉碎同收，亦不蛀。若稍湿，必生虫。

解麦毒。《小说》：萝卜能解麦毒，今秦中犹以萝卜汁和面。又汉椒亦解面毒。

疗治。消渴、心烦，作粥食。 五淋、身热、腹满：麦一升，通草二两，水三升，煮一升饮即愈。项瘿：麦一升，醋一升，渍之，晒干为末。海藻洗研末，三两，和匀，酒服方寸匕，日三。 眉炼头疮：烧存性，为末，油调傅。 白癜风、癣：麦摊石上，烧铁压出油，擦之，效。 汤火伤灼，未成疮：麦炒黑，研入腻粉，油调涂。勿犯冷水，必溃烂。 金疮、肠出：麦五升，水九升，煮汁五升，滤。待极冷，令病人卧席上，含汁噀其背，勿令病人知，及傍人见，闻人语，即肠不入。乃抬席四角轻摇转，肠自入。十日中但略食美物，慎勿惊动，即杀人。 虚汗、盗汗：浮麦，文武火炒，为末，每服二钱半，米饮下，日三服。或煎汤代茶饮。以猪膋唇煮熟，切片蘸食，亦良。 产后虚汗：麦麸、牡蛎等分，为末，以猪肉汁调服二钱，日二。 走气痛：酽醋拌麸炒热，袋盛熨之。 灭瘢痕：春夏用大麦麸，秋冬用小麦麸，筛粉，和酥傅。 小儿眉疮：麦面炒黑，研末，酒调傅。 尿血：麸炒香，以肉蘸食。 热渴、心闷：温水一盏，调麦面一两，饮。 中暍、卒死：井水和面一大抄，服。 盗汗：面作弹丸，空心卧时煮食，次早服妙香散一帖，效。 内损吐血：飞罗麸略炒，京墨汁或藕节汁调服二钱。 衄血，口耳皆出者：用白面入盐少许，冷水调服二钱。 中蛊吐血：面二合，水调服，半日当下。 呕哕不止：醋和面，作弹丸二三十枚，沸汤煮熟，滤出，投浆水中，待温，吞三两枚，哕即定。如未定，至晚再服。 白痢：炒面方寸匕，入粥中食，能疗日泻百行不救者。 泄泻不休：面一斤，炒焦黄，空心温水服一二匙。 诸疟、久疟：二姓寒食面各一合，端五午时，青蒿擂自然汁，丸菉豆大，临发，空心无根水下一丸。一方：加炒黄丹少许。 头肿，薄如蒸饼，状如裹水：口嚼面敷之，良。咽喉肿痛，卒不下食：白面和醋，涂喉外肿处。 吹奶：水调面，煮糊欲熟，即投无灰酒一盏，搅匀热饮，令人徐徐按之，药行即瘥。 乳痈：白面半斤炒黄，醋煮糊，涂即消。 破伤风：白面、烧盐各一撮，新水调涂。 金疮出血：面干傅，五七日即愈。 脚趼成泡者：水调面涂之，一夜即平。 折伤瘀损：白面、栀子仁同捣，以水调傅即散。 火燎疮：炒面、栀子仁末，和油傅之。 疮中恶肉：寒食面二两，巴豆五分，水和作饼，烧末掺。 白秃疮：白面、豆豉和研傅。小儿口疮：寒食面五钱，硝石七钱，水调半钱涂足心，男左女右。 阴冷闷痛，渐入腹肿满：醋和面熨之。 漏疮：盐面和团，烧研傅之。 瘰疬出汁，生手足肩背，累累如赤豆：剥净，以酒和面傅之。 疔肿：面和腊、猪脂封之，良。 米食积：面一两、白酒曲二丸，炒末，每服二匙，白汤下。伤肉食，山查汤下。 中暑：寒食面，绢袋盛，挂当风处，水调服。

典故。夏至而麦熟，天子祭太宗，其盛以麦，谷之始也。季春之月，天子乃祈麦实。《礼·月令》。 孟夏之月，农乃登麦。天子乃以彘尝麦，先荐寝庙。同前。 隐三年，郑祭足帅师取温之麦。《左传》。 成十年，晋景公梦大厉，披发及地，（抟）〔搏〕膺而踊曰："杀余孙，不义！余得请于帝矣！"公觉，召桑田巫卜之，曰："不食新矣。"六月（内）〔丙〕午，六月，夏四月。晋侯欲麦，使甸人献麦，馈人为之。召桑田巫，示而杀之。将食，张张作"胀"，腹胀也。入厕，陷而卒。同首。陷，腹陷也。　宓子贱为单父宰。齐攻鲁，父老请曰："麦熟，请放民，皆使出获麦。宓子不听，曰："若使不耕者得获，是使民乐有寇也。"《家语》。　东汉光武战王朗，兵败。至南宫，大风雨，入道傍空舍。冯异抱薪，邓禹蓺火，秀对灶燎衣。异进麦饭。《东汉书》。　汉张堪为渔阳太守，劝民农种，以致殷富。百姓歌曰："桑无附枝，麦秀两歧。张君为政，乐不可支。"　李固为太尉，食麦饭。同前。　高式至孝。永初中，蝗螟为害，独不食式麦。《东汉》。　上元日造面茧，以官位帖子置其中，熟而食之，以得高下相胜为戏。　京师以冬至后一百五日为大寒食，前一日谓之炊熟，用面造枣锢飞燕，以柳条串之，插于门。　魏太祖尝行经麦中，令士卒无败麦，犯者死。骑士皆下马，持麦以相付。时太祖马腾入麦中。太祖曰："制法而自犯之，何以化下？然孤为军帅，不可杀，请自刑。"因援剑割发以置地。　高凤专精读书，昼夜不息。初夏暴麦于庭。妻往田，令凤持竿护鸡。忽暴雨，凤持竿读书，不觉水漂其麦，妻还乃悟。《白孔六帖》。　太康中，嘉麦出扶风，一茎四穗。　孙权宴蜀使费祎。祎停食饼，作《麦赋》，权亦作《磨赋》，咸称善。《吴志》。　梁永嘉元年，嘉麦一茎九穗，生于姑藏。《前凉录》。　宋大内，当麦熟时，作面，以黄罗帕封赐百官。或云以蜜渍，食尤佳。《东坡诗注》。　国朝宣德中，嘉麦生茂陵，一茎九穗。　秦中有麦积山，状如麦积。　元和八年，大轸国贡碧麦，形大于中华之麦，表里皆碧，香气如粳米，食之体轻，可以御风。《杜阳编》。　旋麦三月种，八月熟。《广志》。　许氏《说文》云：天降瑞麦，一来二辫。　天启四年，嘉麦生余田中，一茎五穗。《新城志》。　南方四月雨后，尚有余寒，土人谓之麦秀寒。按，王勃《采莲赋》：麦雨微凉。又《徐陵集》亦有"麦冷"之语。张七泽。

丽藻。散语：今夫牟麦，播种而耰之，其地同，树之时又同，至于日至之时，皆熟矣。《孟子》。　我行其野，芃芃其麦。　贻我来牟，帝命率育。　于皇来牟，将受厥明。俱《诗》。　无麦。《春秋》。　初伏荐麦瓜于祖祢。《汉书》。　青青之麦，生于陵陂。古诗。　既人麦之方登。六朝。　麦秀蕲兮雏朝飞。蕲，慈钦切，麦芒也。枚乘。　麦渐渐以擢芒。《射雉赋》。　传：石中美，字信美，中牟人也。本姓麦氏，随母罗氏去其夫而适石，因冒其姓。始中美之生也，其父太卜氏以连山筮之，遇师之爻，是谓师之革，曰："生乎土，成乎水，而变乎火，坎以辇之，坤以布之，釜以熟之，口以内之，腹以藏之，美在其中，而畅于四支。能者乐之，以为大腹。不能者伤之，以为心病。众所说也，善莫大焉，故因以名字之。中美幼轻躁疏散，与物不合，得其乡人储子之意，因使从滏水汤先生游。既熟，遂陶而成之。为人白皙而长，温厚柔忍，在诸石中最有名。储子因秦故，司马错、李斯子由、赵高、阎乐并荐于秦王，得（由）〔与〕甫田蔡甲、肥乡羊豦、内黄韩音子俱召见。是时王方省览文书，日昃未食，见之甚喜，曰："卿等向皆安在，何相见之晚耶？未见君子，惄如调饥。卿等之谓也。"自是皆得进见，充上心腹。赐爵土，更上食典御，旦夕召对，所献纳时或粗疏，上未尝不尽善也。秦王以嫪毒事，出文信侯而迁太后，怒恚数日不食。中美乘机进谏，上说，赐爵彻侯，食温、定陶二县，号温陶君。中美既被任用，凡有造作，自丞相以下莫不是之。其为人柔和，有以塞谗人之口故也。他日秦王坐朝，日旰，意有所思，亟召中美，将虚以纳之。中美不熟计以进，其说颇刚鲠，志不快之者累日。有博士单轸说上曰："为其所伤矣，宜有以下之，即无患。"因进其弟子已升、元华于上，上意稍平，然自是遂疏中美，不得为尚食矣。中美曰："吾为尚食，日夕自谓不素餐者，今吾与羊生辈皆不得进，纵复有用者，将诛辱乎？昔也得充心腹，而今也遽不信，是有不善我之心，虽使时或思我，彼将不尽矣。"遂称疾，以候就第。其后子孙生郡郭者，散居四方，自号浑氏、扈氏、索氏、石氏，为四族云。苏东坡。　歌：麦秀渐渐兮，禾黍油油。彼狡童兮，不与我好仇。《微子》。　小麦青青大麦枯，谁当获者妇与姑，丈夫何在西击胡？田家食力不食智，䅆麦年年勤种莳。老农八十谙地利，暑夏呼儿先暵地。再耕再耰土华腻，手把耧犁知已试。土沃不妨投种概，今年已报春泽被。覆垄苗深如栉比，熏风长养见天意。猎猎青旗催稚穗，才结穮胞花雪坠。赫赫曦轮炽钻燧，尽著精华输至味。粒饱芒森密如彗，顿失前时浪翻翠。岂知真宰调元气，化作黄云表嘉瑞。老农眼饱虽自慰，旦夕却忧风雨至。子妇奔忙事芟器，钐绰翩翩转双臂。曳筥腰间盈复弃，急载牛箱夜无寐。转首登场篆高馈，风翻日碾半犹未。已向公门奉新馈，曲材和籴凡几次。征租及门仍语诧，夏税有程今反易。自余宿负如取寄，指此有秋争蚁萃。一得岂能偿百费？终岁勤劳一歔欷。昨日公堂宴宾贵，樽俎横陈混肴胾。檀木朱绳按歌吹，万钱不值供一醉。庖人搓揉出精粹，尚喜食新夸饼饵。物不天来皆力致，饱食何人知所自？春祈夏荐礼所记，报本从来追古义。但愿斯民不畏吏，吏不扰民民自遂。凡在牧民遵此治，坐见两歧歌政异。日富囷仓均被赐，不使老农忧岁事。王祯《艾麦歌》。　打麦打麦，彭彭魄魄，声在山南应山北。四月太阳出东北，才离海峤麦尚青，转到天心麦已熟。鶌旦催人夜不眠，竹鸡呼雨云如墨。大妇腰镰出，小妇具筐逐，上垄先捋青，下垄已成束。田家以苦乃为乐，敢惮头枯面焦黑！贵人荐庙已尝新，酒醴雍容会所亲。曲终厌饫劳童仆，岂信田家未入唇！尽将精好输公赋，次把升斗求市人。麦秋正急又秧禾，丰岁自少凶岁多，田家辛苦可奈何！将此打麦词，兼作插禾歌。张舜民。　诗五言：细麦落青花。　青荧陵陂麦。　凉州白麦枯。　孤城麦秀边。俱杜甫。　麦黄韵鹧鸪。　麦陇多秀色。　麦气始清和。何逊。　崆峒小麦熟，且愿休王师。杜甫。　绿树连村暗，黄花入麦稀。司空图。　何时麦陇上，双坐听啼莺？冯琢庵。　南阳郭门外，桑下麦青青。韩愈①。　登城望年麦，绿浪风掀舞。东坡。　麦候始清和，凉雨消炎燠。红莲摇弱荇，丹藤绕新竹。物色盈怀抱，方驾娱耳目。谢朓。　圣虑忧千亩，嘉苗荐两歧。如云方表盛，成穗忽标奇。瑞露纵横滴，祥风左右吹。讴谣连上苑，花实逼平陂。史册书堪重，丹青画更宜。愿依连理树，俱作万年枝。郑畋《咏麦穗两歧》。　瑞麦生尧日，芃芃雨露偏。两歧分更合，异亩颖仍连。冀获明王庆，宁惟太守贤。仁风吹靡靡，甘雨长芊芊。圣德应多稔，皇家配有年。已闻天下泰，谁为济西田。张耒《咏余瑞麦》。　七言：麦陇青青三月时。李白。　江上细麦复纤纤。　麦芒际天扬青波。柳子厚。　晴日暖风生麦气。王荆公。　荆州麦熟茧成蛾，缲丝忆君头绪多。李白。　四月田家麦穗稠，桑枝生椹鸟啁啾。凤城绿树知多少，何处飞来黄栗留？欧文忠。　麦陇风来翠浪浮，霏微小雨似深秋。野庭终日

---

① 愈，底本为空白，据"四库全书"［宋］魏中举编《五百家注昌黎文集》卷六补。

卷帘坐，青樾对啼黄栗留。谭知柴。　　荷叶初开笋渐抽，东陂南荡正堪游。无端陇上翛翛麦，横起风寒占作秋。　　陂麦连云惨淡黄，绿阴门巷不多凉。更无一片桃花在，借问春归有底忙。俱王荆公。　　梅花开时我种麦，桃李花飞麦丛碧。多病经时不出门，东坡已作黄云色。范石湖。　　大麦干枯小麦黄，妇女行泣夫走藏。东至集璧西梁洋，问谁腰镰胡与羌。岂无蜀兵三千人，部领辛苦江山长。安得如鸟有羽翅，托身白云还故乡。杜子美。　　贻年凤昔但声歌，今见郊原乐事多。且喜瓯娄符善祷，未须芦菔颦妖娥。霞觞正自夸真一，香钵何须问毕罗。我欲卖刀求学稼，不知还许受廛么。朱文公。　　芃芃秀色挺来年，片片黄云似水流。风作跳波时隐见，雨添新涨乍沉浮。晴畦锦漾千层縠，寒陇涛生四月秋。却怪狂澜频起陆，漫教文伟赋中愁。申瑶泉。

大麦，一名牟麦，一作麰。茎叶与小麦相似，但茎微粗，叶微大，色深青而外如白粉，芒长，壳与粒相粘，未易脱。小麦磨面作饼饵食，大麦止堪碾米作粥饭，及喂马用，此其所异也。性平凉滑腻，作饭宽中下气，煮粥甚滑。磨面作酱甚甘美。春、秋皆可种。《阴阳书》曰：大麦生于杏，二百日秀，秀后五十日成。生于亥，壮于卯，长于辰，老于巳，死于午，恶于戌，种忌子丑。他如穬麦、赤麦、青稞麦、黑穬麦，大抵与大麦一类而异种。

大麦苗：利小便。冬月煮汁，治面目、手足皱瘴。　　大麦蘗：消食。　　大麦奴：解热疾，消药毒。

附见。御麦：干叶类蜀黍而肥矮，亦似薏苡。苗高三四尺。六七月开花，穗苞如拳而长，须如红绒，粒如芡实大而莹白，花开于顶，实结于节。以其曾经进御，故曰御麦。出西番，旧名番麦。味甘平，调中，开胃。磨为面，蒸麦面者少加些须，则色白而开大。根叶煎汤，治小便淋沥、砂石痛不可忍。一名玉蜀黍，一名玉高粱，一名戎菽，实一物也。　　雀麦：一名燕麦，一名䔚麦，一名杜老草，一名牛星草，生故墟野林下，苗叶似小麦而弱。其实似穬麦，长而细，苗煮汁滑胎。唐刘禹锡所谓"兔葵燕麦，动摇春风"者即此。

疗治。食饱烦胀，但欲卧者：大麦面炒微香，白汤服方寸匕，佳。　　膜外水气：大麦面、甘遂末各半两，水和作饼，炙熟食，取利。　　小儿伤乳腹胀，烦闷欲睡：大麦面生用水调一钱服，白面微炒亦可。　　蝼蛄尿疮：大麦嚼傅之，日三上。　　肿毒已破：青大麦去须，炒暴花，为末傅之，成屑揭去。又傅数次，即愈。　　麦芒入目：大麦煮汁洗之，即出。　　汤火伤灼：大麦炒黑研末，油调搽之。　　被伤肠出：以大麦粥汁洗肠，推入，但饮米糜，百日乃可。　　辛患淋痛：大麦三两煎汤，入姜汁、蜂蜜代茶饮。　　小便不通：陈大麦秸煎浓汁，频服。　　胎死腹中及胞衣不下，上抢心：用雀麦一把，水五升，煮二升，温服。　　齿䘌并虫，积年不瘥，从少至老者：用雀麦，一名杜老草、牛星草，用苦瓠叶三十枚，洗净。取草剪长二寸，以瓠叶作五包包之，广一寸，厚五分，以三年酢渍之。至日中，以两包火并包①令热，纳口中，熨齿处边，冷更易之。取包置水中，解视，即有虫长三分，老者黄色，少者白色，多即二三十枚，少

---

① 包，同"炮"，音 páo，炮炙，制中药的一种方法。

即一二十枚。此方甚妙。

典故。寒食煮大麦粥，研杏仁为酪，别造饧沃之。《玉烛宝典》。 豌麦似大麦，豌，音宛。出凉州。《广志》。 回鹘地宜白麦与青麦、𪌌麦。𪌌，音累。《五代史》。

稷，一名穄，可供祭。一名粢，《礼》称明粢。关西谓之𪎭，𪎭，音靡。冀北谓之𥟖。𥟖，音欠。苗似芦，茎高三四尺，有毛，结子成枝而疏散，外有薄壳，粒如粟而光滑，色红黄。米似粟米而稍大，色黄鲜，麦后先诸米熟。炊饭疏爽香美，故以供祭。食之益气安中，宜脾利胃，凉血解暑，压丹石毒，属土，脾之谷也。脾病宜食，多食发冷病，忌与瓠子、附子同食。三月种，耘四遍。七月熟。四五月亦可种，但收少迟耳。刈稷欲早，八九分熟便刈，少迟遇风即落。

疗治。补中益气：羊肉一脚熬汤，入河西稷米、葱、盐，煮粥食。 痈疽发背：粢米粉熬黑，以鸡子白和涂练上，剪孔贴之，干则易，神效。 辟瘟：令不染稷米为末，顿服之。

丽藻。散语：彼稷之苗。 黍稷重穋。 黍稷稻粱，农夫之庆。 我稷翼翼，我仓既盈。我庾维亿，以为酒食。以享以祀，以介景福。 有稷有黍。俱《诗》。 饭之美者有阳山之穄。《吕氏春秋》。 稷乃五谷之长。《说文》。

黍，一名秬，秬，音巨。黑黍。一名秠，秠，音痞。一秠二米。种植、苗穗与稷同，宜肥地，多收。《说文》云：黍，暑也。当暑而生，暑尽而获。《六书精蕴》云：禾下从氽，象细粒散垂之形，有黄、白、黎三色，米皆黄，比粟微大，北人呼为黄米。属火，南方之谷，性温，益气补中，久食令人多（熟）〔热〕，小儿忌食。他如牛黍、燕颔、马革、驴皮、稻尾、大黑黍、〔秀〕成、赤黍，皆黍之异名也。刈后乘湿即打，则稃易脱，迟则稃着粒上难脱。

制用。三月三日取黍面和菜作羹，能避时气。 黍米性粘，可酿酒，可作饧，可蒸煮为糕糜。菰叶裹成粽，名角黍，祭三闾大夫遗制也。合葵菜食成痼疾，合牛肉、白酒食生寸白虫。 穰及根煮汁，解苦瓠毒，浴去浮肿。 拂地帚煮汁入药佳。 醉卧黍穰，令人生厉，落眉发。

疗治。阴易：黍米二两，煮薄粥，和酒饮，发汗即愈。 心痛多年者：黍米淘汁，温服随意。 火灼未成疮者：黍米、女曲等分，各炒焦，研末，鸡子白调涂之。煮粥亦可。 闪肭脱臼，赤黑肿痛：用黍米粉、铁浆粉各半升，葱一斤，同炒存性，研末，以醋调服。三次后，水调，入少醋，贴之。 小儿鹅口：嚼浓汁涂，效。 孕妇下水如豆汁：黍米、黄芪各一两，水七升，煎三升，分三服。 浸淫疮周身则杀人，初起：炒黍米黄黑，杵末敷。 久泄：黍米炒粉，砂糖拌食。 通身水肿：黍茎扫帚煮汤浴之。 脚气冲心：黍穰一石煮汁，入椒目一升，更煎十沸，渍三四度，愈。 天行疱疮，不拘人畜：用黍穰煮浓汁洗。一茎者是稷穰，不可用。 疮肿伤风，中水痛剧：黍穰烧烟熏汗出，愈。 妊妇尿血：穰及根烧灰，酒服方寸匕。

典故。黄帝时，南夷乘白鹿来献秬鬯。《尔雅》。 仲秋之月，农乃登黍，天子乃以鸡尝黍羞，以含桃先荐寝庙。祭有常礼。荐者，遇时物则荐。祭以首时，孟月也。荐以仲月。《月令》。 庶人春荐韭，夏荐麦，秋荐黍，冬荐稻。韭以卵，麦以鱼，黍以豚，稻以雁。《王制》。 管仲说威公曰："古之封禅，鄗上之黍，北里之禾，所以为盛。"《史记》。 孔子侍坐于鲁哀公，设桃具黍。公曰："以黍雪桃也。"孔子对曰："夫黍，五谷之长也，祭先王以为上盛。果有六，而桃为下，祭先王不得入于庙。丘闻之也，君子以贱雪贵，不闻以贵雪贱。今以五谷之长雪瓜蓏之下，是侵上忽下也。"《家语》。 韩之曰："吴起欲攻秦小亭，置一石赤黍于东门外，令人能徙于西门外者，赐之上田宅。人争徙之。乃下令曰：'明日攻秦，能先登者与之大夫，赐之上田宅。'于是攻之，一朝而拔。" 汉和帝元兴元年，任城生黑黍。 成化元年，天雨黑黍于襄阳。

丽藻。散语：彼黍离离，彼稷之苗。行迈靡靡，中心摇摇。 我黍与与。俱《诗》。 大梁之黍，琼山之米，唐稷播其根，农帝尝其华。张协《七命》。 诗四言：翯翯重云，习习和风。黍华陵巅，麦秀丘中。靡田不播，九谷斯丰。奕奕玄霄，蒙蒙甘溜。黍发稠华，禾挺其秀。靡田不殖，九谷斯茂。无高不播，无下不殖。芒芒其稼，参参其穑。穑我王积，充我民食。玉烛阳明，显猷翼翼。(东晳)〔束晳〕《补华黍诗》)。 五言：返照入闾巷，忧来与谁语？古道无人行，秋风动禾黍。耿纬。 何必入山深，居然似汉阴。雨残云在竹，野旷日平林。近郭无人事，为农长道心。柴扉炊黍罢，端坐听鸣禽。冯琦。 督领不无人，提携颇在纲。荆扬风土暖，肃肃候微霜。尚恐主守疏，用心未甚臧。清朝遣婢仆，寄语谕崇冈。西成聚必散，不独陵我仓。岂要仁里誉，感此乱世忙。北风吹蒹葭，蟋蟀近中堂。荏苒百工休，郁纡迟暮伤。杜少陵。 七言：黑黍春来酿酒饮，青禾刈了驱牛载。大姑小叔常在眼，却笑长安在天外。曹邺。

谷，粟米之连壳者，本五谷之一，粱属也。北方直名之曰谷，今因之。脱壳则为粟米，亦曰小米。粟，古文作㮚，象穗在禾上之形，盖粱之细者。秆高三四尺，似蜀秫秆，中空有节，细而矮。叶似芦小而有毛，穗似蒲有毛。颗粒成簇，性咸淡，养脾胃，补虚损，益丹田，利小便，解热毒，陈者尤良，北人日用不可缺者。青粱谷穗有毛，粒青，米亦微青而细于黄、白粱。壳粒似青稞而少粗。夏月食之极清凉，但以味薄色恶，不如黄、白粱，故人少种。此谷早熟而收少，作饧，清白胜余米。谚云"谷三千"，一穗之实至三千颗，言多也。其名或因姓氏地里，或因形似时令，早则有赶麦黄、百日粮、六十日还仓之类，中则有八月黄、老军头之类，晚则有雁头青、寒露粟、铁鞭头之类。又有粱谷、滑谷、白谷、白谷黄米、黄谷白米之类。《齐民要术》云："夫粟成熟有早晚，苗秆有高下，收获有多寡，性质有强弱，味有美恶。总之，顺天时，量地力，则用力少而成功多，任情返道，劳而无获。"

种谷。地欲肥，耕欲细、欲深，秋耕更佳。种欲成实不秕，用腊雪水浸过，耐旱辟虫。时欲仲春得雨为妙，小雨欲接湿，大雨须俟少干，先耙后种，种后旋以石砘砘令土坚，则苗出旺相。如遇天旱，苗出土仍砘。春种欲深，夏种欲浅，早禾、晚禾欲兼种，防岁有所宜。一云闰月年宜晚田，然大率宜早，早田收多于晚。早田净而易治，晚者芜秽难治。且早谷米实而多，晚谷皮厚米少，而虚行欲稀。谚云："稀谷大穗，来年好麦。" 锄谷：锄以三遍四遍为度。第一遍曰撮苗，留苗欲密。第二遍曰定科，留其壮者，去其密者、弱者。第三遍曰拥本，锄欲深，拥其土以护根，则耐旱。第四遍曰复垄，俗名添米。五谷惟小锄为良，苗出垄则深锄，锄不厌，数周而复始，勿以无草而急功。锄者非止去草，盖地熟而实多，糠薄而米美，锄得十遍可得八米。春锄起地，夏锄除草。春锄不用触湿，六月以后虽湿亦无嫌。 刈谷：《食货志》云：力耕数耘，收获如盗贼之至。故熟速刈，干速积。刈早则伤镰，刈晚则折穗，遇风则收减，湿积则薰烂，积晚则粒耗，连雨则生耳，所以收获不可缓也。收获者，农事之终，务本者可怠焉而自弃其前功乎？ 积谷：《周礼·地官》曰：舍人掌粟入之藏。注曰：九谷俱藏，以粟为主。神农之教曰：有石城十仞，汤池百步，带甲百万，而无粟，弗能守也。北方水土深厚，窖地而藏，可数十年不坏。 嘉禾：嘉禾，五谷之长，盛德之精也。文者异本而同秀，质者同本而异秀，此夏殷时嘉禾也。《瑞应图》。 王者盛德则嘉禾生。嘉禾者，仁卉也，其大盈箱，一稃二米。《晋征祥说》。 成王时，有苗异茎而生，同为一穗。人有上之者。王召周公而问之。公曰："三苗为一穗，抑天下其合为一乎？《书大传》。 唐叔得嘉禾，异亩同颖，献之天子，荐之太庙。周公作《嘉禾》，序以名之于《书》。 汉鲁恭拜中牟令，嘉禾生恭庭中。 和帝元年，嘉禾生于济阴城阳，一茎九穗。安帝时，九真嘉禾生五百六十本，七百六十八穗。《古今注》。 吴赤乌年，会稽嘉禾生，因改元嘉禾。《吴志》。 文帝时，醴湖生嘉粟，一茎九穗。 元嘉二十五年，嘉禾生华林园，十株七百穗。 孝武帝大明元年，嘉禾生清署殿鸱尾中，一茎六穗。俱《宋书》。 孝武帝时，固始县嘉禾一茎六穗，新蔡县又获一茎九穗、一茎七穗。《齐书》。 后魏许谦字元逊，其子洛阳为雁门太守，家田三生嘉禾，皆异亩合颖。 太子初生之岁，豫州献嘉禾，乃更名豫。《唐·代宗纪》。 唐郭子仪言，宁朔县界荒地十五里，有黑禾偶出遍地，扫尽，经宿复生。其禾圆实，味甘美。 唐宣宗大中二年，福建进瑞粟十五茎，茎五六穗。 万历辛卯，平阳县民有田六亩，同时插秧，中三亩勃然奋发，五日即结谷收成。县以为嘉谷先登，丰年大瑞。《援神契》曰：王者德至于地则嘉禾生。传言天地之精，上为日月，其下为五谷。盖五谷，民之所天，而天地之精华在焉。昔者神农作天锡之加谷九穗，尧时得三十五穗，夏异本同秀，殷又同本而异秀，故伊尹称南海之秬，而管仲告其君亦以北里之禾为重信乎？古帝王受命之符，不可轻也。曹大章。

附见。穇子：穇，音惨，不枯之称。一名龙爪粟，一名鸭爪稗，北地荒坡处种之。苗叶似谷，至顶抽茎，有三棱，开细花，结穗如粟而分数歧，状如鹰爪，子如黍而细，褐色，味涩，稃甚薄，碾米、煮粥、炊饭、磨面、蒸食皆宜，可救荒。 稊稗：野生，苗叶似穇子，色深绿，根下叶带紫色，梢头出扁穗。子如黍，茶褐色，味微苦。用与穇子同。食之益气宜脾，故曹植有芳菰精稗之称。苗根治金疮及损伤，血出不已，捣敷即止，甚验。每一斗得米三升，故曰"五谷不熟，不如稊稗"。苗似稗而穗如粟，有紫毛，即乌禾也，可救荒，又可杀虫，煮以沃地，蝼蚓皆死。

制用。粟米、粳米、薏仁米各二合，莲肉、枸杞、粟黄、鲜韭各一两，山药二两，猪肾二枚，葱一撮，盐一钱，花椒末二分，共作粥，大补益。

疗治。消渴：陈粟米炊饭，干食之，良。 反胃，脾胃气弱，食不消化，汤饮不下：用粟米半升杵粉，水丸梧子大，七枚煮熟，入少盐，空心和汁吞下。或云纳醋中吞之，得下便已。 鼻衄：粟米粉，水煮服。 婴孩七日，助谷神以达胃气：研粟米煮粥如饴，每日哺少许。 小儿赤丹：嚼粟米傅之。 小儿重舌：嚼粟哺之。 目眯：生粟米七粒嚼烂，取汁洗之，即出。 汤火伤：粟米炒焦，投水澄，取汁煎稠如糖，频傅之，止痛灭瘢。一方：半生半炒，研末，酒调傅之。　熊虎伤：嚼粟涂之。　眼赤肿：粟米泔极酸者、生地黄等分，研匀摊绢，方圆二寸，贴目上熨之，干即易。　痂疮月蚀：寒食米泔傅之，良。

典故。武王散鹿台之财，发巨桥之粟，大赉于四海，而万姓悦服。《周书》。　（四）〔田〕釐子乞为齐大夫，收赋税于民，以小斗受之，其以粟予民以大斗出，由此得齐众心。田乞卒，子常立复修釐子之政，以大斗出贷，以小斗收，齐人歌之。　襄公二十九年，郑子展卒，子皮即位，于是郑饥而未及麦，民病。子皮以子展之命，饩国人粟，户一钟。《左传》。　高平王遣使者从魏文侯贷粟。文侯曰："须吾租粟至，乃可也。"使者曰："如鱼张口待水上呼吸，间若待决淮河之水，必求吾于枯鱼之肆矣。"《说苑》。　邹穆公有令：食凫雁者必以秕。无敢以粟。凫雁无食，而以一石粟易一石秕。其费甚矣，请以粟食之。公曰："非尔所知也！夫百姓饷（午）〔牛〕而耕，曝背而耘，勤而不敢惰者，岂为鸟兽食哉？粟米，人之上食也，奈何以养鸟？汝知小计而不知大害矣。"《韩非子》。　晏子相齐，食脱粟饭。《晏子春秋》。　季桓子以粟十钟饩夫子，受而颁诸门人之无者。子贡曰："季孙以夫子之贫也而致粟，今而施矣，乃厌意乎？"子曰："吾受而不辞，为季孙惠。受而惠，非一人不亦宜乎？"《家语》。　子华使于齐，冉子为其母请粟。子曰："与之釜。"请益。曰："与之庾。"冉子与之粟五秉。原思为之宰，与之粟九百，辞。《论语》。　子思居贫，其友馈之粟者受二车焉，或献以樽酒、束修。子思曰："为费而不当也。"或曰："子取人粟而辞酒，是辞少而受多，于义无名。"子思曰："然不幸而贫，生于困乏，将绝先人之祀。夫所以受粟焉，周之也。酒脯则所饮燕也，方为食而乃饮燕，非义也。度义而行之可也。"《论语》。　子列子穷，容有饥色。客有言于郑子阳者曰："列御寇，有道之士也。居君之国而穷，君无乃不好士乎？"子阳令官遗之粟。子列子见使者，再拜而辞。使者去，列子妻拊心曰："妾闻有道者之妻子皆得佚乐。今有饥色，君过而遗先生粟，先生不受，岂不命耶！"列子笑谓之曰："君非自知我也，以人之言而遗我粟，至其罪我也，又且以人之言。此吾所以不受也。《庄子》。　梁惠王："河内凶，则移其民于河东，移其粟于河内。河东凶亦然。"《孟子》。　饭之美者，不周之粟。《吕氏春秋》。　宣曲任氏之先为督道仓吏。秦之败，豪杰皆争金玉，任氏独积仓粟。楚汉相拒荥阳，民不得耕种，米石至百金，豪杰金玉尽归任氏，以此起富。《史记》。　郦食其说汉高祖，敖仓天下转输久矣，急据敖仓之粟。　汉淮南王死，民歌曰：一斗粟尚可（春）〔舂〕，兄弟二人不相容。《汉书》。　公孙弘为丞相封侯，食一肉脱粟之饭。《汉书》。　汉东方朔曰："侏儒长三尺余，俸一囊粟，钱三百四十。臣朔长九尺余，亦一囊粟，钱三百四十。侏儒饱欲死，臣朔饥欲死也。"《武帝纪》。　汉武帝元狩中，太仓之粟陈陈相因，充溢露积，红腐而不可食。　马援征隗嚣，于帝前聚米为山谷，指画形势，昭然可晓。帝曰："虏在吾目中矣。"《东汉史》。　吴全琮父柔为桂阳守，使琮赍米数千斛至吴交易，琮皆赈给士大夫之贫者，空船而返。柔怒，对曰："愚以所市非急，而士大夫方有倒悬，故因便赈给，不及启也。"柔奇之。　晋刘殷梦人曰："西篱下有粟。"寤而掘之，果得粟五十钟，铭曰"七年粟赐孝子刘殷"。　郗鉴字道徽，值永嘉丧乱，在乡里，甚穷馁。乡人以公名德，共饴之。公常携兄子迈及外甥周翼二小儿往食，乡人曰："各有饥困，以君之贤，欲共济君耳，恐不能兼有所存。"公于是独往食，辄含饭着两颊边，还，吐与二儿。后并得存，同过江。（郄）〔郗〕公殁，翼为剡县，解职归，席苫于公灵床头，心丧三年。　齐刘怀惠为齐郡太守。有饷新米一斛者，刘出麦饭示之，曰："食有余，幸不烦此。"俱《世说》。　梁沈约少贫，于求宗党，得米数百斛，为宗人所侮，遂覆米而去。及贵，不以为憾。　梁庾诜尝乘舟从山舍还，载米百五十石，有人寄载三十石。至宅，寄载者曰："君三十石，我百五十石。"诜默然不辨，恣其取足。　梁张率为新安太守，遣家僮载米三千石还宅。及至，遂耗其半。率问故，答曰："鼠雀耗。"率笑曰："壮哉，鼠雀！"竟不研问。　陈人娄鹄妻事亲至孝，家贫。有故人至，鹄使妻贷米于邻，不与。其妻解衣易米，归奉客。后鹄举孝廉，为京兆刑曹。邻人犯事，送鹄。鹄欲重案之，妻谏而轻其罪，皆称其贤。　隋李士谦望见盗割其粟，默而避之。家僮执盗粟者。士谦曰："贫困所致耳，可放之。"　唐萧倣出太仓，贱估以济民。

丽藻。散语：五谷者，种之美者也。《论语》。　后稷教民稼穑，树艺五谷。《孟子》。　播厥百谷，实含斯活。《诗》。　诗四言：于穆圣皇，仁畅惠渥。辞献减膳，以服鳏独。和气致祥，时雨洒沃。野草萌芽，变化嘉谷。　五言：白露黄粱熟，分张素有期。已应舂得细，颇觉寄来迟。味岂同金菊，香宜配绿葵。老人他日爱，正想滑流匙。杜子美。　玉烛将成岁，封人亦自歌。八方沾圣泽，异亩发嘉禾。共秀芳何远，连茎瑞且多。颖多甘露滴，影乱惠风过。表稔由神化，为祥识气和。因知兴嗣岁，王道旧无颇。孟简《咏嘉禾合颖》。　举家鸣鹅雁，突冷无晨炊。大贫乞小贫，安能不相嗤？幸存颜氏帖，况有陶公诗。乞米与乞食，前人良可师。梅尧臣《贷米》。　抱疾漂萍老，防边旧谷屯。春农亲异俗，岁月在衡门。青女霜风重，黄牛峡水喧。泥留虎斗迹，月挂客秋村。乔木澄稀影，轻云倚细根。数惊闻鹊噪，暂睡想猿蹲。日转东方白，风来北斗昏。天寒不成寐，无梦寄归魂。　七言：卢仝不出僧流俗，我卜郊居避俗憎。今有邻僧来乞米，我今送米乞邻僧。王荆公《馈米》。

稻，一名稌，有粳，有糯。粳者，硬也，堪作饭、作粥，南方以为常食，北方以为佳品。《礼记·祭祀》谓稻为嘉蔬，《周官》有稻人，汉有稻田使者，盖通粳糯而言也。粳即秔也，粳之熟也晚。粳之小者谓之籼，籼熟早谓之早稻。有早、中、晚三熟，水、旱二类。南方土下泥涂多，宜水稻；北方地平惟泽土，宜旱稻。种类甚多。其谷之红白大小不同，芒之有无长短不同，米之坚松赤白紫乌不同，味之香否软硬不同，性之温凉寒热不同，大要北粳凉，南粳温，赤粳热，白粳凉，晚白粳寒，新粳热，陈粳凉。叶与粳似小麦，穗似大麦，稃与实不相粘。温中益气，止烦渴，和肠胃，合芡实作粥，益精强志，聪耳明目。其类为香稉、一名香子，粒小色斑，以三十五粒入他米数升炊之，芬芳香美。　小香稻、赤芒白粒，其色如玉，食之香美，凡享奠延宾以为上品，出闽中。　雪里拣、粒大色白，秆软而有芒。　三穗子、一穗三百余粒，出湖州。　箭子、粒细长而白，味甘香，九月熟，稻之上品。　胭脂赤、香柔而甘者，煮之作纯赤色，晚稻上品。有一种性不畏卤，可当咸湖①，近海口之田不得不种。　盖下

---

① 湖，疑应作"潮"。清光绪《蒸里志略》卷二载"飞来籼……不畏卤，可当咸潮，成熟最早"，可作参考。

白、正月种，五月刈，根复生，九月熟。　麦争场、三月种，六月熟。此种早熟，农人甚赖其利，食新者争市之，价倍贵。　青芋稻、六月熟。累子稻、白漠稻，七月熟。此三种出益州，大而长，米半寸，亦嘉种也。　六旬稻、一名拖犁归，粒小，色白。四月种，六月熟。又有八十日稻、百日赤。毗陵亦有六十日籼、八十日籼、百日籼之品。百日赤、百日籼俱白秆而无芒，七八月熟，其味白淡而红甘。　香粳、粒小而性柔，七月熟，有红芒、白芒之等。　乌籼、早稻也，粒大而芒长，秸柔而韧，可织屦。饭之香美，浙中以供宾客及老疾孕妇。三月种，七月收。其田以蒔晚稻，可再熟。又有虎掌稻、赤穑稻、蝉鸣稻，俱七月熟。　早白稻、一名小白，一名细白，粒赤而秆芒白。五月初种，八月熟。九月熟者谓之晚白，一名芦花白，一名大白。　中秋稻、粒白而大。四月种，八月熟。八月望熟者谓之早中秋，又谓之闪西风。　一丈红、五月种，八月收。能水，水深三四尺，漫撒水中，能从水底抽芽出水。与常稻同熟，但须厚壅耳。　糯柳稻、粒大而色斑。五月种，九月熟。性硬，皮、茎俱白。松江谓之胜红莲。　紫芒稻、粒白，（穀）〔壳〕紫。五月种，九月熟。　红莲、粒大，芒红，皮赤。五月种，九月熟。　三朝齐、一名下马看，秀最易。　矮白、又名师姑，粒白，无芒，秆矮。五月种，九月熟。　撴稻、春种，夏获，七月初再插，至十月熟。　金城种、粒尖，色红而性硬。四月种，七月熟。高仰所种，松江①谓之赤米，下品也。　乌口稻、一名冷水结，再蒔而晚熟，稻之下品。　他如黄稻、黄陆稻、豫章、青赤芒、青甲等稻，未可枚举。糯稻、一名秫稻，苗叶茎穗与粳稻同，米可炒食，可酿酒，可熬饧，可作粢，可煮糕，可蒸糕。水稻赤色者酒多糟少。一种粒白如霜，长三四分。《齐民要术》：糯有九格、雉木、大黄、马首、虎皮、长江、惠成、黄满、方满、荟奈、常秫、火色等。名糯者，懦也，性粘滞难化，多食令人身软，拥诸经络气，发痼疽疮疖中痛。合酒食，醉难醒。小儿及病人最忌。孕妇杂肉食之，令子不利。小猫犬食之，脚屈不能行。马食之足重。　芦黄糯、一名泥里变，言不待日晒也。粒大，色白，芒长。熟最早。其色易变。酿酒最佳。　金钗糯、粒长，而酿酒多。　乌香糯、色乌，气香。　籼糯、一名赶陈糯，一名赶不着。粒最长，白秆，有芒。四月种，七月成熟。　小娘糯、不耐风水。四月种，八月熟。　青秆糯、秆黄，芒赤，已熟而秆微青，最宜良田。四月种，九月熟。　矮糯、一名矮儿糯。尖大而色白。四月种，九月熟。　朱砂糯、一名胭脂糯。芒长而谷多白斑。五月种，九月熟。　羊脂糯、色白，性软。五月种，十月熟。　虎皮糯、白斑。五月种，十月熟。　铁梗糯、秆挺而坚。　马骔糯、芒如马骔，色赤。　秋风糯。一名瞒官糯，一名冷粒糯。粒圆白而秆黄，大暑可刈。易种多收，农人喜种之。饭则糯，酿则粳，粜则减价，多以代粳输租。

粳谷奴：粳穗煤黑者。　米泔汁：第二次者清而可用。

种稻：甲子、戊辰、己巳、庚午、辛未、壬申、癸酉、甲戌、丙子、丁丑、戊寅、己卯、癸未、甲申、戊子、己丑、庚寅、辛卯、甲午、庚子、辛丑、壬寅、甲辰、丙午、丁未、戊申、己酉、壬子、癸卯、庚申、辛酉、壬戌、癸亥，成、收、开日，忌平、闭、丑日。　犁田：须犁耙三四遍，青草或粪穰灰土厚铺于内，畲烂打平，方可撒

----

① 江，底本缺，据"四库全书"《授时通考》卷二〇《谷种·稻一》补。

种，则肥而发旺。　　浸种：宜甲戌、壬午、壬辰，成、开日。早稻清明节前浸，晚稻谷雨前后浸，用稻草包裹一斗或二三斗投于池塘水内，缸内亦可，昼浸夜收。不用长流水，难得生芽。若未出，用草荟之，浸三四日，微见白芽如针尖大，取出，于阴处阴干，密撒田内。候八九日秧青，放水浸之。糯稻出芽较迟，浸八九日，如前微见白芽，方可种。撒时必晴明，则苗易竖。亦须看潮候，二三日复撒稻草灰于上，易生根。　　插秧：庚午、辛未、癸酉、丙子、己卯、壬午、癸未、甲申、甲午、己亥、庚子、癸卯、甲辰、丙午、戊申、己酉、己未、辛酉，成、收、开日，芒种前后插之。早稻宜上旬，拔秧时轻手拔出，就水洗根去泥，约八、九、十根作一小束，却于犁熟水田内插栽，每四五根为一丛，约离五六寸插一丛。脚不宜频那，舒手只插六丛，却那一遍，再插六丛，再那一遍，逐旋插去，务要整直。　　扬稻：稻初发时，用扬〔耙〕于稞行中扬去秽草，易耘搜松，稻根则易旺。　　耘稻：扬稻后，将灰粪或麻豆饼屑撒田内，用水耘去草尽净，近秋放水，将田泥涂光，谓之熇稻。待土裂，车水浸灌之，谓之还水。谷成熟，方可去水。或遇天少雨，急锄一遍，勿令开裂。俟天兴云，则浇肥粪，待雨，勿致缺水，则稻发不遍。　　水稻：稻之名不一，然非水则无以生。种艺之法，宜选上流出水，便其性也。《春秋说题》曰：稻之为言藉也。稻舍水，盛其德也。稻太阴精，含水渐洳，乃能化也。《淮南子》曰：江水肥而宜稻。种稻者，蓄陂塘以潴之，置堤闸以止之。种时先放水十日，后曳碌碡十遍，地既熟净，然后下种。候苗生五六寸，拔而秧之。高七八寸则耘之，耘毕放水熇之。欲秀，复用水浸之。苗既长茂，复薅拔以去莨莠。农家收获尤当及时，江南上雨下水，收稻必用乔杆〔筊〕架，乃不遗失。刈早，则米青而不坚；刈晚，则零落而损收，又恐风雨损坏。　　旱稻：宜用下田。《齐民要术》曰：凡下田停水处，燥则坚垎，湿则污泥，难治而易荒，挠埂而杀种，春耕者杀种尤甚，故宜五六月暵之，以拟大麦。如水潦不得种，九月一转至春种稻，万不失一。凡种下田，不问秋夏，候水尽，地白背时，速耕耙耢频翻令熟。二月半种稻为上时，三月为中时，四月初及半为下时。渍种令开口，楼构掩种之，即再遍耢。苗长三寸，耙耢而锄之。锄欲速，每经一雨辄耙耢。苗高尺许，则冒雨薅之。科大如〔概〕者，五六月中霖雨时，拔而栽之。余法悉与下田同。今闽中有占城种，即黄籼也，性耐旱，高仰处皆宜种，谓之旱占，其米粒大而且甘，早种早熟，六十日即可获，为〔旱〕稻佳种。北方水源颇少，惟陆地沾湿处种稻，其耕锄薅拔一如前法。

　　附录。水稗：《淮南子》曰：蓠先稻熟，蓠，水稗也。而农夫薅之者，不以小利妨大获。氾胜之曰：稗既堪水旱，种无不熟之时，又特滋茂，良田亩得二三十斛。魏武使典农种之，顷收二千斛，斛得米三四斗，酿酒甚美酽，炊食不减粟米，可备荒。稗秆一亩则当稻秆二亩，宜择其秸长而粒大种之。倘遇水旱，便可多种，亦救荒之一助。　　雕胡米：一名茭米，一名雕蓬，一名雕苽，一名蒋。生水中，叶如蒲苗。有茎梗者谓之菰蒋。至秋结青实，长寸许，霜后采，大如茅针。皮黑褐色，米白而滑腻，作饭香脆。杜诗"波飘菰米沉云黑"，又云"滑忆雕胡饭"，又云"为我炊雕胡，逍遥展良觌"，又云"雕胡吹屡新"，又古诗"炊雕留上客"，柳诗云"香春菰米饭"，皆茭也。《周礼》供御乃九谷之一。《内则》曰：鱼宜苽，皆水物也。《西京杂记》云：汉太液池边皆雕胡，紫箨绿节，芦之未解叶者谓紫箨，菰之有首者谓绿节。盖菰之有米者，味甘冷，解烦热，调肠胃，荽中生菌如瓜形，色白，秋月采之，甚脆嫩，可作羹菜。晒干，冬月煮肉更佳。一种不结实，惟堪作荐，故《尔雅》云：啮，雕蓬；荐，黍蓬。黍蓬即荽之不结实者。杨升庵《卮言》谓：黍蓬乃旱蓬，青科，结实如黍，羌人食之，今松州有之。恐另是一种。

制用。辟谷：白籼米一斗，择圆满者浸捞，如造酒法，蒸七分熟。蒸毕，晒干。先以糯米三斗，如常造酒，用细料曲取酒，（醇）〔酽〕笮极干。将酒（醇）〔酽〕渍蒸米，晓取晒干，暮又浸；又晒，以酒（醇）〔酽〕尽为度。将净罐贮米，每用一撮，以凉水吞之，可饱一日，或用饮食任意。

疗治。噎病：常食干粳饭，自无此疾。　稻米同马肉食，发痼疾。　霍乱吐泻，烦渴欲绝：粳米二合研粉，入水二盏研汁，和淡竹沥一合，顿服。　赤痢热躁：粳米半升，水研取汁，入油瓷瓶中，蜡纸封口，沉井底一夜，平旦服之。吴内翰家乳母病，此服之有效。　自汗不止：粳米粉，绢包，频频扑之。　五种尸病：粳米二升，水六升，煮一沸服，日三。　粳米和苍耳食，令人卒心痛急：烧仓米灰，和蜜浆服，不尔即死。　卒心气痛：粳米二升，水六升，煮六七沸服。　米瘕：白米五合、鸡粪一升，同炒焦为末，水一升，顿服，少时吐出瘕，如研米汁或白沫淡水，乃愈。　小儿初生三日应开胃：碎米浓煮汁如乳，以豆许与儿饮之，二七日可与哺。慎不得与杂药。　初生无皮，色赤，但有红筋，乃受胎未足也。用旱白米粉扑之，肌肤自生。　小儿甜疮生于面：令母频嚼白米，卧时涂之，三五次即愈。　胎动腹痛，急下黄汁：用粳米五升，黄芪六两，水七升，煎二升，分四服。　霍乱烦渴：糯米三合，水五升，蜜一合，研汁分服，或煮汁服。　三消渴病：糯谷炒出白花，桑白皮等分，每一两水二碗，煎汁饮。　禁口痢：糯谷一升，炒白花，去壳，姜汁拌湿再炒，为末。每服一匙，白汤下，三服即止。　久泻食减：糯米一升，水浸一宿，沥干，慢火炒熟磨筛，入怀庆山药一两。清晨用半盏入砂糖二匙、胡椒末少许，以极滚汤调食，大有滋补，久服令人精暖有子。秘方也。　鼻衄：糯米微炒黄，为末。每服二钱，新汲水调下，仍吹少许入鼻中。　劳心吐血：糯米半两，莲子心七枚，为末，酒服，曾用多效。或以墨汁作丸服，亦好。　自汗：糯米、小麦麸同炒，为末。每服三钱，米饮下。或煮猪肉蘸食。　治人夜小便脚停白浊：老人、虚人多此症，令人卒死，大能耗人精液，主头昏重。糯米五升炒赤黑，白芷一两，为末，糯粉糊丸梧子大。每服五十丸，局方补肾汤下。若后生禀赋怯弱，房室太过，小便太多，（小）〔水〕管塞涩，小便如膏脂，入石菖蒲、牡蛎粉，甚效。　虚劳不足：糯米入猪肚内蒸干，捣作丸，常服。　腰痛虚寒：糯米二升，炒熟，袋盛拴靠痛处，内以角茴香研酒服。　女人白淫：糙糯米、花椒等分，炒为末，醋糊丸梧子大。每服三四十丸，食前醋汤下。　胎动下黄水：糯米一合，黄芪、芎劳各五钱，水一升，煎八合，分服。　小儿头疮：糯饭烧灰，入轻粉，清油调敷。　缠蛇丹毒：糯米粉和盐嚼涂之。　打扑伤损诸疮：寒食日浸糯米，逐日易水，至小满取出，晒干，炒黄为末，用水调涂。　金疮痈肿等毒：糯米三升，端午前四十九日，以冷水浸之，一日两换水，轻淘转，勿令搅碎。至端午日取出阴干，绢袋盛，挂通风处。每用旋取，炒黑为末，冷水调如膏药，随疮大小，裹定疮口，外以布包定勿动，直候疮瘥。若金疮犯生水作脓肿甚者，急裹一二食久，即不作脓肿。若痈疽初发，才觉焮肿，急贴之，一夜便消。　喉痹乍腮：用前膏贴项下及肿处，一夜便消。干即换之，常令湿为妙。　竹木签刺：用前膏贴之，一夜刺出，在药内。　颠犬咬伤：粳米一合，斑蝥七枚，同炒黄，去蝥。又入七枚，待米出烟，去蝥为末，油调敷之，小便利出狗形，佳。　吐血不止：陈红米，泔水温服一钟，日三。　衄血：频饮米泔，仍以真麻油或萝卜汁滴入。　鼻上酒瘡：以米泔食后冷饮，外以硫黄入大菜头内煨，碾涂之。　服药过剂闷乱：粳米泔饮之。　走马喉痹：烧粳壳奴，研酒服方寸匕，立效。　消渴饮水：取稻穰中心烧灰，汤浸一合，澄清饮。　喉痹肿痛：稻草烧，取黑烟，醋调，吹鼻中，或灌入喉中，滚出痰，立愈。　热病余毒，手足疼痛欲脱：稻穰灰煮汁渍之。　下血成痔：稻槁烧灰，淋汁热渍三五度，瘥。　汤火伤疮：用稻草灰，冷水淘七遍，带湿摊上，干即易。若疮湿，焙干，油敷二三次，愈。　恶虫入耳：香油合稻秆灰汁滴入。　噎食：赤稻细稍烧灰，滚汤一碗，隔绢淋汁三次，取汁入丁香一枚、白豆蔻半枚、米一钱，煮粥食，神效。　小便白浊：糯稻草煎浓汁，露一夜服。　解砒毒：稻草烧灰淋汁，调青黛三钱服。

典故。雨水节烧干镬，以糯稻爆之，谓之字娄花，占稻色。自早禾至晚稻，皆爆一握，各以器列比，并分数断高下，以番白多为胜。卜人口亦如之。《田家五行》。　唐谢玄卿遇神仙，设龙睛稻。《续仙传》。　丰都稻名重思，米如石榴子稍大，味如菱。《玉格》。　南海晋安有九熟之稻。《抱朴子》。　王烈之《安成记》：安成郡毛亭田畴膏腴，厥稻（罄）〔馨〕香，饭若凝脂。　天竺国土溽热，稻岁四熟。《西域记》。　稻一年再熟。今浙江温州稻一岁两种，广东又有三种，田地气暖故也。《伤越外纪》。　雷阳界稻十一月下种，扬雪耕耘，次年四月熟，与他地迥异。《（十）〔一〕①统志》。　交趾稻一岁冬夏再种。《异物志》。　东有融皋，五谷多良，有旬日之稻，言一旬而生也。《拾遗记》。　魏文帝与群臣书：江表惟长沙有好米，是时新粳稻出，风吹之，五里闻香。《魏志》。　稻花午开暮合，开合皆于日中，香甚，有至七开七合者。　吴钟离牧客居永兴，自垦荒田。稻熟，民有识认者，牧即与之。县长欲治以法，牧为请得释，民惭惧。春稻得米六十斛，还牧，牧不受。民输置道傍，无敢取者。　晋郭翻客居临川，欲垦荒田，先立表题，经年无主，乃作稻。将熟，有认者悉推与之。县令闻而诘之，以稻还翻，不受。　晋孙晷见人有窃刈其稻者，从而避之。顷去，复自刈送与。　晋石崇家稻米饭在地，经宿皆化为螺，时人以为族灭之应。　晋陶潜为彭泽令，公田悉令种秫稻。秫，糯稻也，可酿酒。妻子固请种粳，乃使二百五十亩种秫，五十亩种粳。　渊明尝闻田水声，倚杖久听，叹曰："秫稻已秀，翠色染人，时剖胸襟，一洗荆棘。此水过吾师丈人矣。"　唐玄宗开元十九年，扬州奏穞生稻二百一十五顷，穞生，自生稻。穞，音吕。再熟稻一千八百顷，其粒与常稻无异。

丽藻。散语：十月获稻。《诗》。　稻人掌稼下地，以潴蓄水，以防止水，以沟荡水，以遂均水，以列舍水，以浍泻水，以涉扬其芟，作田。凡稼泽，夏以水殄草，而芟夷之。泽草所生，种之芒种。《周官》。　污田宜稻。《孝经援神契》。　十月获稻，人君尝其先熟，故在季秋九月熟者，谓之半夏稻。蔡邕《月令》。　穤穤一空，穤穤，稻多貌。玉粒

---

① 十，应作"一"。《佩文斋广群芳谱》卷八《谷谱·稻》著录此条引文出处为"《一统志》"。

如峙。王永喜。 国税再熟之稻，乡贡入蚕之绵。《三都赋》。 诗五言：六月蝉鸣稻。庾信。 粳稻共比屋。 稻获空云水。 尝稻雪翻匙。 官鸡输稻粱。俱杜甫。 罢亚百顷稻，西风吹半红。杜牧。 君看随阳雁，各有稻粱谋。俱杜少陵。 穤稉西成稻，逍遥北海尊。宋·张伯玉。 南思洞庭水，北想雁门关。稻粱俱可恋，飞去复飞还。陈·周弘正。 东屯复穰西，一种住青溪。往来兼茅屋，淹留为稻畦。市喧宜近利，林僻此无蹊。若访衰翁语，须令剩客迷。 白盐危峤北，赤甲古城东。平城一川稳，高山四面同。烟霜凄野日，粳稻熟天风。人事伤蓬转，吾将守桂丛。 香稻三秋末，平田百顷间。喜无多屋宇，幸不碍云山。御夹侵寒气，尝新破旅颜。红鲜终日有，玉粒未吾悭。 稻米炊能白，秋葵煮复新。谁云滑易饱，老藉软俱匀。种幸房州熟，苗同伊阙春。无劳映渠碗，自有色如银。 微雨不滑道，断云疏复行。紫崖奔处黑，白鸟去边明。秋日新沾影，寒江旧落声。柴扉临野碓，半湿捣香粳。 复作归田去，犹残获稻功。筑场怜穴蚁，拾穗许村童。落杵光辉白，除芒子粒红。加餐可扶老，仓庾慰飘蓬。 东渚雨今足，仞闻粳稻香。上天无偏颇，蒲稗各自长。人情见非类，田家戒其荒。功夫竞揞（了）〔揞〕①，除草置岸旁。谷者命之本，客居安可忘。青春其所务，勤垦免乱常。吴牛力容易，并驱动莫当。丰苗亦已概，云水照方塘。有生固蔓延，静一资堤防。 东屯大江北，百顷平若案。六月青稻多，千畦碧泉乱。插秧适云已，引溜加溉灌。更仆往方塘，决渠当断岸。公私各地著，浸润无天旱。主守问家臣，分明见溪畔。芊芊炯翠羽，剡剡生银汉。鸥鸟镜里来，关山雪边看。秋菰成黑米，精凿传白粲。玉粒足晨炊，红鲜任霞散。终然添旅食，作苦期壮观。遗穗及众多，我仓戒滋蔓。俱杜少陵。 七言：香稻啄残鹦鹉粒。稻米流脂粟米白，公私仓廪俱丰实。俱杜甫。 翠浪舞翻红罢亚，白云穿破碧玲珑。东坡。 百里饱看红穤稉，一杯轻愧黑蜿蜒。毛滂。 良田膴膴无西东，穤稉卧畦云满丛。 十里稻香新绿野，一声歌断旧青楼。何扶。 东屯稻畦一百顷，北有涧水通青苗。晴谷狎鸥分处处，雨随神女下朝朝。杜少陵。 空怜碧玉赠珊瑚，坐见飞花满径铺。留得博山炉内火，待君今日过雕胡。孙齐之。 词：板扉小隐青溪曲，夜月罗浮松暗覆。木笼戛戛摇生谷，庄田塾，桔槔悬向茆檐屋。 青山一片芙蓉簇，林皋逸韵飘横竹。远浦轻帆低几幅。浓睡足，笑看小妇琼鬘绿。徐小淑《渔家傲》。

脂麻，一名芝麻，一名油麻，一名胡麻，一名巨胜，一名方茎，一名藤弘，一名狗虱。沈存中《笔谈》云：胡麻即今油麻。古者，中国止有大麻，张骞始自大宛得油麻种来，故名胡麻。巨胜即胡麻之角巨如方胜者。方茎以茎名，狗虱以形名，油麻、脂麻以多油名。曰藤弘者，弘亦巨也。隋大业中又改为交麻。今俗作芝麻者，非。陶弘景曰：胡麻，八谷之中惟此为良。李时珍曰：脂麻有早晚二种，黑、白、赤三色，茎皆方，高者三四尺，叶光泽。有本团而末锐者，有本团而末分三丫如鸭掌形者，葛洪谓一叶两尖为巨胜，盖不知乌麻、白麻皆有二种叶也。秋开白花，似牵牛花而微小，亦有带紫艳者。节节生枝结角，长者寸许，四棱六棱者房小而子少，七棱八棱者房大而子多，皆随地肥瘠。苏恭谓四棱为胡麻，八棱为巨胜，谓其房大胜诸麻也。枝四散者

---

① 了，应作"揞"。"四库全书"〔宋〕郭知达编《九家集注杜诗》卷一三引《秋行官张万督促东渚耗稻向毕清晨遣女奴阿稽竖子阿段往问》作"揞"。揞揞，用力貌。

角繁子多，一茎独上者角稀子少。取油以白者为胜，可以烹煎，可以然点。服食以黑者为良。胡地者子肥大，其纹鹊，其色紫黑，取油亦多，尤妙。其色黑，入肾能润燥也。赤者状如老茄子。钱乙治痘疮变黑归肾，用赤脂麻煎汤送百祥丸，取其解毒耳。

花：渍汁和面至韧滑，人身生肉丁者，擦之即愈。七月七日采乌麻花最上标头者，阴干为末，乌麻油渍之，眉毛不生者日涂之即生，又生秃发。　稭：入米仓内米不蛀，烧灰入点痣及去恶肉，方中用除夜撒之卧房内外，云可避邪。又生脂麻单条者，名霸王鞭，竖卧房前，亦云可祛鬼。　叶：汤浸良久，涎出，稠黄色。妇人用梳头沐发去风。　油：生笮者良，有润燥、解毒、止痛、消肿之功。蒸炒者止可食用及然点，不堪入药。入药以乌麻油为上，白麻油次之。须自笮者可用，市者恐伪。腊月油久放不坏，点灯照蚕，辟虫熬膏，药极效。搽妇人头发，黑光不臭，不生虮（风）〔虱〕。《家墅事亲》。　麻饼：笮去油，麻滓也，亦名麻糁，可食，荒岁人以救饥。入盐作酱甚滑腻，又可养鱼肥田。《周礼》"坚强用蒉"，亦此义也。　灯盏残油：治风痰食毒，涂痈肿热毒，猘犬咬伤，以灌疮口，甚良。

种植。须肥地。荒地亦可，但多加粪，二三月为上时，四月上旬为中时，五月上旬为下时。望前种，实多而成；望后种，子少多秕。每亩二升，取沙土中拌和之，则入地匀，须多种，宜甲子、壬申、丙子、壬午及六月三卯日，忌西南风及辛亥、寅未日。一云夫妇同种则茂。　收割。锄三四遍，逾多逾妙，频锄草净，简熟者先获。束欲小，大则难干。五六束一攒，斜倚之，使风得入，候口开，以小杖微打，令子出。仍攒之，三日一打，四五遍乃净。晒干收藏。

附录。青蘘：蘘，音穰。一名梦神，一名胡麻，巨胜苗也。一作叶服食，家作菜用。其法：秋间取巨胜子，种肥地畦中，如种菜法。苗出，锄令无草，干即灌水，采食滑美如葵。

服食。《抱朴子》云：用上党胡麻三斗，淘净甑蒸，令气遍，日干，以水淘去沫，再蒸。如此九度，以汤脱去皮，簸净，炒香为末，白蜜枣膏丸弹子大。每服温酒化下一丸，日三，忌毒鱼、狗肉、生菜。服至百日，除一切痼疾。一年身面光泽，不饥；二年白发返黑；三年齿落更生；四年水火不能害；五年行及奔马。若欲下之，饮葵菜汁。　孙真人云：用胡麻三升，去黄褐者，蒸三十遍，微炒香为末，入白蜜三升，杵三百下，丸桐子大。每旦服五十九。人过四十以上，久服明目洞视，肠柔如筋。　鲁女生服胡麻饵术，绝谷八十余年，甚少壮，日行三百里，走及鹿。

疗治：治五脏虚损，益气力，坚筋骨：用巨胜九蒸九曝，收贮。每服二合，汤浸布裹，接去皮再研，水滤汁煎饮，和粳米煮粥。　腰脚痛：新胡麻一升，炒香杵末，日服一小升。服至一斗，永瘥。温酒、蜜汤、姜汁任下。　手脚酸痛微肿：用脂麻炒研五升，酒一斗浸一宿，随意饮。　入水肢肿作痛：生胡麻捣涂之。　偶感风寒：脂麻炒焦，乘热擂酒饮，暖卧取微汗，良。　中暑毒死：新胡麻一升，炒令黑，摊冷为末，新汲水调服三钱，或作丸水下。　呕哕不止：白油麻一大合，清油半斤，煎取三合，去麻，温服。　牙肿痛：胡麻五升，水一斗，煮汁五升，含嗽吐之，不过二剂，效。　热淋茎痛：乌麻、蔓菁子各五合，炒黄，绯袋盛，井华水三升浸之，每食前一钱。　小儿下痢赤白：用油麻一合捣，和蜜汤服之。　解下胎毒：小儿初生，嚼生脂麻，绵包，与儿嗅之，其毒自下。　小儿急疳：油麻嚼敷之。　小儿软疖：油麻炒焦，乘热嚼烂敷之。　头面诸疮：脂麻生嚼敷。　小儿瘰疬：脂麻、连翘等分，为末，频频食之。　疔肿恶疮：胡麻烧灰、针砂等分，为末，醋和敷之，日三。　痔疮风肿作痛：胡麻煎汤洗，即消。　坐板疮疥：生脂麻嚼敷之。　阴痒生疮：胡麻嚼烂傅之。　乳疮肿痛：脂麻炒焦研末，灯窝油调涂，效。　妇人乳少：脂麻炒研，入盐少许食。　汤火伤肉：胡麻生研如泥涂。　蜘蛛诸虫咬疮：油麻研烂敷。　蚰蜒入耳：胡麻炒研，作袋枕之。　喉中痛痒，此因误吞谷芒所刺痒痛也，谷贼属咽，尸咽属喉：用脂麻炒研，白汤调下。　痈疮不合：乌麻炒黑，捣敷。　小便尿血：胡麻三升杵末，以东流水二升浸一宿，平旦绞汁，顿热服。　病发症者，用油一升，入香泽煎之，置病人头边，令气入口鼻，勿与饮，疲极眠睡，虫当从口出，急以石灰粉手提取抽尽。初出，如不流水[①]中浓菜形。　胸喉间觉有虫上下，尝闻葱豉食香，此发症虫也。二日不食，开口而卧，以油煎葱豉，令香置口边，虫当出。以物引去之，愈。　宋明帝宫人腰痛牵心，发则气绝。徐文伯诊曰："发瘕也。"以油灌之，吐物如发，引之长三尺，头已成蛇，能动摇。悬之滴尽，惟一发耳。　解虫毒：清油多饮，取吐。　解河豚毒：仓卒无药，急以清麻油多灌取吐，出毒物即愈。　砒毒：麻油一碗灌之。　疗大风疾，并热风手足不随，压丹石热毒：硝石一两，生乌麻二大升，同纳铛中，以（上）〔土〕墼盖口，纸泥固济，细火煎之。初煎气腥，药熟则香气发。更以生脂麻油二大升和合，微煎。以意斟量得所，即纳不津器中。凡大风人，用纸屋子坐病人，外面烧火发汗，日服一大合，壮者日二服。三七日，头面疱疮皆灭。　伤寒发黄：生乌麻油一盏，水半盏，鸡子白一枚，和搅服尽。　小儿发热，不拘风寒，饮食时行痘疹：并宜用以葱涎入香油内，手指蘸油摩擦小儿心头面项背诸处，最能解毒凉肌。　预解痘毒：生麻油一小盏，水一盏，旋旋倾于油内，柳枝搅稠如蜜。每临卧，服二三蚬壳，大人二合。三五服，大便快利，疮自不生。又麻油、童便各半盏，如上法服。　小儿初生，二便不通：真香油一两，皮硝少许，同煎滚，冷定，徐徐灌入口中，服下即通。　卒热心痛：生麻油一合，服之，良。　鼻衄水止：纸条蘸真麻油，入鼻取嚏即愈。有人一夕衄血盈盆，用此而效。　胎死腹中：清油和蜜等分，入汤顿服。　漏胎难产，血干涩也：清油半两，好蜜一两，同煎数十沸，温服，胎滑即下。　产肠不收：油五斤，炼熟，盆盛，令妇坐盆中饭，久。用皂角炙去皮，研末，吹少许入鼻，作嚏立上。　痈疽发背，初作即服，使毒不内攻：麻油一斤，银器煎二十沸，和醇醋二碗，分五次一咽服尽。　肿毒初起：麻油煎葱黑色，趁热通手旋涂，自消。　喉痹肿痛：生油一合，灌之即愈。　服丹石人：先宜以麻油一升，薤白三升切纳油中，微火煎黑，去滓合酒，每服三合，百日气血充盛。　身面疮疥及梅花秃癣：清油一碗，以小竹子烧火入内，煎沸，沥猪胆汁一个，和匀，剃头擦之，二三日即愈。勿令日晒。　赤秃发落：香油、水等分，以钗搅和，日日擦之，发生乃止。　发落不生：生胡麻油涂之。　令发长黑：生麻油、桑叶煎过，去滓沐之。　治聋：生油日滴三五次，候耳中塞出即愈。　蚰蜒入耳：用麻油作煎饼枕卧，须臾自出。李元淳尚书在河阳，日蚰蜒入耳，无计可为，脑门有声，至

---

① 水，底本缺，据"四库全书"《本草纲目》卷二二《谷之一》补。

以头击门柱，状甚危困，用此方乃愈。　蜘蛛咬，蜂螫：香油和盐擦之。　冬月唇裂：香油频频抹之。　身面白癜：酒服生胡麻油一合，一日三服，至五斗，瘥。忌生冷猪鸡鱼蒜等百日。　小儿丹毒：生麻油涂之。　打扑伤肿：熟麻油和酒饮，以火烧热地卧，觉即疼肿俱消。　虎爪伤：先吃清油一碗，仍以油淋洗疮口。　飞丝入喉：嚼胡麻苗即愈。　毒蛇螫伤：急饮好清油一二盏解毒，然后用药。　揩牙乌须：麻油八两，盐花三两，生地黄十斤取汁，同入铛中熬干。以铁盖覆之，盐泥泥之，煅赤，取研末。日用三次，揩毕，饮姜茶。先从眉起，一月皆黑。　疽疮有虫：生麻油淬贴之，绵裹，当有虫出。　小儿盐哮：脂麻秸瓦内烧存性，出火毒，研末。以淡豆腐蘸食之。　聤耳出脓：白麻秸刮取一合，花胭脂一枚，为末，绵裹塞耳中。　崩中血凝滞：胡麻苗生捣一升，滚汤绞汁半斤，服之即愈。

典故。汉明帝永平中，剡县刘晨、阮肇入天台采药，迷路，见二女绝色，唤二人名，因邀过家，出胡麻饭、山羊脯食之。

丽藻。诗五言：御羹和石髓，香饭进胡麻。唐诗。　居然在玄圃，不必饭胡麻。冯琢庵。　七言：蓬鬓荆钗世所稀，布裙犹是嫁时衣。胡麻好种无人种，种，前上声，后去声。正是归时不见归。葛鸦儿。

蜀黍，一名高粱，一名蜀秫，一名芦穄，一名芦粟，一名木稷，一名荻（梁）〔粱〕。以种来自蜀，形类黍稷，故有诸名。种不宜卑下地。春月早种得子多，秋收。茎粗，高丈余，状似芦荻而内实。叶亦似芦。穗大如帚，粒大如椒，红黑色。米性坚实，黄赤色。熟时先刈其穗，秸成束，攒而立之，方得干米。有二种，粘者可和糯秫酿酒作饵，不粘者可作糕煮粥。可济饥，亦可养畜。茎可织箔、编席、夹篱、供爨。梢可作笤帚。壳浸水色红，可以红酒。有利于民者最博。性甘、温、涩，温中，涩肠胃，止泄泻。

疗治。横生难产：重阳日取高粱根，名爪龙，阴干，烧存性，研末，酒服二钱即下。　心气疼痛喘满：高粱根煎汤温服，神效。　小便不通：红蜀黍根二两，匾蓄一两半，灯心百茎，每服半两，长流水煎饮。

薏苡，一名芑实，一名屋菼，一名籟米，籟，音贡。一名解蠡，一名薏珠子，一名西番蜀秫，一名回回米，一名草珠儿。处处有之。交趾者子最大，出真定者佳。今多用梁汉者，气劣于真定。春生苗，茎高三四尺，叶如黍叶，开红白花，作穗。五六月结实，青白色，形如珠子而稍长，故呼薏珠子。取用以颗小、色青、味甘、粘牙者良。形尖而壳薄，米白如糯米，此真薏苡也。可粥，可面，可同米酿酒。性微寒，无毒，养心肺上品之药。健脾益胃，补肺清热，去风胜湿，消水肿，治筋急拘挛，去干湿脚气，大验。久服轻身，辟邪，令人能食。

仁：取子于甑中蒸，使气馏，曝干，挼之得仁。亦可碾取。凡使，每一两同糯米一两炒熟，去糯米用。亦有以盐汤煮者。　根：甘，微寒，无毒。煮糜食甚香，去蛔虫大效。心腹烦满及胸胁痛，锉三升煮浓汁服。汁能堕胎气。　叶：作饮气香，盖中暑月煎饮，暖胃，益气血。初生小儿煎汤浴之，无毒。

附见。菩提子：形圆，壳厚，粒坚，米少，即粳糯也。可为念经数珠，亦呼为念珠云。

制用。薏苡仁，春熟，炊为饭食之，治冷气。　薏苡仁为末，同粳米煮粥，日日食，补正气，利肠胃，消水肿，治风痹，除胸中邪气，治筋脉拘挛，除消渴饮水。

疗治。风湿身痛，日晡剧者：麻黄三两，杏仁二十枚，甘草、薏苡仁各一两，水四升，煮取二升，分二服。　水肿喘急：郁李仁二两，研滤汁，煮薏苡仁饭，日食。　心腹烦满，胸胁作痛：薏苡根浓煮汁服。　中风，筋急，语迟，脉强：小续命汤加薏苡仁，效。　沙石热淋，痛不可忍：薏苡仁子、叶、根皆可，用水煎热饮，夏月冷饮，以通为度。　周痹缓急偏者：薏苡仁十五两，大附子十枚，炮为末。每服方寸匕，日三。　肺痿咳唾浓血：薏苡仁十两，杵破，水三升，煎一升，酒少许服。　肺痈咳唾，心胸刺痛：醇苦酒煮薏苡仁，令浓，微温顿服。肺有血当吐出，愈。　肺痈咯血：薏苡仁三合，捣烂，水二大盏，煎一盏，入酒少许，分二服。　喉辛痛肿：吞薏苡仁二枚，良。　痈疽不溃：薏苡仁一枚，吞之。　孕中有痛：薏苡仁煮汁，频饮。　牙齿䘌痛：薏苡秸生研末，点服，不拘大人小儿。　黄疸如金：薏根煎汤，和酒频服。　蛔虫心痛：薏根一斤切，水七升，煮三升服，虫死尽出。　经水不通：薏根一两，水煎服，数服效。　牙齿风痛：薏根四两，水煮含漱，冷即易之。

典故。《后汉书》：马援在交趾，常饵薏苡，云能轻身益阳，胜瘴气。　张师正云：辛稼轩患疝疾，重坠大如杯。一道人教以薏珠用东壁黄土炒过，水煮为膏服，数服即消。程沙随病此，稼轩授，服之亦效。《济生方》治肺损咯血，切熟猪肺蘸薏仁末，空心服之。薏仁补肺，猪肺引经也。屡用有效。

丽藻。诗五言：稻粱求未足，薏苡谤何频！杜少陵。　七言：南国繇来多薏苡，东山且可问松罗。冯琢庵。

黑豆，处处有之，苗高三四尺，蔓生，茎叶蔓延，叶团有尖，色青带黑，上有小白毛。秋开小白花，成丛。结荚长寸余，多者五六粒，亦有一二粒者，经霜乃熟。紧小者为雄豆，入药良。大者止堪食，用作豉及喂牲畜。下种忌壬子日。味生则平，炒则热，煮则寒。作豉主发散，造酱及生黄卷平。牛食之温，马食之冷。一体之中，用之数变。小儿以炒豆同猪肉食，多壅气致死，十岁以上则无妨。服萆麻子及厚朴者并忌炒豆，犯之胀满致死。豆者，荚谷之总名也，大者皆谓之菽，菽，亦谓之尗。小者皆谓之答，叶谓之藿。

种植。槐无虫宜豆，夏至前后下种，上旬种则花密荚多。宜甲子、丙子、戊寅、壬午及六月三卯日，忌西南风及申卯日。肥地宜稀，薄地宜密，才出便锄，草净为佳。使叶蔽其根，不畏旱。获宜晚，荚赤、茎苍、叶微黄方获。

附录。穭豆：一名䝅豆，一名䝅菽，一名治䝅，一名鹿豆，一名驴豆。黑豆中最细者，即小黑豆也。野生，今下地亦种之。小科细粒，叶如葛，霜后熟。可蒸食，甘，温，无毒。炒焦黑，热投酒中，治产后冷血。

制用。陶华以盐煮黑豆，常食之，云能补肾。盖豆乃肾之谷，其形类肾，黑色通肾，引之以盐，所以妙也。　李守愚侵晨井华水吞黑豆五七粒，谓之五脏谷，至老视听不衰。《荆湖近事》。　甄权曰："每食后磨拭吞三十粒，使人长生。初服似身重，一年后便觉身轻，又益阳道。"　仙方辟谷，用黑豆一升去皮，贯众、甘草各一两，吴术、砂仁各五钱锉片，水五升，文武火煮至水尽，去药，取豆捣如泥，丸芡实大，名大造丸，有盖瓷瓶密封，食之甘甜。每嚼一丸，恣食百草，能解诸毒。　服大豆令人长肌肤，益颜色，填骨髓，加气力，补虚能食，不过两剂：大豆五升，如作酱法取黄捣末，以猪肪炼膏和丸梧子大。每服五十九至百丸，温酒下。神验秘方也。肥人忌服。《博物志》云：左慈荒年法，用大豆粒细调匀者，生熟按令光，暖彻豆内。先日不食，以冷水顿服讫，一切鱼肉菜果不得复食，渴饮冷水。初小困，十日后体力壮健，不思食。　黄山谷救荒法云：黑豆、贯众各一升，煮熟去众，晒干，每日空心啖五七粒。食百木枝叶皆有味，可饱。　王氏《农书》辟谷方：大豆五斗，淘净，蒸三遍，去皮。大麻子三斗，浸一宿，亦蒸三遍，令口开收仁。各捣为末，和捣作团，如拳大，入甑内蒸，从戌至子时止，寅时出甑，午时晒干，为末。服之，以胞为度，不得食一切物。第一顿饱七日，第二顿饱四十九日，第三顿三百日，第四顿永不饥。不问老少，令人强壮，容貌红白，永不憔悴。渴，研大麻子汤饮之，转更滋润脏腑。若要重吃物，用葵子三合研末，煎汤冷服。取下药如金色，吃诸物，并无所损。随州守朱颂教民用之，有验。　又方：黑豆五斗，淘净，蒸三遍，晒干，去皮为末。秋麻子三升，浸去皮，晒研。糯米三斗，做粥，和捣为剂，如拳大，入甑中蒸一宿，为末。红小枣五斗，煮去皮核，和为剂，如拳大，再蒸一夜，服之至饱。如渴，饮麻子水，脂麻亦可，不食一切物。　大豆黄卷：壬癸日以井华水浸大豆，候芽生四五指，去皮阴干，用宜肾，除胃中积热。

　　疗治。古方有豆紫汤，破血去风，除气防热，产后两日尤宜服之：乌豆五升，炒令烟绝，投一斗酒中，待酒紫赤色，去豆。量性服之，日夜三盏，神验。月经不断，同中风噤口，加鸡屎白二升，和炒投之。　治产后百病，或血热，或有余血水气，或中风困笃，或背强口噤，或烦热瘛疭口渴，或身头皆肿，或身痒呕逆直视，或手足顽痹，头旋眼眩，此皆虚热中风也：用大豆三升，炒熟至微烟出，入瓶中，以酒五升沃之，经一日以上，服酒一升，温令少出汗，身润即愈。口噤者，加独活半斤，微槌破同沃。产后宜常服，以防风气，又消结血。　中风口喎：用上方，日服一升。　头风头痛：上方密封七日，温服。　破伤风口噤：大豆一升，炒去腥气，勿使太熟，杵末。蒸令气遍，取下甑，以酒一升淋之，温服一升，取汗，傅膏疮上即愈。　项强不得顾视：大豆一升，蒸变色，囊裹枕之。　暴得风疾，四肢挛缩不能行：大豆三升，淘净，湿蒸，以醋二升倾入瓶中，铺于地上，设席豆上，令病人卧之，重盖五六层衣。豆冷，渐渐却衣，仍令一人于被内引挽挛急处，更蒸豆再作，并饮荆沥汤。如此三日三夜即休。　新久肿风入脏中：大豆一斗，水五斗，煮取一斗二升，去滓，入美酒斗半，煎取九升，旦服取汗，神验。　风毒攻心，烦燥恍惚：大豆半升淘净，水二升，煮七合，食后服。　卒风不语：大豆煮汁，煎稠如饴，含之并饮汁。　喉痹不语：同上法。　卒然失音：生大豆一升，青竹算子四十九枚，长四寸，阔一分，水煮熟，日夜二服，瘥。　热毒攻眼：黑豆一升，分作十袋，沸汤中蒸过，更互熨之三遍，愈。　卒然中恶：大豆二十枚，鸡子黄一个，酒半升，和匀顿服。　阴毒伤寒危笃者：黑豆炒干，投酒热饮，或灌之，吐则复饮，汗出为度。　肠痛如打：大豆半升炒焦，入酒一升，煮沸，饮取醉。　腰胁卒痛：大豆炒二升，酒三升，煮二升，顿服。再以豆六升，水拌湿炒热，布裹熨之，冷即易。　脚气冲心烦闷，不识人：大豆一升，水三升，浓煮汁服。未定再服。　身面浮肿：乌豆一升，水五升，煮三升，入酒五升，更煮三升，温分三服，不瘥再合。又方：乌豆煮至皮干，为末。每服二钱，米饮下，立效。　新久水肿：大豆一斗，清水一斗，煮取八升，去豆，入薄酒八升，再煎取八升服之。三服，水当从小便出。　夏秋间露坐夜久，腹中痞，如群石在腹：用大豆半升，生姜八分，水三升，煎一升，顿服，瘥。　霍乱胀痛：大豆生研，水服方寸匕。　水痢不止：大豆一升炒，白术半两，为末。每服三钱，米饮下。　男子便血：用黑豆一升炒焦，研末，热酒淋之，去豆饮酒，神效。　一切下血：雄黑豆紧小者，皂角汤微浸，炒熟去皮，为末，炼猪脂和丸梧子大。每服三十丸，陈米饮下。　小儿沙淋：黑豆一百二十粒，生甘草一寸，新水煮热，入滑石末，乘热饮，良。　肾虚消渴难治者：黑大豆炒，天花粉等分，为末，糊丸梧子大。黑豆汤下七十丸，日二。　消渴饮水：乌豆置牛胆中，阴干百日，吞尽即瘥。　疫疠发肿：大黑豆二合炒熟，炙甘草一钱，水一盏煎汁，时时饮之。靖康二年春，京师大疫。有异人书此方于壁间，用之立验。　乳石发热：乌豆二升，水九升，铜器煮五升，熬稠一升，饮之。　解矾石、巴豆及酒食、诸鱼毒：大豆一升煮汁服，得吐即愈。　恶刺疮痛：大豆煮汁渍之，瘥。　汤火灼疮：大豆煮汁饮之，易愈，无痕。　打头青肿：豆黄末敷之。　折伤堕坠，瘀血在腹，气短：大豆五升，水一斗，煮汁二升，顿服。剧者不过三作。　踠疮烦躁：大豆煮汁饮之，佳。　豆疮湿烂：黑大豆研末敷之。　小儿头疮：黑豆炒存性，研，水调敷之。　身面疣目：七月七日以大豆拭疣上三过，使本人种豆于南向屋东头第二溜中，豆生叶，以热汤沃杀，即愈。　染发令乌：醋煮黑豆，去豆煎稠，染之。　牙齿不生，不拘大人小儿，年多者：用黑豆三十粒，牛粪火内烧，令烟尽，研入麝香少许。先以针挑破血出，以少许揩之。不得见风，忌咸物。　牙痛：黑豆煮酒，频频漱之，良。　妊娠腰痛：大豆一升，酒三升，煮七合，空心饮之。　子死腹中，月数未足，母欲闷绝者：大豆三升，醋煮浓汁，顿服，立出。　胞衣不下：大豆半升，醇酒三升，煮一升半，分三服。　辟禳时气：以新布盛大豆一斗，纳井中一宿取出，每服七粒，佳。　蛇毒入菜果中，食令人得病，名蛇蛊：大豆为末，酒渍绞汁，服半斤。　身如虫行：大豆水渍绞浆，旦旦洗之。或加少面沐发，亦良。　小儿丹毒：浓煮大豆汁涂之，甚良。　风疽疮疥，凡脚胻及曲秋中痒，搔则黄汁出者是也：青竹筒三尺，入大豆一升，马屎糠火烧熏，以器两头取之搭之。先以泔清水和盐洗之，不过三度，极效。　肝虚目暗，迎风下泪：用腊月牯牛胆，盛黑豆悬风处四十九日，取出，每夜吞三七枚，久之自明。　小儿胎热：黑豆二钱，甘草一钱，入灯心七寸，淡竹叶一片，水煎。　天蛇头指痛，臭甚者：黑豆生研末，入茧内笼之。　止渴：大豆苗嫩者三五十茎，涂酥炙黄，为末。每服二钱，人参汤下。　小儿血淋：大豆叶一把，水四升，者二升，顿服。　治虐：五月五日午时，用黑豆四十九粒，水泡去皮，入人言一钱，同捣如泥，丸桐子大，雄黄为衣，阴干。临发日早，东面无根水送下一丸，忌发物、热物、鱼腥、生冷、茶、豆汤，三日神效。渴，饮温熟水。

典故。齐威公伐山戎，以戎菽遍布天下。《管子》。　成十八年，周子有兄无慧，周子，晋悼公也。不能辨菽麦。汉更始时，苏成反，应王朗。刘秀趣驾出城，晨夜南驰，至芜蒌亭。时天寒，冯异上豆粥。明旦，秀曰："昨得公豆粥，饥寒俱解。"《汉史》。汉刘平为贼所劫，叩头曰："老母饥，少气力，恃平为命，愿得还，进食于母，驰来就死。"涕泣发于肝胆，贼即遣去。平乃撚三斗豆以谢贼。《孝子传》。　闵贡字仲叔，与周党为友。每过仲叔，见其啜菽饮水，亦无菜茹。《东观汉纪》。　温陵人家，中元前数日，以水浸黑豆，暴之。及芽，以糠皮置盆内，铺沙植豆，用板压。长则覆以桶，晓则晒之，欲其齐而不为风日损也。中元则陈于祖宗之前，越三日出之。洗，焯，渍以油、盐、苦酒、香料，可为茹，卷以麻饼尤佳。色浅黄，名"鹅黄豆生"。　弘治乙卯六月，黔歙雨豆。《双槐岁抄》。　隆庆六年四月，陕西西宁卫天降黑豆遍地，人食之则气闭。　相国张文蔚庄内有鼠狼穴，养四子为蛇所吞。鼠狼雌雄情切，乃于穴外坌土壅穴，俟蛇出头，度其回转不便，当腰咬断而劈腹，衔出四子，尚有气。置于穴外，衔豆叶嚼而敷之，皆活。后人以豆叶治蛇咬，盖本于此。《抱朴子·内篇》。

丽藻。散语：采菽采菽，筐之筥之。　中原有菽，庶民采之。荏之荏菽，荏菽旆旆。《诗》。　诗四言：田彼南山，芜秽不治。种豆一顷，落而为萁。人生行乐耳，须富贵何为？杨恽。　五言：煮豆然豆〔箕〕〔萁〕，豆在釜中泣。本是同根生，相煎何太急？曹子建。　种豆南山下，草盛豆苗稀。晨兴理荒秽，带月荷锄归。陶渊明。　相携行豆田，秋花霭霏霏。子实不得吃，货市送王畿。尽系军旅用，迫此公家威。杜子美。　傍檐时艺豆，插竹便成篱。蔓引清风入，花凝晓露滋。先秋凉瑟瑟，带月影离离。相对茅次下，幽居兴在兹。郭鲲溟。　七言：南山豆苗早菜秽。杜子美。　地碓春粳光似玉，沙瓶煮豆软如酥。苏东坡。　豆花雨过晚生凉，林馆孤眠怯夜长。自是愁多不成寐，非缘金井有啼螀。孟淑卿女郎。

黄豆， 亦有小大二种。种耘收获，苗叶荚萁，与黑豆无异，惟叶之色稍淡，结角比黑豆稍肥。其豆可食，可酱，可豉，可油，可腐。腐之滓可喂猪，荒年人亦可充饥。油之滓可粪地，其可然火。叶名藿，嫩时可为茹。

制用。食香豆：六月六日以洗净大黄豆煮熟，取出候冷。以面为衣，摊于席上，以衣盖之。又用青蒿淹一七，取出晒干，搓去面黄，入缸。煎紫苏盐汤，候冷，浸豆与水平，每豆一斤用盐六两。浸过一夜，取出，和食香拌匀，装净坛内，令日晒四五日，从新搜过一次，再晒，再搜四五次用。

疗治。甜疮及痘后生疮：黄豆烧黑研细，麻油调搽。

白豆， 一名饭豆，色白，亦有土黄色，较绿豆差大，粥饭皆可用。四五月种，苗叶似赤小豆而微尖，嫩者可作菜，亦可生食。味甘、平，调中，补五脏，暖肠胃。肾之谷也，肾病宜食。浙东一种味更胜，作酱作腐极佳。北方水白豆相似而不及。

绿豆， 绿以色名也，作蔐非。圆小者佳，大者名稙豆，功用颇同。四月下种，苗高尺许，叶小而有毛。至秋开小白花，荚长二三寸，比赤豆荚微小。有二种：粒粗而色鲜者为官绿，又名明绿，皮薄粉多；粒小而色暗者为油绿，又名灰绿，皮厚粉少。早种者名摘绿，可频摘也。迟种名拔绿，一拔而已。性甘、寒，无毒。肉平，皮寒，用宜连皮。解金石、砒霜、草木一切诸毒。生研，新汲水服，反榧子壳害人。合鲤鱼鲊食，久则令人肝黄，成渴病。北人用之甚广，可作豆粥、豆饭、豆酒，爆食、炒食。水泡，磨为粉，澄滤，作饵蒸糕，荡皮压索，为食中要物。亦可喂牲畜，真济世良谷也。

花：解酒毒。　荚：赤痢经年不愈，蒸熟，随意食之，良。　绿豆粉：甘，凉，无毒。其胶粘者、脾胃虚人不可多食，近杏仁则烂，不能作索。　豆芽：解酒毒、热毒，利三焦，为菜中佳品。　叶：治霍乱吐下，绞汁，和醋少许，温服。

种豆。宜刈了麻地上种之，太早不生荚。若其年李不蛀，则豆有收。忌卯日下种。

制用。豆廧：先取湿沙纳瓷器中，以绿豆匀撒其上，如种艺法，深桶覆藏室中，勿令见风，日一次掬水洒透。俟其苗长可尺许，摘取，蟹眼汤绰过，以料斋供之。赤豆亦可，然不如绿豆之佳。

疗治。三豆饮治天行痘疮，预服此，疏解热毒，纵出亦少：用绿豆、赤小豆、黑大豆各一升，甘草节二两，以水八升煮极熟。任意食豆饮汁，七日乃止。一方：加黄大豆、白大豆，名五豆饮。　痘后痈毒初起：以三豆膏治之，神效。以上三豆等分，为末，醋调，时时涂之即消。　防痘入眼：绿豆七粒，令儿自投井中，频视七遍乃还。　小儿丹毒：绿豆五钱，大黄二钱，为末，生薄荷汁入蜜调涂。　赤痢不止：大麻子水研滤汁，煮绿豆食之，极效。粥食亦可。　老人淋痛：青豆二升，橘皮二两，煮豆粥，下麻子汁一升，空心渐食之，并饮其汁，甚验。　消渴饮水：绿豆煮汁，并作粥食。　心气疼痛：绿豆二十一粒、胡椒十四粒同研，白汤调服即止。　十种水气：绿豆二合半，大附子一枚去皮脐，切作两片，水三碗，煮熟，空心卧时食豆。次日将附子两片作四片，再以绿豆二合半，如前煮食。第三日别以绿豆、附子，如前煮食。第四日如第二日法煮食。水从小便下，肿自消。未消再服。忌生冷、毒物、盐、酒六十日，最效。　内托散，凡有痘疾，一日至三日之内，宜连进十余服，方免变证，使毒气出外。服之稍迟，毒气内攻，渐生呕吐，或鼻生疮菌，不食即危矣。四五日后，亦宜间服之。用真绿豆粉一两、乳香半两、灯心同研和匀，以生甘草浓煎汤，调下一钱，时时呷之。毒气冲心，有呕逆之证，大宜服此。盖绿豆压热下气、消肿解毒，乳香消诸痈肿毒。服至一两，则香彻疮孔中，真圣药也。　疮气呕吐：绿豆粉三钱、干胭脂五分研匀，新汲水调下，一服立止。　霍乱吐痢：绿豆粉、白糖各二两，新汲水调服，即愈。　解烧酒毒：绿豆粉荡皮，多食之即解。　解鸩酒毒：绿豆粉三合，水调服。　解砒石毒：绿豆粉、寒火石等分，以蓝根汁调服三五钱。　解诸药毒已死，但心头温者：用绿豆粉调水服。　打扑伤损：用绿豆粉新铫炒紫，新汲井水调敷，以杉木皮缚定，其效如神。此汀人陈氏梦传之方。　杖疮疼痛：绿豆粉炒研，以鸡子白和涂之，妙。　外肾生疮：绿豆粉、蚯蚓粪等分，研涂之。　暑月痱疮：绿豆粉二两，滑石一两，和匀扑之。一加蛤粉二两。　一切肿毒初起：用绿豆粉炒黄黑色，（猎）〔猪〕牙皂荚一两，为末，米醋调敷之。皮破者，油调敷。　癍痘目生翳：绿豆皮、白菊花、谷精草等分，为末。每用一钱，以干柿饼一枚、粟米泔一盏同煮干。食柿，日三服。浅者五七日、深者半月见效。

典故。东极之东有倾离之豆，见日即倾叶，食之历岁不饥。豆茎皆大若指而绿，色烂熳，数亩。《拾遗记》。　石崇为客作豆粥，咄嗟便办。恒冬天得韭萍斋。王恺为拒腕，乃密货崇帐下都督，问所以。都督曰："豆至难煮，唯预作熟，客至，但作白粥以投之。韭萍斋是捣韭根，杂以麦苗尔。"《世说》。　同年友唐公讳之爨，号抱一，西粤人也。言其地无绿豆，每承舍入京，包中止带斗余，多则至某江辄遇风浪，不能渡，到彼中比于药物。凡患时疾者，用等秤买。一家煮豆，香味四达。两邻对门患病，人闻其气辄愈。

赤小豆，一名赤豆，一名红豆。处处种之。夏至后下种，苗高尺许，叶本大末尖。至秋开花，淡银褐色，有腐气。荚长二三寸，比绿豆荚稍大，色微白带红。三青二黄时即收之。色赤黯而粒紧小者入药，甘、酸、平，无毒，心之谷也。性下行，通乎小肠，能入阴分，治有形之病，行津液，利小便，消胀，除肿，止吐，治下痢肠澼，解酒病，除寒热，排脓散血，通乳汁，下胞衣，利产难，皆病之有形者。水气、脚气最为急需。有人患脚气，袋盛此豆，朝夕践踏，久之遂愈。此豆可煮、可炒、可粥饭、可作面食馅，并良。久服则津血渗泄，令人肌瘦身重。合鱼鲊食，成消渴。其稍大而鲜红、淡红者，止可食用。

花：一名赤藟腐，解酒毒，明目，下水气，治小儿丹毒。腐藟，相传为葛花。又海边有小树，状如栀子，茎叶多腐气，土人呼为腐藟，治疟有效。酒浸皮服，治心腹疾。三物名同而实异。　叶：去烦热，止小便数。煮食，明目。小豆利小便，而叶止小便，与麻黄发汗、根止汗同，物理之异如此。　芽：妊娠数月，经水时来，名漏胎。小豆芽为末，温酒服方寸匕，日三，效乃止。

制用。赤小豆治一切痈疽疮疥及赤肿，不拘善恶，为末，水调涂之，无不愈者，但其性粘，干则难去。捣入苎根，粘而不枯，其法最妙。

疗治。水肿：赤小豆五合，大蒜一颗，生姜五钱，商陆根一条，并碎，水煮烂，去药，空心食豆，旋旋啜汁令尽，肿立消。　治水从脚起，入腹则杀人：赤小豆一斗，煮极烂，取汁五升，温渍足膝。若已入腹，但食小豆，勿杂食，即愈，甚验。　水蛊腹大，动摇有声，皮肤黑者：赤小豆三升，白茅根一握，水煮，食豆，以消为度。　辟禳瘟疫：正月朔旦及十五日以赤小豆二七枚、麻子七枚，投井中，辟瘟疫甚效。又正月七日，新布囊盛赤小豆，置井中三日，取出，男吞七枚，女吞二七枚，竟年不病。　辟厌疾病：元旦面东，以斋水吞赤小豆三七枚，一年无诸疾。又七月立秋日面西，以井华水吞赤小豆七粒，一秋不犯痢疾。　伤寒狐惑，脉数无热，微烦默默，但欲卧汗出，初得三四日目赤如鸠，七八日目四眦黄黑，若能食，脓已成也：小赤豆三升，水浸出芽，当归三两，为末，浆水服方寸匕，日三服。　下部卒痛如鸟啄之状：小豆、大豆各一升，蒸熟，分作二囊，更互坐之，即止。　水谷痢疾：小豆一合，熔蜡三两，顿服，取效。　热毒下血，或因食热发动：赤小豆末，水服方寸匕。　肠痔有血：小豆二升，苦酒五升，煮熟，日干再浸，至酒尽乃止，为末。酒服二钱，日三。　舌上出血如簪孔：小豆一升杵碎，水三升和，绞汁服。　热淋血淋，不拘男女：用赤小豆三合，慢炒，为末。煨葱一茎，擂酒热调二钱服。　重舌鹅口：赤小豆末，醋和涂。　小儿四五岁不语：赤小豆末，酒和敷舌下。　牙齿疼痛：红豆末，掺牙吐涎，及吹鼻中。一方入铜青少许，一方入花碱少许。　中酒呕逆：赤小豆煮汁，徐徐饮之。　频致堕胎：赤小豆末，酒服方寸匕，日二。妊娠行经方同。　难产日久气乏：赤小豆一升，水九升，煮取汁，入煮过好黄明胶一两，同煎少时。一服五合，不过三四服即产。　胞衣不下：赤小豆二七枚，东流水吞下。　乳汁不通：赤小豆煮汁饮。　吹奶：赤小豆，酒研汁服，以滓敷之。　妇人乳肿：小豆、莽草等分，为末，苦酒和傅，佳。　痈疽初作：赤小豆末，水和涂之，毒即消散。频用有效。 石痈诸痈：赤小豆五合，纳苦酒中五宿，炒研，以苦酒和涂即消。加栝楼根等分更妙。 痘后痈毒：赤小豆末、鸡子白调匀敷之。丹毒如火，同治。 腮颊热肿：赤小豆末，和蜜涂之，一夜即消。或加芙蓉叶末尤妙。 风瘙瘾疹：赤小豆、荆芥穗等分，为末，鸡子白调敷。 金疮烦满：赤小豆一升，苦酒浸一日，熬燥，再浸满三日，令黑色，为末。每服方寸匕，日三。 六畜肉毒：小豆一升，炒研，水服三方寸匕，良。 饮酒不醉：小豆花叶阴干百日，为末，水服方寸匕。一方加葛花。 疔疮恶肿：小豆花为末，敷之。小便频数：小豆叶一斤，入豉汁中，煮熟和匀，作羹食。 小儿遗尿：小豆叶捣汁服。

典故。共工氏有不才子，以冬至日死为疫鬼，畏赤豆，故是日作赤豆粥厌之。《岁时杂记》。 十二月二十五日夜煮赤豆粥，大小人口皆食之，在外之人亦留分，以俟其归，谓之口数粥，亦驱瘟鬼之意。《田家五行》。 陈自明妇产七日，乳汁不行，服药不效。偶得小赤豆一升，煮粥食之，当夜遂行。 宋仁宗在东宫患痄腮，道士赞宁取小豆四十九粒为末，敷之遂愈。 内使任承亮患恶疮近死。尚书郎傅永授以药，立愈，即赤小豆也。 朱某苦胁疽至见五脏几死，又一僧发背如烂，皆以赤小豆治之，神效。

正名。董仲舒注云：菽是大豆，有两种。小豆名荅，有三四种。王祯云：今之赤豆、绿豆、白豆、䖀豆，皆小豆也。凡补肾气，每空心服小。惟赤小豆可入药。豆少盐食之，大有益。

豌豆，一名胡豆，一名戎菽，一名毕豆，一名青小豆，一名青斑豆，一名麻累，一名加鹊豆，一名蹕豆，一名淮豆，一名国豆。种出西胡，北土甚多。八九月下种，亦有春种者。苗生柔弱宛宛然，故有是名。蔓生，有须。叶似蒺藜叶，两两相对，嫩时可食。三四月开小花，如蛾形，淡紫色。结荚形圆，长寸许。子圆如药丸，嫩时色青，可煮食，老则斑麻，可炒食，可作面食馅，磨粉面甚白而细腻。出胡地者大如杏仁，百谷之中最为先熟。又耐久藏，宜多种。可和酱，作澡豆，去䵟䵼，令面光泽。亦可喂马。性甘、平，无毒。调营卫，平气益中，治消渴，淡煮食之，良。煮食，杀鬼毒心病，下乳汁。研末涂痈肿、痘疮。蚕豆亦名胡豆。

附见。野豌豆：一名翘摇，粒小，不堪用。苗嫩时可茹。

疗治。治小儿痘疔，或紫黑而大，或黑坏而臭，或中有黑线，此症十死八九：用豌豆四十九粒烧存性，头发灰三分，真珠十四粒，炒研为末，以油胭脂同杵成膏。先用针挑疔破，咂去恶血，以少许点之，即时红活。 丹石毒发：胡豆半升捣，水八合，绞汁饮。

典故。元时饮膳，用此豆捣去皮，同羊肉制食，云补中益气，名回回豆。

荞麦，一名荍麦，荍，音乔。一名乌麦，一名花荞。茎弱而翘然，易长易收。磨面如麦，故曰荞，而与麦同名。又名甜荞，以别苦荞也。南北皆有之。立秋前后下种，密种则实多，稀则少。八九月熟，最畏霜。数年来又宜早种，迟则少收。苗高一二尺，茎空而赤，叶绿如乌桕树叶，开小白花，甚繁密。花落结实三棱，嫩青，老则乌黑。性甘、寒，无毒。降气宽中，能炼肠胃滓滞，治浊带、泄痢、腹痛、上气之疾。气盛有湿热者宜之，若脾胃虚弱者不宜，多食难消。煮熟，日中曝开口，舂取米，可作饭；

磨为面，滑腻亚于麦面。北人作煎饼及饼饵日用，以供常食。农人以为御冬之具，南人但作粉饵食。和猪羊肉热食，不过十余顿即患热风。忌同黄鱼食。

叶：作茹食，下气，利耳目。多食即微泄。生食动刺风，（冷）〔令〕人身（庠）〔痒〕。 秸：烧灰淋汁，熬干取碱，蜜调涂，烂痈疽，蚀恶肉，去靥痣，最良。淋汁洗六畜疮及驴马躁蹄。

附见。苦荞麦：出南方，春社前后种。茎青多枝，叶似荞麦而尖，花带绿色，实亦似荞麦而棱角不峭，味苦。磨为粉，蒸使气（馅）〔馏〕，滴去黄汁，乃可为糕饵。色如猪肝，谷之下品。

疗治。咳嗽上气：荞麦粉四两，茶末二钱，生蜜二两，水一碗，顺手搅千下，饮之，良久下气不止，即愈。 水肿喘：生大戟一钱，荞麦面二钱，水和作饼，炙熟为末，空心茶服，以二便利为度。 男子白浊：荍麦炒焦为末，鸡子白和丸梧子大。每服五十九，盐汤下，日三。赤白带下，治同。 禁口痢：荞麦面，每服二钱，砂糖水调下。 痈疽发背，一切肿毒：荍麦面、硫黄各二两，为末，井华水和作饼，晒干。每用一饼，磨水傅之，痛则令不痛，不痛则令痛，即愈。 疮头黑凹：荞麦炒黄，研末，水和傅之，如神。 蛇盘瘰疬，围接项上：用荞麦炒去壳，海藻、白僵蚕炒去丝，等分，为末。白梅浸汤，取肉减半，和丸绿豆大。每服六七十九，食后临卧米饮下，日五服，其毒当从大便泄出。若与淡菜连服尤好。淡菜生于海藻上，亦治此也。忌豆腐、鸡、羊、酒、面。 积聚散血，治男子败积、女人败血，不动真气：用荍麦面三钱、大黄二钱半，为末，卧时酒调服之。 头风畏冷：一人头风，首裹重绵，三十年不愈。以荞麦粉二升，水调作二饼，蒸熟，乘热更互合头上，微汗即愈。 头风风眼：荞麦作钱大饼，贴眼四角，以米大艾炷灸之，效如神。 染发令黑：荞麦、针砂二钱，醋和，先以浆水洗净涂之，荷叶包至一更，洗去。再以没食子、（呵）〔诃〕子皮、大麦面二钱，醋和涂之，荷叶包至天明，洗去即黑。 绞肠沙痛：荞麦面一撮，炒焦，热水冲服。 小肠疝气：荞麦仁炒去尖，胡卢巴酒浸晒干，各四两，小茴香炒一两，为末，酒和丸梧子大。空心盐酒下五十九，两月，大便出白脓去根。 噎食：荞麦秸灰淋汁，锅内煎取白霜一钱，入硼砂一钱，研末。每酒服五分。 壁虱蜈蚣：荞麦秸作荐，并烧烟熏之。 明目枕：荞麦皮、绿豆黑豆皮、决明子、菊花，同作枕，至老明目。

丽藻。散语：视尔如荍，贻我握椒。《诗》。

二如亭群芳谱

蔬谱小序

　　谷以养民，菜以佐谷，两者盖并重焉。菜名曰蔬，所以调脏腑，通气血，蔬壅滞也。壅滞既疏，腠理以密，可以长久，是以养生家重之。不宁惟是，纵天之水旱不时，五谷不登，苟菜茹足以疗饥，亦可使小民免流离捐瘠之苦。树艺之法，安可不讲也？第为民上者，使民以菜茹疗饥，三年九年之蓄谓何？真西山有云："百姓不可一日有此色，士大夫不可一日不知此味。"《鹤林玉露》云："百姓之有此色，正缘士大夫不知此味。"旨哉言也！作蔬谱。

济南王象晋荩臣甫题

二如亭群芳谱

蔬谱首简

老圃赋 洪舜俞

嗟余生之刺乖，甘佴密而即疏。佴，音面。痛咫阨其倦游，嬴盘薄乎闲居。老既怯于山桥，穷莫备乎泽车。坐玩相牛之经，闲抄种树之书。五十步兮野圃，数十伍兮破庐。一秃翁以自乐，群痴儿而共锄。冰解寒祛，霁开日舒。濯濯我畦，浏浏我渠。稚甲怒长，鲜荚蔚扶。涉熟成趣，欢然忘劬。翁放锄，顾儿而言曰：汝亦知夫，世有遇不遇之蔬乎？鴽酿施蓼，鴽，音如。蠯醢侑菹，蠯，音皮。薪蒲羞鳖，食瓜荐鱼。芥酱且菹，葱㵸且朐。烈有桂椒，滑有堇榆。已多乎庖牺氏之初。而况翠织屠苏，红殷虤鼦，淋漓筋睪，轰阫钟笋。阫，音灰。猩唇豹胎之鼎，素鼋紫驼之厨。始馋涎其趋新，中便腹而厌余。于是荤臊望风而引却，芳辛候色而应须。撷翠苕于昆丘，掇瑶颖乎方壶。蔗浆盛夏而冻合，萍齑祁寒而暖敷。行以白玉，奉之绿珠。五侯鲭兮逊美，天酥陁兮失腴。此其遇合，不啻初识之机云，晚见之严徐也。若乃岩壑栖迟，竹屋槿篱。莼擅场乎秋风，韭争长于春畦。荻生而河豚上，橙熟而蟹螯肥。指虽动而莫酬，腹不负其几希。已而凌寒采薇，近阳刈葵，祛萱背堂，瞻芹问湄。镵黄独之雪苗，筐白蕹之露蕤。茗蘼芜以涤烦，醪枸杞而补羸。冷淘煮兮槐苗，饆饳制兮齑滋。泫膏硎兮窀突，饮粪火兮蹲鸱。醋糟紫姜之芽，沐醢青橘之丝。云蒸婴米之乳，电爔鑐床之糜。轮菌鹅鸭之瓠，郁屈龙蛇之芝。婆娑熊蹯之蕊，蓝鬓虬髯之菪。蓝，音蓝。鬓，音伍。菪，音池。鲚孕子兮棕鱼，鳖解裙兮树鸡，竹竞绷兮稚子，蕨初拳兮小儿。以至太华之藕，黄河之菇，婆罗之菠棱，大宛之苜蓿，南越之鹿角，江东之崇蹄，与夫蜀之鸡苏、龙鹤、枏晡、加皮。名品纷纶，色光陆离。性异温凉，气分王衰。笔择加精，调和得宜。香闻艳心，味适解颐。有举案之接敬，无轹金之见欺。芬芬苾苾，杂陈并驰。可以苏文园之渴，可以疗首阳之饥。彼其石芥老而愈劲，苦笋少而已奇。薄有拂士之风，薄，音罕。菊抱幽人之奇。回睠蔓菁随地而易形，薯蓣视人而变姿，曾不满乎一嘬，矧肯数乎恶莒。然是蔬也，进不荣于珥貂鸣玉之齿，退不偕乎重削胃脯之资。烟云喷薄乎夜读之吻，风露簸荡乎朝吟之脾。与斋钵兮争道，食方丈乎何期？儿拱而前，其然岂然，诸葛姓行，元修字传。玉鲁得决老而重，银茄为涪翁而妍。与其见赏于肉食之鄙，孰若托名于蔬茹之贤。盖穷患娇名之不立，而不患并日之食艰；达患幼学之不行，而不患一箸之万钱。苟道义之信饱，饭蔬食而乐焉。翁捧腹一笑，长歌振林。皎白驹之束刍，毋金玉兮尔音。

圃神 《清异录》

进士于则饭于野店，傍有紫荆树一株，村人祀为紫相公。则烹茶，以一杯置其前。夜梦紫衣人来见，曰："予紫相公也，主一方蔬菜之属，所隶有天使职掌丰，有辣判官职主俭，皆嗜茶。蚤蒙赐饮，可谓非常之惠。"因赠以诗。则遂于其家蔬圃祀之，自是年年倍收。

栽种

宜庚寅、辛卯、壬辰、癸巳、戊寅、壬戌，忌风旬日。秋社前逢庚，至社后巳，共十日，为风旬日。藏菜，七月内种，寒露前后分栽。栽时水浇待活，以清粪水频浇，遇西风及九焦日忌浇。《便民图纂》。

制用

时菜五七种，择去老者，细长破之，入汤，审硬软作汁，量浅深，慎启闭，时检察，待其玉洁而芳香，则熟矣。若欲食，先炼雍州酥，次下干蔗及盐花，冬春用熟笋，夏秋用生藕，刀破令同。既熟，搅于羹中，极清美。羹蔗寸截，连汁置洁器中，炼胡麻自然汁收之，更入白盐、姜汁搅匀，泼淡汤最妙。非斋素者，加炼熟葱韭，益佳。《清异录》。蒸干菜：三四月间拣好菜洗，瀹五六分熟，晒干。以盐、酱、莳椒、沙糖、橘皮同煮极熟，又晒干；再蒸片时，取出，贮于磁器。用时以香油揉，微入醋，饭上蒸食之。糟淹瓜、茄、韭菜、韭花、白菜。糟藏之法：凡糟菜，先用盐糟过，十数日取起，尽去旧糟净，拭干。别用一项好糟，此为妙。大抵花醭多因初糟醋出宿水之故，必换一次好糟，方得全美久留。

禁忌 《大清外术》

瓜两鼻两蒂，食之杀人。董黄花及赤芥杀人。三月勿食陈菹，至夏生热病，发恶疮。十月食霜叶，令人面无光。妇人有娠，食干姜，令胎内消。檐下滴菜有毒。瓝牛践苗则子细。

菜异 《花史》

熙宁中，李及之知润州。园中菜花盛开，悉成莲花，各有一佛坐花中，形如雕刻，曝干依然。

种顷刻菜法

用新鸡首生子，从顶中击小窍，去黄白，纳菜子，纸封固，与鸡伏七七。凡种瓜瓝，皆用此法。一鸡不能毕，再与他鸡伏足其数，播湿地。播须臾菜出，可用。一法：以菜子在三伏中晒过，须杂麻茎内心播之，顷刻即出。晒一年长一寸，晒过三年即长三寸，若五年七年有五七寸。

附录

东坡云：吾借王参军地种菜，不及半亩，而吾与子过，终年饱菜，夜半饮醉，无以解酒，辄撷菜煮之。味含土膏，气饱霜露，虽（梁）〔粱〕肉不能及也。人生须底物而乃更贪耶！

二如亭群芳谱蔬部卷之一

济南　王象晋荩臣甫　纂辑
松江　陈继儒仲醇甫
虞山　毛凤苞子晋甫　同较
宁波　姚元台子云甫
济南　男王与胤、孙士禛、曾孙启灏　诠次

蔬谱一　辛薰类

姜，御湿之菜也。苗高二三尺，叶长，对生。苗青，根嫩白，老黄无花实。处处有之，汉温池州者良。三月种，五月生，苗如嫩芦。秋社前后新芽如指，采食无筋。尖微紫，名紫芽姜，又名子姜。秋分后者次之，霜后则老。性恶湿，畏日。秋热则无姜气。味辛，微温，无毒。通神明，避邪气，益脾胃，散风寒，除壮热，治胀满，去胞中臭气，解菌蕈诸毒。生用发热，熟用和中。留皮则凉，去皮则热。八九月多食，春多患眼。孕妇忌食，令儿盈积。

干生姜：治嗽，温中，除胀满、霍乱、腹痛、冷痢，益闭病虚冷。　生姜屑：比干姜不热，比生姜不湿。肺经气分药，能益肺。和酒服，治偏风。　干姜：一名白姜。通心助阳，去脏腑沉寒痼冷，发诸经寒气，治感寒腹痛。引血药入血分，引气药入气分，入肺利肺气，入肾燥下湿，入肝生血，同补阴药引血药入气分生血，又能去恶养新，有阳长阴生之意，故血虚发热、产后大热者用之。而吐血、衄血、下血、痢血，有阴无阳者亦宜从治之法也。止吐血、痢血，炒黑用。血脱色白，脉濡，面天不泽，此大寒也，宜用之以（血）〔益〕血温经。肾中无阳，气脉欲绝，黑附子为引，水煎服。亦治中焦寒邪寒淫所胜，以辛散之也，生则逐寒邪而发表，炮则除胃冷而守中，多用耗散元气，久服令人目暗。孕妇忌用，令胎内散。　皮：和脾胃，消浮肿，除腹胀痞满，去翳。　叶：食鲙成症，捣汁饮即消。

种植。宜白沙地，小与粪和种。熟耕，纵横七八遍，佳。清明后三日种，阔一步作畦，长短随地，横作垄，垄相去一尺，深五六寸。垄中安姜，一尺一科，带芽大三指。盖土三寸，覆以蚕沙，无则用熟粪，鸡粪尤好。芽出后，有草即耘，渐渐土盖之。已后垄中却令高，不得去土，为其芽向上长也。芽长后，从傍掘去老姜，耘锄不厌数。五六月覆以柴棚，或插芦蔽日，不奈寒热。八月收取，九月置暖窖中。寒甚，作深窖，以糠秕和埋暖处，勿冻坏，来年作种。

制用。生、熟、醋、酱、糟、盐、蜜煎皆宜。早行山中，含之，不犯霜雾蒸湿及山岚之瘴气。　法制伏姜：姜四斤，刮去粗皮，洗净，晒干，放磁盆，入白糖一斤，酱油二斤，官桂、大茴香、陈皮、紫苏叶各二两，切细拌匀，初伏晒起，至三伏终，收贮。晒时用纱或夏布罩住，勿令蝇虫飞入。此姜神妙，能治百病。 伏月以老姜切片，秤一斤重为率晒干。先用官桂、茴香、丁香、川椒各一两，为末。浸镜面率烧酒二斤，俟药气化溶，闭罐蒸。待冷，将晒干生姜浸酒内，晒干。又浸，又晒，以酒尽为度，磁罐收贮。如冬月大寒侵晨，嚼姜一片，通身和暖。 蜜煎姜：秋社前取嫩芽二斤，洗净控干，不用盐腌，以沸汤沥干。用白矾一两半，汤泡化，一宿澄清。浸姜十余日，方以蜜煎，磁罐贮留。经年，须常换蜜。 脆姜：以嫩者去皮，甘草、白芷、零（零）〔陵〕香少许，同煮熟，切片食。 法制姜：煎沸汤八升，入盐三斤，打匀。次早别取清水，以白梅半斤捣碎和浸，同前盐水和合，贮顿逐日。采牵牛花，去白蒂，投水中，候水深浓，去花。取嫩姜十斤，拭去红衣，随意切片。用白盐五两、白矾五两、沸汤五碗，化开，澄清，浸姜，微向日影中晒二日，捞出晾干。再入少盐拌匀，晒烈日中，待姜上白盐凝燥为度，入器收贮。 醋姜：嫩姜不拘多少，炒盐腌一宿，取出卤，同米醋煮数沸。候冷，入姜及沙糖随多少，箬扎，泥封固。 糟姜：嫩姜，天晴时收，阴干五日，以麻布拭去红皮，每一斤用盐二两、糟三斤，腌七日，取出拭净。别用盐二两、法糟五斤，拌匀，入新磁罐。先以核桃二枚捣碎，安罐底，则姜不辣。然后入姜平糟面，以小熟栗末掺上，则姜无查，如常法泥封固。如要色红，入醉生花拌糟。 糟姜：取嫩姜，用酒拌糟匀，入磁坛，上用沙糖一块，箬扎口，泥封七日，可食。 醋姜：炒盐腌一宿，以原卤入酾醋同煎。 五味姜：嫩姜一斤，切薄（晒）〔片〕。用白梅半斤，打碎去仁，入炒盐二两，拌匀，（片）〔晒〕三日，取出。用甘草半两、檀香二钱，为末，拌匀，晒三日，磁器收贮。 九月廿八日食姜，损目。

疗治。一切暴病如中风、中气、中毒、中恶、中暑、干霍乱之类：姜汁、童尿和服，即解。盖姜能开痰下气，童尿降火也。 治痢：生姜切细，好茶一两碗，任意呷之便瘥。热痢留皮姜，冷痢去皮姜，此禁方也。姜能助阳，茶能助阴，二物皆消散恶气，调和阴阳，且解湿热、酒食暑气之毒，不问赤白，通用。苏东坡治文潞公有效。 疟疾寒热：生姜四两，捣自然汁一酒杯，露一夜。发日，五更面北立，饮即止。未止再服。 寒热痰嗽初起：烧姜一块，咽之。 咳嗽不止：生姜五两，饧半升，水煎熟食尽，愈。 段侍御用之有效。 久患咳噫：生姜汁半合，蜜一匙，煎，温呷三服，愈。 暴逆气上：嚼姜两三片，屡效。 干呕厥逆：须①嚼生姜，呕家圣药也。 呕吐不止：生姜一两，醋浆四合，银器中煎取二合，连滓呷之。又杀腹内长虫。 反胃羸弱：母姜二斤，捣汁作粥食。又生姜切片，麻油煎过，为末，软枣醮末嚼咽。 霍乱欲死：生姜五两，牛儿屎一升，水四升，煎二升，再服即止。 霍乱转筋，入腹欲死：生姜三两捣，酒一升，煮三两沸，服，仍以姜捣贴痛处。 霍乱腹胀，不得吐下：用生姜一斤，水七升，煮二升，分三服。 腹中胀满：绵裹煨姜，内下部，冷即易之。 胸胁满痛，凡心胸胁下有邪气结实，硬痛胀满者：生姜一斤，捣渣留汁，慢炒待润，以绢包于患处，款款熨之。冷再以汁炒，再熨，良久，豁然宽快。 大便不通：生姜削长二寸，涂盐内下部，立通。 温热发黄：生姜时时周身擦之，其黄自退。一方：加茵陈蒿尤妙。 暴赤眼肿：古铜钱刮姜取汁，于钱唇点之，泪出。今日点，明日愈，勿

---

① 须，"四库全书"《本草纲目》卷二六《菜之一·生姜》作"频"。

疑。　暴风客热，目赤睛痛肿：腊月取生姜捣绞汁，阴干取粉，入铜青末等分，每以少许沸汤泡，澄清，温洗，泪出，妙。　消渴饮水：干生姜末一两，鲫鱼胆汁和丸梧子大。每服七丸，米饮下。　诸病舌胎：以布染井水洗后，用姜片时时擦之，自去。　牙齿疼痛：老生姜瓦焙，入枯矾末，同擦之。一人日夜呻吟，用之即愈。　食鸩中毒：饮姜汁即解。竹鸡、鹧鸪、诸药、莴苣毒，猘犬伤，并同。　虎伤人疮：内服生姜汁，外以汁先之，用白矾末傅上。　蝮蛇螫人：姜末傅之，干即易。　蜘蛛咬人：炮姜切片贴之，良。　金疮：生姜嚼傅，勿动，次日即生肉，甚妙。　闪拗手足：生姜、葱白打烂，和面炒（人）〔热〕，盒之。　跌扑瘀血：姜汁和酒调生面贴之。又姜叶一两升，当归三两，为末。温酒服方寸匕，日三。　百虫入耳：姜汁少许滴之。　腋下狐臭：姜汁频涂，绝根。　赤白癜风：生姜频擦之，良。　两耳冻疮：生姜自然汁熬膏涂。　发背初起：生姜一块，炭火炙一层刮一层，为末，以猪胆汁调涂。　产后肉线：一妇产后用力，垂出肉线，长三四尺，触之痛引心腹，欲绝。一道人令买老姜连皮三斤捣烂，入麻油二斤，拌匀炒干。先以熟绢五尺，折作方结。令人轻轻盛起肉线，使之屈曲作三团，纳入产户。乃以绢袋盛姜，就近薰之，冷则更换。薰一日夜，缩入大半，二日尽入。此魏夫人秘传怪病方也。但不可使线断，断则不可治。　脉溢怪症：有人毛窍节次血出不止，皮胀如鼓，须臾目、鼻、口被气胀合，此名脉溢。生姜自然汁和水各半盏服，即安。　脾胃虚冷，不下食，赢弱成瘵者：用温州白干姜浆水煮透，焙干捣末，陈廪米煮粥饮，丸子梧子大。每服三五十丸，白汤下，其效如神。　头晕吐逆，胃冷生痰也：用干姜炮二钱半，甘草炒一钱二分，水一钟半，煎减半服，累用有效。　阴阳易病，伤寒后虽瘥，未满百日，不可合男女，为病拘急，手足拳，腹痛欲死，丈夫名阴易，妇人名阳易，速汗即愈。满四日，不可治。干姜四两，为末。每半两，白汤调服。覆衣被出汗后，手足伸即愈。　中寒水泻：干姜炮研末，粥饮服二钱，效。　寒痢青色：干姜切大豆大。每米饮服六七枚，日三夜一，累用得效。　血痢不止：干姜烧黑存性，放冷为末。每服一钱，米饮下，神效。　咳嗽上气：合州干姜炮，皂荚炮去皮、子及蛀者，桂心紫色者去皮并捣筛，等分。炼白蜜和，捣三千杵，丸梧子大。每服三丸，嗽发即服，日三五服，禁食葱、面、油腻，其效如神。刘禹锡在淮南与李亚同幕府，每治人而不出方，或诮其吝。李曰：凡人患嗽，多进冷药。若见此方用药热燥，必不肯服，故但出药即多效也。试之，信然。　痈疽初起：干姜一两，炒紫研末，醋调敷四围，留头，自愈。此东昌申一斋奇方也。　蛇蝎螫人：干姜、雄黄等分，为末，傅之便定。　齆鼻不通：干姜末，蜜调塞鼻中。　目忽不见：令人嚼母姜，用舌日舐六七次，以明为度。　拔白：老生姜皮一大升，于久用油腻锅内，不洗刷，固济勿令出气，令精细人守之，文武火炼，不得火急，自旦至夕即成，研为末。将拔白，先点麻子大于须下，然后拔，以指捻入，三日后当生黑者，神效，用之有验。　胃虚风热，不能食：姜汁半杯，生地黄汁少许，蜜一匙，水二合，和服。

　　典故。不彻姜食。《论语》。　左慈有道术，在曹操坐，以百钱置袖中，须臾得蜀姜。　梁周舍尝与裴子野语及嗜好。子野曰："从来未尝食姜。"舍应声曰："孔称不彻。"裴乃不尝，一座皆笑。　秦桧欲晏敦复附己，使人谕之。晏答曰："为我谢秦公。姜桂之性，到老愈辣。"《长编》。

丽藻。诗五言：姜言能损心，此谤谁能雪？请论去秽功，神明看朝彻。朱文公。　新芽肌理细，映日莹如空。恰似匀妆指，柔尖带浅红。刘屏山。　刘公汉家裔，才学歆向侔。胸中饱经史，辩论出九州。曾不奉权贵，但与故人投。赠辛非赠甘，此意当自求。梅圣俞《谢刘原父》。

椒，一名花椒，一名大椒，一名樕，一名秦椒，以产自秦地，故名。今北方秦椒另有一种。生秦岭、（秦）〔泰〕山、琅琊间，今处处有之。椒秉五行之精，叶青、皮红、花黄、膜白、子黑、气香，最易蕃衍。枝间有刺，扁而大。叶对生，形尖有刺，坚而滑泽，蜀吴制作茶。四月开细花，五月结实，生青熟红，大于蜀椒，其目亦不及蜀椒光黑。出陇西天水粒细者善。今成皋诸山有竹叶椒，小毒、热，不堪入药。东海诸山上亦有椒，枝叶亦相似，子长而不圆，甚香，味似橘皮。椒闭口者杀人，五月食，损气伤心，令人多忘。中毒者，凉水麻仁浆解之。

椒红：生温熟寒，有毒，温中去寒，坚齿明目，暖腰膝，缩小便，疗腹中冷痛，除风邪，下肿湿，治妇人经闭，破产后恶血。

收摘：中伏后，晴天带露收，忌手捻。阴一日，晒三日，则红而裂。遇雨，薄摊当风处，频翻，若淹则黑不香。若收作种，用干土拌和，埋于避雨水地内，深一尺，勿令水浸生芽。　种植：先将肥润地耕熟，二月内取子种之，以灰粪和细土覆盖则易生。此物乃阳中之物，不耐寒，冬月草苫，免致冻死。来年分栽，离七八尺用麻糁灰粪和细土栽。忌水浸根，又宜焦土乾粪壅培，遇旱，用水浇灌。三年后换嫩枝，方结实。以发缠树根，或种香白芷，或种生菜，皆辟蛇食椒。　制椒：去目及闭口者，炒热，隔纸铺地上，以碗覆，待冷碾红，入药。

附录。川椒：肉厚皮皱，粒小子黑，外红里白，入药以此为良，他椒不及也。　崖椒、蔓椒、地椒：皆野生，止堪入食料，不堪入药。　胡椒：生西戎摩伽拖国，今南番诸国、滇南、海南、交趾诸地皆有之。其苗蔓生，茎极柔弱，叶长寸半。有细条与叶齐，条上结子，两两相对。其叶晨开暮合，合则裹其子于叶中。子形似汉椒，至芳辣，六月采，今作胡盘肉皆用之。《酉阳杂俎》。　辛，大温，无毒。去胃中寒痰，食已吐水，甚验。大肠寒滑亦可用。性燥，快膈，喜之者众，久则走气助火，脾胃肺气大伤，昏目发疮损肺，令人吐血，热病最忌。治牙痛用胡椒、荜茇者，散其浮热，从治之意也。　番椒：亦名秦椒，白花，子如秃笔头，色红鲜可观，味甚辣。子种。

疗治。手足心肿，乃风也：椒、盐末等分，醋和傅之，良。　损疮中风：以面作馄饨，包椒于灰中烧之，令熟，断开口，封王疮上，冷即易之。　久患口疮：椒去闭口者，水洗，面拌，煮作粥，空心吞之，以饭压下。重者再服，以瘥为度。　牙齿风痛：椒煎醋，含漱。　百虫入耳：椒末二钱，醋半盏，浸良久，少少滴入，自出。　椒红丸：治元脏伤惫，目暗耳聋。服此百日，觉身轻少睡，两足有力，是其效也。服及三年，心智爽悟，目明倍常，面色红悦，髭发光黑。用蜀椒去目及合口者，炒出汗，曝乾，捣取红一斤。以生地黄自然汁入铜器中煎至一升，候稀（调）〔稠〕得所，和椒末丸梧子大。每空心暖酒下三十九。合药时勿令妇人、鸡、犬见。诗云："其椒应五行，其仁通六义。欲知先有功，夜见无梦寐。四时去烦劳，五脏调元气。明目腰不痛，身轻心健记。别更有异能，三年精自秘。回老返婴童，康强不思睡。九虫顿亡消，三尸自逃避。若能久饵之，神仙应可冀。"　补益心肾，明目驻颜，顺气祛风延年：真川椒一斤炒去汗，白茯苓十两去皮，为末，炼蜜丸梧子大。每服五十丸，空心盐汤下。忌铁器。　虚冷短气：川椒二两，去目并合口者，以生绢袋盛，浸无灰酒五升中三日，随性饮之。　腹内虚冷：用生椒择去不拆者，相四十粒，浆水浸一宿，空心新汲水吞下。久服暖脏腑、驻颜、黑发、明目，令人多食。　心腹冷痛：布裹椒安痛处，用熨斗熨，令椒出汗，即止。　冷蛊心痛：川椒四两炒出汗，酒一碗淋之，服酒。　阴冷入腹：有人阴冷，渐渐冷气入阴囊肿满，日夜疼闷欲死。以布裹椒包囊下，热气大通。日再易之，以消为度。　呃噫不止：川椒四两，炒研，面糊丸梧子大。每服十丸，醋汤下，神效。　传尸痨瘵，最杀劳虫：用真川椒红色者，去子及合口，以黄草纸二重隔之，炒出汗，取放地上，砂盆盖定，以火灰密遮四旁，约一时许，为细末，去壳，以老酒浸白糕，和丸梧子大。每服四十丸，食前盐汤下。服至二斤，其疾自愈。此药兼治诸痹，用肉桂煎汤下；腰痛，用茴香汤下；肾冷，用盐汤下。昔有一人病此，遇异人授是方，服至二斤，吐出一虫如蛇而安，遂名神授丸。兼治白虎历节风痛甚，肌理枯虚，生虫游走，痒痛痹疾，半身不遂。　寒湿脚气：川椒二三升，疏布囊盛之，日以踏脚。　诸疮中风：生蜀椒二升，以少面和搜①裹椒，勿令漏气，分作两裹，于糖灰火中烧熟，刺头作孔，当疮上罨之，使椒气射入疮中，冷即易之。须臾疮中出水，及遍体出冷汗，即瘥。　疮肿痛：生椒末、釜下土、荞麦粉等分研，醋和傅之。　囊疮痛痒：红椒七粒，葱头七个，煮水洗数次，愈。又川椒、杏仁研膏，涂掌心，合阴囊而卧，甚效。　手足皲裂：椒四合，水煮，去渣渍之，半食顷出令燥，须臾再浸。候干，涂猪羊脑髓，极好。　漆疮作痒：汉椒煎汤洗。凡至漆所，嚼川椒涂鼻上，不生漆疮。　夏月湿泻：川椒炒取红，肉豆蔻煨，各一两，为末，粳米饭丸梧子大。每量人米饮服百丸。　餐泻不化及久痢：川椒一两炒，苍术二两土炒，碾末，醋和丸梧子大。每水饮服五十丸。　久冷下痢，或不痢，腰腹若冷：用蜀椒三升，醋渍一宿，曲三升，同椒一升拌匀，作粥食，不过三升，瘥。　老小泄泻：小儿水泻，及人年五十以上患泻，川椒二两，醋二升，煮醋尽，慢火焙干，碾末，磁器贮之。每服二钱匕，酒及米饮下。　凡人呕吐，服药不纳，必有蛔在膈间，蛔闻药则动，动则药出。但于呕吐药中加炒川椒十粒，良。盖蛔闻椒则伏也。　食茶面黄：川椒红炒碾末，糊丸梧子大。每服十丸，茶汤下。　伤寒齿衄：伤寒呕血，继而齿缝出血不止。用开口川椒四十九粒，入醋一盏同煎熟，入白矾少许服。　风虫牙痛：川椒红末，水和白面丸皂子大，烧热咬之，数度愈。一方：花椒四钱，牙皂七七个，醋一碗，煎漱。　白秃：花椒末，猪脂调傅，三五度愈。　鬓秃：汉椒四两，酒浸，密室内日日搽之，自然长。　蝎螫痛：川椒嚼细涂之，微麻即止。　虫入耳：川椒碾细，浸醋灌之，自出。　毒蛇咬：闭口椒及叶，捣封之，良。　小儿暴惊，啼哭至死：蜀椒、左顾牡（砺）〔蛎〕各六铢，以酢浆水一升，煮五合，每灌一合。　舌塞语吃：川椒，以生面包丸。每服十粒，醋汤送下。　水气肿满：椒目炒，捣如膏，酒服方寸匕。　留饮腹痛：椒目二两，巴豆一两去皮心，熬捣，以枣膏和丸麻子大。每服二丸，吞下，其痛即止。又方：椒目十四

---

① 搜，疑应作"溲"。"四库全书"〔宋〕唐慎微《证类本草》卷一四《本部下品总九十九种》作"溲"。

枚，巴豆一枚，豉十六枚，合捣为二丸，服之取吐，利。　痔痛：椒目一撮，碾细，空心水服三钱，如神。　崩中带下：椒目炒，碾细。每温酒服一钱。　眼生黑花，年久难治：椒目炒一两，（苍）〔术〕木炒二两，为末，醋和丸梧子大。每服二十九，醋汤下。　食多饱胀痞闷：水吞生椒一二十粒，即消。　心腹冷痛：胡椒三七枚，清酒吞之。或云一岁一粒。　心下痛：胡椒四十九粒，乳香一钱，男用生姜，女用当归，酒下。又方：胡椒、菉豆各四十九粒，研服酒下，神效。　霍乱：胡椒三十粒，以饮吞之。又：胡椒四十九粒，菉豆一百四十九粒，研匀，木瓜汤服一钱。　反胃：胡椒醋浸，日干。如此七次，为末，酒糊丸梧子大。每服三四十九，醋汤下。《圣惠方》（周）〔用〕胡椒七钱半、煨姜二两，水煎，分二服。胡椒、半夏汤炮等分，为末，姜汁糊丸梧子大。每姜汤下三十九。　夏月冷泻及霍乱：胡椒碾末，饭丸梧子大，（勿）〔每〕米饮下四十九。　赤白痢：胡椒、绿豆各一岁一粒，为末，糊丸梧子大，红用生姜、白用米汤下。　二便闭胀闷，二三日则杀人：胡椒二十一粒打碎，水一盏煎六分，去（宰）〔滓〕，入芒硝半两化服。　小儿虚胀：胡椒一两，蝎尾半两，莱菔子半两，为末，面糊丸粟米大。每服五七九，陈米饮下。　虚寒积癖，在背膜之外，流于两胁，气逆喘急，久则营卫凝滞，溃为痈疽，多致不救：胡椒二百五十粒，蝎尾四个，生木香二钱半，为末，粟米饭丸绿豆大。每服二十九，橘皮汤下。　房劳阴毒：胡椒七粒，葱心二寸半，麝香一分，捣烂，以黄蜡溶和，做成条子，插入阴内，少顷汗出，即愈。　惊风内钓：胡椒、木鳖子仁等分，为末，醋调黑豆末，杵丸绿豆大。每服三四十九，荆芥汤下。　散寒邪：胡椒、丁香各七粒，碾碎，葱白头捣膏，和涂两手心，合掌握定，夹于大腿内侧，卧，被覆取汗，愈。　伤寒咳逆不止，寒气攻胃也：胡椒三十粒打碎，麝香半钱，酒一钟，煎半钟，热服。　风虫牙痛：胡椒、荜茇等分，为末，蜡丸麻子大。每服一九，塞蛀孔中。　治风虫客（岁）〔寒〕①，三般牙痛，呻吟不止：用胡椒九粒，绿豆十一粒，布裹槌碎，以丝绵包作一粒，患处咬定，涎出吐去，立愈。　血崩：用胡椒、紫檀香、郁金、茜根、小蘗皮等分，为末，水丸梧子大。每服二十九，阿胶汤下。　沙石淋：胡椒、朴硝等分，为末。每服二钱，白汤下，日二。　蜈蚣咬：胡椒嚼封之，即不痛。

典故。皇后之宫，涂之以椒取暖，又取多子之义，故名椒房，又曰椒风。李时珍云自少嗜胡椒，每岁病目，后痛绝之，目病亦愈。后略食一二，目便昏涩。盖辛走气，热助火也。病咽喉口齿者亦宜忌之。　岁首祝椒酒而饮之。又折松枝，男七女二，亦同此义。　元日进椒柏酒。椒是玉衡星精，服之令人身轻能走。柏是仙药，进酒以年少者为先。崔寔《月令》。　十二月腊夜，令人持椒卧井旁，无与人言，内椒井中除瘟病。《养生要论》。

丽藻。散语：椒聊之实，繁衍盈升。椒聊且，远条且。　有椒其馨。《诗》。　诗五言：椒实雨新红。　守岁阿咸家，椒盘已颂花。俱少陵。　桂尊吟弟子，杜若赠佳人。椒浆奠瑶席，欲下云中君。王维。　丹刺胃人衣，芳香留过客。幸堪调鼎用，愿君垂采摘。裴迪。

---

① 岁，应作"寒"。"四库全书"《本草纲目》卷三二《果之四》作"寒"。

茴香，一名蘹香。宿根，深冬生苗作丛，肥茎绿叶。五六月开花，如蛇床花而色黄。子如麦粒，轻而有细棱，俗呼为大茴香。近道人家园圃种者甚多。以宁夏者为第一，其他处小者名小茴香。辛、平，无毒，理气开胃。夏月祛蝇避臭，煮臭肉下少许即不臭。臭酱入末少许亦香，故曰回香食料。

种植。收子阴干。宜向阳地，以粪土和子种之，仍种麻一窠以避日色。十月斫去枯梢，以粪土壅根下。

附录。八角茴香：来自番舶，裂成八瓣，一瓣一核，黄褐色，有仁，味更甜。　莳萝：初生佛誓国，今岭南及近道皆有之。三四月生苗，开花，其子簇生，状如蛇床子而短，微黑，芳辛不及茴香。善滋食味，多食无损。健脾开胃，下气利膈，温肠，杀鱼肉毒，补水脏，治肾气，壮筋骨。治小儿气胀，霍乱呕逆，腹冷不下食，两肋痞满。忌同阿魏食，夺其味也。

疗治。开胃进食：茴香二两，生姜四两，捣匀，入净器内，湿纸盖一宿。次日银、石器中文武火炒黄焦，为末，酒糊丸梧子大。每服十九至二十五丸，温酒下。　瘴疟发热，连背项者：茴香子捣汁服。　大小便闭，鼓胀气促：八角茴香七个，大麻仁半两，为末，生葱白三七根，同研煎汤，调五苓散末服，日一。　小便数：茴香不拘多少，淘净，入盐少许，炒研为末，炙糯米糕蘸食。　伤寒脱阳，小便不通：茴香末，以生姜自然汁调敷腹上，仍用茴香末入益元散服。　肾消饮水，小便如膏：茴香、苦楝子俱炒，等分，为末。食前酒服二钱。　肾邪冷气力弱：大茴香六两，作三分；生附子一个，去皮，作三分。第一度：用附子一分、茴香一分，同炒黄，出火毒一夜，去附子，研茴香为末，空心盐酒下一钱。第二度：二味各一分，同炒存性，出火毒，留附子一半，同茴香为末，如前服。第三度：各一分，同炒存性，出火毒，全研为末，如前服。　肾虚腰痛：茴香炒研，猪腰子批开，掺末入内，湿纸裹煨熟，空心盐酒送下。　腰痛如刺：八角茴香炒研。每服二钱，食前盐汤下。外以糯米一二升炒热，盛袋，拴入痛处。　又：八角茴香、杜仲各炒研三钱，木香一钱，水一钟，酒半钟，煎服。　腰重刺胀：八角茴香炒为末，食前酒服二钱。　疝气入肾：茴香炒作二包，更换熨之。　小肠气坠：八角茴香、小茴香各三钱，乳香少许，水服，取汁。　又治小肠疝气，痛不可忍：大茴香、荔枝核炒黑，各等分，研末。每服一钱，温酒调下。又方：大茴香一两，花椒五钱，炒研。每酒服一钱。　膀胱疝痛：舶茴香、杏仁各一两，葱白焙干五钱，为末。每酒服二钱，嚼胡桃送下。　又治疝气膀胱小肠痛：茴香、晚蚕沙盐炒，俱等分，为末，炼蜜丸弹子大。每服一丸，温酒嚼下。　疝气偏坠：大茴香末一两，小茴香末一两，牙猪尿胞一个，连尿入二末，于内系定。罐内以酒煮烂，连胞捣丸如梧子大。每服五十九，白汤下。仙方也。　胁下刺痛：小茴香一两炒，枳壳五钱面炒，为末。每服二钱，盐酒调服，神效。　辟除口臭：茴香煮羹及生食，并得。　蛇咬久溃：小茴香捣末敷之。　辛恶心，腹中不安：煮茴香茎叶食。　小肠肾气冲胁，如刀刺痛，喘息不得：生捣茴香茎叶汁一合，投热酒一合，饮之，愈。　恶毒痈肿，或连阴卵髀间疼痛挛急，牵入小腹，不可忍，一宿即杀人者：茴香苗叶捣汁一碗服之，日三四服，查贴肿上。冬月用根。此外国神方。永嘉以来，起死回生用之，神效。　闪挫腰痛：莳萝作末，酒服二钱匕。　牙痛：舶上莳萝、芸苔子、白芥子等分，研末。口中含水，随左右嗅鼻，神效。

葱，一名茐，茐，驱侯切，中空也。一名菜伯，一名和事草，诸物皆宜，故曰菜伯、和事。一名鹿胎。初生曰葱针，叶曰葱青，衣曰葱袍，茎曰葱白，叶中（沸）〔涕〕曰葱苒。叶温，白与须平，味辛，无毒。有数种：一种冻葱，即冬葱，夏衰冬盛，茎、叶气味俱软，美食用、入药最善。分茎栽莳而无子，人称慈葱，又称大官葱，谓宜上供也。一种汉葱，春末开花成丛，青白色，冬即叶枯，亦供食品。胡葱，生蜀郡山谷，状似大蒜而小，形圆，皮赤，叶似葱，根似蒜，八月种，五月收。一名蒜葱，又名回回葱，茎、叶粗硬。茖葱，茖，音格。山葱也，生于山谷，似葱而小，细茎，大叶。生沙地者名沙葱。又有一种楼葱，人呼为龙角葱、龙爪葱、羊角葱，皮赤，茎上生根，移下种之，亦冬葱之类，每茎上叶出歧如八角，故名。葱白辛，叶温，根须平，主发散。是处皆有，生熟皆可食，更宜冬月，戒多食。四月每朝空心服葱头酒，调血气。正月忌食，令人面起游风。生同蜜食，作下利。烧同蜜食，壅气杀人。生合枣食，令人病。合犬、雉肉食，多令人病血。服地黄、常山人忌用。

种植。子味辛，色黑，作三瓣状，有皱纹。收取阴干，勿令浥湿，浥湿则不生。留春月调畦种，良地三剪，薄地再剪，剪宜平旦，避热，宜与地平，勿太深、太高。八月止，不止则无袍而损白。凡栽葱，晒稍蔫，将冗须去净，疏行密排，猪、鸡、鸭粪和粗糠壅之，不拘时。崔寔曰："三月别小葱，六月别大葱。"夏葱曰小，冬葱曰大。冬葱暑种则茂。种葱宜甲子、甲申、己卯、辛未、辛巳、辛卯。

制用。冬至日取葫芦，盛葱根茎汁，埋于庭中。夏至发开，尽为水，以渍金、玉、银、石青各三分，自消曝乾如饴，可休粮。久服神仙，名曰金液浆。《千金月令》。

疗治。阳脱危症，凡大吐大泻后四肢厥冷，不省人事，或与妇人交后小腹肾恸，外肾搐缩，冷汗出，厥逆，须臾不救：先以葱白炒热煨脐，后以葱白三七茎擂烂，酒煮灌之，阳气即回。　小儿无故卒死者：葱白纳入下部，及两鼻孔中，气通即活。　新葱（糖）〔煻〕火煨热，剥其皮，中有（沸）〔涕〕，便罨金疮损处，冷即易之，便愈。又葱白连叶煨热，或炒热，捣烂傅上，冷即易之，纵血出淋漓，即时血住痛止。翼日见水，亦无痕迹。　打伤血出不止：葱白、沙糖研傅之，痛立止，更无伤痕。　小便不通及转脬：葱管吹盐入玉茎内，甚效。　衄血不止：葱（沸）〔涕〕入酒少许，滴鼻中，即觉血从脑散下。又和蜜少许服之，亦佳，葱蜜同食害人，非甚急不可轻用。　感寒初觉：即用葱白一握，淡豆豉半合，泡汤服之，取汗。　伤寒头痛如破：连须葱白半斤、生姜二两，水煎温服。　时疾头痛发热：连根葱白二十根，和米煮粥，入醋少许热食，取汗即解。　数种伤寒初起一二日，不能分别者：用上法取汗。　伤寒劳复，因交接者腹痛卵肿：用葱白捣烂，苦酒一盏和服之。　瘟疫：五月五日，连须葱白十根煎汤，入醋少许，乘热服，厚盖汗出，即解。　风湿身痛：生葱擂烂，入香油数点，水煎，调川芎䓖、郁金末一钱服，取吐。　妊娠伤寒，赤斑变为黑斑，尿血者：葱白一把，水三升，煮热服汁，食葱令尽，取汗。　六月孕动困笃难救者：葱白一大握，水三升，煎一升，去滓，顿服。　胎动下血，病痛抢心：葱白煮浓汁饮之，未死即安，已死即出，未效再服。一方加川芎，一方用银器同米煮粥及羹食。　卒中恶死，或先病，或平居寝卧，奄忽而死，皆是中恶。急取葱心黄刺入鼻孔中，男左女右，入七八寸，鼻目血出即苏。又法：用葱刺入耳中五寸，鼻中血出即活，如无血出即不可治。此扁鹊秘方也。　小儿盘肠内钓腹痛：葱汤洗儿腹，仍以炒葱捣贴脐上，良久尿出痛止。　阴毒腹痛，厥逆、唇青、卵缩，六脉欲绝：葱一束，去根及青，留白二寸，烘热，安脐上，熨斗熨之，葱坏则易。良久，热气透入，手足温，有汗即瘥，乃服四逆汤。若熨而手足不温，不可治。　卒心急痛，牙关紧闭欲绝：老葱白五茎，去皮须，捣膏以匙送入咽中，灌以麻油四两，但得下咽，即苏。少顷，虫积皆化黄水而下，永不再发，屡用屡效。　霍乱烦躁，坐卧不安：葱白二十茎，大枣二十枚，水三升，煎二升，分服。　蛔虫心痛：葱白二寸，铅粉二钱，捣丸服之，即止。葱能通气，粉能杀虫也。　腹皮麻痹不仁：多煮葱白食之，即愈。　小便闭胀，不治杀人：葱白三斤锉炒，帕盛二个，更互熨小腹，气透即通。　大小便闭：捣葱白和醋封小腹上，仍灸七壮。　大肠虚闭：连须葱一根，姜一块，盐一捻，淡豉三七粒，捣作饼，烘掩脐中扎定，良久气通，不通再作。　急淋阴肿：泥葱半斤，煨热杵烂，贴脐上。　小便淋涩或有白者：以赤根楼葱，近根截一寸许，安脐中，以艾灸七壮。　小儿不尿，乃胎热也：用大葱白切四片，用乳汁半盏，同煎片时，分作四服，即通。不饮乳者，服之即饮乳。若脐四旁有青黑色及口撮者，不可救。　肿毒尿闭，因肿毒未溃，小便不通：用葱切，入麻油煎至黑色，去葱取油，时涂肿处，即通。　阴囊肿痛：葱白、乳香捣涂，即时痛止肿消。又方：用煨葱入盐，杵泥涂之。　小便溺血：葱白一把，郁金一两，水一升，煎二合，温服，日三。　肠痔有血：葱白三斤，煎汤熏洗，立效。　赤白下痢：葱白一握细切，和米煮粥，日日食之。　便毒初起：葱白炒热，布包熨数次，乃用傅药，即消。又方：用葱根和蜜捣傅，以纸护之，外服通气药，即愈。　痈疖肿硬，无头不变色：米粉四两，葱白一两，同炒黑，研末，醋调，贴一伏时又换，以消为度。　一切肿毒：葱汁傅之，日四五度。　乳痈初起：葱汁一升，顿服即散。　疔疮恶肿刺破：以老葱、生蜜杵贴。两时疔出，以醋汤洗之，神效。　小儿秃疮：冷泔洗净，以羊角葱捣泥，入蜜和涂之，神效。　刺疮金疮，百治百效：葱煎浓汁渍之，甚良。　金疮瘀血在腹者：大葱白二十枚，麻子三升，杵碎，水九升，煮一升半，顿服。当吐出脓血而愈。（木）〔未〕尽再服。遍身忽然肉出如锥，既痒且痛，不能饮食，名血壅，不速治必溃：以赤皮葱烧灰淋洗，饮豉汤数盏，自安。　解金银毒：葱白煮汁饮之。　脑破骨折：蜜和葱白捣匀，厚封，立效。　自缢垂死：葱心刺耳，鼻中有血出，即苏。　水病足肿：葱茎叶煮汤渍之，日三五次，妙。　小便不通：葱白连叶捣烂，入蜜合外肾上，即通。　疮伤风水肿毒：取葱青叶和干姜、黄檗等分，煮汤浸洗，立愈。　蜘蛛咬遍身生疮：青葱叶一茎去尖，入蚯蚓一条在内，待化成水，取点咬处，即愈。　代指毒痛：取薑黄葱叶煮汁，热渍之。　喉中肿塞，气不通者：葱须阴干，为末。每用二钱，入蒲州胆矾末一钱和匀。每用一字吹之。　钩吻毒，面青口噤欲死：啖葱（沸）〔涕〕即活。　痔漏作痛：先以木鳖子煎汤熏洗，旋以葱涎和蜜敷之，其冷如冰，即愈。一人苦此，早间用，午刻即安。　身面浮肿，喘急，小便不利：胡葱十茎，赤小豆三合，消石一两，水五升，煮熟，擂成膏，空心温酒服半匙。　中诸肉毒，吐血不止，痿黄憔悴者：水一升煮胡葱子，取汁冷服半升，日一夜一，血定乃止。　十月勿食葱。

典故。龚遂治渤海，劝民家种葱一畦，非惟足供烹饪，种多亦可资富。《农书》。 李嗣业初讨勃律，通道葱岭。《唐史》。 水源一出，捐毒之国，葱岭之上。 葱岭，山名，其山生葱。《汉·地理志》。 休循国居葱岭，其山多大葱。《广志》。 吕僧珍，其先贩葱。及贵封平固侯，其兄子弃业求官。僧珍不许，曰："汝等（目）〔自〕有常分，岂可妄求？但当速归葱肆耳。"《梁史》。 秋祠和羹芼以葱。《祭议》。 东汉井丹未尝修刺候人，阳信侯阴就使人要之，不得已而行。丹至，就故为设麦饭葱叶之食，以观其意。丹推去之，曰："以君侯能供甘旨，故来相过，何其薄乎！"更设盛馔，乃食。

丽藻。诗七言：已办煮饼浇油葱。陈后山。 瓦盆麦饭伴邻翁，黄菌青蔬放箸空。一事尚非贫贱分，芼羹僭用大官葱。陆放翁。

韭，一名丰本，一名起阳草，一名草钟乳，一名懒人菜。《尔雅翼》云：韭者，懒人菜，以其不须岁种也。茎名韭白，花名韭菁。丛生丰本，长叶青翠。八月开小白花成丛，淹作菹益人。韭根多年交结则不茂。秋月掘出，去老根，分栽，壅以鸡、猪粪。亦可子种，一种久生，故谓之韭。可生、可熟、可淹、可久，菜之最有益者。是处有之。叶高三寸便剪，剪过粪土壅培之，剪忌日中。谚曰："触露不掐葵，日中不剪韭。"一年四五剪，留子者止一剪。子黑而扁，九月熟。收子风中阴干，勿令浥郁。韭叶热，根温，功用同。生则辛而散痰散血，熟则甘而补中补肾，除热下气，益阳止泻。子甘、温，暖腰膝，治鬼交及梦遗、溺血、妇人白淫白带。春食香，夏食臭，多食昏神暗目。不可与蜜及牛肉同食。热病后十日食之即发。冬月多食，动宿饮，吐水。酒后犹忌。宿韭忌食，五月食韭损人。北人冬月移根窖中，养以火炕，培以马粪，叶长尺许，不见风日，色黄嫩，谓之韭黄，味甚美，但不益人，多食滞气发病。

收子。一如收葱子法。如市卖者，以铜铛盛水，于火上微煮，须史生芽者可种，如不生，是裛郁者，不堪作种。 种植。土欲熟，粪欲匀，畦欲深。二月、七月种，先将地掘作坎，取碗覆土上，从碗外落子，以韭性向内生不向外生也。常薅令净。《四时类要》云：收韭子种韭，第一番割弃之，主人勿食。《事类书》云：韭畦用鸡粪尤佳。至五年，根必满，蟠虬而不长，择高腴地分种之。正月上辛日，扫去畦中陈叶，以铁把搂起，下水，加熟粪，高三寸便剪用。凡近城郭有园圃者，种三十余畦，贸易足供家费，秋后又可采韭花供蔬茹。至冬养韭黄，比常韭易利数倍。或只就畦中覆以马粪，北面竖篱障以御北风。至春，其芽早出，长二三寸便可卖，较之他菜，为利甚溥。

附录。水韭：生于池塘中，叶似韭，有二三尺者。五六月堪食，不荤而脆。《北户录》。

制用。糟韭：肥嫩者赤日曝至将干，以瓮铺熟糟一层，排韭一层，相间如此，压紧收用。 盐韭：霜后肥韭净洗，控干，收磁钵内，铺韭一层，撒盐一层，腌二三宿，翻数次，装入罐，用元卤少加香油浸之。 腌韭花：韭花半结子时收摘，去蒂梗，一斤用盐三两，同捣烂，入罐中。或就中腌小茄、小黄瓜，先别用盐腌，去水，晾三日，入韭花中拌匀，用铜钱三四文著瓶底，却入韭花，妙。

疗治。陈直《养老书》有藿菜羹，治老人脾胃气弱，饮食不强：用韭菜四两、鲫鱼肉五两，煮羹，下五味并少面食，三五日一作之，极补益。 一贫叟病噎膈，食入即吐，胸中刺痛。或令取韭汁，入盐、梅、卤汁少许，细呷，得入渐加，忽吐稠涎数升而愈。以辛温能散胃（腕）〔脘〕痰饮恶血故也。 一人腊月饮刮剥酒三杯，自后食必屈曲下膈，硬涩微痛，右脉甚涩，关脉沉，此污血在胃（腕）〔脘〕之口，气因郁而成痰，隘塞食道也。以韭汁半盏，细细冷呷，尽半升而愈。　一人病反胃：用韭汁二盏，姜汁、牛乳各一盏，细细温服，遂愈。盖韭汁消血，姜汁下气、消痰、和胃，牛乳解热、润燥、补虚也。　胸（痹）〔痹〕，痛如锥刺，不得俯仰，自汗出，或彻背上，不治或至死：取生韭或根五斤洗，捣汁服之。　阴阳易病①，男子阴肿，小腹绞痛，头重眼花，宜猳鼠屎汤主之：用猳鼠屎十四枚，韭根一大把，水二盏，煮七分，去滓再煎二沸，温服，得汗愈。不汗再服。　伤寒劳复：方同上。　卒然中恶：捣韭汁灌鼻中，即苏。　卧忽不寤，勿以火照，但啮拇指甲际而唾其面则活：取韭捣汁，吹入鼻中。冬月则用韭根。　风忤邪恶：韭根一把，乌梅十四个，吴茱萸炒半升，水一斗，煮。仍以病人栉内入，煮三沸，栉浮者生，沉者死。煮至三升，分三服。　喘息欲绝：韭汁饮一升，效。　盗汗：韭根四十九根，水二升，煮一升，顿服。　消渴：韭苗日用三五两，或炒，或作羹，勿入盐，入酱无妨。吃至十斤即住，极效。　喉肿难食：韭一把，捣熬傅之，冷即易。　痢疾：韭叶作羹粥，燥炒，任食之，良。　脱肛：韭一斤切，酥拌炒熟，绵裹作二包，更互熨之，以入为度。　痔疮作痛：盆盛沸汤，以器盖之，留一孔。洗净韭菜一把，泡汤中。乘热坐孔上，先薰后洗，数次自愈。　小儿胎毒：初生时，以韭汁少许灌之，即吐出恶水恶血，永无诸疾。　小儿腹胀：韭根捣汁，和猪肋煎，服一合，间日一服，取愈。　小儿患黄：韭根捣汁，日滴鼻中，取黄水出，愈。　痘疮不发：韭根煎汤服。　产后因怒哭伤肝，呕青绿水：用韭叶一斤取汁，入姜汁少许，和饮，愈。　产后血晕：韭菜切，安瓶中，沃以热醋，令气入鼻中，即省。　赤白带下：韭菜捣汁，和童便露一夜，空心温服，效。　鼻衄：韭根、葱根同捣枣大，塞入鼻中，频易，两三度即止。　五般疮癣：韭根炒存性，捣末，以猪脂和涂之，数度愈。　金疮出血：韭汁和风化石灰，日干。每用，为末敷之，效。　刺伤中水肿痛：煮韭热搨之。　漆疮作痒：韭叶杵傅。　猘狗咬伤：七日一发，三七日不发，乃脱也。急于无风处，以冷水洗净，即服韭汁一碗，隔七日又一碗，四十九日共服七碗。须百日忌食酸、盐，一年忌食鱼腥，终身忌食狗肉，方得保全，否则十有九死。旧有风犬一日咬三人，止一人用此得活，亲见有效。　百虫入耳：韭汁灌之即出。（停）〔聤〕耳出汁：韭汁（入）〔日〕②滴三次。　牙齿虫蠹：韭菜连根洗捣，同人家地板上泥和，敷痛处腮上，以纸盖住。一时取下，有细虫在泥上，可除根。又方：韭根十个，川椒二十粒，香油少许，以水桶上泥同捣，敷病牙颊上。良久有虫出，数次即愈。　凡肉密，盖过夜者为郁肉，屋漏沾着者为漏脯，皆有毒：捣韭汁饮之。　食物中毒：生韭汁服数升，良。　梦遗溺白：韭子每日空心生吞一二十粒，盐汤下。又方：韭子二两微炒，为末，食前温酒服二钱匕。　虚劳溺精：新韭子二升，十月霜后采之，好酒八合渍一宿，以晴明日，童子向南捣一万杵。平旦温酒服方寸匕，日再服。　夜遗尿：韭子一升，稻米二斗，水一斗七升，煮粥取汁六升，分三服。　玉茎强硬不痿，精流不住，时时如针刺，捏之则痛，其病名强中，乃肾滞漏（痰）〔疾〕也：韭子、破

---

① 病，底本缺，据"四库全书"《本草纲目》卷二六《菜之一·韭》补。
② 人，应作"日"。"四库全书"《本草纲目》卷二六《菜之一·韭》引《圣惠方》作"日"。

故纸各一两，为末。每服三钱，水一盏，煎服，日三即住。　腰脚无力：韭子一升，拣净，蒸两次，久暴干，簸去黑皮，炒黄捣粉；安息香二大两。水煮一二（日）〔百〕沸，慢火炒赤色，共捣，为丸梧子大。如干，入少蜜。每日空腹酒下五六十丸，以饭三五匙压之，大佳。　女人带下，及男子肾虚冷，梦遗：用韭子七升，醋煮千沸，焙研末，炼蜜丸梧子大。每服三十丸，空心温酒下。　烟熏虫牙：用瓦片煅红，安韭子数粒，清油数点。待烟起，以筒吸引至痛处。良久以温水漱吐，有小虫出为效。未尽再熏。　五日午时于韭畦面东弗语，收蚯蚓泥。遇鱼刺鲠者，以少许擦喉外，其刺即消，谓之六一泥。

典故。徐无鬼见魏武侯。武侯曰："先生居山林，食芋果，厌葱韭，以宾寡人久矣。"《庄子》。　安定郡王立春日作五辛盘，以柑酿酒，谓之洞庭春色。东坡诗云："辛盘得青韭，腊酒是黄柑。"《摭言》。　龚遂为渤海太守，躬俭约，劝民务农桑，令人种一畦韭。《汉书》。　郭林宗有友人夜冒雨至，剪韭作炊饼食之。《东汉》。　南齐侍中庚杲之家贫，每食生韭、熟韭、韭菹。时人谓之语曰："孰谓庾郎贫？每食二十七种。"李崇每食二韭。

丽藻。散语：献羔祭韭。《诗》。　醯人其实韭菹。《周礼》。　王制庶人春荐韭以卵。《礼记》。　春初蚤韭。周颙。　传：丰本，盖古仙人，一号久际先生。相传伊耆氏之世，涧居学道，得不死术。后出仕于周，其职为醯人属，与昌氏、菁氏、茆氏共掌俎豆。凡祭祀燕享，王及后世子之内羞，咸取给焉，故周公《天官书》列其职，戴氏《礼记》载其名，《豳·七月》诗亦歌其（中）〔仲〕春荐庙事。周亡，不知所之，或云隐畦町间，与农圃者伍。人多怪之，或执而凳其首，或戕其支体，寻复生完，众始知先生为仙人也。汉时，与处士郭林宗友。林宗馆于家，客至，辄命与同食。晋卫尉石崇，豪侈擅一世，知先生贤，咄嗟召之。先生亦不拒，往就，然策崇必败，曰："不去将累我，我固不忧为彼累也。"遽逸去。南齐侍中庚杲之家贫，好清士，每延先生共饭。人皆曰："庾郎得丰本，为不贫矣。"唐隐者卫宾与拾遗杜甫善。甫尝过宾宿，先生亦冒雨至，相与酣饮甚适。甫有诗美之，载甫集中。先生貌苍古，绿发白趾，常被翠羽衣。所栖止，人望之恒有气郁葱然，即之咀嚼其言论，有至味，令人洒然忘俗。寿莫知其几也。今游会稽岩窭中，时时过山人韩氏亭上，吟翁炼士多有见之者云。王翮。　诗五言：夜雨剪春韭。杜子美。　秋韭花初白。白乐天。　舍东种早韭，生计似庾郎。陆放翁。　肉食嘲三九，终怜气韵清。一畦春雨足，翠发剪还生。刘彦冲。　七言：渐觉东风料峭寒，青蒿黄韭试春盘。东坡。

蒜，一名葫，一名大蒜，一名荤菜。叶如兰，茎如葱，根如水仙，味辛。处处有之，而北土以为常食。八月分瓣种之，当年便成独颗。及熟，每囊五七瓣，或十余瓣，亦有独颗者。苗嫩时可生食。夏初食苔，秋月食种。干者可食至次年春尽。花中有实，亦作蒜瓣而小，可食。孙愐《唐韵》云：张骞使西域，始得大蒜。初时中国止有小蒜，一名蒚，蒚，音力。一名泽蒜，为其生于野泽也。又有山蒜、石蒜，为其生于山或石边也。吕忱《字林》云：荶，水中蒜，然则蒜不特生于平原及山石，而又生于水矣。性辛、温，有小毒。其气熏烈，能通五脏，达诸窍，去寒湿，辟邪恶，消痈肿，化症积肉食，解暑毒岚瘴。第辛能散气，热能助火、伤肺、损目、伐性、昏神，有荏苒受之而不知者。炼形家以小蒜、大蒜、韭、芸薹、胡荽为五荤，道家以韭、薤、蒜、芸薹、胡荽为五荤，佛家以大蒜、小蒜、兴渠、慈葱、茖葱为五荤，虽品各不同，然皆辛熏之物，生食增恚，熟食发淫，有损性灵，故绝之云。独颗者切片，灸痈疽肿毒，最效。《月令》：三月勿食蒜，亦忌常食。

种植。熟耕地一二次，爬成沟，二寸一窠种一瓣。苗出高尺余，频锄松根旁，频以粪水浇之，拔去薹则瓣肥大，不则瘦小。泽潞种蒜，初出如剪韭二三次，愈肥美。虏中有胡蒜，味尤辛。　一说：九月初，于菜畦中稠栽蒜瓣。候来年春二月，先将地熟锄数次，每亩上粪数十担，再锄耙匀。持木搊插，一窍栽一株，栽遍，或无雨，常以水浇。至五月，大如拳，极佳。《多能鄙事》。　宜戊辰、辛未、戊申、丙子、壬辰、癸巳、辛丑。

附录。水晶葱：叶似葱而实蒜，不臭。宜松土锄沟，摆于内，用牛马粪、糠秕拌土盖之，仍以芝麻秸盖于上。八月种，来年五七月收。宜姜醋浸。

制用。醋蒜：净蒜瓣一斤，用石灰汤焯过，晾干。用盐三钱，腌一宿，漉出，再晾干。用盐七钱炒干，以头醋投入炒盐内，煎一二沸，候冷，入罐泥封，经年不坏。　糟蒜：每一斤，石灰汤炸过，晾去水干。盐两半，糟一斤半，拌匀，入罐内泥封，两月后可食。　干蒜薹盐腌三日，晒干。元卤煎滚炸过，又晒干，蒸熟，磁罐盛之，久留不坏。　九月勿食蒜，伤神损寿，魂魄不安。

疗治。背疮灸法：凡觉背上肿硬疼痛，用湿纸贴寻疮头。用大蒜十颗，淡豉半合，乳香一钱，细研。随疮头大小，用竹片作圈固定，填药于内，二分厚，着艾灸之，痛灸至痒，痒灸至痛，以百壮为率，与蒜钱灸法同功。　疗肿恶毒：用门白灰一撮罗细，以独蒜或新蒜薹染灰擦疮口，候疮自然出少汗，再擦，少顷即消散。虽发背痈肿，亦可擦之。　五色丹毒无常色，及发足踝者：捣蒜厚傅，干即易之。　大小便不通：独头蒜烧熟去皮，绵裹纳下部，气立通。　干湿霍乱转筋：用大蒜捣涂足心，立愈。　小腹肿满：大蒜、田螺、车前子等分，熬膏摊贴脐中，水从便溺而下，数日即愈。象山民人患肿，傅此有效。　山岚瘴气：生、熟大蒜各七片，共食之。少顷腹鸣，或吐血，或大便泻出，即愈。　疟疾寒热：独头蒜炭上烧之，酒服方寸匕。又方：五月五日，独蒜头不拘多少，舂烂，入黄丹再舂，丸圆眼大，晒干。疟发二三次后，临发日，鸡鸣时以一丸略槌碎，取井花水面东服之，即止。又方：桃仁半斤，放内关穴上，将独蒜捣烂罨之，缚住，男左女右，即止。治人屡效。又方：端午日，取独头蒜煨热，入矾红等分，捣丸芡子大。每白汤嚼下一丸。　寒疟冷痢：端午日，以独蒜头十个，黄丹二钱，捣丸梧子大。每服九丸，长流水下，甚妙。　泄泻暴痢、禁口及小儿泄痢：大蒜捣贴两足心，亦可贴脐中。　肠毒下血：独蒜煨捣，和黄连末为丸，日日米饮服之。　暴下血病：葫五七枚，去皮研膏，入豆豉捣丸梧子〔大〕。每米饮下五六十丸，无不愈者。　鼻血不止，服药不应：用蒜一枚去皮，研如泥，作钱大饼子，厚一豆许。左鼻血出贴左足心，右鼻血出贴右足心，两鼻俱出俱贴之，立瘥。　血逆心痛：生蒜捣汁，服二升即愈。　鬼疰腹痛，不可忍者：独蒜一枚，香墨如枣大，捣和酱一合，顿服。　心腹冷痛：醋浸蒜至二三年，食数颗，其效如神。　小儿夜啼，腹痛面青，冷证也：用蒜一枚，煨研，日干，乳香五分，捣丸芥子大。每服七丸，乳汁下。　寒湿气痛：端午日收独蒜，同辰粉捣，涂之。　　鬼毒风气：独头蒜一枚，和雄黄、杏仁研为丸，空心饮下三丸。静坐少时，当下毛出即安。　　狗咬气塞，喘息不通，须臾欲绝：用独蒜二枚，削去两头，塞鼻中，左患塞右，右患塞左，候口中脓血出，立效。　　喉痹肿痛及骨哽：独蒜塞耳鼻中，即愈。　　牙痛：独头蒜煨熟切，熨痛处，旋易之。亦主虫痛。　　眉毛动摇，目不能交睫，唤之不应，但能饮食：用蒜三两杵汁，调酒饮，即愈。　　脑泻鼻渊：大蒜切片贴足心，取效止。　　头风苦痛：大蒜研汁嗅鼻中。又方：大蒜七个，去皮，先烧红地，以蒜逐个于地上磨成膏子。僵蚕一两，去头足，安蒜上，碗覆一夜，勿令透气。只取蚕研末，嗅入鼻内，口中含水，甚效。又治小儿惊风。　　小儿脐风：独头蒜切片安脐上，以艾灸之，口中有蒜气，即止。　　小儿气淋：宋宁宗为郡王时病淋，日夜凡三百起，国医罔措。或举孙琳治之。琳用大蒜、淡豆豉、蒸饼三物捣丸，温水送下三十丸。曰："今日进三服，病当减三之一。明日亦然。三日病除。"已而果然，赐以千缗。或问其说。琳曰："小儿何缘有淋？只是水道不利。三物皆能通利，故也。"　　产后中风，角弓反张不语：用大蒜三十瓣，以水三升，煮一升，灌之即苏。　　金疮中风，角弓反张：取蒜一升，去心，无灰酒四升煮极烂，并滓服之，须臾得汗，即瘥。　　妇人阴肿作痒：蒜汤洗之，效。　　阴汗作痒：大蒜、淡豉捣丸梧子大，朱砂为衣。每空心灯心汤下三十丸。　　小便淋沥，或有或无：用大蒜一个，纸包煨熟，露一夜，空心新水送下。　　小儿白秃团团然：切蒜日日揩之。　　闭口椒毒，气闭欲绝者：煮蒜食之。　　射工溪毒：独头蒜切一分厚，贴上灸之，令蒜气射入，即瘥。　　蜈蚣螫伤：独头蒜摩之，即止。　　蛇虺螫伤：即时嚼蒜封之，六七易。仍以蒜一升去皮，乳二升煮熟，空心顿服。明日又进。外以去皮蒜一升捣细，小便一升煮三四沸，浸损处。　　脚肚转筋：大蒜擦足心令热，即安。仍以冷水食一瓣。　　食蟹中毒：干蒜煮汁饮之。　　蛇瘕面光，发热如火灸：饮蒜汁一碗，吐出如蛇状，即安。　　时气温病，初得头痛，壮热脉大：蒜一升杵汁三合，顿服，不过再作，便愈。　　霍乱胀满，不得吐下，名干霍乱：蒜一升，水三升，煮一升，顿服。　　霍乱转筋，入腹杀人：蒜、盐各一两，捣傅脐中，灸七壮，立止。　　积年心痛不可忍，随手见效：浓煮蒜食饱，勿着盐。用之有效，再不发。　　水毒中人，初得恶寒，头目微疼，旦醒暮剧，手足逆冷，三日则生虫，食下不痒不痛，过六七日食五脏，注下不禁。以蒜三升，煮微熟，大熟即无力，以浴身。若身发赤斑文者，毋以他病治之。　　射工中人成疮者：取蒜切片，贴疮上，灸七壮。　　止截疟疾：小蒜不拘多少，研泥，入黄丹少许，丸芡子大。每服一丸，面东新汲水下，至妙。　　阴肿如刺汗出者：蒜一升，韭根一升，杨柳根二升，酒三升，煎沸，乘热熏之。　　恶核肿结：蒜、吴茱萸等分，捣敷即散。　　忽中暑，仆地欲死：蒜及道上热土各一握，研烂，新汲水和合，澄清，灌下即愈。　　疟癖：取蒜，合皮截去两头，吞数瓣，名曰内灸，愈。　　肿毒不能别者：独蒜二头捣烂，麻油和，厚傅疮上，干即易之，神效。　　蚰蜒入耳：蒜洗净，捣汁滴之。未出再滴。

　　典故。润州京口有蒜山，多出蒜。《舆书》。　　帝登嵩山，遭菇芋毒，将死，得蒜食之乃解，遂收植之。《尔雅正义》。　　华佗见一人病噎食，食不得下，令取店家蒜齑水一二升饮之，立吐一蛇。《后汉书》。　　李道念病五年。褚澄诊之，曰："非冷非热，当是食白瀹鸡子过多也。"取蒜一升煮食，吐出一物，涎裹，视之乃鸡雏，翅足俱全。澄曰：

"未也。"更吐之，凡十二枚而愈。或作苏者娱。《南史》。　周党见闵仲叔食无菜，遗之生蒜。仲叔曰："我欲省烦耳，今更作烦耶！"受而不食。《高士传》。

丽藻。诗五言：再刜谁明玉，群言竟破葫。冯琢庵。

薤， 一名蒚子，蒚，音叫。一名莜子，莜，音钓。一名火葱，一名菜芝，一名鸿荟，荟，音会。本文作䪥，䪥，音概。韭类也。叶似葱而有棱，气亦如葱。体光华，露难仵，古人所以歌薤露也。八月栽根，正月分莳，宜肥壤。数枝一本，则茂而根大。二月开细花，紫白色。根如小蒜，一本数颗，相依而生。五月叶青则（握）〔掘〕之，否则肉不满。其根煮食、芼酒、糟藏、醋浸皆宜，故《内则》云：切葱薤，实诸醢以柔之。味辛、苦，温，滑，无毒。温中，散结气，治泻痢，泄滞气，助阳道，利产妇，治女人带下赤白。与蜜同捣，涂汤火伤，甚速。白者补益，赤者疗金疮及风，生肌肉。王祯《农书》云：生则气辛，熟则甘美。种之不蠹，食之有益，故学道人资之，老人宜之。

疗治。胸痹，痛彻心背，喘息咳唾，短气，喉中燥痒，寸脉沉迟，关脉弦数，不治杀人：括楼实一枚，薤白半升，白酒七升，煮二升，分二服。又方：薤白四两，半夏一合，枳实半两，生姜一两，括楼实半枚，哎咀，以白截浆三升，截，音在，醋浆也。煮一升，温服，日三。　胸痛瘥而复发：薤根五升，捣汁饮，立瘥。韭同。　或先病，或平居寝卧奄，忽而死，皆是中恶：以薤汁灌之鼻中，便省。　霍乱干呕不止者：取薤一虎口，以水三升煮，取一半顿服，不过三作即已。　奔豚气痛：薤白捣汁饮。　赤痢不止：薤同黄檗煮汁服。　赤白痢：薤白一握，同米煮粥，日食之。　小儿疳痢：薤白生捣如泥，以粳米粉和蜜作饼，炙熟与食，不过三两服，愈。　产后诸痢：多煮薤白食，仍以羊肾脂同炒食之。　妊娠胎动，腹内冷痛：薤白一升，当归四两，水五升，煮二升，分三服。　郁肉脯毒：杵薤汁，服二三升，良。韭同。　疮犯恶露，甚者杀人：薤白捣烂，以绵裹煨熟，去帛傅之，冷即易换。亦捣作饼，以艾灸之热气入疮，水出即瘥。　手指赤色，随月生死：生薤一把，苦酒煮熟，捣烂涂之，愈，乃止。　疥疮痛痒：煮薤叶捣烂涂之。　炙疮肿痛：薤白一升，猪脂一升，切，以苦酒浸一宿，微火煎三上三下，去滓涂之。　手足瘑疮：生薤一把，投入热醋，封疮上，取效。　蛇蝎螫，虎犬伤：薤白捣汁饮，并涂之，日三服，瘥，乃止。蒜同。　诸鱼骨哽：薤白嚼柔，以绳系中，吞到哽处，引之即出。　误吞钗环：取薤白曝萎，煮熟，切食一大束，钗即随出。　目中风翳作痛：取薤白截断，安膜上令遍。痛作复为之。　咽喉肿痛：薤根、醋捣傅肿处，冷即易之。三月勿食生薤，七月食薤患目。

典故。安陆郭坦兄得天行病后，遂能大餐，每日食至一斛，五年家贫行乞。一日大饥，至一园，食薤一畦、大蒜一畦，便闷极卧地，吐一物如笼，渐缩小。有人撮饭于上，即消成水，而病寻瘳。此薤散结、蒜消症之一验也。

丽藻。散语：为君子择葱薤，则绝其本末。《礼记》。　诗五言：甚闻霜薤白，重惠意如何。　隐者柴门内，畦蔬绕舍秋。盈筐承露薤，不待致书求。束此青刍色，圆齐玉箸头。衰年关膈冷，味暖并无忧。杜甫。　念君常苦悲，夜夜不能寐。莫以豪贤故，弃损素所爱。莫以鱼肉贱，捐弃葱与薤。甄后。　七言：闲窗雨过苔花润，小篆风来薤叶凉。陆龟蒙。

芥，一名辣菜，一名腊菜。其气辛辣，有介然之义，又可过冬也。性辛、温，无毒。温中下气，豁痰利膈。处处有之。种类不一，有青芥、叶大子粗，叶似菘，有毛，味极辣，可生食，子可藏冬瓜。紫芥、茎叶纯紫可爱，作齑最美。白芥。一名胡芥，一名蜀芥，来自胡戎，而盛于蜀。高二三尺。叶如花芥叶，青白色，为茹甚美。茎易起而中空，性脆，最畏狂风、大雪，须谨护之。三月开花结角，子如粱米，黄白色。又有一种，茎大而中实者尤高，子亦大。白芥子堪入药，味极辛美，利九窍，明耳目，通中。他如南芥、刺芥、旋芥、马芥、花芥、石芥、皱芥、叶芥、芸薹芥之类，皆菜之美者。芥极多，心嫩者为芥蓝，极脆。李时珍曰：芥性辛热而散，久食耗真元，昏眼目，发疮痔。刘恂《岭南异物志》云：南土芥高五六尺，子大如鸡子。此又芥之尤异者也。

种植。地用粪耕，亩用子一升。秋月种者，三月开黄花，结荚一二寸。子大如苏子，色紫，味辛，收子者即不摘心。白芥取子者，二月乘雨后种，性不耐寒，经冬即死，故须春种。五月熟而收子，第地有南北寒暖异，宜种植，早晚又当随其俗也。

制用。叶可生食，又可淹以为菹，可酿以为齑。子研末，泡为芥酱，和菜侑肉，辛香可啖。根煮熟，闭之坛罐中，上盖以萝菖片，一二日内食之，甚美。冬菜经春长心，嫩汤微熟，菜中佳品。　芸薹芥性冷破血，先患腰脚者不宜多食。　菜脯：盐齑菜去梗用叶，铺开如薄饼大，用料物糁之。料用陈皮、杏仁、砂仁、甘草、莳萝、茴香、川椒炒，同为细末，撒菜上，更铺菜一重，又撒物料，如此铺撒五重，以平石压之，用甑蒸过，切作小块，调豆粉稠水蘸之，入油炸熟，冷定，瓷器收之。　秋间嫩春不老芥菜阴半干，择去黄叶老梗，将根劈为数瓣，每斤用炒盐三两五钱，将盐陆续揉入菜内，每清晨即用盐揉一次，先着力揉根，次稍揉梗叶一次。至日西，又照上法揉一次。至七日即中矣。须要细揉，用细盐，每根用花椒、茴香入中心窝，起入坛内，仍取原汁浇入，用泥固封。至立春，即移房内架起。　芥菜齑：九月十月取青紫白芥菜切细，于沸汤内焯过，带汤捞于盆内，与生蒢苣同熟油、芥花，或芝麻、白盐约量拌匀，按于瓮内，三二日变黄，可食，至春不变味。　干齑菜：大芥菜每一百斤用盐二十二两掺捞得匀，以盆或缸叠叠放定，上用大石压，腌数日，出水浸过石，捞起晒干。后以本汁卤煮滚，半熟，再晒干，收贮。若复蒸过，则黑而软。置净干瓮中藏封，任留数年不坏。出路作菜极便。六月伏天用炒过干肉，复同齑菜炒，放旬日不腐。凡六月天热，馔不堪留，只以干齑同炒，不要入汤水，放冷再收起，可放经旬不气息，极妙。若腌芥，盐汁煮黄豆（极）〔及〕干萝卜丁，晒干收贮，经年可食。　干菜：不拘青菜、苦荬等菜，俱以滚汤炸过，晒干收起，冬月应用。　研芥子，入细辛少许，白蜜好醋一处研烂，再以淡醋去滓，极辣。一法：芥子同石龙（芮）〔芮〕子同研，其辣异常。

疗治。凡老人苦于痰气喘嗽，胸满懒食，不可妄投燥利之药，反耗真元。三子养亲汤治之，随试随效。白芥子主痰，下气宽中。紫苏子主气，定喘止嗽。萝卜子主食，开痞降气。各微炒研破，看所主为君。每剂不过三四钱，用生绢袋盛，煮汤饮之，勿煎太过，则味苦辣。若大便素实者，入蜜一匙。冬月加姜一片，尤良。　牙龈肿烂出臭：水芥菜秆烧存性，研末，频傅即愈。　飞丝入目：青菜汁点之，如神。　漆疮搔痒：芥菜煎汤洗。　痔疮肿痛：芥菜捣饼，频坐之。　感寒无汗：水调芥子末填脐内，以热物隔衣熨之，取汗出妙。　身体麻木：芥子末，醋调涂之。　中风口噤舌缩：芥子一升研，入醋二升，煎一升，傅颔颊下，效。　小儿唇紧：用马芥子捣汁曝浓，揩破，频涂之。　喉痹肿痛：芥子末，水和傅喉下，干即易之。又方：芥子研末，醋调取汁，点入喉内。待喉内鸣，却用陈麻骨烧烟吸入，立愈。　耳聋：芥子末，人乳汁和，以绵裹塞之。　雀目不见：真紫芥菜子烧黑，为末。用羊肝一具，分作八服。每用芥末三钱，捻肝上，笋箨裹定，煮熟冷食，以汁送下。　目臀：芥子一粒，轻手接入眼中。少顷，以井花水、鸡子清洗之。　眉毛不生：芥子、半夏等分，为末，生姜自然汁调涂数次，即生。　鬼疰劳气：芥子三升，研末，绢袋盛，入三斗酒中七日，温服，一日三次。　反胃吐食：白芥子末，酒服一二钱，日三服。　上气呕吐：芥子末，蜜丸梧子大，井花水寅时下七丸，申时再服。　脐下绞痛：方同上。　腰脊胀痛：芥子末调酒贴之，立效。　走注风毒作痛：小芥子末和鸡子（末）〔白〕①涂之。　一切痈肿：猪胆汁和芥子末贴之，日三。上猪脂亦可。　痈肿热毒：芥子末同柏叶捣涂，即愈。山芥更妙。　热毒瘰疬：芥子末，醋和贴之即消止，恐损肉。　五种瘘疾：芥子末，水、蜜和傅，干即易之。　射工中人有疮：芥子末和酒厚涂之，半日痛即止。　妇人经闭逾年者，脐腹痛，腰腿沉重，寒热往来：芥子二两，为末。每服二钱，热酒食前服。　阴证伤寒，腹痛厥逆，及霍乱吐泻：芥菜子研末，水调贴脐上。　热痰烦晕：白芥子、黑芥子、大戟、甘遂、芒硝、朱砂等分，为末，糊丸梧子大。每服二十丸，姜汤下。　冷痰痞满：黑芥子、白芥子、大戟、甘遂、胡椒、桂心等分，为末，糊丸梧子大。每服十丸，姜汤下。　腹冷气起：白芥子一升，微炒研末，汤浸蒸饼，丸小豆大。每姜汤吞下十丸，甚妙。　小儿乳癖：白芥子研末，水调，摊膏贴之，以平为期。　防痘入目：白芥子末，水调涂足心，引毒归下，令疮疹不入目。　肿毒初起：白芥子末，醋调涂之。　胸胁痰饮：白芥子五钱，白术一两，为末，枣肉和捣，丸梧子大。每白汤下一下丸。　邪恶疰气，发无常处，及射工毒：芥子为末，丸服之。或捣末，醋和涂之，随手有验。　风及麻痹：醋研傅之。扑损瘀血，腰痛肾冷，和生姜研，涂贴之。又治心痛，酒调服之。研末，水调涂顶，囟止衄血。

典故。宋太宗命苏易简讲《文中子》，有杨素遗子《食经》"羹藜含糗"之说。上因问："食品何物最珍？"对曰："物无定味，适口者珍。臣止知齑汁为美。臣忆一夕寒甚，拥炉痛饮，夜半吻燥，中庭月明，残雪中覆一齑盎，连茹数根。臣此时自谓上界仙厨，鸾脯凤胎，殆恐不及。屡欲作《冰壶先生传》，因循未果。"上笑而然之。《玉堂诗话》。

丽藻。散语：惩沸羹者吹冷齑，伤弓之鸟惊曲木。傅夹。　陶家瓮内，淹成碧绿青黄；措大口中，嚼出宫商徵羽。范文正。　传：介夫，（性）〔姓〕疏名介，介夫字也。其先居赵魏之郊，从树艺以生，子孙甚繁衍，至介始徙于宋。久之，由司城子罕荐以见宋王。王问曰："若居宋之土地，几叶于兹矣，久必有相赖者。若赖宋乎？宋赖若乎？"

---

① 末，应作"白"。"四库全书"［晋］葛洪《肘后备急方》卷三《治风毒脚弱痹满上气方第二十一》引《圣惠方》作"白"。

对曰:"介窃居王之土地,覃及雨露,欣荣不已,顾有寸长,敢不敷露于左右,以求知也。臣本一介之微,视之甚草草,然可以御国之馑岁,可以资王之俭德,可以励民之苦心。王能味臣言,享臣用,则臣不为无利与宋。"王曰:"周人聚疏之财,寡人何敢失之?"遂命从事于阳门,兼修俎豆事,日王昵,有燕必偕。居常服绿,间锡之紫茸裘,以旌其劳辛之功。介为人貌直干,濯秀可爱,群居秩然不紊,有介然于世者,因名。但平生口刺刺诀人是非,不少假借被其中者,或至流泪出涕发汗。众曰:"介有姜桂之性,愈老愈辣。"其俗有大小之异,有曰芜青曰幽者,皆淡泊于世,味雅与斋僧寒士交。其后介子推又徙晋,晋以其先人之闻纳之。公子重耳出奔,推从焉。适遭绝食,推将割股肉芼羹以进。公子止曰:"亡人之在远也,以有先生为御,犹有旨蓄而弗知其冬也。今先生轸之,念亡人之口腹,伤己以饱人。亡人弗以为饱,愿先生自爱,毋易下体也。"推卒割之。后公子归伯第,赏有功而不及推。推之客歌于宫门曰:"芼之拔兮,茹亦及之;吐其茹兮,忘往之饥。"公子悔,追赏推。推逃之绵山上,曰:"吾非卖菜而求益也。"誓不出。公子篚而求之,得鼎,曰:"木巽火,烹饪之象,且傅说以调,伊尹以烹,我将获贤者之辅。"遂火其山以胁之,推就焚而死。人谓其介有跨灶风。沈周。 诗五言:芥蓝如菌莘,脆美牙齿响。东坡。 七言:人生各自有贵贱,北(风)〔花〕①开时促高宴。刘伶病醒相如渴,长鱼大肉何由荐?冻齑此际价千金,不数清泉槐叶面。摩娑便腹一欣然,作歌聊续冰壶传。陆放翁。

芹,古作蕲,一名水英,一名楚葵。有水芹,有旱芹。水芹生江湖(波)〔陂〕泽之涯,旱芹生平地,赤白二种。二月生苗,其叶对节生,似芎䒷。茎有节棱而中空,气芬芳。五月开细白花,如蛇床花。白芹取根,赤芹茎叶并堪作菹。味甘,无毒。止血,养精,益气,止烦,去伏热,杀药毒,令人肥健,治女人崩中带下。置酒酱香美,和醋食滋人,但损齿。又有一种马芹,《尔雅》谓之茭,又名牛蕲,叶细锐,可食,亦芹类也。一种黄花者,毛芹也,有毒杀人。三、八月食生芹,蛟龙病。

制用。立春日以芹芽、萝菔为菜盘相馈。《晋书》。

禁忌。三月、八月二时,龙带精入芹菜中,人误食之为病,面青、手青,腹满如妊,痛不可忍。服硬饧三五升,日三,吐出蜥蜴,便瘥。一说亦虺蛇、蜥蜴之毒耳,非龙也,春夏之交遗精于此,且蛇喜食芹,尤为可证。

附录。紫芹:即赤芹,生阴崖陂池近水石边,状类赤芍药。叶深绿,背甚赤,茎似荞麦,花红可喜,结实亦似秕荞麦。味苦涩,其汁可以煮雌、制汞、伏砂、擒黄,号起贫草。他方颇少,太行、王屋诸山最多。 桃朱术:细如芹,花紫,子作角,以镜向旁敲之则子自发。妇人带之,与夫相和。五月收。《千金月令》。

疗治。小儿吐泻:芹芽切细,煮汁饮之,不拘多少。 小便淋痛:白根水芹去叶捣汁,并水和服。 小便出血:水芹捣汁,日服六七合。 结核气:芹菜日干为末,油煎成膏摩之,日三五度,瘥。 湿热气:旱芹日干为末,糊丸桐子大。每服四十九,空心温酒服,大杀百虫毒。 蛇咬疮生:杵芹汁涂之。 大人小儿每天冷及吃冷食,即

---

① 风,应作"花"。"四库全书"〔宋〕陆游《剑南诗稿》卷一七《咸齑十韵》录作"花"。

暴痢不止，脱肛，久疗不瘥者：春间收紫芹花二斤，曝干为散，加磁毛末七两，相和研细，涂肛上纳入，随使人以冷水喷面，即吸入。每旦如此，不过六七度即瘥。又以热酒半升和散方寸匕，空腹服之，日再服。渐加至二方寸匕，以瘥为度。若五岁以下小儿，即以半杏子许，和酒服之。忌生冷、陈仓米等物。 慢脾惊风：马芹子、丁香、白僵蚕等分，为末。每服一钱，炙橘皮煎汤下，名醒脾散。

丽藻。散语：菜之美者，有云梦之芹。《吕氏春秋》。 诗四言：春水渐宽，青青者芹。君且留此，弹余素琴。陈眉公。 五言：香闻锦带美。 芹泥随燕觜，花蕊上蜂须。 献芹则小小，荐藻明区区。 雨泻暮檐竹，风吹青井芹。 鲜鲫银丝脍，香芹碧涧羹。俱杜子美。 七言：饭煮青泥坊底芹。杜子美。 茈姜馨辣最佳蔬，此，音子。孙介芳辛不让渠。蟹眼嫩汤微熟后，鹅儿新酒未醒初。枨香醋醭作三友，露叶霜芽知几锄。自笑枯肠成破瓮，一生只解贮寒菹。杨廷秀。

蔏荽，一名香荽，一名胡荽。处处种之。茎青而柔，叶细有花歧。立夏后开细花，成簇，如芹菜花，淡紫色。五月收子，如大麻子，亦辛香。子、叶俱可用，生、熟俱可食，甚有益于世者。根软而白，多须绥绥然，故谓之荽。张骞得种于西域，故名胡荽。后因石勒讳胡，改作香荽。又以茎叶布散，呼为蔏荽。作芫者非。味辛，气温，消谷，止头痛，治五脏，补不足，利大小肠，通心脾窍及小腹气，拔四肢热，治肠风。合诸菜食气香，令人口爽。辟飞尸、鬼疰、蛊毒。冬春采之，香美可食。亦可作菹。道家五荤之一。伏石钟乳，久食损精神，令人多忘。凡腋气、口臭、䘌齿、脚气、金疮久病人，不可食根，损阳滑精，发痼疾。同斜蒿食，令人汗臭、难产。服补药及药中有白术、牡丹皮者忌。

种植。宜肥湿地，先将子捍开，四五月晦日晚种，以灰粪覆之，水浇则易长。六七月布种者，可竟冬食。春月接子沃水生芽者，小小供食而已。都下火坑郁蒸者，茎叶鹅黄色，甚香美脆嫩，第非出自然，恐不益人。

附录。野蔏荽：一名天胡荽，一名石胡荽，一名鹅不食草，一名鸡肠草，小草也。生石缝及阴湿处，高二三寸。冬月生苗，细茎小叶，形状宛如嫩胡荽。气辛熏，不堪食。夏开细花，黄色。结细子，极易繁衍，僻地则铺满。辛，寒，无毒。通臭气，利九窍，吐风痰，解毒，明目，散翳，消肿。汁制砒石、雄黄。

疗治。疹痘不快：用胡荽二两，切，以酒一大盏煎沸沃之，以物盖定，勿令泄气。候冷去渣，微微含喷，从项背至足令遍，勿喷头面。床帐上下左右皆宜挂之，以御汗气、胡臭、天（淫）〔葵〕①、淫佚，一应秽恶之气。胡荽辛温香窜，内通心脾，外达四肢，能辟一切不正之气。诸疮皆属心火，营血内摄于脾，心脾之气得芳香则运行，遇臭恶则壅滞，故痘疮出不快者能发之。虽然，若儿虚弱，及天时阴寒，用此最妙；如儿壮实，及春夏晴，阳气发越之时，用此是以火益火，胃中热炽，毒血聚畜，则变成黑陷矣，可不慎乎？ 热气结滞，经年数发者：胡荽半斤，五月五日采，阴干，水七升，煮取一升半，去滓分服，未瘥更服。春夏叶、秋冬根茎亦可用。 孩子赤丹：胡荽汁

---

① 淫，应作"葵"。"四库全书"《本草纲目》卷二六《菜之一》作"葵"。

涂之。 面上黑子：薷葖煎汤，日日洗之。 产后无乳：干胡荽煎汤饮，效。 小便
不通：胡荽二两，葵根一握，水二升，煎一升，入滑石末一两，分三四服。 肛门脱
出：胡荽切一升，烧烟熏之，即入。 解中蛊毒：胡荽根捣汁半升，和酒服，立下神
效。 蛇虺螫伤：胡荽苗、合口椒等捣涂之。 食诸肉毒，吐下血不止，瘘黄者：胡荽
子一升，煮令发裂，取汁冷服半升，日夜各一服，即止。 肠风下血：胡荽子和生菜，
（成）〔以〕① 热饼裹食之。 痢及泻血：胡荽子一合炒，捣末。每服二钱。赤痢，砂糖
水下；血痢，姜汤下；泻血，白汤下。日二服。 五痔作痛：胡荽子炒，为末。每服
二钱，温水温酒下，数服见效。 痔漏脱肛：胡荽子一升，粟糠一升，乳香少许，以
小口瓶烧烟熏之。 肠头挺出：秋冬捣胡荽子，醋煮熨之，甚效。 牙齿疼痛：胡荽
子五升，水五升，煮取一升，含漱。 小儿秃疮：胡荽子油煎涂之。 寒痰齁喘：闰
蓐葖研汁，好酒和服，即住。 目赤肿胀，羞明昏花，隐涩疼痛，眵泪风痒，鼻塞头
痛脑酸，外翳扳睛诸病：鹅不食草晒干二钱，青黛、川芎各一钱，为细末。噙水一口，
每以米许嗅入鼻内，泪出为度。一方：去青黛。 贴目取翳：鹅不食草捣汁熬膏一两，
芦甘石火煅童便淬三次三钱，上等瓷器末一钱半，熊胆二钱，硇砂少许，为极细末，和
作膏，贴在翳上，一夜取下，用黄连、黄檗煎汤洗净。如有再贴。 塞鼻治翳：鹅不
食草接塞鼻中，翳膜自落。 牙痛嗅鼻：鹅不食草绵裹怀干，为末。含水一口，随左
右嗅之。亦可接塞。 一切肿毒：野蓐葖一把，穿山甲烧存性七分，当归尾三钱，擂
烂，入酒一碗，绞汁服。以渣傅之。 湿毒胫疮：砖缝中所生野蓐葖，夏月，取晒，为
末。每五钱，汞粉五分，桐油调作隔纸膏，周围缝定。以茶洗净，缚上膏药，黄水出，
五六日愈。 脾寒疟疾：石胡荽一把，杵汁半碗，入酒半碗和服，甚效。 痔疮肿痛：
捣石胡荽贴之。

萝卜，一名莱菔，性能制面毒，故名来服，言来麰之所服也。一名芦菔，萝卜、芦菔俱音罗北。一
名雹葖，一名紫花菘，一名温菘，一名土酥。处处有之，北土尤多。其状有长、圆二
类，根有红、白二色。茎高尺余。苗稠则小，随时取食。令稀则根肥大。叶大者如芜
菁，细者如花芥，皆有细柔毛。春末抽高薹，开小花，紫碧色。夏初结荚。子大如麻
子，黄赤色，圆而微扁。生河朔者颇大，而江南安州、洪州、信阳者尤大，有重至五六
斤者。大抵生沙壤者脆而甘，生瘠地者坚而辣。根、叶皆可生可熟、可菹可酱、可豉
可醋可糖、可腊可饭，乃蔬中之最有益者。气味辛、甘，无毒。下气消谷，去
痰癖，止咳嗽，利膈宽中，肥健人，令肌肤细白。同猪羊肉、鲫鱼煮食，更补益。熟
者多食，滞膈中成溢。饮服地黄、何首乌者，食之发白，以萝卜多食渗血性相反也。

种植。头伏下种，宜沙地。地欲生则无虫，耕地欲熟则草少。谚云："十耕萝卜九耕麻。"
治畦长一丈，阔四尺，每子一升可种二十畦，子陈更佳。先用熟粪匀布畦内，水饮透，
饮，去声。次日用大粪拌子，令匀，撒畦内，细土覆之。苗出三四指便可食，择其密者去
之，疏则根大。尺地只可留三四窠，厚壅频浇，其利自倍。月月可种，月月可食。欲收
种，于九月、十月择其良者，去须带叶移栽之，浇灌以时，至春收子，可备种莳。锄

---

① 成，应作"以"。"四库全书"《本草纲目》卷二六《菜之一》引《普济方》作"以"。

不（壓）〔厌〕频，忌带露锄，恐生虫。

附录。水萝卜：形白而细长，根叶俱淡脆，无辛辣气，可生食。亦有大如臂，长七八寸者，则土地之异也。出山东寿光县者尤松脆。　胡萝卜：有黄、赤二种，长五六寸，宜伏内畦种，肥地亦可漫种。大者盈握。冬初掘取，生熟皆可啖，可果可蔬。茎高二三尺，有白毛，气如蒿，不可生食。贫人晒干，冬月亦可拌腐充饥。三伏内治地点种，地肥则漫种，频浇则肥大。欲收种者，留至次年。开碎白花，攒簇如伞。子如蛇床子稍长而有毛，褐色。又如莳萝子。元时来自房中，故名胡萝卜。甘、辛，无毒。下气补中，利胸膈，安五脏，令人健，食有益无损。子治久痢。一种野胡萝卜，根细小，用亦同。金幼孜《北征录》云：交河北有沙萝卜，交河，房中地名。根长二尺许，大者径寸，下支生，小者如箸，色黄白，气味辛而微苦，气似胡萝卜，想亦胡萝卜之类，但地利、人力不同耳。

制用。香萝卜、白萝卜，坚实者切小块，晾二日。每一斤，盐一两淹。过布揉去水，再晾，又揉、又晾、又揉，干湿得宜。每一斤，用白沙糖四两，醋一碗，小茴香、花椒、砂仁、陈皮各一钱，捣细拌匀，磁罐收贮。青瓜丁亦可照此法做。　萝卜斋：萝卜切作片，莴苣条，或嫩蔓菁、白菜切，大小同。各以盐腌良久，沸汤炸过，入新水中。次煎酸浆泡之，以碗盖，入瓶中浸冷。　萝卜干：以萝卜切作骰子大，晒干，取候腌。芥菜卤水煮，加川椒、莳萝拌匀，晒干收贮，久留不坏，味极美。又法：切过，盐淹一宿，日中晒干用。　水腌萝卜：萝卜削去根须洗净，以盐擦，放瓮内五六日，下水时复搅匀，一月后可食。加以一二鹅梨则香脆。若食不尽者，就以卤水煮萝卜透，控干，入酱，或切细条，晒干收。临食时，热汤泡透，炒食听用。　胡萝卜鲜者切片，略炸，控干，入葱丁、莳萝、茴香、川椒、红豆、研烂，并盐拌匀，腌一时食。

疗治。食物作酸：萝卜生嚼数片，或生菜嚼之亦妙。干者、熟者、盐腌者，及人胃冷者，皆不效。　反胃噎疾：萝卜蜜浸，细细嚼咽，良。　消渴饮水独胜散：用出了子萝卜三枚，净洗切片，日干，为末。每服二钱，煎猪肉汤澄清调下，日三服，渐增至三钱。生者捣汁亦可，或以汁煮粥食。　肺痿咳血：萝卜和羊肉或鲫鱼，煮熟频食。　鼻衄不止：萝卜捣汁半盏，入酒少许热服，并以汁注鼻中，皆良。　或用酒煎沸，入萝卜再煎，食之。　下痢禁口：萝卜捣汁一小盏，蜜一盏，水一盏，同煎。早一服，午一服。日晡米饮，吞阿胶丸百粒。如无萝卜，以子擂汁亦可。一方：加枯矾七分，同煎。一方：只用萝卜菜煎汤，日日饮之。多年连叶者更佳。又：萝卜片不拘新旧，染蜜噙之，咽汁。味淡再换。觉思食，以肉煮粥与食，不可过多。　痢后肠痛：方同上。　大肠便血：大萝卜皮烧存性，蒲黄生用，等分，为末。每服一钱，米饮下。　肠风下血：蜜炙萝卜，任意食之。昔一妇人服此方，效。　酒疾下血，连旬不止：用大萝卜二十枚，留青叶寸余，以井水入罐中煮十分烂，入淡醋，空心任食。　大肠脱肛：生菜菔捣，入脐中束之。觉有疮，即除。　小便白浊：生萝卜剜空留盖，入吴茱萸填满，盖定签住，糯米饭上蒸熟，取去茱萸，以萝卜焙，研末，糊丸梧子大。每服五十丸，盐汤下，日三服。　沙石诸淋，疼不可忍：用萝卜切片，蜜浸少时，炙干数次，不可过焦。细嚼，盐汤下，日三服。　遍身浮肿：出了子萝卜、浮麦等分，浸汤饮之。　脚气走疼：萝卜煎汤洗之。仍以萝卜干为末，铺袜内。　偏正头痛：生萝卜汁一蚬壳，仰卧，随左右注鼻中，神效。王荆公病头痛，有道人传此方，移时遂愈。以此治人，不可胜数。　失音不语：萝卜生捣汁，合姜汁同服。　喉痹肿痛：萝卜汁和皂荚浆服，取吐。　满口烂疮：萝卜自然汁频漱去涎，妙。　烟熏欲死：嚼萝卜咽汁，妙。　汤火伤灼：生萝卜捣涂之。子亦可。　花火伤肌：方同上。　打扑血聚，皮不破者：用萝卜或叶捣封之。　咳嗽喘急：干萝卜煎汤饮，神效。　上气痰嗽，喘促唾脓血：以莱菔子一合研细煎汤，食前服之。　肺痰咳嗽：莱菔子半升，淘净焙干，炒黄色，为末，以糖和丸芡子大，绵裹含之，咽汁，甚妙。　齁喘痰促，遇厚味即发者：萝卜子淘净，蒸熟，晒研，姜汁浸，蒸饼丸菉豆大。每服三十丸，以口津咽下，日三服。　痰气喘息：萝卜子炒，皂荚烧存性，等分，为末，姜汁和，炼蜜丸梧子大。每服五七十丸，白汤下。　久嗽痰喘：萝卜子炒，杏仁去皮尖炒，等分，蒸饼丸麻子大。每服三五丸，时时津咽。　高年气喘：萝卜子炒，研末，蜜丸梧子大。每服五十丸，白汤下。　吐风痰：用萝卜子末，温水调服三钱，良久吐出涎沫。如是瘫缓风者，以此吐后，用紧疏药疏后，服和气散取瘥。　丹溪吐法：用萝卜半升擂细，用水一碗滤取汁，入香油及蜜些须，温服。后以桐油浸过，晒干，鹅翎探吐。　中风口禁：萝卜子、牙皂荚各二钱，以水煎服，取吐。　小儿风寒：萝卜子生研末一钱，温葱酒服之，取微汗，大效。　风秘气秘：萝卜子炒一合，擂水，和皂荚末二钱服，立通。　气胀气蛊：莱菔子研，以水滤汁，浸宿砂一两一夜，炒干，又浸又炒，凡七次，为末。每米饮服一钱，如神。　小儿盘肠气痛：用萝卜子炒黄研末，乳香汤服半钱。　年久头风：莱菔子十四粒，生研，以人乳和之，左疼点右鼻，右疼点左鼻。　疮疹不出：萝卜子生研末，米饮服二钱，良。　劳瘦咳嗽：萝卜同羊肉煮食，良。

典故。齐州有人病狂，云梦中见红裳少女引入宫殿中，其小姑令歌，遂歌云："五灵楼阁晓玲珑，天府由来此中。惆怅闷怀说不尽，一九萝卜火吾宫。"一道士解之云："少女心神，小姑脾神。火，毁也。《医经》言萝卜制面毒，故曰'火吾宫'。此犯大麦毒也。"以药并萝卜治，果愈。《洞微志》。　饶民李七病鼻衄，甚危。医以萝卜自然汁和无灰酒饮之，即止。盖血随气运，气滞故血妄行，萝卜下气故也。张杲《医说》。　有人好食豆腐，中毒，医治不效。偶闻人云其妻误以萝卜汤入豆腐锅中，遂不成。其人遽饮萝卜汤，遂愈。同上。　王旻好劝人食芦菔根叶，云冬食功多力甚，养生之物也。《五色线》。　李师逃难入石窟中，贼以烟煴之。垂死，摸得萝卜菜一束，咽其汁，获苏。《延寿书》。　中州一代巡病嗽，久不愈，甚危，征医各府。归德仅一老医，年七十余，病嗽甚剧。府官不得已，以之应命。行至一村，渴甚，扣民家求饮。其家以热水一杯饮之，觉嗽似少止。再求一杯，又觉少愈。因询此何水，其人答曰："村野无茶，适煮萝卜干，遂以奉用。"医曰："吾生平最喜食此，偶途中用尽，敢求少许？"其家馈以数升。医食数日，嗽全愈。及见代巡，病与己同，诊脉后出一方，因向代巡云："药须医人自煎，恐他人煎不得法，药难取效。"及煎时，潜以萝卜干加入。数日，代巡病愈，大神其技，给冠带，作兴千金，遂成富室。《范济略代巡述》。　郑居易计部言，其家自先世多留带茎萝卜悬之檐下，有至十余年者。每至夏秋有病痢者，煮水服之即止，愈久者愈妙。　王甑善经营，不令子弟仕宦，每年止令种火田玉乳萝卜、壶城马面菘，可致千缗。《清异录》。

丽藻。传：先生姓罗，名伯英，字阳和。上世出蔡仲之后。周季国亡，蔡之孙子自以王者后，耻臣列国，分布天下。虽族类蕃芜，然皆隐约原野，与农圃老人结无情之交，于势利泊如也。春秋间，齐鲁交恶，犹以野无厥族，卜其无恃，为当时贵重，尚如此。汉初，陈平欲荐士间楚，竟不能致厥族之良，惟以恶子弟进，故用其谗，卒以亡楚。后平掠其功封侯，恶子弟卒不显，是以（比）〔此〕族益务韬晦。蜀诸葛武侯尝用其别子蔓青氏督饷，道行伍中，既策功，当进爵，以非其好，故弗就也。先生与蔓青同远祖，生而孤特自殖，克迈种德，学有根本，间居自负其才曰："吾进可以备鼎鼐，退可以贵丘园，进退不违乎时，吾事毕矣。"豪贵之家闻先生风声，争设大烹以享之。先生心事洁白，启口皆可咀嚼，故贵人不甚相知。平生惟与学士雅好尤笃，凡亲嗜先生之久者，天下事无不可做。晚年所养既久，中益充实，虽杂处尘土间，物竟莫得而涅，自有一种幽人潜德风味，上自宫府，下至儿童、走卒、室妇、少女，莫不知有先生。然欲用之者，非强拔起之不能致，终不效毛遂辈，沾沾喜自荐也。老辣之性与日俱盛，尤以名为累，叹其不得深根固蒂于下，乃学逃名于漆园之徒，游心物初，委顺造化，深欲秘本根，以绪余启世之不知道者。故尝著论曰：天下无道则言有枝叶，所恶于言者，为其无用也。吾言可无用也与哉！世殆未知吾枝叶之正味矣。一夕偶过白水真人舍，坐客有诮之者，附耳话言谓先生今日虽无食肉相斋酸气，吾知免耳。先生若罔闻知，据炉危坐，少焉清谈，时出爽气袭人，客不觉前席举手，愿与余沥以沃渴怀。先生倾倒肺腑，粹然一出于正，绝无世俗溷浊之味。客与接谈者皆啧啧不容口，如入太古室，酌玄酒而啜太羹，恨相知之晚也。乃复相顾而叹曰："先生盖有道之士也。清不绝俗，淡不累物。吾侪久与至人处，乃今则知之耳，图所以易其名者，遂私号曰清淡先生云。高座经。　诗五言：菜根如白玉。陈去非。　密壤深根蒂，风霜已饱经。如何纯白质，近蒂染微青。黄山谷。　纷敷剪翠丛，津润擢玉本。寂莫病文园，吟余得深龈。朱晦庵。　七言：长安冬菹酸且绿，金城土酥净如练。黄山谷。　雪白芦菔非芦菔，吃来自是辣底玉。杨诚斋。　秋来霜雪满东园，芦菔生儿芥有孙。我与何曾同一饱，不知何苦食鸡豚。苏东坡。　庚郎晚菘翡翠茸，金城土酥玉雪容。如何俱堕瑶瓮中，却与醢鸡同闷宫。金井银床水清泚，雪山冰谷盐轻脆。秋风一月酿得成，字曰受辛非曲生。太学监生朝复暮，兹令啜寒那可度。十年雪汁冻蔬肠，一夜饥雷听更鼓。不知吏部瓷头醒，一逢受辛还一醒，毕卓与尔同死生。杨诚斋。

蔓菁，一名芜菁，一名葑，一名须，一名薞芜，一名荛，一名芥，一名九英菘，一名诸葛菜。根长而白，形如胡萝卜，霜后特软美，蒸煮煨任用。梢似芋魁，含有膏润，颇近谷气。茎粗，叶大而厚阔。夏初起薹，开黄花，四出如芥。结角亦如芥。子匀圆似芥子，紫赤色。茎叶稍逊于根，亦柔腻，不类他菜。人久食蔬菜无谷气，即有菜色，食蔓菁者独否。蔓菁四时皆有，四时皆可食，春食苗，初夏食心，亦谓之薹，秋食茎，冬食根。数口之家能莳数百本，亦可终岁足蔬。子可打油，然灯甚明。每亩根叶可得五十石，每三石可当米一石，是一亩可得米十五六石，则三人卒岁之需也。此菜北方甚多。河东太原所出，其根最大。气味苦，温，无毒。常食通中下气，利五脏，止消渴，去心腹冷痛，解面毒。入丸药服，令人肥健，尤宜妇人。

种植。耕地欲熟，七月初种一亩，用子三升。种法：先雍草，雨过即耕。不雨，先一日灌地使透，次日熟耕作畦，或耧种，或漫撒，覆土厚一指。五六日内有雨，不须灌。无雨，戽水灌沟中，戽，音货。遥润之，勿浇土令地实。以沙土高者为上，故墟坏墙尤佳。宜厚壅之，择子下种，出甲后即耘。出小者为茹，若不欲移植，取次耘出，存其大者，令相去尺许；若欲移植，俟苗长五七寸，择其大者移之。先耕熟地作畦，深七八寸，起土作垄，艺苗其上，垄土虚浮，根大倍常。　一法：子欲陈，用鳗鲡汁浸之，曝干，种可无虫。取子者当六七月种，来年四月收。若中春种，亦即生薹，与秋种者同熟，但根小、茎矮、子少耳。供食者，正月至八月皆可种。凡遇水旱，他谷已晚，但有隙地，即可种此以济口食。　一法：地方一尺五寸植一本，一步十六本，一亩三千六百本。每本子一合，可得三石六斗，比菜子可多三四倍利。

制用。十月终犁出蔓菁根，数晒过，冬月蒸食甜而有味，和羊肉煮食甚美。春生薹苗，亦菜中上品。四月收子打油，比脂麻易种收多。临用熬动，少掺脂麻，炼熟与小油无异。子九蒸九曝，捣为粉，可涂帛菜。割讫，寻手择而瓣之，挂屋阴风凉处，勿令烟熏使味苦。燥则候天阴润苦之，不俟阴则碎折，久不苦则涩。　作咸菹法：择好菜，捆作小束，用极咸盐水洗过，纳瓮中，茎叶颠倒安置之。勿用淡水洗，易烂。洗菜盐水澄清，入瓮没菜即止，不必调和，色仍青。用时水洗去咸汁，煮为茹，与生菜无异。　作汤菹法：好菜择讫，即入热汤中炸，出冷水濯过，盐醋中熬胡麻油，香而且脆，多作可留至春。若菜已萎，水洗漉出，经宿生之，然后炸干，叶屑之和谷作粥食。

疗治。预禳时疾，立春后遇庚子日，温蔓菁汁，合家大小并服之，不限多少，一年可免时疾。　男子阴肿核痛，人所不能治者：蔓菁根捣烂敷之。　鼻中衄血：诸葛菜生捣汁饮。　大醉病困：蔓菁菜入少米煮熟，去滓，冷饮之，良。　饮酒辟气：干蔓菁根二七枚，蒸三遍，碾末，酒后水服二钱，即无酒气。　一切肿毒：生蔓菁根一握，入盐花少许，同捣封之，日三易。又蔓菁叶不见水烧灰，和腊猪脂封之。　疗肿有根：用大针刺作孔，削蔓菁根如针大，染铁生衣刺入孔中。再以蔓菁根、铁生衣等分，捣涂于上。有脓出即易，须臾根出，立瘥。忌油腻、生冷、五辛、粘滑、陈臭。　乳痈寒热：蔓菁根叶去土，不见水，以盐和捣涂之。热即换，三五次即瘥。冬月用根。此方已救十数人。须避风。　女子妒乳：生蔓菁根捣，和盐、醋、浆水煮汁，洗五六度，良。和鸡子白封之，妙。　阴肿如斗：生蔓菁根捣封之，治人所不能治。　豌豆疮：蔓菁根捣汁，挑破涂之。三食顷，根出。　犬咬疮重发者：蔓菁根捣汁服，佳。　小儿头秃：芜菁叶烧灰，和脂傅。　飞丝入眼：蔓菁菜揉烂，帕包，滴汁三两点，即出。　明目益气：芜菁子二升，水九升，煮汁尽，日干。如此三度，研细。水服方寸匕，日三。亦可研水，和米煮粥食。　常服明目，使人洞视、肠肥：芜菁子三升，苦酒三升，煮熟，日干，研末。井华水服方寸匕，日三，无所忌。《抱朴子》云：服尽一斗，能夜视见物。　青盲眼障，及虚劳暗，但瞳子不坏者，十得九愈：蔓菁子六升，蒸之气遍，和甑取下，釜中热汤淋之，曝干，还淋。如是三遍，杵为末。食前清酒服方寸匕，日再。　补肝明目：芜菁子淘二升，黄精二斤，同和，九蒸九晒，为末。每空心米饮服二钱。又方：蔓菁子二升，决明子一升，和匀，以酒五升煮干，曝为末。每服二钱，温水调下，日二。　明目：三月三日采蔓菁花，阴干，为末，空心井花水下。久服长生，可夜读书。　风邪攻目，视物不明，肝气虚者：蔓菁子四两，入瓷瓶中烧黑，无声取出。

入蛇蜕二两，又烧成灰，为末。每服半钱，食后酒下，日三。　症瘕积聚：蔓菁子煮汁服。又治霍乱腹胀。　服食辟谷：芜菁子熟时采之，水煎三过，令苦味尽，曝捣为末。每服二钱，温水下，日三次。久可辟谷。　食面胀满：蔓菁子炒研，白汤点服一钱，立愈。　黄汗染衣，涕吐皆黄：蔓菁子捣末，平旦井花水服一匕，日再服。加至两匕，以知为度。每夜以帛浸小便，逐日看之，渐白则瘥。不过五升，全愈。　黄疸如金，睛黄，小便赤：生蔓菁子末，熟水服方寸匕，日三。　急黄黄疸及内黄，腹结不通：蔓菁子捣末，水绞汁服。当得嚏，鼻中出黄水及下利，则愈。以子压油，每服一盏，更佳。　热黄便结：芜菁子捣末，水和绞汁服，少顷当泻出一切恶物，沙、石、草、发并出。　二便关隔，胀闷欲绝：蔓菁子油一合，空腹服之，即通。通后汗出，勿怪。　心腹作胀：蔓菁子一大合，拣净捣烂，水一升和研，滤汁一盏，顿服，少顷自利，或自吐，或得汗，即愈。　霍乱胀痛：芜菜子水煮汁饮之。　妊娠小便不利：芜菁子末，水服方寸匕，日二。　风疹入腹，身体强，舌干硬：蔓菁子三两，为末，温酒服一钱。　瘰疬发热，疬着手、足、肩、背，累累如米起，色白，刮之汁出，复发热：用芜菁子熟捣，帛裹，展转其上，日夜勿止。　骨疽不愈，愈而复发，骨从孔中出者：芜菁子捣敷之，用帛裹定，日一易。　小儿头秃：蔓菁子末和酢敷之，日三。　眉毛脱落：蔓菁子四两，炒研，醋和涂之。　蒜发：蔓菁子油，日日涂之。　面屑痣点：蔓菁子研末，入面脂中，夜夜涂之。亦去面皱。　黑野面皱：蔓菁子油入面膏，日日用。　蜘蛛咬：蔓菁子为末，油调擦。又酒调服，防毒入内。

典故。昔诸葛武侯行兵所止，令军士独种蔓菁，取其才出土可生啖，一也；叶舒可煮食，二也；久居则随以滋长，三也；弃之不令惜，四也；回则可寻而采，五也；冬有根可食，六也。至今蜀人重之，名诸葛菜。　五台山深谷中居人，每人岁种三百六十本，日食一本，不妨绝粒。　婺州僧清简园蔓菁忽变为莲。

丽藻。散语：菜之美者，具区之菁。《吕氏春秋》。　诏：永兴二年六月，彭城泗水增长逆流。诏司隶校尉、部刺史曰："蝗灾为害，水变仍至，五谷不登，人无宿储，其令所伤郡国种蔓菁以助人食。"《汉文》。　诗五言：冬菁饭之半。杜子美。　七言：镏公春尽芜菁色，华厩愁深苜蓿花。温飞卿。　往日芜菁不到吴，如今幽圃手亲锄。凭谁为向曹瞒道，彻底无能合种蔬。陆放翁。

二如亭群芳谱蔬部卷之二

济南　王象晋荩臣甫　纂辑
松江　陈继儒仲醇甫
虞山　毛凤苞子晋甫　同辑
宁波　姚元台子云甫
济南　男王与甲、孙士瞻、曾孙启泞　诠次

蔬谱二

菠菜，一名菠薐，一名菠斯草，一名赤根菜，一名鹦鹉菜。出西域颇陵国，今讹为菠薐，盖颇唛之转声也。茎柔脆中空，叶绿腻柔厚，直出一尖，傍出两尖，似鼓子花叶之状而稍长大。根长数寸，大如桔梗，色赤，味甘美。四月起薹尺许，开碎白花，有雄雌。雌者结实有刺，状如蒺藜。叶与根味甘，冷滑无毒，利五脏，通肠胃，热开胸膈，下气调中，止渴润燥，解酒毒，服丹石人最宜。麻油炒食，甚美。北人以为常食。春月出薹，嫩而且美。春暮薹渐老，沸汤晾过，晒干备用，甚佳，可久食，诚四时可用之菜也。南人食鱼稻，多食则冷大小肠，忌与鲍鱼同食，发霍乱。

种植。正二月内将子水浸二三日，候（张）〔胀〕捞出控干，盆覆地上。俟芽出，择肥松地作畦，于每月末旬下种，勤浇灌，可逐旋食用。秋社后二十日种者，至将霜时，马粪培之，以避霜雪。十月内沃以水，备冬蔬。此菜必过月朔乃生，即晦日下种，与十余日前种者同出，亦一异也。春种多虫，不如秋种者佳。

疗治。消渴饮水，日至石许者：菠菜根、鸡内金等分，为末。米饮服一钱，日三。　大肠涩滞及病痔：人常食菠菜、葵菜，自然通利。

典故。太宗时，尼波罗国献菠薐菜，类红蓝，实如蒺藜，火熟之，能益食味。《唐会要》。

丽藻。诗五言：金镀因形制，临畦发永叹。时危思撷（佩）〔佩〕，楚客莫纫兰。《刘屏山》。　七言：北方苦寒今正酷，雪底菠薐如铁甲。苏东坡。

白菜，一名菘。诸菜中最堪常食。有二种，一种茎圆厚微青，一种茎扁薄而白，叶皆淡青白色。子如芸薹子而灰黑。八月种，二月开黄花，四瓣，如芥花，三月结角，亦如芥。燕赵淮扬所种者最肥大而厚，一本有重十余斤者。南方者畦内过冬，北方多入窖内。味甘，温，无毒。利肠胃，除胸烦，解酒渴，利大小便，和中止嗽。冬，汁尤佳。夏至前，菘菜食发皮肤风痒，动气发病。

种植：五月上旬撒子，用灰粪盖，粪水频浇，密则芟之。六月中旬可食。《务本新书》。

附录。黄芽菜：白菜别种，叶茎俱扁，叶绿茎白，惟心带微黄，以初吐有黄色，故名黄芽。燕京圃人以马粪拥培，不见风日，苗叶皆嫩黄色，脆美无滓，佳品也。　春不老：一名八斤菜，叶似白菜而大，甚脆嫩。四时可种，腌食甚美。

制用。糟菜法：先将隔年压过酒糟未出小酒者坛封，每一斤，盐四两，拌匀。好肥箭干白菜洗净去叶，搭阴处晾干水气。每菜二斤，糟一斤，一层菜一层糟，隔日一翻腾。待熟，挽定入坛，上浇糟菜水汁，取用味美。　腌菜法：白菜拣肥者，去心洗净，一百斤用盐五斤，一层菜一层盐，石压两日，可用。又：白菜一百斤晒干，抖搜去土，先用盐二斤腌三四日，就卤内洗净，每柯窝起，纯用盐三斤，入坛内，包长久。　又法：白菜削去根及黄老叶，洗净控干。每菜十斤，盐十两，用甘草数茎放在洁净瓮盛，将盐撒入菜丫内，排顿瓮中，入莳萝少许，以手实捺。至半瓮，再入甘草数茎。候满瓮，用石压定。三日后，将菜倒过，捹出卤水，（十）〔于〕干净器内另放。忌生水，却将卤水浇菜内。候七日，依前法再倒，用新汲水渰浸，仍用砖石压之。其菜味美香脆。若至春间食不尽者，于沸汤淖过，晒干收贮。夏间将菜温水浸过，压水尽出，香油匀拌，以磁碗盛，顿饭上蒸之，其味尤美。《农桑撮要》。　黑腌斋：白菜如法腌透，取出，挂于桁上，晒极干，上甑蒸熟，再晒干收之，极耐久藏。夏月以此斋和肉炒，可以久留不臭。甑不便者，径以水煮斋，晒干亦可，但不如蒸者佳。芥菜同。　干菜：大科菘菜、芥菜洗净略晒，沸汤内炸五六分熟，晒干。用盐、酱、莳萝、茴香、花椒、陈皮、砂糖同煮熟，晒干，再蒸少时。　菜斋：大菘菜丛采，十字劈裂。菜菔取紧小者，破作两半。同向日中晒去水脚。二件薄切作方片，如钱眼子大，入净罐中，以马芹、茴香、杂酒、醋、水等，令得所，调净盐浇之。随手举罐，撼触五七十次，密盖罐口，置（云）〔灶〕[①]上温处。仍日一次如前法撼触，三日后可供菜，色青白间错，鲜洁可爱。

疗治。小儿游赤，行于上下，至心即死：白菜捣敷之即止。　漆疮：方同上。　飞丝入目：白菜揉烂，帕包滴汁入目即出。　酒醉不醒：白菜子二合细研，井花水一盏，调为二服。

典故。后汉崔瑷爱士，好宾客，盛修肴膳，殚极滋味，不问余产，居常食菜羹而已。　范宣挑菜伤指，大啼，曰："身体发肤，不敢毁伤，故啼。"《艺文类聚》。　桓温性俭，每燕，唯下七奠拌菜果而已。　吴隐之为广州，清操愈励，常食不过菜及干鱼。　齐江泌性仁孝，食菜不食心，以有生意，惟食其老叶焉。　汪信民常言，人常咬得菜根，则百事可做。胡康侯闻之，击节叹赏。《南见录》。

丽藻。散语：春初早韭，秋末晚菘。周颙。　诗五言：周郎爱晚菘，对客素称赏。今晨喜荐新，小嚼冰霜响。刘彦冲。　耕地桑柘间，地肥菜尝熟。为问葵藿资，何如庙堂肉。高适。　七言：桑下春蔬绿满畦，菘心青嫩芥薹肥。畦头洗择店头卖，日暮裹盐沽酒归。拨雪挑来蹋地菘，味如蜜藕更肥浓。米门肉食无风味，只作寻常菜把供。范至能。　菜把青青间药苗，豉香盐白自烹调。须臾彻案呼茶碗，盘箸何曾觉寂寥？老农饭粟出躬耕，扪腹何殊享大烹。吴地四时常足菜，一番过后一番生。　引水何妨蓺芥菘，圃功自古补三农。恨君不见岷山芋，藏蓄犹堪过岁凶。　万里萧条酒一杯，梦魂犹自度邛崃。可怜龙鹤山中菜，不伴峨眉栟脯来。《野菜》。　野藜山蔬次第尝，超然气压大官羊。放翁此意君知否？要配吴粳晓甑香。《野菜》。　昏昏雾雨暗衡茅，儿女随宜

治酒殽。便觉此身如在蜀，一盘笼饼（足）〔是〕豌巢。《景菜》。俱陆放翁。　雨过寒声满背蓬，如今真是荷锄翁。可怜遇事常迟钝，九月区区种晚菘。放翁《菘》。　南山畴昔从诸父，雨甲烟苗手自锄。三径就荒归计拙，涸烦僚友送园蔬。黄鲁直。

同蒿，茎肥叶绿，有刻缺，微似白蒿，甘脆滑腻。四月起薹，高二尺余。开花深黄色，状如单瓣菊花。一花结子近百，易繁茎，以佐日用，最为佳品。主安气，养脾胃，消水饮。多食动风气，薰心，令气满。

种植。肥地治畦，如种他菜法。二月下种，可为常食。秋社前十日种，可为秋菜。如欲存种，留春菜收子。

附录。蒌蒿：一名白蒿，一名蘩，一名薗。薗，间商。有水陆二种，形状相似，但水生者辛香而美，生陂泽中，二月发苗，叶似嫩艾而歧细，面青背白，茎或赤或白，根白脆，盖嘉蔬也。　茵陈蒿：二月生苗，茎如艾叶，如淡色青蒿而背白，叶歧紧细而扁整。九月开细黄花，结实大如艾子，亦有无花实者。昔人多莳为蔬，故入药用，山茵陈所以别家茵陈也。　蘩，白蒿也，蚕生未齐者，采蘩以啖之，所以齐蚕也。

制用。蒌蒿根茎白，熟茹曝皆可食。　生接醋淹为菹，食之甚益人。　采蒌蒿茎，微用盐腌，曝干，味甚美，可以寄远。　嫩苗以沸汤瀹过，浸于浆水则成齑。如以清水或石灰水、矾水拔之，去其猛气，晒干，可留制食，腌焙干，极香美。　淮扬人二月二日采野茵陈苗，和粉面作饼食之，以为节物。

疗治。热黄及心痛：捣蒌蒿汁服，良。　夏日暴水痢：蒌蒿曝为末，空心米饮服一匙。　淋疾：烧灰，淋汁煎服。　恶疮癞疾，但是恶疮皆可服：用白艾蒿如升大十束，煮取汁，以米及曲酿酒，候熟，徐徐服。　鬼气：蒌蒿子为末，酒服，良。　伤寒发黄：山茵陈、山栀子各三分，秦艽、升麻各四钱，为末。每三钱，水四合，煎二合，去滓，食后温服，以知为度。　治大热黄疸，伤寒头痛，风热瘴疟：茵陈细切，煮羹食。生食亦宜。　男子酒疸：茵陈四根，栀子七个，捣烂，百沸，白酒一大盏冲汁饮。此秘方也。　眼热赤肿：山茵陈、车前子等分，煎汤服。　遍身黄疸：茵陈同生姜捣，三日日擦之。　痫黄如金，好眠吐涎：茵陈蒿、白藓皮等分，水二钟，煎服，日二。　风热挛急：茵陈蒿一斤，黍米一石，曲三斤，如常法酿酒服。　疬疡风：茵陈蒿两握，水一斗五升，煮七升。先以皂角汤洗，后以此汤洗，如冷更作。隔日一洗，不然恐痛。　遍身风痒，生疮疥：茵陈煮浓汁洗，立瘥。

丽藻。散语：于以采蘩，于沼于沚。　呦呦鹿鸣，食野之蒿。《诗》。　蘋蘩蕴藻之菜，可荐于鬼神，可羞于王公。《左传》。　以豆荐蘩菹。《诗笺》。　吴酸蒿蒌不沾薄。"吴酸"句谓吴人善调酸，(論)〔渝〕蒿蒌，不沾薄而甘美。《大招》。　酤糟紫姜之掌，沐醯青陈之丝。《老圃赋》。

山药，原名薯蓣，以避唐宋讳，改今名。一名山薯，一名土薯，一名玉延，一名修脆。处处有之，南京者最大而美，蜀道尤良。入药以怀庆者为佳。春间苗生，茎紫。叶青，有三尖，似白牵牛叶，更厚而光泽。五六月开细花成穗，淡红色，大类枣花。秋生实于叶间，青黄。八月熟，落根下，外薄皮土黄色，状似雷丸，大小不一。肉白色，煮食甘滑，与根同。冬春采根，皮亦土黄色，薄而有毛。其肉白色者为上，青黑者不堪用。生山中者根细如指，极紧实。刮磨入汤煮之作块，味更佳，食之尤益人。入药以野生者为胜，性甘、温、平，无毒。镇心神，安魂魄，止腰痛，治虚羸，健脾胃，益肾气，止泄痢，化痰涎，久服耳目聪明，轻身不老。

附录。江湖、闽中一（钟）〔种〕，根如姜、芋而皮紫。大者切数片，去皮，煎、煮食俱美，但性冷于北地者，彼土人呼为薯。

种植。春社日取宿根多毛有白瘤者，竹刀截作二寸长块。先将地开作二尺宽沟，深三四尺，长短任意。先填乱粪柴一半，上实以土，将截断山药竖埋于中，上仍以粪土覆与沟平，时浇灌之。苗生，以竹或树枝架作援，高三四尺，当年可食。三四年者根大尤美。夏月宜频浇，最宜肥地。每年易人而种，宜牛粪、麻糁，忌人粪。

修治。以布裹手，竹刀刮去皮，竹筛盛置檐风处，不得见日。至夕干五分，候全干收，或微火烘干亦可。　又法：去皮，以水浸之，糁白矾末少许入水中，经宿洗净，则涎自去。

制用。煮熟和蜜，或为汤煎，或为粉煎，佳。入药更妙。忠虚人者宜加用杜兰香。传云：食之可避雾露，惟和面作不托①则动气，为不能制面毒也。

疗治。补肾虚损，益颜色，补下焦虚冷，小便频数，瘦损无力：用薯蓣于沙盆中研细，入铫中，以酒一大匙，熬令香，旋添酒一盏，搅匀。空心饮之，每旦一服。　心腹虚胀，手足厥逆，或饮苦寒之剂多，未食先呕，不思饮食：山药半生半炒，为末。米饮服二钱，一日二服，大有功效。忌钱器、生冷。　小便数：山药以矾水煮过，白茯苓等分，为末。每水饮服二钱。　下痢禁口：山药半生半炒，为末。每服二钱，米饮下。　痰气喘急：生山药捣烂半碗，入甘蔗汁半碗，和匀，顿热饮之，立止。　脾胃虚弱，不思饮食：山药、白术各一两，人参七钱五分，为末，水糊丸小豆大。每米饮下四五十丸。湿热虚泄：山药、苍（米）〔术〕等分，饭丸，米饮服。大人、小儿皆宜。　肿毒初起：带泥山药、蓖麻子、糯米等分，水浸研，敷之即散。　胯眼臀痈：山药、沙糖同捣，涂上即消。先以面涂四围，乃上。　项后结核，或赤肿硬痛：以生山药一挺去皮，蓖麻子二个，同研，贴之如神。　手足冻疮：山药一截，磨泥敷之。

丽藻。赋：吾闻阳公之田，不垦不耕，爰播盈斗，可获连城。资阴阳之淑气，孕天地之至精。蜿蜒赤埴之腴，煌扈白虹之英。惊山木之润发，（胃）〔冒〕朝采之余荣。逮百嘉之泽尽，候此玉之丰成。王公大人方以不贪为宝，辞秦玉而陋楚珩，虽三献其奚售，乃举资于老生。老生囊中之法未试，腹内之雷久鸣。搴石鼎以自灌，搐奚腹之彭亨。春江浩其波涛，远壑飒以松声。俄白云之涨谷，乱双眼于晦明。擅人间之三绝，色味胜而香清。捧杯盂而笑领，映户景之新晴。斥去懒残之芋，尽弃接舆之菁。收奇勋于景刻，匕未落而体轻。凌厉八仙，扫除三彭。见蓬莱之夷路，接闾阖于初程。彼徇华之大夫，含三生之伯醒。污之以蜂蜜，辱之以羊羹。合堂逸少之炙，同传孝仪之鲭。唤超然之至味，乃陆沉于聋盲。岂皆能于我遇，亦或卿而或烹。起援笔以三叫，驰蛇蚓以纵横。吾何与大夫之迷疾，盖以慰此玉之不平也。陈去非。　诗七言：厨人清晓献琼糜，正是相如酒渴时。能解饥寒胜汤饼，略无风味胜蹲鸱。打窗急雨知愁鼎，乱眼晴云看上匙。已觉尘生双并碗，浊醪从此不须持。黄鲁直。　怪来朽壤耀琼英，小劚倾筐可代耕。豢豹于人尽无分，蹲鸱从此不须生。雪檠但使人长健，石鼎何妨手自烹。

---

① 不托，即"馎饦"，汤饼，或汤面。

欲赋玉延无好语，羞论蜂蜜与羊羹。朱晦庵。

甘薯，一名朱薯，一名番薯，大者名玉枕薯。形圆而长，本末皆锐，肉紫皮白，质理腻润。气味甘，平，无毒。补虚乏，益气力，健脾胃，强肾阴。与薯蓣同功，久食益人。与芋及薯蓣自是各种。巨者如杯如拳，亦有大如瓯者。气香，生时似桂花，熟者似蔷薇露。扑地傅生，一茎蔓延至数十百茎，节节生根，一亩种数十石，胜种谷二十倍，闽广人以当米谷。有谓性冷者，非二三月及七八月俱可种，但卵有大小耳。卵八九月始生，冬至乃止。始生便可食，若未须者勿顿掘，令居土中。日渐大，到冬至须尽掘出，不则败烂。

制用。可生食，可蒸食，可煮食，可煨食。可切米晒干，收作粥。壹可晒干磨粉，作饼饵。其粉可作粳子炒煤子食。取粉可作丸，似珍珠沙谷米。可造酒，但忌与醋同用。　一造粳：将糯米水浸五七日，以米酸为度，淘净晒干，捣成细粉。看晴天，将糯粉入生水，和作团子如杯口大，即将薯根拭去皮，洗净沙石（上）〔土〕，徐徐磨作浆，要极细，勿换水。将糯团煮熟，捞入瓶中，用木杖尽力搅作糜，候冷热得所，大约以可入手为度，将薯浆倾入，每糯粉三斗，入薯浆一斤，搅极匀。先将干小粉筛平板上，次将糜置粉上，又着干粉捍薄，晒半干，切如骰子样，晒极干，收藏。用时慢火烧锅令热，下二合许，慢火炒，少刻渐软，渐发成圆球子。次下白糖、芝麻，或更加香料，炒匀，候冷，极浮脆。每粳二升可炒一斗。芋浆、山药浆亦可作。　造粉：取薯根，粗布拭去皮，水洗净，和水磨细，入水中淘去浮查，取澄下细粉，晒干，同豆粉。用此粉、酒、水作丸，与珍珠沙谷米无异。　造酒：薯根不拘多少，寸截断，晒半干，甑炊熟。取出揉烂，入瓶中，用酒药研细、搜和、按实，中作小坎。候浆到看老嫩，如法下水，用绢袋滤过，或生或煮熟任用。其入甑寒暖，酒药分两，下水升斗，或用曲蘖，或加药物，悉与米酒同法。若造烧酒，即用薯酒入锅，如法滴槽成。头子烧酒或用薯糟造，常用烧酒亦与酒糟造烧酒同。

树艺。种薯宜高地、沙地，起脊尺余，种在脊上。遇旱可汲井浇灌。即遇涝年，若水退在七月中，气候既不及艺五谷，即可剪藤种薯。至于蝗蝻为害，草木荡尽，惟薯根在地，荐食不及，纵令茎叶皆尽，尚能发生。若蝗信到时，急令人发土遍壅。蝗去之后，滋生更易，是天灾物害皆不能为之损。人家凡有隙地，但只数尺，仰见天日，便可种得石许。此救荒第一义也。须岁前深耕，以大粪壅之，春分后下种。若地非沙土，先用柴灰或牛马粪和土中，使土脉散缓与沙土同，庶可行根，重耕起要极深。将薯根每段截三四寸长，覆土深半寸许，每株相去纵七八尺、横二三尺。俟蔓生既盛，苗长一丈，留二尺作老根，余剪三叶为一段，插入土上。每栽苗相去一尺，大约二分入土，一分在外。即又生薯，随长随剪，随种随生，蔓延，与原种者不异。凡栽，须顺栽，若倒栽则不生。节在土上则生枝，在土下则生卵。约各节生根，即从其连缀处断之，令各成根苗，每节可得卵三五枚。　藏种。九月十月间掘薯（卵）〔卵〕，拣近根先生者，勿令损伤，用软草包裹，挂通风处阴干。　一法：于八月中拣近根老藤，剪七八寸长，每七八根作一小束，耕地作畦，将藤束栽畦内，如栽韭法。过月余，每条下生小卵如蒜头状。冬月畏寒，稍用草盖覆，至来春分种。若老条原卵在土中，无不坏烂。　一法：霜降前取近根卵稍坚实者，阴干，以软草各衬，另以软草裹之，置无风和暖、不近霜雪、不受冰冻处。　　一法：霜降前收取根藤，曝令干。于灶下掘窖，约深一尺五六寸。先下稻糠三四寸，次置种其上，更加稻糠三四寸，以土盖之。　　一法：七八月取老藤，种入木筒或磁瓦器中，至霜降前置草篅中，以稻糠衬，置向阳近火处。至春分后，依前法种。　　收蔓。枝节已遍地不能容者，即为游藤，宜剪去之。及掘根时卷去藤蔓，俱可饲牛羊猪，或晒干，冬月喂，皆能令肥腯。　　用地。凡薯二三月种者，每株用地方二步有半，而卵遍焉，每官亩约用薯三十六株。四五月种者，地方二步，而卵遍焉，亩约六十株。六月种者，方一步有半，而卵遍焉，亩约一百六株有奇。七月种者，地方一步，而卵遍焉，亩约二百四十株。八月种者，地方三尺以内，得卵细小矣，亩约九百六十株。种之疏密，略以此准之。九月畦种，生卵如箸如枣，拟作种，此松江法也。北方早寒，宜早一月算，又在视天气寒暖时斟酌耳。

典故。甘薯似芋，亦有巨魁，剥去皮，肌肉正白如脂肪，南人专食以当米谷。《异物志》。　甘薯二月种，至十月乃成卵，大者如鹅卵，小者如鸡鸭卵。掘出蒸食，其味甘甜经久。得风乃淡泊。《南方草木状》。　甘薯似芋，南方以当米谷，宾客亦设之。出交趾。郭义（公）〔恭〕《广志》。　岭外多薯，间有发深山邃谷而得者。枝块连属，有重数十斤者，味极甘香，名玉枕薯。　甘薯生朱崖海中，人不业耕稼，惟种甘薯。秋熟蒸晒，切如米，贮以充饥，名薯粮。外客至，盛具牛豕脍炙，荐以甘薯，若粳粟然。海中之人寿百余岁，缘食甘薯故耳。俱《稗史类编》。　闽广薯有二种：一名山薯，彼中故有之。一名番薯，有人自海外得此种，海外人亦禁，不令出境。此人取薯，绞入汲水绳中，因得渡海，分种移植，遂开闽广之境。两种茎叶多相类，但山薯植援附树乃生，番薯蔓地生。山薯形魁垒，番薯形圆而长。其味则番薯甚甘，山薯稍劣。　江南田圩下者不宜薯，若高仰之地，平时种蓝种豆者，易以种薯，有数倍之获。大江以北，土更高，地更广，即其利百倍不啻矣。倘虑天旱，则此种亩收数十石。数口之家，止种一亩，纵灾甚，而汲井灌溉，一至成熟，终岁足食，又何不可？俱《甘薯疏》。

丽藻。序：方舆之内，山陬海澨，丽土之毛，足以活人者多矣。或隐弗章，即章矣，近之人习用之，以为泽居之鱼鳖、山居之麋鹿也。远之人遄闻之，以为逾汶之貉、逾淮之橘也。坐是，两者弗获相通焉。余不佞独持迂论，以为能相通者什九，不者什一。人人务相通，即世可无聚不足，民可无道瑾。或嗤笑之，固陋之心终不能移。每闻他方之产可以利济人者，往往欲得而艺之。同志者或不远千里而致，耕获蓄畜，时时利赖其用，以此持论颇益坚。岁戊申，江以南大〔水〕，无麦禾，欲以树艺佐其急，且备异日也。有言闽、越之利。甘薯者，客莆田徐生为予三致其种，种之生且蕃，略无异彼土，庶几哉？橘逾淮弗为枳矣。余不敢以麋鹿自封也，欲遍布之，恐不可户说，辄以是疏先焉。徐玄扈。　昔人谓蔓菁有六利，柿有七绝。予谓甘薯有十二胜：收入多，一也；色白味甘，诸土种中特为夐绝，二也；益人与薯蓣同功，三也；遍地传生，剪茎作种，今岁一茎，次年便可种数十亩，四也；枝叶附地，随节生根，风雨不能侵损，五也；可当米谷，凶岁不能灾，六也；可充笾实，七也；可酿酒，八也；干久收藏，屑之旋作饼饵，胜用饧蜜，九也；生熟皆可食，十也；用地少，易于灌溉，十一也；春夏下种，初冬收入，枝叶极盛，草秽不容，但须壅土，不用锄耘，不妨农工，十二也。首人。

生菜，一名白苣，一名石苣。似莴苣而叶色白，断之有白汁。正二月下种，四月开黄花如苦荬，结子亦同。八月十月可再种，以粪水频浇则肥大。谚云："生菜不离园。"宜生食，又生挼盐醋拌食，故名生菜。色紫者为紫苣。一云：紫苣和土作器，火煅如铜。唐时立春日设春饼、生菜，号春盘。

种法：作畦下种，如波薐法。先用水浸种一日，于湿地上衬布，置子，以盆合之。候芽出，种畦中，宜肥地。莴笋同。

附录。莴苣：一名莴菜，一名千金菜。叶似白苣而尖，嫩多皱，色稍青，折之有白汁。四月抽薹，高三四尺，剥皮生食，味清脆。糟食亦佳。江东人盐晒压实，以备方物，谓之苣笋。彭乘云：莴苣有毒，百虫不敢近，蛇虺触之则目瞑不见物。人中其毒，姜汁解之。

疗治。鱼脐疮，其头白似肿，痛不可忍：先以针刺破头及四畔，以白苣汁滴孔中，良。　乳汁不通：莴苣菜煮酒服。一方：莴苣子三十枚研细酒服。一方：莴苣子一合，甘草三钱，糯米、粳米各半合，煮粥频食，良。　小便不通及尿血：莴苣菜捣烂贴脐上，即通。子亦可。　闪损腰痛：白苣子炒三两，白粟米炒一撮，乳香、没药、乌梅肉各半两，为末，炼蜜丸弹子大。每嚼一丸，热酒下。　肾黄如金：莴苣子一合细研，水一盏，煎五分，食前服。　阴囊癫肿：方同上。　沙虱水毒：莴苣菜捣汁涂。　百虫入耳：莴苣捣汁滴入，自出。一方：干莴苣叶一分，雄黄一分，为末，糊丸枣核大，蘸生油塞耳中引出。

丽藻。诗五言：苣兮蔬之常，随事艺其子。破块数席间，荷锄功易止。两旬不甲（折）〔坼〕，空惜（理）〔埋〕泥滓。野苋迷汝来，宗生实于此。此辈岂无秋，亦蒙寒露委。翻然出地速，滋蔓户庭毁。因知邪干正，掩抑至没齿。贤良虽得禄，（中）〔守〕道不封己。拥塞败芝兰，众多盛荆杞。中园陷萧艾，老圃永为耻。登于白玉盘，藉以如霞绮。苋也无所施，胡颜入筐篚。杜甫。

蓱菜，蓱，音甜。一名莙荙。

叶青白色，似白菜叶而短，茎亦相类，但差小耳。煮熟食良，微作土气。正二月下种，宿根亦自生，时以粪水沃之。四月开细白花。结实状如茱萸，球而轻虚，土黄色，内有细子。根白色。味甘、苦，大寒，滑，无毒。开胃，通心膈，利五脏，理脾气，去头风，补中下气，宜妇人。冷气人（下）〔不〕可多食，动气；患腹冷人食之，必破腹。十月以后宜于暖处窖藏。

制用。醋浸揩面，去粉滓，润泽有光。莙荙茎烧灰淋汁洗衣，色白如玉。

疗治。时行风热毒：捣汁饮之，良。　夏月热痢：以菜作粥食。　灸疮：莙荙捣敷止痛，易瘥。　治冷热痢及止血生肌：莙荙捣汁服。　诸禽兽伤：捣敷，立愈。　小儿热症：莙荙子煮半生，捣汁服。　痔漏下血：莙荙子、芸薹子、蒝荽子、莴苣子、蔓菁子、萝卜子、葱子、荆芥子等分，用大鲫鱼一个去鳞肠，装药在内，缝合，入银石器中，上下用火炼熟，放冷，为末。每服二钱，米饮下。日二服。

蕹菜，

干柔如蔓，中空，叶似菠薐及鳖头，开白花。南人编苇为筏，作小孔，浮水上，种子于中，长成茎叶，皆出苇孔中，随水上下。南方之奇蔬也。陆种者宜湿地，畏霜雪。九月藏窖中，三四月取出，壅以粪土，节节生芽，一本可成一畦。生岭南。今江夏、金陵多莳之。

制用。味短，须猪肉同煮，俟肉色紫乃堪食。

疗治。解胡蔓草毒：胡蔓草,即野葛。魏武啖野葛,想先食此菜。张华《博物志》。煮食,或生捣汁饮。南人先食薤菜,后食野葛,即无苦。取汁滴野葛苗,当时萎死。捣汁和酒服,治难产。

苋,凡六种：赤苋、白苋、人苋、紫苋、五色苋、马苋。人苋、白苋俱大寒,又名糠苋、胡苋。二苋味胜他苋,但大者为白苋,小者为人苋耳。紫苋茎叶皆紫,无毒,不寒。赤苋一名蒉,蒉,音匮。又名花苋,茎叶深赤。五色苋今稀有。细苋俗名野苋、猪苋,堪喂猪。诸苋皆三月种。叶如蓝,茎叶皆高大易见,故名苋。开细花成穗,穗中细子扁而光黑,与青(箱)〔葙〕子、鸡冠子无别。老则抽茎甚高,六月以后不堪食。子霜后始熟,九月收。六苋俱气味甘,冷利,无毒,并利大小肠,治初痢,滑胎,通窍明目,除邪,去寒热。白苋补气除热；赤苋主赤痢、射工沙虱；紫苋杀虫毒,治气痢。

制用。赤苋根茎可糟藏,食之甚美,味辛。 禁忌。苋动气,令人烦闷,冷中损腹。 忌与鳖肉同食,生鳖症。 取鳖肉切豆大,以苋菜裹,置土中一宿,即变成小鳖,试之屡验。

疗治。产后下痢赤白者：用紫苋菜一握切煮汁,入粳米三合,煮粥食之,立瘥。 小儿紧唇：赤苋捣汁洗之,良。 漆疮搔痒：苋菜煎汤洗之。 蜈蚣螫伤：取灰苋叶擦之,即止。 蜂虿螫伤：野苋挼擦之。 诸蛇螫人：紫苋捣汁,饮一升,以滓涂之。 射工中人,状如伤寒,寒热发疮,偏在一处,有异于常者：取赤苋,合茎叶捣汁,饮一升,日再服。 利大小便：苋实为末半两,分三服,新汲水下。 牙痛：苋根晒干,烧存性,为末揩之,再以红灯笼草根煎漱。

丽藻。诗五言：碧鲜俱照箸,香饭兼苞芦。杜子美。

马齿苋,一名马苋,一名五行草,一名五方草,一名长命菜,一名九头狮子草。处处有之。柔茎布地,叶对生,比并圆整,如马齿,故名。六七月开细花,结小尖实,实中细子如葶苈子状。苗煮熟晒干,可为蔬。有二种：叶大者名豚耳草,不堪用。小叶者又名鼠齿苋,节叶间有水银,每十斤可得八两或十两。气(咮)〔味〕酸,寒,无毒。散血消肿,利肠,滑胎,解毒,通淋,治产后虚汗。

修治。至难燥。槐木椎碎,向日作架晒数日,即干。 入药须去茎,其茎无效。

疗治。三十六风结疮：马齿苋一石,水二石,煮汁,入蜜蜡三两,重煎成膏涂之。诸气不调,马齿苋煮粥食。 禳解疫气：六月六日采马齿苋晒干,元旦煮熟,同盐醋食,可解疫疠气。 反胃：饮马齿苋汁,良。 筋骨痛,不拘风湿气、杨梅疮及女人月家病：先用此药,然后调理。干马齿苋一斤,湿马齿苋二斤,五加皮半斤,苍术四两,舂碎,以水煎汤洗澡。急用葱姜擂烂,冲热汤三碗服之,暖处取汗,立时痛止。 脚气浮肿,心腹胀满,小便涩少：马齿草和少粳米、酱汁煮食之。 男女疟疾：马齿苋捣,扎手寸口,男左女右。 产后虚汗：马齿苋研汁三合,服。如无,以干者煮汁。 产后血痢,小便不通,脐腹痛：生马齿苋杵汁三合,煎沸,入蜜一合,和服。 小儿血痢：方同上。 肛门肿痛：马齿苋叶、三叶酸草等分,煎汤薰洗,一日一次,效。 痔疮初起：马齿苋不拘鲜干,煮热急食之,以汤薰洗。一月内外,其孔闭,即愈。 小便热淋：捣马苋汁服之。 赤白带下,不问老少孕妇,悉可服：马齿苋捣汁三大合,和鸡子白二枚,先温令热,乃下苋汁,微温顿饮之,不过再作,即愈。 阴肿极：马齿苋捣敷,良。 中蛊欲死：马齿苋捣汁一升饮,并傅之,日四五次。 腹中寸白虫：马齿苋水煮一碗，和盐醋，空腹食之，少顷白虫尽出。　紧唇风疮：马齿苋煎汤，日洗。　清盲白翳：马齿苋子一升，捣末，每一匙，葱豉煮粥食。或着米糁、五味作羹食。　诸肿瘘疣：日捣马苋揩之。　目中息肉，淫肤、赤白膜：马齿苋一大握，洗净，和芒硝末少许，绵裹安上，频易。　风齿肿痛：马齿苋一把，嚼汁渍之，即日肿消。　耳内外恶疮及头疮、肥疮、瘑疮：黄檗半两，干马齿苋一两，为末，敷之。　项上瘰疮：马苋阴干，烧研，腊猪脂和，以暖泔洗拭，傅之。　瘰疬未破：马齿苋同靛花捣掺，日三次。　煮粥食，止痢及疳痢。　腋下胡臭：马齿苋杵，以蜜和作团，纸裹泥固，半寸厚，日干，烧过研末。每以少许和蜜作饼，先以生布揩之，以药夹胁下，令极痛，久忍，然后以手巾勒两臂。日用一次，以瘥为度。　小儿火丹，热如火绕脐，即损人：马苋捣涂。　小儿脐疮久不瘥：马苋烧研傅之。　豌豆斑疮：马苋烧研傅之，须臾根逐药出，不出更敷。　疔疮肿毒：马齿菜二分，石灰三分，为末，鸡子白和傅之。又：和梳垢封之。又：烧灰，陈醋淬，先灸后封之，即根出。　翻花恶疮：马齿苋一斤烧研，猪脂和涂。　马汗射工毒：捣汁涂之。　马苋作膏涂湿癣、白秃、杖疮。　蛀脚臁疮：干马齿苋研末，蜜调敷一宿，其虫自出，神效。　足趾甲疽，肿烂：屋上马齿苋、昆仑青木香、印城盐等分，和匀，烧存性，入光明朱砂少许，傅之。　疮久不瘥积年：马齿苋捣烂封之。取汁煎稠傅亦可。　杖疮：五月采马齿苋煮汁，澄清，入腊成膏涂。　马咬人疮，入心者：马齿苋煮食。　射工溪毒：马齿苋捣汁一升服，以滓傅之，日四五次，良。　毛虫螫伤，赤痛不止：马齿苋捣熟封之，妙。　蜂蛮螫人：方同上。　蜈蚣咬伤：马齿苋汁涂之。　小儿白秃：马齿苋煎膏涂之。或烧灰，猪脂和涂。　身面瘢痕：马齿苋汤，日洗二次。　杂物眯目：东墙上马齿苋烧灰研细，点少许眦头，即出。　目中出泪或出脓：马齿苋子、人苋子各半两，为末，绵裹，铜器中蒸热，熨大眦头。脓水出处，凡熨以五十度为率，久久自绝。

典故。唐武相元衡苦胫疮，焮痒不可堪，百医无效。厅吏上一方：马齿苋捣烂，敷上，两三遍即愈。多年恶疮，百方不瘥，或痛焮不已，并治。李绛《兵部手集》。

芸薹菜， 单茎圆肥，淡青色。叶附茎上，形如白菜，嫩时可炒食。既老，茎端开花如萝卜花，结角中有子。味温，无毒。主风游丹肿、乳痈。煮食主腰脚痹，破症瘕结血。多食损阳气，发疮，口齿痛，又生腹中诸虫。

制用。晒薹菜：以春分后摘薹菜花，不拘多少，沸汤淖过，控干。少用盐拌匀，良久晒干，以纸袋收贮。临用，汤浸油、盐、姜、醋拌食。

黄瓜， 一名胡瓜。蔓生，叶如木芙蓉叶，五尖而涩，有细白刺如针芒。茎五棱，亦有细白刺。开黄花。结实青、白二色，质脆嫩多汁。有长数寸者，有长一二尺者，遍体生刺如小粟粒。多谎花，其结瓜者即随花并出。味清凉，解烦止渴，可生食。种阳地，暖则易生。行阵宜整两行，微相近，用树枝棚起如人脑，附蔓于上。两行外相远，以通人行。喜粪壅频锄，勿令生草。瓜生至初花，锄三四次。锄勿着根，令瓜苦。亦有随地蔓生者，摘瓜时宜引手摘，勿踏瓜蔓，踏则瓜烂，翻则瓜死。亦勿翻覆之。此瓜可生食，可腌以为菹。性甘寒，小儿不宜多食。

种植。下种宜甲子、庚子、壬寅、辛巳，黄道开、成日。二月上旬为上时，三月上旬为中时，四月上旬为下时，至五六月止可种藏瓜耳。藏瓜皮厚，可收藏者。预先将畦劚数遍，以土熟为度，加熟粪一层，又翻转，以耙耧平，水饮足。饮，去声。将子用软布包裹，水湿，生芽出。天晴日中种子于内，掩以浮土二指厚，每晨以清粪水灌浇。俟苗长茂，带土移栽。苗大发旺，用竹刀开其根跗间，纳大麦一粒，结瓜硕大而久。栽苗之畦，修治与上同。粪要熟而细，一切草根须去尽。　收子：取生数叶即结瓜者，谓之本母。子留至极熟摘下，截去两头，取中央者洗净眼干，取①干燥处，勿令浥湿，浥湿则难生。　卫瓜：瓜生蚁，用羊骨引至旁，弃去。凡瓜皆同此法。瓜中黄甲小虫喜食瓜叶，虫名守瓜，又名腐蠾。宜以绵兜胃去。胃，吉券切。瓜忌香，尤忌麝香，一触之辄痿死。一法：瓜旁种葱、蒜，能辟麝。　藏瓜：淋过灰晒干，藏瓜、茄至冬如新。

制用。新摘瓜开作两片，将子与瓤去净，盐腌三二日，眼干。入卤酱腌十余日，滚水，眼冷。洗净眼干，入好面酱腌，极嫩。黄瓜整腌之，尤肥美。茄同此。　又法：黄瓜、茄不拘多少，先用酱黄铺在缸内，次以鲜瓜、茄铺一层，盐一层，又下酱黄一层，瓜、茄一层，盐一层。如此层层相腌五七宿，烈日晒之。欲作干瓜，取出曝之，不必用水。

疗治。小儿热痢：嫩黄瓜同蜜食十余枚，良。　水痢肚胀，四肢浮肿：用胡瓜一个破（間）〔开〕，连子以醋炙一半，至烂，空心俱食之，须臾下水。　小儿出汗：香瓜丸，用黄连、黄檗、川大黄煨熟、鳖甲醋炙、柴胡、芦荟、青皮等分，为末。用大黄瓜黄色者一个，去顶，填药满，用原顶盖定签住，慢火煨熟，同捣烂，入面，糊丸绿豆大。每服二三丸，大者五七九至十九，食后新水下。　咽喉肿痛：老黄瓜一枚去子，入硝填满，阴干为末。每以少许吹之。　杖疮焮痛：六月六日取黄瓜，入瓷瓶中，水浸之。每以水扫疮上，立效。　火眼赤肿：五月取老黄瓜一条，上开小孔，去瓤，入芒硝令满，悬阴处。待硝透出，刮下，留点眼甚效。　汤火伤：五月五日掐黄瓜，入瓶内封，挂檐下，取水扫之，良。

丽藻。诗七言：白苣黄瓜上市稀，盘中顿觉有光辉。时清闾里俱安业，殊胜周人咏采薇。陆放翁。

稍瓜，蔓生，较黄瓜颇粗，色绿而黑，纵有白纹界之，微凹，体光而滑，肤实而韧。味甘，寒。利肠，去烦热，止渴，利小便，解酒热，宣泄热气。不益小儿。不可与乳酥、鲊同食。宜忌大略与黄瓜同。

制用。糖醋瓜：稍瓜分二片，又横切作薄片淡晒，姜丝、糖、醋拌匀，纳净坛内，十数日即可用。　盘酱瓜：细白面不拘多少，伏中新汲水和，软硬得法。用模踏坚实，切二指厚片，放席上排匀，以黄蒿覆之。三七后，遍生黄衣，取出晒极干，入水略湿，刷去黄衣，净碾为细末，名曰酱黄。每酱黄一斤，用瓜一斤，蛆蚀者勿用。炒盐四两。七月间稍瓜熟时，检嫩全者，不须去瓤，先将数内盐腌瓜一宿，次日将盐与酱面拌匀，一层酱，一层瓜，盛瓮中，每层瓜内间茄一个。茄腌如瓜。每日清晨盘一次，日夕盘一次，盘在盆内，十数日即成，收贮任用。　糟瓜：稍瓜每五斤用盐七两，和糟匀腌。用古钱五十文，逐层顿。十餘日取出，去钱并旧糟，换好糟，依前腌之，入瓮收贮待用。

菜瓜，北方名苦瓜。蔓、叶俱如甜瓜。生时色青质脆，可生食，间有苦者。亦可

---

① 取，应作"置"。"四库全书"《佩文斋广群芳谱》卷一七《蔬谱·黄瓜》录作"置"。

作豉腌菹，故名菜瓜。熟亦微甜。生秋月，大小不一，止可腌以备冬月之用。

制用。十香菜：黄豆一斗，煮烂，去汤捞起，用面四斤拌匀，畬二寸厚，用干芦席上蒲包盖密，二七候冷取出，晒干听用。菜瓜出时，用（甘）〔廿〕一斤切丁，盐二斤腌一宿，取出眼干。加姜丝二三斤、陈皮丝半斤、去皮杏仁三升。杏仁须煮五七次，仍用水泡数日，方可用。每黄豉一升，腌瓜水三碗，加好酒一瓶，拌匀。再加花椒四两，大小茴香各二两，甘松、三奈、白芷、莳萝各半两，拌匀。以净坛盛满，箬扎口泥封。外写东西南北四字，每日晒一面，三七后可用。　食香瓜：切棋子块，每斤用盐八钱，诸料物同瓜拌匀，缸腌一二日，控干，日晒，晚复入卤。如此三次，勿令太干，装坛。　酱瓜：酱黄一斤，盐四两，先将青瓜剖开去子，用石灰、白矾不拘多少，为末，和。取清水将瓜泡一日一夜，取出洗净。量用盐腌一日，滚汤一掠，晾干，不可日晒。每瓜一斤，酱面一斤，盐四两，拌入瓮中。一月后酱透，取瓜，少带酱，入坛收贮。用，甚青脆甘美，其酱或食，或再酱蔬菜。　糖醋瓜：生菜瓜一斤切小块，盐一两五钱，腌一宿捞起。以汁煎滚，候冷，入瓜拌透，又晒。再用糖四两，醋一碗，磁器浸，入小茴香、砂仁、花椒、紫苏、姜少许。　香瓜：将瓜用盐卤浸一宿，漉起，用卤煎滚过，晒干。用好醋煎滚，候冷，调砂糖、姜丝、紫苏、莳萝、茴香拌匀，用磁器贮用。　糟瓜：菜瓜以石灰、白矾煎滚，冷，浸一伏时。用煮酒泡糟盐，入铜钱百余文，拌匀，腌十日，取出控干。别用好糟，入盐适中，煮酒泡，再拌，入坛收贮，箬扎口泥封。　瓜齑：拣未熟瓜，每斤随瓣切开，去瓤不用，就百沸汤焯过。以盐五两匀擦翻转，豆豉末半斤，醶醋半升，面酱斤半，马芹、川椒、干姜、陈皮、甘草、茴香各半两，芜夷二两，并为细末，同瓜一处拌匀，入瓷瓮内腌压，于冷处顿之。经半月后则熟，瓜色明透，绝类琥珀，味甚香美。　又：取生瓜，用竹签穿透，每瓜十枚，用盐四两，腌一宿，沥去瓜水令干，用酱十两拌匀，烈日晒，翻转又晒干，入新磁器内收用。

丝瓜

丝瓜，一名蛮瓜，一名布瓜，一名天罗絮，一名天丝瓜。蔓生。茎绿色，有棱而光。叶如黄瓜叶而大，无刺，深绿色。宜高架，喜背阳向阴，开大黄花。少以盐渍，可点茶。结实色绿，状如瓜，有短而肥者，有长而瘠者。嫩者煮熟，加姜、醋食，同鸡、鸭、猪肉炒食，佳。不可生食。性冷，解毒，多食败阳。九月将老者取子留作种。瓤丝如网，可涤器。

疗治。痘疮不快，初出或未出，多者令少，少者令稀：老丝瓜近蒂三寸，连皮烧存性，研末，沙糖水服，甚验。　痈疽不敛，疮口大深：丝瓜捣汁，频抹之。　风热腮肿：丝瓜烧存性，研末，水调搽。　肺热面疮：苦丝瓜、牙皂荚烧灰等分，油调搽。　玉茎疮溃：丝瓜连子捣汁，和五倍子末，频搽。　坐板疮疥：丝瓜皮焙干，为末，烧酒调搽。　天泡湿疮：丝瓜汁调辰粉，频搽。　手足冻疮：老丝瓜烧存性，和腊猪脂涂。　肛门久痔：丝瓜烧存性，研末，酒服二钱。　痔漏脱肛：丝瓜烧灰、多年石灰、雄黄各五钱，为末，猪胆、鸡子清、香油和调贴之，收上乃止。　肠风下血：霜后干丝瓜烧存性，为末。空心酒服二钱。　下血危笃，不可救者：丝瓜一个烧存性，槐花减半，为末。每空心米饮服二钱。　酒痢便血，腹痛，或如鱼脑五色者：干丝瓜一枚，连皮烧研，空心酒服二钱。一方：煨食之。　血崩不止：老丝瓜、棕榈各烧灰等分，酒或盐汤服。　经脉不通：干丝瓜一个为末，用白鸽血调成饼，日晒，研末。每服二钱，空心酒下，先服四物汤，三服。　乳汁不通：丝瓜连子烧存性，研。酒服一三钱，被覆取汗，即通。　妇人血气不行，上冲心膈，变为干血气者：丝瓜一枚烧存性，空心温酒服。　小肠气痛，绕脐冲心：连蒂老丝瓜烧存性，研末。每服三钱，热酒调下。甚者不过二三服即消。　卵肿偏坠：丝瓜架上初结者留下，待瓜结尽叶落，取下烧存性，为末，炼蜜调成膏。每晚好酒服一匙。如在左，左睡；在右，右睡。　腰痛不止：丝瓜子炒焦，擂，酒服，渣傅之。　喉闭肿痛：丝瓜研汁灌。　卒然中风：防风、荆芥各一两，升麻半两，姜三片，水一钟，煎半钟，丝瓜子研，取浆半钟，和匀灌之。如手足麻痹，羌活煎汤洗。　化痰止嗽：丝瓜烧存性，为末，枣肉和弹子大。每服一丸，温酒化下。　风虫牙痛：经霜干丝瓜烧存性，为末擦之。　风牙痛，百药不效者，用此大能去风，惟虫牙不效：生丝瓜一个，擦盐，火烧存性，研末频擦，涎尽即愈。腮肿，以水调贴之。此严月轩家传屡效之方，一试即便可睡。　食积黄疸：丝瓜连子烧存性，为末。每服二钱。因面得病，面汤下；因酒得病，温酒下。连进数服，愈。　小儿脬肿：天罗、灯草、葱白等分，煎浓汁服，并洗之。　水盅腹胀：老丝瓜去皮一枚剪碎，巴豆十四粒，同炒。豆黄，去豆，以瓜同陈仓米再炒熟。米收胃气，巴豆逐水，丝瓜像人脉络，借其气以引之也。名医宋会之之方。去瓜，研米为末，和丸桐子大。每服百丸，白汤下。　虫癣：清晨采露水丝瓜叶七片，逐片擦七次，如神。忌鸡鱼发物。　阴子偏坠：丝瓜叶烧存性三钱，鸡子壳烧灰二钱，温酒调服。　头疮生蛆，头皮内时有蛆出：以刀切破，丝瓜叶挤汁搽之，蛆出尽，绝根。　汤火伤灼：丝瓜叶焙研，入辰粉一钱，蜜调擦之。生者捣傅即好。　鱼脐丁疮：丝瓜叶连须、葱白、韭菜等分，同入石钵内研烂，取汁，热酒和服，以渣贴之。病在左手贴左腋，右手右腋。病在左脚贴左胯，右脚右胯。在中贴心脐，用帛缚住，候肉下红线处皆白，则散矣。如有潮热，亦用此法，却令人抱住，恐其颠倒，则难救。　刀疮：古石灰、新石灰、丝瓜根叶初种放两叶者、韭菜根各等分，捣千杵，作饼，阴干，为末擦之。止血，定痛，生肌，如神。　诸疮久溃：丝瓜老根熬水扫之，大凉，即愈。　喉风肿痛：丝瓜根，以瓦瓶盛水浸，饮之。　脑痛：鼻中常流臭黄水，名控脑沙，有虫介脑也。丝瓜藤近根三五尺，烧存性。每服一钱，温酒下，以愈为度。　牙宣露痛：丝瓜藤阴干，临时火煅存性，研擦即止，最妙。又方：丝瓜藤一握，川椒一撮，灯心一大把，水煎浓汁漱吐，其痛立止，如神。　咽喉骨鲠：七月七日取丝瓜根烧存性，为末。温酒服二钱，神效甚捷。

典故。旧传丝瓜能败阳，不可多食。万历乙卯，余邑大饥，乡人某家贫甚，止有钱二文。时九月后，见卖霜败丝瓜者，甚贱，以二钱买一抱归，煮熟饱食之，即其妻欲分尝不与也。从此阳事不举，终身无复人道。

冬瓜，呼东瓜者非。一名白瓜，一名水芝，一名蔬蓏。蓏，音及。在处莳之。附地蔓生，茎粗如指，有毛，中空。叶大而青，有白毛如刺。开白花，实生蔓下，长者如枕，圆者如斗，皮厚有毛，初生青绿，经霜则青皮上白如涂粉，肉及子亦白。八月断其梢，断梢以存其力，去小以养其大。简实小者摘去，止留大者五六枚，经霜乃熟。十月足，收之。早收则烂。味甘，微寒。性急善走，除小腹水胀，利小便，止渴，益气，除满，耐老，去头面热，炼五脏。有热病者宜食，阴虚及患寒疾人、久病人忌之。霜降后方可食，不然成反胃病。

附录。波罗蜜：一名曩伽结，形如束瓜，味如蜜，食之能饱人。出波罗国。

种植。种冬瓜务傍墙阴地作区，围二尺，深五寸，以熟牛粪及土相和。正月晦日种，频浇之。十月亦可区种，如常法。冬则堆雪区上，润泽肥好，胜春种者《东鲁王氏农书》。　收藏。宜高燥处，忌近盐、醋及扫帚、鸡、犬触犯。与芥子同安置，可经年不坏。　收子。瓜蒂（湾）〔弯〕曲贴肉者，雌瓜也。侯极老，取子，收高燥处，勿泡湿，留作种。

制用。蜜煎：经霜老冬瓜去皮及近瓤者，用近皮肉切片，沸汤焯过，放冷，以石灰汤浸一宿，去灰水。以蜜放银石器内熬熟，下瓜片，微煎，漉出。别用蜜煎，候瓜色微黄，倾出待冷，以磁罐收，炼蜜养之。《多能鄙事》。　蒜冬瓜：以老者去皮瓤，切作一指阔，白矾、石灰煎汤焯过，温水泡去灰气，控干。每斤用盐二两、蒜瓣三两，同捣碎拌冬瓜，装入磁器，添熬过好醋浸之。　又：削去皮并子，于芥子酱或美豆①酱中腌之，亦佳。《东鲁王氏农书》。　七月采瓜犀为面脂，瓤亦可作澡豆。《荆楚岁时记》。　冬瓜仁七升，绢袋盛，投三沸汤中，须臾取出，曝干，如此三度。清苦酒渍二宿，曝干，为末。日服方寸匕，令人肥悦明目，延年不老。又法：取子三五升，去皮为丸，空心日服三十丸，令人白净如玉。又能补肝明目，治男子五劳七伤。　悦泽面容：白瓜仁五两，桃花四两，白杨皮二两，为（木）〔末〕，食后白汤服方寸匕，日三服。欲白，加瓜仁；欲红，加桃花。三十日面白，五十日手足俱白。一方有橘皮，无杨皮。

疗治。积热消渴：白瓜去皮，每食后吃三二两，五七度良。　渴不止：冬瓜一枚削皮，埋湿地中一月，取出，破取清水，日饮之。或烧熟绞汁饮。　消渴骨蒸：大冬瓜一枚去瓤，入黄连末填满，安瓮内，待瓜消尽，同研，丸桐子大。每服三四十丸，煎冬瓜汤下。　产后痢渴，久病津液枯竭，四肢浮肿，口舌干燥：冬瓜一枚，黄土泥包厚五寸，煨熟绞汁饮。亦治伤寒痢渴。　小儿渴痢：冬瓜绞汁饮。　小儿魃病：魃病，寒热如疟。魃，音奇。冬瓜、薍蓄各四两，水二升，煎汤浴。　婴孩寒热：冬瓜炮熟，绞汁饮。　水病危急：冬瓜不拘多少，任意吃，神效。　十种水气，浮肿喘满：大冬瓜一枚，切盖去瓤，赤小豆填满，盖合签定，以纸筋泥固济，日干。用糯糠两大箩，入瓜在内，煨至火尽，取出切片，同豆焙干，为末，水糊丸梧子大。每服七十丸，煎冬〔瓜〕子汤下，日三服，小便利为度。　发背欲死：冬瓜截去头，合疮上。瓜烂，截去更合之。瓜未尽，疮已小敛。用膏贴之。　痔疮肿痛：冬瓜煎汤洗。　马汗入疮：干冬瓜烧研，洗净傅之。　食鱼中毒：冬瓜汁饮之，良。　面黑令白：冬瓜一个，竹刀去皮切片，酒一升半，水一升，煮烂，滤去滓，熬成膏，瓶收。每夜涂之。　多年损伤不瘥者：瓜子末温酒服。　消渴不止，小便多：用干冬瓜子、麦门冬、黄连各二两，水煎饮。冬瓜苗叶俱治消渴，不拘新干。　男子白浊：陈冬瓜仁炒，为末，空心米饮服五钱。又治女子白带。　积热泻痢：冬瓜叶嫩心，拖面煎饼食之。

南瓜，附地蔓生，茎粗而空，有毛。叶大而绿，亦有毛。开黄花。结实形横圆而竖扁，色黄，有白纹界之，微凹。煮熟食，味面而腻。亦可和肉作羹。又有番南瓜，实

---

① 豆，底本缺，据"四库全书"〔元〕王祯《农书》卷八《百谷谱三·蓏属·冬瓜》补。

之纹如南瓜而色黑绿，蒂颇尖，形似葫芦。二瓜皆不可生食。

葫芦，匏也，一名蓲姑。蔓生，茎长，须架起则结实圆正，亦有就地生者。大小数种，有大如盆盎者，有小如拳者，有柄长数尺者，有中作亚腰者。茎韧，有丝如筋。叶圆，有小白毛，面青背白。开白花。有甘、苦二种。甘者性冷，无毒，利水道，止消渴。苦者有毒，不可食，惟可佩以渡水。陆农师曰：项短大腹曰瓠，细而合上曰匏，而肥圆者曰壶。

种植。葫芦、冬瓜、茄瓠、瓠子、黄瓜、菜瓜俱宜天晴日中下种。每晨以清粪水浇之，二月下旬栽，则五月中旬结实，若三月种则太迟矣。种法：正月预以粪和灰土实填作一坑，候土发过热，筛过，以盆盛土，种诸子。常洒水，日晒暖，夜收暖处。候生甲时，分种于肥地。常以清粪水灌浇，上用低栅盖之。待长，带土移栽。俟引蔓结子，子外之条掐去之。凡留子，初生二三子不佳，取第四五者留之。每科留三枚即足，余旋食之。种大葫芦：正月中掘地作坑，深数尺或至一丈。填实油麻、菉豆烂草叶一层，粪土一层，如此数重，向上一尺余，粪土填之。坑方四五尺，每坑只种十余颗。二月下子，待生长尺许，拣择肥好者四茎，每两茎相缚着一处，仍以竹刀刮去半边，以物缠住，以牛粪黄泥封之，一如接树法裹。待生做一处，只留一头。取此两茎，亦如前法，四茎合作一根，长大只留一根。待结葫芦，只拣取两个周正好大者，余俱去之。依此，葫芦极大，每个可盛一石。长颈葫芦：如前法。如欲将长头打结，待葫芦生成，趁嫩时将其根下土挖去一边，却轻擘开根头，揑入巴豆肉一粒在根里，仍将土罨其根。俟二三日，通根藤叶俱奄奄欲死，却任意将葫芦结成或绦环等式，仍取去根中巴豆，照旧培浇。过数日，复鲜如故，俟老收之。

制用。匏之为用甚广，大者可煮作素羹，可和肉煮作荤羹，或蜜煎作果，可削条作干。小者可作盒盏，长柄者可作喷壶，亚腰者可盛药饵，苦者可治病。瓠之为物也，累然而生，食之无穷，烹饪咸宜，最为佳蔬。种得其法，则其实硕大。小之为瓠杓，大之为盆盎，肤瓤可以喂猪，犀瓣可以灌烛，举无弃材，济世之功大矣。《王氏农书》。悬瓠可以为笙，曲沃者尤善，秋乃可用漆其里。匏苦，瓠甘。酌酒，冬盛则暖，夏盛则寒。做葫芦茄干：茄削片，葫芦匏子削条，晒干收，依做干菜法。《农桑撮要》。冬至日取葫芦盛葱根茎汁，埋于庭中。夏至发开，尽为水，以渍金、玉、银、石青各三分，自消，曝干如饴，可休粮，久服神仙，名曰金液浆。《千金月令》。

典故。王筠好弄葫芦，每吟咏，则注水于葫〔芦〕，倾已行注。若掷之于地，则诗成矣。妇女归外家，外舅、姨皆以新葫芦儿赠之，欲云宜长外甥。

疗治。恶疮癣癞十年不瘥者：苦瓠一枚，煮汁搽之，日三度。九瘘有孔：苦瓠四枚，大如盏者，各穿一孔，如指大，汤煮十数沸。取一竹筒，长一尺，一头插瓠孔中，一头注疮孔上，冷则易之，用遍乃止。痔疮肿痛：苦葫芦、苦荬菜煎汤，先薰后洗，洗过将熊胆、蜜陀僧胆、矾、片脑为末，贴之，良。下部悬痈：择人神不在日，空心用井华水调百药，煎末一碗服之。微利后却用秋葫芦，一名苦不老，生在架上而苦者，切片置疮上，灸一七壮。萧端石病此累年，一灸遂愈。辛中蛊毒，或吐血或下血，皆如烂肝者：苦瓠一枚，水二升，煮一升，服立吐，即愈。又方：用苦酒一升，煮令消，服之取吐，神验。死胎不下：苦葫芦烧存性，研末。每服一钱，空心热酒下。　聤耳出脓：干葫芦子一分，黄连半分，为末。以绵先缴净，吹入半字，日二次。　鼻中息肉：苦葫芦子、苦丁香等分，入麝香少许，为末，纸燃照之。　中满鼓胀：用三五年陈葫芦瓢一个，以糯米一斗作酒。待熟，以瓢于炭火上炙热，入酒浸之，如此三五次。将瓢烧存性，研末。每服三钱，酒下神效。　大便下血：败瓢烧存性，黄连等分，研末。每空心温酒服二钱。　赤白崩中：旧葫芦瓢炒存性，莲房煅存性，等分，研末。每服二钱，热水调服，二服有汗为度即止。甚者五服止，最妙。忌房事、发物生冷。　脑漏流脓：破瓢、白鸡冠花、白螺蛳壳各烧存性等分，血竭、麝香各五分，为末。以好酒湿熟艾，连药揉成饼，贴在顶门上，熨斗熨之，以愈为度。　腋下瘤瘿：用长柄葫芦烧存性，研末，搽之，以消为度。一老妪右腋生一瘤，渐长至尺许，其壮如长瓠子，久而溃烂。一方士教以此法，遂出水，消尽而愈。　汤火伤灼：旧葫芦瓢烧灰傅之。　腹胀黄肿：用亚腰葫芦连子烧存性。每服一个，食前温酒下，不饮酒者白汤下。十余日见效。　急黄病：苦瓠一枚，开孔，以水煮之，搅取汁，滴入鼻中，去黄水。　黄疸肿满：苦葫芦瓢如大枣许，以童子小便二合浸一时，取酸枣大二块，纳两鼻中，深吸气，待黄水出，良。又方：用瓠瓢炒黄，为末。每服半钱，日一服，十日愈。然有吐者，当详之。　大水胀满，头面洪大：用莹净好苦瓠白瓢捻如豆粒，以面裹，煮一夜，空心服七枚，至午当出水一斗，二日水自出不止，大瘦乃瘥。二年内忌咸物。《圣惠》用苦葫芦瓢一两，微炒，为末。每日粥饮服一钱。　通身水肿：苦瓠膜炒二两，苦葶苈五分，捣合丸小豆大。每服五丸，日三，水下，止。又方：用苦瓠膜五分，大枣七枚，捣丸。一服三丸，如人行十里许又服三丸，水出，更服一丸，即止。　石水腹肿，四肢皆瘦削：用苦瓠膜炒一两，杏仁半两去皮尖，炒为末，糊丸小豆大。每饮下十丸，日三，水下，止。　水蛊红肿：苦瓠瓢一枚，水二升，煮至一升，煎至可丸，如小豆大。每米饮下十丸。待小便利，如渴，作小豆羹食，勿饮水。　小便不通胀急者：用苦瓠子三十枚、炒蝼蛄三个，焙为末。每冷水服一钱。　小儿闪癖：取苦瓠末破者，煮令热，解开熨之。　风痰头疼：苦瓠膜取汁，以苇筒灌入鼻中，其气上达脑门。须臾恶涎流下，其病立愈除根。干者浸汁亦效。其子为末，吹入亦效。年久头风皆愈。　鼻窒气塞：苦葫芦子为末，醇酒浸之。夏一日，冬七日，日日少少点之。　眼目暗昏：七月七日取苦瓠白瓢绞汁一合，以醋一升、古钱七文，同以微火煎减半。每日取抹眥中，神效。　弩肉血翳：秋间取小柄葫芦，或小药葫芦，阴干，于紧小处锯断，内挖一小孔如眼孔大。遇有此病，将眼皮上下用手掙开，将葫芦孔合定。初虽甚痛苦，然瘀肉血翳皆渐下，不伤睛。　齿𪘽口臭：苦瓠子为末，蜜丸半枣大。每旦漱口了，含一丸，仍涂齿龈上，涎出吐去，妙。　风虫牙痛：葫芦子半升，水五升，煎三升，含漱之。茎、叶亦可。不过三度。

丽藻。散语：吾岂匏瓜也哉？焉能系而不食？《论语》。　蟠蟠瓠叶，采之烹之。匏有苦叶。　九月断壶。　酌之用匏。《诗》。　匏一名曰壶，皆瓠属也。《说文》。瓠楼瓣。《尔雅》。　惠子姓惠名施。谓庄子曰："魏王贻我大瓠之种，我树之成，而实五石。实，瓠之子也。一瓠之大，其实五石，则亦可盛五石之水矣。以盛水浆，其坚不能自举也。坚，重也。剖之以为瓢，瓢，半瓠也。则瓠落无所容。瓠落，浅而大之貌。非不呺然大也，呺，作号，虚大貌。吾为其无用而掊之。"掊，击碎也。庄子曰："夫子固拙于用大矣！宋人有善为不龟手之药者，不龟，言冬月用此药而手不裂折如龟背也。世世以洴澼絖为事。洴澼，打洗也。絖，絮也。客闻之，买其方百金，请与之。客得之，以说吴王。越有难，吴王使之将。冬，与越人水战，大败越人，裂地而封之。能不龟手一也，或以封，或不免于洴澼絖，则所用之异也。今子有五石之瓠，何不虑以为大樽而浮乎江湖，虑，谋也。言子之心何不谋及此也。樽，浮水之壶也。而忧其瓠落无所容？则夫子犹有蓬之心也夫！"蓬，茅塞也。《庄子》。　诗五言：束薪已零落，瓠叶转萧疏。幸结白花了，宁辞青蔓除。秋虫声不去，暮雀意何如？寒事今牢落，人生亦有初。杜子美。　华阁与贤开，仙瓠自送来。幽林常伴许，陋巷亦随回。挂影怜红壁，倾心向绿杯。何曾斟酌处，不使玉山颓。郑审。

瓠子，江南名扁蒲。就地蔓生，处处有之。苗、叶、花俱如葫芦，结子长一二尺，夏熟。亦有短者，粗如人肘，中有瓤，两头相似。味淡，可煮食，不或生啖。夏月为日用常食，至秋则尽，不堪久留。性冷，无毒。除烦止渴，治心热，利水道，调心肺，治石淋，吐蛔虫，压丹石毒。

禁忌。患脚气、虚胀冷气人忌食。苦者有毒，主大水，面目四肢浮肿，下水，令人吐。

丽藻。散语：轮囷鹅鸭之瓠，郁屈龙蛇之芝。洪舜俞。　诗五言：溉釜熟轮囷，香清味仍美。一线解琼瑶，中有佳人齿。刘彦冲。

茄子，茄，芷道反，字本莲茎名，今呼伽，未知所自。一名落苏。有紫、青、白三种，老则黄如金。来自暹罗。紫者又名紫膨脝。白者又名银茄。又一种白者名渤海茄，形圆，有蒂，有萼，大者如瓯。又一种白花，青色，稍扁。一种白而扁，谓之番茄。此物宜水勤浇，多粪则味鲜嫩，自小至大，生熟皆可食，又可晒干冬月用。如地瘠少水者，生食之刺人喉。一种水茄，形稍长，亦有紫、青、白三色，根细末大，甘而多津，可止渴。此种尤不可缺水与粪。此数种在在有之。味甘，寒。丹溪谓茄属土，甘而降火。茎粗如指，紫黑有刺。叶如蜀葵叶，亦紫黑有刺。开花时，摘其叶布通衢，规以灰，令人物践踏之，则子繁。俗名稼茄。熟者食之厚肠胃，火炙食之甚美。北方以为常食，南人不敢生食，云动气发疮及痼痰。患冷气人忌用。秋后茄发眼疾。

种植。二月下子，须肥熟地，常浇灌之。俟四五叶，带土移栽，相离尺许，根宜筑实，虚则风入难活。区土不宜有浮土，恐雨溅泥污叶，则萎而不茂。宜天晴栽，锄治、培壅功不可缺。

收种。九月黄熟时摘取，擘四瓣或六瓣，晒极干，悬之房内或向阳处，勿浥湿。临种时，水泡取子，淘净，去其浮者。

制用。糖醋茄：新嫩茄切三角，沸汤炸过，粗布包，压干，盐醋腌一宿，晒干。姜、陈皮、莳萝、茴香、紫苏为末，拌匀，煎滚糖醋浇，晒干收贮。用时以汤泡过，香油炸用。　糟茄：天晴日停午摘嫩茄，去蒂，用沸汤焯过，候冷，以软帛拭干。每十斤用盐二十两飞过，白矾末秤一两，（法）〔酒〕糟十斤，拌匀，入坛泥封，久而茄色愈黄透不黑。　食香茄：切小块，每斤用盐四两，以食香同茄拌匀，腌一二日，控干，日晒，晚复入卤水。如此三五次，收贮。　酱茄：九月间将好嫩茄去蒂，酌量用盐腌五日，去水。别用市酱腌五七日，其水尽去，揩干，晒一日，方可入好酱内。　蒜茄：深秋摘下茄去蒂，揩净。用常醋一碗、水一碗合煎微沸，将茄炸过，控干，捣蒜并盐和，冷定，醋水拌匀，纳磁坛。　蝙蝠茄：嫩茄切四瓣，滚汤煮将熟，拓好酱上，俟稍咸，取出，加椒末、麻油，入笼蒸香，笼内托以厚面饼盛油。　芥末茄：嫩茄切条，不洗，晒干。多着油，锅内加盐炒熟，入磁盆内摊冷，用干芥末拌和，磁罐收。　烧茄：干锅内，每油三两，摆去蒂茄十个，盆盖烧，候软如泥，入盐、酱、料物、麻、杏泥拌，入蒜尤佳。　鹌鹑茄：嫩者切细缕焯过，控干，以盐、酱、椒、莳、茴、橘、杏、甘草、红豆研细末拌，晒蒸收。用时以汤泡蘸香油炸用。　茄大切三片，小二片，用河水浸半时，捞入锅内，加盐，用水煮一滚，取出，晒至晚。仍入原汤再煮一滚，留锅内。明早后煮一滚，再晒至晚。如前再煮，以汤尽为度，晒至极干，入坛内收。　稍瓜去瓤汁，夏布拭过，照上法做。丝瓜刮去粗皮，亦照上法。

　　附录。缅茄：出缅甸，大而色紫，蒂圆整，蜡色者佳。今会城绝不可得，多以小者，于蒂上刻人物鸟兽之形，殊杀风景。过滇中者多市之，而滇中人亦以此赠远。《滇南杂记》。

　　疗治。牙齿肿痛：隔年糟茄烧灰，频频干擦，立效。又黄茄种烧灰擦之，效。　风虫牙：茄蒂烧灰、细辛末等分，日擦之。又秋茄花旋烧末擦，立止。　牙齿蛋痛：茄根捣汁，频涂之。　取牙：茄科以马尿浸三日，晒炒，为末。每用点牙即落，甚妙。　喉痹肿痛：糟茄或酱茄细嚼咽汁。　妇人乳裂：秋月茄子裂开者阴干，烧存性，研末，水调涂。　脏毒：用三伏晒干茄子炒黑色，为细末，空心酒下一钱，连服十日。不止，再用数年陈槐花炒如前末，服之数日，永不发。　口中生疮：用醋漱口，以茄母烧灰，飞盐等分，米醋调稀，时时擦之。　血淋疼痛：茄叶薰干，为末。每服二钱，温酒或盐汤下。隔年者尤佳。　肠风下血：方同上，米饮下。　久痢不止：茄根烧灰，石榴皮等分，为末。沙糖水服。　女阴挺出：茄根烧存性，为末。油调在纸上，卷筒安入内，一日一上。　妇人血黄：黄茄子竹刀切，阴干，为末。每服二钱，温酒下。　肠风下血：经霜茄连蒂烧存性，为末。每日空心温酒服二钱匕。　久患下血：大茄种三枚，每用一枚，湿纸包煨熟，安瓶内，以无灰酒一升半沃之，腊纸封闭三日，去茄暖饮。　腹内鳖症：陈酱茄儿烧存性，入射香、轻粉少许，脂调贴之。　卵溃偏坠：双蒂茄子悬于房门上，出入用眼视之。茄蔫，所患亦蔫，茄干亦干。又法：双茄悬门上，每日抱儿视二三次，钉针于上，十余日消。　大风热痰：黄老茄子大者不计多少，以新瓶盛埋土中，经一年尽化为水。取出，入苦参末，同丸梧子大。食已及卧时，酒下三十丸，甚效。　腰脚风血积冷，筋急拘挛疼痛者：茄子五十斤，切洗，以水五斗煮，取浓汁，滤去滓。更入小铛中，煎至一升，入生粟粉同煎，令稀稠得所。取出搜和，更入射香、朱砂末，同丸如桐子大。每旦用秫米酒下三十丸，近暮再服，一月乃瘥。男子、女人通用，皆验。　磕扑青肿：老黄茄极大者，切片如一指厚，新瓦焙，研为末。欲卧时温酒调服二钱匕，一辰消尽无痕。　坠损跌损，散血止痛：重阳日收老茄百枚去蒂，四破切之，消石十二两捣碎。以不津器先铺茄子一重，乃下消石一重，如此间铺令尽，以纸数层密封，安置净处，上下一新砖承覆，勿犯地气。至正月后取出，去纸两重，日中曝之，逐日如此。至二三月，度茄已烂，开瓶倾出，滤去滓，别入新器中，以薄绵盖口，曝至成膏，乃可用。每以酒调半匙，空腹饮之，日再，恶血散则痛止而愈矣。若膏久干硬，以饭饮化用。　发背恶疮：用上方以酒服半匙，更以膏涂疮口四围，觉冷如水，疮干便瘥。其有根本在肤腠者，亦可内消。　热毒疮肿：生茄子一枚，割去二分，去瓤二分，似罐子形，合疮上，即消。如已出脓，再用取瘥。　夏月趾肿，不能行走：九月收茄根悬檐下，逐日煎汤洗。　足疮，足跟冻疮：茄根煎汤洗。　口疮：茄蒂烧灰敷之。　对口疮：鲜茄蒂、鲜何首乌等分，煮饮，神效。　痈肿疔疮：茄秆烧灰，淋汁和，入桑、硇碱等药敷之。

典故。隋炀帝改茄子为昆仑瓜。　黄山谷名茄子为紫膨胀。　一名小菰。晋《先蚕仪注》。　有新罗种，色稍白，形如鸡卵。西明寺僧造玄院中有其种。《酉阳杂俎》。　石头对西蔡浦长百里，上有大获浦，下有茄子浦。《水经》。　岭南茄一栽可数年，宿根成树，用梯摘实。老而子细，则伐之另植。姚向为南选使，亲见。　茄开花，斛酌窠数，削去枝叶，再长晚茄。《务本新书》。　种茄二十科，粪壅得所，可供一人食。《老圃常谈》。　茄视他菜最耐久，供膳之余糟盐豉醋，无所不宜，须广种之。《王氏农书》。

丽藻。散语：盛冬育笋，新菜增伽。扬雄。　颂：身累百赘，颈附千疣。采之不勤，茹之滑柔。张浮林。　诗五言：寒瓜方卧垄，秋菰正满陂。紫茄纷烂熳，绿芋郁参差。隐侯。　七言：君家水茄白银色，殊胜埧里紫彭亨。蜀人生疏不下箸，吾与北人俱眼明。黄鲁直《咏银茄》。

蚕豆，以荚如老蚕，又蚕时始熟，故名。一名胡豆。《太平御览》云：张骞使外国，得胡豆种归。今南北皆有，蜀中尤多。八月下种，冬生嫩苗，可茹。茎方而肥，中空，叶如匙，头圆而下尖，面绿背白，柔厚，一枝三叶。二月开花如蛾状，紫白色，结荚连缀。蜀人收其子备荒。性甘，微辛，平，无毒。快胃和脏腑，解酒毒。误吞金银等物者用之，皆效。

疗治。酒醉不醒：取苗，油盐炒熟，煮汤灌之，效。　吞针入腹：蚕豆、韭菜同煮食，其针自大便同出。

辩讹。《吴瑞本草》以此为豌豆，误。此豆种亦自西胡来，虽与豌豆同名，同时种，而形性迥别。今蜀人呼此为胡豆，而豌豆不复名胡豆矣。

豇豆，豇，音江。一名蹖瓃。蹖，音绛。瓃，音双。红、白二种，处处有之。谷雨前后下种者，六月子便种，一年可两收。四月种者，七八月收。一种蔓长丈余，一种蔓短。悬架则蕃，铺地则不甚旺，宜灰壅。其叶俱本大末尖，嫩时可茹。花红、白二色。荚有白、(经)〔红〕、紫、赤、斑驳数色，长者一二尺，生必两两并垂，有习坎之义。子微曲，如人肾形，所谓豆为肾谷者，宜以此当之。性甘、咸，无毒。理中益气，补肾健胃，和五脏，调营卫，生精髓，止消渴、吐逆、泄痢、小便数。与诸疾无禁，但水肿忌补肾，不宜多食此豆。嫩时充菜，老则收子，可谷、可果、可菜，取用最多，豆中上品也。指为胡豆者误。

附录。黎豆：一名狸豆，一名黎沙，一名猎沙。野生山中，人亦有种之者。三月下种，生蔓，叶如豇豆，但文理偏斜。六七月开花成簇，结荚紫色，如扁豆花。老则黑而露筋，如干熊指爪之状。子大如刀豆，淡紫色，有斑点如狸文。煮去黑汁，同猪、鸡肉再煮食，味乃佳。其大者名虎豆，一名虎沙。又一种似虎豆而稍小，名马豆，又名马沙。

疗治。中鼠莽毒者：饮豇豆汁即解。试刘鼠莽苗，(似)〔以〕豆汁浇其根即烂。

典故。昔卢廉夫教人补肾气，每日空心煮豇豆入少盐食之，大有益。

藊豆，藊，音扁。一名蛾眉豆，一名沿篱豆。二月种，蔓生。人家多种之篱边，或以竹木架起。每叉三枝，一居顶，二对生。一枝三叶，亦一居顶，二对生。凡豆菜皆然。叶大如杯，团而有尖。花有红、白二色，状如小蛾。荚生花下，花卸而荚现。及老，长寸余，色有青、白二种，形微弯如眉，蛾眉豆之名以此。又有如龙爪、虎爪之类，皆累累成枝。一枝十余荚成穗，白露后实更繁衍。嫩时煮熟作蔬食，盐渍作茶料。老则收子煮食，子有黑、白、赤、斑四色，每荚子或一或二三。白者堪入药，微炒用，气味温，无毒。和中下气，止泻痢，消暑，暖脾肾，除湿热，止消渴，治女人带下，解酒毒、河豚鱼毒、一切草木毒。

种植。清明下种，盖以草灰，不用土覆，则皆出，不废一子。

占验。芒种前，藊豆开花，主水。《月令》。

疗治。霍乱吐痢：白藊豆、香薷各一升，水六升，煮二升，分服。　霍乱转筋：白藊豆为末，醋和服。　消渴饮水：白藊豆浸去皮，为末，天花粉汁，同蜜和丸梧子大，金箔为衣。每服二三十丸，天花粉汁下，日二服。忌炙煿酒色，次服滋肾药。　赤白带下：白藊豆炒，为末。米饮，每服二钱。　毒药堕胎：女人服草药堕胎腹痛者，生白藊豆去皮，为末。米饮服方寸匕，浓煎汁饮，亦可丸服药。胎气已伤未堕者，或口禁手强，自汗头低，似乎中气，九死一生，医多不识，作风治，必死无疑。　中砒霜毒：白藊豆生研，水绞汁饮。　六畜肉毒：白藊豆炒存性研涂，水服之，良。　诸鸟肉毒：生白藊豆末，冷水服之。　恶疮疥癣作痛：以藊豆捣封，痂落即愈。　女子赤白下，崩漏：白藊豆花焙末，空心炒米饮，入小盐，下二钱，效。　泄痢：白花作馄饨食。　一切药毒垂死：白花擂水饮，与白藊豆同功。　吐痢后转筋：白藊豆生叶一把捣，入少醋绞汁服，立瘥。　瘰疬：白藊豆叶醋炙研服。　蛇咬：杵叶敷。　霍乱：生白藊豆藤同芦萚、人参、仓米等分，煎服。　一方：白花七个，新汲水研服。　一切泄痢：白藊豆花正开者，择净，勿洗，以滚汤瀹过，和小猪脊胙肉一条、胙，音吕，脊也。葱一根、胡椒七粒、酱汁拌匀，就以瀹豆花汁和面，包作小馄饨，炙熟食之，效。

刀豆，一名挟剑豆。人家多种之。蔓引一二丈，叶如豇豆叶而稍长大。五、六、七月开紫花。结荚长者近尺，微似皂荚，扁而剑〔脊〕①，三棱。嫩青煮食、酱腌、蜜煎皆佳。老则微黑，子大如拇指顶，淡红色。同鸡、猪〔肉〕煮食，甚美。气味甘，平，无毒。温中下气，利肠，止呃逆，益肾补元。

种植。将地锄松，深半尺，熟粪拌匀。清明时，先用布湿微水润豆，令胀。将见芽，锄前土作穴，每穴一粒，侧放入，不可深，此豆体重，深则难出，上用〔锯〕末拌土，薄盖一层。一云用草灰，日日浇令湿，侯生蔓，竹木架起。

典故。一人病后呃逆不止，声闻邻家。或令取刀豆烧存性，白汤调服二钱，即止。此亦取其下气归元而逆自止也。《本草纲目》。　乐浪有挟剑豆，荚生横斜，如人挟剑，即此豆也。

---

① 迹，应作"脊"。"四库全书"《本草纲目》卷二四《谷之三·刀豆》集解作"脊"。

甘露子，一名地环，或云即蘘荷。茎高二三尺，叶如麻叶，根形长如联珠。色白，味甘而脆。二三月锄，宜沃土，宜沾湿。凡种，宜于园圃近阴处或树荫下疏种之，至秋乃收。生熟皆可食，又可蜜煎，可酱渍，可作豉。雨中以灰杂松土覆掩根，锄草净则生繁，至冬锄取。一云叶上露滴地即滋胤，是以有甘露之名。

丽藻。诗五言：纷敷碧树阴。柳子厚。

藜，一名地肤，一名地葵，一名地麦，一名益明，一名落帚，一名独帚，一名王帚，一名王蔧，一名白地草，一名涎衣草，一名鸭舌草，一名千头子，一名千心妓女。今之独帚也。春间皆可种，处处有之。一本丛生，每窠约二三十茎，团团直上，有赤有黄。七月开黄花，子色生青，似一眠起蚕沙之状，最繁。嫩苗可作蔬茹，至八月而蘱干成，蘱，音皆，禾稿连皮颖也。亦作秸。可采子，落则老。八月以草束其腰。九月刈，以石压扁，可为帚。性苦，寒，无毒。治膀胱热，利小便，补中益精，久服耳目聪明，轻身耐老。可作汤沐浴，同阳起石服，主丈夫阴事不起，补气益力。

制用。嫩时采叶，滚水炸熟，香油拌为茹，颇益人，能涤肠胃。加蒜亦可。　炸出晒干，可备冬月之用。　苗既老，可束为帚。　干之粗而长者，可为拄杖。

疗治。雷头风肿，不省人事：地肤子、生姜研烂，热酒冲服，汗出即愈。　胁痛腰痛：地肤子末，酒服方寸匕。　疝气危急：地肤子炒香，为末，酒下一钱。　血痢不止：地肤子五两，地榆、黄芩各一两，为末。温酒调下方寸匕。　妊娠患淋，热痛酸楚，手中烦痛：地肤子十二两，水四升，煎二升半，分服。　目热雀盲：地肤苗叶煎水洗。　小便诸淋：地肤捣汁服之，自通。　小便不通：地肤一大把，水煎服。　物伤睛陷，弩肉突出：地肤洗去土二两，捣洗，每点少许。冬月以干者煮浓汁。

典故。孔子厄于陈蔡之间，七日不火食，藜羹不糁。《庄子》。　孔子藜羹不糁，门人进饭，曰已食讫。庾袞。

丽藻。诗五言：杖藜浸寒露。　杖藜纵白首，心迹喜双清。　杖藜望清秋，有兴入藜蕨。　吾安藜不糁，汝贵玉为琛。　试问甘藜蕨，未肯羡轻肥。　杖藜防跃马，不是故离群。俱杜少陵。　七言：肠断春江欲尽头，杖藜徐步立芳州。杜子美。

荠，一名护生草。野生，有大小数种。小荠花叶，茎扁，味美。最细者名沙荠。大荠科叶皆大，而味不及小荠。茎硬有毛者名菥蓂，菥，音昔。味欠佳。冬至后生苗，二三月起茎五六寸，开细白花。结荚如小萍，有三角，荚内细子名葶。葶，才何切。四月收。师旷所谓甘草先生即此。和肝气，明目。凡人夜则血归于肝，为宿血之脏，过三更不睡，则朝旦面色黄燥，意思荒浪，以血不得归故也。若肝气和，则血脉流通，津液畅润。

制用。东坡《与徐十三书》云：今日食荠极美，天然之珍不甘于五味，而有味外之美。其法取荠一二升许，净择，入淘子米三合，冷水三升，生姜不去皮，搥两指大，同入釜中，浇生油一蚬壳，当于羹面上，不得触，触则生油气，不可食，不得入盐醋。君若知此味，则陆海八珍皆可厌也。天生此物，以为幽人山居之禄，辄以奉传，不可忽也。羹以物覆，则易熟而羹极烂，乃佳也。　清明日未出，采荠茎侯干，夏作灯杖，蚊蛾不敢近。《月令》。

疗治。暴赤眼痛胀磣涩：磣，（梵）〔楚〕锦切，食有沙。荠根捣汁滴之。　眼生翳膜：荠菜根、茎、叶洗净，焙干，为细末。临卧时先洗眼，以米许安大眦，涩痛忍之，久则膜自落。　腹大肿满，四肢枯瘦，尿涩：用甜葶苈炒，（苦）〔荠〕菜根等分，为末，炼蜜丸弹子大。每一丸，陈皮汤下。只二三丸，小便清；十余丸，腹如故。　久痢：荠花阴干，研末。枣汤日服二钱，良。　花布席下，可辟虫及蚊蛾。

丽藻。诗四言：十亩之郊，菜叶荠花。抱瓮灌之，乐哉农家。陈眉公。　五言：舍东种早韭，生计似庾郎；舍西种小果，戏学蚕丛乡。惟荠天所赐，青青被陵冈。珍美屏盐酪，耿介凌雪霜。采撷无阙日，烹饪有秘方。候火地炉暖，加糁沙钵香。尚嫌杂笋蕨，而况污膏粱。炊（稃）〔粳〕及饟饼，得此生辉光。吾馋实易足，扪腹喜欲狂。一扫万钱食，终老稽山旁。陆放翁。　七言：时绕麦田求野荠，强为僧舍煮山羹。苏东坡。　小着盐醯和滋味，微加姜桂助精神。风炉歙钵穷家活，妙诀何曾肯授人。陆放翁。

苦菜，一名苦苣，一名苦荬，一名褊苣，一名游冬，一名天香菜。叶狭而绿带碧。茎空，断之有白汁。花黄，如初绽野菊花，春夏皆旋开。一花结子一丛，如茼蒿子。花罢则萼敛，子上有毛茸茸，随风飘扬，落处即生。处处有之，但在北方者至冬而凋，在南方者冬夏常青，为少异耳。味苦，寒，无毒。夏天宜食，能益心，和血通气。主治肠癖渴热，中疾恶疮，霍乱后胃气烦逆。忌与蜜同食，作肉痔。脾胃虚寒人不可多食。

疗治。面目及舌黄：捣汁饮。　疔肿：白汁涂之。拔根青苗阴干，冬月水调敷之，亦效。　痛肿：白汁滴之，立溃。　瘊子：白汁点之，自落。　痔疮：苦荬或鲜或干，煮烂熟，先薰后洗，冷即止。日数次，屡效。　血淋：苦荬一把，酒水各半，煎服。　血脉不调：苦荬晒干，为末。每二钱温酒下。　喉痹：苦荬汁半盏，灯心汤泡捻汁半盏，和匀服。　对口恶疮：苦荬汁一钟，入姜汁一匙，和酒服，滓敷疮上，一二次即愈。　中沙虱毒：凡河涧中澡浴后觉皮上赤如小豆，黍米摩之痛如刺，三日后寒热发疮，若入骨杀人。中其毒者，先以茅叶刮去毒，用苦荬汁涂之，佳。　蜂螫：苦菜汁涂之，良。　赤白痢及骨蒸：苦菜煮汁服。　黄疸：连花子研细二钱，水煎服，日二次，良。　手足肿：捣苦菜敷之，良。

丽藻。散语：谁谓荼苦，其甘如荠。　出其闉阇，有女如荼。　堇荼如饴。俱《诗》。　孟夏苦菜秀。《月令》。　诗五言：苦苣刺如针，马齿叶如繁。乃知苦苣辈，倾夺蕙草根。又如马齿盛，气拥葵藿昏。杜子美。　七言：但得菜根俱可啖，况于苦荬亦奇逢。初尝不解回甘味，惯醉方知醒酒功。茹素无缘荤未断，禅宗有约障难空。北窗入夏稀盘馐，莫厌频频饷阿侬。　盘餐落落对瓜畦，杜撰人间苦荬斋。嫩绿浮羹筯让滑，微酸入口舌应迷。野人生计谁云薄，藿食家风未是低。为报青蝇莫相点，欲随芹曝献金闺。俱黄正色。

蕨，一名蘩。处处山中有之。二三月生芽，拳曲，状如小儿拳，长则展，宽如凤尾，高三四尺。茎嫩时无叶，采取以灰汤煮去涎滑，晒干作蔬，味甘滑，肉煮甚美，姜醋拌食亦佳，荒年可救饥。根紫色，皮内有白粉，捣烂，洗澄取粉，名蕨粉，可蒸食，亦可荡皮作线，色淡紫，味滑美。陆玑谓可供祭祀，故周诗采之。气味甘，寒，滑，无毒。去暴热，利水道，令人睡。焙，为末，米饮下二钱，治肠风热毒。根烧灰油调，傅蛇、蠍伤。一种紫茸似蕨，有花而味苦，名迷蕨，初生亦可食。

制用。嫩蕨沸汤炸熟，晒干。用时以滚汤浸软，料物拌食，任调荤素。　禁忌：有人生食蕨，觉成疾后，吐出一小蛇，悬干仍为蕨，乃知此菜不可生咽。

丽藻。散语：陟彼南山，言采其蕨。《诗》。　诗五言：石暄蕨芽紫。　食蕨不愿余，芽茨眼中见。俱杜少陵。

薇，一名野豌豆，一名大巢菜。生麦田及原隰中。茎、叶、气味皆似豌豆，其藿作蔬、入羹皆宜。巢菜有大、小二种：大者即薇，乃野豌豆之不实者；小者即东坡所谓元修菜也。

丽藻。散语：山有蕨薇。　言采其薇。　采薇采薇，薇亦作止。《诗》。　芼豕以薇。《礼记》。　诗五言：系书无浪语，愁寂故山薇。杜少陵。　图南吾岂敢，愿托北山薇。冯琢庵。　此蕨朝堪把，青藜夜自炊。唐柳所。　朝采山上薇，暮采山上薇。岁晏薇亦尽，饥来何所为？坐饮白石水，手把青松枝。击节独长歌，其声清且悲。枥马非不肥，所苦常絷维。豢豕非不饱，所忧竟为牺。行行歌此曲，以慰常苦饥。白居易。

藋，藋，音狄。一名莱，一名红心灰藋，一名胭脂菜，一名鹤顶草。生不择地，处处有之，即灰藋之红心者。茎、叶稍大，嫩时亦可食，故昔人谓藜藿与膏粱不同。老则茎可为杖。气味甘，平，微毒。杀虫，煎汤洗虫疮、漱齿䘌，捣烂涂诸虫伤。

疗治。白癜风：红灰藋、苍耳根茎各五斤，茄根茎三斤，并晒干烧灰，以水一斗煎汤，炼成牛脂二两，和匀，日涂三次。

丽藻。散语：南山有臺，北山有莱。《诗》。

灰藋，一名灰涤菜，一名金琐天，今讹为灰条菜。处处原野有之。四月生苗，茎有紫红线棱。叶尖，有刻缺，面青背白。茎心、嫩叶皆有细白灰如沙，为蔬亦佳。气味甘，平，无毒。治恶疮、虫咬、面䵟等疾。忌着肉作疮。五月渐老，高者数尺。七八月开细白花，结实成簇，中有细子，蒸曝取仁，可炊饭及磨粉食。《救荒本草》云：结子成穗者味甘，散者味苦，生墙下、树下者忌用。白者谓之蛇灰，有毒。

疗治。疔肿恶疮：灰藋叶烧灰，拨破疮皮，唾调少许点之，血出为度。　虫、蚕、蜘蛛等咬：捣烂，油调敷之。　疥癣风瘙：灰藋煮汤浴。　齿䘌：灰藋烧灰，纳孔中。　煮汤含漱去疳疮，烧灰淋汁蚀瘜肉，除白癜风、黑子、面䵟。

二如亭群芳谱

果谱小序

　　周官备物实笾，必藉夫干橑；卫侯兴邦树木，不遗乎榛栗。盖先王制礼，本人情尽物曲，不贵异物，不重难得，郊庙以广仁孝，燕享以示慈惠，下逮郡邑闾里，交际往来，莫不惟礼是凭焉。果蓏二十，蓏，音裸。用佐五谷，载在方册，千古不易已。苟品物弗具，即诚敬，其奚将？若物性未达，即培植，其奚展？勿曰吾不如老圃，君其问诸圃人也。作果谱。

济南王象晋荩臣甫题

二如亭群芳谱

果谱首简

卫果 卫花同

元旦日未出时，用朱幡画日月七星像，每遇风起，竖园内东墙下，即大风发屋拔木，园内花果无损。_{崔元徽故事。} 元旦及端午日于五鼓以斧杂斫诸果树，又春社日以物舂百果树根下，则子繁而不落。不结实者亦用此法。 元旦、端午鸡鸣时，以火照诸果树，无虫且结子繁盛。 凡诸果树花盛时，一遭霜即无实。遇三九内有雨，入春百日内必有霜。预于园中多积乱草，遇天雨初晴，北风寒切，此夜必有浓霜。焚草上风，烟气所触，霜不为害。 枣熟着雾则多损，以苘麻或秸穰四散絟①树上，可避雾。 凡树根下常耘草令净，草多则引虫蠹，亦能分地力。树下勿使有坑坎，雨后水渍，根朽叶黄。宜令平满，比地面高三五寸为妙。 凡果树蠹虫宜尽去之，其法用铁线作钩取之。一法：用硫黄或雄黄作烟薰之，即死。或用桐油纸燃塞之，亦验。_{王祯《农书》。} 又：当虫未出时，凡聚叶腐枝，皆虫所窟穴，宜尽去之。清明日三更以稻草缚树上，不生戴毛虫。 林檎树生毛虫，埋蚕蛾于树下，或以洗鱼水浇之，即止。 桃树生虫，以多年竹灯架挂树上，即落。 生人发挂果树上，鸟鹊不敢偷食。 木瓜、石榴等树，十月后以谷草或稻草将树身包裹，用苘麻絟定，泥封，以糠秕培壅其根，免致霜雪冻损。

种果

地不厌高，土肥为上；锄不厌数，土松为良。又要各按时节。临下子时，必日中晒干择净，然后合浸者浸之，不浸便用撒入松土，子细者撒在上面。下子讫，即用粪盖。成行与打潭种者亦然。下子日要晴，雨则不出。三五日后又要雨，旱则不生，须频泼水。 若桃杏之类，须择美而大者作种，待极熟时，望前于向阳暖处宽掘坑深尺余，牛马粪和土填半坑，取核尖头向上排定，旋以粪土填平。至春生芽，万不失一。水浸风吹，则仁腐不生。桃杏宜和肉种，俟成小树，带土移栽，大率两步一株。又云：桃宜稀，李宜密，杏宜近人家。 凡种盆中花果，须先储土，夏月取阳沟中泥晒干敲细，频浇粪，旋晒干。数次后一层土一层草，烧二三遍，收无雨处，入盆栽种，自然茂盛。

栽果

栽果宜望前茂而多实，望后则实少。栽后时浇水，频覆土。勿太干，干则根不行；

---

① 絟，同"拴"。

勿太湿，湿则根易腐；勿露空隙，有隙则风易入。如根无宿土者，但深掘坑，以清粪水和土成泥，栽于泥中，轻提起使树根与地平，则舒畅而不拳屈。三四日后方用水浇灌，四围用木架缚稳，勿令摇动，无不活者。栽后以棘茨围树四周，则人畜不能损。棘气暖，又可避霜。凡栽种，以二月为上，宜六仪、母仓、除、满、成、收、开及甲子、己巳、戊寅、己卯、壬午、癸未、己丑、辛卯、戊戌、己亥、庚子、丙午、丁未、戊申、壬子、癸丑、戊午、己未等日，忌死气、乙日、建、破、西风及火日。又乡俗以八月十三至廿三，此十日为詹家天，忌栽植。

扦果

诸果于三月上旬取直好枝，如拇指大，长三尺，插大芋或大萝卜、芜菁中种之，皆活。三年后成树，全胜种核。　一说凡扦插花木，先于肥地熟劚细土成畦，用水渗定。正月间树芽将动，拣肥旺直条拇指大者，断长尺余。每条下削成马耳状，以小杖刺土，深约与树条过半，然后以条插入，以土壅实。每穴相去尺许，常浇令润，搭棚蔽日，至冬换作腜荫，次年去之，俟长高移栽。扦插须天阴方可，遇雨活多，无雨活少。

接果

凡果树，以接博为妙，取速肖也。枝条必择其美，宜宿条向阳者，气壮而茂，嫩条阴弱难成。根枝各从其类。荆桑接鲁桑，梅接杏，桃接李，栎接栗，赤梨、棠梨接梨。接工必用细齿截锯一连，厚脊利刃小刀一把，要心手稳，又必趁时。春分前后十日为宜，或取条衬青为期，然必时暄方可接，盖欲借阳和之气也。一经接博，二气交通，以恶为美，其利有不可胜言者。接博之法有六：一曰身接。贴大宜高接。先用细锯截去元树枝茎，作盘砧，高及肩，以利刃小刀际其盘之两旁，微启小蟀，深一小寸。先用竹签测其深浅，却以所接条约寸许，一头削作小篦子，先嚼口中，假津液以助其气，内之蟀中，极要快捷紧密，须肌肉相对插。讫用树皮封缠，内宽外紧，牛粪和泥，斟酌封裹。仍用宽兜盛土培养接头，勿令透风，见日土干则洒以水。牙出非接头上者，悉去之。培土上露接头一二眼以通活气，天晴则易活。二曰根接。贴小宜近地。锯截断元树身，去地五寸许，以所取条削篦插上，如身接法，培以土，以棘护之。三曰皮接。用小利刃于元树身八字斜锉之，小竹签测其浅深，以所接枝条皮肉相向插之，封护如前法。候接枝条发生，去其元树枝茎。四曰枝接。如皮接之法而差近。五曰靥接。小树为宜。先于元树横枝上截去，留一尺许，于所取接条树上眼外方半寸，刀尖割断皮肉至骨，并揭皮肉一方片，口嚼少时取出。印湿痕于横枝上，以刀尖依痕刻断元树靥处，大小如一，以接按之。上下两头，以桑皮封系，紧慢得所，仍用牛粪泥涂护，随树大小，酌量多少接之。六曰搭接。将已种出芽条，去地三寸许，上削作马耳，将所接条并削马耳相搭接，以人唾粘连，封系粪壅如前法。陈莹中曰：色红可使紫，叶单可使千，花小可使大，子少可使繁。黄山谷曰：雍也本犁子，仲由元鄙人。

过贴

压条接换俱不能者，乃用过贴，即寄枝也。先移叶相似、性相同之小树置其旁，可以枝相交合处，以刀各削其半皮，与膜对合，麻皮缠固，泥封严密。　如欲贴绣球花，先取八仙栽培于瓦盆中，次年春连盆移就绣球花畔，将八仙花梗离根七八寸许括去皮半边约二三寸，又将绣球花嫩枝亦括去皮半边，彼此挨合一处，用麻缠缚，频浇肥水。至十月候皮生合为一处，截断绣球本身，将盆移开，自然畅茂。周岁断者尤佳。贴玉兰花，先以木笔同上法。山茶、海棠、桃、李、杏，皆可贴寄，俱于二三月间。

压枝

春间屈树枝就地，用木钩攀钉坚牢，燥土壅起身半段，以熟土覆枝四五寸厚，露稍头半段勿壅，以肥水浇灌区中。至梅雨时，枝叶仍茂，根已生矣。压时，须枝附相连处断其半，用土封厚。次年新叶将萌，方断连处，霜降后移栽。

顺性

凡果蔬花卉，地产不同，秉性亦异，在北者耐寒，在南者喜暖，高山者宜燥，下地者宜湿，早苗者发于和煦之时，迟生者盛于寒沍之候。北者移之南则盛，南者迁之北则变，如橘逾淮则为枳，菁在南则无根。龙眼荔枝之类盛于南方，榛松枣栗之属蕃于北土。梅李桃杏当春夏即登筵几，枣柿栗榛俟秋冬方实俎豆。此物性之固然，非人力可强致也。诚能顺其天以致其性，斯得种植之法矣。

息果

凡果树结实一年，次年必歇枝。汉人云：梅李实多者，来年为之衰，此定理也。兹有一法，如有桃李三十株，花时止留十五株，其十五株花悉摘去，至来年则摘其结实者，如古人代田法。如此则木不伤而常得果矣。

浇果

诸花木芽时，下便行根，此时不宜浇粪。俟嫩条长成，生头花时，止可浇清粪水，忌浓粪。花开时，又不可浇粪。遇旱，只浇清水。初结实，浇粪即落实，大则无妨。大约花木忌浓粪，须用停久冷粪如水浇，新粪止宜腊月，亦必和水三之一。凡用肥宜审时，如正月须水与粪。等二三月树发嫩枝，则下生新根，浇肥则损根而死，未发萌者不妨。五月雨时浇肥，根必腐烂。六七月发生已定，可轻轻浇肥。八月亦忌浇肥，白露雨至必生细根，见肥则死。惟石榴、茉莉之属喜肥，柑橘之属用肥反皮破脂流，至冬必死。能依令浇灌，自然发旺畅茂。

嫁果

李冠卿家有杏一窠，多花不实。适一媒姥见之，笑曰："来春与嫁此杏。"冬深，忽携一樽酒来，云"婚家撞门酒"。索处子红裙系树上，奠酒，辞祝再三而去。明年，结子无数。辞曰：青阳司令，庶汇维新。木德属仁，更旺于春。森森柯干，簇簇繁阴。我今嫁汝，万亿子孙。

脱果

木生之果，八月间以牛羊粪和土，包其鹤膝枝干相接黄纹处。如杯大，裹以纸，麻索密缚，重则以杖撑柱之，常用水浇，任其发花结实。明年夏间发一包，视其根生者，梅雨中断其本，埋土中，花实晏然不动。尝见人家有老林禽树根，已蠹朽。圃人去木本二三尺许，如上法包之，一年后土中生根。乃截去近根处三尺许，移入土，遂为完木。

骗果

春初未芽时，根旁宽深掘开，将钻心钉地根截去，惟留四边乱根，土覆筑实，则结果肥大。

摘果

凡果实初熟，以两手拿摘则年年结实茂盛，若孝服人摘则来年不生，被人盗食则飞禽来食，切宜慎之。

收果

柑、橘、桃、梨之类，七八分熟时带枝插萝卜或大芋中，仍用纸或干穰草包护，藏新瓮内，勿通风，来年取食如新。　凡鲜荔枝、龙眼，将熟时摘，入不津器蜜浸之，油纸封固，勿渗水。又法：芭蕉截断，连枝插之，亦佳。　红枣以新缸刷干，熟米醋浇缸内，荡净控干。又以熟香油匀擦缸口缸底，铺粟草一层枣一层，中心四围亦令草盖，不可重压，久留不蛀。　鸡头子煮者，以防风水浸之，经月不坏。生者每斗用防风四两，换水浸之，可以度年。　核桃、松子以粗布袋盛，挂当风处，不腻。　石榴连枝藏新瓦缸内，以纸重封密收。　凡收一切鲜果，用腊水同薄荷一握、明矾少许，入不津器浸之，色味俱美。一云只近水气，不入水，尤妙。皆忌近油酒气及盛油酒之器。

制果

胶枣，将晒红枣蒸熟，于帘箔上，以杂穰草薰干。　李，以朴树叶捣，同蒸熟，烘干，名嘉庆子。　莲子晒干则不蛀。　桂花白者尤香，拣净，沙盆擂烂，每斤以炙甘草二两、炒盐四两拌匀，置磁瓶内密封，晒七日，收。又法：拣桂半开蕊，以盐梅槌略碎，夹花收磁瓶中，用生蜜注浸，盖之。用时旋取点汤，极香鲜。盐梅用淡醋煮一沸，漉出晒干，方可与花蜜同浸。又法：一层蜜、一层连枝白桂、一层盐梅净肉、一层椒叶，如此又一层炼蜜，层层相间，磁瓶封固。若四时有香无毒之花，皆可依此。须带露剪花，取小枝去叶，制用时轻取之。　佛手柑、香圆切片，用滚汤冲饮，极香美。第二遍更佳。　各色果可晒干收藏。　凡煎果，大者切薄片，小者全用，水中煮一沸，去熟水。另用清水浸一宿，压干，入磁器内。好蜂蜜下锅，文火仅化开，亦入磁器内。候七日，蜜渐稀，取出果另贮。将蜜入锅熬，水气尽，再加新蜜，方入果。大抵蜜见火，果不见火。如此换蜜二三次，则蜜透功成。　收藏蜜煎果：黄梅时换蜜，以细辛末放顶上，虮虫不生。《养生杂纂》。　五月五日以麦面煮粥，入盐少许，候冷，倾入瓮中。

收新鲜红色未熟桃，毂瓮中所盛者，外用纸密封口，至冬月如新。《便民图纂》。

课果

龚遂为渤海太守，令民口种一树榆，秋冬课收敛，益蓄果实菱芡，民皆富实。　李衡于武陵龙阳洲上种柑橘千树，敕儿曰："吾洲上有千头木奴，不责衣食，每树岁得绢一匹，亦可足用矣。"橘成，岁得绢数千匹。王祯《农书》。

果名

枣杏之属为核果，梨柰之属为肤果，榛栗胡桃之属为壳果，松柏之实为桧果，棘实为枣，杼实为橡，桑实为椹，楮实为任。　竹萌谓之笋，芦萌谓之蘿，蘿，音犬。谷稻萌谓之秧。

果异

南荒有三尺梨，北荒有七寸之枣，东荒有三尺之椹，木兰皮国有五尺之瓜，苏门答剌之瓜茄一植五岁，儋州之荷四时作花，屯罗岛之麻实如莲的，暹罗国之稻粒盈寸，高潘之蕨枝可以扶老，容梧之蒿茎堪为栋梁。　粤中气候多燠，四时常花，残腊梅花已落尽，而桃李兰桂之属皆纷然盛开。张七泽《梧浔杂佩》。

果征

诸果不熟，其名为荒。桃李多实，来年必穰。

果害

果忽有异常者，根下多有毒蛇窟穴，食之杀人。　果花六出者必双仁，出，音缀。有毒。　果落地有恶虫缘过者，食之患九漏。　果未成核者，食之发痈疽及患寒热。　瓜双蒂者、沉水者，皆有毒。

二如亭群芳谱果部卷之一

济南　王象晋荩臣甫　纂辑
松江　陈继儒仲醇甫
虞山　毛凤苞子晋甫　同较
宁波　姚元台子云甫
济南　男王与敕、孙士和、曾孙启沆　诠次

果谱一　肤果

梅，似杏，一名蘽。蘽，音老。先众木花。花似杏，甚香，杏远不及。老干如杏，嫩条绿色，叶似杏有长尖，树最耐久。实大者如小儿拳，小者如弹。熟则黄、微甘、酸，可啖，古人用以荐馈食之笾。生纯青，酸甚，多食泄津液，生痰，损筋，蚀脾，伤肾，弱齿。为脯含之口香，造煎堪久。性洁喜晒，浇以塘水则茂，最忌肥水。子赤者材坚，白者材脆。种类不一。白者有绿萼梅、凡梅花跗蒂，皆绛紫色，惟此纯绿，枝梗亦青，实大，五月熟，特为清高。好事者比之九疑仙人萼绿华。宋时京师艮岳有萼绿华堂，其下专植此本。人间亦不多有，为时所重。吴下又有一种，萼亦微绿，四边犹浅绛，亦自难得。重叶梅、花头甚丰，叶数层，盛开如小白莲，格中奇品也，结实多双，尤异。消梅、花与江梅、冠城梅相似，实甘青，止可生啖，虽酢甚松脆，多液无滓。花重者实少，单者大，不宜熟，亦不堪煎造。玉蝶梅、花甚可爱。冠城梅、实甚大，五月熟。时梅、实大，五六月熟。旱梅、四月熟。冬梅；实小，十月可用，不能熟。红者有千叶红梅、来自闽湘，故有福州红、潭州红、邵武红等号。鹤顶梅、实大而红。鸳鸯梅、多叶，花轻盈，叶数层。凡双果必并蒂，惟此一蒂而结双梅，尤异。双头红梅、叶重，或结并蒂小实，不堪啖。杏梅；色淡红，实扁而斑，味似杏。异品有冰梅、实吐自叶罅，不花，色如冰玉，无核，含之自融如冰，佳品也。墨梅。花黑如墨，或云以苦楝树接者。他如千叶黄、蜡梅、侯梅、朱梅、紫梅、同心梅、紫蒂梅、丽枝梅、胭脂梅，尚多。令人争上重叶、绿萼、玉蝶、百叶缃梅。贾思勰曰：按梅花白而早，杏花白而晚；梅实小而酸，杏实大而甜；梅可以调鼎，杏则不任此用。乃知天下之美有不得兼者：梅花优于香，桃花优于色。若荔枝无好花，牡丹无美实，亦其类也。梅实少，秌亦少。谚云："树无梅，手无杯。"

接法。春分后接，用桃、杏体，杏更耐久。移种：去其枝稍，大其根盘，沃以沟泥，即活。

瓶插。腌肉滚汁，彻去浮油，热入瓶，插之，可结实。煮鲫鱼汤亦可。陈肩公云：以干盐贮瓶插梅，盐梅相和，尤觉清韵。热水插之耐久。

制用。取大青梅，以盐渍之，日晒夜渍，十昼十夜，便成白梅，调鼎和斋。所在任用青梅，篮盛，突上薰黑，即成乌梅。以稻灰淋汁润湿，蒸过，则肥泽不蠹。亦可糖藏蜜煎作果用。筭汁晒，收为梅酱，夏月调水解渴。乌梅洗净，捣烂，水煮滚，入红糖，使酸甜得宜，水内泡冷，暑月饮，甚妙。　梅酱：熟梅十斤，烂蒸去核，每肉一斤，加盐三钱，搅匀。日中晒，待红黑色，收起。用时加白豆蔻仁、檀香、些少饴糖调匀，服凉水，极解渴。　乌梅捣烂，加蜜适中，调汤微煮，饮。　水泻发渴：梅加沙糖、姜，米饮。　冰梅丸治喉闭：五月五日，合青梅二十个、盐十二两，先于初一日腌至初五日。取梅汁，拌白芷、羌活、防风、桔梗各二两，明矾三两，猪牙皂角三十条，俱为细末，拌梅，磁瓶收贮。《居家必用》。　糖脆梅：青梅每百个以刀划成路，将熟冷醋浸一宿，取出控干。别用熟醋调沙糖一斤半浸没，入新瓶内，以箬扎口，仍覆碗，藏地深一二尺，用泥上盖过。白露节取出，换糖浸。　《癸辛杂志》云：折梅花插盐中，花开酪有肥态。试之良然，已与家仲。乙未正月十四，舟过钟贾山，大雪，探梅僧院。僧出酒相饷，因论前事。僧言以腌豕滚汁热贮瓶，梅却能放叶结子。余始知古人盐梅和羹，故自同调。陈眉公。　冬月后用竹刀取欲开梅蕊，上下蘸以蜡，投蜜缶中。夏（大）〔天〕以热汤就盏泡之，花即绽，清香可爱。《山家清供》。　一法：梅将开时，清旦摘半开花头，带蒂置瓶中，每一两用炒盐一两洒之。不可用手触坏，以厚纸数重密封，置阴处。次年取时，先置蜜于盏内，然后取花二三朵，滚汤一泡，花头自开，香美异常。《多能鄙事》。　衣物为梅雨所裹[①]，梅叶煎汤洗。　清水揉梅叶洗焦葛衣，经夏不脆。

　　附录。茶梅花：开十一月中，正诸花凋谢之候。花如鹅眼钱，而色粉红，心黄。开且耐久，望之雅素，无此则子月虚度矣。

　　疗治。痈疽疮肿，已溃未溃皆可：用盐、白梅烧存性，为末，入轻粉少许，香油调涂四围。　喉闭乳蛾：用青梅二十枚，盐十二两，淹五日。取梅汁，入明矾三两，桔梗、白芷、防风各二两，猪牙皂三十条，俱为细末，拌汁和梅，入瓶收之。每用一枚噙，咽津液。凡中风痰厥，牙关不开，用此搽之，尤佳。又：梅包、生矾末作丸含咽。　消渴烦闷：乌梅肉二两，微炒，为末。每服二钱，水二盏，煎一盏，去滓，入豉二百粒，煎至半盏，温服。　泄痢口渴：乌梅煎汤代茶。　产后痢渴：乌梅肉二十个，麦门冬十二分，水一升，煮七合，细呷。　赤痢腹痛：陈白梅同真茶、蜜水各半煎饮。又：乌梅肉炒、黄连各四两，为末，炼蜜丸桐子大。每米饮服二十丸，日三。　便痢脓血：乌梅一两去核，烧为末。每服二钱，米饮下，立止。　久痢不止：乌梅肉一枚，研烂，合腊茶，入醋服，即愈。又：乌梅、白梅肉各七个捣烂，入乳香末少许，杵丸桐子大。每服二三十丸，茶汤下，日三。　血痢：乌梅肉、胡黄连、灶下土等分，为末，茶调服。　大便下血，及酒痢、久痢不止：用乌梅三两烧存性，为末，醋煮米，和丸桐子〔大〕。空心米饮二十丸，日三。　小便尿血：乌梅烧存性，研末，醋和丸桐子大。每服四十丸，酒下。　血崩不止：乌梅肉七枚烧存性，研末，米饮服，日三。　大便不通，气奔欲死者：乌梅十颗，汤浸去核，丸枣大，纳入下部，少时即通。　蛔虫上行出口鼻：乌梅煎汤频饮，并含之，即安。　梅核隔气：半青半黄梅子，每个用盐一两

----

①　裹，通"浥"，沾湿。

腌一日夜，晒干，又浸又晒，水尽乃止。每二梅，青钱三个夹定，麻线缚紧，通装磁罐内埋地下，百日取出。用一枚含之，咽汁入喉，即消。收一年者治一人，二年者治二人，其妙绝伦。　心腹胀痛，短气欲绝者：乌梅二七个，水五升，煮一沸，纳大钱二七枚，煮二升半，顿服。　劳疟劣弱：乌梅十四枚，豆豉二合，桃、柳枝各一虎口，甘草三寸，生姜一块，以童子小便二杯，煎一半，温服即止。　痰厥头痛如破：乌梅三十个，盐三撮，酒三升，煮一升，顿服取吐，即愈。　伤寒头痛，壮热，胸中烦痛，四五日不解：乌梅十四个，盐五合，水一升，煮半升，温服取吐，避风寒。　折伤金疮：乌梅烧存性傅之，一宿瘥。　马汗入疮作痛：乌梅连核捣烂，以头醋和傅。仍先刺疮，出去紫血，乃傅之，系定。　猘犬伤毒：猘，音制，狂犬。乌梅末，酒服二钱。　指头肿毒痛甚者：乌梅肉三两炒末，炼蜜丸桐子大，石榴根皮煎汤，食前下三十九。　小儿头疮：乌梅烧末，生油调涂。　香口去臭：曝干梅脯，常时含之。　代指肿痛：乌梅捣烂，和醋浸之。　疮痛恶肉：乌梅肉烧存性，研傅一夜，立尽。　休息痢及霍乱：乌梅煮浓汁饮。又：同建茶、干姜为丸服，大验。　刺在肉中：嚼白梅傅之，即出。　乳痈肿毒：白梅杵烂贴，佳。　中水毒病初起，头疼恶寒，心烦拘急，朝醒暮剧：梅叶捣汁三升饮之，良。　下部虫䘌：梅叶、桃叶一斛，杵烂蒸热，内小器中，隔布坐蒸之，虫尽死。　月水不止：梅叶焙，棕榈皮烧灰，各等分，为末。每二钱，酒调下。

典故。南唐苑中有红罗亭，四面专植红梅。《杂志》。　太和山有榔梅。榔，即榆。相传真武折梅寄榔树上，誓曰："吾道若成，花开果结。"竟如其言。　北方荒外有横公鱼，夜化为人，刺之不入，煮之不死。以乌梅二十七枚煮之即熟，可已邪病。《神异经》。　洪觉范用皂角胶画红梅于生绢扇上，灯月下映之，宛然疏影。　绮里丹法：用铅百斤，煮以雄黄，皆成金。太刚，猪膏煮之；太柔，梅煮之。《抱朴子》。　杨偓方宴食青梅。赵康凝顾偓曰："勿多食，发小儿热。"诸将以为慢，乃贬康凝于海陵。《五代史》。　宋宪圣后每治生菜，必于梅下取落花杂之。　林逋隐居孤山，征辟不就。构巢居阁，绕植梅花，吟咏自适，徜徉湖上，或连宵不返。　范石湖《梅谱》至九十种。　宋张功甫园中植梅三百本，筑堂数间，花时居宿其中，环洁辉映，朗如对月，因名其堂"玉照"。　陈英隐居江南，种梅千株，花时落英缤纷，恍如积雪。　华光长老写梅，黄鲁直观之，曰："如嫩寒春晓，行孤山水边篱落间，但欠香耳。"　古梅，会稽最多，四明、吴兴亦间有之。其枝樛曲万状，苍藓鳞皴，封满花身。又有苔须垂于枝间，或长数寸，风至，绿丝飘飘可玩。初谓古木久历风日致，然详考会稽所产，虽小株亦有苔痕，盖别是一种，非必古木。余尝从会稽移植十本，一年后花虽盛发，苔皆剥落殆尽。其自湖之武康所得者，即不变移，风土不相宜。会稽隔一江，湖苏接壤，故土宜或异同也。凡古梅多苔者，封固花叶之眼，惟蟠隙间始能发花。花虽稀，而气之所钟，丰腴妙绝。苔剥落者，则花发仍多，与常梅同。　去成都二十里有卧梅，偃蹇十余丈，相传唐物也，谓之"梅龙"，好事者载酒往游。　清江酒家有大梅，如数间屋，傍枝四垂，周遭可罗坐数十人。任子严运使买得，作凌风阁临之，因遂筑大圃，谓之"盘园"。余生平所见梅之奇古者，惟此两处为冠。随笔记之，附《古梅》后。　宋赵必连刻苦读书。开庆间以父荫当补官，辞不就。晚植梅数百株，名其居曰梅花庄，与弟若椒日咏吟其中。　洛都卖花者争先为奇，冬初折未开枝，置浴室中薰蒸令拆，强名早梅，终琐碎无香。余顷守桂林，立春梅已过，元夕则尝青子，皆非风土之正。杜子美诗云："梅蕊腊前破，梅花年后多。"惟冬春之交，正是花时耳。范成大。　项里出古梅，老干奇怪，苔藓封枝，疏花点缀，矢矫如画，殊令人爱，玩不忍舍。　广西桂林府满山皆梅，开时作梅瘴，易染人。　伪吴从嘉宫中设销金罗幕，种梅花于外，花间立亭，可容三座，与爱姬花氏对酌其中。　蜀中有红梅数本，郡侯建阁扃钥，游人莫得而见。一日，有两妇人高髻大袖，凭栏大笑。启钥，阒不见人。东壁有诗云："南枝向暖北枝寒，一种春风有两般。凭仗高楼莫吹笛，大家留取倚栏杆。"《摭遗》。　红梅犹是梅，而繁密则如杏，与江梅同开，红白相间，园林初春绝景也。此花独盛于姑苏。晏元献公始移植西冈圃中。一日贵游略园吏得一枝分接，由是都下有二本。王琪君玉时守吴郡，以诗遗公曰："馆娃宫北发精神，粉瘦琼寒露叶新。园吏无端偷折去，凤城从此有双身。"《石湖梅谱》。　唐梅仙祖师学道于白云山，笃戒行。夏月偶坐化于梅树下，数里间闻梅花香，经旬不息，远近异之。　王冕隐九里山，树梅花千株，桃、柳居其半，结茅庐三间，自题为梅花屋。　铁脚道人尝爱赤脚走雪中，兴发则朗诵《南华·秋水篇》，嚼梅花满口，和雪咽之，曰："吾欲寒香沁入肺腑。"　唐元稹为翰林承旨。退朝，行廊下，初日映九英梅，隙光射稹，有气勃勃然。百僚望之曰："岂肠胃文章，映日可见乎？"　大庾岭即五岭之一。汉武帝击南粤，杨仆遣部将庾胜屯兵于此，因名大庾。其初险峻，行者苦之。自张九龄开凿，始可车马。其上多植梅，又名梅岭。　庾岭下旧有驿，壁间一女子题云："幼妾从父任英州司马，及归，闻大庾有梅岭，而乃无梅，遂植三十株于道旁。"　汉初修上林苑，群臣各献名果，有侯梅、朱梅、紫花梅、同心梅、紫蒂梅、丽支梅。《西京杂记》。　宋武帝女寿阳宫主人日卧于含章殿檐下，梅花落于额上，成五出之花，拂之不去，号为梅花妆，宫人皆效之。　王敬美云：南中梅都于腊月前便开，吾地稍迟。红梅最新发，元旦有开者，此花故当首植。性多虫易败，宜时去之。闽中深、浅二种，可致其浅者。次则杭之玉蝶、本地之绿萼为佳。曾于京师许千户家见盆中一绿萼。玉蝶梅，梅之极品，不知种在何处，当询而觅之。予蕢园中一绿萼梅，偃盖婆娑，下可坐数十人。今特作高楼赏之，子孙当加意培壅。若野梅可置竹林水际，鹤顶梅种园中取果，不足登几案也。　长干之南七里许曰华严寺。寺僧莳花为业，而梅尤富，白与红值相若，惟绿萼、玉蝶值倍之，率以丝缚，虬枝盘曲可爱。桃本者三四年辄胶矣，不善缚则抽条蔓引，不如不缚者为佳，以故收藏难。每岁开时，但取一二本，落后则归之。又：灵谷之左偏曰梅花坞，约五十余株，万松在西，香雪满林，最为奇绝，第游人杂饮其下，芬仅敌秽。于若瀛。　梁何逊为扬州法曹，廨舍有梅树一株，时吟咏其下。后居洛，思梅花，请再任，从之。抵扬，花方盛开，对花彷徨终日。　大庾岭上梅花，南枝已落，北枝方开。东坡注。　隋开皇中，赵师雄迁罗浮。一日天寒日暮，于松林间酒肆傍舍，见美人淡妆素服出迎。时已昏黑，残雪未消，月色微明。师雄与语，言极清丽，芳香袭人。因与扣酒家门共饮。少顷，一绿衣童子笑歌戏舞。师雄醉寐，但觉风寒相袭。久之，东方已白，起视，大梅花树上有翠羽剌嘈相顾。月落参横，惆怅而已。柳子厚《龙城录》。　陆凯与范晔相善，自江南寄梅花一枝诣长安与晔，因赠以诗："折梅逢驿使，寄与陇头人。江南无所有，聊赠一枝春。"　袁丰之宅后有梅六株，开时曾为邻屋烟所烁，乃团泥塞灶，张幕蔽风。久而又拆其屋，曰："冰姿玉骨，世外佳人，但恨无倾城之笑耳。"《桂林记》。　宋张功甫为列花宜称，凡二十六条，为淡云，为晓日，为薄寒，为细雨，为轻烟，为佳月，为夕阳，为微雪，为晚霞，为珍禽，为孤鹤，为清溪，为小桥，为竹边，为松下，为明窗，为疏篱，为苍崖，为绿苔，为铜瓶，为纸帐，为林间吹笛，为膝上横琴，为石枰下棋，为扫雪煎茶，为美人淡妆簪戴。簪，同"簪"。

丽藻。散语：若作和羹，尔惟盐梅。《书》。　摽有梅，其实七分。　鸣鸠在桑，其子在梅。　墓门有梅。《诗》。　序：吾友洮湖陈晞颜，盖造次必于梅、颠沛必于梅者也，嘉爱之不足而吟咏之，吟咏之不足则尽取古人赋梅之诗而赓和之。寄一编以遗予，予读之而惊曰："一何丰耶！丰而不奇则亦长耳。一何奇耶！"予尝爱阴铿诗："花舒雪尚飘，照日不俱销。"苏子卿诗："只言花是雪，不悟有香来。"唐人崔道融诗："香中别有韵，清极不知寒。"是三家者，岂畏"疏影横斜"之句哉？今晞颜之诗同梅而清，清在梅前；同梅而馨，馨在梅外。其于三家，所谓"未闻以千里畏人者也"。杨诚斋《和梅诗序》。　梅以韵胜，以格高，故以横斜疏瘦与老枝奇怪者为贵。其新接稚木，一岁抽嫩枝，直上或三四尺，如酴醿、蔷薇之类者，吴下谓之气条，此直宜取实规利，无所谓韵与格矣。范石湖《梅谱后序》。　夫人标物异，物借人灵。古往而今自来，风光无尽；景迁而人不改，兴会长新。是知有补斯完，无亏不满。谁非造化，转水光山色于眼前；繄彼人功，留雪月风花于本地。维昔孤山逸老，曾于嬴屿栽梅。偃伏千枝，澹荡寒岚之月；峻嶒数树，留连野水之烟。自鹤去而人不还，乃山空而种亦少。庾岭之春久寂，罗浮之梦不来。虽走马征舆，闹前堤之景色；奈暗香疏影，辜此夜之清光。是以同社诸君子，点缀冰花，补苴玉树，种不移于海外，胜已集乎山中。灌岩隙而长玉龙，纷披偃仰；翳涧湄而栖白凤，布置横斜。幽心扶瘦骨同妍，冷趣植寒枝共远。西冷桥畔，重开玄圃印清波；六一泉边，载起琼楼邀皓月。非惟借风霜之伴，与岸花江柳斗风光；亦将留山泽之臞，令溪饮岩居生气色。倘高人扶筇扫石，政堪读《易》说《诗》；若韵士载酒飞觥，亦足吟风弄月。使千古胜场不渝寂寞，将六堤佳境尽入包罗。岂独处士之功臣，抑亦坡仙之胜友。余薄游湖上，缅想孤踪。策月下之驴，为问山中谁是主；指云间之鹤，来看亭畔几枝花。爰快述其良图，用同贻于好事云尔。张侗初《孤山种梅序》。张公名鼐，华亭人。吏部侍郎。　说：《易》曰："乾为天。"前辈论乾与天异，谓天者乾之形体，乾者天之性情。某因触类而思之，不但乾与天异而已，事事物物，莫不皆有形体、性情。林和靖《咏梅》"疏影横斜水清浅"二句，此为梅写真之句也，梅之形体也；"雪后园林才半树"二句，此为梅传神之句也，梅之性情也。写梅形体，是谓写真；传梅性情，是谓传神。杨东山《梅花说》。　文：寒勒铜瓶冻未开，南枝春断不归来。这回匆入梨云梦，却把芳心作死灰。恭惟地垆中处士梅公之灵，生自罗浮，派分庾岭。形如枯木，棱棱山泽之臞；肤似凝脂，凛凛冰霜之操。春魁占百花头上，岁寒居三友图中。玉堂茆舍本无心，金鼎商羹期结果。不料道人见挽，便离有色之根；夫何冰氏相凌，遽返华胥之国。玉骨拥炉烘不醒，深魂剪纸竟难招。纸帐夜长，犹作寻香之梦；筠窗月淡，尚疑弄影之时。虽宋广平铁石心肠，忘情未得；使华光老丹青手段，摸索未真。却愁零落一枝春，好与茶毗三昧火。惜花君子，还道这一点香魂，今在何处？噫！炯然不逐东风散，只在孤山水月中。周之翰《艺梅文》。　传：先生姓梅，名华，字魁。不知何许人，或谓出炎帝。其先有以滋味干商高宗，乃召与语，大悦曰："若作和羹，尔惟盐梅。"因食采于梅，赐以为氏。梅之有姓自此始。至纣时，梅伯以直言谏妲己事被醢，族遂隐。迨周有摽有者，始出仕，其实行著于诗，垂三十余世。当汉成帝时，梅福以文学补南昌尉，上书言朝廷事，不纳，亦隐去，变姓名为吴市门卒云。自是子孙散处，不甚显。汉末绿林盗起，避地大林。大将军曹操行师失道，军士渴甚，愿见梅氏。梅聚族谋曰："老瞒垂涎汉鼎，人不齿之。吾家世清白，慎勿与语。"竟匿不出。厥后，累生叶，叶生萼，萼生蕊，蕊生华，是为先生。先生为人修洁洒落，秀外莹中，玉立风尘之表，飘飘然真神仙中人。所居环堵，竹篱茅舍，洒如也。行者过其处，必徘徊指顾曰："是梅先生居也，勿剪勿伐。溪山风月，其与之俱。"先生雅与高人韵士游。徂徕十八公、山阴此君辈皆岁寒友。何逊为扬州法曹掾，虚东阁，待先生。先生遇之甚厚，相对移日，留数诗而归。先生南北两支。世传南暖北寒，先生盖居于南者也。先生诸子甚多，长云实，(掺)〔操〕①行坚固，人谓其有乃父风味。居南京犀浦者为黄氏，其余别族具载《石湖谱》。太史公曰："梅先生翩翩浊世之高士也，观其清标雅韵，有古君子之风焉。彼华腴绮丽，乌能辱之哉？以故天下人士景仰爱慕，岂虚也耶？王冕。 梅伯华，字汝芳，世居大江之南。其先本若木氏之裔，食采于梅，春秋时复属于楚。秦始皇遣将军王翦灭楚，遂移兵伐梅，灭之，子孙散处江南，以国氏。其家杭之西湖、粤之大庾者，宗枝尤蕃衍。伯华自幼好修丰姿芳洁，翛然埃壒之表。好居山泽，每与骚人处士徜徉泉石云壑之间，终日忘返，不识者疑为仙云。性刚介，士无贤不肖，皆知敬重。好事者或写其像于屏，见者肃然起敬，不觉鄙吝自消。楚令尹子兰、申公子椒以清修自负，愿托交于伯华。伯华曰："若等无实而外饰，终将委厥美以从俗耳，非吾友也。"凌波仙子、洛迦樊生亦以雅素绝俗，愿与伯华为异姓兄弟。伯华笑曰："若等得吾一体，非可以共度岁寒者也。"丞相广平宋公，贞心劲质，于人少许可，独敬重伯华，尝作赋以诵其美。伯华览之，不乐，曰："知人信不易哉！吾常以宋公铁石心肠，顾乃轻吐绮语，至以文君、绿珠况我。噫！知德者鲜矣。"当阳春和煦时，群葩竞荣，红香翠蔓，灿如也，而伯华恬然于荒寒之野。或以后时诮之者曰："大丈夫盍乘时取红紫，自苦于寂寞？谁复知之？"伯华曰："荣悴，命也。然有性焉。吾知安吾命、尽吾性而已。且子未睹其终耳，狂飙振荡，彼将飘泊何所庪耶？"言者惭而退。石湖范公与伯华交莫逆，买地于所居之范村，招伯华聚族居之，且为作谱，辨其韵格之异，而叹写真者不察也。繇是，伯华益有闻于天下云。何乔新。何公，永嘉人。吏部尚书。 白知春，大庾人也。初不详其得姓之由。或曰太昊氏廷臣有貌皙而傅粉者，帝呼为白郎，遂以为姓。至商高宗时，有善调鼎羹者，同傅说为相，大著勋业，天下始重其名，自后族类繁衍，遍处海内。汉末，有族子居邓襄间，最繁盛。曹瞒师过，渴甚获济，归而勒其功于史，后世称之。西晋时，曰华魁者为江南亭长，遇陆正平于传舍，遂为通使，长安故人为荐，拜秘书省伴读。二世至飞英，落魄不拘，专事放荡，其友荐为上林内史，得入宫禁，为刘宋寿阳公主饰妆，公主甚喜，宫中争效慕之。梁何逊官扬州，与清江盛开者为僚寀，日共赓吟，情谊甚密。唐宋璟未相时，于从父东川官舍，见郡人一本，

---

① 掺，应作"操"。"四库全书"〔明〕王冕《竹斋集》续集《梅先生传》作"操"。

性姿素朴，仪容古雅，请为忘年交，作文美之。其后，有名九英者，与白乐天、元稹、杜甫辈相友善，京师谓之连璧。九英女琼姬居罗浮，唐时有九英梅。择（偦）〔婿〕。名士赵师雄月夜过之，遂定婚媾，世传为奇遇。宋有奇男子，同林和靖隐孤山，甘淡泊，忘势利。和靖为诗美其行，今载集中。再传曰墨，始策为吏，除守衡州，宣德泽及于民，有甘棠之思，卒绘其像，民间多奉祀之。白有远族，因秦俗，家贫子壮，分赘杨氏，厥类尤蕃，生子虽状貌不类白，而气味相似，故亦见珍于世。知春字儒华，衡州十世孙，生而骨骼清癯，骼，音格。丰神洒落，虽边幅不修，而天然标格，自出风尘之表。性慧，善推步星数。每岁天子将颁春历，辄先以消息吐白，人间世以其知春候，故名之。为人孤洁，不交尘俗，惟与蜀人叶恒盛、卫人管若虚为耐久朋。尝曰："吾虽不见用于治朝，亦当魁芳誉于天下。"一日，恒盛、若虚闻之，曰："吾闻智者不失时，勇者不失势，阳德方亨，皆争怜角宠，而子若不闻。逮夫肃杀逞，众芳谢，子顾抗颜独出，此何以故？"曰："窃闻之，有赫赫之誉者发必浅，无彰彰之名者养必深。与其扬金石于郑卫交奏之时，孰若援舜琴而独鸣？播德馨于桃李暄妍之场，孰若蕴兰芳而独写？是故使避秦皆商山，则孰为汉廷之萧曹？不仕隋皆河汾，则谁为唐室之房杜？当时闻其名者，多跨蹇踏雪寻访，至有取其连枝，令美童肩负，馆之华堂静室，礼对阁笔平章，不逾日则敛容而去。知春惟林居简出，谢绝纷华，日以甘酸酝酿，成就诸子之德，实思以弘先人调鼎之业云。洪磻。　记：梅，天下尤物。无问智、贤、愚、不肖，莫敢有异议。学圃之士，必先种梅，且不厌多。他花有无多少，皆不系重轻。余于石湖玉雪坡，既有梅数百本，比年又于舍南买王氏偍舍七十楹，尽拆除之，治为范村，以其地三分之一与梅。吴下栽梅特盛，其品不一，今始尽得之。随所得为之谱，以遗好事者。范成大。　洪崖仙尉隐于大庾之峤，长子孙者累数百祀，跨踞南北，绵邈远近，夏晔冬蒨，日衍以蕃。客有过之者，始见之若聚焉，继见之若邑焉，滋茂弗已。宋守赵孟蒨氏见而称之曰："若是其稠乎？是可国也。"于是建国号曰梅，奄一方而有之，封域视古宋卫。然其国与诸国异，有父子兄弟而无君长，有疆围山川而无城（廒）〔郭〕，有荣瘁盛衰而无征伐，有风雨霜露而无耕穫，有大小短长、纵横曲直而无妍媸，其居结瑶而构琼，其俗撷芳而嚼馥，其服被缟而曳素，往往搜冥寄远，埃壒之地弗处。世慕其洁，至假冰玉神仙以为喻，国于南州而性独耐寒，虽加以严霜暴霰不能虐也。自肇国以来，辄隶于职方，岁遣子修贡于廷，累代嘉之，听梅氏自为治，弗夺其土，于是国益庶且大。初，梅氏以鼎味荐于商，商道赖以复兴。周人得其名于谣，以列于司乐者，由是声重天下，华实既符，今古同赏。或谓其风韵独胜，或谓其神形俱清，或谓其标格秀雅，或谓其节操（疑）〔凝〕固，如宋广平、杜少陵、林和靖诸名贤，皆与梅氏为方外友类，形诸篇什以摹写情状。然其所得，不过一村、一圃、一林、一木之胜，而未有以国名者。自梅氏有国，而其散处于海内者，咸列于附庸，冈或先焉。立国既久，梅氏之英，庾山之灵，相与求其主。刘先生挺生南服，出而临之，而国于是乎有主。先生犹不敢当，曰："吾，梅花国人也。或请于先生，敢问宅是国何义也？"先生曰："吾之所取，于梅氏者有五善焉：博于济物，仁也；不挠于时，义也；生不相陵，礼也；审于择友，智也；出不愆其期，信也。此吾之所以独乐于梅，不徒臭味之合而已。若夫桑梓之所诏，鞶带之所佩，朝夕之所玩，几案之所咏，皆取足于是，而梅也无役不供，亦惟求吾适耳，奚其主？”问者曰：“梅生数千年乃有国，复数百年乃有主。主是邦者，非先生其谁？天下不被梅之泽者久矣，今世所赖于梅者，微先生孰能尽其用乎？幸矣，先生之主斯国也！且昔人有所谓乌衣槐安者，徒托诸寓言，皆《齐谐》之流，非所以语于道也。先生之国以实不以名，以道不以物，吾益嘉先生之善为斯国主也。”先生笑而不答，因书以为记。姚涞。姚公号明山，慈溪人。状元。　赋：层城之宫，灵苑之中，奇木万品，庶草千丛，光分影杂，条繁干通。寒圭变节，冬灰徙筒，并皆枯悴，色落催风。年归气新，摇芸动尘，梅花特早，偏能识春。或承阳而发荅，乍杂雪而被银。吐（衷）〔艳〕① 四照之林，舒荣五衢之路。既（土）〔玉〕缀而珠离，且冰悬而雹布。叶嫩出而未成，枝抽心而插故。摽半落而飞空，香随风而远度。挂靡靡之游丝，杂霏霏之晨雾。争楼上之落粉，夺机中之织素。乍开花而傍巘，或含影而临池。向玉阶而结采，拂网户而低枝。于是重闺佳丽，貌婉心娴。怜早花之惊节，讶春光之遣寒。夹衣始薄，罗袖初单。折此芳花，举兹轻袖。或插鬓而问人，或残枝而相授。恨鬟前之太空，嫌金钿之转旧。顾影丹墀，弄此娇姿。洞开春牖，四卷罗帷。东风吹梅畏落尽，贱妾为此敛蛾眉。花色持相比，恒愁恐失时。梁简文帝。　垂拱三年，予春秋二十有五，战艺再北，从父之东川，授馆官舍。有梅一本，敷花于榛莽中。喟然叹曰：“呜呼！斯梅托根非其所，出群之姿何以别乎？若其贞心不改，是则可取也已。”感而成兴，遂作赋曰：高斋寥阒，岁晏山深。景翳翳以斜度，风悄悄而乱吟。坐穷荒其用遣，进一觞而孤斟。步前除以彳亍，彳，音赤。亍，音触。倚黎杖于墙阴。蔚有寒梅，谁其封植？未绿叶而先葩，抽青枝于荣卉。光分影布，冰玉一色。胡杂遝乎众草，又芜没乎丛棘？匪王孙之见幻，羌洁白其何极！若夫琼英缀雪，绛萼著霜，俨如傅粉，是谓何郎？清香潜袭，疏蕊暗嗅，又如窃香，是谓韩寿。冻雨晚湿，宿露朝滋，又如英皇，泣于九嶷。爱日烘晴，明蟾照夜，又如神人，来从姑射。烟晦晨昏，阴霾昼闭，又如通德，掩袖拥髻。狂飙卷沙，飘素摧柔，又如绿珠，轻身坠楼。半开半含，非默非言，温伯雪子，目击道存。或俯或仰，匪笑匪怒，东朝顺子，正容物悟。或憔悴若灵均，或欹傲若曼倩，或妩媚若文君，或轻盈若飞燕。口吻雌黄，拟议殆遍。彼其艺兰兮九畹，采蕙兮五柞。缉之以芙蓉，赠之以芍药。玩小山之丛桂，掇芳洲之杜若。是皆物出于产之奇，名著于风人之托。然而艳于春者，望秋先瘁；盛于夏者，未冬而萎。或朝蕣而速谢，或夕秀而遂衰。曷若兹卉，岁寒特妍！冰凝涸冱，擅美专权。相彼百花，孰敢争先？莺语方涩，蜂房未喧。独步早春，自全其天。至若措迹隐深，寓形幽绝；耻邻市廛，甘遁岩穴。江仆射之孤灯向壁，不可凄迷；陶彭泽之三径投闲，曾无悁结。贵不移于本性，方有俪于君子之节。聊染翰以寄怀，用垂示于来哲。从父见而勖之曰：“万木僵仆，梅英载吐，玉立冰姿，不易厥素。子善体物，永保贞固。”宋广平。　歌：食檗不易食梅难，檗能苦兮梅能酸。未知生别之为难，苦在心兮酸在肝。晨鸡载鸣残月没，征马重嘶行人出。回看骨肉哭一声，梅酸檗苦甘如蜜。黄河水白黄云秋，行人河边相对愁。天寒野旷何处宿，棠梨叶战风飕飕。生离别，忧从中来无断绝。忧积心劳血气衰，未年三十生发白。白居易。　诗五言：江路野梅香。　夜雪巩梅春。杜甫。　梅

① 衷，应作“艳”。“四库全书”《汉魏六朝百三家集》卷八二上引梁简文帝《梅花赋》作“艳”。

花残腊月。孟浩然。　学妆如少女，聚笑发丹唇。梅圣俞。　何当看花蕊，欲发照江梅。杜子美。　琼枝小雪天，分外精神好。朱希真。　冷香无宿蕊，秾艳有繁枝。朱晦庵。　衔霜当路发，映雪凝寒开。枝横却月观，花绕凌风台。何逊。　墙角数枝梅，凌霜独自开。遥知不是雪，唯有暗香来。王荆公。　姚黄花中王，芍药为近侍。我当品江梅，真是花御史。刘行简。　砌雪无消日，卷帘时自覃。庭梅对我有怜意，先露枝头一点春。侯夫人。　数萼初含雪，孤标画本难。香中别有韵，清极不知寒。横笛和愁听，斜枝倚病看。朔风如解意，容易莫摧残。崔道融。　江南近腊时，已亚雪中枝。一夜欲开尽，百花犹未知。人情皆共惜，天意不教迟。莫讶无浓艳，芳筵正好吹。熊曒。　筑圃双林畔，看花百卉先。含春俱绰约，缀雪转清妍。景弄孤山月，香分庾岭天。任教催白发，索笑自年年。申瑶泉。　潦倒鹿裘寒，探梅草未干。拈花先命酒，钓雪戏投竿。客去鸟声碎，山高屐齿删。不辞松底卧，一任老袁安。陈眉公。　石溜日涓涓，微波生晓烟。暗香浮旭旦，疏影自何年。未结罗浮梦，先征兜率缘。红英映碧水，疑是散花天。王某臣。　七言：梅花色白雪中明。江总。　方疑樊素桃初熟，却讶真妃酒半酣。《白氏集》。　丹心直与劲节侣，疏影共浸清涟漪。王梅溪。　天姿约略带春醒，便觉花容太柔婉。　月浸寒枝香冉冉，露浮红萼晓团团。参寥。　梅花落处疑残雪，柳叶开时任好风。杜审言。　岂惟幽光留夜色，直恐冷艳排冬温。东坡。　额黄映日明飞燕，肌粉含风冷太真。王介甫。　雪满山中高士卧，月明林下美人来。高季迪。　万花敢向雪中出，一树独先天下春。杨廉夫。　雪中未问调羹事，先向百花头上开。王曾。　绣衣屡许携家酝，皂盖能忘折野梅。沙村白雪仍含冻，江县红梅已放春。杜甫。　紫府与丹来换骨，春风吹酒上凝脂。方于适。　雪虐风饕水浸根，石间尚有古苔痕。天公未肯随寒主，又孽清香与返魂。唐僧人。　晚来窗外放新梅，花自香来人未回。寂寞鲛绡更漏永，王孙何事不思归。马维铭。　空庭一树影横斜，玉瘦香寒领岁华。解道广平心似铁，古来先已赋梅花。王世贞。　欲折梅花寄别愁，几重关塞路悠悠。妾心愿托青天月，独寄春情到陇头。孙齐之。　楼窗不启少风吹，楼外梅花多雨时。待得言归人已病，开书犹订百年期。俞琬纶。　腊破春从碧海回，人人争爱说花魁。如何费尽平章力，不道人间有绿梅。张铭盘。张公名新太，仓州人。主事。　年来芳信负红梅，江畔垂垂又欲开。珍重多情关令尹，直和根拨送春来。东坡。　何处曾临阿母池，深将绛雪点寒枝。东墙羞颊逢谁笑，南国酡颜强自持。毛东堂。　谁将醉里春风面，换却平生玉雪身？赖得月明留瘦影，苦心冰骨见天真。杨平州。　紫府移来姹早芳，玉容寂寞试红妆。花含晓雨胭脂湿，枝绕春风绛雪凉。《桂水集》。　寒香冷艳缀轻枝，误认夭桃未放时。盛饰霓裳陪越女，不施粉黛抹胭脂。徐介轩。　轻盈弄月醉霞觞，娇软酡颜褪晚妆。缟素丛中红一点，好花终是不寻常。前人。　村边杨柳已拖黄，一路云埋旧讲堂。偶向梅花村里度，芒鞋到处雪痕香。陈眉公。　小苑红梅刺眼新，一枝分作峡江春。长安驿骑知何限，天上于今少故人。王世贞。　近水穿篱压众芳，檀心一点漏春光。世情多厌冰霜面，故作东风冶艳妆。谢文爵。　姑射仙人白雪姿，曾随王母赴瑶池。归来犹带长生酒，独立春风醒自迟。青衫血泪点轻纱，吹入林逋处士家。岭上梅花三百树，一时应变杜鹃花。小青女郎。　幽香淡淡影疏疏，雪虐风饕只自如。正是花中巢许辈，人间富贵不关渠。闻道梅花坼晓风，雪堆遍满四山中。何方可化身千亿，一树梅前一放翁。俱陆放翁。　洗尽铅华见雪肌，要将真色斗生枝。檀心已作龙涎吐，玉颊何劳獭髓医。东坡。　不受尘埃半点侵，竹篱茅舍自甘心。只因误识林和（静）〔靖〕，惹得诗人说到今。王篡骑。　玉手纤纤捧玉杯，仙郎南去几时回。天涯到处生芳草，须记凌寒雪里梅。刘文光。　一树寒梅白玉条，迥临村坞傍溪桥。应缘近水花先发，疑是经春雪未消。戎昱。　一段清香蔼禁闱，几枝疏影照寒晖。玉堂不让孤山趣，雪骨冰魂对紫薇。罗一峰。罗公名伦，江西永丰人。状元。　草堂少花今欲栽，不问绿李与黄梅。石笋街中却归去，果园坊里为求来。　东阁官梅动诗兴，还如何逊在扬州。此时对雪遥相忆，送客逢春可自由。幸不折来伤岁暮，若为看去乱乡愁。江边一树垂垂发，朝夕催人自白头。俱杜甫。　吟怀长恨负芳时，为见梅花辄入诗。雪后园林才半树，水边篱落忽横枝。人怜红艳多应俗，天与清香似有私。堪笑胡雏亦风味，解将别调角中吹。　众芳摇落独暄[①]妍，占尽东风向小园。疏影横斜水清浅，暗香浮动月黄昏。霜禽欲下先偷眼，粉蝶如知含断魂。幸有微吟可相狎，不须檀板共金樽。俱林逋。　娇朱浅碧透烟光，瘦倚疏篁出半墙。雅有风情胜桃李，巧合春思避冰霜。融明醉脸笼轻晕，敛掩仙裙蹙嫩黄。日暮风英堕行袂，依稀如着领巾香。连石器。　结子非贪鼎鼐尝，偶先红杏占年芳。从教腊雪埋藏骨，却恐春风漏泄香。不御铅华知国色，只裁云缕想仙妆。少陵为尔牵诗兴，可是无心赋海棠。王介甫。　家是江南友是兰，水边月底怯新寒。画图省识惊春早，玉笛孤吹怨夜残。冷澹合教闲处着，清癯难遣俗人看。相逢剩作樽前恨，索笑情怀老渐阑。　月地云阶暗断肠，知心谁解赏孤芳。相逢只怪影亦好，归去始惊身染香。渡口耐寒窥净绿，桥边凝怨立昏黄。与卿俱是江南客，剩欲樽前说故乡。俱陆放翁。　上人自恨探春迟，不见檀心未吐时。丹鼎夺铅那是宝，玉人颊颊更多姿。抱丛暗蕊初含子，落盏秾香已透肌。乞与徐熙画新样，竹间璀璨出斜枝。东坡。　断魂只有月明知，无限春愁在一枝。不共人言唯独笑，忽疑君到正相思。歌残别院烧灯夜，妆罢深宫揽镜时。旧梦已随流水远，山窗聊复伴题诗。高启。　吴王醉处十余里，照野拂衣今正繁。经雨不随山鸟散，倚风疑共路人言。愁怜粉艳飘歌席，静爱寒香扑酒尊。欲寄所思无好信，为君惆怅又黄昏。罗隐。　欲问梅花上苑迟，座中南客重相思。开帘署有青山色，对酒人如白雪枝。驿使书来春不见，仙郎梦断月应知。偏惊直北多烽火，昨夜关山笛里吹。李于鳞。　由来王氏人多癖，我爱梅花癖最深。新构小楼偏有韵，移来几树欲成阴。村人近解呼梅里，胜客相将拟竹林。莫讶莺啼犹未起，纵然蝶化也相寻。王凤雏。　似是梨枝靠杏芽，又飞柳絮裹桃花。嵰山甜雪仙娥频，玉座丹砂道士家。岂为秾香非素质，故将冰蕊当铅华。广平心事坚如铁，作赋何妨妖媚奢？　怕愁贪睡独开迟，自恐冰姿不入时。故作小红桃杏色，尚余孤瘦雪霜姿。寒心未肯随春态，酒晕无端上玉肌。诗客不知梅格在，更看绿叶与青枝。　雪里开花却是迟，如何独占上春时。也知造物含深意，故与施朱发妙姿。细雨裹残千颗泪，轻寒瘦损一分肌。不应便杂天桃杏，半点微酸已着枝。俱雷何思。雷公名思霈，夷陵人。简讨。　庾岭春姿占早芳，梁园夜色转辉光。氍毹已见花如霰，莹洁还疑玉有香。积处寒侵姑射骨，融来暗洗寿阳妆。此时独对遥相忆，吹笛关山总断肠。申瑶泉。　花信风娇花事迟，梅花春半未盈枝。暗香稍稍能相媚，冷蕊娟娟不自持。影落清池摇水

---

① 暄，底本为墨丁，据"四库全书"〔宋〕吕祖谦编《宋文鉴》卷二四《七言律诗》引林逋《小园梅花》补。

镜，标凝残雪瘦琼姿。细看疑是罗浮夜，月淡参横恼梦思。张虚庵。 瑶台仙妹畏姚妒，化作君庭双玉树。大庾万条看更俗，陇头一阕吹不堕。张果鲵齿如编银，要与此树争丰神。飞觞三雅媚残月，摇笔片语开新春。有子移根奉温室，皎皎冰姿射霜日。莫言子作书生酸，要与君王调鼎实。王世贞。 西湖处士骨应槁，只有此诗君压倒。东坡先生心已灰，为爱君诗被花恼。多情立马待黄昏，残雪消迟月出早。江头千树春欲暗，竹外一枝斜更好。孤山山下醉眠处，点缀裙腰粉不扫。万里春随远客来，十年花送佳人老。不如风雨卷春归，收拾余香还畀昊。东坡。 钱君手出画梅卷，零风点雪寒芳敛。老干横生色如铁，空山月抹孤根远。古今谁得传梅神，开卷琼英寒逼人。漫夸范致能为谱，长老华光差得真。一幅一枝不为少，逐毫乱落夺天巧。影灭香销破碧虚，（合）〔含〕飘出雾何缥缈。逌翁湖山诗思清，扬州东阁最含情。瘦花数点应难谢，不受江关笛里声。于忿东。 词：两岸月桥花半吐，红透肌香，暗把游人误。尽道武陵溪上路，不知迷入江南去。 先自冰霜真态度，何事枝头，点点胭脂污？莫是东君嫌淡素，问花花又娇无语。真西山《蝶恋花》。 玉妃春醉，夜寒吹堕，江南风月。一自情留馆娃宫，在竹外、尤清绝。 贪睡开迟风韵别，向杏花休说。角冷黄昏艳歌残，（拍）〔怕〕惊落、燕脂雪。高竹屋《留春令》。 当日岭头相见处，玉骨冰肌元淡伫。近来因甚要浓妆，不管满城桃杏妒？ 酒晕晚霞春态度，认是东君偏管顾。生罗衣裰为谁羞，香冷熏炉都不觑。毛东堂《木兰花》。 好睡慵开莫厌迟，自怜冰脸不时宜。偶作小红桃杏色，闲雅，尚余孤瘦雪霜姿。 休把闲心随物态，何事，酒生微晕沁瑶肌。诗老不知梅格在，吟咏，更看绿叶与青枝。东坡《定风波》。 峤南江浅红梅小，小梅红浅江南峤。窥我向疏篱，篱疏向我窥。 老人行即到，到即行人老。离别惜残枝，枝残惜别离。东坡《菩萨蛮》。 雨洗胭脂，被年时、桃花杏花占了。独惜野梅，风骨非凡，品格胜如多少。探春常恨无颜色，试浓抹、当场索笑。趁时节，千般冶艳，是谁偏好？ 直与岁寒共保，问单于、如今几分娇小？莫怪山人，不识南枝，红玉自来同调。岂须摘叶分明认，又何必、拈枝比较。恐桃李、开时妒他太早。马古州《花心动》。 喜轻渐初绽，微和渐入、效原时节。春消息，夜来陡觉，红梅数枝争发。玉溪珍馆，不是个、寻常标格。化工别与、一种风情，似匀点胭脂，染成香雪。 重吟细阅，比繁杏天桃，品流终别。可惜彩云易散，冷落谢池风月。凭谁向说，三弄处、龙吟休咽。大家觅取、时倚阑干，闻有花堪折，劝君须折。杜安世《折红梅》。 素约小腰身，不奈伤春，疏梅影下晚妆新。袅袅娉娉何样似，一缕轻云。 歌巧动朱唇，字字娇嗔。桃花深径一通津。怅望瑶台清夜月，还送归轮。李易安《雨中花》。 醉兮琼瀣浮觞些，招兮遣巫阳些。君毋去此，飓风将起，天微黄些。野马尘埃，污君楚楚，白霓裳些。驾空兮云浪，茫洋东下，流君往、他方些。 月满兮西厢些，叫云兮、笛凄凉些。归来兮为我，重倚蛟背，寒鳞苍些。俯视春红，浩然一笑，吐出香些。翠禽兮弄晓，招君未至，我心伤些。蒋胜欲《招落梅魂·水龙吟》。

林檎，一名来禽，一名文林郎果，一名蜜果，一名冷金丹。生渤海间。此果味甜，能来众禽于林，故有林檎、来禽、蜜果之号。又唐高宗时，纪王李谨得五色果，似朱奈，以贡。帝大悦，赐爵文林郎，人因呼为文林郎果。以奈树搏接。二月开粉红花。子如奈，小而差圆，六七月熟，色淡红可爱。有甜、酸二种，有金、红、水、蜜、黑五色。甜者早熟，而味脆美；酸者熟较晚，须烂方可食。黑者如紫柰。有冬月再实者。熟时脯干，研末，点汤服，甚美，名林檎炒。性甘，温。下气消渴，多食胀满。临邑邢茂材名王路，食之多，遂至殒命。或云食多觉膨胀，并嚼其核即消。一云食其子令人心烦。生者食多生疮疖。

制用。林檎百枚，蜂蜜浸十日，取出，别入蜂蜜五斤、细丹砂末二两，搅拌，封泥一月，出之阴干，饭后酒时食一两枚，甚妙，名冷金丹。《清异录》。　收藏：林檎每百颗取二十颗挼碎，入水同煎。候冷，纳净瓮中浸之，密封瓮口，以浸着为度，可久留。《家塾事亲》。　枇杷、林檎、杨梅等果，用腊水同薄荷一握、明矾少许入瓮内，投果于中，颜色不变，味更凉爽。《便民图纂》。

疗治。水痢不止：林檎半熟十枚，水二升，煎一升，并林檎食。　小儿下痢：林檎、构子同杵汁，任意服。　小儿闪癖，头发觉黄，极瘦弱者：干林檎脯研末，和醋傅之。

典故。青李、来禽子皆囊盛为佳，函封多不生。王右军。　儿子迈幼时尝作《林檎》诗云："熟颗无风时自脱，半腮迎日斗先红。"于等辈中亦号有思致者，今已老，无他技，但亦时出新句。尝作酸枣尉。有诗云："叶随流水归何处？牛带寒鸦过别村。"亦可喜也。

丽藻。散语：生于王井之侧，出自金膏之地。梁孝威。　诗五言：镜调娇面粉，灯泛高笼缬。元微之。　直疑风起舞，飞去替行云。郑谷。　春花秋更开，夏实冬还结。物理固难常，人意自为尊。梅圣俞。　积蠹无全叶，疏丛有瘁茎。偶来庭树下，重看露葩荣。前人。　七言：东风也作清明意，开遍来禽一树花。灿灿来禽已着花，芳根谁徙向天涯。好将青李相遮映，风味应同逸少家。刘屏山。　东坡居士未归时，自种来禽与青李。五年不踏江头路，梦逐东风泛蘋芷。东（皮）〔坡〕。　来禽花高不受折，满意清明好时节。人间风日不贷春，昨暮胭脂今日雪。舍东芜菁满眼黄，蝴蝶飞去专斜阳。妍媚都无十日事，付与梧桐一叶凉。陈简斋。　词：落花已作风前舞，又送黄昏雨。晓来庭院半残红，惟有游丝千丈、舞长空。　殷勤花下重携手，更尽尊中酒。美人不用敛愁眉，我亦多情无奈、酒阑时。叶少蕴《虞美人》。　香肌丰腴韵，多香足，绿匀红注。剪取东风入金盘，断不买、临邛赋。　宫锦机中春富俗，劝玉环休妒。等得明朝酒消时，是闲澹① 雍容处。史邦卿《留春令》。

柰，一名频婆，婆，音波。频婆，端好也。与林檎一类而二种。江南虽有，西土最丰。树与叶皆似林檎，而实稍大，味酸，微带涩。可栽，可压，可以接林檎。白者为素柰，赤者为丹柰，又名朱柰，青者为绿柰，皆夏熟。性寒，多食令人肺寒膨胀，病人尤甚。

制用。西方多柰。收切，曝干作脯，畜积为粮，谓之频婆粮。郭义恭《广志》。　又取熟柰纳瓮中，勿令蝇入。六七日待烂，以酒腌，痛拌如粥，下水更拌，滤去皮子。良久，去清汁，倾布上，以灰在下引汁尽，划开，日干，为末，调食物，甘酸可食。同上。　以柰捣汁涂缯上，曝燥取下，色如油，名柰油。刘熙《释名》。　今关西人以赤柰、

---

① 澹，底本为墨丁，据"四库全书"［宋］史达祖《梅溪词》录《留春令》补。

楸子取汁涂器中，曝干，名果单，味甘酸，可以馈远。时珍《纲目》。

典故。凉州有冬柰，色微碧，大如兔头。《白孔六帖》。 上林苑紫柰大如升，核紫，花青，汁如漆，著衣难浣，名脂衣柰。《西京杂记》。 南岳夫人还玉台山，王子乔等并降。夫人与四真人为宾主，设三玄素柰。

丽藻。散语：轻笼熟柰香。 宿阴繁素柰，过雨乱红蕖。俱杜甫。 诗四言：江南郡蔗，酿液丰沛。三巴黄甘，瓜州素柰。凡此素品，殊美绝快。渴者所思，铭之常戴。晋·张载。 五言：成都贵素质，酒泉称白丽。红紫夺夏藻，芬芳掩春蕙。映日照新芳，丛林抽晚蒂。谁为重三珠，终焉竞八桂。不让圆丘中，粲洁华庭际。梁·褚沄。 俱荣上节初，独步高秋晚。吐绿变衰园，舒红摇落苑。不逐奇幻生，宁从吹律暖。幸同瑶华折，为言聊赠远。梁·谢瑱。

苹果，出北地，燕赵者尤佳。接用林檎体。树身耸直，叶青似林檎而大。果如梨而圆滑，生青，熟则半红半白，或全红，光洁可爱玩，香闻数步，味甘松。未熟者食如棉絮，过熟又沙烂不堪食，惟八九分熟者最美。

收藏。取略熟者收冰窖中，至夏月味尤甘美。秋月切作片，晒干，过岁食亦佳。

梨，一名果宗，一名快果，一名玉乳，一名蜜父。北地处处有之。树似杏，高二三丈。叶亦似杏，微厚，大而硬，色青光腻，老则斑点。二月间开白花如雪，六出。出，音缀。上巳日无风，则结梨必佳。有二种：瓣圆而舒者果甘，缺而皱者味酸。果圆如榴，顶微凹，无尖瓣。性甘，寒，无毒。润肺凉心，消痰降火，解疮毒、酒毒。乳梨出宣城，皮厚肉实而味长。鹅梨出河之南北，皮薄浆多，味颇短，香则过之。二梨皆入药。其余水梨、赤梨、青梨、茅梨、甘棠、御儿梨、紫糜梨、阳城夏梨、秋梨，种类非一。他如紫梨、植瑶光楼前。香水梨、出北地，最为上品。张公夏梨、出洛阳北邙，海内止一树。广都梨、巨野豪梨、重六斤。新丰箭谷梨、京兆谷中梨、率多供御。味、色、香种种奇绝，未可悉数。一种桑梨，止堪同蜜煮食，生食冷中不益人。

种梨。梨熟时全埋之，经年，至春生芽。次年分栽，多著熟粪及水。至冬叶落，附地刈之，以炭火烧头，二年即结子。若穋①生，穋，音吕。及种而不栽，则结子迟。每梨有十余子，惟二子生梨，余皆生杜。 栽梨：春分前十日，取旺梨笋如拐样，截其两头，火烧铁器，烙定津脉，卧栽于地，即活。 接梨：取棠杜如臂以上者，大者接五枝，小者二三枝。梨叶微动为上时，欲开莩为下时。先作麻绳缠十数匝，以小利钜②截杜，令离地五六寸，将原干用利刃贴皮劙开，劙，音离。尖竹签刺入皮木之际，令深一寸许。预取结梨旺嫩枝向阳者，长五六寸，削如马耳，名曰梨贴，用口含少时，以借其气，插入杜树孔中，大小长短削与所刺等。拔出竹签，即插梨，贴至所探处，缚紧，勿动摇，以绵裹杜树顶，封熟泥于上，以土培覆，令梨仅出头，仍以土壅四畔。当梨上沃水，水尽，以土覆之，务令坚密。梨枝甚脆，培土时须谨慎。若着掌，则芽折。梨贴须去黑皮，勿伤青皮，伤青皮则不活。梨既生，杜傍有叶即去之，勿分其力。月余自发长，即生梨。梨生，用箬包裹，勿为象鼻虫所伤。又云：凡接梨，园中用旁枝，

---

① 穋，同"稑"，谷物种子落地自生，野生。
② 钜，通"锯"。

叶得四散；庭前用中心，取其枝干直上。用根边小枝，树形可喜，五年方结子。用鸠脚老枝，三年即结子，但树丑。若远道取贴，根下烧三四寸，可行数百里犹生。　藏梨：初霜即收，多经霜不能至夏。于屋下掘深窖坑，底无令润湿。收梨在中，不须覆盖，便可经夏。摘时须好接，勿令损伤。　梨与萝菖相间收，或削梨蒂种于萝菖内藏之，皆可经年不烂。《物类相感志》。　就树上以囊包裹，过冬乃摘，亦妙。《本草纲目》。

制用。凡酸梨，换水煮熟，则甜美不损人。　西路产梨处取甜梨，去皮，切作厚片，火焙干，谓之梨花，允为佳果，可充贡。俱王祯《农书》。

疗治。消渴饮水：香水梨，或鹅梨、雪梨皆可，取汁，以蜜汤熬成瓶收，无时以热水或冷水调服，愈，乃止。　卒得咳嗽：好梨去核，捣汁一碗，入椒四十粒，煎一沸，去渣，纳黑饧一大两，消讫，细细含咽，立愈。又法：梨一颗，刺五十孔，每孔纳椒一粒，面裹，灰火煨熟，停冷，去椒食。又方：去核，纳酥、蜜，面裹，烧熟，冷食。又方：切片，酥煎食。又方：捣汁一升，入酥、蜜各一两，地黄汁一斤，煎成含咽。凡治嗽，须喘急定时，冷食之。若热食，反伤肺，冷嗽更剧，不可救。又：作羊肉汤饼饱食之，佳。　痰喘气急：梨剜空，纳小黑豆令满，留盖合住系定，糠火煨熟，捣作饼。每日食，至效。　暗风失音：生梨捣汁一盏，日再服。　小儿风热，昏懵躁闷，不能食：用消梨三枚切破，以水二升煮，取汁一升，入粳米一合，煮粥食。　赤目努肉，日夜痛者：取好梨一颗捣汁，绵裹黄连片一钱浸汁，仰卧点之。　赤眼肿痛：鹅梨一枚捣汁，黄连末半两，腻粉一字，调匀绵裹，浸梨汁中，日日点。　反胃转食，药物不下：用大雪梨一个，丁香十五粒刺入梨内，湿纸包四五重，煨热食。　伤寒瘟疫，已发、未发：用梨木皮、大甘草各一两，黄秫谷一合，为末，锅底煤一钱。每服三钱，白汤下，日二服，取愈。　霍乱吐痢：梨枝煮汁饮。　气从脐起上冲，胸满气促郁冒：用梨木灰、伏出鸡卵壳中白皮、紫苑、麻黄去节，等分，为末，糊丸桐子大。每服十九，酒下。亦可为末，服方寸匕，或煮汤服。又治结气咳逆三十年者，服之亦瘥。

典故。太上之药有玄光梨。《汉武内传》。　汉武樊川园一名御宿，有大梨如五升器，落地即碎。取者以布囊承之，名含消。　上林苑有青玉梨、金柯梨、缥蒂梨、柴条梨。《西京杂记》。　上林苑有瀚海梨，出自瀚海，耐寒不枯。同上。　淮北荥阳河济之间千树梨，其人与千户侯等。《史记》。　太康中，玄圃园有梨树四株，其枝与中条合生。皇太子令侍臣作颂。《晋史》。　东方有梨，实径三丈，剖之白如素，食之为地仙。《神异经》。　涂山之北有梨大如斗，紫色，千年一花，冬月乃实，煎之有膏，食者身轻。《洞冥记》。　魏武为兖州牧，上书曰："山阳有美梨，谨上三箱。"《魏书》。　真定郡梨大若拳，甘若蜜，脆若菱，可以解烦消悁。悁，音倦。《魏文帝诏》。　西川署中有千叶红梨花无人赏识。朱郎中知郡，始立栏槛，命坐客赋之。《西川志》。　洛阳梨花时，人多携酒树下，曰为梨花洗妆。或至买树。《洛阳记》。　侯穆有诗名，因寒食郊行，见数少年共饮于梨花下。穆长揖就坐，众皆哂之。或曰："能诗者饮。"乃以梨花为题。穆信口而成。众客阁笔。　梁绪梨花时折花簪之，压损帽檐，至头不能举。　桓南郡每见人不快，辄嗔曰："君得哀家梨，当复不蒸食否？"秣陵有哀家梨，大如升，甚美，入口即消。言愚人不辨美恶，得好梨必蒸食之。《晋书》。　青田村人家多种梨树，大一围五寸。恒供御，名御梨。《永嘉记》。　道安公尝集讲僧数百人，习凿齿饷十梨。公坐中，手自剖分，梨尽人遍，都无偏颇。《世说》。 武后季秋出梨花示群臣，宰相皆贺。杜景全独曰："阴阳不相夺，伦渎则为灾，故曰'冬无愆阳，夏无伏阴，春无（妻）〔凄〕风，秋无苦雨'。今草木黄落，而梨复花，渎阴阳也。" 一士人状若有疾，恹恹无聊，往谒杨吉老求（胗）〔诊〕。杨曰："君热症已极，气血销铄，此去三年当以痈死。"士人不乐而去，闻茅山有道士医术通神，而不欲人知，乃衣仆人衣诣山，愿执薪水之役。道士留置弟子中。久之，以实白道士。（胗）〔诊〕之，笑曰："汝便下山，日日吃好梨一颗。如无生梨，取干梨煮熟，食滓饮汁，疾自当平。"士人如其戒，经一岁，复见杨。杨见其颜貌腴泽，脉息和平，惊曰："君必遇异人，不然岂有痊理。"士人告以故。吉老具衣冠，望茅山设拜，自咎其学之未至。 杭州之俗，酿酒趁梨花开时熟，号梨花春。《长乐集》。 天宝中，上命宫中女子数百人为梨园弟子。《明皇杂灵》。 玄宗至马嵬驿，令高力士缢贵妃于佛殿之梨树下。《唐史》。 肃宗尝夜坐，召颖王等三弟同坐地炉。时李泌方绝粒，上自烧二梨以赐之。颖王等曰："臣等请联句，以为他年故事。"上许之。颖王曰："先生年几许，颜色似童儿？"信王曰："夜抱九仙骨，朝披一品衣。"一王曰："不食千钟粟，唯餐两颗梨。"上曰："天生此间气，助我化无为。" 唐武宗患心热，百药不效。青城山邢道人以紫花梨绞汁进，帝饮之遂愈。复求之，不可得。常山郡忽有一株，因缄封以进。帝食之，解烦躁殊效。岁久木枯，不复有种。 房次律弟子金图十二岁时，次律问（郭）〔葛〕洪仙篆中事，以水玉数珠手节之，凡两遍三百事。次律赏以转枝梨。《童子神通集》。 崔远文才清丽，风神峻整，当时目为钉坐梨，言席上之珍也。《唐书》。 王玄谟征滑台，以布一匹责民八百梨。《宋书》。 河中府上贡凤栖梨。《地理志》。 宋废帝大始中，江南盛传消梨，先无此树，自此百姓争植之，既而后齐萧氏受禅。《广五行志》。 李昇本姓徐，为安吉令。其家结一梨，大如升。会邻里共食，即席剖之，中有赤蛇，忽走入卧房榻下，寻不见。未几，其妻有孕，生知诰。 九仙殿银井有梨二株，枝叶交接，宫中呼为雌雄树。《金銮密记》。 余性雅爱梨花，而微恨其气不可嗅。吾地酷少此种，溶溶院落，何可无此君？终当致之。王敬美。

丽藻。散语：张公大谷之梨。潘岳。 味出灵关之阴，旨介玉津之滋。将恐帝台妙棠、安期灵枣，不得孤擅玉盘，独甘仙席。谢朓。 飞茂实于河阳，传芳名于金谷。紫涧称其殊旨，玄光表其仙族。卢照邻。 启：睢阳东苑，子围三尺；新丰箭谷，枝垂六斤。未有生因汾水，产自桐丘。影连邓橘，林交苑柿。远荐中厨，爱颂下室。事同灵枣，有愿还年；恐似仙桃，无因留核。庾子慎。 诗五言：色好胜梨颊。 梨花白雪香。杜甫。 梨花独送春。杜牧。 临风千点雪。周朴。 月色见梨花。山谷。 梨花春二月，杜宇夜三更。陈三屿。 尚记梨花村，依依闻暗香。欧阳公。 三月雪连夜，未应伤物华。只缘春欲尽，留着伴梨花。杜少陵。 淡客逢寒食，烟村烂熳芳。谪仙天上去，白雪世间香。王梅溪。 艳净如笼月，香寒未逐风。桃花徒点地，刚被笑颜红。钱起。 巧解迎人意，捷能乱蝶飞。春风时入户，几片落朝衣。皇甫冉。 园思前法部，泪湿旧宫妃。月白秋千地，风吹蛱蝶衣。强倾寒食酒，老渐觉欢微。梅圣俞。 沙头十日春，当年谁手种？风飘香味改，雪压枝自重。看花思食实，知味少人共。霜降百工休，把酒约宽纵。山谷。 玉垒称津润，金谷讶芳菲。讵意龙楼下，素蕊映朱扉。杂雨疑露落，因风似蝶飞。岂不怜飘坠，愿入九重闱。刘孝绰。 绿阴寒食晚，犹自满空园。

雨歇芳菲白，蜂稀寂寞繁。一枝横野路，数树出江村。怅望频回首，何人共酒樽。温宪。　共饮梨花下，梨花插满头。清香来玉树，白蚁泛金瓯。妆靓青蛾妒，光凝粉蝶羞。年年寒食夜，吟绕不胜愁。侯穆。　七言：风寒露重梨花湿。白居易。　梨花明白夜东风。宋子虚。　雨暗梨花春自光。孔方平。　乱飘梨雪晓来天。刘筠。　满楼明月梨花白。　梨花院落溶溶月，柳絮池塘淡淡风。古诗。　风入池塘落柳絮，月来院落伴梨花。《诗话》。　庭暗梨花疑有月，堤晴杨柳自生烟。陈三屿。　玉容寂寞泪阑干，梨花一枝春带雨。白乐天。　最似嬬闺少年妇，白妆素袖碧纱裙。前人。　独卧郡斋寥落意，隔帘微雨湿梨花。吕温。　闲吹玉殿昭华琯，醉折梨园缥蒂花。杜牧之。　梨花院落无人处，窃取宁王玉笛吹。张祐。　一片朝容粉面寒，雨余仍带泪阑干。曾文朝。　朝来红雨低含泪，竞写真妃寂寞妆。韩忠献。　常滋沆瀣生肌脆，不假胭脂上脸红。前人。　忽见梨花点缀开，萧然冷浸姮娥影。《玉山集》。　桃蹊惆怅不能过，红艳纷纷落地多。闻道郭西千树雪，欲将君去醉如何。韩退之。　洛阳城外清明节，百花落尽梨花发。今日相逢瘴海头，共惊烂熳开正月。前人。　槿篱芳艳近樵家，垅麦青青一径斜。寂寞游人寒食后，夜来风雨送梨花。温庭筠。　梨花淡白柳深青，柳絮飞时花满城。惆怅东篱一株雪，人生能得几清明。苏东坡。　青女朝来冷透肌，残春小雨更霏微。流莺怪的争来往，为掷金梭织玉衣。张芸叟。　冷香销尽晚风吹，脉脉无言对落（挥）〔晖〕。旧日郊西千树雪，今随蝴蝶作团飞。谢无逸。　剪剪轻风漠漠寒，玉肌萧索粉香残。一枝带雨墙头去，不用行人着眼看。前人。　玉作精神雪作肤，雨中妖韵越清癯。若人会得嫣然态，写作杨妃出浴图。赵福元。　二月春风杨柳青，知郎系马在长亭。相思情味如醒酒，折尽梨花唤不醒。何菊潭。　风开笑频轻桃艳，雨带啼痕自玉容。蝶舞只疑残屧坠，月明惟觉异香浓。韩忠献。　缤纷紫雪浮须细，冷淡清姿夺玉光。刚笑何郎曾傅粉，绝怜荀令爱薰香。阮南溪。　寒食北园春已深，梨花满枝雪围遍。青春每向风外得，秀艳应难雪中见。文与可。　寻常百种花齐发，偏摘梨花与白人。今日江头两三树，可怜和叶度残春。元稹。　等待清明得得芳，团枝晴雪暖生香。洗妆自有风流态，却笑红深映海棠。吕中孚。　纱窗日落渐黄昏，金屋无人见泪痕。寂寞空庭春欲晚，梨花满地不关门。刘方平。　弄晴数点梨梢雨，门外画桥寒食路。杜鹃飞破草间烟，蛱蝶惹残花底雾。谢无逸。　开向春残不恨迟，绿杨窣地最相宜。征西幕府煎茶地，一幅边鸾画折枝。　粉淡香清自一家，未容桃李占年华。常思南郑清明路，醉袖迎风雪一杈。嘉陵江色嫩如蓝，凤集山光照马衔。杨柳梨花迎客处，至今时梦到城南。俱陆放翁。　一林轻素媚春光，透骨浓薰百和香。消得太真吹玉笛，小庭人散月如霜。段继昌。　物华无赖酒初醒，奕奕梨花照晚晴。怪的山禽啼不歇，十分春色近清明。文衡山。　粉翅还嫌蝶太轻，雪衣偏喜燕多情。宁王玉笛知何处，寂寞黄昏伴月明。张新。　朝来带雨一枝春，薄薄香罗麽叶匀。冷艳未饶梅共色，靓妆长与月为邻。许同蝶梦还如蝶，似替人愁却笑人。须到年年寒食夜，情怀为尔倍伤神。朱淑真。　蠹树枝高茁朵稠，嫩苞开破雪搓球。碎粘粉紫须齐吐，润卷丹黄叶半抽。月影好窗留好梦，雨声深院锁深愁。琼苞已实香犹在，散入长安卖酒楼。张建。　剪水凝霜妒蝶群，曲阑风味玉清温。粉痕浥露春含泪，夜色笼烟月断魂。十里香云迷短梦，谁家细雨锁重门？洗妆见说清明近，旋典春衣置酒樽。文衡山。　词：镂雪成花檀作蕊。爱伴秋千，摇曳春风里。翠袖年年寒食泪。为伊牵惹愁无际。　　幽艳偏宜春雨细。红粉阑干，有个人相似。钿合金钗谁与寄？丹青传得凄凉意。王道辅《蝶恋花》。　　减翠凋红，正是青春杪。深院袅香风，看梨花、一枝开蚤。珑璁（快）〔映〕面，依约认娇嫈。天淡淡，月溶溶，春意知多少？　　清明池馆，芳信年年好。更向五侯家，把江梅、风光占了。休教寂寞，孤负向人心。檀板响，宝杯倾，潘鬓从他老。曾海《野薯山溪》。　　玉容寂莫谁为主，寒食心情愁几许。前身清淡似梅妆，遥夜依稀留月住。　　香迷蝴蝶飞时路，雪柱秋千来往处。黄昏著了素衣裳，深闭重门听夜雨。史邦卿《玉楼春》。

棠梨，野梨也。树如梨而小，叶似苍术，亦有圆者、三叉者，边皆有钜齿，色黳白。二月开白花，结实如小楝子，霜后可食。其树接梨甚佳。处处有之。有甘酢、赤白二种。陆玑《诗疏》云：白棠，甘棠也，子多酸美而滑。赤棠，子涩而酢，木理亦赤，可作弓材。

实。甘，酸，涩，寒，无毒。烧食止滑痢。　　叶。味微苦。嫩时炸熟，水浸淘净，油盐调食，或蒸晒代茶。霍乱吐泻不止，转筋，腹痛，取一握同木瓜二两煎汁，细呷。油炒，去刺，为末，每旦酒服一钱，治反胃。　　花。可炸食。晒干磨面，作烧饼，可济饥。《丹铅录》云：尹伯奇采楟花而食。楟花，棠梨也。

典故。召伯在朝。有司请召民，伯曰："不劳一身而劳百姓，非吾先君之志也。"于是舍于棠下听讼，百姓大悦，诗人歌焉。

丽藻。散语：蔽芾甘棠，勿剪勿伐。召伯所茇。　　有杕之杜，生于道左。　　有杕之杜，其叶湑湑。俱《诗》。　　岂以梨有用之为贵，杜无用之为贱？昔在召伯，听讼述职，甘棠作诵，垂之周极。孙绰。　　诗七言：落尽棠梨水拍堤，凄凄芳草望中迷。无情最是枝头鸟，不管人愁只管啼。孟淑卿女郎。

棣棠，栘也，似白杨，江东呼为夫栘。一名郁李，一名郁梅，一名雀梅，一名车下李。其花反而后合。凡木之花，先合而后开，惟此花先开而后合。花正白，亦或赤。花萼上承下覆，有亲爱之义，故以喻兄弟。周公所为赋，《常棣》也。子如樱桃，六月熟，可食。仁可入药。　　高濂云：花若金黄，一叶一蕊，生甚延蔓，春深与蔷薇同开，可助一色。有单叶者名金碗，喜水。

典故：常棣，燕兄弟也。周公悯管蔡之失道，故作《常棣》焉。《诗序》。

丽藻。散语：山有苞棣。　　何彼秾矣，常棣之华。　　常棣之华，鄂不韡韡。　　彼尔维何，维常之华。俱《诗》。　　作人当如常棣，灼然光发。慕子。　　序：诵《棠棣》之章，争看韡韡；睹《蒹葭》之色，已复苍苍。方拟卜居，正当在告。名符赤甲，地远青门。志向平之五游，且为地主；携蒋卿之二仲，况系天亲。近看一水之如环，遥指千山而作障。寄余情于鱼鸟，托高赏于云霞。观广陵之涛，烦疴乍起；得康乐之句，尘梦初醒。各赋新诗，仍坚后约靡言；不报倡酬，何异堁麓无已？大康徼戒，愿同蟋蟀。冯琢庵。　　诗五言：潘赋幽芳在，周诗荣萼传。佛轮千辐细，公带万钉圆。宋景文。　　坐惜谖花别，高吟《棠棣》篇。汝才堪入洛，吾道倦游燕。莫倚冠裳族，当知父母年。明秋风力健，应着祖生鞭。冯琢庵。　　七言：满树棠梨锦作团，双栖啼鸟斗争妍。边徐生色依然好，（嬴）〔赢〕得东风岁岁看。陆平泉。　　更衣入侍宫中贵，韡韡芸黄殿后花。斗色长宜日光近，生晖尤喜盖阴斜。依希鞠服开风袂，约略仙盘裛露华。不与艳桃偷结子，漫天飞去作朝霞。梅圣俞。

樱桃，一名楔，一名荆，一名英桃，一名莺桃，一名含桃，一名朱樱，一名朱桃，一名牛桃，一名麦英。《西京杂记》列樱桃、含桃为二种。处处有之，洛中者为胜。其木多阴，不甚高。春初开白花，繁英如雪，香如蜜。叶团有尖及细齿。结子一枝数十颗，圆如珊瑚，极大如弹丸。小时青，及熟色鲜莹。深红者为朱樱；紫色，皮内有细黄点者为紫樱；核细而肉厚者为崖蜜，味甚甘美，尤难得。结实时，须张网以惊鸟雀，更置苇箔以护风雨。若经雨，则虫自内生，人莫之见。用水浸良久，则虫皆出，乃可食。味甘，无毒。调中，益气，美志，止泄精、水谷痢，令人好颜色。多食令人吐。有暗风及喘漱湿热病人忌食，小儿尤忌。一富家二小儿日食一二升，半月后长者发肺痿，少者发肺痈，相继而死。邵尧夫云爽口物多终作疾，信哉。正黄者为蜡樱，小而红者为樱珠，味皆不及。

叶。捣汁饮并傅，治蛇咬。根。用东行者煮汁服，下寸白蛔虫。枝。同紫萍、牙皂、白梅研和洗面，治雀卵斑黚。

种植。二三月间分有根枝栽土中，粪浇即活。仍记阴阳，否则不生；即生，亦不结实。

典故。仲夏之月，天子羞，以含桃先荐寝庙。《月令》。　惠帝出离宫，叔孙通曰："古者春尝果，方今樱桃可献，愿陛下出取以献宗庙。"上许之。宗庙献诸果始此。《汉书》。　明帝月夜晏群臣于园，大官进樱桃，以赤瑛盘盛赐群臣。月下视之，盘与樱一色。群臣皆笑，云是空盘。《东汉记》。　承乾殿前樱桃二株，含章殿前一株，华林园二百七十株。《晋宫阙记》。　唐高宗时，天子飨会，夏宴葡萄园，赐朱樱。宰相学士从行，给翔麟马。帝赋诗，学士属和。《李适传》。　唐文宗即位，内苑进樱桃，以奉三宫太后。《唐史》。　帝命侍臣升殿食樱桃，并盛以琉璃，和以杏酪，饮酴醿酒。又与侍臣树下摘樱桃，恣其食。末后，大陈宴席，奏宫乐至暝，人赐朱樱二笼。《唐景龙文馆记》。　唐朝三月，宰相有樱笋厨，时为最盛。又秦中谓三月为樱笋时。《山堂肆考》。　唐新进士尤重樱桃宴。《摭言》。　唐李希烈入汴，闻参军窦良女美，强娶之。又称陈仙奇忠勇可用，其妻亦姓窦。窦氏因陈愿结为姊妷，以固其夫，希烈许可。及希烈死，其子不发丧，谋悉诛诸将自立，未决。时有献樱桃者，窦氏请分遗仙奇，因以蜡丸杂果中，出所谋。仙奇大惊，率兵入斩之。《山堂肆考》。　郿州有樱桃山，上多樱桃树。《花史》。　李直方第诸果，以樱桃为第三。《国史补》。　张茂卿颇事声伎。一日，樱桃花开，携酒其下，曰："红粉风流，无逾此君。"悉屏妓妾。《花史》。　李林甫采萧颖士之名，欲用之。时颖士居母丧，即衰麻诣京师，径造林甫于政事省。林甫初不识颖士，遽见衰麻，大恶之，即令斥去。颖士大慝，乃为《伐樱桃赋》以刺之。

丽藻。散语：缀繁英兮霰集，骈朱实以星灿，故当小鸟之所啄食，妖姬之所攀玩。萧颖士。　启：成丛殿侧，犹连制赋之条；结实西园，非复粘蝉之树。异合浦之归来，疑藏朱实；同秦人之逐弹，似得金丸。庾子慎。　赋：殿紫宸兮足丽木，朱樱兮可嘉。扶疏柔弱，晕艳芬葩。晚移阴于丹楹，朝延影于翠华。美其固本宸居，献名清庙，蔼绿含彩，攒红吐耀，晴阳斜映，将藻井以相辉，初月旁临，与璧珰而共照。于是玄律方变，青阳始萌。日近易暖，天临早荣。通条液润，附节丛生。秦文信之著，令汉稷嗣之，从行莫不勤。其时献旌此嘉名，将画拱以斜界。与金华而对明，玉辇行低，云旗杂处。迎华桂而摇露，向朱明而清暑。荣得其时，摘得其所，于方也可，尚取类也。无匹净拂璇，题远当温室。旧株昔移于汉圃，密干今逢于尧日。及夫春宿微雨，秋含翠烟，冬条雪染，夏实珠骈。垂一枝于万叶，托沃土以延年。玩芳诚百花之首，充荐乃众果之先。代帷房之锦帐，夺首饰于金钿。济济多士，锵锵拜阙。拂露华以晨趋，染香花而夕诣。始凌寒而惊换，才及暖而前发。自承存于攀赏，固无忧于剪伐。伴秋李以表年，笑阶荬之记月。_{张莒《紫宸殿前樱桃树赋》。}　诗五言：惜堪充凤食，痛已被莺含。_{李商隐。}　赏应歌杕杜，归及荐樱桃。　赤墀樱桃枝，隐映银丝笼。_{俱杜甫。}　磊落火齐珠，参差珊瑚丛。_{刘原父。}　细叶未开蕊，红葩已发光。_{王僧达。}　野棠开未落，山樱发欲然。_{沈约。}　人行已荒径，花落半枯槎。_{欧文忠。}　樱桃千万枝，照耀如雪天。王孙宴其下，隔水疑神仙。_{刘禹锡。}　忍用烹酥酪，从将洗玉盘。流年如可验，何必九华丹。_{杜牧之。}　团于火色贝，灿极月光珠。西海瑶池苑，曾城宝树区。_{杨文忠。}　偶因移晓雨，似欲占春风。嫩叶藏轻绿，繁葩露浅红。_{文与可。}　火齐宝缨络，垂于绿茧丝。幽禽都未觉，和露折新枝。_{范至能。}　三月雨声细，樱花疑杏花。溪转开双笑，临流见浣纱。_{于若瀛。}　皎日照芳菲，鲜葩含素辉。愁人惜春夜，达晓想岩扉。风静阴盈砌，露浓香入衣。恨无金谷妓，为我奏思归。_{李卫公。}　清晓趋丹禁，红樱降紫宸。驱禽养得熟，和叶摘来新。圆转盘倾玉，鲜明笼透银。内园题两字，西掖赐三臣。荧惑晶华赤，醍醐气味真。如珠未穿孔，似火不烧人。琼液酸甜足，金丸大小匀。偷须防曼倩，惜莫掷安仁。已惧长尸禄，仍惊数赐珍。最惭恩未报，饱喂不才身。_{白乐天。}　七言：朱樱此日垂朱实。_{杜甫。}　才见寝园春荐后，非关御苑鸟衔残。_{王维。}　鸟偷飞处衔将火，人摘奇时踏破珠。_{白居易。}　背人不语向何处？下阶自折樱桃花。_{李贺。}　别来几岁未还家，玉窗五见樱桃花。_{李白。}　病目试寻蜂蝶处，樱桃花发见清明。_{《名贤拾遗》。}　王母阶前种几株，水晶帘内看如无。只应汉武金盘上，泻得珊瑚白玉珠。_{于武陵。}　红罗袖里分明见，白玉盘中看却无。疑是老僧休念诵，腕前推下水晶珠。_{李白。}　四月江南黄鸟肥，樱桃满市灿朝辉。赤瑛盘里虽殊遇，何似筠笼相发挥。_{陈去非。}　山樱抱石荫松枝，比并余花发最迟。赖有春风嫌寂寞，吹香渡水报人知。_{王文公。}　樱桃花发满晴柯，不赌娇娆只赌多。落尽江梅余半朵，依然风韵合还他。_{杨廷秀。}　百舌犹来上苑花，游人独自忆京华。遥知寝庙尝新后，敕赐樱桃向几家。_{硕况。}　罗帕凝香湿未干，朱樱窗外雨生寒。灯花喜是空传信，落尽青煤誓不看。_{张楷。}　西蜀樱桃也自红，野人相赠满筠笼。数回细泻愁仍破，万颗匀圆讶许同。忆昨赐沾门下省，退朝擎出大明宫。金盘玉箸无消息，此日尝新任转蓬。_{杜少陵。}　汉家旧种明光殿，炎帝还书本草经。岂似满朝承雨露，共看传赐出青冥。香随翠笼擎初重，色照银盘泻未停。食罢自知无所报，空惭惭汗仰皇扃。_{韩文公。}　满盒虚红怕动摇，尚书珍重赐樱桃。揉蓝尚带新鲜叶，泼血犹残旧折条。万颗珍珠轻触破，一团甘露软含消。春来老病尤珍荷，并食中肠似火烧。_{卢延逊。}　时节虽同气候殊，未知堪荐寝园无。合充凤食留三岛，未许莺偷过五湖。苦笋恐难同象匕，酪浆无复莹玭珠。金盘岁岁长宣赐，忍泪看天忆帝都。_{韩偓。}　开门先得故人书，稍喜提携起覆盂。得句有谁知我在，尝新此日赖吾徒。倾篮的皪沾朝雾，出袖荧煌得宝珠。会荐瑛盘惊一座，觅肠藜口未良图。陈无己。　塞外含桃五月红，一尊相对晚来风。高情不在羲皇下，清梦常牵江水东。荐庙久虚支子位，承恩敢望大明宫。诘朝又值蒲觞会，须信人间似转蓬。黄正色。　小鸟枝头啄欲残，美人珍惜卷帘看。霞烘的的珊瑚碎，露洗垂垂琥珀寒。素面相逢浑似醉，朱唇半吐欲成丹。若教纤手和烟折，也胜官家赤玉盘。王士骐。　药栏春尽少花开，叶底朱樱若个猜。熟后雨弹红玉破，生前烟捧绿珠来。唇脂清浅疑无骨，风味温柔别有胎。鹦鹉莫教轻啄碎，掷他年少满车回。陈眉公。　词：樱桃谢了梨花发，红白相催。燕子归来，几处风帘绣户开。　人生乐事知多少，且酌金杯。管咽弦哀，谩引萧娘舞袖回。晏原叔《采桑子》。　小圃春光不待邀，蚕通消耗与含桃。晚来芳意半寒梢。　带笑不言春淡淡，试妆未遍雨潇潇。东君少女可怜娇。《浣溪沙》。　晓来露井看樱桃，罗袖迎风不奈飘。转向碧窗还小立，再吹箫。　箫咽春愁愁正剧，自拈香在博山烧。日暮栏干杨柳外，落红敲。陈眉公《增减浣溪沙》。

枇杷，一名卢橘。树高丈余，易种。肥枝，长叶微似栗，大如驴耳，背有黄毛，形似琵琶，故名。阴密，四时不凋，婆娑可爱。冬开白花，三四月成实，簇结有毛，大者如鸡子，小者如龙眼。味甜而酢，白者为上，黄者次之。皮肉薄，核大如茅栗。相传枇杷秋萌、冬花、春实、夏熟，备四时之气，他物无与类者。建业野人种枇杷，夸其色曰蜡兄。襄、汉、吴、蜀、淮、扬、闽、岭、江西、湖南北皆有。无核者名焦子，出广州。

实。甘酸，平，无毒。止渴下气，利肺气，止吐逆，润五脏，主上焦热。可充果实，多食发痰伤脾。同炙肉及（熟）〔热〕面食，患（熟）〔热〕黄疾。　花。治头风、鼻流清涕：辛夷等分，研末。酒服二钱，日二。　木白皮。生嚼咽汁，止吐逆不下食。煮汁冷服尤佳。　叶。治肺胃病，取其下气，气下则火降痰顺，而逆呕咳渴皆愈。治呕哕不止、口干、肺气热嗽、肺风疮、胸面上疮，和胃清热，解暑毒。四月采湿叶重一两，晒干重三钱三分，乃为气足，堪用。凡用，先火炙粟秆作刷，刷毛净，不尔射人肺，令咳不已。甘草汤洗一遍，用绵再拭干，每一两取酥油二钱半炙过。胃病，姜汁涂炙。肺病，蜜水涂炙。

疗治。温病发哕，因饮水多者：枇杷炙香、茅根各半斤，水四升，煎二升，稍稍饮之。　反胃呕哕：枇杷叶炙、丁香各一两，人参二两，每服三钱，水一盏，姜三片，煎服。　衄血不止：枇杷叶焙干，研末。茶服一二钱，日二。　面疮酒齄赤鼻：枇杷叶、栀子仁等分，为末。每服二钱，温酒调下，日三。　痔疮肿痛：枇杷叶蜜炙，乌梅肉焙干，为末。先以乌梅汤洗，贴之。　痘疮溃烂：枇杷叶煎汤洗。　肺热久嗽，身如火，肌瘦，将成劳：枇杷叶、款冬花、桑白皮、木通、杏仁、紫苑等分，大黄减半，制末，蜜丸樱桃大。食后、夜卧各含一丸，神效。　渴疾：煮汁饮。

典故。建中元年，诏南山岁贡枇杷，取一次以供宗庙。《唐史》。　枇杷寒暑无变，负雪扬花，余植之庭圃。周祗。　枇杷五月开结，主水。《田家五行》。

丽藻。散语：卢橘夏熟。《上林赋》。　名同乐器，质异贞松。四时同历，素花冬荣。周祗。诗五言：五月枇杷实，喷喷味尚酸。　樗柳枝枝弱，枇杷树树香。杜甫。　卢橘为秦树。李白。　有果产西蜀，作花凌早寒。树繁碧玉叶，柯叠黄金丸。宋景文。　大叶笋长耳，一稍堪满盘。荔枝多与核，金橘却无酸。雨压低枝重，浆流冰齿寒。冰，去声。长卿今在否？莫遣作园官。杨庭秀。 珍树寒始花，氤氲九秋月。佳期若有待，芳意常无绝。袅袅碧海风，蒙蒙绿枝雪。急景自余妍，春禽自流悦。羊士谔。 倾筐呈绿叶，重叠色何鲜！讵是秋风里，犹如晓露传。仙方当见重，消疾未应便。全胜甘蕉叶，空投谢氏篇。司空曙。 七言：枇杷花开如雪白。硕阿瑛。 火树朝来翻绛焰，琼林日出晒红霞。 淮山侧畔楚江阴，五月枇杷正满林。 深山老去惜年华，况对东溪野枇杷。白乐天。 万里青障蜀门口，千树红花山顶头。春尽忆家归未得，低枝如解替君愁。前人。 万颗金丸缀树稠，遣根汉苑识风流。也知不是清朝瑞，朽腐聊关圣主忧。刘屏山。 五月枇杷黄似橘，谁思荔枝同此时。嘉名已著《上林赋》，却恨红梅未有诗。梅圣俞。 回看桃李都无色，映得芙蓉不是花。争奈结根深石底，无因移得到人家。白乐天。

附录。山枇杷：山枇杷花似牡丹殷泼血。往年乘传过青山，正值山花好时节。压枝凝艳已全开，映叶香苞才半裂。紧搏红袖欲支颐，慢解绛囊初破结。金线丛飘繁蕊乱，珊瑚朵重纤茎折。因风旋结裙片飞，带日斜看目精热。亚水依岩半倾侧，笼云隐雾多愁绝。绿珠语尽身欲投，汉武眼穿神渐灭。秾姿秀色人皆爱，怨媚羞容我偏别。唐·元稹。

木瓜，一名楙，楙，音茂。一名铁脚梨。树如柰，丛生。枝、叶、花俱如铁脚海棠。可种，可接，可以条压。叶光而厚，春末开花，红色微带白，作房。实如小瓜，或似梨稍长，皮光色黄，上微白如着粉。津润不木者为木瓜，香而甘酸不涩，食之益人。醋浸一日方可食，生不堪啖。处处有之，山阴兰亭尤多，而宣城者为佳，本州以充土贡，故有宣州花木瓜之称。西洛木瓜味和美，至熟青白色，入药绝有功，胜宣州者。味淡，性酸，温，无毒。去湿和胃，强筋骨，治脚气，霍乱大吐下，转筋不止。

枝叶根皮。煮汁饮，并止霍乱吐下，转筋，疗脚气。枝作杖，利筋脉。枝叶煮汤淋足，可以已蹷。木作桶濯足，甚益人。枝叶煮汁饮，止热痢。花。同李花治面黑粉滓。核。治霍乱，烦燥气急，每嚼七粒，温水咽之。

种法。秋社前后分其条移栽，次年便结子，胜春栽者。

附录。楂子：楂，音渣。一名圆和子，一名木桃。处处有，孟州特多。小于木瓜，更酢涩。色微黄，蒂、核皆粗，核中之子小而圆。味劣于梨，与木瓜而入蜜煮汤，则香美过之。去恶心咽酸，止酒痰黄水，功与木瓜相近。 榠楂：一名蛮楂，一名瘙楂，一名木李，一名木梨。木、叶、花、实酷类木瓜，比木瓜大而色黄。有鼻者为木瓜，鼻，乃花脱处。无则木李，可浸酒，去痰。压取汁，和甘松、玄参末作湿香，能爽神。置衣箱杀蠹虫。煨食止痢，煮汁饮治霍乱、转筋，浸油梳头治发白发赤。 榲桲：出关陕沙苑者更佳。似楂子而小，气香，辟衣鱼。树如林檎，花白，味甘。食之宜净去毛，恐损肺。不宜多食。同车螯食发疝气。

制用。木瓜性脆，可蜜渍为果。去子蒸烂捣泥，入蜜，与姜作煎冬饮，尤佳。 木瓜最疗转筋，如病此，但呼其名及土上写木瓜字，即愈。此理之不可解者。又挂木瓜杖，最利筋脉。凡使木瓜，勿犯铁器，铜刀削去硬皮并子，切片晒干，黄牛乳拌蒸，从巳至未，待如膏，乃晒用。《会典》中宣州贡乌烂虫蛀木瓜，入御药局，取其陈久无木气也。　木瓜不宜多食，损齿及骨。木桃、木李俱可煎、可糕。　罗天益《宝鉴》云：刘太保日食蜜煎木瓜三五枚，同伴数人皆病淋。以问天益。天益曰：此食酸所致也，但不食则已。　木瓜酱：木瓜十两，去皮，细切，以汤淋浸，加姜片一两、甘草二两、紫苏四两、盐一两。每用些少泡汤，沉井中，俟极冷，饮之。

疗治。项强不可转侧：用宣州木瓜三个，取盖去瓤，入没药二两、乳香二钱半，缚定，饭上蒸三四次，烂，研成膏。每用三钱，入生地黄汁半盏、无灰酒二盏，暖化温服。黄叔微云：有人患此，自午后发，黄昏时定。予谓此必先从足起，少阴之筋自足至项。筋者，肝之合。今日中至黄昏，阳中之阴，肺也。自离至兑，阴旺阳弱之时，故《灵宝毕法》云：离至乾，肾气绝而肝气弱。肝肾二脏受邪，故发于此时。服此及都梁丸而愈。　脚气肿急：木瓜切片，囊盛踏之。顾安中患脚气筋急腿肿，因附舟，以足阁一袋上，渐觉不痛。乃问舟子："袋中何物？"曰："宣州木瓜也。"及归，制木瓜袋用之，顿愈。　脚筋挛痛：木瓜数枚，酒、水各半，煮烂捣膏，乘热敷痛处，绵裹之，冷即换，日三五度。　脐下绞痛：木瓜三片，桑叶七片，大枣三枚，水三升，煮半升，顿服愈。　小儿痛痢：木瓜捣汁服。　霍乱转筋：木瓜一两，酒一升，煎服。仍煎汤浸青布裹其足。　霍乱腹痛：木瓜五钱，桑叶三片，枣肉一枚，水煎服。　肝、肾、脾三经气为风寒暑湿相搏，流注经络，凡遇气化更变，七情不和，必至发动，或肿满，或顽痹，憎寒壮热，呕吐自汗，霍乱吐利：用宣州大木瓜四个，切盖剜空。一入黄芪、续断末各半两，一入苍术、橘皮各半两，一入乌药、茯神中心木各半两，一入威灵仙、苦葶苈末各半两，以原盖簪定，酒浸透，入甑内蒸熟，三浸、三蒸、三晒，捣末，水和丸桐子大。每服五十丸，温酒、盐汤任下。　肾脏虚冷，腹胁胀满疼痛：大木瓜三十枚，去皮、核，以甘菊花末、青盐末各一斤填满，置笼内蒸熟，捣成膏，入新艾草二斤搜和，丸桐子大。每米饮下三十丸，日二。　翻花痔：木瓜为末，鳝鱼涎调贴之，纸护。　辟除壁虱：木瓜切片，铺席下。

丽藻。散语：投我以木瓜，报之以璚琚。《诗》。

葡萄，一名蒲桃，一名赐紫樱桃。生陇西、五原、燉煌山谷。今河东及江北皆有之，而平阳尤盛。苗作藤蔓极长。春月萌苞生叶，似栝蒌叶而有五尖。生须蔓延，大盛者一二本绵被山谷间，延引数十丈。三月开小花成穗，黄白色，旋着实，七八月熟。有水晶葡萄、晕色带白如着粉，形大而长，味甚甜，西番者更佳。马乳葡萄、色紫，形大而长，味甘。紫葡萄、黑色，有大小二种，酸甜二味。绿葡萄、出蜀中，熟时色绿。至若西番之绿葡萄，名兔睛，味胜糖蜜。无核，则异品也，其价甚贵。琐琐葡萄。出西番，实小如胡椒。云：小儿常食，可免生痘。又云：痘不快，食之即出。今中国亦有种者，一架中间生一二穗。云南者大如枣，味尤长。《唐史》云：波斯国所出大如鸡卵。可生食，可酿酒。最难干，不干不可收。今太原、平阳皆制干，货之四方。西北人食之无恙，东南食之多病热。其根、茎中空相通，暮溉其根，至朝而水浸其中。浇以米泔水最良。以麝入其皮，则葡萄尽作香气。以甘草作针，针其根则立死。《三元延寿书》云：葡萄架下不可饮酒，恐虫屎伤人。

分植。取肥旺枝如拇指大者，从有孔盆底穿过，盘一尺于盆内，实以土，放原架下。时浇之，候秋间生根，从盆底外面截断，另成一架。浇用冷肉汁或米泔水。又法：

枣树穿窍，葡萄枝穿过，俟长满，截断甚佳。　收藏。北方天寒，初冬须以草裹，埋地中尺余，俟春分后取出，卧置地数日，然后用木架起。子生时，去其繁叶，使沾风露，则结子肥大。最忌人粪。

附录。野葡萄：一名蘡薁，蘡薁，音婴郁。一名山葡萄。蔓生，苗、叶、花、实与葡萄相似，但实小而圆，色不甚紫。亦堪为酒。

典故。葡萄出大宛，张骞使西域得种以归。《汉书》。　李广封为贰师将军，破大宛，得种归汉。《六帖》。　龟兹国人奢侈，家有千斛葡萄。汉使取实归，种于离宫别馆之傍。《异国志》。　西域焉耆国，耆，音支。土宜葡萄。《山堂肆考》。　西域有筱赤建国，筱，音奴。多葡萄。《白孔六帖》。　大宛以葡萄为酒，富人藏至万余石，久者数十岁不败。《事文类聚》。　中国珍果甚多，葡萄当其末夏涉秋，尚有余暑，醉酒宿醒，醒，音呈。掩露而食，甘而不饟，饟，音卷。脆而不酸，冷而不寒，味长汁多，除烦解渴。又酿以为酒，甘于曲蘖，善醉而易醒，道之固已流涎咽唾，况亲食之耶？他方之果，宁有匹者？《魏文帝诏》。　唐高祖赐食于群臣，有葡萄。侍中陈叔达执而不食。上问其故，对曰："臣母病渴，求不能致。愿归奉之。"《山堂肆考》。　唐太宗破高昌，收马乳葡萄种于苑中，并得酒法，仍自损益，造酒成绿色，芳香酷烈，味若醍醐。《南部新书》。　贝丘之南有葡萄谷，谷中葡萄可就食，有取归者即失道，世名为王母葡萄。天宝中，沙门昙霄因游诸岳至此谷，得食之。又见枯蔓大如指，长五尺余，堪为杖，持还本寺植之，长高数仞，荫地十丈，仰观若帷盖。其房实磊落，紫莹如坠，时人号为草龙珠帐。《酉阳杂俎》。　梁使徐君房、魏使陈昭各言方物。昭问君房："葡萄何如橘柚？"答曰："津液奇胜，芬芳减之。"《山堂肆考》。

疗治。除烦止渴：生葡萄捣滤取汁，以瓦器熬稠，入熟蜜少许，同收，点汤饮甚良。　热淋涩痛：葡萄、生藕、生地黄各捣取自然汁，白沙蜜五合，每服一盏，石器温服。　胎上冲心：葡萄煎汤饮之，即下。　呕哕厥逆：蘡薁藤煎汁呷之。　目中障翳：蘡薁藤水浸过，吹气取汁，滴入目中，去热翳、赤白障。　五淋：野葡萄藤、竹园荽、淡竹叶、麦门冬连根苗、红枣肉、灯心草、乌梅、当归等分，煎汤代茶。　男妇热淋：野葡萄根七钱，葛根三钱，水一钟，煎七分，入童便三分，空心温服。　女人腹痛：方同上。　一切肿毒：野葡萄根晒，研为末，水调涂之，即消。　赤游风肿，忽然肿痒，不治则杀人：野葡萄根捣烂如泥，涂之即消。

丽藻。歌：野田生葡萄，缠扰一枝蒿。移来碧墀下，张王日日高。分歧浩繁缛，修蔓盘诘曲。扬翘向庭柯，意思如有属。为之立长架，布濩当轩绿。米液溉其根，理疏看渗漉。繁葩组绶结，悬实珠玑纍。马乳带轻霜，龙鳞耀日旭。有客汾阴至，临堂瞪双目。自言我晋人，种此如种玉。酿之成美酒，令人饮不足。为君持一斗，往取凉州牧。刘禹锡。　诗五言：葡萄出汉宫。李白。　鱼鳞含宿润，马乳带残霜。染指铅华腻，满喉甘露香。酝成千日酒，味敌五云浆。刘禹锡。　七言：恰似葡萄初泼醅。李白。　葡萄玉盏酌西凉。顾阿瑛。　酒余送盏堆莲子，泪烛堆盘叠葡萄。白乐天。　欲收百斛供春酿，放出声名压酪奴。黄山谷。　万里西风过雁时，绿云玄玉影参差。酒醨试取冰丸嚼，不说天南有荔枝。李空同。　新茎未遍半犹枯，高架支离倒复扶。若欲满盘堆马乳，莫辞添竹引龙须。韩文公。　凉州博酒不须痴，银海乘槎领得归。玉骨瘦将无一把，向来马乳太轻肥。杨廷秀。 才喜盘藤卷叶生，又惊压架腊阴成。夏寒凉润青油幕，秋摘甘寒黑水晶①。近竹犹争一尺许，抛须先胃两三茎。今年乞种江西去，长使茅斋却晚晴。前人。 晻暧繁阴覆绿苔，藤枝萝蔓共萦回。自随博望仙槎后，诏许甘泉别殿栽。的的紫房含雨润，疏疏翠幄向风开。词臣病渴沾新酿，不美金茎露一杯。冯琢庵。 一架扶疏碧水浔，午凉不散绿云深。芳香未酿醍醐味，秀色全滋薜荔阴。紫玉含风秋液冷，玄珠入夜月华侵。莫言西域传来晚，犹及相如赋上林。前人。

无花果，一名映日果，一名优昙钵，一名阿驵，一名蜜果。最易生，插条即活。在处有之。三月发叶，树如胡桃，叶如楮。味甘微辛，有小毒。子生叶间，五月内不花而实，状如木馒头，生青熟紫，味如柿，而无核。甘，温，无毒。开胃，止泻痢。人家宅园随地种数百本，收实可备荒。其利有七：实甘可食，多食不伤人且有益，尤宜老人小儿，一也。干之，与干柿无异，可供笾实，二也。六月尽，取次成熟，至霜降，有三月常供佳实，不比他果一时采撷都尽，三也。种树十年取效。桑桃最速亦四五年，此果截取大枝扦插，本年结实，次年成树，四也。叶为医痔胜药，五也。霜降后未成熟者，采之可作糖蜜煎果，六也。得土即活，随地可种，广植之，或鲜或干皆可济饥，以备歉岁，七也。

扦插。春分前取条，长二三尺者，插土中，上下相半，常用粪水浇。叶生后，纯用水，忌粪，恐枝叶大盛，易摧折。结实后不宜缺水，当置瓶其侧，出以细蕾，日夜不绝，果大如瓯。

附录。文光果：形如无花果，味如粟。五月熟。出景州。 天仙果：树高八九尺，叶似荔枝而小，无花而实。子如樱桃，累累缀枝间，六七月熟，其味至甘。宋祁《方物赞》云：有子孙枝，不花而食。薄言采之，味类蜂蜜。出四川。 槃多树：不花而食，子从皮中出，自根着子至杪。出裴渊《广州记》。 古度子：实不花，从枝中出，大如石榴及楂子，色赤，味酸。煮为粽食。若数日不煮，化作飞蚁，穿皮飞去。出交广诸州。 君迁子：实如瓠，有汁如乳，甘香，无毒。止渴，去烦，令人润泽。见《吴都赋》。

制用。采青果，用盐渍，压扁，日干，可充果。实小者，用糖煎蜜煎，可以久留。
疗治。五月五日取果阴干，治喉痹及痔漏。 果蒸熟食，治下利立效。 治痔：叶二斗许，水煎五七沸，入桶中坐薰之，水可容手即洗，最效。如此一二次，永不发。尤宜常食其果。

二如亭群芳谱果部卷之二

济南　王象晋荩臣甫　纂辑
松江　陈继儒仲醇甫
虞山　毛凤苞子晋甫　同较
宁波　姚元台子云甫
济南　男王与龄、孙士鹄、曾孙启浑　诠次

果谱二

桃，西方之木也，乃五木之精，枝干扶疏。处处有之。叶狭而长。二月开花，有红、白、粉红、深粉红之殊，他如单瓣大红、千瓣桃红之变也，单瓣白桃、千瓣白桃之变也，烂熳芳菲，其色甚媚。花早易植，木少则花盛。实甘子繁，故字从木、从兆。十亿曰兆，言多也。性酸、甘，热。可食。多食令人有热，能发丹石毒。生桃尤不宜多食，有损无益。性早实，三年便结子，五年即老，结子便细，十年即死，以皮紧也。若四年后，用刀自树本竖劙其皮，至生枝处，使胶尽出，则多活数年。云伐去老树，另生新条，亦是一法。江南称五月桃最佳。种类颇多，有昆仑桃、一名王母桃，一名仙人桃，一名冬桃。出洛中，形如蒲萏，表里彻赤，得霜始熟，味甘美。日月桃、一枝二花，或红或白。扁桃、出波斯国。形扁肉涩，不堪食。核状如盒。树高五六丈，围四五尺。叶似桃而阔大。三月开白花，花落结实如桃。彼地名波淡树。仁甘美，番人珍之。新罗桃、子可食，性热。方桃、形微方。饼子桃、状如香饼，味甘。油桃、小于众桃，有赤斑点，光如涂油。《月令》"中桃始华"即此。花多子小，不堪啖，惟取仁。《文选》所谓"山桃发红萼"是也。出汴中。巨核桃、霜下始花，盛暑方熟。出常山。汉明帝时献。绯桃、俗名苏州桃，花如剪绒，比诸桃开迟，而色可爱。瑞仙桃、色深红，花最密。绛桃、千瓣。二色桃、色粉红，花开稍迟，千瓣极佳。金桃、形长，色黄如金，肉粘核，多蛀，熟迟。用柿接者味甘，色黄。银桃、形圆，色青白，肉不粘核，六月中熟。千叶桃、花色淡，结实小。美人桃、花粉红，千叶。又名人面桃。不实。鸳鸯桃、千叶，深红，开最后，结实必双。李桃、花深红，形圆，色青，肉不粘核，其实光泽如李，一名光桃。十月桃、花红，形圆，色青，肉粘核，味甘、酸，十月中成熟。一名古冬桃，又名雪桃。毛桃、即《尔雅》所谓褫桃，小而多毛，核粘，味恶不堪食。其仁充满多脂，可入药。水蜜桃、独上海有之，而顾尚宝西园所出尤佳。其味亚于生荔枝。雷震红、每雷雨过，辄见一红晕，更为难得。张七泽。　他如红桃、缃桃、白桃、乌桃，皆以色名。五月早桃、秋桃、霜桃，皆以时名。胭脂桃、络丝桃，皆以形名。王敬美有言桃花种最多，若金桃、蜜桃、灰桃之类，多植园中取果。其可供玩者，莫如碧桃、人面桃二种。绯桃乏韵，即不种亦可。寿星桃树矮而花，能结大桃，亦奇种可玩，桃殊不堪食。

种桃。择向阳暖地，宽深为坑，先纳湿牛粪，将熟桃连肉全埋其中，尖头向上，覆熟粪土尺余。春深芽长，带土移栽别地，离本土多不活。若仍置粪中，则实少而味苦。或云种时将桃核刷尽，令女子艳妆种之，他日花艳而子离核。《种树书》云：柿接桃则为金桃，李接桃则为李桃，梅接桃则为脆桃。谚云：“白头种桃。”又曰：“桃三李四，梅子十二。”言桃生三岁便放，花果蚤于梅李耐久，故首虽已白，其花子之利可待也。　凡种桃，浅则出，深则不生，故其根浅不耐旱而易枯。近得老圃所传云，于初结实次年斫去其树，复生，又斫又生，但觉生虱即斫，令复长，则其根入地深而盘结固，百年犹结实如初。卫桃。桃实太繁则多坠，以刀横斫其干数下，乃止。又社日春根下土，持石压树枝则实不坠。桃子蛀者，以煮猪首汁冷浇之，或以刀疏斫之，则穰出而不蛀。如生小虫如蚊，俗名蚜虫，虽桐油洒之不能尽除，以多年竹灯檠挂悬树梢间，则虫自落，甚验。

制用。三月三日采桃花，酒浸服之，除百病，好颜色。一云：桃李花服之可却老。《太清方》。　玉桃服之长生。　桃胶，用桑木灰渍过，服之愈百病。久服，体有光，能绝谷。《抱朴子》。　高丘公服桃胶而得仙。《神仙传》。　取烂熟桃纳瓮中，盖口七日，漉去皮核，密封二十七日酢成，香美可食。　三月三日取桃花阴干，为末，收至七月七日，取乌鸡血和涂面，光白润，色如玉。《家塾事亲》。　三月三日取桃叶捣取汁七升，以醋一升同煎至五六分，服之，虫俱下。根亦可。　收东向桃枝，于五月五日正午，东向斫成三寸木人，著衣带中，能补心虚健忘，令人耳目聪明。又云：戊子日取东引者二寸枕之，兼用尤妙。桃忌。生桃多食，令人膨胀及生痈疖。　食桃饱入浴，令人成淋及生寒热病。　与鳖肉同食，患心痛。　服术及丹石人最忌。

附录。羊桃：福州产其实，五瓣色青黄。　金丝桃：花如桃，而心有黄须，铺散花，外若金丝然。以根下劈开分种，易活。

疗治。颜色光润：桃仁五合，去皮，用粳米饭浆同研，绞汁令尽，温温洗面，极妙。　尸疰鬼疰，病变动至九十九种，大略使人寒热淋沥，沉沉默默，不知所苦而无处不恶，累年积月，以至于死，死后复传旁人：急以桃仁五十枚研泥，水煮取四升，服之取吐。吐不尽，三四日再吐。　秃疮：采桃花未开者阴干百日，与赤箭等分捣，和腊月猪脂涂，神效。　心痛：收桃花叶晒干，捣筛，水服一钱。　下部虫蠹，病人齿无色，舌上白，喜睡愤愤，不知痛痒处，或下痢，乃下部生虫蚀肛也：桃仁五十枚，苦酒二升，盐一合，煮六合服。　产后血闭：桃仁二十枚去皮尖，藕一块，水煎服，良。　产后阴肿：桃仁烧研傅之。　阴痒：桃仁杵烂，绵裹塞之。　肾肿痒及小儿卵癫：桃仁炒香，为末。酒服方寸匕，日二。仍捣傅之。　小儿烂疮，初起肿浆似火疮：桃仁捣烂傅之。　聤耳：桃仁炒研，绵裹塞之。　唇裂：桃仁捣，和猪脂傅。　辟瘴：桃仁一斤，吴茱萸、青盐各四两，同炒热，以新瓶密封一七，取出，拣去茱、盐，将桃仁去皮尖，每嚼一二十枚。山居尤宜。　鬼疟寒热：桃枭二七枚，为末，滴水丸梧子大，朱砂为衣。每服一丸，侵晨面东，井花水下，良。　五种疟疾：桃枭十四枚，巴豆七粒，黑豆一两，研匀，冷水丸桐子大，朱砂为衣。发日五更念药王菩萨七遍，井花水下一丸，立瘥。不过三次，妙不可言。　妊娠下血：桃枭烧存性研，水服取瘥。　小儿头疮：桃枭烧研，入腻粉、麻油调搽。　食桃成病：桃枭烧灰二钱，水服取吐，即愈。　足上疬疮：桃花、食盐等分，杵匀，醋和傅之。　崔卯面疮：桃花、冬瓜仁研末等分，蜜调傅之。　风袭项强，不得顾视：穿地作坑煅赤，以水洒之令冷，铺生桃叶于内卧席上，以项着坑，蒸至汗出，良久即瘥。又捣桃叶，苦酒调傅，亦佳。　肠痔出血：桃叶一斛杵，纳小口器中，坐蒸之，有虫自出。　阴疮如虫咬痒痛者：捣桃叶，绵裹纳入，三四易。　鼻疮：桃叶嫩心杵烂塞之。无叶用枝。　身面癣：午日捣桃叶，取汁搽之。　黄疸如金：晴明时清晨，勿令鸡犬、妇人见，取东引桃根，细如箸及钗股者一握，切细，以水一大升煎一小升，空腹顿服。后三五日，其黄离离如薄云散开，百日平复。黄散后可时时饮清酒一杯，则眼中易散，否则散迟，忌食热面、猪、鱼等物。　卒得心痛：东引桃枝一把切，用酒一升，煎半升，顿服，大效。　蛊毒：用东引桃白皮烘干，大戟斑蝥去足翅，熬三物等分为末，以冷水服半方寸匕，即出。不出，更服。因酒得，以酒服；因食得，以食服。亦可以米泔丸服。　瘰疬不痛者：取桃树白皮贴疮上，灸二七壮，良。　热病口疮成蠹：桃枝煎浓汁含之，下部有疮纳入之。　下部蟨疮：桃白皮煮取浓汁如稀饧，入熊胆少许，以绵蘸药纳入下部疮上。　痔痛：桃根水煎汁浸洗之，当有虫出。　小儿湿癣：桃树青皮为末，和醋频傅之。　经闭数年不通，面色痿黄，唇口青白，腹内成块，肚上筋起，腿胫或肿：用桃树根、牛蒡根、马鞭草根、牛膝、蓬蘽各一斤，剉水二斗，煎一斗，去滓，更以慢火煎如饧状，收之。每以热酒调服一匙。　石淋：桃胶如枣大，夏以冷水三合、冬以汤三合和服，日三，当下石，石尽即止。　血淋：桃胶炒、木通、石膏各一钱，水一盏，煎七分，食后服。　痘屬发搐黑陷者：用桃胶煎汤饮，或水熬成膏，酒化服，大效。

　　典故。六月煮桃。山桃色，煮以为豆实。六月之令也。《夏小正》。　玉衡星之精散为桃。《春秋运斗枢》。　桃有华，桃性早华，又华于仲春，故《周南》以兴女之年时俱富。《埤雅》。　桃李丑核，桃曰胆之。《尔雅》。　桃茢以除不祥，茢，苕也。今人以桃枝洒地辟恶。《侯鲭录》。　桃之精生在鬼门，以制百鬼，故今作桃梗人着门以厌邪。《典术》。　刻桃李为符。《明堂》。　枭桃在树不落，杀百鬼。《本草》。　插桃于户，连灰其下，童子不畏，而鬼畏之。《庄子》。　上古之时，有兄弟二人荼与郁律，度朔山上桃树下，简百鬼妄祸人，则缚以苇索，执以食虎，于是县官以腊除夕，饰桃人，垂苇索，画虎于门。《风俗通》。　取孤桃南北行枝，长三尺，折以为券，涂以三岁雄鸡血，安栖下，则鸡夜鸣。《淮南毕方术》。　元日进桃酒，盖桃者，五行之精，厌邪气，制百鬼。今人又进屠苏酒、胶牙饧。《荆楚岁时记》。　魏文侯见箕季，从者食其桃，箕季禁之。文侯曰："箕季岂爱桃哉！是教我下无犯上也。"《新序》。　汉武帝上林苑有绁桃、紫文桃、金城桃、霜桃。《西京杂记》。　石虎苑中有勾鼻桃，重二斤半。《邺中记》。　御苑千叶桃花开，明皇折一枝簪贵妃髻，曰："此花亦能助娇。"《开元遗事》。　明皇宴桃树下，曰："不特萱草忘忧，此花亦能消恨。"　天宝时，宫中下红雨如桃花，太真用染衣裾。　老子西游，省太真王母，共食碧桃、紫梨。《尹喜内传》。　安期生以醉墨洒石上，皆成桃花。　汉永平中，刘晨、阮肇共入天台，迷不得返，粮尽，得山上数桃啖之，遂不饥。下山，见溪边有二女，因邀还家，谕婢云："刘、阮二郎虽向得琼实，犹尚虚弊，可速作食。"　洛城华林园内有冬桃，十月始熟，形如括蒌，食之解劳。一名王母桃。

《酉阳杂俎》。 术士王琼妙于化物，无所不能。方冬，以药栽培桃杏数株，一夕繁英尽发，芳蕊浓艳，月余方卸。 茅山乾元观姜麻子，阆蓬头弟子也。从扬州乞烂桃核数石，空山月明中种之，不避豺虎。自茶庵至观中，有桃花五里余。 志勤禅师在沩山，（四）〔因〕桃花悟道。偈曰："自从一见桃花后，三十年来更不凝。" 世人见古德有见桃花悟者，便争颂桃花，便将桃花作饭吃。吃此饭五十年，转没交涉。正如张长史见担夫与公主争路而得书法，欲学长史书，日就担夫求之，岂可得哉？ 刘纲与妻樊夫人俱有道术，各自言胜。中庭有大桃树，夫妻各咒其一，桃便斗相击。良久，所咒树走出篱外。 张陵，沛人也。弟子赵升就陵受学，陵已屡试之。第七试，陵与诸弟子登云台山。绝崖上有一桃树，旁生石壁，下临不测，去三四丈有大桃实。陵谓诸弟子曰："得此桃者，当告以要道。"弟子皆流汗，无敢视者。升独曰："神仙所护，何险之有？"乃从上自掷，正投桃树上，取桃满怀。而石壁峻峭，不能得还。乃掷百枚与陵，陵分桃赐诸弟子。余二枚，陵自食一，留一以待升。伸手引升，升忽已还。乃以向一桃与升。俱《神仙传》。 长白山，相传古肃然山也。岘南有钟鸣。燕世桑门释惠霄者，自广固至北岘听钟声。稍前，忽见一寺，门宇炳焕，遂求食。见一沙弥，摘一桃与霄。须臾，又与一桃，语霄曰："至此已淹留，可去矣。"霄出，回顾，失寺。至广固，见弟子，言失和尚已二年矣。霄始知二桃兆二年也。 子产治郑，桃枣之荫于街者，莫援也。 昔弥子瑕有宠于卫君，食桃而甘，以其半啖君。君曰："爱我哉，忘其口而啖寡人！"及弥子色衰爱弛，卫君罪之，曰："是尝啖我以余桃者。"俱《韩子》。 秦吏赵凯以私恨告国民吴且生盗食宗庙御桃。且生对曰："民不敢食。"王曰："剖其腹，出其桃。"《史记》恶而书之，曰："食桃之肉，当有遗核，不知此，而剖人腹以求桃，非理也。"《周书》。 孟尝君将入秦，苏秦往见。孟尝君曰："人事者，吾已知之；所未闻者，鬼事耳。"秦曰："臣之来，固且以鬼事见君矣。臣来，过淄水，上有土偶人焉，与桃梗相与语。桃梗谓（上）〔土〕偶人曰：'子，西岸之土也，埏子以为人。至岁八月，降雨下，淄水至，则子残矣。'土偶曰：'不然。吾西岸之土，残则复西岸耳。子东园之桃梗也，刻削子以为人。降雨下，淄水至，流子而去，则子漂漂者将如何？'今秦四运之国，譬如虎口，而君入之，则臣不知君所如矣。"孟尝君乃止。《战国策》。 咸通中，许明奴家妪入山林采樵，于南山见一人坐石上，方食桃，甚大。问妪曰："我许明奴之祖宣平。与汝一桃食之，不可将出。"妪食桃，甚美。其后增食，日渐童颜。入山不归，行疾如飞。《五色线》。 金母降谢自然，将桃一枝悬臂上，有三十颗，碧色，大如碗，云此犹是小者。《集仙录》。 北齐卢士琛妻崔氏有方学，春日以桃花和雪，与儿颒面，咒曰："取红花，取白雪，与儿洗面作光悦；取白雪，取红花，与儿洗面作妍华。" 桓崖在京下有好桃。桓玄就求种，不得佳者。玄曰："德之休明，则肃慎贡其楛矢。如其不尔，篱落间物亦不可得。"《世说》。 史论在齐州时，出猎至一县界，憩兰若中，觉桃香异常，访其僧。僧不及隐，言近有一人施二桃，因从经案下取出，献论，大如饭碗。时饥，尽食之，核大如鸡卵。论因诘其所自，僧笑："向实谬言之。此桃去此十余里，道路危险。贫道偶行脚见之，觉异，因掇数枚。"论曰："今去骑从，与和尚偕往。"僧不得已，导论北去荒榛中。经五里许，抵一水。僧曰："恐中丞不能渡此。"论志决往，乃依僧解衣，戴之而浮。登岸，又经西北，涉二小水，上山越涧。数里，至一处，奇泉怪石，非人境也。有桃数百株，干扫地，高二三尺，其香破鼻。论与僧各食一蒂，腹果然矣。论解衣，将尽力苞之。僧曰："此或灵境，不可多取。贫道尝听长老说，昔日有人亦尝至此，怀五六枚，迷不得出。"论亦疑僧非常，取两个而返。僧切戒论不得言。论至州，使召僧，僧已逝矣。《孔氏六帖》。 潘岳为河阳令，栽桃李，号河阳满县花。 刘公幹居邺下，一日，桃李烂熳，值诸公子延赏，久之方去。公幹问仆曰："损花乎？"仆曰："无。但爱赏而已。"公幹曰："珍重。轻薄子不损折，使老夫酒兴不空也。"遂饮花下，作《放歌行》。 蔡君谟水晶枕中有桃一枝，宛如新折。 唐崔护举进士不第，清明独游都城南，得村居，花木丛萃。叩门久之，有女子自门隙问。对曰："寻春独行，酒渴求饮。"女子启关，以盂水至，独倚小桃柯伫立，而属意殊厚。崔辞，起送至门，如不胜情而入，后绝不复至。及来岁清明，径往寻之，门庭如故而扃矣。因题诗于左扉，云："去年今日此门中，人面桃花相映红。人面不知何处去，桃花依旧笑春风。"后数日，复往，闻其中哭声。护叩门，有老父出曰："君非崔护耶？"曰："然。"曰："君杀吾父。吾女笄年，未嫁。自去年以来，常恍惚如有所失。比日与之出，归见左扉字，入门遂病，绝食数日而死。"崔大感恸，请入哭之，尚俨然在〔皮〕〔床〕。崔举女首，枕以股，大呼曰："护在斯！护在斯！"须〔更〕〔臾〕开目，半日复活。老父大喜，以女归之。《本事诗集》。 钱伸仲于锡山所居作芳美亭，种桃数千株。蔡载作诗曰："高人不惜地，自种无边春。莫随流水去，恐污世间尘。" 石曼卿通判海州，以山岭高峻，人路不通，略无花卉点缀照映，使人以泥裹桃核抛掷于山岭上，一二岁间花发满山，烂如锦绣。《谈圃》。 范文正公女孙病狂，尝闭一室。窗外有大桃树一株，花适盛开。一夕断棂登木，食桃花几尽，自是遂愈。 简州天水一碧，放目无际，春月桃花甚繁。 彬州东万王城多桃李实，采食之甚甘。或摘而携去，必忘归路。 南康五山上有石桃，故老云："古有桃树生于岭巅，隐沦之士将大取其实，因变成石。"云云。 古田黄蘗山多桃树，下有桃坞、桃湖、桃洲，春月不减武陵。《花史》。 木子之山有积石之桃焉，大如十斛笼。 府城东旧传刘阮采药于此，春月桃花万树，俨若桃源。《玄中记》。 溆浦一名华盖山，音人尝种桃千树，至今呼桃花圃。 黄蘗山下春风微和，夭桃夹岸，一胜境也。俱《花史》。 会宁桃花山土石赤似桃花。 府谷桃花洞产朱砂，四季洞门若桃花色。 桃花有一种盛开时垂丝一二尺者，采之炼以松脂，缠织成履，甚轻。《青州杂记》。 洛阳人家寒食食桃花粥。《金门岁节录》。 鲁哀公赐孔子桃与黍。孔子先饭黍，而后食桃。公曰："以黍雪桃尔。"对曰："黍，五谷之长；桃，六果之下。君子不以贵雪贱。"《韩子》。

丽藻。散语：桃之夭夭，灼灼其华。 花如桃李。《诗》。 仲春之月桃始华。《礼》。 春种桃李，夏食其实，秋得其阴。《岁华纪丽》。 桃李不言，下自成蹊。 桃李倩（餐）〔粲〕①于一时，时至而杀。至于松柏，经隆冬而不凋，蒙霜雪而不变，可谓得其性矣。荀卿。 桃与李娇上春。江淹。 艳阳桃李节，此世俗之春，非仙境之春也。鲍明远。 记：晋太元中，武陵人捕鱼为业。缘溪行，忘路之远近。忽逢桃花林，夹岸数

---

① 餐，应作"粲"。"四库全书"《佩文斋广群芳谱》卷二五《花谱·桃花一》录作"粲"。

百步，中无杂树，芳草鲜美，落英缤纷。渔人甚异之。复前行，欲穷其林。林尽水源，便得一山，山有小口，仿佛若有光。便舍船，从口入。初极狭，才通人。复行数十步，豁然开朗。土地平旷，屋舍俨然，有良田美池桑竹之属。阡陌交通，鸡犬相闻。其中往来种作，男女衣着，悉如外人。黄发垂髫，并怡然自乐。见渔人，乃大惊，问所从来，具答之。便要还家，设酒杀鸡作食。村中闻有此人，咸来问讯。自云先世避秦时乱，率妻子邑人来此绝境，不复出焉，遂与外人间隔。问今是何世，乃不知有汉，无论魏晋。此人一一为具言所闻，皆叹惋。余人各复延至其家，皆出酒食。停数日，辞去。此中人语云："不足为外人道也。"既出，得其船，便扶向路，处处志之。及郡下，诣太守，说如此。太守即遣人随其往，寻向所志，遂迷，不复得路。南阳刘子骥，高尚士也，闻之，欣然欲往。未果，寻病终。后遂无问津者。陶靖节《桃花源记》。 序：夫天地者，万物之逆旅；光阴者，百代之过客。而浮生若梦，为欢几何？古人秉烛夜游，良有以也。况阳春召我以烟景，大块假我以文章。会桃花之芳园，序天伦之乐事。群季俊秀，皆为惠连；吾人咏歌，独惭康乐。幽赏未已，高谈转清。开琼筵以坐花，飞羽觞而醉月。不有佳作，何伸雅怀？如诗不成，罚依金谷酒数。李白。 赋：有东园之珍果兮，承阴阳之灵和；结柔根以列树兮，艳长亩而骈罗。夏日先熟，初进庙堂。辛氏践秋，厥味益长。亦有冬桃，冷侔冰霜。放神适意，恣口所尝。华升御于内庭兮，饰佳人之令颜。实充虚而疗饥兮，信功烈之难原。嘉放牛于斯林兮，悦万国之义安。望海岛而慷慨兮，怀度朔之灵山。何兹树之独茂兮，条枝纷而丽闲。根龙虬而云结兮，弥万里而屈盘。御百鬼之妖慝兮，列神荼以司奸。辟凶邪而济正兮，岂唯荣美之足言？晋·傅玄《桃花赋》。 予尝慕宋广平之为相，贞姿劲质，刚态毅状。疑其铁肠与石心，不解吐婉媚辞。然睹其所作《梅花赋》，清便富艳，得南朝徐庾体，殊不类其为人也。后苏相味道得而称之，广平之名遂振。呜呼！夫广平之才，使不为是赋，则苏公果暇知其人哉！将广平困于穷、厄于踬，强为是也耶？日休于文，尚矣。状花卉，体风物，非有所讽，辄抑而不发。因感广平之所作，复为《桃花赋》。其辞曰：伊祈氏之作春也，有艳外之艳，华中之华，众木不得，融为桃花。厥花伊何，其实美多。台隶众芳，缘饰阳和。开破嫩萼，压低柔柯。其色则不淡不深，若素练轻茜，玉颜半酡。若夫美景妍时，春含晓滋，密如不干，繁若无枝。姝姝婉婉，夭夭怡怡。或俯者若想，或闲者如痴；或向者如步，或倚者如疲；或温麚而可薰，或婑媠而莫持；或幽柔而旁午，或扯冶而倒披；或翘矣如望，或凝然若思；或奕杰以作态，或窈窕而骋姿。日将明兮似喜，天将惨兮若悲。近榆钱兮妆翠靥，映杨柳兮颦愁眉。轻红拖裳，动则袅香，宛若郑袖初见楚王。夜景皎洁，哄然秀发，又若嫦娥欲奔明月。蝶散蜂寂，当闺脉脉，又若妲己未闻裂帛。或开故楚，艳艳春曙，又若息妫含情不语。或临金塘，或交绮井，又若西子浣纱见影。玉露厌浥，沃红坠湿，又若骊姬将谮而泣。或在水滨，或临江浦，又若神女见郑交甫。或临广筵，或当高会，又若韩娥将歌敛态。微动轻风，婆娑暖红，又若飞燕舞于掌中。半沾斜吹，或动或止，又若文姬将赋而思。丰茸旖旎，互交递倚，又若丽华侍燕初醉。狂风狂雨，一阵红去，又若褒姒初随戎虏。满地春色，阶前砌侧，又若戚姬死（千）〔于〕鞠域。花品之中，此花最异。以众为繁，以多见鄙。自是物情，非关春意。若氏族之斥素流，品秩之卑寒士。他目则目，他耳则耳。或以昵而称珍，或以疏而见贵；或有实而花乖，或有花而实悖。至若实可充腹，花可娱目，匪乎兹花，他则碌碌。我欲品花，此为第一。惧俗情之横议，惟独断之一已。我目吾目，我耳吾耳。妍媸决于吾口，取舍决于吾志，岂惟草木之独然？信为国今如是。皮日休《桃花赋并序》。 果实多品，惟桃可佳。天天其色，灼灼其华。或成仙而益寿，或制鬼而祛邪；或美后妃之德，或报琼瑶之华。惊蛰应气而斯盛，农人为候而无差。陟云台而临崖布绮，游武陵而夹岸舒霞。妒媚常闻于武女，爱恶潜移于子瑕。至若绥山刻木，神荼索苇，犯上既戒于文侯，雪贼复闻于夫子。神女尝食于二郎，齐相亦杀乎三士。昆仑以霜实称奇，磅磄以寒英表异。旄橱异状而同名，侯白殊味而俱美。别有绮叶金城之号，紫文缃核之名，虽云六果之下，诚为五木之精。高丘餐胶而轻举，师门食葩而道成。复有梧昺之事，畏汉之情，玄冬霜林之茂，朱夏豆实之英。至于汉皇罢种，方朔潜偷，僵李伤嗟于见累，土偶哀怜于载浮，樊氏竟术于灵变，蔡诞托诈于仙游。亦有种列三名，实盈十斛，太清渍花而疗疾，抱朴服胶而绝谷。或咒之而颓面，或出之而剖腹。岂若缋碧实于西游，标嘉名于仙箓。宋博士吴淑。 歌：无棣城边春欲暮，卧龙冈上花如雾。年年醉彻武陵烟，至今记得桃源路。桃源遍地桃花水，翠屏高傍层城起。宁可余姿点绿芜，肯将浮艳夸秾李。始看一径盘空曲，渐入千枝散朝旭。满树残霞烂不收，一天香雨飞红玉。白云深锁扬子居，青山自爱陶公庐。平芜十里闲看鸟，春水一竿不美鱼。大隐何须分出处，赏心岂必长林麓。桃李浓滋华省阴，公门自是韶华主。绥山一颗忆仙家，绝胜河阳万树花。岁岁愿公悬水镜，长将秋实代春华。冯琢庵。 忆昨东园桃李红碧枝，与君此时初别离。金瓶落井无消息，令人行叹复坐思。坐思行难成楚越，春风玉颜畏销歇。碧窗纷纷下落花，青楼寂寂空明月。两不见，但相思，空留锦字表心素，至今缄愁不忍窥。李白。 此沟湾环复清沚，水木芙容相映美。夕阳欲下不肯下，为恋璃瑶坞中绮。红者为璃白者瑶，白梅红梅树树娇。白消仍发九光李，红悴还开千叶桃。老夫久知空即色，何必纷纷辨红白。即令枯瘦一枝横，隔水看山醉亦得。 闽中乔木俱成林，林家主人饶隐心。时醐竹叶千斛酒，来座桃花万树阴。澹日轻烟酿芳暝，翠羽黄鹂唤妆醒。开处疑蒸紫帽霞，浇时欲涸梅檀井。祝君度索三千春，有子仍为金母珍。汉帝方征上林植，可容长作武陵人。俱王凤洲。 神仙拥出蓬莱宫，罗帏绣幕围香风。云鬟绕绕梳翡翠，颊颜滴滴匀猩红。千娇百媚粲相逐，烂醉芳春逞芳馥。朝阳影里粲红琼，晨霞香中咽寒玉。承恩侍宴青帝前，锦衣半脱醑昼眠。莺莺燕燕扶不起，巧呼苦唤殊可怜。傍栏无力娇欲语，花群本是桃源女。几年流水饭胡麻，今在武陵溪上住。赵福元。 望夷宫中鹿为马，秦人半死长城下。避时不独商山翁，亦有桃源种桃者。一来种桃不计春，采花食实枝为薪。儿孙生长与世隔，知有父子无君臣。渔郎放舟迷远近，花间忽见惊相问。世上空知古有秦，山中岂料今为晋。闻道长安吹战尘，春风回首一沾巾。重华一去宁复得，天下纷纷经几秦？王介甫《桃源行》。 渔舟逐水爱山春，两岸桃花夹去①津。坐看红树不知远，行尽青溪忽见人。山口潜行始隈隩，山开旷望旋平陆。遥看一处攒云树，近入千家散花竹。樵客初传汉姓名，居人未改秦衣服。居人共住武陵源，还从物外起田园。月明松下房栊静，日出云中鸡犬喧。惊闻俗客争来集，竞

---

① 去，"四库全书"［宋］姚铉编《唐文粹》卷一六《诗壬》录王维《桃源行》作"古"。

引还家问都邑。平明间巷扫花开，薄暮渔樵乘水入。初因避地去人间，及至成仙遂不还。峡里谁知有人事，世中遥望空云山。不疑灵境难闻见，尘心未尽思乡县。出洞无论隔山水，辞家终拟长游衍。自谓经过旧不迷，安知峰壑今来变？当时只记入山深，青溪几度到云林。春来遍是桃花水，不辨仙源何处寻。王维《桃花源行时年十九》。 神仙有无何渺茫，桃源之说诚荒唐。流水盘回山百转，生绡数幅垂中堂。武陵太守好事者，题缄远寄南宫下。南宫先生欣得之，波涛入笔驱文辞。文工画妙各臻极，异境恍惚移于斯。架岩凿谷开宫室，接屋连墙千万日。嬴颠刘蹶了不闻，地（拆）〔坼〕天分非所恤。种桃处处惟开花，川源远近蒸红霞。初来犹自念乡邑，岁久此地还成家。渔舟之子来何所？物色相猜更问语。大蛇中断丧前王，群马南渡开新主。听终词绝共凄然，自说今经六百年。当时万事皆眼见，不知几许犹流传。争持酒食来相馈，礼数不同樽俎异。月明半宿玉堂空，骨冷魂清无梦寐。夜半金鸡啁哳鸣，火轮飞出客心惊。人间有累不可住，依然离别难为情。船开棹进一回顾，万里苍苍烟水暮。世俗宁知伪与真，至今传者武陵人。韩昌黎。 诗五言：初桃丽新采。简文帝。 花蹊傍树装。唐太宗。 火绕绌桃坞。岭桃红锦颣。俱杜牧。 五桃新作花。王维。 红人桃花嫩。 栽桃烂熳红。 桃阴想旧蹊。 二月桃花浪。 艳阳桃李节。俱杜甫。 桃枝缀红糁。韩文公。 桃源识故蹊。 桃源迷旧路。刘长卿。 溪水桃源路。冯琢庵。 夏园桃巳熟，红脸点胭脂。 向日分千笑，迎风共一春。 敷水小桥东，涓涓照雾丛。温飞卿。 花在舞楼空，年年照旧丛。许浑。 开花必早落，桃李不如松。 桃李何处开？此花非我春。 桃李出深井，花艳惊上春。 自怜十五余，颜色桃李红。 忆与君别年，种桃齐蛾眉。 一往桃花源，千春隔流水。 奈何天桃色，坐叹葑菲诗。 所以桃李树，吐花竟不言。俱李白。 红入桃花嫩，青归柳叶新。桃红容若玉，定似昔人迷。 如行武陵暮，欲问桃源宿。 小桃知客意，春尽始开花。俱杜甫。 争开不待叶，密缀欲无条。东坡。 莫迷行路客，不似武陵回。韩忠献。 为问东山上，桃花几树开。冯琢庵。 禾黍不阳艳，竟栽桃李春。翻令力耕者，半作卖花人。郑谷。 残夜迷春晓，矢桃祛夜寒。何人未妆洗，先傍玉阑干。崔德符。 在处飘红雨，临窗照夕阳。何时清禁里，一醉伴仙郎。王梅溪。 行逢二三月，九州花相映。川原晓服鲜，桃李晨妆靓。韩文公。 天津三月时，千门桃与李。朝为断肠花，暮逐东流水。 桃花四面发，桃叶一枝开。欲暮黄鹂啭，伤心玉镜台。清筝向明月，半夜春风来。王昌龄。 桃花如美人，服饰靓以丰。徘徊顾香影，似为悦己容。数枝有余妍，窈窕禁省中。韩子苍。 初桃丽新彩，照地吐其芳。枝间留紫燕，叶底发轻香。飞花入露井，交干拂华堂。若映窗前柳，端疑红粉妆。简文帝。 传道东柯谷，深藏数十家。对门藤盖瓦，映竹水穿沙。瘦地翻宜粟，阳坡可种瓜。船人相近报，但恐失桃花。杜甫。 一睹倾城貌，千山敛夕霏。露桃羞比艳，汀月借生辉。蹀躞云迎袜，凌波水溅衣。余芳吹不散，常绕渚烟飞。陆卿子。 桃花春水生，白石今出没。摇荡女萝枝，半掩青天月。不知旧行径，初拳几枝蕨。三载夜郎还，于兹炼金骨。李白。 分得玄都种，依然玉洞春。逶迤成曲径，烂熳及芳辰。锦垒溪边浪，红销雨后尘。武陵差可拟，吾岂避秦人。申瑶泉。 一曲桃园树，平沙十里春。落花红胜锦，藉草绿如茵。野兴邀诗伴，村沽觅酒邻。怕逢渔父问，疑是避秦人。方九功。 世人种桃李，皆在金张门。攀折争捷径，及此春风暄。一朝天霜下，荣耀难久存。安知南山桂，绿叶垂芳根。清阴亦可托，何惜树君园。　桃花开东园，含笑夸白日。偶蒙东风荣，生此艳阳质。岂无佳人色，但恐花不实。宛转龙火飞，零落早相失。讵知南山松，独立自萧瑟。　劝君莫拒杯，春风笑人来。桃李如旧识，倾花向我开。流莺啼碧树，明月窥金罍。昨日朱颜子，今日白发催。棘生石虎殿，鹿走姑苏台。自古帝王宅，城阙闭黄埃。君若不饮酒，昔人安在哉？　吴地桑叶绿，吴蚕已三眠。我家寄东鲁，谁种龟阴田？春事已不及，江行复（湛）〔茫〕①然。南风吹归心，飞堕酒楼前。楼东一（树）〔株〕桃，枝叶拂青烟。此树我所种，别来向三年。桃今与楼齐，我行尚未旋。娇女（出）〔字〕②平阳，折花倚桃边。折花不见我，泪下如流泉。小儿名伯禽，与姊亦齐肩。双行桃树下，抚背复谁怜？念此失次第，肝肠日忧煎。裂素写远意，因之汶阳川。俱李白。　嬴氏乱天纪，贤者避其世。黄绮之商山，伊人亦云逝。往迹浸复湮，来径遂芜废。相命肆农耕，日入从所憩。桑竹垂余荫，菽稷随时艺。春蚕取长丝，秋熟靡王税。荒路暧交通，鸡犬互鸣吠。俎豆犹古法，衣裳无新制。童孺纵行歌，斑白欢游诣。草荣识节和，木衰知风厉。虽无纪历志，四时自成岁。怡然有余乐，于何劳智慧！奇踪隐五百，一朝敞神界。淳薄既异源，旋复还幽蔽。借问游方士，焉测尘嚣外？愿言蹑轻风，高举寻吾契。渊明。　七言：夹岸桃花锦浪红。李白。　桃花乱落如红雨。　剪绡裁锦一重重。白乐天。　百媚桃花如欲语。　桃花点地红斑斑。高适。　桃花气暖眼如醉。　不分桃花红胜锦。　红芳落尽井边桃。　短短桃花临水岸。　点注桃花施小红。俱杜甫。　玉自不言如桃李，鱼目笑之卞和耻。　青轩桃李能几何？流光欺人忽蹉跎。李太白。　此花不逐东流水，晋客何因入洞来？　日暮残红空落地，无人解惜为谁开？白乐天。　还向万茎深竹里，一枝斜卧碧流中。元稹。　重门深锁无人见，惟有碧桃千树花。郎士元。　桃花尽日随流水，洞在清溪何处边？张颠。　妃子红酣对此君，风流如在武陵春。《白氏集》。　母家升上瑶池品，先得春风一面妆。石曼卿。　绿萼红葩晓态新，风流如阵战愁人。种明逸。　草上红多枝上稀，芳条绿萼忆来时。欧阳公。　年年二月卖花天，惟有小桃偏占先。梅圣俞。　十月江南号小春，新阳已放一枝新。张芸叟。　一日出游三日醉，自知惭负小桃开。　人间日月知多少，坐见桃花烂熳时。俱刘原父。　可笑夭桃奈雪风，山家墙外见疏红。蔡君谟。　三月宫桃满上林，一花千萼费春心。　一花五出尚可饮，何况重重叠叠开。俱陶弼。　莫向东风恨开晚，凤城犹有未归人。王岐公。　春风过柳如丝绿，晴日蒸桃出小红。王介甫。　渔郎更觅桃源路，除是人间别有天。朱文公。　小桃洗面添光泽，未点胭脂已自红。《竹窗畸士》。　桃源自有长生路，却是秦皇不得知。元友山。　问余何事栖碧山，笑而不答心自闲。桃花流水杳然去，别有天地非人间。李白。　绯桃一树独后发，意若待我留芳菲。清香嫩蕊含不吐，日日怪我来何迟。欧阳公。　手种桃李非无主，野老墙低还是家。恰似春风相欺得，夜来吹折数枝花。　奉乞桃栽一百根，春前为送浣花村。河阳县里虽无数，濯锦江边未满园。俱杜甫。　紫陌红尘拂面来，无人不道看花回。玄都观里桃千树，尽是刘郎去后栽。　百亩庭中半是苔，桃花净尽菜花开。种桃道士归何处，前度刘郎今又来。　山桃红花满上

---

① 湛，应作"茫"。"四库全书"《李太白文集》卷一一《歌诗四十首·寄下·寄东鲁二稚子》作"茫"。
② 出，应作"字"。"四库全书"《李太白文集》卷一一《歌诗四十首·寄下·寄东鲁二稚子》作"字"。

头，蜀江春水拍山流。花红易衰似郎意，水流无限似侬愁。俱刘禹锡。 芙蓉脂肉绿云
鬟，罨画楼台青黛山。千树桃花万年药，不知何事忆人间。元稹。 黄师塔前江水东，
春光因懒傍微风。桃花一簇开无主，可爱深红映浅红。杜甫。 百叶双桃晚更红，临窗
映竹见玲珑。应知侍史归天上，故伴仙郎宿禁中。韩愈。 细腰宫里露桃新，脉脉无言
几度春。至竟息忘缘底事，可怜金谷堕楼人。杜牧。 东风渐急夕阳斜，一树天桃数日
华。为惜红芳今夜里，不知和月落谁家？来鹄。 山桃野杏两三栽，树树繁花去后开。
今日主人相引看，谁知曾是客移来。雍陶。 天上碧桃和露种，日边红杏倚云栽。芙蓉
生在秋江上，不向东风怨未开。高蟾。 树头树底觅残红，一片西飞一片东。自是桃花
贪结子，错教人恨五更风。王建。 小楼西望那人家，出屋香稍几树花。只恐东风能作
恶，乱红如雨堕窗纱。刘原父。 千朵秾芳倚树斜，一枝枝缀乱云霞。凭君莫厌临风看，
占断春光是此花。白敏中。 衣裁缃缬态纤秾，犹在瑶池午醉中。嫌近清明时节冷，趁
渠新火一番红。曾亲父。 习习香薰薄薄烟，杏迟梅早不同妍。山垆尽日无莺蚨，只与
幽人伴醉眠。种明逸。 舞衫歌扇旧因缘，万事伤心在目前。云物不殊乡国异，天桃窗
下背花眠。孙贲。 一年春事又成空，拥鼻微吟半醉中。夹道桃花三月暮，马蹄无处避
残红。张公举。 空阶日晚雨才干，小婢相随倚画阑。金钗误挂绯桃上，罗袂愁依翠竹
寒。孙蕙。 孔雀屏开春梦幽，水晶帘卷篆烟浮。深宫尽日浑无事，闲看桃花落御沟。
杜赞。 风扫桃花片片飞，夜阑不寐倚屏围。声声杜宇催归去，不向郎啼向妾啼。邓志
谟。 秋夜佳人歌木兰，潇湘幅上水云寒。谁教蕙帐留春色，九月桃花镜里看。孙齐
之。 芳郊晴日草萋萋，千树桃花一鸟啼。无数落红随水去，又分春色入城西。丘陵。 不
骋娇姿媚艳阳，却来冒雪并寒芳。应嫌春色繁华态，故学梅花浅淡妆。徐臣。 绿浅红
深醒眼浓，殢人何处不迷踪。飞时莫浪随流水，自有春涛可化龙。张铭盎。 雨后桃花
作片飞，风前柳絮点人衣。春归不用怨风雨，无雨无风春亦归。黄静齐。 尽是刘郎手
自栽，刘郎去后几番开？东君有意能相顾，蛱蝶无情也不来。朱淑真。 恰匝西园一径
通，狗经霜尽野塘空。桃花错认东风暖，却与芙蓉斗小红。赵信庵。 双桨春风款款移，
斜阳平半落芳池。不妨暂向桥边驻，更为桃花了一诗。陈月潭。 桃源花发几番春，闻
说渔郎此问津。秦帝谩劳方士遣，神仙已是避秦人。萧冰崖。 度索山头驻彩霞，蓬莱
宫阙即仙家。共传西苑千秋实，已着东风一树花。鱼潜园。 施朱施粉色俱好，倾国倾
城艳不同。疑是慈宫双姊妹，一时携手嫁东风。邵康节《三色桃》。 采药人归闻（木）
〔术〕气，寻仙路远梦桃花。买来山酿全如水，易①解昏昏到日斜。陆云西。 欲留王母
盘中核，兼采秦人洞里薪。此事渺茫花笑我，不如（联）〔聊〕②赏故园春。王梅溪。 桃
源只在市城边，锦瑟明妆满画船。莫怪道人回首处，朝来暮去已年年。孙淇澳。 天桃
灼灼倚窗前，春色缤纷带紫烟。昨夜雨声来枕上，惜花人听不曾眠。储氏。 小径升堂
旧不斜，五株桃树亦从遮。高秋总馈贫人实③，来岁还舒满眼花。帘户每宜通乳燕，儿
童莫信打慈鸦。寡妻群盗非今日，天下车书正一家。杜甫。 暖触衣襟漠漠香，间梅遮

---

① 易，"四库全书"〔宋〕陈景沂《全芳备祖》前集卷八《花部》录陆塈《绝句》作"亦"。
② 联，应作"聊"。"四库全书"〔宋〕王十朋《梅溪后集》卷六《诗·桃》作"聊"。
③ 实，"四库全书"〔宋〕郭知达编《九家集注杜诗》卷二六录杜甫《题桃树》作"食"。

柳不胜芳。数枝艳拂文君酒，半里红欹宋玉墙。尽日无人疑怅望，有时经雨乍凄凉。旧山山下还如此，回首东风一断肠。罗隐。　洛阳城东桃李花，飞来飞去落谁家？幽闺女儿爱颜色，坐见落花长叹息。今岁花开君不待，明年花开复谁在？故人不共洛阳东，今来空对落花风。年年岁岁花相似，岁岁年年人不同。贾曾。　笑披初服返林皋，小筑精庐榜慕陶。已买扁舟浮绿水，更依疏柳插红桃。春风荏苒来三径，岁月侵寻入二毛。却笑文章缘业在，簏书重简课儿曹。张虞庵。　江上人家桃树枝，春寒细雨入疏篱。影遭碧水潜勾引，风妒红花却倒吹。吹花困懒旁舟楫，水光风力俱相怯。赤憎轻薄遮人怀，珍重分明不来折。湿久飞迟半欲高，萦沙惹草细于毛。蜜蜂蝴蝶生（成）〔情〕①性，偷眼蜻蜓避百劳。杜甫。　竹径寥寥空碧苔，双星忽漫照高台。唾飞白玉风前落，舄度青云江上来。螭尾清班原帝侍，虎头词客总仙才。相逢莫问年来事，惟有桃花似旧开。曹大章。　上苑夭桃自作行，刘郎去后几回芳？厌从年少追新赏，闲对宫花识旧香。欲赠佳人非泛洧，好纫幽佩与沉湘。鹤林神女无消息，为问何由返帝乡。东坡。　谁家有女腰如束，双眸剪水肌凝玉。裛红香汗湿鲛绡，低压娇花鬌云绿。春光潋滟春昼长，春风扑面春花香。一声环佩鸣丁当，自临鸾镜匀新妆。赵信庵。　万山回合似天台，二月桃花已遍开。映水却疑乘浪暖，缘崖故是倚云栽。乱红飞雨沾衣袂，碎锦分霞入酒杯。谩道武陵仙路远，探奇有客问津来。申瑶泉。　露井花时露未晞，紫文丹萼斗芳菲。佳人南国还娇艳，仙种西池定是非。浥雨别含浓淡态，笼烟怯逗浅深晖。只缘琼貌难为侣，独傍房陵片玉飞。方广德。　词：瑶草一何碧，春入武陵溪。溪上夭桃无数，花上有黄鹂。我欲穿花寻路，直入白云深处，浩气展虹霓。只恐花深处，红露湿人衣。　坐白石，欹玉枕，拂金徽。谪仙何处？无人伴我白螺杯。我为灵芝仙草，不为朱唇丹脸，长啸亦何为？醉舞下山去，明月逐人归。黄山谷《水调歌头》。　岭梅香雪飘零尽，繁杏枝头犹未。小桃一种，妖娆偏占，春工用意。微喷丹砂，半含朝露，粉墙低倚。是谁家小女，娇痴怨别，空凝涕、东风里。　好是佳人半醉。近横波、一枝争媚。玄都观里，武陵溪上，空随流水。怅恨如红雨，风不定、五更天气。念当年门里，如今陌上，（酒）〔洒〕离人泪。晁次膺《水龙吟》。　碧桃天上栽和露，不是凡花数。乱山深处水萦回，可惜一枝如画向谁开？　轻寒细雨情何限！不道春难管。为君沉醉一何妨，只怕酒醒时候断人肠。秦少游《虞美人》。　醉漾轻舟，信流引到花深处。尘缘相误，无计花间住。　烟水茫茫，回首斜阳暮。山无数，乱红如雨。不记来时路。秦少游《点绛唇》。　秾艳娇春春婉婉，雨借风饶，学得宫妆浅。爱把绿眉都不展，无言脉脉情何恨！　花下当时红粉面，准拟新年，都向花前见。争奈武陵人易散，丹青传得闺中怨。王导辅《蝶恋花》。　十年花底承朝露，看到江南树。洛阳城里又东风，未必桃花得似、旧时红。　胭脂睡起春才好，应恨人空老。心情虽在只吟诗，白发刘郎孤负、可怜枝。陈去非《虞美人》。　柳带榆钱，又还是、清明寒食。正满园罗绮，满城箫笛。花树得晴红欲染，远山过雨青如滴。问江南池馆有谁来？江南客。　乌衣巷，今犹昔。乌衣事，今难觅。但年年燕子，晚烟斜日。抖擞一春尘土债，悲凉万古英雄迹。且芳樽随分趁芳时，休虚掷。郑履斋《满江红》。

---

① 成，应作"情"。《九家集注杜诗》《集千家注杜工部诗集》《杜诗详注》《全唐诗》等均作"情"。

杏，一名甜梅。树大，花多，实多，根最浅。以大石压根，则花盛子牢。叶似梅差大，色微红，圆而有尖。花二月开，未开色纯红，开时色白微带红，至落则纯白矣。实如弹丸，有大如梨者，生酢熟甜。种类不一，有金杏、圆而黄，熟最早，味最胜。一名汉帝杏，谓武帝上林（范）〔苑〕遗种也。大如梨，黄如橘。出济南。白杏、熟时色最白，或微黄，味甘淡而不酢。出（荣）〔荥〕阳。沙杏、甘而多汁，即世所称水杏也。梅杏、黄而带酢。柰杏、青而带黄。出邺中。金刚拳、赤大而扁，肉厚，味甚佳。又名肉杏。木杏、形扁色青黄，味酢，不堪食。山杏、肉薄，不堪食，但可收仁用。又有赤杏、黄杏、蓬莱杏。南海有杏园洲，相传为仙人种杏处。今处处有之。性热，生痰及痈疽，不宜多食。小儿、产妇尤忌。花五出，其六出者必双仁，有毒。千叶者不结实。

种杏。与桃同，取极熟杏带肉埋粪中，至春芽出，即移别地，行宜稀，宜近人家。树大戒移栽，移则不茂。正月钁树下地通阳气，二月除树下草，三月离树五步作畦以通水。旱则浇灌，遇有霜雪则烧烟树下，以护花苞。　接杏。桃树接杏，结果红而且大，又耐久不枯。　杏仁。有毒，如用须煮极熟，令中心无白，仍以水泡，日日换水，到水无气味为度，否则毒人。中其毒者，迷乱将死，取杏枝切碎，煎汤服，即解。

附录。巴旦杏：一名八丹杏。出回回地，今诸处皆有。树如杏而叶差小，实小而肉薄，核如梅。皮薄而仁清甘鲜者尤脆美，称果之佳者。

制用。弄色金杏，新水浸没，生姜、甘草、丁香、蜀椒、缩砂、白豆蔻、盐花、沉、檀、龙、麝，皆取末，如面搅拌，晒干。候水尽，味透，更以香药铺糁，名爽团。宿酲未解，一枚爽然。《清异录》。　杏熟时，多取烂者，盆中研之，生布绞取浓汁，涂盘中，晒干取下。可和水为浆，又和面用。李同此法。王祯《农书》。　杏花多宜豆。　杏仁，五月采，破核，去双仁者，自朝蒸之至午，便以慢火微烘之，七日乃收贮。每旦腹空时，不拘多少，任意啖之，积久不止，驻颜延年。　杏仁能使人血溢，少误之必出血不已，或至委顿，故近世少有服者。《本草》。

疗治。肺气喘急：杏仁去皮尖二两，童便浸半月，夏月一日三四换，余月一日一换，取出焙干，研细。每服枣大一块，薄荷一叶，蜜一鸡子大，水一钟，煎七分，食后温服，忌腥物。二剂永瘥，最效。　咳逆上气，不拘大人小儿：杏仁三升，去皮尖炒黄，研膏，入蜜一升杵熟，每食前含之咽汁。　上气喘急：杏仁、桃仁各半两，去皮尖炒研，用水调生面，丸梧子大。每服十九，姜蜜汤下，微利为度。　喘促浮肿，小便淋沥：杏仁一两，去皮尖熬研，和米煮粥，空心吃二合，妙。　头面风肿：杏仁捣膏，鸡子黄和杵，涂帛上，厚裹之，干则又涂七八次，愈。　风虚头痛欲破：杏仁去皮尖，晒干研末，水九升研滤汁，煎如麻腐状，取和羹粥食。七日后大汗出，诸风渐减。此法神妙，慎风、冷、猪、鸡、鱼、蒜、醋。　头面诸风，鼻塞眼瞤，出冷泪：杏仁三升研细，水煮四五沸，洗头，待冷汗尽，二度愈。　破伤风肿：杏仁杵膏，厚涂，上然烛遥灸之。　血崩不止，诸药不效，服此立止：甜杏仁上黄皮烧存性，为末。每服三钱，空心热酒服。　谷道蟹痛肿痒：杏仁杵膏，频傅。　阴疮烂痛：杏仁烧黑，研成膏，频傅。　产门虫疽，痛痒不可忍：杏仁去皮烧存性，杵烂，绵裹纳入，效。　面上皯疱：杏仁去皮捣，和鸡子白，夜涂之。旦以暖酒洗去。　两颊赤痒，其状如痱，名头面风：杏仁频频揩之，内服消风散。　　耳卒聋闭：杏仁七枚，去皮拍碎，分作三分，以绵裹之，着盐如小豆许，以器盛于饭上蒸熟。命病人侧卧，以一裹捻油滴耳中。良久，又以一裹滴之，效。　　耳出脓汁：杏仁炒黑捣膏，绵裹纳入，日三四易，妙。　　鼻中生疮：杏仁研末，乳汁和傅。　　䵟疮蚀鼻：杏仁烧，压取油傅之。　　牙齿虫䘌：杏仁烧存性，研膏，发裹纳虫孔中，杀虫去风，其痛便止。重者不过再上。牙龂① 痒痛：杏仁一百枚，去皮，盐方寸匕，水一升煮，令汁出，含漱吐之，三度愈。　　目中赤脉痒痛，时见黑花：用初生杏子仁一升，五铢钱七文，入瓶内密封，埋门限下。一百日化为水，每夕点之。　　胎赤眼疾：杏仁压油半鸡子壳，食盐一钱，入石器中，以柳枝一握紧束，研至色黑，以熟艾一团安碗内烧烘之，令气透，火尽即成。每点少许入两眦，甚效。　　目翳但瞳子不破者：杏仁三升，去皮，面裹作三包，塘火煨熟，去面研烂，压去油。每用一钱，入铜绿二钱，研匀点之。　　目生努肉，或痒或痛，渐覆瞳人：用杏仁去皮二钱半，腻粉半钱，研匀绵裹，箸头点之。　　伤目生努：生杏仁七枚，去皮细嚼，吐掌中，乘热以绵裹，箸头点努肉上，不过四五度，愈。又，杏仁研膏，人乳化开，日点三次。　　小儿血眼，初生艰难，血瘀眦眶，遂溅渗其睛，不见瞳人，轻则外胞赤肿，上下弦烂：用杏仁二枚，去皮尖，嚼烂，乳汁三五匙，入腻粉少许，蒸熟，绢包频点。重者加黄连、朴硝最良。　　小儿脐风：杏仁去皮研傅。　　小儿咽肿：杏仁炒黑研烂，含咽。　　针入肉：双杏仁捣烂，以车脂调贴，其针自出。箭镝或刀刃在咽膈诸隐处，同。　　狐尿疮痛：杏仁研烂，煮一两沸，及热浸之，冷即易。　　狗咬伤烂：嚼杏仁涂之。　　食狗不消，心下坚胀，口干发热妄语：杏仁一升，去皮尖，水二升煎沸，去查取汁，分三服，下肉为度。　　解狼毒：杏仁捣烂，水和服之。　　白癜风：杏仁连皮尖，每早嚼二七枚，揩令赤色，夜卧再用。　　小儿头疮：杏仁烧灰傅之。　　蛆虫入耳：杏仁捣泥，取油滴入，非出则死。　　妇人无子：二月丁亥日取杏花、桃花阴干，为末。戊子日和井花水服方寸匕，日三。　　粉滓面皯：桃、杏花各一升，东流水浸七日，洗面二七遍，极妙。

典故。夏祠用杏。庐谌《祭法》。　　三月杏花盛，可播白沙轻土之田。《月令》。　　赖乡老子祠前有缥杏。《述异记》。　　范蠡宅在湖中，有海杏，大如拳。《地志》。　　天台山有杏花，六出而五色，出，音缀。号仙人杏。《述异记》。　　孔子游淄帷之林，坐杏坛之上。弟子读书，孔子弦歌鼓琴。《庄子》。　　仙人有三玄紫杏。《南岳夫人传》。　　上林苑有蓬莱杏。又有文杏，谓其树有文彩也。　　汉东海都尉于台献杏一株，花五色五出，云仙人所食。《西京杂记》。　　乾阳殿前杏六株，含章殿前杏四株。《洛阳宫殿簿》。　　光武坟边杏甚美，今送其核。朱超石《与兄书》。　　唐进士杏花园初会，谓之探花宴。择少俊二人为探花使，遍游名园。若他人先折得花，二人皆受罚。《摭言》。　　董奉居庐山治病，重者种杏五株，轻者一株，号董仙杏林。《神仙传》。　　马燧子畼以第中大杏馈窦文场，文场以进德宗。未尝见，颇怪畼，令中使就封其树。畼惧，进宅，为奉诚园。《桂苑丛谈》。　　孙楚《祭介子推》云："饧一盘，醴酪二盂。"今寒食有杏酪、麦粥，即其类也。《玉烛宝典》。　　今寒食，人家研杏仁为酪，以饧沃之。　　卫伦过予，言及于味，称魏故侍中刘子阳食饼知盐

---

① 龂，同"龈"。

生，精味之至也。子曰："师旷识劳薪，易牙识淄渑，子阳今之妙士也，识之何难？"伦因命仆取粮糗以进予尝之，曰："麦也。有杏、李、柰味，三果之熟不同时，子焉得兼之？"伦笑而不言。退告人曰："士安之识过刘氏。"《玄晏春秋》。 魏郡有好杏，地产不为无奇。卢毓《（异）〔冀〕州论》。 斐晋公午桥庄有文杏百株，其处立碎锦坊。《曹林异景》。 张元性廉洁。南邻有杏两株，杏熟多落元园中，元悉还主者。《后周书》。 太平园中有杏数十株，每至烂开，太守大张宴，一株命一娼倚其傍立，馆曰争春。开元中，宴罢，或闻花有叹惜之声。《扬州志》。 徐州古丰县朱陈村有杏花一百二十里。近有人为德庆户曹，过此村，花尚无恙。《诗话》。 铜陵昔传葛仙翁尝留此种杏，下有溪，落英飞堰上，名花堰。 杏花无奇，多种成林则佳。城中朱氏园中百株，偃仰水傍。予尝携榼赏之，今当于广圃荒池别置一林。王敬美。

丽藻。散语：杏者，东方岁星之精也。《典术》。 五沃之土，其木宜杏。《管子》。 桃杏郁棣，华实照烂。潘岳《闲居赋》。 诗五言：花开连锦帐。姚合。 烟湿杏花须。红蘂交枝杏。李贺。 曾伴曲江春。文与可。 浅红欺醉粉。梅圣俞。 梅杏半含黄。盈盈当雪杏，艳艳待香梅。杜甫。 孤村芳草远，斜日杏花飞。寇莱公。 艳蘂粘红蜡，仙葩总薄罗。梅圣俞。 月淡斜分影，池清淡写真。文与可。 带云犹误雪，映日欲欺霞。紫陌传香远，红泉落影斜。沈亚之。 文杏裁为梁，香茅结为宇。不知栋里云，去作人间雨。王维。 殷红鄙桃艳，淡白笑梨花。落处飘微霰，繁时叠乱霞。孙何。 万树江边杏，新开一夜红。满园深浅色，照在绿波中。王涯。 年年曲江望，花发即经过。未饮心先醉，临风思倍多。刘禹锡。 道白非真白，言红不若红。请君红白外，别眼看天工。杨廷秀。 春色芳盈野，枝枝绽晓英。依稀映村坞，烂熳开山城。好折待宾侣，金盘衬红琼。周·庾信。 春意竟相妒，杏花应最娇。红轻欲愁杀，粉薄似啼消。愿作南华梦①，翩翩绕此条。吴融。 不觉梅欺雪，轻红照碧池。小桃新谢后，双燕却来时。香属登龙客，烟笼宿蝶枝。临轩须邀取，风雨易离披。郑谷。 坊开裴墅锦，花发董林株。望欲迷琼苑，栽疑近白榆。微风舒露脸，小雨湿烟须。春意枝头闹，从教醉玉壶。申泉。 零露泣②月蕊，温风散晴葩。天工了不睡，连夜开此花。芳心谁剪刻，天质自清华。恼客香无有，弄妆影横斜。中山古战国，杀气凌高牙。丛台余袨服，易水雄悲笳。自从此花发，玉肌洗尘沙。坐令游侠窟，化作温柔家。我老念江梅，不饮空咨嗟。刘郎归何日？红桃烁残霞。明年花开时，举酒望三巴。东坡《多叶杏》。 七言：种杏仙家近白榆。杜甫。 杏园淡泊开花凤。白乐天。 柳丝牵水杏花红。郑谷。 杏艳桃华夺晚霞。唐彦谦。 霏微红雨杏花天。韦庄。 莫怪杏园憔悴去，满城多少插花人。杜牧。 大道青楼御苑东，玉栏仙杏压枝红。韦庄。 粥香饧白杏花天，省对流莺坐绮筵。李商隐。 红芳紫萼却春寒，蓓蕾粘枝密作团。 绝怜欲白仍红处，正是微开半吐时。 行穿小树寻晴朵，自挽芳条嗅嫩香。杨廷秀。 落梅香断无消息，一树春风属杏花。施芸隐。 客里不知春早晚，失惊红雨到墙阴。郑安晚。 忽忆芳时频酩酊，却寻醉处重徘徊。杏花结子春深后，谁（斛）〔解〕多情又独来？ 怪君把酒偏惆怅，曾是贞元花下人。自别

---

① 梦，"四库全书"〔唐〕吴融《唐英歌诗》卷中《杏花》作"蝶"。
② 泣，"四库全书"《东坡全集》卷二二《诗六十九首·二月二十日多叶杏盛开》作"泫"。

花来多少事，东风二十四回春。俱白乐天。　二十余年作逐臣，归来还见曲江春。游人莫笑白头醉，老醉花间有几人？刘禹锡。　刘郎不用闲惆怅，且作花间共醉人。等是正元旧朝士，几员同见太和春。元微之。　落花流水认天台，半醉闲吟独自来。惆怅仙翁何处去？满廷红杏碧桃开。高骈。　登龙曾入少年场，锡宴琼林醉御觞。争带满头红烂熳，至今犹杂桂枝香。　桃红李白欲争春，素态娇姿雨未匀。日暮墙头试回首，不施朱粉是东邻。俱王元之。　我是朱陈旧使君，劝农曾入杏花村。如今风物郎①堪话？县吏催钱夜打门。东坡。　浅注胭脂剪绛绡，独将娇艳冠花曹。春心自得东皇意，远胜玄都观里桃。宋·淑真。　白白红红一树春，晴光耀眼看难真。无端昨夜萧萧雨，细锦全机却作茵。　红蓝细细糁晴苞，紫玉森森走腻条。枯梗折枝无一寸，并驱春色奔花梢。　不信东皇也有私，如何偏宠杏花枝？于中更出红千叶，且道化工奇不奇。俱杨廷秀。　江梅已过杏花初，尚怯春寒着蕊疏。待得重来几枝在，半随蝶翅半蜂须。吕东莱。　上林佳处午桥边，半染颓霞半着烟。记得曲江春日里，一枝曾占百花先。申瑶泉。　曲江池畔题诗处，燕子飞时花正开。报道状元归去也，马头春色日边来。张铭盂。　蓓蕾枝梢血点干，粉红腮颊露春寒。不禁烟雨轻欺着，只好亭台爱惜看。　限柳傍桃斜欲坠，等莺期蝶猛成团。京城巷陌新晴后，买得风流更一般。林和靖。　颗颗妆成药灶牙，白边开处逐彤霞。直宜相阁栽培物，更是仙人种植花。高行出群犹仰慕，香名超格合共夸。诸贤继有寻芳会，欲奉欢游决自差。韩忠献《黄杏花》。　杏花飞帘散余春，明月入户窥幽人。褰衣步月踏花影，炯如流水涵青苹。花间置酒清香发，争挽长条落香雪。山城薄酒不堪饮，劝君且吸杯中月。洞箫声断月明中，惟忧月落酒杯空。明朝卷地东风恶，但见落叶栖残红。苏东坡。　居邻北郭古寺空，杏花两株能白红。曲江满园不可到，看此宁避雨与风。二年流窜出岭外，所见草木多异同。冬寒不严地常泄，阳气乱发无元功。浮花浪蕊镇常有，才开还落瘴雾中。山留踯躅少意思，照耀黄紫徒为丛。鹧鸪钩辀猿叫歇，香露深谷攒青枫。岂如此树一来玩，若在京国情何穷！今旦胡为忽怊怅，万片飘泊随西东。明年更发应更好，道人莫忘邻家翁。韩昌黎。　词：杏花过雨，渐残红零落，胭脂颜色。流水飘香人渐远，难托春心脉脉。恨别王孙，墙阴目断，手把青梅摘。金鞍何处？绿杨依旧南陌。　消散云雨须臾，多情因甚，有轻离轻拆。燕语千般，争解说、些子伊家消息。厚约深盟，除非重见，见了方端的。而今无奈，寸肠千恨堆积。沈公述《念奴娇》。　红杏一枝遥见，凝露粉愁香怨。吹开吹谢任春风，恨流莺、不能拘管。　曲池连夜雨，绿水上、碎红千片。直拟移来向深院，任凋零、不孤双眼。杜安世《忆汉月》。　胭脂腻，粉光轻，正新晴。枝上闹红无处着，近清明。　仙娥进酒多情，向花下、相闹盈盈。不惜十分倾玉斝，惜凋零。曾海野《侍宴宴·春光好》。　烟冷金炉，梦回鸳帐余香嫩。更无人问，一枕江南恨。　消瘦休文，顿觉春衫褪。清明近，杏花吹尽，薄暮东风紧。赵元镇《点绛唇》。

李，一名嘉庆子。树之枝干如桃，叶绿而多，花小而繁，色白。结实有离核、合核、无核之异。小时青，熟则各色，有红、有紫、有黄、有绿，又有外青内白、外青

---

① 郎，同"那"。

内红者。大者如杯、如卵，小者如弹、如樱。其味有甘、酸、苦、涩之殊。性耐久，树可得三十年，虽枝枯，子亦不细。种类颇多，有麦李、麦秀时熟。实小，有沟，肥甜。一名座，一名接虑。楼，音接。南居李、解核如杏，堪入药。季春李、冬花春实。木李、绝大而美。御黄李、形大而味厚，核小而甘香，李中佳品也。均亭李、紫而肥大，味甘如蜜，南方李此为最。擘李、熟则自裂。糕李、肥粘如糕。中植李、麦前熟。赵李、无核，一名休。御李、大如樱桃，红黄色，先诸李熟。赤驳李、其实赤。冬李、十月、十一月熟。离核李、似柰，有劈裂。皆李之特出者。他如经李、一名老李，树数年即枯。杏李、味小酸，似杏。黄扁李、夏李、名李、出南郡。缥青李、出房陵。建黄李、出河沂。青皮李、赤陵李、马肝李、牛心李、紫粉李、小青李、水李、扁缝李、金李、鼠精李、合枝李、柰李、晚李之类，未可悉数。建宁者甚甘，今之李干皆从此出。

移栽。春月取近根小条栽之，离大树远者不用待长，移之别地。性喜开爽，宜稀栽，南北成行，率两步一株，太密联阴则子小而味不佳。树下勤去草令净，不用耕，耕则肥而无实。嫁李。正月一日，或十五日，以砖石着李树歧中，令实繁。又，腊月中以杖微打树歧间，正月晦日复打，可令足子。又法：以煮寒食醴酪火杴着树间，亦良。或曰：桃树接李，则生子甘红。禁忌。李多食腹胀，苦涩者忌食。 服术人不可食。 不沉水者不可食。 不可合雀肉食。 不可合蜜食。不可临水食。 不可合浆水食。

制用。盐曝法：夏月李黄时摘取，以盐按去汁，合盐晒萎，去核，复晒干。用时以汤洗净，荐酒甚佳。 嘉庆子：取朱李蒸熟，晒干。又，糖藏蜜煎皆可久留。《本草》曰：李根可治疮。服其花，令人好颜色。 食李能除固热调中，不可多食。《保生月录》。

疗治。女人面䵟：李核仁去皮，细研，鸡子白和如稀饧，晚间涂面，至旦洗去，后涂胡粉，忌见风，不过五六日，效。 蝎螫：苦李仁嚼涂之，良。 齿痛：李根白皮煎水含漱。 咽喉卒塞：皂角末吹鼻取嚏，李树近根皮磨水涂之，验。 赤白带丁：李根白皮炙黄煎汤，日再服，验。 恶疮刺痛：李叶、枣叶捣汁点之，效。

典故。李曰虔之。虔，音啼，李有核者柢也。桃李实多者，来岁必穰。《盐铁论》。 李直方尝第果品，以绿李为首。《国史补》。 老子之母怀八十一年，于树下生老子，因指为姓。《神仙录》。 琳国多生玉华李，五千岁一熟，又名韩终李，仙人韩终尝食。《洞冥记》。 神仙上药有员丘红李。武帝初修上林苑，群臣远方各献名果树，有朱李、黄李、紫李、绿李、青李、绮李、青房李、车下李、颜回李、合枝李、羌李、燕李、猴李。《西京杂记》。 东方朔与弟子俱行。朔渴，令弟子叩道边人家门，不知室主姓名，呼之不应。朔复往，见博劳飞集其家李木上，谓弟子曰："主人当姓李，名博，汝呼当应。"室中人果有姓李名博者，出与朔相见，即入取饮与之。《韩诗外传》。 李少君谓帝云："钟山之李大如瓶，食之生奇光。"《汉武内传》。 水晶李出天台，闲闲真人曾致元帝。 魏文帝安阳殿前天降朱李八枚，啖一枚可数日不食。《述异记》。 晋晖章殿前有嘉李。同前。 和峤家有好李，计核而责钱。 王戎父浑薨，所历九郡义故，怀其德惠，相率致赙数百万，皆不受。又云：戎家有好李，卖之恐人得种，钻其核。夫能辞数百万之赙，而乃靳一果之种，似非人情。此必当时恶濬冲者造为此语，恐未可信。《晋书》。 贞观中，玉华宫有李，连理隔涧合枝。《唐书》。　　东都嘉庆坊有李树，其实甘鲜，名嘉庆子，为京邑之美。唐《两京记》。　　南居细李，四月先熟。《风土记》。　　崔奉国家有一种李，肉厚而无核。识者曰："天罚乖龙，必割其耳，血堕地生此李。"《琴庄美事》。　　郇园有春李，冬华春熟。《广志》。　　王侍中家堂前有鼠从地中出，其穴生李树，花实俱好，名鼠精李。《好事集》。　　杜陵有金李，大者夏李，小者鼠李。《述异记》。　　青李、来禽、樱桃、日给藤，子皆囊盛为佳，函封多不生。足下所疏云：此果佳，可以致子。吾笃喜果，今在田里，速为致此子，则大惠也。《王右军帖》。　　房陵朱仲有李园二十八所。　　（沆）〔沉〕陵伍贯卿家李花〔开〕①。一夜，奴遥见花作数团，如飞仙状上天，花上露作雨千点，花则亡矣。《枢要录》。　　宪宗以凤李花酿换骨胶，赐裴度。《叙闻录》。　　萧瑀、陈叔达于龙昌寺看李花，相与论李有九标，谓香、雅、细、淡、洁、密，宜夜月，宜绿鬓，宜泛酒。《承平旧纂》。　　元微之、白乐天两不相下，一日同咏李花，微之先成"缟绡"之句，乐天乃服。盖缟绡白而轻，一时所尚。《高隐外书》。　　桃李岁岁同时并开，而退之有"花不见桃惟见李"之句，殊不可解。因晚登碧落堂，望隔江桃李，桃皆暗而李独明，乃（晤）〔悟〕其（沙）〔妙〕，盖缟炫夜云。《诚斋诗序》。　　嘉兴府城西南地产佳李，因名檇李，《越绝书》作就李。又云：吴王曾醉西施于此，号醉李。　　国朝嘉靖三十年，象山县李树生王瓜；三十一年，诸暨县李树生王瓜。谚云："李树生王瓜，百里无人家。"已而果为倭奴剽杀甚众。《宁波郡志》。

丽藻。散语：井上有李。《孟子》。　　何彼秾矣，花如桃李。　　投我以木李。　　丘中有李。　　投我以桃，报之以李。俱《诗》。　　仙李缥而神李红。　　沉甘瓜于清泉，浮朱李于寒水。魏文帝。　　三沃之土，其木宜梅李。《管子》。　　行：平旦入西园，梨花数株若矜夸。旁有一株李，颜色惨惨似含嗟。问之不肯道所以，独绕百匝至日斜。忽忆前时经此树，正见芳意初萌芽。奈何趁酒不省录，不见玉枝攒霜葩。泫然为汝下雨泪，无繇反斾羲和车。东风来吹不改颜，苍茫夜气生相遮。冰盘夏荐碧实脆，斥去不御惭其花。当春天地争奢华，洛阳园苑尤纷拏。谁堆平地万堆雪，剪刻作此连天花。日光赤色照未好，明月暂入都交加。夜领张彻投卢仝，乘云共至玉皇家。长姬香御四罗列，缟裙练帨无等差。静濯明妆有所奉，顾我未肯置齿牙。清寒莹骨肝胆醒，一生思虑无由邪。韩昌黎《李花行》。　　诗五言：朱李沉不冷。杜甫。　　缟绡开万朵。元稹。　　莺啼密叶外，蝶见脆花心。　　色润房陵缥，味夺寒水朱。俱沈约。　　春风且莫定，吹向玉阶飞。丘为。　　朱李生东苑，甘瓜出西郊。张华。　　仲夏梅霖歇，枝头玉实繁。《岁华纪丽》。　　当知露井侧，复与天桃邻。江总。　　南国有佳人，容华若桃李。《文选》。　　自明无月夜，强笑欲风天。李商隐。　　桃花空落地，终被笑妖红。钱起。　　西园有千叶，淡泊更纤浓。东坡。　　盘根植瀛渚，交干横倚天。舒华光四海，卷叶映三川。唐太宗。　　嘉李繁相倚，园林淡泊春。齐纨剪衣薄，吴纻下机新。色与晴光乱，香和露气匀。望中皆玉树，环堵不为贫。司马温公。　　丽日风和暖，漫山李正开。盈林银缀簇，满树雪成堆。清馥胜秋菊，芳姿比腊梅。杖藜游侠子，攀折晚归来。范屏麓。范公名应期，乌程人。状元，祭酒。　　七言：皇朝仙李盘根大。杜少陵。　　冰盘夏荐碧实脆。韩文公。　　春书暖风薰翠幄，暑天凉

---

① "四库全书"〔明〕彭大翼《山堂肆考》卷一九八《作团》引《枢要录》有"开"字。

气沁朱阑。陶珝。 碎锦不飞蒙树合，素云歌本亚枝难。司马公。 主人肝胆无猜忌，李下游人任整冠。陶珝。 东都绿李万州栽，君手封题我手开。把得欲尝先怅望，与渠同别故乡来。白乐天。 近红暮看失胭脂，远白宵明雪色奇。不见桃花惟见李，一生不识退之诗。 草堂少花今欲栽，不问绿李与黄梅。石笋街中却归去，果园坊里为求来。杜子美。 长念诗人咏子嗟，团栾绕树日敧斜。冰盘行荐炎天实，不用东风学种瓜。王梅溪。 山庄又报李花秾，火急来看细雨中。除却断肠千树雪，别无春恨诉东风。 李花宜远更宜繁，惟远惟繁始足看。莫学江梅作疏影，家风各自一般般。俱杨诚斋。 为爱桥边半树斜，解衣贳酒隔桥家。唐人苦死无标致，只识玄都观里花。刘后村。 燕公楼下繁花树，一日遥看一百回。羽盖梦余当昼立，缟衣风急过墙来。洛阳路不容春到，南国花应为客开。今日岂堪簪短发，感时伤旧意难（栽）〔裁〕。陈去非。 昨日摘花初见桃，今日摘花还见李。晴风暖日苦相催，春物所余知有几。中年多病壮心衰，对酒思归未及归。不及墙根花与草，春来随处自芳菲。欧文忠。 江陵城西二月尾，花不见桃惟见李。风揉雨练雪羞比，波涛翻空杳无涘。白花倒烛天夜明，群鸡惊鸣官吏起。金乌海底初飞来，朱辉散射青霞开。迷乱入眼看不得，照耀万树繁如堆。念昔少年着游燕，对花几曾辞酒杯。自从流落幽感集，欲去未到先思回。只今四十已如此，后日更老谁论哉。力携一樽独就醉，不忍虚掷委黄埃。韩昌黎。 词：碎云薄。向碧玉枝头缀万萼。如将汞粉匀开，疑似柏麝薰却。雪魄未应若。况天赋、标艳仍绰约。当暄风暖日佳处，戏蝶游蜂看着。 重重绣帘珠箔。障秾艳霏霏，异香漠漠。见说徐妃，当年嫁了，信任玉钿零落。无言自啼露萧索。夜深待、月上阑干角。广寒宫、要与姮娥，素妆一夜相学。万俟雅言《尉迟杯慢》。

柿，朱果也。树高大，枝繁。叶大，圆而光泽。四月开小花，黄白色。结实青绿，八九月熟。红柿、所在皆有。黄柿、生沔、洛诸州。朱柿、出华山，似红柿而圆小，皮薄可爱，味更甘珍。塔柿、大于诸柿，去皮挂木上，风日干之，佳。着盖柿、蒂下别有一层。牛心柿、状如牛心。蒸饼柿、状如市卖炊饼。八棱柿。大而稍扁。南剑尤溪柿、处州松阳柿尤为奇品。种类甚多，大者如楪①，其次如拳，小者如鹿心、鸭子、鸡子。生者涩，不堪食。其核形扁，状如木鳖子而坚。根甚固，谓之柿盘。世传柿有七绝：一多寿；二多阴；三无鸟巢；四无虫蠹；五霜叶可玩；六佳实可啖；七落叶肥（火）〔大〕，可以临书。多食引痰。日干者多食动风。同蟹食腹痛作泻。食柿饮热酒，令人易醉，或心痛欲绝。

附录。椑柿：一名漆柿，一名绿柿，一名青椑，一名乌椑，一名花椑，一名赤棠柿，乃柿之小而卑者，生江淮、宣、歙、荆、襄、闽、广诸州。虽熟亦深绿色，大如杏，味甘，可生啖，服丹石家宜之，而人弗之贵。捣碎浸汁，谓之柿漆，可染罾扇诸物。 软柿：一名梗枣，一名梬枣，一名红蓝枣，一名丁香柿，一名君迁子。其木类柿，叶长，实小而长，干熟紫黑色。一种小而圆如指顶，味尤美。其树接柿甚佳。《广志》云：梬枣，小柿也，肌细而厚，味甜，可以供御。 蕃柿：一名六月柿。茎似蒿，

---

① 楪，同"碟"。

高四五尺。叶似艾，花似榴。一枝结五实，或三四实，一树二三十实。缚作架，最堪观，火伞、火珠未足为喻。草本也，来自西蕃，故名。

制用。烘柿：生柿置器中，自然红熟，涩味尽去。其甘如蜜，如火烘成，原非以火烘也。　醂柿：醂，音览。水一瓮，置柿其中，数日即熟，但性冷。亦有盐藏者，有毒。又有用灰汁澡三四度去汁，（者）〔著〕器中，十余日即可食，但不宜治病。　乌柿：火薰干者。　柿糕：糯米一斗洗净，干柿五十，同捣成粉，如干煮枣泥，和拌之，蒸食，佳。止小儿下痢。　柿饼：大柿去皮，捻扁，日晒夜露，至干，纳瓮中。待生白霜，取出。一名白柿，又名柿花。　柿霜：即柿饼所出霜也，乃柿中精液。入肺病上焦药尤佳，生津，化痰，定嗽，治咽喉、口舌最良。

疗治。脏毒下血几死者：干柿烧灰，米饮服二钱，甚效。为散为丸服，皆妙。　反胃：有人三世病此，或教以干柿饼同干饭日日食之，绝不饮水。如法食之，遂愈。又方：干柿三枚，连蒂捣烂，酒服甚效。勿服他药。　小便血淋：干柿三枚，烧存性，研末，陈米饮服。一方：用白柿、乌豆、盐花煎汤，入墨汁服。　热淋涩痛：干柿、灯心等分，水煎，日饮。　小儿秋痢：以粳米煮粥，熟时入干柿末，再煮三两沸，食之。乳母亦食。　凡脾虚腹薄，食不消化，面上黑点者：用干柿三斤，酥一斤，蜜半斤，酥蜜煎匀，下柿煮十余沸，用不津器贮之。每日空腹食三五枚，甚良。　痰嗽带血：青州大柿饼，饭上蒸熟，批开。每用一枚，掺青黛一钱，卧时食，薄荷汤下。　产后咳逆，气乱心烦：用干柿切碎，水煮汁呷。　妇人蒜发：干柿五枚，茅香煮熟，枸杞子酒浸，焙研，各等分，捣丸桐子大。每服五十丸，茅香汤下，日三。　面生皯黯：干柿日日食之。　耳聋鼻塞：干柿三枚细切，以粳米三合、豆豉少许煮粥，日日空心食之。　痘疮入目：白柿日日食之，良。　臁胫烂疮：用柿霜、柿蒂等分，烧研傅之，甚效。　解桐油毒：干柿饼食之，良。　咳逆胸满：柿蒂、丁香各二钱，生姜五片，水煎服。或为末，白汤点服。虚弱人加人参一钱。　食蟹柿多，呕吐欲死：磨木香汁灌之即愈。

典故。郑虔好书，苦无纸。慈恩寺贮柿叶数屋，虔日取隶书，岁久殆遍。　沩山禅师与仲山游行，沩，音规。鸟衔红柿叶坠前。仲山洗净，与沩山分半。

丽藻。散语：梁侯（乌）〔乌〕椑之柿。潘岳。　诗五言：前庭树沙棠，后园植乌椑。《金谷园集》。　色胜金衣美，甘逾玉液清。古诗。　红叶曾题字，（乌）〔乌〕椑昔檀场。冻干千颗蜜，尚带一林霜。核有都无底，吾衰喜细尝。惭无琼玖句，报惠不相当。杨诚斋。　七言：秋林黄叶晚霜严，熟蒂甘香未得兼。火伞虬珠浪褒拂，风标却似色中黔。刘屏山。　友生招我佛寺行，正值万株红叶满。光华闪壁见神鬼，赫赫炎官张火伞。然云烧树大实骈，金乌下啄赤虬卵。魂翻眼晕忘处所，赤气冲融无间断。有如流传上古时，九龙照耀乾坤旱。二三道士席其间，灵液屡进玻璃碗。韩退之。　词：味过华林芳蒂，色兼阳井沉朱。轻句绛蜡裹团酥，不比人间甘露。　神鼎十分火枣，龙盘二寸红珠。清含冰蜜洗云腴，只恐身轻飞去。张仲殊。

山楂，楂，庄加切。作查字误，查本作槎，水中浮木也。一名棠梂子，梂，音求。梂当作朹，写梂亦误。一名山里果，一名羊梂，一名猴楂，一名鼠楂，一名茅楂，一名檕梅，檕，音计。一名朹子，朹，音求。一名赤瓜子。赤瓜当作赤枣，瓜字亦误。味似楂，故名楂。朹之名见于《尔雅》。有二种，生山中。树高数尺，多枝柯。叶有五尖，色青背白，丫间有刺。三月开小白花，五出。实有赤、黄二色，肥者如小林檎，小者如指顶，九月熟，核状如牵牛子，色白微映红，甚坚。滁州、青州者佳。古方罕用，自朱丹溪用之，名始著。今为消滞要药。语云：山楂有烂肉之功。小者味酸，为棠杭子、茅楂、猴楂，堪入药。肥大者为羊杭子，可作果食。

制用。取熟者蒸烂，去皮核及内白筋，白肉捣烂，加入白糖，以不酸为度，微加白矾末，则色更鲜妍。入笼蒸至凝定，收之作果，甚美，兼能消食。　又，蒸烂熟，去皮核，用蜜浸之，频加蜜，以不酸为度，食之亦佳。　闻有以此果切作四瓣，加姜盐拌蒸食，又一法也。　入药者切四瓣，去核晒干，收用。　山查酒：山查熟时，择擘去虫，洗净控干，捣半碎，每缸用三斗，随添黍米少许。亦可以甑蒸半熟，取出摊冷。入大曲半块，烧酒一斤，拌如常法。其味甘淡，不醉人，极消食积。

丽藻。诗五言：楂梨且缀碧。杜子美。

杨梅，一名杭子。杭，音求。生江南、岭南山谷间，会稽产者为天下冠。吴中杨梅种类甚多，名大叶者最早熟，味甚佳。次则下山，本出苕溪，移植光福山中，尤胜。又次为青蒂、白蒂及大小松子。此外味皆不及。树若荔枝，叶细青如龙眼及紫瑞香。二月开花。结实如楮实子，肉在核上，无皮壳。五月熟。生青，熟则有白、红、紫三色，红胜白，紫胜红。颗大核细，盐藏、蜜渍、糖制、火酒浸皆佳，可致远。东方朔《林邑记》云："邑有杨梅，大如杯碗，青时酸，熟则如蜜，用以酿酒，号为梅花酎。"甚珍重之。扬州呼白者为圣僧。张华《博物志》言地瘴处多生杨梅，信然。多食令人伤热，食核中仁可解。

实。酸、甘，微热。涤肠胃，除烦愦恶气。久食损齿及筋，发疮致痰。忌与生葱同食。核仁。以楝漆拌核暴之则自裂，可治脚气。　皮及根。煎汤洗恶疮、疥、癣，漱齿痛，解砒毒，烧灰油调涂汤火伤。

种法。性宜山地。核投粪池中，浸六月取出，收润土中。二月锄地种之。待长尺许，次年移栽。三四年后，以生子枝接之。次年二月仍移栽山地，多留宿土。腊月内，离根四五尺，于高处开沟，灰粪壅之，不宜着根。每遇雨，肥水渗下，则结子大而肥。《物类相感志》云："桑树接杨梅则不酸。"树上生癞，以甘草钉钉之则去，皆物理之妙也。

制用。糖杨梅：以梅三斤为率，用盐一两淹半日，沸汤浸一夜，控干。入糖二斤，薄荷叶一大把，轻手拌匀，日暴汁干，收。

疗治。久痢：杨梅烧研，米饮服二钱，甚验。　头痛不止：杨梅为末，少许嗅鼻取嚏，妙。　风头作痛：杨梅为末，食后薄荷茶服二钱。或以消风散同煎服。或同捣末，以白梅肉和丸弹子大，每食后葱茶嚼下一丸。　止血生肌，灭瘢痕：盐杨梅和核捣如泥，做成挺子，收竹筒中，研末傅之，神妙。　盐杨梅去痰止呕，下酒消食，常含一枚咽汁，下气，利五脏。作屑收藏，临饮酒时服方寸匕，止吐酒。　砒毒，心腹绞痛，欲吐不吐，面青肢冷：用杨梅树皮煎汤二三碗服之，即愈。　风虫牙痛：杨梅根皮厚者焙一两，川芎五钱，麝香少许，研末。每半钱鼻内嗅之，口中含水，涎出痛止。又，杨梅根皮、韭菜根、厨案上油泥等分，捣匀，贴两腮上半时（晨）〔辰〕，其虫从眼角中出，屡效。

典故：齐孝子王虚之庭中，杨梅树隆冬三熟，人谓孝感所致。《山堂肆考》。　杨德祖年九岁。孔君平诣其父。设果有杨梅。孔指示之曰："此君家果也。"应声答曰："未闻孔雀是夫子家禽。"郭子。　宋时梵天寺有月廊数百间，庭前多杨梅、卢橘。子瞻诗曰："梦绕吴山却月廊，杨梅卢橘觉犹香。"　客有言："闽广荔枝，何物可对者？"或对"西凉葡萄"，予以为未若"吴越杨梅"。平可正诗云："五月杨梅已满林，初疑一颗价千金。味方河朔葡萄重，色比泸南荔子深。"则古人亦有举而方之者矣。苏东坡。　庐山顶上湖广数顷，有杨梅、山桃，止得于上饱啖，不得将去。《广州记》。

丽藻。散语：楂梨钻之。钻之谓去核也。《礼》。　诗七言：三春叶底青（圆）〔丸〕小，五月枝头赭弹圆。折来鹤顶红犹湿，剜破龙睛血未干。若使太真知此味，荔枝焉得到长安？徐存斋。徐公名阶，华亭人。大学士。　五月杨梅已满林，初疑一颗价千金。味方河朔葡萄重，色比泸南荔子深。飞艇似闻新入贡，登盘不见旧供吟。诗成一寄山中友，恐解楼头爱渴心。平可正。　梅出稽山世少双，情知风味胜他杨。玉肌半醉生红粟，墨晕微深染紫囊。火齐堆盘珠径寸，醴泉浸齿蔗为浆。故人解寄吾家果，未变蓬莱阁下香。　越绝诸杨胜一时，与侬瓜果不曾知。一夫自叹吾衰矣，此客何从梦见之。也解过江寻德祖，政缘作尹是丘迟。渠伊不是南村派，未分先驱是荔枝。杨廷秀《谢丘帅》。

橄榄，一名青果，一名谏果，一名忠果。生岭南，闽、广诸郡及沿海浦屿间皆有之。树似木樨而高大，数围，端直可爱。枝皆高耸，叶似榉柳。二月开花。结子状如长枣，色青，两头皆尖，先生者居下，后生者渐高，深秋方熟。核亦两头尖而有棱，内有三窍。生嚼味苦涩，微酸，良久乃甘美。生食、煮汁饮，并生津止渴，开胃下气，治喉痛，消酒毒，住泄泻，解一切鱼鳖毒及骨鲠。闽中尤重其味，云咀之口香，胜含鸡舌香。其类有绿榄、色青绿，核内无仁，有亦干小。乌榄。色青黑，肉烂而甘。取肉捶碎，干自有霜如白盐，谓之榄酱。仁最肥大，有纹丛叠，如海螺蛸，色白，外有黑皮，最甘嫩。又有一种方榄，出广西两江（洞）〔峒〕中，似橄榄而有三角或四角。一种波斯橄榄，生邕州，色类相似，但核作两瓣。野生者树峻而子繁，蜜渍、盐淹皆可藏久，用之致远，作佳果。

仁。甘，平，无毒。唇吻燥痛，研烂傅之。　核。甘、涩，温，无毒。磨汁治鱼积、鱼鲠，又治痘疮倒压。烧研服，治下血。　枝。状如黑胶者，土人采取蒸之，甚清烈，谓之榄香。杂以牛皮胶者即不佳。　采摘。熟时以木钉钉之，或纳盐少许于根下皮内，一夕自落，木亦无损。

附录。余甘子：一名庵磨勒。生二广诸郡，闽之泉州及西川戎泸蛮界山谷皆有之。如川楝子，形圆，味类橄榄，亦可蜜渍。木可制器。《黄山谷集》云："戎州蔡次律家轩外有余甘树，余名其轩曰味谏。"

制用。合栗子食能香口，胜含鸡舌。　凡食此果，必去两头，多食致上壅，性热也。　白露后食，庶不病痁。　以木作楫，拨鱼皆得，鱼遇之如死，便不能动。　研橄榄或木作汁，治鱼骨哽咽最验。

疗治。小儿落地时，用橄榄一个烧研，朱末五分和匀，嚼生芝麻一口，吐唾和药，绢包如枣核大，安儿口中，待嚼一个时项，方可与乳。此药取下肠胃秽毒，令儿少疾，出痘稀少。　茧唇及唇裂生疮：橄榄炒研，猪脂和涂之，效。　牙齿脓血有虫：橄榄研，入麝香少许，贴之。　下部痔疮：橄榄烧存性，研末，油调敷之。或加孩儿茶等分。　肠风下血：橄榄核灯上烧存性，研末。每服二钱，陈米汤调下。　阴肾癀肿：橄榄核、荔枝核、山楂核等分，烧存性，研末。每服二钱，空心茴香汤调下。　耳足冻疮：橄榄烧研细末，油调涂之。

丽藻。散语、诗五言：江东多果实，橄榄称珍奇。北人将就酒，食之先颦眉。皮核苦且涩，历口复弃遗。良久有回味，始觉甘如饴。我今何所喻，喻彼忠臣词。直道逆君耳，斥逐投天涯。世乱思其言，噬脐焉能追？寄语采诗者，无轻橄榄诗。王元之。　五行居四时，维火盛南讹。炎焦凌木气，橄榄得之多。酸苦不相入，初争久方和。霜包入中州，万里来江波。幸登君子席，得与众果罗。中州众果佳，珠圆玉光（磋）〔瑳〕。愧兹微陋质，以远不见诃。饧饴儿女甜，遗味久则郍①。良药不甘口，厥功见沉痾。忠言初厌之，事至悔若何！世已无采诗，诗成为君哦。欧文忠。　南珍富奇异，畴昔颇穷擎。擎，同揽。夷荒无书传，从古陋铅椠。苞封走中土，天序异离坎。有香已变衰，有色多黯谵。今君此堂上，珍物惟橄榄。青肤胜琼莹，翠颗森薿薿。芒②为幽人贞，久见君子淡。甘怀彼包羞，日新此刚敢。清泉荐芳茗，臭味独潜感。澡雪清烦醒，涤除莹玄览。灵均采时菊，西伯嗜昌歜。庙鼎实调梅，壮士仍尝胆。由来超俗好，诸绝不言惨。殷勤谢凡口，薤白空三啖。刘贡父。　炎方橄榄佳，余甘生苗裔。风姿虽小殊，气韵乃酷似。驿颜涩吻余，仿佛清甘至。侯门收寸长，粉骨成珍剂。犹闻杂蜜草，少转森严味。奇才用不专，虽用何殊弃。端如效苦言，逆耳多嫌忌。弃果事何伤，违言德之累。悦口易逢知，感兹发长喟。《咏余甘》。　七言：纷纷青子落红盐，正味森森苦且严。待得微甘生齿颊，已输崖蜜十分甜。子瞻。　方怀味谏轩中果，忽见金盘橄榄来。想共余甘有瓜葛，苦中真味晚方回。黄山谷。　美人抱瑟自姑苏，佳果盈笼赠客需。味淡冰桃清较胜，色侔玉枣脆更逾。入唇香嫩含鸡舌，启齿甘回吐凤酥。更为高歌声沸耳，相从啜茗启醍醐。马德澄。

枣，一名木蜜。皮粗。叶小，面深绿色，背微白。发芽迟。五月开小花，淡黄色，花落即结实。生青，不堪食。渐大渐白，至微见红丝，即堪生啖。熟则纯红，味甚甘甜。王祯《农书》云：南北皆有，然南枣坚燥，不如北枣肥美，生于青、齐、晋、绛者尤佳。《齐民要术》云：旱涝之地不任稼穑者，种枣则任矣。种类甚多，有壶枣、大而锐上犹瓠。辘轳枣、细腰。御枣、味最美。出安邑。乐氏枣、丰肌细核，多膏肥美。旧传乐毅自燕携来。遵羊枣、实小而圆，紫黑色。窑坊枣、味佳。出应天府窑坊门内。大枣、实如鸡卵。出狝氏县。蹶泄枣、味苦。晳无实枣、还味，短味。蹙咨枣、一名大白，核小而肥。谷城紫枣、长二寸。西王母枣、大如李核，三月熟。脆枣、实小而圆，生食脆美，不能久留。出章丘县。无核枣、实小，核仅有形，食之不觉。出青城县。又有挤白枣、杨彻齐枣、洗大枣、夏白枣、出洛阳。墟枣、出汲郡。信都大枣、梁国夫人枣、三星枣、骈白枣、灌枣、狗牙枣、鸡心枣、牛头枣、羊角枣、狝猴枣、氐

---

① 郍，同“那”。
② 芒，应作“苦”，“四库全书”［宋］潘自牧《记纂渊海》卷九二《果食部》引刘敞《橄榄》作“苦”。

枣、夕枣、木枣、桂枣、棠枣、丹枣、崎廉枣、玉门枣。种类颇多，能开胃健脾，可久留，生熟皆可食。多食生热，令人齿黄，病龋齿。《清异录》云百益一损者枣，故医氏目为百益红。

分栽。选味佳者留作栽。候叶始生，取大树旁条二三尺高者移种。枣性硬，其生晚，芽未出，移恐难出。三步一行，行欲相当。如本年芽未出，勿遽删除。谚云："枣树三年不算死。"亦有久而复生者。　修树。每元旦日未出时，反斧斑驳椎之，名曰嫁枣。不椎，则花而不实，斫之则子萎而落。候大蚕入簇，以杖击其枝间，振去狂花，则结实多。　收枣。枣全赤即收，撼而落之为上。半赤而收者，肉未充满，干则色黄而皮皱。将赤味亦不佳。全赤久不收则皮硬，复有鸟雀之患。一法：将才熟枣，乘清晨连小枝叶摘下，勿损伤，通风处晾去露气。简新缸无油酒气者，清水刷净，火烘干，晾冷。取净秆草晒干，候冷。一层草，一层枣，入缸中封严密，可至来岁犹鲜。　晒枣。先治地令净，有草则令枣（枭）〔臭〕。驾箔橡上，以无齿木扒聚而散之，日二十度乃佳。夜不必聚，得霜露气速成。如有雨，则聚而苦。五六日，选其红软者，上高厨暴之。胖烂者去之，脬，薄江切，乃枣之坏而不干者。不则恐坏余枣。其未干者，晒曝如法。　作干枣。新菰蒋露于庭，以枣铺上，厚三寸，覆以新蒋。凡三日，撤覆露之，毕日曝，取干纳房中。每一石以酒一升漱，着器中，密泥之，可以经数年不坏。　枣油。捣枣实，和以涂缯上，燥而形似油。　枣脯。切枣曝干如脯。　枣米。枣煮熟烂，将谷微碾，略去糠，和枣匀作一处，晒七八分干，石碾碾过，再晒极干，收贮听用。临时石磨磨细，作粥，作点心。任用纯谷、黍、稷、蜀秫、麦面俱可作。

制用。十月内取大枣中破之，去皮核，文武火翻覆炙香，煮汤饮，健脾开胃，甚宜人。　五月五日用熨斗烧枣一枚，置床下，辟狗蚤。

附录。天枣：在萧县天门寺，春时吐华，结实如酸枣，可食。每四月七日，其实皆熟，次日遂空。糯枣：叶如柳，实似杏而小，味亦甘美。酸枣：一名樲棘枣，小而圆，如芰。无大树，实生青熟红，皮薄核大。仁堪入药，生用令人不眠，炒熟令人眠。双仁者勿用。取红软者箔上晒干，纳釜中，水仅掩枣，煮一沸即滤出。入盆研，布绞取浓汁，涂器上，日曝使干，取为末，一碗投方寸匕。远行用以和米炒，其味酸甜，解饥渴最妙。　木蜜。一名木屈律，一名树蜜，一名木饧，一名枳椇子，一名白石，一名木石。形拳曲合体，皆嫩枝，防在实外，枝及叶皆可生啖，味如蜜，解闷止渴。醉甚者食其叶则醒，木作枕能醒酒。其老枝及干根坚不可食，细破煮之，煎以为蜜，味倍甜浓，能坏酒。作酒处近其木，则酒必不成。

疗治。和胃气：干枣去核，缓火逼熟，为末。量多少入少生姜，白汤点服，调和胃气，甚良。　伤寒热病后口干咽痛：大枣二十枚，乌梅十枚，捣匀，入蜜丸杏仁大。含一枚咽汁，甚效。　妇人脏燥，悲伤欲哭，象若神灵所致者：大枣十枚，小麦一升，甘草二两，每一两水煎服，亦补脾气。　妊娠腹痛：大红枣十四枚，烧焦为末，小便服。　咒枣治疟：执枣一枚咒曰："吾有枣一枚，一心归大道。优他或优降，或劈火烧之。"念七遍，吹枣上，与病人食之即愈。　烦闷不眠：大枣二十四枚，葱白七茎，水三升，煮一升，顿服。　治伤中筋脉，急上气咳嗽：枣二十枚去核，酥四两，微火煎入枣肉中，酥尽取收之。常含一枚，微微咽之，取瘥。　肺疽吐血，因啖辛辣热物致伤者：红枣连核烧存性，百药煎煅过，等分，为末。每服二钱，米饮下。　耳聋鼻塞，不闻音声香臭：枣十五枚去皮核，蓖麻子三百枚亦去皮，和捣，绵裹塞耳鼻，日一度，三十余日愈。先治耳后治鼻，不可并塞。　久服香身：用大枣肉和桂心、白瓜仁、松树皮为丸，久服之。　走马牙疳：新枣肉一枚，同黄檗烧焦为末，油和傅之。加砒少许更妙。　诸疮久坏不愈：枣膏三升，煎水频洗，取愈。　痔疮疼痛：大肥枣一枚剥去皮，取水银掌中，以唾研令极熟，傅枣瓤上，纳入下部，良。　下部虫痒：蒸大枣取膏，以水银和，捻长三寸，以绵裹，夜纳下部中，明日虫皆出。　卒急心疼：《海上方》诀云：一个乌梅两个枣，七个杏仁一处捣。男酒女醋送下去，不害心疼直到老。　食椒闭气：京枣食之即解。　小儿伤寒，五日已后热不退：枣叶半握，麻黄半两，葱白、豆豉各一合，童子小便二钟，煎一钟，分二服，取汗。　反胃呕哕：干枣叶一两，藿香半两，丁香二钱半，每服二钱，姜三片，水一盏，煎服。

　　典故。吕仙亭前枣树未尝实，一岁忽有实如瓜。太守命小吏采而进，小吏私啖之，遂仙去。又传太守与倅弈。有一异人吹笛来，忽不见。随笛声至楼上，惟见石镜题诗，末书吕字而去，名吕仙亭。　尹喜与老子西游省太真王母，共食玉文之枣，其实如瓶。　景阳山百果园有仙人枣，长五寸，霜降乃熟。《洛阳伽蓝记》。　房嵝山出房嵝细枣。山临碧海。此枣万年一熟，笮之有膏，可用燃灯。《洞冥记》。　北极有枝[①]峰之阴，多枣树，高百寻，枝茎皆空，实长一尺，核细而柔，百年一实。《拾遗记》。　李少君以却老方见上，曰："臣曾游海上，见安期生食（臣）〔巨〕枣，大如瓜。"《史记》。　齐景公谓晏子曰："东海之中有枣，华而不实，何也？"晏子曰："昔者秦穆公乘舟理天下，黄布裹蒸枣，至海而柸，其布破，坠蒸枣，故华而不实。"公曰："吾佯问子。"对曰："婴闻佯问者，佯对也。"《晏子春秋》。　秦饥。应侯谓王曰："王苑之枣栗，请发与之。"　武帝时，上林献枣。上以杖击未央殿前槛，呼朔曰："叱来！叱来！先生知此箧中何物？"朔曰："上林之枣四十九枚。"上曰："何以知之？"朔曰："呼朔者，上也。以杖击槛，两木，林也。来来者，枣也。叱叱者，四十九也。"上大笑，赐帛十四。　鹤珠枣出天台，闲闲真人以致元帝。　梁萧琛尝侍宴，醉伏。上以枣投琛，琛乃取栗投上，中面。帝动色，曰："此中有人不得如此，岂有说也？"琛曰："陛下投臣以赤心，臣敢不报之以战栗？"　鲍集耕田而食，凿井而饮，在山中惟食枣。或曰："子所植耶？"遂强吐之，立枯而死。《风俗篇》。　武帝修上林苑，君臣各献名果，有青华枣、赤心枣。　武帝元鼎元年起招仙阁，进房嵝枣。《洞冥记》。　孟节能含枣核不食，可至十年。《后汉书》。　信安县有悬室坂。晋时，有民王质伐木至石室中，见童子四人弹琴而歌，因倚（歌）〔柯〕而听之。童子以一物如枣与质，含之便不复饥。《东阳记》。　孔文举为东莱贼所攻，城欲破。治中左承祖请以官枣赋战士。《英雄传》。　程莫年十四。叔父病故，莫抱尸悲，哀舅哀其羸岁，嚼枣肉哺之。莫见食，歔欷不能吞咽。蔡邕《秦事》。　杜畿为河东守。平（虎）〔房〕将军刘勋为太祖所亲，贵震朝廷，常从畿求大枣，拒以他故。后勋伏法，太祖得其书，叹曰："杜畿可谓不媚灶也。"《杜氏新书》。　石虎园有西王母枣，味绝美，枝叶葱茂，四时不凋。九月生花，十二月

---

① 枝，"四库全书"〔宋〕潘自牧《记纂渊海》卷九二《果食部》引《拾遗记》作"岐"。

熟。《邺中记》。 石晋朝赵令公莹家有糯枣，婆娑异常，四远俱见。望气者曰："此家有登宰辅者，不在其身，在其子孙。"后令公由太原大拜。《北梦琐言》。 信都献仲思枣，紫色细文，长四寸。《大业拾遗记》。 睢阳有鸡冠枣宜作脯，醍醐枣宜生啖。《清异录》。 晋时华林园有枣长五寸，核如针，名仙人枣。《杂俎》。 山不甚高而夜见日，此可异也。山有二楼，今延祥寺在南楼下，朱明洞在冲虚观后，云是蓬莱第七洞天。唐永乐道士侯道华以食邓天师枣仙去。永乐有无核枣，人不可得，道华得之。予在岐下，亦得食一枚云。唐僧契虚遇人导游稚川仙府，真人问曰："汝绝三彭之仇乎？"虚不能答。冲虚观后有（米）〔朱〕真人朝斗坛，近于坛上获铜龙六、铜鱼一。唐有梦铭，云紫阳真人山玄卿撰。又有蔡少霞者，梦遣书碑，题云五云（闲）〔阁〕吏蔡少霞书。苏东坡。

丽藻。散语：八月剥枣。《诗》。 馈食之笾，其实枣。《周礼》。 妇人之执，榛榛、棋，音举。脯修、枣栗。《礼记》。 安邑千树枣，其人与千户侯等。《史记》。 安平好枣，地产不为无珍。《冀州论》。 周文弱枝之枣。潘岳。 枣膏昏钝。范蔚宗。 枣下纂纂，朱实离离。潘岳。 诗五言：枣下何攒攒，荣华各有时。 枣适今朝赐，谁能仰视之？李善。 北园有一树，布叶垂重阴。外虽多棘刺，内实有赤心。赵整。 浮华齐水丽，垂彩郑都奇。白纷英靡靡，紫字（标）〔标〕离离。风摇羊角树，日映鸡心枝。谷城逾石蜜，蓬岳表仙仪。已闻安邑美，永茂玉门垂。梁简文帝。 种桃昔所传，种枣予所欲。在实为美果，论材又良木。余甘入邻家，尚得馈妇逐。况予秋盘中，快啖取餍足。风包堕朱缯，日颗皱红玉。（热）〔赞〕享古已然，《豳风》自宜录。缅怀青齐间，万树荫平陆。谁云食之昏，匮志乃成俗。广庭觞圣寿，以此参肴薨。愿比赤心投，皇明传予烛。王安石。 七言：庭前八月梨枣熟，一日上树能千回。杜甫。 蓐收司契物华新，累累丹实日可亲。汉帝殿前曾郑重，吕仙亭下诧奇珍。味夺石蜜甜偏永，红迈朱樱色莫伦。怪道仲思名姓著，好同玉李供枫宸。王荃臣。

二如亭群芳谱果部卷之三

济南　王象晋荩臣甫　纂辑
松江　陈继儒仲醇甫
虞山　毛凤苞子晋甫　同较
宁波　姚元台子云甫
济南　男王与胤、孙士熊、曾孙启洔　诠次

果谱三

荔枝，一名丹荔，一名离枝，一名钉坐真人。树高数丈，自径尺至于合抱。形团圞如帷盖。叶如冬青，绿色蓬蓬，四时常茂。花青白，开于二三月，状如橘，又若冠之蕤绥。五六月结实，喜双，状如初生松球，核如熟莲子，壳有皱纹如罗，生青熟红。肉淡白如肪玉，味甘，多汁。夏至将中，翕然俱赤。大树下子百斛。性甘，微热，止渴，益智，健气。五六月盛熟时，彼地皆燕会其下，虽多食亦不伤人。觉热，以蜜浆解之，或以壳浸水饮亦佳。病齿及火病人最忌。结实时，枝弱而蒂牢，不可摘取，必以刀斧劙取其枝，劙，音离。故《上林赋》作离枝，荔与离同。初出岭南及巴中，今闽之泉、福、漳、兴、蜀之嘉、蜀、渝、涪及二广州郡皆有之，以闽中为第一，蜀次之，岭南为下。其类有陈紫、出著作郎陈琦家，品为第一。大紫、种似陈紫，实大过之。小陈紫、实差小。方红、径可二寸，色味俱美，岁生一二百颗而已。出兴化屯田郎中方臻家。宋公荔枝、实比陈紫小，甘美亦如之。周家红、初为第一，及陈紫方红出，而此为次。龙牙、长可三四寸，湾曲如爪牙，无核，然不常有。游家紫、水荔枝、浆多而淡。以上俱出兴化军。蓝家红、泉州第一，出都官员外蓝承家。法石白、出法石院，色白，其大次于蓝红。江绿、类陈紫差大，而香味次之。以上出泉州。一品红、于荔枝为极品，生在福州堂前。状元红、于荔枝为第一，在报国寺。二种，皆出近岁，最晚。大丁香、壳厚，色紫，味微涩。出天庆观。绿核、荔枝核紫，而此核独绿。将军荔枝、五代时有此，官种之，因以得名。朱柿、色朱如柿。虎皮、色红，有青斑，类虎皮。牛心、以状名之，长二寸余，皮厚，肉涩。玳瑁、色红，有黑点，类玳瑁。出城东。硫黄、以色类硫黄。以上出福州。何家红、出漳州何氏。圆丁香、丁香荔枝皆旁蒂大而小锐，此独圆，而味尤盛。十八娘、色深红而细长。闽王有女行十八，好食此，因得名。或云物之美少者为十八娘。蕙团、每朵数十，并蒂双垂。钗头颗、颗红而小，可施头髻。珍珠荔枝、团白如珠，无核，荔枝之最小者。粉红荔枝、荔枝深红，此以色浅为异。丁香荔枝、核如丁香。密荔枝、以甘为名，然过于甘。火山荔枝、本出南越，四月熟，味甘酸，肉薄。闽中近年仅有。秋元红、实时最晚，因以得名。蚶壳、以状得名。蒲桃荔枝。一穗至二三百颗。又有绿色、蜡色，皆品之奇者，本处亦

实，遂作此赋云。张九龄《荔枝赋序》。 论：荔枝之于天下，惟闽、粤、南粤、巴蜀有之。汉初南粤王尉佗以之备方物，于是始通中国。司马相如赋上林云"答遝离枝，盖夸言无有"，是也。东京、交趾七郡贡生荔枝，十里一置，五里一堠，昼夜奔腾，有毒虫猛兽之害。临武长唐羌上书言状，诏太官省之。魏文帝有"西域蒲桃"之比，世讥其缪论。岂当时南北断隔，所拟出于传闻耶？唐天之宝中，妃子尤爱嗜，涪州岁命驿致，时之词人多所称咏。张九龄赋之以托意。白居易刺忠州，既形于诗图而序之，虽仿佛颜色，而甘滋之胜莫能著也。洛阳取于岭南，长安来于巴蜀，虽曰鲜献，而传置之速，腐烂之余，色香味之存者亡几矣。是生荔枝，中国未始见之也。九龄、居易虽见新实，验今之广南州郡与夔梓之间所出，大率早熟，肌肉薄而味甘酸，其精好者仅比东闽之下等，是二人者亦未遇真荔枝也。闽中惟四郡有之，福州最多，而兴化军最为奇特，泉、漳时亦知名。列品虽高，而寂寥无纪。将尤异之物，昔所未有乎？盖亦有之，而未始遇乎人也。予家莆阳，再临泉、福二郡，十年往还，道由乡国，每得其尤者，命一① 写生。萃集既多，因而题目以为倡始。夫以一木之实，生于海滨之险地，远而能名彻上京，外被夷狄，重于当世，是亦有足贵者。其于果品，卓然第一，然性最高寒，不堪移植，而又道里辽绝，曾不得班卢橘、江橙之右，少发光采，此所以为之叹惜而不可不述也。《荔枝谱》论第一篇。 兴化军风俗，园池胜处惟〔种〕荔枝。当其熟时，虽有他果，不复见省。大重陈紫，富室大家，岁或不尝，虽别品千计，不为满意。陈氏欲采摘，必先闭户，隔墙入钱，度钱与之，得者自以为幸，不敢较其直之多少也。列陈紫之所长，以例众品：其树晚熟，其实广上而圆下，大可径寸有五分。香气清远，色泽鲜紫，壳薄而平，瓤厚而莹，膜如桃花红，核如丁香母，剥之凝如水精，食之消如绛雪，其味之至，不可得而状也。荔枝以甘为味，虽有千株，莫有同者。过甘与淡，失味之中，唯陈紫之于色、香、味，自拔其类，此所以为天下第一也。凡荔枝，皮、膜、形、色，一有类陈紫，则已为中品。若夫厚皮尖刺，肌理黄色，附核而赤，食之有查，食已而涩，虽无酢味，亦自下等矣。《荔枝谱》论第二篇。 福州种植最多，延施施，音亦。原野，洪塘水西，尤其盛处，一家之有至于万株。城中当州署之北，郁为林麓。暑雨初霁，晚日照耀，绛囊翠叶，鲜明蔽映，数里之间焜如星火，非名画之可传而精思之可入也。观览之胜，无与为比。初着花时，商人计林断之以立券。若后丰寡，商人知之，不计美恶，悉为红盐。盐，去声。水浮陆转以入京师，外至（比）〔北〕戎、西夏，其东南舟行新罗、日本、琉球、大食之属，莫不爱好，重利以酬之。故商人贩益广，而乡人种益多，一岁之出，不知几千万亿。而乡人得饫食者，盖鲜以其断林鬻之也。品目总三十有三，惟江家绿为州之第一。《荔枝谱》论第三篇。俱蔡君谟。 牡丹花之绝而无甘实，荔枝果之绝而无名花，昔乐天有感于二物矣。然斯二者，惟不兼万物之美，故各得其精，造化之理宜如此也。余少游洛阳花之盛处也，因为牡丹作记。君谟，闽人也，故能识荔枝而谱之。因念昔人尝有感二物，而二人者适各得其一之详，故书其所以然而附于君谟之谱末。欧阳公《荔枝谱后论》。 莆田荔枝，名品皆出天成，虽以其核种之，终与其本不相类。宋香之后无宋香，所存者孙枝尔。陈紫之

---

① 一，"四库全书"〔宋〕蔡襄《端明集》卷三五《荔枝谱》作"工"。

后无陈紫，过墙则为小陈紫矣。《笔谈》谓焦核荔枝，令勿生旁枝，其核自小。里人谓不然，此果形状变态百出，不可以理求，或似龙牙，或类凤爪，钗头之可簪，绿珠之旁缀，是岂人力所能加哉？初，方氏有树，结实数千颗，欲重其名，以二百颗送蔡忠惠公，绐以常岁所产止此。公为目之曰"方家红"，著之于谱，印证其妄。自后华实虽极繁茂，逮至成熟，所存者未尝越二百，遂成语谶。此段已载《遁斋闲览》中。郡士黄处权复志，其详如此。《容斋随笔》。 赋：暧若春云之兴，森若横天之彗，湛若大厦之容，郁若峻岳之势。修干纷错，绿叶蓁蓁。灼灼若朝霞之映日，离离若繁星之著天。皮似丹𨏖，𨏖，音计。肤若明珰。润侔和璧，奇逾五黄。仰叹丽表，俯尝嘉味。口含甘液，腹受芳气。兼五滋而无常主，不知百和之所出。出，音缀。卓绝类而无俦，超众果而独贵。王逸。 果之美者，厥有荔枝。虽受气于震方，实禀精于火离，乃作酸于此裔，爰负阳以从宜。蒙休和之所播，涉寒暑而匪亏。下合围以擢犀，傍荫亩而抱规。紫纹绀理，黛叶（细）〔细〕①枝，蓊茸霮䨴，霮，音淡。䨴，音兑。环合芬缊。如盖之张，如帷之垂，云烟沃若，孔翠于斯。灵根所盘，不高不卑。陋下泽之沮洳，恶层崖之险巇。彼前志之或妄，何侧生之见疵？尔其勾芒在辰，凯风入律，肇气含滋，芬敷谧溢，绿穗靡靡，青英苤苤，不丰其花，但旨其实。如有意乎敦本，故微文而妙质。蒂药房而掉荜，皮龙鳞以骈比，肤玉英而含泽，色江萍以吐日。朱苞剖，明珰出，冏然数寸，犹不可四。未玉齿而殆销，虽琼浆而可轶。彼众味而有五，此甘滋之不一。伊醇淑之无算，非精言之能悉。闻者欢而竦企，见者讶而惊悒。心恚可以蠲忿，口爽可以忘疾。且欲神于醴露，何比数于甘橘？援蒲萄以见拟，亦古人之深失。若乃华轩洞开，嘉宾四会，时当燠煜，煜，音欲。客或烦愦。斯果在御，莫不心侈而体泰。信雕盘之仙液，实玳筵之绮缋。有终食于累百，愈益气而理内，故无厌于所甘，虽不贪而必爱。沉美李而莫取，浮甘瓜而自退。岂一座之所荣，冠四时而为最。夫其贵可以荐宗庙，珍可以羞王公。亭十里兮莫致，门九重兮曷通？山五峤兮白云，江千里兮青枫，何斯美之独远？嗟尔命之不逢，每被诮于凡口。罕获知于贵躬，柿何称乎梁侯？梨何幸乎张公？亦因地之所遇，孰能辨乎其中哉！张九龄《荔枝赋》。 歌行：南村楮，北村卢，楮与卢，杨梅、卢橘也。白衣青叶冬不枯。垂黄缀紫烟雨里，特与荔枝为先驱。海山仙人绛罗襦，红纱中单白玉肤。不须更待妃子笑，风骨自是倾城姝。不知天公有意无，遣此尤物生海隅。云山得伴松桧老，霜雪自困楂梨粗。先生洗盏酌桂醑，冰盘荐此赪虬珠。似开②江鳐斫玉柱，更洗河豚烹腹腴。我生涉世本为口，一官久已轻莼鲈。人间何者非梦幻，南来万里真良图。 十里一置飞尘灰，五里一堠兵火催。颠坑仆谷相枕藉，知是荔支龙眼来。飞车跨山鹘横海，风枝露叶如新采。宫中美人一破颜，惊尘溅血流千载。永元荔支来交州，天宝岁贡取之涪。至今欲食林甫肉，无人举觞酹伯游。我愿天公怜赤子，莫生尤物为疮痏。雨顺风调百谷登，民不饥寒为上瑞。君不见武夷溪边粟粒芽，前丁后蔡相笼加。争新买宠各出意，今年斗品充官茶，吾君所乏岂此物，致养口体何陋耶。洛阳相君忠孝家，可怜亦进姚黄花。俱东坡。 炎精孕秀多灵植，荔

---

① 细，应作"细"。"四库全书"〔唐〕张九龄《曲江集》卷一《颂赞赋·荔枝赋并序》作"细"。
② 开〔闻〕，"四库全书"〔宋〕苏轼《东坡全集》卷二三《诗六十七首·四月十一日初食荔支》作"闻"。

枝佳名闻自昔。绛囊剖雪出雕盘，寻常百果无颜色。闽天六月雨初晴，星火荧荧耀川泽。欻如彩凤戏翱翔，烂若彤云堆翕赫。中郎裁品三十二，陈紫方红冠侪四。盐蒸蜜渍尚绝伦，啄琼空美南飞翼。我闻政和全盛时，贡输不减开元日。涪州距雍已云远，况此奔驰来海侧。绣衣使者动辎车，黄纸封林遍阡陌。浮航走辙空四郊，妙品人间无复得。似闻供给只纤毫，往往尽入公侯宅。骊山废苑狐兔静，艮岳新宫鼙鼓急。繁华今古共凄凉，绕树行吟悲野客。西风刮地战尘昏，一听胡笳双泪滴。<small>陈简斋。</small> 诗五言：轻红擘荔枝。<small>杜少陵。</small> 蛮果餐蕉枝。<small>山谷。</small> 一色鲜猩血。<small>程金紫。</small> 忆昔南海使，奔腾献荔枝。<small>杜少陵。</small> 莆阳荔枝丹，皱壳红钉蜜。<small>梅圣俞。</small> 荔枝几时熟？枝头花正繁。<small>东坡。</small> 新来尝小绿，又胜擘轻红。<small>石屏。</small> 火齐骊龙脱，红绡玉露团。谪居深不负，沉醉亦何难！<small>张芸叟。</small> 丞相祠堂下，将军大树傍。炎云骈火（食）〔实〕[1]，瑞露酌天浆。烂紫垂先熟，高红挂远扬。分甘遍铃下，也到黑衣郎。<small>东坡。</small> 五月南游渴，欣逢荔子丹。壳匀仙鹤顶，肉露水晶丸。色映离为火，甘殊木作酸。枝繁恐相染，树重欲成团。赤蚌遗珠颗，红犀露角端。爽能消内热，润可濯中干。一簇冰蚕茧，千苞火凤冠。隔瓢银叶嫩，透膜玉浆寒。<small>陶弼。</small> 南州积炎德，嘉树凌冬绿。薰风海上来，丹荔逾夏熟。煌煌锦绣林，亭亭翡翠屋。鹄头烂晨霞，天酒莹寒玉。流声感华夏，采掇如不足。开元百马死，汉堠五里促。君王玉食间，此荐知不辱。迄今糟粕余，犹足惊凡目。忆初成上林，四方会奇木。使臣得安榴，天马来苜蓿。擢身自幽遐，托地幸渗漉。我欲咎真宰，喟兹限荒服。将非名实雄，百果为羞缩。区区化工意，聊尔存众族。<small>刘贡父。</small> 奇物标南（上）〔土〕，芳林对北堂。素华春漠漠，丹宝夏煌煌。叶捧低垂户，枝擎重压墙。始因风弄色，渐与日争光。夕讶条悬火，朝疑树点妆。深于红踯躅，大较白槟榔。星缀连心朵，珠排耀眼房。紫罗裁衬縠，白玉裹填囊。早岁曾闻说，今朝始摘尝。嚼疑天上味，嗅异世间香。润胜莲生水，鲜逾橘得霜。胭脂掌中颗，甘露舌头浆。物少犹珍重，天高苦渺茫。已教生暑月，又使阻遐方。粹液灵难驻，妍姿嫩易伤。近南光景热，向北道途长。不得充王赋，无由寄帝乡。唯君堪掷赠，面白见潘郎。<small>白乐天。</small> 七言：花旌难老隔年芳。 墙头荔子已烂斑。<small>俱程金紫。</small> 荔子凝丹摘晚鲜。<small>蔡君谟。</small> 黄金小带荔枝垂。<small>萨天锡。</small> 南宾佳实传名久。<small>刘原父。</small> 晓风冻作冰晶团。<small>杨诚斋。</small> 绛衣仙子过中元，绛壳囊收白露团。<small>苏颖滨。</small> 映我绿衫浑不见，对公银印最相鲜。 香连翠叶真堪画，红透青笼实可怜。 摘来正带凌晨露，寄出须凭下水船。<small>俱白乐天。</small> 炎方每续朱樱献，玉座应悲白露团。<small>杜少陵。</small> 叶似杨梅蒸雾雨，花如卢橘傲风霜。<small>东坡。</small> 红锦皱缝包玉液，青绡斜剪衬金丸。<small>汪内翰。</small> 光射腰金陵宝印，影回殿砌拂猗兰。<small>洪驹父。</small> 五月照江鸭头绿，六月连山柘枝红。天与鹱红装宝髻，更揉猩血染殷红。<small>俱山谷。</small> 红消白瘦香犹在，想见当年十八娘。 托根曾是三山下，结实应归万木先。<small>俱颖滨。</small> 绿幄翠笼文縠皱，绛囊包就寸珠圆。<small>程金紫。</small> 春鸥水动茶花白，日落云生荔子红。<small>晁冲之。</small> 海山珠树玉斓斑，拟擘炎云觐玉颜。<small>王（在）〔右〕丞。</small> 白莲近揖三千女，丹荔遥招十八娘。<small>周文忠。</small> 兰蕙香浮衿解后，雪冰肤在酒酣间。<small>曾文清。</small> 水晶透膜轻含液，绛縠离苞未变香。<small>朱待制。</small> 临水酽妆新雨后，出墙背向晓风

---

[1] 食，应作"实"。"四库全书"〔宋〕苏轼《东坡全集》卷二三《诗六十七首·食荔支二首》作"实"。

西。杨诚斋。 风枝露叶走筠笼，玉润冰寒擘皱红。方秋崖。 玉润冰清不受尘，仙衣裁剪绛纱新。千门万户谁曾得？只有昭阳第一人。曾南丰。 罗浮山下四时春，卢橘杨梅次第新。日啖荔枝三百颗，不妨长作岭南人。东坡。 绛衣摇曳绽冰肌，依约华清出浴时。何物鸦儿驱不去？前身恐是食酥儿。李梅亭。 仙果移从海上山，露华供夜鹤分丹。朱砂芒刺羞红颗，龙目团圆避赤丸。洪驹父。 厚叶纤枝杂绛囊，使君分寄驿人忙。彩毫封处曾留笔，箬片开时不减香。蔡端明。 忆昔泸戎摘荔枝，青枫隐映石逶迤。京华应见无颜色，红颗酸甜只自知。杜甫。 遐方不许贡珍奇，密诏惟教进荔枝。汉武碧桃争比得，枉令方朔号偷儿。韩偓。 昨日闽中进荔枝，君王亲受幸龙池。先将并蒂盛金盒，密赐修仪尽不知。王济。 封开玉〔露〕〔笼〕①鸡冠涩，叶衬金盘鹤顶鲜。想得佳人微露齿，翠钗先取一枝悬。韩偓②。 巧裁绛片裹璚浆，崖蜜天然有异香。应是仙人金掌露，待成冰入茜罗囊。韩偓③。 侧生野岸及江浦，不熟丹宫满玉壶。云壑布衣骀背死，劳人害马翠眉须。杜子美。 长安回首绣成堆，山顶千门次第开。一骑红尘妃子笑，无人知是荔枝来。杜牧。 风韵能令百果低，难将卢橘斗新奇。品题自合还诗祖，模写何妨觅画师。刘后村。 绛袖冰肌画本难，骈肩含笑倚阑干。清霜且莫来相妒，闻道佳人不耐寒。王苹臣。 王公权家荔子绿，寥④致平家绿荔枝。试倾一杯重碧色，快擘千颗轻红肌。谁能同此最胜味，唯有老杜东楼诗。黄山谷。 托根初不异南山，十八妖娆带渥丹。玉润满苞甘露液，文绡团麑绛纱丸。便为仙苑千年果，回笑幽皋九畹兰。张无极。 锦筵火齐堆金盘，五月甘浆破齿寒。南国已随朱夏熟，北人犹作画图看。烟岚不续丹樱献，玉座空悲羯鼓残。相见任夸双蒂美，多情莫唱水晶丸。刘贡父。 词：五岭麦秋残，荔子初丹，绛纱囊里水晶丸。可惜天教生处远，不近长安。 往事忆开元，妃子偏怜，一从魂散马嵬关。只有红尘无驿使，满眼骊山。欧阳公。 忆昔谪巴蛮，荔子亲攀。冰肌照映柘枝冠，日擘轻红三百颗，一味甘寒。 重入鬼门关，也似人间。一双和叶插云鬟，赖得清湘燕，玉面同倚栏杆。黄山谷俱《浪淘沙》。 闽溪珍献，过海云帆来似箭。玉座金盘，不贡奇葩四十年。 轻红酽白，雅称佳人纤手擘。骨瘦肌香，恰似当年十八娘。苏轼《减字木兰花》。 名与牡丹联谱，南珍独比江瑶。闽山入贡冠南朝，露叶风枝袅袅。 香玉满苞仙液，皱红圆麑鲛绡。华清宫殿蜀山遥，一骑红尘失笑。康伯可《西江月》。 霓裳弄月，冰肌不受人间热，分明蜜露枝枝结。碧树珊瑚，容易与君折。 玉环旧事谁能说，迢遥驿路香风彻。故人莫恨东南别，不寄梅花，千里寄红雪。韩南涧《醉落魄》。 只说闽山锦绣帏，忽从团扇得生枝。皱红衫子映丰肌。 春线应怜壶漏永，夜深频见烛花催。尘飞一骑忆来时。张子潜《浣溪沙》。 红粉里绛金裳，一卮仙酒艳晨妆。醉温柔，别有乡。 清暑殿偶风凉，鸡头擘破误君王。泣梨花，春梦长。李方舟《捣练子》。 粉笔丹青描未得，金针彩线功难敌，谁傍暗丛轻采摘。渐渐船头，触散双鹥鶒。 夜雨染成天水质，朝阳烘出胭脂色。

---

① 露，应作"笼"。"四库全书"［唐］韩偓《韩内翰别集·入内廷后诗·荔枝三首》作"笼"。
② 韩偓，底本为墨丁，据"四库全书"［唐］韩偓《韩内翰别集·入内廷后诗·荔枝三首》补。
③ 韩偓，底本为墨丁，据"四库全书"［唐］韩偓《韩内翰别集·入内廷后诗·荔枝三首》补。
④ 寥，应作"廖"。"四库全书"［宋］黄庭坚《山谷集》卷六《古诗五十一首·廖致平送绿荔支为戎州第一，王公权荔支绿酒亦为戎州第一》作"廖"。

将^①落又开人共惜，秋风逼，盘中已见新莲菂。晏叔源《渔家傲》。

龙眼，一名益智，一名骊珠，一名龙目，一名比目，一名圆眼，一名蜜脾，一名燕卵，一名绣水团，一名海珠丛，一名川弹子，一名亚荔枝，一名荔枝奴。闽、广、蜀道出荔枝处皆有之。树似荔枝，高一二丈，枝叶微小。叶似林檎，凌冬不凋。春末夏初开细白花。七月实熟，大如弹丸，肉薄于荔枝，白而有浆，甘如蜜质，味殊绝，纯甜无酸。实极繁，作穗如葡萄，每穗五六十颗，壳青黄色。性畏寒，白露后方可采摘。性甘，平，无毒。安志健脾，补虚开胃，除蛊毒，去三虫。久服轻身不老，神益聪明，故又名益智，非今医家所用之益智子。食品以荔枝为贵，而资益则龙眼为良，盖荔枝性热，而龙眼平和也。

附录。山龙眼：出广中，夏月熟，肉如龙眼，亦龙眼之野生者地。　龙荔：状如小荔枝而肉味似龙眼，木之身、叶亦似二果。三月开小白花，花与荔枝同。熟但可煎食，不可生啖。出岭南。俱《桂海志》。

制用。采下，用梅卤浸一宿，取出晒干，用火焙之，以核干硬为度，如荔枝法收藏之。成朵干者名龙眼锦。《农书》。

疗治。归脾汤治思虑过度，劳伤心脾，健忘怔忡，虚烦不眠，自汗惊悸：用龙眼肉、酸枣仁、炒黄芪、炙白术、焙茯神各一两，木香半两，炙甘草二钱半，咬咀。每服五钱，姜三片，枣一枚，水二钟，煎一钟，温服。　治胡臭：龙眼核六枚，胡椒二十七枚，研细，遇汗出即搽之。

典故。龙眼惟闽中及南越有之。太冲自言十年作赋，三都所有，皆责土物之贡。至于言龙目，亦不自知，其失也。《山谷诗注》。　龙眼与荔枝齐名，味亦甚美，登盘俎而充供御，称于魏文之诏，咏于左思之赋，岂凡果之可比哉？王祯《农书》。　龙眼自尉陀献汉高帝始有名，见《西京杂记》。左太冲赋"旁挺龙目"，即此。梧浔署中皆有之，结实甚繁。剖之，色莹白，政如水晶丸，核映于外，味亦甘美，但微觉草气，风韵远逊荔枝，故谓之荔枝奴。苏长公曰："闽越人高荔子而下龙眼，吾为平之。荔子如食蝤蛑、大蟹，斫雪流膏，一啖可饱。龙眼如食彭越、石蟹，嚼啮久之，了无所得，然酒阑口爽，餍饱之余，则咂啄之味，石蟹有时胜蝤蛑也。"长公此语，足为荔奴（蟹）〔解〕嘲。张七泽。

丽藻。散语：旁挺龙目。左太冲。　诗五言：龙眼与荔枝，异出同父祖。端如柑与橘，未易相可否。异哉西海滨，琪树罗玄圃。累累似桃李，一一流膏乳。坐疑星陨空，又恐珠还浦。图经未尝说，玉食远莫数。独使皱皮生，弄色映雕俎。蛮荒非汝辱，幸免妃子污。苏东坡。　七言：荔子如今尚典刑，秋林圆实著嘉名。虽无颊玉南风面，却愿筠笼千里行。张南轩。　手自封题寄故人，聊将风味付诗情。千年尚忆唐羌疏，不污华清驿骑尘。《寄龙眼》^②。　幽姿旁挺绿婆娑，啄咂虽微奈美何。香割蜜脾知韵胜，价轻鱼目为生多。左思赋咏名初出，玉局揄扬论岂颇。地极海南秋更暑，登盘犹足洗沉痾。

① 将，底本缺，据"四库全书"［宋］陈景沂《全芳备祖后集》卷二《果部》引《渔家傲》补。
② 寄龙眼，底本为墨丁，据"四库全书"［宋］张栻《南轩集》卷七《律诗·岭南荔枝不可寄远龙眼新熟辄以五百颗奉晦叔或可与伯逢共一酌也》补。

刘屏山。　来从炎徼登雕俎，满案芳馨总莫逾。崖蜜纵甘终带酢，江瑶虽美未全瑜。骚人赋就芳名远，汉帝移来贝叶敷。较烈侧生应不忝，何缘唤作荔枝奴？　何缘唤作荔枝奴？艳冶丰滋百果无。琬液醇和羞沆瀣，金丸玏珠赛玑珠。玏珠，音的力，珠光明貌。好将姑射仙人产，供作瑶池王母需。应共荔丹称伯仲，况兼益智策勋殊。俱王象晋。

石榴，一名若榴，一名丹若，一名金罂，一名金庞，一名天浆。本出涂林安石国，汉张骞使西域得其种以归，故名安石榴。今在处有之。树不甚高大，枝柯附干，自地便生作丛，孙枝甚多。种极易息，或以子种，或折其条盘土中便生。叶绿，狭而长，梗红。五月开花，有大红、粉红、黄、白四色。实有甜、酸、苦三种。单叶者旋开花旋结实，花托即榴；不结者托尖小，千叶者不结实。甜者甘，温，涩，无毒，可食。润燥，制三尸虫，理乳石毒，但性滞恋膈，多食生痰，损肺黑齿，服食家忌之。酸者酸，温，涩，无毒，兼收敛之气，只堪入药，陈久更良，止泻痢，崩中带下。榴实圆如球，顶有尖瓣，大者如杯，皮赤色，有黑斑点。皮中如蜂窠，有黄膜隔之。子如人齿，白者似水晶，淡红者似水红宝石，红者如朱砂。淡红、洁白者味甘，红者味酸。秋后经霜则实自裂。有富阳榴、实大者如碗。海榴、来自海外，树仅二尺，栽盆中，结实亦大，直垂至盆，堪作美观。黄榴、色微黄带白，花比常榴差大，结实甚多，最易传种。河阴榴、名三十八，中间止有三十八子。四季榴、四时开花，秋结实，实方绽，旋复开花。火石榴、其花如火，树甚小，栽之盆，颇可玩。又有细叶一种，亦佳。饼子榴、花大，不结实。番花榴。出山东，花大于饼子，移之别省，终不若在彼大而华丽，盖地气异也。《酉阳杂俎》言：南诏石榴皮薄如纸。燕中有千瓣白、千瓣粉红、千瓣黄、千瓣大红、单瓣者，比别处不同。中心花瓣如起楼台，谓之重台石榴，花头颇大，而色更深红。苦石榴出积石山。

榴花。阴干为末，和铁丹服，一年白发变黑。千叶者治心热吐血，研末吹鼻止衄血，又傅金疮出血。皮及根。用酸者、东行者止目泪下、蛔虫，止泻痢下血、脱肛、漏精。

扦插。三月初取指大嫩枝，长尺有半，八九枝共为一窠，烧下头二寸，勿使沈失。先掘圆坑，深尺七寸，广径尺。竖枝坑畔，环布令匀。置僵石、枯骨于枝间，一层土，一层骨石，筑实之，令没枝头寸许，以水浇之，常令润泽。既生之后，复以骨石布其根下。十月天寒，以薰裹之。一云叶生时折插肥土，用水频浇，自然生根。又叶未生时，从鹤膝处，用脱果法，候生根，截下栽之。开花结实，与大树无异。　种子。石榴熟时，于树上留数枚，记定上、下、南、北。霜降后摘下，用稀布逐个袋之，照树（土）〔上〕朝向，悬通风阴处。先于六七月间取土之松而美者，敲细，筛去瓦石，摊净地上，浇泼浓粪，晒干再泼，再晒。如此五六次，仍敲极细，筛过，收藏缸内，勿经雨。次年二月初，取家用火盆，以所制土铺盆内，厚三寸许，数寸按一浅潭。取榴子去肉，每潭种三四粒，用土盖半寸许，洒水令微湿。置有风露向阳处，每日洒水，勿令干。候长寸许，每潭止留一大株，日浇肥水。候长，分种极小盆内，不宜深。放有风露向阳处，每日用肥水浇三四遍，日午最要浇。每一盆做一木盖，破两片，中剜一窍如树大，中高，四面低。遇有雨，盖盆面，免致淋去肥味。至七八月，满树皆花，甚大。又明年，换略大盆，依前法浇，妙不可言。或云盆榴根多则无花。三四月间便上盆，则根不长，只须浸晒得法。冬间露下，收回南檐。土干，略将水润。至春深气暖，可放石上，剪去嫩苗，勿令高大。盛夏日中晒屋上，免近地气，致令根长，及为蚯蚁所穴。每朝用米泔沉没花干，浸约半时，取出日晒。如觉土干，又复浸。殆良法也。浇灌。性喜肥，浓粪浇之，无忌。当午浇，花更茂盛。蚕沙壅之，佳。又鸡鸭毛浸水中，加皮屑去毛，以水浇之，毛不肥，故也。嫁榴。不结子者，以石块或枯骨安树，又间或根下，则结子不落。藏榴。选大者连枝摘下，安新瓦缸内，以纸十余重密封盖之。

修制。凡使榴皮根叶，勿犯铁器，不计干湿，皆以水浆浸一夜，取出用之，水如墨汁。

疗治。久痢久泻：酸石榴一个，炭火煅烟尽，出火毒一夜，研末。每服一钱。仍以酸榴一块，炭火煎汤服，神效。 痢血五色，或浓或水，冷热不调：石榴五枚，连子捣汁二升，每服五合，神效。 小便不禁：酸石榴烧存性，无则用枝，每服二钱。用柏白皮切焙四钱，煎汤一盏，入榴灰再煎至八分，空心温服，晚再服。 撚须令黑：酸石榴结成时，就东南枝上拣大者一个，顶上开一孔，纳水银半两于中，原皮封之，麻扎定，牛屎封护。待经霜摘下，倾出壳内水，用鱼鳔笔指蘸水撚须，久久自黑。 赤白痢下，腹痛，食不消：酸榴皮炙黄，为末，枣肉或粟米饭和丸桐子大。每空腹米饮服三十丸，日三服，以知为度。如寒滑，倍加附子、赤石脂。又皮烧存性，为末。每米饮方寸匕，日三服，乃止。 粪前有血，令人面黄：用酢石榴皮炙，研末。每服二钱，茄子汁煎汤服。 久痢久泻：陈石榴皮酢者焙，研细末。每服二钱，米饮下。患二三年或二三月，百方不效，服之便止，勿忽。 小儿风痫：大生石榴一枚，割去顶，剜空，入全蝎五枚，黄泥固济，煅存性，为末。每服半钱，乳香调下。防风汤亦可。 卒病耳聋：八九月间取石榴一个，上作孔如球子大，纳米醋令满，以原皮盖之，水和面裹，煨熟。取起去盖，入少黑李子、预知子末，取水滴耳中。勿动脑，中若动，勿惊。如此三夜，必通。 食榴损齿：石榴黑皮炙黄，研末，枣肉和丸桐子大。每日空腹三丸，白汤下，日二服。 疗肿：针刺四畔，用榴皮着疮上，面围灸之，以痛为度。仍纳榴末敷上急裹，经宿，连根自出。 脚肚生疮，初起如粟，搔之渐开，黄水浸淫，痒痛溃烂，遂致绕胫而成痼疾：用酸榴皮煎汤，冷定，日日扫之，即愈。 金蚕蛊毒：吮白矾味甘，嚼黑豆不腥者，即是中蛊。石榴根皮煎浓汁服，吐出活蛊即愈。 寸白蛔虫：酢石榴东引根一握，洗锉，用水三升，煎取半碗，五更温服尽，至明取下虫一大团，永绝根本。食粥补之。榴皮煎水煮粥食亦良。 经闭：酢榴根东生者一握，炙干，水二大盏，浓煎一盏，空心服。未通再服。 赤白痢：同。

典故。秋尝果，以梨、枣、柰、安石榴。《僾豪祭仪》。 晋安帝时，武陵临沅献安石榴，一蒂六实。沈约《宋书》。 石崇园有石榴，名石崇榴。石虎苑中有安石榴，子大如碗盏，其味不酸。《邺中记》。 香炉峰头有大磐石，可坐数百人，垂生山石榴。三月中作花，色似石榴而小，淡红，敷紫萼，炜晔可爱。周景式《唐山记》。 福州府城外东山唐樵者蓝超逐一鹿入石门内，有鸡犬人烟。见一翁，谓曰："此避秦地也，留卿可乎？"超曰："归别妻子，乃来。"与榴花一枝而出。后再访之，则迷矣。《花史》。 温阳七圣殿，绕殿石榴皆太真所植。《洪氏杂俎》。 白马寺有大榴，京师曰："白马甜榴，价值一牛。"《伽蓝记》。 齐安德王延宗纳李祖（收）〔牧〕女为妃，母特为荐二石榴于帝。莫知其意，轻之。帝问魏牧。牧答："以石榴房多子。王新婚，妃母欲子孙众多也。"帝大喜。《北史》。 王荆公作内相。翰苑有石榴一丛，枝叶繁茂，只发一花。时荆公有诗云："万绿丛中红一点，动人春色不须多。"《直方诗话》。 李汉碎胡玛瑙，盛送王莒曰："安石榴奉送。"莒见之不疑，取食乃觉。 邵武县学，宋时有石榴一株，士人观其结实之数，以卜登第多寡，屡验。 昔有妇事姑至孝。一日杀鸡为馔，姑食而死。姑女诉之官，不能辩。临刑，折石榴花一枝，祝曰："妾若毒姑，花即死。若坐诬枉，花可复生。"已而，花果复生。时人哀之，立塔表其事。 崖州妇人以安石榴花着釜中，经旬即成酒，其味香美，仍醉人。俱《花史》。 石榴本外国来者，独京师为胜。盆中有植干数十年，高不盈二尺，而垂实累累，皮子之红白一随其花。花而不实者曰饼子，深红、淡红二种，皆山亭之珍也。吾地不宜盆中，移归不二年，坏矣。本地饼子红榴稍佳而树大，非几案前物。单叶，有黄、白、浅、深红四种，存以标异可也。王敬美。

丽藻。散语：缥叶翠萼，红华绛采。烈照泉石，芬披山海。江海。 丹葩结秀，朱实星悬。接翠萼于绿叶，冒红芽于丹须。 千房同膜，十子如一。潘岳。 剖之则珠散，含之则冰释。张载。 披绿叶于修条，缀朱华于弱干。岂金翠之足珍，实兹葩之可玩。 新茎擢润，膏叶垂腴。丹晖缀于朱房，细的点乎红须。潘岳。 风触枝而翻花，雨淋干而殒芬。环青轩而熌列，绕翠波而星分。颜氏。 其在晨也灼，若九日之栖扶桑；其在夕也爽，若烛龙之吐潜光。傅玄。 歌：蝉噪秋枝槐叶黄，石榴香老愁寒霜。流霞色染紫莺粟，黄蜡纸裹红瓠房。玉刻冰壶含雾湿，斓斑似带湘娥泣。萧娘初嫁嗜甘酸，嚼破水晶千万粒。皮日休。 诗五言：花宜插鬓红。飞卿。 榴开带酒红。张说。 鲜葩猩血染。杨文公。 蜡珠攒作带，绵彩剪成丛。温飞卿。 叶翠如新剪，花红似旧栽。梁元帝。 新枝含浅绿，晚萼带深红。隋·魏彦〔深〕。 晨日助殷红，过雨涤浓翠。温公。 都缘赋色浅，遂不趁春繁。宋景文《淡红》。 涂林未应发，春暮转相催。然灯疑夜火，连珠胜早梅。梁元帝。 安榴若拳石，中蕴丹砂粒。剖之珠满盘，不待鲛人泣。梅圣俞。 日烘古锦囊，露浥红玛瑙。玉池咽清肥，三彭迹如扫。范至能。 灵囿同嘉称，幽山有奇质。停采久弥鲜，含华岂期实。长愿微名隐，无使孤株出。沈约。 弱植不盈尺，远意驻蓬瀛。月寒空阶曙，幽梦彩云生。粪壤擢珠树，莓苔插琼英。芳根闷颜色，徂岁为谁荣？柳子厚。 庭前安榴树，花稀更可怜。青旌拥绛节，伴我作神仙。迟日耿不暮，微云眩弥鲜。一尊兼百虑，心赏觉悠然。陈简斋。 榴枝苦多雨，过熟（折）〔坼〕已半。秋雷石罂破，晓日丹砂烂。任从雕俎登，岂待霜刀判。张骞西使时，蒟酱同归汉。蒟，音举。梅圣俞。 鲁女东窗下，海榴世所稀。珊瑚映绿水，未足比光辉。清香随风发，落日好鸟归。愿为东南枝，低举拂罗衣。无由共攀折，引领望金扉。李白。 何年安石国，万里贡榴花。迢递河源远，因依汉使槎。酸辛犯葱岭，憔悴涉龙沙。初到摽珍木，多来比乱麻。深抛故园里，少种贵人家。惟我荆州见，怜君胡地赊。元微之。 春去花随尽，红榴暖欲然。后时何所恨，处独不祈怜。叶叶自相偶，重重久更鲜。流珠沾暑雨，改色淡朝烟。着子专寒酒，移根擅化权。愧非无价手，刻画竟难传。陈无己。 绿叶栽烟翠，红英动日华。新帘裙透影，疏牖烛笼纱。委作金炉焰，飘成玉砌霞。乍惊珠缀密，终误绣帏奢。琥珀烘梳碎，胭脂嫩颊搽。风翻一林火，电转五云车。绛帐迎宵日，芙蓉绽早芽。浅深俱隐映，前后各分葩。宿露低莲脸，朝光借绮霞。暗红徒缭绕，濯锦莫周遮。俗态能嫌旧，芳姿尚可嘉。元徽之。　炎州气序异，十月榴始华。是谁初植此，石罅抽根斜。绿阴蔽朝曦，朱艳夺暮霞。始犹一二枝，俄已千百葩。染人不能就，画史无以加。洛阳擅牡丹，久矣埋胡沙。蜀州夸海棠，邈然隔夔巴。安知篱壁间，亦有尤物耶？坐令农圃室，化为金张家。诗人好模拟，冻蕊并寒槎。斯篇傥令见，无乃讥吾奢。刘后村。　七言：石榴花发满溪津。李贺。　风翻火焰欲烧天。白乐天。　海榴红绽锦窠新。元徽之。　胭脂新染薄罗裳。谢幼槃。　红缬谁家合罗裤？古诗。　江上年年小雪迟，年光独报海榴知。李嘉运。　薰风四月浓芳歇，火玉烧枝拂露华。刘原父。　安石榴花开最迟，绛裙深树出幽扉。东坡。　日烘丽萼红萦火，雨过柔条绿喷烟。李迪。　绿叶晚莺啼处密，红房初日照时繁。欧阳公。　春花开尽见深红，夏叶始繁明浅绿。梅圣俞。　霜风击破锦香囊，鹦鹉啄残红豆颗。庄布。　雾縠作房珠作骨，水晶为粒玉为浆。杨廷秀。　瑶阶飞尽石榴花，日转晶帘影欲斜。许景樊女郎。　庭榴结实垫芳丛，一夜飞霜染茜容。万子同苞无异质，金房玉隔谩重重。刘彦冲。　五月榴花照眼明，枝间时见子初成。可怜此地无车马，颠倒青苔落绛英。韩昌黎。　几年封植爱芳丛，韶艳朱颜竟不同。从此休论上春事，看成古木对衰翁。柳子厚。　矗矗生红露滴珠，薰风深幌晓妆初。折来戴朵频拈看，应讶罗裙色不如。武朝宗。　似火山榴映小山，繁中能薄艳中闲。一朵佳人玉钗上，只疑烧却碧云鬟。杜牧之。　五月榴花忽见春，白头还喜一番新。可能略不解春意，只有寻枝摘叶人。陈后山。　吴中四月尚余寒，细雨霏霏怯倚阑。老子真成兴不浅，榴花折得一枝看。陆放翁。　待阙南风欲炷香，东风折并住西堂。石榴已着干红蕾，却问春归为底忙。旧罗皱薄剪薰风，已自开花蒂亦同。不肯染时轻着色，却将密绿护深红。俱杨诚斋。　不住宫莺唤晓妆，红榴绿艾映年芳。内中斗得同心草，把向灯前欲断肠。车大任。　红绵拭镜照宫纱，画就双眉八字斜。莲步轻移何处去？阶前笑折石榴花。魏鹏。　日向午临疑喷火，雨从晨洗欲流脂。酡颜剩照双眸醉，珠腹还成百子奇。张铭盅。　翠袖参差瑞色新，棱嶒老干拥祥云。无边生意包涵厚，满腹珠玑取次陈。王芝臣。　一丛千朵压栏杆，剪碎红绡却作团。风袅舞腰香不尽，露销妆脸泪成干。蔷薇带刺攀常懒，菡萏生泥玩亦难。不及此花檐户下，任人攀折尽人看。韩昌黎。　阴霾渺渺接江乡，登陆犹褰未涉裳。入晚天容糊水色，拂明云影帽山光。闷拈昌歇嗟香玉，披读《离骚》玩彻章。最是荷榴两怀古，对人无语湿红妆。陈肥遁。　一夜春工绽绛囊，碧油枝上昼煌煌。风匀只似调红露，日暖惟忧化赤霜。火齐满枝烧夜月，金津含蕊滴朝阳。不知桂树知情否，无限同游阻陆郎。皮日休。　春花落尽海榴开，奇种谁分宝地栽。斜日卷帘深色映，晚风隔座暗香来。披襟更拟频烧烛，把臂何妨数举杯。最爱芳时看不去，繁枝折向月中回。方九功。　涂林疏树自离离，入眼红肤总不遗。若为连珠过沈约，何来新筑伴潘尼。金房半坼珠骈落，霜叶平翻玉并攲。还记葡萄槎上种，折来那不称同时。方广德。　词：翠树芳条飐，灼灼裙腰初染。佳人携手弄芳菲，绿阴红影，方展双纹簟。　插花照影窥鸾鉴，只恐芳容减。不堪零落春晚，青苔雨后深红点。欧阳公《梁州令》。　乳燕飞华屋。悄无人、桐阴转午，晚凉新浴。手弄生绡白团扇，扇手一时似玉。渐困倚、孤眠清熟。帘外谁来推绣户？枉教人、梦断瑶台曲。又却是、风敲竹。　石榴半吐红巾蹙。待（乳）〔浮〕花、浪蕊都尽，伴君幽独。秾艳一枝细看取，芳心千重似束。又恐被、西风惊绿。若待得君来向此，花前对酒不忍触。共粉泪，两簌簌。东坡《贺新郎》。　紫陌寻春去，红尘拂面来。无人不道看花回，惟见石榴新蕊，一枝开。　冰簟堆云髻，金樽滟玉醅。绿阴青子莫相催，留取红巾千点，照池台。东坡①《南歌子》。　深庭邃馆锁清风，榴花芳艳浓。阳光染就欲烧空，谁能窥化工？　观物外，喻身中，灵砂别有功。若将一粒比花容，金丹色又红。■■《阮郎归》。

橘，一名木奴。树高丈许，枝多刺，生茎间。叶两头尖，绿色，光面，阔寸余，长二寸许。四月生小白花，清香可人。结实如柚而小，至冬黄熟，大者如杯，包中有瓣，瓣中有核。实小于柑，味甘微酸。其皮薄而红，味辛而苦。有蜜橘、其味最甘。黄橘、扁小，多香雾，橘之上品。绿橘、绀碧可爱，不待霜后，色味已佳。隆冬采之，生意如新。朱橘、实小，色赤如火。芳塌橘、状大而扁，外绿心红，巨瓣，多液。春熟甚美。包橘、外薄内盈，其脉瓣隔皮可数。绵橘、微小，极软美可爱，而不多结。沙橘、细小，甘美。冻橘、八月开花，冬结春采。早黄橘、秋半已丹。穿心橘、实大皮光，心虚可穿。荔枝橘、肤理皱密，偃如荔枝。出衡阳。乳橘、似乳柑，皮坚，瓢多，绝酸。油橘、皮似油饰，中坚外黑，橘之下品。卢橘。大如柑，皮厚味酢，多至夏熟，土人呼为壶酒。出苏州、台州，西出荆州，南出闽、广，皆不如温州者佳。王敬美云："闽中柑橘以漳州为最，福州次之。树多接成，惟种成者气味尤胜。"李时珍曰："橘从矞，(子)〔矞〕，音鹬。云外赤内黄，非烟非雾，郁郁纷纷之象。橘实外赤内黄，剖之香雾纷郁，有似乎矞，故名。"韩彦直著《橘谱》三卷。

橘肉。生痰，聚饮不益人。若煎以蜜，充果食，甚佳。或蜜或薰，作饼尤妙。亦可酱淹作菹。多食，恋膈生痰，滞肺气。同螃蟹食，令人患频痛。　花。以之蒸茶，向为龙虎山进御绝品。园中宜多种多收。　皮。一名陈皮，一名红皮。去白者名橘红，未熟而色青者名青皮。凡使，勿用柚皮、柑子皮，误用有害。橘皮乃六陈之一，日用所需，不可不慎择。橘皮纹细，色红而薄，内多筋脉，其味苦、辛，温。柑皮纹粗，色黄而厚，内多白膜，其味辛、甘。柚皮最厚而虚，纹更粗，色黄，内多膜，无筋，其味甘多辛少。橘皮性温，柑、柚皮性冷，柚皮更不可用。橘皮治百病，总是取其理气燥湿之功。苦能泄能燥，辛能散，温能和。同补药则补，同泻药则泻，同升药则升，同降药则降。宽膈利气，消炎，极有殊功。他药贵新，惟此贵陈。又有治鱼腥，可作食料。去白者，以白酒入盐洗润透，刮去筋膜，晒干用。青皮色青气烈，味苦而辛，治之以醋，所谓肝欲散，急食辛以散之，以酸泻之，以苦降之也。陈皮浮而升，入脾肺气分；青皮沉而降，入肝胆气分。一体而二用。青皮最能发汗，有汗者忌用。二皮合用，推陈致新，大益人。忌多用，久服能损元气。　瓢上筋膜。炒熟煎汤饮，治口渴、吐酒，甚效。　核。苦，平，无毒。治肾蚛、腰痛、膀胱气痛、肾冷，炒研，酒服一钱。小肠疝气及阴核肿痛，炒研五钱，老酒煎服。凡用，须以新瓦焙香，去壳取仁，研碎入药。　叶。苦，平，无毒。导逆气，行肝气，消肿散毒。乳痛胁痛，用之引经。

种植。种子及栽皆可。以枳树截接或帖接，尤易成。宜肥地。至冬须以大粪壅培，

---

① 东坡，底本为墨丁，据"四库全书"［宋］苏轼《东坡词》之《南柯子·莫春》补。

则来年花实俱茂。遇旱，以米泔灌溉，则实不损落。根下埋死鼠，则结实加倍。《物类相感志》云：橘见尸而实繁。《涅槃经》云：如橘见鼠，其果实多。　灌培。茅灰及羊粪拥之，多生实。　十一月内将橘树根宽作盘，浇大粪三次，至春用水浇二次，花实必茂。《多能鄙事》。　收藏。十月后将金橘安锡器内，或芝麻杂之，经久不坏。若橙橘之类，藏菉豆中，极妙。勿近米边，见米即烂。《便民图纂》。　藏橘橙法：铺干松毛中，收不近酒处，多不坏。《多能鄙事》。

附录。金橘：一名金柑，一名夏橘，一名山橘，一名小木奴，一名给客橙。生吴、越、江、浙、川、广间。出营道者为冠；江浙者皮甘、肉酸，次之。树似橘，不甚高大。五月开白花结实，秋冬黄熟，大者径寸，小者如指头，形长而皮坚，肌理润细，生则深绿，熟黄如金，味酸甘而芳香可爱，糖造蜜煎皆佳。广人连枝藏之，入脍醋尤香美。韩彦直《橘谱》云：金橘出江西，北人不识。景祐中始至汴温。成皇后嗜之，价遂贵。藏菉豆中可经时不变，橘性热，豆性凉也。　金橘将枳棘接之，八月移栽肥地，灌以粪水。《便民纂要》。　金豆：一名山金柑，一名山金橘。木高尺许，实如樱桃，生青熟黄，形圆而光溜。皮甜可食，味清而香美。可蜜渍。

疗治。治湿痰，因火泛上，停滞胸膈，咳唾稠粘：陈橘皮半斤，砂锅内下盐五钱，化水淹过，煮干。粉甘草二两，去皮蜜炙。各取净末，蒸饼和丸桐子大。每百丸白汤下。　治脾气不和，冷气壅遏，不通胀满：橘皮四两，白术二两，为末，酒和丸梧子大。每食前，木香汤下三十丸，日三。　治男女伤寒并一切杂病呕哕，手足逆冷：橘皮四两，生姜一两，水二升，煎一升，徐徐呷之即止。　嘈杂吐水：真橘红末，五更安五分于掌心舐之，即睡，三日必效。皮不真则不效。　霍乱吐泻，不拘男女，但有一点胃气者，服之再生：广陈皮五钱，真藿香五钱，水二盏，煎一盏，时时温服。又，陈橘皮末二钱，汤点服。不省者灌之，仍烧砖沃醋，布裹，安心下熨之，便活。　反胃吐食：真橘皮、西壁土炒香，为末。每二钱，生姜三片，枣肉一枚，水二钟，煎一钟，温服。　卒然食噎：橘红一两焙，为末，水一大盏，煎半盏，热服。　诸气呃噎：橘红二两，水一升，煎五合，顿服。加枳壳尤良。　痰膈气胀：陈皮三钱，水煎热服。　卒然失声：橘皮五钱，水煎徐呷。　经年气嗽：橘皮、神曲、生姜焙干等分，为末，蒸饼丸梧子大。每服三五十丸，食后、夜卧各一服。有人患此，服之，兼旧患膀胱气，皆愈。　化食消痰，除胸中热气：橘皮五钱，微炒，为末，水煎，代茶细呷。　下焦冷气：陈橘皮一斤，为末，蜜丸梧子大。每食前温酒下三十丸。　脚气冲心，或心下结硬，腹中虚冷：陈皮一斤，杏仁五两，去皮尖熬，少加蜜，捣和丸梧子大。食前米饮下三十丸，妙。老人气闭，同。　大肠闭塞：陈皮酒煮，焙，研末。温酒服二钱，或米饮下。　途中心痛：橘红煎汤饮，甚良。　食鱼蟹毒：同。　丰城令莫强中得疾，食已辄胸满不下，百方不效。偶饮橘红汤，觉相宜。连日饮之，忽觉胸中有物坠下，大惊目瞪，自汗如雨。须臾腹痛，下数块如铁弹，臭不可闻，自此顿愈。盖脾中冷积也。方用橘红一斤，甘草、盐花各四两，水五碗，慢火煮干，焙，研为末，白汤点服。治一切痰气，特验。　气痰麻木：凡手及十指麻木、大风麻木，皆是湿痰死血。橘红一斤，逆流水五碗，煮烂去渣，再煮至一碗，顿服取吐。不吐，加瓜蒂末。　脾寒诸疟：不拘老少孕妇，只两服便止。真橘红切，生姜自然汁浸过一指，银器内重汤煮，焙，研末。每服三钱，隔年青州枣十个，水一盏，煎半盏，发前服，以枣下之。　小儿疳瘦：久服消食和气，长肌肉。陈橘皮一两，黄连米泔水浸一日一两半，研末，入麝三分，猪胆盛药，浆水煮熟，取出，川粟米饭和丸绿豆大。每服一二十九，米饮下。　产后尿闷：陈红一两，为末。空心温酒下二钱，一服即通。　产后吹乳：陈皮一两，甘草一钱，水煎服，即散。　妇人乳痈：未成者即散，已成者即溃，痛不可忍者即不疼，神验。真橘红晒，面炒微黄，为末。每服二钱，麝香调酒下。初发者一服见效。　聤耳出汁：陈皮烧研一钱，麝香少许，为末。日掺，立效。　鱼骨鲠咽：橘皮常含咽汁，即下。　嵌甲作痛，不能行履者：浓煎陈皮汤浸良久，甲肉自离，轻手剪去，以虎骨末傅之，即安。　久疟热甚，必结癖块：多服清脾汤，内有青皮，疏利肝邪，则癖不自结。　腰痛：橘核、杜仲各二两炒，研末。每服二钱，盐酒下。　肺痈：绿橘叶洗捣，绞汁一盏服之，吐出脓血，即愈。　治冷膈气及酒食后饱满：青橘皮一斤，作四分，一用盐汤，一用白沸汤，一用醋，一用酒，各浸三日，取出去白，切丝，以盐一两炒微焦，研末。每用二钱，茶末五分，水煎温服。亦可点服。　理脾快气：青橘皮一斤日晒焙研末，甘草末一两，檀香末半两，和匀收之。每用一二钱，入盐少许，白汤点服。　法制青皮，常食安神、调气、消食、解酒、益胃，不拘老人小儿。宋仁宗每食后咀数片，乃邢和璞真人所献，名延年草。仁宗以赐吕丞相。用青皮一斤，浸去苦味，去瓤炼净，白盐花五两，炙甘草六两，舶茴香四两，甜水一斗，煮之，不住搅，勿令着底。候水尽，慢火焙干，勿令焦。去甘草、茴香，只取青皮，密收用。　疟疾寒热：青皮一两，烧存性，研末。发前温酒服一钱，临发再服。　伤寒呃逆，声闻四邻：四花青皮全者，研末。每服二钱，白汤下。　产后气逆：青橘皮为末，（留）〔葱〕白、童子小便，煎一钱服。　妇人乳癌：因久积忧郁，乳房内有核如指头，不痛不痒，五七年成疮，不可治。用青皮四钱，水一盏半，煎一盏，徐徐服之，日一服。或用酒服。　聤耳出汁：青皮烧，研末，绵包塞之。　唇燥生疮：青皮烧，研，猪脂调涂。

典故。苏州太湖中洞庭山，一名包山，道书第九洞天。苏子美记：有峰七十二，惟洞庭称雄。其间民俗淳朴，以橘柚为常产。每秋高霜余，丹苞朱实与长松茂竹相映岩壑。　严州府城南，其山险峻，不易登上。有罗浮橘一株，熟时风飘堕地，得者讹传仙橘云。　东方裔外有建春山，多橘柚。　宣城秦精，晋时人，尝入武昌山采茗，遇一毛人，长丈余。引至山曲，示以众茗，临别探怀中橘遗精。　晏子使楚，楚王进橘置削。晏子并食不剖。王曰："橘当剖。"对曰："臣闻赐人主前者，瓜桃不削，橘柚不剖。今者万乘无教，故不敢剖。臣非不知也。"《晏子春秋》。　越多橘柚园，越人岁出橘税。任昉《述异记》。　吴王馈魏文帝大橘。帝诏群臣曰："南方有橘，酢正裂人牙，时有甜耳。"《吴志》。　虞愿始数岁，家中橘树冬熟，诸儿竞取。愿独不取，家人异之。《南史》。　巴邛人家有橘园，霜后橘尽收敛，有大橘如三斗盎。巴人异之。剖开，中有二叟，须眉皤然，肌体红润，相对象戏，谈笑自若。一叟曰："橘中之乐不减商山，但不得深根固蒂，为愚人摘下耳。"语毕，忽不见。《幽怪录》。　平西将军庾亮送橘，十二实共一蒂，为瑞。君臣皆贺。《晋书》。　陆绩年六岁，见袁术。术出橘。绩怀三枚，拜辞，坠地。术曰："陆郎作客而怀橘乎？"绩跪答曰："欲归遗母。"术大奇之。《吴志》。　苏耽种橘凿井，以救乡里之病者，以井水服一橘叶即愈。《神仙传》。　奉橘三百枚，霜未降，未可多得。《王右军帖》。 太宗九月九日宴君臣，赐湖南新橘。《唐史》。 郑交甫游于汉皋，见游女，赠以橘柚。会稽东野有女子，姓吴，字望子。路中忽见一贵人，俨然端坐。因掷两橘与之，遂数见形，与情好。即蒋侯也。《搜神记》①。 唐于蓬莱殿，九月九日赐群臣橘。《风土记》。 汉武帝时，交趾有橘（宫）〔官〕置长一人，秩三百石，主岁贡御橘。《异物志》。 汉武帝宴群臣于蓬莱殿，罗列潇湘之橘，以为珍果。潇湘有橘田，橘洲岁以入贡。梦弼②。 薛戎迁浙东观察使，旧例所部橘未贡先鬻者死。戎请弛其禁。《孔六帖》。 沛国桓俨罢县，居扬州从事屈豫室中。庭有橘一株，遇其实熟，以竹藩树四周，风吹两实坠地，以绳缚于树。《后汉书》。 杨由为成都文学，晓占候。忽风起，太守廉范问之，由曰："南方有荐木实者，色黄赤。"顷之，五官掾献橘数包。《益都耆旧传》。 刘晏，字士安。凡江淮名橘珍柑，常与本道分贡，竞欲先至，虽封山断道，每厚资致之，为诸道冠。《广记》。 陈允升好道术，抚州危全讽迎置郡中。危夜坐，谓之曰："丰城橘美，颇思之。"允升曰："方有一船泊丰城港，今为取之。"港去城十五里，少选即还，携一布囊，有橘数百枚。《江淮异录》。

丽藻。散语：璇星散为橘。《春秋斗运枢》。 淮海唯扬州，厥包橘柚锡贡。言锡明不常有。柚，音右。《禹贡》。 橘逾淮而北为枳，此地气然也。《考工记》。 斩伐橘柚，列树苦桃。《离骚》。 三王五帝之礼义法度，譬诸柤梨橘柚，柤，音查。其味相反，而皆可于口。《庄子》。 橘柚有乡。又曰：橘㵎于北徙，榴郁于东移。《列子》。 蜀汉江陵千树橘，其人与千户侯等。《食货志》。 夫树柤梨橘柚，食之则美，臭之则香。《淮南子》。 说：橘之蠹大如小指，首负特角，身蠁蠁然，类蝤蛴而青。翳叶仰啮，如饥蚕之速。人或枨触之，辄奋角而怒，气色桀骜。一旦视之，凝然弗食弗动。明日复往，则蜕为蝴蝶矣。力力拘拘，其翎未舒。襜黑韝苍，分朱间黄。腹填而椭，綏纤且长。久醉方寤，赢枝不扬。又明日往，则倚薄风露，攀缘草树。笔空翅轻，瞥然而去。或隐蕙隙，或留篁端，翩旋轩虚，飏曳纷拂，甚可爱也。须史犯罿网而胶之，引丝环缠，牢若拲梏。人虽甚怜，不可解而纵矣。噫！秀其外，类有文也；嘿其中，类有德也；不朋而游，类洁也；无嗜而食，类廉也。向使前不知为橘之蠹，后不见触罿之网，人谓之钧天帝居而来，今复还矣！天下，大橘也；名位，大羽化也；封略，大蕙篁也。苟灭德忘公，崇浮饰傲，荣其外而枯其内，害其本而窒其源，得不为大罿网而胶之乎！观吾之《蠹化》者，可以惕已。陆龟蒙。 乐仲子曰：吾昔好种橘。吾种辄前春而植，私窃惧晚也。种而遂者，十不得一二焉。讯之老圃。圃曰："橘不可以前春种也，盍后之？"吾从而后之，植而遂者，十尝得八九焉。又讯老圃。圃曰：冬荣之木，其气外周。外周者，非阳盛不可活也。冬谢之木，其气内固。内固者，虽阳未盛活也。推此，则百种百活矣。仲子俯然叹曰："吾益信枝范繁者本根臞。"周公曰：冬日之闭冻也不固，则春夏之长草木也不茂。天地不能常侈费，而况于人乎？是故君子贵敛其真，不臞其根，万物以生。" 颂：后皇嘉树，橘来服兮。受命不迁，生南国兮。深固难徙，更壹志兮。绿叶

---

① 搜神记，底本为墨丁，据"四库全书"［晋］干宝《搜神记》卷五补。
② 梦弼，底本为墨丁，据"四库全书"《集千家注杜工部诗集》卷八《病橘》梦弼注补。

素荣，纷其可喜兮。（简）〔曾〕①枝剡棘，圆果抟兮。青黄杂揉，文章烂兮。精色内白，类可任兮。纷缊宜修，姱而不丑兮。屈原。　赋：美南州之嘉树，受烈气于炎德。固一志于殊方，遂不迁于上国。贞枝凝碧，蔚湘岸之夕阴。华实变黄，动江潭之秋色。杂丹枫于溪畔，映绿筱于岩侧。翡翠以之列巢，鹓鸰于焉栖息。虽同沾于雨露，窃自得于雕饰。终获誉于皇朝，岂因人之羽翼。感大钧之独运，输造化之玄力。思六合以同风，采孤根而移植。播元气以茂育，谅英灵之不测。逮乎霜飞天囷，风落秦川。金茎炫煜于朝日，玉树青葱于霁天。峨方壶之翠岛，列灵沼之清涟。上蔚柽松，下秀苏荃。葩朱草与屈轶，华紫芝与宾连。灵卉毕植，嘉橘在焉。碧叶独润，金衣更鲜。天汉之华星焜耀，阆风之珠树粲然。香若团于野露，色疑炫于江烟。既而太宫献新，奇果列筵。非厥苞之自远，何非陋之莫传！树隐方塘，比丹萍之初实。盘映皎月，与赤瑛而共妍。东鄙孤臣，谬陈三事。既乏和羹之用，犹沾可口之味。并食不剖，窃愧晏婴之知。捧之以拜，重感桓荣之赐。庶不朽于雪霜，永酬恩于天地。李德裕。　诗五言：橘井尚高骞。　天寒橘柚垂。　荒庭垂橘柚。　北郊千树橘，不见比封君。俱杜甫。　白花如霰雪，朱实似悬金。布影临丹地，飞香度玉岑。李元标。　刺绣非无暇，幽窗自鲜欢。手香江橘嫩，齿软越梅酸。密约临行怯，私书欲报难。无凭谙鹊语，犹得暂心宽。韩偓。　花静何须艳，林深不隔香。初闻何处觅，小摘莫令长。春落秋仍发，梅兼雪未强。缥姿汲寒砌，浅浸一枝凉。　不夜非关月，无风也自香。着花能许细，落子不多长。玉糁开犹半，金须撚更长。解愁何必醉，遇暑却生凉。俱杨诚斋。　美人有嘉树，结实如黄金。微霜降秋节，芬芳满中林。采采不盈筐，岁暮远相寻。缄以尺素书，致以瑶华音。开缄读素书，字字琅与琳。把玩不去手，置我高堂阴。恍行洞庭上，秋色满湘深。况此东南美，橘颂步高吟。橘柚匪芬芳，荷君芬芳心。孙齐之。　群橘少生意，虽多亦奚为？惜哉结实小，酸涩如棠梨。剖之尽蠹蚀，采掇爽所宜。纷然不适口，岂止存其皮。萧萧半死叶，忽忽别故枝。玄冬霜雪积，况乃回风吹。尝闻蓬莱殿，罗列潇湘姿。此物岁不稔，玉食失光辉。寇盗尚凭陵，当君减膳时。汝病是天意，君意罪有司。忆昔南海使，奔腾献荔枝。百马死山谷，到今耆旧悲。杜甫《咏病橘》。　七言：枫林橘树丹青合，复道重楼锦绣悬。　珠颗形容随日长，琼浆气味得天成。白乐天。　黄欺晚菊垂金砌，圆并明珠落翠盘。玉峡公。　睡起难禁酒力加，醉时随卧白鸥沙。草堂位置新篱落，蕉叶西边橘试花。陈眉公。　新霜彻晓报秋深，染尽青林作缬林。惟有橘园风景异，碧丛丛里万黄金。范至能。　怜君病后思新橘，试摘犹酸亦未黄。书后欲题三百颗，洞庭须待满林霜。韦应物。　禅客入秋无气息，想依红袖醉氍毹。霜枝摇落黄金弹，许送筠笼殊未来。黄鲁直《索金橘》。　洞庭秋水接三江，正美鲈鱼橘柚香。丝管家家明月夜，侬今何事不还乡？沈懋孝。　一种灵根有异芬，初开尤胜结丹贲。白于詹卜林中见，清似旃檀国里闻。淡月珠胎明璀粲，微风玉屑撼缤纷。平生荀令薰衣癖，露坐花间至夜分。刘后村。　苑臣初摘置雕盘，口敕宣恩赐近官。气味岂同淮积变，皮肤不作楚梅酸。参差翠叶藏珠琲，错落黄金铸弹丸。安得一枝擎雨露，画图传与世人看。李邦直《谢赐金橘》。

---

① 简，应作“曾”。“四库全书”〔汉〕王逸《楚辞章句》卷四《惜往日》作“曾”。“曾”同“层”，重叠。

柑，一名木奴，一名现金奴。生江南及岭南，闽、广、温、台、苏、抚、荆为盛，川蜀次之。树似橘少刺，实亦似橘而圆大。未经霜犹酸，霜后始熟。子味甘甜，故名柑子。皮色生青熟黄，比橘稍厚，理稍粗而味不苦，惟乳柑、山柑皮可入药。橘实可久留，柑实易腐败。柑树畏冰雪，橘树犹少耐。此柑橘之异也。乳柑出温州，泥山为最，以其味似乳酪，故名。其木婆娑，其叶纤长，其花香韵，其实圆，其肤理如泽蜡，其大六七寸，其皮薄而味珍，脉不粘瓣，食不留滓，一颗仅二三核，亦有全无者。擘之香雾喷人，为柑中绝品。海红柑、树小而实极大，有围及尺者。皮厚，色红，可久藏。今狮头柑亦其类。洞庭柑、出洞庭山，皮细，味美，其熟最蚤。甜柑、类洞庭而大，每颗八瓣，未霜先黄。馒头柑、近蒂如馒头尖，味香美。生枝柑、形不圆，色青，肤粗，味带微酸。霜时枝间可耐久。俟味变甘，带叶折取，故名。平蒂柑、大如升。出成都。朱柑、类洞庭而大，色嫣红。其味酸，人不重之。木柑，类洞庭，肤粗，瓣大，少津液。又有黄柑、白柑、沙柑之类。性大寒。治肠胃中热毒，解丹石，止异渴。多食令人脾冷，生痰，发痼癖。

皮。下气，调中。核。可作涂面药。

附录。柚：柑属也。一名条，一名櫠，櫠，同柚。一名壶柑，一名臭橙。《尔雅》谓之櫅，櫠，音废。又曰椵。《广雅》谓之镭，实大而粗，柑橘中下品也。三月开花奇大，气甚香郁。实亦如橘，有甘有酸。皮厚味甘，树、叶皆类橙。实有大小二种。小者如柑、如橙，俗呼为蜜筒；大者如升、如瓜，俗呼为朱栾，有围及尺余者，俗呼香栾，闽中、岭外、江南皆有之。南人种其核，云长成以接柑橘，甚良。《列子》云：吴越之间有木焉，其名为櫠，树碧而冬青，实丹而味酸。食其皮汁，已愤厥之疾。渡淮而北，化而为枳，此地气之不同也。果之美者，有云梦之柚。《吕氏春秋》。 佛手柑：木似朱栾而叶尖长，枝间有刺，植之近水乃生。其实如人手有指，有长尺余者。皮如橘柚而厚，皱而光泽。色如瓜，生绿熟黄。其核细，味不甚佳而清香袭人，置衣笥中，虽形干而香不歇。可糖煎、蜜煎，作果甚佳。捣蒜罨其蒂，香更充溢。浸汁洗葛纻，绝胜酸浆。

疗治。解酒毒酒渴：柑皮去白，焙研，点汤入少盐饮。 产后肌浮：柑皮为末，酒服。 伤寒饮食劳复：柑皮浓煎汁饮。 喉痛：山柑皮食之，良。 难产：柑橘瓤阴干，烧存性，研末。温酒服二钱。 聤耳流脓血：柑叶嫩头七个，入水数滴，杵取汁滴之，愈。 痰嗽：柚一枚，去核，切，砂瓶内浸酒，封固一夜，煮烂，蜜拌匀，时时含咽。 面脂，长发润燥：柚花、麻油蒸作香泽。 头风痛：柚叶同葱白捣烂，贴太阳穴。

典故。立春日作五辛盘，五辛盘，达五脏之气也。以黄柑酿酒，谓之洞庭春色。 汉武帝时，董元素来自江南。上召见，夜与语曰："闻公有神术。今江南柑橘正熟，公能致否？"对曰："请安一盒于榻前。"数刻，忽有微风入帘，启盒，柑满其中。奏云："此江陵支县柑也，他处恐来迟。"上尝之，惊叹。《异闻录》。 王丞相导性俭啬，帐下柑果盈溢，涉春坏烂。郭子。 奉柑三百颗，霜未降，不能佳。《王右军帖》。 彭城义康秉政时，四方献馈，皆以上品献彭城，次者供御。上尝啖柑，叹其味劣。义康曰："今年柑殊有佳者。"遣人还东府取柑，至大三寸。《宋书》。 吕僧珍既有大勋，任总心膂，性甚恭慎。当禁中盛暑，不敢解衣。每侍御座，屏气鞠躬，果食未尝举箸。尝醉后取一柑食，武帝笑谓曰：“卿今日大有所进。”于是俸禄外令月给钱十万文。《梁书》。 隋文帝嗜柑。蜀中摘黄柑，皆以蜡封蒂献，日久犹鲜。《隋史》。 开元中，有神仙持罗浮柑子种于南楼寺，其后常资进献。至幸蜀、幸奉天之岁，皆不结实。《唐史》。 开元末，江陵进乳柑，上以十枚种于蓬莱宫。天宝十载九月结实，宣赐宰臣曰：“朕于宫中种柑子数株，今秋结实一百五十颗，乃与江南及蜀道所进不异。”《太真外传》。 明皇食柑千余枚，皆缺一瓣，问进柑使者，云途中有道士嗅之，盖罗公远也。《开元遗事》。 荆州进黄柑，帝以紫帕包赐萧嵩。《唐史》。 上元夜，贵戚例有黄柑相遗，谓之传柑会。《事文类聚》。 益州岁进柑子，皆以纸裹之。他时长吏嫌不敬，代以细布。既而恐柑子为布所损，每怀忧惧。俄有御史甘子布至，长吏以为推布裹柑事，惧曰：“果为所推！”及子布到驿，长吏叙以布裹柑子为敬。子布初不知之，久而方悟。闻者莫不大笑。《新唐书》。 南阳郡东望山有柑正熟，尝有三人造之，共食至饱，怀二枚去，欲以示外人。回旋半日，迷不得归。闻空中语云：“放双柑，放汝去。”怀柑者恐，放柑于地，转盼即见归径。《述异记》。 州故大城内有陶侃庙，其地汉贾谊尝种甘，犹有存者。《湘州记》。 张磐为庐江太守。浔阳令馈柑一奁，其子七岁，就取一枚。磐夺付外，卒私以两枚与儿。磐鞭卒曰：“何故行赂于吾子！”《后汉书》。 李衡为丹阳守，每欲治家，妻辄不听。后密遣人于龙阳洲上作宅，种甘千树。临死，敕儿曰：“汝母恶我治家，故穷如是。吾洲上有千头木奴，不责汝衣食，岁上一匹绢，足用矣。及柑成，岁得绢数千匹。”《襄阳记》。

丽藻。录：柑别种有八，橘别种为十四，橙别种为五，凡其类合二十有七，而乳柑推第一，故温人谓乳柑为真柑，谓他皆若假设者，而独真柑为柑尔。且温数邑俱种柑，而出泥山者又杰然推第一。予北人，安得所谓泥山者而啖之？又故事太守者不得出城从远游，无因领客入泥山香林中，泛酒其下，而客乃遗予泥山柑，因为之谱。韩彦直《真柑录》。 言：杭有卖果者善藏柑，涉寒暑不溃。出之烨然，玉质而金色。置于市，价十倍，人争鬻之。予贸得其一，剖之，如有烟扑口鼻。视其中，则干若败絮。予怪而问之曰：“若所市于人者，将以实笾豆，奉祭祀，供宾客乎？将衒外以惑愚瞽乎？甚矣哉，为欺也！”卖者笑曰：“吾业是有年矣，吾业赖是以食吾躯。吾售之，人取之，未尝有言，而独不足子所乎？世之为欺者不寡矣，而独我也乎？吾子未之思也。今夫佩虎符、坐皋比者，洸洸乎干城之具也，果能授孙、吴之略耶？峨大冠、拖长绅者，昂昂乎庙堂之器也，果能建伊、皋之业耶？盗起而不知御，民困而不知救，吏奸而不知禁，法斁而不知理，坐縻廪粟而不知耻。观其坐高堂，骑大马，醉醇醴而饫肥鲜者，孰不巍巍乎可畏、赫赫乎可象也？又何往而不金玉其外、败絮其中也哉？今子是之不察，而以察吾柑！”予默然无以应。退而思其言，类东方生滑稽之流。岂其愤世疾邪者耶？而托于柑以讽耶？刘基。 表：雨露所均，混天区而齐被。草木有性，凭地气以潜通。《宰臣谢明（易）〔皇〕赐柑》。 启：名传地里，远自武陵之渊。族茂神经，遥闻建春之岭。王逸为赋，取对荔枝；张衡制词，用连石蜜。足使萍实非甜，蒲萄犹馓。庾肩吾《谢湘东王赐柑》。 传：黄甘、陆吉者，楚之二高士也。黄隐于泥山，陆隐于萧山。楚王闻其名，遣使召之。陆吉先至，赐爵左庶长，〔封〕洞庭君，尊宠在群臣右。久之，黄甘始来，一见拜温尹平阳侯，班视令尹。吉起隐士，与甘齐名，入朝久，尊贵用事。一旦甘位居上，吉心衔之，群臣皆疑之。会秦遣苏轸、钟离意使楚，楚召燕章华台。群臣皆与甘坐上坐。吉咈然谓之曰："请与子论事。"甘曰："唯唯。"吉曰："齐、楚约西击秦，吾引兵逾关，身犯霜露，与枳棘最下者同甘苦，率家奴千人战季洲之上，拓地至汉南而归。子功孰与？"甘曰："不如也。"曰："神农氏之有天下也，吾剥肤剖肝，怡颜下气，以固蒂之术献上。主喜之，命注记官陶弘景状其方略，以付国史，出为九江守，宣上德泽，使童儿亦怀之。子才孰与？"甘曰："不如也。"吉曰："是二者皆居吾下，而位居上，何也？"甘徐应曰："君何见之晚也！每岁太守劝驾乘传，入金门，上玉堂，与虞荔、申枨、梅福、枣嵩之徒列侍上前，使数子者口快舌缩，不复上齿牙间。当此之时，属之于子乎？属之于我乎？"吉默然良久，曰："属之于子矣。"甘曰："此吾之所以居子之上也。"于是群臣皆伏。岁终，吉以疾免，更封甘子为穰侯，吉之子为下邳侯。穰侯遂废不显，下邳以美汤药，官至陈州治中。　诗五言：登俎黄柑重。　岑寂双柑树，娑娑一院香。交柯低几杖，垂实碍衣裳。满岁如松碧，同时待菊黄。几回沾叶露，乘月坐胡床。　春日晴江岸，千柑二顷田。青云着叶密，白雪避花繁。结子随边使，开筒近至尊。后于桃李熟，终得献金门。俱杜甫。　春融百卉茂，素荣敷绿枝。淑郁丽芳远，悠扬风日迟。南国富佳树，骚人留恨词。空为对夕日，愁绝鬓成丝。朱文公《咏柚》。　三伏适已过，骄阳化为霖。欲归瀼西宅，阻此江浦深。坏舟百板坼，峻岸复万寻。篙工初一弃，恐泥劳寸心。伫立东城隅，怅望高飞禽。草堂乱玄圃，不隔昆仑岑。昏浑衣裳外，旷绝同曾阴。园柑长成时，三寸如黄金。诸侯旧上计，厥贡倾千林。邦人不足重，所迫豪吏侵。客居暂封殖，日夜偶瑶琴。虚徐五株态，侧塞烦胸襟。焉得辍两足，杖藜出岖嶔。条流数翠实，偃息归碧浔。拂拭乌皮几，喜闻樵牧音。令儿快搔背，脱我头上簪。杜子美。　七言：侍史传柑至帝傍，人间草木尽天浆。寄与维摩三十颗，不知檐卜是余香。苏子瞻。　手种黄柑三百株，春来新叶遍城隅。方同楚客怜皇树，不学荆州利木奴。几岁开花闻喷雪，何人摘实见垂珠。若教坐待成林后，滋味还堪养老夫。柳宗元。　一双罗帕未分珍，林下先尝愧逐臣。露叶霜枝剪寒碧，金盘玉指破芳辛。清泉蔌蔌先流齿，香雾霏霏欲噀人。坐客殷勤为收子，千奴一掬为吾贫。苏子瞻。　柴门拥树向千株，丹橘黄柑此地无。江上今朝云雨歇，篱中秀色画屏纤。桃蹊李径年虽故，栀子红椒艳色殊。锁石藤稍元自落，倚天松骨见来枯。林香出实垂将尽，叶蒂辞枝不重苏。爱日恩光蒙借贷，清霜杀气得忧虞。衰颜动觅藜床坐，缓步仍须竹杖扶。散骑未知云阁处，啼猿僻在楚山隅。杜甫。

香橙， 一名枨，一名金球，一名鹄壳。《埤雅》云：橙，柚属，可登而成，故字从登。树似橘有刺，实似柚而香，晚熟耐久。大者如碗，经霜始熟。叶大，有两刻缺，如两段。皮厚蹙衄如沸，香气馥郁，可薰衣，可芼鲜，可和菹醢，可为酱齑，可蜜煎，可糖制为橙丁，可蜜制为橙膏，可合汤待宾客，可解宿酒速醒。唐邓间皆有，江南尤多。栽植与橘同。多食伤肝气，发虚热，同獱肉食发头旋恶心。獱，獭类。

瓤。洗去酸汁，切，和盐、蜜煎成贮食，止恶心，能去胃中浮气、恶气。　皮。消食下气，去胃中浮气。和盐贮食，止呕心，解酒病。

附录。香橼：一名枸橼，枸橼，音矩员。橼，俗作圆。柑橘之属。岭南闽、广、江西皆有之。实大者如小瓜，皮若橙而光泽可爱。置衣笥中，经旬犹香。古作五合糁用，北方颇重之。

疗治：宽中快气，消酒：用橙皮二斤切片，生姜五两切焙，擂烂，入炙甘草末一两，檀香末半两，和作小饼。每嚼一饼，沸汤入盐送下。　痔漏肿痛：隔年风干橙子，桶内烧烟薰之，神效。　腰闪痛：橙核炒研，酒服三钱，即愈。　面皯粉刺：橙核湿研，夜夜涂之。　痰嗽：香橼煮酒饮。　心下气痛：香橼煎汤饮。

丽藻。诗五言：细雨更移橙。杜甫。　清霜夜漠漠，嘉实晓累累。鹄壳攒修干，金华耀暖曦。张右史。　七言：吴姬三日手犹香。《王氏农书》。　天将金阙真黄色，借与洞庭霜后橙。松滋解作逡巡曲，压倒江南好事僧。黄山谷。　嘉树团团俯可攀，压枝秋实渐斓斑。朱栏碧瓦清霜晓，凿凿繁星绿叶间。欧文忠。　橙橘甘酸各效能，南包锡贡不同升。果中亦抱遗才叹，有客攀条气拂膺。　常怀细雨初移日，着子已见清霜渍。绝怜面有贵人色，偶致吾侪樽俎间。俱刘屏山。　故乡寒食荼蘼发，百合香酿邸舍深。漂泊江南春故尽，山橙仿佛慰人心。宋景文。　荷尽已无擎雨盖，菊残犹有傲霜枝。一年好景君须记，正是橙黄橘绿时。东坡。　洞庭朱橘未弄色，襄水锦葵多已黄。玉臼捣齑怜鲙美，金盘按酒助杯香。虽生南土名犹重，未信中州客厌尝。欲寄百苞凭驿去，只应佳味怯风霜。梅圣俞。

栗，苞生，外壳刺如猬毛。其中着实或单，或双，或三四，少者实大，多者实小。实有壳，紫黑色，壳内膜甚薄，色微红黑，外毛内光，膜内肉外黄内白。八九月熟，则苞自裂而实坠。宣州及北地所产，小者为胜。陆玑《诗疏》曰：栗五方皆有，周、秦、吴、扬特饶，渔阳及范阳生者甜美味长。《本草图经》云：兖州、宣州者最胜，燕山栗小而味最甘。蜀本《图经》曰：板栗、佳栗二木皆大。又有芋栗，芋，序、苎二音，小栗也。似栗而细，子美，所谓"锦里先生乌角巾，园收芋栗未全贫"者，是也。《衍义》云：湖北一种栗，顶圆末尖，谓之旋栗。栗之为果，种类颇多，总之味咸，气温，无毒，主益气，厚肠胃，补肾气，治腰脚无力，破疮癖，理血。当中一子名栗楔，治血更效。生则动气，熟则滞气，惟曝干，或火煨汗出，食之良，百果中最有益者。小儿不宜多食，难剋化。患风水病者忌，以味咸也。

收藏。藏生栗法：霜后取生栗投水中，去浮者，余漉出，布拭干，晒少时，令无水脉为度。先将沙炒干，放冷，取无油酒器、新坛罐装入，一层栗一层沙，约八九分满，用箬叶扎严。扫一净地，将器倒覆其上，略以黄土封之，勿近酒器，可至来春不坏。　又法：栗子一石，盐二斤水泡开，浸栗一二宿，漉出晒干，同芝麻二石拌匀，盛荆囤中，永远不坏，食之软美。　藏干栗法：霜后取沉水栗一斗，用盐一斤调水浸栗令没，经宿漉起，晾干。用竹篮或粗麻布袋挂背日少通风处，日摇动一二次，至来春不损、不蛀、不坏。　种艺。《齐民要术》曰：栗，种而不栽。栽虽活，寻死。栗初熟离苞，即于屋内埋湿土中，埋须深，勿令冻。路远者以革囊盛之，停三日以上及见风日，则不可作种。至二月芽生，出而种之，芽向上乃生根。既生，数年不用掌近。三年内，每到十月，常须草裹，至二月渐解，不裹则易至冻死。仍用篱围之。其实方而匾者，他日结子丰满。树高四五尺，取生子树枝接之。

制用。以两栗蘸油，两栗蘸水，置锅中，周围更排四十七个，湿纸搭盖，慢火烧，候有雷声即熟。　大栗，每个壳底以刀十字画开，底向下逐旋排锅中，以盐一撮绕锅撒下，盖定发火，候熟取用。 选底平可作对者二枚，一枚香油涂湿底，一枚白水涂湿底，合作一对，置锅底当中，取栗逐旋盖上，多亦不妨。将锅盖严，烧一饭顷取出，俱酥熟，且不粘壳。 又法：入油纸撚一条炒，不用铁锅尤妙。 栗炒熟，捣烂晒干，磨细。每六升，新糯米粉四升，白沙糖半斤，蜜水溲之，筛置甑中，随画开，蒸粉熟为度，火炙为糕。 栗木作门关，可以远盗。

疗治。脚弱：大栗时时啖之，食数斤即健。 刀斧伤及小儿疳疮，苇刺入肉、马汗入肉成疮：并嚼傅。 小儿口疮：煮熟，日日与食，效。 衄血：大栗七枚，刺破，连皮烧存性，出火毒，麝少许，研匀。每服二钱，温酒下。又栗壳烧存性，研末。粥饮服二钱，效。 马咬虎伤成疮：独颗栗烧研，傅之。 反胃消渴：栗壳煮汁饮。

典故。周游乎雕陵之樊，睹一异雀，感周之颡，感，触也。而集于栗林。《庄子》。 有狙公者，狙，音直。养狙成群，众狙之不驯于己也，先诳之曰："与若芧，朝三而暮四，足乎？"恐众狙皆起而怒。俄而曰："与若芧，朝四而暮三，足乎？"众狙皆伏而喜。圣人以智笼群愚，亦犹狙公之以智笼群狙也。《列子》。 汉武帝园中有大栗，十五枚可为一斗。 栗出三辅。计然子。三韩之地，大栗如梨。《魏志》。 汝水湾中有栗。 田饶曰："果园梨栗，后宫妇人掷以相摘，而士曾不得一尝。"故宋吴淑赋曰："田饶劝之以待士。"《说苑》。 豫章宗度拜定陵令。县人杜伯夷清高不仕，度与谈论，设枣栗而已。故吴淑赋曰："宗度置之而礼贤。"《后汉书》。 光武诏严遵诣行在。蜀郡献栗橘，上使公卿各以手所及取之，遵独不取。上问故，遵曰："君赐臣以礼，臣奉君以恭。今赐无主，臣是以不敢取。"《会稽先贤传》。 沈约侍宴，会豫州献栗，大径寸。帝奇之，问众栗事，与约各疏所知。约少帝三事，出谓人曰："此公护前，不让即羞死。"帝闻，欲罪之。徐勉固谏而止。《梁书》。 刘穆之为丹阳尹，与子弟宴集厅事。柱有一穴。谓子弟曰："汝等各以栗遥掷，入穿处，必得此郡。"从侄秀之栗独入，后果为丹阳尹。《宋书》。 王泰之幼颖悟。数岁，祖母散栗于床。群儿竞取，泰独否。问其故，对曰："不取，当自得赐。"由是中表异之。《世说》。 人有折蔡氏祠前栗者，故蔡邕作《栗赋》云："何根茎之丰美，嗟夭折以摧伤。" 宋杨延庆奉母至孝。母死，葬毕，庐于墓前。母存日，喜食栗，乃种二栗树于墓前。经年，其树连理，三年合抱，生栗盈枝。人以为孝感所致。 道人殷七七，名文祥，能造逡巡酒，开顷刻花。尝一官僚召饮，取栗散于官妓，皆闻异香，唯笑七七者，栗缀于鼻不可脱，但闻臭。须臾狂舞，粉黛狼籍。共为陈谢，始坠。《续仙传》。

丽藻。散语：周人以栗。《论语》。 隰有栗。 树之榛栗。《诗》。 馈食之笾，其实栗。《周礼》。 女贽不过榛栗枣修，以告虔也。《左传》。 果之美者，江浦之橘，箕山之栗。《吕氏春秋》。 燕秦千树栗，其人与千户侯等。《汉书》。 榛栗蟜发。《蜀都赋》。 中山好栗，地产不为无珍。卢毓《冀州论》。 诗五言：采栗玄猿窟。韦应物。 穰多栗过拳。 山家蒸栗暖。 入村樵径引，尝果栗园开。 山果多琐细，罗生杂橡栗。或红如丹砂，或黑如点漆。雨露之所濡，甘苦同结实。杜少陵。 七言：盘剥白鸦谷口栗。 园收（茅）〔芧〕栗未全贫。芧，音序。 盖逐长安社中儿，赤鸡白狗赌梨栗。俱杜甫。 老去自添腰脚病，山翁服栗旧传方。客来为说晨兴晚，三咽徐收白玉浆。 有客字子美，白头乱发垂过耳。岁拾橡栗随狙公，天寒日暮山谷里。中原无书归不得，手脚冻皴皮肉死。呜呼一歌兮歌已哀，悲风为我从天来。杜甫。

榛，古作亲，亲，即榛。生辽东山谷。树高丈余，子如小栗。李时珍曰：榛树低小如荆，丛生。冬末开花如栎花，成条下垂，长二三寸。二月生叶，如初生樱桃叶，多皱文而有细齿及尖。其实作苞，三五相粘，一苞一实。实如栎实，上壮下锐，生青熟褐，壳厚而坚。仁白而圆，大如杏仁，亦有皮尖然多空者。谚曰："十榛九空。"陆玑《诗疏》云："榛有两种。一种大小枝叶皮树皆如栗，而子小，形如橡子，味亦如栗，枝茎可以为烛，《诗》所谓'树之榛栗'者也。一种高丈余，枝叶如水蓼，子作胡桃味，辽代上党甚多，久留亦易油坏。味甘，平，无毒。益气力，实肠胃，调中，不饥，健行，甚验。辽东榛，军行食之当粮。榛之为利亦大矣。

种植。种榛与种栗同。

榧，一名玉榧，一名柀子，柀，音彼。一名赤果，一名玉山果。生永昌，以信州玉山者为佳，本地人呼为野杉木。大者连抱，高数仞，雄者华而雌者实。其木形如柏，木理似松细软，堪为器用。叶似杉。冬月开黄圆花，结实如枣，核长如橄榄，无棱而壳薄，黄白色。其仁肉白，外有一层黑粗衣，小而心实者尤佳，一树可下数十斛。味甘，平，涩，无毒。治五痔，去三虫，治咳嗽，助阳道，轻身明目，祛蛊毒、鬼疰、恶毒，杀腹中大小诸虫。煮素羹，味更甜美。同甘蔗食，其滓自软。猪脂炒榧，黑皮自脱。性热，同鹅肉食，令人上壅，生断节风。同绿豆食杀人。忌火气。

收藏。以盛茶旧磁瓷收之，经久不坏。欲种，以二月下子。

疗治。寸白虫：日食榧子七颗。满七日，虫化为水。又，用榧子一百枚，去皮，火燃，啖之，经宿虫消。胃弱者啖五十枚。　好食茶面黄者：每日食榧子七枚，以愈为度。　发不落：榧子三个，胡桃二个，侧柏叶一两，捣，浸雪水梳发，永不落，且润。　卒吐血：先食蒸饼两三个，次榧子末，白汤服三钱，日三服。　语言不出：榧半两，芜荑一两，杏仁、桂各半两，为末，蜜丸弹子大，含咽。　小儿虫积黄瘦：宜当食。

丽藻。诗五言：彼美玉山果，粲为金盘实。瘴雾脱蛮溪，清樽奉佳客。客行何以赠，一语当加璧。祝君如此果，德膏以自泽。驱攘三彭仇，已我心腹疾。祝君如此木，凛凛傲霜雪。斫为君倚几，净滑不容削。物微兴不浅，此赠毋轻掷。苏子瞻。

银杏，一名白果，一名鸭脚子。处处皆有，以宣城为盛。树高二三丈，或至连抱，可作栋梁。叶如鸭脚，面绿背淡白，有刻缺。二月开花成簇，青白色。二更开，旋落，人罕见。一枝结子百十，状如小杏，色青。经霜乃熟，色黄而气臭。烂去肉，取核为果。其核两头尖，中圆大而扁，三棱为雄，二棱为雌。其仁嫩时绿，久则黄。树耐久，肌理白腻，术家取刻符印，云能召使鬼神。气味甘、微苦，平，涩，无毒。生食解酒，降痰，消毒杀虫；熟食温肺益气，定喘嗽，缩小便，止白浊。捣汁浣衣，去油腻。食多壅气，胪胀，昏顿。《三元延寿书》言：白果食满千颗，杀人。昔有岁饥，以白果代饭，食饱者次日皆死。小儿食多昏霍，发惊，引疳。同鳗鲡食，患软风。

种植。须雌雄同种，其树相望，乃结实。雌者两棱，雄者三棱。或雌树临水照影，亦可。或凿一孔，纳雄木一块泥之，亦结。阴阳相感之妙如此。　移栽。春分前后，先掘深坑，水搅成稀泥，然后下栽子。掘时连土绳缚牢，不令散碎，则易活。　采摘。熟时以竹篓箍树本，击篓，则银杏自落。

疗治。寒嗽痰喘：白果七个煨熟，熟艾七九入果中，纸包再煨香，去艾吃。　哮喘痰嗽：银杏五个，麻黄二钱半，甘草炙二钱，水一钟半，煎八分，卧时服。　金陵一铺治哮喘，服之，无不效者。白果二十一个炒黄色，麻黄三钱，苏子、款冬花、法制半夏、桑白皮蜜炙各二钱，杏仁去皮尖、黄芩微炒各一钱半，甘草一钱，水三钟，煎二钟，分二服，不用姜。　咳嗽失声：白果仁四两，白茯苓、桑白皮二两，乌豆半升，沙蜜半斤，煮熟，日干，为末，以乳汁半碗拌湿，九蒸九晒，丸如菉豆大。每服三五十丸，白汤下，神效。　小便频数：白果十四枚，七生七煨，食之，取效止。　小便白浊：生白果仁十枚，擂水饮，日一服，取效止。　赤白带下，下元虚惫：白果、莲肉、江米各五钱，胡椒一钱半，为末。用乌骨鸡一只去肠盛药，瓦器煮烂，空心食。肠风下血：银杏煨熟，出火气，食之，米饮下。　肠风脏毒：银杏四十九枚，生研，入百药煎，末，和丸弹子大。每服二三丸，空心细嚼，米饮下。　虫牙：生银杏，每食后嚼一二个，良。　手足皲裂：生白果嚼烂，夜夜涂之。　鼻面酒齄：银杏、酒酵糟同嚼烂，夜涂旦洗。　头面癣疮：生白果中切断，频擦取效。　下部疳疮：生白果杵，涂之。　阴虱作痒，阴毛际肉中生虫如虱，或红或白，痒不可忍：白果仁嚼细，频擦之，效。　狗咬成疮：白果仁嚼细，涂之。　乳痈溃烂：银杏四两研酒服，四两研傅之。　水疔、暗疔：水疔色黄，麻木不痛；暗疔疮凸，色红，使人昏狂。并先刺四畔，后用银杏去壳浸油中，年久者捣，（畲）〔盒〕之。

典故。宣城此物常充贡。_{昆无咎}　宋初始著名《本草》。_{京师无鸭脚树。附马王和甫自南方移于其地。欧公诗注。}　李大博家新生鸭脚。_{同上。}　蒲城白果一树，世传仙人所掷，枝垂生。果出，身树肿成垒块，破之得二三斗，或至石余。形差小，味则不殊。　龚犄，汴人，殿中侍御史，扈从高宗南渡，道经昆山真义，折银杏一株插地，祝曰："若此枝得活，吾于是居。"其枝长茂，后成大树，繁枝蟠屈，臃肿如瘿如乳者，凡七十余颗。相传为其子孙嗣世之数。时人异之，称为龚遇仙树，子孙遂为昆山人。《昆山县志》。

丽藻。散语：绛囊贡御，玉碗荐酒，其初名价岂减于葡萄、安石榴哉？《王氏农书》。　诗五言：鸭脚生江南，名实本相浮。绛囊因入贡，银杏贵中州。致远有余力，好奇自贤侯。因令江上根，结实夷门陬。始摘才数颗，金奁献凝虬。公卿不及识，天子百金酬。岁久子渐多，累累枝上稠。主人名好客，赠我比珠投。博望昔所从，蒲萄安石榴。想其初来时，厥价与此侔。今已遍中国，篱根及墙头。物性久虽在，人情逐时流。谁当记其始，后世知来由。是亦史官法，岂徒续君讴。_{欧文忠。}　北人见鸭脚，南人见胡桃。识内不识外，疑若橡栗韬。鸭脚类绿李，其名因叶高。吾乡宣城郡，多此以为豪。种树三十年，结子防山猱。剥核手无肤，持置宫省曹。今喜生都下，荐酒压葡萄。初闻帝苑夸，又复主第褒。累累谁采撷，玉碗上金鳌。金鳌文章宗，分赠我已叨。岂无异乡感，感此微物遭。一世走尘土，鬓巅得霜毛。_{梅圣俞。}　七言：深灰浅火略相遭，小苦微甘韵最高。未必鸡头如鸭脚，不妨银杏伴金桃。_{杨廷秀。}

核桃，一名胡桃，一名羌桃，张骞自胡羌得其种，故名。树高丈许。春初生叶，长二三寸，两两相对，厚而多阴。三月开花如栗花，穗苍黄色。结实如青桃，九月熟，沤烂皮肉，取核内仁为果。北方多种之，以壳薄仁肥者为佳。味甘，气热，皮涩，仁润。治痰气喘嗽、醋心及厉风诸病。今往往以之下酒，则昔人所云食多动风动痰，令人恶心，脱须眉，及同酒多食咯血者，妄也。或素有痰火积热者，不宜多食耳。大抵留皮则消滞，去皮则养血润血，微和盐食更佳。大抵人之一身：三焦者，元气之别使；命门者，三焦之本原。命门为藏精系胞之物，三焦为出纳腐熟之司，一以体名，一以用名。其体非脂非肉，白膜裹之，上通于脑，下通于肾，为相火之主，精命之府，生人、生物皆因此出。核桃仁颇类其状，而外皮水汁皆黑，故能通命门，利三焦，益气养血，与破故纸为补下焦肾、命之要药。夫命门气与肾通，藏精血而恶燥，若肾、命不燥，精气内充，则饮食自健，肌肤自泽，肠腑润而血脉通，此所以有黑发、固精、调血、治燥之功也。上通于肺而虚寒喘嗽除，下通于肾而腰脚虚痛愈，内而心腹诸痛止，外而疮痍肿痛散，称为要药，不虚也。

种植。选平日实佳者留树上，勿摘，俟其自落，青皮自裂，又拣壳光纹浅体重者作种。掘地二三寸，入粪一碗，铺片瓦，种一枚，覆土踏实，水浇之。冬月冻裂壳，来春自生。下用瓦者，使无入地直根，异日好移栽也。收藏。以粗布袋盛挂风面处，则不腻。收松子亦用此法。《便民图要》。

附录。山胡桃：底平如枇榔，皮厚而坚，多肉少仁，内壳甚厚，须椎之方破。此南方所出者，殊不见佳。

疗治：胡桃丸益血补髓，强筋壮骨，延年明目，悦心润肌，能除百日病。用胡桃仁四两捣膏，入破故纸、杜仲、萆薢末各四两，杵匀，丸梧子大。每空心温酒、盐汤任下五十九。　治消肾病，因房欲无节，或服丹石，或失志伤肾，致水弱火强，口舌干，精自溢，或小便赤黄，大便燥实，或小便大利而不甚渴：用胡桃肉、白茯苓各四两，附子一枚去皮切片，姜汁、蛤粉同焙，为末，蜜丸梧子大。每服三十九，米饮下。　小便频数：胡桃煨熟，卧时嚼之，温酒下。　石淋痛楚：胡桃肉一升，细米粥煮浆一升，相和顿服，即瘥。　风寒无汗，发热头痛：核桃肉、连须葱白、细茶、生姜等分，捣烂，水一钟，煎七分，热服，覆衣取汗。　老人喘嗽气促，睡卧不得，服此立定：胡桃肉去皮、杏仁去皮尖、生姜，各一两，研膏，入炼蜜少许，和丸弹子大。每卧时嚼一九，姜汤下。　产后气喘：胡桃肉、人参各二钱，水一盏，煎七分，顿服。　食物醋心：胡桃烂嚼，以生姜汤下，立止。　食酸齿齼：细嚼胡桃即解。　误吞铜钱：多食胡桃，自化出。　揩齿乌须：胡桃仁烧过、贝母各等分，为散，日用之。　眼目昏暗：四月内取风落小胡桃，每日午时食饱，以无根水吞下，偃卧，觉鼻孔中有泥腥气为度。　赤痢不止：胡桃仁、枳壳各七个，皂角不蛀者一挺，新瓦上烧存性，研为细末，分作八服。每临卧时一服，二更一服，五更一服，荆芥茶下。　血崩不止：胡桃肉十五枚，灯上烧存性，研作一服，空心温酒调下，神效。　急心气痛：核桃仁一个，枣子一枚，纸裹煨熟，以生姜汤一钟，细嚼送下，永久不发。　小肠气痛：胡桃一枚，烧灰研末，热酒服。　便毒初起：胡桃七枚，烧研，酒服，三服见效。又用胡桃三枚，夹铜钱一个，食之即愈。　鱼口毒疮：端午日午时，取树上青胡桃，筐内阴干，临用全烧为末，黄酒服。少行一二次，有脓自大便出，无脓即消。二三服平。　一切痈肿、背痛、附骨疽，未成脓者：胡桃十个煨熟去壳，槐花一两研末，杵匀，热酒调服。　疗疮恶肿：胡桃一个平破，取仁嚼烂，安壳内，合在疮上，频换，甚效。　痘疮倒陷：胡桃肉一枚烧存性，干胭脂半钱，研匀，胡荽煎，酒调服。　小儿头疮久不愈：胡桃和皮，灯上烧存性，碗盖出火毒，入轻粉少许，生油调搽，一二次愈。　聤耳出汁：胡桃仁烧研，狗胆汁和作挺子，绵裹塞之。　伤耳成疮出汁者：用胡桃杵取油纳入。　火烧成疮：胡桃仁烧黑研傅。　压扑损伤：胡桃仁和温酒顿服，便瘥。　疥疮瘙痒：油核桃一个，雄黄一钱，艾叶杵熟一钱，捣匀绵包，夜卧裹阴囊，历效。勿洗。　乌髭须：青核桃三枚，和皮捣碎，入乳汁三盏，于银石器内调匀，搽须发三五次，每日用胡桃油润之，良。　痢肠风：青胡桃皮捣泥，入酱清少许、硇砂少许，合匀。先以泔洗，后傅之。　白癜风：青胡桃皮一个，硫黄一枣子大，研匀，日日掺之，取效。　嵌甲：胡桃皮烧灰贴。　染发须：胡桃皮根一秤，莲子草十斤，切。以瓮盛之，入水五斗，浸一月，去滓，熬至五升。入芸薹子油一斗，慢火煎取五升，收之。凡用，先以炭灰汁洗，用油涂之，外以牛柿叶包住，绢裹一夜，洗去，七日即黑。

典故。宋洪迈有痰疾。因晚对，上遣使谕令以胡桃肉三颗，生姜三片，卧时嚼服，即饮汤两三呷，又再嚼桃、姜如前数，即静卧，必愈。如旨服之，旦而痰消嗽止。　溧阳洪辑幼子病喘，凡五昼夜，不乳。医以危告。其妻夜梦观音授方，令服人参胡桃汤。辑急取人参寸许，胡桃肉一枚，煎汤一蚬壳许灌之，喘即定。明日，以汤剥去胡桃皮用之，喘复作。仍连皮用，信宿而愈。盖人参定喘，连皮胡桃能敛肺故也。　胡桃生西域，外刚朴，内柔甘，似古贤者，敬以为贡。晋·刘涛书。

丽藻。诗七言：皱壳倾来紫麦新，中藏琼米不胜珍。　三韩万里半天松，方丈蓬莱东复东。珠玉炼成千岁实，冰霜吹落九秋风。酒边膈膊牙车响，座上须臾榛榉空。新果新尝正新暑，绣衣使者念山翁。俱杨诚斋。

马槟榔，俗讹为马金囊，一名马金南，一名紫槟榔。结实紫色，内有核而壳薄。去壳，其仁色白，盘转，与北方文官果无异。第文官果干，久食之刺喉。马槟榔虽干，嚼之软美，嚼完以新汲水送下，其清甜香美，凡果无与为比。味甘，寒，无毒。出云南金齿、沅江诸夷地。

疗治。产难：细嚼马槟榔数枚，井华水送下，立产。　恶露不下：马槟榔去壳，两手各握二枚，立下。　断产：常嚼马槟榔数枚，水下。久则子宫冷，自不孕。　伤寒热病：食马槟榔数枚，冷水下。　恶疮肿毒：内食马槟榔数枚，冷水下，外嚼涂之。

附录。文官果：树高丈余，皮粗，多礌砢，木理甚细，堪作器物。叶似榆而尖长，周围钜齿纹深。春开小白花成穗，花五瓣，每瓣当中微凹，有红筋贯之，蒂下有小青托。花落结实，大者如拳，一实中数隔，间以白膜。仁如马槟榔无二，裹以白软皮，大如指顶。去白皮，食其仁，甚清美。多雨及勤浇，则实成者多。若遇旱，则实秕小而不成。

二如亭群芳谱果部卷之四

济南　王象晋荩臣甫　纂辑
松江　陈继儒仲醇甫
虞山　毛凤苞子晋甫　同较
宁波　姚元台子云甫
济南　男王与朋、孙士雅、曾孙启洁　诠次

果谱四

西瓜，一名寒瓜。蔓生，花如甜瓜。叶大，多桠缺，桠，音鸦，树枝为桠。面深青，背微白。叶与茎皆有毛如刺，微细而硬。其棱或有或无，其色或青或绿或白，其形或长或圆或大或小，其瓤或白或黄或红——红者味尤胜，其子或黄或红或黑或白——白者味更劣，其味或甘或淡或酸——酸者为下。味甘，温，无毒。除烦止渴，消暑热，疗喉痹口疮，解酒毒。以辽东、庐江、燉煌之种为美。今北方处处有之，南方者味不及也。旧传种来自西域，故名西瓜。荐福瓜出苏州府城南二十里。蒋市瓜、牌楼市瓜皆美，出太仓州。一种阳溪瓜，秋生冬熟，形略长扁而大，瓤色如胭脂，味最美，可留至次年，云是异人所遗之种。子取仁可荐茶，皮可蜜煎、糖煎、酱腌。食瓜后食其子，即不噫瓜气。以瓜划破，曝日中，少顷食之颇凉。收藏得法，可至来年春夏。近糯米及酒气则易烂。猫踏之，其瓤便沙。

附录。北瓜：形如西瓜而小。皮色白，甚薄。瓤甚红。子亦如西瓜，而微小狭长。味甚甘美。与西瓜同时，想亦西瓜别种也。

种植。秋月择其瓜之嘉者，留子晒干，收作种。欲种瓜，地耕熟，加牛粪。至清明时，先以烧酒浸瓜子少时，取出漉净，拌灰一宿。相离六尺起一浅坑，用粪和土瘗之于四周，中留松土，种子其中，不得复移，瓜易活而甘美。栽宜稀，浇宜频，粪宜多。蔓短时，作绵兜每朝取萤，恐食蔓。长则已顶，蔓长至六七尺则掐其顶心，令四傍生蔓。欲瓜大者，每科拣其端正旺相者，止留一瓜，余蔓花皆掐去，则实大而味美。性畏香，尤忌麝，麝触之乃至一颗不收。种子宜戊辰日。　防害。纪明斋任汝宁，园户献一瓜，甚大。公异之。园户曰："往未有此大。"公曰："吾闻物之异常者有毒。"令一隶往观之，根下有蜈蚣数十，遂弃其瓜。　陈逢原避暑，食瓜过多，至秋忽腰腹痛，不能举动。商助教疗之，乃愈。《延寿书》：大抵瓜性寒，北人秉壮，食之无害，南人秉弱，食遂成泻痢，寒胃忌之。

疗治。闪挫腰痛：西瓜青皮阴干，为末，盐、酒调服三钱。　食瓜过伤：瓜皮煎汤解之，服瓜仁亦可。诸瓜皆同。　病目：取西瓜切片曝干，日日服之，愈。

典故。洪武五年六月，句容县民献嘉瓜二，同蒂而生。礼部尚书陶凯奏曰："祯祥实由圣德。"上曰："朕寡德，不敢当。且草木之祥，生于其土，亦惟其土之人应之，与朕何与？若尽天地间时和岁丰，乃王者之祯祥也。"《皇明通纪》。　曾子耘瓜，误斩其根。曾晳怒，大杖击其背。曾子仆地，少顷乃苏。孔子闻之，告门弟子曰："参来勿内也。"曾子使人请孔子。孔子曰："舜之事瞽瞍，得小捶则受，大杖则走。今参事父，委身以暴怒，身死陷父于不义，不孝孰大焉！"《家语》。　秦始皇密令人种瓜于骊山硎谷中温处。实成，使人上书曰："瓜冬实。"有诏下博士诸生说之，人人各异。则皆使往视之，而先为伏机于彼。诸生皆至，方相难不决，因发机，从上填之以土，皆压死。《秦史》。　邵平者，故秦东陵侯。秦破，为布衣，贫，种瓜于长安城东。瓜美，时谓东陵瓜。《萧何世家》。　西瓜。萧翰破回纥，得种归，因产西域，故名西瓜。《五代史》。　焦华，西秦时人。父病甚，仲冬思瓜，求之不得。忽梦一人，黄冠，谓曰："闻子父病思瓜，故送瓜以助子。"华拜受之。及寤，瓜在手，馨香非常。父食而愈。《孝子传》。　织女星主瓜果。《续汉书》。　吴桓王时，会稽生五色瓜。《述异志》。　朽瓜化为鱼，物之变也。《庄子》。　瓜州出大瓜，狐入其中，首尾不见。《宋书》。　西王母语上元夫人曰："共造朱陵山食灵瓜，其味甚美。忆此已七千岁矣。"《武帝外传》。　神仙上药有空同灵瓜，四劫一实。《武帝内传》。　汉哀帝二年，瓜异本同蒂共生一实，时以为佳瓜。《六帖》。　服闾者往来海边诸祠中，见二仙人于祠中博赌瓜。顾闾，使担瓜数十头，令瞑目，乃上方丈山。《列仙传》。　马湘有道术，尝于江南刺史马植坐上，以酒杯盛土种瓜，须臾引蔓花实，食之甚美。　大霍山下有洞台，司命君之府也。中有神瓜，食之心通至玄。黄庭坚注。　滕昙恭年五岁，母患热病，思食寒瓜。土俗不产，昙恭历访而不得。俄遇一桑门曰："我有双瓜，分一相遗。"举家惊异。　积石山瓜，三年一实。《六帖》。　梁大夫宋就为边县令，与楚邻界。梁、楚边亭皆种瓜。梁人数灌其瓜，美。楚人窳而稀灌其瓜，恶。楚令以梁瓜之美，怒，因往夜窃搔梁瓜。梁人觉之，欲往报搔楚瓜。宋就曰："是构怨之道也。"乃令人夜往窃为楚灌瓜。楚旦往，则已灌瓜。伺而察之，则梁亭为也。令大悦，因具闻楚王。楚王乃谢以重币，故梁楚之欢由宋就也。　孙锺家贫，奉母至孝，种瓜瓜熟。有三人来乞瓜，锺设瓜及饭，礼敬甚殷。三人临去，谓锺曰："蒙君厚惠，示子葬地，使连世封侯，数世天子。"出门化白鹤而去。锺后生坚，坚生权，权生亮，亮生休。《幽冥录》。　龙肝瓜长一尺，花红叶素，生冰谷。《洞冥记》。　吴步骘避难江南，单身穷困，种瓜自给。　王濬园生嘉瓜，一茎二实。　晋武太康八年，王濬园生瓜，三茎一实。　晋桑虞家园瓜熟，有人逾园盗之。虞见，以园篱多棘刺，使人为开道。及盗负出，见道通，知虞使除之，乃送瓜，叩头请罪。虞与之。　韩灵珍至孝。母亡，家贫，无以葬。与兄共种瓜半亩，朝采暮旋生，由此举葬。《宋纪》。　有鸟瓜、鱼瓜、羊髓瓜、龙蹄瓜，大如斛。《广志》。　任昉亡。高祖方食西苑绿沉瓜，闻之，投瓜于盘，悲不自胜。《梁史》。　杜如晦薨，太宗食瓜美，辍其半，使置灵座祭之。《唐史》。　山阴王献朝园内产嘉瓜，二实同蒂。观察使以献图示百僚。　唐酷吏王弘义贱时，求傍舍瓜，不与。及为御史，腾文园有白兔，县为集人捕逐，畦无遗蔬。李昭德曰："昔闻苍鹰狱吏，今有白兔御史。"　唐置温汤监种瓜蔬，随时贡奉，故王建宫词："内园分得温汤水，二月中旬已进瓜。"　果中子多者，惟夏瓜、冬瓜、石榴，世人目为百子瓮。《清异录》。　陆贽随帝幸梁道。有献瓜果者，帝嘉其意，欲授以试官。赘曰："爵位，天下公器，不可轻也。今献瓜一器、果一盛则授之，彼忘躯命者，何劝哉？　辽东一处有瓜，成实，破为十段，若止一子而长可数寸，食一颗可作十日粮，名独子青，国人珍之。《清异录》。　武儒衡为中书舍人，时膳部郎中元积知制诰，因宦官魏弘简以进，时论鄙之。会公堂食瓜，有蝇集其上。儒衡挥以扇，曰："适从何来，遽集于此？"一座愕然。《唐史》。　明崇俨有道术。四月间，帝忆瓜。崇俨索百钱，须史以瓜进，曰："得之缑氏老人圃中。"帝召老人问故，曰："常埋一瓜失之，土中得百钱。"《唐史》。　史思明之乱，河南陷没，失代宗后沈氏。德宗即位，令咨访。高力士女尝从后游，年状差似。后削脯哺帝，伤左指，高女亦剖瓜伤指。《唐史》。　郭祚领太子少保，从世宗幸东宫。肃宗方幼，祚怀一黄颏奉焉。颏，音骈。时人号为黄颏少保。《后魏书》。　刘晟尝饮大醉，以瓜置伶人尚玉楼项，拔剑断瓜，因斩其首。《南汉史》。　后周王黑尝与客食瓜。客削瓜皮，侵肉颇厚。黑意慊之。及瓜皮落，引手就地取而食之。客甚愧色。　武帝未即位时，与到㧑同从宋明帝射雉郊野，渴倦。㧑得青瓜，与帝对剖食之。及即位，三迁司徒左长史。《齐书》。　褚雅与人共居，常取水洒扫。夏月种瓜，恣人来取。《道学传》。　吴越雪溪上瓜，雪，音闸。钱氏子弟逃暑，取一枚各言瓜子的数，言定剖观，负者张晏，谓之瓜战。《清异录》。　吕文穆蒙正在龙门读书，一日行尹水，见卖瓜者，意欲得之，无钱。其人偶遗一枚，公怅然取食之。后作相，买园洛城东南，下直伊水，起亭名馈瓜，不忘旧也。　卫国县西南有瓜穴，冬夏常出水，望之如练，时有瓜叶出焉。相传符秦时有李班者，颇好道术，入穴中，行可三百步，廓然有宫宇床榻，上有经书。见二人对坐，须发皓白。班前拜于床下。一人顾曰："卿可还，无宜久住。"班辞出，至穴口，有瓜数个，欲取，乃化为石。寻故道，得还至家。家人云："班去来已经四十年矣。"　乌撒军民府（上）〔土〕产石瓜，树生，坚如石，善治心痛。　又蚫瓜，星名。　又守瓜，虫名。郭璞曰："瓜中黄甲小虫喜食瓜叶，故曰守瓜。

　　丽藻。散语：吾岂匏瓜也哉？焉能系而不食。《论语》。　七月食瓜。　绵绵瓜瓞。《诗》。　为天子剖瓜者副之，副，音霹，既削又四析，乃横断而巾覆焉。巾以绤。为国君者华之，华，中断，不四析。巾以绤。为大夫者累之，累，倮也，不覆。士疐之。疐，不中裂，但横断去蒂而已。庶人龁之。龁，不横断也。妇人之贽，瓜桃李梅。俱《礼记》。瓜祭上环。《礼·玉藻》。　五月乃瓜，治瓜也。八月剥瓜，蓄瓜也。《大戴礼》。　委人掌蓄聚物瓜瓠芋。《地官》。　浮目瓜于清泉。魏文帝。　得冷而益甘分，怡神爽而解颜。傅元　。承之以雕盘，幕之以纤绤。甘逾蜜房，冷亚冰规。刘桢。　玄表丹里，呈素（合）〔含〕红。丰肌外伟，绿瓤内酿。张载。　诗五言：瓜嚼水晶寒。杜子美。　霜蔓缒寒瓜。柳子厚。　瓜畦烂文具。　秋瓜未落蒂。俱韩退之。　昔闻东陵瓜，近在东门外。阮嗣宗。　当春物候媚，红破紫荆霞。病后知风劲，间能到日斜。园丁锄径草，种子弄盆花。可怪东邻隐，犹传五色瓜。于若瀛。　吾将老是乡，十亩种瓜场。竹坞凉阴嫩，莲房腻粉香。微风初下叶，秋思在空廊。怪石门前卧，何人叱作羊。陈眉公。　青门种瓜人，旧日东陵侯。杜子美。夏肤粗已皴，秋蒂熟将脱。不辞抱蔓归，聊慰相如渴。范至能。　邵生瓜田中，宁似东陵时。陶靖节。　江间虽炎瘴，瓜熟亦不早。柏公镇夔国，滞务兹一扫。食新先战士，共少及溪老。倾筐蒲鸽青，满眼颜色好。竹竿接嵌窦，引注来鸟道。沉浮乱水玉，爱惜如芝草。落刃嚼冰霜，开怀慰枯槁。许以秋蒂除，仍看小童抱。东陵迹芜绝，楚汉休征讨。园人非故侯，种此何草草？杜子美。　仙童掇朱实，神女献玉瓜。浴身甘㳍池，濯发甘泉波。《道藏歌》。　七言：青门瓜地新冻裂。　丈夫才力犹强健，岂傍青门学种瓜？俱杜子美。　一片冷裁潭底月，六弯斜卷陇头云。王子可。　（书）〔昼〕出耘苗夜绩麻，村庄儿女各当家。童孙未解躬耕织，也傍桑阴学种瓜。　吾园亦在东门外，昨日清明手种瓜。不信邵平能五色，吾园兼有武陵花。周良金。　邵平瓜地接吾庐，谷雨干时偶自锄。昨日春风欺不在，就床吹落读残书。薛能。　翠实离离引蔓秋，西风凉露满林丘。青门尚有闲田地，千载何人学故侯。聂大年。　暑轩无物洗烦蒸，百果凡林得我憎。藓井筇笼浸苍玉，金盘碧箸荐寒冰。田中谁问不纳履，坐上适来何处蝇？此理一杯分付与，我思明望在东陵。黄山谷。

甜瓜，一名甘瓜，一名果瓜。北土中州种莳甚多。蔓生。二三月下种。叶大数寸。五六月花开，黄色。六七月熟，其味甜于他瓜。性寒，滑，无毒。少食止渴，除烦热，利小便，通三焦壅塞，夏月不中暑。多食动宿冷病、破腹、手足无力。沉水及双顶双蒂者有毒，不可食。甘肃甜瓜大如枕，割去皮，其肉与瓤甜胜蜜。所割皮曝稍干，柔韧，甘而有味。又浙中一种阴瓜，种宜阴地，秋熟，色黄如金，皮肤稍厚，藏至春食之如新。凡瓜，大曰瓜，小曰瓞，子曰瓣，瓣，音廉。肉曰瓤，跗曰环，跗，脱瓜处。蒂曰蒉。蒉，系蔓处。其畏麝，诸瓜皆同。凡食瓜过多，但饮酒或水，服麝或食盐花，即消化。

种植。二月上旬为上时，三月上旬为中时，四月上旬为下时，至五六月止可种藏瓜耳。预将生数叶便结瓜者为本母子，候熟，蒂自落。取来，截去两头，其中段子淘净曝干，收作种。临种时，用盐水洗过，取熟粪土种之。仍将洗子盐水浇之，得盐气则不笼死。坑深五寸，大如斗，纳瓜子、大豆各四粒。瓜生数叶，将豆掐去。瓜生至初花，锄三四次，勿令生草，但锄不可伤根，伤根则瓜苦。候秧拖时，掐去蔓心，再用熟粪培根下，勤加浇灌。摘瓜勿令踏蔓及翻覆之，踏则瓜烂，翻则瓜死，慎之。若生蚁，置骨其傍，引而弃之。

瓜蒂。一名瓜丁，一名苦丁香，即甜瓜蒂也。凡使，勿用白瓜蒂，要取青绿色团而短者，良。瓜气足时，其蒂自然落在蔓上，采得系屋东有风处，吹干用。花。治心痛咳逆。蔓。治月经断绝，同使君子各半两，甘草六钱，为末，酒服二钱。叶。补中，治小儿疳，及打伤损折，为末，酒服，去瘀血。人无发，捣汁涂之，即生。

禁忌。五月甜瓜沉水者杀人，动痼疾，多食阴下湿痒生疮，发虚热，破腹，发黄疸，动气，解药力。深秋下痢难治，损阳故也。患脚气食此，永不愈。双蒂者杀人，与油饼同食发病。《便民图纂》。

疗治。口臭：用甜瓜子杵末，蜜和为丸，每旦漱口后含一丸。亦可贴齿。　腰腿疼痛：甜瓜子三两，酒浸十日，为末。每服三钱，空心酒下，日三。　肠痈已成，小腹肿痛，小便似淋，或大便艰涩下脓：甜瓜子一合，当归炒一两，蛇蜕皮一条，㕮咀。每服四钱，水一盏半，煎一盏，食前服，利下恶物为妙。　瓜蒂散，治胸脘痰涎，头目湿气，皮肤水气，黄疸湿热，宿食停滞：人壮脉壮者，用瓜蒂二钱半炒黄，赤小豆二钱半，为末。每用一钱，以香豉一合、热汤七合煮糜去滓，和服。少少加之，快吐乃止。老人、弱人及病后、产后忌用。　七日采瓜蒂阴干，治鼻中瘜肉。用瓜蒂一分为末，羊脂和少许傅瘑肉上，日三次，可愈。《大观本草》。　太阳中暍，身热头痛而脉微弱，此夏月伤冷水，水行皮中所致：瓜蒂二七个，水一升，煮五合，顿服取吐。　风涎暴作，气塞倒仆：瓜蒂为末。每用一二钱，腻粉一钱匕，以水半合调灌，良久涎自出。不出，含沙糖一块，下咽即出。　诸风膈痰，诸痫涎涌：瓜蒂炒黄，为末，量人以酸齑水一盏调下，取吐。风痫，加蝎梢半钱。湿气肿满，加赤小豆末壹钱；有虫，加狗油五七点、雄黄一钱，甚则加芫荽半钱，立吐虫出。　咳嗽及遍身风疹，急中涎潮等症，不拘大人小儿，此药不大吐逆，只出涎水：瓜蒂为末，壮年服一字，老少服半字，早晨井华水下。一食顷，含沙糖一块，良久涎如水。年深者出黑，顷有块布水上。涎尽，食粥一两日，如吐多，困甚，以麝香泡汤一盏饮之，即止。　急黄喘息，心上坚硬，欲得水吃者：瓜蒂二小合，赤小豆一合，研末。暖浆水五合，服方寸匕。一炊久当吐，不吐再服。　吹鼻取水亦可。　遍身如金：瓜蒂四十九枚，丁香四十九枚，干锅内烧存性，为末。每用一字吹鼻，取出黄水。亦可揩牙追涎。　热病发黄：瓜蒂为末，以大豆许吹鼻中。轻则半日，重则一日，流出黄水，愈。　黄疸阴黄及身面浮肿：瓜蒂、丁香、赤小豆各七枚，为末。吹豆许入鼻，少时黄水流出。隔日一用，瘥，乃止。　十种蛊气：苦丁香为末，枣肉和，丸梧桐子大。每服三十九，枣汤下，甚效。　湿气头痛：瓜蒂末一字，嗅入鼻中，口含冷水，取出黄水，愈。　疟疾寒热：瓜蒂二枚，水半盏，浸一宿，顿服，取吐愈。　发狂欲走：瓜蒂末，井水服一钱，取吐即愈。　大便不通：瓜蒂七枚，研末，绵裹，塞入下部即通。　鼻中瘑：瓜蒂末、白矾末各半钱，绵裹塞之。或以猪脂和挺子塞之，一日一换。又方：青甜瓜蒂二枚，雄黄、麝香半分，为末。先抓破，后贴之，日三次。又方：瓜蒂十四个，丁香一个，黍米四十九粒，研末。口中含水，嗅鼻取下，乃止。　风热牙痛：瓜蒂七枚炒研，麝香少许和之，绵裹咬定，流涎。　鸡粪白秃：甜瓜蔓连蒂，不拘多少，以水浸一夜，砂锅熬取苦汁，去滓再熬如饧，盛收。每剃去疮痂，洗净，以膏一盏，加半夏末二钱、姜汁一匙、狗胆汁一枚，和匀涂之，不过三上。忌食动风之物。　齁喘痰气：苦丁香三个，为末，水调服，吐痰即止。　面上鼾子：七月七日午时取瓜叶七片，一直入北堂中，面南立，逐片拭鼾即灭。

丽藻。赋：佳哉瓜之为德，邈众果而莫贤。殷中和之淳祜，播滋荣于甫田。背芳春以初戴，近朱夏而自延。奋修系之莫迈，延秀庶之绵绵。赴广武以长蔓，粲烟接以云连。感嘉时而促节，蒙惠沾而增鲜。若乃纷敷杂错，郁悦婆娑，发彼适此，迭相经过。熙朗日以熠耀，扇和风其如波。有葛薁之覃，及椒聊之众多。发金荣于秀翘，结玉实于柔柯；蔽翠景以自育，缀修茎而星罗。夫其种族类数，则有括蒌定桃。黄䝅白抟，金文蜜筒，小青大斑，玄骭素碗，狸首虎蹯。东陵出于秦谷，桂髓起于巫山。五色比象，殊形异端。或济貌以表内，或惠心而丑颜；或摅文而抱绿，或披素而怀丹。气洪细而俱芬，体修短而必圆。芳郁烈其充堂，味穷理而不餍。德弘济于饥渴，道殷流乎贵贱。若夫濯以寒冰，淬以夏凌。越气外敛，温液密凝。体犹握虚，离若剖冰。陆机。　巫山之冈，秦川之阳，垂条引蔓，布绿敷黄。弥高被野，含芬吐芬。转晨风之穆穆，湛宵露之瀼瀼。花叶则烨烨炜炜，文彩则焜焜煌煌。锦绣为之失色，霞日为之夺光。远而望之粲分烂，繁星列分曜长汉。光色连延遥相暖，迫而察之庶分绵。明玑盈蚌媚重泉，大鳞巨介近相连。细雨流风，每飘飘分叶上；游蜂戏蝶，时历乱于花前。尔其大则三尺二升，美则金浆玉实，狸头羊骸之字，黄瓤白抟之质。感仙贵于孙钟，避世资于步骘，异蒂表于前代，同心彰乎囊日。既而横绮席，会嘉宾，琴樽逸赏，海陆具陈，香分四座，气杂八珍。既取类于母子，亦取辨于君臣。钦哉彼美，流玩不已。何以割之金错刀？何以浇之玉英水？邵平固植以著业，阮籍托词而兴已。非但留怨于戍夫，抑亦取诚于君子。康子玉。 诗五言：破甘霜落瓜。 欲识东陵味，青门五色瓜。龙蹄远珠履，女臂动金花。六子方呈瑞，三仙实可嘉。终期奉缔给，谒帝仁非赊。李峤。 七言：故人夙有分瓜约，走送筠篮百里间。翠瓯琼瓃才一握，瓯，背式。极知风味胜黄斑。 柘浆溜溜香浮玉，苏水沉沉色弄金。那似甘瓜能破暑，一盘霜雪迀清襟。俱刘彦冲。

甘蔗，丛生。茎似竹，内实，直理，有节，无枝。长者六七尺，短者三四尺。根下节密，以渐而疏。叶如芦而大，聚顶上，扶疏四垂。八九月收茎，可留至来年春夏。有数种：曰杜蔗，即竹蔗，绿嫩薄皮，味极醇厚，专用作霜；曰白蔗，一名荻蔗，一名芳蔗，芳，音勒。一名蜡蔗，可作糖；曰西蔗，作霜色浅；曰红蔗，亦名紫蔗，即昆仑蔗也，止可生啖，不堪作糖，江东为胜，今江浙、闽广、蜀川、湖南所生大者围数寸，高丈许。又扶风蔗，一丈三节，见日则消，遇风则折；交趾蔗，长丈余，取汁曝之，数日成饴，入口即消，彼人谓之石蜜。多食蔗，衄血。烧其滓，烟入目则眼暗。

种植。谷雨，内于沃土，横种之。节间生苗，去其繁冗。至七月，取土封壅其根，加以粪秽。俟长成，收取。虽常灌水，但俾水势流满，润湿则已，不宜久蓄。

制用。蔗，脾家果，浆甘寒，能泻火热，《素问》所谓甘温除大热者也。煎炼成糖，则甘温而助湿热矣。（不）〔石〕蜜，即白沙糖凝结作块如石者；轻白如霜者为糖霜；坚白如冰者为冰糖，以白糖煎化即成；人物之形者为飨糖；以石蜜和牛乳、酥酪作成饼块为乳糖；以石蜜和诸色果类融成块为糖缠、糖煎。总之，皆自甘蔗出也。 蔗糖以蜀及岭南者为胜。江东虽有，劣于蜀产。会稽所作乳糖，视蜀更胜。 沙糖多食损齿，发疳蟹；与鲫鱼同食成疳，与葵同食成流澼，与笋同食成瘕。

疗治。发热口干，小便赤涩：甘蔗去皮，嚼汁咽之。饮浆亦可。 反胃吐食：甘蔗汁七升，生姜汁一升，和匀，日日细呷之。 干呕不息：蔗汁温服半升，日二次。入姜汁更佳。 痁疟疲瘵：食蔗数根即愈。 眼暴赤肿涩痛：甘蔗汁二合，黄连半两，入铜器内慢火养浓，去滓，点之。 虚热咳嗽，口干涕唾：甘蔗汁一升半，青粱米四合，煮粥，日食二次，极润心肺。 小儿口疳：蔗皮烧灰研，掺之。 下痢禁口：沙糖半斤，乌梅一个，水二碗，煎一碗，时时饮。 腹中紧胀：白糖，以酒三升煮服之，不过再。 痘不落痂：沙糖调新汲水一杯服之。白糖调亦可。日二服。 虎伤疮：水化沙糖一碗服，并涂之。 上气喘嗽烦热，食即吐逆：沙糖、姜汁等分相和，慢火煎二十沸，每咽半匙，取效。 食韭口臭：沙糖解之。

典故。顾恺之为虎头将军，每啖蔗，自尾至本。或问之，曰："渐入佳境。"《世说》。 齐宜都王鉴取甘蔗插百步射之，十发十中。 元嘉二十七年，魏太武引兵攻彭城，求甘蔗于武陵王骏。骏命与之。《魏史》。 郭汾阳在汾上，代宗赐甘蔗二十条。《唐史》。 唐大历间，有僧号邹和尚，跨白驴登伞山，结茅以居。须盐、米、薪、菜之属，书寸纸，系钱缗，遣驴负至市。人知为邹也，取平值挂物于鞍，纵归。一日，驴犯山下黄氏蔗苗，黄请偿于邹。邹曰："汝未知因，蔗糖为霜，利当十倍。吾语汝，塞责可乎？"试之，果信。自此流传其法。王灼《谱》。　湖南马氏有鸡狗坊长，能种子母蔗。《格物论》。　宋神宗问吕惠卿曰："何草不庶生，独于蔗庶出，何也？"对曰："凡草植之则正生，此嫡出也。甘蔗以斜生，所谓庶出也。"《野史》。　卢绛中疟疾，疲瘵。梦一白衣妇人，颇有姿色，谓之曰："子之疾，食蔗即愈。"诘朝见鬻蔗者，揣囊中，无一镪，唯有唐山一册，请易之。其人曰："吾负贩者，将此安用？"哀君欲之，遂贻数挺。缝食之，旦而疾愈。《野史》。

丽藻。散语：江南郡蔗酿液丰沛。张载。　漱醴而含蜜。张协。　都蔗虽甘，杖之必折；巧言虽美，用之必灭。曹植。　胹鳖炮羔有蔗浆。《楚词》。　诗五言：春雨余甘蔗。杜甫。　甘蔗消残醉。元稹。　偶然存蔗芋，幸各对筠松。杜甫。　七言：上官仍有蔗浆寒。　茗饮蔗浆携所有，瓷罂无谢玉为缸。　亦非崖蜜亦非饧，青女吹霜冻作冰。透骨清寒轻著齿，嚼成人迹板桥声。　蔗浆归厨金碗冻，洗涤烦热足以宁吾躯。杜甫。　蔗浆玉碗冰泠泠。顾阿瑛。　瑶池宴罢王母还，九芝飞入三仙山。空余绛节留人间，云封露洗无时闲。节旄落尽何斓斑，野翁提携出茅菅。吴刀戛戛鸣双环，截断寒冰何潺潺。相如赋就空上林，倦游渴病长相侵。刘伶爱酒真荒淫，狂来欲倒沧溟深。此时一嚼轻千金，垆边何用文君琴。五斗一石安足斟，坐想毛发生青阴。萧瑟甘滋欲谁让，柤①梨橘柚纷殊状。冷气相射杯盘上，顾郎不见休惆怅。佳境到头还不妄，诗成虽愧阳春唱，全胜乞与将军杖。　谱：糖霜之名，唐以前无所见。自古食蔗者始为蔗浆，宋玉《招魂》所谓"胹鳖炮蒸有蔗浆"是也。其后为蔗饧，孙亮使黄门"就中藏吏取交州所献甘蔗饧"是也。后又为石蜜，《南中八郡志》云"榨甘蔗汁，曝成饴，谓之石蜜"，《本草》亦云"炼糖和为石蜜"是也。后又为蔗酒，唐亦土国用甘蔗作酒，杂以紫瓜根是也。唐太宗遣使至摩竭陀国取熬糖法，即诏扬州上诸蔗，榨瀋如其剂，色味愈于西域远甚，然只是今之沙糖。蔗之技尽于此，不言作霜，然则糖霜非古也。历世诗人模奇写异，亦无一章一句言之，惟东坡公过金山寺，作诗送遂宁僧圆宝云："涪江与中泠，共此一味水。冰盘荐琥珀，何似糖霜美。"黄鲁直在戎州，作颂答梓州雍熙长老寄糖霜云："远寄蔗霜知有味，胜于崔子水晶盐。正宗扫地从谁说，我舌犹能及鼻尖。"则遂宁糖霜见于文字者，实始二公。　甘蔗所在皆植，独福塘、四明、番禺、广汉、遂宁有糖冰，而遂宁为冠。四郡所产甚微，而颗碎色浅味薄，才比遂之最下者，亦皆起于近世。唐大历中，有邹和尚者，始来小溪之伞山，教民黄氏以造霜之法。伞山在县北二十里，山前后为蔗田者十之四，糖霜户十之三。蔗有四色，曰杜蔗，曰西蔗，曰芳蔗——《本草》所谓荻蔗也，曰红蔗，《本草》所谓昆仑蔗也。红蔗止堪生啖；芳蔗可作砂糖；西蔗可作霜，色浅，土不甚贵；杜蔗绿嫩，味极厚，专用作霜。凡蔗最困地力，今年为蔗田者，明年改种五谷以息之。霜户器用，曰蔗削，曰蔗镰，曰蔗凳，曰蔗碾，曰榨斗，曰黍瓮，各有制度。凡霜，一瓮中品色亦自不同，堆叠如假山者为上，团枝次之，瓮鉴次之，小颗块次之，沙脚为下；紫为上，深琥珀次之，浅黄又次之，浅白为下。宣和初，王䫖创应（秦）〔奉〕司，遂宁常贡外，岁别进数千斤。是时，所产

---

① 柤，同"楂"。

益奇，墙（璧）〔壁〕成方寸。应奉司罢，乃不再见。当时因之大扰，败本业者居半，久而未复。遂宁王灼作《糖霜谱》七篇，具载其说，予采取之以广闻见。

百合，一名摩罗。春生苗，高二三尺，干粗如箭，叶生四面如鸡距，又似柳叶青色。叶近茎微紫，茎端碧白。四五月开花甚大，有麝香、珍珠。麝香花微黄，甚香。珍珠花红，有黑点，茎叶中有紫珠。根如蒜而大，重叠生二三十瓣。味甘，平，无毒。主邪气、腹胀、心痛、喉痹，补中益气，定心志，杀蛊毒，疗痈肿，止颠狂、涕泪、产后血病。蒸煮食之，捣粉作面食，最益人，和肉更佳。秋分节取其瓣分种之，五寸一科，宜鸡粪，宜肥地，频浇，则花开烂熳，清香满庭。春分不可移，二年一分，不可枯死。

疗治。百合病：用百合七枚，泉水浸一宿，明旦以泉水二升煮，取一升。凡伤寒后行住坐卧不定，如有鬼神状，已发汗者，以知母三两、泉水二升煮一升，同百合汁再煮，取一升半分服；已经吐后者，百合汁同鸡子黄一个，分再服；已经下后者，以代赭石一两、滑石三两、水二升煮，取一升，同百合汁再煮，取一升半分服；未经汗吐下者，入生地黄汁一升同煎，取一升半分再服；病已经月，变成消渴者，百合一升，水一斗渍一宿，取汁温浴；病人浴毕，食白汤饼变热者，百合一两、滑石三两为末，饮服方寸匕；微利乃良，腹满作痛者，百合炒为末，每饮方寸匕，日二。以上俱百合病。　阴毒伤寒：百合煮浓汁，服一升，良。　肺脏壅热烦闷咳嗽者：新百合四两，蜜蒸软，时时含一片，吞津。　肺病吐血：新百合捣汁，和水饮之。亦可煮食。　耳聋耳痛：干百合为末，温水服二钱，日二。　拔白换黑：七月七日取百合熟捣，用新瓷瓶盛之，密封挂门上，阴干百日。每拔去白掺之，即生黑者。　游风隐疹：以楮叶掺动，用盐泥二两、百合半两、黄丹二钱、醋一分、唾四分，捣和贴之。　疮肿不穿：野百合同盐捣泥敷之，良。　天泡湿疮：生百合捣涂，一二日即安。　鱼骨哽咽：百合五两研末，蜜水调，围颈项包住，不过三五次即下。

典故。兖州徂徕山寺有客，夏日阅画壁，忽逢白衣美女，年十五六，姿貌绝俗。因诱至密室，情款甚密。及去，以白玉指环遗之，因上寺楼，隐身目送。白衣行计百步许，奄然不见。乃识其处，寻见百合苗一枝，白花绝伟。劚之，根本如拱。既尽，得白玉指环。惊叹悔恨，得疾而毙。　都波国无稼穑，以此为粮。

丽藻。散语：荷春光之余煦，托阳山之峻趾。比蔂芙之能连，引芝芳而自拟。固其布叶相从，潜根必重示。不孤于日用，欣有叶于时雍。嗤五叶之非隅，陋三花之未浓。亦蕖兮不可长，辰兮不可逢。恐鹈鸠吟兮众芳晚，幸左右之先容。王勔。　诗五言：接叶有多重，开花无异色。含露或低垂，从风如偃抑。梁宣帝。　少陵晚崎岖，托命在黄独。天随自寂寞，疗饥惟杞菊。古来沦放人，余馨被草木。我客汉东城，邻曲见未熟。不应恼鹅鸭，更忍累口腹。过从首三张，伯仲肩二陆。频肤分子姜，云出馈萌竹。冥搜到百合，真使当重肉。软温甚蹲鸱，莹净岂鸿鹄。食之傥有助，盖昔先所服。诗肠贮微润，茗碗争余馥。果堪止泪无，欲纵望乡目。王古丞。　七言：柿红一色明罗袖，金粉群虫集宝簪。杨庭秀《咏渥丹》。

芋，一名土芝，一名蹲鸱，一名莒。在在有之，蜀汉为最，京洛者差圆小。叶如荷，长而不圆。茎微紫，干之亦中食。根白，亦有紫者。南方之芋，子大如斗，旁生子甚多，皮上有微毛，如鳞次裹之，拔之则连茹而起。味甘，蒸煮任意。湿纸包，火煨过，熟，乘热啖之则松而腻，益气充饥。亦可为羹臛。若和皮水煮，冷啖，坚顽少味，最不易消。《广志》所载凡十四种：君子芋、君子芋大如斗，魁如杵簏。谈善芋、谈善（子）〔芋〕少而魁大，易熟，味长，芋之最善者。百果芋、百果（子）〔芋〕多而魁，亦大。鸡子芋、鸡子芋色黄，缘枝生。博士芋。博士芋蔓生，根如鹅鸭卵。他如车毂芋、钜子芋、劳巨芋、青泹芋，四种皆多子，可干腊，亦可藏至夏，皆种之美者。余不具录。芋味平，除烦止渴，可以疗饥，可以备荒。小儿戒食，滞胃气，难尅化。有风疾服风药者最忌，多致杀人。《备荒论》曰：蝗之所至，凡草木叶无有遗者，独不食芋、桑与水中菱芡，宜广种之。

择种。十月拣根圆长尖白者，就屋南檐下掘坑，以砻糠铺底，将种放下，稻草盖之，勿使冻烂。至三月间取出，埋肥地，待早苗发三四叶，于五月间择近水肥地移栽，其科行与种稻同。或用河泥，或用灰粪烂草壅培，旱则浇之，有草则去之。若种早芋，亦宜肥也。　栽种。正二月将耕过地先锄一遍，以新黄土覆盖。三月中，择壬申、壬午、壬戌、辛巳、戊申、庚子、辛卯日，将芋芽向上种。候生三四叶，高四五寸，五月移栽。大抵芋畏旱，宜近水软沙地区，深可三尺许。行欲宽，宽则过风；本欲深，深则根大。春宜种，夏种不生。秋宜壅，失壅则瘦。锄宜频，浇宜数。霜降宜捼其叶，使收叶。锄开根边土，上肥泥壅根，使力回于根，则愈大而愈肥。《氾胜之书》云："区方深各三尺。下实豆萁，尺有五寸。以粪着萁上，如萁厚。一区种五本，要匀，再以粪土覆之。芋成萁烂，皆长三尺。"南方多水芋，北方多旱芋。总之，地皆宜肥。水芋二尺一科，亩为科二千一百六十，科收魁若子二斤，亩为斤二（十）〔千〕三百二十，以备荒救饥，已数倍于作田矣。种芋之地，众人往来，眼目多见，及（开）〔闻〕刷锅声，多不孳生。　锄芋。宜晨露未干及雨后耘锄，令根旁虚，则芋大子多。若日中耘，大热则蔫。以灰粪培则茂。　水芋不必耘，但亦宜肥地。　七月乃塘法，在芋四角掘土壅根，则土暖，结子圆大。霜后起之。　芋荄繁，宜剥取淖，晒干煮食，味极甘美。

附录。香芋：形如土豆而味甘美，煮熟可下茶。　土芋：一名土豆，一名土卵，一名黄独。蔓生。叶如豆，根圆如卵，肉白皮黄。可灰汁煮食，亦可蒸食。解诸药毒，生研水服，吐出恶物。

制用。芋馎饦。　煮熟，去皮擂烂，以细布纽去查，和面、豆粉为粹，捍切，粗细任意。初煮二十沸如铁，至百沸软滑汁食之。和鲫鱼、鳢鱼作臛食，良。　微糁以盐，则煮不模糊。　霜后芋子上芋白擘下，以液浆水炸过，晒干，冬月炒食，味胜蒲笋。　闻山中人取大芋曝极干，和土筑墙，经久不坏。荒年取用，或去皮捣烂涂壁，岁岁加之，亦经久不坏。第芋多恶种，无论野生，即田园所植，亦须择种，厚壅，不然有青色多斑驳者，味最劣。青芋多毒，先以灰汁煮，姜亦可，次易水煮熟，乃堪食。野芋有大毒。种芋三年不采，成稆芋，形叶俱相似，根并杀人。误食者，土浆及大豆汁、粪汁灌之，良。　煮芋汁洗腻衣，洁白如玉。

疗治。癖气：生芋一斤，捣破，酒五升浸二七日，空腹服一杯，神良。　产后淤血：煮食之，效。　血渴：煮汁饮。　孕妇心烦迷闷，胎动不安：芋叶煮食，良。　蛇虫咬并痈肿及毒箭：芋叶煮食，盐研傅。　蜂螫毒痛：接芋梗傅之，愈。　身上浮风：煮芋汁浴，避风半日。　疮犯风肿痛：白芋烧灰傅。　软疖：大芋捣傅之，良。　黄水疮：芋苗晒干，烧存性，研擦。

典故。闽清上有岩曰盘谷，下有桥曰渡仙，产奇花异果。尝有二人入山，适一叟后至，袖中出芋数枚，相啖。忽不见，但见木叶盈尺，题诗其上曰："偶与云水会，不与云水通。云散水流后，杳然天地空。"　酒客为梁，使民益种芋，三年当大饥。众如其言。后果大饥，梁民得不死。《列仙传》。　卓氏之先为赵富人，秦破赵，迁于蜀，曰："吾闻岷山之下沃野有蹲鸱，至死不饥。"乃求远迁，致之于临邛。　汝南有鸿隙陂，郡以为饶。翟方进为相，奏罢之。后亢旱，郡中追怨，乃作童谣曰："坏陂谁？翟子威。饭我豆食羹芋魁。"言不生稻梁，惟生豆芋也。俱《前汉书》。　李泌在衡岳，有僧明瓒，号懒残。泌察其非凡人，夜往谒之。瓒发火芋啖之，曰："勿多言，领取十年宰相。"《李邺侯传》。　洛阳人家上元各造芋郎君，食之宜男女。《影灯记》。

丽藻。诗五言：紫收岷岭芋。杜甫。　沃野无凶年，正得蹲鸱力。区种万叶青，深煨奉朝食。朱元晦。　分得蹲鸱种，连根占地腴。晓烦黏玉糁，深碗啖模糊。刘彦冲。　七言：香似龙涎仍酽白，味如羊乳更全清。莫将南海金齑脍，轻比东坡玉糁羹。东坡。　陆生昼卧腹便便，叹息何时食万钱。莫诮蹲鸱少风味，赖渠撑拄过凶年。陆放翁。

荷，为芙蕖花，一名水芙蓉，一名水芝，一名水芸，一名泽芝，一名水旦，一名水花。叶圆如盖，色青翠。六月开花，有数色，惟红、白二色为多。花大有至百叶者，花心有黄蕊，长寸余。花褪，莲房成菂，菂在房如蜂子在窠。六七月采嫩者生食，脆美。至秋，房枯子黑，其坚如石，谓之石莲子。冬至春，掘藕食之，白花者藕更佳，可生食，红花者止可煮食。花已发为芙蕖，未发为菡萏。中若目，随晨昏为阖辟。其叶蕸，其茎茄，其本蔤，蔤，茎下白蒻在泥中者。其根藕，藕，两体并发，不偶不生。其实莲，莲，房也。其中菂，菂，子也。菂中薏，薏，青心也。花生池泽中，最秀。凡物先华而后实，独此华实齐生，百节疏通，万窍玲珑，亭亭物表，出淤泥而不染，花中之君子也。有重台莲、一花既开，从莲房内又生花，不结子。并头莲、晋泰和间生于玄圃，谓之嘉莲。今所在有之，最易生，能伤别莲，宜独种。一品莲、一本生三萼。四面莲、周围共四萼。洒金莲、瓣上有黄点。金边莲、瓣周围一线，色微黄。衣钵莲、花盘千叶，蕊分三色，产滇池。千叶莲、华山顶有池，产千叶莲花，服之羽化。今人家亦有之，然头重易萎，多难开完。黄莲、王歆之《神镜记》云：九疑山过半路皆行竹松下，狭路有青涧，涧中有黄色莲，芳气竟谷。金莲、金池方数十里，水石泥沙皆如金色，其中有四足鱼。金莲华，洲人研之如泥，以之彩绘，光辉焕烂，无异真金。分香莲、《三堂往事》：宅中有钓仙池，一种莲，一岁再结，每实子十只，花时香兼桃、菊、梅英。分枝荷、一名底光荷。昭帝穿淋池植分枝荷，一枝四叶，状如骈盖，日照则叶低荫根，若葵之卫足。实如玄珠，可以饰佩。花叶虽萎，芬芳之气彻十余里，食之令人口气常香，益人肌理。夜舒荷、灵帝时有夜舒荷，一茎四莲，其叶夜舒昼卷。红莲、麻姑坛东南，池中有红莲忽变碧，今又白矣。《麻姑坛记》。　睡莲、叶如荇而大，沉于水，而其花布叶数重，凡五种色。当夏昼开，夜入水底，次日复出。生南海。四季莲。儋州清水池，其中四季荷花不绝，腊月尤盛。他如佛座莲、金镶玉印莲、斗大紫莲、碧莲、锦边莲诸品，尤为绝胜。王敬美曰：莲华种最多，唯苏州府学前者叶如伞盖，茎长丈许，花大而红，结房曰百子莲，此最宜种大池中。旧又见黄、白二种。黄名佳，却微淡黄耳。

千叶白莲亦未为奇。有一种碧台莲，大佳，花白，而瓣上恒滴一翠点，房之上复抽绿叶，似花非花。余尝种之，摘取瓶中以为西方供。近于南都李鸿胪所复得一种，曰锦边莲，蒂绿花白，作蕊时绿苞已微界一线红矣，开时千叶，每叶俱似胭脂染边，真奇种也。余将以配碧台莲，甃二池对种。亦可置大缸中，为几前之玩。

藕。月生一节，遇闰多一节。有孔，有丝，大者如臂，可生啖。花下者尤美，可作粉，轻身益气，止热渴烦闷，解酒毒、蟹毒，开胃，止泻，散血，生肌。蒸煮食补五脏，实下焦。与蜜同食，令人腹脏肥，不生虫。亦可休粮。产后忌生冷，惟藕不忌，以破血也。　莲子。味甘，平，涩，无毒。交心肾，厚肠胃，固精气，强筋骨，补虚损，利耳目，除寒湿，止脾泻久痢、赤白浊、带下崩中诸血病。熟食良，切碎可作粥饭。生动气易胀，宜去心。　华。镇心，轻身，驳颜，忌地黄及蒜。　叶及房。皆破血，胎衣不下，酒煎服。　叶蒂。味苦，主安胎，去恶血，留好血，血痢，煮服。

附录。山莲：百丈山有草，花如莲花。　旱藕：出终南山，服之延寿。　茄莲：叶似莲，根似萝卜，味甘脆。　西番莲：花雅淡似菊之月（而）〔下〕①西施，自春至秋相继不绝。亦花中佳品。春间将藤压地，自生根。隔年凿断分栽。　铁线莲：花叶俱似西番，花心黑如铁线。　木莲：唐时四川中州有木莲二株，其高数丈，在白鸥山佛殿前。其叶坚厚如桂。仲夏作花，状似芙蓉，香亦如之。每花坼时，声如破竹。

栽种。春分前栽，则花出叶上。先将好壮河泥干者，少半瓮筑实，（时）〔隔〕②以芦席，上用河泥半尺筑平，有雨盖之，俟泥晒微裂方种，盖藕根上行遇实始生花也。次将藕壮大三节无损者，顺铺在上，大者一枝，小者二枝，头向南，芽朝上。用硫黄研碎，纸撚簪柄粗，缠藕节一二道。再用剪碎猪毛少许，安在藕节。再用肥河泥次第填四寸厚，藕芽勿露。日中晒於泥迸裂，方可加少河水，先加水止可四指深。候擎荷大发，再加河水，交夏水方可深。如此种，当年有花且茂盛。《管子》曰：五沃之土生莲。故栽宜壮土，然不可多加壮粪，反至发热坏藕。

种莲子。八九月取坚黑莲子，瓦上磨尖头，令皮薄。取墐土作熟泥，封三指长，令蒂头泥多而重，磨头泥少而尖。种时掷至池中，重头向下，自能周正。薄皮在上，易生，数日即出。不磨者，率不可生。又一法：用鸡子一枚，开一小孔，去青黄，将莲子填满，纸糊孔三四层，令鸡抱之。候小鸡出，取放暖处，不拘时用天门冬末、硫黄，同肥泥或酒坛泥安盆底栽之。仍用酒和水浇，勿令干，自然生叶，开花如钱可爱。莲子磨薄尖头，浸靛缸中，明年清明取种，开青莲花。莲畏桐油，忌之。　插瓶。瓶注温汤，盖以纸，削尖花杆，随手急插。或去根少许，封以蜡，或乱发密缠，折处仍以泥封固其窍，先插瓶中，后注水。一将竹钉十字扦蕊，使出白汁，方插瓶，如此则耐久。

制用。莲之味甘，气温而性涩，禀清芳之气，得稼穑之味，乃脾之果也。脾者，黄宫，所以交媾水火、会和木金者也。土为元气之母，母气既和，津液相成，神乃自生，久视耐老，此其权舆也。昔人治心肾不交，劳伤白浊，有清心莲子饮，补心肾，益精血，有瑞莲丸，皆得此理。李时珍。　七月七日采莲花七分，八月八日采藕根八分，九月

---

① 而，应作"下"。"四库全书"《佩文斋广群芳谱》卷三一《花谱·荷花三》附录"西番莲"作"下"。
② 时，疑应作"隔"。"四库全书"《佩文斋广群芳谱》卷三一《花谱·荷花三》作"隔"。

九日采莲实九分，阴干捣细，炼蜜为丸，服之，令人不老长生。千叶莲服之羽化。《常氏日录》。 经秋正黑石莲子，入水必沉，惟煎盐卤能浮之。此物居山海间，经百年不坏，人得食之，令发黑不老。藏器论。 诸鸟猿猴取得石莲子，不食，藏之石室内。人得三百年者食之，永不老。又雁食之，粪于田野山岩之中，不逢阴雨，经久不坏。人得之，每旦空腹食十枚，身轻，能登高涉远。 取粗藕，不限多少，净洗截断，浸三宿。数换水，看极洁净，捞出，碓中捣碎，以新布绞取汁。重捣，以汁尽为度。又以密布澄去粗恶物，如稠难澄，以水搅之，看水清即泻去，一如造米粉法。 老藕每节切作两段，竖锅中，下水一盏，盐少许，盖烧之，以熟为度。 嫩藕捣碎，盐醋拌匀，可以醒酒。 绿豆粉调沙糖灌孔中，细纸扎定，勿夹住，煮熟用。切藕须斜片，则不脱。 制蜜藕法：初秋新藕，沸汤焯过，浸，取汁一大碗。候冷，浸一时许，漉出控干。用蜜六两浸，去卤水。别以蜜十两，慢火煎，令琥珀色，放冷收之。《多能鄙事》。 蜜煎藕：初秋取新嫩者（淖）〔焯〕半熟，去皮切条或片。每斤用白梅四两，以汤沸一大碗，浸一时，捞控干。以蜜六两煎，去水。另取好蜜十两，慢火煎如琥珀色，放冷，入罐收之。 糖煎藕：每大藕五斤，切碎，日晒出水气，沙糖五斤、金樱末一两、蜜一斤，同入磁器内，泥封闭，慢火煮一伏时，待冷开用。 藕、莲、菱、芋、鸡头、荸荠、慈姑、百合，择净蒸烂，风前吹眼少时，石臼中捣极细，入糖蜜，再捣令匀，取出作团。停冷硬，净刀随意切食。糖多①为佳，蜜须合宜，过用则稀。《清异录》。 嫩藕梢，随意切作方块，如骰子大，就蟹眼汤内快手焯上，取牵牛花揉汁淹染片时，投冷熟水中涤过，控干。以马芹、盐花泡汤，入少醋，加蜜作齑，澄冷浇供之。 取嫩莲房去蒂，又去皮，用井新水入灰煮泡，一如芭蕉脯法。焙干，以石压令匾，作片收之。 藕蔤，五六月嫩时采之，可为蔬茹，老则硬，不堪食。 藕，以盐水供食则不损口，同油炸米面果食则无渣。 好肥白嫩藕埋阴湿地，可经久。如新欲致远，以泥裹之则不坏。荷梗塞穴，鼠自去。煎汤洗镶垢，自新。

疗治。服食不饥：石莲肉蒸熟，去心，为末，炼蜜丸桐子大。日服三十丸。此仙家方也。 清心宁神：石莲子肉，于砂盆中擦去赤皮，留心，同为末，入龙脑，点汤服之。 补中强志：莲实半两，去皮心，研末。水煮熟，以粳米三合作粥，入末搅匀，食。 补虚益损：莲实半升，酒浸二宿。以牙猪肚一个洗净，入莲，在内缝定，煮熟，取出晒干，为末，酒煮米糊丸桐子大。每服五十丸，食前温酒送下。 小便频数，下焦真气虚弱者：用上方醋糊丸服。 白浊遗精：莲肉、白茯苓等分，为末。每服二钱，空心米饮送下。 心虚赤浊：石莲肉六两，炙甘草一两，为末。每服一钱，灯心汤下。 久痢禁口及脾泄肠滑：石莲肉炒，为末。每服二钱，陈仓米调下，便觉思食，甚妙。加入香连丸尤妙。 哕逆不止：石莲肉六枚，炒赤黄色，研末，冷熟水半盏和服，便止。 产后呕吐，心忡目晕：石莲子两半，白茯苓一两，丁香五钱，为末。每米饮服二钱。 眼赤作痛：莲实去皮研末一盏，粳米半升，以水煮粥，常食。 小儿热渴：莲实二十枚炒，浮萍二钱半，生姜少许，水煎，分三服。 反胃吐食：石莲肉为末，入少肉豆蔻末，米汤调服。 时气烦渴：生藕汁一盏，生蜜一合，和匀，细服。 伤

---

① 多，底本缺，据"四库全书"［宋］陶毅《清异录》卷上《果》补。

寒口干：生藕汁、生地黄汁、童子小便各半盏，煎，温服之。　霍乱烦渴：藕汁一钟，姜汁半钟，和匀饮。　霍乱吐利：生藕捣汁服。　上焦痰热：藕汁、梨汁各半盏，和服。　产后血气上冲，口干腹痛：生藕汁三升饮之。庞安时用藕汁、生地黄汁、童子小便等分，煎服。　小便热淋：生藕汁、生地黄汁、葡萄汁各等分，每服一盏，入蜜温服。　食蟹中毒：生藕汁饮之。　冻脚裂坼：蒸熟藕，捣烂涂之。　尘芒入目：大藕洗捣，绵裹，滴汁入目中即出。　血淋痛胀：藕汁调发灰，每服二钱，服三日而血止痛除。　鼻衄不止：藕汁捣汁饮，并滴鼻中。　辛暴吐血：藕节、荷根各七个，以蜜少许擂烂，水二钟，煎八分，去渣温服。或为末，丸亦可。　大便下血：藕节晒干研末，人参、白蜜煎汤，调服二钱，日二服。　鼻渊脑泻：藕节、芎䓖研为末。每服二钱，米饮下。　劳心吐血：莲子心七个，糯米二十一粒，为末，酒服。　遗精：莲子心一撮为末，辰砂一分。每服一钱，白汤下，日二。　痔漏三十年者，三服除根：用莲花蕊、黑牵牛头末各一两五钱，当归五钱，为末。每空心酒服二钱。忌热物。五日见效。　催生：莲花一叶，书人字吞之，即易产。　坠跌积血心胃，呕血不止：用干荷花为末。每酒服方寸匕，其效如神。干藕节亦佳。　经血不止：陈莲蓬壳烧存性，研末。每服二钱，米饮下。　产后血崩：莲蓬壳五个，香附二两，各烧存性，为末。每服二钱，米饮下，日二。　漏胎下血：莲房烧研，面糊丸桐子大。每服百丸，汤、酒任下，日二。　小便血淋：莲房烧存性，为末，入麝香少许。每服二钱半，米饮调下，日二。　天泡湿疮：荷叶贴之。又莲蓬壳烧存性，研末，井泥调涂，神效。　雷头头面疙瘩肿痛，憎寒发热，状如伤寒，病在三阳，不可过用寒药重剂，诛伐。一人病此，诸药不效。用荷叶一枚，升麻五钱，苍术五钱，水煎温服，即愈。　阳水浮肿：败荷叶烧存性，研末。每服二钱，米饮调下，日三服。　脚膝浮肿：荷叶心、藁本等分，煎汤淋洗。　痘疮倒靥：治风寒外袭倒靥势危者，万无一失。用霜后荷叶贴水紫背者炙干，白僵蚕直者炒去丝，等分，为末。每服半钱，用胡荽汤或温酒调下。　诸般痈肿，拔毒止痛：荷叶中心蒂如钱者，不拘多少，煎汤淋洗。俟干，以飞过寒水石，同腊猪脂涂之。　扑打损伤，恶血攻心，闷乱疼痛：以干荷叶五片烧存性，为末。每服一钱，童子热尿一盏，食前调下，日三服，利下恶物为度。　产后心痛，及下胎衣恶血不尽也：荷叶炒香，为末。每服方寸匕，沸汤或童子小便调下。或烧灰、或煎汁皆可。　伤寒产后血晕欲死：用荷叶、红花、姜黄等分炒，研末，童子小便调服二钱。　孕妇伤寒大热烦渴，恐伤胎气：用嫩卷荷叶焙半两，蛤粉二钱半，为末。每服三钱，新汲水入蜜调服，并涂腹上，名罩胎散。　妊娠胎动，已见黄水者：干荷蒂一枚炙，研为末，糯米淘汁一钟，调服即安。　吐血不止：嫩荷叶七个，擂水服之，甚佳。又方：干荷叶、生蒲黄等分，为末。每服三钱，桑白皮煎汤调下。又：经霜败荷叶烧存性，研末。新水服二钱。　吐血咯血：荷叶焙干，为末。米汤调服二钱，一日二服，以知为度。《圣济总录》用干荷叶、蒲黄各一两，为细末。每服二钱，麦门冬汤下。　吐血衄血，阳乘于阴，血热妄行，宜服四生丸：生荷叶、生艾叶、生柏叶、生地黄等分，捣烂，丸鸡子大。每服一丸，水三盏，煎一盏，去渣服。　崩中下血：荷叶烧研半两，蒲黄、黄芩各一两，为末。每空心酒服三钱。　血痢不止：荷叶蒂，水煮汁服。　下痢赤白：荷叶烧研。每服二钱，红痢蜜、白痢沙糖下。　脱肛不收：贴水荷叶焙研，酒服二钱，仍以荷叶盛末坐之。　牙齿痛疼：青荷叶剪取钱蒂七个，以浓米醋一盏，煎半盏，去渣，熬成膏，时时抹之，妙。　赤游火丹：新生荷叶捣烂，入盐涂之。　漆疮作痒：干荷叶煎汤洗之，良。　遍身风疬：荷叶三十枚，石灰一斗，淋汁合煮，渍之，半日乃出。数日一作，良。　偏头风痛：升麻、苍术各一两，荷叶一个，水二钟，煎一钟，食后温服。或烧荷叶一个，为末，以煎汁调服。　刀斧伤疮：荷叶烧研搽之。　阴肿痛痒：荷叶、浮萍、蛇床等分，煎水，日洗之。

典故。西王母见穆天子，玉帐高会，进万岁冰桃、千年碧藕，又进素莲一房百子。　苏州府城西华山，老子《枕中记》云此地可度难。山半有池曰天池，产千叶莲，昔人尝服之羽化。　关令尹喜生时，其家陆地生莲花，光发满室。　汉武时，海中有人，叉角，面如玉色，美髭鬒，腰蔽槲叶，乘一叶红莲，约长丈余，偃卧其中，手持一书，自东海浮来，俄为雾所迷，不知所之。东方朔曰："此太乙星也。"　汉昭帝游柳池，有芙蓉紫色，大如斗，花素叶甘，香气袭人。其实如珠。《拾遗记》。　霍光园中凿大池，植五色睡莲，养鸳鸯三十六对，望之烂若披锦。　历城北二里有莲子湖，周环二十里。湖中多莲华，红绿间明，乍疑濯锦。又渔船掩映，罟罾疏布，远望之者若蛛网浮杯也。魏袁翻曾在湖宴集，参军张伯瑜咨公言："向为血羹，频不能就。"公曰："取湖水必成也。"遂如公语，果成。清河王怪而异焉，乃咨公："未审何义得尔？"公曰："可思湖目。"清河笑而然之，而实未解。坐散，语主簿房叔道曰："湖目之事，吾实未晓。"叔道对曰："藕能散血，湖目莲子，故令公思。"清河叹曰："人不读书，其犹夜行。二毛之叟，不如白面书生。"《酉阳·广（支）〔知〕》。　自百里芳至平阳峙，一百里皆荷花。王羲之自南门登舟赏荷花，即此地也。　庾杲之号景行，王俭用为卫将军长史。萧缅与俭书曰："盛府元僚，实难其选。庾景行泛渌水，依芙蓉，何其丽也！"时人以入俭府为莲花池。《本传》。　羊敦为广平太守。岁饥，家馈不至，采藕而食。朝廷闻之，诏赐谷千斛。《晋史》。　王敦在武昌，铃下仪仗生莲花，五六日而落。《花史》。　谢灵运以词采名。鲍昭曰："谢五如初发芙蓉。"《晋书》。　谢灵运即东林寺翻《涅槃经》，凿池，植白莲其中。《花史》。　远法师居庐山东林寺，有白莲花。与陶靖节十八人同修净土，号白莲社。《晋书》。　雍熙中，君房寓庐山开光寺，望黄石岩瀑水中一大红叶，泛泛而下。僧取之，乃莲花一叶，长三尺，阔一尺三寸。因分叶，磨汤饮之，香经宿不散。　宋文帝元嘉中，莲生建东额担湖，一茎两花。又乐游苑池莲同干。泰始中，嘉莲一双，并实，合跗，同茎。　宋元嘉六年，贾道子行荆上，见芙容方发，取还家，闻花有声，寻得舍利，白如真珠，焰照梁栋。《花史》。　齐东昏侯凿金为莲花贴地，令潘妃行其上，曰："此步步生莲花也。"《南史》。　佛图澄尝于钵内生青莲花。　张昌宗以姿貌见幸于则天。杨再思每语人曰："人言六郎貌似莲花，正莲花似六郎尔。"《唐书》。　太液池千叶白莲开。帝与妃子共赏，指妃谓左右曰："何如此解语花？"《天宝遗事》。　韩愈登华山莲花峰，归谓僧曰："峰顶有池，菡萏盛开可爱。其中又有破铁舟焉。"　山顶有千叶莲花，服之羽化，因名华山。《华山记》。　唐冀国夫人任氏女，少奉释教。一日，有僧持衣求浣，女欣然濯之溪边。每一漂衣，莲花应手而出。惊异，求僧，不知所在，因识其处为百花潭。《花史》。　大历中，高邮百姓张存以踏藕为业。尝于陂中见旱藕，梢大如臂，遂并力掘之。深二丈，大至合抱。以其不可穷，遂断之。中得一剑，长二尺，色青，无刃。存不知为宝。人有知者，以十束薪易之。其藕无丝。《酉阳杂俎》。　元和中，苏昌远居吴中。有女郎素衣红脸。相与狎，赠以玉环。一日，见槛前白莲花开，花蕊中有物，乃玉环也，折之乃绝。《花史》。　房寿六月召客，捣莲花制碧芳酒。　后唐马郁为秘监。时张承业权贵任事，与客宴集，陈珍列果。客无敢先尝，郁食之必尽。承业私戒主者：“他日郁至，惟以干莲子置前。”郁知不可啖，靴中出一铁槌，挝碎食之。承业大笑，速为易之，曰：“勿败吾案。”《续世说》。　魏正始中，郑公悫三伏之际率宾僚避暑。取大莲叶盛酒，以簪刺叶，令与柄通，屈茎如象鼻传吸之，名碧筒杯。《鸡跖集》。　平安王子懋，年七岁，母病，请僧谯禳。有献莲供佛者，懋祝曰：“若使阿姨获佑，莲花竟斋如故。”七日斋毕，花更鲜红。视罂中，微有根须，母病寻愈。人以为孝之感。　陈丰尝以青莲子十枚寄葛勃。勃啖未竟，坠一子于盆水中。明晨，有并蒂花开于水面，大如梅花。勃取置几间，数日方谢。剖其房，各得实五枚，如丰来数。　后主武平中，特进侍中崔季舒宅中池内，莲花皆作胡人面，仍着鲜卑帽。俄而季舒见杀。《花史》。　孙德琏镇郢州，合十余船为大舫，于中立亭池，植荷芰，良辰美景，宾僚并集，泛长江而置酒，一时称为胜赏。《花史》。　宋兴国九年五月，内出玉津园瑞莲一盆示辅臣，花与叶悉似（食）〔合〕欢而生。《宋史》。　神庙时，中贵（采）〔宋〕用臣凿后苑瑶津池，成。明日请上赏莲花。忽见万荷蔽水，乃一夜买满京盆池沉其下，上嘉其能。　欧阳永叔在扬州会客，取荷花千朵插画盆中，围绕坐席。命客传花，人摘一叶，尽处饮酒。　欧阳知（颖）〔颍〕州，有官妓卢媚儿姿貌端秀，口中常作芙蕖花香。　姚月华尝画芙蓉匹马，约略浓淡，生态逼真。　宋孝宗于池中种红、白荷花万柄，以瓦盎别种，分列水底，时易新者，以为美观。　沧洲金莲花，其形如蝶，每微风时则摇荡如飞。妇人竞采之为首饰，语曰：“不戴金莲花，不得到仙家。”　昆流素莲，一房百子，凌冬而茂。《拾遗记》。　地涌金莲，叶如芋芳，花开如莲，花瓣内一小黄心，幽香可爱，色状甚奇，最难开花。　苏州进藕最上者，曰伤荷藕。欲长其根，故伤其叶。《国史补》。　贾似道在扬州时，有道人求见，问其所能，曰善画莲。秋壑馆之于小金山放鹤亭，索绢四幅，闭门不容观者。逾五六日，似道自往观之，仅画一叶。倾露珠滴滴流下，滴于石上，复散滴于地。秋壑见精妙，令了之。道人辞去，约再来。秋壑挂于壁上，每风起，则荷叶动，露珠倾尽，已而复然。道人不可复索，方知神仙也。《花史》。　元陶宗仪饮夏氏清樾堂上，酒半，折正开荷花，置小金卮于其中，命歌姬捧以行酒。客就姬取花，左手执枝，右手分开花瓣，以口就饮，名为解语杯。　国初金箔张尝于腊月索干石莲子乱撒池中，倾刻花开满池，香艳可爱。剪纸为舫，置水中，踏而登焉，鼓棹放歌，往来花丛，俄失所在。《花史》。　正统戊午，吴县学池中莲一茎三花。明年，县学施公槃状元及第。成化辛卯，苏州府学池中莲一茎二花。明年，吴公宽状元及第。《苏州府志》。　信丰大龙山层峦叠嶂，遇夜或红光烛天，产异花如白莲。　缙云仙都山道书谓玄都洞天，上有鼎湖，产异莲。湖之东为步虚山，奇峰千仞，西为忘归洞，即李阳冰隐居也。兴国放生池上，莲花弥望，夹堤皆垂柳，群山环列，有浮图突兀在云烟紫翠间。记称江山之胜颇似西湖。　黄梅冯茂山即五祖大满禅师道场，山顶有池，生白莲，又名莲峰。　曾昌四面皆石壁。池广一亩，产瑞莲。　王韶之《神境记》：九凝山半，其路皆青松翠竹，下夹青涧，涧中多黄色莲花，夏秋时香气盈谷。 眉州青神夹芙蓉溪，内多芙蓉。 云南府城南昆明池，周五百余里，产千叶莲。《史记》。 升元阁，梁朝故物，高二百四十尺，今名瓦棺寺。西晋时地产青莲两朵，闻之所司，掘得瓦棺。开，见一老僧，花从舌根顶颅出。询及父老，曰："昔有僧诵《法华》万余卷，临卒遗言，以瓦棺葬之此地。" 法华山樵夫得青莲一枝，掘地有石匣，藏一童子，舌根不坏，花自舌出。 龟千岁游于莲叶之上。《史·龟策传》。

丽藻。散语：隰有荷华。 彼泽之陂，有蒲与荷。《诗》。 荷为衣兮蕙为带。 集芙蓉以为裳。 搴芙蓉于木末。《离骚》。 楚茞制而裂荷衣。《北山移文》。 灼若芙蓉出绿波。曹植。 河北棹歌之妹，江南采莲之女，春水广兮楫潺湲，秋风驶兮舟容与。江海。 泽芝芳艳，擅奇水属。练气红荷，比符缥玉。颜延之。 传：君子讳莲，或又谓讳菡萏，字芙蕖，相传为神仙家流，世居太华山玉井中。始祖有讳碧藕者，寿千岁，成周时因西王母进见穆天子，陪宴瑶池上。子孙散处，其根（派）〔派〕世袭其名，亦曰藕，咸洁白聪明，意气清虚，自以仙流，弗与生民伍，隐遁不见于世，苟可蔽身，虽污泥重渊，没齿不怨。时人为之谣曰："平生水云姿，七星罗心胸。岂无丝毫益，上禆天子聪。而不自荐达，胡为乎泥中？"藕闻亦不介意。世有好而访之者，辄强与归，竟不辞谢，第求澡雪以往，任其指使，或疗渴治病，养老慈幼，娱宾客，供祭祀，靡不顺承，虽刳股商体，不惮。藕生茄，茄端楷离立，屹然有出尘之志。茄生荷，荷为人圆浑，能纫绩为衣，与楚畹兰氏齐名，见称于三闾大夫。又尝为杯棬，屈体轮囷如象鼻状，授客吸酒，号碧筒杯。东坡见其遗制，酌酒试之，叹曰："碧碗既作象鼻弯，白酒犹带荷心苦。"艺绝当时，后人无能效之者。传十叶至君子，君子质赢气盈，心芳貌溢，内视歉然不足，外观佩服鲜整，光烨可爱，尽得羽化之术，飘然有高世之志，因辟谷于人间，世无所好，惟日引清涟以自娱濯。古有东昏侯宠贵嫔，爱君子姿色，令与潘妃进履。君子愀然，侯范金肖像代焉。唐明皇凿太液池，与杨贵妃游宴其中，近臣将相或不得时至。君子侍从其间，不少刻舍左右，会禄山之乱，遂引去。释有金仙氏，雅知君子斋洁，留参侍世尊。君子恶其异己，不果留。释刲木勒像遣之，自是流落江湖，甘同草芥，不希荐达。番禺程九龄遇诸巷，望见惊喜，亟拜曰："吾先夫子从周先生游，周先生友爱君子，君子吾先夫子师友也，敢不拜？"时薰风徐来，君子欣然起舞，笑媚相迎，恨相见之晚。九龄固请以归，下榻贮壶，汲清涟以奉，顾诸子姓曰："君子吾方外友也，可善事之。"日钩帘去屏蔽，洒扫左右，惟恐失君子欢。君子不时见，每盛夏，东日方兴，振衣起立，吟风洒露，逍遥欣跃。已而徘徊顾望，移午敛体握固，嗫不露半唇。数日卸服，委其心而蜕去，至时复来，来去皆在壶中，人莫能窥其迹。九龄益奇之，谓曰："昔费长房遇壶公，能笞鬼使社。今吾其为长房乎？"因自号小壶公。神仙家自希夷之后不传，世无能知者。君子知之，亦欲传世，顾非其人，虽传不解。尝以其略示九龄，不尽解，因俟其去，而视其遗玉蛹累累，私啖之，琼液满咽，两脸骏骏君子之色。君子归九龄，有异人过而相曰："何物老妪，生此宁馨儿，神清骨润，往来人世，寿未可量也。昔见其浴汉昭帝柳池中，芳气袭人。又见其在华山顶上，人得其丹服之，辄羽化。今已数百年，顾在此。"九龄闻之愈敬，信奉之不少怠。

叶受。 说：水陆草木之花，可爱者甚蕃。昔陶渊明爱菊。自李唐以来，世人甚爱牡丹。予独爱莲出淤泥而不染，濯清涟漪而不妖，中通外直，不蔓不枝，香远益清，亭亭净植，可远观而不可亵玩焉。予谓菊，花之隐逸者也；牡丹，花之富贵者也；莲，花之君子者也。噫！菊之爱，陶后鲜有闻。莲之爱，同予者何人？牡丹之爱，宜乎众矣。周茂叔。　藕藏于水，其自处卑，无所加焉。其所与污，洁白自若，中有孔焉，不偶不生，若此可以偶物矣。茄无附枝，泥不能污，水不能没，挺出而立，若此可以加物矣。莲既有以自白，又会而属焉，若此可以连物矣。菡萏实若右，随昏昕阖辟焉。藚，假根以立，而不如藕之有所偶；假茎以出，而不如茄之有所加；假华以生，而不如莲之有所连、菡萏之有藚也。若此可谓遌矣。夫函物者终必吐，连物者终于散，偶物者或析之，加物亦不可谓常，故遌在此不在彼也。藚，退藏于无用，而可用可见者本焉，若此可以密矣。合此众美，则可以荷物，可以为芙，可以为渠，故曰"荷，芙蕖"。《字说》。　赋：感衣裳于楚赋，咏忧思于陈诗。访群英之艳绝，标高名于泽芝。会春陂乎夕张，搴芙容而水嬉。抽我衿之桂兰，点子吻之瑜辞。选群芳之徽号，抱兹性之清芬。禀若华之惊绝，测滤池之光洁。烁彤辉之明媚，粲雕霞之繁悦。顾椒丘而非偶，岂圆桃而（而）能埒？彪炳以蔼藻，翠景而红波。青房兮规接，紫的兮圆罗。树妖遥之弱干，散菡萏之轻荷。上星光而倒景，下龙鳞而隐波。戏锦鳞而夕映，曜绣羽以晨过。结游童之湘吹，起榜妾之红歌。备日月之温丽，非盛明而谓何？若乃当融风之暄荡，承暑雨之平渥。被瑶塘之周流，绕金渠之屈曲。排积雾而扬芳，镜洞泉而含绿。叶析水以为珠，条集露而成玉。润蓬山之琼膏，辉葱河之银烛。冠五华于仙草，超四照于灵木。杂众姿于开卷，阅群貌于昏明。无长袖之容止，信一笑之空城。森紫叶以上攉，纷湘蕊而下倾。根虽割而琯彻，柯既解而丝萦。感盛衰之可怀，质始终而常清。故其为芳也绸缪，其为媚也奔发。对妆则色姝，比兰则香越。泛明彩于宵波，飞澄华于晓月。陋荆姬之朱颜，笑夏女之光发。恨狷世而贻贱，徒爱存而赏没。虽凌群以擅奇，终从岁而零歇。鲍明远。　非登高可以赋者，唯采莲而已矣。况洞庭兮紫波，复潇湘兮绿水。或暑雨兮朝霁，乍凉飙兮暮起。黛叶青跗，烟周五湖。红葩绛花，电铄千里。尤见重于幽客，信作谣于君子。尔其珍族广茂，淑类博传。藻河渭之空曲，被沮漳之沦涟。烛灯湾而烂烂，亘沙涨之田田。岂值水区泽国，江滣海堰。是以吴娃越艳、郑婉秦妍，感灵翘于上节，悦瑞色于中年。锦帆映浦，罗衣塞川。飞木兰之画楫，驾芙容之绮船。问子何去，幽泽采莲。已矣哉！诚不知其所以然。赏由物召，兴以情迁。故其游泳一致，悲欣万绪。至若金室丽妃、璇宫佚女，伤凤台之寂莫，厌鸾扃之闲处。侍饮南津，陪欢北渚。见矶岸之纤直，觌旌施之低举。上苑神池，芳林御陂。楼阴架汜，殿彩乘漪。张拜洛之容卫，备横汾之羽仪。箫鼓发兮龙文动，鳞羽喧兮鹢首移。咸靓妆而丽服，各分鹜而并驰。蘋萦桨碍，荇触船危。视云霞之沃荡，望林泉之蔽亏。洪川泱泱兮菡萏积，绿水湛湛兮芙蕖披。惜时岁兮易晚，伤君王兮未知。折绀房与湘药，揽红葩及碧枝。回绡裙兮窃独叹，步罗袜兮私自奇。莫不惊香悼色，畏别伤离。复有濯宫年少，期门公子。翠发蛾眉，赪唇皓齿。傅粉兰堂之上，偷香椒屋之里。亦复衔恩激誓，佩宠缄愁。承好赐之珍席，奉嬉宴之彩斿。绣栋曛兮翠羽帐，瑶塘曙兮青翰舟。搴条拾蕊，沿波溯流。池心宽而藻薄，浦口窄而萍稠。和桡姬之卫吹，接榜女之齐讴。去复去兮水色夕，采复采兮荷华秋。愿承欢而卒岁，长接席而寡仇。于时蓟北无事，关西始乐。雾尽江垠，气恬海宴。消怪气于沅澧，照荣光于河洛。殊方异类，舞咏相错。王公卿士，歌吹并作。则有侯家琐第，戚里芳园，穿池坝岸之曲，蓄水河阳之源。堤防谷口，岛屿辗辕，嘉木毕植，灵草具繁。沉桂北之丹藕，播荆南之紫根。郁蔓蔓而雾合，灿晔晔而霞翻。洎乎气彻都鄙，景华川陆，麦雨微凉，梅飔浅燠。命妖侣于石城，啸娱朋于金谷。乃使绿珠捧棹，青琴理舳，樽芳醪，藉珍馔。泛玉潭之淤漫，绕金渠之隈隩。石近水而苔浓，岸连山而树复。排芰末而争远，托芦间而竞逐。赴汩凌波，飞袿振罗；风低绿干，水溅黄螺。上客喧兮乐未已，美人醉兮颜将酡。畏莲色之如脸，愿衣香兮胜荷。徘徊郢调，凄惨燕歌。念穷欢于水涘，誓毕赏于川阿。结汉女，邀湘娥。北溪蕊尚密，南汀花更多。恨光景兮不驻，指芳馨兮谓何？若乃南郢义妻，东吴信妇，结缡整佩，承筐奉帚。忽君子兮有行，复良人兮远征。南讨九真百粤，北戍鸡田雁城。念去魂骇，相视骨惊。临春渚兮一送，见秋潭兮四平。与子之别，烟波望绝；念子之寒，江山路难。水淡淡兮莲华紫，风飒飒兮荷叶丹。剪瑶带而犹歊，折琼英而不欢。既而缘隈逗浦，还栅归橹。眷芳草兮已残，忆离居兮方苦。延素颈于极涨，攘皓腕兮神浒。惜佳期兮末由，徒增思兮何补？又若倡姬荡（勝）〔滕〕，命侣招群。淇上洛表，湘皋汝坟。望洲中兮翡翠色，动浦水兮骊龙文。愿解佩以邀子，思搴裳而从君。悲时暮，愁日曛。鸣镮钏兮响窈窕，艳珠翠兮光缤纷。怜曙野之绛气，爱晴天之碧云。棹巡汀而柳拂，船向渚而菱分。掇翠茎以翳景，袭朱蕚以为裙。挺楫凌乱，风流雨散；鸣根络绎，雾罢烟释。状飞虹之蜿蜿，若惊鸿之奕奕。艇怯奔潮，篙憎浅石。丝著手而偏绕，刺牵衣而屡襞。乃有贵子王孙，乘闲纵观。何平叔之符彩，潘安仁之藻翰。税龙马于金堤，命乌舟于石岸。锦缆翻洒，银樯照烂，日侧光沉，风惊浪深。纤北渚之新赠，恣东溪之密寻。鸳鸯绣彩之文履，玳瑁琼华之宝琴。扣舷击榜，吴歈越吟。溱与洧兮叶履水，淮与济兮花冒浔。值明月之夕出，逢丹霞之夜临。茱萸歌兮轸妾思，芍药曲兮伤人心。伊采莲之贱事，信忘情之盖寡。虽迹兆于水乡，遂风行于天下。感极哀乐，声参郑雅。是以缅察谷底，穷览地维。北尽丰镐涝滴，南究巴沱越沂，莫不候期应节，沿涛泛湄。薄言采之，兴言服之。发文扃之丽什，动幽幌之情诗。使人结眷，令人相思。宜其色震百草，香夺九芝。栖碧羽之神雀，负青龇之宝龟。紫秩流记，丹经秘词，岂徒加绣柱之光彩，晔文井之华滋？已矣哉！向使时无其族，代之厥类，独秀上清之境，不生中国之地，学鸾凤而时来，与鹔鹴而间至，必能使众瑞彩没，群貌色沮。汤武斋戒，伊皋延伫。岂俾夫秦童赵仆，倡姬艳女，狎而玩之，撷而采之乎？时有东鄙幽人，西园旧客，常陪帝子之舆，经侍天人之籍，咏绿竹于风晓，赋彤管于月夕，暑往寒来，忽矣悠哉！蓬飘梗逝，天涯海际。似还邛之寥廓，同适越之淫滞。萧索穷途，飘飖一隅。昔闻七泽，今过五湖。听菱歌兮几曲？视莲房兮几株？非邺地之宴语，异睢苑之欢娱。况复殊方别域，重瀛复嶂。虞翻则故乡寥落，许靖则生涯惆怅。感芳草之及时，惧修名之或丧。誓划①迹颍上，栖影渭阳。枕箕岫之孤石，泛磻溪之小塘。餐素实兮吸绛芳，荷为衣兮芰为裳。永洁己于丘壑，长寄心于君王。王勃　若夫西城秘披，北禁仙流，见白露之先降，悲红蕖之已秋。昔之菡萏齐秀，芳敷竞发，君门闿兮九重，兵卫俨兮千列。绿蒂青枝，缘沟覆池，映连旗兮摇艳，挥长剑兮陆离。疏

---

① 划，同"铲"。

瀍兮裂穀，交流兮湘沃，四绕兮丹禁，三匝兮承明。晓而望之，若霓裳宛转朝玉京；夕而察之，若霞标之烁散赤城。既如秦女艳日兮凤鸣，又似洛妃拾翠兮鸿惊，足使瑶草罢色，芳树无情。复道兮诘曲，离宫兮相属，飞阁兮周庐，金铺兮壁除。君之驾兮猗旎，莲之叶兮扶疏。万乘顾兮驻彩骑，六宫喜兮停罗裾。仰仙游而德泽，纵玄览而神虚。岂与夫溪涧兮沼沚，自生兮自死，海圻兮江沱，万万兮烟波。泛汉女，游湘娥，佩鸣玉，戏清涡，中流欲渡兮木兰楫，幽泉一曲兮采莲歌。江南兮岘北，汀洲兮北极。既有芳兮襄城，长无艳兮水国。岂知移植天泉，飘香列仙，娇紫台之月露，含玉宇之风烟。杂蕤兮照烛，众彩兮相宣。乌翡翠兮丹青翰，树珊瑚兮林碧鲜。夫其生也，春风尽荡，烁日相煎，天桃尽兮秾李灭，出大堤兮艳欲然。夫其谢也，秋灰度管，金气腾天，宫槐棘兮井桐变，摇寒波兮风飒然。归根息艳兮八九月，乘化无穷兮千万年。越人望兮已长久，郑女采兮无由缘。何浅蒂之能固？何秾香之独全？别有待制扬雄，悲秋宋玉，夏之来兮玩早红，秋之暮兮悲余绿。礼盛燕台，人非楚材，云雾图兮兰为阁，金银酒兮莲作杯。落英兮徘徊，风转兮哀哀。入黄扉兮洒锦石，紫白蘋兮覆绿苔。寒暑忙忙兮代谢，故叶新花兮往来。何秋日之可表？托芙蓉以为媒。宋之问。　曲沼微阳，横塘细雨，堕虹梁而窥影，倚风台而欲舞。覆翠被以熏香，燃犀灯而照浦。双心并根，千株泣露，送艇子于西州，闻棹讴于北渚。迎桃根而待桨，逢宓妃而未渡。迫而视之，靓若星妃临水而脉脉盈盈；远而望之，杳如峡女行云而朝朝暮暮。东西随叶隐，上下逐波浮，已见双鱼能比目，应笑鸳鸯会白头。昔闻妃子贵东昏，地上金花不染尘。空留此日田田叶，不见当时步步人。欧文忠。　有辈者华，婉如清扬，菡萏为簪，芙蓉为裳。出五沃之上腴兮，苞九疑之奇芳。緛中通而外直兮，洵笃实而辉光。德可比于君子兮，又奚逊夫国香？羌托种于灵沼兮，载移根于长乐。挺翠盖之团团兮，月朱华之灼灼。枝承蕊以婀娜兮，何扬翘之磊落！揉珠药以成葩兮，焕重英之出萼。森一颖于芝房兮，俨敷荣于蕙阁。朝晞发于扶桑兮，若葵赤之常倾。夕弄影于望舒兮，象桂轮之载盈。峨星冠于绛阙兮，散霞标于赤城。凤羽矫其翩翻兮，蜃楼起而峥嵘。恣意态之横出，纷可炳于丹青。彼新宫之载巢兮，固神灵之所宅。薰风扇其淳和兮，甘雨滋其芳泽。卿云助其烂熳兮，膏露增其的皪。夫惟孕粹而钟祥兮，肆煜煌而舄奕。乃其含芬桂披，流晔椒涂。承恩辉于黼幄兮，分绣采于翟褕。映画堂之甲帐兮，迎紫闼之金舆。灿荣光于华渚兮，郁佳气于蓬壶。宫伯忻忻而告瑞，慈颜穆穆其欢愉。何司花之特巧？殆坤元之出符。天子乃考祥图，披灵契，征素莲于王母，溯石䓤于炎帝。或一房而百子，或一花而千岁。兆多寿而多男，允卜年而卜世。申瑶泉。　歌：郎采莲，妾采莲。莲花实，妾生子，郎今采取应相怜，开似妾初年。莲房结暖香，虽断丝牵连。郑蒥山。　兰膏坠发红玉春，燕钗梳头抛盘云。城边杨柳向桥晚，门前沟水波粼粼。麒麟公子朝天客，珂马瑶珰度春陌。掌中无力舞衣轻，剪断鲛绡破春碧。抱月飘烟一尺腰，麝脐龙髓怜娇娆。秋罗拂水碎光运，露重花多香不销。鸂鶒交交塘水满，绿芒如粟莲茎短。一夜西风送雨来，粉痕零落愁红浅。船头折藕丝暗牵，藕根莲子相留连。郎心似月月未缺，十五十六清光圆。温庭筠。　采莲归，绿水芙蓉衣，秋风起浪凫雁飞。桂棹兰桡下长浦，罗裙玉腕轻摇橹。叶屿花潭极望平，江讴越吹相思苦。相思苦，佳期不可驻。塞外征夫犹未还，江南采莲今已暮。摘莲花，渠今那必尽娼家。官道城南把桑叶，何如江上采莲花。莲花复莲花，花叶何稠叠。叶翠本羞眉，花红强似颊。佳人不在兹，怅望别离时。牵花怜共蒂，折藕爱连丝。故情无处所，新物徒华滋。不惜西津交佩解，还羞北海雁书迟。采莲歌有节，采莲夜未歇。正逢浩荡江上风，又值徘徊江上月。徘徊莲浦夜相逢，吴姬越女何丰茸！共问寒江千里外，征客关山路几重？王勃。　诗五言：朱华冒绿池。曹子建。　藕隐玲珑玉。碧衣女子。　鱼戏动新荷。谢玄晖。　佳人雪藕丝。　江莲摇白羽。　红腻小池莲。　荷静纳凉时。俱杜甫。　晓露洗红莲。韦应物。　荷花娇欲语，愁杀荡舟人。　素手把芙蓉，虚步蹑太清。　美人出南国，灼灼美容姿。　芙蓉老秋霜，团扇羞网丝。俱太白。　白莲方出水，碧柳未鸣蝉。刘梦得。　荷背风翻白，莲腮雨褪红。东坡。　玉杯承露重，钿扇起风多。杨文公。　碧叶喜翻风，红英宜照日。江浩。　都无色可并，不奈此香荷。李义山。　城晚通云雾，亭深到芰荷。　美人艳新妆，敛袂照秋水。秦少游。　微风摇紫柄，轻露拂朱房。沈约。　岁暮寒飙及，秋水落芙蕖。陆韩卿。　锦带杂花钿，罗衣垂素川。吴均。　乱香清宿醉，浓艳破狂愁。　交阴分擢秀，并叶烂齐芳。俱刘原父。　摘取芙蓉花，莫摘芙蓉叶。将归夫婿看，颜色何如妾？王昌龄。　荷叶罩芙蓉，圆青映嫩红。佳人南陌上，翠盖立春风。曹修古。　鉴湖三百里，菡萏发荷花。五月西施采，人看隘若耶。　翠盖临风迥，冰华泛露鲜。舞衣清缟袂，倒影烂珠缠。韩愈。　棹发千花动，风传一水香。傍人持并蒂，含笑打鸳鸯。常伦。　灼灼荷花瑞，亭亭出水中。一茎孤引绿，双影共分红。色夺歌人脸，香乱舞衣风。名莲自可念，况复两心同。朱越。　轻舸迎上客，悠悠湖上来。当轩对樽酒，四面芙蓉开。王维。　落日晴江里，荆歌艳楚腰。采莲从小惯，十五即乘潮。刘方平。　莲花比妾貌，妾貌花不如。莲子比妾心，妾心应更苦。宋臣。　与欢游池上，荷生满绿池。朱花似欢面，素藕似欢肌。屠隆。　入港采芙蓉，芙蓉动泗沼。游鱼聚蜂房，吹作波心锦。于若瀛。　涉江弄秋水，爱此荷花鲜。扳荷弄其珠，荡漾不成圆。佳期彩云重，欲赠隔远天。相思无由见，怅望凉风前。　碧荷生幽泉，朝日艳且鲜。秋花冒绿水，密叶罗青烟。秀色空绝世，馨香竟谁传？坐看飞霜满，凋此红芳年。结根未得所，愿托华池边。　芙蓉娇绿波，桃李夸白日。偶蒙春风荣，生此艳阳质。岂无佳人色，但恐花不实。宛转龙火飞，零落花相失。谁知凌寒松，千载长守一。俱太白。　早被婵娟误，欲妆临镜慵。承恩不在貌，教妾若为容。风暖鸟声碎，日高花影重。年年越溪女，相忆采芙蓉。杜荀鹤。　桃杏二三月，此花泥滓中。人心正畏暑，水面独摇风。净刹如金涌，嘉宾照幕红。谁歌采菱曲？舟在晓霞东。宋丰稷。　日气沉山紫，荷花照水明。香含风细细，影浸月盈盈。妃子华清浴，神君洛浦行。向人娇欲语，解语恐倾城。张祥鸢。　碧沼渟寒玉，红蕖映渌波。妆凝朝日丽，香逐晚风多。游戏金麟出，惊飞翠羽过。纳凉依水榭，还续采莲歌。申瑶泉。　坐对芙蓉沼，行歌棠棣吟。相依香漠漠，独立影沉沉。人自怜芳艳，谁当识苦心。秋风渐萧索，结子已如今。冯琢庵。　竹醉客皆醉，亭幽兴亦幽。荷钱鱼暗啮，蒲剑蝶虚游。双鹤如人立，一山当水浮。拈杯登水阁，恍若泛扁舟。雷思霈。　万顷金沙里，谁将玉节栽？丝应鲛乞与，珠是蚌分来。盘贮冰犹结，刀侵雪易催。防风骨外折，混沌窍中开。月寺僧家钵，风亭酒客杯。胸中秋气入，牙角雨声回。自愧尘泥贱，得蒙樽俎陪。与君消酷暑，瓜李莫相猜。陶珽。　水榭临文漪，晨曦出旸谷。宛彼芙蕖花，嫣然媚初旭。焕若丹霞敷，烨如锦云簇。秾艳复芬馡，可以娱心目。须臾日渐中，敛华闷清馥。匪乏倾阳姿，将无避炎燠。舒卷固有时，昕晴递相续。努力爱朝晖，寸阴如寸玉。申瑶泉。　莲实大如指，分甘念母慈。共房头榳榳，更深兄弟思。实中有薏荷，拳如小儿手。令我忆诸雏，迎门索梨枣。莲心政自苦，食苦何能甘。甘餐恐腊毒，素食则怀惭。莲生淤泥中，不与泥同调。食莲谁不甘，知味良独少。吾家双井塘，十里秋风香。安得同袍子，归制芙蓉裳？黄山谷。　菡萏初舒艳，奇芬晕碧霄。中洲欣邂逅，南浦自招摇。莹色涵香雾，新袍坼绛绡。娉婷自珍爱，稣郁更清超。照水临青镜，偎蘋倚彩翘。骈枝疑贯宠，并萼似争娇。绰约霞初映，披敷烟正销。须蕤金粉嫩，房闼玉冠乔。月下仙人氅，风前公子袍。清虚云步湿，沉浸潆津饶。濯濯灵修质，盈盈神女标。孤贞无漫蔓，雅则绝纤妖。喜动文鸳舞，光摇锦鲤跳。琼根托绀洁，翠盖障炎嚣。靓赏联瑶席，芳筵集桂橑。姚园多猥俗，陶径亦萧条。华井分流润，天池引脉遥。须移玄圃种，莫向若耶漂。木末兴幽诧，濂溪结冥招。怀之思远道，秋入冀萧萧。王烨。　七言：白玉花开绿锦池。吴融。　宝陀光彩射晴晖。《（百）〔白〕氏集》。　水国烟乡足芰荷。陆龟蒙。　青春波浪芙蓉园。　芙蓉别殿暗焚香。　雨润红蕖暗暗香。　并蒂芙蓉本自双。　点池荷叶叠青钱。　棹拂荷珠碎却圆。　不妨游子芰荷衣。　芙蓉小苑入边愁。　露冷莲房坠粉红。俱杜子美。　素房含霞玉冠鲜，绀叶摇风钿扇圆。白乐天。　腻玉肌肤碧玉房，累累波面衬红妆。高九万。　荷叶晓看元不湿，却疑误听五更风。江古心。　竹树雨余添翠霭，芰荷风起动清秋。　一色藕花三十里，淡妆浓抹锦青红。虞可斋。　翠盖不能擎雨露，鸳鸯应怨夜寒多。吴蕙潭。　芙蓉出水弄娇斜，红红白白各一家。杜祁公。　池面风来波滟滟，陂间露下叶田田。谁于水上张青盖，罩却红妆吐采莲。欧文忠。　翠盖红幢耀日鲜，西湖佳丽会群仙。波平十里铺云锦，风度清香趁画船。杨巽斋。　扇飐宫罗衣浸床，湘妃晚浴试红妆。阑干月满难成梦，风露侵人彻骨凉。陈古涧。　水边舟子竞招招，陌上车尘晚更嚣。只有幽人无个事，荷花深处弄轻桡。刘漫塘。　一样娉婷绝代无，水宫鱼贯出琼铺。缘何买得凌波女，为有荷盘万斛珠。郑安晚。　雨余无事倚阑干，媚水荷花粉未干。十万琼珠天不惜，绿盘擎出与人看。王月浦。　娇红娅姹不胜姿，只许行人半面窥。恰似姑苏明月夜，水晶宫殿贮西施。赵竹隐。　荷叶罗裙一色裁，芙蓉向脸两边开。乱入池中看不见，闻歌始觉有人来。王昌龄。　芙蓉脂肉绿云鬟，图画楼阁青黛山。千树桃花万年药，不知何事忆人间。元微之。　摇落秋天酒易醒，凄凄长似别离情。黄昏倚柱不归去，肠断绿荷风雨声。韦庄。　荷花布锦柳垂丝，一片丹青太液池。御榻独留清暑殿，宫娥空唱采莲词。薛蕙。　轻云疏雨一时来，忽见荷花并蒂开。睡起南薰情思懒，梦深遥过楚王台。丘云霄。　群英的历点苍苔，朵朵芙蓉并蒂开。只恐西风易零落，殿芳故写岭头梅。于舍东。　轻霜约水淡无痕，竹里芙蓉意态新。苇荻半欹来白鸟，看山大抵属闲人。　朝来急雨涌山泉，洗出芙蓉意态妍。袅袅数茎欹竹坞，美人和露入淇园。俱丁明登。　朵朵红莲映绿池，微风吹动影参差。深闺寂莫嫌长昼，一点芳心只自知。马德潓。　曲曲阑干水殿凉，红绡扇底芰荷香。按歌误触鸳鸯起，宫漏今宵分外长。郑德明。　九疑山下分奇种，三子房中吐瑞姿。朵朵黄云团羽扇，为迎金母下瑶池。申瑶泉。　晚凉风度玉池香，看尽归鸦入建章。妾貌不如莲样好，莫将明月比寒塘。沈明臣。　藕花塘上雨霏霏，无数莲房著水垂。羞见鸳鸯交颈卧，却将荷叶盖头归。许成名。　红白莲花开共塘，两般颜色一般香。恰如汉殿三千女，半是浓妆半淡妆。　司花手法我能知，说破当知未大奇。乱剪素罗妆一树，略将数朵蘸胭脂。杨诚斋。　凿破苍苔涨作池，芰荷分得绿参差。晓开一朵烟波上，似画真妃出浴时。杜祁公。　贪看翠盖拥红妆，不觉湖边一夜霜。卷却天机云锦段，从教匹练写秋光。东坡。　汉室婵娟双姊妹，天台缥缈两神仙。当时尽有风流过，谪向人间作瑞莲。邵康节。　素蕊多蒙别艳欺，此花真的在瑶池。还应有恨无人觉，月晓风清欲堕时。陆龟蒙。　移舟水溅差差绿，倚槛风摇柄柄香。多谢浣溪人未折，雨中留得盖鸳鸯。郑谷。　绝似莲花水面浮，绿云香湿一沙鸥。何时摘取池中叶，驾作中流太乙舟。陶学士。陶公，名安，当涂[1]人。开国功臣。　四面花开玉露滋，晓风翻雨叶垂垂。泉明酒思濂溪癖，凭仗盆池借一枝。徐存斋。徐公，名阶，华亭人。一甲，大学士。　绿窗蝉静日偏长，懒爇金炉百和香。莫摘池中莲子看，个中多半是空房。孟淑卿女郎。　稽首慈云大士前，莫生西土莫生天。愿将一滴杨枝水，洒作人间并蒂莲。小青女郎。　翠盖佳人临水立，寂莫雨中相对泣。温泉洗出玉肌寒，檀粉不施香汗湿。一阵风来碧浪翻，珍珠零落难收拾。任恩庵。　太华峰头玉井莲，开花十丈藕如船。冷比雪霜甘比蜜，一片入口沉疴痊。我欲求之不惮远，青壁无路难夤缘。安得长梯上摘实，下种七泽根株连。韩文公。　若耶溪傍采莲女，笑摘荷花共人语。日照新妆水底明，香飘红袂空中举。岸上谁家游冶郎？三三五五映垂杨。紫骝嘶入落花去，见此踟蹰空断肠。李太白。　绿荷舒卷凉风晓，红萼开萦紫菂重。双女汉皋争笑脸，二妃湘浦并愁容。自含秋露贞姿结，不晓春妖艳态浓。终恐玉京仙子识，却持归种碧莲峰。李绅。　芙蓉池里叶田田，一本双枝照碧泉。浓丽共妍香各散，东西分艳蒂相连。自知政术无他异，纵是祯祥亦偶然。四野人闻知尽喜，争来入廓看嘉莲。姚合。　水殿盈盈万玉妃，凌波长是步炎晖。迢遥玉井峰头见，缥缈瑶池月下归。洛浦雾繁珠作佩，楚台风急翠成帏。若教解语应愁绝，闻道金笼锁雪衣。黄佐。　耶溪新绿露娇痴，两面红妆倚一枝。水月精魂同结愿，风花情性合相思。赵家阿妹春眠起，杨氏诸姨晚浴时。今日六郎憔悴尽，为渠还赋断肠诗。沈周。　九月江南花事休，芙蓉宛转在中洲。美人笑隔盈盈水，落日还生渺渺愁。露洗玉盘金殿冷，风吹罗带锦城秋。相看未用伤迟暮，别有池塘一种幽。文衡山。　芙蕖香霭水云多，览胜新从学士过。红艳晴薰霞作锦，冰绡寒伴玉为河。如翻堕珥依仙渚，若浣明妆出素波。欲采芳华劳远赠，秋风其奈独看何。　秘省仙居别苑东，池开新长芰荷红。幽芳渺渺三湘外，疏影亭亭一水中。香湿琼衣迷晓雾，尘销罗袜起秋风。玉堂归后青藜照，竞拟金莲出上宫。　曲径方池别馆东，荷开殊胜昔年红。虚瞻玉井青冥上，似睹金莲紫禁中。佳实豫知深雨露，苦心原自耐霜风。亭亭独立烟波冷，肯美春华在汉宫。俱陆平泉。　芙蓉池苑起清秋，汉武泉声落御沟。他日江山映蓬颣，几年杨柳别渔舟。竹间驻马题诗去，物外何人识醉游。尽把归心付红叶，晚来随水向东流。《才调集》。　斑帘十二卷轻碧，秋水芙蓉隔画阑。彩扇迎风霞透影，锦袍弄月酒生寒。湘魂翠袖留江浦，仙掌红云湿露盘。只恐淮南霜信早，绛纱笼烛夜深看。刘禹锡。　梅雨丝丝草阁凉，匡床玄坐漫焚香。四檐绿树繁阴合，一卷黄庭白昼长。细和禽言成乐府，宽裁荷叶制衣裳。笑看溪水明于玉，新水朝添一

① 当涂，底本为墨丁，据《明史》卷一三六《陶安传》补。

尺长。张祥鸢。 湖上峰稠乱晚晴，每逢佳处问山名。偶因寺好频停舫，贪为波澄不记舰。斜抱连环千嶂合，平分双镜六桥横。更堪岁晏芙蓉冷，水国西风日夜清。张虚庵。 一天霞采正流虹，出水芙蕖欲吐红。纵是连宵困寒雨，终然危干独凌风。乾坤尚郁胚胎里，身世都忘水玉中。慎尔芳馨良自爱，晴光早晚总天功。孙洪澳。 西山青落影娥池，仗外芙容入照时。薄雨未消初日晕，晓风欲语向人枝。六宫香粉流红腻，三殿浮凉湛绿漪。的的夜舒人不见，集灵台畔露华知。王衡。 东山未许谢公闲，别墅偏开荷叶湾。郭外沙堤新旧筑，马前云树有无间。歌闻花底遥分韵，影湿池边近解颜。濯魄冰壶谁得似，擎杯坐听水潺潺。姚予云。子云，慈溪人。名士。 词：猎猎风蒲初暑过，萧然庭户秋清。野航渡口带烟横。晚山千万叠，别鹤两三声。 秋水芙蕖聊荡桨，一樽同破愁城。蓼花滩上白鸥明。暮云连极浦，急雨暗长汀。苏养直《临江仙》。 雨过回塘，圆荷嫩绿新抽。越女轻盈，画桡稳送兰舟。波光艳粉，红相间、脉脉娇羞。菱歌隐隐渐遥，依约凝眸。 堤上郎心，波间妆影迟留。不觉归时，暮天碧月如钩。风蝉噪晚，余霞映、几点沙鸥。渔笛不道有人，独倚危楼。晁无咎《新荷叶》。 雨过蒲桃新涨绿，苍玉盘倾，堕碎珠千斛。姬嫱拥前红簇簇，温泉初试真妃浴。 驿使南来丹荔熟，故剪轻绡，一色颁时服。娇汗易晞凝醉玉，青凉不用香绵扑。宋景文《蝶恋花》。 妖艳秋莲生别浦，红脸青腰，旧识凌波女。照影弄妆娇欲语，西风岂是繁华主？ 可恨良晨天不与，才过斜阳，又值黄昏雨。朝落暮开空自许，竟无人解知心苦。晏叔元《蝶恋花》。 荷叶田田青照水，孤舟挽在花阴底。昨夜消疏雨坠，愁不寐，朝来又觉西风起。 雨摆风摇金蕊碎，合欢枝上香房翠。莲子与人长厮类，无好意，年年苦在中心里。 为爱莲房都一柄，双苞双蕊双红影。雨势不来风色定，池水静，仙郎彩女临鸾镜。 妾有容华君不省，花今恩爱犹相并。花却有情人薄幸，心耿耿，因花又染相思病。 叶有清风花有露，叶笼花罩鸳鸯侣。白锦顶丝红锦羽，莲女妒，惊飞不许长相聚。 日脚沉红天色暮，青凉伞上微微雨。早是水寒无宿处，须回步，枉教雨里分飞去。 一曲天香金粉腻，莲子心中，自有深深意。意密莲深秋正媚，将花寄恨无人会。 桥上少年桥下水，小棹归时，不许牵红袂。浪溅荷心圆又碎，无端欲堕相思泪。 水浸秋荷风皱浪，缥缈仙舟，只似秋江上。和露采莲愁一饷，看花却是啼红样。 折得莲茎丝未放，莲断丝牵，特地成惆怅。归棹莫愁花荡漾，江头有个人相望。 越女采莲秋水畔，窄袖轻罗，暗露双金钏。照影摘花花似面，芳心只共丝争乱。 鸂鶒滩头风浪晚，雾重烟昏，不见来时伴。隐隐歌声归棹远，离愁引著江南岸。《渔家傲》，俱欧文忠。 常记汉亭日暮，沉醉不知归路。兴尽欲回舟，误入藕花深处。争渡，争渡，惊起一行鸥鹭。李易安《如梦令》。 若耶溪路，别岸花无数。敛娇红向人语，与绿荷、相阻恨。回首西风，波森森、三十六陂烟雨。 新妆明照水，汀渚生香，不嫁东风被谁误。遣踟蹰客意，千里绵绵仙浪远，何处凌波微步？想南浦，潮生画桡归，正月晓风清，断肠凝伫。康伯可《洞仙歌》。 南轩面对芙容浦，宜风宜月还宜雨。红少绿多时，帘前光景奇。 绳床乌木几，尽日繁香里。睡起一篇新，与花为主人。陈简斋《菩萨蛮》。 杨柳回塘，鸳鸯别浦，绿萍涨断莲舟路。定无蜂蝶慕幽香，红衣脱尽芳心苦。 返照迎潮，行云带雨，依依似与骚人语。当年不肯嫁东风，无端却被秋风误。贺方回《踏莎行》。 我爱荷花花最软，锦挼云挨，朵朵娇如颤。一阵微风来自远，红低欲蘸凉波浅。　　莫是羊家张静婉，抱月飘烟，舞得腰肢倦。偷把翠罗香被展，无眠却又频翻转。蒋竹山《蝶恋花》。　　晓日初开露未晞，夕阳轻散雨还微。暗摇锦雾游儵戏，斜映红云属玉飞。　　情脉脉，恨依依，沙边空见棹船归。何人解舞新声曲，一试纤腰六尺围。叶石林《鹧鸪天》。　　蓼花汀侧，朝露依依弄色。知何许、湘女淡妆，羽节飞来等秋碧。轻裙素绡识，谁与明珰竞饰？无言处、相倚溯风，应有柔情正堆积。　　当年驻香鹍，记草媚罗裙，波映文席。斜阳返照暮雨湿，爱天际凉入。愁寂，念畴昔，漫说泰华峰头，幽梦寻觅。而今两鬓如花白，但一线才思，半星心力。新词奇句便做有，怎道得？张镃①《兰陵王》。　　晓来闲立回塘，一襟香。玉飐云松风外、数枝凉。　　相并浑如私语，恼人肠。飞去方知白鹭、在花旁。张约斋《乌夜啼》。　　闹红一舸，记来时、长与鸳鸯为侣。三十六陂人未到，水佩风裳无数。翠叶吹凉，玉容销酒，更洒菰蒲雨。嫣然摇动，冷香飞上诗句。　　日暮青盖亭亭，人不见，争忍凌波去。只恐舞衣寒易落，愁入西风南浦。高柳垂阴，老鱼吹浪，留我花间住。田田多少，几回沙际归路。姜尧章《念奴娇》。　　水枫叶下，乍湖光清浅，凉生商素。西帝宸游罗翠盖，拥出三千宫女。绛彩娇春，铅华掩昼，占断鸳鸯浦。歌声摇曳，浣纱人在何处？　　一枝广寒宫殿，冷落凄愁苦。雪艳冰肌羞淡泊，偷把胭脂匀注。媚脸笼霞，芳心泣露，不肯为云雨。金波影里，为谁长恁凝伫？僧仲殊《念奴娇》。　　风雨霁时晴，荷叶青青，双鬟捧著小红灯。报道绿纱廊底下，蕉月分明。陈眉公《浪淘沙》。

芡实，一名鸡头，一名雁喙，一名雁头，一名鸿头，一名鸡雍，一名蔿子，蔿，音蒌。一名卯菱，一名水流黄。生水泽中，处处有之。三月生叶贴水，大于荷叶，皱文如縠，蹙衄如沸，面青背紫。茎叶皆有刺。茎长丈余，有孔有丝，嫩者剥皮可作蔬茹。五六月开紫花结苞，外有刺如猬，花在苞顶如鸡喙。（肉）〔内〕有斑驳软肉，裹子累累如珠玑。壳内白米状如鱼目，薏苡大。味甘，平，涩，无毒。补中强志，聪耳明目，开胃助气，止渴益肾，除湿痹、腰脊膝痛，治遗精、白浊、带下。久服轻身，不饥，耐老。

种植。鸡头名芡实。秋间熟时取老子，以蒲包包之浸水中。三月间撒浅水内，待叶浮水面，移栽浅水，每科离二尺许。先以麻饼或豆饼拌匀河泥，种时以芦插记根。十余日后，每科用河泥三四碗壅之。

制用。蒸熟，烈日中曝裂取仁，亦可春取粉。用新者煮食，良。连壳一斗，防风四两，煎汤浸用，甚软美，经久不坏。入涩精药，连壳亦可。茎止烦渴，除虚热，生熟皆宜。根煮食，治心痛，结气痛。

疗治。芡实三合，粳米一合，煮粥，日日空心服，益精气，利耳目，治思虑、色欲过度、损伤心气、小便数。　　遗精：用秋石、白茯苓、芡实、莲肉各二两，为末，蒸枣，和丸梧子大。每服三十丸，空心盐汤下。　　治浊病：用芡实粉、白茯苓粉，黄蜡化蜜，和丸梧子大。每服百丸，盐汤下。　　芡实末、金樱子煎，和丸，名水陆丹，补下益人。　　偏坠气痛：根切片，煮熟，盐醋调食。

①　镃，底本缺，据"四库全书"［清］朱彝尊编《词综》卷一四补。

典故。芰花向日，菱花背日。《尔雅翼》。　荷花日舒夜敛，芰花昼敛宵炕①，此阴阳之异也。《埤雅》。　龚遂为渤海太守，劝民秋冬益蓄果实菱芡。《汉书》。

丽藻。诗五言：剥芡珠走盘。山谷。　香囊连锦破，玉指剥珠明。陶弼。　七言：吴鸡斗罢绛帻碎，海蚌扶出真珠明。梅圣俞。　玉质欲藏如许脆，铁芒何苦太尖生。郑安晚。　水晶冷浸碧玉丛，琉璃涌出青毛猬。王岩叟。　架垂马乳收论斛，港种鸡头采满船。鼍鼎若为占食指，曲车未用堕馋涎。陆放翁。　龙宫失晓恼江妃，也养鸣鸡报早辉。要啄稻粱无半粒，只教满颔饱珠玑。　江妃有诀煮真珠，菰饭牛酥软不如。手擘鸡腮金五色，盘倾骊颔琲千余。夜光明月供朝嚼，水府灵宫恐夕虚。好与蓝田餐玉法，编归辟谷赤松书。　三危瑞露（拣）〔冻〕成珠，九转丹砂炼不如。鼻观温芳炊桂歇，齿根软熟剥胎余。半瓯鹰爪中秋近，一炷龙泉丈室虚。却忆吾庐野塘畔，满山柿叶正堪书。俱杨诚斋。　芡盘团团开碧轮，城东壕中如叠银。汉南父老旧不识，日日岸上多少人。骈头髯松霜初熟，绿刺红针割寒玉。提笼当筵破紫苞，老蚌一开珠一掬。文与可。　一年绝胜是秋槎，片片湖光片片霞。雨意未来先到水，鸥心欲定故迎沙。鸡头新劈骊颔颗，菱叶半铺镜面花。酒灶茶铛随处是，何须返棹问胡麻？王用晦。用晦，名象明，子弟也，颇负时名。　湖浪参差叠寒玉，水仙晓转钵盘绿。淡黄根老栗皱圆，染青刺短金罂熟。紫罗小囊光紧蹙，一掬真珠藏猬腹。丛丛引觜旁莲洲，满川恐作天鸡哭。《才调集》。　芡叶初生皱如縠，南风吹开轮脱辐。紫苞青刺攒猬毛，水面放花波底熟。森然赤手初莫近，谁料明珠藏满腹。剖开膏叶尚模糊，大盘磨声风雨速。清泉活火曾未久，满堂坐客分升掬。纷然咀嚼惟恐迟，势若群雏方脱粟。东都每忆会灵沼，南国陂塘种无足。东游尘土未应嫌，此物秋来日常食。颍滨。　六月京师暑雨多，夜夜南风吹芡嘴。凝祥池锁会灵园，仆射荒陂安可拟。争先园客采新苞，剖蚌得珠从海底。都城百物贵新鲜，厥价难酬与珠比。金盘磊落何所荐，滑台泼醅如玉醴。自惭窃食万钱厨，万口飘浮嗟病齿。却思年少在江湖，野艇高歌菱荇里。香新美全手自摘，玉洁沙磨软还美。一瓢固不美五鼎，万事适情为可喜。何时遂买颍东田，归去结茅临绿水。欧文忠。　词：堪为席上珍，银铛百沸麝脐熏。萧娘欲饵意中人。　拈处玉纤笼蚌颗，剥时琼齿嚼香津。仙郎入口即身轻。昭顺老人。

菱，一名芰，芰，音忌。一名水栗，一名沙角，一名薢茩。楚谓之芰，秦谓之薢茩。《说文》。一云两角者菱，三角四角者芰。三角四角曰芰，两角曰菱，其花紫色，昼合宵炕，随月转移，犹葵之随日也。《武陵记》。生水泽，处处有之。落泥中最易生。种陂塘者为家菱，叶实俱大。野生者小。皆三月生，蔓延浮水上。叶扁而有尖，光面如镜。一茎一叶，两两相差，如蝶翅状。五六月开花，黄白色。花落实生，渐向水中乃熟。夏月以粪水浇其叶，则实更肥美。有无角者，其色嫩青老黑。又有皮嫩而紫色者，谓之浮菱，食之尤美，嫩时剥食，老则蒸煮食之。曝干剁米，为饭、为糕、为粥、为果，皆可代粮。其茎亦可曝收，和米为饭，以度荒歉。此物最不治病，生食性冷利，多食伤脏腑，损阳气痿。茎生蛲虫，若过食腹胀，暖服姜酒即消，含吴茱萸咽津亦可。芡花开向日，菱花开背日，故

---

① 炕，"四库全书"《佩文韵府》卷五八之一引作"放"。

芡暖而菱寒。

种植。秋间取熟黑者撒池中，来春自生。

典故。段成式《酉阳杂俎》云：苏州菱角多两角，荆州、郢城菱三角，无刺。汉武景明池有浮根菱，亦名清水菱，叶没水下，菱出水上。或云玄都有鸡翔菱，碧色，状如鸡飞，仙人凫伯子常食之。　屈到嗜芰，有疾，召宗老而属之，曰："祭我，必以芰。"及祥，宗老将荐芰，屈建命去之，曰："夫子不以私欲干国之典也。"《国语》。　东坡知杭州，募民种菱于西湖，收其利以备修堤。《杭州志》。　杜厉叔事莒公，自以为不见知。居海，夏食菱，冬食橡栗。《吕氏春秋》。　鱼弘为湘东王镇西司马，述职西上，道中乏食，缘路采菱，以给所部。《梁书》。

丽藻。散语：加笾之实，菱芡栗脯。《周礼》。　歌：紫菱如锦彩鸳翔，荡舟游女满中央。采菱不顾马上郎，争多逐胜纷相向。时转兰桡破轻浪，钗影钏文浮荡漾。笑语哇咬顾晚晖，蓼花缘岸扣舷归。归来共到市桥步，野蔓系船萍满衣。家家竹楼临广陌，下有连樯多估客。携觞荐芰夜经过，醉踏大堤相应歌。屈平祠下沅江水，月照寒波白烟起。一曲南音此地闻，长安北望三千里。刘梦得。　谣：采菱科，采菱科，小舟日日临清波。采得菱来余几何？竟无人唱采菱歌。风流无复越溪女，但采菱科救饥馁。王涌浙。　诗五言：兼拟菱芡香。　隔沼连香芰。俱杜甫。　新芰剥醽红。杨诚斋。　转叶香随风，舒花影凌日。陶弼。　菱花落复合，桑女罢新蚕。桂楫浮星艇，徘徊莲叶南。梁简文帝。　邀欢空伫立，望美频回顾。何日复采菱？江中密相遇。郭元振。　妾家五湖口，采菱五湖侧。玉面不关妆，双眉本翠色。贾驰。　风生紫叶聚，波动紫茎开。含花复含实，正待佳人来。江洪。　紫角菱实肥，青铜菱叶老。孤根未能定，不及寒塘草。梅圣俞。　钜野韶光暮，东平春溜通。影摇江浦月，香引棹歌风。日色翻池上，潭花发镜中。五湖多赏乐，千里望无穷。李峤。　白日期何去？青春只自矜。艳歌呈几曲，江畔采新菱。望浦思同济，轻舟喜共乘。叶将眉此色，声与调相应。荡漾微波散，清泠远水澄。夏看池际影，若对玉壶冰。刘禹锡。　浊水菱叶肥，清水菱叶鲜。义不游浊水，志士多苦言。潮没具区薮，潦深云梦田。朝随北风去，暮逐南风还。浦口多渔家，相与邀我船。饭稻以终日，羹菜以永年。方冬水物穷，又欲休山樊。尽室相随从，所贵无忧患。储光羲。　七言：江南稚女珠腕绳，桂楫容与歌采菱。梁武帝。　堆盘菱熟胭脂角，藉藻鲈新淡黑鳞。陈尧佐。　雨过乱荷堆野艇，月明长笛和菱歌。苏养直。　梅雨晴时插秧鼓，蘋风起处采菱歌。何时却泛耶溪路，临听菱歌四面声。海内知心人渐少，眼前败意事常多。问君底事浑忘却，月下菱舟一曲歌。俱陆放翁。　菱叶萦波荷飐风，荷花深处小舟通。逢郎欲语低头笑，碧玉搔头落水中。菱池如镜净无波，白点花稀青角多。时唱一声新水调，瞒人道是采菱歌。俱白乐天。　含机绿锦翻新叶，满筐青铜莹古花。最爱晚来鸥与鹭，宿烟翘雨便为家。林和靖。　幸自江湖可避人，怀珠韬玉本无尘。何须抵死露头角，荇叶荷花老此身。杨诚斋。　百尺苏台倚碧天，阑干曲曲路三盘。侬家自谱菱花曲，不学杭州唱《采莲》。沈懋孝。　小船拨过小溪湾，菱叶纷开见远山。放却渔竿便鸣笛，斯人不可使常闲。陈眉公。　不尽流筋碧一湾，菱歌兰桨画图间。花摇隔岸惊孤鹤，柳酿清阴接远山。水碓新春秋月白，柴门旧拥暮云间。忽闻道士来松下，更好寻炉炼九还。姚子云。　词：连汀接渚，萦浦带藻，万镜香浮光满。湿烟吹霁木兰轻，照波底、红娇翠婉。　　玉纤采处，银笼携去，一曲山长水远。采鸳双惯贴人飞，恨南浦、离多梦短。张约斋《鹊桥仙》。

荸荠，一名凫茈，一名葧茨，一名黑三棱，一名地栗，一名芍。芍，音挠。旧名乌芋，以形似芋而乌燕食之也。今皆名荸荠。生浅水中。其苗三四月出土，一茎直上，无枝叶，状如龙须，色正青。肥田生者粗似细葱，高二三尺。其本白蒻，秋后结根，大者如山查、栗子，脐有聚毛累累，下生入泥底。野生者黑而（少）〔小〕，食之多滓。种出者皮薄，色淡紫，肉白而大，软脆可食。味甘，微寒，滑，无毒。治消渴，除胸实热气。作粉食厚肠胃，疗膈气，消宿食、黄疸，治血痢下血、血崩，辟蛊毒，消误吞铜铁。种宜谷雨日。

疗治。大便下血：捣汁半钟，好酒半钟，空心温服，三日效。　　下痢赤白：五日午时，取完好荸荠，洗净拭干，勿损破。放瓶内，入好烧酒浸之，黄泥密封。遇有患者，取二枚，空心细嚼，原酒送下。　　妇人血崩：一岁一个，烧存性，研末，酒服。　　小儿口疮：烧存性，研末，掺之。　　误吞铜钱：生研汁，细细饮之，化为水。　　治蛊毒：晒干，为末。每二钱，白汤下。传闻畜蛊之家知有此物，便不敢下。

慈姑，一名藉姑，一名水萍，一名河凫茈，一名白地栗。苗一名剪刀草，一名剪搭草，一名燕尾草，一名槎丫草。慈姑一根岁生十二子，如慈姑之乳众子，故名。生浅水中，亦有种之者。三月生苗青绿，茎似嫩蒲，有棱，中空甚软。每丛十余茎。生叶如燕尾，前尖后歧。内根出一两茎，稍粗而圆，上分数枝，开小花，四瓣，色白而圆，蕊深黄色。根大者如杏，小者如栗，色白而莹滑。冬及春初掘取为果，煮熟，味甘甜，微寒，无毒。多食发脚气，瘫缓风，损齿，（夫）〔失〕颜色。卒食之使人干呕，孕妇忌食嫩茎。亦可炸食。又有山慈姑，另是一种，取用亦殊。

种植。慈姑预于腊月间折取嫩芽，种于水田，来年四月尽如种秧法种之，离尺许。田最宜肥。每颗花挺一枝，上开数十朵，色香俱无，惟根至秋冬取食甚佳。

疗治。诸恶疮肿，小儿游瘤，丹毒及蛇虫咬：捣烂涂之即愈。　　产后血闷攻心欲死，产难，胎衣不下：捣汁一升服。又下石淋。　　瘰疬：捣汁，调蚌粉涂之，良。

丽藻。散语：稡秀菰穗。《吴都赋》。　　诗五言：结根布渚洲，垂叶满皋泽。匹彼露葵羹，可以留上客。沈约。

利
部

二如亭群芳谱

茶谱小序

茶，喜木[①]也。一植不再移，故婚礼用茶，从一之义也。虽兆自《食经》，饮自隋帝，而好者尚寡。至后兴于唐，盛于宋，始为世重矣。仁宗，贤君也，颁赐两府，四人仅得两饼，一人分数钱耳。宰相家至不敢碾试，藏以为宝，其贵重如此。近世蜀之蒙山，每岁仅以两计。苏之虎丘，至官府预为封识，公为采制，所得不过数斤。岂天地间尤物生固不数数然耶？瓯泛翠涛，碾飞绿屑，不借云腴，孰驱睡魔？作茶谱。

济南王象晋荩臣甫题

---

① 喜木，陆羽《茶经》作"嘉木"。

二如亭群芳谱

茶谱首简

茶经 陆羽

艺茶欲密，法如种瓜，三岁可采，阳崖阴林，紫者上，绿者次。语云：芳冠六清，味播九区，焕如积雪，晔若春敷，调神和内，倦解慵除，益思少卧，轻身明目。凡采茶，在二月、三月、四月之间。其日，有雨不采，晴有云不采。晴，采之。蒸之、捣之、拍之、焙之、穿之、封之，茶斯干矣。茶有千万状，卤莽而言，如胡人靴者蹙缩然，犎牛臆者廉襜然，犎，音封。浮云出山者轮囷然，轻飙拂水者涵淡然。有如陶家之子，罗膏土以水澄泚之。又如新治地者，遇暴雨流潦之所经。此皆茶之精腴。有如竹箨者，枝干坚实，艰于蒸捣，故其形籭簁然。有如霜荷者，茎凋叶沮，易其状貌，故厥状委萃然。此皆茶之瘠老者也。自采至于封，七经目。自胡靴至于霜荷，共八等。

二如亭群芳谱茶部卷之全

济南　王象晋荩臣甫　纂辑
松江　陈继儒仲醇甫
虞山　毛凤苞子晋甫　（全）〔同〕较
宁波　姚元台子云甫
济南　男王与敕、孙士禄、曾孙啟灏　诠次

茶谱

　　茶，一名槚，一名蔎，一名茗，一名荈，荈，音喘，老茶也。一名皋庐。树如瓜芦，叶如栀子，花如白蔷薇而黄心，清香隐然，实如栟榈，蒂如丁香，根如胡桃。《南越志》：茗，苦涩，亦谓之过罗。有高一尺者，有二尺者，有数丈者，有两人合抱者。出巴山峡川。有建州大、小龙团，始于丁谓，成于蔡君谟。宋太平兴国二年始造龙凤茶。龙凤茶，饼上饰以龙凤纹也，供御者以金装成。咸平中，丁为福建漕，监造御茶，进龙凤团。庆历中，蔡端明为漕，始造小龙团茶。欧阳永叔闻之，曰："君谟，士人也，何至作此事？"自后，熙宁末有旨下建州，制蜜云龙一品，尤为奇绝。蜀州雀舌、鸟嘴、麦颗，盖嫩芽所造，似之。又有片甲者，早春黄芽叶相抱如片甲也。蝉翼，叶软薄如蝉翼也。《清异录》云：开宝中，窦仪以新茶饮予，味极美，奁面标云"龙陂山子茶"。龙陂是顾渚山之别境。洪州鹤岭茶，其味极妙。蜀之雅州蒙山顶有露芽、谷芽，皆云火前者，言采造于禁火之前也，火后者次之。一云：雅州蒙顶茶，其生最晚，在春夏之交，常有云雾覆其上，若有神物护持之。又有五花茶者，其片作五出花。云脚，出袁州界桥，其名甚著，不若湖州之研膏、紫笋，烹之有绿脚垂下。吴淑赋云：云垂绿脚。又紫笋者，其色紫而似笋，唐德宗每赐同昌公主馔，其茶有绿花、紫英之号。草茶，盛于两浙，日注第一。自景祐以来，洪州双井白芽制作尤精，远在日注之上，遂为草茶第一。宜兴澄湖出含膏。宣城县有丫山，形如小方饼，横铺茗芽产其上。其山东为朝日所烛，号曰阳坡，其茶最胜，太守荐之京洛人士，题曰"丫山阳坡横文茶"，一名瑞草魁。又有建州北苑先春，洪州西山白露，安吉州顾渚紫笋，常州宜兴紫笋、阳羡春，池阳凤岭，睦州鸠坑，南剑石花、露锭芽、锭，音梭。筏芽，南康云居，峡州小江园碧涧蓼、明月蓼、茱萸，东川兽目，福州方山露芽，寿州霍山黄芽，六安州小岘春，皆茶之极品。玉垒关外宝唐山有茶树，产悬崖笋，长三寸五寸，方一叶两叶。太和山骞林茶，初泡极苦涩，至三四泡清香特异，人以为茶宝。涪州出三般茶，最上宾化，制于早春，其次白马，最下涪陵。收茶在四月，嫩则益人，粗则损人，真者用箬烟熏过，气味尤佳。
　　收子。寒露收茶子，晒干，以湿沙土拌匀，盛筐内。
　　种植。茶性恶水，宜肥地斜坡、阴地走水处，用糠与焦土种之，每一圈可用六七十粒，覆土厚一寸，出时勿耘草。旱以米泔水浇，常以小便粪水或蚕沙壅之，水浸根必死。三年后可采茶。凡种，相离二尺一丛。采茶，以谷雨前者佳。制茶，择净微蒸，候变色，摊开扇去气，揉做毕，火气焙干，以箬叶包之。语曰：善蒸不若善炒，善晒不如善焙。盖茶以炒而焙者佳耳。　炒茶，每锅不过半斤，先干炒，微洒水，以布卷起，揉做。　采茶。《尔雅》云：早采者为茶，晚取者为茗、荈，蜀人名曰苦茶。故东坡诗："周诗记苦茶，茗饮出近世。初缘厌梁肉，假此雪昏滞。"　蕲门团黄，有一旗一枪之号，言一叶一芽也。欧阳公诗："共约试新茶，旗枪几时绿。"王荆公《送元厚之》诗："新茗斋中试一旗。"世谓茶始生而嫩者为一枪，浸大而开为一旗。　茶之佳者，造在社前；其次火前，谓寒食前也；其下则雨前，谓谷雨前也。唐僧《齐己》诗："高人爱惜藏岩里，白甀封题寄火前。"茶皆言火前，盖未知社前之为佳也。《学林新编》。　龙安有骑火茶，最为上品。骑火者，言不在火前、不在火后作也。　北苑，官焙也，漕司岁贡，为上；壑源，私焙也，土人亦以入贡，为次。二焙相去三四里间。若沙溪，外焙也，与二焙绝远，为下。故黄鲁直诗"莫遣沙溪来乱真"，是也。官焙造茶，常在惊蛰后。《苕溪诗话》。　贮茶。茶之味清而性易移，藏法喜温燥而恶冷湿，喜清凉而恶蒸郁，宜清独而忌香臭。藏用火焙，不可晒，入磁瓶，密封口，毋令润气得侵，又勿令泄气。安顿须在坐卧之处，逼近人气则常温，必在板房，若（上）〔土〕室则易蒸。又要透风，若幽隐之处，尤易蒸湿，兼恐有失点检。世人多用竹器贮茶，虽复多用箬护，然箬性峭劲，不甚伏帖，风湿易侵。至于地炉中顿，万万不可。人有以竹器盛茶，置被笼中，用火即黄，除火即润，忌之忌之。　茶性畏纸，纸成于水中，受水气多也，纸裹一夕，随纸作气，茶味尽矣，虽火中焙出，少顷即润。　日用所须，贮小罂中，箬包苎扎，亦勿见风。时用火焙，不可晒。宜置之案头，勿近有气味物。若茶多者，藏宜用磁瓮，大容一二十斤，四围厚箬，中贮茶，须极燥极新，专供此事，久乃愈佳，不必岁易。茶须筑实，仍用厚箬填紧，瓮中加以箬，以真皮纸包之，苎麻紧扎，压以大新砖，勿令微风得入，可以接新。　其阁度之方，宜砖底数层，四围砖砌，形若火炉，愈大愈善，勿近土墙。顿瓮其上，随时取灶下火灰，候冷，簇于瓮傍半尺以外，仍随时取火灰簇之，令里灰常燥，以避风湿。却忌火气入瓮，则能黄茶。俱许次纾。《御史台记》云：兵察厅掌中茶，贮于陶器，以防暑湿。御史躬亲监启，谓之御史茶瓶。其慎如此。　烹茶。世人情性，嗜好各殊，而茶事则十人而九。竹炉火候，茗碗清缘。煮引风之碧云，倾浮花之雪乳。非借汤勋，何昭茶德？略而言之，其法有五：一择水。水泉不美，茶味顿失。山泉为上，江水次之。如用井水，必取多汲者佳，若混浊咸苦，切忌勿用。二简器。砂铫煮水，磁壶注汤，白瓯供酌，咸为上品，然须点简净洁，若近腥膻油腻等物，则茶之真味俱败。三曰忌混。茶性最娇，易惹诸味，若以一切香辣咸甜之物点茶，则茶味概被混扰。四曰慎烹。煮水须用活火。活火谓炭火之有焰者。当使汤无妄沸，庶可养茶。始则鱼目散布，微微有声；中则四边泉涌，累累连珠；终则腾波鼓浪，水气全消，谓之老汤。取起，待沸止汤清，用以点茶，冲美清快，茶味始全。三沸之法，非活火不可。若柴薪浓烟，最损茶味。顾况云："文火细烟，小鼎长泉。"苏子瞻云："活水仍须活火烹，自临钓石汲深清。"文衡山云："瓦瓶新汲山泉水，纱帽笼头手自煎。"又，东坡《煎茶歌》："蟹眼已过鱼眼生，飕飕欲作松风鸣。蒙茸出磨细珠落，眩转绕瓯飞雪轻。"又，谢宗《论茶》："候蟾背之芳香，观虾目之沸涌，皆可谓深于茶者。"五曰辨色。未点之先，须以温汤洗茶，去其尘土冷气，壶瓯亦宜泡净拭干，然后酌茶，则碧绿清香，色味俱全。如茶洁净，勿洗。　用茶。茶茗宜久服，令人有力悦志。《神农食经》。　饮真茶令人少眠。《博物志》。　芳茶轻身换骨，昔丹丘子、黄山君服之。陶弘景《杂录》。　唐德宗好茶加酥椒之类，李泌戏为诗："旋沫翻成碧玉池，添酥散作琉璃眼。"《邺侯家传》。　唐人煎茶用姜。薛能诗："盐损添常戒，姜宜著更夸。"则又有用盐者矣。《志林》。　一云茶与韭同食，令人身重。　拌茶。木樨、茉莉、玫瑰、蔷薇、兰、蕙、莲、橘、栀子、木香、梅花皆可。诸花香气全时摘拌，三停茶，一停花，收磁罐中，一层茶，一层花，相间填满，以纸箬封固，入锅重汤煮之。待冷，以纸封裹，火上焙干。上好细芽茶忌用花香，反夺真味，惟平等茶宜之。　茶瓢。相茶瓢与相邛竹同法，不欲肥而欲瘦，但须饱风霜耳。黄山谷。

附录。皋卢：亦茶名。皮日休云："石盆煎皋卢。"他如枳壳芽、枸杞芽、枇杷芽作茶，皆能治风疾。又有皂角芽、槐柳芽皆上，春采其芽，合茶作之。　斗茶：建安斗茶，以水痕先没者为负，耐久者为胜，相去一水两水耳，谓之"茗战"。

疗治。气虚头痛：用上春茶末调成膏，置瓦盏内覆转，以巴豆四十粒作一次烧烟煇之，晒干，乳细。每服一字，别入好茶末，食后煎服，立效。　赤白下痢：以好茶一斤炙，捣末，浓煎一二盏服。久痢亦宜。　二便不通：好茶、生芝麻各一撮，细嚼，滚水冲下即通，屡试立效。如嚼不及，擂烂，滚水送下。

典故。晋元帝时，有老姥每旦擎一器茗，往市鬻之，市人竞买。自旦至暮，其器不减。所得钱，尽散路傍孤贫乞人。人或执而系之于狱，夜擎卖茗器，自牖飞去。《广陵耆旧传》。　晋简文帝曰："刘尹茗柯有实理。"谓如茗之枝柯虽小，中有实理，非外博而中虚也。　晋王濛好饮茶，客至辄饮之。士大夫甚以为苦，每欲往候濛者，必云"今日有水厄"。《世说》。　桓宣武有一督将，因病后虚热，便能饮复茗，必以一斛二斗乃饱。后有客造之，更进五升，乃吐出一物，如升大，有口，形质缩绉，状如牛肚。客乃令置盆中，以斛二斗复茗浇之。此物嚼之都尽，而腹中觉小胀。又增进五升，便悉混然从口中涌出。既吐此物，病遂瘥。或问此何病，答曰："此病名茗瘕。"《续搜神记》。　齐王肃归魏，初不食羊肉及酪浆，常食鲫鱼羹，渴饮茶汁。高帝曰："羊肉何如鱼羹？茗饮何如酪浆？"肃曰："羊，陆产之最；鱼，水族之长。羊比齐鲁大邦，鱼比邾莒小国，惟茗饮不中与酪浆作奴。"彭城王勰顾谓曰："卿不重齐鲁大邦，而爱邾莒小国，何也？"肃对曰："乡曲所美，不得不好。"勰复谓曰："卿明日过我，为卿设邾莒之餐，亦有酪奴。"因此呼茗饮为酪奴，一名酪苍头。故谢宗《论茶》云："岂可以酪苍头便应代酒从事？"《洛阳伽蓝记》。　隋文帝微时，梦神易其脑骨，自尔脑痛。忽遇一僧，云："山中茗草可治帝。"服之有效，于是天下始知饮茶。刘禹锡正病酒，乃馈菊苗齑、芦菔酢，换取乐天六斑茶二囊以醒酒。《蛮瓯志》。　唐陆羽，字鸿渐，有文学，嗜茶，著《茶经》三篇，言茶之法、之具尤备，天下益知饮茶矣。　常伯熊因羽论复广著茶之功。御史大夫李季卿宣慰江南，至临淮，知伯熊善煮茶，召之。伯熊执器前，季卿为再举杯。至江南，又有荐羽者，召之。羽衣野服，持具而入。公心鄙之。茶毕，命奴子取钱三十文酬煎茶博士。羽愧之，更著《毁茶论》。　陆龟蒙嗜茶，置园顾渚山下，岁取茶租，自判品第，不喜与流俗交，虽造门不见。升舟设蓬席，赍束〔书〕^①、茶灶、笔床、钓具往来，时谓江湖散人。　茶之品莫贵于龙凤团，凡八饼重一斤；小龙团，凡二十余饼重一斤，其价值金二两。仁宗尤所珍惜，虽辅相之臣，未尝辄赐。惟南郊大礼致斋之夕，中书枢密院各四人共赐一饼，宫人剪金为龙凤花草缀其上。两府八家分割以归，不敢碾试，宰相家藏以为宝。嘉祐七年，亲享明堂，始人赐一饼。余亦忝与，至今藏之。因君谟著录，辄附于后，庶知小龙团自君谟始，其可贵如此。《归田录》。　故例翰林学士，每春晚人困，则赐成殿茶。《金銮密记》。　唐右补阙綦母旻性不饮茶，著《伐茶饮序》，其略曰："释滞消壅，一日之利暂佳；瘠气耗精，终身之害斯大。获益则归功茶力，贻患则不谓茶灾。《唐新记》。　茶欲其白，常患其黑。墨则反是。然墨磨隔宿则色暗，茶碾过日则香减，颇相似也。茶以新为贵，墨以古为佳，又相反矣。茶可于口，墨可于目。蔡君谟老病不能饮，则烹而玩之。吕行甫好藏墨而不能书，则时磨而小啜之。此又可以发来者之一笑也。　仆在黄州，参寥自吴中来访，馆之东坡。一日梦见参寥所作诗，觉而记其两句云："寒食清明都过了，石泉槐火一时新。"后七年，仆出守钱塘，而参寥始卜居西湖智果院。院有泉出石缝间，甘冷宜茶。寒食之明日，仆与客泛湖，自孤山来谒参寥，汲泉钻火，烹黄蘗茶，忽悟所梦诗，兆于七年之前。众客皆惊叹，知传记所载非虚语也。　予去此十七年，复与彭城张圣途、丹阳陈辅之同来。院僧梵英葺治堂宇，比旧加严洁。茗饮芳烈，问："此新茶耶？"英曰："茶性新旧交则香味复。"予尝见知琴者，言琴不百年，则桐之生意不尽，缓急清浊，常与雨旸寒暑相应，此理与茶相近，故并记之。俱苏东坡。　宋蔡襄进《龙茶录》。按：《茶录》二篇，上篇论茶色、茶香、茶味、炙茶、碾茶、罗茶、候汤、熁盏、点茶，下篇论茶焙、茶笼、砧椎、茶钤、茶碾、茶罗、茶盏、茶匙、汤瓶。　显德初，大理徐恪见贻卿信铤子茶，茶面印文曰"玉蝉膏"，又一种曰"清风使"。按：恪，建人也。　孙樵《送茶焦刑部书》："晚甘侯十五人，遣侍斋阁。此徒皆乘雷而摘，拜水而和。盖建阳丹山碧水之乡，月涧云龛之品，慎勿贱用之！"　傅大士自往蒙顶结庵种茶，凡三年，得绝佳者，号圣杨花、吉祥蕊，共五斤，持归供献。俱《清异录》。　湖州长兴县啄木岭金沙泉，即每岁造茶之所也。湖、常二郡接界于此，厥土有境会亭，每茶时二牧毕至。此泉处沙中，居常无水。将造茶，太守具仪注，拜敕祭泉，顷之发源，水甚清溢。造供御者毕，水即微减；供堂者毕，水已半之。太守造毕，即涸矣。太守或还斾稽期，则示风雷之变。或见鸷、兽、毒蛇、水魅、旸睒之类焉。《茶谱》。　余姚人虞洪入山采茗，遇一道士，牵三青牛，引洪至瀑布山，曰："吾，丹丘子也。闻子善具饮，常思见惠。山中有大茗，可以相给，子他日有瓯蚁之余，乞相遗也。"洪因设奠祀之。后常令家人入山，获大茗焉。《神异记》。　蜀之雅州有蒙山，山上有五顶，顶有茶园。其中顶曰上清峰。昔有僧病冷且久，尝遇一老父，谓曰："蒙之中顶茶，常以春分之先后，多构人力，俟雷之发声，并手采摘，以多为贵，三日而止。若获一两，以本处水煎服，即能祛宿疾，二两当眼前无疾，三两因以换骨，四两即为地仙。"僧因之中顶，筑室以候，及期获一两余，服未竟而病瘥，年至八十余，气力不衰。时到城市，

---

① 书，底本缺，据《新唐书》卷一九六《陆龟蒙传》补。

人观其容貌，常若三十余，眉发绀绿。后入青城山，不知所终。今四顶茶园不废，唯中顶草木繁茂，重云积雾，蔽亏日月，鸷兽时出，人迹罕到矣。《茶谱》。　觉林僧志崇收茶三等，待客以惊雷荚，自奉以萱草带，供佛以紫茸香。赴茶者以油囊盛余沥归。《蛮瓯志》。　沙门福全能注汤幻茶，成诗一句，并点四瓯，共一绝句，泛乎汤表。檀越日造门求观汤戏，全自咏曰："生成盏里水丹青，巧画工夫学不成。却笑当年陆鸿渐，煎茶赢得好名声。"　伪闽甘露堂前两株茶，郁茂婆娑，宫人呼为清人树。每春初，嫔嫱戏摘新芽，堂中设倾筐会。俱《清异录》。　胡生者，以钉铰为业。居近白蘋洲，傍有古坟，每茶饮，必奠酹之。忽梦一人谓曰："吾姓柳，平生善为诗而嗜茶，感子茶茗之惠，无以为报，欲教子为诗。"胡生辞以不能，柳强之曰："但率子意为之，当有致矣。"生后遂工诗，时人谓之胡钉铰诗。《茶谱》。　陈务妻少寡，与二子同居，好饮茶。家有古冢，每饮辄先祀之。二子欲掘，母止之。夜梦人致感云："吾虽潜身朽壤，岂忘翳桑之报？"及晓，于庭中获钱十万，似久埋者，惟贯新耳。《异苑》。　洪武二十四年，诏天下产茶之地岁有定额，以建宁为上，听茶户采进，勿预有司。茶名有四：探春、先春、次春、紫笋，不得碾揉为大小龙团。此抄本《圣政记》所载，较宋取茶之扰民，天壤矣。《七修汇稿》。

丽藻。散语：除烦去腻，世固不可以无茶，然暗中损人，殆谓不少。苏东坡。　温公与子瞻论茶墨云："茶与墨，二者正相反：茶欲白，墨欲黑；茶欲重，墨欲轻；茶欲新，墨欲陈。"子瞻云："上茶妙墨俱香，是其德同也；皆坚，是其操同也。譬如贤人君子，黔晳美恶之不同，其德操一也。"温公以为然。　陈糜公云："采茶欲精，藏茶欲燥，烹茶欲洁。茶见日而味夺，墨见日而色灰。"　述：予闻荆州玉泉寺近清溪诸山，山洞往往有乳窟，窟中多玉泉。其水边处处有茗草罗生，枝叶如碧玉。唯玉泉真公常采而饮之，年八十余岁，颜色如桃李。而此茗香清异于他者，所以能还童振枯，令人寿也。予游金陵，见宗僧中孚，示余茶数十片，状如手掌，号仙人掌茶。盖新出于玉泉之山，旷古未觌，因特见遗，兼赠诗，要余答之，遂有此作。李太白。　传：叶嘉，闽人也。其先处上谷。曾祖茂先，养高不仕，好游名山。至武夷，悦之，遂家焉。尝曰："吾植功种德，不为时采，然遗香后世，吾子孙必盛于中土，当饮其惠矣。"茂先葬郝源，子孙遂为郝源民。嘉少植节操，或劝之业武。曰："吾当为天下英武之精，一枪一旗，岂吾事哉？"因而游见陆先生。先生奇之，为著其行录传于世。方汉帝嗜阅经史时，建安人为谒者侍上。上读其行录而善之，曰："吾独不得与此人同时哉！"曰："臣邑人叶（家）〔嘉〕，风味恬淡，清白可爱，颇负其名，有济世之才，虽羽知犹未详也。"上（警）〔惊〕，敕建安太守召嘉，给传遣诣京师。郡守始令采访嘉所在，命赍书示之。嘉未就，遣使臣督促。郡守曰："叶先生方闭门制作，研味经史，志图挺立，必不屑进，未可促之。"亲至山中，为之劝驾，始行登车。遇相者揖之，曰："先生容质异常，矫然有龙凤之姿，后当大贵。"嘉以皂囊上封事。天子见之，曰："吾久饫卿名，但未知其实耳。我其试哉！"因顾谓侍臣曰："视嘉容貌如铁，资质刚劲，难以遽用，必槌提顿挫之乃可。"遂以言恐嘉曰："斫斧在前，鼎镬在后，将以烹子，子视之如何？"嘉勃然吐气，曰："臣山薮猥士，幸惟陛下采择至此，可以利主，虽粉骨碎身，臣不辞也。"上笑，命以名曹处之。因（诚）〔诚〕小黄门监之。有顷，报曰："嘉之所为，犹若粗疏然。"上曰："吾知其才，第以独学未经师耳。嘉为之，屑屑就师，顷刻就事，已精熟矣。"（土）〔上〕乃敕御使欧阳高、金紫光禄大夫郑当时、甘泉侯陈平三人与之同事。欧阳嫉嘉初进有宠，曰："吾属且为之下矣。"计欲倾之。会天子御延英，促召四人，欧但热中而已，当时以足击嘉，而平亦以口侵凌之。嘉虽见侮，为之起立，颜色不变。欧阳悔曰："陛下以叶嘉见托吾辈，亦不可忽之也。"因同见帝，阳称嘉美，而阴以轻浮訾之。嘉亦诉于上。〔上〕为责欧阳，怜嘉，视其颜色久之，曰："叶嘉真清白之士也，其气飘然若浮云矣。"遂引而宴之。少选间，鼓舌欣然曰："始吾见嘉，未甚好也；久味之，殊令人爱。朕之精魄，不觉洒然而醒。《书》曰'启乃心，沃朕心'，嘉之谓也。"于是封嘉为巨合侯，位尚书。曰："尚书，朕喉舌之任也。"由是宠爱日加。朝廷宾客，遇会宴享，未始不推嘉。上日引对，至于再三。后因侍宴苑中，上饮逾度，嘉辄苦谏。上不悦，曰："卿司朕喉舌，而以苦辞逆我，我岂堪哉？"遂唾之，命左右仆于地。嘉正色曰："陛下必欲甘辞利口，然后爱耶？臣言虽苦，久则有效。陛下亦尝试之，岂不知乎？"上顾左右，曰："始吾言嘉刚劲难用，今果见矣。"因含容之，然亦以是疏嘉。嘉既不得志，退去闽中。既而曰："吾未如之何也，已矣。"上以不见嘉月余，劳于万几，神蕄思困，颇思嘉。因命召至，喜甚，以手抚嘉曰："吾渴欲见卿久矣。"遂恩遇如故。上方欲南诛两越，东击朝鲜，北逐匈奴，西伐大宛，以兵革为事，而大司农奏计国用不足。上深患之，以问嘉。嘉为进三策，一曰榷天下之利、山海之资，一切籍于县官。行之一年，财用丰赡。上大悦，兵兴有功而还。上利其财，故榷法不罢。管山海之利，自嘉始也。居一年，嘉告老。上曰："巨合侯，其忠可谓尽矣。"遂得爵其子。又令郡守择其宗支之良者，每岁贡焉。嘉子二人：长曰博，有父风，袭爵。次曰挺，抱黄白之术。比于博，其志尤淡泊，尝散其资，拯乡同之困，人皆德之。故乡人以春伐鼓，大会山中，求之以为常。_{苏东坡}。　　赋：汹汹乎如涧松之发清吹，浩浩乎如阳春之行白云。宾主欲眠而同味，水茗相投而不浑。苦口利病，解缪涤昏，未尝一日放著而策茗碗之勋者也。予尝为嗣直瀹茗，因录其涤烦破睡之功，为之甲乙。建溪如割，双井如霆，日注如绝力，其余苦则辛螫，甘则底滞，呕酸寒胃，令人失睡，亦未之与议。或曰："无甚高论，敢问其次。"涪翁曰："味江之罗山，严道之蒙顶，黔阳之都濡高洙，泸川之纳溪梅岭，夷陵之压砖，临邛之火井。不得已而去于三六者，亦可以酌兔褐之瓯，瀹鱼眼之鼎者也。"又曰："寒中瘠气，莫甚于茶。或济之盐，勾贼破家，滑窍走水，又况鸡苏之与胡麻？"涪翁于是酌岐雷之醪醴，参伊圣之汤液，斫附子如博投，以熬葛仙翁之垩。去藄而用盐，去橘而用姜，不夺茗味，而佐以草石之良，所以固太仓而坚化隐。于是有胡桃松实，庵摩鸭脚，奔贺蘼芜，水苏甘菊。既加臭味，亦厚宾客。前四后四，各用其一，少则美，多则恶。挥其精神，又益于咀嚼。盖大匠无可弃之材，太平非一士之略。厥初贪味，旧不速化汤饼，有至中夜，不眠耿耿。既作温剂，殊可屡（可屡）歠，如以六经济三尺法，虽有（餘）〔除〕治，（令）〔与〕人安乐，宾至方煎，去则就榻。不游轩后之华胥，则化庄周之胡蝶。_{黄鲁直}。　　歌：洪都鹤岭太麓生，北苑凤团先一鸣。虎丘晚出谷雨候，百草斗品皆为轻。慧水不肯甘第二，拟借春芽冠春意。陆郎为我手自煎，松飙写出真珠泉。君不见蒙顶空劳荐巴蜀，定红输却宣瓷玉。毡根麦粉填调饥，_{调，音周}。碧纱捧出双蛾眉。挎筝炙管且未要，隐囊筇榻须相随。最宜纤指就一吸，半醉倦读《离骚》时。王凤州。　西湖之西开龙井，烟霞近接南峰岭。飞流密汩写幽壑，石磴纤曲片云冷。挂杖寻源到上方，松枝半落澄潭静。铜瓶试取烹新茶，涛起龙团沸谷芽。中顶无须忧兽迹，湖州岂惧涸金沙。谩道白茅双井嫩，未必红泥方印嘉。世人品茶未尝见，但说天池与阳羡。岂知新茗煮新泉，团黄分洌浮瓯面。二枪浪（自）〔白〕附三篇，一串应输钱五万。于念东。　溪边奇茗魁天下，武夷仙人从古栽。新雷昨夜发何处，家家嬉笑穿云去。露芽错落一番荣，缀玉含珠散嘉树。终朝采摘未盈襜，唯求精粹不敢贪。研膏焙乳有雅制，方中圭分圆中蟾。北苑将期献天子，林下雄豪先斗美。鼎磨云外首山铜，瓶携江上中濡水。黄金碾畔绿尘飞，碧玉瓯中翠涛起。斗茶味兮轻醍醐，斗茶香兮薄兰芷。胜若登仙不可攀，输同降将无穷耻。范文正公。　日高丈五睡正浓，将军叩门惊周公。口云谏议送书信，白绢斜封三道印。开缄宛见谏议面，手阅月团三百片。闻道新年入山里，蛰虫初动春风起。天子未尝阳羡茶，百草不敢先开花。仁风暗结珠琲瓃，先春抽出黄金芽。摘鲜焙芳旋封裹，至精至好且不奢。至尊之余合王公，何事便到山人家。柴门反关无俗客，纱帽笼头自煎吃。碧云引风吹不断，白花浮光凝碗面。一碗喉吻润，二碗破孤闷，三碗搜枯肠，唯有古文五千卷。四碗发轻汗，平生不平事，尽向毛孔散。五碗肌骨清，六碗通仙灵，七碗吃不得，唯觉两腋习习清风生。卢仝。　诗四言：绮阴攒盖，灵草试旗。竹炉幽讨，松火怒飞。水交以淡，茗战而肥。绿香满路，永日忘归。陈眉公。　五言：破睡见茶功。白乐天。　山实东吴秀，茶称瑞草魁。杜牧。　留饷和冷粥，出火煮新茶。白居易。　枕簟入林癖，茶瓜留客迟。　仆夫穿竹语，稚子入云呼。杜甫。　建溪有灵草，能蜕诗人骨。黄山谷。　风鼎翻云液，春芽熟乳花。陆平泉。　少小倚朱颜，婧妮山园里。如何玉川翁，松风煮秋水。陈眉公。　贵人高宴罢，醉眼辞红绿。赤泥开芳印，紫饼截圆玉。倾瓯共叹赏，窃笑语僮仆。苏东坡。　剑外九华英，缄题下玉京。开时微月上，碾处乱泉声。半夜招僧至，孤吟对月烹。碧沉霞脚碎，香泛乳花轻。六腑睡神去，数朝诗思清。月余不敢费，留伴肘书行。曹邺。　松间稆生茶，已与松俱瘦。茨棘尚未容，蒙翳争交构。天公所遗弃，百岁仍稚幼。紫笋虽不长，孤根乃独寿。移栽白鹤岭，土软春雨后。弥旬得连阴，似许晚遂茂。能忘流转苦，戢戢出鸟味。未任供臼磨，且可资摘嗅。千团输大官，百饼衔私斗。何如此一啜，有味出吾圃。苏东坡。　禹贡通远俗，所图在安人。后王失其本，职吏不敢陈。亦有奸佞者，因兹欲求伸。动生千金费，日使万姓贫。我来顾渚源，得与茶事亲。氓辍耕农来，采采实苦辛。一夫且当役，尽室皆同臻。扪葛上欹壁，蓬头入荒榛。终朝不盈掬，手足皆皴鳞。悲嗟遍空山，草木为不春。阴岭芽未吐，使者牒已频。心争造化力，先走挺尘均。选纳无昼夜，捣声昏继晨。众工何枯槁，俯视弥伤神。皇帝尚巡狩，东郊路多埋。周回绕天涯，所献逾艰勤。况减兵革困，量兹固疲民。未知供御余，谁合分此珍？顾省忝邦守，又惭复因循。茫茫沧海间，丹愤何由申？袁高。　七言：沾牙旧姓余甘氏，破睡当封不夜侯。胡峤。　生凉好唤鸡苏佛，回味宜称橄榄仙。《清异录》。　茗饮蔗浆携所有，瓷罂无谢玉为缸。杜甫。　文书满架惟生睡，梦里鸣鸠唤雨来。乞与降魔大圆镜，真成破树作惊雷。　万壑松涛扑涧花，绣幢垂影打新鸦。犹嫌山浅通游屐，小辟峰头别种茶。陈眉公。　平望南来出秀州，吾家不远近芳洲。无端颠倒春宵梦，犹趁茶香问虎丘。马德澄。　谷雨年年僧送茶，近来无复及贫家。伏龙手制能分馆,活火新泉试落霞。王德操。 人间风日不到处,天上玉堂森宝书。想见东坡旧居士,挥毫百斛泻明珠。我家江南摘云腴,落硙霏霏雪不如。为君唤起黄州梦,独载扁舟向五湖。山谷。 簇簇新芽摘露光,小红园里火煎尝。吴僧谩说鸦山好,蜀叟休夸鸟嘴长。合坐满瓯轻泛绿,开缄数片浅含黄。鹿门病客不归去,酒渴更知春味长。郑谷。 嫩汤自候鱼生眼,新茗还夸翠展旗。谷雨江南佳节近,惠山泉下小船归。山人纱帽笼头处,禅榻风花绕鬓飞。酒客不通尘梦醒,卧看春日下松扉。文衡山。 长日燕台正忆家,故人新惠故园茶。茸分玉碾闻兰气,火暖金铛见雪花。漫道玉川阳羡蕊,还如鸿渐建溪芽。泠然一啜烦襟涤,欲御天风弄紫霞。潘允哲。潘公名允哲,上海人。官。山中日日试新泉,君合前身老玉川。石枕月侵蕉叶梦,竹炉风软落花烟。点来直是窥三昧,醒后翻能赋百篇。却笑当年醉乡子,一生虚掷杖头钱。陈眉公。 词:歌停檀板舞停鸾,高阳饮兴阑。兽烟喷尽玉壶干,香分小凤团。 云浪浅,露珠圆,捧瓯春笋寒。绛纱笼下跃金鞍,归时人倚栏。山谷《阮郎归》。 记得秋娘,家住皋桥西弄,疏柳藏鸦。翠袖初翻金缕,钩月晕红牙。启朱唇、含风桂子,唤残醉、微雨梨花。最堪夸。玉纤亲自,浓点新茶。 嗟呀。颠风妒雨,落英千片,断送年华。海角山尖,不应飘向那人家。惹新愁、高楼燕子,赚人泪、芳草天涯。况浔阳,偶然江长,一曲琵琶。王元美《玉蝴蝶》。 画烛笼纱红影乱,门外紫骝嘶。分破云团月影亏,雪浪皱清漪。 捧碗纤纤春笋瘦,乳雾泛冰瓷。两袖清风拂袖飞,归去酒醒时。谢溪堂《茶·武陵春》。

水。洞庭张山人云:"山顶泉轻而清,山下泉清而重,石中泉清而甘,沙中泉清而冽,土中泉清而厚。流动者良于安静,负阴者胜于向阳;山削者泉寡,山秀者有神。真源无味,真水无香。" 惠山寺东为观泉亭,堂曰漪澜。泉在亭中,二井石甃相去只尺,方圆异形。汲者多由圆井,盖方动圆静,静清而动浊也。流过漪澜,从石龙口中出,下赴大池者,有土气,不可汲。泉流冬夏不涸,张又新品为天下第二泉。 梅雨时置大缸收水,煎茶甚美,经宿不变色易味。贮瓶中,可经久。《食物本草》。 梅雨水洗癣疥灭瘢痕,入酱令易熟,沾衣便腐,浣垢如灰汁,有异它水。 孙真人云:"凡遇山水坞中出泉者,不可久居,常食作瘿病。凡阴地冷水不可饮,饮之必作疾疟。" 记:世传陆羽《茶经》,其论水云:"山水上,江水次,井水下。"又云:"山水,乳泉、石池漫流者上,瀑涌湍漱勿食,食久令人有颈疾。江水取去人远者,井水取汲多者。"其说止于此,而未尝品第天下之水味也。至张又新为《煎茶水记》,始云刘伯刍谓水之宜茶者有七等,又载羽为李季卿论水次第有二十种。今考二说,与羽《茶经》皆不合。羽谓山水上,而乳泉、石池又上,江水次,而井水下。伯刍以扬子江为第一,惠山石泉为第二,虎丘石井为第三,丹阳寺井为第四,扬州大明寺井水为第五,而松江第六,淮水第七,与羽说相反。季卿所说二十水:庐山康王谷水第一,无锡惠山石泉第二,蕲州兰溪石下水第三,扇子峡虾蟆口水第四,虎丘寺井水第五,庐山招贤寺下方桥潭水第六,扬子江南零水第七,洪州西山瀑布泉第八,桐柏淮源第九,庐山顶水第十,丹阳寺井水第十一,扬州大明寺井第十二,汉江南零水第十三,玉虚洞香溪水第十四,武关西洛水第十五,松江水第十六,天台千丈瀑布水第十七,柳州圆泉水第十八,严陵滩水第十九,雪水第二十。如虾蟆口水、西山瀑布、天台千丈瀑布,皆羽戒人勿食,食而生疾。其余江水居山水上，井水居江水上，皆与《茶经》相反。疑羽不当以二说自异，使诚羽说，何足信也？得非又新妄附益之耶？其述羽辩南零岸水，特怪其妄。水味有美恶而已，欲举天下之水一一而次第之者，妄说也。故其为说，前后不同如此。羽之论水，恶淳漫而喜泉源，故井取多汲者，江虽长流，然众水杂聚，故次山水。惟此说近物理云。欧阳文忠。　浮槎山在慎县南三十五里，或曰浮巢二山，其事出于浮图、老子之徒荒怪诞妄之说。其上有泉，自前世论水者皆弗道。予尝读《茶经》，爱陆羽善言水。后得张又新《水记》，载刘伯刍、李季卿所列次第，以为得之于羽，然以《茶经》考之，皆不合。又新狂妄险谲之士，其言难信，颇疑非羽之说。及得浮槎山水，然后益知羽为知水者。浮槎与龙池山皆在庐州界中，较其味不及浮槎远甚。而又新所记，以龙池为第十，浮槎之水弃而不录，以此知其所失多矣。羽则不然，其说曰："山水上，江次之，井为下。山水，乳泉、石池漫流者上。"其言虽简，而于论水尽矣。浮槎之水发自李侯。嘉祐二年，李侯镇东留后出守庐州，因游金陵，登蒋山，饮其水。又登浮槎，至其山，上有石池，涓涓可爱，盖羽所谓乳泉漫流者也。饮之而甘，乃考图记，问故老，得其事迹，因以其水遗予于京师。予报之曰："李侯可谓贤矣。"尽穷天下之物无不得其欲者，富贵之乐也。至于荫长松，藉丰草，听山溜之潺湲，饮石泉之滴沥，此山林者之乐也。而山林之士视天下之乐，不一动其心。或有欲于心，顾力不可得而止者，乃能退而获乐于斯。彼富贵者之能致物矣，而其不可兼者，惟山林之乐尔。惟李侯生长富贵，厌于耳目，又知山林之为乐，至于攀缘上下，幽隐穷绝，人所不及者皆能得之，其兼取于物者可谓多矣。李侯折节好学，善交贤士，敏于为政，所至有能名。凡物不能自见而待人以彰者，有矣；其物未必可贵，而因人以重者，有矣。故予为志其事，俾世知其泉发自李侯始也。前人《浮槎山水记》。　予顷自汴入淮，泛江湖峡归蜀，饮江淮水，盖弥年既至，觉井水腥涩，百余日然后安之。以此知江水之甘于井也，审矣。今来岭外，自扬子始饮江水。及至南康，江益清驶，水益甘，则又知南江贤于北江也。近度岭入清远峡，水色如碧玉，味益胜。今游罗浮，酌泰禅师锡杖泉，则清远峡水又在其下矣。岭外惟惠人喜斗茶，此水不虚出也。苏东坡。　诗：一勺清泠下九咽，分明仙掌露珠圆。空劳陆羽轻题品，天下谁当第一泉？　清泚湾环白玉沟，丛丛绿草衬澄流。自从天北金输远，不染深宫粉黛愁。俱王凤洲。

二如亭群芳谱

竹谱小序

　　《鹤林玉露》云：松柏之贯四时、历霜雪，皆自拱把以至合抱，惟竹生于旬日之间，而干霄入云，其挺持坚贞，与松柏等。此草木灵异之尤者也，是以名人达士往往尚之。自一竿以至千万竿，自潇湘、凤尾以至毛台、海桃，多寡巨细不同，趣味则一。子瞻云："宁可食无肉，不可居无竹。"有味乎言之哉！作竹谱。

济南王象晋荩臣甫题

二如亭群芳谱

竹谱首简

竹纪 戴凯之

植物之中，有名曰竹，不刚不柔，非草非木，小异空实，大同节目。或茂沙水，或挺岩陆。条畅纷敷，青翠森肃。质虽冬蒨，性忌殊寒。九河鲜育，五岭实繁。萌笋苞箨，夏多春鲜。根干将枯，花箙乃县。箙，音福，竹实也。箹必六十，箹，音纠，竹死也。复亦六年。钟龙之美，爰自昆仑。员丘帝竹，帝，舜也。一节为船；巨细已闻，形名未传。桂实一族，同称异源。籁尤劲薄，籁，音卫。博矢之贤。篁任篙笛，体特坚圆。棘竹骈深，一丛为林。根如椎轮，节若束针。亦曰笆竹，城固是任。篾笋既食，鬓发则侵。单体虚长，各有所育。苦实称名，甘亦无目。弓竹如藤，其节邲曲。生多卧土，立则依木。长几百寻，状若相续。质虽含文，须膏乃缛。厥族之中，苏麻特奇：修干平节，大叶繁枝；凌群独秀，蓊茸纷披。筼笴射筒，栬桥桃枝，长爽纤叶，清肌薄皮。千百相乱，洪纤有差。相縣既戮，厥土维腥。三埋斯沮，寻竹乃生。物尤世远，略状传名。般肠实中，与笆相类。于用寡宜，为笋殊味。筋竹为矛，称利海表。槿仍其干，刃即其杪。生于日南，别名为篍。篍，音苗，竹萌也。百叶参差，生自南垂。伤人则死，医莫能治。亦曰筹竹，厥毒若斯。彼之同异，人所未知。篁与縣衔，篁，音福。厥体俱洪。围或累尺，篁实衔空。南越之居，梁柱是供。竹之堪杖，莫尚于筇。筇，音穷。磥砢不凡，状若人功。岂必蜀壤，亦产余邦。一曰扶老，名实县同。簕簹二族，亦甚相似。杞发苦竹，促节薄齿，束物体柔，殆同麻枲。盖竹所生，大抵江东。上密防露，下疏来风。连亩接町，竦散冈潭。鸡胫似篁，高而笋脆。稀叶梢杪，类记黄细。狗竹有毛，出诸东裔。物类众诡，于何不计。有竹象芦，因以为名。东瓯诸郡，缘海所生。肌理匀净，筠色润贞。凡今之簏，匪兹不鸣。会稽之箭，东南之美。古人嘉之，因以命矢。簡簬载籍，贡名荆鄙。簹亦簡徒，簹，音眉。概节而短。江汉之间，谓之篚竹。根深耐寒，茂彼淇苑。彗条苍苍，接町连篁。性不卑植，必也岩冈。逾矢称大，出寻为长。物各有用，扫之最良。又有族类，爰挺峄阳。悬根百仞，疏干风生。笙箫之选，有声四方。质清气亮，众管莫伉。亦有海筱，生于岛岑。节大盈尺，干不满寻。形枯若箸，色如黄金。徒为一异，莫知所任。赤白二竹，远取其色。白薄而曲，赤厚而直。沅澧所丰，余邦鲜植。肃肃篐篅，篅，音惰。袅袅攒植。擢笋于秋，冬乃成竹。无大无小，千万修直。簋膜内赙，簋，音礼。赙，音皓。绣文外赩。篊筊诞节，篊，音孤。筊，音朵。内实外泽。作贡渔阳，以供辂策。浮竹亚节，虚软厚肉。临溪覆潦，栖云荫木。供笋滋肥，可为旨蓄。厥性异宜，各有所育。筀植于宛，笩生于蜀。笩，音涅。细筱大篸，篸，音荡。竹之通目。互各统体，譬牛与犊。人之所知，事生轨躅。赤县之外，焉可详录？臆之笔之，匪迈伊瞩。

养竹记 白乐天

竹似贤，何哉？竹本固，固以树德。君子见其本，则思善建不拔者。竹性直，直以立身。君子见其性，则思中立不倚者。竹心空，空以体道。君子见其心，则思应用虚受者。竹节贞，贞以立志。君子见其节，则思砥砺名行，夷险一致者。夫如是，故号君子人多树之为庭实焉。贞元十九年春，居易以拔萃选及第，授校书郎，始于长安求假居处，得常乐里故关相国私第之东亭而处之。明日，履及于亭之东南隅，见丛竹于斯，枝叶殄瘁，无声无色。询于关氏之老，则曰："此相国之手植者。自相国捐馆，他人假居，于是筐篚者斩焉，彗帚者刈焉，刑余之材，长无寻焉，数无百焉。又有凡草木杂生其中，菶茸荟蔚，有无竹之心焉。"居易惜其尝经长者之手，而见贱俗人之目，剪弃若是，本性犹存。乃芟翳荟，除粪壤，疏其间，封其下，不终日而毕。于是，日出有清阴，风来有清声，依依然，欣欣然，若有情于感遇也。嗟乎！竹，植物也，于人何有哉？以其有似于贤，而（又）〔人〕爱惜之，封（殖）〔植〕之，况其真贤者乎？然则（行）〔竹〕之于草木，犹贤之于众庶。呜呼！竹不能自异，惟人异之；贤不能自异，惟用贤者异之。故作《养竹记》，书于亭之壁，以贻其后之居斯者，亦欲以闻于今之用贤者云。

二如亭群芳谱竹部卷全

济南　王象晋荩臣甫　纂辑
松江　陈继儒仲醇甫
虞山　毛凤苞子晋甫　同较
宁波　姚元台子云甫
济南　男王与龄、孙王士雅　诠次

竹谱

竹，植物也，非草非木，耐湿耐寒，贯四时而不改柯易叶，其操与松柏等。第虽喜湿恶燥，亦不宜水淹其根。根之发生喜向上行，其性又与菊等，宜添河泥覆之。每至冬月，须厚加土为佳。每长至四年者即伐去，庶不碍新笋，而林亦茂盛。戴凯之《竹纪》云：竹之品类六十有一。黄鲁直以为竹类至多，《竹纪》所类皆不详，欲作竹史，不果成。有方竹产澄州，体如削成，劲挺，堪为杖。桃源山亦有方竹，隔州亦出，大者数丈。《宁波志》云：葛仙翁炼丹于定海灵峰，植竹箸，化为竹而方。斑竹甚佳，即吴地称湘妃竹者，其斑如泪痕，杭产者不如。亦有二种，出古辣者佳，出陶虚山者次之。土人栽为箸，甚妙。亦有大如瓯者。棕竹有三种：上曰箸头，梗短叶垂，堪置书几；次曰短栖，可列庭阶；次曰朴竹，节稀叶硬，全欠温雅，但可作扇骨料耳。性喜阴，畏寒风，冬月藏不通风处，三月方可见天，原不见日。秋分后可分须出盆，视其根须不甚牢固处，劈开栽盆。欲变化多盆，则盆大更旺。灌用浸豆水极肥，舍此俱不堪用。他如猫竹、一作茅竹，又作毛竹。干大而厚，异于众竹。人取以为舟。《四明洞天记》：毛竹丛生涧边。又金庭山洞天皆有。双竹、篠篁嫩筱，对抽并胤，王子敬谓之扶竹，犹海上之扶桑也。扶竹之笋名合合，武林山西院中产。蕲竹、出黄州府蕲州，以色莹者为簟，节疏者为笛，带须者为杖。唐韩愈诗："蕲州笛竹天下知，郑君所宝犹环奇。携来当昼不得卧，一府争看黄琉璃。慈孝竹、生作大丛，长干中耸，群筱外护，向阳则茂，宜种高台。柯亭竹、生云梦之南。以七月望前生。明年七月望前伐，过期伐则音滞，未期伐则音浮。观音竹、每节二三寸，产占城国。黄金间碧玉、产成都，青黄相间。龙公竹、其大径七尺，一节长丈二尺，叶若蕉。出罗浮山。龙孙竹、生辰州山谷间，高不盈尺，细仅如针。径尺竹、可为甑。出湖湘。四季竹、节长而圆，中管簫，生山石者音清亮。月竹、每月抽笋，状轻短，丛生，如箭，笋不堪食。产嘉定州。十二时竹、产蕲州。其竹绕节凸生子、丑、寅、卯等十二字。安福周俊叔得此，植之家庭十余年，笋而竹者十之三。慈簩竹：出慈簩国，可砺指甲。新州有此种，制成琴样，为砺甲之具。用久微滑，以酸浆渍之，过宿快利如初。亦可作箭。李商隐所谓"慈簩弩箭磨青石"是也。《异物志》。大夫竹、凌云，围三尺。《幽怪录》云：鄜延一人伐此竹，见内二仙翁相谓"平生劲节，惜为主人所伐"，遂腾空去。凤尾竹、高二三尺，纤小狲那。植盆中，可作书室清玩。龟文竹、崇阳县宝陀岩产，仅一本，制扇甚奇。闻今亦绝种矣。人面竹、出剡山。竹径几寸，近本逮二尺，节极促，四面参差，竹皮如鱼鳞，面凸，颇类人面。黑竹、如藤，长丈八尺，色理如铁。思摩竹、笋自节生。笋既成竹，至春节中复生笋。出交广。无节竹、出瓜州。大节竹、一节一丈，出黎母山。疏节竹、六尺一节。通竹、直上无节而空洞。出溱州。扁竹、出濡。藤竹、出占城。船竹、出员丘。弓竹、长百寻，却曲如藤，得木乃倚。出东方。质有文章，须膏涂火灼乃见。沛竹、长百丈。出南荒。丹青竹、叶黄碧丹相间。出熊耳山。十抱竹、出临贺。慈竹、内实而节疏，性弱，形紧而细，可代藤。桂竹、高四五丈，围二尺，状如甘草而皮赤。出南康以南。《山海经》：灵源桂竹，伤人即死。桃竹、叶如棕，身如竹，密节而实中，厚理瘦骨，盖天成拄杖也。出巴渝间。出豫者细文，一节四尺，北人呼为桃丝竹。相思竹。出广东。两两生笋。八月为竹小春，竹之萌曰笋，竹之节曰约，竹之丛曰篊。竹之得风而体夭屈，曰笑。竹死曰箈。

竹实。阳山所生竹，实大如鸡子，竹叶层层包裹，味甘胜蜜，食之令人心膈清凉。生山林深茂处。日久汁枯，而味尚存。此鸾凤之所嗜也。

移竹。先期离竹本一二尺，四围劚断旁根，仍以土覆，频浇水，俟雨后移致即活，亦不换叶。移时须寻其西南根，勿劚断，照旧栽植，竖架扶之尤妙。竹中有树不须去，虽风雪不复欹斜，亦一助也。若将死猫狗埋其下，竹生尤盛。埋之边傍亦能引竹。宋时内苑种竹，一二年即茂盛。询之园子，云只有八字：疏种、密种、浅种、深种。疏种者，谓三四尺方种一颗，欲其土虚，易于行鞭。密种者，大其根盘，每颗须四五竿一堆，欲其根密，自相维持。浅种者，入土不甚深。深种者，种得虽浅，即用河泥厚壅之。 锄竹园，以稻糠或麦糠或河泥，皆可壅，只用一样，勿杂。 移竹多带宿土，勿蹈以足。若换叶，勿遍拔去。又有一法：迎阳气则取季冬，顺土气则取雨时，连数根种则易生笋。 一法：择大竹截去上段，留近根三四寸通其节，以土硫黄末填实，倒种之。第一年、二年生小笋，随去之。至第三年生如旧竹，甚有过之者。 择竹。竹有雌雄，雌者多笋，故种竹当择雌者，物不能逃于阴阳也。欲识雌雄，当自根上第一节观之，双枝者为雌。宜取西南根，栽向东北隅，盖竹性西南行。西南乃嫩根也。其东北老根，种亦不茂。 审时。种竹之法，要得天时。五六月间旧笋已成，新根未行，此时可移。又须醉日。宋子京云："除地墙阴植翠筠，疏枝茂叶与时新。赖逢醉日原无损，政自得全于酒人。"五月十三日为竹醉日，《岳阳风土记》谓之龙生日，栽之，勿用脚踏椎打，遇阴雨更妙。一云八月初八日，又五月二十日为上时，遇雨尤佳。一云用本命日，谓正月一日、二月二日、三月三日之类。一云每月二十日皆可。或云凡七月间栽竹，无不活者，须记向背。谚云："种竹无时，雨过便移，多留宿土，记取南枝。"冬至前后各半月栽竹难活，盖天地闭塞，无生意也。至有谓腊日宜栽竹者，至引杜少陵诗云"东林竹影薄，腊日更宜栽"。乃栽培之栽，即今人冬月加马粪糠土之意，非栽种也。 忌火日及西南风，花木皆同。 别地。凡栽竹，须向阳为妙。先锄地令松且阔，沃以河泥，临时用马粪拌湿土栽，不用作泥浆水，最忌猪粪。勿用脚踏及锄杵筑实，则笋生迟，盖土虚松则鞭易行也。种竹处须当积土，令高于旁地一二尺，则雨潦不能浸损，钱塘人谓之竹脚。用旧茅茨夹土，则竹根寻地脉易生。　护竹。竹满六十年便开花，辄枯死。结实如稗，谓之竹米。一竿如此，满林皆然。法于初米时，择一竿稍大者，近根三尺许截断，通其节，灌以犬粪即止。锄竹园，宜用厚河泥及灰壅，最肥。　伐竹。《月令》：日短至，则伐木，取竹箭。阴气盛，故伐而取之，大曰竹，小曰箭。腊月砍竹做器则不蛀。一云六月。　竹要留三去四。谚云"公孙不相见，母子不相离"，谓隔年竹可伐也。凡竹未经年，不堪作器，若老竹不去，竹亦不茂，但伐之有时。竹之滋泽，春发于枝叶，夏藏于干，冬归于根，冬月伐竹经日，一裂自首至尾。五月以前（发）〔伐〕竹，则根红而鞭烂。盛夏伐，不蛀，但于林有损。七八月犹可，过此不堪用矣。如要竹坚而不蛀，须盛夏辰日，庚午、癸卯日，血忌日。　取笋。山谷云："根须辰日劚，笋看上番成。"凡笋，一番两番出者成竹，至第三番出者止可供食，不成竹矣，故曰"笋看上番成"也。凡笋，蒸煮包酢，惟人所好，又可干藏。鸡豆笋肥美，箆节笋无味；棘竹笋味淡，食之落眉发；淡竹笋二月食，苦竹笋五月食；含隋竹笋六月生，迄九月，味与箭竹笋同；巴竹笋八月生，尽九月，成都有之；箭竹笋九月生，至来年四月；篁竹笋冬生。　采笋，过一日曰蔫，过二日曰箊，取宜避露。每日出，掘深土取之，半折取鞭根，旋得旋投密竹器中，覆以油革，见风则触本坚。入水则浸肉硬，脱壳煮则失味，生著刃则失气。采而久停，非鲜也；盛而苦风，非藏也；拣之脱壳，非治也；净之入水，非洗也；蒸熟停久，非食也。如此然后可与语食笋矣。此外不足数也。

附录。别有草本数种：一曰淡竹，开花青翠，设色不殷，或曰即《诗》菉竹，性最凉，其叶煎汤，可治一切热病。一曰碧竹，一曰石竹，俱有小花，文采可玩。　刘恂《岭表录》云：南海岸边沙中生沙箸，一名越王竹，相传越王弃余算而生，若细荻，高尺余，春吐苗，箕心茗骨，青而且劲。南海人爱其色，以为酒筹。凡欲采者，须轻步向前拔之，闻行声，遽缩入沙中，不可得。　滇之新化州山中生细竹，长者十余丈，本粗而末细。其上有虫蚀处去之，则斑痕如湘竹。断以为箸，甚雅。张七泽。

制用。麻油、姜皆杀笋毒。凡食笋之法，譬若治药修炼之，得法则益人，反是则损。取得，以巾拭去土，连壳沸汤瀹之，煮宜久，生必损人。苦笋最宜久。甘笋出汤后去壳煮，笋汁为羹茹，味全加美。不然，蒸最美味。全糖灰中煨后，入五味尤佳。僧赞宁。　做笋干。笋肉一百斤，用盐五升，水一小桶，候沸涌，捞出汁。候干，旋添笋汁，煮熟捞出，压之。或用手揉在锅，隔夜则黑，热洒则枯，一日晒干则硬，火焙则不软。临食时，取浸笋汁煮笋，则有味。　煮新笋。以沸汤煮则易熟而脆，味尤美。若蔫者，少入薄荷同煮则不蔫，与猪羊肉同煮则不用薄荷。夏初笋盛时，扫叶就竹边煨熟，其味甚鲜。　笋鲊。切作片子，沸汤瀹过。候干，入葱丝、莳萝、茴香、花椒、红曲并盐，拌匀同腌一时。　食笋去壳煮熟，切片榨干，盐腌过宿，晒干贮食。　慈竹笋，四月生，江南人多以灰煮食。　唐赞宁《笋谱》云："笋利大肠，无益于脾，俗谓之刮肠篦。"食者审焉。

疗治。五日午时，有雨则急斫竹一杆，其中必有水，名曰神水，取之合獭肝为丸，治心腹积聚。《金门岁时记》。

典故。黄帝使伶伦伐竹于昆仑之阴，以作笛。《前汉志》。　立春日取弘宜阳金门山竹为管，河内葭草为灰，以灰实律管之端，以候阳气，气至则飞。《续汉书》。　顿丘帝竹，一节可为船。《前府》。　梁孝王东苑方三百里，即兔园也，多植竹，中有修竹园。《地志》。　费长房从壶公游。壶公与一竹杖骑而归，即以杖投葛陂中，顾视，乃青龙也。《神仙传》。　离娄公服竹汁饵桂，得仙。　汉人有适吴，吴人设笋，问是何物，曰："竹也。"归，煮其床簀而不熟，乃谓其妻曰："吴人辘辘，欺我如此。"《笑林》。　汉时有女浣纱水滨，见三节大竹，中有声。剖开，得一儿，因以竹为姓。及长，为中郎将，通西夷，破夜郎。后封为夜郎侯。至今邛州有竹夜郎庙。　甘竹实出天台山，闲闲真人致元帝。　孟宗，江夏人，性至孝。母卒。冬节将至，宗乃入林哀泣，笋为之生，得以供祭。　晋刘殷年九岁，为祖母冬思笋，殷泣而获供馈。　晋嵇康拜中散大夫，常与阮籍辈为竹林之游，号"竹林七贤"。《晋史》。　山涛治郢时，剖大竹酿醁醯作酒，兼旬方开，香闻百步外，入蜀人传其法。　蒋翔舍中竹下开三径，惟羊仲、求仲从之游。《三辅决录》。　罗浮第三峰有大竹，径七尺，围节长丈二，谓之龙竹，常有鸾凤栖宿。东有溪曰罗阳，暴涨，有竹叶流出，大如芭蕉。《五色线》。　辛居士名宣仲，家贫。春月鬻笋充觞酌，截竹为罂，用充盛贮。人（间）〔问〕其故，宣仲曰："我惟爱竹好酒，欲合二物常相并耳。"《南府州记》。　马均大巧，能削竹作人语。时天下大旱，人皆将酒与此竹人语，天下须臾雨也。《五色线》。　枭城张鹰隐居颐志，家有苦竹数十顷，在竹中为屋，常居其中。王右军闻而造之，鹰避之竹中，不与相见。一郡号为"竹中高士"。《永嘉郡记》。　南荒生笟竹，长百丈，围三丈五尺，可以为大船，其味美。张华注：子笋煮而食之，可以已创疬。《物类相感志》。　袁灿尹丹阳，部内一家有竹。灿不通主人，率尔竹下啸咏。《洛阳名园记》：董氏西园一堂，竹环之，盛夏不见畏日，清风忽来，留而不去，幽禽静鸣，各夸得意。数语摹写园林销暑之境，读之觉爽气袭人。张七泽。　宋沈道庆隐居武康，人有拔屋后笋，令人止之，曰："惜此笋欲成林，更有佳者相与。"乃令人买大笋送与之。盗者惭，不取。使置门内而还。　何随，人有盗其园笋。随见，掣屐而归，恐盗者见也。　范元琰家有竹圃，每见人盗笋，苦于过沟。元琰伐树为桥，与盗者过。盗感琰情而息，竟不盗。　唐夏侯彪之上新繁令，问里胥曰："笋一茎几钱？"曰："一钱五茎。"取（一）〔十〕千买五万茎，谓之曰："吾未要，且寄林中养之。"至秋冬成，一竿十（千）〔文〕，遂成五十万。贪猥不道，皆此类。　杜子美居蜀，于浣花里种竹植木，结庐枕江，纵酒吟咏，与田畯野老相狎。孔毅夫《续世说》。　太液池岸有竹数十丛，牙笋未尝相离，密比如栽。明皇与诸王闲步竹间，谓诸王曰："人世父子兄弟尚有离心离意，此竹宗本不相疏。人有怀二心，生离间之意者，睹此可以为鉴，因呼为义竹。《天宝遗事》。　桂东万王城，世传王曾寓此，阶砌尚存。旁有修竹数竿，日夕自仆，扫其地而复立。《竹谱》：涩勒竹之有芒者，一名思笋。今两江有笟竹，苞生丛密，节间多刺，民居植之以当藩篱，疑即此种。宋新州守黄济以州治无城，募民环植山竹，鸡犬不能径。所谓山竹，必笟也。　东坡邀刘器之同参玉版和尚。器之每倦山行，闻见玉版，欣然从之。至廉景寺，烧笋而食，觉笋味胜，问何名。东坡云："玉版也。此老师善说法，能令君得禅悦之味。"器之乃悟其戏，为之大笑。《泠斋夜话》。　文与可以所画筼筜谷竹遗予，云："此竹数尺耳，而有万尺之势。"筼筜在洋州，与可尝令予作洋州三十韵，《筼筜谷》其一也。予诗云："汉川修竹贱如蓬，斤斧何曾赦箨龙。料得清贫馋太守，渭川千亩在胸中。"与可是日与其妻游谷中，烧笋供晚食。发函，见予诗，失笑喷饭满案。苏子瞻《偃竹记》。　昔时与可墨竹，见精练良纸，辄夺笔挥洒，不能自已。坐客争夺持去，与可亦不甚惜。后来见人设置笔研，即逡巡避去，人就求索，至终岁不可得。或问其故，与可曰："吾乃者学道未至，意有所不适，而无所遣之，故一发于墨竹，是病也。今吾病良已，可若何？"然以予观之，与可之病，亦未得为已也，独容有不发乎？予将伺其发而掩取之。彼方以为病，而吾又利其病，是吾亦病也。熙宁庚戌七月二十一日，子瞻书。　东坡尝题郭祥正壁云："枯肠得酒芒角出，肺肝槎牙生竹石。森然欲作不可回，吐向君家雪色壁。"此诗语意奇甚，亦见此老生平作画，多在酒酣兴发之后，所以毫端有神。张七泽。　昔人以海苔为纸，今无复有。今人以竹为纸，亦古所无有也。付子过。　风篁岭多竹，风韵凄清。至此，林壑深沉，迥出尘表。流淙活活，自龙井而下，四时不绝，岭故丛薄荒密。元丰中，僧辨才淬治洁楚，名曰"风篁"。予访辨才龙井，送至岭上，左右惊曰："远公过虎溪矣。"辨才笑曰："杜子有云：'与子成二老，来往亦风流。'"遂作亭岭上，名曰"过溪"，亦曰"二老"。作诗记之："日月转双毂，古今同一丘。惟此鹤骨老，凛然不知秋。去住两无碍，人士争挽留。去如龙出水，雷雨卷潭湫。来如珠还浦，鱼鳖争骈头。此生暂寄寓，常恐名实浮。我比陶令愧，师为远公优。送我过虎溪，溪水当逆流。聊使此山人，永记二老游。大千在掌握，宁有别离忧？"　宋时西湖多诗僧。熙宁间，有清顺字怡然、可久（自）〔字〕逸老，所居皆湖山胜处。而清顺尤约介，不妄交人，无大故不入城市。士大夫有以米粟馈者，受不过数斗，盎贮几上，日取二三合啖之，蔬笋之供恒缺乏也。东坡一日游西湖，僧舍壁间见小诗，云："竹暗不通日，泉声落如雨。春风自有期，桃李乱深坞。"问谁所作，或以清顺对。即日求得之，声名顿起。　岭南人当有愧于竹，食者竹笋，庇者竹瓦，载者竹筏，爨者竹薪，衣者竹皮，书者竹纸，履者竹鞋，真可谓一日不可无此君也耶！　元丰六年十月十二日夜，解衣欲睡，月色入户，欣然起行。念无与为乐者，遂至承天寺寻张怀民。怀民亦未寝，相与步于中庭。庭下如积水空明，水中藻荇交横，盖竹柏影也。何夜无月？何处无竹柏？但少闲人如吾两人耳。　古氏南坡修竹数千竿，大者皆七寸围，盛夏不见日，蝉鸣鸟呼，有山谷气象。竹林之西，又有隙地数亩，种桃李杂花。今年秋冬，当作三间一龟头，取雪堂规模，东荫修竹，西眺江山。若果成此，遂为一郡之嘉观也。　子瞻赠会通诗云："语带烟霞从古少，气含蔬笋到公无。"尝语人曰："颇解蔬笋语否？为无酸馅气也。"闻者皆笑。俱前人。　近世有妇人曹希蕴者，颇能诗，虽格韵不高，然时有巧语。尝作《墨竹》诗云："记得小轩岑寂夜，月移疏影上东墙。"此语甚工。　文湖州竹，生平仅见真迹一帖，在横册上，乃折竹也。其题者二人。柯九思题云："湖州放笔夺造化，此事世人那得知？蓦然何处见生气，仿佛空庭月落时。"金粟道人阿英题云："湖州昔在陵州日，日日逢人写竹枝。一段枯梢作三折，分明雪后上窗时。"　张芬曾为韦南康亲随行军，曲艺过人，力举七尺牌，定双轮水碓，常于福感寺趯鞠，高及半塔，弹力五斗。常拣向阳巨笋，织竹笼之，随长旋培。常留寸许，度竹笼高四尺，然后放长。秋①深方去笼伐之，一尺十节，其色如金。

---

① 秋，底本缺，据"四库全书"〔唐〕段成式《酉阳杂俎》卷五《诡习》补。

丽藻。散语：扬州，厥贡筱簜。筱，箭也。簜，大竹也。 荆州，厥贡惟箘、簵、箘、簵，竹名，皆可为矢。楛。《书》。 如竹苞矣。 其（籔）〔薁〕维何？维笋及蒲。《诗》。 渭川千亩竹，其人与千户侯等。《史记》。 山谷赋苦笋云："苦而有味，如忠谏之可活国；多而不害，如举士而能得贤。"可谓得掌笋三昧。 记：秋八月，刘氏徙竹凡百余本，列于室之东西轩，泉之南北隅，克全其根，不伤其性，载旧土而植新地，烟翠霭霭，寒声萧然。适有问者，曰："树椅桐可以（伐）〔代〕琴瑟，植楂梨可以代甘实，苟爱其坚贞，岂无松桂也？何不杂列其间？"答曰："君子比德于竹焉，原夫劲本坚节，不受雪霜，刚也；绿叶凄凄，翠筠浮浮，柔也；虚心而直，无所隐蔽，忠也；不孤根以挺耸，必相依以林秀，义也；虽春阳气王，终不与众木斗荣，谦也；四时一贯，荣衰不殊，常也；垂箐实以迟凤乐，贤也；岁擢笋以成干进，德也。及乎将用，则裂为简牍，于是写诗书象象之词，留示百代。微则圣启之道，坠地而不闻矣。后人又何所宗欤！至若镞而箭之，插羽而飞，可以征不庭，可以除民害，此文武之兼用也。又划而破之为篾席，敷之于宗庙，可以展孝敬；截而穴之，为篪为箫为笙为篁，吹之成虞韶，可以和人神。此礼乐之并行也。夫此数德，可以配君子。故岩夫列之于庭，不植他木，欲令独擅其美，且无以杂之乎？"窃惧来者之未谕，故书曰《刘氏植竹记》，尚德也。刘岩夫。 司先生颜其读书之舍曰"万玉山房"，而属世贞为之记。夫万玉者，万竹也。竹何以称玉也？曰："君子比德于玉，已而比玉于竹。今夫玉中实、竹中虚，竹磊（何）〔砢〕而多节，玉浑沦而已，胡以比也？然玉温润而泽，缜密以栗，竹之质同也；玉有礼地之珪，曰琅玕之青碧，竹之色同也；叩之清越以长，竹之音同也；音之在乐有八，而各居其一，又同也；玉称君子，竹亦称君子，又同也。胡弗比也？始司先生之问舍于江陵也，谋所树。"客或进曰："公不闻之腐史'江陵千树橘'乎哉？苞可啖也。市之，入与千户侯等。"先生笑曰："不尔。吾且树竹。"客曰："渭滨之千亩，入与江陵等欤？"先生曰："非是之谓也。吾生平慕君子之佩玉，而居贫不可致，则有竹在令斥傍舍之隙，悉移竹而加培溉焉。既成，临风而听之，琮琮琤琤，与天籁合，攸然若《韶濩》之入耳。过雨而抚之，青葱峭蒨，与天并色，濯濯若璆琳之寓目。暑而就之，骄阳翔舞而不敢下。枕流而玩之，蔚蓝之光下上相接。吾安知夫竹乎玉乎？吾适吾宇，而神吾境，畅吾五官，濯吾心腑而已，且去。吾舍数百，武则悍王之宫也，其横行若扫矣，又去之。则大相之府也，其热可炙手矣，又去之。故郢都西通巫巴，东有云梦之饶，其市嚣若蜩螗矣，然竟不能越吾所谓万玉者而阑入。吾之山房，交于吾之视听而荡吾志，吾岂以渭滨千亩为千①户侯计哉？不然，吾何不因地之宜而树之橘也？"司先生居民部，以见推择天官数迁选部郎，至容台卿。于是不得长有兹舍，而命工貌其凡，恒挟以自随。诸通人名士皆为诗歌咏之，而今宗伯徐公子言序之。司先生意犹未已，以书属世贞俾为记。世贞治弇中，有竹万个，然不能守舍而去之金陵，安能为先生记？虽然，使余能如司先生貌之，而又咏歌之、序之，其亦可以无系于舍已。或曰："子之言甚得司先生意，其比竹于玉甚辨，不然楚之玉也，不且以为周之璞也耶？"王凤洲。 黄冈之地多竹，大者如椽。竹

---

① 千，底本缺，据"四库全书"［明］王世贞《弇州续稿》卷六五《文部·万玉山房记》补。

工破之，刳去其节，用代陶瓦，比屋皆然，以其价廉而工省也。予城西北隅，雉堞圮毁，蓁莽荒秽，因作小楼二间，与月波楼通。远吞山光，平挹江濑，幽闲辽夐，不可具状。夏宜急雨，有瀑布声；冬宜密雪，有碎玉声。宜鼓琴，琴调虚畅；宜咏诗，诗韵清绝；宜围棋，子声丁丁然；宜投壶，矢声铮铮然：皆竹楼之所助也。公退之暇，披鹤氅，戴华阳巾，手执《周易》一卷，焚香默坐，销遣世虑。江山之外，第见风帆沙鸟、烟云竹树而已。待其酒力醒，茶烟歇，送夕阳，迎素月，亦谪居之胜概也。彼齐云、落星，高则高矣，井干、丽谯，华则华矣，止于贮妓女，藏歌舞，非骚人之事，吾所不取。吾闻竹工云："竹之为瓦仅十稔，若重覆之，得二十稔。"噫！吾以至道乙未岁自翰林出滁上，丙申移广陵，丁酉又入西掖，戊戌岁除日有齐安之命，己亥闰三月到郡，四年之间，奔走不暇，未知明年又在何处，岂惧竹楼之易朽乎？幸后之人与我同志，嗣而葺之，庶斯楼之不朽也。咸平二年八月十五日记。王元之《黄州竹楼记》。　赋：学圃中种竹数竿，不二年，蓊然成林，日婆娑其间，若相忘者。今将秩满，欲与圃别，不能忘情，为作赋以表其德。词曰：兴赵藏符，伐吴成象。鸾凤声容，龙蛇动荡。知惟孔子，智比辟支。一本林立，安有二歧？直而不室，圆而不倚。节操如是，可谓君子。桑民怿。　秋孟之夕，觉非道人寓宿于主人之轩，见植竹焉，外方中坚，峭然觚棱，扣之如石，有声硁硁。予怪其不类众竹，戏若有评曰：后皇植物，各异以形。洪纤肥瘠，莫殚其名。毫忽无僭，若冶剖型。尔竹之产，为类实繁。寄哀潇湘，托兴淇园。峄阳之材，声叶鸣凤。箇篠之坚，荆扬效贡。黄冈如椽，用代陶瓦。篳条丛生，束之盈把。由衙鸡胫，般肠射筒。苏麻篔筜，笆箄钟龙。体柔为籭，节促为筩。刃毒为箭，依木为弓。毳毛为狗，扶老为筇。名虽万变，莫不示圆于外，而抱虚于中，故能文理缜密，节概疏通，迎刃而解，落箨以从。桃笙籧笛，织翠生风。缆维砥柱，力绾艨艟。干旄子子，旌旗蔽空；彤管炜炜，横出词锋。《箫韶》九奏，至和攸同。他如器使，惟适所逢。皆所以弼成人用，翼赞天工。尔之为质，外方内塞。肌不柔顺，性复挺特。檃括莫施，何堪组织。岂非才不适用，而名浮其实乎？言既而去，逡巡就睡，梦一玄叟，颀然而长，双眉入鬓，氅衣无裳，头角峭厉，杖立木僵，历阶而进，出声琅琅：'凡今之人，喜圆恶方，顷闻诮讥，顾不敢当。予非舍圆而不居，盖亦天赋之有常。刭夫方圆不侔，自昔为刌。豨膏棘轴，不能独运。凿柄异投，终底于吝。黯直见疏，弘诈乃近。正论天人，江都远摈。诙谐诡奇，金马日进。固知黁圆以自私，不若执方以自信也。且物生而才，罕即安处。雕龙斫削，自致困苦。樗栎拥肿，斧斤莫寻。桐杉赭野，枳棘成林。天吝我才，实非我仇。以才莫全，我获实优。方将励吾之方，坚吾之塞，保天之全，资地之力，长吾儿孙，同居寿域。邀凉月于江上，疏冷风于淇澳。知我爱我，过从成癖。敲门竞造，不辨主客。札瘥奚生，逍遥甚适。彼以才而用世，视予孰得而孰失？'予惊而寤，万籁俱寂。月明入户，凉在巾舄。惟见此君，挺然于庭。粉壁铸形，一尘不惊。修柯滴露，锵然成声。予爽然如失，惕然而惺，乃歌曰：圆以智行兮，方以义守；智或有穷兮，义则可久。以虚而通兮，以实而塞；通或溃决兮，惟塞乃格。才应时用兮，拙为世损；用则精弊兮，损则全神。竹兮竹兮，予将谓汝为方兮，而不识汝之大圆。　传：先生姓竹名籁，字子直，号清虚居士。始祖名籦，黄帝时避蚩尤乱，隐居嶰谷。帝平涿鹿治定，将作《咸池》之乐，访律吕材于群臣，伶伦以籦对。帝命使持节钺召之。籦甘山谷，不肯应诏，使者肩曳以行，诣阙犹僵仆不起。帝慰谕再四，乃就断制，敷宣徵角，含嚼羽宫。乐大成，絪缊和，群生乐，文鸟巢阁，瑞兽游郊。帝奇其功，欲封之。籦闻而叹曰："宠利居成功，非臣之福，况以口舌得官乎！"乃上疏乞骸骨归嶰谷。帝不允，留乐府，封同姓居嶰谷者以万计。籦卒，帝思悼不已，荫其子为湘江侯。至有虞舜陟方崩苍梧野，二妃恸哭。（候）〔侯〕扶持嬛疲，身染血泪，痕不可洗。人嘉其忠，号斑氏。二妃卒，湘人庙于江浒，曰湘君。侯不自安，徒淇澳，子孙玉立，根盘而固，支繁而衍，世以清洁自励，耿耿之操，直与冰雪争衡。有猗猗子者，文学斐然，虚怀待物，卫武公托为布衣交。武公晚年进德，皆其切磋，事载《国风》。孙枝散处四方，皆以籦裔得赐氏，不可一一数。其尤著者，曰山阴氏、渭川氏、毛氏、苦氏、淡氏、筀氏、爆氏、箭氏、筤氏。至晋有林氏，渭川所居，延蔓千亩，人称万户侯。山阴孤介寡同，独王猷延之三径，呼以君而不名。毛有名楚者，好申韩刑名之学，嫉恶如仇。名纸者受学蔡伦，雅好笔墨，官秘书著作郎。筤之显者，曰竿曰杖，竿好渔隐钓矶，杖能扶人之颠危，国老多赖之。后遇炼师授刀圭，化为龙箭曰矢者，有武才，能致远，盖其造诣有的也。爆事神荼，能以火作霹雳声驱山魈，颇自重，今除夕多以楮生代。筀、淡、苦三子者，好轩岐术，善疗疯痰渴热，遇病者辄解衣为剂，吐液为汤，急于救人如此。林生于两晋间，清而不隘，和而不流，士大夫倾慕之，山、阮、康、伶辈竞为风流，荡废礼法，日就林篍咏风月。林不能拒，然屹立溪壑，未尝少乱，识者知为节介君子也。林数传而为筠，孤高绝俗，好空寂之学，於潜上人构轩礼之。东坡诗云"无竹令人俗"，指筠也。竹氏之宗，代多闻人如此。筠又数传而生节，节生榦，是为先生。疏畅洒落，神采若飞，羽仪如鸾凤，欣然而形，苍然而色，下实上虚，中通外直，有君子操，拂云冲霄，玉立风尘之表，翩翩飘飘，真神仙侣也。所居或深山穷谷，云溪月径，或困守篱落，或飘泊舍宇，要之随寓而安，时则临风而舞，扫月而眠，意适如也。趣向甚正，独好儒者之学，率其徒往从方子，方子与之处。其徒数十人，皆衣绿，餐风吸露以为食。环绕门墙，布列阶下，风雪不退，虽夜未尝就寝，烟雨中时或垂头而睡，风触之辄省，击节微吟，声入枕畔，锵然可爱。本根虽固，惜枝叶或被缠绕。每以（蓠）〔笃〕实语与之，榦能虚心听受，辄作点头状。与徂徕木公、孤山梅先生友善。一日从容问榦曰："梅生、木公与子孰优？"曰："含英咀华，流芳百世，吾不如梅生。挺然独秀，壁立万仞，吾不如木公。至于有主则虚，秉直不回，吾于二子亦有微长。若乃宁耐岁寒，不以盛衰改，此吾三人之所同也。愿屈至轩下，合公为四，幸堪岁寒。"方子曰："梅生有寒酸气，木公自立太峻，不免假秦封以骄士，孰若吾子劲节凌寒，而文采外见，清气袭人。今且与子为岁寒交，（也）〔他〕日立玉阶寸地，随议二子之任使耳。"榦不豫，退乃上书，力疏二子材可用，推引弗置。方子领之，明日命使往孤山。梅生辞曰："闻江城有玉笛者，欲祢吾魄，俟少过夏五，当往就东阁。"往徂徕，木公辞曰："以吾从大夫之后，不可徒行也。"方子恶其迂，不复召，遂专与榦为忘形交。<small>方清。</small> 此君之先出自震泽，有号苍筤子者，与苍颉同时。颉观鸟迹制字，苍筤子有记载之功。帝皆赐姓，命以字为苍氏。苍筤子生筤。禹修方贡，以其材也上之。其后有国，封孤竹君，生筀。

籲逸去，钓于卫。诗人咏淇澳以美之，天下想见其风采。籲生筱[①]，筱生庭筠，母慈氏。庭筠在绷褓中已有奇骨，濯濯如傅粉然。及长，清瘦玉立，七贤六逸皆从之游。王子猷最喜之，尝曰"不可一日无此君"，世以目之不名也。此君性强项，未尝折节下人，得黄老深根固蒂之术，蟠隐林麓间，与徂徕十八公、新甫柏直臭味之同，素相友善。帝尝特起三人，俱至上林，爱其风操，迁直御史府，拜十八公为大夫，独此君不受爵。帝馆于行宫，留以自近，尝访养性之道。此君曰："虚心直己，至道自凝。"帝钦其言，又尝抚其腹曰："此中何有？"曰："空洞无物，当容数十百人耳。"帝为之笑。有说之曰："君有长材，典乐府则《箫韶》九成，直史馆则汗青有日，入武库则羽镞宣威，荐宗庙则籩簋甚饰，盖迎刃而解，盛蒉以加者也。时方多难，何不捐躯出力，扫氛祲，梃四夷，以成不朽之名，而反韬其桢干，甘与草木俱腐邪？"此君曰："凤鸟不至，吾已矣。夫与其排云叫阊阖，披腹呈琅玕，孰若乐行忧违，确乎不可拔也。"遂营嶰谷，将老焉。此君常斋居，每岁惟五月十三日沾醉，醉则外其形骸，或为人徒至他所，不知也。故当时为之语曰："此君经年常清斋，一日不斋醉如泥。有时倒载过习池，芒然乘坠俱不知。晚岁益枯槁，言无枝叶，以兰焚漆割以为戒，竟保其天年云。"帝思之，命墨工图其形像，以张座隅，仍赐号曰靖节处士。诸子皆嶄嶄露头角，曰萌，最爽美，陆沉于世，为识者赏味，争挽致之，俎豆于诸公之间。犹子曰笋，苦节，肉食者惮之。其他支派繁衍，青紫晔然：居湘中者，斑斑以文采称；居渭川者，千亩致富，时比之封君；居武夷者，干弱而毛鬙，人以为蜕骨仙云。刘子翚。　管若虚，字直节，号中虚子。其先卫人也。先世有事轩辕者，制律吕，协月筒，以明君德，以通八风，天下大服，遂为宗庙官。专门传子孙，经事历代功成之君，若尧《大章》、舜《大韶》、禹《大夏》、汤《大濩》、文武《清庙》之乐，皆管氏所调也。故王者有事太庙，必先召之，否则众音残缺，神人弗和。卫有居淇上者，其人美丰姿，多德度，蚤与武公同学，切磋琢磨，以成有斐之德，卫人思之。其先又有同太公钓，隐渭川者，族至千余家，当时称其与千户侯等。汉有产鄠杜间者，鄠杜有竹林，号陆海。名陆海，客蒋氏舍下者名三径，皆渭川人，风流潇洒，人鲜及之。至晋有曰林者，以放旷鸣江左，常从（稽）〔嵇〕康辈七贤游。林第号此君，王子猷深重之，高风清节，至今在人耳目。此君历数世至溪居徂徕山，薄势利，尚豪迈，日设酒肴，召李白辈六逸士饮。白后入翰林，荐之朝，名显于唐。后有名龙者，官金陵，多才干，迁署镇江，因家丹阳。宋尹衰灿公余造宅下，与厥子石啸咏竟日。其龙孙曰玉版师，少谢尘俗，虚心禅理，东坡同刘器之参焉，因赠以诗。其胄历宋迄元，以迄国朝，南自闽广，北极幽陵，族属蕃衍。若虚性质坚刚，姿容美盛，自始生已有高节，心无私曲。既长，吟咏风晨月夕，有所激即清吟琳琅。闻者叹曰："洋洋乎盈耳哉！此管氏子声诗也，诚所谓铿金戛玉，阳春寡和者矣！"且器宇弘敞，襟度潇洒，世之避烦热者多往依之。蜀人叶恒盛、大庾人白知春，素重其节，求与之交。每接遇，二人私语曰："有若无，实若虚，犯而不校，管氏子有之，吾与若有愧焉。"若虚闻之，益虚己逊硕肤。恒盛尝曰："吾慨天下物，直而才者多夭折，枉

---

① 筱，"四库全书"［宋］刘子翚《屏山集》卷六《杂著·苍庭筠传》作"篲"。上文言"苍筤子生筱"，此言"籲生筱"，前后牴牾。

而不才者恒保贞固，是以椅桐梓漆未尝成大拱，樗栎桑谷更岁月而恒存，天耶？人耶？"若虚曰："不然。物之生以天而遇以时，顾所养若何耳。得其养，则无物不长。失其养，不伐于斧斤，害于牛羊者几希，又乌望其才且寿哉？今子谓不才而寿，才而夭，岂其然哉？窃试评之：状貌魁梧，挺挺大节，天下称才称寿者，莫如恒盛；神姿清彻，素有丰采，则知春独擅其才，惜玉质易衰，风韵不耐耳。如若虚者，翠氛可掬，清味婉如，用舍随缘，修短安命，所谓天寿不贰者，吾于二子亦有微长。"二子服其确论。洪璐。 夫人竹氏，名笻，小字玲珑，自号抱节君。其先为孤竹君之子，曰元、曰智。武王伐纣，谏不听，遂不食周粟，饿于首阳山。且死，召其族告曰："吾不食，百世后当有不食饮者，为吾女氏，以救世之浊热。"越若干世，为宋元祐，果生夫人。夫人生而瘠如，成于将作罗织，巧彗其中，空洞无他肠①，又善滑稽圆转，虽与人狎，其情邈然如木偶氏。诮夫人者无蠡斯分，而善之者则无内荒长舌之祸也。尝见聘赵氏子（克）〔充〕家奴畜之。豫章黄太史庭坚闻其人，作诗谑之，以为"憩臂休膝"辱夫人，而况又奴之乎？夫人亦犯而不校。夫人自以家世素清节，终耻屈身于人，铅华丝臬弗御，虽荆钗棘簪之微，一皆弃斥。由王后嫔妃，下至公卿百执事，无不器重之，召亦无往，然所在抱节终身，未尝少污其洁。先是得长生久视之术于羿娥氏，用能辟谷导引，以应鼻祖氏之言，其踪迹诡秘，当炎而出，方秋即遁去，囊括其身，自比玺瓮。人或谓尸解，竟不知其终。杨铁崖。 辞：怅二妃之泪竹，圆红滴滴兮临乎烟沚。疏枝与修干兮，吟哀风之不已。摇劲节而锦舒兮，垂高阴而自美。招翔鸾与翠凤兮，缉晴霞之数里。繁柯重乎舜祠兮，瘦影叠乎湘水。谅高节之自任兮，匪庭筱之云比。鄙众荫之延接兮，耻凡羽之栖止。入清溪之浪声兮，无笙簧之相拟。叶翻次波兮骚屑之风，露滴烟蒙兮濯缨之子。怅灵均之节兮依然，想贞姿兮千年若此。刘蜕骚。 歌：江心蟠石生桃竹，苍波喷浸尺度足。斩根削皮如紫玉，江妃水仙惜不得。梓潼使君开一束，满堂宾客皆叹息。怜我老病赠两茎，出入爪甲铿有声。老夫复欲东南征，乘济鼓柶白帝城。路幽必为鬼神夺，仗剑或与蛟龙争。重为告曰：杖兮杖兮，尔之生也甚正直，慎勿见水踊跃学变化为龙，使我不得尔之扶持，灭迹于君山湖上之青峰。噫！风尘澒洞兮豺虎咬人，忽失双杖兮吾将曷从？杜甫。 江西毛笋未出尖，雪中土膏养新甜。先生别得煮箦法，丁宁勿用醯与盐。岩下清泉须旋汲，熟出霜根生蜜汁。寒牙嚼出冰霜声，余沥仍和月光吸。菘羔楮鸡浪得名，不如来参玉版僧。醉里何须酒解醒，此羹一碗爽然醒。大都煮菜皆如此，淡处当知有真味。先生此法未要传，为公作经藏名山。杨廷秀。 植物之中竹难写，古今虽画无似者。萧郎下笔独逼真，丹青已来唯一人。人画竹身肥拥肿，萧画劲瘦节节竦。人画竹梢死羸垂，萧画枝活叶叶动。不根而生从意生，不笋而成由笔成。野塘水边欹岸侧，森森两丛十五茎。婵娟不失筠粉态，萧索尽得风烟情。举头忽见不似画，低耳静听疑有声。西丛士茎劲而健，曾向天竺寺前石上见。东丛八茎疏且寒，忆曾湘妃庙里雨中看。幽姿远思少人别，与君相顾空长叹。萧郎萧郎老可惜，手战眼昏头雪色。自言便是绝笔时，从今此竹尤难得。白居易。 野夫策杖村

---

① 夫人生而……无他肠，"四库全书"〔元〕杨维桢《东维子集》卷二八《竹夫人传》作"夫人生而瘠如篾器，成将作匠之罗织，巧慧其中，玲珑空洞无他肠"。

南复村北，处处东君吝消息。瞥然缟素一枝横，又见琳琅数竿碧。一枝春之先，数竿冬之后。俯仰天地间，与尔成三友。衡门掩卧不一旬，淇园大瘦无精神。樵青已侵翠凤尾，飓母吹散玉龙鳞。赖得吴镇及王冕，前与二友传其真。虚堂展看仅盈尺，二友居然侍吾侧。问之不言对以臆，眉宇肃肃吐佳色。吾不能学范詹事，西遣关中使，却寄江南春，消芳悴粉何足论！吾不能学家骑曹，不可一日无，所至植此君，封篱护箨何纷纭！二友寓吾簏，俨若洛下东西两头屋，一头剪得潇湘云，一头小贮罗浮玉。镇也九咽吐吸天浆腴，冕亦磊砢节目非凡夫。扶舆清气合此图，快矣乎？快矣乎？此图此友吾不孤。王凤洲。　何人写此青琅玕，满堂爽飒生秋寒。居然坐我三径下，数茎不动风珊珊。柏溪先生隐于酒，戏拈秃笔大如帚。一幅淋漓竹亦醉，醉竹合与先生友。蠹蠹①三株状殊绝，迥若苍虬立烟雪。别有一枝秀且长，青鸾整翮从风翔。葛陂化龙去已久，至今屏障生辉光。我观此图怀耿耿，墨花乱落团圆影。素节偏宜君子堂，虚中独立尚书省。尚书华省凤池隈，新长孙枝引凤雏。夔龙礼乐方大备，伶伦之管公所须，此君何可一日无？冯琢庵。　诗五言：种竹交加翠。　霜埋翠竹根。　竹送清溪月。　通竹溜涓涓。　竹皮寒旧翠。　竹深留客处。　竹高鸣翡翠。　秋风楚竹吟。　美花多映竹。　秋竹隐疏花。　三杯竹叶春。　自须开竹径。　野寺江天豁，山扉花竹幽。　常静怜云竹，忘归步月台。　花浓春寺静，竹细野池幽。　古墙犹竹色，虚阁自松声。　竹斋烧药灶，花屿读书床。　翠干危栈竹，红腻小湖莲。　相近竹差参，相过人不知。　王老刘美竹润，裴李春兰荣。　名园依绿水，野竹上青霄。　自兹藩篱旷，更觉松竹幽。　老丛思筇竹杖，冬爱锦衾眠。　野水平桥路，春沙映竹村。　平生憩息地，必种数竿竹。　丛雪里江船渡，风前径竹斜。　绿垂风折竹，红绽雨肥梅。　自闻茅屋趣，只爱竹床眠。俱杜甫。　竹径通幽处，禅房花木深。　名香连竹径，清梵出花台。　客路缘枫岸，家人扫竹林。韩翃。　遥想兰亭下，清风满竹林。崔峒。　竹香满幽寂，粉节涂生翠。李贺。　裂竹见直纹，破竹见贞心。孟郊。　稚子脱锦绷，骈头香玉滑。　竹吹留歌扇，莲香入舞衣。储光义。　江湖谁得似，小艇竹林西。　水竹宜歌鸟，烟霞媚酒人。俱冯琢庵。　摘花不插发，采柏动盈掬。天寒翠袖薄，日暮倚修竹。杜甫。　独坐幽篁里，弹琴复长啸。深林人不知，明月来相照。王维。　来过竹里馆，日与道相亲。出入惟山鸟，幽深无世人。　明流纤且直，绿筱密复深。一径通山路，行歌望旧岑。俱裴迪。　满地种琅玕，修枝荫茅屋。微风如有会，一一鸣寒玉。　本是潇湘人，最爱潇湘竹。何处丘中琴，历历潇湘曲。俱冯琢庵。　清溪绕一湾，种竹只数个。朝来风箨疏，落水青萍破。于若瀛。　竹林吾所惜，新笋好看守。万箨抱龙儿，攒迸溢林薮。箨龙正称冤，莫教入汝口。卢仝。　掩鞿来玉塞，顾影恋金门。翠烛劳光彩，银屏役梦魂。罗衣香未歇，犹是汉宫春。杨慎。　外方而内虚，得道已无上。不作鱼郎竿，还剧仙人杖。陈眉公。　野竹攒石生，苍烟映江岛。翠色落波深，虚声带寒草。龙吟曾未听，凤竹吹应好。不觉蒲柳凋，贞心常自保。李白。　绿竹半含箨，新梢才出墙。色侵书帙晚，阴过酒樽凉。雨洗涓涓

---

① 蠹蠹，底本缺一"蠹"字，据"四库全书"《佩文斋广群芳谱》卷八十四《竹谱》引冯琦《题画竹》补。

净，风吹细细香。但令无剪伐，会见拂云长。　峡内淹留客，溪边四五家。古苔生迮地，秋竹隐疏花。塞俗人无井，山田饭有沙。西江使船至，时复问京华。　青冥亦自守，软弱强扶持。味苦夏虫避，丛卑春鸟疑。软岸曾不重，剪伐欲无辞。幸近幽人屋，霜根结在兹。　晚起家何事，无营地转幽。竹光团野色，山影漾江流。废学从儿懒，长贫任妇愁。百年浑得醉，一月不梳头。俱杜甫。　欲借淇园胜，凌霜挺万竿。月来金影碎，风动玉声寒。障暑阴堪息，停云秀可餐。相过惟二仲，尽日倚琅玕。申瑶泉。　惟我金兰友，宜过水竹居。春深寒食后，人醉海棠初。对局花阴静，凭阑树影疏。时时能命驾，敢谓此吾庐。冯琢庵。　绿笋半含箨，新梢才作林。色连梧井近，根入槿篱深。雅有凌寒操，能虚应世心。拂云不须待，常对小庭阴。于念东。　有竹见庭好，当杯意转亲。清声风间出，文影日斜陈。槛近迎根直，天空写叶真。知君杜寒暑，长伴瘦吟身。　岁暮看吾辈，萧疏赖此君。横枝驯怪石，直节蔑寒云。松傲低为伴，梅清艳不群。有时当积雪，秉烛倚宵分。俱伐庄乐。戈岂庵，名油，常熟〔人〕。微士。　幽居思伴侣，唯有此君宜。萧飒既同我，清空亦可师。吟时声应和，步处影追随。不作人间态，炎凉意便移。王德操。德操，名人鉴，长洲人。隐士。　庭竹翠交加，虚窗罩碧纱。盘栽金线草，台长玉簪花。雨过留残日，云归带晚霞。未能消暑闷，闲步听池蛙。陈氏。　兹轩最洒落，沥沥种琅玕。正书薄云稀，萧萧风雨寒。翠阴凉宴坐，疏韵成清欢。锦箨裁夏扇，玉笋供春盘。晴蜗潜叶底，暝雀投林端。幽兴遇物惬，高怀随处安。且免一日无，何须千亩宽？司马君实。　此州乃竹乡，春笋满山谷。山夫折盈把，抱来早市鬻。物以多为贱，双钱易一束。置之吹甑中，与饭同时熟。紫箨折故锦，素肌擘新玉。每日遂加餐，经时不思肉。久为京洛客，此味常不足。且食勿踟蹰，南风吹作竹。白居易。　笋添南陌竹，日日成清閟。缥节已储霜，黄苞犹掩翠。出阑抽五六，当户罗三四。高标陵秋严，贞色夺春媚。稀生巧补林，并出疑争地。纵横乍依木，烂熳忽无次。风枝未飘吹，露粉先含泪。何人可携玩？清景空瞪视。韩愈。　花妍儿女姿，零落一何速！竹比君子德，猗猗寒更绿。京师多名园，车马分驰逐。春风红紫时，见此苍翠玉。凌乱迸青苔，萧疏拂华屋。森森日影闲，濯濯生意足。幸此接清赏，宁辞荐芳酝。黄昏人去锁深廊，枝上月明春鸟宿。欧阳永叔。　我有江阴竹，能令朱夏寒。阴通积水内，高入浮云端。甚疑鬼物凭，不顾剪伐残。东偏苦面势，户牖永可安。爱惜已六载，兹晨去千竿。萧萧见白日，汹汹开奔湍。度堂匪华丽，养拙异考槃。草茅虽薙葺，衰病方少宽。洗然顺所适，此足代加餐。寂无斤斧响，庶遂憩息欢。杜甫。　昔公怜我直，比之秋竹竿。秋来苦相忆，种竹庭前看。失地颜色改，伤根枝叶残。清风犹淅淅，高节空团团。鸣蝉聒暮景，跳蛙筑幽栏。尘土复昼夜，梢云良独难。丹丘信云远，安得临仙坛？沿癯冬草绿，何人惊岁寒？可怜亭亭干，一一青琅玕，孤凤竟不至，坐伤时节阑。元稹。　北馔厌羊酪，南庖丰笋菜。自北初落南，几为儿所卖。习知价廉平，百态事烹宰。盐稀枯腊瘦，蜜渍真味坏。就根煨薤美，岂念炮烙债。咀吞千亩余，胸次不蚩芥。二妙谷能诗，才名动江介。论诗多佳句，脍炙甘我喂。思君恩养竹，万籁听秋噫。从此缮藩篱，下令禁渔来。黄山谷。　七言：风含翠筱涓涓静。　竹寒沙碧浣花溪。　恶竹应须斩万竿。　春日莺啼修竹里。　青青竹笋迎船出，白白江鱼入馔来。　桤林碍日迎风叶，笼竹和烟滴露梢。　白沙翠竹江村暮，相向柴门月色新。　竹里行厨洗玉盘，花边立马簇金鞍。　不见湘妃鼓瑟时，至今斑竹临江活。　子规夜啼山竹裂，王母昼下白云翻。　双峰寂寂对春台，万竹青青送客杯。　已传童子骑青竹，总拟桥头待使君。　拾遗曾奏数行书，懒性从来水竹居。俱杜子美。　已从子美得桃竹，不向安期觅枣瓜。东坡。　惟有萧萧庭下竹，当年曾对舞衣斑。　百尺楼边人语静，千竿竹外月华升。俱冯琢庵。　华轩霭霭他年到，绵竹亭亭出县高。江上舍前无此物，幸分苍翠拂波涛。　堂西长笋别开门，堑北行椒却背村。梅熟许同朱老吃，松高拟对阮生论。杜甫。　一枝斑竹渡湘沅，万里行人感别魂。知是娥皇庙前物，远随风雨送啼痕。元稹。　负郭依山一径深，万竿如束翠沉沉。从来爱物多成癖，辛苦移家为竹林。李涉。　一雷惊起箨龙儿，戢戢满山人未知。急唤苍头劚烟雨，明朝吹作碧参差。　溪上残春黄鸟稀，辛夷花尽杏花飞。始怜幽竹山窗下，不改清阴待我归。钱（定）〔起〕。　斫取青光写楚词，腻香春粉黑离离。无情有恨无人见，露压烟笼千万枝。李长吉。　新篁小阁午风飘，何处朱唇印洞箫？鸳鸯惯从花下立，一双添出许多娇。　萧萧几干碧琅玕，高节偏宜岁暮看。点染秋房净如洗，潇湘江上不知寒。丁明登。　窗前修竹两三竿，苍翠尤宜雨后看。玉辇不来门自掩，水禽啼过玉阑干。聂大年。　短墙修竹绕空庭，画槛朱栏夜不扃。极目烟霞秋色里，乱山重叠半含青。陆卿子。　竹萌含露供朝餐，余箨犹堪刘氏冠。不道道人心死尽，雨来犹作化龙看。王凤洲。　几点苦痕上翠筠，千秋常见泪痕新。从他帝子夸江渚，不是苍梧望里人。前人。　翠筠点点滴珊瑚，帝子春魂若可呼。夜半洞庭风雨过，不将清泪滴苍梧。陈眉公。　不用山僧供帐迎，世间无此竹风清。独拳一手支颐卧，偷眼看云生未生。葛敏修。　劚取江干老竹根，携归家去长儿孙。他年劲节干霄起，韶得丹山彩凤骞。王茝臣。　无数春笋满林生，柴门密掩断人行。会须上番看成竹，客至从嗔不出迎。赵白。　藜藿盘中忽眼明，骈头脱襁白玉婴。极知耿介种性别，苦节乃与生俱生。我见魏（證）〔微〕殊媚妩，约束儿童勿多取。人才自古要养成，放使干霄战风雨。　宜烟宜雨又宜风，拂水藏春复间松。移得萧骚从远寺，洗来疏净见前峰。侵阶藓拆春穿逆，绕径莎微夏荫浓。无赖杏花多意绪，数枝芽翠好相容。郑谷。　龙鳞满床波浪泾，血光点点湘娥泣。一片晴霞冻不飞，深沉尽讶鲛人立。百朵桃花蜀缬明，珊瑚枕滑莺衣轻。闲窗独卧晓不起，冷浸羁魂锦江里。　浓绿疏茎绕湘水，春风抽出鲛龙尾。色抱霜花粉黛光，枝撑蜀锦红霞起。交夏敲欹无俗声，满林风曳刀枪横。瘢痕苦雨洗不落，犹带湘娥泪血腥。俱《才调集》。　南轩移植自西坛，瘦玉亭亭十数竿。得法未应输老柏，植根兼得近幽兰。虽无浓艳包春色，自许贞心老岁寒。百卉千花尽零落，请君来向此中看。赵意。① 　分得亭亭绿玉枝，雨余生意满阶除。凌霄已展疏疏叶，护粉聊营短短篱。肯信移来真是醉，不愁俗在未能医。人间此夜频前席，凉月虚窗更自宜。文徵明。　浮云忽自散琳琅，解箨依然抱雪霜。应是凤苞扬素彩，非关蝶翅腻琼芳。铅华半染湘妃泪，玉笋微含汉署香。不见侍中频拭面，晓来新雨沐苍篁。申瑶泉。　万竿晴拂渭川烟，解箨琼枝自皛然。湘水裙摇珠佩冷，葛陂云护玉龙眠。看来翻恨何郎妒，栽处应将汉署连。六月林间犹带雪，可留清韵待群贤。邓云霄。　新

---

① 〔金〕元好问编《中州集》卷八收录此诗，题为《义师院丛竹》，署著者为郭长倩。郭长倩，字曼卿，文登人。金世宗皇统丙寅登经义乙科，仕至秘书少监兼礼部郎中，修《起居注》。

抽翠筱碧于妆，䪍质辉辉抱节长。操干未须逢越女，解苞疑是试何郎。痕销乍染三湘泪，素积犹疑五月霜。仆射盘中劳记事，未裁斑管已含光。于若瀛。 绿荫休夸蒋翊居，输君笔底有璠琚。节经冻雪凌风劲，色拟鲜霞向日舒。截管定谐丹穴鸟，采竿应致锦江鱼。岂缘帝子曾相倚，泪洒枝头血未除。林若抚。若抚名云凤，长洲人。文学。 吾宗雅语世所闻，何可一日无此君？汝今卜居但种竹，凡草不敢骄相群。箨龙个个逆春雨，尾凤枝枝干碧云。晨呼阿段汲溪润，洗出潇湘双泪文。慎莫学辟疆驱大令，又莫学张鹰逃右军。扁舟但过医俗士，把臂相将醉夕曛。王凤洲。 竹里名依华子冈，何年移傍此君堂？鲜筠裹露丹珠细，劲节凌霄绿玉长。数亩繁阴飘陆海，万竿疏雨过潇湘。樽邀梁孝园中月，袖拂元卿径里霜。羌笛未裁龙竞奏，秦箫欲截凤先翔。婵娟隔幔琴徽冷，葱蒨临池水脉香。居士风流还洛下，故人消息半山阳。异时看去同谁好，独有王猷兴更长。吴川楼。吴公名国伦，字明卿，兴国人。官参政。 招得凉风散墨花，修修竹筱傍阑芽。孤芳怕有当门忌，疏节愁将野莩遮。破砚锄教数蕊拆，管城裁取几竿斜。三湘绿雪疑相似，九畹朱茎总不差。罗袖双携香馥郁，素纨一展翠交加。葳蕤红药空春雨，错落青山自晚霞。珍重画图幽绝意，女郎若个似君家。马德澄。

二如亭群芳谱

桑麻葛谱小序

《易》云：黄帝、尧、舜垂衣裳而天下治。而条桑载绩，刈获缔绤，诗人不惮详言之，岂非衣被之利资于含生者要哉？顾衣取诸帛则桑重，衣取诸布则麻葛重。桑有桑之利，麻葛有麻葛之利，则艺为尤重。树艺无法，捋取不时，无怪乎诗人怆恍心忧，而致慨于瘼民也。《月令》：季春后妃斋戒，享先蚕而躬桑，以劝蚕事。《周礼》：宅不毛者有里布。重其礼，严其罚，此老者得以衣帛，黎民不至号寒，而太和在宇宙间也。作桑麻葛谱。

济南王象晋荩臣甫题

二如亭群芳谱桑麻葛部卷全

济南　王象晋荩臣甫　纂辑
松江　陈继儒仲醇甫
虞山　毛凤苞子晋甫　同较
宁波　姚元台子云甫
济南　男王与龄、孙士禧、曾孙启汸　诠次

桑麻葛谱

桑，箕星之精也，东方自然神木之名。其字象形，蚕所食也。皮叶干疏，叶面深绿，光泽，多刻缺。方书称桑之功最神，在人资用尤众。其小而条长者为女桑。种类甚多，世所名者，荆与鲁也。荆桑多椹，叶薄而尖，边有瓣。凡枝叶坚劲者，皆荆类也。鲁桑少椹，粗圆厚而多津。凡枝叶丰腴者，皆鲁类也。荆类根固而心实，能久，能，音耐。宜为树。鲁类根不固，心虚，不能久，宜为地桑。荆叶不如鲁之盛，当以鲁条接荆，则久而又茂。鲁为地桑，有压条法，传转无穷，是亦可以久远者也。荆桑饲蚕，其丝坚韧，中纱罗用。鲁桑宜饲大蚕，荆桑宜饲小蚕。此外又有姨桑、檿桑、山桑。《禹贡》"厥篚檿丝"是也。桑生黄衣，谓之金桑，木将槁，蚕食必病树下。每年耕，用粪则叶肥嫩，构接则叶大。桑白皮利小水，根皮须土内，土外者有毒。肺中有水气及肺火有余者用之。叶多积，荒年可济饥，亦可喂猪、羊、牛、马。蚕事既毕，令人采取晒干，收贮备用。

制用。桑椹煎膏，入少蜜，滚汤调服，止渴消热。桑叶炙熟，可代茶。　嫩桑枝炒香煎饮，久服，不患偏风。　桑花健脾，桑花一名桑藓，一名桑钱，圆如钱。桑树上白藓非桑所开花也。涩肠，止血，消热。　桑耳一名五鼎芝，作菜用，益人。

种植。取黑椹中段子收贮，勿令泪湿。将种时，先以柴灰淹揉，次日淘净，取沉水者晒，令才去水气，种乃易生。宜肥地，有草锄净。冬月烧去苗，至春去冗苗，留旺者。俟至指大，移栽，五步一株，大约种子不如压枝。　压插。初芽时，择指大枝条旺相肥泽者，就马蹄处劈下，润土内开沟尺许，土干则不生根，大湿则烂，故以润为佳。埋实，自然生根布叶。压后遇旱，于傍开沟灌之，但取水气到，忌多着水。《农桑要旨》云：平原淤壤土地肥虚，荆桑、鲁桑俱可种。若山地土脉赤硬，止宜荆。《士民必用》云：种艺在审时，又合地宜，使不失其中，春分前十日为上时，当发生也。十月小春，木气长生也，亦可压桑。有三宜：时宜和，包宜固，壅宜厚。大抵天气晴明，己午时借其阳和，如栽子已出，忽变天气，即以热汤调泥培之。暑月必待晚凉，仍预于园中稀种麻麦为荫。惟十一月不生。《农桑撮要》云：十二月内掘坑，深阔约二小尺，却于坑畔取土粪和成泥浆，桑根埋定，粪土培壅，将桑栽向土，提起则根舒畅。复土壅与地平同，次日筑实，切不可动摇，其桑加倍荣旺，胜如春栽。　又法：将桑根浸粪水内一宿，掘坑栽之。栽宜浅，种以芽稀者为上。谚云："腊月栽桑桑不知。"《便民纂要》。　采桑。高者用梯摘，庶不伤枝。远出强枝，当用阔刃锋利扁斧，转腕回刃，向上斫之。枝查既顺，津脉不出，叶必复茂。谚曰："斧头自有一倍叶。"此善用斧之效也。采桑高枝不胜梯，须置桑几如高凳，下列二桄作登级，斯易摘叶，又不伤树。　培桑。凡耕桑田，不用近树，犁不着处，劚土令起，斫去浮根，以蚕矢粪之，根下埋龟甲，则茂盛而不蛀。生黄衣，亦以此治之。　修桑。削其小枝则叶茂，去其枯枝则不荒。蚕事毕，将枝剥去，但剥时不可留嘴角。及夏至，开掘根下，用粪或蚕沙培壅，则生意郁积，来年嫩枝之叶更觉茂盛，且皮可制纸，枝可当柴，兼有余利。

收椹。子熟时摘取，以水淘过，略晒干便种，同二月法；或畦种之便生。即时多收椹子，以待来春种尤佳。收贮勿近湿壁墙边，则湆损不生。《农桑撮要》。　五月也，收桑椹而水淘，少晒焉，畦而种之。至冬而焚其梢，（乃）〔及〕明年而分种之。《学圃蚕经》。

附录。桑寄生：益血安胎，然难得真。有以用他寄生至于陨命者，慎之。　五岭以南绝无霜雪，最宜树。树上多寄生木，即《山海经》所谓寓木也，而桑寄生以入药名独著。梧之长洲饶有之。采时，须令并桑枝摘取，不尔即杂以他木，莫可辩。桑寄生酒出梧洲，色白，味颇清冽。晋张华诗"苍梧竹叶清"，陈张正见诗"浮蚁擅苍梧"，皆谓此。第酿者必和以烧酒，以气候炎蒸，巩酒味易败故耳，饮勿过多。张七泽。

疗治。百种风热：椹汁三斗，白蜜二合，酥油一两，生姜汁一合，重汤煮椹汁减半，方入酥、蜜等，令匀。每一合酒服，甚妙。　咳嗽吐血甚者：鲜桑根白皮一斤，米泔浸三宿，刮去黄皮，锉细，入糯米四两，焙干，为末。每服一钱，米饮下。　消渴尿多：入地三尺桑白皮，炙黄黑，锉，水煮浓汁，随意饮。亦可入少米，忌盐。　产后下血：炙桑白皮煮水饮。　白露不绝：锯截桑根，取屑五指撮，醇酒服，日三。　坠马拗损：桑白皮五斤为末，水一升，煎膏傅之，即止。后无宿血，亦不发。　金疮作痛：新桑白皮煮汁服，再入烧灰，和干马粪涂上，仍以皮裹之。新桑叶汁亦可。　物眯眼：新桑白皮洗净挼烂，入眼，拔之自出。　发落：桑白皮锉，二升水淹浸，煮五六沸，去滓，频洗。　发不泽：桑白皮、柏叶各一升，煎汁沐之，即润。　小儿重舌：桑白皮煮汁，涂乳上饮。　小儿流涎，脾热，膈有痰：新桑白皮捣自然汁涂之，效。干者煎水。　小儿天吊，惊痫客忤：家桑东行根，研汁服。桑白皮汁亦可。　小儿火丹：桑白皮煮汁浴。或为末，羊膏和涂。　石痈坚硬，不作脓血者：蜀桑白皮阴干为末，烊胶和酒调傅，以软为度。以上俱根皮。　小儿鹅口：桑白皮汁和胡粉涂之。　小儿唇肿：桑木汁涂即愈。桑叶汁亦可。　解毒：桑白汁服一合，须臾吐利自出。　破伤风：桑沥和好酒温服，以醉为度。醒服消风散。　水肿胀满，水不下满溢，水下则虚竭仍胀，十无一活：用桑心皮切，水二斗，煮一斗，入双椹再煮五升，糯饭五升，酿酒饮。桑柴灰淋汁，煮小豆食，亦良。　瘰疬结核：桑椹黑熟者二斗，取汁，银石器熬膏，汤服一匙，日三。　骨鲠：取红椹子细嚼，先咽汁，后嚼滓，新水送下。干者亦可。　小儿赤秃：桑椹取汁频服。　白秃：黑椹入罂中，曝三七日，化为水，洗之。三七日效。　阴症腹痛：桑椹绢包风干，过伏天，为末。每服三钱，热酒下，取汗。　青盲：宋仲孚患此十二年，用此法二年，目明如故。新斫青桑叶阴干，按日就地上烧存性。每以一合，于器内煎减二分，倾出澄清，温热洗。冷即重汤顿热，至百度，屡试有验。正、二月初八，三、五月初六，四月初四，六、十一月初二，七月初七，八月二十，九月十二，十月十三，十二月三十。　风眼下泪：腊月不落叶煎汤，日日温洗。入芒硝少许。　赤眼涩痛：桑叶为末，纸卷烧烟薰鼻，效。　发不长：桑叶、麻叶煮泔水频洗。　吐血：晚桑叶焙研，凉茶服三钱，只一服止。后用补肺肝药。　霍乱转筋，入腹烦闷：桑叶一握煎饮，一二服立定。　大肠脱肛：黄皮桑树叶三升，水煎，带温罨纳之。　肺毒风疮，状如大风：用好桑叶洗净，蒸熟二宿，日干，为末，水调二钱匙服。　痈口不敛：经霜黄叶为末，傅之。　穿掌肿毒：新桑叶研烂盦之，愈。　汤火伤：经霜桑叶烧存性，为末，油和敷，三日愈。　手足麻木，不知痛痒：霜后桑叶煎汤，频洗。　变白：久服通血气，利五脏。鸡桑嫩枝阴干，为末，蜜丸。每酒服六十丸。　水气脚气：桑条二两炒香，以水一升，煎二合，空心服，无禁忌。　风热臂痛：桑枝一升切炒，水三升，煎二升，一日服尽。许叔微云："常病臂痛，诸药不效，服此数剂寻愈。"　解蛊毒，腹中坚痛，面黄青色，淋露骨立，病变不常：桑木心锉一斛，水三斗，煮二斗，澄清，微火煎五升，空心服五合，即吐出。　刺伤手足，犯霜水肿痛，多杀人：桑枝三条，煻火炮热断之，以头熨疮上令热，冷即易之。尽二条，则疮自烂。仍取韭白或薤白敷上，急以帛裹之。有肿更作。　紫白癜风：桑枝十斤，益母草三斤，水五斗，漫煮至五升，去滓，再煎成膏。每卧时温酒调服半合，以愈为度。再以桑柴灰二斗甑蒸，取釜内汁，热汤洗之，妙。　大便后血：桑花水煎服。为末服，止吐血。　目赤肿疼：桑灰一两，黄连末半两。每一钱炮汤，澄清洗。　尸注鬼注：其病变动，自三十六种至九十九种，使人寒热，恍惚默默，不知所苦，累年积月，以至于死，复传亲人，宜急治之。用桑树白皮曝干，烧灰二斗，甑中蒸透，以釜中汤三四斗淋之又淋，凡三度。极浓，澄清，止取二斗，渍赤小豆三斗一宿，曝干复渍，灰汁尽乃止。以豆蒸熟，或羊肉或鹿肉作羹。进此豆饭，初食一升至二升，取饱。微者三四斗愈，极者七八斗愈。病去时，体中自觉疼痒淫淫。若根本不尽，再为之，神效。　水肿，坐卧不得：取东引花桑枝，烧灰淋汁，煮赤小豆。每饥即饱食之，忌汤饮。　除痣：取桑条烧灰淋汁，入石灰熬膏，自己唾调点之，自落。　大风恶疾，眉发脱落：桑柴灰，热汤淋，取汁洗头面，再以水研大豆浆解灰味，次用热水入菉豆粉濯之。三日一洗头，一日一洗面，不过十度良。　狐尿刺人，肿痛欲死：桑灰汁渍之。冷即易。　蛇蜈蜘蛛伤：桑白皮汁涂之，效。桑叶挼烂涂之，亦佳。　疮伤风水，肿痛入腹则杀人：桑灰汁渍之。冷复易。　头风白屑：桑灰汁沐之，良。　少小鼻衄，小劳辄出：桑耳炒焦，捣末。每发时，以杏仁大塞鼻中，数度可断。　五痔下血：桑耳作羹，空心饱食，三日一作，待孔中痛如鸟啄状，取大小豆各一升合捣，作两囊蒸之，及热，更互坐之，即瘥。　脱肛泻血：桑黄一两，熟附子一两，为末，炼蜜丸桐子大。每米饮下二十丸。　血淋疼痛：桑黄、槲白皮各二钱，水煎服，日一次。　月水不断，肉色黄瘦，血竭暂止，数日复发，小劳辄剧，久疾失治者皆可服：桑黄焙研，每服二钱，食煎热酒下，日二服。　崩中漏下：桑耳炒黑，为末。酒服方寸匕，日三服，取效。　赤白带下：桑耳切碎，酒煎服。　遗尿且涩：桑耳为末。每酒下方寸匕，日三。　留饮宿食：桑耳二两，巴豆一两去皮，五升米下蒸过，和枣膏抟丸麻子大。每服一二丸，取利止。　心下急痛：桑耳烧存性，热酒服二钱。　　瘰疬溃烂：桑黄菰五钱，小红豆一两，百草霜三钱，青苔二钱，片脑一分，为末，鸡子白调敷，以车前、艾叶、桑皮煎汤洗之。　　咽喉痹痛：五月五日收桑耳白如鱼鳞者，临时捣碎，绵包弹子大，蜜汤浸，含之立效。　　面上黑斑：桑耳焙研，每食后热汤服一钱，一月愈。　　足趾肉刺：先以汤浸，刮去一层，用黑木耳贴之，自消烂不痛。

典故。天子、诸侯必有公桑蚕室，后妃斋戒，享先蚕而躬桑，以劝蚕事。《周礼》。　黄帝元妃西陵氏㯺祖始劝蚕事，月大火而浴种，夫人副袆而躬桑。王祯《农书》。　皇后躬桑，始捋一条；执筐受桑，捋三条。女尚书跪曰："可止。"执筐者以桑受蚕母，以桑适金室。《皇后亲蚕仪》。　皇后亲桑，以奉祀服。《汉文帝诏》。　后亲桑，为天下先。《汉景帝诏》。　太后幸蚕馆，率皇后及列夫人桑。《汉元帝纪》。　武帝太康中立蚕官，皇后躬亲，依汉魏故事。《晋史》。　孝武立观，后亲桑，循晋礼也。《宋史》。　置蚕室，皇后躬桑于所。《北齐书》。　皇后至蚕所桑。《后周书》。　皇后亲桑于位。《隋史》。　扶桑在阳州，日所拂。《淮南子》。　天下之高者，扶桑无枝叶，上至于天，下通三泉。《窆中记》。　扶桑在碧海中，上有天帝宫，东王公所治。树长数千丈，两两同根，更相依倚。仙人食其椹，体作金色。《十洲记》。　东北海外圆丘之南有三桑木，长百仞，无枝。《山海经》。　伊尹生于空桑。　伊陟相太戊，亳有桑谷共生于朝，七日而大拱。《白帖》。　孔子母徵在游于大冢之陂。睡，梦黑帝使请往交，语曰："汝乳必于空桑。"觉则若有所感，后生孔子于空桑之中。《孔演图》。　子产相郑，开亩树桑，郑人谤訾。《韩非子》。　《史记》：始皇遣徐福入海求三山不死之药。《金楼子》曰：闻鬼谷先生言，故遣之求金菜玉蔬及一寸椹。此说亦异。　张堪为太守，百姓歌之曰："桑无附枝，麦秀两歧。张君为政，乐不可支。"《汉鉴》。　申屠蟠耻郡无处士，遂闭门养志，为蓬室，依大桑以为栋梁。《汉史》。　先主宅东南角篱下有桑树，高丈余，遥遥童童，若羽葆车盖，往来者皆怪其非凡，谓当出贵人。先主少时，与宗中诸儿戏于树下，曰："我必乘此葆羽车盖。"《蜀志》。　元帝永光元年三月，陨霜杀桑，时石显用事。　庞士元师事司马德操，不矜小名，人莫知之。德操蚕月躬采桑后园，士元助之，因与谈世兴废，其言若神，遂移日忘餐。德操于是重之。　高弘为琅玡相，妻子不入官舍，用桑杯盛浆。《后汉书》。　杨沛为新郑长，课民蓄桑椹、曅豆，曅，音劳。积得千余斛。太祖军乏粮，沛进之，后迁邺令。《魏书》。　愍怀太子孕时，有桑生于西厢，数日而枯。十二月太子生。《晋书》。　辽初无桑，慕容廆通于晋，求种江南，平州之桑悉繇吴来。《后燕录》。　太祖宅在武进，宅南有桑树，高三丈，横出四枝，如车盖。太祖方数岁游其下，从兄敬宗谓曰："此树为汝生也。"《齐书》。　襄阳土俗，凡邻居必种桑界上以为志。韩系伯以桑荫妨邻人地，迁开数尺。邻人随侵之。系伯辄又改种。邻人惭，还所侵地。同前。　金末大饥。至夏，桑椹熟，民皆采食，获活者不可胜计。《金史》。

丽藻。散语：五亩之宅，树墙下以桑。《孟子》。　桑之未落，其叶沃若。吁嗟鸠兮，无食桑椹。　桑之落矣，其黄而殒。　肃肃鸨行，集于苞桑。　鸣鸠在桑，其子七兮。　蚕月条桑，取彼斧斨。以伐远扬，猗彼女桑。　菀彼柔桑，其下候旬。将采其刘，瘼此下民。俱《诗》。　季春之月，具曲植蘧筐，后妃斋戒，亲东乡，躬桑。禁妇女毋（觀）〔观〕，省妇以劝蚕事。《礼·月令》。　桑柳醜条。《尔雅》。　麻姑云："接待以来，见东海三为桑田。"葛洪。　维六龙于扶桑。刘向。　赋：惟蚕有功，万世归美。广物产之货资，作人生之衣被。仲春之月，天子诏后以躬桑；大昕之朝，内宰告期而命祀。于是诣灵坛，降宝殿，翠障夹乎道周，凤辇翔于几旬。顺春气于东方，朝先蚕于北面。具夫青缥之服，侑以芳馨之荐。当其叠承宠命，适对韶光，择世妇于卜吉，受鞠衣于明堂。崇开禁馆，始入公桑。援条有三，听女尚书之劝止；执筐不再，受宫夫人之是将。体之以坤仪之柔顺，视之以母道之慈良。破蚁以来，庶养至于千簿；献茧之后，谅化被于多方。命缫治以成丝，爰趋工而俟织。玄黄朱绿，染各精明；黼黻文章，参同品色。王祯《亲蚕赋》。　赞：有星天驷，象匹神龙。惟蚕辰生，厥精冥通。孕卵而出，寓食桑中。惟君立后，毓德中宫。既正母仪，普师妇工。建兹茧馆，桑必以躬。爰制祭服，郊庙是供。王祯《农书》。　诗五言：桑柘起寒烟。谢玄晖。　枯桑知天风。古诗。　岩枝落帝桑。唐诗。　但愿桑麻成，蚕月得纺绩。江海。　翳翳桑榆日，照我征衣裳。　五月梅始黄，蚕稠桑柘空。李白。　蔼蔼桑麻交，公侯为等伦。　天用莫如龙，有时系扶桑。俱杜少陵。　出自蓟北门，遥望胡地桑。枝枝自相植，叶叶自相当。曹子建。　蚕生春三月，春桑正含绿。女郎采春桑，歌吹当春曲。古乐府。　采桑盛阳月，绿叶何翩翩！攀条上树表，牵怀紫罗衫。　秦地罗敷女，采桑绿水边。素手绿条上，红妆白日鲜。蚕饥妾欲去，五马莫留连。李白。　翳翳陌上桑，南枝交北望。美人金梯出，手自提竹筐。非但畏蚕饥，盈盈娇路傍。常建。　用拙存吾道，幽居近物情。桑麻深雨露，燕雀半生成。村鼓时时急，渔舟个个轻。杖藜从白首，心迹喜双清。杜甫。　美女渭桥东，春还事蚕作。五马如飞龙，青丝结金络。不知谁家子，调笑来相谑。妾本秦罗敷，玉颜艳名都。绿条映素手，采桑向城隅。使君且不顾，况复论秋胡。寒螀爱碧草，鸣凤栖青梧。托心自有处，但怪旁人愚。徒令白日暮，高驾空踟蹰。李太白。　野外罕人事，穷巷寡轮鞅。白日掩荆扉，虚室绝尘想。时复墟曲中，披草共来往。相见无杂言，但道桑麻长。桑麻日已长，吾土日已广。常恐霜霰至，零落同草莽。陶渊明。　厚地植桑麻，所用济生民。生民理布帛，所求活一身。身外充征赋，上以奉君亲。国家定两税，本意在爱人。厥初防其衡，明较内外臣。税外加一物，皆以枉法论。奈何岁月久，贪吏得因循。役我以求宠，敛索无冬春。织绢未成匹，缲丝未盈斤。里胥迫我纳，不许暂逡巡。岁暮天地闭，阴风生破村。夜深烟火尽，霰雪白纷纷。幼者形不蔽，老者体无温。怨啼与寒气，并入鼻中辛。昨日输残税，因窥官库门。缯帛如山积，丝絮似云屯。号为美余物，随同献至尊。夺我身上暖，买尔眼前恩。进入琼林库，岁久化为尘。白乐天。　七言：缲成白雪桑重绿。王介甫。　起居八座称筋日，遥指扶桑海上霞。冯琢庵。　舍西柔桑叶可拈，江上细麦复纤纤。人生几何春已夏，不放香醪如蜜甜。杜子美。　鹅湖山下稻梁肥，豚栅鸡埘半掩扉。桑柘影斜春社散，家家扶得醉人归。张演。　女桑新绿映宫槐，三月春风戴胜来。织就鸳鸯锦千匹，金刀先取合欢裁。陈眉公。　词：一夜春波酿作蓝，晓桑柔叶绿鬖鬖。丫鬟十五太娇憨。　织作双鱼成比目，偷将百草斗宜男。更无心绪喂春蚕。王元美《浣溪沙》。

苎，绩麻也。有二种，一种紫麻，一种白苎。出荆、扬、闽、蜀、江、浙，今中州亦有之。皮可绩布。苗高七八尺。叶如楮，面或青或紫，背白，有短毛。花青如白杨而长。夏秋间着细穗，一朵数千穗，白色。子熟茶褐色。根黄白而轻虚，一科数十茎。宿根在地，到春自生。每岁三刈。每亩得麻三十斤，少亦不下二十斤。每斤三百文，过常麻数倍。又有一种山苎，颇相似。蚕最恶麻，凡麻枲之属近蚕，种则不生，戒之。

移栽。苎已盛时，宜于周围掘取新科，如法移栽，则本科长茂，新栽又多。或如代园种竹法，于四五年后，将根科最盛者间一畦，移栽一畦，截根分栽，或压条滋生。此畦既盛，又掘彼畦，如此更代，滋植无穷。将欲移栽，预选秋耕熟肥地，更用细粪粪过。来春移栽，地气动为上时，萌芽为中时，苗长为下时。周围离一尺五寸作区，移栽拥土毕，以水淹之。若夏秋，须趁雨后地湿，连土于近地栽亦可。苗高数寸，即用大粪和半水浇之，最忌猪粪。或曰苎月月可栽，但须地湿。一云苎根忌见星月，堂屋内收藏。若露地，须用苫盖，使见星月即变野苎。　栽根。用刀将根截作三四指长。栽时，四围各离一尺五寸作区，每区卧栽三二根，拥土毕，方浇水，三五日再浇。苗高勤锄，旱则浇之。第二年方堪再刈，至年久根科盘结不旺，掘根分栽。若欲致远，须少带原土，裹以蒲包，外用席包掩合，勿透风日，数百里外亦可活。　种子。三四月下种，园圃有井及临河处俱可，沙地为上，两和地次之。劚土一二遍，作畦阔半步、长四步。再劚一遍，用枚背浮按稍实，再〔耙〕平。隔宿用水饮畦，饮，去声。明旦细齿耙浮，搂起再耙平。随用润土半升，子一合，匀撒。一合子可种六七畦。撒毕，苕帚轻轻扫合，用覆土则不出。搭棚三尺高，加细箔遮盖。五六月炎热时，箔上加苫重盖，不则晒死。未生芽或苗初出不可浇水，用炊帚细洒水于棚上，常令湿润。每夜及天阴去箔，以受露气。苗出，有草即拔去。苗高三指，不须用棚。如地稍干，用水轻浇。约长三寸，择稍壮地作畦移栽。隔宿饮苗，明旦将空畦浇过，带土撅苗移栽，相离四寸。频锄，三五日一浇，二十日后十余日一浇。十月后，用牛马粪盖，厚一尺，庶不冻死。二月后耙去粪，令苗出。以后岁岁如此。若北土，春月亦不必去粪，即以作壅可也。凡盖用粪壤、诸杂草秽、敝席、旧荐俱可。子种者，三四年之后方堪一刈，切忌太早。　刈麻。每岁可割三镰，头次见根旁小芽高五六分，大麻即可割。大麻既割，小芽便盛，即二次麻。若小芽过高，大麻不割，不惟芽不旺，又损大麻。大约五月初割一镰，六月半或十①月初割二镰，八月半或九月初割三镰。谚曰："头苎见秧，二苎见糠，三苎见霜。"唯二镰长疾，麻亦最好。割后即以细粪壅之，旋用水浇，必以夜或阴天，若日下浇，则皮有绣痕。　剥麻。刈倒时，随用竹刀或铁刀从梢分开，剥下皮，即以刀刮其白瓤，其浮上皱皮自脱，得其里如筋者，煮之。剥麻，春夏和暖时与常法同，若冬月，用温水润湿，易为分劈。首苎粗劲，堪为粗布；二苎稍柔细，惟三苎甚佳，堪为细布。刮苎之刀，煅铁为之，长三寸许，卷成小槽，内插短柄，两刃向上，以绳为用，仰置手中，将所割苎皮横覆刃上，以大指就按刮之，苎肤即脱。　沤麻。缚作小束搭房上，夜露昼晒五七日，自然洁白。若值阴雨，于屋底风道搭晾，经雨即黑。一云：绩既成，缠作缨子，于水盆内浸一宿。纺讫，用桑柴灰淋水浸一宿，捞出。每纻五两，用净水一盏，细石灰拌匀，停一宿。至来日择去石灰，却用黍秸灰淋水煮过，自然白软。晒干，再用清水煮一度，别用水摆极净。晒干，逗成缠，铺经织

---

① 十，应作"七"。"四库全书"《佩文斋广群芳谱》卷一二《桑麻谱·苎麻》作"七"。

造，与常法同。一云：纺成纻，用干石灰拌和，夏三冬五，春秋酌中，抖去。别用石灰煮熟，待冷，于清水中濯净，然后用芦帘平铺水面，摊纻于上，半浸半晒，遇夜收起，沥干。次日如前。候纻极白，方可织布。此池沤之法，须假水浴日曝而成。善绩者，麻皮一斤，得绩一斤，织布一匹。次者斤半，又次二斤、三斤。其布柔韧洁白，比常布价高一二倍。又曰：沤麻者但如法沤讫，方绩作纻，经纬成布，非先绩后沤也。亦有用本色绩纻者，夜露昼晒，数日便绩成纻，待成布后，方练白。若如治葛者，刈后即蒸熟剥之，不复练矣。用此作布，更柔而且纫。　　收种：收子作种，须头苎者佳。九月霜降后，收子晒干，以湿沙土拌匀，盛筐内，以草盖覆，若冻损则不生。二苎、三苎子皆不成，不堪作种。种时以水试之，取沉者用。

　　制用。苎根味甘，性寒滑，无毒，能补阴、破血、行滞、消热。刮洗，去皮切片，浸去恶水，煮极熟，食之甜美。稚头中有绵，芼之和粉食，可救荒。

　　疗治。哮嗽：苎根炼存性，为末，生豆腐蘸食三五钱，效。未愈，以肥猪肉蘸食，甚妙。　　胎欲堕，痛不可忍：苎根三两，锉银五两，酒一盏，水一大盏，煎，去滓，不拘时，作二次温服。　　妊妇忽下黄汁如胶，或胎漏下血如小豆汁：苎根切二升去黑皮，银一斤，水九升，煎四升，入酒一升，煎至一升，分二服。　　产后烦闷，有滞血：渍苎汁温服。　　产后血晕：枕苎麻即止。　　产后腹痛：苎麻安腹上。　　天行热疾，烦渴发狂，服金石心热发渴：煮苎汁服。　　痈疽发背：苎根叶熟捣敷之，数易，愈。或发乳房，初发微赤，不急治即死，治如上。　　小儿丹瘤：苎根三斤，小豆四升，水三斗，煮浓汁浸洗，妙。　　脱肛：苎根捣烂，煎汤薰洗。　　小便不通：苎麻、蛤粉各半两，为末。每服二钱，空心新汲水下。再用苎根洗研，摊绢上，贴小腹连阴际，须臾即通。　　五淋：苎根二茎杵碎，水一钟半，煎半钟，频服即通，甚妙。　　骨鲠：捣苎根汁灌之，立效。又捣碎，丸龙眼核大，鸡骨鸡汤下，鱼骨鱼汤下。　　毒箭及蛇虫咬：捣苎根罨之。　　蚕咬：煮苎汁饮之，愈。　　金疮：五月五日取叶，合石灰捣作团，为末敷之，即时血止，且易结痂。　　淤血不散：五六月收野苎及紫苏叶，捣烂敷之。如淤在腹，顺流水绞汁服，血皆化水。春冬用桃叶亦可。

　　丽藻。辞：白苎白质如轻云，制以为袍，余作巾。袍以光躯，巾拂尘。古辞。　　诗七言：北方佳人东邻子，且吟白苎停绿水。李太白。　　白苎新栽染汗香，轻风洒洒摇罗幕。许景樊女郎。

大麻，一名火麻，一名好麻，一名汉麻。雄者名枲、牡麻，雌者名苴麻、荸麻。荸，音字。茎高五六尺，枝叶扶疏，叶狭而长，状如益母草叶，一枝七叶，或九叶。五六月开细黄花成穗，随即结实，似苏子而大。剥其皮作麻，绩之可为布。其秸白而有棱，细者可为烛心。

　　麻勃。麻花也，治一百二十种恶风恶血，遍身苦痒及金疮内漏，通妇人经候。范汪治健忘方，七月七日收麻勃一升，人参二两，为末，蒸令气遍，临卧服一刀圭。《外台》言：生疗肿人见麻勃即死。用胡麻、针沙、烛烬为末，醋和敷之，效。《齐民要术》云：既放勃，拔去雄者。未放先拔，则不成子。　　麻蕡。一名麻蓝，一名青葛，麻子之连壳者，故《周礼》朝事之笾供蕡。《月令》：食麻与犬。麻仁可食，蕡可供，稍有分别。壳有毒，仁无毒。春种者为春麻，子小而有毒。夏种为秋麻，子入药，利五脏，破积，止痹，散脓。压油，可油物，入土者杀人。麻子，海东毛罗岛来者大如莲实，最胜；上郡、北地者大如豆，南地者子小。　麻仁。润五脏，利大肠，风热结燥及热淋。妇人倒产，吞二七枚即止。多食痿阳，女人发带疾。麻仁最难去壳。用帛包浸沸汤中，至冷取出，垂井中一夜，勿着水。次日日中曝干，即于新瓦上按去壳，簸取仁，粒粒皆完。　麻叶。捣汁服，下蛔虫。捣烂敷蝎螫，效。　叶一握，子五升，捣和，浸三日，沐发长润，令白发不生。同根捣汁服，治挝打瘀血，心腹满气短及踠折骨（通）〔痛〕，皆效。如无，以麻代。　麻根。热淋下血不止，取三九枚洗净，水五升，煮三升，分服，神验。　麻油。炒黑压油，搽头，治发不生。时时饮之，治硫黄毒，又治咽痛痒。　沤麻汁。止消渴，治瘀血。

种植。取斑黑麻子种，地须耕二遍。一亩用子三升。二月为上时，四月初为中时，五月初为下时。大率二尺留一株，密则不成。锄须净，荒则少实。五谷地近道处种之，六畜不犯。豆地种则两损。六月中可于空处种蔓菁子。《氾胜之书》曰：高一尺，加蚕屎或熟粪。天旱，以流水浇之。井水须少曝，以杀其寒气，浇不欲数。霜后实成，速砍。种宜己亥、辛巳、壬申、庚申、戊申及正月三卯日，忌寅未日、辛亥日。种骆麻地宜肥湿，早者四月，迟者六月，繁密处茎去则长。　刈麻。秆上生白腻时即刈，摊宜薄，束宜少，沤宜清水。生熟要相宜。麻一斤可取皮四两。

制用。服食法：麻子仁一升，白羊脂七两，蜜蜡五两，白蜜一合，和杵，蒸食之，不饥，耐老，益气。　久服不饥：麻子仁二升，大豆一升，熬香，为末，蜜（头）〔丸〕[1]，日二服。平日投麻子二七粒井中，辟瘟。

疗治。治骨髓风毒疼痛，不可运动：用大麻仁水浸，取沉者一大升曝干，于银器中旋旋慢炒香熟，入木臼中捣至万杵，待细如白粉止，平分十帖。每一帖取家酿无灰酒一大碗，同麻粉，用柳槌蘸入砂盆中擂之，滤去壳，煎至减半。空腹温服一帖。轻者四五帖，甚者不出十帖，必效。　治风水腹大，腰脐重痛，不可转动及五淋涩痛，老人风痹：用冬麻子半斤，研碎，水滤取汁，入粳米二合煮稀粥，下葱、椒、盐、豉，空心食。大便不通同治。　治脾约、大便秘、小便数：麻子仁二升，芍药半斤，厚朴一尺，大黄、枳实各一斤，杏仁一升，熬研，炼蜜丸桐子大。每浆水下十丸，日再。不效再加。　瘰疬初起：七月七日麻花，五月五日艾叶，等分，作炷灸百壮，烧胡桃、松脂研敷。　金疮内漏：麻勃一两，蒲黄二两，为末。酒服一钱匕，日三夜一。　风病麻木：麻花四两，草乌一两，炒存性，为末，炼蜜调成膏。每服三分，白汤调下。　风癫百病：麻子四升，水六升，猛火煮令芽生，去滓，煎取二升，空心服之。或发或不发，或多言语，勿怪之，但令人摩手足，顷定，进三剂，愈。　产后汗多，大便秘难：用药惟麻子粥最稳。不惟产后可服，凡老人诸虚风秘皆得力。用大麻子仁、紫苏子各二合，洗净研细，再以水研，滤去汁，一盏分二次煮粥啜之。　产后瘀血不尽：麻子仁五升，酒一升，渍一夜。明旦温服酒一升。不瘥，再服一升，不吐不下。不得与男子通一月，将养如初。　胎损腹痛：麻子一升，杵碎熬香，水二升，煮汁服。　妊娠心痛烦闷：麻子仁一合，水二盏，煎六分，去滓服。　月经不通，或两月三月，或半

---

① 头，应作"丸"。"四库全书"《本草纲目》卷二三《谷之一·大麻》引《药性论》作"丸"。

年一年者：麻子仁二升，桃仁二两，研匀，熟酒一升浸一夜，日服一升。　呕逆不止：麻仁杵熬，水研取汁，着少盐吃，立效。李谏议常用，极妙。　下焦虚热，骨节烦痛，肌肉急，小便不利，大便数，少气吸吸，口燥热淋：用大麻仁五合研，水二升，煮减半，分服四五剂，瘥。　补下治渴：麻子仁一升，水三升，煮四五沸，去滓，冷服半升，日二。　消渴饮水，小便赤涩：用秋麻子仁一升，水三升，煮三四沸，饮汁，不过五升，瘥。　乳石发渴：大麻仁三合，水三升，煎二升，时时呷之。　饮酒咽烂，口舌生疮：大麻仁一升，黄芩二两，为末，蜜丸含之。　脚气肿渴：大麻仁熬香，水研，取一升。再入水三升，煮一升，入赤小豆一升，煮熟，食豆饮汁。　脚气腹痹：大麻仁一升，研碎，酒三升，渍三宿，温服，良。　血痢不止：麻子仁汁煮绿豆，空心服，极效。　小儿痢下赤白，体弱大困：麻子仁三合，炒香，研细末。每服一钱，浆水服，立效。　大肠头出寸余，痛苦，干则自落，又出，名为截肠病。若肠尽，即不治。但初觉截时，用器盛脂麻油，坐浸之，饮大麻子汁数升，即愈。　金疮瘀血在腹：大麻子仁三升，葱白十四枚，捣烂熟，水九升，煮一升半，顿服。血出不尽，更服。　腹中虫病：大麻子仁三升，东行茱萸根八升，渍水。平旦服二升，至夜虫下。　小儿痔疮：嚼麻子敷之，日六七度。　小儿头疮：麻子五升，研细末，绞汁和蜜傅之。　白秃无发：麻子炒焦，研末，猪脂和涂。　发落不生：黄麻子汁煮粥，顿食之。　聤耳出脓：麻子一合，花胭脂一分，研匀，作挺之，绵裹塞之。　大风癞疾：大麻子仁三升，淘晒，以酒一斗浸一夜，研取汁，滤注瓶中，重汤煮数沸，收之。每饮一小盏，兼服茄根散、乳香丸，效。　辛被毒箭：麻仁数升，杵之饮。　解射罔毒：大麻子汁饮之，良。　辟禳温疫：麻子仁、赤小豆各二七枚，除夜着井中，饮水，良。　赤游丹毒：麻仁捣末，水和傅之。　湿癣肥疮：大麻汁敷之，五日瘥。　瘰疬出汗，出手足肩背，累累如赤豆状：剥净大麻子，炒，研末，摩之。　治疟疾不止：大麻叶，不问荣枯，锅内文武火慢炒香，收起纸盖，令出汗尽，为末。临发前茶或酒下。移病人原睡处，其状如醉醒，即愈。又火麻叶，如上法为末一两，加缩砂、丁香、陈皮各半两，酒糊丸梧子大。每酒茶任下五七丸，能治诸疟，壮元气。　产难，衣不出，破血壅胀，带下崩中不止：麻根水煮服，效。　挝打瘀血，心腹满，气短，及胫折骨痛不可忍：麻根及叶捣汁服，效。无，则以麻煮汁代之。

典故。郑班与李愚同为学士。郑阁下一麻生，李曰："承旨入相矣。"霜降成实，乃白麻也。是夜制出拜相，拜相用白麻。《纪录录》。　嘉祐中，昆山海上有一船桅折，风飘泊岸。船中三十余人，衣冠如唐人，系红鞓角带，着短皂衫。见人恸哭，语言书字皆不可晓。行则相缀如雁行。久之，自出一书示人，乃唐天宝中屯罗岛首领陪戎副尉；又有一书，乃上高丽表，亦称屯罗岛，皆用汉字。盖东夷之臣属高丽者。时赞善大夫韩正彦为令，召其人，（搞）〔犒〕以酒食，且使人为治桅，教以起什之法。其人喜，各捧首谢而去。船中有麻子，大如莲的，土人求种之，初岁亦如莲的，次年渐小，数年后与中国麻子无异。《昆山县志》。

丽藻。散语：麻冕礼也。　麻缕丝絮，轻重同则价相若。四书。　东门之池，可以沤麻。　麻衣如雪。　丘中有麻，彼留子嗟。　禾麻菽麦。　麻麦懞懞。俱《诗》。　诗五言：青青屋东麻，散乱床上书。　乌麻蒸续晒，丹橘露应尝。俱杜少陵。　七言：楚人四时皆麻衣,楚天万里无晶辉。杜少陵。

檾麻,檾,音顷。《说文》云:枲属,从朮。不从林。《尔雅翼》:檾高四五尺,或六七尺。叶似苧而薄。或作蕡①。《周礼》:典枲麻草。注:草,葛蕡也。种与麻同法。叶团如盖,花黄,结子如橡斗而面平,中有隔,外各有尖,子如大麻子而黑,有微毛,与王麻子同时熟。刈作小束,池内沤之,烂去青皮,取其麻片,洁白如雪,耐水,烂可织为毯被及作汲绠牛索,或作牛衣、雨衣、草覆等具,农家岁岁不可无者。味苦,平,无毒。治痢疾及眼翳瘀肉,起拳毛倒睫。

制用。将檾子微炒,柳木作碓,磨去壳,马尾罗筛作黄肉,去焦壳,每十两可得四两,非此法不能去壳。

疗治。赤白冷热痢:蕡子炒研,为末一钱,蜜汤调服。 痈肿:无头水吞蕡子一粒。一切眼疾:蕡子一升为末,猪肝批片,蘸〔末〕炙(热)〔熟〕,再蘸再炙,蘸尽为末。每陈米饮下一字,日三。 目翳久不愈:檾实为末,猪肝薄切滚药,慢火炙(热)〔熟〕,为末,醋丸桐子大。每服三十丸,白汤下。一方:檾纳袋中蒸(热)〔熟〕,曝为末,蜜丸,温水下。

葛,一名黄斤,一名鹿藿,一名鸡齐。处处有之,江浙尤多。有野生,有家种。春生苗,引藤蔓长一二丈。治之可作布。根外紫内白,大如臂,长者七八尺。叶有三尖,如枫叶而长,面青背淡。七月着花,红紫色,累累成穗,晒干可炸食。荚如小黄豆荚,有毛。子②绿色,形扁,如盐梅子核,生嚼腥。七八月采。

葛根。入土深者味甘、辛,无毒。端阳午时采,破之晒干,入药解酒毒,治消渴、伤寒、壮热,敷虫蛇伤,杀百药毒,压丹石,发疮疹。又可蒸及作粉食,甚益人。生者堕胎,多食伤胃。入土五六寸者名葛脰,食之令人吐。 花。甘,平,无毒。治肠风下血。同小豆花,干为末,酒服,饮酒不醉。 叶。金疮出血,挼傅之。 蔓。消痈肿,烧研水服,治卒然喉痹。

采葛。夏月葛成,嫩而短者留之,一丈上下者连根取,谓之头葛。如太长,看近根有白点者不堪用,无白点者可截七八尺,谓之二葛。 练葛。采后即挽成网,紧火煮烂熟,指甲剥看,麻白不粘青,即剥下,长流水边捶洗净,风干,露一二宿,尤白。安阴处,忌日色,纺之以织。 洗葛衣。清水揉梅叶洗,经夏不脆。或用梅叶捣碎泡汤,入磁盆内洗之。忌用木器,则黑。

疗治。数种伤寒,兼治天行时气,初觉头痛,内热脉洪者:葛根四两,水二升,入豉一升,煮取半升服。生姜汁尤佳。心热,栀仁十枚。 伤寒头痛二三日,发热者:葛根五两,香豉一升,以童子小便八升,煎取二升,分三服。食葱粥取(汁)〔汗〕。 妊娠热病:葛根汁二升,分三服。 预防热病,急黄贼风:葛粉二升,生地黄一升,香豉半升,为散。每食后,米饮服方寸匕,日三。 辟瘴:生葛捣汁一盏服。 烦躁热渴不止:葛根半两,水煎服。 干呕:葛根捣汁服一升,瘥。 小儿呕吐,壮热食痫:

---

① 檾、蕡,今均作"苘"的异体字。底本以"檾""蕡"字形分析言事,不宜以今规范正字"苘"替之,故一仍底本字形。

② 子,底本缺,据"四库全书"《佩文斋广群芳谱》卷一二《桑麻谱·葛》补。

葛粉二钱，水二合，调匀，重汤烫熟，以糜饮和食。　心热吐血不止：生葛捣汁半升，顿服，立瘥。　衄血不止：生葛捣汁，三服即止。　热毒下血，因食热物发者：生葛根二斤，捣汁一升，入藕汁一升，和服。　伤筋出血：葛根捣汁饮。干者煎服。仍熬屑敷之。　腰痛：嚼生葛根咽汁，效。　金创中风，痉强欲死：生葛根四大两，以水三升，煮取一升，去滓服。口禁者灌之。若干者，捣末，调三指撮。及竹沥，多服取效。　服药过剂苦烦：生葛汁饮之。干者煎汁服。　酒醉不醒：生葛汁饮二升，便愈。　中诸药毒，发狂烦闷，吐下欲死：葛根煮汁服。　中鸩毒，气欲绝者：葛粉三合，水三盏，调服。口禁者灌之。　虎伤疮：生葛煮浓汁洗之。仍捣末，水服方寸匕，日夜五六服。　妇人吹乳：葛蔓烧灰，酒服二钱，三服效。　疖子初起：葛蔓烧灰，水调傅。　小儿口禁，病在咽中，如麻豆许，令儿吐沫，不能乳食：葛蔓烧灰一字，和乳汁点之，即瘥。

典故。孟夏，是月也，天子服絺。《月令》。　任昉素清贫。卒后，其子西华冬日着葛帔练裙。道逢刘孝标，孝标泫然矜之，乃著《广绝交论》，盖讥其旧交也。《梁书》。

丽藻。散语：当暑袗絺绤。《论语》。　困于葛藟未当也。《易》。　葛之覃兮，施于中谷。维叶莫莫，是刈是濩，为絺为绤。　绵绵葛藟，在河之浒。　彼采葛兮。　葛生蒙楚，蔹蔓于野。俱《诗》。　葛藟累于桂树兮，鸱鸮集于木兰。《楚辞》。　诗五言：交趾丹砂重，韶州白葛轻。　十暑岷山葛，三霜楚户砧。　絺衣挂萝薜，凉月白纷纷。　细葛含风软，香罗叠雪轻。　焉知南邻客，九月犹絺绤。　有客过茅宇，呼儿正葛巾。俱杜子美。　黄葛生洛溪，黄花自绵幂。青烟蔓长条，缭绕几百尺。闺人费素手，采缉作絺绤。缝为绝国衣，远寄日南客。苍梧大火落，暑服莫轻掷。此物虽过时，是妾手中迹。李太白。　七言：秦城老翁荆扬客，惯习炎蒸岁絺绤。杜少陵。　方士飞轩驻碧霞，酒香风冷月初斜。不知谁唱归春曲，落尽溪头白葛花。曹唐。

二如亭群芳谱

棉谱小序

《禹贡》：岛夷卉服，厥篚织贝。蔡氏谓棉之精好者为吉贝。徐子先吉贝一疏，载棉之利最详。兴美利前民用仁人之言。夫今棉之利遍宇内，且功力视苎葛甚省，绩苎葛日以钱计，纺绵四日，而得一斤，信其利远出麻枲上也。今北土广树藌而昧于织，南土精织纴而寡于藌。若以北之棉，学松之织，利当更倍。顾棉则方舟而鬻诸南，布则方舟而鬻诸北，此子先所为叹也。予故撮其旨要，俾务本者得览焉。作棉谱。

济南王象晋荩臣甫题

二如亭群芳谱棉部卷全

济南　王象晋荩臣甫　纂辑
松江　陈继儒仲醇甫
虞山　毛凤苞子晋甫　同较
宁波　姚元台子云甫
济南　男王与胤、孙王士禄　诠次

棉谱

　　棉，一名吉贝。春月以子种。秸似木，叶绿似牡丹而小。花黄如秋葵而叶单，干不贵高长，枝最喜繁茂。结实三棱，青皮，尖顶，累累如桃，北人呼为花桃，熟则桃裂而绒现。其绒如鹅毳，较诸丝纩虽不无少逊，然而用以絮衣，甚轻暖。子如珠，可以打油。油之滓可以粪地。秸甚坚，堪烧。叶堪饲牛。其为利益甚溥。种花之地，以白沙土为上，两和土次之。喜高亢，恶下湿。拾花毕，即划去秸，遍地上粪，随深耕之，令阳和之气掩入土内，有力。耕三遍，随捞平，不致风干，如秋耕二遍。正月地气透，或时雨过，再耕一遍。大约粪多则先粪而后耕，粪少则随种而用粪，此其概也。须用熟粪，麻饼亦佳。南方暖，一种可活。数岁中土须岁岁种之。其类甚多。江花出楚，绒二十而得五，性强紧。北花出畿辅、山东，柔细，中纺织，绒二十而得四。浙花出余姚，中纺织，绒二十而得七。更有数种：曰黄蒂，穰蒂有黄色，如粟米大；曰青核，核青，细于他种；曰黑核，核纯黑色；曰宽大衣，核白而穰浮。此四种，二十而得九。黄蒂稍强紧，余皆柔细，中纺织。又一种紫花，浮细而核大，绒二十而得四，时 ① 布制衣甚朴雅，士绅多尚之。又有深青色者，亦奇种，其传不广。择种须用青核等为佳。或曰恐土脉不宜，不思木棉始出南海诸国，今何以遍中土也。

　　择种。《农桑通诀》云：花种初收者未实，近霜者不生，惟中间收者为上。老农云：棉种必冬月碾取，经日晒燥。冬月生意敛藏，晒曝不伤萌芽。春间生意苗发，不宜大晒。总之陈者、秕者、油者、湿蒸者、经火焙者，皆不堪作种。将种时，用水泡湿，过半刻淘出。其不堪者皆浮出水面，而坚实不损者必沉，取而种之，苗必茂。又一法：浸用雪水，能旱。能，音耐。鳗鱼汁浸过，不蛀。　下种。种不宜蚤，恐春霜伤苗。又不宜晚，恐秋霜伤桃。大约在清明、谷雨间，此时霜止也。种法有三：漫撒者用种多，更难耘。耧耩者易锄，而用种亦多。惟穴种者用种颇少，但多费人工。法将耕过熟地，仍用犁耕过，就于沟内隔一尺作一穴，浇水一二碗，俟水入地，下种四五粒，熟粪一

---

① 时，疑应作"其"。"四库全书"《佩文斋广群芳谱》卷一二《桑麻谱·木棉花》作"其"。

碗，覆土一二指，用脚踏实。大约一人持种，二人携粪。若漫撒及耧耩者，须用石砘砘实，若虚浮，则芽不能出，出亦易萎。　耘苗。锄棉者，一去草秽，二令浮土附苗根，则根入地深，三令土虚浮，根苗得远行，功须极细密。锄必七遍以上，又当在夏至前。谚曰："锄花要趁黄梅信，锄头落地长三寸。"大抵苗宜稀，锄宜密，此要诀也。初顶两叶，止划去草，宜密留，以备伤。再锄，宜稍密。三锄，则定苗科，一穴止留粗旺者一株，断不可两株并留，并则直起而无旁枝，桃少。苗长后，有干粗叶大，众中特壮异者，名曰雄花，大而不结实，然又不可无，间留一二株，多则去之。地中不可种别物，恐分地力。又不宜密种，如肥田密种，即青酣不实，又易生虫；稀种则能肥，能，音耐。肥则实繁而多收。《亢仓子》曰：立苗有行故速长，强弱不相害故速大。正其行，通其中，疏为冷风，则有收而多功。又云：树肥无使扶疏，树硗不欲专生而独居。夫苗其弱也欲孤，其长也欲相与俱，其熟也欲相与扶。扶疏且不可，况逼迫耶？若数寸一株，长枝布叶，株百余子，亩二三百斤，岂不力省而利倍哉？　打心。苗高七八寸，打去冲天心，令四旁生枝。旁枝半尺以上亦打去心，勿令交枝相揉。如此则花多实密，叶叶不空。大约打心当在伏中，三伏各打一次。不宜雨暗，恐聋灌而多空条。最宜晴明，庶旺相而生旁枝。如有未长大者，又当随时打去，不必例拘。　拾花。花既结桃，待桃开绒露为熟。旋熟旋摘，摊放箔上，日曝夜露。待子粒既干，方可收贮，则绒不浥而子不腐。　纺绩。花既曝干，碾去种子，弹使熟细，便可纺线。《农桑通诀》所载纺车容三纮，若仿其制而效之，尤易为力。或曰：北地风高，细纺不易。今肃宁之布，几同松之中品。闻其乡多穿地窖，深数尺，作屋其上，檐高地二尺许作窗，以通日光。人居其中，就湿地纺绩，便得紧细，与南土无异。若阴雨蒸湿，不妨移就平地。而南人寓都下者，多朝夕就露下纺，日中阴雨亦纺则安，在北地风高，不便细纺也。　织布。布之名不一，曰城，曰文缛，曰乌驎，曰屈眴，曰白氎、白绁，曰贝布、斑布，总之皆棉布也。海南所织，上出细字杂花，名吉贝布。松布之巧者，有折枝、团凤、棋局、字样等制，而一切杆弹、纺织、综线、挈花法，皆始于黄媪，其布之丽密，他方莫并焉。南中用糊，先将棉纩入经车成纴，次入糊盆度过，竹木作架，两端用綍急维，竹帚痛刷，候干上机，谓之刷纱。南布之佳者，皆刷纱也。北地则风尘易起，若依肃宁作窖，冒以修廊，循檐作窗，令可开阖，以避就风日，于中经刷织纴。遇轻阴无风，纤尘不起，不妨移之平地，成布当不减吴下矣。

附录。斑枝花：树大可合抱，高四五丈，叶黄花红如山茶，而片极厚。一名木棉。出南方。俗讹作攀枝花。　木绵一名琼枝，其高数丈。树类梧桐，叶类桃而稍大。花色深红，类山茶。春夏花开满树，望之灿然如缀锦。花谢结子，大如酒杯，絮吐于口，茸茸如细毳。旧云海南蛮人织为布，名曰吉贝。今第以克裀褥，取其软而温，未有治以为布者。浔梧间亦多有之，但土人未尝采取，随风飘坠而已。张七泽《梧浔杂佩》。

典故。元至元间，马八儿国入贡。国近占城。二十二年遣使至其国求奇宝，得吉贝衣十袭。吉贝，树名，其华成时如鹅毳，抽其绪纺之以作布，亦染成五色，织为斑布。《觯（醒）〔醒〕语》。　吾松以棉布衣被天下，而棉花之来莫详其始，相传谓种出西番，元时始入中国。按《通鉴》：梁武帝送木棉皂帐。史炤释文云：木棉，江南多有之，以春二三月下种。既生，须一月三薅。至秋主黄花结实。及熟时，其皮四裂，其中绽出如棉。土人以铁铤碾去其核，取如绵者，以竹为小弓，长尺四五寸许，牵弦以弹绵，令其匀细，卷为筒，就车纺之，自然抽绪如缫丝状，织以为布。按史炤所言，即今之绵花无疑矣，但今制弹绵之弓以木为之，长六尺余，则与古稍异耳，谓起自元时，非也。第史炤以此解木棉，亦未为当。木棉出交广，其树盈抱，其实如酒杯，其口有绵可作布。见张勃《吴录》。即今之斑枝花。杨用修辩之是矣。张七泽。

丽藻。诗七言：蜀客南行过碧溪，木棉花发锦江西。山桥日晚人来少，时见猩猩树上啼。张籍。

二如亭群芳谱

药谱小序

　　语云：为人臣不可不知医，为人子不可不知医。昔范文正愿为良医，而陆忠宣罢相，日惟闭门集古方书，岂非以医也者，死生之系、人鬼之关哉？每见世之俗医，且不知有《本草》，无问《难经》《素问》矣。间取诸药形性及所疗治而著之册，即不敢妄拟二公，或亦二公之遗意也。作药谱。

济南王象晋荩臣甫题

二如亭群芳谱

药谱^① 首简

本草纲目序 夏良心 夏公名良心，广德人。副都御史。

贾子有言：古之圣人，不居朝廷，必居医卜之间。医可贱简为哉？《本草》一书，固医家之耰锄弓矢也。名不核则误取，性不明则误施，经不辨则误入。误者在几微之间，而人之死生寿夭系焉，可无慎乎？吾观《本草》一书而有感天下之生物，何其独厚于人也。既有百谷以养其生，又有百草以治其疾。夫使蚩蚩者有生而无疾也，则滋以百谷足矣。惟其不免于寒暑阴阳之侵，故必良药补之，毒药攻之，而后得以祛其所害而终其天年。呜呼！此治道也。治生者，去其所以害吾生者而已矣；治民者，去其所以害吾民者而已矣。今天下号称治平无事，然而病在脉理者已数形见。四民之业窘，而重以燠涝之不时，所在有啼号声，则元气索。采榷之使十道四出，而鸱张虎视者且遍埏宇，则邪气盛。当其时，欲如医者，按其表里标本而治之。何者宜补？何者宜攻？其用以补者，将为参术乎，抑苓与文无乎？用以攻者，将为黄芒乎，抑堇与乌喙乎？取其散于山泽者，以调吾脏腑，必何如而后可以无误？是必有精于其理者，若跗之涤，和之视，长桑君之方，太仓公之诊，而后能挽斯世于仁寿耳。

又 董其昌

吾闻五帝之书，谓之"三坟"。"三坟"言大道也。道莫（人）〔大〕于《易》，近取诸身则为《素问》，远取诸物则为《本草》。盖《说卦》所谓于木为坚多心、科上稿者，即《本草》之鼻祖也。且夫药不过五行，五行之变为五色，为五味，为五气，为五性，为五用，而五者之变不可胜穷。圣人以卦气为五行之情，故曰一日尝七十毒者，此物此志也。神膏敷疮，灵丸疗疾，非常之事，圣人不贵；一毒妄攻，五兵莫惨，伤生之事，圣人慎之，慎之必自身始。圣人亦人耳，如以其腹为尝，蹈必死之域为神，愚莫甚焉，岂足信哉？知禹之言神也，以九畴治水，则知农之言神也，以八象尝药，审矣。秦燔六经，惟《易》附于医卜以不废，故曰"执之皆术，不执皆道"，谓《本草》为神农氏之《易》可也。厥初，药分三品，以三百六十五种应周天之数。自汉以后，代有增益，为图、为注、为音义事类者，凡数十家。至近日，蕲州李君悉加结集，又以经史稗官之书广引曲证，凡四十卷，命曰《本草纲目》，可谓勤且博矣。张文潜《明道杂志》云：蕲州庞安时随症絜方辄有神验，乃知医统故在楚，楚又著于蕲。神农之佐

---

① 药谱，底本作"药部"，与他谱首简不一律，此依例改"部"为"谱"。

即桐君雷公，所著书已湮灭不传，而庞安时惟伤寒一论传于世。今读李君《纲目》，而古今之医有所统萃焉。余故衍"三坟"之旨而推本于《易》，敢曰为神农之言也哉？

论药 李时珍

天造地化而草木生焉，刚交于柔而成根荄，柔交于刚而成枝干。叶萼属阳，华实属阴。得气之粹者为良，得气之戾者为毒。故有五形焉，曰金、木、水、火、土；有五气焉，曰香、臭、臊、腥、膻；有五色焉，曰（有）青、赤、黄、白、黑；有五味焉，曰酸、苦、甘、辛、咸；有五性焉，曰寒、热、温、凉、平；有五用焉，曰升、降、浮、沉、中。神农尝而辨之，轩岐述而著之，汉、魏、唐、宋诸名贤良医参酌而增损之。第三品虽存，淄渑交混，诸条重出，泾渭不分，苟不察其精微，审其善恶，其何以权七方、衡十剂，而寄千万世之死生耶？于是翦繁复，绳缪遗，析族类，振纲分目，凡得可供医药者共若干种，列之于编。

又 张鼎思张公名鼎思，长洲人。按察使。

药者，医用也。良医之用药也简，而其储药也备，故芫华一撮，半夏数丸，已足取效，而搜其囊，则牛溲、马勃、鼠肝、虫臂无不有。何也？储与用异也。此书之作，固储道也。天之爱人甚矣。人之生齿日烦，物之化育亦盛，人之情识日广，病之变态亦多。物之生也，若有待人之用也，若有期则取之，恶得不博？平者不可为毒，温者不可为寒，辛者不可为苦。而平、毒、温、寒、辛、苦之中，微者不可为甚，重者不可为轻也。一物而根株异宜，一形而补泄殊性，而至于名与实淆，如荀书之误读，《吕览》之误注，蹲鸱误称，苦弥误索者，不可胜数也。则辨之，又恶得不详乎？故物虽有名，用实未著。若蕨薂、蛄蟹，不录可也。其它草根树皮、跂行喙息，以至土苴刍狗之类，秉命是微，效用则大，既有明验，可厌其多哉？况漆叶青黏，会益樊阿之寿；柔汤火齐，并愈齐臣之疾。昔之名者今已非，今之实者可终弃耶？尝读《东阳记》有虎丸疗心疾之征，叔微书有獭爪治肺虫之目，道元述解毒之草名曰牧靡，邵公著救饥之粮称为石谷。诸如此类，吾犹恨其弗该，而恶可以米盐概之哉？故得其精者可以保身，可以全生，可以养亲，可以济世。庶几神农氏之风乎？而达者观之，则可以穷万物之赜，可以识造化之妙，而见天地之心，则多识固其余矣。

本草源流 李时珍

昔炎皇辨百谷、尝百草，而分别气味之良毒。轩辕师岐伯、尊伯高，而剖析经络之本标，遂有《神农本草》三卷，艺文录为医家一经。及汉末，而李当之始加校修。至梁末，而陶弘景益以注释古药三百六十五种，以应重卦。唐高宗命司空李勣重修，长史苏恭表请复定，增药一百一十四种。宋太祖命医官刘翰详校，宋仁宗再诏补注，增药一百种，召医唐慎微合为《证类》，修补众本草五百种。自是，人皆指为全书，医则目为奥典。夷考其间，玭瑕不少。有当析而混者，如葳蕤、女萎，二物而并入一条；有当并而析者，如南星、虎掌，一物而分为二种；生姜、薯蓣，菜也，而列草品；槟榔、龙眼，果也，而列木部；八谷，生民之天也，不能明辨其种类；三菘，日用之蔬也，罔克的别其名称；黑豆、赤菽，大小同条；硝石、芒硝，水火混注。以兰花为兰草，卷丹为百合，此寇氏《衍义》之舛谬；谓黄精即钩吻，旋花即山姜，乃陶氏《别录》之差讹。欧浆、若胆，草菜重出，掌氏之不审；天花、栝楼，两处图形，苏氏之欠明。五倍子，藕虫窠也，而认为木实；大蘋草，田字草也，而指为浮萍。似兹之类，不可枚陈，略摘一二，以见错误，若不分别品类，何以印定群疑？

二如亭群芳谱药部卷之一

济南　王象晋荩臣甫　纂辑
松江　陈继儒仲醇甫
虞山　毛凤苞子晋甫　同较
宁波　姚元台子云甫
济南　男王与胤、孙士良、曾孙启深　诠次

药谱一

桂，一名梫，一名木樨。宣导百药，如执圭之使，故名桂。能侵害他木，故名梫。纹理如犀，故名木樨。叶对生，丰厚而硬，凌寒不凋。枝条甚繁，木无直体，皮堪入药，脂多半卷者为壮。桂叶似枇杷，薄而卷者为菌桂。叶似柿皮赤厚，味辛烈者为肉桂。若官桂乃上等，供官之桂也，出宾、宜、韶、钦诸州者佳。花甚香远。白者名银桂。黄者名金桂，能著子。红者名丹桂，丹桂叶边如锯齿而纹粗。有秋花、春花、四季花、逐月花者。花四出，或重台，径二三分，瓣小而圆。花时移栽高阜半日半阴处。腊雪高拥于根，则来年不灌自发。忌人粪，宜猪粪。冬月以挏猪汤浇一次，妙。又麻糁久浸，候水清浇，亦佳。蚕沙壅根，浇以清水，来年愈盛。北方地寒，九月十月间将树以土培根，高尺许，外苫盖周密，严涂以泥，半腰向南留一小牖，暖日开之，以透太阳之气，寒则塞之。春分后去其塞，清明后去其苫，无有不活。又有岩桂，似菌桂而稍异。叶如锯齿如枇杷叶而粗涩者，有无锯齿如栀子叶而光洁者，丛生岩岭间，皮厚不辣，不堪入药。花可入茶，酒浸盐蜜作香茶，及面药泽发之类。台州天竺寺者生子如莲实，或二或三，离离下垂，天竺僧称为月桂。其花时常不绝，枝头叶底依稀数点，亦异种也。

插接。接宜冬青。又春月攀枝着地，土压之，五月生根，逾年截断，含蕊移栽。木樨接石榴花必红。《种树书》。　妨患。如患蛀损，取芝麻梗悬树间，能杀诸虫。

制用。桂花点茶，香先一室，菊英次之，入茶为清供之最。有甘菊种更宜茶，二花相为先后，可备四时之用。　桂浆殆今之桂花酿酒法。魏有频斯国人来朝，壶中有浆如脂，乃桂浆也，饮之寿千岁。《谈苑记》。　江南李后主患清暑阁前草生。徐锴令以桂屑布砖缝中，宿草尽死。又以桂作钉钉树，立毙。《吕氏春秋》云"桂枝之下无杂木"，盖桂性辛螫故也。　花开时，择枝繁处带花删下，连叶阴干收贮，来年伏中将叶泡汤服，温腹去暑。《便民图纂》。

附录。水木樨：一名指田。枝软叶细。五六月开花，细而色黄，颇类木樨，中多须蕊，香亦绝似。二月内分种，与甘州枸杞配植两盆，颇称清赏。捣叶加矾染指，红过凤仙。

疗治。治足躄筋急：桂末，白酒和涂之，日一上。　中风口喎，面目相引，偏僻频急，舌不可转：桂心酒煮取汁，布蘸榻病上，左喝榻右，右喝榻左，常用大效。　中风失音：桂着舌下，咽汁。又，桂末三钱，水二盏，服取汗。喉痹不语，同。　偏正头风，天阴风雨即发：桂心末一两，酒调涂额上、顶上。　暑月解毒：肉桂去粗皮，不见火，茯苓去皮，等分，为末，炼蜜丸龙眼大。每新汲水化服一丸。　九种心痛：桂心末二钱半，酒一盏半，煎半盏，饮立效。又，桂末酒服方寸匕，须六七次。　心腹胀痛，气短欲绝：桂二两，水一升二合，煮八合，顿服。中恶心痛，同。　寒疝心痛，四肢逆冷，全不饮食：桂心末一钱，热酒调下，效。　产后恶血冲心，气痛欲绝：桂心末，狗胆汁（九）〔丸〕芡子大。每热酒服一丸。　产后瘕痛：桂末，酒服方寸匕，效。　血崩：桂心三两，砂锅内煅存性，为末。空心饮服一二钱。　死胎不下：桂末二钱，待痛紧时，童子小便温热调下。亦治产难横生，加麝香少许，酒下。　反腰血痛：桂末，和苦酒涂之，干再上。　吐血下血：桂心为末，水服方寸匕。此阴乘阳之症也，不可服凉药。南阳赵宣德暴吐血，服二次而止。其甥亦以二服而安。　小儿久痢赤白：用桂去皮，以姜汁炙紫，黄连以茱萸炒过，等分，为末，紫苏、木瓜煎汤服。　小儿遗尿：桂末、雄鸡肝等分，捣丸小豆大。温水调下，日二服。　婴儿脐肿，多因伤湿：桂心炙热熨之，日四五次。　外肾偏肿：桂末，水调方寸匕，涂之。　食果（服）〔腹〕胀，不拘老小：用桂末、饭，和丸绿豆大。吞五六九，白汤下。未消再服。　打扑伤损，瘀血溷闷，身体疼痛：辣桂末二钱，酒服。　乳痈肿痛：桂心、甘草各三分，乌头一分炮，为末，和苦酒涂之，纸覆住，脓化为水，神效。　诸蛇伤毒：桂心、苦葽等分，为末，竹①筒密塞。遇毒蛇伤，即傅之。塞不密，则不中用②。　闭③口（根）〔椒〕毒，气欲绝，或出白沫，身体冷：急煎桂汁服④之，多饮新汲水一二升。　莞花毒：并煮桂汁服。　中风逆冷，吐清水，宛转啼呼：桂一两，水一升半，煎半升，冷服。　消暑桂浆：官桂末一大两，白蜜一升，先以水二斗煎取一斗，待冷，入新磁瓶中，后下桂、蜜，搅二三百遍。先以油单一重覆上，加纸六重，以绳札严。每日去纸一重，七日开之，其气味美。饮以小杯，能解烦渴，益气消疾，神效无比。再加梅酱一大两，似更佳。　阴痹寒痛，皮肤不仁：用醇酒二十斤，蜀椒一斤，干姜一斤，桂心一斤，㕮咀渍酒中。用绵絮一斤，细白布四丈，并纳酒中，置马矢煴中封涂，勿使泄气。五日五夜，出布絮暴干，复渍以尽其汁。每渍必足其日，乃出干。并用滓与絮、复布为复巾，长六七尺，为六七巾。每用一巾，生桑炭火炙巾，以熨寒痹。所刺之处，令热入至病所，寒则复炙巾以熨之，三十遍而止。汗出，以巾搭身，亦三十遍。起步内室，勿见风。每刺必熨，如是病已。

典故。花多五出，惟桂花四出。出，音缀。潘笠江谓土之生物，其成数五，故草木花皆五，惟桂乃月中之木，居西方，四乃西方金之生数，故四出而金色，且开于秋云。　月中有桂树。《淮南子》。　月桂高五丈，下有人常斫之，树疮随合。其人姓吴名

---

① 竹，底本涂损，据"四库全书"《本草纲目》卷三四《木之一·桂》补。
② 用，底本涂损，据"四库全书"《本草纲目》卷三四《木之一·桂》补。
③ 闭，底本涂损，据"四库全书"《本草纲目》卷三四《木之一·桂》补。
④ 桂汁服，底本涂损，据"四库全书"《本草纲目》卷三四《木之一·桂》补。

刚，西河人，学仙有过，谪令伐树。《酉阳杂俎》。　范蠡好服桂饮水，卖药兰陵，于北邙得仙。　洪武间，史家有木樨忽变红色，其色尤异，因接一本献之朝。高皇帝制诗以赐曰："月宫移向日宫栽，引得轻红入面来。好向烟霞承雨露，丹心一点为君开。"又曰："秋入幽严桂影圆，香心粟粟照林丹。应随王母瑶池宴，染得朝霞下广寒。"自是四方争传其本。　有左翁者坐桂树下，以玉杯盛甘露，与吴猛服之。《庐山记》。　汉武帝凌波殿以桂为柱，风来自香。武帝谓东方朔孔颜之道何胜，方朔曰："颜渊如桂馨一山，孔子如春风，至则万物生。"《翰林杂事钞》。　太山北有桂树七十株，天神、青腰玉女三千人守之。其实赤如橘，人食之，一年仙官迎之，常有九色飞凤、宝光珠雀鸣集于此。《天地运度经》。　汉武帝使董谒乘琅霞之辇以升寿灵坛上。至三更，西王母驾玄鸾之舆至。坛之四面列种软条青桂。风至，桂枝自拂阶上游尘。　淮南王安好道，感八公，共登山而赋。有大小桂山，因以自号。《淮南子》。　亚都生对策第一。武帝问之，对曰："臣今为天下第一，犹桂林一枝。"《晋史》。　皋涂之山有桂木，八树在贲隅东。贲隅，即番禺。八树成林，言其大也。《山海经》。　桂阳郡有桂岭，开花遍树林，岭尽香。《地理志》。　石桂英似桂树而实石，生岩穴中。　有远飞鸡，夕则还依人，晓则绝飞四海。尝衔桂实归于南土。《本草图经》：江东诸处，每至四五月后，尝于衢路拾得桂子，大如狸豆，破之辛香，故老相传是月中落也。北方独无者，非月路也。又张君房为钱塘令，夜宿月轮山。寺僧报曰："桂子下塔。"遽起望之，纷如烟露，回旋成穗，散坠如牵牛子，黄白相间，咀之无味。则桂子之落，往往有之，但人不识耳。郭子横《洞冥记》。　黄山谷以"吾无隐乎尔"之义，黄诠释再三，晦堂不答。时暑退凉生，秋香满院，晦堂因问曰："闻木樨香乎？"黄曰："闻。"晦堂曰："吾无隐乎尔。"　昔有僧自天竺鹫山飞来。八月十五夜，尝有桂子落。白乐天诗云："仙花桂子落纷纷。"《东坡诗注》。　桂子之说起自唐时，后宋慈云式公《月桂诗序》云：天圣丁卯秋八月十五夜，月有浓华，云无纤迹，天降灵实，其繁如雨，其大如豆，其圆如珠，其色白者、黄者、黑者，壳如芡实，味辛。识者曰："此月中桂子。"好事者播种林下，一种即活。　垂拱四年三月，雨桂子于台州，旬余乃止。《五行志》。　窦禹钧有五子，俱登科。冯道赠之诗曰："灵椿一枝老，丹桂五枝芳。"《诗集》。　无瑕尝着素裳折桂，明年开花，洁白如玉。女伴折取簪髻，号无瑕玉花。王跂《花史》。　木樨，吾地为盛，天香无比，然须种早黄、球子二种，不惟早黄七月中开，球子花密为胜，即香亦馥郁异常，丹桂香减矣。以色稍存之余，皆弗植。又有一种四季开花而结实者，此真桂也。闽中最多，常以春中盛开。吾地亦间有之。宜植以备一种。王敬美。　花之四季开者，兰桂而外，有月桂、长春、菊。月桂，闽种为佳。前人。　《南越传》：尉陀献桂蠹一器。师古曰：此虫食桂，味辛，蜜渍食之。今《浔志·物产》载此，问之七人，无知者。张七泽。

丽藻。散语：桂棹兮兰枻。　桂栋兮兰橑。　奠桂酒兮椒浆。　结桂枝兮延伫。　沛吾乘兮桂舟，援北斗兮酌桂浆。俱《楚词》。　丽桂树之冬荣。《远游》。　朱桂黝鯈于南北。《灵光殿赋》。　桂树列兮纷敷，吐花紫兮布条。（实孤①）　饮菌若之朝露兮，构桂木以为室。　桂蠹不知所淹留兮，蓼虫不知死乎葵叶。　桂芳香而正坚，故君子依之。

---

① 实孤，此两字原诗属下句，底本录此为多余。

并《文选》。 文：桂树丛生兮山之幽，偃蹇连蜷兮枝相缭。山气巃嵸兮石嵯峨，溪谷崭岩兮水层波。猿狖群啸兮虎豹嗥，狖，音又。攀援桂枝兮聊淹留。王孙游兮不归，春草生兮萋萋。岁暮兮不自聊，蟪蛄鸣兮啾啾。块兮轧，山曲第，心淹留兮① 同慌忽。罔② 兮沕，憭兮栗，虎豹穴，丛薄深林兮人上栗。（岭岑）〔嶔崟〕③ 碕礒兮，碕，音奇；礒，音拟。硐磳磈硊；硐，音悃；磳，音增；硊，五委切。树轮相纠兮，林木茂骩。青莎杂树兮，薠草靃靡；薠，音烦。白鹿麕麚兮，麕，音均；麚，音加。或腾或倚。状貌奎奎兮峩峩，凄凄兮漇漇。漇，音徙。猕猴兮熊黑，慕类兮以悲。扳援桂枝兮聊淹留。虎豹闻兮熊黑咆，禽兽骇兮亡其曹。王孙兮归来，山中兮不可以久留。小山《招隐》。 问：问春桂：桃李正芳华，年光随处满，何事独无花？春桂答：春华讵能久，风霜摇落时，独秀君知否？王绩。 诗五言：仙籍桂香浮。 微风动桂华。嵇康。 秋风生桂枝。沈约。 吾将守桂丛。 赏月近秋桂。俱杜甫。 桂子秋皎洁。孟浩然。 青桂隐遥月。 折桂早年知。李太白。 有喜留攀桂，无劳问转蓬。 不采芳桂枝，反栖恶木根。俱前人。 水绿牵薜带，山青列桂旗。古诗。 天开金粟藏，人立广寒宫。 斫却月中桂，清光应更多。 转蓬行地远，攀桂仰天高。 礼闱曾擢桂，宪府旧乘骢。 故园松桂发，万里共清辉。俱杜江都。 琼叶润不凋，珠英璨如织。李德裕。 桂熟常收子，兰生不作畦。王建。 弟子已攀桂，先生犹卧云。方干。 相思在何处？桂树青云端。李白。 蟾宫分异种，人世散清香。《白氏集》。 芳意不可传，丹心徒自渥。柳子厚。 桂树生南海，芳香隔楚山。今朝天上见，疑是月中攀。卢僎。 堂中有八树，繁华无四时。不识风霜苦，安知零落期？范云。 不是人间种，移从月里来。广寒香一点，吹得满山开。杨诚斋。 团团桂丛孤，枝叶寒更媚。托根廷宇间，自有幽人致。何必问嫦娥，青云借余地。曾文昭。 有客赏芳丛，移根在幽谷。为怀山中趣，爱此岩下绿。晓露秋晖浮，清阴药阑曲。更待繁华白，邀君弄芳馥。欧文忠。 未植蟾宫里，宁移玉殿幽。枝生无限月，花满自然秋。侠客条为马，仙人叶作舟。愿君期道术，攀折可淹留。李峤。 山中绿玉树，潇洒向秋深。小阁芬为度，书帷气欲侵。披怀清露晓，遇赏夕岚阴。珍重王孙意，天涯泪满襟。朱文公。 亭亭岩下桂，岁晚独芬芳。叶密千层绿，花开万点黄。天香生净想，云影护仙妆。谁识王孙意，空吟《招隐》章。 西墅绝喧嚣，秋梧叶乱飘。独怜青桂树，金粟缀柔条。泛酒香偏细，入诗景更饶。小山风可仰，《招隐》此逍遥。方九功。 岩壑同栖处，风霜独秀时。暗飘灵隐粟，高擢广寒枝。露气侵衣袂，天香扑酒卮。桂丛吾自密，不负小山期。申瑶泉。 西岭千年桂，阴森入翠微。琼枝云外绿，金粟雨中肥。影落浮杯酒，香飘袭客衣。当年和露折，曾向广寒归。郭鲲溟。 世人种桃李，多在金章门。攀折争捷径，及此春风暄。一朝天霜下，荣耀难久存。安知南山桂，绿叶垂芳根。青阴亦可托，何惜植君园？李太白。 鹫岭郁岧峣，龙宫锁寂寥。楼观沧海日，门对浙江潮。桂子月中落，天香云外飘。扪萝登塔远，刳木取泉遥。霜薄花更发，冰轻叶互调。夙龄尚遐异，搜对涤烦嚣。待入天台路，看余渡石桥。骆宾王。 忆在山中时，丹桂花葳蕤。红泉浸瑶

---

① 兮，底本缺，据"四库全书"［汉］王逸《楚辞章句》卷一二《招隐士章句第十二》补。

② 罔，底本缺，据"四库全书"［汉］王逸《楚辞章句》卷一二《招隐士章句第十二》补。

③ 岭岑，应作"嶔崟"。"四库全书"［汉］王逸《楚辞章句》卷一二《招隐士章句第十二》录作"嶔崟"。

草，日夕生华滋。箬屋开地炉，翠墙挂藤衣。看经竹窗边，白猿三四枝。东峰有老人，眼碧头骨奇。种薤煮白石，旨趣如婴儿。月上来打门，月落方始归。授我微妙诀，恬淡无所为。别来六七年，只恐白日飞。释贯休。　画工客幽香，斑斑被花木。氤氲寒岩桂，高韵盖群馥。无人尽日芳，守志何幽独！士介耻求知，女贞惭自鬻。凄凉楚山秋，樛枝吐金粟。浅水映轻明，微飙发含蓄。楼端静忽闻，马上遥相逐。踟蹰为延伫，但见林峦绿。瓶罂谁折赠？清芬闵室庐。久处不自知，乍至称馥郁。客悲芬岁暮，梦绕寒溪曲。长吟小山词，古意恐难复。刘屏山。　　七言：联翩桂花坠秋月。李贺。　严霜五月摧桂枝。李太白。　　兔寒蟾凉桂香白。李商隐。　清露香浮黄玉枝。陈简斋。　山云漠漠桂花湿。东坡。　桂花高攀第一枝。　月中有客曾分种，世上无花敢斗香。韩子苍。　忆昔风露飘寒粟，自领儿童拾薄金。杨诚斋。　桂折一枝先许我，杨穿百叶尽惊人。白乐天。　巡檐索共梅花笑，冷蕊疏枝半不禁。杜子美。　天将秋气蒸寒馥，月借金波滴小黄。　瀹雪凝酥点嫩黄，蔷薇清露染衣裳。西风扫尽狂蜂蝶，独伴天边桂子香。韩子苍。　弹压西风擅众芳，十分秋色为伊忙。一枝淡贮书窗下，人与花心各自香。朱淑真。　雨过西风作晚凉，连云老翠入新黄。清风一日来天阙，世上龙涎不敢香。邓志宏。　众芳摇落九秋期，横出天香第一枝。莫似寒梅太孤绝，更教遥夜笛中吹。朱文公。　学仙深愧似吴郎，赖有吾庐两字苍。疑是广寒宫里种，一秋三度送天香。　丹霄休叹路难通，学取燕山种桂丛。异日天香满亭院，吾庐当似广寒宫。俱王梅溪。　谁遣秋风开此花，天香来自玉皇家。郁金裳涴蔷薇露，知是仙人蕚绿华。方秋崖。　多应仙国山边种，岂是姮娥月里香？愿为儿孙积阴德，东堂常占一时芳。朱贲之。　金风飘处识天香，清影分明载魄光。莫向高枝轻易折，须知红是状元郎。张铭盍。　月缺霜浓细蕊干，此花元属桂堂仙。鹫峰子落惊前夜，蟾窟枝空记昔年。破戒高僧怜耿介，练裙溪女斗清妍。愿公采撷纫幽佩，莫遣遗芳老涧边。东坡。　尘世何曾识桂林，花仙夜入广寒深。移将天上众香国，寄在梢头一粟金。露下风高月当户，梦回酒醒客闻砧。诗情恼得浑无那，不为龙涎与水沉。杨诚斋。　翠围侍女拥红幢，霞脸调朱笑额黄。共醉东君千日酒，更翻西母九霞觞。人间天上高低影，月下风前自在香。输与广寒宫里客，年年绿鬓赏秋光。杨济翁。　招隐曾缘桂树留，追欢仍爱小山幽。尊前露气浮青汉，云里天香散碧秋。老干已分蟾窟种，良宵堪续兔园游。灵椿晚岁能相傍，花底何妨醉白头。申瑶泉。　长堤曲水蓼初红，画舫清讴引醉翁。月色平临松顶上，云光微起竹林中。香飘桂殿分清露，影落银河淡晚风。愿假飞兔鼓神翼，与君同蹑广寒宫。潘允哲。　玉阶桂影秋绰约，天空为卷浮云幕。婵娟醉眠水晶殿，老蟾不守余花落。苍苔忽生霜月裔，仙芬凄冷真珠蕚。娟娟石畔为谁妍？香雾着人清入膜。夜深醉月寒相就，荼䕷却作伤心瘦。弄云仙女淡纻衣，烟裙不着鸳鸯绣。眼中寒香谁同惜？冷吟径召梅花魄。小蛮为洗玻璃杯，晚来秋瓮蒲桃碧。毛泽民。　　词：小山丛桂，最有留人意。拂叶扳花无限思，雨湿浓香满袂。　别来过了秋光，翠帘昨夜新霜。多少月宫颜色，嫦娥与借微芳。刘原父《清平乐》。　黄衫相倚，翠葆层层底。八月江南风日美，弄影山腰水尾。　楚人未识孤妍，《离骚》遗恨千年。无住庵中新事，一枝唤起幽禅。陈简斋。　少年痛饮，忆向吴江醒。明月团圆高树影，十里蔷薇水冷。　大都一点宫黄，人间直恁芬芳。怕是秋天风露，染教世界都香。辛稼轩。 香薇薇，小山丛桂烘温玉。烘温玉①，酒愁花暗，沉腰如束。 烦君剩与阳春曲，为君细拂罗衾馥。罗衾馥，一春幽梦，与君相续。赵介庵《秦楼月》。 暗淡轻黄体性柔，情疏迹远只香留。何须浅碧深红色，自是花中第一流。 梅定妒，菊应羞，诗书闲处冠中秋。骚人可煞无情思，何事当年不见收。李易安《鹧鸪天》。 月窟盘根，云岩分种，绝知不是尘凡。琉璃剪叶，金粟缀花繁。黄菊周旋避舍，友兰蕙、羞杀山矾。清香远，秋风十里，鼻观已先参。 酒阑。听我语，平生半世，江北江南。经行处、无穷绿水青山。常被此花相恼，思共老、结屋中间。不知尔，芗林底事，游戏到人寰。向伯恭《满庭芳》。 天高气肃，正月色分明，秋容新沐。桂子初收，三十六宫都足。不辞散落人间去，怕群花、自嫌嫌俗。向他秋晚，唤回春意，几曾幽独。 是天上、余香剩馥。怪一树香风，十里相续。坐对花傍，但见色浮金粟。芙蓉只解添秋思，况东篱、凄凉黄菊。入时太浅，背时太远，爱寻高躅。《桂枝香》。 也无梅竹新标格，也无红杏妖娆色。一味恼人香，群花不敢当。 情知天上种，飘落深岩洞。不管月宫寒，将花比并看。朱淑真《菩萨蛮》。 岩桂秋风南埭路。墙外行人，十里香随步。此是芗林游戏处，谁知不向根尘住。 今日对花非浪语。忆昨明光，早荷君王顾。生怕青蝇轻点污，思鲈何似思花去。向子諲《蝶恋花》。 玉宇凉生清禁晓，丹葩②色照晴空。珊瑚敲碎小玲珑。人间无此种，来自广寒宫。 雕玉阑干深院静，嫣然凝笑西风。曲屏须占一枝红。且图欹醉枕，香到梦魂中。张材甫《临江仙》。

甘草，一名国老，一名灵通，一名美草，一名蜜草，一名蜜甘，一名落草。生陕西河东州郡，青州间亦有之。春生青苗，高三四尺。枝叶悉如槐，叶端微尖而糙涩，似有白毛。七月开紫花。冬结实，作角子，熟时角拆。子扁如小豆，极坚。根长者三四尺，粗细不定。皮赤，上有横梁，梁下皆细根。采得，去芦头及赤皮，阴干用。以坚实断理者为佳，其轻虚纵理及细韧者不堪用。味甘，平，无毒。最为众药之主，治七十二种乳石毒，解一千二百般草木毒，调和众药，故有国老之号。生用泻火，热熟用散表寒。其性能缓能急，而又协和诸药，使之不争，惟中满呕吐嗜酒者忌用。昔有中乌头、巴豆毒者，甘草入腹即定。加大豆，其验奇。岭南解蛊毒。凡饮食，先取炙甘草一寸嚼之咽汁，若中毒，随即吐出。仍以炙甘草三两、生姜四两，水六升，煮二升，日三服。常带数寸，随身备用。若含甘草，食物而不吐，是无毒者也。

头。生用能行足厥阴阳明二经污浊之血，消痈疽肿痛之毒，宜入吐药。 梢。生用治胸中积热，去茎中痛。加酒煮玄胡索、苦楝子，尤佳。

炙法。长流水蘸湿，炙透为熟，刮去赤皮，或用浆水。有云用酒及酥炙者，非也。

疗治。伤寒心悸，脉结代者：甘草二两，水三升，煮一半，服七合，日一服。 伤寒咽痛：甘草二两蜜炙，水二升，煮一升半，服五合，日二服。 肺热喉痛有痰：甘草炒二两，桔梗米泔浸一夜一两。每服五钱，水一钟半，入阿胶半片，煎服。 肺痿吐涎沫，头眩，小便数而不咳者，肺冷也，温之。甘草炙四两，干姜炮二两，水三升，煮一升五合，分服。 肺痿久嗽涕唾多，骨节烦闷，寒热：甘草三两炙，捣为末。每

---

① 烘温玉，底本缺，据"四库全书"［宋］赵彦端《介庵词·秦楼月》补。
② 葩，底本涂损，据"四库全书"［宋］黄昇《花庵词选》续集卷二《宋词·张材甫〈临江仙〉》补。

日取小便三合，调甘草末二钱，服。　　小儿热嗽：甘草二两，猪胆汁浸五宿，炙，研末，蜜丸绿豆大。食后薄荷汤下十九。　　小儿初生，未可便与朱砂、蜜，只以甘草一指节长炙碎，以水三合，煮取一合，以绵点儿口中，约一蚬壳，当吐出胸中恶汁。此后待儿饥渴，更与之。令儿知慧无病，出痘稀少。　　初生便闭：甘草、枳壳煨，各一钱，水半盏，煎服。　　小儿撮口噤：生甘草二钱半，水一盏，煎六分，温服。令吐痰涎后，以乳汁点儿口中。　　婴儿目涩，或肿羞明，或出血，名慢肝风：用甘草一截，猪胆汁炙，为末。每用米泔调少许，灌之。　　小儿遗尿：大甘草头煎汤，夜夜服。　　小儿尿血：甘草一两二钱，水六合，煎二合，一岁儿一日服尽。　　小儿赢瘦：甘草三两，炙焦为末，蜜丸绿豆大。每温水下五丸，日二。　　大人赢瘦：甘草三两，炙。每旦以小便煮三四沸，顿服之，良。　　赤白痢：甘草一尺炙，劈破，以淡浆水蘸，炙。水一升半，煎取八合，服之立效。又方：甘草一两炙，肉豆蔻七个煨锉，水三升，煎一升，分服。　　舌肿塞口，不治杀人：甘草煎浓汤，热漱频吐。　　太阴口疮：甘草二寸，白矾一粟大，同嚼，咽汁。　　发背痈疽：李北海言神授奇秘。甘草三大两，生捣筛末，大麦面九两，和匀，取好酥少许入内，下沸水搜如饼状，方圆大于疮一分，热傅肿上，以绸片及故纸隔，令通风，冷则换之。已成者脓水自出，未成者肿便内消，仍当吃黄芪粥为妙。又一方：甘草一大两，水炙，捣碎，水一大升浸之，器上横一小刀子，露一宿。平明以物搅令沫出，去沫服之，但是疮肿发背，皆效。　　诸般痈疽：甘草三两，微炙，切，酒一斗浸瓶中。黑铅一片溶成汁，投酒，取出。如此九度。令病者饮酒至醉，寝后即愈。　　一切痈疽诸疮：预服能消肿逐毒，使毒不内攻，功效不可具述。用大横文粉草二斤槌碎，河水浸一宿，揉取浓汁，再以密绢过，银石器内慢火熬成膏，以瓷罐收之。每服一二匙，无灰酒或白汤下。曾服丹药者亦解，微利无妨。　　痈疽秘塞：生甘草二钱半，井水煎服，能疏导下恶物。　　乳痈初起：炙甘草二钱，新水煎服，仍令人咂之。　　些小痈疖：发热时，即用粉草节晒干，为末。热酒服一二钱，连进数服，痛热皆止。　　痘疮烦渴：粉甘草炙、苦蒌根等分，水煎服。甘草能通血脉，发疮痘也。　　阴下悬痈：生于谷道前后，初发如松子大，渐如莲子，数十日后赤肿如桃李，成脓即破，破则难愈。用横生甘草一两，四寸截断，以溪涧长流水一碗，河水、井水不用，以文武火慢慢蘸水炙之，日早至午，令水尽为度，劈开视之，中心水润乃止。细锉，用无灰好酒二小碗，煎至一碗，温服，次日再服，可保无虞。二十日方得消尽。兴化守康朝疮已破，众医拱手，服此两剂即合口。　　阴头上生疮：蜜煎甘草末，频频涂之，神效。　　阴下湿痒：甘草煎汤，日洗三五度。　　代指肿痛：甘草煎汤渍之。　　坐马痈：大粉草四两，擘开，将河水九次，炙干，以不枯为妙。后将河水约十碗煎至二碗，服之即愈。　　冻疮发裂：甘草煎汤洗，次以黄连、黄檗、黄芩末，入轻粉、麻油调傅。　　汤火疮：甘草煎蜜涂。　　蛊毒药毒：甘草节，以真麻油浸之，年久愈妙。每用嚼咽，或水煎服，神妙。　　小儿中蛊欲死：甘草半两，水一盏，煎五分，服，当吐出。　　牛马肉毒：甘草煮浓汁，饮一二升，或煎酒服，取吐或下。如渴，忌饮水，饮即死。　　饮馔中毒：急煎甘草、荠泥汤，入口便活。　　水莨菪毒：菜中有水莨菪，叶光而圆，有毒，误食令人狂乱。若中风，或作吐。甘草煮汁服，即解。　　胎动下血：甘草同苎麻根捣汁碗许，加砂仁末三钱，服之即安。

艾，一名医草，一名冰台，削冰令圆，举向日，以熟艾承其影，可得火，故名冰台。一名黄草，一名艾蒿。处处有之。宋时以汤阴复道者为佳。近代汤阴者谓之北艾，四明者谓之海艾。自成化以来，惟以蕲州者为胜，谓之蕲艾。相传蕲州白家山产艾，置寸板上灸之，气彻于背。他山艾彻五〔分〕，汤阴艾仅三分，以故世皆重之。此草宿根二月生苗成丛，茎白色，直上，高四五尺。叶四布，状如蒿，分五尖，丫上复有小尖，面青背白，有茸而柔厚。苦而辛，生则温，熟则热。七八月叶间出穗，如车前穗，细花，结实累累盈枝，中有细子，霜后始枯。皆以五月五日连茎刈取，曝干收叶，以灸百病。凡用艾，陈久者良，治令细软，谓之熟艾。若生艾，灸火伤人肌脉，故孟子曰："七年之病，求三年之艾。"五月五日采艾为人，悬之户上，可禳毒气。其茎干之，染麻油引火点灸，滋润灸疮，不痛。又可代蓍草作烛心。

制用。拣取净叶，扬去尘屑，石臼内木杵捣熟，罗去渣滓，取白者再捣，至柔烂如绵为度，用火焙燥，则灸火得力。入丸散，将熟艾用醋煮干，捣成饼，烘干再捣为末用。《容斋随笔》云：捣艾难着力，若入白茯苓三五片同（碹）〔碾〕①，即时可成细末，亦一异也。　春月采嫩艾，可作菜食。或和面作馄饨，吞三五枚，以饭压之，治一切鬼恶气及止冷痢。　积三年后烧，津液下流成铅锡。张茂先云曾试之，有验。附闻雀欲夺燕巢，衔艾其中，燕辄去。

疗治。瘟疫头痛，壮（熟）〔热〕脉盛：干艾叶三升，水一斗，煮一升，顿服取汗。　妊娠风寒壮（熟）〔热〕，赤斑变为黑斑，溺血：艾叶如鸡子大，酒三升，煮二升半，分二服。　妊娠风寒卒中，不省人事，状如中风：熟艾三两，米醋炒极热，以绢包熨脐下，良久即苏。　中风口喎：以苇筒长五寸，一头刺入耳内，四面以面密封，不透风，一头以艾灸七壮。患右灸左，患左灸右。　中风口噤：熟艾灸承浆一穴，颊车二穴，各五壮。　中风掣痛，不仁不随：并以干艾揉团，纳瓦甑中，并下塞诸口，独留一目，以痛处著甑目而烧艾薰之，一时即知。　舌缩口噤：生艾捣傅之。干艾浸湿亦可。　咽喉肿痛：嫩艾捣汁，细咽之。又方：用青艾和茎叶一握，同醋捣烂，傅于喉上。冬月取干艾亦得。　癫痫诸风：熟艾于阴囊下谷道正门当中间，随年岁灸之。　鬼击中恶，卒然著人，如刀刺状，胸胁腹内刺痛不可按，或即吐血，鼻中出血、下血，一名鬼排：熟艾如鸡子大三枚，水五升，煎二升，顿服。　小儿脐风撮口：艾叶烧灰填脐中，以帛缚定，效。或隔蒜灸之，喉口中有艾气，立愈。　狐惑蛊慝，病人齿无色，舌上白，或喜睡不知痛痒处，或下痢，宜急治下部。不晓此者，但攻其上，而下部生虫，食其肛，烂见五脏便死。烧艾于管中，熏下部，令烟入。或少加雄黄更妙。罂中烧烟亦可。　头风久痛：蕲艾揉为丸，时时嗅之，以黄水出为度。　头风面疮痒，出黄水：艾二两，醋一斤，砂锅煎取汁，每薄纸上贴之，一日二上。　心腹恶气：艾叶捣汁饮。　脾胃冷痛：白艾末，沸汤服二钱。　蛔虫心痛如刺，口吐清水：白熟艾一升，水三升，煮一升服，吐虫出。或取生艾捣汁，五更食香脯一片，乃饮一升，当下虫出。　霍乱吐下不止：以艾一把，水二升，煎一升，顿服。　老少白痢：陈北

---

① 碹，应作"碾"。"四库全书"［宋］洪迈《容斋四笔》卷三《治药捷法》作"碾"。

艾四两，干姜炮三两，为末，醋煮仓米，和丸梧子大。每服七十丸，空心米饮下，奇效。　诸痢久下：艾叶、陈皮等分，煎汤服。亦可为末，酒煮烂饭和丸，盐汤下二三十丸。　暴泄不止：陈艾一把，生姜一块，水煎热服。　粪后下血：艾叶、生姜煎浓汁，服三合。　野鸡痔：先以槐柳汤洗，艾灸七壮，效。郎中王及病痔，大如胡瓜，贯于肠头，其热如火，忽僵卧无计。有主邮者告以上法，灸三五壮，忽觉热气入肠中，因大转泻，血秽并出，泻后疾如失。　妇人漏下，或半产后下血不绝，或妊娠下血：并宜胶艾汤，阿胶二两，艾叶三两，芎䓖、甘草各二两，当归、地黄各三两，芍药四两，水五升，清酒五升，煮三升，纳胶令消尽。每温酒一升，日三服。　妊娠胎动，或腰痛，或抢心，或下血不止，或倒产，或子死腹中：艾叶一鸡子大，酒四升，煮二升，分二服。　胎动心痛：艾叶鸡子大，以头醋四升，煎二升，分温服。　妇人崩中不止：熟艾鸡子大，阿胶炒为末半两，干姜一钱，水五盏，先煮艾、姜至二盏半，倾出，入胶烊化。分三服，一日服尽。　产后泻血不止：干艾叶半两，炙熟老生姜半两，浓煎汤，一服立效。　产后腹痛欲死，因感寒起者：陈蕲艾二斤，焙干，捣铺脐上，以绢覆住，熨斗熨之，待口中（文）〔艾〕①气出，痛自止。　忽然吐血一二口，或心衄，或内崩：熟艾三团，水五升，煮二升服。一方：烧灰，水服二钱。　鼻血不止：艾灰吹之。亦可以艾叶煎服。　盗汗不止：熟艾二钱，白茯神三钱，乌梅三个，水一钟，煎八分，临卧温服。　火眼肿痛：以艾烧烟起，碗覆之，候烟尽，碗上刮煤下，以温水调化洗眼，即瘥。入黄连尤佳。　面上䵟𪒠：艾灰、桑灰各三升，以水淋汁，再淋至三遍，以五色布纳于中同煎，令可丸时，每以少许傅之，自烂脱，甚妙。　妇人面疮，名粉花疮：以定粉五钱，菜子油调泥碗内，用艾一二团烧烟熏之，候烟尽，覆地上一夜，取出调搽，永无瘢痕，亦易生肉。　身面疣目：艾火灸三壮即除。　鹅掌风：蕲艾真者四五两，水四五碗，煮五六滚，入大口瓶内，缚以麻布二层，将手心放上熏，冷再热，如神。　小儿疳疮：艾叶一两，水一升，煮取四合，服。　小儿烂疮：艾叶烧灰傅之，良。　臁疮口冷不合：熟艾烧烟熏之。　白癞风：干艾随多少，以浸曲酿酒如常法，日饮之，即瘥。　疔疮肿毒：艾蒿一担烧灰，于竹筒中淋取汁，以一二合和石灰如糊。先以针刺疮至痛，乃点药三遍，其根自拔。用治三十余人，神效。　发背初起未成，及诸热肿：以湿纸搨上，先干处是头，着艾灸之。不论壮数，痛者灸至不痛，不痛者灸至痛乃止，其毒即散，不散亦免内攻，神方也。　痈疽不合，疮口冷滞：以北艾煎汤洗后，白胶香熏之。　咽喉骨鲠：生艾蒿数升，水、酒共一斗，煮四升，细细饮之，当下。　误吞铜钱：艾蒿一把，水五升，煎一升，顿服便下。　诸虫蛇伤：艾灸数壮，甚良。　风虫牙痛：化蜡少许，摊纸上，铺艾，以箸卷成筒，烧烟，随左右熏鼻，令烟满口，呵气即疼止肿消。靳季谦病此月余，试即愈。

典故。宗则文常以五月五日未鸡鸣时采艾，见似人处扰而取，灸辄验。《荆楚岁时记》。

丽藻。诗五言：艾叶成人后，榴花结子初。章简公。

黄耆， 耆，长也，色黄，为百药之长，故名。今俗作芪。一名黄芪，一名芰草，一名蜀脂，一

---

① 文，应作"艾"。"四库全书"《本草纲目》卷一五《草之四·艾》引杨诚《经验方》作"艾"。

名百本，一名独椹，一名戴椹，一名戴糁。叶扶疏作羊齿状，似槐叶而微尖小，又似蒺藜而微阔大，青白色。开黄紫花，大如槐花。结小尖角，长寸许。独茎，或作丛生，枝干去地二三寸，根长二三尺。以紧实如箭簳者良。甘，微温，无毒。陇西者温补，白水者冷补。赤色者作膏消痈肿。其皮折之如绵，出绵上，绵上，山西沁州。故名绵黄耆。有白水耆，白水，陕西同州。赤水耆、木耆，功用并同，而赤水、木耆少劣。又有以（首）〔苜〕蓿根假作者。苜蓿根，叹而脆，亦名土黄芪，能令人瘦。黄芪柔韧，皮微黄褐色，肉白，能令人肥，宜辩。黄耆之功有五：补诸虚不足，一也；益元气，二也；壮脾胃，三也；去肌热，四也；排脓止痛，活血生血，内托阴疽，为疮家圣药，五也。治气虚、盗汗、自汗及肤痛，是皮表之药；治咯血，柔脾胃，是中州之药；治伤寒，尺脉不至，补肾脏元气，是里药，乃上中下内外三焦之药也。苗嫩时，亦可炸淘作茹食。收其子，十月种，如种菜法。

制用。凡使，勿用木耆草，形相似，但叶短根横。绵耆则否，须去头上皱皮，捶扁，蜜水涂炙数次，以透为度。

疗治。小便不通：棉黄耆二钱，水二盏，煎一盏，温服。小儿减半。　酒疸心下懊痛，足胫满，小便黄，饮酒发赤黑黄斑，由大醉当风入水所致：黄耆二两，木兰一两，为末。酒服方寸匕，日三。　气虚白浊：黄耆盐炒半两，茯苓一两，为末。每服一钱，白汤下。　男子妇人诸虚不足，烦悸焦渴，面色萎黄，不能饮食，或先渴而后发疮疖，或先痈疽而后发渴，并宜常服此药，平补气血，安和脏腑，终身可免痈疽之疾：绵黄耆箭簳者去芦六两，一半生焙，一半以盐水润湿，饭上蒸三次，焙锉粉；甘草一两，一半生用，一半炙黄，为末。每服二钱，白汤点服，早午各一服。亦可煎服。　老人闷寒：绵黄耆、陈皮去白各半两，为末。每服三钱。大麻子一合，研烂，以水滤浆，煎至乳起，入白蜜一匙，再煎沸调药，空心服，甚者不过二服。此药不冷不热，常服无秘塞之患，其效如神。　肠风泻血：黄耆、黄连等分，为末，面糊丸绿豆大。每服三十丸，水饮下。　尿血沙淋，痛不可忍：黄耆、人参等分，为末。以大萝卜一个，切一指厚大四五片，蜜二两淹炙，令尽不令焦，点汤食无时，盐汤下。　吐血不止：黄耆二钱半，紫背浮萍五钱，为末。每服一钱，姜蜜水下。　咳嗽、脓血、咽干，乃虚中有热，不可服凉药：以好黄耆四两，甘草一两，为末。每汤点服二钱。　肺痈得吐：黄耆二两，为末。每服二钱，水一中盏，煎至六分，温[1]服，日三。　甲疽疮脓生足趾甲边，赤肉突出[2]，时常举发者：黄耆二两，蔺茹一两，醋浸一宿，以猪脂五合，微火上煎取二合，绞去滓，以封疮口上，日二，其内自消。　胎动腹痛下黄汁：黄耆、川芎劳各一两，糯米一合，水一升，煎半升，分服。　阴汗湿痒：绵黄耆酒炒，为末，以熟猪心点吃，妙。　痹疽内固：黄耆、人参各一两，为末，入真龙脑一钱，用生藕汁和丸绿豆大。每服二十丸，温水下，日日服。　诸虚自汗，夜卧即甚，久则枯瘦：黄芪、麻黄根各一两，牡（砺）〔蛎〕米泔浸洗煅过，为散。每服五钱，水二盏，小麦百粒，煎服。　虚汗无度：麻黄根、黄芪等分，为末，飞面和作丸梧子大。每用浮麦汤下百丸，

---

① 温，底本污损，据"四库全书"《本草纲目》卷一二上《草之一·黄耆》引《圣惠方》补。
② 出，底本污损，据"四库全书"《本草纲目》卷一二上《草之一·黄耆》引《圣惠方》补。

以止为度。　产后虚汗：黄芪、当归各一两，麻①黄根三两，每服一两，煎汤下。

典故。陈柳太后病风不能言，脉沉口噤。许胤宗曰："既不能下药，宜汤气蒸之，药入腠理，周时可瘥。"乃造防风（贡）〔黄〕②耆汤数斛，置床下，气如烟雾，其夕便得语。盖防风能制黄耆，黄耆得防风其功愈大，乃相畏而相使也。　李杲治小儿胃虚成慢惊者，云用益黄理中之药必损人命，当于心经中以甘温补土之本，更于脾土中以甘寒泻火，以酸凉补金，使金旺火衰，风木自平。因立黄耆汤泻火补金益土为神治之法，炙黄耆二钱，人参一钱，炙甘草、白芍药③各五分，水一大钟，煎半，温服。

人参，一名人薓，一名血参，一名黄参，一名神草，一名地精，一名土精，一名人衔，一名鬼盖，一名海腴，一名皱面还丹。参类有五，以五色配五脏：人参入脾曰黄参，沙参入肺曰白参，玄参入肾曰黑参，牡蒙入肝曰紫参，丹参入心曰赤参。其苦参，则右肾命门之药也。参以上党为佳，今不复采。迩来所用皆辽参、高丽参。大抵人参春生苗，多于深山背阴椴漆树下润湿处。初生小者三四寸许，一丫五叶。四五年后两丫五叶，未有花茎。十年后生三丫，年深者生四丫五叶，中心生一茎，俗名百尺杵。三四月有花，细小如粟。蕊如丝，紫白色。秋后结子七八枚，如大豆，生青熟红，自落。泰山出者，叶干青，根白。江淮出者，形味皆如桔梗。欲试上党参，使二人急走三五里，一（舍）〔含〕参，一空口。其（舍）〔含〕参者不喘，乃真也。辽参连皮者黄润纤长，色如防风，去皮者坚白如粉，秋冬采者坚实，春夏采者虚软。高丽参类鸡腿者力大，伪者皆以沙参、荠苨、桔梗造作乱之。沙参体虚无心而味淡，荠苨体虚无心，桔梗体坚有心而味苦。人参体实有心而味甘，微带苦，自有余味，俗名金井玉阑干者是也。性无毒，调中开胃，补五脏，安精神，定魂魄，止惊悸，通血脉，主五劳七伤，男妇一切虚损痰弱、虚促短气，止渴生津及胎前产后诸病。其有（年）〔手〕足面目似人形者更神（结）〔效〕，而假伪者尤多。

种植。子熟时收取，于十月下种，一如种菜法。若春初生苗时，（桵）〔移〕根种之，亦可活。

收藏。人参易蛀，见风日尤易蛀，惟纳新器中（蜜）〔密〕封，可经年不坏。又，盛过麻油磁器，泡净烘干，入华阴细辛，相间收之，可久。又，用淋过灶灰晒干罐收，亦可。

附录。沙参：一名羊乳，一名羊婆奶，一名虎须，一名苦心，一名文希，一名识美。色白，味淡，种宜沙地。二月生苗，叶如初生小葵叶而圆扁不光。茎高一二尺，叶尖长如枸杞叶而小，有细齿。秋月，叶间开小紫花如铃，五出，白蕊，亦有白花者。结实如冬青实，中有细子。霜后苗枯。根生沙地者长尺余，大一虎口。黄土地者短而小。根茎皆有白汁。八九月采者白而实，春采者微黄而虚。味苦，微寒，无毒。人参专补脾胃元气，因而益肺与肾，内伤元气者宜之。沙参专补肺气，因而益脾与肾，金受火克者宜之。一补阳而生阴，一补阴而制阳。　玄参：一名鹿肠，一名馥草，一名

玄台，一名重台，一名正马，一名逐马，一名鬼藏，一名野芝麻。宿根二月生苗，叶似芝麻对生，又如槐柳而尖长，有（钜）〔锯〕齿，细茎青紫色。七月开花，青碧色。八月结子，黑色。又有白花者，茎方大，紫赤色，有细毛。有节若竹者，高五六尺，一根五七枚，微有腥气，地蚕喜食之，故其中空。味苦，微寒，无毒。治胸中氤氲之气、无根之火。大凡肾水受伤，真阳失守，孤阳无根，发为火病，宜壮水以制火，故玄参与地黄同功，其消瘰疬、解癍毒，亦以散火之故。　紫参：一名牡蒙，一名童肠，一名马行，一名众戎，一名五鸟花。苗长一二尺，茎青而细，叶青似槐，亦有似羊蹄者。五月开白花，绝似葱花。亦有紫红似水荭者，根淡紫黑如地黄，肉红白，肉浅皮深。三月采根，火炙用。味苦，寒，无毒。治诸血病及寒热虐痫、痈肿积块之属。　丹参：一名山参，一名郗蝉草，一名木羊乳，一名奔马草。二月生苗，高尺许。茎方，有棱，青色，一枝五叶相对，如薄荷而有毛。三月至九月开花红紫，似苏花成穗，中有细子。根大者如指，长尺余，一苗数根，皮丹而肉紫。味苦，微寒，无毒。破宿血，补新血，安生胎，落死胎，止崩中带下，破痈除瘕，排脓止痛。《妇人明理论》云：四物汤治妇人诸病，调妇人经脉，皆可通用，一味丹参散与之同功。

　　辨讹。荠苨：一名杏参，一名杏叶沙参，一名芨苨，一名甜桔梗，一名白面根，一名隐忍。苗高一二尺，茎青白。叶似杏叶，小而微尖，背白，边有叉牙。杪间开五瓣白碗子花。根如野胡萝菖，颇肥。皮色灰黝，中间白毛。亦有开碧花者，嫩苗炸熟，水淘，可油盐拌食。根换水煮，亦可食。又可蜜煎。味甘，寒，无毒。解百药毒，杀蛊毒，压丹石发动，署毒箭，治蛇咬，辟沙虱，短狐毒。寒而利肺，甘而解毒，药中良品也。语云荠苨乱人参，故详著之。

　　制用。正旦未明佩紫赤囊，中盛人参、木香如豆样，时时嚼吞，日出乃止，号迎年佩。

　　疗治。人参膏：用人参十两，细切，活水二十盏浸透，入银石器内，桑柴火缓煎取十盏，滤汁。再以水十盏煎取五盏，与前汁合煎成膏，瓶收，随病作汤使。多欲之人肾气衰惫，咳嗽不止，生姜、橘皮煎汤化服。　痈疽溃后，气血俱虚，呕逆不食，变证不一者：以参、耆、归、术等分，煎膏服，妙。　胸痹，心中痞坚，留气结胸，胸满胁下，逆气抢心：人参、术、干姜、甘草各三两，水八升，煮三升。每服一升，日三，随证加减。此方自晋宋以后至唐，名医治心腹病者用之，皆有奇效。陶隐居《百一方》云：霍乱余药或难求，而治中方、四顺汤、厚朴汤不可暂缺，常须预合自随。王方庆云：数方不惟霍乱可医，诸病皆疗。四顺汤用甘草、人参、干姜、附子炮各二两，水六升，煎二升半，分四服。　四君子汤治脾胃气虚，不思饮食，诸气虚者，以此为主。人参一钱，白术二钱，白茯苓一钱，炙甘草五分，姜三片，枣一枚，水二钟，煎一钟，食前温服，随证加减。　开胃化痰，不思饮食，不拘大人小儿：人参焙二两半，夏姜汁浸焙五钱，为末，飞罗面作糊丸绿豆大。食后姜汤下三五十丸，日三，加陈橘皮五钱。　胃寒气满，不能传化，易饥不能食：人参末二钱，生附子末半钱，生姜二钱，水七合，煎二合，鸡子清一枚打转，空心服。　脾胃虚弱，不思饮食：生姜半斤取汁，白蜜十两，人参末四两，银锅煎成膏。每米饮调服一匙。　胃虚恶心，或呕吐，有痰：人参一两，水二盏，煎一盏，入竹沥一杯、姜汁三匙，食远温服，以知为度。老人尤宜。　胃寒呕恶，不能腐熟水谷，食即呕吐：人参、丁香、藿香各二钱半，橘皮五钱，生姜三片，水二盏，煎一盏，温服。　反胃呕吐，饮食入口即吐，困弱无力，垂死者：人参三大两拍破，水一大升，煮取四合，热服，日[①]再。人参汁，入粟米、鸡子白、薤白，煮粥与啖。李直方司勋于汉南，患此两月余，诸方不瘥，服此方，当时便定，后十余日遂入京。此药真难可与俦也。　食入即吐：人参一两，半夏一两五钱，生姜十片，水一斗，以杓扬二百四十遍。取三升，入白蜜三合，煮一升半，分服。　霍乱呕恶：人参二两，水一盏半，煎汁一盏，入鸡子白一枚，仍再煎，温服。一加丁香。　霍乱烦闷：人参五钱，桂心半钱，水二盏，煎服。　霍乱吐泻，烦躁不止：参二两，橘皮三两，生姜一两，水六升，煮三升，分三服。　妊娠吐水，酸心腹痛，不能饮食：人参、干姜炮等分，为末，生地黄汁和丸梧子大。每服五十丸，米汤下。　阳虚气喘，自汗盗汗，气短头晕：人参五钱，熟附子一两，分作四帖，每帖以生姜十片、流水二盏，煎一盏，食远温服。　喘急欲绝：人参末，汤服方寸匕，日五六服，效。　产后发喘，乃血入肺窍，危症也：苏木二两，水二碗，煮汁一碗，调参末一两服，神效。　产后血晕：人参一两，紫苏半两，童便、酒、水三合，煎服。　产后不语：人参、石菖蒲、石莲肉等分，每服五钱，水煎服。　产后诸虚，发热自汗：人参、当归等分，为末。猪腰子一个，去膜切小片，以水三升、糯米半合、葱白二茎，煮米熟，取汁一盏，入药煎至八分，食前温服。　产后秘塞出血：多以人参、麻子仁、枳壳麸炒，为末，炼蜜丸梧子大。每服五十丸，米饮下。　横生倒产：人参、乳香末各一钱，丹砂五分，研匀，鸡子白一枚，入生姜自然汁三匙，搅匀，冷服，母子俱安，神效。　开心益智：人参末一两，炼成獭猪肥肪十两，淳酒和匀。每服一杯，日再服。服至百日，耳目聪明，骨髓充盈，肌肤润泽，日记千言。兼去风热痰病。　怔忡自汗，心气不足也：人参、当（妇）〔归〕各半两，獭猪腰子二个，水二碗，煮至一碗半，取腰子细切，参归同煎至八分，空心吃腰子，以汁送下。其滓焙干，为末，山药末糊丸绿豆大。每服五十丸，食远枣汤下，两服即愈。一加乳香二钱。　凡心下硬，按之则无常，觉膨满，多食则吐，气引前后，噫呃不除，由思虑过多，气不时行则滞，谓之结气：人参一两，橘皮去白皮四两，为末，炼蜜丸梧子大。每米饮下五六十丸。　房后困倦：人参七钱，陈皮一钱，水一盏半，煎八分，食前温服，日再服，千金不传。　虚劳发热：上党人参、银州柴胡各三钱，大枣一枚，生姜三两，水一钟半，煎七分，食远温服，日再服，以愈为度。　肺热声哑：人参二两，诃子一两，为末，噙咽。　肺虚久咳：人参末二两，鹿角胶炙研一两，每服三钱，用薄荷豉汤一盏，葱少许，入铫子煎一二沸，顷入盏内。遇咳时温呷三五口，甚妙。　止嗽化痰：人参末一两，明矾二两，以酽醋二升熬矾成膏，入参末，炼蜜和收。每以豌豆大一丸放舌下，嗽止痰消。　小儿喘咳发热，自汗吐红，气虚无力：人参、天花粉等分，每服半钱，蜜水调下，以瘥为度。　咳喘，上气喘急，嗽血吐血，脉无力者：人参末，每服三钱，鸡子清调之，五更初服便睡，去枕仰卧，只一服愈。年深者再服，咯血者服尽一两，甚好。一方：以乌鸡子水磨千遍，自然化作水，调药尤妙。忌醋、咸、腥、酱、面、鲊、醉饱，将息

---

① 日，底本缺，据"四库全书"《本草纲目》卷一二上《草之一·人参》引李绛《兵部手集》补。

乃佳。　咳嗽吐血：人参、黄耆、飞罗面各一两，百合五钱，为末，水丸梧子大。每服五十丸，食前茅根汤下。一方：人参、乳香、辰砂等分，为末，乌梅肉和丸弹子大。每白汤化下一丸，日一服。　虚劳吐血甚者：先以十香散止之，其人必困倦，法当补阳生阴，独参汤主之。好人参一两，肥枣五枚，水二钟，煎一钟，服。熟睡一觉，即减五六，继服调理药。　吐血下血，因七情所感，酒色内伤，气血妄行，口鼻俱出血如涌泉，须臾不救：用人参焙，侧柏叶蒸焙，荆芥穗烧存性，各五钱，为末。用二钱，入飞罗面二钱，以新汲水调如稀糊服，少顷再啜一服，立止。　衄血不止：人参、柳枝寒食采者等分，为末。每服一钱，东流水服，日三。无柳枝，用莲子心。　齿缝出血：人参、赤茯苓、麦门冬各二钱，水一钟，煎七分，食前温服，日再。苏东坡得此，自谓神奇，累试累验。　阴虚尿血及沙石淋：人参焙，黄耆盐水炙，等分，为末。用红皮大萝卜一枚，切作四片，以蜜二两，将萝卜逐片蘸炙，令干，再炙，勿令焦，以蜜尽为度。每用一片蘸药食，盐汤送下，以瘥为度。　消渴引饮：人参为末，鸡子清调服一钱，日三四服。一方：用人参、苦蒌根等分，生研为末，炼蜜丸梧子大。每服百丸，食前麦冬汤下，日二服。忌酒面炙煿。一方：人参一两，粉草二两，雄猪胆汁浸炙，脑子半钱，为末，蜜丸芡子大。每嚼一丸，冷水下。一方：人参一两，葛粉二两，为末。发时以捋猪汤一升，入药三钱，蜜三两，慢火蒸至三合，状如黑饧，以瓶收之。每夜以一匙含咽，不过三服取效。　虚疟发热：人参二钱二分，雄黄五钱，为末，端午日用粽尖捣丸梧子大。发日，侵辰井花水吞下七丸，发前再服，忌诸般热物，立效。一方：加神曲，等分。　冷痢厥逆，六脉沉细：人参、大附子各一两半，每服半两，生姜十片，丁香十五粒，粳米一撮，水二盏，煎七分，空心温服。　下痢噤口：人参、莲肉各三钱，以井华水二盏，煎一盏，细细呷之。或加姜汁、炒黄连三钱。　老人虚痢不止，不能饮食：上党人参一两，鹿角去皮炒研五钱，为末。每服方寸匕，米汤调下，日三。　伤寒坏证：凡伤寒时疫，不问阴阳，老幼妊妇，误服药饵，困重垂死，脉沉伏，不省人事，七日以后皆可服之，百不失一，此名夺命散。人参一两，水二钟，紧火煎一钟，以井水浸冷服之，少顷鼻梁有汗出，脉复立瘥。苏韬光侍郎用此救数十人。　伤寒厥逆：身有微热烦躁，六脉沉细微弱，此阴极发躁也。人参半两，水一钟，煎七分，调牛胆南星末二钱，热服立苏。　夹阴伤寒：欲事后感寒邪，阳衰阴盛，六脉沉伏，小肠绞痛，四肢逆冷，呕吐清水，不假此药，无以回阳。人参、干姜炮各一两，生附子一枚，破作八片，水四升半，煎一升，顿服，脉出身温即愈。　筋骨风痛：人参四两，酒浸三日，晒干，土茯苓一斤，山慈姑一两，为末，炼蜜丸梧子大。每服百丸，食前米 ① 汤下。　小儿风痫瘈疭：人参、蛤粉、辰砂等分 ②，为末，獖猪心血和丸绿豆大。每服五十丸，金 ③ 银汤下，一日二服，神效。　小儿惊后，瞳人不正者：人参、阿胶、糯米炒成珠，各一钱，水一盏，煎七分，温服，日再服，效。　小儿痹风：人参、冬瓜仁各半两，南星一两，浆水煮过，为末。每用一钱，水半盏，煎三分，温

---

① 米，底本污损，据"四库全书"《本草纲目》卷一二上《草之一·人参》引《经验方》补。
② 分，底本污损，据"四库全书"《本草纲目》卷一二上《草之一·人参》引《卫生宝鉴》补。
③ 金，底本污损，据"四库全书"《本草纲目》卷一二上《草之一·人参》引《卫生宝鉴》补。

服。　狗咬风伤肿痛：人参置桑柴炭上烧存性，以碗覆定，少顷，为末，掺之瘥。　蜈蚣咬及蜂虿螫伤：嚼人参傅之。　胁破肠出，急以油抹入，煎人参、枸杞汁淋之，内吃羊肾粥，十余日愈。　肺热咳嗽：沙参半两，水煎服。　卒得疝气，小腹及阴中相引，痛如绞，白汗出欲死者：沙参捣筛为末，酒服方寸匕，立瘥。　妇人白带，多因七情内伤或下元虚冷所致：沙参为末，每服二钱，米饮调下。　诸毒鼠瘘：玄参浸清酒，日日饮之。　年久瘰疬：生玄参捣傅，日日易之。　赤脉贯瞳：玄参为末，以米泔煮肝，日日蘸食。　发狂咽痛：玄参、升麻、甘草各半两，水三盏，煎一盏半，温服。　急喉痹风，不拘大人小儿：玄参、鼠粘子半生半炒各一两，为末。新水服一盏，立瘥。　鼻中生疮：玄参末涂，或以水浸软塞之。　三焦积热：玄参、黄连、大黄各一两，为末，炼蜜丸桐子大。每服三五十丸，白汤下。小儿丸粟米大。　小肠疝气：黑参咬咀炒，为丸。每服一钱，空心酒服，出汗即效。　烧香治劳：玄参一斤，甘松六两，为末，和匀，入瓶中封固。煮一伏时，破瓶取出捣，入炼蜜一斤，别以瓶盛，（理）〔埋〕地中暑五日。取出烧之，常令闻香，疾自愈。亦可熏衣。　玄参忌犯银器，饵之噎喉丧目。　经脉不调，或前或后，或多或少，产前胎不安，产后恶血不下，兼治冷热劳腰脊痛、骨节烦疼：丹参洗净切碎，为末。每服二钱，温酒调下。　落胎下血：丹参十二两，酒五升，煮三升，温服一升，一日三服。亦可水煮。　寒疝，小腹阴中相引痛，白汗出，欲死：丹参一两，为末。每服二钱，热酒调下。　小儿身热，汗出拘急，固中风起：丹参半两，鼠屎炒三十枚，为末。每服二钱，浆水下。　惊痫发热：丹参、雷丸各半两，猪膏二两，同煎七上七下，滤去滓盛之。摩儿身，日三次。　妇人乳痈：丹参、白芷、芍药各一两，咬咀，以醋淹一夜，猪脂半斤，微火煎成膏，去滓傅之。　热油火灼：丹参八两，锉，以水微调，取羊脂二斤，煎三上三下，涂之。　丹参治风软脚，可及奔马。曾用，实有效。　治痢：紫参半斤，水五升，煎二升，入甘草二两，煎取半升，分三次服。　吐血不止：紫参、人参、阿胶炒等分，为末。乌梅汤服一钱。一方：去人参，加甘草，以糯米汤服。　酒刺：紫参、丹参、人参、沙参各一两为末，胡桃仁杵和丸桐子大。每服三十丸，茶下。　强中之病，茎坚硬，不交精液自出，消渴之后即发痈疽，皆繇恣意色欲，抑或饵金石所致，宜此以制肾热：猪肾一（其）〔具〕，荠苨、石膏各三两，人参、茯苓、磁石、知母、葛根、黄芩、栝楼根、甘草各二两，黑大豆一升，水一斗半，先煮猪肾、大豆，取汁一斗，去滓，下药再煮三升，分三服。　荠苨丸：荠苨、大豆、茯神、磁石、苦蒌根、熟地黄、地骨皮、玄参、石斛、鹿茸各一两，人参、沉香各半两，为末，以猪肚治净煮烂，杵和丸梧子大。每服七十丸，空心盐汤下。　丁疮肿毒：生荠苨根捣汁，服一合，以滓傅之，不过二服。　面上酐疱：荠苨、肉桂各一两，为末。每服方寸匕，酢浆服之，日一服。又灭瘢痣。　钩吻叶与芹叶相似，误食之杀人。惟以荠苨八两，水六升，煮取三升。每服五合，日五服。　解五石毒：荠苨生捣汁，多服，立效。

　　典故。摇光星散而为人参，人君废山渎之利，则摇光不明，人参不生。《春秋运斗枢》。　下有人参，上有紫气。《礼·斗威仪》。　隋文帝时，上党有人宅后每夜闻人呼声，求之不得。去宅一里许，见人参枝叶（易）〔异〕①常。掘之，入地五尺，得人参一株，如人，四肢毕备，呼声遂绝。《广五行记》。　　浦江郑某，五月患痢，又犯房室，忽昏晕不知人事，手撒目暗，自汗如雨，喉中痰如拽锯，小便遗失，脉大无伦。此阴亏阳绝之症也。急煎人参膏，仍与灸气海十八壮，右手能动，口微动。遂与膏服一盏半，夜服三盏，眼②能动。尽三斤，方能言，索粥。尽五斤，痢止。至十斤，全安。若作风治，则误矣。　　一人背疽，用内托药已多，脓出作呕，发热，六脉沉数有力，此溃疡所忌也。与大料人参膏，入竹沥饮之，参尽一十六斤、竹伐百余竿而安。后旬余，受大惊，疮起有脓，中有红线一道，过肩胛，抵右肋。急作参膏，以芎、归、橘皮汤，入竹沥、姜汁饮之，尽三斤而疮溃，调理乃安。　　一人形实，好饮热酒，忽病目盲而脉涩。此热酒伤，胃污，血死其中而然。以苏木煎汤，调人参末服，数日而愈。　　一妇嗜酒，胸生一疽，脉紧而涩，用酒炒人参、酒炒大黄等分，为末。姜汤服一钱，得睡汗出而愈。　　一小儿七岁闻雷即昏倒，不知人事，此气怯也。人参、当归、麦门冬各二两，五味子五钱，水一斗，煎汁五升，再以水五升煎滓，取汁二升，合煎成膏。每服三匙，白汤化下服尽，一斤后闻雷自若。　　有人卧，则觉身外有身，人卧则魂布于肝。一样③，但不语。此由肝虚邪袭，魂不归舍，名曰离魂。用人参、龙齿、赤茯苓各一钱，水一盏，煎半盏调，飞过朱砂末一钱，睡时服，一夜一服。三夜后，真者气爽，假者即化。

地黄，一名地髓，一名芐，芐，音户。一名芑，芑，音起。一名牛奶子，一名婆婆奶。处处有之，河南怀庆者佳。二月生茎，有细短白毛。叶布地，深青色，似小芥叶而厚，不叉丫，上有皱文，毛涩不光。高者尺余，低者三四寸。摘其傍叶作菜，甚益人。开小筒子花，似油麻花但有斑点，红紫色，亦有黄者。实作房如连翘，子如小麦，褐色。根黄如胡萝蔔，粗细长短不一。根入土即生，宜肥地，虚则根大而多汁。正、九月采根，生地曝干，熟地蒸晒。忌钢铁器，令人肾消发白，男损营，女损卫。姜汁浸则不泥膈。又宜酒制，鲜用则寒，初出土者。干用则凉。即今生地。生地生血，熟地养血。生者以水浸之，沉者为地黄，半沉者为人黄，浮者为天黄。入药沉者佳，半沉者次，浮者不堪。

种植。宜沙软地。先于十二月耕熟，至正月细耙三四遍，然后作沟阔二尺，两沟作一畦阔四尺。其畦微高而平硬，甚不受水。三月初种。苗未生时，得水即烂。畦中又拨作沟，深三寸。取地黄切长二寸，种于沟内，以熟粪土盖，厚三寸许。每一亩用根五十斤，盖土讫，即取经冬烂草覆之，候芽稍出，以火烧其草，令烧去其苗，再生叶肥茂，根益壮。自春至秋，凡五六耘，不得锄。一年后，满畦宿根，采讫还生。八月堪采根，若不采，其根太盛。春二月宜出之。若秋采讫，至春不复更种，其生者犹得三四年。但采讫，比至明年，耨耘而已。《神隐》云：参验古法，此为最良。按《本草》：二、八月采，殊未穷物性也，不如冬月采妙，又蒸晒相宜也。欲食其叶，但露散后，摘取傍叶，勿损中心正叶。秋收其花，可充冬用。

---

① 易，应作"异"。"四库全书"《本草纲目》卷一二上《草之一·人参》作"异"。
② 眼，底本缺，据"四库全书"《本草纲目》卷一二上《草之一·人参》补。
③ "四库全书"《本草纲目》卷一二上《草之一·人参》"一样"后有"无别"二字。

制用。掘出洗净，肥大沉水者简出。将简下瘦小者捣汁，入好酒并缩砂仁末拌匀，浸肥地令透，用砂锅柳甑蒸令气透，眼干再浸再蒸，如此九次。盖地黄性泥，得砂仁之香窜，和五脏冲和之气，归宿丹田，故无泥膈之患。

疗治。固齿、乌须、生津，其功极妙：地黄五斤，柳木甑内以土盖上蒸熟，晒干。如此三次，捣为小饼，每噙咽一枚。　咳嗽吐血，劳瘦骨蒸，日晚寒热：煮白粥，临熟入生地黄汁三合，搅匀，空心食。　吐血咳嗽：熟地黄末，酒服一钱，日三。　肺损吐血，或舌上有孔血出：生地黄八两取汁，童便五合，同煎熟，入鹿角胶炒研一两，分三服。　初生便血：小儿初生七八日，大小便血出，乃热傅心肺，不可服凉药，只以生地黄汁五七匙，酒半匙，蜜半匙，和服之。　小便屎①血，吐血及耳鼻出血：生地黄汁半升，生姜汁半合，蜜一合，和服。　小便血淋：生地黄汁、车前叶汁各三合，煎服。　疗肿乳痈：地黄捣敷之，热即易，神效。　一切痈疽及打扑伤损破疼痛者：生地黄杵如泥摊在上，（糁）〔掺〕木香末于中，又摊地黄泥一重，贴之，不过五度即内消。　打扑损伤，骨碎及筋伤烂：用生地黄熬膏裹之，以竹简夹急缚，勿令转动，一日一夕可十易之，则瘥。昔许元公堕马，右臂白脱。左右急搓入白中，昏迷不知痛苦。急召田录事视之，曰："尚可救。"乃以上药封肿处，中夜方苏，达旦痛处已白。日日换贴，其瘀肿移至肩背，乃以药下，去黑血三升而愈。　损伤打扑，瘀血在腹者：用生地黄汁三升，酒一升半，煮二升半，分三服。　物伤睛突，轻者脸胞肿痛，重者目睛突出，但目系未断者，即纳入。急捣生地黄，绵裹傅之，仍避风，以膏药护其四边。　睡起目赤，血热也，卧则血归于肝，故热。用生地黄汁浸粳米半升，晒干，三浸三晒。每夜以米煮粥食一盏，数日即愈。　蓐内赤目：生地黄薄切，温水浸贴。　牙痦宣露，脓血口气：生地黄一斤，盐二合，捣和团，以面包煨，令烟断，去面，入麝一分研匀，日夜贴之。　牙齿挺长：常咋生地黄，极妙。耳中常鸣：生地黄截塞耳中，日数易。煨熟尤妙。　须发黄赤：生地黄一斤，生姜半斤，各洗研自然汁，留渣用。不蛀皂角十条，去皮弦蘸汁，炙至汁尽为度。同渣入罐内泥（同）〔固〕，煅存性，为末。用铁器盛末三钱，汤煎调，停二日，临卧刷须发上即黑。　竹木入肉：生地嚼烂罨之。　猘犬咬伤：地黄捣汁，饭饼涂之百度，愈。

典故。韩子治用地黄苗喂五十岁老马，生三驹，又一百三十岁乃死。《抱朴子》。　雉被鹰伤，衔地黄叶点之即愈。《朝野金载》。

术，有两种：白术，抱蓟也。一名天苏，一名山姜，一名山连，一名马蓟。吴越之叶稍大而有毛。根如指大，状如鼓槌，亦有大如拳者。彼人剖开曝干，谓之削术，亦曰片术。白而肥者浙术，瘦而黄者幕阜山术。浙术力胜，味苦而甘，性温厚，气薄，除湿益燥，温中补气，强脾胃，生津液，止胃中及肌肤热，解四肢困倦，佐黄芩安胎，清热，在气主气，在血主血，有汗则止，无汗则发。苍术，山蓟也。一名山精，一名仙术，一名赤术。处处山中有之。苗高二三尺，其叶抱茎而生，叶似棠梨。其脚下叶有三五，皆有锯齿小刺。根如老姜，苍黑色。肉白，有油膏。以茅山、嵩山者为佳。

---

① 屎，"四库全书"《本草纲目》卷一六《草之五·地黄》作"尿"。

（吐）〔味〕甘而辛烈，性温而燥。除湿发汗，健脾安胃，治湿痰留饮，驱灾沴邪气，消疬癖气块，妇人冷气症瘕，山岚瘴气瘟疾。总之，二术所治大略相近，除湿解郁，发汗驱邪，苍术为要；补中焦，益胎元，健脾胃，消湿痰，益脾，白术为良。

种植。取其根栽之，一年即稠。嫩苗可为茹，作饮甚甘香。

制用。白（末）〔术〕以米泔浸一宿，入药。一法：东壁土炒用。　苍术性燥，须糯米泔浸洗，再换泔浸二日，浸去油，去粗皮，切片焙干用。亦有脂麻同炒，以制其燥者。

疗治。枳术丸：消痞强胃，久服令人食自不停。白术一两，黄壁土炒过去土，枳实麸炒去麸一两，为末，荷叶包饭烧熟，捣和丸梧子大。每服五十九，白汤下。　气滞加橘皮一两，有火加黄连一两，有痰加半夏一两，有寒加干姜五钱、木香三钱，有食加神曲、麦糵各五钱。　枳术汤：心下坚，大如盘，边如旋杯，水饮所作，寒气不足，则手足厥逆，腹满胁鸣相逐。阳气不通即水冷，阴气不通即骨疼；阳前通则恶寒，阴前通则痹不仁。阴阳相得，其气乃行；大气一转，其气乃散。实则失气，虚则遗尿，名曰气分。宜此主之，白术一两，枳实七个，水五升，煮三升，分三服，胸中软即散。　白术膏：服食滋补，止久泄痢。上好白术十斤切片，入瓦锅内，水淹过二寸，文武火煎至一半，倾汁入器内，以渣再煎。如此三次，乃取前后汁同熬成膏，入器中一夜，倾去上面清水收之。每服三二匙，蜜汤调下。　参术膏：治一切脾胃虚损，益元气。白术一斤，人参四两切片，以流水十五碗浸一夜，桑柴文武火煎取浓汁熬膏，入炼蜜收之。每以白汤点服。　胸膈烦闷：白术末，水服方寸匕。　心下有水：白术三两，泽泻五两，水三升，煎一升半，分三服。　五饮酒癖：一留饮水停心下，二癖饮水在两胁下，三痰饮水在胃中，四溢饮水在五脏间，五流饮水在肠间，皆由饮食胃寒或饮茶过多致此。倍术丸，用白术一两，干姜炮、桂心各半斤，为末，蜜丸梧子大。每温水服二三十九。　四肢肿满：白术三两咬咀，每服半两，水一盏半，大枣三枚，煎九分，温服，日三四服，不拘时。　中风口噤，不知人事：白术四两，酒三升，煮一升，顿服。　产后中寒，遍身冷直，口噤，不识人：白术一两，泽泻一两，生姜五钱，水一升，煎服。　头忽眩晕，经（夕）〔久〕不瘥，四体渐羸，饮食无味，好食黄土：用术三斤，曲三斤，捣筛，酒和丸梧子大。每饮服二十九，日三服。忌菘菜、桃、李、青鱼。　湿气痛：白术切片，煎汁熬膏，白汤点服。　中湿骨痛：术一两，酒三盏，煎一盏，顿服，不饮酒，以水煎之。　妇人肌热血虚：白术、白茯苓、白芍药各一两，甘草半两，为散，姜煎服。　小儿蒸热，脾虚羸瘦，不能饮食：方同上。　风瘙瘾疹：白术为末，酒服方寸匕，日二。　面多䵟䵮雀（卵）〔卵〕色：苦酒渍术，日日拭之，极效。　自汗不止：白术末饮服方寸匕，日二。　脾虚盗汗：白术四两切片，以一两同牡蛎炒，一两同石斛炒，一两同麦麸炒[①]，拣术为末。每服三钱，食远粟米汤下，日三。　老少虚汗：白术五钱，小麦一撮，水煮干，去麦，为末。用黄耆汤下一钱。　产后呕逆，别无他疾者：白术一两二钱，生姜一两五钱，酒水各二升，煎一升，分三服。　脾虚胀满，脾气不和，冷气客于中，壅遏不通，是为胀满：用白术二两，橘

[①] 炒，底本缺，据上文并参照"四库全书"〔明〕王肯堂《证治准绳》卷二九《类方·诸风门》"白术汤"补。

皮四两，为末，酒糊丸梧子大。每食前木香汤下三十九。　脾虚泄泻：白术五钱，白芍药一两，冬月用肉豆蔻煨，为末，米饮丸梧子大。每米饮下五十九，日二。　久泻滑肠：白术炒、茯苓各一两，糯米炒二两，为末。枣肉拌食，或丸服之。　老少滑泻：白术半斤，黄土炒，山药四两炒，为末，饭丸，量人大小，米汤服，或加人参三钱。　老人常泻：白术二两，黄土拌蒸，焙干去土，苍术五钱泔浸炒，茯苓一两，为末，米糊丸梧子大。每米汤下七八十九。　小儿久泻脾虚，米谷不化，不进饮食：用白术炒二钱半，半夏曲二钱半，丁香半钱，为末，姜汁面糊丸黍米大。每米饮随大小服之。　肠风痔漏，脱肛泻血，面色萎黄，积年不瘥者：白术一斤，黄土炒研末，干地黄半斤，饭上蒸熟，捣和，干则入少酒，丸梧子大。每服十五丸，米饮下，日三服。　孕妇束胎：白术、枳壳麸炒等分，为末，烧饭丸梧子大。入月一日，每食前温水下三十九，胎瘦则易产。　牙齿日长，渐至难食，名髓溢病：白术煎汤漱，效。　服术法：乌髭发，驻颜色，壮筋骨，明耳目，除风气，润肌肤，久服令人轻健。苍术不计多少，米泔水浸三日，逐日换水。取出刮去黑皮，切片曝干，慢火炒黄，细捣为末。每一斤，用蒸过白茯苓末半斤，炼蜜丸梧子大。空心卧时，热水下十五丸。别用术末二两，甘草末一两，拌和作汤点之，吞丸尤妙。忌桃、李、雀、蛤及三白、诸血。　苍术膏：除风湿，健脾胃，变白驻颜，补虚损，大效。新苍术刮去皮薄切，米泔浸二日，一日一换。取出，井华水浸过二寸，春、秋五日，夏三日，冬七日。漉出，以生绢袋盛之，放在一半原水中揉洗，津液出，纽干。将渣又捣烂，袋盛，于一半原水中揉至汁尽为度。将汁入大砂锅中，慢火熬成膏。每一斤，入白蜜四两，熬二炷香。膏一斤，入水澄白茯苓末半斤，搅匀瓶收。每服三匙，侵早、临卧各一，温酒送下。忌醋及酸物、桃、李、雀、蛤、菘菜、鸡、鱼等物。　治脾经湿气，少食，足肿无力，伤食，酒色过度，劳逸有伤，骨热：用鲜苍术二十斤，浸刮去粗皮，晒切，以米泔浸一宿。取出，同溪水一石，大砂锅慢火煎半干，去渣。再入石楠叶三斤，刷去红衣，楮实子一斤，川当归半斤，甘草四两切，同煎黄色，滤去滓，再煎如稀粥，入白蜜三斤，熬成膏。每服三五钱，空心好酒调服。　苍术丸：清上实下，兼治内外障眼。茅山苍术（先）〔洗〕刮净一斤，分作四分，用酒、醋、糯泔、童尿各浸三日，一日一换。取出，洗捣晒焙，以黑脂麻同炒香，共为末，酒煮面糊丸梧子大。每空心白汤下五十九。　八制苍术丸：疏风顺气养肾，治腰脚湿气痹痛。苍术一斤，洗刮净，分作四分，用酒、醋、米泔、盐水各浸三日，晒干。又分作四分，用川椒红、茴香、补骨脂、黑牵牛各一两，同炒香，拣去不用，只取术研末，醋糊丸梧子大。每服五十九，空心盐酒下。五十岁后加沉香末一两。　苍术散：治风湿，常服壮筋骨，明目。苍术一斤，粟米泔浸过，竹刀刮去皮，半斤无灰酒浸，半斤童便浸，春五、夏三、秋七、冬十日。取出，净地上掘一坑，炭火煅赤。去炭，将浸药酒倾入坑内，却放术在中，以瓦器盖定泥封一宿，取出为末。每服一钱，空心温酒或盐汤下。　六制苍术散：治下元虚损，偏坠茎痛。茅山苍术净刮六斤，分六分：一斤仓米（疿）〔泔〕，一桑椹汁，一酒，俱浸二日，炒；一斤青盐半斤，一小茴香四两，一大茴香四两，俱炒黄，去茴盐。取术为末。每服三钱，空心温酒下。　固真丹：燥湿养脾，助胃固真。茅山苍术刮净一斤，分作四分：一分青盐一两炒，一分川椒一两炒，一分川楝子一两炒，一分小茴香、破故纸各一两炒。并楝、术研末，酒煮面糊丸梧子大。每空心米饮下五十丸。　平补固真丹：治元脏久虚，遗精白浊，妇人赤白带下、崩漏。金州苍术刮净一斤，分作四分：一分川椒一两炒，一分破故纸一两炒，一分茴香、食盐各一两炒，一分川楝肉一两炒。取净术为末，入白茯苓末二两，酒洗当归末二两，酒煮面糊丸梧子大。每空心盐酒下五十丸。　固元丹：治元脏久虚，遗精白浊，五淋及小肠、膀胱疝气，妇人赤白带下、血崩、便血等疾，以小便频数为效。好苍术刮净一斤，分作四分：小茴香、食盐各一两同炒，一分川椒、补骨脂各一两同炒，一分川乌头、川楝子肉各一两同炒，一分醇醋、老酒各半斤同煮干焙。连同炒药通为末，用酒煮糊丸梧子大。每服五十丸，男以温酒，女以醋汤，空心下。　少阳丹：苍术，米泔浸半日，刮皮晒干，为末一斤；地骨皮温水洗净，去心晒研一斤；熟桑椹二十斤，入瓷盆揉烂，绢袋压汁。和末如糊，倾入盘内，日晒夜露，采日精月华，待干研末，炼蜜丸赤小豆大。每服二十丸，无灰酒下，日三服。一年白发返黑，三年面如童子。　交感丹：补虚损，固精气，乌髭发，久服令人有子。茅山苍术刮净一斤，分作四分，酒、醋、米泔、盐汤各浸七日，晒研，川椒红、小茴香各四两炒研，陈米糊丸梧子（夫）〔大〕。每服四十丸，空心温酒下。　交加丸：升水降火，除百病。苍术刮净一斤，分作四分：一分米泔浸炒，一分盐水浸炒，一分川椒炒，一分破故纸炒。黄檗皮刮净一斤，分作四分：一分酒炒，一分童尿浸炒，一分小茴香炒，一分生用。拣去各药，只取术、檗为末，炼蜜丸梧子大。每服六十丸，空心盐汤下。　坎离丸：滋阴降火，开胃进食，强筋骨，去湿热。白苍术刮净一斤，分作四分：一分川椒一两炒，一分破故纸一两炒，一分五味子一两炒，一分川芎䓖一两炒，只取术研末。川檗皮四斤，分作四分：一斤酥炙，一斤人乳炙，一斤童尿炙，一斤米泔炙，各十二次，研末。和匀，炼蜜丸梧子大。每服三十丸，早酒、午茶、晚白汤下。　不老丹：补脾益肾，服之，七十亦无白发。茅山苍术刮净，米泔浸软，切片四斤：一斤酒浸焙，一斤醋浸焙，一斤盐四两炒，一斤椒四两炒。赤、白何首乌各二斤，米泔浸，竹刀刮切，黑豆、红枣各五升，同蒸至豆烂，曝干。地骨皮去骨一斤。各取净末，以桑椹汁和成剂，铺盆内，汁高三指，日晒夜露，取日月精华。待干，以石臼捣末，炼蜜丸梧子大。每空心酒服一百丸。　灵芝丸：治脾肾气虚，添补精髓，通利耳（日）〔目〕。苍术一斤，米泔水浸，春、夏五日，秋、冬七日，逐日换水，竹刀刮皮切晒，石臼为末，枣肉蒸，和丸梧子大。每服三五十丸，枣汤空心服。　补脾滋肾，生精强骨，真仙方也：苍术去皮五斤，为末，米泔水漂，澄取底用。脂麻二升半，去壳研烂，绢袋滤去渣，澄浆拌术，曝干。每服三钱，米汤或酒空心调服。　面黄食少，男妇面无血色，食少嗜卧：苍术一斤，熟地黄半斤，干姜炮，各一两，春、秋七钱，夏五钱，为末，糊丸梧子大。每温水下五十丸。　小儿癣疾：苍术四两，为末，羊肝一具，竹刀批开，撒术末，线缚，入砂锅煮熟，捣作丸散。　食生米：男子、妇人因食生熟留滞肠胃，遂至生虫，久则好食生米，否则终日不乐，至憔悴萎黄，不思饮食，以害其生。用苍术，米泔水浸一夜，锉焙为末，蒸饼丸梧子大。每服五十丸，食前米饮下，日三服，用之有验。　腹中虚冷，不能饮食，食辄不消，羸弱生病：术二斤，曲一斤，炒为末，蜜丸梧子大。每服三十丸，米汤下，日三服。大冷加干姜三两，腹痛加当归三两，羸弱加甘草二两。　脾湿水泻注下，困弱无力，水谷不化，腹痛甚者：苍术二两，白芍药一两，黄芩半两，淡桂二钱，每服①一两，水一②盏半，煎一盏，温服。脉弦头微痛，去芍药，加防风二两。　暑月暴泻，壮脾温胃：用神曲炒，苍术米泔浸一夜焙，等分，为末，糊丸梧子大。每服三五十丸，米饮下。　飧泻久痢：苍术二两，川椒一两，为末，醋糊丸梧子大。每服二十丸，食前温水下。恶痢久者加桂。　脾湿下血：苍术二两，地榆一两，分作二服，水二盏，煎一盏，食前温服。久痢虚滑，以此下③桃花丸。　肠风下血：苍术不拘多少，以皂角挼浓汁浸一宿，煮干，焙研为末，面糊丸如梧子大。每服五十丸，空心米饮下，日三。　湿气身痛：苍术泔浸，切，水煎，取浓汁熬膏，白汤点服。　补虚明目，健骨和血：苍术泔浸四两，熟地黄焙二两，为末，酒糊丸梧子大。每温酒下三五十丸，日三。　青盲雀目：苍术四两，泔浸一夜，切焙研末。每三钱，猪肝三两，批开掺药在内，扎定，入粟米一合，水一碗，砂锅煮熟，熏眼，临卧食肝饮汁，不拘大人小儿，皆治。又方：不计时月久近，用苍术二两，泔浸，焙捣为末。每服一钱，以好羊子肝一斤，竹刀切破，掺药在内，麻扎，以粟米泔煮熟，待冷食之，以愈为度。　眼目昏涩：苍术泔浸七日，去皮切焙，木贼各二两，为末。每服一钱，茶酒任下。　婴儿（日）〔目〕涩不开，或出血：苍术二钱，入猪胆中扎煮，将药气熏眼后，更嚼取汁与服，妙。　风牙肿痛：苍术盐水浸过，烧存性，研末揩牙，去风热。　脐虫怪病，腹中如铁石，脐中水出，旋变作虫行绕身，咂痒难忍，拔扫不尽：用苍术浓煎汤浴之，仍以苍术末入麝香少许，水调服。　辟一切恶气：苍术同猪蹄烧烟，能除邪祟，消灾渗。岁旦及病疫人家往往烧之。　饮辟：苍术一斤，去皮切片，为末，麻油半两，水二钱，研滤汁，大枣五十枚，煮去皮核，捣和丸桐子大。每日空心温服五十丸，渐至一二百丸。忌桃、李、雀肉。三月疾除。常服，胸膈宽利，饮啖如常。许叔微因少年夜坐写文，左向伏几，中夜饮酒数杯，又向左卧，饮食多坠左边。后饮食止从左下，心中嘈杂，胁痛，食减，十数日必呕酸水数升。暑月左边无汗。积三十年后制此方，服之而愈。

典故。南阳文氏，汉末逃难壶山中，饥困欲死。有人教之食术，遂不饥。数十年乃还乡里，颜色更少，气力转胜。《抱朴子》。　陈子皇得饵术要方，其妻得疲病，服之自愈。《神仙传》。　越民高氏妻病恍惚谵语，亡夫之鬼凭之。其家烧苍术，鬼遽求去。《乞类编》。　江西一士为女妖所染，其鬼将别曰："君为阴气所浸，必当暴泄，但多服平胃散为良。"中有苍术，能去邪也。《夷坚志》。

丽藻。必欲长生，常服山精。《神农药经》。　序：吾察草木之精速益于己者，并不及术之多验也。可以长生久视，远而更灵。山林隐逸，得服术者，五岳比肩。紫徽夫人《吐纳经》。　启：绿叶抽条，紫花标色。百邪外御，六府内充。山精见书，华神在录。（木）〔术〕华火谢，尽采撷之劳；启旦移申，穷淋漉之剂。　味重金浆，芳逾玉液。修制有劳神虑，足使坐致延生。俣庾肩吾。

檀香，一名旃檀，一名直檀。出广州、云南，及占城、真腊诸国，今岭南诸地亦

---

① 服，底本缺，据"四库全书"《本草纲目》卷一二下《草之一·术》引《保命集》补。
② 一，底本缺，据"四库全书"《本草纲目》卷一二下《草之一·术》引《保命集》补。
③ 下，底本缺，据"四库全书"《本草纲目》卷一二下《草之一·术》引《保命集》补。

皆有之。树、叶皆似荔枝，皮青色而滑泽。有三种：黄檀、皮实色黄。白檀、皮洁色白。紫檀。皮腐色紫。其木并坚重清香，而白檀、黄檀尤盛，宜以纸封固，则不泄气。紫檀新者色红，旧者色紫，有蟹爪文。白檀，辛温气分之药，故能理胃气，调脾肺，利胸膈。紫檀，咸寒血分之药，故能和营气，消肿毒，治金疮。中土所产之檀有黄、白二种，叶皆如槐，皮青而泽，肌细而腻，体重而坚，与梓、榆相似，亦檀香之类但不香，则地气使然也。

种植。腊月分木小株种之。

附录。降真香：一名紫藤香，一名鸡骨香。生南海及大秦国，今两广、云南皆有，不甚佳。舶上来名番降，紫而润者良，焚之气劲而远，可以降神，故名降真。　望水檀：其树春如枯，夏方萌，梅雨过方舒叶。叶既开，则水定，以之候水极准。

疗治。心腹痛，肾气痛，霍乱：白檀二钱，煎服。　腰肾痛：白檀磨水涂患处。　面生黑子：每夜以浆水洗拭令赤，磨汁涂之，甚良。　白檀涂身，能除一切热恼。　恶毒风毒：紫檀磨涂之。　金疮止血止痛：紫檀刮末敷。　一切卒肿：醋磨紫檀敷之。　疮疥：檀木根皮磨涂之，杀虫。　檀木皮、榆皮为粉食，可断谷救荒。　金疮止血生肌：降真、五倍子、铜花等分，为末，敷之。　痈疽恶毒：降真末、枫香等分，为末，熏之去恶气，甚妙。　烧降真，辟天行时气、宅舍怪异。　小儿带降真，辟邪恶不正之气。

典故。周宻被海寇刃伤，血出不止，筋如断，骨如折。军士李高掩以紫金散，血止痛定，明日结痂如铁，遂愈，且无瘢痕。扣其方，用紫藤香，瓷瓦刮下，研末。即降真之最佳者，曾救万人，甚效。

当归，一名文无，一名乾归，一名山蕲，一名白蕲。春生苗，叶绿，有三棱。七八月开花，似莳萝，浅紫色。根黑黄，以肉厚不枯者为胜。今秦、蜀诸处多栽莳，货卖。其头圆、尾多、色紫、气香、肥润者，秦产也，名马尾归，最胜。他处者头大、尾多、色白、坚枯，名镶头归，止宜入发散药。气味苦，温，无毒。和血，补血，破恶血，养新血，凡血病宜用之。治妊妇产后恶血上冲，仓卒取效，气血昏乱者服之即定，能使血气各有所归，当归之名疑取诸此，妇人之要药也。头止血而上行，身养血而中守，尾破血而下流，全活血而不走。则治上当用头，治中当用身，治下当用尾，通治则全用，此一定之理也。恶湿面、蔄（茄）〔茹〕，畏菖蒲、海藻、生姜，制雄黄。

制用。去芦头，水洗去土，酒浸一宿，日干，或火干，切片。如收藏，晒干，乘热纸封瓮，不蛀。

疗治。血虚发热，肌肤燥热，困渴引饮，目赤面红，昼夜不息，其脉洪大而虚，重按全无力，此血虚之候也。得于饥困劳役，证象白虎，但脉不长，实为异耳。误服白虎汤即死，宜此主之。当归身酒洗二钱，绵黄芪蜜炙一两，作一服，水二钟，煎一钟，空心温服，日再服。　失血眩晕，凡伤胎，或产后崩中，金疮拔牙，一切去血过多，心烦眩晕，闷绝不省人事：当归三钱三分，芎藭一钱七分，每用五钱，水七分，酒三分，煎七分，热服，日再。　衄血不止：当归焙，研末。每服一钱，米饮下。　小便出血：当归四两锉，酒三升，煮一升，顿服。　头痛欲裂：当归二两，酒一升，煮取六合，饮，日再。　内虚目暗，补气养血：当归生晒六两，附子火炮一两，为末，炼蜜丸桐子大。每服三十九，温酒下。　心下痛刺：当归为末，酒服方寸匕。　手臂疼痛：当归三两切，酒浸三日，温饮之。饮尽，别以三两再浸，以瘥为度。　温疟不止：当归一两，水煎，饮，日一。　久痢不止：当归二两，吴茱萸一两，同炒香，去萸为末，蜜丸桐子大。每服三十丸，米饮下。　大便不通：当归、白芷等分，为末。每服三钱，米汤下。　妇人百病，诸虚不足：当归四两，地黄一两，为末，蜜丸梧子大。每食前米饮下十五丸。　月经逆行，从口鼻出：先以京墨磨汁服止之，次用当归尾、红花各三钱，水一钟半，煎八分，温服，经即通。　室女经闭：当归尾、没药各一钱，为末，红花浸酒，面北饮之。一日一服。　妇人血气，脐下气胀，月经不利，血气上攻，欲呕不得睡：当归四钱，干漆烧存性二钱，为末，炼蜜丸梧子大。每服十五丸，温酒下。　堕胎下血不止：当归焙一两，葱白一握，每服五钱，酒一盏半，煎八分，温服。　妊娠胎动，或子死腹中，血下疼痛，口（禁）〔噤〕欲死：服此，探之不损则痛止，已损便立下，此乃徐玉神验方也。当归二两，芎藭一两，为粗末。每服三钱，水一盏，煎令欲干，投酒一盏，再煎一沸，温服，或灌之。如人行五里，再服，不过三五服便效。　产难胎死，横生倒生：用当归三两，芎藭一两，为末。先以大黑豆炒焦，入流水一盏、童便一盏，煎至一盏，分为二服，未效再服。　倒产子死不出：当归末，酒服方寸匕。　产后血胀，腹痛引胁：当归二钱，干姜炮五分，为末。每服三钱，水一盏，煎八分，入盐酢少许，热服。　产后腹痛如绞：当归末五钱，白蜜一合，水二盏，煎一盏，分为二服，未效再服。　产后自汗，壮热气短，腰脚痛不可转：当归三钱，黄芪、（合）〔白〕①芍药酒炒各二钱，生姜五片，水一盏半，煎七分，温服。　产后中风，不省人事，口吐涎沫，手足瘛疭：当归、荆芥穗等分，为末。每服二钱，水一盏，酒少许，童尿少许，煎七分，灌之下咽，即有生意，神效。　小儿胎寒好啼，昼夜不止，因此成痫：当归末一小豆大，以乳汁灌之，日夜三四度。　小儿脐湿，不早治成脐风，或肿赤，或出水：用当归末傅之。一方：入麝香少许，用胡粉等分，试之最验。若愈后因尿入（腹）〔复〕②作，再傅即愈。　汤火伤疮，嫩赤溃烂，用此生肌，（扳）〔拔〕③热止痛：当归、黄蜡各一两，麻油四两，以油煎当归焦，去滓，纳蜡搅成膏，出火毒，摊贴之。　白黄色枯，舌缩恍惚，若语乱者死：当归、白术二两，水煎，（人）〔入〕生节汁，蜜和服。

川芎，一名芎藭，一名香果，一名山鞠穷，一名芜藭。清明后宿根生苗，分而横埋之，宜松肥土，节节生根。浇宜退牲水。叶香似芹而微细窄，有叉。又似胡荽叶而微壮，丛生，细茎。七八月间开碎白花，如蛇床子花。根下始结芎藭，坚④瘦，黄黑色。关中出者形块重实，作雀脑状，为雀脑，最有力。九月、十月采者佳。三四月虚恶，不堪用。凡用，以块大，内中色白，不油，嚼之微辛甘者佳。他种不入药，止可为末，煎汤沐浴耳。味辛，温，无毒。治中风入脑，头痛寒痹，除脑中冷痛、面上游风，止泻痢燥湿，行气开郁。今人用此最多。头面风不可缺，须以他药佐之，不可单

---

① 合，应作"白"。"四库全书"《本草纲目》卷一四《草之三·当归》引《和剂局方》作"白"。
② 腹，应作"复"。"四库全书"《本草纲目》卷一四《草之三·当归》引《圣惠方》作"复"。
③ 扳，应作"拔"。"四库全书"《本草纲目》卷一四《草之三·当归》引《和剂局方》作"拔"。
④ 坚，底本缺，据"四库全书"《本草纲目》卷一四《草之三·芎藭》补。

服，令人暴亡，戒之。叶可作茶饭。

疗治。生犀丸：宋真宗赐高相国去痰清目，进饮食。川芎十两，紧小者，粟米泔浸二日换，切片子，日干，为末。作两料，每料入麝脑各一分、生犀角半两，重汤煮，蜜和丸小弹子大，茶酒嚼下一丸。膈痰加牛黄一分、水飞铁粉一分，头目昏加细辛一分，口眼㖞斜加炮天南星一分。　气虚头痛：真川芎为末，腊茶调服二钱，甚捷。曾有妇人产后头痛，一服即愈。　气厥头痛，妇人气盛头痛及产后头痛：川芎䓖、天台乌药等分，为末。每服二钱，葱茶调下。一方：加白术水煎服。　风热头痛：川芎䓖一钱，茶叶三钱，水一钟，煎五分，食前热服。　头风化痰：川芎洗切晒干，为末，炼蜜丸如小弹子大。不拘时嚼一丸，茶清下。　偏头风痛：京芎细切，浸酒，日饮之。　风热上冲，头目晕眩，或胸中不利：川芎、槐子各一两，为末。每服三钱，用茶清调下。胸中不利，用水煎服。　头风旋晕及偏正头痛，多汗恶风，胸膈痰饮：川芎䓖一斤，天麻四两，为末，炼蜜丸如弹子大。每嚼一丸，茶清下。　失血眩晕：方见当归下。　一切心痛：大芎一个，为末，烧酒服之。一个住一年，两个住二年。　经闭验胎，经水三个月不行验胎法：川芎生为末，空心煎艾汤服一匙，腹内微动者是，不动者非也。　损动胎气，因跌扑、举重损胎不安，或子死腹中者：芎䓖为末，酒服方寸匕，须臾一二服，立出。　崩中下血，昼夜不止：芎䓖一两，清酒一大盏，煎取五分，徐徐进。《圣惠》加生地黄汁二合，同煎。　酒癖胁胀，时复呕吐，腹有水声：川芎䓖、三棱炮各一两，为末。每服二钱，葱白汤下。　小儿脑热，好闭目，或太阳痛，或目赤肿：川芎䓖、薄荷、朴硝各二钱，为末，以少许吹鼻中。　齿败口臭：水煎芎藭含之。　牙齿疼痛：大川芎䓖一个，入旧糟内藏一月，取焙，入细辛同研末，揩牙。　诸疮肿痛：抚芎煅研，入轻粉、麻油调涂。　产后两乳忽长细小如肠，垂过小肚，痛不可忍，危亡须臾，名曰乳悬：将芎䓖、当归各一斤，用半斤锉散于瓦石器内，用水浓煎，不拘多少，顿服。仍以一斤半锉块，于病人桌下烧烟，将口鼻吸烟。用尽未愈，再作一料，仍以蓖麻子一粒贴其顶心。　风痰：芎䓖为末，蜜和大丸，夜服。　齿根出血：含之，瘥。

五加，一名文章草，一名金玉香草，一名金盘，一名五花，一名追风，一名豺漆，一名豺节使。江淮、湖南州郡皆有之。春生苗，茎叶皆青，作丛。苗茎俱有刺，类蔷薇。长者至丈余。叶五出，一云：五叶者雌，三叶者雄。阴人用阳，阳人用阴。香气似橄榄。春时结实如豆粒而扁，色青，得霜乃紫黑。根类地骨皮，轻脆芬香。一云生南方者微白而柔韧，大类桑白皮；生北方者微黑而硬。入药用南方者。苗可作（茄）〔茹〕。皮浸酒，久服轻身耐老，明目下气，补中益精，坚筋，强志意，黑须发，令人有子。或只为散代茶，饵之亦验。

种植。探掘肥地，每二尺埋一根，令没旧痕，甚易活。苗生，从一头剪讫，锄土壅之。五月采茎，十月采根，皆取皮阴干。

制用。造酒方：用五加皮洗净，去骨、茎、叶，亦可以水煎汁，和曲酿米酒成，时时饮。　可煮酒饮，加远志为使更良。一方：加木瓜煮酒服。谈野翁《试验方》云：神仙煮酒法，用五加皮、地榆，刮去粗皮，各一斤，袋盛，入无灰好酒二（十）〔斗〕，大坛封固，安大锅内，文武火煮。坛上安米一合，米熟为度。取出，入水中三日，出火毒。渣晒干，为丸。每服五十丸，药酒送下。临卧再服，能去风湿，壮筋骨，顺气化痰，添精补髓，久服延年益寿，功难尽述。王纶《医〔论〕》云：风病饮酒能生痰火，惟五加皮一味浸酒，日饮数杯，最有益。诸浸酒药，惟五加与酒相合且味美。又方：洗净晒干，为末。每空心酒服三钱，一月后去宿疾。

疗治。虚劳不足：五加皮、枸杞根、白皮各一斗，水一石五斗，煮汁七斗，分取四斗，浸曲一斗，用三斗拌饭，如常酿酒法，待熟任饮。　男妇脚气，骨节、皮肤肿湿疼痛，服此进饮食，健气力，不忘事：用五加皮四两酒浸，远志去心四两酒浸，并春秋三日、夏二日、冬四日日晒，为末，以浸酒为糊丸梧子大。每服四五十九，温酒下。如药酒坏，别用酒为糊。　小儿三岁不能行者，用此便走：五（如）〔加〕皮五钱，牛膝、木瓜各二钱半，为末。每服五分，米饮入酒二三点调服。　妇人血虚，憔悴困惓，喘满虚烦，噏噏少气，发热多汗，口干舌涩，不思饮食，名血风劳。油煎散：用五加皮、牡丹皮、赤芍药、当归各一两，为末。每用一钱，水一盏，青钱一[1]文，蘸油入药，煎七分，温服。常服能使妇人肥胖。　五劳七伤：五月五日采五加茎，七月七日采叶，九月九日取根，共治末。每酒服方寸匕，日三服。久服去劳。　目瞑息肤：五加皮不闻水声者，捣末一升，和酒二升，浸七日，一日服二次，禁醋。二七日遍身行疮，是毒出。不出，以生熟汤浴之，取疮，愈。　服石毒发，或热禁，向冷地卧：五加皮二两，水四升，煮二升半，发时便服。　火灶丹毒，从两脚起如火烧：五加根叶烧灰五两，取煅铁家槽中水和涂之。

典故。鲁定公母服五加酒，以致不死，尸解而去。　张子声、杨建始、王叔才、于世彦等皆服此酒，而房室不绝，得寿三百年，有子二十人。世人服而延年者甚众。《本草纲目》。

丽藻。散语：宁得一把五加，不愿黄金满车。《绰子》。　五加者，天上五车之星精也。青精入茎有东方之液，白气入节有西方之津，赤气入华有南方之光，玄精入根有北方之饴，黄烟入皮有戊己之灵。五神镇主，相转育成。饵之者真仙，服之者反婴。真人王常。

地榆， 一名玉豉，一名玉札，一名酸赭，蕲州呼为酸枣。平原、川泽皆有之。宿根三月内生苗。初生布地，独茎直上，高三四尺，对分出叶。叶似榆叶而稍狭，细长似锯齿状，青色。七月开花如椹，子紫黑色。根外黑里红，似柳根。味苦，微寒，无毒。消酒止渴，补脑明目，止脓血，除恶肉，疗金疮。此草雾而不濡，太阳气盛也，铄金烂石。炙其根作饮若茗。取其汁酿酒，治风痹。

疗治。男女吐血：地榆三两，米醋一升，煮十余沸，去滓，食前稍热服一合。　妇人漏下，赤白不止，令人黄瘦：方同上。　血痢不止：地榆晒研，每服二钱，掺在羊血上，炙熟食之，以捻头煎汤送下。一方：以地榆煮汁饮，每服三合。　赤白下痢，骨立者：地榆一斤，水三升，煮一升半，去滓再煎，如稠饧，绞滤，空腹三合，日再。　久病肠风，痛痒不止：地榆五钱，苍术一两，水二钟，煎一钟，空心服，日一。　下血不止，二十年者：取地榆、鼠尾草各二两，水二升，煮一升，顿服。若不断，以水渍

---

① 一，底本为空白，据"四库全书"《本草纲目》卷三六《木之三·五加》引《和剂局方》补。

屋尘，饮一小杯，投之。　结阴下血，腹痛不已：地榆四两，炙甘草三两，每服五钱，水一盏，入缩砂四七枚，煎一盏半，分二服。　小儿疳痢：地榆煮汁，熬如饴糖与服，便已。　毒蛇螫人：新地榆根捣汁饮，兼以渍疮。　虎犬咬伤：地榆煮汁饮，并为末傅之。亦可为末白汤服，日三，忌酒。　代指肿痛：地榆煮汁渍之，半日愈。　小儿湿疮：地榆煮浓汁，日洗二次。　小儿面疮，焮赤肿痛：地榆八两，水一斗，煎五升，温洗之。　煮白石法：七月七日取地榆根，不拘多少，阴干百日，烧为灰。复取生者，与灰合捣万下，灰三分，生末一分，合之。若石子二三斗，以水浸过三寸，以药入水搅之，煮至石烂可食乃已。　叶作饮代茶，甚解热。

典故。尹公度曰：宁得一片地榆，不用明月宝珠。　西域真人曰：何以得长寿？食石用玉豉。　地榆与五加煮食之，可成神仙。

黄精，一名黄芝，一名玉芝草，一名戊己芝，一名兔竹，一名鹿竹，一名龙衔，一名鸡格，一名米铺，一名重楼，一名野生姜，一名救穷草，一名仙人余粮。南北皆有，嵩山茅山者佳。根、苗、花、实皆可食。三月生苗，高一二尺。叶如竹而短，两两相对。叶不对，名偏精，功劣。叶有钩，名钩吻，杀人。嫩苗采为茹，名笔管菜，甚美。茎梗柔脆，颇似桃枝，本黄末赤。四月开青白花，如小豆花。结子白如黍米粒。亦有无子者。根如嫩生姜而黄，（把）〔肥〕地者大如拳，薄地仅如拇指。纯得土之冲气，而秉乎季春之令。味甘，平，无毒。补中益气，除风湿，安五脏，久服轻身延年，不饥。

种植。二月间劈根长二寸，稀种膏腴地，一年后极稠。子亦可种，冬取其根。

制用。凡采得，以溪水洗净蒸之，从巳至子，薄切晒干。　春深采根，九蒸九曝，捣如饴，可作果实。　根一石细切，水二石五斗，煮去苦味，漉入绢袋压汁，澄之，再煎如膏，以炒黑豆黄为末，作饼约二寸大，可供客。　黄精细切一石，用水二石五斗，自旦煮至夕。候冷，以手接碎，布袋榨取汁，煎之。渣晒干为末，同入釜中煎熬，为丸如鸡子大。每服一丸，日三服。绝粮除百病，身轻不老，渴则饮水。　黄精根茎不限多少，细锉阴干，捣末。每日水调，多少任服，一年内变老为少，久久成地仙。　同桑椹、漆叶、何首乌、茅山术作丸饵，可变白。久之杀三虫，能使足温而不寒。　同术久服，可轻身陟险，不饥。　同地黄、天门冬酿酒，可去风益血。

疗治。补肝明目：黄精二斤，蔓菁子一升，九蒸九晒，为末。每空心米饮下二钱，延年益寿。　营气不清，久而成癞，鼻坏色败：黄精根去皮净洗二斤，曝，纳粟米饭中蒸至米熟，时时食之。　精气虚：黄精、枸杞子等分，捣作饼，日干，为末，炼蜜丸梧子大。每汤下五十丸。

典故。临川一婢逃入深山，见野草可爱，取根食之，久之不饥。夜息大树下，闻草中动，以为虎，上树避之。及晓下地，身（郊）〔欻〕然凌空，若飞鸟，人捕之不获。后食酒饵，遂不能去。　顾况纪秦时建阿房宫，采木者偶食黄精、天蒜，不觉辣身飞上，就山下人家裁诗云："酒尽君莫酤，壶倾我当发。城市多嚣尘，还山弄明月。"今《平乐志》所载紫山木客事，盖附会此说。余昔在昭州，常询之陶伟西明府，云："少时闻父老言，曾有人见之，今久不闻矣。"张七泽。

丽藻。诗五言：三春劚黄精，一餐生羽毛。杜甫。　北风起寒文，弱藻舒翠缕。明涵客衣净，细荡林影趣。何当宅下流，余润通药圃。三春湿黄精，一食生毛羽。首人。　七言：扫除白发黄精在，君看他年冰雪容。前人。　歌：长镵长镵白木柄，我生依子以为命。黄精无苗山雪盛，短衣数挽不掩胫。此时与子空归来，男呻女吟四壁静。呜呼二歌兮歌始放，同里为我色惆怅。前人。

牛膝，一名牛胫，一名百倍，一名山苋菜，一名对节菜。江淮、闽越、关中皆有，以怀庆为真，以人栽莳者为良。其苗方茎粗节，叶皆对生，颇似苋叶而长，且尖艄。秋月开花作穗，结子状如小鼠负虫，有涩毛，皆贴茎倒生。九月采根货卖者，多用水泡去皮，裹扎曝干，白直可贵，但其汁既去，入药力减，终不如留皮者力大。气味苦、酸，平，无毒。主治寒湿痿痹，四肢拘挛，膝痛不可屈伸，补中续绝，益精利阴，填骨髓，除腰脊痛，治久疟寒热，五淋尿血，下痢，痈肿恶疮折伤，喉痹口疮齿痛，茎中痛，下死胎，亦能堕胎，孕妇忌用。病人虚羸者加而用之。名牛膝者，言其滋补如牛之多力也。

修治。凡使，去芦头，以酒浸洗。欲下行则生用，滋补则焙用，或酒拌蒸用。

种植。秋收子，至春种，肥地深耕，土松易长，耙土平，方下种，水粪浇。剪苗食，如剪韭法。旱则锄耘，荒则浇水。秋中亦可种。

疗治。劳虐积久不止者：长牛膝一握生切，以水六升，煮二升，分三服，清早一服，未发前一服，临发一服。　消渴不止，下元虚损：牛膝五两为末，生地黄汁五升浸之，日曝夜浸，汁尽为度，蜜丸梧子大。每空心温酒下三十九。久服壮筋骨，驻颜色，黑发，津液自生。　卒暴症疾，腹中有如石刺，昼夜啼呼：牛膝二斤，以酒一斗渍之，密封于灰火中，温令味出。每服五合至一升，随量饮。　痢下肠蛊：凡痢下，应先白后赤，若先赤后白，为肠蛊。牛膝二两，捣碎，以酒一升渍，经一宿。每服一两杯，日三服。　妇人血块：土牛膝根洗切，焙捣为末，酒煎温服，极效。福州人单用之。　女人月经淋闭，月信不来，绕脐疼疝痛，及产后血气不调，腹中结瘕症不散诸病：牛膝酒浸一宿焙干，漆炒令烟尽，各一两，为末，生地黄汁一升，入石器内，慢火熬至可丸，丸桐子大。每服二丸，空心米饮下。　妇人阴痛：牛膝五两，酒三升，煮取一升半，去滓，分三服。　生胎欲去：牛膝一握捣，以无灰酒一盏，煎七分，空心服。仍以独根土牛膝涂麝香，插入牝户中。　胞衣不出：牛膝八两，葵子一合，水九升，煎三升，分三服。　产后尿血：川牛膝水煎频服。　喉痹乳蛾：新鲜牛膝根一握，艾叶七片，捣，和人乳取汁，灌入鼻内，须臾痰涎从口鼻出，即愈。无艾亦可。一方：牛膝捣汁，和陈酢灌之。　口舌疮烂：牛膝浸酒含漱，亦可煎饮。　牙齿疼痛：牛膝研末含漱，亦可烧灰。　折伤闪朒：（杜）〔土〕①牛膝捣，罨之。　金疮作痛：生牛膝捣敷，立止。　卒得恶疮，人不识者：牛膝根捣傅之。　痈疽已溃：用牛膝根，略刮去皮，插入疮口中，留半寸在外，以嫩橘叶及地锦草各一握捣傅其上。牛膝能去恶血。二草温凉止痛，随干随换，有十全之功。　风瘙瘾疹及痞癖：牛膝末，酒服方寸匕，日三。　骨疽癞病：方同上。　气湿痹痛，腰膝痛：用牛膝叶三斤切，以米三合，于豉汁中煮粥，和盐酱，空腹食之。　老疟不断：牛膝茎叶一把切，以酒三升渍服，令微

① 杜，应作"土"。"四库全书"《本草纲目》卷一六《草之五·牛膝》引《卫生易简方》作"土"。

有酒气，不即断更作，不过三剂止。　　溪毒寒热：冬间有溪毒中人，似射工，但无物。初病恶寒，发热烦恼，骨节强痛，不急治生虫，入脏杀人。用雄牛膝紫色节大者一把，以酒水各一杯同捣，绞汁温饮，日三服。　　眼生珠管：牛膝并叶捣汁，日点三四次。

　　典故。老人久苦淋疾，百药不效，偶见《临汀集要方》中用牛膝者，服之而愈。王南强。　　叶朝议亲人患血淋，流下小便在盆内，凝如蒟蒻，久而有变，如鼠形但无足，百治不效。一医煎牛膝根浓汁，日饮五服，名地髓汤，虽未即愈，而血色渐淡，久乃复旧。后十年病又发，服之又瘥。因检本草，见《肘后方》治小便不利，茎中痛欲死，用牛膝并叶，以酒煮服之。今再拈出，表其神功。　　小便淋痛，或尿血，或沙石胀痛，用川牛膝一两，水二盏，煎一盏，温服。一妪患此十年，服之得效。土牛膝亦可，或入麝香、乳香，尤良。

二如亭群芳谱药部卷之二

济南　王象晋荩臣甫　纂辑
松江　陈继儒仲醇甫
虞山　毛凤苞子晋甫　同较
宁波　姚元台子云甫
济南　男王与朋、孙士祐、曾孙啟汧　诠次

药谱二

茯苓，一名伏灵，一名伏菟，一名松腴，一名不死面。生深山大松下，盖古松久为人斩（代）〔伐〕，其枯槎枝叶不复上生者，谓之茯苓拨。拨大者，茯苓亦大，有大如拳者，有大如斗者。外皮黑而细皱，内坚白。似鸟兽形者为佳。皆自作块，不附著根，亦无苗叶花实。性不朽蛀，埋地中二三十年，色性无异。有赤、白二种。甘、平，无毒。白主气，赤主血。白者逐水缓脾，和中益气，止渴除湿，补劳伤，暖腰膝，利小便，除虚热。赤者破结气，泻心、小肠、膀胱湿热，利窍行水。陈元素谓其用有五：利小便，一也；开腠理，二也；生津液，三也；除虚热，四也；止泄泻，五也。《本草》言：茯苓利小便，伐肾邪。王海藏乃言：小便多者能止，涩者能通。不几相反乎？不知肺气盛者实热也，其人必气壮脉强，宜用。若肺虚、心虚、胞热，厥阴病者，皆虚热也，其人必上热下寒，膀胱不约；下焦虚者，乃火投于水，水泉不藏，脱阳之证，其人必肢冷脉迟，皆忌用，不可不辩。皮治水肿腹胀，通水道，开腠理。

附录。茯神：抱木者为茯神，安魂魄，养精神，止惊悸，辟不祥，补劳乏，开心益智，人虚、小肠不利者倍用。　神木：一名黄松节，治偏风，口面㖞斜，毒风筋挛不语，心神惊掣，虚而健忘，脚气痹痛，诸筋牵缩。　木威喜芝：茯苓千岁，其生小本，状似莲花，夜视有光，烧之不焦，服之长生，带之避兵。《抱朴子》。

采取。视茯苓拨所在，四面丈余内，铁锥刺地，有茯苓则锥不可拔，乃掘取之。二、八月（末）〔采〕①阴干，坚如石者绝胜。　修制。凡用，去皮捣细，水盆中搅浊，滤去浮者。此茯苓赤筋，若误服，令人瞳子黑睛点小，兼盲目。陶弘景曰：作丸散者，先煮一二沸，乃切，曝干用。

服食。《集仙方》多单饵茯苓，其法：取白茯苓五斤，去黑皮，捣筛，熟绢囊盛，于二斗米下蒸之，米熟即止。曝干又蒸，如此三遍，取牛乳二斗和合，著铜器中，微火煮如膏，收之。每食以竹刀割，随性饱食，辟谷不饥。如欲食谷，先煮葵汁饮。　又

---

① 末，应作"采"，作"末"不可解。[宋]唐慎微《证类本草》："茯神……生太山山谷大松下，二月、八月采，阴干。"可据。

茯苓酥法：白茯苓三十斤，去皮薄切，曝干，蒸之。以汤淋去苦味，山之阳者甘美，山之阴者味苦。淋之不止，其汁当甜。乃曝干筛末，用酒三石、蜜三升相和，置大瓮中搅百匝，密封勿泄气。冬五十日，夏二十五日，酥自浮出酒上。掠取，其味极甘美。作掌大块，空室中阴干，色赤如枣。饥时食一枚，酒送下，终日不食，名神仙度世法。　又茯苓合白菊花，或合桂心，或合术，为散丸，皆可常服，补益殊胜。《儒门事亲》方用茯苓四两，头白面二两，水调作饼，以黄蜡三两煎熟，饱食一顿，便绝食辟谷。至三日觉难受，以后气力渐生。　又法：用华山挺子茯苓，削如枣大方块，安新瓮内，好酒（洗）〔浸〕①之，纸封一重。百日乃开，其色当如饧糖。日食一块，百日肌体润泽，一年可夜视物，久久肠化为筋，延年耐老，面若童颜。　又法：茯苓、松脂各二斤，淳酒浸之，和以白蜜，日三服之，久久通灵。　又法：白茯苓去皮，酒浸十五日，漉出为散。每服三钱，水调下，日三。　孙真人《枕中记》云：茯苓久服，百日病除，二百日昼夜不眠，二年役使鬼神，四年后玉女来侍。

　　疗治。胸胁气逆胀满：茯苓一两，人参半两，每服三钱，水煎服，日三。　心神不定，恍惚健忘，火不下降，水不上升，时复振跳，常服消阴养火，全心气：茯神二两去皮，沈香半两，为末，炼蜜丸小豆大。每服三十丸，人参汤下。　血虚心汗，别处无汗，独心孔有汗，思虑多则汗亦多，宜养心血：以艾汤调伏苓末，日服一钱。　心虚梦泄，或白浊：茯苓末二钱，米汤调下，日二。　虚滑遗精：白茯苓二两，缩砂仁二两，为末，入盐二钱，精羊肉批片，掺药炙食，酒下。　丈夫元阳虚惫，精气不固，小便白浊，余沥常流，梦寐多惊，频频遗泄，妇人白淫白带，并治：白茯苓为末四两作匮，以猪苓四钱半入内，煮二十余沸，取出日干。择去猪苓，为末，化黄蜡搜和丸弹子大。每服一丸，空心津下，以小便清为度，忌米醋。　小便频多：白茯苓去皮，干山药去皮，以白矾水瀹过焙，等分，为末。每米饮服二钱。　心肾俱虚，神志不守，小便淋沥不禁，或梦遗白浊：白、赤茯苓等分，为末，新汲水挼洗，去筋控干，酒煮地黄汁，捣膏搜和丸弹子大。每嚼一丸，空心盐酒下。　上盛下虚，心火炎烁，肾水枯涸，不能交济，而成渴证：白茯苓一斤，黄连一斤，为末，熬天花粉，和丸桐子大。每温汤下五十丸。　下部诸疾：坚实白茯苓去皮焙研，取清溪流水浸去筋膜，复焙。入瓷罐内，以好蜜和匀。入铜釜内，重汤桑柴火煮一日，取出收之。每空心白汤下二三匙，解烦郁躁渴，一切下部疾皆可除。　飧泄滑痢不止：白茯苓一两，木香煨半两，为末。紫苏木瓜汤下二钱。　妊娠水肿，小便不利，恶寒：赤茯苓去皮、葵子各半两，为末。每服二钱，新汲水下。　卒然耳聋：黄蜡不拘多少，和茯苓末细嚼，茶汤下。　面𪒟雀斑：白茯苓末蜜和，夜夜傅之，三七日愈。　猪鸡骨哽：五月五日取楮子晒干，白茯苓等分，为末。每服二钱，乳香汤下。一方不用楮子，以所哽骨煎汤下。　痔漏神方：赤白茯苓去皮、没药各二两，破故纸四两，石臼捣成一块，春、秋酒浸三日，夏二日，冬五日。取出，木笤蒸熟，晒干，为末，酒和丸梧子大。每酒服二十丸，渐加至五十丸。　手十指节断坏，惟有筋连，无节肉虫出如灯心，长数尺，遍身绿毛卷，名曰血余：以茯苓、胡黄连煎汤饮，愈。　水肿尿涩：伏苓皮、椒目等分，煎汤，日饮取效。

---

① 洗，应作"浸"。"四库全书"《本草纲目》卷三七《木之四·茯苓》作"浸"。

典故。王子季服茯苓十八年，玉女从之，能隐能彰，不食谷，灸瘢灭，面体玉泽。　黄初起服茯苓五万日，能坐在立亡，日中无影。《抱朴子》。

丽藻。散语：千岁之松，下有茯苓，上有兔丝。《淮南子》。　松脂入地千岁为茯苓。《典述》。　赞：皓苓下居，彤丝上在。中状鸡凫，其容龟蔡。神侔少司，保延幼艾。终志不移，柔红可佩。刘宋·王微。

麦门冬，

一名虋冬，虋，音门。麦须曰虋。一名忍冬，此根似穬麦，有须，凌冬不凋，故有是名。一名忍陵，一名禹韭，齐名爱韭，秦名乌韭，楚名马韭，越名羊韭，一名禹余粮，一名阶前草，一名不死草，一名仆垒，一名随脂。所在有之。大小三四种，功用相似。其叶青，大者如鹿葱，小者如韭。浙中者良。多纵纹且坚韧，长及尺余，四季不凋。根黄白色，有须在根如连珠。四月开淡红花，如红蓼。实圆碧如珠，吴地者胜。性甘，平，无毒。治肺中伏火，补心气不足，疗身黄目黄，虚劳客热，口干燥渴，止呕吐，安魂魄，定肺痿，吐脓止嗽，治时疾热狂、头痛，令人肥健，美颜色，有子。

种植。四月初采根，于黑壤肥沙地栽之。每年六月、九月、十一月三次上粪及耘灌。夏至前一日取根洗晒，收之。

修制。以滚水润湿，少顷抽去心。或以瓦焙软，乘热去心。若入丸散，瓦焙热，即于风中吹冷，如此三四即易燥，且不损药力。或以汤浸，捣膏和药亦可。滋补药则以酒浸擂之。

取用。治心肺虚热及虚劳，与地黄、阿胶、麻仁同为润经益血、复脉通经之剂，与五味子、枸杞子同为生脉之剂。麦门冬治肺中伏火、脉气欲绝者，加五味子、人参，三味为生脉散，补肺中元气不足。六七月间湿热方旺，人病骨乏无力，身重气短，头旋眼黑，甚则痿软，故孙真人以生脉散补其天元真气。脉者，人之元气也。人参之甘寒，泻热火而益元气；麦门冬之苦寒，滋燥金而清水源；五味子之酸温，泻丙火而补庚金，兼益五脏之气。《儒医精要》云：麦门冬以地黄为使，服之令人头不白，补髓通肾气，定喘促，令人肌体滑泽，除身上一切恶气、不洁之疾，盖有君而有使也。若有君无使，是独行而无功矣。此方惟火盛气壮之人服之相宜，若气弱胃寒者必不可饵。

疗治。麦门冬煎，补中益心，悦颜色，安神益气，令人肥健，其力甚駃[1]。取新麦门冬，去心捣熟绞汁，和白蜜，银器中重汤煮，搅不停手，候如饴乃成。温酒日日化服之。　消渴饮水：用上元板桥麦门冬鲜肥者二大两，宣州黄连九节者二大两，去两头尖三五节，小刀子去皮毛，吹去尘，更以生布摩拭秤之，捣末。以肥大苦瓠汁浸麦门冬经宿，然后去心，即于臼中捣烂，纳黄连末和丸，并手丸如桐子大。食后饮下五十丸，日再。但服两日，其渴必定。若重者，即初服一百五十丸，二日服一百二十丸，三日一百丸，四日八十丸，五日[2]五十丸。合药要天气晴明之夜，方浸，须净处，禁妇人、鸡犬见之。如觉可时，只服二十五丸。服讫觉虚，即取白羊头一枚治净，以水三大斗煮烂，取汁一斗以来细细饮之，勿食肉，勿入盐，不过二剂平复。　劳气欲绝：麦门冬一两，甘草炙二两，粳米半合，枣二枚，竹叶十五片，水二升，煎一升，分三

---

[1] 駃，同"快"。
[2] 五日，底本缺，据"四库全书"《本草纲目》卷一六《草之五·麦门冬》引崔元亮《海上集验方》补。

服。 虚劳客热：麦门冬煎汤频饮。 吐血衄血，诸方不效者：麦门冬去心一斤，捣取自然汁，入蜜二合，分作二服，即止。 衄血不止：麦门冬去心、生地黄各五钱，水煎服，立止。 齿缝出血：麦门冬煎汤漱之。 咽喉生疮，脾肺虚热上攻也：麦门冬一两，地黄半两，为末，炼蜜丸梧子大。每服二十九，麦门冬汤下。 乳汁不出：麦门冬去心焙，为末。每用二钱，酒磨犀角约一钱许，温热调下，不过二服便下。 下痢口渴，引饮无度：麦门冬去心三两，乌梅肉二十个，细锉，以水一升煮七合，细细呷之。 金石药发：麦门冬六两，人参四两，甘草炙二两，为末，蜜丸桐子大。每服五十九，饮下，日再。 男女血虚：麦门冬二斤，取汁熬成膏，生地黄三斤，取汁熬成膏，等分，一处滤过，入蜜四之一，再熬成，瓶收。每日白汤点服，忌铁器。

天门冬，一名虋冬，虋，音门。一名颠棘，一名颠勒，一名满冬，一名天棘，一名浣草，一名万岁藤，一名地门冬，一名筵门冬，一名婆罗树，在东岳名淫羊藿，在西岳名菅松，在南岳名百部，在北岳名无不愈，在中岳名天门冬。名虽异，其实一也。草之茂者名虋，此草茂而功同麦冬，故名天门冬。处处有之。茎间有逆刺。夏生细白花，亦有黄紫者。秋结黑子在枝旁，入伏后无花，暗结子。其根数十枚，大如手指，圆实而长，黄紫色，肉白，以大者为佳。中有心，如麦冬心而稍粗。性（若）〔苦〕，平，无毒。润燥滋阴，清金降火，保肺气，通肾气，养肌肤，利小便，止消渴，治湿疥，除身上一切恶气、不洁之疾，久服令人肌体滑泽洁白。阳事不起者宜常服。手太阴、足少阴经，营卫枯涸，宜以湿剂润之。天门冬、人参、五味、枸杞子同为生脉之剂，此上焦独取寸口之意。赵继宗曰：五药虽为生脉之剂，然生地黄、贝母为天门冬之使，地黄、车前为麦门冬之使，茯苓为人参之使，若有君无使，是独行无功矣。故张三丰与胡濙尚书长生不老方，用天门冬三斤，地黄一斤，乃有君而有使也。捣汁作液、膏服，至百日丁壮兼倍，駃于术及黄精；二百日强筋髓，驻颜色。与炼成松脂同蜜丸服，尤善。天门冬清金降火，益水之上源，故能下通肾气，入滋补方，合群药用之有效。若脾胃虚寒人，单饵既久，必病肠滑，反成痼疾。此物性寒而润，能利大肠故也。服天门冬忌鲤鱼，误食中毒者捣萍汁服之，可解。

种植。正、二月取苗种肥地中，每根相去二尺余，不得稠。不久，其根甚茂。若取根，即留一分，小者却栽时常上粪，有草即耘。此物甚难种，若都摘了，恐不活，种子即成亦晚。

修治。二、三、七、八月采根，虽曝干，犹脂润难捣，必须去皮心，用柳木甑及柳木柴蒸一伏时，洒酒令遍，更添火蒸。作小架，去地二尺，摊于上，曝干用。

服食。孙真人《枕中记》云：八九月采天门冬根，曝干为末。每服方寸匕，日三。久服补中益气，治虚劳绝伤，年老衰损，偏枯不随，风湿不仁，冷痹恶疮，痈疽癞疾。鼻柱败烂者服之，皮脱虫出。酿酒服，去症病积聚，风痰颠狂，三虫伏尸，除湿痹，轻身益气，令人不饥，百日还童耐老。酿酒初熟微酸，久停则香美，诸酒不及也。《臞仙神隐》云：用干天门冬十斤，杏仁一斤，捣末蜜渍，每服方寸匕，名仙人粮。 一法：天门冬二斤，熟地黄一斤，为末，炼蜜丸弹子大。每温酒化三丸，日三服，居山远行，辟谷，良。服至十日，身轻目明；二十日，百病愈，颜色如花；三十日，发白更黑，齿落重生；五十日，行及奔马；百日，延年。 又法：天门冬捣汁，微火煎取五斗，入白蜜一斗，胡麻炒末二升，合煎至可丸即止火，下大豆黄末和作饼，径三寸，厚半寸。一服一饼，一日三服，百日已上有益。 又法：天门冬末一升，松脂末一升，蜡蜜一升，和煎丸桐子大。每日早、午、晚各服三十丸。 天门冬酒：补五脏，调六腑，令人无病。天门冬三十斤，去心捣碎，以水二石，煮汁一石，糯米一斗，细曲十斤，如常炊，酿酒熟，日饮三杯。 天门冬膏：去积聚风痰，补肺，疗咳嗽、失血，润五脏，杀三虫、伏尸，除瘟疫，轻身益气，令人不饥。以天门冬流水泡过，去皮心，捣烂取汁，砂锅文武炭火煮，勿令太沸，以十斤为率，熬至三斤，却入蜜四两，熬至滴水不散，瓶盛埋土中一七，去火毒。每日早晚，白汤调服一匙。若动大便，以酒服之。

二冬主治。天、麦门冬并入手太阴，（殴）〔驱〕烦解渴，止咳消痰。而麦门冬兼行手少阴，清心降火，使肺不犯邪，故止咳立效；天门冬复行足少阴，滋肾助元，全其母气，故清痰殊功，盖肾主津液，燥则凝而为痰，得润剂则化，所谓治痰之本也。

疗治。肺痿，咳嗽，吐涎沫，心中温温，咽燥而不渴：生天门冬捣汁一斗，饴一升，紫菀四合，铜器煎至可丸。每服杏仁大一丸，三服。 阴虚火动，有痰不堪用燥剂者：天门冬一斤，水浸洗，去心取肉十二两，石臼捣烂。五味子水洗，去核取肉四两，晒干。不见火共捣，丸梧子大。每服二十丸，茶下，日三。 滋阴养血，温补下元：天门冬去心、生地黄各二两，二味用柳甑箄，以酒洒之，九蒸九晒，待干秤之，人参一两为末，蒸枣肉捣，和丸桐子大。每服三十丸，食前温酒下，日三。 虚劳体痛：天门冬末，酒服方寸匕，日三，忌鲤鱼。 肺劳风热，止渴去热：天门冬去皮心煮食，或曝干为末，蜜丸服尤佳，亦可洗面。 妇人骨蒸烦热，寝汗口干，引饮气喘：天门冬十两，麦门冬八两，并去心为末，以生地黄一斤，取汁熬膏，和丸桐子大。每服五十丸，逍遥散去甘草煎汤下。 风颠发作，则吐耳如蝉鸣，引胁牵痛：天门冬去心皮曝，捣为末。酒服方寸匕，日三服，久服良。 小肠偏坠：天门冬三钱，乌药五钱，以水煎服。 面黑令白：天门冬曝干，同蜜捣作丸，日用洗面。 口疮连年不愈：天、麦门冬并去心，玄参等分，为末，炼蜜丸弹子（夫）〔大〕。每噙一丸。 诸般痈肿：新掘天门冬三五两，洗净，沙盆擂细，好酒摅汁顿服，未效再服，必愈。

典故。杜紫薇服天门冬，御八十妾，一百四十岁日行三百里。 《列仙传》云：赤须子食天门冬，齿落更生，细发复出。太原甘始服天门冬，在人间三百余年。 《圣化经》云：以天门冬、茯苓等分，为末，日服方寸匕，则不畏寒，大寒时单衣汗出也。

百部，一名野天门冬，一名婆妇草。山野处处有之。春生苗，作藤蔓。叶大而尖长，颇似竹叶，面青而光。亦有细叶如茴香者，茎青，肥嫩时亦可煮食。茎多者五六十，长尖内虚。根数十相连，似天门冬而苦。根长者近尺，黄白色，鲜时亦肥实，干则虚瘦无脂润。性甘，微温，无毒。清肺热，润肺，治传尸、骨蒸、劳瘵，杀蛔虫、寸白、蛲虫。种法与百合同，宜山地。

修治。凡采得，以竹刀劈去心皮，花作数十条，悬檐下风干。却用酒浸一宿，漉出，焙干锉用。或一窠八十条者，号曰地仙苗。若修事饵之，可千岁。 九真一种最长大，悬火上令干，取四五寸切短，夜含咽汁，勿令人知，治暴嗽甚良。

辩讹。百部亦天门冬之类，故皆治肺病，杀虫，但百部气温而不寒，寒嗽宜之，天门冬性寒而不热，热嗽宜之，此为异耳。

疗治。暴咳嗽：百部根渍酒，温服一升，日三。又百部、生姜各捣汁等分，煎服二合。又百部藤根捣自然汁，和蜜等分，沸汤煎膏嚼咽。　小儿寒嗽：百部炒，麻黄去节，各七钱半，为末。杏仁去皮尖炒，仍以水略煮三五沸，研泥。入熟蜜。和丸皂子大。每服二三丸，温水下。　三十年嗽：百部根二十斤，捣取汁，煎如饴，服方寸匕，日三。深师加蜜二斤，《外台》加饴一斤。　遍身黄肿：掘新鲜百条根洗捣，百条根一名野天门冬，一名百奶，状如葱头。其苗叶柔细，一根下有百余。傅脐上，再以糯米饭半升，拌水酒半合，揉软盖药上，用帛包住。一二日后，口皮作酒气，则水从小便出，肿自消。　误吞铜钱：百部根四两，酒一升，浸一宿，温服一升，日再服。　百虫入耳：百部炒研，生油调一字于耳门上。　熏衣去虱：百部、秦芃为末，入竹笼烧烟熏之，自落。亦可煮汤洗衣。

桔梗，一名梗草，一名白药，一名荠苨，一名利如，一名符扈。生嵩高山谷及冤句，今处处有之。二三月生苗，嫩时可煮食。根如指大，黄白色。茎高尺余。叶似杏叶而长，四叶对生。夏开小花，紫碧色，颇类牵牛花。秋后结子，八月采根。关中所出根黄，其皮似蜀葵根。茎细，青色，叶小而青，似菊叶。性辛，微温，有小毒。治心腹胀痛，胸胁痛如刀刺，肠鸣，血积，痰涎，嗽逆，口舌生疮，赤白肿痛，清肺气，利咽喉，破症瘕，治鼻塞，除腹中冷痛，小儿惊痫，为肺部引经之药。与甘草同用，为药中舟楫，有承载之功。

辨讹。凡使，勿用木梗，真似桔梗，咬之腥涩不堪。　桔梗、荠苨叶有差互者，亦有叶三四对者，皆一茎直上。叶既相乱，惟根有心者桔梗，无心者荠苨，此足为别耳。

制用。凡用桔梗，须去头上尖二三分，并两畔附枝，于槐砧上细锉，用生百合捣膏，投水中浸一伏时，滤出，缓火熬干，每桔梗四两，用百合二两五钱。　李时珍曰：今但刮去浮皮，米泔水浸一夜，切片微炒用。

制用。桔梗煎，先以米泔水浸去皮及烂者，次以井水煮毕，取入蜜煎尽，添蜜晒至蜜干，再添蜜收贮。

疗治。胸满不痛：桔梗、枳壳等分，水二钟，煎一钟，温服。　伤寒腹胀：桔梗、半夏、陈皮各三钱，姜五片，水二钟，煎一钟服。　痰嗽喘急：桔梗一两半，为末，童便半升，煎四合，去滓，温服。　肺痈：胸满振寒，脉数，咽干不渴，时出浊唾腥臭，久之吐脓如粳米粥，此肺痈也。桔梗汤主之，桔梗一两，甘草二两，水三升，煮一升，温服。朝暮吐脓血则瘥。　喉痹毒气：桔梗二两，水三升，煎一升，顿服。　少阴咽痛者，可与甘草汤；不瘥，与桔梗汤。桔梗一两，甘草二两，水三升，煮一升，分服。　口舌生疮：方同上。　齿䘌肿痛：桔梗、薏苡仁等分，为末服。　牙根肿痛：桔梗为末，枣瓤和丸皂子大，绵裹咬之，仍以荆芥汤嗽。　牙疳臭烂：桔梗、茴香等分，烧研傅之。　眼黑，目睛痛，肝风盛也：桔梗末一斤，黑牵牛头末三两，蜜丸桐子大。每服四十九，温水下，日二。　鼻出衄血：桔梗为末，水服方寸匕，日四。一方加生犀角屑。　吐血下血：方同上。　打击瘀血，在腹内，久不消，时发动者：桔梗为末，米饮下一刀圭。中蛊下血，下血如鸡肝，昼夜出血石余，此中蛊也。四藏皆损，惟心未毁，或鼻破将死者：苦桔梗为末，以酒服方寸匕，日三服。不能下药，以物拗口灌之，心中当烦，须臾自定，七日止，当猪肝肺以补之，神良。一方加犀角等分。　妊娠中恶，心腹疼痛：桔梗一两锉，水一钟，生姜三片，煎六分，温服。　　小儿客忤，死不能言：桔梗烧研三钱，米汤服之，仍吞麝香豆许。

枸杞，一名枸檵，一名枸棘，一名天精，一名地仙，一名却老。枸、杞二木名。此物棘如枸之刺，茎如杞之条，故兼二名。处处有之。春生苗，叶如石榴叶而软薄，堪食，俗呼为甜菜。其茎干高三五尺，丛生。六七月开小花，淡红紫色，随结实微长，生青熟红，味甘美。根名地骨，根之皮名地骨皮。枸杞子、地骨皮，古以韦山者为上，近时以甘州者为绝品。今陕之兰州、灵州以西并是大树，叶厚根粗。河西及甘州者子圆如樱桃，曝干紧小、红润、甘美，可作果食。沈存中《笔谈》言：陕西极边生者高丈余，大可作柱。叶长数寸，无刺。根皮如厚朴，亦其地脉使然也。花、叶、根、实并用，益精，补气不足，悦颜色，坚筋骨，黑须发，耐寒暑，明目安神，轻身不老。或云有刺者名白棘，宜辨。

叶。甘凉，除烦益志，壮心气，助阳事，解热，补五劳七伤，去皮肤骨节间风，消面毒，散疮肿，去上焦心肺客热。和羊肉作羹，益人。忌与乳酥同食。　　皮。甘，淡，寒。解骨蒸、肌热，消渴，风湿痹，坚筋骨，凉血。（挫）〔锉〕，拌面煮熟，吞之，去肾家风，益精气，治金疮，神验。去下焦肝肾之虚热。　　子。味甘而润，性滋而补，不能退热，止能补肾、润肺、生精、益气，乃平补之药，所谓精不足者补之以味也。谚云"去家千里，莫食枸杞"，言补益精气，强盛阳道也。　　茎。坚硬者可作拄杖，一名西王母杖，一名仙人杖。

移植。拣好地熟劚，加粪，逐畦开深七八寸。取枸杞连茎锉四寸长，以草索束如碗大，垄中立种，相去尺许。调烂牛粪如稀糊，灌束上令满，减则更灌。以肥土壅满，更加熟牛粪，然后灌水。不久即生，极肥嫩。从一头割，如剪韭法。种半亩，料理如法，可供数人割，时以早朝为佳，避热及雨。须与地面平，高留则无叶，深剪则伤根。要数锄壅灌，每月一加粪，尤妙。

种子。取枸杞，于水盆内揉去皮，取子曝干。劚肥地作畦，畦中去土二三寸，仍深劚熟，加粪。用二月初一日撒子，如种菜法。又以烂牛粪盖之，又盖土一层，令与畦平。苗出，频浇之。当年疏瘦，二年以后悉肥，可作菜食。割如上法，一年但五度，不可过。勿令长，不堪食。如食不尽，即剪作干菜，以备冬用。如此从春及秋，其苗不绝。其根年年生发，可备常用。

辨讹。叶厚而长，梗上无刺者，枸杞。叶圆，梗有刺者，名白棘，味辛、苦、麻，人不堪服，慎之。

制用。采枸杞子红熟者，去蒂，水净洗，沥干，砂盆内烂研。以细布袋盛，滤去滓，沉清一宿，去清水。若天气稍暖，更不待经宿。入银石器中慢火熬成膏，不住手搅之，勿粘底。候稀稠得所，泻向新瓷瓶中盛之，蜡纸封，勿令透气。每日早朝温酒下二大匙，夜卧再服，百日身轻气壮，耳目聪明，须发乌黑。《养生杂纂》。　　澡浴除病，正月一日、二月二日、三月三日、四月四日，以至十二月十二日，皆用枸杞叶煎汤洗澡，令人光泽，百病不生。　　九月上戌日采枸杞，十月上亥日制服。《岁时记》。　　廿一日枸杞煎汤沐浴，令人不病不老。　　十月壬癸日面东采枸杞子二升，以好酒五升，磁瓶内浸二十一日，开封，入生地黄汁三升搅匀，以纸三重封口，更浸。候至立春前三日开瓶，空心暖饮一杯，至立春后髭须却黑，补益精气，服之耐老轻身。忌食萝卜、芜荑。　十四日取枸杞煎汤沐浴，令人光泽，不病不老。　十一月初十日取枸杞菜煎汤沐浴，令人光泽，不病不老。枸杞久服令人长寿。谚云"去家千里，不用枸杞"，言无所用其补益也。《法天生意》。　十二月除夜取枸杞煎汤沐浴，令人光泽，不病不老，去灾。《法天生意》。

疗治。地仙丹：昔有异人赤脚张传猗氏县一老人，服之寿百余，行走如飞，发白反黑，齿落更生，阳事强健。此药性平，常服能除邪热，明目轻身。春采枸杞叶名天精草，夏采花名长生草，秋采子名枸杞子，冬采根名地骨皮，并阴干，无灰酒浸一宿，晒露四十九昼夜，取日精月华气，待干，为末，炼蜜丸弹子大。每早晚各用一丸细嚼，以隔夜百沸汤下。　枸杞煎：治虚劳虚热，轻身益气，令一切痈疽永不发。用枸杞三十斤，春夏用茎叶，秋冬用根实，以水一石煮取五斗，以滓再煎取五斗，澄清去滓，再煎取二斗，入锅煎如饧，收之。每早酒服一合。　金髓煎：枸杞子，逐日摘红熟者，不拘多少，以无灰酒浸之，蜡纸封固，勿令泄气。两月足取，入沙盆内擂烂滤汁，同浸酒，入银镬内慢火熬，不住手搅，恐粘住不匀。候成膏如饧，净瓶密收。每早温酒服二大茶匙，夜卧再服，百日身轻气壮。积年不辍，可以羽化。　枸杞酒补虚，去劳热，长肌肉，益颜色，肥健人，治肝虚，冲感下泪：用生枸杞子五升捣破，绢袋盛，浸好酒二斗，密封，勿泄气。二七日服之，任性勿醉。　治肾经虚损，眼目昏花，或云翳遮睛：甘州枸杞子一升，好酒浸润透，分作四分四两，用蜀椒一两炒四两，用小茴香一两炒四两，用芝麻一两炒四两，用川楝肉一两炒，拣出枸杞，加熟地黄、白术、白茯苓各一两，为末，炼蜜九，常服。　肝虚下泪：枸杞子三升，绢袋盛，浸一斗酒中，密封三七日，饮之。　目赤生翳：枸杞子捣汁，（目）〔日〕点三五次，神验。　面䵟皯疱：枸杞子十斤，生地黄三斤，为末。每服方寸匕，温酒下，日三，久之自愈。　注夏虚病：枸杞子、五味子研细，滚水泡，封三日，代茶饮。　地骨酒壮筋骨，补精髓，延年耐老：枸杞根、生地黄、甘菊花各一斤，捣碎，以水一石煮取汁五斗，炊糯米五斗，细面拌匀，入瓮，如常封酿。待熟，澄清，日饮三杯。　虚劳客热：枸杞根为末，白汤调服。有痼疾人勿服。　骨蒸烦热，及一切虚劳烦热、大病后烦热：并用地骨皮三钱，防风二钱，甘草炙五分，生姜五片，水煎服。　热劳如燎：地骨皮二两，柴胡一两，为末。每服二钱，麦门冬汤下。　虚劳苦渴，骨节发热或寒：枸杞根白皮切五升，麦冬三升，小麦二升，水二斗，煮至麦熟，去滓。每服一升，口渴即饮。　肾虚腰痛：枸杞根、杜仲、萆薢各一斤，好酒三斗渍之，蜜封，锅中煮一日，饮之任意。　吐血不止：枸杞根、子、皮为散，水煎，日日饮之。　小便出血：新地骨皮洗净，捣自然汁，无汁则以水煎汁。每服一盏，入酒少许，食前服。　带下脉数：枸杞根一斤，生地黄五斤，酒一斗，煮五升，日日服之。　天行赤目暴肿：地骨皮三斤，水三斗，煮三升，去滓，入盐一两，取二升，频频洗点。　风虫牙痛：枸杞根白皮煎醋漱之，虫即出。亦可煎水饮。　口舌糜烂：地骨皮汤治膀胱移热于小肠，上为口糜生疮溃烂，心胃壅热，水谷不下，用柴胡、地骨皮各三钱，水煎服。　小儿耳疳：地骨皮一味煎汤洗，仍以香油调末搽。　气瘘疳疮，多年不愈：地骨皮冬月者为末，每用纸撚蘸入疮内，频用自然生肉。更以（末）〔米〕饮服二钱，日三。　男子下疳：先以浆水洗，后搽地骨皮末，生肌止痛。　妇人阴肿或生疮：枸杞根煎水频洗。　十三种疗：春三月采叶名天精，夏二月采枝名枸杞，秋三月采子名却老，冬三月采根名地骨，并用上建日俱曝干，为末。如不得，依法采，但得一种，亦可用绯缯一片，裹药牛黄一梧子大。及钩棘针三七枚，赤小豆七粒，为末。卷作团，以发束定，熨斗中炒令沸，定，刮捣为末。以一方寸匕合前枸杞末二匕，空心酒服二钱半，日再服。　痈疽恶疮，脓血不止：地骨皮不拘多少，先洗净，刮去粗皮，取白穰，以粗皮同骨煎汤洗，令脓血尽，以细穰贴之，立效。有一朝士，腹胁间病疽经岁，或以地骨皮煎汤淋洗，出血一二升。家人惧，欲止之。病者曰："疽似少快。"更淋之，用五升许，血渐淡，乃止。以细穰贴之，次日结痂，愈。　瘰疬出汗，着手足肩背，累累如赤豆：用枸杞根、葵根叶煮汁，煎如饴，随意饮之。　足趾鸡眼作痛作疮：地骨皮同红花研细傅之，次日即愈。　火赫毒疮，此患急防毒气入心腹：枸杞叶捣汁服，立瘥。　目涩有翳：枸杞叶、车前叶二两挼汁，以桑叶裹，悬阴地一夜，取汁点之，不过三五度。　五劳七伤，阳事衰弱：枸杞叶半斤切，粳米二合，豉汁和煮作粥，日日食之，良。

典故。蓬莱县南丘村多枸杞，高者一二丈，其根盘结甚固。村人多寿考。　润州开元寺大井旁生枸杞，岁久，饮其水甚益人。　朱孺子幼事道士王延正，居大若岩。一日汲于溪，见二花犬，因逐之，入枸杞丛下。掘之，根形如二犬。烹而食之，忽觉身轻，飞于峰上，云气拥之而去。《续仙传》。　蜀青城山老人村有五世孙者，道极险远，生不识盐醯，而溪中多枸杞，根如龙蛇，饮其水，故寿。近岁道稍通，渐能致五味，而寿益衰。东坡。

丽藻。散语：薄言采杞，于彼新田，于此菑亩。　南山有杞。《诗》。　枸杞千岁，其形如犬。道书。　赋：天随生宅荒少墙，屋多隙地，著图书所前后皆树以杞菊。春苗恣肥，得以采撷，供左右杯案。及夏五月，枝叶老硬，气味苦涩，旦暮犹责儿童辈拾掇不已。人或叹曰："千乘之邑，非无好事之家，日欲击鲜为具，以饱君者多矣。君独闭关不出，率空肠贮古圣贤道德言语，何自苦如此？"生笑曰："我几年忍饥诵经，岂不知屠沽儿有酒食邪？"退而作《杞菊赋》以自广，云：惟杞与菊，偕寒互绿。或颖或苕，烟披雨沐。我衣败绨，我贩脱粟。羞惭齿牙，苟且粱肉。蔓延骈罗，其生实多。尔杞未棘，尔菊未莎。其如予何！陆龟蒙。　天随生自言常食杞菊。及夏五月，枝叶老硬，气味苦涩，犹食不已，因作赋以自广。始余尝疑之，以为士不遇，穷约可也。至于饥荒，啮草木则过矣。而余仕宦十有九年，家日益贫，衣食之奉殆不如昔者。及移守胶西，意且一饱，而斋厨索然，不堪其忧。日与通守刘君廷式循古城废圃，求杞菊食之，扪腹而笑。然后知天随之言可信不（膠）〔缪〕。作《后杞菊赋》以自嘲，且解之云：吁嗟先生，谁使汝坐堂上称太守？前宾客之造请，后掾属之趋走。朝衙达午，夕坐过酉。曾杯酒之不（投）〔设〕，揽草木以诳口。对案颦蹙，举箸嗫呕。昔阴将军设麦饭与葱华，井丹推去而不嗅。惟先生之眷眷，岂故山之无有？先生听然而笑曰："人生一世，如屈伸肘，何者为贫？何者为富？何者为美？何者为陋？或糠核而瓠肥，或粱肉而黑瘦。何侯方丈，庾郎三九。较丰约于梦寐，卒同归于一朽。吾方以杞为粮，以菊为糗。春食苗，夏食叶，秋食花实，而冬食根，庶几乎西湖南阳之寿！苏东坡。　张子为江陵之数月，时方仲春，草木敷荣，经行郡圃，意有所欣。非花柳之是问，眷杞菊之青青。爰命采撷，付之庖人，汲清泉以细烹，屏五味而不亲，甘脆可口，蔚其芬馨。盖日为之加饭，而他物几不足以前陈。饭已扪腹，得意呕①吟。客有问者曰："异哉，先生之嗜此也乎！苏公之在胶西，值党禁之方兴，叹斋厨之萧条，乃揽撷乎草木之英。今先生当无事之时，居方伯之位，校吏奔走，颐指如意，广厦延宾，球场享士，清酒百壶，鼎臑俎戴，宰夫奏刃，各献其技，固无求而弗获，虽醉饱其何忌！而乃乐从夫野人之飧，岂亦下取乎荜菲之弃？不然得无近于矫激，有同于脱粟布被者乎？"张子应之曰："天壤之间，孰为正味？厚或腊毒，淡乃其至，猩唇乳胎，徒取诡异，山鲜海错，纷纭莫计。苟滋味之或偏，在六腑而成赘。极口腹之欲，初何出于一美。惟杞与菊，中和所萃，微劲不苦，滑甘靡滞，非若他蔬，善呕走水。既瞭而安神，复沃烦而涤秽；验南阳与西河，又颓龄之可制；此其为功，曷可殚记？况于膏粱之习，贫贱则废；隽永之求，不得则恚。兹随寓之必有，虽约居而足恃。殆将与之终身，又何贻夫同志？子独不见吾纳湖之阴乎？雪销壤肥，其茸葳蕤。与子婆娑，薄言掇之。石铫瓦碗，啜汁咀斋。高论唐虞，咏歌诗书。嗟乎！微斯物，孰同先生之归？"于是相属而歌，殆日晏以忘饥。张钦夫。　诗五言：新芽摘杞丛。苏东坡。　深锁银泉鬈，高叶驾云空。不与凡木并，自将仙盖同。影疏千点日，声细万条风。迸子邻沟外，飘香客位中。花杯承此饮，春岁小无穷。孟郊。　神药不自网，罗生满山泽。日有牛羊忧，岁有野火厄。越俗不好事，过眼等茨棘。青蕊春日长，绛珠烂莫摘。短篱护新植，紫笋生卧侧。根茎与花实，收拾无弃物。大将益吾须，小则饷我客。似闻朱明洞，中有千岁质。灵庞或夜吠，可见不可索。仙人可许我，借杖扶衰疾。苏子瞻。　七言：不知灵药根成狗，怪得时闻夜吠声。白乐天。　僧房药树依寒井，井有香泉树有灵。翠黛叶生笼石鬈，殷红子熟照铜瓶。枝繁本是仙人杖，根老新成瑞犬形。上品功能甘露味，还知一勺可延龄。刘禹锡。　芥花菘荠饯春忙，夜吠仙苗喜晚尝。味抱土膏甘复脆，气含风露咽犹香。作斋淡著微施酪，笔茗临时莫过汤。却忆荆溪古城上，翠条红乳摘盈箱。杨廷秀。　菊芽伏土糁青粟，杞（笄）〔笋〕②傍根埋紫玉。雷声一夜雨一朝，森然迸出如蕨苗。先生饥肠诗作梗，小摘珍芳汲水井。风炉蟹眼候松声，（罩）〔罨〕③篱亲捞微带生。烂炊雕胡渐青精，笔以天随寒绿萌。饥时作斋仍作羹，饱后龙凤同庖烹。大官蒸羊压花片，宰夫胹蹯削琼软。豹胎熬出祸胎来，贵人有眼何曾见。天随尚有愁作魔，愁杞作棘菊作莎。君不见黄金钱照红玉豆，秋高更觉风味多。先生酿金炼红玉，自莎自棘如予何？金空玉尽苗复出，吃苗吃花并吃实。天随白眼屠沽儿，不道有人头上立。杨廷秀。

杜仲，一名思仲，一名思仙。汉中、建平、宜都者佳，脂厚润者良。豫州山谷及上党、商州、陕州亦有之。树高数丈，叶类柘，又似辛夷。江南谓之檰。初生嫩叶可食，谓之檰芽。花实苦涩，亦堪入药。木可作屐，益脚。皮色紫而润，状如厚朴而更厚，折之多白丝，相连如绵。二、五、六、九月皆可采。味甘、微辛，气温、平。甘温能补，微辛能润，故能润肝而补肾。主补中益精，治腰膝痛，坚筋骨，强志，除阴

---

① 呕，通"讴"。
② 笄，应作"笋"。"四库全书"〔宋〕杨万里《诚斋集》卷三一《题张以道上舍寒轩》作"笋"。
③ 罩，应作"罨"。"四库全书"〔宋〕杨万里《诚斋集》卷三一《题张以道上舍寒轩》作"罨"。

下痒湿，小便余沥，疗肾腰脊挛，润肝燥，补肝经风虚。叶作蔬，去风毒，脚气，久积风冷，肠痔下血。亦可煎汤。肾虚火炽者忌用。子名逐折。

制用。凡使，削去粗皮，每一斤用酥一两，蜜三两，和涂火炙，以尽为度，细（挫）〔锉〕用。

疗治。肾虚腰痛：杜仲去皮炙黄一大斤，五味子半斤，分十剂。每夜取一剂，以水一大升浸至五更，煎减三分之一，去查。以羊肾三四枚切，入再煮三五沸，加薤白七茎、椒①、盐作羹，空腹顿服。　风冷伤肾，腰背虚痛：杜②仲一斤切炒，酒二升渍十日，日服三合。此陶隐居得效方也。　治腰腿痛：酒炙透，为末。每旦温酒服二钱。　病后虚汗及目中流汁：杜仲、牡（砺）〔蛎〕等分，为末。卧时水服五匕，不止再服。　频堕胎：杜仲八两，糯米煎汤浸透，炒去丝；续断二两，酒浸，焙干，为末；山药六两作糊。丸桐子〔大〕。每服五十九，空心米饮下。如三四个月曾堕，预于两月前服。一方：枣肉为丸，糯米汤下。　产后诸疾及胎不安：杜仲去皮，瓦上焙干，木白捣末，煮枣肉丸弹子大。每一丸糯米饮下，日二。

典故。一年少新娶后得脚软病，痛甚，作脚气，治不效。路钤孙琳诊之，用杜仲一味，寸断片拆。每以一两，用半酒半水一大盏煎服，三日能行，又三日全愈。琳曰："此肾虚，非脚气也。"杜仲能治脚膝痛，以酒行之则为效，易矣。庞元英《谈薮》。

何首乌，一名交藤，一名夜合，一名地精，一名赤葛，一名疮帚，一名红内消，一名九真藤，一名桃柳藤，一名马肝石，一名陈知白。处处有之，以西洛、嵩山及柏城县者为胜。有形如鸟兽山川者，尤佳。春生苗，蔓延竹木墙壁间。茎紫色，叶叶相对，如薯蓣而不光泽。一云苗如木藁叶有光泽，形如桃柳，其背偏，皆单生，不相对。俟再考之。夏秋开黄白花，如葛勒花。结子有棱，似荞麦而杂小，才如粟。秋冬取根，大者如拳，连珠。有赤、白二种：赤者雄，苗色黄白；白者雌，苗色黄赤。根远不过三尺。夜则苗蔓相交，或隐化不见。性苦涩，微温，无毒。白者入气分，赤者入血分。肾主闭藏，肝主疏泄。此物气温，味苦涩。苦补肾，温补肝，能收敛精气，所以能养血益肝，固精益肾，健筋骨，乌髭发，治五痔、腰膝之病，冷气心痛，积年劳瘦，痰癖风虚，败劣，壮气，驻颜，延年益寿，妇人恶血、痿黄、赤白带下，毒气入腹，久痢不止，产后诸疾，功难尽述。茯苓为使，忌猪肉血、羊血、无鳞鱼、铁器，犯之令药无功。此药不寒不燥，功在地黄、天冬诸药之上。凡服药，用偶日，二、四、六、八日服讫，以衣覆，汗出导引，尤良。

制用。春、夏、秋采其根，雌雄并用，乘湿以布拭去土，曝干。临时以竹刀切，米泔浸经宿，曝干，木杵白捣之。忌铁器。　新采者去皮，铜刀切薄片，入甑内瓷锅蒸之，旋以热水从上淋下，勿令满溢。候无气息，取出，曝干用。　近时治法：用何首乌赤、白各一斤，竹刀刮去粗皮，米泔浸一夜，切片。用黑豆三斗分九分，每次用一分，以水泡过。砂锅内铺豆一层、首乌一层，重重铺尽，蒸之。豆熟，取出去豆，将何首乌晒干，再以豆蒸。如此九蒸九晒，乃用。

---

① 椒，底本污损，据"四库全书"《本草纲目》卷三五上《木之二·杜仲》补。
② 杜，底本污损，据"四库全书"《本草纲目》卷三五上《木之二·杜仲》补。

疗治。七宝美髯丹：乌须发，壮筋骨，固精气，续嗣延年。用赤、白何首乌各一斤，米泔浸三四日，瓷片刮去皮。用淘净黑豆二升，以砂锅木甑铺豆及首乌，重重铺盖蒸之。豆熟取出，去豆曝干，换豆再蒸。如此九次，曝干为末。赤、白茯苓各一斤，去皮研末，以水淘去筋膜及浮者，取沉者捻块，以人乳十碗浸匀，晒干研末。牛膝八两，去苗，酒浸一日，同首乌第七次蒸之，至第九次止，晒干。当归八两，枸杞子八两，俱酒浸，晒。兔丝子八两，酒浸生芽，研烂，晒。补骨脂四两，以黑脂麻炒香。并忌铁器，石臼为末，炼蜜丸弹子大一百五十九。每日三丸，清晨温酒下，午时姜汤下，卧时盐汤下。其余并丸桐子大。每日空心酒服一百丸，久服极验。　滋补何首乌丸：壮筋骨，长精神，补血气，久服黑须发，坚阳道，令人体健，轻身延年。何首乌三斤，铜刀切片，干者以米泔水浸软切。牛膝去苗一斤切，黑豆一斗淘净，木甑铺豆一层、药一层，重重铺尽，瓦锅蒸。至豆熟，取出，去豆曝干，换豆又蒸。如此三次，为末。蒸枣肉，和丸桐子大。每服三五十九，空心温酒下。　赤、白何首乌各半，极大者，八月采，以竹刀削去皮切片，米泔水浸一宿，晒干。壮妇男儿乳汁拌晒三度，候干，木臼春为末，以密云枣肉和杵，为丸如桐子大。每服二十九，每十日加十九，至百丸止，空心温酒、盐汤任下。一方不用人乳。　何首乌雌、雄各半斤，分作四分，一分当归汁浸，一分生地黄汁浸，一分旱莲汁浸，一分人乳浸，三日取出，各曝干，瓦焙，石臼为末，蒸枣肉和丸桐子大。每服四十九，空心百沸汤下。　骨软风疾，腰膝疼，行步不得，遍身瘰痒：何首乌大而有花纹者，同牛膝各一斤，好酒一升浸七宿，曝干，木臼杵末，枣肉和丸桐子大。每服三五十九，空心酒下。　宽筋治损：何首乌十斤、生黑豆半升同煎熟，皂荚一斤烧存性，牵牛十两炒，取头末，薄荷十两，木香、牛膝各五两，川乌头泡二两，为末，酒糊丸梧子大。每服三十九，茶汤下。　皮里作痛，不问何处：用何首乌末，姜汁调成膏涂上，以帛裹住，火炙鞋底熨之。　自汗不止：何首乌末，津调封脐中。　肠风脏毒，下血不止：何首乌二两，为末，食前米饮服二钱。　小儿龟背：龟尿调红内消，点背上骨节，久久自安。　破伤血出：何首乌末傅之即止，神效。　瘰疬结核，或破或不破，下至胸前者：取根洗净，日日生嚼，并取叶捣涂之，数服即止，神效。　痈疽毒疮：红内消不限多少，瓶中文武火熬煎，临熟入好无灰酒相等，再煎数沸，时时饮之。其滓焙研为末，酒煮面糊丸桐子大。空心温酒下三十九，疾退。宜常服之。　大风疠疾：何首乌大而有花纹者一斤，米泔浸一七〔日〕九蒸九晒，胡麻四两九蒸九晒，为末。每酒服二钱，日二。疥癣满身，不可治者：何首乌、艾叶等分，水煎浓汤洗浴，甚能解痛生肌。　风疮疥癣作痒：茎叶煎汤洗，效。

典故。此药流传虽久，服者尚寡。嘉靖初，邵应节真人以七宝美髯丹方上进世宗肃皇帝服饵，有效，连生皇嗣。于是何首乌之方天下大行矣。　宋怀州知州李治与一武臣同官，怪其年七十余而轻健，面如渥丹，能饮食。叩其术，则服何首乌丸也。乃传其方，后治得病。盛暑中，半体无汗已二年，窃自忧之，造丸服至年余，汗遂浃体。其活血治风之功大有补益。其方用赤、白何首乌各半斤，米泔浸三夜，竹刀刮去皮，切焙，石臼为末，炼蜜丸桐子大。每空心温酒下五十九，亦可末服。　何首乌以出南河县及岭南恩州、韶州、潮州、贺州、广州、潘州、四会县者为上，邕州、桂州、康州、春州、高州、勒州、循州、晋兴县出者次之，真仙草也。五十年者如拳大，号山奴，服之一年，发髭青黑；一百年者如碗大，号山哥，服之一年，颜色红悦；一百五十年者如盆大，号山伯，服之一年，齿落更生；二百年者如斗栲栳大，号山翁，服之一年，颜如童子，行及奔马；三百年者如三斗栲栳大，号山精，纯阳之体，久服成地仙。李远《附录》。　汉武时，服成地仙。　汉武时，有马肝石能乌人发，故后人隐此名。亦曰：马肝石，赤者能消肿毒，外科呼为疮帚红内消。李时珍。　其药《本草》无名，因何首乌见藤夜交，便即采食有功，因以采人为名尔。日华《本草》。　此药本名交藤，因何首乌服而得名也。唐元和七年，僧文象遇茅山老人，遂传此事。《图经本草》。

丽藻。赞：神效胜道，著在仙书。雌雄相交，夜合昼疏。服之去谷，日居月诸。返老还少，变安病躯。有缘者遇，勖尔自如。　传：何首乌，顺州南河县人，祖名能嗣，（又）〔父〕名延秀。能嗣本名田儿，生而阉弱，年五十八，无妻子。尝慕道术，随师在山。一日醉卧山野，忽见有藤二株，相去三尺余，苗蔓相交，久而方解，解了又交。田儿惊讶其异。至旦遂掘其根，归问诸人，无识者。后有山老忽来，示之，答曰："子既无嗣，其藤乃异，此恐是神仙之药，何不服之？"遂杵为末，空心酒服一钱，七日而思人道，数月似强健，因此常服。又加至二钱，经年，旧疾皆痊，发乌容少，十年之内即生数男，乃改名能嗣。又与其子延秀服，皆寿百六十岁。延秀生首乌，首乌服药，亦生数子，年百三十岁，发犹黑。有李安期者，与首乌乡里亲善，窃得方服，其寿亦长。遂叙其事传之云。李翱。

仙茅，一名独茅，一名茅瓜子，一名婆罗门参。初出西域，今大庾岭、蜀川、江湖、两浙诸州亦皆有之。叶青如茅而软，且略阔，面有纵文，又似初生棕榈。秧高尺许，至冬尽枯，春初乃生。四五月间抽茎，开小花，深黄色，六出，不结实。其根独茎，直大如小指，下有短细肉根相附，外皮稍粗，褐色，内肉黄白色。二月、八月采根，曝干。衡山出者花碧，五月结黑子。处处大山中皆有。人惟取梅岭者用。《会典》：成都贡仙茅。性辛、温，有小热小毒。治心腹冷气不能食，腰脚风冷挛痹不能行，丈夫虚劳，老人失溺，无子，益颜色，壮阳道，健筋骨，长肌肤，助精神，明耳目，填骨髓。　许真君书云：仙茅久服长生。其味甘能养肉，辛能养节，苦能养气，咸能养骨，滑能养肤，酸能养筋。宜和苦酒服，必效。

制用。清水洗，刮去皮，槐砧上用铜刀切豆许大，生稀布袋盛，黑豆水内浸一宿。取出，酒拌湿蒸，从巳至亥，取出曝干。勿犯牛乳及铁器、斑人须鬓。　彭祖单服法：竹刀刮切，糯米泔浸，去赤汁出毒，后无妨损。

疗治。壮筋骨，益精神，明目，黑须：仙茅二斤，糯米泔浸五日，去赤水，夏月浸三日，铜刀刮锉，阴干，取一斤；苍术二斤，米泔浸五日，刮去〔皮〕焙干，取一斤；枸杞子一斤；车前子十二两；白茯苓去皮、茴香炒、柏子仁各八两；生地黄焙、熟地黄焙各四两。为末，酒煮糊丸桐子大。每服五十丸，食前温酒下，日二。　定喘下气，补心肾神秘散：白仙茅半两，米泔浸三宿，晒炒，团参二钱半，阿胶一两半炒，脆脡一两烧，为末。每服二钱，糯米饮空心下，日二。　婆罗门僧进唐明皇方：八九月采得，竹刀刮去皮，切如豆粒，米泔浸两宿，阴干，捣末，熟蜜丸桐子大。每服二十丸，空心酒饮任下，忌食牛乳及黑牛肉，大减药力。

典故。开元中，婆罗门僧进此方，明皇服之有效，禁方不外传。天宝之乱，方书流散，上都僧不空三藏传司徒李勉、尚书路嗣供、仆射张建封、给事齐杭，服之，皆有效。路公久服金石无效，得此药，其益百倍。齐给事生平少气力，风疹继作，服之遂愈。　五台山有仙茅，患大风者服之，多瘥。汪机。　广西英州多仙茅，羊食之，举体皆化为筋，食之补人，名乳羊。范成大《虞衡志》。　夏文庄公禀赋异于人，但睡则身冷如逝者。既觉，须令人温之，良久乃能动。常服仙茅、钟乳、硫黄，莫知纪极。观此则知仙茅性热，补三焦命门之药也，惟阳弱精寒、禀赋素怯者宜之。若体壮，相火炽盛者服之，反能动火。沈存中《笔谈》。　一人中仙茅毒，舌胀出口，渐大与肩齐。以小刀剺之，剺，音釐。随破随合，剺至百数，始有血一点。煮大黄、朴硝与服，以药掺之，应时消缩。此皆火盛性淫之人过服之害也。张果《医说》。

肉苁蓉，一名肉松容，一名黑司命。出肃州福禄县沙中，今陕西州郡多有之，然不及西羌界中来者肉厚而力紧。三四月掘根，长尺余，切取中央好者三四寸，绳穿阴干，八月始好。皮有松子鳞甲。性甘，微温，无毒。补五劳七伤，益精髓，悦颜色，养五脏，延年轻身，令人多子，治男子泄精遗沥，妇人带下、阴痛，男子绝精不兴，妇人绝阴不产。苁蓉为肾经血分之药，治肾须妨心。

制用。清酒浸一宿，以棕刷去沙土浮甲，劈破中心，去白膜一层如竹丝草样，有此能隔人心，前气不散，令人上气。　以甑蒸之，从午至酉。取出，再用酥炙，得所。　西人刮去鳞甲，酒浸，洗去黑汁，薄切，合山芋、羊肉作羹，极益人，胜服补药。

辨讹。朱震宁曰："河西混一之后，方识其真形，何尝有所谓鳞（卑）〔甲〕者？盖苁蓉罕得，人多以金莲根用盐盆制而为之，又或以草苁蓉充之，甚或以嫩松稍盐渍伪为之。"

疗治。补益劳伤，精败面黑：苁蓉四两，水煮烂，薄切，研。精羊肉分为四度，下五味，以米煮粥，空心食。　强筋健髓：苁蓉、鳝鱼二味为末，黄精汁丸服，力可十倍。　肾虚白浊：肉苁蓉、鹿茸、山药、白茯苓等分，为末，米糊丸桐子大。每枣汤下二十九。　汗多便闷，老人、虚人皆可用：肉苁蓉酒浸，焙二两研，沉香一两为末，麻子仁汁打糊，丸桐子大。每服七十九，白汤下。　消痰易饥：肉苁蓉、山茱萸、五味子为末，蜜丸桐子大。每盐酒下二十九。　破伤风病，口禁，身强：肉苁蓉切片晒干，用一小盏，底上穿透，烧烟，于疮上薰之，累效。

列当，一名草苁蓉，一名花苁蓉，一名粟列。秦州、原州、灵州皆有之。暮春抽苗，四月中旬采，长五六寸至一尺。茎圆白色，采取压扁，日干。以其功劣于肉苁蓉，故谓之列当。性甘，温，无毒。治男子五劳七伤，补腰肾，令人有子。

疗治。阳事不兴：列当好者二斤，捣为末，好酒一斗浸之。经宿，取起，随性日饮之。又煮酒侵酒服之，大补益人。

淫羊藿，西川（比都）〔北部〕有淫（斗）〔羊〕，一日百度，以食此草也，故名。一名仙灵脾，一名仙灵毗，人脐曰毗。此物补下，于理尤通。一名放杖草，一名弃杖草，一名千两金，一名干鸡筋，一名刚前，一名黄连祖，一名三枝九叶草。江东、陕西、泰山、汉中、湖湘间皆有之，生大山中。一根数茎，茎粗如线，高一二尺。一茎二丫，一丫三叶，长二三寸，青似杏叶及豆叶，面光背淡，甚薄而细齿，边有刺。根紫色，有须。四月中开白花，亦有紫花者，碎小。独头子。五月采叶晒干。根如黄连。根、叶俱堪用。生处不闻水声者良。性辛，寒，无毒。治阴痿绝伤，茎中痛，补腰膝，强心志，益气力，坚筋骨，男子绝阳，妇人绝阴，老人昏耄，中年健忘，一切冷风劳气，筋骨挛急，四肢不仁。久服令人有子。

制用。凡使时，呼仙灵脾，以夹刀夹去四边花枝，每一（斤）〔斤〕，羊脂四两拌炒，以脂尽为度。真阳不足者宜之。

疗治。仙灵脾酒，益丈夫兴阳，理腰膝冷：用淫羊藿一斤，酒一斗浸三日，逐时饮之。　偏风不遂，皮肤不仁：仙灵脾一斤细锉，生绢袋盛，于不津器中用无灰酒二升浸之，重封，春夏三日，秋冬五日。后每日暖饮，常令醺然，不得大醉，酒尽再合，无不效验。合时切忌鸡犬、妇人见。　三焦咳嗽，腹满不饮食，气不顺：仙灵脾、覆盆子、五味子炒各一两，为末，炼蜜丸梧子大。每姜茶下二十九。　目昏生翳：仙灵脾、小栝楼红色者等分，为末。每服一钱，茶下，日二。　病后青盲，日近者可治：仙灵脾一两，淡豆豉一百粒，水一碗半，煎一碗，顿服即瘥。　小儿雀目：仙灵脾根、晚蚕蛾各半两，炙甘草、射干各二钱半，为末。用羊子肝一枚切开，掺药二钱扎定，黑豆一合，米泔一盏，煮熟。分二次服，以汁送下。　痘疹入目：仙灵脾、威灵仙等分，为末。每服五分，米汤下。　牙齿虚痛：仙灵脾为粗末，煎汤频漱，大效。

典故。许听庵许公名伯衡，■■人① 云："世称淫羊藿即仙灵脾，滇中郑医极言其谬。真者俗谓之羊膻草，生时有羊膻气，以酒炒过即香。余服之一载余，甚得其力。今无可复问矣。"

香附子，莎草根也。一名草附子，一名莎结，一名水莎，一名侯莎，一名夫须，一名地毛，一名水香棱，一名续根草，一名地藾根，一名水巴戟，上古谓之雀头香，俗人呼为雷公头，《金光明经》谓之月萃哆，《记事珠》谓之抱灵居士。生田野，在处有之。叶如老韭叶而硬，光泽，有剑脊棱。五六月中抽一茎，三棱，中空。茎端出数叶，开青花成穗，如黍，中有细子。其根有须，须下结子一二枚，转相延生。子上有细黑毛，大者如羊枣而两头尖。采得，燎去毛，曝干。气味辛、微苦、甘，平，无毒。足厥阴手少阳药也，兼行十二经八脉气分。主治散时气寒疫，利三焦，解六郁，消饮食积聚，痰饮痞满，胕肿腹胀，脚气，止心腹、肢体、头目、齿耳诸痛，痈疽疮疡，吐血、下血、尿血，妇人崩带下，月候不调，胎前产后百病，为女科要药。花及叶治丈夫心肺中虚风、客热、皮肤瘙痒、隐疹、饮食减少日渐羸瘦、忧愁抑郁等症，取苗花二十余斤（挫）〔锉〕细，水二石五斗，煮一石五斗，浸浴，令汗出五六度，瘙痒即止，四时常用，隐疹风永除。煎饮，散气郁，利胸膈，降痰热。香附能推陈致新，故诸书皆云益气，而俗有耗气之说。又谓宜于女人，不宜于男子者，非矣。盖妇人以血用事，气行则血行无疾；老人精枯血闭，惟气是资；小儿气日充，则形乃日固。大凡病则气滞而馁，香附于气分为君药，世所罕知。臣以参芪，佐以甘草，治虚怯甚速。

---

① 许伯衡疑为江苏昆山人，举人。明万历三十五年（1607年）任云和教谕。

修治。凡采得，曝干，火燎去毛，童便浸透，洗晒捣用。或生，或炒，或酒、醋、盐水浸，各从本方。稻草煮之，味不苦。　香附之气平而不寒，香而能窜其味，辛能散，微苦能降，微甘能和，乃足厥阴肝、手少阳三焦气分主药，而兼通下二经气分。生则上行胸膈，外达皮肤；熟则下走两肾，外彻腰足。炒黑则（正）〔止〕血，得童溲浸炒则入血分而补虚，盐水浸炒则入血分而润燥，青盐炒则补肾气，酒浸炒则行经络，醋浸炒则消积聚，姜汁炒则化痰饮，得参、术则补气，得归、芐则补血，得木香则流滞和中，得檀香则理气醒脾，得沉香则升降诸气，得川芎、苍术则总解诸郁，得栀子、黄连则能降火热，得伏神则交济心肾，得茴香、破故纸则引气归元，得厚朴、半夏则决壅消胀，得紫苏、葱白则解散邪气，得三棱、莪茂则消磨积块，得艾叶则治血气、暖子宫，乃气病之总司，女科之主帅也。

服食。唐玄宗《天宝单方图》云：水香棱根味辛，微寒，无毒。凡丈夫心中客热，膀胱间连胁下气妨，常日忧愁不乐、心忪少气者，取根二大升，捣熬令香，以生绢袋盛贮，于三大斗无灰清酒中浸之。三月后浸一日，即堪服。十月后即七日，近暖处乃佳。每空腹温饮一盏，日夜三四次，常令酒气相续，以知为度。若不饮酒，即取根十两，加桂心五两，芜荑三两，和捣为散，蜜和捣一千杵，丸如桐子大。每空腹酒及姜蜜汤饮汁等，任下二十九，日再服，渐加至百十九，以瘥为度。　交感丹：凡人中年，精耗神衰，盖由心血少，火不下降，肾气惫，水不上升，致心肾隔绝，营卫不和，上则多惊，中则塞痞，饮食不下，下则虚冷、遗精。愚医徒知峻补下田，非惟不能生水滋阴，而反见衰悴。但服此方，半年屏去一切暖药，绝嗜欲，然后习秘固溯流之术，其效不可殚述。俞通奉年五十一，遇铁瓮城申先生授此，服之，老犹如少年，至八十五乃终。香附子一斤，新水浸一宿，石上擦去毛炒黄，伏神去皮木四两，为末，炼蜜丸弹子大。每服一丸，侵早细嚼。以香附子如上法半两，伏神二两，炙甘草一两半，为末，点沸汤服前药。

疗治。黄鹤丹，乃铢衣翁在黄鹤楼所授之方：香附一斤，黄连半斤，洗晒为末，水糊丸梧子大。假如外感，葱姜汤下；内伤，米饮下；气病，香汤下；血病，酒下；痰病，姜汤下；火病，白汤下。余可类推。　青囊丸，乃邵康节真人祷母病，感方士所授者：香附略炒一斤，乌药略炮五两三钱，为末，水醋煮面糊为丸，随证引用。如头痛，茶下；痰盛，姜汤下。多用酒下为妙。　治气热上攻，头目昏眩，及治偏正头痛：大附子去皮，水煮一时，捣晒焙，研为末，炼蜜丸弹子大。每服一丸，水一盏，煎八分服。女人醋汤煎。　一切气病，痞胀喘哕，噫酸烦闷，虚痛走注：常服开胃消痰，散壅思食。早行山行，尤宜服之，去邪辟瘴。香附子炒四百两，沉香十八两，缩砂仁四十八两，炙甘草一百二十两，为末。每服一钱，入盐少许，白汤点服。　一切气疾，及宿酒不解者：香附子一斤，缩砂仁八两，甘草炙四两，为末。每白汤入盐点服。为粗末煎服亦可。　心腹刺痛：香附子擦去毛焙二十两，乌药十两，甘草炒一两，为末。每服二钱，盐汤随时点服。　凡人胸膛软处一点痛者，多因气及寒起，或致终身，或子母相传，俗名心气痛，非也。乃胃脘有滞耳，独步散治之甚妙。香附，米醋浸，略炒，为末。高良姜，酒洗七次，略炒，为末。俱各封收。因寒者，姜二钱，附一钱；因气者，附二钱，姜一钱；因气与寒者，各等分。和匀，以热米汤入姜汁一匙、盐一捻，调下立止，不过七八次，除根。　心腹诸痛艾附丸：治男女心气痛、腹痛、小腹痛、血气痛，不可忍者。香附子二两，蕲艾叶半两，以醋汤同煮熟，去艾炒，为末，米醋和丸桐子大。每白汤服五十丸。　停痰宿歇，风气上攻，胸膈不利：香附皂荚水浸、半夏各一两，白矾末半两，姜汁面糊丸桐子大。每服三四十丸，姜汤下。　元脏腹冷及开胃：香附子炒，为末。每用二钱，姜盐同煎服。　酒肿虚肿：香附米醋煮，干焙，研为末，米醋糊丸。服，久之败水，从小便出，神效。　气虚浮肿：香附子一斤，童便浸三日，焙，为末，糊丸。米饮下四五十丸，日二。　老少痃癖，往来疼痛：香附、南星等分，为末，姜汁糊丸桐子大。姜汤下二三十丸。　癞疝胀痛，及小肠气：海藻一钱，煎酒，空心调下香附末二钱，并食海藻。　腰痛揩牙：香附子五两，生姜二两，取自然汁浸一宿，炒黄为末，入青盐二钱，擦牙数次，其痛即止。　血气刺痛：香附子炒一两，荔枝核烧存性五钱，为末。每服二钱，米饮调下。　妇人女子经候不调兼诸病：大香附子擦去毛一斤，分作四分，醇酒、醇醋、盐水、童便各浸四两，春三日，秋五，夏一，冬七。淘洗净，晒干捣烂，微焙为末，醋煮面糊丸梧子大。每酒下七十丸。瘦人加泽兰、赤茯苓末二两，气虚加四君子料，血虚加四物料。　妇人月经不调，久成症积，一切风气：用香附子一斤，分作四分，以童溲、盐水、酒、醋各浸三日，艾叶一斤，浆水浸过，醋糊和作饼，晒干。晚蚕砂半斤炒，莪〔茂〕〔莪〕四两酒浸，当归四两酒浸，各焙为末，醋糊丸桐子大。每服七十丸，米饮下，日二。　妇人室女经候不调，血气刺痛，腹胁膨胀，心怔乏力而色痿黄，头运恶心，崩漏带下，便血症瘕积聚，及妇人数堕胎，气不升降，服此尤妙：香附子，米醋浸半日，砂锅煮干捣焙，石臼捣为末，醋糊为丸，醋汤下。又方：香附子一斤，熟艾四两，醋煮当归酒浸二两，为末，如上丸服。　妇人气盛血衰，变生诸症，头运腹满，宜抑气散：香附子四两炒，茯苓、甘草炙各一两，橘红二两，为末。每服二钱，沸汤下。　下血血崩，或五色漏带，并宜常服，滋血调气，乃妇人之仙药也：香附子去毛，炒焦为末，极热酒服二钱，立愈。昏迷甚者三钱，米饮。亦可加棕灰。　赤白带下，及血崩不止：香附子、赤芍药等分，为末，盐一捻，水二盏，煎一盏，食前温服。　安胎顺气铁罩散：香附子炒，为末。浓煎紫苏汤服一二钱。一加砂仁。　妊娠恶阻，胎气不安，气不升降，呕吐酸水，起坐不便，饮食不进。二香散：香附子一两，藿香叶、甘草各二钱，为末。每服二钱，沸汤入盐调下。亦治头疯、睛痛。　临产顺胎，九月、十月服此，永无惊恐。福胎饮：香附子四两，缩砂炒三两，甘草炙一两，为末。每服二钱，米饮下。　产后狂言，血运烦渴不止：生姜、附子去毛，为末。每服二钱，姜枣水煎服。　气郁吐血：童子小便调香附末二钱服。　吐血不止：莎草根一两，白茯苓半两，为末。每服二钱，陈粟米饮下。　肺破咯血：香附末一钱，米饮下，日二。　小便尿血：香附子、新地榆等分，各煎汤，先服香附汤三五呷，后服地榆汤至尽。未效再服。　小便血淋，痛不可忍：香附子、陈皮、赤茯苓等分，水煎服。　诸般下血：香附，童便浸一日，捣碎，米醋拌，焙为末。每服二钱，米饮下。又方：香附以醋、酒各半煮熟，焙研为末，黄秫米糊丸梧子大。每服四十丸，米饮下，日二。又方：只以香附子末二钱，入百草霜、麝香各少许同服，效尤速。　老少脱肛：香附子、荆芥穗等分，为末。每服一匙，水一大碗，煎十数沸，淋洗。　偏正头风：香附子炒一斤，乌头炒一两，甘草二两，为末，炼蜜九弹子大。每服一丸,葱茶嚼下。 气郁头痛:香附子炒四两,川芎二两,为末。每服二钱,腊茶清调下。常服除根明目。华佗《中藏经》加甘草一两,石膏二钱半。 肝虚睛痛,冷泪羞明:香附子一两,夏枯草半两,为末。每服一钱,茶清下。 耳卒聋闭:香附子瓦炒研末,萝卜子煎汤,早夜各服二钱。忌铁器。 聤耳出汁:香附末以绵杖送入。蔡邦度知府常用,有效。 诸般牙痛:香附、艾叶煎汤漱之,仍以香附末擦之,去涎。 牢牙去风,益气乌须,治牙疼牙宣,乃铁瓮先生妙方也:香附子炒存性三两,青盐、生姜各半两,为末,日擦。 消渴累年不愈:莎草根一两,白茯苓半两,为末。每陈粟米饮服三钱,日二。 痈疽疮疡,皆(用)〔因〕气滞血凝而致,宜引气通血。凡气血闻香即行,闻臭即逆,气滞则血聚,最忌臭秽不洁,触之,毒必引蔓。陈正节公云:大凡痛疾,多因怒气而得,但服香附子药,进食宽气,大有效。香附子去毛,生姜汁淹一宿,焙干,碾为细末。无时以白汤服二钱。如疮初作,以此代茶,疮溃后亦宜服之。或只以局方小乌沉汤,少用甘草,愈后服至半年尤妙。 蜈蚣咬伤:嚼香附涂之,立效。

典故。魏文帝遣使于吴求雀头香,即香附也。《江表传》。 内翰吴开夫人心痛欲死,服独步散即愈。王璆《百一方》。 梁混心脾痛数年不愈,供事秽迹佛,梦传独步散方,一服而愈,因名"神授一匕散"。 懒游方外时,悬壶轻贵,治百病黄鹤丹、治妇人青囊丸,随用饮,辄有小效。飞霞子《韩懋自述》。

丽藻。诗七言:越人翠被今何寂,独立江边莎草碧。紫燕西飞欲寄书,白云何处逢来客? 硕况。

覆盆子,
子似覆盆之形,故名。一说益肾,能缩小便,可覆溺盆。一名缺盆,一名茥,茥,音奎。一名插田藨,藨,音苞。一名乌藨子,一名大麦莓,莓,音母,又音茂。一名西国草,一名毕楞伽,一名栽秧藨。处处有之,秦吴尤多。藤蔓,茎有钩刺,一枝五叶。叶小,面青,背微白,光薄无毛。开白花。四五月实成,子小于蓬蘽而稀疏,味酸甘,外如荔枝,大如指顶,软红可爱,生青黄,熟乌赤。山中人及时采卖,少迟则就枝生蛆食之。五六分熟便采,烈日曝干,不尔易烂。气味甘,平,无毒。益气轻身,补虚续绝,强阴健阳,悦泽肌肤,安和五脏。男子肾精虚竭阴痿,能令坚长。妇人食之有子。

制用。采得拣净,捣作薄饼,晒干密贮,临时酒拌蒸用。 采时不见水,取汁作煎为果。着水则不堪煎。

辨讹。蓬蘽:藤蔓繁衍,茎有倒刺,逐节生叶,大如掌,状类小葵叶,(而)〔面〕青背白,厚而有毛。六七月开小白花,就蒂结实,三四十颗成簇,生则青黄,熟则紫黯,微有黑毛,形如熟椹而扁。冬月苗叶不凋,俗名割田藨。气味功用大略与覆盆同,俱堪入药。 一种蔓小于蓬蘽,一枝三叶,叶面青背淡白而微有毛,开小白花。四月实熟。其色红如樱桃者俗名薅田藨,即《尔雅》所谓藨者也,故郭璞注云藨即莓也。子似覆盆而(太)〔大〕,赤色,酢甜可食。此种不入药。 一种树生者,树高四五尺,叶似樱桃叶而狭长,四月开小白花,结实覆盆子样,但色红为异,俗亦名藨,即《尔雅》所谓山莓,陈藏器《本草》所谓悬钩子者也。 一种就地生蔓,长数寸,开黄花,结实如覆盆而鲜红,不可食者,《本草》所谓蛇莓也。

典故。潭州赵太尉母病烂弦瘴眼二十年。有老妪云:"此中有虫,吾当除之。"入山取草蔓叶，咀嚼，留汁入筒中。还以皂纱蒙眼，滴汁渍下弦。转盼间，虫从纱上出，数日下弦干。复如（洗）〔法〕滴上弦，又得虫，数日而愈。后以治人，多验。乃覆盆子叶也，盖治眼妙品。《夷坚志》。

疗治。目暗不见物，冷泪浸淫不止，及青盲、天行目暗等疾：覆盆子曝干，捣极细，薄绵裹之，用饮男乳汁浸半日，点目中即仰卧，不过三四日，视物如少年。禁酒、面、油物。 长发不落不白：覆盆子榨汁，日涂之。 补肝明目：捣筛，每旦水服三钱。 肺气虚寒：取汁，同少蜜煎为稀膏，白汤点服。 牙疼点眼：用覆盆子嫩叶捣汁，点目眦三四次，有虫随眵泪出成块。无新叶，干者煎浓汁亦可。 臁疮溃烂：覆盆叶为末，用酸浆水洗后掺之，日一次，以愈为度。 痘后目翳：取根洗捣澄粉，日干，蜜和少许，点于翳丁上，日二三次，自散。百日内治之，久即难疗。

使君子，一名留求子。藤生，手指大，如葛绕树而上。叶青，如五加叶。三月开五瓣花。一簇一二十葩，初淡红，久乃深红色，轻虚如海棠。作架植之，蔓延若锦。实长寸许，五瓣合成，有棱。初时半黄，熟则紫黑。其中仁白，上有薄黑皮，如榧子仁而嫩，味如栗。七月采，久者油黑，不可用。气味甘，温，无毒。治小儿五疳、小便白浊，健脾胃，除虚热，杀虫，疗泻痢，小儿百病、疮癣皆治。凡服使君子，忌饮热茶，犯之即泻。

疗治。凡大人小儿虫病：每月上旬，空腹食使君子数枚，以壳煎汤送下，次日虫皆死而出。或云七生七煨食，亦良。 小儿脾疳：使君子、芦荟等分，为末。米饮每服一钱。 小儿痞块腹大，肌瘦面黄，渐成疳疾：使君子仁三钱，木鳖子仁五钱，为末，水丸龙眼大。每一丸，鸡子一个破顶，入药在内，饭上蒸熟，空心食。 小儿蛔痛，口流涎末：使君子仁为末，米饮五更调服一钱。 小儿虚肿，头面阴囊俱浮：使君子一两去壳，蜜五钱炙尽，为末。每食后米汤服一钱。 头疮面疮：使君子仁，香油少许浸三五个，临卧细嚼，香油送下，久自愈。

丽藻。诗七言：竹篱茅舍趁溪斜，白白红红墙外花。浪传佳名史君子，初无君子到君家。

栝楼，一名果蠃，蠃，音裸，与蓏同。木上曰果，地下曰蓏。此物蔓生附木，故得兼名。一名瓜蒌，一名天瓜，一名黄瓜，一名地楼，一名泽姑。所在有之。三四月生苗，引藤蔓。叶如甜瓜叶而窄，作叉，有细毛。七月开花，似壶芦花，浅黄色。结实花下，如拳，生青，九月熟黄赤色。形有圆者，有锐而长者，圆者色黄，皮厚蒂小，为雌，肠人服；长者皮赤，蒂粗，为雄，阴人服。内有扁子，大如丝瓜子，壳色褐，子色绿，多脂，作青气。根一名白药，一名瑞雪，直下生，年久者长数尺，大二三围。秋后掘者有粉，夏月者有筋无粉，不堪用。气味甘，寒，无毒。治胸痹，润肺燥，消咳嗽，涤痰结，利咽喉，止消渴，利大肠，消痈肿疮毒，降上焦之火，使痰气下降，不犯胃气。

子。性同实，补虚劳，润心肺，治吐血、肠风、下血、赤白痢、手面皱、口干。 根。甘酸、微苦，寒。制为粉，洁白美好，大宜虚热人，解烦渴，行津液，除肠胃中痼热，治热狂时疾，通小肠，消肿毒乳痈，发背痔瘘疮疖，排脓生肌，消扑损瘀血。 茎、叶。味酸，生津止渴，润枯降火。

修制。凡使，皮、子、茎、根，其效各别，古方全用，后乃分别各用。用实者去壳皮革膜及油，用根者澄粉。　作天花粉法：秋冬采大二三围者，去皮，寸切，水浸，逐日换水。五日后取出，捣泥，以绢衣滤过，澄粉，晒干。每服方寸匕。水化下亦可。入粥及乳酪中食，善治消渴。

疗治。痰咳不止：瓜蒌仁一两，文蛤七分，为末，以姜汁澄浓脚丸弹子大，噙之。　干咳无痰：熟瓜蒌捣烂绞汁，入蜜等分，加白矾一钱熬膏，频含咽汁。　咳嗽有痰：熟瓜蒌十个，明矾二两，捣和饼，阴干研末，糊丸梧子大。每姜汤下五七丸。　痰喘气急：瓜蒌二个，明矾一枣大，同烧存性，研末，以熟萝卜蘸食，药尽病除。　热咳不止：用浓茶一钟，蜜一钟，大熟瓜蒌一个去皮，将瓤入茶蜜汤洗去子，以碗盛，于饭上蒸至饭熟。取出，时时桃三四匙咽之。　肺热痰咳，胸膈塞满：瓜蒌仁，半夏汤泡七次，焙研各一两，姜汁打面糊丸桐子大。每服五十丸，食后姜汤下。　酒痰咳嗽，用此救肺：瓜蒌仁、青黛等分，研末，姜汁蜜丸芡子大。每噙一丸。　饮酒发热：即上方研膏，日食数匙。一男子年二十，病此，服之而愈。　饮酒痰澼，两胁胀满，时复呕吐，腹中如水声：栝楼实去壳焙一两，神曲炒半两，为末。每服二钱，葱白汤下。　小儿痰喘，咳嗽膈热，久不瘥：瓜蒌实一枚去子，为末，以寒食面和作饼子，炙黄，再研末。每服一钱，温水化下，日三服，效，乃止。　妇人夜热痰嗽，月经不调，形瘦者：用瓜蒌仁一两，青黛、香附童尿浸晒一两五钱，为末，蜜调噙化之。　胸痹痰嗽，胸痛彻背，心腹痞满，气不得通，及治痰嗽：大瓜蒌去瓤取子炒熟，和壳研末，面糊丸桐子大。每米饮下二三十丸，日二服。　胸中痹痛，引背喘息，咳唾短气，寸脉沉迟，关上紧：用大栝楼实一枚切，薤白半升，白酒七升，煮二升，日再服。加半夏四两更善。　小儿黄疸，眼黄脾热：青瓜蒌焙研。每服一钱，水半盏，煎三分，卧时服，五更泻下黄物，立可，名逐黄散。　小便不通，腹胀：用瓜蒌焙研。每服二钱，热酒下。频服，以通为度。绍兴刘驻云：魏明州病此，御医用此方治之，得效。　久痢五色：大熟瓜蒌一个，煅存性，出火毒，为末作一服，温酒服之。胡大卿一仆患痢半年，杭州一道人传此而愈。　小儿脱肛，唇白齿焦，两颊光，眉赤唇焦，啼哭：黄瓜蒌一个，入白矾五钱，固济，煅存性，为末，糊丸桐子大。每米饮下二十丸。　咽喉肿痛，语声不出：栝楼皮、白姜蚕炒、甘草炒各二钱半，为末。每服三钱半，姜汤下。或以绵裹半钱含咽，一日二服。　坚齿乌须：大栝楼一个，开顶入青盐二两，杏仁去皮尖三七粒，原顶合扎定，蚯蚓泥和盐固济，炭火煅存性，研末。每日揩牙三次，令热，百日有验。先有白须拔去，以药投之即生黑者，其治口齿之功未易具陈。　面黑令白：栝楼瓤三两，杏仁一两，猪胰一具，同研如膏。每夜涂之，令人光润，冬月不皴。　乳汁不下：瓜蒌子淘洗控干，炒香，瓦上翕令白色。酒服一钱匕，合面卧一夜，流出。　乳痈初发：大熟栝楼一枚，熟捣，以白酒一斗煮取四升，去滓，温服一升，日三服。　便毒初发：黄瓜蒌一个，黄连五钱，水煎，连服效。　风疮疥癞：生栝楼一二个，打碎，酒浸一日，夜热饮。　热游丹肿：栝楼子仁末二大两，酽醋调涂。　杨梅疮痘：小如指顶，遍身者先服败毒散，后用此解皮肤风热，不过一[①]服，愈。用栝楼皮为末，每服三钱，烧酒下，日三服。　伤寒烦渴思饮：栝楼根三两，水五升，煮一

---

① 一，"四库全书"《本草纲目》卷一八上《草之七·栝楼》引《集简方》作"十"。

升，分二服。先以淡竹沥一斗，水二升，煮好根二两半，冷饮汁，然后服此。　黑疸危疾：瓜蒌根一斤，捣汁六合，顿服，随有黄水从小便出。如不出，再服。　小儿发黄，皮肉面目皆黄：生栝楼根捣取汁二合，蜜二大匙，和匀暖服，日一服。　虚热咳嗽：天花粉一两，人参三钱，为末。每服一钱，米汤下。　偏疝痛极，劫之立住：用绵袋包暖阴囊，取天花粉五钱，以醇酒一碗浸之，自卯至午，微煎滚，露一夜。次早低凳坐定，两手按膝，饮下即愈。未愈，再一服。　小儿囊肿：天花粉一两，炙甘草一钱半，水煎，入酒服。　耳卒烘烘：栝楼根削尖，以腊猪脂煎三沸，取塞耳，三日即愈。　产后吹乳，肿硬疼痛，轻则为妒乳，重则为乳痈：用栝楼根末一两，乳香一钱，为末。温酒每服二钱。　痈肿初起：栝楼根，苦酒熬燥，捣筛，以苦酒和，涂纸上贴之。又方：用栝楼根、赤小豆等分，为末，醋调涂之。　杨梅天泡：天花粉、川芎劳各四两，槐花一两，为末，米糊丸桐子大。每空心淡姜汤下七八十丸。　折伤肿痛：栝楼根捣涂，重布裹之，热除痛即止。　箭镞不出，针入肉：栝楼根捣傅之，日三易，自出。　痘后目障：天花粉、蛇蜕洗焙等分，为末。羊子肝批开，入药在内，米泔汁煮熟切食。一女子病此，服之，旬余而愈。

益母草， 一名茺蔚，一名贞蔚，一名益明，一名野天麻，一名火枕，一名蓷，蓷，音推。一名猪麻，一名苦低草，一名夏枯草，一名郁臭草，一名土质汗。处处有之。春生苗，如嫩蒿。入夏长三四尺。茎方，如黄麻茎。叶青，如艾而背青。一梗三叶，有尖歧寸许。一节节间花苞丛簇抱茎。四五月开花，每萼内子数枚，褐色，三棱。药肆内以充巨胜子。其草生时有臭气，夏至后即枯。根白色。味甘、微辛，气温。和血行气，有助阴之功。治妇女经脉不调、胎产、一切诸病妙药也。盖包络生血，肝藏血，此物活血补阴，故能明目、益精、调经，治女人诸病，久服令人有子。治手足厥阴血分风热，及女人诸病，单用子。若治肿毒疮疡，消水行血，胎产诸病，则根、茎、花、叶并用，盖根、茎、花、叶专于行，而子则行中有补也。

修治。凡用益母根茎，切以竹刀，忌铁器。用子微炒香，或沙锅蒸熟，曝干，舂取仁用。

辨讹。按《闺阁事宜》、《尔雅》、陈藏器皆以白花者为益母，《返魂丹注》、孙思邈以紫花者为益母，李时珍以二色花皆益母。白花者主气分，紫花者主血分，如牡丹、芍药花有红白之类。及查昝殷《产宝》谓开花红紫色者为是，白花者不是，似当以昝说为定。

疗治。济阴返魂丹，治妇人胎前产后诸疾危证：益母草花正开时连根收采，阴干。用叶及花、子，石器碾为细末，忌铁器。炼蜜丸弹子大，随证嚼服，用汤使。其根烧存性，为末，酒服，功与黑神散等。药不限丸数，以病愈为度。或丸如桐子大，每服五七十丸，愈人甚多，神效。又可捣汁滤净，熬膏服。　胎前脐腹痛，或作声者：米饮下。　胎前产后脐腹刺痛，胎动不安，下血不止：当归汤下。　产后：童子小便化下一丸，能安魂定魄，血气自然调顺，诸病不生，又能破血痛，养脉息，调经络，并温酒下。　胎衣不下及横生，死胎经日，胀满，心闷痛：并炒，盐汤下。　产后血晕，眼黑血热，口渴烦闷，如见鬼神，狂言不省人事：童便和酒下。　产后血块，脐腹奔痛，时发寒热冷汗，或面垢额赤，五心烦热：并童便、酒下，或薄荷自然汁下。　产后恶露不尽，结滞刺痛，上冲心胸满闷：童便、酒下。 产后泻血：水枣汤下。 产后痢疾：米汤下。 产后血崩漏下：糯米汤下。 产后赤白带下：煎胶艾汤下。 月水不调：温酒下。 产后中风，牙关紧急，半身不遂，失音不语：童便、酒下。 产后气喘咳嗽，胸膈不利，恶心吐酸，面目浮肿，两胁疼痛，举动失力：温酒下。 产后月内咳嗽，自汗发热，久则变为骨蒸；产后鼻衄，舌黑（日）〔目〕干：俱童便、酒下。 产后两太阳穴痛，呵欠心忪，气短羸瘦，不思饮食，血风身热，手足顽麻，百节疼痛：并米饮化下。 产后大小便不通，烦躁口苦：薄荷汤下。 妇人久无子息：温酒下。 益母膏：《近效方》治产妇诸疾，及折伤内损有瘀血，每天阴则痛，神方也。五月采益母草，连根、叶、茎、花洗择令净，于箔上摊曝水干，竹刀切长五寸，勿用铁刀。置于大砂锅内，水浸过二三寸，煎煮。候草烂，水减三之二，漉去草，取汁约五六斗，入盆中澄半日。以绵漉去浊滓，清汁入釜中，（漫）〔慢〕火煎取一斗，如稀饧状，瓷瓶封守。每取梨大，暖酒和服，日再服。或和羹粥亦可。如远行，即更炼至可丸收之。服至七日，则疼渐平复。产妇恶露不尽及血晕，一二服便瘥。其药无忌，又能治风，益心力。 女人难产：益母草捣汁七大合，煎减半，顿服，立止。无新者，以干者一大握，水七合煎服。 胎死腹中：益母草捣熟，以暖水少许和绞取汁，顿服之。 产后血晕，心气欲绝：益母草研汁一盏，绝妙。 产后血闭：益母草汁一小盏，入酒一合，温服。 带下赤白：益母草连花采，捣为末。每服二钱，食前温汤下。 （水）〔小〕便尿血：益母草捣汁，服一升，立瘥。 赤白杂痢，困重者：益母草日干，陈盐梅烧存性，等分，为末。每服三钱，白痢干姜汤、赤痢甘草下，名二灵散。 小儿疳痢，垂死者：益母草嫩叶同米煮粥食，以瘥为度，甚佳。饮汁亦可。 痔疾下血：益母捣汁饮。 一切痈疮，妇人妒乳、乳痛，小儿头疮，及浸淫黄烂热疮，疥疽阴蚀：并用天麻草切五升，以水一斗半，煮一斗，分数次洗，以杀痒。 急慢疔疮：益母草捣封，及绞汁五合，服即消。《医方大成》用益母草，连花采之，烧存性。先用小尖刀十字划开疔根，令血出。次绕根开破，捻出血，拭干。以稻草心蘸药，撚入疮口，令到底。良久当有紫血，捻令血净，再撚药入，见红血乃止。一日夜撚药三五度，重者二日根烂出，轻者一日出。有疮根胀起，即是根出。以针挑之出后，仍敷药，生肌易愈。忌风寒房室，酒肉一切毒物。 疖毒已破：益母草捣敷，神效。 勒乳成痈：益母草为末，水调涂乳上，一宿自瘥。生捣亦得。 喉闭肿痛：益母草捣烂，新汲水一碗绞浓汁，顿饮，随吐，愈。冬月用根。 聤耳出汁：茎叶捣汁滴之。 面上粉刺黑斑：重五日收带根紫花者，晒干烧灰，以商陆根捣自然汁，加酸醋和，搜灰作饼，炭火煅过收之，半年方用，入面药，甚能润肌。 唐天后泽面法：五月五日采根苗具者，勿著土，曝干捣罗，以水和成团，鸡子大。再曝干，作一炉，四旁开窍，上下置火，安药中央。大火烧一炊久，去大火，留小火养之，勿令火绝。经一伏时取出，瓷器中研极细，收用。如澡豆法，日用。一方：每十两加滑石一两、胭脂一钱。 马咬成疮：切细，和醋炒，涂之。 新生小儿：益母草五两，煎水浴之，不生疮疥。 瘾疹：作汤浴。 浮肿下水，恶毒疔肿，乳痈丹游等毒及蛇虺毒：并捣敷。

防风，一名屏风，防，御也，疗风最要，故名。屏，犹防。一名回芸，一名回草，一名铜芸，一名茴根，一名百枝，一名百蜚。出齐州，龙山最善，淄、青、兖者亦佳。今汴东、淮、浙皆有。茎、叶青绿色，茎深而叶淡，似青蒿而短小。春初嫩时紫赤色。五月开细白花，中心攒聚作大房，似莳萝花。实似胡荽子而尖。根土黄色，与蜀葵根相类。二月、十月采。关中者，三月、六月采，然轻虚，不及齐州者良。气温，味辛而甘。治三十六种风，男子一切劳劣，补中益神，通利五脏，心烦体重，羸瘦盗汗，散头目中滞气，经络中留湿。得葱白能行周身，得泽泻、藁本疗风，得当归、芍药、阳起石、禹余粮疗妇人子脏风。

制用。二月采嫩苗作菜，辛甘而香，呼为珊瑚菜，极爽口。其根粗丑，子亦可种。　入药以黄色脂润，头节坚如蚯蚓头者为好。白者多沙条，不堪。　禁忌。叉头者令人发狂，叉尾者发人痼疾。

疗治。自汗不止：防风去芦，为末。每服二钱，浮麦煎汤服。《朱氏集验方》：防风麸炒，猪皮煎汤下。　睡中盗汗：防风二两，芎䓖一两，人参半两，为末。每服三钱，临卧饮下。　老人大肠秘涩：防风、枳壳麸炒一两，甘草半两，为末。食前白汤服二钱。　偏正头风：防风、白芷等分，为末，炼蜜丸弹子大。每嚼三丸，茶清下。　破伤中风，牙关紧急：天南星、防风等分，为末。每服二三匙，童便五升，煎至四升，分二服，即止。　小儿解颅：防风、白芨、柏子仁等分，为末。以乳汁调涂，一日一换。　妇人崩中独圣散：防风去芦头炙赤，为末。每服一钱，以面糊酒调下，更以面糊酒投之。此药累验。一方加炒黑蒲黄，等分。　解乌头：附子、天雄、芫花、野菌毒，并用防风煎汁饮。　解诸药毒，已死，只心间温暖，是热物所犯：防风一味擂，冷水灌之。

典故。白居易在翰林，赐防风粥一瓯食之，口香七日。

郁李，一名薁李，一名欎李，一名爵李，一名车下李，一名雀梅。山野处处有之。树高五六尺，花千叶，雪白、粉红二色，如纸剪成，甚可观。叶、花及树并似木李，惟子小如樱桃，熟赤色，五月熟可食，又可入药。性洁，喜暖日和风。浇宜清水，忌肥。核仁气味甘、苦、酸，平而润，无毒。治大腹水肿，面目四肢浮肿，利小便，通水道，消宿食，下结气，宣大肠气滞，燥涩不通。

疗治。小儿多热：熟汤研郁李仁如杏酪，一日服二合。　褓褓小儿二便不通，并惊热痰实，欲得溏动者：大黄酒浸，炒郁李仁去皮研，各一钱，滑石末一两，捣和丸黍米大。二岁小儿三丸，量人加减，白汤下。　肿满气急，不得卧：郁李仁一大合，捣末，和面作饼吃，入口即大便通，泄气，便愈。　脚气浮肿，心腹满，二便不通，气急喘息：郁李仁十二分，捣烂，水研绞汁，苡薏捣如粟大三合，同煮粥食。　辛心刺痛：郁李仁三七枚，嚼烂，以新汲水或温汤下，须臾痛止，却呷薄荷盐汤。　皮肤血汗：郁李仁去皮研一钱，鹅梨捣汁，调下。　癣疾：郁李仁去皮及双仁，同干面捣合。如干，入少水。照病人掌作二饼，微炙黄，勿令熟。空腹食一枚，当快利。如不利，再食一枚，或饮热米汤，以利为度。利不止，醋饭补之。利后当虚，若病未尽，一二日再一服，以病尽为限，忌酪及牛马肉，累验。量病加减，小儿亦可用。　风虫牙痛：根煎浓汁漱。　小儿身热：根煎汤浴。

典故。一乳妇因悸而病，既愈，目不得瞑。医钱乙令煮郁李，酒饮使醉，即愈。所以然者，目丝内连肝胆，恐则气结，胆横不下。郁李能去结，随酒入胆，结去胆下，则目能瞑矣。此真得治之肯綮者也。

豨莶， 豨，音喜。莶，音枚。一名希仙，一名火枚草，一名虎膏，一名猪膏母，一名狗膏，一名粘糊菜。素茎有直棱，兼有斑点。叶似苍耳而微长，似地菘而稍薄，对节生。茎、叶皆有细毛，肥壤一枝生数十。八九月开深黄小花，子如茼蒿子，外萼有细刺粘人。气味苦，寒，有小毒。治金疮，止痛，断血，生肉，除诸恶疮、浮肿，治风气、麻痹、骨痛、膝弱、风湿。

修治。五月五日、六月六日、九月九日采叶，去根、茎、花、实，洗净曝干，如法入甑中，层层洒酒，与蜜蒸之，又曝。如此九遍，则气味极香美。

制用。嫩苗炸熟，浸去苦味，油盐调食。《救荒本草》。

辨讹。苏恭谓似酸浆叶，乃龙葵，非豨莶也。地菘则茎青，圆而无棱，无斑毛，叶皱似菘芥，亦不对节。今不见有用者。

疗治。豨莶丸：九煎九晒，捣末，蜜丸服，益元气，治肝肾风气，四肢麻痹，骨间冷，腰膝无（论）〔力〕，远年近日一切中风卧床，口眼㖞邪，时吐涎沫诸病，空心温酒或米饮下二三十丸。服至百服，眼目明；千服须发黑，筋力健，效验多端。　治风气行于肠胃泄泻：火枚草为末，醋糊丸梧子大。每服三十丸，白汤下。　痈疽肿毒，一切恶疮：豨莶草，端午采者一两，乳香一两，白矾飞半两，为末。每服二钱，热酒调下。毒重者连进三服，得汗妙。　发背疗疮：豨莶草、五叶草即五爪龙、小蓟、大蒜等分，擂烂，热酒一碗，绞汁服，得汗立效。　丁疮肿毒：端午采豨莶草，日干，为末。每服半两，热酒调下，汗出即愈，极验。　反胃吐食：火枚草焙，为末，蜜丸梧子大。每汤下五十丸。　治恶疮，消肿毒：捣豨莶草封之，汤渍散傅，并良。　久疟痰癃：捣汁服。　虎伤狗咬，蚕、蜘蛛咬，蠼螋溺疮：捣敷。

典故。江陵节度成讷进豨莶丸方表略云：臣有弟诜，年二十一中风，伏枕五年，百医不瘥。有道人钟针因睹此患，曰："可饵豨莶丸，必愈。"其草多生沃壤，高三尺许，节叶相对。当夏五月以来收之。每去地五寸剪刈，以温水洗去土，摘叶及枝头。凡九蒸九暴，不必太燥，但以取足为度，仍熬捣为末，炼蜜丸如梧子大，空心温酒或米饮下二三十丸。服至二千丸，所患愈加，不得忧虑，是药攻之力。服至四千丸，必得复。至五千丸，当复，须吃饭三五匙压之。五月五日采者佳。奉敕宣付医院详录。　知益州张咏进豨莶丸表略云：（切）〔窃〕以飧食饮水，可作充肠之馔；饵松含柏，亦成救病之功。是以疗饥者不在于羞珍，愈病者何烦于异术？倘获济时之药，辄陈鄙物之形，不耻管窥，辄干天听。臣因换龙兴观掘得一碑，内说修养气术并药方二件。依方差人访问采觅，其草颇有异，金棱银线，素茎紫荄，对节而生，蜀号火枚。茎叶颇同苍耳，不费登高历险，每常求少获多，急采非难，广收甚易。倘勤久服，旋见神功。谁知至贱之中，乃有殊常之效。臣自吃至百服，眼目清明；即至千服，髭须乌黑，筋力轻健，效验多端。臣本州有都押衙罗守一，曾因中风坠马，失音不语，臣与十服，其病立瘥。又和尚智严，年七十，忽患偏风，口眼㖞斜，时时吐涎。臣与十服，亦便得瘥。今合一[1]百剂，差职贡史元奏进。

---

[1] 一，底本为空白，据"四库全书"《本草纲目》卷一五《草之四·豨莶》补。

二如亭群芳谱药部卷之三

济南　王象晋荩臣甫　纂辑
松江　陈继儒仲醇甫
虞山　毛凤苞子晋甫　同较
宁波　姚元台子云甫
济南　男王与敕、孙士禛、曾孙啟橚　诠次

药谱三

黄连，一名王连，一名支连。江、湖、荆、夔皆有，而以宣城者为胜，施、黔次之，东阳、歙州、处州者又次之。苗高尺许，丛生，一茎三叶。叶似甘菊，凌冬不凋。四月开花，黄色。六月结实，似芹子，色亦黄。江左者根黄，节高若连珠，叶如小雉尾，正月开花作细穗，淡黄白色。六七月根紧，始堪采。蜀道者粗大，味极浓苦，疗渴为最。江东者节如连珠，疗痢大善。大抵连有二种：一种根粗无毛，如鹰鸡爪形，色深黄而坚实；一种无珠多毛，黄色稍淡而中虚。味苦，寒，无毒。止消渴，厚肠胃，利骨，益胆，降火，疗口疮。其用有六：泻心脏火，一也；去中焦湿热，二也；诸疮必用，三也；除风湿，四也；治赤眼暴发，五也；止中部见血，六也。

制用。布拭去毛，浆水浸半日时，漉出，柳木火焙干用。黄连入手少阴心经，为治火主药。治本脏火，生用；治肝胆实火，猪胆浸炒；肝胆虚火，醋浸炒；上焦火，酒炒；中焦火，姜汁炒；下焦火，盐水或朴硝炒；气分湿热之火，茱萸汤浸炒；血分块中伏火，干漆水炒；食积之火，黄土炒。不独为之引导，盖辛热能制其苦寒，咸寒能制其燥性，用者酌之。

附录。胡黄连：生波斯国海畔陆地。今南海、秦陇间亦有之。初生似芦，苗若夏枯草，根头似乌嘴，干则似杨柳枯枝，心黑外黄。折之，内似鹯鹆眼，尘出如烟者良。八月上旬采。苦，平，无毒。治骨蒸劳热，三消五心烦热，妇人胎蒸虚惊，冷热泄痢，厚肠胃，益颜色。

疗治。肝火为痛：黄连姜汁炒，为末，粥糊丸梧子大。每服二十九，白汤下。一方：黄连六两，吴茱萸一两，同炒，为末，神曲糊丸梧子大。每服三四十九，白汤下。　伏暑发热，作渴呕恶，及赤白痢、消渴、肠风酒毒、泄泻诸病：并宜酒煮黄龙丸主之。川黄连一斤切，以好酒二升半煮干，焙研，糊丸梧子大。每服五十九，熟水下，日三服。　阳毒发狂，奔走不定：宣黄连、寒水石等分，为末。每服三钱，浓煎甘草汤下。　骨节积热，渐渐黄瘦：黄连四分切，以童子小便五大合浸经宿，微煎三四沸，去滓，分作二服。　小儿疳热流注，遍身疮蚀，或潮热，肚胀作渴：猪肚黄连丸，用猪肚一个洗净，宣黄连五两切碎，水和，纳入肚中缝定，放在五升粳米上蒸烂，石白捣千杵，或入少饭同杵，丸菉豆大。每服二十丸，米饮下。仍服调血清心之药佐之。盖小儿之病，不出于疳，则出于热，常须识此。　三消骨蒸：黄连末，以冬瓜自然汁浸一夜，晒干又浸，如此七次，为末，以冬瓜汁和丸梧子大。每服三四丸，大麦汤下。寻常渴，只一服见效。　消渴尿多：黄连末，蜜丸梧子大。每服三十丸，白汤下。　消渴，小便滑数如油：黄连五两，栝蒌根五两，为末，生地黄汁丸梧子大。牛乳下五十丸，日服。忌冷水、猪肉。一方：黄连末，入猪肚（肉）〔内〕蒸烂，捣丸梧子大，饭饮下。　湿热水病：黄连末，蜜丸梧子大。每服二丸至四五丸，饮下，日三四服。　破伤风：黄连五钱，酒二盏，煎七分，入黄蜡三钱，溶化热服之。　小便白淫，因心肾气不足，思想无穷所致：黄连、白茯苓等分，为末，酒糊丸梧子大。每服三十丸，煎补骨脂汤下，日三服。　赤痢久下，累治不瘥：黄连一两，鸡子白和为饼，炙紫为末，以浆水三升，慢火煎成膏。每服半合，温米饮下。一方只以鸡子白和丸服。　热毒赤痢：黄连二两切，瓦焙令焦，当归一两焙，为末，入麝少许。每服二钱，陈米饮下。佛智和尚在闽，以此济人。　赤白久痢，并无寒热，只日久不止：用黄连四尺九寸，盐梅七个，入新瓶内烧烟尽，热研。每服二钱，盐米汤下。　赤白暴痢，如鹅鸭肝者，痛不可忍：用黄连、黄芩各一两，水二升，煎一升，分三次热服。　冷热诸痢：不问赤白、谷滞、休息、久下，悉主之。黄连长三寸三十枚重一两半，龙骨如棋子大四枚重一两，大附子一枚，干姜一两半，胶一两半，细切。以水五合着铜器中，去火三寸煎沸，便取下，坐土上，沸止，又上水五合。如此九上九下。纳诸药入水内，再煎沸，辄取下，沸止又上，九上九下。度可得一升，顿服即止。　下痢赤白，日夜数十行，脐腹绞痛：黄连一升，酒五升，煮取一升半，分再服，当止。　治赤白诸痢，里急后重，腹痛：宣黄连、青木香等分，捣末，白蜜丸桐子大。每服二三十丸，空腹饮下，日再服，效如神。久冷者，以煨蒜捣和丸之，不拘大人婴孺，皆效。一方：黄连、茱萸炒过四两，木香面煨一两，粟米饭丸。　小儿冷热痢：加煨熟诃子肉。　小儿泻痢：加煨熟肉豆蔻。　小儿气虚，泻痢腹痛：加白附子尖。　久痢：加龙骨。　禁口痢：加石莲肉。　痢渴：加乌梅肉，以阿胶化和为丸。　五痔八痢：用连珠黄连一斤分四分，一分酒浸，一分自然姜汁炒，一分吴茱萸汤浸，一分益智仁同炒，去智仁，研末；白芍酒煮切焙四两，广木香二两，使君子仁焙四两。共为末，蒸饼和丸绿豆大。每服三十丸，米饮食前下，日三服。忌猪肉、冷水。　伤寒下痢，不能食者：黄连一斤，乌梅二十枚去核，炙燥为末，蜡一棋子大，蜜一升，合煎，和丸梧子大。一服二十丸，日三服。又方：黄连二两，熟艾如鸭子大一团，水三升，煮取一升，顿服立止。　气痢后重，里急或下泄：宣连一两，干姜半两，各为末，收。每用连一钱、姜半钱，和匀，空心温酒下，或米汤下，神妙。《济生方》秘传香连丸：用黄连四两，木香二两，生姜四两，以姜铺沙锅底，次铺连，上铺香，新汲水三碗煮，焙研，醋调仓米糊为丸，如常日服五次。　小儿下痢赤白多时，体弱不堪：宣连用水浓煎，和蜜，日服五六次。　诸痢脾泄，脏毒下血：雅州黄连半斤，去毛切，装肥猪大肠内扎定，入砂锅中，以水酒煮烂，取连焙，研末，捣肠和丸梧子大。每服百丸，米汤下，极效。　赤白下痢，日夜无度，及肠风下血：用川黄连去毛，吴茱萸汤泡过，各二两，同炒香，拣出各为末，以粟米饭和丸梧子大，各收。每服三十丸。赤痢，甘草汤下黄连丸；白痢，姜汤下茱茰丸；赤白痢，各用十五丸，米汤下。救人甚效。　脾胃受湿，下痢腹痛，米谷不化：用黄连、吴茱萸二味，加白芍同炒研，蒸饼和丸服。　肠胃积热，或因酒毒下血，腹痛作渴，脉弦数：黄连四两，分作四分，一分生用，一分切炒，一分炮切，一分水浸晒研末，条黄芩一两，防风一两，为末，面糊丸梧子大。每服五十丸，米泔浸枳壳水，食前送下。冬月加酒蒸大黄一两。　脏毒下血：黄连为末，独头蒜煨研，和丸梧子大。每空心陈米饮下四十丸。　酒痔下血：黄连酒浸，煮熟为末，酒糊丸梧子大。每服三四十丸，白汤下。一方用自然姜汁浸焙炒。　鸡冠痔：黄连末傅之。加赤小豆末尤良。　痔漏秘结，用此宽肠：黄连、枳壳等分，为末，糊丸梧子大。每服五十丸，空心米饮下。　痢痔脱肛：冷水调黄连末涂之，良。　脾积食泄：川黄连二两为末，大蒜捣和丸梧子大。每服五十丸，白汤下。　水泄脾泄：宣连一两，生姜四两，文火炒至姜脆，各自拣出，为末。水泄，用姜末；脾泻，用连末。每服二钱，空心白汤下，甚者不过二服。亦治痢疾。　眼目诸病：胜金黄连丸，用宣连不限多少，槌碎，以新汲水一大碗浸六十日，绵滤取汁，入原碗内，重汤上熬，不住搅之。候干，即穿地坑深一尺，以瓦铺底，将熟艾四两坐瓦上，燃火，以药碗覆上，四畔土封，开孔出烟，尽，取出刮下，丸小豆大。每甜竹叶汤下十丸。　男女肝经不足，风热上攻，头目昏暗羞明，及障翳青盲：黄连末一两，羊子肝一具，去膜，捣烂和丸梧子大。每食后暖浆水吞十四丸，连作五剂，瘥。昔崔承元活一死囚，囚后病死。一旦崔病内障逾年，半夜独坐，闻阶除窸窣之声，问之，答曰："是昔蒙活之囚，今故报恩。"遂告以此方而没。崔服之，不数月，眼复明。因传于世。　暴赤眼痛：宣黄连锉，以鸡子清浸，置地下一夜。次早滤过，鸡羽蘸滴目内。又方：苦竹两头留节，一头开小孔，入黄连片在内，油纸封，浸井中一夜。次早服竹节内水，加片脑少许，外洗之。一方：黄连、冬青叶煎汤洗。一方：黄连、干姜、杏仁等分，为末，绵包浸汤，闭目，乘热淋洗。　小儿赤眼：水调黄连末，贴足心，甚妙。　烂弦风眼：黄连十文，槐花、轻粉少许，为末。男儿乳汁和之，饭上蒸过，帛裹，熨眼上，三四次即效，屡试有验。　目卒痒痛：乳汁浸黄连，频点眦上。《抱朴子》云：治目中百病。　泪出不止：黄连浸浓汁，渍拭之。　牙痛恶热：黄连末掺之，立止。　口舌生疮：黄连煎酒，时含呷之。　赴筵散：用黄连、干姜等分，为末，掺之。　小儿口疳：黄连、芦荟等分，为末。每蜜汤服五分。走马疳，入蟾灰等分，青黛减半，麝少许。　小儿鼻䘌，鼻下两道赤色，有疮：以米泔洗净，用黄连末傅之，日三四次。　小儿月蚀，生于耳后：黄连末傅之。　小儿食土：取好黄土，煎黄连汁搜之，晒干与食。　预解胎毒：小儿初生，以黄连煎汤浴之，不生疮及胎毒。又方：未出声时，以黄连煎汁灌一匙，令终身不出痘。已出声者，灌之，痘虽发亦轻。此祖方也。　腹中鬼哭：黄连煎浓汁，母常呷之。　因惊胎动，出血：取黄连末，酒服方寸匕，日三。　妊娠子烦，口干不得卧：黄连末，每服一钱，粥饮下。或酒蒸黄连丸，亦妙。　痈疽肿毒，已溃、未溃皆可：用黄连、槟榔等分，为末，以鸡子清调搭之。　中巴豆毒，下利不止：黄连、干姜等分，为末，水服方寸匕。　伤寒劳复，身热，大小便赤如血：胡黄连一两，山栀子二两去壳，蜜半两拌和，炒令微焦，为末，用猪胆汁和丸梧子大。每服十丸，用生姜二片、乌梅一个、童子小便三合，浸半日，去滓，食后暖小便令温吞之，卧时再服，甚效。　小儿潮热，往来盗汗：胡黄连、柴胡等分，为末，炼蜜丸芡子大。每服一丸至五丸，安器中，以酒少许化开，更入水五分，重汤煮二三十沸，和滓服。　小儿疳热、肚胀、潮热、发焦：不可用大黄、黄芩伤胃之药，恐生别证。以胡黄连五钱、五灵脂一两，为末，雄猪胆汁丸菉豆大。米饮服一二十丸。　肥热疳疾：胡黄连、黄连各半两，朱砂二钱半，为末，入猪胆内扎定，以杖子钓悬于砂锅内，浆水煮一炊久，取出研烂，入芦荟、麝香各一分，饭和丸麻子大。每服五七丸至一二十丸，米饮下。　五心烦热：胡黄连末，米饮服一钱。　小儿疳泻，冷热不调：胡黄连半两，绵姜一两炮，为末。每服半钱，甘草节汤下。　滞下纯血，腹痛：黄连同槐花、枳壳、乳香、没药等分，煮服，神效。　口糜口疮：黄连同五味子、甘草等分，煮浓汁漱口，甚良。　小儿黄疸：胡黄连、川黄连各一（雨）〔两〕，为末。用黄瓜一个去瓤留盖，入药在内，合定，面裹煨熟。去面捣丸菉豆大，每量大小，温水下。　吐血衄血：胡黄连、生地黄等分，为末，猪胆汁丸梧子大。卧时茅花汤下五十丸。　血痢不止：胡黄连、乌梅肉、灶下土等分，为末。腊茶清下。　热痢腹痛：胡黄连末，饭丸梧子大，每米汤下三十丸。　婴儿赤目：茶调胡黄连末涂手足心，即愈。　痈疽疮肿，已溃未溃皆可用之：胡黄连、（川）〔穿〕山甲烧存性等分，为末。以茶或鸡子清涂之。　痔疮疼肿，不可忍者：胡黄连末，鹅胆汁调搽之。

典故。荆端王素多火病，医令服金花丸，乃芩、连、栀、柏四味。服至数年，其火愈炽，遂至内障丧明。《本草纲目》。　弘治乙卯，长沙大旱，黄连上生王瓜。徐祯卿《异林》。

丽藻。赞：黄连味苦，左右相因。断凉涤暑，阐命轻身。缙云昔御，飞踔上旻。不行而至，吾闻其人。刘宋·王徽。　颂：黄连上草，丹砂之次。御鲜辟妖，长灵久视。骖龙行天，驯马匝地。鸿飞以仪，顺道则利。梁·江淹。

黄檗①，一名檗木，一名黄柏。出邵陵者轻薄色深为胜，出东山者厚而色浅，树高数丈，叶似吴茱萸，亦如紫椿，经冬不凋。皮外白里深黄，厚二三分。二月、五月采皮阴干。性苦，寒，无毒。泄伏火，补肾水，坚肾壮骨，治冲脉气逆，不渴而小便不通，消五脏肠胃中结热，黄疸，女子漏下赤白，阴伤蚀疮，男子阴痿及傅茎上疮，除骨蒸，泻膀胱相火。得知母滋阴降火，得苍术除湿清热，为治痿要药。得细辛泻膀胱火，治口舌生疮。元医陈元素曰：黄檗之用有六：泻膀胱龙火，一也；利小便结，二也；除下焦湿肿，三也；痢疾先见血，四也；脐中痛，五也；补肾，壮骨髓，六也。凡膀胱肾水不足，诸痿厥，腰无力，黄芪汤中加用，使两足膝中气力涌出，痿厥即去，乃瘫痪必用之药。李时珍曰：知母佐黄柏，滋阴降火，有金水相生之义。黄柏无知母，犹水母之无虾，盖黄柏能制膀胱、命门阴中之火，知母能清肺金、滋肾水之化源。气为阳，血为阴，邪火煎熬，则肾水渐涸，故阴虚火动之病须之，非阴中之火不可用，又必少壮气盛能食者用之相宜。若中气不足，邪火炽甚者，久服有寒中之变。近时虚损及纵欲求嗣之人用补阴药，以二味为君，久服降令大过，脾胃受伤，真阳暗损，盖不

---

① 檗，底本中黄檗之"檗"概写作"蘗"，误。以下径改作"檗"。

知此物苦寒滑渗，有反从火化之害也。

制用。削去粗皮，用生蜜水浸半日，晒干。每五两用蜜三两涂之，文武火炙，令蜜尽为度。黄檗性寒而沉，生用降实火，熟用不伤胃，酒制治上，盐制治下，蜜制治中。

典故。王善夫病小便不通，腹坚如石，双睛凸出，饮食不下，腿裂出水，痛苦不可名状，治中满、利小便、渗泄之药遍服，无验。李杲诊之曰：此奉养太过，积热伤肾水，致膀胱干涸，火又运上为呕哕。洁古老人谓热在下焦，治下焦，其病必愈。遂乃用知母、黄檗各一两，酒洗焙碾，入桂一钱为引，熟水丸如芡子大。每服二百丸，沸汤下。少时前阴如刀刺火烧之状，溺如瀑泉涌出，顾盼之间，肿胀消散。《内经》云：热者寒之。肾恶燥，急辛以润之。以黄檗苦寒泻热、补水润燥为君，知母苦寒泻肾火为佐，肉桂辛热为使，寒因热引也。

疗治。阴火为病大补丸：用黄檗去皮，盐酒炒褐色，为末，水丸梧子大。血虚，四物汤下；气虚，四君子汤下。 男妇诸虚百损，小便淋漓，遗精白浊等症：黄檗去皮切二斤，熟糯米一升，童便九浸九晒，蒸过晒，研为末，酒煮面糊丸桐子大。每服百丸，温酒下。 上盛下虚，水火偏盛，消中等证：黄檗一斤，分四分，用醇酒、蜜汤、盐水、童便浸洗，晒炒为末，知母一斤去毛，捣熬膏和丸桐子大。每服七十丸，白汤下。 脏毒痔漏，下血不止：川黄檗皮刮净一斤，分四分：三分用酒醋、童尿各浸七日，洗晒焙，一分生炒黑色，为末，炼蜜丸梧子大。空心温酒下五十丸，久服除根。 治诸虚赤白浊：川檗皮刮净一斤，分四分，酒、蜜、人乳、糯米泔浸透，炙干切研，粟米饭丸，如上法服。 檗皮丸：黄檗一斤，分作四分：三分用醇酒、盐汤、童尿各浸二日，焙研；一分用酥炙，研末。以猪脏一条去膜，入药在内扎，煮熟捣丸，如上法服。 下血数升：黄檗一两去皮，鸡子白涂炙，为末，水丸绿豆大。每服七丸，温水下。 小儿下血或血痢：黄檗半两，赤芍药四钱，为末，饭丸麻子大。每服一二十丸，食前米饮下。 妊娠白痢，昼夜三五十行：檗根黄厚者，蜜炙令焦，为末，大蒜煨熟，去皮捣烂，和丸梧子大。空心米饮下三五十丸，日三，神妙。 小儿热泻：黄檗削皮焙，为末，米汤丸粟米大。每服一二十丸，米汤下。 赤白浊淫及梦泄精滑：黄檗炒、真蛤粉各一斤，为末。每服百丸，空心温酒下。黄檗苦而降火，蛤粉咸而补肾也。又方：加知母炒、牡蛎粉煅、山药炒等分，为末，糊丸梧子大。每服八十丸，盐汤下。 积热梦遗，心神恍惚，隔中有热：宜清心丸。黄檗末一两，片脑一钱，炼蜜丸梧子大。每服十五丸，麦冬汤下。 消渴尿多：黄檗切片，水一升，煮三五沸，渴即饮之，恣饮数日，即止。 呕血热极：黄檗蜜涂炙干，为末。麦门冬汤调服二钱，立瘥。 时行赤目：黄檗去粗皮，为末，湿纸包裹，黄泥固，煨干。每用一弹子大，纱帕包之，浸水一盏，饭上蒸熟，乘热薰洗，极效。一丸可用三二次。 婴儿赤目，在蓐内者：人乳浸黄檗汁点之。 眼目昏暗：每旦含黄檗一片，吐津洗之，终身行之，永无目疾。 卒喉痹痛：黄檗片含之。又以一斤，酒一斗，煮二沸，恣饮便愈。 咽喉卒肿，食饮不通：苦酒和黄檗末傅之，冷即易。 小儿重舌：黄檗浸苦竹沥点之。 口舌生疮：黄檗含之，良。深师用蜜渍取汁，含之吐涎。 心脾有热，舌颊生疮：蜜炙黄檗、青黛各一分，为末，入生龙脑一字掺之，吐涎。 赴筵散：用黄檗、细辛等分，为末掺。或用黄檗、干姜等分，亦良。又黄柏蜜炒，研末傅之，如神。 口疳臭烂绿云散：用黄檗五钱、铜绿二钱，为末掺之，漱去涎。　鼻痔有虫：黄檗二两，冷水浸一宿，绞汁温服。　鼻中生疮：黄檗、槟榔末，猪脂和敷。　唇疮痛痒：黄檗末，以蔷薇根汁调涂，立效。　卷毛毒疮生头中，初生如蒲桃，痛甚：黄檗一两，乳香二钱半，为末，槐花煎水调作饼，贴于疮口。　小儿囟肿，生下即肿者：黄檗末，水调，贴足心。　伤寒遗毒，手足肿痛欲断：黄檗五斤，水三升，煮渍之。　痈疽乳发，初起者：黄檗末，和鸡子白涂之，干即易。　痈疽肿毒：黄檗皮炒、川乌头炮等分，为末，唾调涂之。留头，以米泔水润湿。　小儿脐疮不合：黄檗末涂之。　小儿脓疮遍身不干：黄柏末，入枯矾少许掺之，即愈。　男子阴疮有二种，一种阴蚀作白脓出，一只生热疮：用黄檗、黄芩等分，煎汤洗。仍以黄檗、黄柏作末傅之。又法：黄檗煎汤洗之，涂以白蜜。　臁疮热疮：黄檗末一两，轻粉三钱，猪胆汁调搭之。或只用蜜炙黄檗一味。　火毒生疮：凡人冬月向火，火气入内，两股生疮，其汁淋漓，用黄檗末掺之，立愈。一妇病此，人无识者，用此而[1]愈。　冻疮裂痛：乳汁调黄檗末涂之。　食自死肉毒：黄檗末，水服方寸匕。　敛疮：生黄檗末，面糊调涂，效。

黄芩，一名经芩，经芩即片芩，乃旧根，多中空，外黄内黑。一名空肠，一名腐肠，一名内虚，一名黄文，一名印头，一名妒妇，一名苦督邮。内实者名子芩，子芩乃新根，多内实。或云西芩多中空，北芩多内实。一名豚尾芩，一名条芩，一名鼠尾芩。川蜀、河东、陕西近郡皆有之。苗长尺余，茎粗如箸，叶从地四面作丛生。亦有独茎者，叶细长，青色，两两相对。六月开紫花，根如知母，长四五寸。二、八月采根曝干。气凉，味微苦而甘。气厚味薄，得酒上行，得猪胆汁除肝胆火，得柴胡退寒热，得厚朴、黄连止腹痛，得芍药治下痢，得桑白皮泻肺火，得五味、牡蛎令人有子，得白术安胎，得黄芪、白敛、赤小豆疗鼠瘘。总之能治上焦，皮肤风热湿热，头痛，奔豚热痛，火咳，肺痿喉腥，利胸中气，消痰膈，诸失血，疔肿，排脓，乳痈发背，妇人产后养阴退阳，女子血闭，淋露下血，小儿腹痛。李时珍曰：黄芩气寒味苦，色黄带绿，苦入心寒胜热，泻心火，治脾之湿热，一则金不受刑，一则胃火不流入肺，即所以救肺也。肺虚不宜者，苦寒伤脾胃，损其母也。胸胁痞满，实兼心肺上焦之邪；心烦喜呕，默默不欲饮食，又兼脾胃中焦之症。宜用黄芩以治手足少阳相火，黄芩亦少阳本经药也。

疗治。三黄丸：孙思邈《千金方》云：巴郡太守奏加减三黄丸疗男子五劳七伤，消渴，不生肌肉，妇人带下，手足寒热，泻五脏火。春三月黄芩四两，大黄三两，黄连四两；夏三月黄芩六两，大黄一两，黄连七两；秋三月黄芩六两，大黄三两，黄连三两；冬三月黄芩三两，大黄五两，黄连二两。三物随时合捣下筛，蜜丸乌豆大，米饮。每服五丸，日三。不知，增至七丸，服一月，病愈。久服，走及奔马，人用有验。禁食猪肉。　三补丸，治上焦积热，泻五脏火：黄芩、黄连、黄檗等分，为末，蒸饼丸梧子大。每白汤下二三十丸。　肺中有火：清金丸，用片芩炒，为末，水丸梧子大。每服二三十丸，白汤下。　小儿惊啼：黄芩、人参等分，为末。每服一字，水饮下。　肝热生翳，不拘大人小儿：黄芩一两，淡豉三两，为末。每服三钱，熟猪肝裹吃，温汤送

---

① 而，底本为空白，据"四库全书"《本草纲目》卷三五上《木之三·檗木》引张杲《医说》补。

下，日二服。忌酒面。　少阳头痛，不拘偏正：片芩酒浸透，晒干为末。每服一钱，茶酒任下。　眉眶作痛，风热有痰：黄芩酒浸、白芷等分，为末。每服二钱，茶下。　吐血衄血，或发或止，积热所致：黄芩一两，去中心黑朽者，为末。每服三钱，水一盏，煎六分，和滓温服。　吐衄下血：黄芩三两，水三升，煎一升半，每温服一盏。亦治妇人崩漏。　血淋热痛：黄芩一两，水煎热服。　妇人四十九岁巳后，天癸当住，每月却行，或过多不止：条芩心二两，米醋浸七日，炙干又浸，如此七次，为末，醋糊丸梧子大。每服七十丸，空心温酒下，日二。　崩中下血：黄芩为细末。每服一钱，霹雳酒下。秤锤烧红，淬酒中，名霹雳酒。许学士云：崩中，多用止血及补血药。此方乃治阳乘于阴，所谓天暑地热，经水沸溢者也。　安胎清热：条芩、白术等分，炒，为末，米饮和丸梧子大。每服五十丸，白汤下。或加神曲。凡妊娠调理，以四物去地黄，加白术、黄芩，为末，常服甚良。　产后血渴，饮水不止：黄芩、麦门冬等分，水煎，温服无时。　老小火丹：黄芩末，水调涂之。

典故。李时珍曰：予年二十时，因感冒咳嗽既久，且犯戒，遂病骨蒸发热，肤如火燎，每日吐痰碗许，暑月烦渴，寝食几废，六脉浮洪。遍服柴胡、麦门冬、荆沥诸药月余，益剧，皆以为必死矣。先君偶思李杲治肺热如火燎，烦燥引饮而昼盛者，气分热，宜一味黄芩汤，以泻肺经气分之火。遂按方用片芩一两，水二盏，煎一盏，顿服，次日身热尽退，而痰嗽皆愈。药中肯綮，如鼓应桴，医中之妙有如此哉！　一人素多酒欲，病小腹绞痛不可忍，小便如淋，诸药不效。偶用黄芩、木通、甘草三味煎服，遂止。　一人因虚服附子药多，病小便闷，服芩、连药遂愈。　一人灸火至五壮，血出不止如尿，手冷欲绝。酒炒黄芩二钱，为末，酒服止。

金银藤，一名忍冬，一名通灵草，一名鸳鸯草，一名左缠藤，一名蜜桶藤，一名鹭鸶藤，一名老翁须，一名金钗股。处处有之，附树延蔓。茎微紫色，有薄皮膜之。其嫩茎色青有毛，对节生叶。叶如薜荔而青，有涩毛。三四月后开花不绝，花长寸许，一蒂两花，二瓣一大一小，长蕊。初开者蕊瓣俱白，经三二日则变黄，新旧相参，黄白相映，故名金银花，气甚清芬。四月采花、藤、叶，不拘时，俱阴干。气味甘，寒，无毒，功用皆同。治风除胀，解痢逐尸，消肿散毒，疗痈疽疥癣、发背杨梅诸恶疮，皆为要药。张相公云：谁知至贱之中乃有殊常之效。正此类也。

疗治。忍冬酒：治痈疽发背，不问发在何处，皆有奇效。乡落贫乏，药材难得，但处心服之，俟疽破，贴以神异膏，其效甚妙。忍冬藤生叶一把，沙盆研烂，入生饼子，酒少许，稀稠得所，涂于四围，中留一口泄毒气。藤只用五两，木槌槌碎，不可犯铁。大甘草节生用一两同①入沙盆内，水二碗，文武火慢煎至一碗，入无灰好酒一大碗，再煎十数沸，去滓，分为三服，一日一夜吃尽，病势重者一日二剂，服至大小肠通利则药力到。沈内翰云：如无生者，只用干者，然不及生者效速。　忍冬丸：治消渴愈后预防发痈疽，忍冬草根、茎、花、叶皆可，不拘多少，入瓶内，以无灰好酒浸，以糠火煨一宿。取出晒干，入甘草少许，研为细末，以浸药酒打面糊丸梧子大。每服五十

---

① "节生用一两同"六字，底本为墨斑，据"四库全书"《本草纲目》卷一八下《草之七·忍冬》引陈自明《外科精要》补。

九至百丸，汤酒任下。此药不特治痈疽，大能止渴。　　五痔诸瘘：方同上。　　一切肿毒，不问已溃未溃，或初起发热：金银花连茎叶取自然汁半碗，煎八分服，以滓敷上，败毒托里，散气和血，其功独胜。　　疔疮便毒，喉痹乳蛾：方同上。　　敷肿拔毒：金银藤大者烧存性，俗名甜藤。叶焙干为末，各三钱；大黄焙为末，四钱。凡肿毒初发，以水酒调搽四围，留心泄气。　　痈疽发背，肠痈、乳痈、无名肿毒，欣痛实热，状类伤寒：不问老幼虚实，服之未成者、内消已成者，即溃。忍冬叶、黄芪各五两，当归一两，甘草八钱，为细末。每服二钱，酒一盏半，煎一盏，随病上下服，日再服，以滓敷之。　　恶疮不愈：左缠藤一把，捣烂，入雄黄五分，水二升，瓦罐煎，以纸封七重，穿一孔，待气出，以疮对孔薰之，三时久，大出黄水，后用生肌药取效。　　轻粉毒痛：方同上。　　疮久成漏：忍冬草浸酒，日日常饮。　　热毒血痢：忍冬藤浓煎饮。　　五种尸注：飞尸者游走皮肤，洞穿脏腑，每发刺痛，变动不常；遁尸者附骨入肉，攻一血脉，每发不可见死尸，闻哀哭便作；风尸者淫跃四末，不知痛之所在，每发恍惚，得风雪便作；沉尸者缠结脏腑，冲引心胁，每发绞切，遇寒冷便作；尸注者举身沉重，精神错杂，常觉昏废，每节气至 [1] 则大作。并是身中尸鬼引接外邪，宜用生忍冬叶锉数斛，煮取浓汁煎稠。每服鸡子大许，温酒化下，一日二三服。　　鬼击身青作痛：金银花一两，水煎饮之。　　脚气作痛，筋骨引痛：金银花为末。每服二钱，热酒调下。　　中野菌毒：急采鸳鸯草啖之。　　口舌生疮：赤梗蜜桶藤、高脚地铜盘、马蹄香等分，以酒捣汁，鸡毛刷上，取涎出即愈。　　忍冬膏：治诸般肿痛，金刃伤疮、恶疮。金银藤四两，吸铁石三钱，香油一斤，熬枯去滓，入黄丹八两，待熬至滴水不散，如常摊用。

紫草，一名紫丹，一名紫芺，芺，音袄。一名茈萸，茈，音紫。一名藐，藐，音邈。一名地血，一名鸦衔草。生砀山山谷、南阳、新野及楚地。苗似兰香，茎赤节青。二月开花紫白，结实亦白紫。根色紫，可以染紫。味甘、咸，气寒，无毒。入心包络及（汗）〔肝〕经血分，凉血和血，利大小肠，故痘疹欲出未出，血热毒盛，大便闭涩者宜用，得木香、白术佐之尤妙。已出而紫黑闭者亦可用。若出而红活者，及白陷大便利者，切忌。盖脾气实者可用，脾气虚者反能作泻。古方惟用茸，取其初得阳气以类触类，所以用发痘疮。今人不达此理，一概用之则非矣。一切恶疮、癌癣、肿毒亦可用。

种植。宜用黄白软良之地，青沙地亦善。开荒黍穄下大佳，性不耐水，必须高田，秋耕深细耢平，不深不细，易生草秽。至春又转耕之。三月种，耧耩地，逐垄手下子。良田一亩，用子二升半，薄田三升。下讫耢之，或以轻砘碾过，用锄恐伤根，不茂。此草娇嫩也。地洁净为佳。垄底草，手拔之。　　刈获。九月中子熟，刈之。候燥，聚打取子，湿打则子泿郁不速，恐遇雨损草。收草宜速竟为良。一把随以茅束之，檗葛尤善。四把为一束，当日斩齐，一颠一倒，十层许为长行，置坚平地上，板石压之令褊，不压难售，太干则碎，带湿为良。两三宿。竖头置日中曝之，不晒郁黑，太燥碎折。令泿泿然。五十头作一洪，洪，十字。大头向外，以葛缠缚之。著屋下阴凉处棚栈上，棚下勿有驴马粪及人溺，又忌烟，皆令草失色。其利胜蓝。若欲久停者，入五月内著屋中，闭门塞向，密泥，勿气风入漏气。过

立秋，然后开出，草色不黑。若经夏在棚栈上，草便变黑，不复任用矣。

制用。秋深子熟，傍去其土，连根取，就地铺齐。少干，轻振其土，以茅策^①束，切去虚梢，以之染紫，其色殊美。

疗治。解痘毒：紫草一钱，陈皮五分，葱白三寸，新汲水煎服。一法：热至三四日，痘疹隐隐将出未出，色赤便闭者，紫草二两锉，百沸汤一盏泡，封严勿泄气，待温时服半合，则疮虽出亦轻。大便利者勿用。煎服亦可。　痘毒黑疔：紫草二钱，雄黄一钱，为末。胭脂汁调，银簪挑破，点之极妙。　痈疽便闭：紫草、瓜蒌实等分，新水煎服。　白秃：紫草煎汁涂之。　小便卒淋及产后淋沥：紫草一两，为散。每食前井华水服二钱。　恶虫咬：紫草煎油涂之。　火黄身热：宜烙足手心、背心、百会、下廉。内服紫草汤，紫草、吴蓝、黄连各一两，木香三钱，水煎服。午后却凉，身有红点或黑点者，不可治。

三七，一名山漆，一名金不换。生广西南丹诸州、番峒深山中。采根曝干，黄黑色，长者如老姜、地黄，有节。味甘、微苦，似人参。止血、散血，亦主吐血、衄血、下血、血痢、崩中不止、产后恶血不下、血晕、血痛、赤目、痈肿、虎咬蛇伤，治金疮箭伤，跌扑杖疮，血出不止，嚼烂涂，或为末掺之，血立止，青肿者即消。若受杖时，先服一二钱，则血不冲心。杖后尤宜服。产后服亦良。乃阳明、厥阴血分之药，治一切血病。忌铁器。与骐驎竭、紫𥢶同。以能合金疮，如漆粘物，故名山漆。以贵重，故名金不换。试法，以末掺猪血中，血化为水者真。叶功效同。

附录。近传一种草，云是三七，春生苗，夏高三四尺，叶似菊艾而劲厚，有歧尖，茎有赤棱，最易繁衍。夏秋间开黄花，蕊如金丝，盘纽可爱而不香。花干成絮，如苦苣絮。根、叶味甘，治金疮折伤出血及上下血病，甚效。根大如牛蒡根，与南中来者不类，恐是刘寄奴之属。

疗治。吐血衄血：山漆一钱，细嚼，米汤送下。或以五分入八核汤。　赤痢血痢：三七三钱，研末，米泔水调服，即愈。大肠下血：三七研末，同淡白酒调一二钱服，三服可愈。加五分，入四物汤亦可。　妇人血崩：方同上。　产后血多：山漆研末，米汤服一钱。　男妇赤眼，十分重者：以山漆根磨汁涂四围，甚效。　无名痈疽，疼痛不止：山漆磨米醋调涂，即散。已破者，研末干涂。　虎咬蛇伤：山漆研末，米饮服三钱，仍嚼涂之。

紫菀，一名青菀，一名紫蒨，一名𦵔菀，一名还魂草，一名夜牵牛。处处有之，以牢山所出，根如北细辛者为良。三月内布地生苗，五六月开花，色黄、白、紫数种。结黑子，本有白毛，根甚柔细，色紫而柔宛，故名。二月采根阴干。凡使，去头须及（上）〔土〕，东流水洗净。每一两用蜜二分，浸一宿，火上焙干。今人多以车前、旋复根紫土染过伪为之。紫菀，肺病要药。肺本自亡津液，又服走津液药，为害滋甚，不可不慎。又有类紫菀而有白如练色者，名（白）〔曰〕羊须草，亦宜辨。

制用。连根叶采之，醋浸，入少盐收藏，作菜辛香，号名仙菜。盐不宜多，易

---

① 策，疑应作"𦸸"。《说文解字》：𦸸，小束也。从束开声，读若宙。《氾胜之书》：艺麻法，𦸸欲小，缚欲薄。

腐。　宋兴国时，有任氏色美，嫁进士王公辅，不遂意，郁久，面渐黑。母家求医。一道人用女真散酒下二钱，日二服，一月如故。求其方，用女菀、黄丹二物等分。按：女菀即白菀，一名茆，茆，音柳。一名女复，一名织女菀，即紫菀之色白者也。紫菀入血分，白菀入气分。肺气热则面紫黑，清则面白，三十以后肺气渐减，不可服。

疗治。肺伤咳嗽：紫菀五钱，水一盏，煎七分，温服，日三。　久嗽不瘥：紫菀、款冬花各一两，百部半两，捣罗为末。每服三钱，姜三片，乌梅一个，煎汤调下，日二，甚佳。　小儿咳嗽，声不出者：紫菀末、杏仁等分，入蜜同研丸芡子大。每服一丸，五味子汤化下。　吐血咳嗽，吐血后嗽者：紫菀、五味炒，为末，蜜丸芡子大。每含化一丸。　缠喉风痹，不通欲死者：紫菀根一茎洗净，纳入喉中，待取恶涎出即瘥，神效。更以马牙硝津咽之，即绝根。　妇人小便卒不得出者：紫菀为末，井华水服三撮即通，小便血者服五撮立止。

决明，有二种。马蹄决明高三四尺，叶大于苜蓿而本小末奓，昼开夜合，两两相帖。秋开淡黄花，五出。结角如初生细豇豆，长五六寸，子数十粒，参差相连，状如马蹄，青绿色，入眼药最良。一种茳芒决明，即山扁豆，苗茎似马蹄决明，但叶本小末尖，似槐叶，夜不合。秋开深黄花，五出。结角如小指长，二寸许。子成数列，如黄葵子而扁，色褐，味甘滑。二种苗叶皆可作酒曲，俗呼为独占缸。茳芒决明嫩苗及花、角、子皆可瀹为茹，忌入茶。马蹄决明苗、角皆韧苦，不可食。以能明目得名。其子咸，平，无毒。治目中诸病，助肝益精，作枕治头风、明目，胜黑豆。有决明处，蛇不敢入。外有草决明、石决明，皆能明目。草决明即青葙子。又有茳芒，另是一种，生道傍，叶小于决明，炙作饮甚香，除痰止渴，令人不睡。隋楒禅师采作五色饮，进炀帝者也。

疗治。决明为末，水调贴大肠穴治头痛，贴心胸止鼻衄，又消肿毒。　积年失明：决明子二升，为末。食后粥饮，服方寸匕。　青盲雀目：决明一升，地肤子五两，为末，米饮丸梧子大。米饮下二三十丸。　补肝明目：决明一升，蔓菁子二升，酒五升，煮，曝干，为末。每服二钱，温水下，日二。　头风热痛及目赤肿痛：决明子炒研，茶调傅两太阳穴，干则易之，一夜即愈。　癣疮延蔓：决明子一两，为末，入水银轻粉少许，研不见星，擦破上药，立瘥。此东坡家藏方也。　发背初起：草决明生用一升捣，生甘草一两，水三升，煮一升，分二服。大抵血滞则生疮。肝主藏血，决明和肝气，不损元气也。　肝热风眼赤泪：每旦取一匙接净，空心吞下，百日后夜见物光。

半夏，一名水玉，一名地文，一名守田，一名和姑。在处有之，齐州者为良。二月生苗一茎，茎端三叶，浅绿色，似竹叶，三三相偶。白花圆上。生平泽者名羊眼半夏，圆白为胜。五月采则虚小，八月采乃实大。陈久更佳。气味辛，平，有毒。生微寒，令人吐；熟温，令人下射。干柴胡为之使。忌羊血、海藻、饴糖，恶皂角，畏雄黄、秦皮、龟甲，反乌头。消痰热满结，咳嗽上气，心下急痛，时气呕逆，除腹胀，目不得瞑，白浊，梦遗，带下。

修治。洗去皮垢，以汤泡浸七日，逐日换汤，眼干切片，姜汁拌焙，入药。或研为末，以姜汁入汤浸，澄三日，沥去涎水，晒干用，谓之半夏粉。或研末，以姜汁和作饼子，日干用，谓之半夏饼。或研末，以姜汁、白矾汤和作饼，楮叶包，置篮中，待生黄衣，日干用，谓之半夏曲。白飞霞《医通》云：痰分之病，半夏为主，造而为曲尤佳。治湿痰，以姜汁、白矾汤和之；治风痰，以姜汁及皂荚煮汁和之；治火痰，以姜汁、竹沥或荆沥和之；治寒痰，以姜汁、矾汤，入白芥子末和之。此皆造曲妙法也。

辨讹。江南半夏大乃径寸，叶似芍药，根下相重，上大下小，皮黄肉白，南人特重之，用之始知其异。此乃由跋，类半夏而苗不同，误以为半夏也。　白傍、蘾子绝似半夏，但咀之微酸，不堪入药。

疗治。治不眠：千里流水八升，扬万遍，取清五升，炊以苇薪，大沸，入秫米一升，半夏五合，煮一升半，饮汁一杯，日三，以知为度。病新者，覆杯则卧，汗出则已。久者，三饮而已。　法制半夏，清痰化饮，壮脾顺气：用大半夏汤洗七次，焙干再洗，如此七转，以浓米泔浸一日夜。每一两用白矾一两半，温水化，浸五日，焙干。以铅白霜一钱，温水化，又浸七日，以浆水慢火内煮沸，焙干收之。每嚼一二粒，姜汤下。　红半夏法，消风热，清痰涎，降气利咽：大半夏汤浸焙，制如上法。每一两入龙脑五分，朱砂为衣染之。先铺灯草一重，约一指厚，排半夏于上，再以灯草盖一指厚，以炒豆焙之，候干取出。每嚼一两粒，温水下。　化痰镇心，祛风利膈：半夏一斤，汤泡七次，为末，筛过一两，入辰砂一钱，姜汁打糊丸梧子大。每姜汤下七十丸。　消痰开胃，去胸膈壅滞：半夏洗泡，焙干为末，自然姜汁和作饼，湿纸裹煨香，以熟水二盏同饼二钱，入盐五分，煎一盏服之，大压痰毒及酒食伤，极验。又方：用半夏、天南星各二两，为末，水五升，入坛内浸一宿。去清水，焙干重研。每服二钱，水二盏，姜三片，煎服。　中焦痰涎，利咽清头目，进饮食：半夏泡七次四两，枯矾一两，为末，姜汁打糊，或煮枣肉，和丸梧子大。每姜汤下十五丸。寒痰加丁香五钱，热痰加寒水石煅四两。　老人风痰，大腑热不识人，肺热痰实不利：半夏泡七次焙，硝石半两，为末，入白面捣匀，水和丸菉豆大。每姜汤下五十丸。　膈壅风痰：半夏半斤，酸浆浸一宿，温汤洗五十遍，去恶气，日干为末，浆水搜作饼，日干再研为末。每五两，入生龙脑一钱，以浆水浓脚和丸鸡头子大，纱袋盛，避风处阴干。每服一丸，好茶或薄荷汤嚼下。　搜风化痰，定志安神，利头目：半夏曲三两，天南星炮一两，辰砂、枯矾各半两，为末，姜汁打糊丸梧子大。每服三十丸，食后姜汤下。　痰厥中风：半夏汤泡三钱，甘草炙一钱，防风一钱五分，姜二十片，水二盏，煎服。　风痰头晕，呕逆目眩，面青色黄，脉弦者：生半夏、生天南星、寒水石煅各一两，天麻半两，雄黄二钱，小麦面三两，为末，水和成饼，水煮浮起，漉出捣丸梧子大。每服五十丸，姜汤下，极效。亦治风痰咳嗽、二便不通、风痰头痛。　风痰湿痰：半夏一斤，天南星半两，各汤泡，晒干为末，姜汁和作饼，焙干，入神曲半两，白术末四两，枳实末二两，姜汁面糊丸桐子大。每服五十丸，姜汤下。　风痰喘逆，兀兀欲吐，眩晕欲倒：半夏一两，雄黄三钱，为末，姜汁浸，蒸饼丸梧子大。每服三十丸，姜汤下。已吐者加槟榔。　风痰喘急：半夏汤洗七个，甘草炙、皂荚炒各一寸，姜二片，水一盏，煎七分温[1]服。　上焦热痰咳嗽：制过半夏一两，片黄芩末一钱，姜汁打糊丸绿豆大。

---

[1] 温，底本为空白，据"四库全书"《本草纲目》卷一七下《草之六·半夏》引《和剂局方》补。

每服七十九，淡姜汤食后服。　　肺热痰嗽：制半夏、栝楼仁各一两，为末，姜汁打糊丸梧子大。每服二三十九，白汤下。或以栝楼瓤煮熟丸。　　热痰咳嗽，烦热面赤，口燥心痛，脉洪数：半夏、天南星各一两，黄芩一两半，为末，姜汁浸，蒸饼丸梧子大。每服五七十九，食后姜汤下。　　小儿痰热，咳嗽惊悸：半夏、南星等分，为末，牛胆汁和，入胆内悬风处，待干，蒸饼丸菉豆大。每姜汤下三五九。　　湿痰咳嗽，面黄体重，嗜卧惊，兼食不消，脉缓者：半夏、南星各一两，白术一两半，为末，薄糊丸梧子大。每服五七十九，姜汤下。　　气痰咳嗽，面白气促，洒渐恶寒，愁忧不乐，脉涩者：半夏、南星各一两，官桂半两，为末，糊丸梧子大。每服五十九，姜汤下。　　小结胸痛，正在心下，按之则痛，脉浮者：半夏半升，黄连一两，栝楼实大者一个，水六升。先煮栝楼至三升，去滓，内二味，煮取二升，分三服。　　湿痰心痛，喘急者：半夏油炒，为末，粥糊丸绿豆大。每服二十九，姜汤下。　　急伤寒病：半夏四钱，生姜七片，酒一盏，煎服。　　结痰不出，语音不清，年久者：半夏半两，桂心一字，草乌头半字，为末，姜汁浸，蒸饼丸芡子大。每服一九，夜卧含咽。　　停痰冷饮呕逆：半夏水煮熟，陈橘皮，各一两。每服四钱，生姜七片，水二盏，煎一盏，温服。　　停痰留饮，胸膈满闷，气短恶心，饮食不下，或吐痰水：半夏泡五两，茯苓三两。每服四钱，姜七片，水一钟半，煎七分，甚捷径。　　支饮作呕：呕家本渴不渴者，心下有支饮也。或似喘不喘、似呕不呕、似哕不哕，心下愦愦。半夏泡七次半升，生姜半升，水七升，煮一升五合，分服。　　哕逆欲死及痘疮哕气：方俱同上。　　呕哕眩愦，谷不得下：半夏一升，生姜半升，茯苓三两切，水七升，煎一升半，温服。　　心下悸忪：半夏、麻黄等分，为末，蜜丸小豆大。每服三十九，日三。　　伤寒干哕：半夏熟洗研末，生姜汤服一钱匕。　　呕逆厥逆，内有寒痰：半夏一升洗滑焙研，小麦面一升，水和作弹丸，水煮熟。初吞四五枚，日三服。稍增至十五枚，旋煮旋吞。觉病减，再作。忌羊肉、饧糖。　　呕吐反胃：半夏三升，人参三两，白蜜一升，水一斗二升，和扬之一百二十遍，煮取三升半，温服一升，日再服。亦治膈间支饮。　　胃寒哕逆，停痰留饮：半夏汤泡炒黄二两，藿香叶一两，丁皮半两。每服四钱，水一盏，姜七片，煎服。　　小儿吐泻，脾胃虚寒：齐州半夏泡七次，陈粟米各一钱半，姜十片，水盏半，煎八分，温服。　　小儿痰吐，或风壅所致，或咳嗽发热，饮食即呕：半夏泡七次半两，丁香一钱，以半夏末，水和包丁香，用面重包，煨熟去面，为末，生姜自然汁和丸麻子大。每服二三十九，陈皮汤下。　　妊娠呕吐：半夏二两，人参、干姜各一两，为末，姜汁面糊丸梧子大。每饮服十九，日三服。　　霍乱腹胀：半夏、桂等分，为末。水服方寸匕。　　小儿腹胀：半夏末少许，酒和丸粟米大。每服二九，姜汤下。不瘥加之。或以火炮研末，姜汁调贴脐，亦佳。　　黄疸喘满，小便自利，不可除热：半夏、生姜各半斤，水七升，煮一升五合，分两服。有人气结而死，心下暖，以此少许入口，遂活。　　伏暑引饮，脾胃不利：半夏醋煮一斤，茯苓半斤，生甘草半斤，为末，姜汁面糊丸梧子大。每服五十九，热汤下。　　老人虚秘冷秘，及痃癖冷气：半夏炮炒、生硫黄等分，为末，自然姜汁煮糊丸梧子大。每空心温酒下五十九。　　失血喘急，吐血下血，崩中带下，喘急痰呕，中满宿瘀：半夏槌扁，姜汁和面包煨黄，研（东）〔末〕，米糊丸梧子大。每服三十九，白汤下。　　白浊梦遗：半夏二两，洗十次，切破，以木香、猪苓二两同炒黄，出火毒，去猪苓，入煅过牡蛎一两，以山药糊丸梧子大。每服三十九，茯苓汤送下。肾气闭而一身精气无所管摄，妄行而遗者，宜用此方。盖半夏有利性，猪苓导水，使肾气通也，与下元虚惫者不同。　八般头风：半夏末，入百草霜少许，作纸撚，烧烟就鼻内嗅之，口中含水，有涎吐去，再含见效。　少阴咽痛生疮，不能言语，声不出：半夏七枚打碎，鸡子一枚，头开一窍，去黄，纳苦酒令小满，入半夏在内，以镮子坐于炭火上，煎三沸，去滓，置杯中，时时咽之，极验。未瘥更作。　喉痹肿塞：生半夏末嗅鼻内，涎出，效。　骨哽在咽：半夏、白芷等分，为末。水服方寸匕，当呕出。忌羊肉。　重舌木舌，胀大塞口：半夏煎醋，含漱之。又方：半夏二十枚，水煮过，再泡片时，乘热以酒一升浸之，蜜封良久，热漱冷吐之。　小儿囟①陷，乃冷也：水调半夏末涂足心。　面上黑气：半夏焙研，米醋调敷，不可见风，不计遍数，从早至晚，如此三日，皂角汤洗下，面莹如玉。　癞风眉落：生半夏、羊屎烧焦等分，为末。自然姜汁日调涂。　盘肠生产子，肠不收者：半夏末频嗅鼻中，则上。　产后晕绝：半夏末，冷水和丸大豆大，纳入鼻中，即愈。　小儿惊风：生半夏一钱，皂角半钱，为末。吹少许入鼻，即苏。　卒死不寤：半夏末吹鼻中，即活。　五绝急病，一曰自缢，二曰墙压，三曰溺水，四曰鬼魅，五曰产乳：并以半夏末，纳豆大一丸入鼻中，心温者一日可活。　痈疽发背及乳疮：半夏末，鸡子白调涂之。　吹乳肿痛：半夏一个，煨研酒服，立愈。一方：以末随左右嗅鼻，效。　打扑瘀痕：水调半夏末涂之，一宿即没。　远行足趼：方同上。　金刃不出，入骨脉中者：半夏、白蔹等分，为末。酒服方寸匕，日三服，二十日自出。　飞虫入耳：生半夏末，麻油调涂耳门外。　蝎虿螫人：半夏末，水调涂之，立止。　蝎瘘五孔相通者：半夏末，水调涂之，日二。　咽喉骨鲠：半夏、白芷等分，为末。水服方寸匕，当呕出。忌羊肉。

牵牛，一名草金铃，一名盆甑草，一名狗耳草，一名白丑、黑丑。蔓生。有黑、白二种，处处有之。黑者尤多。二月种子生苗，作藤蔓绕篱墙，高者二三丈。蔓有白毛，断之有白汁。叶青，三尖，如枫叶。花不作瓣，如旋花而大，碧色。其实有蒂裹之，生青枯白，核与棠梂子核相似，但深黑耳。白者蔓微红，无毛，有柔刺，断之有浓汁。叶团，有斜尖，并如山药茎叶。花浅碧带红色。核白色，稍粗。其嫩实蜜煎为果，名天茄。气味苦，寒，有毒。治水气在肺，喘满肿胀，下焦郁遏，腰背胀肿，大肠风秘气秘，卓有殊功，但病在血分，及脾胃虚弱而痞满者，则不可取快一时，及常服致伤元气。

修治。凡采得子，晒干，水淘去浮者，再晒。拌酒蒸，从巳至未，晒干收之。临用，舂去黑皮。今多只碾取头末，去皮麸不用。亦有半生半熟用者。

疗治。搜风通滞：牵牛子，以童尿浸一宿，长流水上洗半日，生绢袋盛，挂风处令干。每日盐汤下三十粒，极能搜风，亦消虚肿，久服令人体清瘦。　三焦壅塞，胸膈不快，头昏目眩，涕唾痰涎，精神不爽，利膈（凡）〔丸〕：用牵牛子四两半生半炒，不蛀皂荚酥炙二两，为末，生姜自然汁煮糊和丸梧子大。每服二十九，荆芥汤下。　一

---

① 囟，底本污损，据"四库全书"《本草纲目》卷一七下《草之六·半夏》补。

切积气，宿食不消：黑牵牛头末四两，萝卜剜空，安末盖定，纸封蒸熟。取出，入白豆蔻末一钱捣，丸梧子大。每服一二十九，白汤下。　男妇五般积气成聚：用黑牵牛一斤，生捣末八两，余滓以新瓦炒香再捣，取四两，炼蜜丸梧子大。至重者三〔十〕① 五丸，陈皮、生姜煎汤，卧时服。半夜未动，再服三十九。当下积聚之物，寻常行气，每服十九，甚效。　胸膈食积：牵牛末一两，巴豆霜三个，研末，水丸梧子大。每服二三十九，食后随所伤汤下。　追虫取积：方同上。酒下，亦消水肿。　肾气作痛：黑、白牵牛等分，炒，为末。每服三钱，用猪腰子切缝，入茴香百粒、川椒五十粒，掺牵牛末入内扎定，纸包煨熟，空心食之。酒下，取出恶物，效。　伤寒结胸，心腹硬痛：用牵牛头末一钱，白糖化汤调下。　大便不通：牵牛子半生半熟，为末。每服二钱，姜汤下。未通，再以茶服。一方加大黄等分，一方加槟榔等分。　大肠风秘结涩：牵牛子微炒捣头末一两，桃仁去皮尖麸炒半两，为末，熟蜜丸梧子大。每汤服三十九。　水盅胀满：白、黑牵牛各取头末二钱，大麦面四两，和作烧饼，卧时烙熟食之，以茶下，降气为验。　诸水饮病：张子和云：病水之人如长川泛溢，非杯杓可取，必以神禹决水之法治之，故名禹功散。用黑牵牛头末四两，茴香一两炒，为末。每服一二钱，以生姜自然汁调下，当转下气也。　阴水阳水：黑牵牛头末三两，大黄末三两，陈米饭锅糕一两，为末，糊丸梧子大。每服五十九，姜汤下。欲利服百丸。　水肿尿涩：牵牛末，每服方寸匕，以小便利为度。　湿气中满，足胫微肿，小利不利，气急咳嗽：黑牵牛末一两，厚朴制半两，为末。每服二钱，姜汤下。或临时水丸，每枣汤下三十九。　水气浮肿，气促，坐卧不得：牵牛子二两，微炒，捣末，以乌牛尿浸一宿，平旦入葱白一握，煎十余沸，空心分二服，水从小便中出。　风毒脚气，捻之没指者：牵牛子捣末，子黑色，正如梂小核。蜜丸小豆大。每服五丸，生姜汤下，取小便利乃止。亦可吞之。　小儿肿病，大小便不利：黑、白牵牛各二两炒，取头末，井华水和丸菉豆大。每服二十九，萝卜子汤下。　小儿腹胀，水气流肿，膀胱实热，小便赤涩：牵牛生研一钱，青皮汤空心下。一加木香，减半九服。　疳气浮肿，常服自消：黑、白牵牛各半生半炒取末，陈皮、青皮等分为末，糊丸菉豆大。三岁儿服二十九，米汤下。　疳气攻肾，耳聋阴肿：牵牛末一钱，猪腰子半个，去膜薄切，掺入内，加少盐，湿纸包煨，空心食。　小儿雀目：牵牛子末，每以一钱，用羊肝一片，同面作角子二个，炙熟食，米饮下。　风热赤眼：白牵牛末，以葱白煮研，丸菉豆大。每服五丸，葱汤下，服讫睡半时。　面上风刺：黑牵牛酒浸三宿，为末。先以姜汁擦面，后用药涂之。　面上粉刺，癗子如米粉：黑牵牛末，对入面脂药中，日日洗之。　面上雀斑：黑牵牛末，鸡子清调，夜傅旦洗。　小儿急惊，肺胀喘满，胸高气急，胁缩鼻张，闷乱咳嗽，烦渴痰潮声哑，俗名马脾风，不急治，死在旦夕：白、黑牵牛半生半炒，大黄煨，槟榔，各取末一钱。每用五分，蜜汤调下。痰盛加轻粉一字，名牛黄夺命散。　小儿夜啼：黑牵牛末一钱，水调傅脐上，即止。　临月滑胎：牵牛子一两，赤土少许，研末。觉胎转痛时，白榆皮煎汤下一钱。　小便血淋：牵牛子二两，半生半炒，为末。每服二钱，姜汤下。良久，（熟）〔热〕茶服之。　肠风泻血：牵牛五两，牙皂三两，水浸三日。去

———————————

① 十，"四库全书"《本草纲目》卷一八上《草之七·牵牛子》有"十"字。

皂，以酒一升煮干，焙，研末，蜜丸梧子大。每服七丸，空心酒下，日三服。下出黄物，不妨。病减后，日服五丸，米饮下。　　痔漏有虫：黑、白牵牛各一两，炒，为末。以猪肉四两切碎炒熟，蘸末食尽，以白米饭三匙压之，取下白虫为效。又方：白牵牛头末四两，没药一钱，为细末。欲服药时，先日勿夜饮，次早空心，将猪肉四两炙切片，蘸末细细嚼食，取下脓血为效。量人加减，忌酒食油腻三日。　　漏疮水溢，乃肾虚也：牵牛末二钱半，入切开猪肾中，借肾入肾，恶水既泄，不复淋漓。竹叶包定煨熟，空心食，温酒下。　　湿热头痛：黑牵牛七粒，砂仁一粒，研末。井华水调汁，仰灌鼻中，待涎出即愈。

　　典故。李时珍云：一宗室夫人，平生苦肠结，旬日一行，甚于生产。服养血润燥药则泥膈，服硝黄通利药若罔知。如此三十余年。时珍脉其人体肥膏粱而中多郁，日吐酸痰碗许乃宽，又多火病。此三焦之气壅滞，有升无降，津液皆化为痰饮，不能下滋脏腑，非血燥比也。润剂留滞，硝（血）〔黄〕[①]徒入血分，不能通气，俱为痰阻，故无效。乃用牵牛末、皂角膏丸与服，即便通利，精爽能食。盖牵牛走气分，通三焦，气顺则痰逐饮消，上下通利矣。　　柳乔素多酒色病，下极胀痛，二便不通，不能坐卧，立哭呻吟者七昼夜，用通利药不效。予思此湿热之邪壅胀精道，在二阴之间，故前阻小便，后阻大便，病不在太阳膀胱也。乃用楝实、茴香、穿山甲诸药，牵牛加倍，水煎。一服而减，三服而平。牵牛能达右肾命门，走精道，惟李明之知之，故其治下焦阳虚天真丹用之，深得补泻兼施之妙。　　治脾湿太过，通身浮肿，喘不得卧，腹胀如鼓，海金沙散亦以牵牛为君。

景天，一名慎火，一名戒火，一名护火草，一名辟火。人多种于石山上。二月生苗，脆茎微带黄赤色，高一二尺，折之有汁。叶淡绿色，光泽柔厚，状似长匙头及胡豆叶而不尖。夏开小白花，结实如连翘而小，中有黑子如粟。其叶味苦，平，无毒。治大热，火疮，诸蛊，寒热，疗金疮，止血，除热狂赤眼，头痛，寒热，游风，女人带下。可煅朱砂。苗、叶、花并可用。叶煮熟，水淘可食。南北皆有，人家多种于中庭，或盆栽置屋上以防火。极易生，折枝置土中，浇灌旬日便活。

　　附录。广州有慎火树，大三四围，即景天也。《（木）〔本〕草》。

　　疗治。惊风烦热：慎火草煎水浴之。　　小儿中风汗出，一日头项腰热，二日手足不屈：用慎火草半两，麻黄、丹参、白术各二钱半，为末。每半钱，浆水调服。三四岁服一钱。　　婴孺风疹，在皮肤不出，及热疮丹毒：慎火苗叶五大两，和盐三大两，同盐绞汁，以热手摩涂，日再。　　热毒丹疮：慎火草捣汁拭之，日夜一二十遍。一方入苦酒，捣泥涂之。　　烟火丹毒，从两股两胁起赤如火：景天草、真珠末一两，捣如泥涂之，干则易。　　漆疮作痒：接慎火草涂之。　　眼生花翳，涩痛难开：景天草捣汁，日点三五次。　　产后阴脱：慎大草一斤，阴干，酒五升，煮一升，分四服。

谷精草，一名文星草，一名戴星草，一名流星草。丛生。处处有之。收谷后生荒田中，谷之余气也。叶似嫩谷秧，抽细茎高四五寸，茎头有小白花，点点如乱星。九

[①] 血，应作"黄"。"四库全书"《本草纲目》卷一八上《草之七·牵牛子》作"黄"。

月采花阴干。辛，温，无毒。治头风痛，目盲翳膜，痘后生翳，目中诸病加而用之良。明目退翳，功在菊花上。喂马令肥，主虫颡毛焦病。又有一种，茎硬长有节，根微赤，出秦陇。

疗治。偏正头痛：谷精草一两，为末，白面糊调，摊纸上，贴痛处，干换。又：谷精草末、铜绿各一钱，硝石半分，随左右嗅鼻。　鼻衄不止：谷精草末二钱，熟面汤服。　目中翳膜：谷精草、防风等分，为末。米饮服，甚效。　痘后目翳，瘾涩多泪：谷精草为末，柿或猪肝片蘸食。一方：加蛤粉等分，入猪肝内煮熟，日食之。　小儿雀盲：羯羊肝一具，不见水，竹刀割开，入谷精草一撮，瓦罐煮熟，日食，屡效。忌铁器。炙熟作丸，每茶下三十九。　小儿中暑，吐泻烦渴：烧存性，器覆候冷，为末。米饮服半钱。

蓖麻，蓖，音毕。亦作蝷，牛虱也。处处有之。夏生苗，茎中空，有节，色或赤或白。叶如瓠叶，凡五尖。夏秋间丫中抽出花穗，累累黄色。每枝结实数十颗，上有软刺如猬毛。一颗三四子，熟时破壳。子大半指，皮有白黑纹，亦有白紫纹者。形微长而末员，头上小白点，远视之儼如牛蜱。皮中有仁，色娇白。甘、辛，平，有毒。气味颇近巴豆，善走，能利人，通诸窍经络，下水气，治偏风、失音口禁、口目喎邪、头风、七窍诸病，止诸痛，消肿，追脓拔毒，催生，下胞衣，下有形诸物。无刺者良，有刺者毒。此药外用屡奏奇功，但内服不可轻易。凡服蓖麻，终身不得食炒豆，犯之胀死。其油服丹砂、粉霜。或言捣膏，以箸点六畜舌根下即不能食，点肛内即下血死。今北方人种之田边，牛马过者不食，其毒可知。

修治。凡使，以盐汤煮半日，去皮取仁，研用。　取油仁五升捣烂，水一斗煮，沫起撇取。待沫尽，去水，将沫熬至点灯不（炸）〔炸〕、滴水不散为度。可和印色及油纸用。

辨讹。博落回：生江南山谷。茎叶如蓖麻，茎空，吹之作声，折之有黄汁，大毒，不可入口，药人立死。治恶疮、瘿瘤、瘜肉、疮瘘、白癜风、蛊毒、溪毒、精魅。此药和百丈青、鸡桑灰等分，为末傅之。蛊毒、精魅当别有法。黑天赤利子：似蓖麻，缘在地蔓上，是颗两头尖，有毒。

疗治。半身不遂，失音不语：取蓖麻油一升，酒一斗，铜锅盛油，着酒中一日，煮之令熟，细细服之。　口目喎斜：蓖麻子仁捣膏，左贴右，右贴左，即正。一方：蓖麻子仁七七粒，研作饼，右喎安左手心，左喎安右手心，以铜盂盛热水坐药上，冷即换，五六次即正。一方：用蓖麻子仁七七粒，巴豆十九粒，射香五分，作饼，如上用。　风气头痛，不可忍者：乳香、蓖麻仁等分，捣饼，随左右贴太阳穴，解发出气，甚验。又方：用蓖麻油纸剪花贴太阳，亦效。又方：蓖麻仁半两，枣肉十五枚，捣涂纸上，卷筒插入鼻中，下清涕即止。　八种头风：蓖麻子、刚子各四十九粒去壳，雀脑芎一大块，捣如泥，糊丸弹子大，线穿挂风处阴干。用时，先将好茶调成膏子涂盏内，后将炭火烧前药烟起，以盏覆之。待烟尽，以百沸葱汤点盏内茶药服之，后以绵被裹头卧，汗出避风。　鼻窒不通：蓖麻子二三百粒，大枣去皮一枚，捣匀，绵裹塞之。一日一易，三十日闻香臭。　小儿疳疾，及诸病后天柱骨倒，乃体虚所致，宜生筋散贴之：木鳖子六个去壳，蓖麻子六十粒去壳，研匀。先包头，擦项上令热，以津调药贴之。　舌上出血：蓖麻仁油纸撚，烧烟薰鼻中，自止。　舌胀塞口：蓖麻仁四十粒，去壳研油，涂纸上作撚，烧烟薰之。未退再薰，以愈为度。有人舌肿出口外，一村人用此法而愈。　急喉痹塞，牙关紧急不通，用此即破：蓖麻子仁研烂，纸卷作筒，烧烟薰吸，即通。或只用油作撚，尤妙。　咽中疮肿：蓖麻子仁一枚，朴硝一钱，同研，新汲水服之，连进二三服，效。　水气胀满：蓖麻子仁研，水三合，清旦一顿服尽，日中当下青黄水。或云壮人止可服五粒。　脚气作痛：蓖麻仁七粒，研烂，同苏合香丸贴足心，痛即止。　小便不通：蓖麻仁三粒，研细，入纸撚内，插入茎中，即通。　駒喘咳嗽：蓖麻仁炒熟，拣甜者食之，须多服见效，终身不可食炒豆。　催生下胞：蓖麻仁七粒，研膏涂足心。若胎及衣下，便速洗去，不尔则子肠出，即以此膏涂顶，则肠自入。　产难：取蓖麻子十四枚，每手各把七枚，须臾立下。　子宫脱下：蓖麻仁、枯矾等分，为末，安纸上托入。仍以蓖麻子仁十四枚，研膏涂顶心，即入。　盘肠生产：涂顶，方同上。　催生下胎，不拘生死胎：蓖麻二个，巴豆一个，麝香一分，研，贴脐中并足心。一方：催生，一月一粒，温酒吞下。　一切毒肿，痛不可忍：蓖麻子仁捣傅即止。　疠风鼻塌，手指挛曲，节间痛不可忍，渐至断落：蓖麻子一两去皮，黄连一两锉豆大，以小瓶入水一升同浸。春夏二日，秋冬五日。后取蓖麻子一枚劈破，面东以浸药水吞之。渐加至四五枚，微利不妨。瓶中水尽，更添。两月后吃大蒜、猪肉试之，如不发，是效也。若发动，再服，直候不发乃止。　小儿丹瘤：蓖麻子五个，去皮研，入面一匙，水调涂之，甚效。　瘰疬结核：蓖麻子炒去皮，每睡时服二三枚，取效。一生不可食炒豆。　瘰疬恶疮及软疖：白胶香一两，瓦器溶化，去滓。蓖麻子六十四个，去壳研膏，溶胶投之，搅匀，入油半匙头，至点水中试软硬，添减胶油得所，以绯帛量疮大小摊贴，一膏可治三五疖。　肺风面疮，起白屑，或微有赤疮：用蓖麻子仁四十九粒，白果、胶枣各三粒，瓦松三钱，肥皂一个，捣为丸。洗面用之，良。　面上雀斑：蓖麻子仁、蜜陀僧、硫黄各一钱，为末，用羊髓和匀，夜夜傅之。　发黄不黑：蓖麻子仁，香油煎焦，去滓，三日后频刷之。　耳卒聋闭：蓖麻仁一百，大枣十五枚，捣烂，入乳小儿乳汁，和丸作挺。每以绵裹一枚塞之，觉耳中热为度。一日一易，二十日瘥。　汤火灼伤：蓖麻仁、蛤粉等分，研膏。汤伤以油调，火灼以水调，涂。　针刺入肉：蓖麻仁一两，先以帛衬伤处，敷之。频看，若见刺出，即拔去，恐药紧努出好肉。或加白梅肉同研，尤好。　竹木骨鲠：蓖麻仁一两，凝水石二两，研匀。每以一捻置舌根嚼咽，自然不见。又方：蓖麻油、红曲等分，研细，沙糖丸皂子大，绵裹含咽，痰出大良。　鸡鱼骨鲠：蓖麻仁、百药煎，研匀弹子大，井花水化下半丸，即下。　恶犬咬伤：蓖麻仁五十粒，井花研膏，先以盐水洗痛处，贴之。　駒喘痰嗽：用九尖蓖麻叶三钱，入飞过白矾二钱，以猪肉四两薄批，掺药在内，荷叶裹之，文武火煨熟，细嚼，白汤送下。　咳嗽涎喘，不问年深日近：用经霜蓖麻叶、经霜桑叶、御米壳蜜炒各一两，为末，蜜丸弹子大。每服一丸，白汤化下，日一服。

典故。一人病偏风，手足不举，用此油及羊脂、麝香、鲮鲤甲等煎作摩膏，日摩数次，月余渐复，兼服搜风化痰养血之剂，三月而愈。　一人病手臂上一块肿痛，蓖麻仁捣膏贴之，一夜愈。　一人病气郁偏头痛，蓖麻仁同乳香、食盐捣，爋太阳穴，一夜愈。　　一妇产后，子肠不收，捣仁贴丹田，一夜而上止。

　　王瓜，一名土瓜，其实似瓜。或云根味如瓜，作（上）〔土〕气，故名。一名野甜瓜，一名马㼎瓜，一名赤雹子，一名老鸦瓜，一名师姑草，一名公公须。《月令》四月王瓜生，即此。四月生苗，其蔓多须，嫩时可茹。叶圆如马蹄而有尖，面青，背淡涩而不光。五六月开小黄花，花下结子如弹丸，径寸，长寸余，上微圆，下尖长，生青，七八月熟赤红色，皮粗涩。根如栝楼根之小者。用须，深掘二三尺乃得正根。江西人栽以沃土，取根作蔬食，如山药。南北二种，微有不同。若疗黄疸破血，南者大胜。

　　根。苦，平，无毒。治天行热疾，酒黄，心胸烦热，消瘀血，破症瘕，利大小便，治面黑、面疮，落胎。　　子。酸、苦，平，无毒。生用润心肺，治黄病，炒用治肺痿吐血，肠风泻血，赤白痢，反胃吐食。

　　疗治。小儿发黄：土瓜根生捣汁三合，与服，不过二次。　　黄疸变黑，医所不能治：用土瓜根汁，平旦温服一小升，午刻黄水当从小便出，不出再服。　　小便如泔，乃肾虚也：用王瓜根一两，白石脂二两，免丝子酒浸二两，桂心一两，牡蛎粉一两，为末。名王瓜散。每服二钱，大麦粥饮下。　　小便不通：土瓜根捣汁，入少水解之，筒吹入下部。　　大便不通：上方吹入肛门内。　　二便不通：前后吹之，取通。　　乳汁不下：土瓜根为末，酒服一钱，一日二服。　　经水不利，带下，小腹满，或经一月再见及妇人阴癫：土瓜根、芍药、桂枝、䗪虫各三两，为末。名土瓜根散。酒服方寸匕，日三服。　　一切漏疾：土瓜根捣敷之，燥则易。　　中诸蛊毒：土瓜根，大如指，长三寸，切，以酒半升渍三宿，服当吐下。　　面上疿疮：土瓜根捣末，浆水和匀。入夜，别以浆水洗面，涂药，且复洗之，百日光彩射人。曾用有效。　　耳聋：湿土瓜根削半寸塞耳内，以艾灸七壮，每旬一灸，愈，乃止。　　消渴饮水：㼎瓜去皮，每食后嚼二三两，五七度瘥。　　傅尸劳瘵：王瓜焙，为末。每酒服一钱。　　反胃吐食：马雹儿灯上烧存性一钱[①]，入好枣肉、平胃散末二钱，酒服，食即可下。即野甜瓜，北方多有之。　　痰热头风：悬栝楼一个，赤雹儿七个焙，牛旁子焙四两，为末。每食后茶或酒服三钱。忌动风发热之物。　　筋骨痛挛：马雹儿子炒开口，为末。酒服一钱，日二服。　　赤目痛涩不可忍：土瓜瓢九月、十月采日干，槐花炒，赤芍药，等分，为末。每服二钱，临卧温酒下。　　瘀血作痛：赤雹儿烧存性，研末。无灰酒空心服二钱。　　大肠下血：王瓜一两烧存性，地黄二两，黄连半两，为末，蜜丸桐子大。米饮下三十丸。

　　麻黄，一名龙沙，一名卑相，一名卑盐。近汴京多有之，以出荥阳中牟者为胜。春生苗，至五月则长及一尺。稍上开黄花。结实如皂角子，味甜，微有麻黄气，外皮黄，里仁黑。根皮色赤黄，长者近尺。俗说有雌雄二种。雌者三四月开花，六月结子；雄者无花，不结子。微苦而辛，性热而轻扬。治中风、伤寒头痛、温疟，发表出汗，去邪热，止咳逆，除寒热，破症瘕，去营中寒邪，泄卫中风热，疗伤寒，解肌第一药也。过用泄真气。

---

　　① "反胃吐食马雹儿灯上烧存性一钱"，底本缺此十四字，据"四库全书"《本草纲目》卷一八上《草之七·王瓜》引《丹溪纂要》补。考下文"入好枣肉、平胃散末二钱，酒服，食即可下"，其义其理均非针对前病"傅尸劳瘵"而言，显然有缺文。

修治。立秋后收茎阴干，去节及根，水煮十余沸，竹片掠去沫，沫令人烦，节能止汗。

制用。服麻黄自汗不止，冷水浸发，仍用扑法，即止。　凡服麻黄须避风一日，不尔病复作。　须佐以黄芩，无赤眼之患。

疗治。天行热病，初起一二日者：麻黄一大两，去节，水四升煮，去沫。取二升，去滓，着米一匙及豉为稀粥。先以汤浴，后乃食粥，厚覆取汗，即愈。　伤寒雪煎：麻黄十斤去节，杏仁四升去皮热，大黄一斤十二两。先以雪水五硕四斗渍麻黄于东向灶釜中三宿，后纳大黄搅匀，桑薪煮至二硕，去滓，纳杏仁同煮至六七斗，绞去滓，置铜器中，更以雪水三斗合煎至二斗四升，药成丸如弹子大。有病者以沸白汤五合研一丸服之，立汗出。不愈，再服一丸。封药，勿令泄气。　伤寒黄疸表热者：麻黄醇酒汤主之。麻黄一把，去节绵裹，美酒五升，煮至半升，顿服，取小汗。春月用水煎。　里水黄肿，一身及目黄肿，其脉沉，小便不利：甘草麻黄汤主之。麻黄四两，水五升煮，去沫。入甘草二两，煮取三升。每服一升，重覆汗出。不汗，再服。慎风寒，有患气急，不瘥，变成水病。从腰以上肿者，宜此发其汗。　水肿脉沉，属少阴，其脉浮者为气虚，胀者为气实，非水也：麻黄附子汤汗之。麻黄三两，水七升煮，去沫。入甘草二两，附子炮一枚，煮取二升半。每服八分，日三服，取汗。　风痹冷痛：麻黄去根五两，桂心二两，为末，酒二升，慢火熬如饧。每服一匙，热酒调下，汗出为度，避风。　小儿慢脾风，因吐泻后而成：麻黄长五寸十个去节，白术指面大二块，全蝎二个，生薄荷叶包煨，为末。二岁以下一字，三岁以上半钱，薄荷汤下。　产后腹痛及血下不尽：麻黄去节，为末。酒服方寸匕，一日二三服，血下尽即止。　心下悸病：半夏、麻黄等分，末之，炼蜜丸小豆大。每饮服三丸，日三服。　痘疮倒靥：郑州麻黄去节半两，蜜一匙，同炒良久，水半升煎数沸，去沫，再煎去三分之一。去滓，乘热服之。避风，其疮复出也。一法用无灰酒煎，其效更速。仙源县李用之子病斑疮风寒倒靥，已困，用此一服便出，如神。　中风诸病：麻黄一斤去根，以王相日、乙卯日取东流水三石三斗，净铛盛五七斗，先煮五沸，掠去沫，逐渐添水，尽至三五斗。去麻黄澄定，滤去滓，取清再熬至一斗。再澄再滤，取汁再熬至升半为度，密封收之，一二年不妨。每服一二匙，热汤化下取汗。熬时要搅，勿令着底，恐焦。仍忌鸡犬阴人见。此秘方也。　盗汗阴汗不止：麻黄根、椒目等分，为末。每服一钱，无灰酒下。外用麻黄根、牡蛎、故蒲扇为末扑之。　小儿盗汗：麻黄根三分、故蒲扇灰为末，以乳服三分，日三服。仍以干姜三分，同麻黄根三分为末扑之。　诸虚自汗，夜卧即甚，久则枯瘦：黄芪、麻黄根各一两，牡蛎米泔浸洗煅过，为散。每服五钱，水二盏，小麦百粒，煎服。又方：麻黄根、黄芪等分，为末，飞面糊作丸梧子大。每用浮麦汤下百丸，以止为度。　产后虚汗：黄芪、当归各一两，麻黄根二两，每服一两，煎汤下。　阴囊湿疮，肾有劳热：麻黄根、石硫黄各一两，米粉一合，为末敷之。　内外障翳：麻黄根一两，当归身一钱，同炒黑，入射香少许，为末嗅鼻，频用皆效。

典故。李时珍云：一妇自腰以下胀肿，面目亦肿，喘急欲死，不能伏枕，大便溏泄，小便短少，服药罔效。予（胗）〔诊〕其脉沉大，沉主水，大主虚，乃病后冒风所致，名风水。用千金神秘汤加麻黄，一服喘定十之五。再以胃苓汤吞深师薷术丸二日，小便长，肿消十之七。调理数日，全愈。

香薷，一名香菜，一名香茸，一名香菜，一名蜜蜂草。有野生者，有家莳者。方茎尖叶，有刻缺，似黄荆叶而小。九月开紫花成穗，有细子。汴洛作圃种之。暑月作蔬生茹。十月采取干之。气味辛，微温，无毒。下气，除烦热，疗呕逆、冷气、脚气、寒热。

修治。八九月开花著穗时采取，去根、苗、叶阴干，勿犯火气，服至十两，一生不得食白山桃。

制用。世医治暑病，以香薷饮为首药。不知中暑有头痛发热恶寒，烦燥口渴，或泻或吐，或霍乱者，宜用；有大热大渴，汗泄如雨，烦躁喘促，或泻或吐，乃劳倦内伤之症，宜泻火益元。若用香薷，是重虚其表，而益之热矣。

疗治。香薷饮：治暑月卧湿当风，或生冷不节，真邪相干，便致吐利，或发热头痛体痛，或心腹痛，或转筋，或干呕，或四肢逆冷，或烦闷欲死。香薷二钱五分，厚朴姜汁炙，白扁豆微炒，各一钱三分，水二盏，酒半盏，煎一盏，水中沉冷，连进二服，立效。《活人书》：香薷二钱八分，厚朴一钱四分，黄连七分，姜汁同炒黄色用。　水病红肿：干香薷五十斤，锉入釜中，水淹过三寸，煮使气力都尽，去滓澄之，微火煎至可丸，丸梧子大。一日五丸，日三服，日渐增之，小便利则愈。　暴水风水气水，通身皆肿，服至小便利为效：香薷叶一斤，水一斗，熬极烂，去滓再熬成膏，加白术末七两，和丸梧子大。每服十丸，米饮下，日五、夜一服。　四时伤寒不正之气：用水香薷为末，热酒调服一二钱，取汗。　心烦胁痛，连胸欲死者：香薷捣汁一二升服。　鼻衄不止：香薷研末，水服一钱。　舌上出血如钻孔者：香薷煎汁服一升，日三服。　口中臭气：香薷一把，煎汁含之。　小儿发迟：陈香薷二两，水一盏，煎三分，入猪脂半两和匀，日日涂之。　白秃惨痛：上方入胡粉和涂之。

紫苏，一名赤苏，一名桂荏，又一种白苏，皆二三月下种，或宿子在地自生。茎方，叶圆而有尖，四围有锯齿，肥地者面背皆紫，瘠地背紫面青。其面背皆白即白苏也。五六月连根收采，以火煨其根阴干，则经久叶不落。八月开细紫花，成穗作房如荆芥穗。九月半枯时收子，子细如芥子而色黄赤。茎、叶、子俱辛，温，无毒。气辛入气分，色紫入血分，解肌发表，行气宽中，消痰利肺，和血温中，止痛定喘，开胃安胎，散风寒，解鱼蟹毒，治蛇犬伤，为近世要药。

制用。叶生采作羹，杀一切鱼肉毒。嫩时采叶，和蔬茹之，或盐及梅卤作菹食，甚香。夏月作熟汤饮。　田畔近道可种苏，以遮六畜。　收子打油，燃灯甚明。亦可熬之油物。　苏子油能柔五金八石。《丹房镜源》。　子与叶同功，发散风气用叶，清和上下用子。　香紫苏：采苏嫩心长三寸许，勿见水。约三斤，用盐二两腌一宿，梅卤浸三日，晒干。入甘草、甘松、白芷末，拌匀掺收之。　制细酸：紫苏叶同茭白、青梅作丝，入白糖曝干，细酸，平时取咀咽之，利痰结，消五嗝。　云南紫苏头叶，入梅酱腌一日。取出，用糖浸，可作佳蔬。其子醋浸，甚爽酒。　白苏子干收炒熟最香，入糖煎拌芝麻，均为佳品。俱《宋氏种植书》。　禁忌。宋仁宗命翰林院定汤饮，以紫苏热水为第一，取其能下胸膈浮气也，不知久则泻人真气。

疗治。感寒上气：苏叶三两，橘皮四两，酒四升，煮一升半，分二服。　伤寒气喘：苏一把，水二升，煮一升，徐徐饮之。　劳复食复欲死：苏叶煮汁二升，入生姜、豆豉同煮饮。　卒哕不止：香苏浓煮，顿服三升，良。　霍乱胀满，未得吐下：生苏捣汁饮之，佳。干苏煮汁亦可。　诸失血病：紫苏不限多少，入大锅内，水煎令干，去滓熬膏，以炒熟赤豆为末，和丸桐子大。每酒下三五十丸，常服。　金疮出血：嫩紫苏叶、桑叶同捣贴。　跌扑损伤：紫苏捣敷，疮口自合。　伤损血出不止：陈紫苏叶蘸所出血接烂敷之，血不作脓，且愈后无瘢。　风狗咬伤：紫苏叶嚼敷之。　蛇虺伤人：紫苏叶捣饮。　食蟹中毒：紫苏煮汁饮。子亦可。　飞丝入目，令人舌上生泡：紫苏叶嚼烂，白汤下。　乳痈肿痛：紫苏煎汤频服，并捣封之。　咳逆短气：紫苏茎叶二钱，人参一钱，水一钟，煎服。子研汁，粳米煮粥亦可。　顺气利肠：紫苏子、麻子仁等分，研烂，水滤取汁，同米煮粥食。　顺气利肠宽中：紫苏子一升，微炒杵，以生绢袋盛，于三斗清酒中浸三宿，少少饮之。　一切冷气及风湿脚气：紫苏子、高良姜、橘皮等分，蜜丸梧子大。每服十丸，空心酒下。　风寒湿痹，四肢挛急，脚肿不可践地：紫苏子二两杵碎，水三升，研取汁，煮粳米二合作粥，和葱椒姜豉食。　消渴变水，服此令水从小便出：紫苏子、萝卜子各炒三两，为末。每服二钱，桑根白皮煎汤服，日三。　梦中失精：苏子一升炒，研末。酒服方寸匕，日再。　漏血欲死：鸡苏煮汁一升服。　吐血下血：鸡苏茎叶煎汤饮。

薄荷，一名菝蔺，菝蔺，音跋活。一名蕃荷菜，一名南荷，南薄荷，以别胡薄荷。一名吴菝蔺，一名金钱薄荷。二月宿根生苗，清明前后分栽。方茎赤色。叶对生，初生形长而头圆，及长则尖。人家多栽之。吴越川湖多以代茶，苏州以产儒学前者为佳。辛，温，无毒。利咽喉、口齿诸病，治瘰疬疮疥、风瘙瘾疹，去舌胎语涩，止衄血，涂蜂螫蛇伤，疗小儿惊热。

收采。凡收薄荷，须隔夜以粪水浇之，雨后刈收则性凉，不尔不凉。野生者，茎叶气味大略相似。

制用。可生食，同菹作菜相宜。病，薄荷勿食，令人虚汗不止。瘦弱人久食，动消渴病。

疗治。清上化痰，利咽膈，治风热：(新瘥)〔薄荷〕① 末，炼蜜丸芡子大。每噙一丸。白沙糖和之亦可。　风气瘙痒：薄荷、蝉蜕等分，为末。每温酒调服一钱。　舌胎语蹇：薄荷自然汁和白蜜、姜汁擦之。　眼弦赤烂：薄荷以生姜汁浸一宿，晒干，为末。每用一钱，沸汤炮洗。　瘰疬结核，已破未破：新薄荷二斤取汁，皂荚一挺，水浸去皮，捣取汁，银石器内熬膏，入连翘末半两，连白青皮、陈皮、黑牵牛半生半炒各一两，皂荚仁一两半，同捣和丸梧子大。每服三十丸，连翘汤下。　衄血不止：薄荷汁滴之。或以干者水煮，绵裹塞鼻。　血痢不止：薄荷叶煎汤常服。　水入耳中：薄荷汁滴入，立效。　蜂虿螫伤：薄荷叶接贴之。　因灸火，火气入内，两股生疮，汁水淋漓者：薄荷煎汁频涂，立愈。

---

① 新瘥，用于此不可解，应作"薄荷"。"四库全书"《本草纲目》卷一四《草之三·薄荷》引《简便丹方》作"薄荷"。

丽藻。诗七言：薄荷花开蝶翅翻，风枝露叶弄秋妍。自怜不及狸奴黠，烂醉篱边不用钱。　一枝香草出幽丛，双蝶纷飞戏晚风。莫恨村居相识晚，知名元向楚辞中。《薄荷》。

泽兰，一名虎兰，一名水香，一名都梁香，一名龙枣，一名虎蒲，一名风药，一名孩儿菊。生下湿地。二月生苗，一出土便分枝梗。叶生如薄荷，微香。七月开花，紫白色，亦似薄荷花。此草可煎油及作浴汤。人家多种之。气香而温，味辛而散。治水肿，涂痈毒，破瘀血，消症瘕，为妇人要药。

修治。凡用，取叶细锉，绢袋盛，挂不见日处，令干用。

疗治。产后血虚浮肿：防己等分，为末。每服二钱，醋汤下。　小儿蓐疮：嚼泽兰心封之，良。　疮肿初起及损伤瘀肿：泽兰捣汁封之，良。　产后及阴户燥热，遂成翻花：泽兰四两，煎汤薰洗二三次，再入枯矾煎洗，即安。

大风子，出海南诸番国。生大树，状如椰子而圆，中有核数十枚，大如雷丸子。中有仁，白色，久则黄而油，不堪入药。大风仁辛，热，有毒。其油治疮，有杀虫之功，不可多服，或至丧明，用之外涂，功不可没。

制用。大风子二三斤，去壳及黄油者，研极烂，盛磁器中，封口严，勿泄气。入滚汤，盖锅严，文武火煎黑，色如膏，名大风油，听用。

疗治。大风诸癞：大风油一两，苦参末三两，入少酒，糊丸桐子大。空心温酒下五十九，仍以苦参汤洗。　大风疮裂：大风子烧存性，和麻油、轻粉研涂，以壳煎汤洗。杨梅疮治同。　风刺赤鼻：大风子仁、木鳖子仁、轻粉、硫黄为末，夜夜津调涂之。　手背皱裂：大风子捣泥涂之。

二如亭群芳谱

木谱① 小序

　　昔人谓：一年之计树谷，十年之计树木。而子舆论故国至举乔木，世臣相提并论，即濯濯之牛山，拱把之桐梓，辄津津谭之，不置何若是郑重哉？盖得养则长，失养则消，间不容发。而雨露萌（蘗）〔蘖〕，斧斤牛羊，所关于树蓺，良非细也。夫惟顺其天，致其性，不害其长，则橐驼种树之术固，孟氏勿忘勿助家法已。作木谱。

济南王象晋荩臣甫题

---

　　① 木谱，底本作"木部"，与他谱小序不一律，此依例改"部"为"谱"。

二如亭群芳谱

木谱首简

种树郭橐驼传 柳宗元

郭橐驼，不知始何名。病偻，隆然伏行，有类橐驼者，故乡人号曰"驼"。驼闻之曰："甚善！名我固当。"因舍其名，亦自谓"橐驼"云。其乡曰丰乐乡，在长安西。驼业种树，凡长安豪家富人为观游及卖果者，皆争迎取养。视驼所种树，或移徙，无不活，且硕茂早实以蕃。他植者虽窥伺效慕，莫能如也。有问之，对曰："橐驼非能使木寿且孳也，以能顺木之天以致其性焉耳。凡植木之性，其本欲舒，其培欲平，其土欲故，其筑欲密。既然已，勿动勿虑，去不复顾。其莳也若子，其置也若弃，则其天者全，而其性得矣。故吾不害其长而已，非有能硕而茂之也；不抑耗其实而已，非有能早而蕃之也。他植者则不然，根拳而土易，其培之也，若不过焉则不及焉。苟有能反是者，则又爱之太恩，忧之太勤。旦视而暮抚，已去而复顾。甚者爪其肤以验其生枯，摇其本以观其疏密，而木之性日已离矣。虽曰爱之，其实害之；虽曰忧之，其实仇之：故不我若也。吾又何能为哉？"问者曰："以子之道，移之官理，可乎？"驼曰："我知种树而已，官理非吾业也。然吾居乡，见长人者好烦其令，若甚怜焉，而卒以祸。且暮吏来而呼曰：'官命促尔耕，勖尔植，督尔获，早缲而绪，早织而缕，字而幼孩，遂而鸡豚。'鸣鼓而聚之，击木而召之。吾小人辍飧饔以劳吏者，且不得暇，又何以蕃吾生而安吾性耶？故病且怠。若是，则与吾业者其亦有类乎？"问者喜曰："不亦善夫！吾问种树，得养人术。"传其事，以为官戒也。

资质 陆贾

夫楩楠豫章，天下之名木，生于深山之中，产于溪谷之傍，立则为众木之宗，仆则为万世之用，浮于山水之流，出于冥冥之野。因江河之道而达于京师之下，因于斧斤之功，舒其文彩之好。精干直理，密致博通，虫蝎不能穿，水湿不能伤，在高柔软，入地坚强。无膏泽而光润生，不刻画而文章成，上为帝王之御物，下则赐公卿，庶贱不得以备器械。若闲绝以关梁，及隘于山阪之阻，隔于九岐之堤，仆于嵬崔之上，顿于宵冥之溪。树蒙笼蔓延而无间，石崔嵬嶻岩而不开。广者无舟车之通，狭者无步担之蹊。商贾所不至，工匠所不窥，知者所不见，见者所不知。功弃而德亡，腐朽而枯伤，转于百仞之壑，惕然而独僵。当斯之时，不如道傍之枯杨。纍纍诘屈，委曲不同，然生于大都之广地，近于大匠之名工，材器制断，规矩度量，坚者补朽，短者续长，大者治樽，小者治觯，饰以丹漆，斁以明光，上备大牢，春秋礼庠，褒以文采，立礼矜庄，冠带正容，对酒行觞。卿士列位，布陈宫堂，望之者目眩，近之者鼻芳。故事闲之则绝，次之则通，抑之则沉，兴之则扬。

形性

凡物，闿者为阳，承者为阴；刚者为阳，柔者为阴。得阳之刚则为坚贞之木，得阴之柔则为附蔓之藤。　树皆有皮也，而紫荆则无；木皆有理也，而川柏独否；木皆中实也，而娑罗中空；竹皆中空也，而广藤中实。　松为百木之长，兰为百草之长，桂为百药之长；梓为百材之王，牡丹为百花之王，葵为百蔬之王。纶组也，紫菜也，海中之草也；珊瑚也，琅玕也，海中之木也。　树木有直根，有曼根。直曰根蔓，横曰柢，固其柢则生长，深其根则视久，与《老子》深根固蒂同。　木谓之华，草谓之荣。不荣而实曰秀，荣而不实曰英。　凡木，干曰枚，枝曰条，斩而复生曰肄。病尫伛瘿，肿而无枝叶曰瘣木，瘣，音贿。树叶曰林衣，两树交阴曰樾斜，斫木曰槎髡，斩之曰櫱。《国语》曰：山不槎（櫱）〔櫱〕。

移植

语云：种树无时，雨过便移，多留宿土，记取南枝。而《氾胜之书》乃曰：种树，正月为上时，二月为中时，三月为下时。夫节序有早晚，地气有南北，物性有迟速，若必以时拘之，无乃不达物情乎？惟留宿土，记南枝，真种植家要法也。《齐民要术》云：凡栽一切树木，欲记其阴阳，不令转易。大树秃之，小树则不秃。先为深坑，比原坑宽大。纳树讫，以水沃之，着土令如薄泥，东西南北摇之良久，使根舒直，然后下土，仍以水浇透。至次日土稍干，然后坚筑。埋之欲深，勿令挠动。栽（记）〔讫〕，皆不用手捉及六畜抵突。凡栽树，要当其生意萌动，如枣鸡口、槐兔目、桑虾蟆眼、榆负瘤，其余杂木，鼠耳、虻翅，各有其时。　凡移木时，伤动木根则葡翳，开根外故土须大，上用约绳缠匝，下用阔厚木板衬而扛举之，虽拱把皆生。如今年欲移，先于去年春前开断木之四周，谓之转垛。木大者先三年，每年轮开一方，乃可移其果木。种则宜疏，每一丈二尺一株者，方为适中。八月至正月皆可种。陈糜公云：种树之法，莫妙于东坡，曰"大者不能活，小者老夫又不能待，惟择中材而多带土砧者为佳"。　凡移植果木，先于九月霜降后锄掘，转成圆垛，以草索盘定根土，复以松土填满四遭，用肥水浇实，次年正二月移至合种处。宜宽作坑，安顿端正，然后下土。下土半坑，将细木棒斜筑根垛底，下须实，上以松土加之，高于地面二三寸。度其浅深得所，不可培壅太高，但不露大根为限。若本身高者，用桩木扶缚，庶免风雨摇动。天晴，每朝浇水。半月根实，生意动则已。若路远不能便种，必须遮蔽日色，垛被日炙则难活。　春月移栽松、柏、槐、柳、桑、柘、橙、橘，各色树皆可。　北方法以砖石砌圈围之，高三四尺，下空涵洞泄水。此法最妙。乡间以棘刺捆围于树根数尺，以护人畜。此法亦可用。《齐民要术》言：种榆者岁岁简剥，卖柴之利已自不赀，况诸般器物，其利十倍。砍后复生，不劳更种，所谓一劳永逸。古人云：木奴千，无凶年。若能多种，不惟无凶年之患，抑亦有久远之利。王祯《农书》。 附压插，春间或秋间屈木枝，以石压于地，用土封之，候苞间生根移种，枝跗须断其半。

修剔

凡修剔树木，必于枝叶零落时，大者斧铲，小者刀剪，视其繁冗及散逸者方可去，裁痕向下，不受雨渍，自无食心之腐。无颠顶者则取直生向上一枝，留使成长。有枯朽摧拉须尽，则不引蛀，以妨盛枝。欲木身之直，则从其不足处，每年以刀劙其肤，劙，音离。气行则伤痕先满，而身渐能直。凡伐木，须于四月，不蛀。 附绾结，视木之已长，发萌未久，而枝干易于转屈者，顺其性而攀挽之。若枝大则钳而曲折之，取麻皮约，宽绳緆绾，緆，音塌。不宜太紧，若刺断其肤，气脉不贯通，亦不能活。

防卫

有在土之果木，畏冷如橘，畏热如梨，松性宜干，桧性宜湿，无失其宜，则畅茂条达。有在盆之花卉，畏冷如茉莉，爱日如火榴，喜水如菖蒲，恶秽如虎刺，各适其性则敷荣滋遂。有相害之物，木以插桂而枯，以乌贼骨而毙；有相益之物，牡丹得钟乳而茂，海棠得糟水而鲜。能识其繇则拥护培植，各中其款。 清明日三更以稻草缚树上，不生载毛伤树虫。

灌溉

凡木，最不宜发萌时多灌，盖上发萌芽，则下行新根，灌之多易致腐烂。又宜晚凉之候，一切粪及挦猪汤、退鸡鹅翎汤，皆不宜亲木，跗必生蛀。腊前则通灌之，以俟其来春发育。粪必久宿者，必杂以水，亦视其宜干宜湿，不宜频灌。如松桧之在盆者，土气浅薄，必每年去根面故土一重，加以酿成沃土为妙，土干则灌，自与地生者不同。

木异

永乐中，云南晋宁州大风折一古树。军人陈福海解以为版，内具神像，著冠执笏，容貌如画。彼众神而祀之，有祷辄应。洪武元年，临川献瑞木，中折有文，曰"天下太平"，质白而文玄。当有文处，木理随画顺成，无错连者。考之前代，往往有之。齐永明九年，秣陵安如寺有古树，伐以为薪，有"法天德"三字。唐大历中，成都民郭远伐薪，得一枝，理成字，曰"天下太平"。梁开平二年，李思玄攻潞州，伐木为栅，破一大木，中有朱书六字，曰"天十四载石进"，表上之。司天监徐鸿曰："丙申之年，有石氏王此地也。"后石敬塘起并州，果在丙申。太平兴国六年，温州瑞安县民张度解木五片，皆有"天下太平"字。英宗治平元年，杭州南新县民析柿木，中有"上天大国"四字，挺出半指如支节，书法似颜真卿。神宗熙宁十年，连州言柚木有文，曰"王帝万天下太平"。政和二年，安州武义县木根有文，曰"万宋年岁"。绍兴十四年，虔州民毁屋柱，木理有五字，曰"天下太平时"。婺州永康县山亭中有枯松，因断之，误堕水中化为石。所未化者试于水，随亦化焉，枝干及皮与松无异但坚劲。有未化者数段，相间留之，以旌异物。《东昇记》。　　乌孙国有青田核，莫测其树实之形。至中国者，但得其核耳。得清水则成酒，如醇美好酒。核大如六升瓠，空之以盛水，俄而成酒。刘章得两核，集宾客设之，常供二十人之饮。一核尽，别核所盛已复中饮。饮尽，随更注水，随尽随盛，不可久置，久则苦不可饮，名曰青田酒。

二如亭群芳谱木谱卷之一

济南　王象晋荩臣甫　纂辑
松江　陈继儒仲醇甫
虞山　毛凤苞子晋甫　同较
宁波　姚元台子云甫
济南　男王与龄、孙士瞻、玄孙兆桐　诠次

木谱一

梓，或作杍，楸类。一名木王。植于林，诸木皆内拱，造屋有此木则群材皆不震。处处有之。木莫良于梓，故《书》以梓材名篇，《礼》以梓人名匠。木似桐而叶小，花紫。陆玑《诗义》谓"楸之疏理白色而生子者为梓"。贾思勰《齐民要术》以白色有角者为梓，即角楸也，又名子楸，角细如箸，长近尺，冬后叶落而角不落，其实亦名豫章。梓以白皮者入药。味苦，寒，无毒。治热毒，去三虫，疗目疾，吐逆反胃，及一切温病。又有一种鼠梓，名楰。《诗》所谓"南山有楰"，是也。今人谓之苦楸，江东人谓之虎梓。鼠李亦名鼠梓，别是一种。

种艺。春月断其根，瘗于土，遂能发条，取以分种。

制用。桐梓二树，花叶饲猪，并能肥大，且易养。《博物志》。

疗治。时气温病，头痛壮热，初得一二日：用生梓白皮切一升，水二升半，煎汁。每服八合，取瘥。　温病复感寒邪，变为胃晼：治同。　小儿热疮，身头热烦蚀疮：梓白皮煎汤浴，并捣敷。　风癣疙瘩：梓叶、木绵子、鼠粪、羖羊屎等分，入瓶中合定，烧，取汁涂之。　手足火烂疮：梓叶煎汤洗。仍以叶为末敷之。

丽藻。散语：拱把之桐梓，人苟欲生之，则皆知所以养之者。《孟子》。　若作梓材，既勤朴斲，斲，音作。惟其涂丹雘。《书》。　树之榛栗，椅桐梓漆。维桑与梓，必恭敬止。《诗》。　荆有长松文梓。《尸子》。　词：梓树花香月半明，棹歌归去蟪蛄鸣。曲曲柳湾茅屋矮，挂鱼罾。　笑指吾庐何处是？一池荷叶小池横。灯火纸窗修竹里，读书声。陈眉公《减字浣溪沙》。

松，百木之长犹公，故字从公。礌砢多节，盘根樛枝，皮粗厚，望之如龙鳞，四时常青不改。柯叶三针者为栝子松，七针者为果松。千岁之松下有茯苓，上有兔丝。又有赤松、白松、鹿尾松，秉性尤异。至如石桥怪松，则巉岩陁石所碍，郁不得伸，变为偃蹇离奇轮囷，非松之本性也。

松子。实如猪心，叠成鳞砌，子长则鳞裂。辽东、云南者尤大，食之香美，清心润肺。　松花。二三月间抽蕤生花，长三四寸。开时用布铺地，击取其蕊，名松黄，除风止血，治痢。和沙糖作饼，甚清香，宜速食，不耐久留。　松脂。松之津液精华也。一名松膏，一名松香，一名松胶，一名松肪，一名沥青。以通明如薰陆香颗者为胜，老松皮肉自然聚者为第一，胜凿取及炼成者。根下有伤处，不见日月者为阴脂，尤佳。气味苦，温，无毒。润心肺，强筋骨，安五脏，利耳目，除伏热，治疮疡，消风气，久服轻身不老。　千年松脂，入地化为琥珀。又千年为瑿，状如黑玉。蜜蜡金亦多年琥珀所化，屑其末焚之，有松香气。　松节。松之骨也，质坚气劲，筋骨间诸病宜之，酿酒已风痹。　松叶。一名松毛。除恶疾，安五脏，生毛，去风痛脚痹及风湿疮。　松白皮。松根下皮也，解劳益气。　松皮。松树老皮也。一名赤龙皮。生肌止血，敛疮口，治疮。　三千岁者皮中有聚芝如龙形，名飞节芝。《抱朴子》。　松液。火烧松枝溢出者，治疮疥及牛马疮。

种艺。八月终，择成熟松子、柏子同收顿。至来年春分时，甜水浸十日，治畦中、下水、上粪，漫散子于畦内，如种菜法，或单排点种。上覆土，厚二指许。畦上搭短棚蔽日。旱则频浇，常须湿润。至秋后去棚，高四五寸。十月中，夹葛秸篱，以御北风。畦内乱撒麦糠覆树，令梢上厚二三寸止。南方宜微盖。至谷雨前后，手爬尽浇之。次冬，封盖如前。二年后，于三月带土移栽。先撅坎，用粪土相合，内坎中，水调成稀泥，栽于内。拥土令坎满，下水塌实，不用杵筑脚踏。次日，看有缝处，以细土掩之。常浇令湿。至十月，以土覆藏，毋使露树。春间去土。次年不须覆。若果松，须种于盆，仍用水隔，勿令蚁伤根。　移植。过冬至三候以后，至春社以前，松、柏、杉、槐一切树皆可移栽。大树须广留土，如一丈树留土二尺，远移者二尺五寸，一丈五尺树留土三尺或三尺五寸，用草绳缠束根土。树大者从下去枝三二层，记南北。运至栽处，深凿穴，先用水足，然后下树，加干土。将树架起摇之，令土至根底，皆遍实土如旧根，四围筑实，然后浇水令足。俟干，再加土一二寸，以防干裂。勿令风入伤根，百株百活。若欲偃蹇婆娑，将大根除去，止留四边须根。

制用。辟谷：松枝十斤，桑薪灰汁一石，煮五七沸，捞入冷水中。旋复煮，凡七遍，乃白细，研为散。每服一二钱，粥饮调下，日三。服至十两，不饥。一年以后，夜视目明。久服延年益寿。　松脂不拘多少，长流水桑柴煮，按三次，再以桑灰汁煮七次，扯拔，更以好酒煮二次，仍以长流水煮二次，色白不苦为度。每斤入九蒸地黄末十两，乌梅末六两，炼蜜丸桐子大。每服七十丸，空心盐米汤下，健阳补中，强筋润肌，大能益人。　取松柏粉：带露采嫩叶捣末，当日为之，经日则无粉。松蕊去赤皮，取嫩白者蜜渍之，略焙令蜜熟，勿太熟，则香脆。　上党赵瞿病癞垂死，其家弃之山中。有仙人见而怜之，与以药服，百余日疮愈，颜色丰悦，肌肤玉泽。后遇仙人，乞其方，乃炼过松脂也。瞿服久，身轻力倍，年百余岁，齿发如故。夜卧，忽见屋间有光大如镜，久而一室尽明如昼，又见面上有采女戏于口鼻间。后入抱犊山中成地仙。　松叶阴干，碎切研细，每空心无灰酒调下二钱。亦可煮汁作粥，久服轻身益气难老，绝谷不饥。初服稍难，久则自便。

疗治。强筋骨：明松脂一斤，沙锅内用无灰酒，桑柴煮数沸，青竹枝搅稠，住火，倾水内，换酒煮。凡九遍，其脂如玉，不苦乃止，为细末。用十二两入白伏苓末，与菊花末、柏子仁霜各半斤，炼蜜丸桐子大。空心好酒下七十二丸，吉日修合。忌妇人、鸡、犬。 历节风，百节酸痛不可忍：松脂三十斤，炼五十遍，炼酥三斤，和脂三斤，搅令极稠。每日空心酒服方寸匕，日三服，数食面粥为佳。忌血腥、生冷、酸物、果子，一百日瘥。又：松脂二十斤，酒五斗，浸三七。每服一合，日五六服。又：松叶捣汁一升，酒三升，浸七日。每服一合，日三。 目泪：炼成松脂一斤，酿米二斗，水七斗，曲二斗，造酒顿饮之。 白带：松香五两，酒二升，煮干，木臼捣细，酒糊丸桐子大。每服百丸，温酒下。 小儿秃疮：松香五钱，猪油一两，熬搽，日数次，自愈。 小儿唇紧：松脂炙化贴之。 风虫牙痛：刮松上脂，滚水泡化，一漱即日止，验。 龋齿：松脂纴塞，须臾虫从脂出。 耳闭：炼松脂三两，巴豆一两，和捣成丸，薄绵裹塞，日二度。 瘘疮：炼松脂末填满，日三四度。 肿毒：松香八两，铜青二钱，蓖麻仁五钱，捣作膏摊贴，甚妙。 软疖：通明沥青八两，铜绿二两，麻油三两，雄猪胆汁三个，先镕沥青，乃下油胆，倾入水中扯拔，器盛。每用绯帛摊贴，不须再换。 疥疖：沥青、白胶香各二两，乳香二钱，没药一两，黄蜡三钱，香油二两，同熬至滴水不散，倾水中扯千遍，收贮。每捻作饼贴之。 疥癣湿疮：松胶捣研细，少入轻粉，先以油涂疮，糁末在上，一日便干。顽者三二度，愈。 阴囊湿痒欲溃者：用板儿松香为末，纸卷作筒，每根入花椒三粒，浸灯盏内三宿，取出点烧，淋下油搽之。先以米泔洗过，又松毛煎汤频洗。 金疮出血：沥青末加生铜屑末（糁）〔掺〕之，愈。 猪啮成疮：松脂炼饼贴之。 刺入肉不瘥：松脂自出如乳头者，傅上，以绵裹三五日，当有根出，不痛不痒，不觉自安。 转筋：松节一两锉米大，乳香一钱，银石器慢火炒焦，少存性，出火毒，研末。每二钱，热木瓜酒下，一应筋病皆治。 风热牙病：油松节枣大一块碎切，胡椒七颗，入烧酒二三盏，乘热入飞白矾少许，噙漱数口，瘥。又：松节二两，槐白皮、地骨皮各一两，浆水煎汤热漱，冷吐，瘥，乃止。 扑伤：松节煎酒服。 温疫：松叶细切，酒服方寸匕，日三。 中风口喎：青松叶一斤捣汁，清酒一升浸二宿，近火一宿，初服半升，渐至一升，头面汗出即止。 三年中风：松叶一斤细切，以酒一斗煮取三升，顿服，汗出立瘥。 脚气风痹不能行，服众药不效，服此一剂便能行远，不过两剂：松叶六十斤细锉，水四石，煮四斗九升，米五斗酿如常法。别煮松叶汁以渍米并浸饭，泥封头，七日发，沉饮取醉。服此酒效者甚众。 风牙肿疼：松叶一握，盐一合，酒二升，煎漱。 大风恶疮：松叶二斤，麻黄去节五两锉，生绢袋盛，清酒二斗浸，春夏五日，秋冬七日。每温服一小盏，常令醺醺，以效为度。 头旋脑肿：三月收松花并蕤如鼠尾者，蒸切一升，以生绢囊贮，浸酒三升。每日空心暖饮五合。 产后壮热，头肿颊赤，口干唇焦，（颊）〔烦〕①渴昏冈：松花、蒲黄、川芎、当归、石膏等分，为末。每服二钱，水二合，红花二捻，同煎七分，细呷。 肠风下血：松白皮切、晒、焙，研为末。每一钱，腊茶汤下。 金疮杖疮：古松皮煅存性，研末搽之，止痛。 固齿：真定松脂，稀布盛，沸汤煮取，浮水面者投冷水中，余不用。研末，入白茯苓末和匀，用以揩牙，亦可咽下，固齿驻颜。 热嗽：松仁一两，胡桃仁二两，研膏，和熟蜂蜜半两。每二钱，食后沸汤点服。 反胃：松节煮酒，细饮。 阴毒腹痛：油松节七块炒焦，冲酒二钟，热

---

① 颊，应作"烦"。"四库全书"《本草纲目》卷三四《木之一·松》引《本草衍义》作"烦"。

服。　大便虚秘：松柏、麻子、三仁等分，研泥，镕白腊和丸桐子大。每五十九，黄芪汤下。　小儿寒嗽壅喘：松仁五个、百部炒、麻黄各三分，杏仁四十去皮尖，少水煮三五沸，化白沙糖丸芡子大。食后嚼化十九，大妙。　金疮：五月五日午时，青松、石灰捣作饼，醋磨，敷痛处。

典故。千年松树，四边枝起，上杪不长如偃盖。其精化为青人、青牛、青羊、青犬、伏龟，寿皆千岁。《玉策记》。　石门涧有松林，仰视之，离离如骈麈尾。西岭松如马鬣。俱《庐山记》。　仆骨东北千里有康干河，投松入水，一二年化为石。其色青，有松纹，名康干石。《唐书》。　建昌冷水观，寿松一株，般屈奇古，又名挂剑松，相传许逊故事。又府城东北章山上，乔松修篁，森列交荫。《南昌志》。　都昌柴棚镇有古松一株，太祖征伪谅时驻跸其下。万历甲申，知县王廷策即地建亭，掘得白蟹一枚，畜之江。又建前亭竖梁，有赤鲤从空飞下。县志。　偓佺食松实，行及奔马。时受服者皆至三百岁。《列仙传》。　伏生在汤时，为木正，常食松脂。同上。　泰山上有松五株。始皇封泰山，遇雨，避其下，封为五大夫。《泰山志》。　符子与玄子登乎泰山，下临千仞之渊，上荫百仞之松，萧萧然神王乎一丘矣。《符子》。　方山有野人，见一使者异服，牵一白犬。野人问："居何地？"答曰："居偃盖山。"随至古松下而没。松形果如盖，意使者乃松精，犬乃茯苓也。《金陵记》。　孙兴公斋前种松一株，恒自手擁治之。高世远与邻居，谓孙曰："松树子非不楚楚可爱，但永无栋梁之用。"孙曰："枫柳虽合抱，亦何所施？"《世说》。　晋僧法潜隐郯山，或问胜友为谁，乃指松曰："此苍颜叟。"秦系结庐于九日山，有大松百余章，俗传东晋时所植。《泉州志》。　张荐明隐山林，有古松十余株，谓人曰："予人中之仙，此松木中之仙也。"《清异录》。　元珪法师坐禅于岩阿下，忽有岳神来拜，请受正。法师付戒毕，神曰："愿展小神通。"师曰："我东岭无松，此处多松。汝能移于东岭乎？"神曰："敬听命，愿勿恐。"拜辞而去。是夜，雷雨交至次日，见岩前松皆移东岭。　李泌尝取松胶枝以隐背，名曰养和。后得如龙形者，因以献帝。《唐书》。　蔡君谟为闽部使者，夹道种松以避歊毒，至今赖之。《闽志》。　岳州城南古寺有洞宾题诗云："独自行时独自坐，无限时人不识我。惟有城南老树精，分明知道神仙过。"说者云："寺有大古松，吕始至时，无能知者，有老人自松巅徐下致恭，故诗云然。"　崔希真十月一日大雪遇老父于门，献松花酒。老父曰："此酒无味。"乃于怀中取丸药置酒中，味极美。后问天师，曰："此葛真人第三子，药乃千岁松醪也。"《原化书》。　钟辐建山斋，手植一松。梦朱衣吏，曰："松围三尺，子当及第。"后三十年，策名，松果围然。　梁吴筠《吴兴道中诗》："白云光彩丽，青松意气多。"《三齐略记》：益州献蜀柳，武帝嗟，赏之曰："杨柳风流可爱，似张绪当年。"曰意气，曰风流，足为松柳传神。　元祐元年正月十二日，苏子瞻、李伯时为柳仲远作《松石图》。仲远取杜子美诗"松根胡僧憩寂寞，庞眉皓首无住着。偏袒右肩露双脚，叶里松子僧前落"之句，复求伯时画此数句，为《憩寂图》。子由题云："东坡自作苍苍石，留取长松待伯时。只有两人嫌未足，兼收前世杜陵诗。"因次其韵云："东坡虽是湖州派，竹石风流各一时。前世画师今姓李，不妨题作辋川诗。"文与可尝云："老夫墨竹一派，近在徐州。吾竹虽不及，石似过之。"此一卷公案，不可不令鲁直下一句。　支硎山有晋松三十余章，传为支遁所栽，高可巢鹤，大可蔽牛。土人腰斧入山，赖赵凡夫护之。射书关使君马仲良捐俸买脱，载树筑石，为古公坛，葛震父诸君皆有歌。陈眉公。　松化石，余曾于张雨若清江衙斋见之，大小凡五，松理而石质，云得之古庙中，大是奇物。雨若绘图而系以诗，好事者咸属和焉。张七泽。　张讥，字直言。后主幸钟山开善寺，召从臣从，敕讥谭议。时索麈尾未至，后主命取松枝属讥，曰："可代麈尾。"《陈书》。　彭城王勰从幸代都，次铜鞮山旁，有大松十余。帝赋诗，令人示勰且令和，曰："比至吾所。"当即就时，去帝十余步，且行且作，未至帝所即就，曰："问松材经几冬，山川何如昔？风云与古同。"帝曰："此诗亦责吾耳。"《后魏书》。　方储，丹阳人。母丧，负土成坟，种松柏奇树千株，鸾鸟栖其上，白兔游其下。《汉书》。　徐孺子墓在东郡，杜牧为守，植松墓前。《豫章记》。　甄琛丧父，茔兆之内，手植松柏。《后魏书》。　梁武帝每拜山陵，涕泪所洒，松为变色。《金楼子》。　东平王归国，每思京师。后薨，葬于东平，冢上松柏皆西靡。《坟墓记》。　山涛年老，居母丧过礼，手植松柏。《晋书》。　唐沙门性至孝，母亡，墓前忽生松柏十余株，人以为孝感所致。　丁固微时，梦松生腹上，占者曰："吉祥也。松于字为公，当位至三公。"后果符占者之言。《解梦书》。　新罗使者多携松子来中华，有玉角子、龙牙子。　自惠山寺门入西，曰听松。松在断冈上，大可十围，奇曲皆虬枝。入听松，缘冈皆士大夫家墓隧，松楸白杨，青沾翠洒。其最胜曰邵文庄墓，墓上三松，大逾听松者二倍，而奇峭不逮。

丽藻。散语：夏后氏以松。　岁寒，然后知松柏之后凋也。《论语》。　青州厥贡岱畎、丝枲、铅、松、怪石。《书》。　桧楫松舟。　如松柏之茂，无不尔或承。　茑与女萝，施于松柏。　陟彼景山，松柏丸丸。　徂徕之松。俱《诗》。　其为人也，如松柏之有心也，故贯四时不改柯易叶。《礼记》。　冀州，其材松柏。《周礼》。　襄二十九年，郑行人子羽曰："松柏之下，其草不殖。"《左传》。　智襄子为室美，士茁曰："记有之，高山峻原，不生草木，松柏之地，其土不肥。今土木胜，臣惧其不安人也。"《说苑》。　受命于地，唯松柏独也，在冬夏青青。　天寒既至，霜雪既降，吾是以知松柏之茂也。《庄子》。　至于松柏，经隆冬而不凋，蒙霜雪而不变，可谓得其贞矣。荀卿。　松柏为百木长也，而守宫闾。《史记》。　岁不寒，无以知松柏事，不难无以知君子。孙卿子。　青松落荫，白云谁侣？《北山移文》。　援青松而示心，指白水而旌信。《绝交论》。　秦为驰道，厚筑其外，隐以金椎，树以青松。为驰道之丽一至于此，使后世曾不得斜径而托足焉。贾山。　抚孤松而盘桓。陶渊明。　有天陵偃盖之松。《抱朴子》。　说：大抵松之为物，极地气不能移，历岁寒不为改，大类有道君子。顾当其始生，困蓬蒿，厄牛羊，摧折于斧斤者，往往而是。惟托根深山大壑，苏之以风雨，照之以日月，笼之以轻烟薄雾，而又饱饫雪霜，延历岁时，然后翠葳摩空，铁干拂汉，虬掀鳞射，天矫扶疏，为故国伟观，良亦不易矣。爱松者，当如何珍护耶？《爱松论》。　论：是木有夏云之姿，有构厦之材，绳墨太速，恐夭其理。今植于庭除之间，充耳目之玩，常见狎近，气色不振。若徙于嵩岱之间，沆瀣之华注于内，日月之光薄（十）〔于〕外，祥鸾嗷嗷戏于其上，流泉汤汤鸣于其下。岩岫重复，漠漠然清净，灵风四起，声掩竽籁。是时也，当境胜神王，拔地千丈，根实黄泉，枝摩青天，则可以柱明堂而栋大厦也。符载《植松论》。　传：木公，字贞夫，系出伏羲氏，世居东莞，三代前无显者。或曰：黄帝时有业斫轮者，为帝作舟车以济，不通。商时居景山者事高宗，周末居徂徕者事鲁僖公，俱擅雄材，为君柱明堂栋宗庙，安于泰山磐石，天下之民赖其帡幪，而功业弘大。嬴秦之世，族盛于鲁，始皇封泰山，幸其宅，值风雨，因休息移时，以功封大夫，命世其爵。汉高帝诛秦，恶其为秦幸臣，勒名禁锢，以是木姓皆匿深山穷谷中，终汉之世无所闻。晋季有孤生，与陶元亮居为邻。元亮解印归，日抚孤生，诗酒盘桓，藉以终余年。其后，陶隐居亦招木氏拔萃者数人馆庭下，为贫贱交。暇日，叶或播其风声，欣然顾曰："君辈可谓善鸣者而假之鸣。"二姓遂为累世通家。吴有十八公者，以占梦知书生丁固大显贵，后果应，人皆神之。唐德宗庙，崔斯立丞蓝田，有叶姓者日与吟哦。韩昌黎为文记之，自后知名颇多。公先世家蜀，父官江南，而公生长干黔色，多须髯，器宇恢宏，壮有劲节，老而苍颜癯姿，负正气，挺高标，炎寒不贰，与古烈士争茂简素，垂不朽名，惜其习隐不仕，龙卧空谷若干年。闻卫人苍庭筠有直名，大庾人白先春美丰度，乃请结岁寒盟。时群阴用事，众皆屈膝敛容，仓卒变萎，独三友坚持，凛冽犹阳春，人未尝见其有悴色。庭筠雪后节或折，辄笑曰："君子固穷，胡为乎然哉？"庭筠遂起自持。又见先春事粉饰，戏之曰："吾闻以貌取人，失之子羽。吾友果君子者乎？抑色庄者乎？"先春惭遽，谢曰："无伤也，前言戏之耳。"交益固。一日有相者见之，谓人曰："木公材大，当晚用，上必倚之为庙廊，巩洪基于万亿斯年，第先时不免有戕贼之灾。"公闻之惧，遂深自韬晦，以保天年云。洪骈。　记：云东逸史手植三松于堂，倦而就枕，梦三丈夫衣碧茸之衣，冠鳞皴之冠，摇水玉之佩，引二鳖角于于而来，离立而前曰："先生其陶隐居之流乎？不然，何孜孜于吾三人者如此耶？抑将如王祐之于三槐乎？吾三人者，挺岁寒而不移，干云霄而不屈。其色苍苍，不晨改而夕变；其声肃肃，不侈荡而泛滥；其势乔乔，不〔軏〕〔骴〕骹而促戚。何愧于槐？彼槐之南柯容蚁为国，憧憧往来，吾无是也。昔丁固十八公事，得之于兆，先应之于日，后视槐何如。今先生虽无数仞之胜，而有一堂之安，遂易退之心，得隐居之趣，且身亲培植，无吾子必做之语，何其高哉！愿先生养利器于盘错，保贞心于岁寒。众皆靡靡，吾独挺挺；众皆营营，吾独舒舒；众皆竞华敷荣，吾独完真葆素。不炫材力而材力饶，不求闻达而闻达茂，庶先生爱吾三人之意不虚哉！逸史方退缩不敢当，忽见鳖童持姑射之冰蕤，摇湘君之翠羽，翩翩焉周旋有仪，作长虬之舞而歌曰："鸟翼飞，兔足走。宁栽桑，莫栽柳，柳易凋零末何有。吾蜿蜒兮落君手，君吾树兮巨灵守。"再歌曰："仙仙兮山中，无山兮有庭。窿窿兮容容，吾得左盘右转兮如旋风，君之乐兮乐无穷。"三歌曰："凤鸣朝阳兮鹤鸣在阴，于吾和兮知吾心，请君为我兮试援所御之瑶琴。"歌竟，悚然惊寤，推枕而起，但见三树参差布列堂下。时天寒折胶，璧月流辉，不觉时就夕矣。因受柬而为之记。姚俊。　序：岁八月壬子，余游于蜀，寻茅溪之涧，深溪绝磴，人迹罕到。爰有松焉，冒霜停雪，苍然百丈，虽崇柯俊颖，不能逾其岸。呜呼斯松，托非其所，出群之器，何以别乎？盖有殊类而合情，士因感而成兴。遂为作赋。　说：夫天乔万类，惟松秉异，是以后凋之。旨著于鲁论，有心之言垂于戴记。荣枯不随乎冬春，霜露莫致其感爱。彼蒲柳之姿，先秋而萎；桃李之芳，竞春而妍；橘柚之质，过江而化：岂可并日而称？贞齐轨而语隽哉！若其永托根之慕，则明发于楸梧；笃连枝之爱，则恋结于棠棣；拓一本之恩，则滋植于芝兰；茂晚节之贞，则桑榆自王；裕奕叶之泽，则杞梓日倍至于饵。渗液以制颓龄，悟本性以敦嘉遁。幸匠石之不逢，冀散木之得永，则仙灵之最品，隐沦之获栖矣。王梦洋。王公名庭陈，黄州人。会魁。　赋：惟松之植于涧之幽，盘枯跨崄，沓秖凭流。寓天地兮何日，沾雨露兮几秋。见时华之屡变，知俗态之多浮。故其磊落殊状，森梢峻节，紫叶吟风，苍条振雪。嗟英览之希遇，保贞容之未缺。攀翠崿而形疲，指丹霄而望绝已矣哉！盖用轻则资众，器完①则施寡。信栋梁之已成，非榱桷之相假。徒志远而心屈，遂才高而位下。斯在物而有焉，余何为而悲者？　赞：松生险隘，岩狱穴械。病乎不快，率以为怪。拥肿支离，神羞鬼疑。道人咨嗟，笔写其奇。或怪于形，或奇于辞。吾为怪魁，是以赞之。陆龟蒙。　歌：天下几人画古松？毕宏已老韦偃少。绝笔长风起纤末，满堂动色嗟神妙。两株惨裂苔藓皮，屈铁交错回高枝。白摧朽骨龙虎死，黑入大阴雷雨垂。松根胡僧憩寂寞，庞眉皓首无住著。褊袒右肩露双脚，叶里松子僧前落。韦侯韦侯数相见，我有一匹好东绢。重之不减锦绣段，已令拂拭光凌乱，请公放笔为直干。杜子美。　斋前松树不盈尺，亭亭车盖层云似。虬枝婉婉世所希，嗟尔劲节乃如此。岂无凌霄姿，一旦成绕指。雷雨力排未敢争，龙蛇将蛰何当起。展转空向人，诘曲谁相理？直木从来忌先伐，曲干犹存愈于死。问君曲直安可为，大道委蛇谁则知？请君看取岁寒色，犹自青青似旧时。冯琢庵。　群松合抱支硎侧，十里浓阴半山黑。村翁记松不记年，依稀传是支公植。支公曾向松之下，调鹤调鹰复调马。皮皴甲蜕化鬐龙，谁知复有屠龙者。使君买松欲制亭，烟姿霜干仍青青。一朝顿脱伦父兀，要知树老多精灵。夜静空林觉人语，大松小松共尔汝。愿以长生报使君，结得茯苓如斗许。　老松作墙茆作尾，道人来自天台者。不煮黄精不剧苓，张口如箕坐松下。一片松涛胜古冰，细咀饱嚼风棱棱。吾将砺齿齿已折，只恐松枯化为石。俱陈眉公。　诗五言：青鸾倚长松。《韩诗》。　松筠起碧浔。　枝藜长松阴。　溪回松风长。　直讶松风凉。　松门似画图。　看松露滴身。俱杜甫。　愿君松柏心，采照无穷极。鲍熙。　穷秋正摇落，回首望松筠。　归号故松柏，老去若飘蓬。　巫山小摇落，碧色见松林。　中有绿发翁，披云卧松雪。　松柏本孤直，难为桃李颜。　勖君青松心，努力保霜雪。俱李白。　盘空作风雨，发地鸣鼓吹。黄山谷。　清风识劲节，负霜知贞心。范云。　白云光彩丽，青松意气多。吴筠。　又如垄底松，用舍在所寻。大哉霜雪干，岁久为枯林。李太白。　落日松风起，还家草露晞。云光侵履迹，山翠拂人衣。裴迪。　孤根裂山石，直干排风雷。我今百日客，养此千岁村。苏东坡。　南轩有孤松，柯叶自绵幂。清风无闲时，潇洒终日夕。阴生古苔绿，色染秋烟碧。何当凌云霄，直上数千尺。李白。　谁言碧山曲，不废青松直？谁言浊水泥，不污明月色？我有青松心，仍骋风霜力。贞明既如此，摧折安可得？近世交道丧，青松落颜色。人心忘孤直，本性随改易。既摧栖日干，未展擎天力。终是君子材，还思君子识。俱孟郊。　宛转循高阜，青葱结茂林。团云低盖影，挟雨送涛音。节抱风霜苦，根盘岁月深。亦知弘景意，山阁助清吟。申瑶泉。　莺语惊残梦，轻妆改泪容。竹阴初月薄，江静晚烟浓。湿嘴衔泥燕，香须采蕊蜂。独怜无限思，吟罢亚枝松。鱼玄机女冠。　四松初移时，大抵三尺强。别来忽三岁，离立如人长。会看根不拔，莫计枝凋伤。幽色幸秀发，疏柯亦昂藏。所

---

① 完，"四库全书"〔唐〕王勃《王子安集》卷二《涧底寒松赋并序》作"宏"。

插小藩篱，本亦有堤防。终无（怅）〔振〕拔损，得愧千叶黄。敢为故林主，黎庶犹未康。避贼今始归，春草满空堂。览物叹衰谢，及兹慰凄凉。清风为我起，洒向若微霜。足以送老姿，聊待偃盖张。我生无根蒂，配尔亦茫茫。有情且赋诗，事迹两可忘。勿矜千载后，惨淡蟠穹苍。杜少陵。　七言：新松恨不高千尺。　疏松隔水奏笙簧。　松林兰若秋风晚。俱杜少陵。　南窗萧瑟松风起，凭谁一听清心耳。李太白。　风韵飕飕远更清，苍颜瘦甲耸亭亭。刘彦冲。　根到九原无屈处，世间惟有蛰龙知。苏东坡。　夜雨崆峒仙路香，六陵松柏尚嘶风。冯琢庵。　落落出群非榉柳，青青不朽岂杨梅。欲存老盖千年意，为觅霜根数寸栽。杜少陵。　虬角龙鬐不可攀，亭亭千丈荫南山。应嗟无地逃斤斧，岂愿争明爝火间？王荆公《咏松明》。　直气森森耻屈盘，铁衣生涩紫鳞干。影摇千尺龙蛇动，声撼九天风雨寒。石曼卿。　万壑松涛碧欲流，石床冰簟冷千秋。卷帘飞瀑三千丈，恰对侬家竹里楼。　曾笑西湖九里松，槎枝数尺不成龙。只因枯顶时多月，照见南高峰外峰。俱陈眉公。　一派松风万壑生，云璈空际转分明。游人自解钧天奏，听入华胥总不惊。方广德。　含悲扶病把离觞，对月怜君客异乡。江路野梅休恋却，故园松菊耐秋霜。陈茂贞女郎。　何年苍叟住禅林，百尺婆娑万壑阴。四果总来成佛印，一宫应不受秦侵。灵根岁月跰跌久，老干风霜面壁深。谡谡向飙响空谷，犹闻清夜海潮声。屠赤水《咏罗汉松》。　词：婉娈北山松树下，石根结个岩阿。巧藏精舍恰无多，尚余檐隙地，种竹与栽梧。　高卧不须愁客至，客来野笋山蔬。三杯浊酒尽能沽，倦时呼鹤舞，醉后倩僧扶。陈眉公《临江仙》。

柏，一名椈树。椈，音菊。耸直，皮薄，肌腻。三月开细琐花，结实成球状，如小铃多瓣。九月熟。霜后瓣裂，中有子大如麦，芬香可爱。柏，阴木也。木皆属阳，而柏向阴指西，盖木之有贞德者，故字从白。白，西方正色也。处处有之。古以生泰山者为良，今陕州、宜州、密州皆佳，而乾陵者尤异。木之文理大者多为菩萨，云气人物鸟兽状态分明，径尺一株，可值万钱。川柏亦细腻，以为几案，光滑悦目。

柏子仁。子熟采，蒸曝，舂碾，取仁用。　柏叶。色绿不凋，夏秋采者良。种类非一，入药惟取叶。扁而侧生者名侧柏，功效殊别。古柏尤奇。孔明庙大柏，蜀汉时植，人多采入药，其味甘香，大异常柏。他如花柏，叶浓郁成朵，无子；丛柏树绿色，并不入药。　枝节。法制柏枝：嫩柏枝洗净控干，入梅卤晒干，甘草、桂心为细末，入净磁器中，一层药一层柏枝，紧封藏之。久不开则上盐花，可玩可食。煮汁酿酒，去风痹，历节风。　柏脂。身面疣目：同松脂研匀涂，数日自失。　柏液。疗疡疥虫癞，良。　根白皮。火灼疮：腊脂煎油调敷，液烧出油也。良。

种植。九月中柏子熟，采收。俟来年二三月间，用水淘过，取沉水者着湿地，二三日淘一次。候芽出，将𠛳熟地调成畦，水饮足，以子匀撒其中，覆细土半寸，再以水压下。二三日浇一次，常使土润，勿太湿太干。既生出土，四围竖矮篱护之，恐为虾蟆所食。常浇水，亦宜粪。俟长高数尺，分栽。　灌溉。性喜晒。一年中用晒过粪水浇三四次，则青翠蓊郁。秋时剪小枝二三尺，可插活。　收子：熟时顿采之易得，过时则零落，又易生虫。

制用。取子之沉者曝干，为末。每服方寸匕，渐增三五合。欲绝谷，恣食取饱，渴则饮水，久服延年。《千金异方》。

附录。桧：柏叶松身，叶尖硬。亦谓之栝。今人名圆柏，以别侧柏。　曲阜孔庙殿前一株，相传宣圣手植，纹皆左纽上耸，无枝而不死，每遇一代兴或圣君出，则发一枝。我朝太祖龙兴，世宗继统，曾两见，真大异事。　亳州太清宫有八桧，老子手植，根、株、枝、干皆左纽。《石曼卿集》：此桧不知年代。李唐之盛，一枝再生，至圣朝复有此异。《太清记》。　常州列帝庙有独孤桧，颍州灵坛观有再生桧。　七星桧在常熟县西致道观，梁天监中所植，奇古特甚，为虞山之胜。　松叶柏身为枞。桧、枞树皆高丈余，花叶皆同，但实稍大而色黄绿，肉虚为异耳。初甚酸涩，经霜可食，采药者不收。

疗治。三月、四月采新生柏叶，长三四寸许，并花蕊阴干，为末，白蜜丸如小豆大。日未出时烧香东向，持八十一丸，酒下。服一年延十年命，服二年延二十年命。欲得长肌肉，加大麻、巨胜；欲心力壮健，加茯苓、人参。此药除百病，益元气，滋五脏六腑，清耳明目，强壮不衰，延年益寿，神验。用七月七露水丸更佳，服时祝曰："神仙真药，体合自然；服药入腹，天地同年。"祝毕服药，断杂肉五辛。　五月五日采五方侧柏叶三斤，远志去心二斤，白伏苓去皮一斤，为末，炼蜜丸桐子大。仙灵脾酒下三十丸，日再服，并无所忌。勿示非人。　涎潮口禁，语言不出，手足蝉曳：得病之日便进此药，可使风退气和，不成废人。柏叶一握去枝，葱白一握连根，研如泥，无灰酒一升，煎二十沸，温服。如不饮酒，分作四五服，方进他药。　瘴疫：社中西南柏树东南枝，取曝干，研末。每服一钱，新水调下，日三四服。　霍乱转筋：柏叶捣烂裹脚上，及煎汁淋之。柏木汁亦可。　吐血：青柏叶一把，干姜二斤，阿胶一挺炙，水二升，煮一升，去滓，别绞马通汁一升，（令）〔合〕煎取一升，绵滤，一服尽之。又：柏叶，米饮服二钱，或蜜丸，或水煎服，并良。　烦满呕吐，胸中疼痛：柏叶为散，米饮服二方寸匕。　衄血：柏叶、榴花研末吹之。　尿血：柏叶、黄连焙研，酒服三钱。　大肠下血：随四时方采侧柏叶，烧研，米饮服二钱。王涣之病此，陈宜父传方二服，愈。又：卷柏、侧柏、棕榈等分，烧灰存性，为末。每服三钱，酒下。饭丸亦可。又卷柏、地榆焙等分，每两水一碗，煎数十沸，通口服。　酒毒下血，或下痢：嫩柏叶九蒸九晒二两，陈槐花炒一两，为末，蜜丸梧子大。每空心温酒下四十丸。　蛊痢下血，男子妇人小儿大肠下黑血茶脚色，或脓血如靛色：柏叶焙干为末，与黄连同煎为汁服。　小儿洞痢：柏叶煮汁代茶饮。　月水不断：侧柏叶炙、芍药等分，每三钱，水酒各半煎服。　室女：用侧柏叶、木贼炒微焦等分，为末。每服三钱，米饮下。　汤火灼：柏叶生捣涂之，系定，二三日止痛灭瘢。　鼠瘘核痛未成脓：以柏叶捣涂，炒盐煨之，气下即消。　大风疬疾，眉发不生：侧柏叶九蒸九晒，为末，炼蜜丸梧子大。每服五丸至十丸，日三夜一，服百日即生。　头发不生：侧柏叶阴干作末，和麻油涂之。　头发黄赤：生柏叶末一升，猪膏一斤，和丸弹子大。每以布裹一丸，纳泔汁中化开沐之，一月色黑而润。　齿䘌肿痛：柏枝烧热，纳蛀孔中，须臾虫缘枝出。　恶疮有虫，久不愈：柏枝节烧取油敷之，三五次，愈。亦治牛马疥。

典故。甲申，天子升于大北之隥，大北，太行山也。隥，音登。而降休于两柏之下。《穆天子传》。　鲁郡孔子旧庙有柏二十四株。历汉晋，其大连抱，土人崇敬之，莫敢犯。　我朝高皇帝将兵取婺州，过兰溪，见古柏甚奇，驻兵其下。有方姓老人拜伏曰："此圣天子也。"喜之，赠以诗筐，令得游天下柏。后创亭绕之，而空其中。夜半，人望之，辄有苍龙伏其上。王世懋诗云："何年古柏尚青青，曾是高皇玉辇停。不信圣恩偏雨露，枝枝都作老龙形。" 汉诸陵皆属太常，有盗柏者弃市。《三辅旧事》。 汉武帝造柏梁殿、柏梁台，香闻十里。 汉武帝宴未央前殿。雨新止，东方朔执戟在殿阶独语。上呼问之，答曰："殿后柏树有鹊立枯枝上，向东鸣。"上遣视，如朔言。上问："何以知之？"朔曰："以人事知之。风从东方来，鹊尾长，背风则踬。必当向风而立，是以知东向鸣。新雨生枝滑，枯枝涩，是以知立枯枝。"上大笑。 陈留虞延为郡督邮。光武巡狩至外黄，问园陵柏树株数，延悉晓之，由是见知。《后汉书》。 御史台列植柏树，号曰柏台，又曰柏府。 桑道茂居有二柏甚茂，曰："人居而木蕃者去之，木盛则土衰，土衰则人病。"乃埋铁数十斤，曰："后有发其地死者。"太和中，温造居之，发铁而死。《异闻录》。 孤山有陈庙柏二株，其一为人所薪。僧志诠作堂其侧，名曰柏堂。东坡为作诗。《燕谈》。 田鸾入华山，见黄冠师语曰："柏叶长生药也。"因教以服食之法，后得道仙去。《杂说》。 泰山庙种柏千株。 晋华林园有柏树二株。 王俭，字仲宝。司徒袁（餐）〔粲〕见之，曰："宰相材也。栝柏豫章虽小，已有栋梁之器。"《齐书》。 王晏为员外郎，父谱耀斋前柏树忽变梧桐，论者以为梧桐虽有栖凤之美，而失后凋之节。晏后果不能善终。 予来汝南，地平无山，清颖之外，无以娱予者。而地近亳社，特宜桧柏，自拱把而上，辄有樛枝细纹。治事堂前二柏与荐福两桧，尤为殊绝。孰使予安此寂寞而忘归者，非此君欤？汝南松柏，苏轼。 粤西藩、臬二司外守巡道俱无衙宇。余间入会城，尝憩于两广公署，前庭有榕桧二树骈生，蟠根合体，互相纠结，异枝交荫，苍翠成帷。每婆娑其下玩之，不忍去。 尝游孔林，获观夫子手植桧，挺然独立。其色如铁，虽枝干已萎，而神理内含，隐隐若有生气。俱张七泽。 嵩山天封观有古柏三株，武后封五品大夫，荫百余步，俗云大小将军。《河南志》。 李德裕平泉有雁翅桧、珠子柏。 南宋时，高丽进阴阳柏二株，初仅二尺，种之永怀寺殿庭左右。久之，高与殿等。每左花则右实，右花则左实。《昆山县志》。 寇莱公知巴东县，手植双柏于庭，民比之甘棠，谓之莱公柏。后大火，柏与公祠俱焚。莆阳郑赣为令，不忍伐，种凌霄花于下，使附枝而上，以美公之遗德，且慰邦人之去思云。

丽藻。散语：殷人以柏。《论语》。 荆州厥贡杶栝柏。杶，音春。栝，音括。《禹贡》。 泛彼柏舟。 新甫之柏。《诗》。 四时常保其青青。《庄子》。 天陵偃盖之松，大谷倒生之柏，与天齐其长，与地等其久。 歌行：有柏生崇冈，童童状车盖。偃蹇龙虎姿，主当风云会。神明依正直，故老多再拜。岂知千年根，中路颜色坏。出非不得地，蟠据亦高大。岁寒忽无凭，日夜柯叶改。丹凤领九雏，哀鸣翔其外。鸱鸮志意满，养子穿穴内。客从何乡来？伫立久吁怪。静求元精理，浩荡难倚赖。 孔明庙前有老柏，柯如青桐根如石。霜皮溜雨四十围，黛色参天二千尺。君臣已与时际会，树木犹为人爱惜。云来气接巫峡长，月出寒通雪山白。忆昨路绕锦亭东，先主武侯同閟宫。崔嵬枝干郊原古，窈窕丹青户牖空。落落盘踞虽得地，冥冥孤高多烈风。扶持自是神明力，正直原因造化功。大厦如倾要梁栋，万牛回首丘山重。不露文章世已惊，未辞翦伐谁能送？苦心岂免容蝼蚁，香叶终经宿鸾凤。志士幽人莫怨嗟，古来材大难为用。俱杜甫。 赋：江夏王锋，以明帝擅权，忽忽不乐，著《修柏赋》以见志，云：既殊群而抗立，亦含贞而挺正。岂春日之自芳？亦霜下而为盛！冲风不能摧其枝，积雪不能改其性！虽壖坎于当年，庶后凋之可永。《齐书》。 诗五言：飘零还柏酒，衰病只藜床。 翠柏苦酒食，明霞高可餐。 唯余旧时柏，萧飒九原中。俱杜少陵。 七言：晋朝名辈此离群，相对浓阴去几分。题处尚寻王内史，画时应是鲍参军。长廊夜静声凝雨，古殿秋深影胜云。一下南台到人世，晚泉清韵更谁闻。温庭筠。

附。咏桧诗：植桧三尺强，已有凌云气。生世能几何，拟作千年计。众人笑拍手，君子用其意。萧萧孤竹君，忘言默①相契。名以金石交，椿杨皆奴婢。缅怀万仞颠，千丈蔚苍翠。盘根泉石底，用意霜雪外。宁须大厦材，坐待斧斤至。散为风雨声，密作牛马蔽。陈无己。 汝阴多老桧，处处屯苍云。地连丹砂井，物化青牛君。时有再生枝，还作左纽纹。王孙有古意，书室延清芬。应怜四孤子，不堕凡木群。体备松柏姿，气（合）〔含〕②芝术薰。初扶鹤立骨，未出龙缠筋。巢根白蚁乱，网叶青虫纷。乃知蔽芾初，甚要封植勤。他年皮三寸，狐鼠了不闻。苏东坡。 七桧石坛边，森然星斗列。劫火烧不枯，虬枝已成铁。李傑。 琳宫桧森森，蟉枝郁苍翠。植时应斗宿，数列三之四。龙鳞缀苔圆，香叶凝烟细。节操历冰霜，大材难小试。匠石偶来见，错愕相惊视。施宜。 仙坛有古桧，森列同七星。云是梁时种，古怪如龙形。东苏护朽骨，新枝复青青。造化呈奇观，拱卫烦山灵。谁栽若此树？阅岁逾千龄。吴纳。 君家大桧长百尺，根如车轮身弦直。壮夫连背不肯抱，孤鹤高飞直下立。苏颍滨。 淮南庭中有苍桧，仰视团团翠为盖。直干每容鸾凤栖，盘根深压鲸鳌背。郭功父。 盆山高叠小蓬莱，桧柏屏风凤尾开。绿绕金（街）〔阶〕③春水阔，新分一脉御沟来。吴魏庵。 窣④云交干瘦轮囷，啸雨吟风已百春。深盖屈盘青麈尾，老皮张展黑龙鳞。唯将寒色资琴兴，不教秋声染俗尘。岁月如波事如梦，竟留苍翠待何人？秦韬玉。 天挺良材耸百寻，托根仙宿历年深。能兼老柏冰霜操，不让寒梅铁石心。夜静绕坛星布列，月明满地翠阴森。工师若选明堂用，为栋为梁价万金。章珪。

椿，一作橁，一作杶，一作櫄，今俗名香椿。易长而有寿，南北皆有之。木身大而实，其干端直，纹理细腻，肌色赤，皮有纵纹易起，叶自发芽及嫩时皆香甘，生熟盐腌皆可茹，世皆尚之。无花荚。叶苦，温，无毒，多食动风，壅经络，令人神昏，和猪肉、热面频食则中满。椿用叶。

附录。樗：亦椿类，气臭，俗名臭椿，一名虎目树，一名大眼桐。皮粗，肌虚而白。其叶臭恶，荒年人亦采食。膳夫采取瀹熟，另用冷水浸去气息，亦可油醋拌食，但无味耳。有花者无荚，有荚者无花。药中用根及荚叶。 栲：山樗也。似樗，色小白，叶差狭，吴人取以为茗。木虚大，梓人亦或用之，然（瓜）〔爪〕之腐朽，故古人以为不材之木。

疗治。白秃不生发：取椿、桃、楸三叶心捣汁频涂。 男子白浊，女子白带：椿

---

① 默，"四库全书"［宋］陈师道《后山集》卷二《次韵德麟植桧》作"理"。
② 合，应作"含"。"四库全书"［宋］苏轼《东坡全集》卷一九《和赵景贶栽桧》作"合"。
③ 街，应作"阶"。"四库全书"［宋］王珪《华阳集》卷五《宫词》作"阶"。
④ 窣，"四库全书"［宋］祝穆《古今事文类聚》后集卷二三《林木部》录秦韬玉《桧》作"翠"。

根白皮、滑石等分，为末，粥丸桐子大。空心白汤下一百丸。又方：椿根白皮一两半生用，干姜、白芍药、黄（蘗）〔檗〕俱炒黑，各二钱，为末。如上法丸服。　肠风下血：樗荚半生半烧，为末。每服二钱，米饮下。　误吞鱼刺：樗树子烧研，酒服二钱。又方：用樗树子阴干，半碗擂碎，热酒冲服。良久，连骨吐出。　洗头明目：用凤眼草荚烧灰，淋水洗头。经一年，眼如童子。加椿皮灰尤佳。正月七日、二月八日、三月四日、四月五日、五月二日、六月四日、七月七日、八月三日、九月二十日、十月二十三日、十一月二十九日、十二月十四日，洗。　疥癣风疽：樗木根叶煮水洗，良。　去鬼气：樗根一握细切，童便二升，豉一合，浸一宿，绞汁，一沸，三五日一服。　小儿疳疾：樗白皮日干二两为末，粟米淘净研浓汁，丸梧子大。十岁三四丸，米饮下。量大小加减，仍以一丸纳竹筒中，吹入鼻内，三度良。　小儿疳痢重者：用樗白皮捣粉，以水和枣作大馄①饨，日晒少时，又捣，如此三遍。以水煮熟，空肚吞七枚。重者不过十服。忌油腻、热面、毒物。又方：用樗根浓汁一蚬壳，和粟米泔等分，灌下部，再度即瘥，其验如神，大人亦宜。　休息痢，日夜无度，腥臭不可近，脐腹撮痛：用樗根白皮、诃黎勒各半两，母丁香三十个，为末，醋糊丸梧子大。每服五十丸，水饮下。又方：用樗根白皮，东南行者长流水内漂三日，去黄皮焙，为末。每一两加木香一钱，粳米饮为丸。每服一钱二分，空腹米饮下。　水谷不利，及每至立秋前后即患痢兼腹痛：樗根一大两捣筛，好面捻作馄饨皂子大，水煮熟。每日空心服十枚，并无禁忌，神效。　下痢清血，腹中刺痛：樗根白皮洗刮晒研，醋糊丸梧子大。每空心米饮下三四十丸。一加苍术、枳壳减半。　脏毒下痢赤白：用樗根洗刮取皮，日干，为末。米饮下一钱，立效。　脏毒下血：樗根白皮，酒浸晒研，枣肉和丸梧子大。每淡酒服五十丸。酒糊丸亦可。　下血经年：樗根三钱，水一盏，煎七分，入酒半盏服，或作丸服。虚者加人参等分。　血痢：腊月日未出时，取背阴地北引根皮，东流水洗净，挂风处阴干，为末。每二两入寒食面一两，新汲水丸桐子大，阴干。每服三十丸，滚水候倾出，温送下。忌见日，则无效。　大便下血：樗白皮焙干四两，苍术米泔浸焙，枳壳面炒，各一两，为末，醋糊丸桐子大。每服五十丸，米饮下，日三。　产后肠脱：樗枝取皮焙干一握，水五升，连根葱五茎，汉椒一撮，同煎至三升，去滓倾盆内，乘热薰洗，冷再热。一服可洗五次，洗后睡少时。忌盐醋酱曲、鲜发风毒物，及用心劳力等事。年深者亦治。

典故。洛阳一妇，年四十余，耽饮无度，多食鱼蟹，蓄毒在脏，日夜二三十泻，大便与脓血杂下，大（脏）〔肠〕连肛门痛不堪忍。医以止血痢药不效，又以肠风药则益甚，盖肠风则有血无脓。如此半年，气血渐弱，食减肌瘦。服热药则腹愈痛，血愈下；服冷药即注泄食减；服温平药则病不知。如此期年，垂命待尽。或教服人参散，一服知，二服减，三服脓血皆定，遂尝服之而愈。其方治大肠风虚，饮酒过度，挟热下痢脓血，痛甚，多日不瘥。用樗根白皮一两，人参一两，为末。每服二钱，空心温酒调服，米饮亦可。忌油腻、面食、生冷甜物、五辛、蒜薤等。

丽藻。散语：上古有大椿者，以八千岁为春，八千岁为秋，八千春秋者，拆椿字为两个

① 馄，同"馄"。

八百，乘之以十，则两个八千。此庄子滑稽处。而彭祖乃今以久特闻，众人匹之，不亦悲乎？　　惠子谓庄子曰："吾有大树，人谓之樗。其大本拥肿而不中绳墨，其小枝卷曲而不中规矩，卷，音拳。立之涂，匠者不顾。今子之言大而无用，众所同去也。"庄子曰："子独不见狸狌乎？狌，生、星二音。卑身而伏，以候敖者；候敖，伺遨游之物而食之。敖，音遨。东西跳梁，不辟高下；中于机辟，辟，音闢。死于网罟。今夫斄牛，斄，音离。其大若垂天之云。此能为大矣，而不能执鼠。今子有大树，患其无用，何不树之于无何有之乡，广莫之野，无何、广莫，谓寂莫无用之地。彷徨乎无为其侧，逍遥乎寝卧其下？不夭斤斧，物无害者，无所可用，安所困苦哉？俱《庄子》。　　诗五言：从今八百岁，合抱是灵椿。苏东坡。　　荚荚楚南树，杳杳含风韵。何用八千秋，腾凌诧朝菌。晏元献。　　七言：野人独爱灵春馆，馆西灵椿笋危干。风楺雨炼三月余，奕奕中庭荫华伞。刘原父。

楸，生山谷间，今处处有之。与梓树本同末异。周宪王曰：楸有二种，一刺楸，树高大，皮色苍白，上有黄白斑点，枝间多大刺，叶薄。《埤雅》云：楸有行列，茎干乔耸凌云，高华可爱。至秋垂条如线，谓之楸线。其木湿时脆燥则坚，良木也。白皮及叶味苦，小寒，无毒。主治吐逆，杀三虫及皮肤虫，傅恶疮疽痈肿，除脓血，生肌肤，长筋骨，有拔毒排脓之功，为外科要药。

制用。木可作棋秤。　　叶味甘，嫩时取以炸熟，水淘净拌食。周宪王《本草》。

附录。榎：榎，檟也，亦楸属。叶大而早脱，故谓之楸；叶小而早秀，故谓之榎。《尔雅》云：叶小而皵，皵，音昔，皮粗也。榎；叶大而皵，楸。董子曰：木名三时，草命一岁。若椿从春、榎从夏、楸从秋，所谓"木名三时"也；芋从子、萑从寅、茆从卯、菡从酉、萏，音犹。芋从丁、茂从戊、芑从己，芑，音起。莘从辛、葵从癸之类，命以一岁支干，故曰"草命一岁"也。《埤雅》。

疗治。瘘疮：楸枝作煎频洗，取效。　　白（瘢）〔癜〕风疮：楸白皮五斤，水五斗，煎五升，去滓，煎如稠膏，日日摩之。　　上气咳嗽，腹满羸瘦者：楸叶三斗，水三斗，煎三十沸，去滓，煎至可丸如枣大，以筒纳入下部中，立愈。　　一切毒肿，不问硬软：取楸叶十重傅肿上，旧帛裹之，日三易之，当重重有毒气为水流在叶上。冬月取干叶，盐水浸软，或取根皮捣烂傅之，皆效。止痛消肿，食脓血胜于众药。　　瘰疬瘘疮：秋分前后，早晚令人持袋摘楸叶，秤十五斤，以水一石，净釜中煎取三斗，换锅煎取七八升，又换锅煎取二升，纳不津器中。用时先取麻油半合、蜡一分、酥一栗子许同消化，又取杏仁七粒、生姜少许同研，米粉二钱入膏中搅匀。先涂疮上，经二日拭却，即以篦子勻涂楸煎满疮上，软帛裹之。一拭，更上新药，不过五六上，已破者即生肌，未破者内消。瘥后须将慎半年，采药及煎时并禁孝子、妇人、僧道、鸡犬见。　　炙疮痈痛不瘥：楸叶头及根皮为末傅之。　　头痒生疮：楸叶汁频涂。（见）〔儿〕发不生：楸叶中心汁频涂。　　小儿目翳：嫩楸叶三两捣烂，纸包泥裹，烧干去泥，入水少许绞汁，（锢）〔铜〕器慢熬如稀饧，瓷盒收之。每旦点。　　小儿秃疮：楸叶捣汁涂。

典故。有人患发背溃坏，肠胃可窥，百方不效。一医用立秋日未出时采楸叶熬为膏，傅其外，内以云母膏作小丸，服尽四两，遂愈。一切疮痈并治。

丽藻。诗七言：楸树馨香倚钓矶，斩新花蕊未应飞。不如醉里风吹尽，可忍醒时雨打稀。　　青幢紫盖立童童，细雨浮烟作彩笼。不得画师来貌取，定知难见一生中。　　几岁生成为大树，一朝缠绕因长成。谁人与脱青罗帔，看吐高花万万层。　幸自枝条能竖立，可烦萝蔓作交加。傍人不解寻根本，却道新花胜旧花。俱韩文公。

　　樟，树高丈余，小叶似楠而尖长，背有黄赤茸毛，四时不凋。夏开细花，结小子。肌理细腻有文，故名樟。可雕刻，气甚芬烈。大者数抱。西南处处山谷有之。可为居室器物，又可制船。易长根，侧分小木种之。老则出火，种勿近人家。辛，温，无毒。霍乱及干霍乱须吐者，樟木屑煎浓汁吐之，甚良。中恶鬼气卒死者，樟木烧烟薰之，待苏用药。此物辛烈香窜，能去湿气、辟邪恶故也。宿食不消，常吐酸臭水，酒煮服，煎汤浴脚。疥癣风痒，作履除脚气。豫、章二木，生七年乃可辨。豫，一名乌樟，又名钓樟。李时珍曰：钓樟即樟之小者。茎叶置门上，避天行。

　　樟脑。樟树脂也，似龙脑，色白如雪，出韶州、漳州。辛，热，无毒。通关窍，利滞气，治中带邪血，寒湿脚气，霍乱心腹痛，疥癣风瘙，龋齿，杀虫辟蠹。

　　修治。煎樟脑法：新樟木切片，井水浸三日三夜，入锅煎之，柳木频绞①。待汁减半，柳上有白霜，滤去滓，倾汁入新瓦盆，经宿，自然结成块。　炼樟脑法：用铜盆以陈壁土为粉糁之，糁樟脑一重，又糁壁土，如此四五重。以薄荷安土上，再用一盆覆之，黄泥封固，火上款款炙之。须以意斟酌，不可太过、不及，勿令出气。候冷取出，则脑皆升于上盆。如此两三次，可充片脑。　凡用，每一两以二碗合住，湿纸糊口，文武火煅之半（侍）〔时〕许，冷定，取出用。

　　制用：烧烟薰衣箧席簟，能辟壁虱虫蛀。

　　疗治。手足痛风如虎咬：急流水一石，煎极滚，泡樟屑一斗，乘热安足于桶上薰之，草荐围住，勿令汤气入目，其功甚捷。　风劳面色青白，肢节沉重，（肾）〔脊〕②间痛，或寒或热，或躁或嗔，思食不能食，被虫侵蚀，证状多端：天灵盖酥炙研二两，牛黄、人中白焙各半两，麝香二钱，为末。别以樟木、皂荚木、槐木各瘤节各为末五两。每以三钱，水一盏，去滓，调前末一钱，五更顿服，取下虫物为妙。　樟脑烧烟薰衣席，能辟壁虱、蛀虫。　秃疮：樟脑一钱，花椒二钱，芝麻二两，为末。退猪汤洗净，搽。　虫牙痛：樟脑、朱砂等分搽，神效。又：樟脑、黄（舟）〔丹〕、肥皂去皮核等分，研匀，蜜丸塞孔中。

　　典故。建昌邑人李公懋入朝，高宗问："樟公安否？"李奏以"枝叶扶疏，岁寒独秀"。黄庭坚有记。

　　丽藻。诗七言：豫章翻风白日动，鲸鱼跋浪沧溟开。杜甫。

　　枏，生南方，故又作楠。黔蜀诸山尤多。其树童童若幢，盖枝叶森秀不相碍，若相避然。又名交让木，文潞公所谓"移植虞芮"者，以此。叶似豫章，大如牛耳，一头尖，经岁不凋，新陈相换。花黄赤色。实似丁香，色青，不可食。干甚端伟，高者十余丈，粗者数十围。气甚芬芳，纹理细致，性坚，耐居水中。今江南造船皆用之。堪为梁栋，制器甚佳，盖良材也。子赤者材坚，子白者材脆，年深向阳者结成旋纹，为"斗柏楠"。

---

① 绞，"四库全书"《本草纲目》卷三四《木之一·樟脑》作"搅"。
② 肾，应作"脊"。"四库全书"〔明〕朱橚《普济方》卷二二九《虚劳门》引《圣惠方》作"脊"。

疗治。水肿自足起：削楠木、桐木煮汁渍足，并饮少许，日日为之。　心胀腹痛，未得吐下：取楠木削三四两，水三升，煮三沸，饮。　停耳出脓：楠木烧研，以绵杖缴入。

典故。交让木即楠木，两树相对，一枯则一生，故曰交让。岷山有之。其木直上，柯叶不相妨。又有云黄金山楠木，一年东荣西枯，一年西荣东枯。　成都国宁观有古楠四，石刻云仙人蘧君手植。　凡楠木最巨者，商人采之，凿字号，编筏而下。既至芜湖，每年清江主事必来选择，买供运舟之用。南部又来争，商人甚以为苦，剔巨者沉江干，俟其去，没水取之，常失去一二。万历癸酉，一舟飘没。中有老人，素持斋，守信义，方拍水，若有一人扶之。至一潭口，榜曰木龙府，殿上人冕旒甚伟，面有黑痕，宛然所凿字号也。传呼曰："曾相识否？"老人顿首曰："榜已明矣，唯大王死生之。"又传呼曰："汝善人，数尚可延，速归。"令一人负之而出，俄顷抵岸，则身在大木上，衣服皆不濡。既登岸，一无所见。　海虞王之稷通判贵阳，运木渡黄河，其最大梓木二忽陷泥中，千人不可出。为文祭之，乃见梦，曰："吾三千年为群木领袖，今乃逐，逐随其后，终当别去。必欲相烦，应天子命，非巨舟载不可。"如其言，拽而登舟，举缆，一呼如跃。舟行甚疾，绝无阻滞。

丽藻。记：予在成都，尝以事至沉犀，过国宁观，有古楠四，皆千岁木也。枝扰云汉，声夏风雨，根入地不知几百尺，而阴之所芘①车且百辆。予爱而不能去者弥月，欲为作诗文，会多事，不果。尝以语道人蘧昌老，窃以为恨。予去蜀三年，昌老万里以书属予曰："国宁之楠，几伐以营缮，郡人力全之，仅乃得免，惧卒不免也。子为我终昔日之意乎？"予发书，且叹且喜，曰：勿剪憩棠，恭敬惟梓，爱其人及其木，自古已然。姑以蜀事言之。唐节度取孔明祠柏一小枝为手板，书于图志，今见非诬。蒋堂守成都有美政，止以筑铜壶关，伐江渎庙木，坐谣言罢。且王建、孟知祥父子专有西南，穷土木之功。沉犀近在国城，数十里间而四楠，不为当时取，彼犹有畏而不敢者。况今圣主以恭俭化天下，岂其残灭千载遗迹，侈大栋宇而为王孟之所难哉？意者情出于吏胥，梓匠欺罔专恣，以自为功而已。使有以吾文告之者，读未终篇，禁令下矣，然则其可不书。宋陆游记。　赋：繄楠之生也，含津玄冥，托根昆仑，气之所凑，殷殷屯屯。羌渍渟之欻发，触巨石而块分。得贞刚以为性，匪蓊葺之为伦。迨夫雨以膏之，雷以震之，风以挠之，霜以严之。扶疏蠹特，轮轮囷囷，虬枝上耸，迥无旁纷。凝若木之晶魄，翕淑气之芳芬。肤理润玉，体干坚金。繄楠之茂也，势参岱华，光拍沧溟，上悬三光，下蟠九地。青鸾白鹤，朝夕是憩，夫岂鷦鹩之敢寄也。贞松巨柏，戢戢相比，夫岂蔓草之敢丽也。庄生索之而骇眙，匠石过焉而睥睨。顾神物之伟奇，斧欲挥而终忌。是宜栋梁乎？清庙为九垓之大庇。繄楠之寿也，沈液内盎，姿华外妍。颛顼不肃，祝融不然。枝拂常春之雾，根渍不涸之泉。玄龟蟠其下，卿云覆其巅。丰隆为之呵护，王孙怵而不前。望之苍苍然，叩之硁硁然。腾神光兮夜曙，播蕃阴兮昼暝。老聃曾息荫于鬐魮，王母于兹表道兮屡焉。笑蟠桃之难熟，轻铜狄之千年。谅玄精之丕构，与日月而周旋。王烨。　诗五言：楠树色冥冥，江边一盖青。近根开药圃，接叶制茅庭。

---

① 芘，通"庇"。

落景阴犹合，微风韵可听。寻常才醉困，卧此片时醒。杜少陵。 笼笼抱灵秀，簇簇抽芳肤。寒月吐再艳，赪子流细珠。鸳鸯花数重，翡翠叶四铺。雨洗新妆色，一株如一姝。耸异敷庭院，倾妍来座隅。散彩饰几案，余辉盈盘盂。孟郊。 梗楠枯峥嵘，乡党皆莫记。不知几百岁，惨惨无生意。上枝摩黄天，下根蟠厚地。巨围雷霆折，万孔虫蚁萃。冻雨落流胶，冲风奋佳气。白鹄遂不来，天鸡为愁思。犹含栋梁具，无复霄汉志。良工古昔少，识者出涕泪。种榆水中央，成长何容易！截承金露盘，袅袅不自畏。杜子美。 七言：伞盖低垂金翡翠，薰笼乱搭旧衣裳。春芽细炷千灯焰，夏蕊浓烧百合香。白乐天。 近郭城南山寺深，亭亭奇树出禅林。结根幽壑不知岁，耸干摩天凡几寻。翠色晚将岚气合，月光时有夜猿吟。经行绿叶望成盖，宴坐黄花长满襟。此木尝闻生豫章，今朝独秀在巴乡。凌霜不肯让松柏，作宇由来称栋梁。会待良工时一盼，应归法水作慈航。史俊。 楚江长流对楚寺，楠木幽生赤崖背。临溪插石盘老根，苔色青苍山雨痕。高枝闹叶鸟不度，半掩白云朝与暮。香殿萧条转密阴，花龛滴沥垂清露。闻道偏多越水头，烟生霭敛使人愁。月明忽忆湘川夜，猿叫还思鄂渚秋。看君幽霭几千丈，寂寞穷山今夜赏。亦知钟梵报黄昏，犹卧禅林恋奇响。严武。 倚江楠树草堂前，故老相传二十年。诛茅卜居总为此，五月仿佛闻寒蝉。东南飘风动地至，江翻石走流云气。干排雷雨犹力争，根断泉源岂天意。沧波老树性所爱，浦上童童一青盖。野客频留惧雪霜，行人不过听竽籁。虎倒龙颠委榛棘，泪痕血点垂胸臆。我有新诗何处吟？草堂自此无颜色。杜子美。

梧桐，一名青桐，一名榇。皮青如翠，叶缺如花，妍雅华净，赏心悦目。人家斋阁多种之。其木无节直生，理细而性紧。四月开花，嫩黄，小如枣花，坠下如醭。五六月结子，荚长三寸许，五片合成，老则开裂如箕，名曰橐鄂。橐，音羔。鄂，音岳。子缀其上，多者五六，少者二三，大如黄豆，云南者更大。皮皱，淡黄色。仁肥嫩，可生啖，亦可炒食。《遁甲书》云：梧桐可知月正闰。岁生十二叶，一边六叶，从下数，一叶为一月，有闰则十三叶，视叶小处则知闰何月。立秋之日，如某时立秋，至期一叶先坠，故云"梧桐一叶落，天下尽知秋"。

种植。正、二月内，以黄土拌钜末少许，或盆或地上俱可种，上覆土末寸半许，时时用水浇灌，使土长湿。待长尺余，移栽。冬间不用苦盖。

制用。桐子微炒，布包少许，砖地上轻轻板之。简出仁未破者，再板，陆续收取。

附录。白桐：一名华桐，一名泡桐。叶三权，大径尺。最易生长。皮色粗白。木轻虚，不生虫蛀，作器物、屋柱甚良。二月开花，如牵牛花而色白，华而不实。贾勰云：桐叶华而不实者曰白桐，无子；冬结似子者，乃明年华房。《尔雅》曰"荣桐木"即此。华而不实，故曰荣桐木也。木之荣者多矣，独桐名荣者，桐以三月华。蔡邕《月令》曰：桐始华。桐，木之后华者也。稚之，故曰始。《周书·时训》曰：清明之日桐始华。桐不华，岁有大寒，盖不华则阳气微，阳气微则寒可知也。造琴瑟以华桐，生山间者为乐器则鸣，孙枝为琴则音清。 冈桐：一名油桐，一名荏桐，一名罂子桐，一名虎子桐。罂言其状，虎言其毒。树小，长亦迟，早春先开淡红花。实大而圆，每实中二子或四子，大如大枫子。肉白味甘，食之令人吐。人多种之，取子作桐油，入漆及油器物、舱船，为时所须。人多伪为之，惟以蔻圈掸起，如鼓面者为真。 海桐：生南海及雷州，近海州郡亦有之。叶大如手，作三花尖，长青不凋。皮若梓白而坚韧，可作绳，入水不烂。花细白，如丁香而嗅味不甚美，远观可也。人家园内多植之。皮堪入药，采取无时。　刺桐：叶如梧桐，其花附干而生，侧敷如掌，形若金凤。枝干有刺，花色深红。嵇含《南方草木状》云：九真有刺桐，布叶繁密。三月开花，赤色照映，三五房凋，则三五房复发。陈翥《桐谱》云：刺桐生山谷中，文理细紧，而性喜折裂。体有巨刺，如榄树。其实如枫。　赪桐：身青，叶圆大而长。高三四尺，便有花成朵而繁，红色如火，为夏秋荣观。　迷穀：出招摇山，亦名鹊山。树如梧，又如楮，其花四照，佩之令人不迷。

占候。梧桐花初生，色赤主旱，色白主水。

制用。云南牂牁人取花中白氄，淹（渍）〔渍〕，绩以为布，似毛服，谓之华布。　桐花可敷猪疮，饲猪肥大三倍。

疗治。手足浮肿：桐叶、小豆煮汁渍之，并饮少许。　痈疽发背，大如盘，臭腐不可近：桐叶醋蒸贴上，退热止痛，渐渐生肉收口，极验。　发落不生：桐叶一把，麻子仁三升，米泔煮五六沸，去滓，日日洗。　发白染黑：经霜桐叶及子多收，捣碎甑蒸，生布绞汁沐头。　肿从脚起：削桐木煮汁渍之，并饮少许。　伤寒发狂六七日，热极狂言，见鬼欲走：取枫皮削去黑，擘断，四寸一束，以酒五升，水一升，煮半升，去滓顿服，当吐下青黄汁数升，即瘥。　眼见诸物禽虫飞走，乃肝胆之疾：青桐子花、酸枣仁、玄明粉、羌活各一两，为末。每服二钱，水煮和滓，日三服。　痈肿初起：桐油点灯，入竹筒内薰之，得出黄水即消。　血风臁疮：胡粉煅过，研，桐油调作隔纸膏贴之。又方：船上陈桐油，石灰煅过，人发拌桐油炙干，为末。仍以桐油调作膏涂纸上，刺孔贴之。　脚肚风疮，如痛：桐油、人乳等分扫之，数次即愈。　酒齄赤鼻：桐油入黄丹、雄黄敷之。　冻疮皲裂：桐油一碗，发一握，熬化瓶收。每以温水洗令软，敷之即安。　解砒石毒：桐油二升灌之，吐即毒解。　风癣有虫：海桐皮、蛇床子等分，为末，以腊猪脂调搽之。　风虫牙痛：海桐皮煎水漱之。　中恶霍乱：海桐煮汁服。　腰膝痛不可忍：海桐皮、薏苡仁各二两，牛膝、芎䓖、羌活、地骨皮、五加皮各一两，生地十两，甘草五分，各净洗，焙干，锉，绢袋盛，入无灰酒二斗浸，秋冬二七〔日〕，春夏一七〔日〕。空心饮一杯，每日早、午、晚各一杯，长令醺醺。此方不得增减，禁食毒物。

典故。吹台其高，梧皆百（围）〔围〕。《游名山志》。　永昌有梧桐子，比中州者形颇长，大者几可当莲实。过永昌，亦不可得。《滇南杂记》。　吴王别馆有楸梧成林焉，古乐府"梧桐秋，吴王愁"是也。　庄子所言"师旷之枝策也，惠子之据梧也"，此言精太用则竭，神太用则弊。故二子疲，或枝策而立昏，或据梧而昼瞑也。《花史》。　唐德宗在奉天，召李泌赴行在。时李怀光叛，岁又旱蝗，议者欲赦怀光。帝博问群臣。泌破一桐叶附使以进，曰："陛下与怀光，君臣之分不可复合，如此叶。"繇是不赦。　蜀人侯继图倚大慈寺楼，偶飘一大桐叶，上有诗云："拭翠敛蛾眉，为郁心中事。搦管下庭除，书作相思字。此字不书石，此字不书纸。书向秋叶上，愿逐秋风起。天下有心人，尽害相思死。天下负心人，不识相思意。有心与负心，不知落何地！"后数年，继图卜任氏为婚，始知字出任氏。　长安谣曰："凤凰凤凰止阿房。"苻坚遂于阿房植桐数万株以待之。其后慕容冲入阿房城而止焉。冲，小字凤。《苻秦记》。 温陵城留从效重加板筑，植刺桐缭绕之，其树高大而枝叶蔚茂，初夏开花极鲜红。如叶先萌而花后发，主明年五谷丰熟。 同州郃阳县刘靖家兄弟同居，宅边榆树上生桑，西廊梧桐上生榖枝，明年坟中白杨生桧并郁茂。乡人号榆为义祖，桐为小义，杨为义孙。县令出官钱为修三异亭。《清异录》。 吴平门外忽生青桐一株，上有歌谣之声。平恶而伐之。平随军与北虏三战，忽空中似歌曰："死树今更青，吴平寻当归。适闻伐此树，已复有光辉。"平果得归。《异苑》。 历城房家园，乃齐博陵君豹之山也。其园杂树森列。或有折其桐枝者，君（辙）〔轼〕曰："何为伤吾凤条？"《杂记》。

丽藻。散语：岂爱身不若桐梓哉？《孟子》。 椅桐梓漆。 梧桐生矣，于彼朝阳。《诗》。 峄阳孤桐。峄（日）〔山〕之阳特生桐，中琴瑟。《夏书》。 君乘火德而王，其政平，梧桐生。《连斗威仪》。 龙门之琴，于宗庙中奏之。《周礼》。 王者任用贤良，则梧桐生于东厢。《瑞应图》。 梧桐不生，山冈太平，而后生朝阳。《毛诗注》。 龙门之桐高百尺而无枝，使琴挚斫斩以为琴。枚乘。 《诗》曰："湛湛露斯，在彼杞棘。恺悌君子，莫不令德。其桐其椅，其实离离。恺悌君子，莫不令仪。"杞棘刚木，故《诗》以况令德；椅桐柔木，故《诗》以况令仪。《埤雅》。 空门来风，门空，风得入之。桐乳致巢。桐子似乳，鸟喜巢之。《庄子》。 桐枝濡毳而又空中，难成易伤，须成气而后华。《易纬》。 梧桐断角，马氂截玉。氂，音釐，为毛强曲者，言柔弱之胜刚强如此也。 桐木成云。取十石（釐）〔瓮〕，满贮水，置桐其中，密覆三四日，气如云作。 智者有所不及，故桐不可以为弩。俱《淮南子》。 凤凰之性，非梧桐不栖，非竹实不食。《毛诗注》。 《遁甲》曰：梧桐不生，则九州异。名之曰桐，似（木）〔本〕于此。桐，柔木也，而虚其心，若能同者。父丧杖竹，母丧杖桐。竹有节，父道也。桐能同，母道也，母从子者也。 寒山之桐，出自太冥，含黄钟以吐干，据苍岑以孤生。张协《七命》。 双桐生空井，枝叶自相加。通泉溉其根，玄雨润其柯。魏明帝《猛虎行》。 诗四言：高梧修竹，静者之居。风飘不鸣，梦亦清虚。客至有酒，客去有书。披裘种花，蹑屐采蔬。陈眉公。 五言：薰风绕帝梧。 凄凄把翠梧。 青梧日夜凋。俱杜少陵。 晓叶藏栖凤，朝花拂署乌。梁简文帝。 分根荫玉池，欲待高鸾集。沈约。 梧桐落金井，一叶飞银床。 摧残梧桐叶，萧飒沙棠枝。俱李太白。 西挟梧桐树，空留一院阴。 石栏斜点笔，桐叶（化）〔坐〕题诗。俱杜（荣）〔少〕陵。 梧桐滴露清，砧杵中夜发。举头认双星，低头看罗袜。梅鼎祚。 一株青玉立，千叶绿云委。亭亭五丈余，高意犹未已。山僧年九十，清净老不死。自云手种时，一颗青桐子。刘原父。 转径入花溪，风光似瀼西。桐花垂覆局，禾浪罢耕犁。老鹤解迎客，残蕉不碍题。居然汉阴丈，高卧水边畦。陈眉公。 陇月山上馆，紫桐垂好阴。可怜黯淡色，无人知此心。舜没苍梧野，凤归丹穴吟。遗落在人世，光华那复深。年年怨春意，不竞桃李林。惟占清明后，（仕）〔牡〕丹还复侵。况此空馆闲，云谁恣幽深。徒烦乌噪集，不语山嵚岑。满院青苔地，一树莲花簪。自开还自落，暗芳终暗沉。尔生不得所，我愿裁为琴。元微之《咏紫桐》。 七言：清秋幕府井梧寒。 碧梧栖老凤凰枝。俱杜少陵。 桐井晓寒千乳结，茗园春嫩一旗开。胡宿。 琴奏龙门之绿桐，玉壶美酒清若空。催弦拂柱与君饮，看朱成碧颜如红。李白。 金井梧桐秋叶黄，珠帘不卷夜来霜。薰笼玉枕无颜色，卧听南宫更漏长。王昌龄。 夜深闲到戟门边，却绕行廊又独眠。明月满庭池水绿，桐花垂在翠帘前。元稹。　雾袖烟裙云母冠，碧花瑶簟井冰寒。焚香欲降三青鸟，静浸桐阴上玉坛。李益。　芙蓉湾口绿阴斜，吹笛何人隔彩霞。惊起沙头双翠羽，衔鱼飞上刺桐花。释来复。　梧桐秋色草凄凄，几树寒蝉向妾啼。梦绕云山连碧月，随风夜夜到辽西。董少玉。　返棹山中日未斜，钓矶潮退弄平沙。雨余茅屋秋无恙，一树梧阴覆菊花。陈眉公。　云卷清秋（尽）〔画〕角悲，梧桐满地月明时。斜穿翠叶通金井，直透苍波漾玉池。青女莫惊乌鹊梦，素娥偏惜凤凰枝。故人千里关情处，独立空阶影渐移。施庄□。施公名槃，吴县人。状元。乾坤落落著逃虚，梧竹青青对结庐。花径临池晨抱瓮，松窗沾雨晚收书。晋卿富贵曾三却，汉傅风流竟二疏。最是华阳西去近，山中宰相旧邻居。张祥鸢。　濡毳桐枝别作葩，温柔乡里玉无瑕。冰蚕未儳鲜新绝，雪玺还同丽密夸。犹胜西中荣吉贝，漫教西蜀侈橦华。银床金井俱摇落，谁信回暄更有涯。徐茂吴《咏桐绵》。

杉，一名樬，樬，音山。一名沙，一名檠。类松而干端直，大者数围，高十余丈。文理条直。南方人造屋及船多用之。叶粗厚微扁，附枝生，有刺，至冬不凋。结实如枫，有赤白二种，赤杉实而多油，白杉虚而干燥。有斑纹如雉尾者，谓之野雉斑，入土不腐，作棺尤佳。不生白蚁，烧灰最发火药

杉皮。烧灰存性，鸡子清调敷金疮及汤火伤。　叶。同芎藭、细辛酒煎含漱，治风虫牙痛。　子。治疝气，一岁一粒，烧研酒服。

扦插。江南宣、池、歙、饶等处，山广土肥，堪插杉苗。先将地耕过，种芝麻一年。来岁芒种时，截嫩苗头一尺二三寸长。先用尖橛一把舂穴，勿番转，原土将苗插下一半，筑实。离四五寸成行排，密则易长。每年耘锄，勿杂他木。或种谷麦，以当耘锄。高三四尺则不必锄。

疗治。柳柳州救死方云：元和十二年得脚气，夜半痞绝，胁下块大如石，且死，搐搦上视，家人号哭。荣[1]阳郑洵美[2]传杉木汤，服半食顷，大下三行，气通块散。方用杉木节一大升，橘叶切一大升，无叶则以皮代之，大腹槟榔七枚连子碎之，童便三大升，共煮一大升半，分为两服。若一服得快，即停后服。此乃死病，幸得不死。恐人不幸病此，故传之。　肺壅痰滞，上焦不利，卒然咳嗽：杉木屑一两，皂角去皮酥炙三两，为末，蜜丸梧子大。米饮下五十丸，日四。　小儿阴肿赤痛，日夜啼哭，数日退皮，愈旋复作：用杉木烧灰，入腻粉、清油调敷，效。　肺壅失音：杉木烧炭，入碗中，以小碗覆之，汤淋下，去碗饮水。不愈再作，音出乃止。　臁疮黑烂：多年老杉木节烧灰，麻油调敷，箬叶隔之，绢帛包定，数贴愈。　杉木汤洗恶疮，愈。

丽藻。诗五言：杉青延日华。杜子（义）〔美〕。　擢干方数尺，幽姿已苍然。韦应物。　劲叶森利剑，孤根挺瑞标。才高四五尺，势若干云霄。白乐天。　七言：何代移来得许长？想渠历晋复经唐。惯于岩畔谙风雪，不与人间作栋梁。二宝七仙同守护，千松万桧自低昂。向来诸葛祠前柏，此物当为伯仲行。潘紫岩。

冬青，一名冻青，一名万年枝，女贞别种也。树似枸骨子，极茂盛，高丈许。木

---

① 荣，"四库全书"〔宋〕唐慎微《证类本草》卷一四《木部下品·杉材》作"荥"。
② 美，底本缺，据"四库全书"〔宋〕唐慎微《证类本草》卷一四《木部下品·杉材》补。

理白细而坚重有文，叶似栌子树叶而小，又似椿叶微窄而头颇圆光润，经霜不凋，堪染绯。其嫩芽炸熟，水浸去苦味，淘净，五味调之可食。五月开细白花。结子如豆，红色。放子收蜡，一如女贞。子及木与皮气味甘、苦，凉，无毒。去风补虚，益肌肤。江南冬青叶对生，枝叶皆如桂，但桂叶硬，冬青叶软，稍异，岂另一种耶？

种植。腊月下种，次春发芽，又次年三月移栽。长七尺许，可放蜡虫。《山居四要》。

附录。水冬青：叶细，利于养蜡子。《宋氏树畜部》。

疗治。风热赤眼：用冬青叶五斗捣汁，浸新砖数片五日。掘坑，架砖于内盖之，日久生霜，刮下。入脑子少（诈）〔许〕点之。又方：雅州黄连二两，冬青叶四两，水浸三日夜，熬成膏，收，点眼。又一切眼疾：冬青叶研烂，入朴硝贴之。 叶烧灰，入面膏，治瘅瘶，灭瘢痕，殊效。 痔疮：冬至日取冬青树子，盐酒浸一夜，九蒸九晒，瓶收。每日空心酒吞七十粒，卧时再服。

典故。冬青花关系水旱，其花不落湿地。谚云："黄梅雨未过，冬青花未破。冬青花已开，黄梅便不来。"《常氏日抄》。 华林园有万年树十四株，即冬青也。 洪武中，浙江都司徐司马令杭城人家植冬青树于门，数年。各街市绿阴匝地。张舆赋诗云："比屋冬青树，人皆隐绮罗。春风十年后，惟恐绿阴多。"《委巷丛谈》。 宋徽宗试画院诸生，以"万年枝上太平雀"为题，无中程者。或密扣中贵，曰："万年枝，冬青树也。"

丽藻。五言：风动万年枝。谢玄晖。 下有冬青林，石上走长根。杜少陵。 霜散不凋色，两株交石坛。未秋红实浅，经夏绿阴寒。许浑。 长门风雨夜，冷落万年枝。梦里君王过，醒来独自知。王嘉言。 七言：太液池边看月时，好风吹动万年枝。卢多逊。 苜蓿斋前万年树，最宜葱蒨雪中看。唐抑所。

二如亭群芳谱木谱卷之二

济南　王象晋荩臣甫　纂辑
松江　陈继儒仲醇甫
虞山　毛凤苞子晋甫　同较
宁波　姚元台子云甫
济南　男王与胤、孙士和、玄孙兆楠　诠次

木谱二

檀，善木也。其字从亶，亶，善也。有黄、白二种。江淮河朔山中皆有。叶如槐，皮青而泽，肌细而腻，体重而坚，状与梓榆、荚蒾相似。谚云："斫檀不谛得英蒾。"材可为车辐及斧锤诸柯。腊月分根傍小枝种。

制用。皮和榆皮为粉食，可救荒断食。

附录。望水檀：江南有一种木，至夏不生叶，忽然叶开，当有大水。农人候之以占水旱。又一种高五六尺，生高原，叶如檀，四月开花正紫。其根如葛，亦名檀。

疗治。疮疥：根皮捣涂，可杀虫。

枫，一名香枫，一名灵枫，一名摄摄。江南及关陕甚多。树高大似白杨，枝叶修耸，木最坚。有赤、白二种。白者木理细腻，叶圆而作歧，有三角而香，霜后丹。二月开白花，旋着实成球，有柔刺，大如鸭卵。八九月熟，曝干，可烧其脂为白胶香。十一月采，微黄白色。五月斫为（次）〔坎〕①。气味辛、苦，平，无毒。治一切瘾疹疯痒，痈疽疮疥，金疮吐衄，咯血活血，生肌止痛，解毒。烧过揩牙，永无齿疾。近世多以松脂之清莹者为枫香，又以枫香、松脂为乳香。总之二物功虽次于乳香，谅亦仿佛不远。皮性涩。

制用。取枫脂入斋水煮二十沸，入冷水中揉扯数十次，晒干用。　禁忌。枫菌有毒，食之令人笑不止。饮地浆可解。

疗治。吐血不止：白枫香为散，每服二钱，新汲水调下。　吐血衄血咯血：枫胶香、蛤粉等分，为末，姜汁调服。一方：白枫香、铜青各一钱，为末，入干柿内，纸包煨熟食之。一方：白胶香切片炙黄一两，新绵一两，烧灰为末。每服一钱，米饮下。　金疮断筋：枫香末傅之。　便痈脓血：枫香一两，为末，入麝香、轻粉少许，掺之。　小儿奶疳生面上：用枫香为膏，摊贴之。　瘰疬软疖：枫香一两化开，以蓖麻子六十四粒研入，待成膏，摊贴。　诸疮不合：枫香、轻粉各二钱，猪脂和涂。　一

---

① 次，应作"坎"。"四库全书"〔宋〕唐慎微《证类本草》卷一二《本草上品·枫香》作"坎"。

切恶疮：水沉金丝膏、枫香、沥青各一两，以麻油、黄蜡各二钱半同溶化，入冷水中扯千遍，摊贴之。　恶疮疼痛：枫香、腻粉等分，为末，浆水洗净贴之。　久近胫疮：枫香为末，以酒瓶上箬叶夹末贴之。　小儿疥癣：枫香、黄檗、轻粉等分，为末，羊骨髓和傅之。　大便不通：枫香半枣大，鼠粪二枚，研匀，水和作挺，纳入肛内，良久自通。　年久牙疼：枫香脂为末，香炉内灰和匀，每旦揩擦。　鱼骨哽咽：枫香细细吞之。　水痢：枫皮煮汁饮。　霍乱刺风冷风：枫皮煎汤浴。　痈疽已成：枫根叶擂酒饮，以滓贴之。　大风疮：枫木烧存性研、轻粉等分，麻油调搽，极妙。

典故。枫木厚叶弱枝善摇，汉宫殿多植之。霜后叶丹可爱，故称帝座曰枫宸，又称丹宸，即丹枫也。《说文解字》。　老枫化为羽人。宋齐丘书。　岭南枫木岁久生瘤，如人形，遇暴雷骤雨则暗长三四尺，谓之枫人。《临川记》。　枫实惟九真有之，用之有神，乃难得之物。苏颂。　南中有枫子鬼，木之老者为人形，亦呼为灵枫，盖瘿瘤也。至今越巫有得之者，以雕刻鬼神，可致灵异。任昉《述异记》。　黄帝杀蚩尤于黎丘之山，掷其械于大荒中，化为枫木之林。《轩辕本纪》。　枫脂入地千年为琥珀。《尔雅》。　弘治己卯，长沙大旱，枫树生李实。徐祯卿《异林》。　唐金华张游朝妻刘氏梦枫生腹上，后生子，名志和，立性孤峻，笃志隐沦，不可得而亲疏，自号玄真子。结茅会稽东郭，以豹皮为席，棕皮为屝，隐素木几，酌斑螺杯，鸣榔擎杖，随意取适，垂钓去饵，意不在鱼。竟陵子陆羽问："与何人往来？"答曰："太虚作室而共居，明月为灯以同照。与四海诸公未尝离别，有何往来？"颜鲁公。

丽藻。诗五言：枫叶叠青岑。李太白。　雨急青枫暮。　门巷散丹枫。　丹枫不为霜。　独叹枫香林，春时好颜色。　使者虽光彩，青枫满地愁。俱杜少陵。　万里江枫夜，相思秋已深。冯琢庵。　霜洲枫落尽，月馆竹生寒。僧尚能。　七言：赤叶枫林百舌鸣。　江石决裂青枫催。　玉树凋伤枫树林。　含风翠壁孤云细，昔日丹枫万木凋。俱杜少陵。　薇省仙郎辞执戟，枫林秋色动鸣驺。　苑外鸿声连画角，帆前树色半丹枫。俱唐文献。　江沙白白枫叶红，鳜鱼拨刺波摇空。相逢渔父不相识，醉舞藤蓑明月中。黄佐。　萧条蓬室只青灯，极浦佳人白首吟。离思一江枫叶冷，西风忽地起秋声。曹大章。　卸却罗幨袒半襟，数杯明月隐枫林。平时未必知心者，梦长相逢自有情。俞君宣。　江空木落雁声悲，霜入丹枫百草萎。蝴蝶不知身自梦，又随春色上寒枝。朱静庵女郎。　枫叶千枝复万枝，江桥掩映暮帆迟。忆君心似西江水，日夜东流无歇时。女冠鱼玄机。　花发炎方想刺桐，谁知秋叶幻春红。朝华忽散朝阳后，晚艳都迷晚烧中。凋谢未应随玉露，剪裁元自出金风。若教题就能飞去，不待流波意已通。林若抚。　才见芳华照眼新，又看红叶点衣频。只言春色能娇物，不道秋霜解媚人。宫水正寒愁字字，吴江初冷锦鳞鳞。更余一种闲风景，醉杂黄花野老巾。徐渭。　禁城玉露渐秋深，枫色凄凄满上林。万片作霞延日丽，几株含雾苦霜吟。斜连双阙辉青琐，倒影平津映碧浔。歧叶着飙声瑟瑟，殷红过雨色沉沉。杂黄间绿纷成锦，委砌飘檐埒作金。向夕转深娇落照，因风散响怖栖禽。城头（迥）〔迥〕接青岑远，殿角寒生绣幄阴。几度朝昏劳怅望，徘徊故苑倍萧森。于慎东。

楮，一名榖，一名榖桑。有二种：一种皮斑而叶无丫叉，谓之斑榖。三月开花成长穗，歉岁，人采花充粮。如柳花状，不结实。一种皮白，无花，叶有丫叉，似葡萄叶，开碎花，结实如杨梅。用时但取叶有丫叉、有子者为佳。其实初夏生，青绿色；六七月成熟，渐深红。八九月采实，名楮桃，一名榖实。甘，寒，无毒。治阴痿水肿，壮筋骨，补虚劳，益颜色，健腰膝，充肌，明目，久服轻身，不饥不老。

叶。治小儿身热，食不充饥。作汤浴，刺风身痒，利小便，去风湿肿胀、白浊、疝气、疮癣，生肉。

种植。熟时取子，淘净晒干，同麻子种熟地。至冬留麻取暖，明春放火烧茇之，三年可斫其皮抄纸。斫以腊月为上，四月次之，非此月损其树本。

服食。八月后采实，水浸去皮穰，甲子日阴干，为末。每水服二钱，久之乃效。

疗治。水气蛊胀：以洁净釜，用楮实子一斗，水二斗，熬成膏。茯苓三两，白丁香一两半，为末，以膏和丸桐子大。从少而多，至小便清利、胀减为度，后服治中汤养之。忌甘、苦、酸、补及发动之物。　肝热生翳：楮实子研细，食后蜜汤服一钱，日再服。　喉痹风：五月五日，或六月六日、七月七日，采楮桃阴干，为末。井花水服二钱，重者两次。　身面石疽，状如痤疖而皮厚：榖子捣傅之。　金疮出血：同上。　目昏难视：楮桃、荆芥穗各五百枚，为末，炼蜜丸弹子大。食后嚼一丸，薄荷汤下，日三。　老少瘴痢，一日夜百余度者：取干楮叶三两，焙捣为末。每服方寸匕，乌梅汤下，日再服。取羊肉裹末纳肛中，利出即止。　小儿下痢赤白作渴，得水又呕逆者：构叶炙香，以饮浆半升浸至水绿，去叶。以木瓜一个切，纳汁中，煮二三沸，细细饮。　脱肛不收：五花构叶阴干，为末。每服二钱，米饮下，兼涂肠头。　白浊：构叶为末，蒸饼丸桐子大。每服三十丸，白汤下。　通身水肿：楮枝叶煎汁如饧，空腹服一匕，日三服。　虚肥面肿，积年气上如水病，但脚不肿：楮叶八两，水一斗，煮六升，去滓，纳米煮粥，常食。　卒风不语：榖枝叶锉细，酒煮沫出，随多少，日日饮之。　耽睡：花榖叶晒研末，汤服一二钱，取瘥止。　吐血、鼻血：楮叶捣汁一二升，旋旋温饮。　一切眼翳：三月收榖木软叶，晒干为末，入麝香少许。每以黍米大注眦内，其翳自落。　木肾疝气：楮叶、雄黄等分，为末，酒糊丸桐子大。每盐酒下五十丸。　疝气入囊：五月五日采榖树叶，阴干为末。每服一二匙，空心温酒下。　癣疮湿痒：楮叶捣傅。　痔瘘肿痛：同上。　蝮蛇螫伤：楮叶、麻叶合捣，取汁渍之。　鱼骨哽咽：楮叶捣汁啜之。嫩皮捣丸，水下二三十丸亦可。　头风白屑：楮木作枕，六十日一易新者。　暴赤眼痛渗涩者：嫩楮枝去叶，放地火烧，以碗覆之一日，取灰泡汤，澄清温洗。　肠风下血：秋采楮皮阴干，为末。酒服三钱。或入麝香少许，日二。　血痢：楮皮、荆芥等分，为末。冷醋调服一钱。　血崩：以上药煎服，神效。　男妇肿疾，不拘久近，暴风入腹，妇人新产上圍，风入藏内，腹中如马鞭短气：楮皮枝叶一大束切，煮汁酿酒，不断饮之，不过三四日即退。可常服。　风水浮肿，一身尽浮：楮白皮、猪苓、木通各三钱，桑白皮三钱，陈皮、橘皮各一钱，生姜三片，水二钟，煎服，日一。　膀胱石水，四肢瘦削，小腹胀满：构根白皮、桑根白皮各二升，白术四两，黑大豆五升，流水一斗，煮四升，入清酒二升，再煮至三升，日服一匕。　目中翳膜：楮白皮暴干，作一绳子，如钗股大，烧灰细研。每点少许，日三五次，瘥，乃止。　天行病后胀满，两胁刺胀，脐下如水肿：构树枝煮汁，随意服，小便利即消。

丽藻。传：楮待制初名藤，及长，为世用，更名知白，会稽剡溪人。先世索居山林，无所闻于世。历前汉有楮先生，始以名显。和帝时，中常侍蔡伦有文思，善造就人材，辟召遍天下。使者见楮氏，归以告伦。伦亟聘之，得楮皮者俱来。伦曰："真良材也！一变化则就章程。"于是刮剂浸渍，渐见春容。延馆帘内知白，闻而叹曰："以皮之陋且沾抡选，吾可终老林薮乎？"既至，伦揭帘见之，啧啧叹赏曰："文明之化，其在君矣。"引见帝，帝嘉赏，恨相得之晚。超拜秘书省万字令，薛稷拜纸为楮国公，统万字军。寻擢秘阁待制，日承任使。自书契既造，竹氏、帛氏贵重于世者既数千年。及知白用，二氏遂废，凡经史术艺百家九流之说，皆托以行天下。当代注记册籍，臣民文移简札，非知白不达也。帝益加宠待，每中书令毛颖、松滋侯陈玄、万石君罗文侍左右，必召知白至，展其边幅，有咨议，须令省记。帝嘉其洁白，戏语陈玄曰："江汉以濯，秋阳以暴。若知白者，殆孔氏之徒与？卿与之反，何哉？"玄曰："知其白，守其黑，臣得自全之道。皭皭者易污，臣惧知白之不终也。"帝笑曰："卿不加污，谁复污之？"玄顿首谢。一日，知白侍经筵，属微风，神思飘乱不定。帝曰："朕固知卿体薄不耐风，今加节镇俾边都护领之。"知白叩谢："臣辱荷厚恩，敢不竭方正之节，捐躯以报！"士有以文辞投知白者，颇涉谬恶。知白怒。会召，因诉帝曰："臣精白一心，仰叨任使者数十年，每愿得嘉言醇文，推明义理，以淑人心、翊世教，利益国家。今狂生浅夫任情谬恶，臣一被污辱，欲雪无由。愿陛下一申文字乖谬之禁。"帝从其言，且惜其蒙辱，命儒臣撰《悲剥藤文》，以舒其愤。知白才博而通推其余，雨旸可盖，风露可障，竖可屏，挥可扇，观美可图画。夫子所称不器，庶几近之。晚年就间族子，曰麻，曰桑，古有桑根纸。曰竹，曰茧，曰敝布，曰鱼网，并出蔡氏陶铸。继知白大用于世，传嗣不绝，其他银光、陟釐、罗文、玉版、蜡笺、乌丝栏，银光，齐高帝造。陟釐，张华造。罗文以下皆纸名。以至间杂五采，尤为世所爱重云。闵文振。

榖，一名零，一名櫐莑。有数十种，今人不能别，惟知荚榆、白榆、刺榆、椰榆数种而已。荚榆、白榆皆大榆也。有赤、白二种。白者名枌木，甚高大，未叶时枝上先生瘤，累累成串，及开则为榆荚，生青熟白，形圆如小钱，故又名榆钱，甚薄，中仁有壳。榆荚开后方生叶，似山茱萸叶而长，尖艄润泽。

种植。榆荚落时收取，作畦种之，令与草俱长，不必去草。明年正月附地割除，覆以草，放火烧之，一岁中可长八九尺，不烧则长迟。一根数条者，止留粗大条直者一株，余悉去之。三年后，正月移栽，早则易曲。三年内若采叶戕心则不长，宜更烧之，则依前。茂盛附枝切，勿剥。性喜肥，种宜粪，陈屋草亦佳。种非丛林则易曲，如白土薄地不宜谷者，取一方纯种榆则易长。种榆田畔，防鸟雀损谷。诸榆性皆扇地，其下五谷不植，树影所及，东西北三面，谷皆不生，宜于近北墙处种之。

取用。三年春荚可卖，五年堪作椽，十年后可作器用，十五年后可作车毂。嫩叶炸浸淘净，可食。榆钱可羹，又可蒸糕饵，收至冬可酿酒。一云榆仁作糜羹食，令人多睡。瀹过晒干，捣罗为末，盐水调匀，日中曝晒，可作酱，即榆仁酱也。《崔氏月令》。榆皮去上皱涩干枯者，取嫩白皮锉干磨粉，可作粥备荒。采其白皮为面，水调合香剂，粘滑胜胶漆。榆皮湿捣如糊，粘瓦石极有力。汴洛以石为碓嘴，用此胶之。

疗治。断谷不饥：榆皮、檀皮为末，日服数合。龋喘不止：榆白皮阴干，焙，为末。每日旦夜用水五合，末二钱，煎如胶服。久嗽欲死：厚榆皮削如指大，长尺余，纳喉中，频出入，当吐脓血而愈。　虚劳白浊：榆白皮二升，水二斗，煮五升，分五服。　小便气淋：榆枝、石燕子煎水日服。　五淋涩痛：榆白皮阴干，焙研。每以二钱，水五合，煎如胶，日服二。　渴而尿多，非淋也：榆皮二斤，去黑皮，以水一斗，煮五升。一服三合，日三。　身体暴肿：榆皮捣末，同米作粥食，小便泄之，良。　临月易产：榆皮焙，为末。临月，日三服方寸匕。　堕胎下血不止：榆白皮、当归焙各半两，入生姜，水煎服之。　胎死腹中，或母病欲下胎：榆白皮煮汁，服二升。　身首生疮：榆皮末，油和涂之，虫当出。　火灼烂疮：榆白皮嚼涂之。　五色丹毒，俗名游肿，犯者多死，不可轻视：以榆白皮末、鸡子白和涂之。　小儿虫疮：榆皮末和猪脂涂绵上覆之，虫出立瘥。　痈疽发背：榆根白皮切，清水洗，捣极烂，和香油傅之，留头出气。燥则以苦茶频润，不粘更换新者。将愈，以桑叶嚼烂，随大小贴之，合口乃止，神效。　小儿瘰疬：榆白皮生捣如泥，封之，频易。　小儿秃疮：醋和榆白皮末[1]涂之，虫当出。　通身水肿：榉树皮煮汁，日饮。　毒气攻腹，手足肿痛：榉皮、槲皮煮汁，煎如饴糖，桦皮煮浓汁化饮。　虫毒下血：榉皮一尺，芦根五寸，水二升，煮一升，顿服，当下虫出。　小儿血痢：梁州榉皮二十分，犀角十二分，水三升，煮取一升，分三服，取瘥。　飞血赤眼：榉皮去粗皮切二两，古钱七文，水一升半，煎七合，去滓热洗，日二次。

典故。司爟掌行火之政令，春取榆柳之火。《周礼》。　鹊上高城之危，而巢于高榆之巅，城坏巢折，凌风而起。故君子之居世也，得时则蚁行，失时则鹊起。《庄子》。　楚庄王将伐晋，令曰："敢谏者死。"叔孙敖谏曰："臣园中有榆树，上有蝉，方奋翼悲鸣，饮清露，不知螳螂之在其后也。"《韩诗外传》。　汉成帝时，旱伤麦，民食榆皮。《汉·天文志》。　郑泽为魏郡太守，乏材木，课百姓植榆为篱。《魏志》。　金乡路边一老榆，行人于树下易鞋屦，以其旧者悬而去。时人指为靴鞋树。《清异录》。　襄邺间千里夹道植榆。盛暑之月，人行其下。《邺中记》。　昔丰沛岁饥，以榆皮作屑煮食之。民赖以济。《王氏农书》。　唐阳城隐中条山，岁饥，屑榆为粥。

丽藻。散语：堇荁枌榆、（兔菁）〔兔薧〕[2]滫瀡以滑之。《内则》。　诗五言：钱穿短贯榆。白乐天。　鹪鹩栖欲稳，不必厌榆枋。唐文怡公。　修柯遇云日，老枒干虹霓。枒，音业。嗟尔臃肿材，大匠何见遗？张右史。　我行汴堤上，厌见榆阴绿。千株不盈亩，斩伐同一束。及居幽囚中，亦复见此木。蠹皮漓秋雨，病叶埋墙曲。谁言霜雪苦，生意殊未足。坐待秋风至，飞英覆空屋。苏东坡。　七言：榆叶抛钱柳展眉。　隔墙榆叶散青钱。俱白乐天。　杨花榆荚无材思，也解漫天作雪飞。韩退之。　柴扉寂寞锁残春，满地榆钱不疗贫。云鬟衣裳半泥土，野花何事独撩人。李玉英女郎。

槐，虚星之精也。一名櫰。有数种。有守宫槐，一名紫槐，似槐，干弱花紫，昼合夜开。有白槐，似楠而叶差小。有櫰槐，叶大而黑。其叶细而色青绿者直谓之槐，功用大略相等。木有极高大者材实重，可作器物。有青、黄、白、黑数色。黑者为猪屎槐，材不堪用，四五月开黄花，未开时状如米粒，采取曝干炒过，煎水染黄甚鲜。其

---

① 末，底本缺，据"四库全书"《本草纲目》卷三五下《本之二·榆》引《产乳方》补。
② 兔菁，应作"兔薧"。"四库全书"《礼记注疏》卷二七《内则》录作"兔薧"。

青槐花无色，不堪用，七八月结实作荚如连珠，中有黑子，以子多者为好。槐之生也，季春五日而兔目，十日而鼠耳，更旬而始规，二旬而叶成。味苦，平，无毒。久服明目益气，乌须固齿，催生，治丈夫、女人阴疮湿痒。

种植。收熟槐子晒干，夏至前以水浸生芽，和麻子撒，当年即与麻齐。刈麻留槐，别竖木，以绳拦定，来年复种麻其上。守宫槐，春月从根侧分小本移种。

制用。初生嫩芽炸熟，水泡去苦味，可姜醋拌食。晒干，亦可作饮代茶。　以槐子和穄黍种畦中，至冬放火烧过，明年取苗食。如取枸杞苗法，入土深割，上粪浇遍遍，如此至秋末常取芽食，又且无虫。若根大，即剧去，并以利锹锄深划遍，便上粪，待春初雨过种之。　取一寸槐芽数斤，水煮如泥，去滓，入盐一升煮干，炒至胡黑空心，擦牙白而固，终身无齿患。　庾肩吾服槐实，年七十余，目见细字，白发反丽。其法：二月上巳日取子，去一子及五子者，余纳黑牛胆中，百日后空心服。初一日一粒，以后日增一粒，至十六日后日减一粒。《梁书》。

疗治。槐角丸：治五种肠风泻血。粪前有血名外痔，粪后有血名内痔，大肠不收名脱肛，谷道四面弩肉如奶名举痔，头上有孔名瘘疮，内有虫名虫痔，并皆治之。槐角去梗炒二两，地榆、当归酒焙、防风、黄芩、枳壳麸炒，各半两，为末，酒糊丸梧子大。每服五十九，空心米饮下。　大肠脱肛：槐角、槐花各等分，炒，为末。用羊血蘸药，炙熟食之，酒送下。猪腰子去皮蘸炙，亦可。　治痔，亦治百种疮，大效。七月七日采槐子，熟捣绞汁，纳铜钵器中，高门上曝二十余日，煎成丸鼠屎大，纳肛门内，每日三次。　内痔外痔：用槐角子一斗，捣汁晒稠，取地胆为末同煎，丸梧子大。每饮服十九，兼作挺子纳下部。或以苦参末代地胆亦可。　目热昏暗：槐子、黄连二两，为末，蜜丸梧子大。每浆水下二十九，日二。　大热心闷：槐子烧末，酒服方寸匕。　衄血不止：槐花、乌贼鱼骨等分，半生半炒，为末吹之。　舌衄出血：槐花末傅之即止。　吐血不止：槐花烧存性，入麝香少许，研匀，糯米饮下三钱。　咯血唾血：槐花炒研，每服三钱，糯米饮下，仰卧一时，效。　小便尿血：槐花炒、郁金煨各一两，为末。每服二钱，淡豉汤下，立效。　大肠下血：槐花、荆芥穗等分，为末。酒服一钱。又方：柏叶三钱，槐花六钱，煎汤日服。又方：槐花、枳壳等分，炒存性，为末。新汲水服二钱。　暴热下血：生猪脏一条，洗净控干，炒槐花末填满，扎定。米醋炒锅内煮烂，擂丸弹子大，日干。每服一丸，空心当归煎酒化下。　酒毒下血：槐花半生半炒一两，山栀子焙五钱，为末。新汲水服二钱。　脏毒下血：新槐花炒，研。酒服三钱，日三服。或用槐白皮煎汤服。　妇人漏血不止：槐花烧存性，研。每服二三钱，食前温酒下。　血崩不止：槐花三两，黄芩二两，为末。每服半两，酒一碗，铜秤锤一枚，桑柴火烧红，浸入酒内，调服。忌口。　中风失音：炒槐花，三更后仰卧嚼咽。　痈疽发背：凡人中热毒、眼花、头晕、口干、舌苦、心惊、背热、四肢麻木、觉有红晕在背后者，即收槐花子一大抄，铁杓炒褐色，以好酒一碗冲之，乘热饮酒，一汗即愈。如未退，再炒一服，极效。纵成脓者，亦无不愈。　杨梅毒疮，乃阳明积热所生：槐花四两略炒，入酒二盏，煎十余沸，热服。胃虚寒者勿用。　外痔长寸：用槐花浇汤频洗，并服之，数日自缩。　疗疮肿毒，一切痈疽发背，不问已成未成，但焮痛者皆治：槐花微炒，核桃仁二两，无灰酒一钟，煎十余沸，热服。未成者一二服，已成者二三服，见效。　　发背散血：槐花、菉豆粉各一升，同炒象牙色，研末。用细茶一两煎一碗，露一夜，调末三钱傅之，留头，勿犯妇女手。　　下血血崩：槐花一两，棕灰五钱，盐一钱，水三钟，煎减半服。　　白带不止：槐花炒、牡（砺）〔蛎〕煅等分，为末。每酒服三钱，效。　　霍乱烦闷：槐叶、桑叶各一钱，炙甘草三分，水煎服。　　肠风痔疾：槐叶一斤蒸熟，晒干研末，煎饮代茶，久服明目。　　鼻气窒塞：以水五升煮槐叶，取三升，下葱豉调和，再煎饮。　　风热牙痛：槐枝烧热烙之。　　胎赤风眼：槐木枝如马鞭大，长二尺，作二段，齐头。麻油一匙，置铜钵中。晨使童子一人，以其木研之，至暝乃止，令仰卧以涂目，日三度瘥。　　九种心痛：当太岁上取新生槐枝一握，去两头，用水三大升，煎取一升，顿服。　　崩中赤白：不问远近，取槐枝烧灰，食前酒下方寸匕，日二。　　胎动欲产，日月未足者：取槐树东引枝，令孕妇手把之，即易生。　　阴疮湿痒：槐树北面不见日枝，煎水洗三五遍，冷再暖之。　　中夜身直，不得屈申反覆者：取槐皮黄白者切之，以酒或水六升，煮取二升，稍稍服之。　　破伤中风：避阴槐枝上皮，旋刻一片安伤处，用艾灸皮上百壮，不痛者灸至痛，痛者灸至不痛，用火摩之。　　风虫牙痛：槐树白皮一握切，以酪一升煮，去滓，入盐少许，含漱。　　阴下湿痒：槐白皮炒，煎水日洗。　　痔疮有虫作痒，或下脓血：多取槐白皮浓煮汁，先薰后洗，良久欲大便，当有虫出。不过三度即愈。仍以皮为末，绵裹纳下部。　　蝼蛄恶疮：槐白皮醋浸半日，洗之。　　肠痔下血：槐树上木耳为末，饮服方寸匕，日三。　　崩中下血：不问年月远近，用槐耳烧存性，为末。每服方寸匕，温酒下。　　产后疼欲死者：槐鸡半两，为末，酒浓煎饮，立愈。　　蛔虫心痛：槐木耳烧存性，为末，水服枣许。若不止，饮热水一升，蛔虫立出。　　月水不断，劳损黄瘦，暂止复发，小劳辄剧者：槐黄、赤石脂各一两，为末。食前热酒服二钱。桑黄亦可。　　脏毒下血：槐耳烧二两，干漆烧一两，为末。每服一钱，温酒下。

典故。秋取槐檀之火。《周礼》。　　外朝之法，面三槐，三公位焉。　　槐之言槐也，来人于此也。同上。　　老槐生火。《庄子》。　　老槐生丹。《天玄生物簿》。　　天街两畔多槐木，俗号为槐衙。《三朝故事》。　　裴晋公度在相位，日有人寄槐瘿一枚，欲削为枕。时郎中庾威，世称博物，召请别之。庾捧玩良久，白曰："此槐瘿是雌树生者，恐不堪用。"裴曰："郎中甲子多少？"庾曰："某与令公同是甲辰生。"公笑曰："郎中便是雌甲辰。"

丽藻。诗五言：仄径荫官槐，幽阴多绿苔。厝[1]门但迎扫，畏有山僧来。王维。　门前宫槐陌，是向歌湖道。秋来山雨多，落叶无人扫。裴迪。　一派御沟水，绿槐相荫青。此中涵帝泽，无处濯尘缨。鸟道来虽险，龙池到自平。朝宗心本切，愿向急流倾。王正白。

柳，易生之木也，性柔脆。北土最多。枝条长软，叶青而狭长。春初生柔黄，黄，音蹄。粗如筋，长寸余。开黄花，鳞次黄上，甚细碎。渐次生叶，至晚春叶长成。花中结细子，如粟米大，细扁而黑。上带白絮如绒，名柳絮，又名柳绒，随风飞舞，着毛衣即生虫，入池沼，隔宿化为浮萍。止水则生，流水不生。其长条数尺或丈余，袅袅下垂者名

---

① 厝，同"应"。

垂柳，木理最细腻。又一种干小枝弱，皮赤，叶细如丝缕，婀娜可爱。一年三次作花，穗长二三寸，色粉红如蓼花。名柽柳，一名雨师，谓天将雨，柽先起风以应也。一名赤柽，一名河柳，一名人柳，一名三眠柳，一名观音柳，一名长寿仙人柳，即今俗所称三春柳也。春前以枝插之，易生。《草木子》云：大者为炭，复入炭汁，可点铜成银。《酉阳杂俎》言梁州有赤、白柽，则柽不特有赤，又有白者矣。唐曲江池畔多柳，号为柳衙，谓成行列如排衙也。柳条柔弱袅娜，故言细腰妩媚者谓之柳腰。

种植。正、二月皆可栽。谚云"插柳莫教春知"，谓宜立春前也。百木惟柳易栽易插，栽柳初活未准。谚云："柳树三年不算活。"但宜水湿之地尤盛。　一法：柳栽，近根三二寸许钻一穸，用杉木钉拴之，出其两头各二三寸，埋深尺余，杵实，永不生刺毛虫，且防偷拔之患。　先于坑中置蒜一瓣，甘草一寸，永不生虫。常以水浇，必数条俱发。留好者三四株，削去梢枝必茂，其余皆削去。

制用。柳花：柳花，冀之吐黄色而未成絮者。味苦，寒，无毒。主治风水黄疸，四肢挛急膝痛。收之贴灸诸疮，甚良。　柳絮：主治恶疮、金疮、溃痈，逐脓血，止血，疗痹。柔软性凉，作褥与小儿卧，甚佳。　叶：治天行热病，骨蒸劳，服金石人大热闷，汤火疮毒入腹热闷，疗疮。煮汁洗恶疮、膝疮，煎膏续筋骨，长肉，止痛。　枝及根白皮：煮汤洗风肿瘙痒，煎服治黄疸、白浊，煎酒漱牙痛，熨诸肿毒，去风。

附录。柳寄生：状类冬青，亦似紫藤，经冬不凋。春夏之间作紫花，散落满地；冬月望之，杂百树中，荣枯各异。出蜀中。　榉：一名榉柳，一名鬼柳。多生溪涧水侧。木大者高四五丈，合二三人抱。叶似柳非柳，似槐非槐。材红紫，作箱案之类甚佳。郑樵《通志》云：榉乃榆类，其实亦如榆钱，乡人采其叶为甜茶。

疗治。吐血咯血：柳絮焙研，米饮服一钱。　金疮血出：柳絮封之即止。　面上脓疮：柳絮、腻粉等分，以灯盏油调涂。　走马牙疳：柳花烧存性，入麝香少许搽。　大疯疬疮：柳花四两，捣成饼，贴壁上。待干取下，米泔水浸一时，取起瓦焙，研末二两。白花蛇、乌蛇各一条，去头尾，酒浸取肉。全蝎、蜈蚣、蟾酥、雄黄各五钱，苦参、天麻各一两，为末。水煎麻黄，取汁熬膏，和丸梧子大，朱砂为衣。每服五十九，温酒下，一日三服，以愈为度。　脚多汗湿：杨花着鞋及袜，内穿。　小便白浊：清明柳叶煎汤代茶，以愈为度。　小儿丹烦：柳叶一斤，水一斗，煮取汁三升，搨洗赤处，日七八度。　眉毛脱落：垂柳叶阴干，为末，姜汁于铁器调，夜夜摩之。　面疮及卒得恶疮，不可名识者：柳叶或皮水煮汁，入少盐，频洗之。　痘烂生蛆：嫩柳叶铺席上卧，蛆尽出而愈。　黄疸初起：柳枝煮浓汁半升，顿服。　翻胃噎膈及恶食或食不消化：清明日取柳枝一大把，熬汤煮小米作饭，酒面滚成珠子，晒干，袋悬风处。每用烧滚水，随意下米，米沉住火，少时米浮，取看无硬心则熟。可顿食之，久则面散不粘矣，名络索米。　风毒卒肿及忽有一处如打扑不可忍，走注不定，静时其处冷如霜雪：白酒煮柳白皮暖熨之，有赤点处镵去血，妙。凡诸卒肿急痛，熨之皆即止。　阴卒肿痛：柳枝三尺长二十枚，细锉，水煮极熟，以故帛裹包肿处，仍以热汤洗之。　项下瘿气：水涯露出柳根二十斤，水一斛，煮取五升，糯米三斗，如常酿酒，日饮。　齿龈肿痛：垂柳枝、槐白、桑白、白杨皮等分煎水，热含冷吐。又方：柳枝、槐枝、桑枝煎水熬膏，入姜汁、细辛、芎䓖末，每用擦牙。　风虫牙痛：柳白皮卷如指大，含咀，以汁渍齿根，数过即愈。又方：柳枝一握锉，入少盐花，浆水煎含，甚验。又方：柳枝锉一升，大豆一升，合炒。豆熟，瓷器盛之，清酒二升渍三日，频含漱涎，三日愈。　耳痛有脓：柳根细切，熟捣封，燥即易之。　漏疮肿痛：柳根红须煎水，日洗。又方：杨柳条罐内烧烟熏之，出水即效。　乳痈妒乳，初起坚紫，众疗不瘥：柳根皮熟捣，火温，帛裹熨之，冷更易，一宿消。　反花恶疮，肉出如饭粒，根深脓溃：柳枝叶三斤，水五升，煎汁二升，熬如饧，日日涂之。　天灶丹毒，赤从背起：柳木灰，水调涂之。　汤火灼疮：柳皮烧灰涂之。亦可以根白皮煎猪脂频傅。　痔疮如瓜，肿痛如火：柳枝煎浓汤洗之，艾灸三五壮。王及郎中病此，驿吏用此方灸之，觉热气入肠，大下血秽，至痛，一顷遂消，驰马而去。　腹中痞积：观音柳煎汤，露一夜，五更空心饮数次，痞自消。　一切诸风：不问远近，桱叶半斤切，枝亦可，荆芥半斤，水五升，煮二升，澄清，入白蜜五合、竹沥五合，入新瓶，油纸封，重汤煮一伏时。每服一小盏，日三服。　酒多致病：观音柳晒干，为末。每服一钱，温水调下。　乳痈：水柳根生擂贴之，其热如火。二贴即愈。　反胃吐疾[1]：柳树蕈五七个，煎汤服即愈。

　　典故。正月旦取柳枝着户，以驱百邪。《齐民要术》。　洛阳人家寒食煮杨花粥。　清明日所插檐柳可止酱醋潮溢。　支离叔与滑介叔观于冥伯之丘，昆仑之墟，黄帝之所休。俄而柳生其左肘，其意蹶蹶然恶之。支离叔曰："子恶之乎？"滑介叔曰："亡，予何恶？生者，假借也，假之而生；生者，尘垢也，死生为昼夜。且吾与子观化而化及我，我又何恶焉？"《庄子》。　汉上林苑中僵柳树一朝复起，生枝叶。有虫食其叶，为字曰："公孙病已立。"及昌邑废，更立宣帝，帝本名病已。　汉苑中有柳，状如人，号曰人柳，一日三起三倒，故《江赋》云："不比禁中人柳，终朝剩得三眠。"《诗话》。　汉张敞为京兆尹，走马章台街。街有柳，终唐世，曰章台柳，故杜诗"京兆空市柳"。　韦维初为省郎时，莳柳于庭，及其子虚心兄弟居郎省，对之敛容。《孔帖》。　晋桓温北伐，行经金城，见少为琅琊时所种柳，皆已十围，慨然曰："木犹如此，人何以堪！"因攀枝执条，泫然流涕。　谢安侄女道韫，谢奕女也。雪下，叔父安曰："大雪纷纷何所似？"安（兄）〔兄〕[2]子曰："撒盐空中差可拟。"道韫曰："未若柳絮因风起。"《晋书》。　陶侃镇武昌，性纤密，类赵广汉。尝课诸营种柳。都尉夏施盗官柳。侃曰："何因盗来此种？"施惶恐谢罪。　渤海公高颎孩孺时，家有柳，高百许尺，亭亭若车盖。里中老父曰："当出贵人。"后颎至宰相。《隋书》。　齐刘俊之〔为〕益州刺史，献蜀柳数株，枝条甚长，状如丝缕。武帝植之于太昌云和殿前，尝嗟玩曰："杨柳风流可爱，似张绪当年。"　王敬则尝使魏，于北馆种杨柳。后员外郎虞长曜北使还，敬则问："我昔种杨柳，今各大小？"长曜曰："虏中以为甘棠。"《南齐书》。　陈后主与张丽华游后园，有柳絮点衣。丽华谓后主曰："何能点人衣？"曰："轻薄物，诚卿意也。"丽华笑而不答。　隋炀帝自板渚引河达于淮海，谓之御河。河畔筑街道，树以柳，名曰隋堤，计一千三百里。　唐中宗三月三日赐侍臣细柳圈，言带之免蛊毒。寒食日，赐侍臣帖彩球，绣草（宜）〔宣〕台。　玄宗幸建章，见杨花点妃子衣，曰："似解人意。"　白尚

---

① 疾，应作"痰"。"四库全书"《本草纲目》卷二八《草之三·木耳》引《活人心统》作"痰"。
② 兒，应作"兄"。底本作"兒"疑系因形近致误。

书乐天姬人樊素善歌，妓小蛮善舞，尝为诗曰："樱桃樊素口，杨柳小蛮腰。"及年既高迈，而小蛮方丰艳，因为《柳枝词》以托意。后宣宗闻乐府唱《柳枝词》，有"永丰南角荒园里，尽日无人属阿谁"之句，乃下敕移植于坊中。故宋张文潜诗："永丰坊里旧腰肢，曾见青青初种时。尽道路傍离别恨，争教风絮不狂飞？" 李固言未第时行古柳下，闻有弹指声。固言问之，应曰："吾柳神九烈君也。已用柳汁染子衣矣，科第无疑得蓝袍，当以枣糕祀我。"固言许之。未几，状元及第。《三峰集》。 宋宪圣时，收杨花为冬日鞋袜毡褥之用。 新栽柳树，必用泥封其头，颇类比丘顶。元伯玉宅前种柳，初春吐芽。伯玉曰："喜得漏春和尚，一一无羡。"盖取杜子美"漏泄春光有柳条"之句。《清异录》。 卢文纪作杨花枕，缝青缯，充以柳絮，一年一易。 柳枝乃洛中里妓也，因诵李义山《燕台》诗，乃折杨结带，赠义山乞诗。《丽情集》。 太原府城西，太守陈尧佐筑堤植柳数万，有亭有阁，率郡僚上巳泛舟于此。 平凉府城北柳湖上，宋守蔡挺建柳荫平堤，湖光可把。 宁州治后圃，宋建莲池、柳巷、花屿、兰皋，一郡胜地也。 予师带溪曲公自西粤左辖入觐，曲公名迁乔，长山人。通政使。为予言西粤无柳，仅藩司一株，每吐叶，则司中设席，请三司赏柳，以为奇观。后以质之予同年唐兄抱一，唐公名之夔，郁林[①]人。御史。唐云："岂止此？某乡绅园中仍有一株。夫柳，中土林立，而粤西至比之异卉奇葩。然则物之贵贱，岂有定哉？" 陆润玉女名娟，能诗，有《代父送行》一律云："津亭杨柳碧毵毵，人醉东风酒半酣。万点落花舟一叶，载将春色过江南。"后归马龙。及将死，悉焚其平日诗稿，曰："此非妇人事也。"夫妇人能文，古今间亦有之。若陆娟者，工诗而不欲以诗名，如此识见，故非闺秀所及。 河阳城南百姓王氏庄有小池，池边巨柳数株，开成末叶落池中，旋化为鱼，大小如叶，食之无味。至冬，其家有官事。

丽藻。散语：性犹杞柳也。《孟子》。 折柳樊圃。 菀彼柳斯。俱《诗》。 正月柳蒉。《大戴礼》。 五沃之土宜柳。《管子》。 赋：忘忧之馆，垂条之木，枝逶迟而含紫，叶萋萋而吐绿。出入风云，去来羽族，既上下而好音，亦黄衣而绛足。蜩螗厉响，蜘蛛吐丝。阶草漠漠，白日迟迟。于嗟细柳，乱垂轻丝。君王渊穆其度，御群英而玩之。小臣瞽瞍，于此陈词。于嗟乐兮！于是樽盈缥玉之酒，爵献金浆之醪。庶羞千族，盈满绿庵。弱丝青管，与风霜并调。枪锽啾唧，萧条寂寥，隽乂英髦，列襟联袍。小臣莫效于鸿毛，空衔鳞而饮醪。虽复河清海竭，终无增景于边燎。枚乘。 诗四言：春风婆娑，杨柳之阴。林有黄鸟，如歌如吟。陈眉公。 五言：弱柳荫修衢。潘岳。 柳色黄金嫩。李白。 市桥官柳细。 萋萋柳垂荣。 仰蜂粘落絮。 清秋润碧柳。俱杜子美。 柳花闲度竹。韩愈。 飞绵乱上空。陈祖孙。 春风生柳絮。贾岛。 柳色生春天。孟浩然。 春阴妨柳絮。白乐天。 不悟倡园花，还同大岭雪。古诗。 暂出东门前，杨柳可藏鸦。 咸阳二三月，宫杨黄金枝。俱李白。 天边梅柳树，相见几回新。 红入桃花嫩，青归柳絮新。 江山如有待，花柳更无私。 步屧随春风，村村自花柳。 手自移蒲柳，家才足稻粱。 野花随处发，官柳着行新。 退朝花底散，归院柳边迷。 舟舟柳枝碧，娟娟花蕊红。 雪篱梅可折，风榭柳微舒。 白花檐外朵，青柳槛前梢。俱杜甫。 莺

---

① 郁林，底本为空白，据"四库全书"《广西通志》卷七〇《选举》补。郁林，即"玉林"。

啼汉宫柳，花隐杜陵烟。郎士元。 晴风吹柳絮，新火起厨烟。 撩乱舞晴空，发人无限思。刘禹锡。 花袱低拥砌，柳幔近当楼。 云薄宫城柳，寒生露井桐。 黄似镜中眉，花如关外雪。俱韦承庆。 邂逅一杯酒，东风柳絮天。吴麒裔。 轻袂杨花落，遥装燕子随。贾秋壑。 柳条恒扑岸，花气欲薰舟。王凤洲。 本是无情物，南飞又北飞。僧子兰。 何许最关人，乌啼白门柳。乌啼隐杨花，君醉留妾家。 垂杨拂绿水，摇艳东风前。花开玉关雪，叶暖金窗烟。 美人结长想，对此心凄然。攀条折春色，远寄龙庭前。俱李太白。 已带黄金缕，仍开白玉花。长时须拂马，密处可藏鸦。李义山。 寒食少天气，春风多柳花。倚楼心目乱，不觉见栖鸦。杜少陵。 晴天黯黯雪，来送青春暮。无意似多情，千家万家去。 轻飞不假风，轻落不委地。撩乱舞晴空，发人无限思。俱刘梦得。 花明绮陌春，柳拂御沟新。为报辽阳客，流光不待人。 分行接绮树，倒影入清漪。不学御沟上，春风伤别离。俱王维。 映池同一色，逐吹散如丝。结阴既得地，何谢陶家时？裴迪。 人言折柳恶，侬言折柳好。倘向柳边行，识君去时道。孙蕡。 只道梅花发，那知柳亦新。枝枝总到地，叶叶自关春。紫燕时翻翼，黄鹂不露身。汉南应老尽，灞上远愁人。杜甫。 杨花二月暮，撩乱送春归。尽日闲相逐，无风亦自飞。轻轻栏乳燕，故故扑征衣。莫上高楼望，徘徊满落晖。綦毋潜。 翠色连荒岸，烟姿入远楼。影铺秋水面，花落钓人头。根老藏鱼窟，枝低系客舟。潇潇风雨夜，惊梦复添愁。鱼玄机（如）〔女〕冠。 万里杨柳色，出关送故人。轻烟拂流水，落日照行尘。积梦江湖阔，忆家兄弟贫。徘徊灞亭上，不语自伤春。戴叔伦。 一借河桥色，长留水阁阴。笼烟眉锁黛，飏白缕垂金。叶底三眠梦，枝头百啭音。五株频对咏，真慰故园心。申瑶泉。 三眠初作絮，百和欲成泥。猗旎粘轻浪，颠狂扑大堤。青丝愁绾结，红袖惜分携。河阳妆面好，京兆黛眉低。莫以为郎薄，时时恋故溪。王凤洲。 七言：白门柳花满店香。李白。 南游花柳塞长安。 崔啄江头黄柳花。 天晴宫柳暗长春。 轻轻柳絮点人衣。 颠狂柳絮随风起。 生憎柳絮白于绵。俱杜甫。 垂轩弱柳万条新。赵彦昭。 凭莺说向杨柳道，绊惹春风莫放归。 叶含浓露如啼眼，枝袅轻风似舞腰。俱白乐天。 柳条弄色不忍见，梅花满枝空断肠。高适。 江头宫殿锁千门，细柳新蒲为谁绿？ 元戎小队出郊垌，问柳寻花到野亭。俱杜甫。 轻花细叶满林端，昨夜春风晓色寒。朱邑。 闾门风暖落花干，飞遍江城雪不寒。孙光宪。 为问何如插杨柳，明年飞絮作浮萍。 长恨漫天柳絮轻，只将飞舞逐清明。俱东坡。 一春恨绪空撩乱，不是天生稳重花。韩忠献。 依微谢女吟来雪，零落襄王梦里云。齐贤良。 二月纷纷飞作雪，白门啼杀护儿鸦。 回雪有风尝借舞，落梅无笛可供愁。俱宋景文。 花边娇软粘蜂翅，陌上轻狂趁马蹄。朱淑真。 章台街里翻轻吹，灞水桥边送落晖。钱思公。 风絮流花一任渠，北窗高卧绿阴初。吕东莱。 风前轻薄佳人命，天外飘零荡子身。高九方。 行人自逐杨花去，还是杨花肯送人。陈长乐。 落花飞絮春将去，断雨零云入幕寒。吴麒裔。 飞花落絮满长安，饮尽离杯度渺漫。贾秋壑。 杨柳若知行客恨，不教飞絮扑人衣。王花州。 赋性太轻难作主，飘踪无着易粘人。陈肥遁。 堤边杨柳密藏鸦，堤上游人西髻丫。张于湖。 花明柳媚一溪水，目薄云浓三月天。王洪明。 双眉争似庭前柳，腊尽春来又放舒。孟淑卿。 碧玉妆成一树高，万条垂下绿丝绦。不知细叶谁裁出，二月春风似剪刀。贺知章。 渭城朝雨浥轻尘，客舍青青柳色新。劝君更尽一杯酒，西出阳关无故人。

王维。 隔溪杨柳弱袅袅，恰似十五女儿腰。谁谓朝来不作意，狂风挽断最长条。 两个黄鹂鸣翠柳，一行白鹭上青天。窗含西岭千秋雪，门泊东吴万里船。俱杜甫。 春城无处不飞花，寒食春风御柳斜。日暮汉宫传蜡烛，轻烟散入五侯家。韩翃。 城外春风漾酒旗，行人挥袂日西时。长安陌上无穷树，惟有垂杨绾别离。 花巷暖随轻舞蝶，柔杨晴拂艳妆人。萦回谢女题诗笔，点缀陶公漉酒巾。 轻盈袅娜占年华，舞榭妆楼处处遮。春尽絮飞留不得，随风好去落谁家？ 炀帝行宫汴水滨，数株残柳不胜春。晚来风起花如雪，飞入宫墙不见人。俱刘禹锡。 江雨霏霏江草齐，六朝如梦鸟空啼。无情最是台城柳，依旧烟笼十里堤。韦庄。 扬子江头杨柳春，杨花愁杀渡江人。数声风笛离亭晚，君向潇湘我向秦。郑谷。 水边杨柳曲尘丝，立马烦君折一枝。惟有春风最相（借）〔惜〕，殷勤更向手中吹。 杨柳含烟灞岸春，年年攀折为行人。好风倘借低枝便，莫遣青丝扫路尘。俱杨巨源。 灞岸晴来送别频，相偎相倚不胜春。自家飞絮犹无定，争把长条绊得人。罗隐。 一树春风万万枝，嫩于金色软如丝。永丰坊里东南角，尽日无人属阿谁。 柳无力气枝先动，池有波纹水尽开。今日不知谁计会，春气春水一时来。俱白居易。 永丰坊里旧腰肢，曾见青青初种时。看尽道边离别恨，争教风絮不狂飞。张右史。 银球抛出翠烟深，聚散高低不自禁。飘去长教迎暖日，飞来深院怯春阴。王岩叟。 朝日残莺伴妾啼，开帘只见草萋萋。庭前时有东风入，杨柳千条尽向西。刘方平。 乱条犹未变初黄，倚得东风势便狂。解把飞花蒙日月，不知天地有晴霜。曾南丰。 只道垂杨管别离，杨花一去不思归。浮踪浪迹无拘束，飞到蛛丝也不飞。杨诚斋。 三月名园草色青，梦回犹听卖花声。春光不管人憔悴，飞絮纷纷弄晚晴。赵信庵。 柳渐成阴万缕斜，舞腰柔弱弄韶华。一庭春色无人管，檐雨声中飞尽花。颜颐仲。 苦无筋力太轻柔，何物如君得自由。带雨飘来成坠雪，卷春归去作飞球。石敏若。 短长亭外柳依依，念我归思未得归。粉蝶不知行客恨，也随飞絮点征衣。虞诩。 含烟带雨过平桥，袅袅千丝复万条。张令当年成底事，风流才似女儿腰。吕居仁。 千林欲暗稻秧雨，三月尚寒花信风。九节老筇应不惜，步随流水看残红。俞师郇。 门前杨柳暗沙汀，雨湿东风未放晴。点点落花春事晚，青青芳草暮愁生。谢无逸。 绿嫩遥看更碧柔，非烟非雾晓难收。墙高不使花飞过，却似浮萍出御沟。吴匏庵。 闲倚阑干看柳条，可怜浑似董娇娆。东风何处吹桃李，空卖心情学舞腰。薛蕙。 老树临风叶半黄，一樽歧路又斜阳。别君何必折杨柳，只此秋声也断肠。潘子素。 河桥杨柳半无枝，多为行人赠别离。羌虏不知萧索尽，月明犹向笛中吹。晏铎。 晓来扶病镜台前，无力梳头任髻偏。消瘦浑如江上柳，东风日日起还眠。陆娟。 宫柳垂垂拂苑墙，啼莺惊梦暗心伤。起来羞见空中絮，也得随风入御床。孙文叔。 青山隐隐水迢迢，客梦都随岁月消。惟有别时今不忘，水边杨柳赤阑桥。孙蕡。 春归禁柳绿参差，叶叶含烟树树垂。怕有长条迷凤辇，临风折尽向南枝。陈镒。 按辔营中次弟新，藏鸦门外几番春？生憎灞水桥边树，不解迎人解送人。许景樊女郎。 昨夜承恩宿未央，罗衣犹带御炉香。芙蓉帐小银屏暗，杨柳风多水殿凉。刘长卿。 欲续停针转怨郎，帘钩小控隔垂杨。君心莫逐随风絮，空系相思柳带长。孙愚公。 绿柳依依夹岸斜，一泓新涨映残霞。池边不种闲桃李，只恐东风怨落花。周颙靖。 柳絮颠狂不肯归，等闲东去复西飞。我身也自无归着，莫教风吹上妾衣。汪东麓。 秦淮柳色弱于丝，十里烟花潋滟时。明月一湾开水阁，何人吹彻玉参差。于念东。 柳叶沉沉芦笋肥，碧湖青青鹭鸶飞。桃花一树鱼三尺，不醉月明人不归。陈眉公。 一片潮声下石头，江亭送客使人愁。可怜垂柳丝千尺，不为春江绾去舟。赵彩姬。 一月郊南柳色春，淡云晴霭动芳晨。霏霏花气偏随酒，袅袅莺歌解和人。野舫醉乘明月渡，芳洲情与白鸥驯。武陵溪水今几许，笑逐桃花欲问津。曹大章。 泥融沙涨雪痕消，到处芳菲着旧条。隔水半藏青雀舫，迎风斜倚赤栏桥。楼头人醉初横笛，灞口春阴不上潮。陶令柴桑归去久，五株门外已飘摇。 柳丝燕子故飞扬，杜若蘼芜接袖香。每过可怜寒食节，回思真负少年场。春深胆怯花时雨，老去情销镜里霜。此日风光偏淡爽，酒杯到手莫辞忙。 翠条金穗舞娉婷，野渡津头驿外亭。啼鸟踏来枝太怯，春风扶起态沉冥。黄河冰破初回绿，紫塞沙寒不放青。此日深闺游子妇，只愁飘泊逐浮萍。 东风淡荡影徘徊，敛态凝愁傍落梅。疏翠护枝披早霞，绽黄粘冻候轻雷。此时稽锻阴全薄，几夜羌吹花不开。依旧西京春月色，何人走马过章台？俱陈眉公。 天津御柳碧遥遥，轩骑相从半下朝。行乐光辉寒日借，太平歌舞晚春饶。红妆楼下东回辇，青草洲边南渡桥。坐见司空扫西第，看君侍从落花朝。沈佺期。 条风一夜乍回枯，黛色和烟半有无。玄灞柔条堪系马，白门疏影不藏乌。楼头寒映罗衣薄，曲里风惊紫塞孤。春水绿波春草碧，等闲芳岁莫教徂。徐茂吴。徐公名桂，吴郡人。举进士。袁州司理。 弱植惊春急自伤，暮来翻遣思攸扬。曾飘绮陌随高下，敢拂朱栏竞短长。萦砌乍飞还乍舞，扑池如雪又如霜。莫令歧路频攀折，渐拟清阴到画堂。薛逢。 随风坠露事轻儇，巧占人间欲夏天。只恐障空飞似雪，从教掺径白如绵。未央宫里粘歌袖，扬子江滨恼客船。老去强看愁底事，昏花满眼意茫然。张云里。 杨柳千条拂面丝，绿烟金穗不胜吹。香随静婉歌尘起，影伴娇娆舞袖垂。羌管一声何处曲？流莺百啭最高枝。千门九陌花如雪，飞过宫墙两不知。温飞卿。 春思春愁一万枝，远村遥岸寄相思。西园有雨和苔长，南内无人拂槛垂。游客寂寥诚远恨，暮莺啼叫惜芳时。晚来飞絮如霜霰，恐为多情管别离。唐彦谦。 东风宛转柳条新，攀折初荣赠玉人。眉翠正逢三月望，丝长能系百年春。轻撩燕子昭阳舞，低拂桃花洛水神。唱罢新翻芳树曲，半遮歌扇一含颦。张祥鸢。 拂地长翻绮陌尘，弄晴偏学黛眉颦。三眠弱缕深如幂，一抹轻绡黯未匀。嘶入紫骝难辨影，坐来黄鸟易藏身。千条青琐还能记，御气氤氲晓色新。 浅绿轻黄半吐姿，长堤曲沼万垂丝。才消冻水先窥眼，乍着条风已放眉。陌上折来偏弄色，楼头望去转萦思。一年一报芳菲节，谩向河桥怨别离。俱申瑶泉。 灞桥无恙绾离忧，忽见扬鞭紫陌头。学舞腰肢防妾妒，含颦眉黛为君愁。藏鸦门外条空结，系马堤边叶正柔。古道羌城惯吹笛，悬知心已在封侯。郑之文。 春晴乍被柳相挑，费尽支持不自聊。作意将来看眼媚，关情偏可惹魂消。瘦犹含态骄梅格，暖故拖寒带雪条。漫较疏黄与深绿，好风吹绽看明朝。范景文。 行：君不见门前柳，荣耀暂时萧索久。君不见陌上花，狂风吹去落谁家？邻家思妇见之叹，蓬首不梳心历乱。盛年夫婿长别离，岁暮相逢色凋换。贺兰进明。 词：柳塘新涨，艇子操双桨。闲倚曲楼成怅望，是处春愁一样。 傍人几点飞花，夕阳又送栖鸦。试问画楼西畔，暮云恐近天涯。吕居仁《清平乐》。 爱日轻明新雪后，媚眼星星，渐欲穿窗牖。不待长条倾别酒，一枝已入离人手。 浅浅柔黄轻腊透，过尽冰霜，便与春争秀。强对青铜簪白首，老来风味难依旧。 蠢蠢黄金初脱后，暖日飞绵，取次粘窗牖。不见长条低拂酒，赠行应已输先手。　　莺织金梭飞不透，小榭危楼，处处添奇秀。何日隋堤萦马首？路长人倦空思旧。俱周美成《蝶恋花》。　柳阴庭馆占风光，呢喃清昼长。碧波新涨小池塘，双双蹴水忙。　萍散漫，絮飘飏，轻盈体态狂。为怜流去落红香，衔将归画梁。曾纯甫《阮郎归》。　燕忙莺懒芳残，正堤上、柳花飘坠。轻飞乱舞，点画青林，全无才思。闲趁游丝，静临深院，日长门闭。傍珠帘散漫，垂垂欲下，依前被、风扶起。　兰帐玉人睡觉，怪春衣、雪沾琼缀。绣床渐满，香球无数，才圆却碎。时见蜂儿，仰粘轻粉，鱼吞池水。望章台路杳，金鞍游荡，有盈盈泪。章质夫《水龙吟》。　似花还似非花，也无人惜从教坠。抛家傍路，思量却是，无情有思。萦损柔肠，困酣娇眼，欲开还闭。梦随风万里，寻郎去处，又还被、莺呼起。　不恨此花飞尽，恨西园、落红难缀。晓来雨过，遗踪何在？一池萍碎。春色三分，二分尘土，一分流水。细看来，不是杨花，点点是离人泪。苏东坡《水龙吟》。　日高睡起，又（怯）〔恰〕①见、柳梢飞絮。情说与、年年相换，却又因他相误。南北东西何时定，看碧沼、青萍无数。念蜀郡风流，金陵年少，那寻张绪。　应许，雪花比并，扑帘推户。更羽缀游丝，毡铺小径，肠断鹁鸠唤雨。舞态颠狂，眠腰轻怯，散了几回重聚。空暗想，昔日长亭别酒，杜鹃催去。马庄文《二郎神》。

杨，有二种：一种白杨。叶芽时有白毛裹之，及尽展，似梨叶而稍厚大，淡青色，背有白茸毛，蒂长，两两相对，遇风则簌簌有声。人多植之坟墓间。树耸直圆整，微带白色，高者十余丈，大者径三四尺，堪栋梁之任。一种青杨。树比白杨较小。亦有二种：一种梧桐青杨，身亦耸直，高数丈，大者径一二尺，材可取用，叶似杏叶而稍大，色青绿；其一种身矮，多歧枝，不堪大用。北方材木全用杨、槐、榆、柳四木，是以人多种之。杨与柳自是二物，柳枝长脆，叶狭长，杨枝短硬，叶圆阔，迥不相侔，而诸家多将杨柳混称，甚至称为一物者，缘南方无杨故耳。柳性耐水，杨性宜旱。诸书所言水杨，盖水柳之讹也。惟垂柳作垂杨，据小说系隋炀赐姓，未知信否。至于春月飞絮落水作萍，亦与柳同，但其穟颇粗大耳。性苦，平，无毒。饥岁，小民取其叶煮熟，水浸，去苦味，用以充饥。

种植。白杨伐去大木，根在地中者，遍发小条。候长至栗子、核桃粗，春月移栽，勤浇之。栽青杨于春月，将欲栽树地，挑沟深一尺五六寸，宽一尺，长短任意。先以水饮透，次日将青杨枝如枣栗粗者，利刀斫下，仍截作二尺长段，密排沟内，露出沟外二三寸，加土与平，筑实。数日后方可浇水。候芽长，常浇为妙。长至五六尺，择其密者删之，既可作柴，又使易长，种十亩，岁不虑乏柴。及长至径四五寸，便可取作屋材用。留端正者长为大用，每年春月仍可修其冗枝作柴，而树身日益高大。

附录。黄杨：木理细腻，枝干繁多，性坚致难长，岁长一寸，闰月年反缩一寸。叶小而厚，色青微黄。世重黄杨，以其无火。以水试之，沉则无火。取此木，必于阴晦夜无一星伐之，为枕不裂。　东坡诗曰："园中草木春无数，只有黄杨厄闰年。　考之《尔雅》，桐、茯苓皆厄闰，不独黄杨。

---

① 怯，应作"恰"。"四库全书"《御选历代诗余》卷八一马庄文《二郎神·柳花》作"恰"。

疗治。金疮苦痛，乳痈诸肿：杨木白皮，炙炒碾末。水服方寸匕，仍傅之，日三。　妊娠下痢：白杨皮一斤，水一斗，煮取二升，分三服。　项下瘿气：秫米三斗炊熟，取圆叶白杨皮十两，勿令见风切片，水五升，煮取二升，渍曲末五两，如常酿酒。每旦一盏，日再。　久痢赤白：青杨枝叶捣汁一升，日二，大效。　口吻烂疮：白杨嫩枝，铁上烧灰，和脂傅之。　腹痛癖坚如石，积年不瘥：用白杨木东枝粗皮，辟风细锉五升，淋讫，绢袋盛滓，还纳酒中，密封再宿。每服一合，日三。　面色不白：白杨皮十八两，桃花一两，白瓜子仁三两，为末。每服方寸匕，日三服，五十日面及手足皆白。　扑损瘀血：（口）〔白〕杨皮煎汤服。　妇人血崩：扶杨皮半斤，牡丹皮四两，煎服。　牡蛎煅，各一两。每用一两，酒二钟，煎一钟，食前服。　毒风，脚气肿，四肢缓弱不随，毒气游移在皮肤中：白杨皮酒渍服。　风痹宿血，折伤血沥，在骨肉间，痛不可忍，及皮肤风瘙肿：白杨皮同五木煎汤浸之。　牙痛：白杨皮醋煎含漱。　口疮：浆水煎白杨皮，入盐含漱。

丽藻。散语：枯杨生稊，老夫得其女妻，无不利。枯杨生华，老妇得其士夫，无咎无誉。《易》。　东门之杨，其叶牂牂。东门之杨，其叶肺肺。《诗》。　杨花入水，经宿化为浮萍。东坡。　诗五言：白杨亦萧萧。　肠断白杨声。李太白。　杨花覆白萍。杜子美。　白杨多悲风，萧萧愁杀人。古诗。　芳草连山碧，垂杨近水多。冯琢庵。　妆成多自惜，梦好却成悲。不及杨花意，春来到处飞。侯夫人。　七言：枯杨枯杨尔生稊。李太白。　折柳春事到杨花。吴眉斋。　晓莺啼断绿杨枝。　糁径杨花飞白毡。俱杜子美。　杨花榆荚无才思，只解满天作雪飞。韩退之。　长安白日照春空，绿杨结烟垂袅风。李太白。　百花长恨风吹落，惟有杨花独爱风。古诗。　莫欺春到荼蘼尽，更有杨花落后飞。孙月镜。　惟有杨花思空阔，正零落处是开时。王太冲。　闺中少妇不知愁，春日凝妆上翠楼。忽见陌头杨柳色，悔教夫婿觅封侯。王昌龄。　秦淮女儿歌柘枝，隔淮女①儿唱新词。声声互答绿杨里，正是离人肠断时。谢承举。　碧水东流无限春，（情）〔隋〕家宫苑尽成尘。行时莫上长堤望，风起杨花愁杀人。李益。　风送杨花满绣床，飞来紫燕亦成双。闲人正在停针处，笑嚼残绒唾碧窗。　疏疏帘影漾微波，庭户无人鸟自过。一树杨花三日雨，池塘春水绿萍多。俱杨基。　立尽东风草色青，鹃啼日落暮愁生。江流不断春云合，一树垂杨万里情。曹大章。　谷门斜傍晓山开，杨柳阴阴护绿苔。何处画船晴雨外？绮罗风里载春来。吴觉庵。　华屋沉沉乳燕飞，绿杨深处啭黄鹂。疏帘不卷薰风在，坐看庭花日影移。朱静庵女郎。　二月杨花轻复微，春风摇荡惹人衣。他家本是无情物，一向南飞又北飞。薛涛。　北斗南回春物老，红英落尽绿尚早。韶风澹荡无所依，偏惜垂杨作春好。此时可怜杨柳花，萦盈艳曳满人家。人家女儿出罗幕，静扫玉除待花落。宝环纤手捧更飞，翠羽轻裾承不着。历历瑶琴舞袖陈，飞红拂黛怜玉人。东园桃李芳已歇，犹有杨花娇暮春。张乔。　词：睡起流莺语，掩苍苔，房（陇）〔栊〕向晓②，乱红无数。吹尽残花无人问，惟有杨花自舞。渐暖霭，初回轻暑，宝扇重寻明月影，暗尘侵、尚有乘鸾女。惊旧恨，镇如许。　江南梦断衡皋渚。浪粘天、蒲萄

---

① 女，应作"吴"。"四库全书"《御选明诗》卷九《乐府歌行六·诗承举〈吴歌〉》作"吴"。
② 晓，一作"晚"。

涨绿，半空烟雨。无限楼前沧波意，谁采蘋花寄取？但恨望、兰舟容与。万里云帆何时到？送孤鸿、目断千山阻。谁为我，唱金缕？叶梦得《贺新郎》。 溯口虚无，小船点点如飞燕。远山难辨，又隔垂杨线。 浪拍空花，欲钓心情倦。佳人倩，花枝飘散，未许僧雏见。陈眉公《点绛唇》。

皂角， 一名皂荚，一名乌犀，一名悬刀，一名鸡栖子。所在有之。树高大。叶如槐叶，瘦长而尖。枝间多刺。夏开细黄花。结实有三种：一种小如猪牙；一种长而肥厚，多脂而粘；一种长而瘦薄，枯燥不粘。以多脂者为佳。不结实者，凿一孔，入生铁三五斤，泥封之，即结。性辛、咸，温，有小毒。通关节，破坚症，通肺及大肠气，治咽喉痹塞，痰气喘咳，风疬疥癣，下胞衣，堕胎。

子。辛，温，无毒。导五脏风热。 仁。治风热、大肠虚秘、瘰疬、肿毒、疮癣。 黄心。治膈痰、吞酸，能消人肾气。 刺。辛，温，无毒。治痈肿、妒乳、风疬恶疮，杀虫，下胎衣。

采取。树多刺难上。采时，以篾箍其树，一夕尽落。 修制。荚：取赤肥不蛀者，新汲水浸一宿。铜刀削去粗皮，以酥反复炙透，去子弦。每一两，酥五钱。又有蜜炙绞汁烧灰之异，用者照本方。 子：拣圆满坚硬不蛀者，瓶煮熟，剥去硬皮，取向里白肉两片，去黄，以铜刀切，晒用。 禁忌。皂角与铁有相感处，铁砧槌皂角（既）〔即〕自损，铁碾碾久则成孔，铁锅爨之多爆片落。

制用。溽暑久雨时，皂荚合苍术烧烟，避瘟疫邪湿气。 皂荚浸酒中，取尽其精，煎成膏，涂帛上，贴一切肿痛。 子炒，舂去赤皮，水浸软，煮熟，糖渍食，疏导五脏风热。 肥皂荚煮熟捣烂，和白面及诸香作丸，澡身面，去垢而腻润。

疗治。中风口噤，涎潮壅上：皂角一挺去皮，猪脂涂，炙黄色，为末。每服一钱，汤①酒调下。气壮者二钱，以吐出风涎为度。 中风口㖞：皂角五两，去皮，为末，三年醋和之。左㖞涂右，右㖞涂左，干更上之。 中暑不省：皂荚一两烧存性，甘草一两微炒，为末。温水调一钱灌之。 鬼魇不寤：皂荚末，刀圭吹鼻，能起死人。 自缢将绝：皂荚末吹鼻中。 水溺卒死一宿者，尚可活：纸裹皂荚末，纳下部，须臾出水，即活。 急喉痹（寒）〔塞〕，逡巡不救：皂荚生研末。每以少许点患处，外以醋调厚封项上，须臾便破出血，即愈。或接水灌之，亦良。又方：用皂角肉半截，水醋半盏，煎七分，破出浓血，即愈。 咽喉肿痛：牙皂一挺，去皮，米醋浸，炙七次，勿令太焦，为末。每吹少许入咽，吐涎即止。 治诸风取痰，如神：大皂角半斤，去皮子，以蜜四两涂上，用火炙透，槌碎，热水浸一时，接取汁，慢火熬成膏，入麝香少许，摊在夹绵纸上晒干，剪作纸花。每用三四片，入淡浆水一小盏中洗淋下，以筒吹汁入鼻内。待痰涎流尽，吃芝麻饼一个，涎尽即愈，立效。 风邪痫疾：皂荚烧存性四两，苍耳叶根茎日干四两，密陀僧一两，为末，成丸梧子大，朱砂为衣。每服三四十九，枣汤下，日二服。稍退，只服二十九。名抵住丸。 一切痰气：皂荚烧存性、萝卜子炒等分，姜汁入炼蜜丸梧子大。每服五六十九，白汤下。 胸中痰结：皂荚三十挺，去皮

---

① 汤，"四库全书"《本草纲目》卷三五下《木之二·皂荚》引《简要济众方》作"温"。

切，水五升浸一夜，接取汁，慢火熬至可丸，丸如梧子大。每食后盐浆水下十九。又：用半夏醋煮过，以皂角膏和匀，入明矾少许，以柿饼捣膏，丸如弹子，嚼之。　咳逆上气，唾浊不得卧：皂角炙，去皮碾末，蜜丸梧子大。每服一九，枣膏汤下，日三夜一。　卒寒咳嗽：皂荚烧研，豉汤服一钱。　牙病喘息，喉中水鸡鸣：用肥皂荚两挺，酥炙，取肉为末，蜜丸豆大。每服一九，取微利为度。不利更服，一日一服。　肿满入腹胀急：皂荚去皮子炙黄，为末，酒一斗，石器煮沸，服一升，日三。　二便关格：用皂荚烧研，粥饮下三钱，立通。　气喘胸满：用不蛀皂角，去皮子，醋涂炙焦，为末一钱，巴豆七枚去油膜，以淡醋研，好墨和丸麻子大。每服三九，食后陈橘皮汤下，日三服，隔一日增一丸，以愈为度。　胸腹胀满，欲令瘦者：猪牙皂角相续量长一尺，微火煨，去皮子捣筛，蜜丸大如梧子。服时先吃羊肉两脔、汁三两口，后以肉汁下药十九，以快利为度。觉得力，更服，以利清水即（出）〔止〕①药。瘥后一月不得食肉及诸油腻。　身面赤肿洪满：用皂荚去皮炙黄，锉三升，酒一斗渍透，煮沸。每服一升，日三。　卒热劳疾：皂荚续成一尺，以土酥一大两微涂缓炙，酥尽捣筛，蜜丸梧子大。每服空腹饮下十五丸，渐增至二十九，重者不过两剂，愈。　急劳烦热体瘦：皂荚、皂荚树皮、皂角刺各一斤，同烧灰，以水三斗淋汁，再淋。如此三五度，煎之。候火凝，入麝香末一分，以童子小便浸，蒸饼丸小豆大。每空心温水下七九。　脚气肿痛：皂角、赤小豆为末，酒醋调，贴肿处。　伤寒初得，不问阴阳：以肥皂荚一挺，烧赤为末，水五合和，顿服之，阴病极效。　时气头痛烦热：用皂角烧碾，新汲水一盏，姜汁、蜜各少许，和二钱服之。先以暖水淋浴，后服药取汗，即愈。　卒病头痛：皂角末吹鼻取嚏。　脑宣不止：不蛀皂角去皮子，蜜炙槌碎，入水接，取浓汁熬成膏，嗅鼻，口内咬住，良久涎出为度。　风热牙痛：皂角一挺去子，入盐满壳，白矾少许，黄泥固济烧研，日擦之。　揩牙乌须：大皂角二十挺，以姜汁、地黄汁蘸炙十遍，为末。日用揩牙，甚妙。　大肠脱肛：不蛀皂角五挺，槌碎，水接，取汁二升浸之，自收上收，后以汤荡其腰肚，令皂角气行，则不再发。以皂角去皮酥炙，为末，枣肉和丸。米饮下三十九。　下部𧏾疮：皂荚烧碾，绵裹导之。　外肾偏疼：皂角和皮为末，水调傅之，良。　便毒肿痛：皂角炒焦、水粉炒等分，碾末，以热醋调，摊贴患处，频以水润之，即效。　便毒痈疽：皂角一条，醋熬膏傅之，屡验。　妇人吹乳：用猪牙皂角去皮蜜炙，为末，酒服一钱。又诗云："妇人吹奶法如何？皂角烧灰蛤粉和。热酒一杯调八字，管教时刻笑呵呵。"　疔肿恶疮：皂角去皮，酥炙焦，为末，入麝香少许，人粪少许，和涂。五日后根出。　小儿头疮，粘肥及白秃：用皂角烧黑为末，去痂傅之，不过三次即愈。　小儿恶疮：皂荚水洗，拭干，以芝麻油捣烂涂之。　足上风疮，作痒甚者：皂角炙热烙之。　大风诸癞：长皂角二十条炙，去皮子，以酒煎稠滤过，候冷，入雪糕，丸梧子大。每酒下五十九。　积年疥疮：猪肚内放皂角煮熟，去皂角食之。　射工水毒生疮：皂荚长尺二者，苦酒一升煎汁，熬如（饮）〔饴〕涂之。　咽喉骨哽：猪牙皂角二条切碎，生绢袋盛缝满，线缚顶中，立消。　鱼骨哽咽：皂角末吹鼻取嚏。　九里蜂毒：皂荚钻孔贴叮处，艾灸孔上三五壮，即安。　肾风阴痒：以稻草烧皂角烟熏

---

① 出，应作"止"。"四库全书"《本草纲目》卷三五下《木之二·皂荚》引崔元亮《海上集验方》作"止"

十余次，即止。　下痢不止，诸药不效：服此三服，宿垢去尽，即变其色，屡验。皂角子瓦焙，为末，米糊丸梧子大。每服四五十丸，陈茶下。　肠风下血：皂角子、槐实一两，用占谷糠炒香，去糠，为末。陈粟米饮下一钱，名神效散。　里急后重：不蛀皂角子、米糠炒过、枳壳炒等分，为末，饭丸梧子大。每米饮下三十丸。　小儿流涎，脾热有痰：皂荚子仁半两，半夏姜汤泡七次一钱二分，为末，姜汁丸麻子大。每温水下五丸。　风虫牙痛：皂角子末，绵裹弹子大两个，醋煮热，更互熨之，日三五度。　粉滓面皯：皂角子、杏仁等分，研匀，夜以津和涂之。　便痛初起：皂角子七个，研末，水服效。一方：照年岁吞之。　一切疔肿：皂角子仁作末傅之，五日愈。　年久瘰疬：用不蛀皂角子一百粒、米醋一升、硇砂七钱同煮，干炒令酥。看瘰子多少，如一个服一粒，十个服十粒，细嚼，米汤下。酒浸煮熟亦可。虚人不可用硇砂也。　小儿重舌：皂角刺灰，入朴硝或脑子少许，漱口，掺入舌下，涎出自消。　小便淋闭：皂角刺烧存性、破故纸等分，为末。无灰酒服。　肠风下血，便前近肾肝，便后近心肺：皂角刺灰二两，胡桃仁、破故纸、炒槐花各一两，为末。每服一钱，米饮下。　风伤久不已，而下痢脓血，日数十度：用皂角刺、枳实、麸炒、槐花生用各半两，为末，炼蜜丸梧子大。每服三十丸，米汤下，日二。　胎衣不下：皂角刺烧，为末。每服一钱，温酒调下。　妇人乳痈：皂角刺烧存性一两，蚌灰一钱，和研。每服一钱，温酒下。　产后乳汁不泄结毒：皂角刺、蔓荆子各烧存性等分，为末。每温酒服二钱。　腹内生疮，在肠脏，不可药治者：取皂角刺不拘多少，好酒一碗，煎至七分，温服，其脓血悉从小便中出，极效。不饮酒者，水煎亦可。　疮肿无头：皂角刺烧，酒服三钱，嚼葵子三五粒，其处如针刺为效。　癌瘰恶疮：皂角刺烧存性研，（匀）〔白〕①及少许，为末傅之。　大风疬疮：用黄檗末、皂角刺灰各三钱研匀，空心酒服，取下虫物，并不损人。食白粥两三日，服补气药数剂。名神效散。如（血）〔四〕肢肿，用针刺出水，再服。忌一切鱼肉、发风之物。取下虫，大小长短，其色不一，约一二升，其病乃愈。　发背不溃：皂角刺，麦麸炒黄一两，绵黄芪炒一两，甘草半两，为末。每服一大钱，酒一盏，乳香一块，煎七分，去渣温服。　肺风恶疮瘙痒：用皂荚根皮，秋冬采如罗纹者，阴干炙黄，白蒺藜炒，黄芪、人参、枳壳炒，甘草炙，等分，为末。沸汤每服一钱。　产后肠脱：皂角树皮半斤，皂角核一合，川楝树皮半斤，石莲子炒去心一合，为粗末，以水煎汤。乘热以物围定，坐熏洗之，挹干便吃补气丸药一服，仰睡。　肠风下血：独子肥皂烧存性一片，为末，糊丸。陈米饮下。　下痢禁口：肥皂荚一枚，以盐实其内烧存性，为末。以少许入白米粥内食之，即效。　风虚牙肿，老人肾虚，或因凉药擦牙致痛：用独子肥皂，以青盐实之烧存性，研末掺之。或入樟脑十五文。　头耳诸疮，眉癣，燕窝疮：并用肥皂煅存性一钱，枯矾一分，研匀，香油调涂。　小儿头疮，因伤汤水成脓，出水不止：肥皂烧存性，入腻粉、麻油调搽。　腊梨②头疮：不拘大人小儿，用独核肥皂去核，填入沙糖，入巴豆二枚扎定，盐泥包煅存性，入槟榔

---

① 匀，应作"白"，与后"及"字组合为"白及"。"四库全书"《本草纲目》卷三五下《木之二·皂荚》引《直指方》作"白"。
② 腊梨，底本两字均有"疒"旁。"四库全书"《本草纲目》卷三五下《木之二·皂荚》引《直指方》作"腊梨"。

轻粉五七分，研匀，香油调搽。先以灰汁洗过，温水再洗，拭干乃搽。一宿见效，不须再洗。　　癣疮不愈：以川槿皮煎汤，用肥皂去核及内膜浸汤，时时搽之。　　便毒初起：肥皂捣烂傅之，甚效。　　玉茎湿痒：肥皂一个烧存性，香油调搽，即愈。

典故。元祐五年，自春至秋，蕲、黄二郡人患喉痹，十死八九，速者半日、一日而死。黄州推官潘昌得黑龙膏方，救活数十人。其方治九种喉痹：急喉痹、缠喉风、结喉、烂喉、遁虫、虫喋、重舌、木舌、飞丝入口。用大皂荚四十挺切，（末）〔水〕三斗浸一夜，煎至一斗半。入人参末半两、甘草末一两，煎至五升，去滓。入无灰酒一升、釜煤二匕，煎如饧，入瓶封，埋地中一夜。每温酒化下一匙，或扫入喉内，取恶涎尽为度。后含甘草片。《伤寒总病论》。　　凡人卒中风，昏昏如醉，形体不收，或倒或不倒，或口角流涎，斯须不治，便成大病。此证风涎潮于上，胸痹气不通，宜用救急稀涎散吐之。皂荚肥实不蛀者四挺去黑皮，白矾光明者一两，为末。每用半钱，重者三字，温水调灌。不大呕吐，只是微微稀冷涎或出一升、二升，当待惺惺，乃用药调治。不可便大吐之，恐过剂伤人。累效，不能（书）〔尽〕①述。《家传秘宝方》。　　左亲骑军崔言，一旦得大风恶疾，双目昏盲，眉发自落，鼻梁崩倒，势不可救。遇异人传方，用皂角刺三斤烧灰，蒸一时，久日干，为末。食后浓煎大黄汤调一匕，饮之。一旬眉发再生，肌润目明。后入山修道，不知所终。《神仙传》。

女贞，一名贞木，一名蜡树。处处有之。以子种而生，最易长。树似冬青，叶厚而柔长，面青背淡，长者四五寸，甚茂盛，凌冬不凋，人亦呼为冬青。五月开细花，青白色，花甚繁。九月实成，似牛李（寸）〔子〕②，累累满树，生青熟紫。木肌白腻。立夏前后取蜡虫种子，裹置枝上，半月其虫化出，延缘枝上，造成白蜡，民间大获其利。女贞实气味苦，平，无毒，补中明目，强阴，安五脏，养精神，健腰膝，除百病，变白发，久服令人肥健，轻身不老。叶除风散血，消肿定痛，治头目昏痛、诸恶疮肿。

辨讹。人因女贞冬茂，亦呼为冬青，不知女贞叶长子黑，冬青叶圆子红。枸骨与女贞亦相似。女贞即俗呼蜡树者，冬青即俗呼冻青树者，枸骨即俗呼猫儿刺者，盖三树也。

种植。栽女贞略如栽桑法，纵横相去一丈上下，则树大力厚。若相去六七尺，太逼，须粪壅极肥。岁耕地一再过，有草便锄之，令枝条壮盛，即蜡多。子亦可种。巴蜀撷其子，渍渐米水中十余日，捣去肤种之，蜡生则近跗。伐去发肄，再养蜡，养一年，停一年。采蜡必伐木，无老干。　　寄虫。虫微时白色，大如鸡虱。作蜡及老，则赤黑色。乃结苞于树枝，初若黍米大，入春渐长，大如鸡头。子紫赤色，累累抱枝，宛若树之结实，盖虫将遗卵作房，正如雀（壅）〔瓮〕、螺蛸之类，俗呼为蜡种，亦曰蜡子。子内皆白卵，如细蚔，一包数百。凡寄子，皆于夏前三日内，从树上连枝剪下，去余枝，独留寸许，令抱木，或三四颗乃至十余颗作一簇，或单颗，亦连枝剪之。剪讫，用稻谷浸水半日许，漉取水。剥下虫颗，浸水中一刻许。取起，用竹箬虚包之，大者三四颗，小者六七颗，作一包，韧草束之，置洁净瓮中。若阴雨，顿瓮中可数日。天

---

① 书（書），应作"尽（盡）"。"四库全书"〔明〕缪希雍《神农本草经疏》卷一四《木部下品·皂荚》作"盡"。
② 寸，应作"子"。"四库全书"《本草纲目》卷三六《木之三·女贞》集解作"子"。

热，其子多迸出，宜速寄之。寄法：取箬包剪去角，作孔如小豆大，仍用草系之树枝间。其子多少，视枝小大斟酌之。枝大如指者，可寄；枝太细、干太粗者，勿寄。寄后数日间，鸟来（喙）〔啄〕箬包攫取子，勤驱之。天渐暖，虫渐出包，先缘树上下行。若树根有草，即附草不复上。又防蚁食虫，故树下须芟刈极净。次行至叶底栖止。更数日，复下至枝条，啮皮入，咂食其脂液，因作花，状如凝霜。　取蜡。凡采蜡，树上如凝霜，谓之蜡花，须看花老嫩，太嫩不成蜡，太老不可剥。大约处暑后剥取，谓之蜡滓。剥时或就树，或剪枝，俱先洒水润之，则易落。次取蜡花投沸汤中融化，倾入细囊漉别锅中，别锅亦注沸汤漉尽，绞去滓，乘（熟）〔热〕投入绳套子，则凝聚成块。碎之，文理如白石膏而莹彻。或以粗布蒙甄口，置蜡布上。甄内安一器，甄下加火蒸化，入器中，待在块，取之。其滓盛以绢囊，投热油中，则蜡尽，油可为烛。蜡花取时不宜尽，留待明年又生子。过白露，则蜡花粘住难剥。虫白蜡纯用作烛，胜他烛十倍。若以和他油，不过百分之一，其烛亦不淋，为用颇广，多植无害。唐宋以前，浇烛、入药所用白腊皆蜜蜡。此虫白蜡，自元以来，人始知之，今则为日用物矣。四川、湖广、滇南、闽岭、吴越、东南诸郡皆有之，以川、滇、衡、永产者为胜。　息树。女贞收蜡有二种，有自生者，有寄子者。自生者，初时不知虫何来，忽遍树生白花，枝上生脂如霜雪，人谓之花。取用炼蜡，明年复生虫子，向后恒自传生。若不晓寄放，树枯则已；若解放者，传寄无穷。寄子者，取他树之子寄此树之上也。其法或连年，或停年，或就树，或伐条。若树盛者，连年就树寄之，俟有衰顿，即斟酌停年，以休其力。培壅滋茂，仍复寄放，即《宋氏杂部》所谓"养一年，停一年"者也。伐条者，取树（栽）〔栽〕径寸以上者种之。俟盛长，寄子生蜡，即离根三四尺，截去枝干，收蜡，随手下壅。冬月再壅。明年旁长新枝芽蘖。以后恒择去繁冗，令再直达。又明年，亦复修理，恒加培壅。第三年，可放蜡子。更三年，仍剪去枝，如条桑法。如是无穷，此所谓"经三年，停三年"者也。

疗治。虚损百病，久服发白再黑，返老还童：女贞实，十月上巳日收，阴干。用时以酒浸一日，蒸透晒干，一斤四两。旱莲草，五月收，阴干，十两，为末。桑椹，三月收，阴干，十两，为末。炼蜜丸梧子大。每服七八十九，淡盐汤下。若及时收桑椹、旱莲草捣汁和药，即不用蜜。　风热青[1]眼：冬青子不拘多少，捣〔汁〕熬膏，净瓶收固，埋地中七七日。每用点眼。　女贞丹：女贞子拣净，酒浸一日夜，布擦去皮，晒干，为末。取旱莲草数石，捣汁熬浓，和丸桐子大。每夜酒送百丸，旬日间齐力倍加，老者即不夜起，乌白发，强腰膝，起阴气。　脐疮溃烂久者：以水煮叶，乘热贴之，频频换易。米醋煮亦可。　口舌生疮及舌肿胀：女贞叶捣汁，含漱吐涎，即愈。

典故。女贞木乃少阴之精，故冬不落叶。观此则益肾之功尤可推。《典术》。　鲁有处女见女贞木而作歌。《杲搔》。

丽藻。散语：泰山多贞木。《山海经》。　颂：女贞之木，一名冬青。负霜葱翠，振柯凌风。故清士钦其质，而贞女慕其名。苏颂。

---

① 青，应作"赤"。"四库全书"《本草纲目》卷三六《木之三·女贞》附方引《济急仙方》作"赤"。

乌臼，一名鸦臼。树高数仞。叶似小杏叶而微薄，淡绿色。五月开细花，色黄白。实如鸡头，初青熟黑，分三瓣。八九月熟，咋之如胡麻子汁，味如猪脂。南方平泽甚多。根皮味苦，微温，有毒。治头风，通二便，慢火炙，令脂汁尽，黄干后用。子凉无毒，压汁梳头，变白为黑。炒作汤，下水气，易生易长。种之佳者有二：曰葡萄臼，穗聚子大而穰厚；曰鹰爪臼，穗散而壳薄。临安人每田十数亩，田畔必种臼数株，其田主岁收臼子，便可完粮。如是者，租轻佃户乐种，谓之熟田。若无此树，于田收粮，租额重，谓之生田。江浙之人，凡高山大道、溪边宅畔，无不种。亦有全用熟田种者，树大者或收子二三石。忌近鱼塘，令鱼黑且伤鱼。

制用。采臼子在中冬，以熟为候。采须连条剥之，但留指大以上枝。其小者总无子，亦宜剥去，则明年枝实俱繁盛。剥刀长三四寸，广半寸，形如却月钩，刃在钩内，以竹木竿为柄，令刃向上，剥时向上镵之，不伤枝干。剥下枝，仍充燎爨。拣取净子晒干，入白春落外白穰，筛出，蒸熟作饼，下榨取油如常法，即成白油如蜡，以制烛。若穰少，不满一榨，即作饼，入他油饼中杂榨之。榨下盛油瓶中，置一草帚，候油出冷定，白油即凝附草帚，不杂他油。其筛出黑子，石磨粗砻碎，簸去壳，存下核中仁，复磨或碾细，蒸熟榨油如常法，即成清油，燃灯极明，涂发变黑，又可入漆可造药。凡制烛，每白油十斤，加白蜡三钱，则不淋；蜡多更佳。常时肆中卖者，白油十斤，杂清油十斤，白蜡不过一二钱，其烛易淋。收子一石，可得白油十斤。浙中一亩之宫，但有树数株，生平膏油足用，不复市买。用油之外，其查[1]仍可壅田，可潦爨，可宿火；其叶可染皂；其木可刻书及雕造器物，且树久不坏，至合抱以上，收子愈多，故一种即为子孙数世之利。

接博。子种者须接之乃可，树如杯口大即可接，大至一两围亦可接，但树（水）〔小〕低接，树大高接耳。接须春分后数日，法与杂果同。闻之山中老圃云："臼树不须接博，但于春间将树枝一一捩转碎，其心无伤，其肤即生子，与接博者同试之，良。然若地远，无从取佳贴者，宜用此法。此法农书未载，农家未闻，恐他树木亦然，宜逐一试之。

疗治。小便不通：乌臼根皮煎汤饮之。　　大便不通：乌臼木根方长一寸，劈破，水煎半盏，服之立通，不用多吃，其功神圣，兼能取水。　　利水通肠，功胜大戟。一野人病肿满气壮，令掘此根捣烂，水煎服一碗，连行数次而病平。气虚人不可用。《太平圣惠方》言：其功神圣，但不可多服。诚然。　　二便关格，二三日则杀人：乌臼东南根白皮干为末，热水服二钱。先以芒硝二两煎汤服，取吐甚效。　　水气虚肿，小便涩：乌臼皮、槟榔、木通各一两，为末。每服一钱，米饮下。　　脚气湿疮极痒，有虫：乌臼根为末傅之，少时有涎出，良。　　尸注中恶，心腹痛刺，沉默错乱：用乌臼根煎浓汁一合，调朱砂末一钱服之。《肘后方》无朱砂。　　暗疔昏狂，疮头凸红：（相）〔柏〕树根经行路者取二尺许，去皮捣烂，井花水调一盏服。待泻过，以三角银杏仁浸油捣，合患处。　　婴儿胎疮满头：用水边乌臼树根晒碾，入雄黄末少许，生油调搽。　　鼠莽

---

[1] 查，同"渣"。

砒毒：乌臼根半两，擂水服之。　盐齁痰喘：柏树皮去粗捣汁，和飞面作饼，烙熟。早晨与儿吃三四个，待吐下盐涎，乃佳。如不行，热茶催之。　食牛马六畜肉生疔肿欲死者：捣自然汁一二碗顿服，得大利，去毒即愈。未利，再服。冬用根。　脓泡疮疥：柏油二两，水银二钱，樟脑五钱，同研，频入唾津，不见星乃止。以温汤洗净疮，搽。　小儿虫疮：用旧绢作衣，臼油涂之，与儿穿。次日虫皆出油上，取下爁之，有声是也。别以油衣与穿，以虫尽出为度。

楂，橡栗之属。生闽广江右山谷间。树易成材，亦坚韧。实如橡斗，无刺，子或一二，或三四，似栗而壳薄。仁皮色如榧，肉如栗，味苦，多膏油。

种植。秋间收子时拣取大者，掘地作小窖，勿及泉，用沙土和子置窖中。次年春分取出畦种，秋分后分栽，三年结实。

制用。木坚挺，修治得法，可为杠。子收晾高处，楼上尤佳，令透风，过半月则罅发。如欲急用，摊晒一二日，即尽开。拣去斗，取子晒极干，碓中碾细，蒸熟榨油如常法。取子在寒露前三日多油，迟则油干。其油点灯甚明。亦可食，但性寒，多食令人呕。又堪泽发，不染衣，不腻发，胜诸膏油。用造印色，生亦不沁。　其滓可爨。每饼作（因）〔四〕破，架灶内，下用干柴发火，以饼屑渐次撒入，则起焰。烧熟者宿火，胜炭墼。

疗治。一切疮疥：油涂数次即愈。　秃疮：先涂油润去痂，再涂之二三次，数日全愈。其性寒，能退热故也。

漆，一名桼。似榎而大。树高二三丈余，身如柿，皮白，叶似椿，花似槐，子似牛李子，木心黄。生汉中山谷，梁、益、陕、襄、歙州皆有，金州者最善。广州者性急易燥。辛，温，有小毒。干漆去积滞，消淤血，杀三虫，通经脉。李时珍曰：漆性毒而杀虫，降而行血，主证虽烦，功只在二者。

种植。春分前移栽，易成。一云腊月种。

制用。六月中以刚斧斫皮开，以竹筒承之，液滴下则成漆。先取其液，液满则树菑翳。一云取于霜降后者更良。取时须荏油点破，故淳者难得，可重重别拭之。上等清漆色黑如瑿，若铁石者好，黄嫩若蜂窠者不佳。　试验。稀者，以物蘸起，细而不断，断而急收。更涂于干竹上荫之，速干者佳。世重金漆，出金州也，人多以桐油杂入。试诀云：微扇光如镜，悬丝急似钩。撼成琥珀色，打着有浮沤。今广浙中出一种取漆物，黄泽如金，即《唐书》所谓黄漆也。入药当用黑漆。　入药。用干漆。筒中自然干者，状如蜂房，孔孔隔者为佳。须捣碎炒熟，不尔损肠胃。亦有烧存性者。生漆毒烈，人以鸡子和服之去虫。犹自啮肠胃者毒发，饮铁浆煎黄栌汁、甘豆汤，蟹吃[①]并可制之。因漆气成疮肿者，杉木汤、紫苏汤、漆姑草汤、蟹汤浴之，良。又嚼蜀椒涂口鼻，可避漆气。

疗治。小儿虫病，胃寒危恶，证与痫相似者：干漆捣烧烟尽，白芜荑等分，为末。米饮服一字，至一钱。　九种心痛及腹胁积聚滞气：筒内干漆一两，捣炒烟尽，研末，

---

① 吃，底本缺，据“四库全书”《本草纲目》卷三五上《木之二·漆》补。

醋煮面糊丸桐子大。每服五丸至九丸，热酒下。　妇人不生长，血气疼痛不可忍，及治丈夫疝气、小肠气撮痛者：湿漆一两，熬一食顷，入干漆末一两，和丸梧子大。每服三四丸，温酒下。怕漆人不可服。　女人月经瘀闭，绕脐寒疝痛彻，及产后血气不调，诸症瘕等病：干漆一两打碎炒烟尽，牛膝末一两，生地黄汁一升，入银石器中慢火熬，俟可丸，丸如梧子大。每服一丸，加至三五丸，酒饮任下，以通为度。　女人月经不利，血气上攻，欲呕不得睡：当归四钱，干漆三钱炒烟尽，为末，炼蜜丸桐子大。每服十五丸，空心温酒下。　女人月水不通，脐下坚如杯，时发热，往来下痢，羸瘦：此为血瘕，若生肉症，不可治。干漆一斤烧研，生地黄二十斤取汁，和煎至可丸，丸桐子大。每服三丸，空心酒下。　产后青肿疼痛及血气水疾：干漆、大麦芽等分，为末。新瓦罐相间铺满，盐泥固济，锻赤，放冷研末。每服一二钱，热酒下。但是产后诸症皆可服。　五劳七伤：干漆、柏子仁、山茱萸、酸枣仁等分，为末，蜜丸桐子大。每服二七九，温酒下，日二服。　喉痹欲绝，不可针药者：干漆烧烟，以（箇）〔筒〕吸之。　解中蛊毒：平胃散末，以生漆和丸桐子大。每服，空心温酒下七十九至百九。　下部生疮：生漆涂之，甚良。

　　典故。樊宏父重尝欲作器物，先种梓漆，时人嗤之。积以岁月，皆得其用，向之笑者皆求假焉。资至巨万，追爵谥为寿张敬侯。《后汉书》。　彭城樊阿少师事华佗，授以漆叶青黏散方，云服之去三虫，利五脏，轻身益气，使人头不白。阿从其言，年五百余岁。漆叶所在有之。青黏生丰沛、彭城及朝歌，一名地节，一名黄芝，主理五脏，益精气。（木）〔本〕出于迷，人入山见仙人服之，以告佗。佗以为佳，语阿，阿秘之。近者人见阿之寿而气力强盛，问之，因醉误说。人服多验，后无复人识青黏，或云即黄精之正叶者也。李时珍曰：按葛洪《抱朴子》云，漆叶青黏，凡薮之草也。樊阿服之，得寿二百岁，而耳目聪明，犹能持针治病。此近代之实事，良史所记注者也。洪说犹近于理。前言阿年五百岁者，误也。或云青黏即葳蕤。　桼树，桼，音漆。其汁可以髹物。髹，音休。《格物论》。

　　丽藻。散语：桂可食，故伐之；漆可用，故割之。人皆知有用之用，而莫知无用之用也。　诗五言：旧闻南华仙，作吏漆园里。应悟见割爱，嗒然空隐几。朱文公。

　　棕榈，一名栟榈。栟，音并。俗作棕闾，闾，音闾，鬣也。皮中毛缕如马之鬃鬣，故名。出岭南、西川，今江南亦有种之。最难长。初生叶如白及叶，长高二三尺，则木端数叶大如扇，上耸，四散歧裂。大者高一二丈。叶有大如车轮者，其茎三棱，棱边如刺，四时不凋。干正直无枝，近叶茎处有皮裹之，每长一层即为一节。干身赤黑，皆筋络，可为钟杵，亦可旋为器物。其皮有丝毛，错综如织，剥取缕解，可织衣、帽、褥、椅、钟、盂之属，大为时利。每岁必两三剥之，否则树死，或不长。剥之多亦伤树。三月于木端茎中出数黄苞，苞中有细子成列，乃花之孕也，状如鱼腹孕子，谓之棕鱼，亦曰棕笋。渐长出苞，则成花穗，黄白色。结实累累，大如豆，生黄熟黑，甚坚实。木有二种：一种有皮丝，（有）〔可〕作绳；一种小而无丝，惟叶可作帚。以为王彗者，王彗乃落帚之别名，即地肤也。非。

　　笋及子花。苦涩，有小毒，生食戟人喉。主涩肠，止泻痢肠风、崩中带下。　皮。止鼻衄、吐血、破症，治肠风、赤白痢、崩中带下，主金疮、疥癣，生肌止血。

附录。桐木：性坚，紫赤色，似紫檀。亦有花纹者，谓之花桐木，可作器皿、床几、扇骨诸物。俗作花梨者，非。出安南及南海。辛，温而热。治产后恶露冲心、症瘕结气、赤白漏下，锉煎服。破血块，冷嗽，煮汁温服。

疗治。棕灰性涩，若失血多，淤滞已尽，用之切当，与乱发同用更良。年久败棕，入药尤妙。　大肠下血：棕笋煮熟，切片晒干，为末。蜜汤或酒服一二钱。　鼻血不止：棕榈灰随左右吹之。　血崩不止：棕榈烧灰存性，空心淡酒服三钱。一方加煅白矾等分。　血淋不止：棕榈皮半烧半炒，为末。每服二钱，甚效。　下血不止：棕榈皮半斤，苦楼一个，烧灰。每服二钱，米汤下。　水谷痢下：棕榈皮烧研，水服方寸匕。　小便不通：棕毛烧存性，水酒服二钱，屡效。

典故。其皮作绳，入水千年不烂。昔有人开冢，得一索，已生根。　杜甫因朝廷以李林甫琐琐之材代张九龄为相，作《棕榈拂》诗寓意。　蜀锦城之南有海棕焉，干犹龙鳞，枝犹凤尾，高百余尺。相传繇李唐来阅千稔矣。国朝徙其株于金陵，茎叶披菱，略无生意。敕还蜀植之，护以赤栏，赘以纹石，其枝仍前峻拔，秀薄云汉，有若曾不知其徙也者。迩者其在城南者，干古颠仆，命中贵，吴从政视之，惜其材。初未谙他用，既而斫为五十余琴，以进异音清发，虽爨下之桐，未可拟也。今秘内常士之嗜音者，恒企慕焉。《埤雅广要》。

丽藻。散语：石翠之山，其木多棕。《山海经》。　棕笋状若鱼子而加甘芳，笋生肤毳，中盖花之方孕者，正、二月间可剥而取之，过此则苦涩不可食矣。取之无害于木而宜于饮食，法当蒸熟，以竹笋同蜜煮醋浸可致千里。苏东坡。　颂：异木之生，疑竹疑草。攒丛石径，森莛山道。烟岫相珍，云墅共宝。不华不缛，何逊工巧？江淹。　诗五言：砍破夜叉头，取出仙人掌。鲛人满腹珠，鲄鱼新出网。刘贡父。　青青棕榈树，散叶如车轮。拥箨交紫髯，岁剥岂非仁。用以覆雕舆，何惮克厥身？梅圣俞。　旧脱败蓑乱，新添华节高。肃容春尚静，侠气夏方豪。黄孕子鱼腹，青拔孔雀尻。尻，考平声。丰撞知可裂，雷动景钟号。洪舜俞。　蜀门多棕榈，高者十八九。其皮割剥甚，虽众亦易朽。徒布如云叶，青青岁寒后。交横集斧斤，凋丧先蒲柳。伤时苦军乏，一物官尽取。嗟尔江汉人，生成复何有？有同枯棕木，使我沉叹久。死者即已休，生者何自守？啾啾黄雀啼，侧见寒蓬走。念尔形影干，摧残没藜莠。杜子美。　七言：棕榈叶散夜叉头。李群玉。　欲栽北辰不可得，惟有西域胡僧识。杜子美。　赠君木鱼三百尾，中有鹅黄子鱼子。夜叉剖膺 [1] 欲分甘，筹龙藏头敢言美。愿随蔬果得自用，勿使山林空老死。问君何事食木鱼，烹不能鸣固其理。苏东坡。

藤，有大小数种，皆依附大木，蟠曲而上。紫藤细叶长，茎如竹根，极坚实，重重有皮，花白，子黑，置酒中二三十年不腐败。榼藤依树蔓生，子黑色，三年方熟，一名象豆，壳贮药不坏，解诸药毒。钟藤植弱，须缘树作根，藤既缠裹，树即死，且有恶汁，能令树速朽。

制用。收采藤花择净，盐汤洒，拌匀晒干，或蒸热晒干，皆可留作荤素食料。

---

① 膺，应作"瘿"。"四库全书"［宋］苏轼《东坡全集》卷一八《棕笋》作"瘿"。

典故。齐解叔谦母病，夜祈祷，闻空中人语曰："得丁公藤为酒便差。"即访医，至宜都山。一老人曰："此即丁公藤也，疗风尤验。"老人忽不见。取归医母，却愈。　元衣和庵主，苏州昆山人也，隐居雪窦之妙高峰。在千丈岩岭，有藤一枝，蜿蜒其上，下临不测，乃蟠结成龛，为藏修之所，故号栖云。《昆山县志》。　昔有人逃入井，遇四蛇伤足。欲上树，遇二鼠咬藤。　秦少游词有"醉卧古藤阴下，杳不知南北"之句，后至藤州而卒。《山堂肆考》。

丽藻。诗五言：庭中藤刺檐。　藤枝刺眼新。　饥鼯诉落藤。　对门藤盖瓦。　藤蔓曲藏蛇。俱杜少陵。　纤条寄乔木，弱影掣风斜。魏文帝。　露浥思藤架，烟霏想旧丛。　杳冥藤上下，浓淡树荣枯。　惆怅老大藤，沉吟屈蟠树。　回策非新岸，所攀仍旧藤。俱杜少陵。　幽溪人未去，芳草行应碍。遥忆紫藤垂，繁英照潭黛。李卫公。　紫藤挂云木，花蔓宜阳春。密叶隐歌鸟，香风流美人。李太白。　藤古结为梁，蜿蜒凭云雾。步之时动摇，疑驾彩虹度。于念东。　石上生孤藤，弱蔓依石长。不逢高枝引，未得凌空上。何处堪托身？为君长万丈。本参。　小墅清溪曲，疏篁作四邻。花开留好客，酒熟及芳辰。屋角丹藤绕，梁间紫燕驯。所欣投秩早，得看故园春。张虚庵。　藤花紫蒙茸，藤叶青扶疏。谁谓好颜色？而为害有余。下如蛇屈盘，上若绳萦纡。可怜中间木，束缚成枯株。柔蔓不自胜，袅袅挂空虚。岂知缠木身，千夫力不如。先柔后为害，有似谀佞徒。附着君权势，君迷不肯诛。又如妖妇人，绸缪蛊其夫。毫末不早辨，滋蔓宜难图。愿以藤为戒，铭之于坐隅。白居易。　七言：不叶高人王右丞，蓝田丘壑蔓寒藤。杜少陵。　手种藤花大可围，暮春小圃亦芳菲。黄鹂隐见惟闻啭，紫蝶寻香不辨飞。满架迎风光眩眼，绿溪着雨碧侵衣。漫道破除情事尽，长条柔蔓转依依。王凤雏。王公名士骐，太仓人。解元，吏部郎中。　闷倚苍藤趁晚情，残蝉衰柳不禁鸣。花间烧笋茶烟湿，竹底篝灯露气清。月向水中流夜色，风从芦里撼秋声。凭谁借得飞云履，不惮崎岖上玉京。王氏女郎。

贞 部

二如亭群芳谱

花谱小序

大抵造化清淑精粹之气，不钟于人，即钟于物。钟于人则为丽质，钟于物则为繁英。试观朝华之敷荣，夕秀之竞爽，或偕众卉而并育，或以违时而见珍，虽艳质奇葩，未易综揽，而荣枯开落，辄动欣戚，谁谓寄兴赏心无关情性也？作木谱。

济南王象晋荩臣甫题

二如亭群芳谱

花谱首简

花月令 《灌园野史》

正月　是月也，迎春生，樱桃胎，望春盈眸，兰蕙芳，李能白，杏花饰其靥。
二月　是月也，桃夭，棣棠奋，蔷薇登架，海棠娇，梨花溶，木兰竞秀。
三月　是月也，白桐荣，茶蘼条达，牡丹始繁，麦吐华，楝花应候，杨入大水为萍。
四月　是月也，杜鹃翔，木香升，新篁敷粉，罂粟满，芍药相，木笔书空。
五月　是月也，葵赤，紫薇葩，蒹卜始馨，夜合交，榴花照眼，紫椹降于桑。
六月　是月也，萱宜男，凤仙来仪，菡萏百子，凌宵登，茉莉来宾，玉簪搔头。
七月　是月也，桐报秋，木槿荣，紫薇映月，蓼红，菱实，鸡冠报晓。
八月　是月也，槐黄，蘋笑，芝草奏功，桂香，秋葵高掇，金钱及第。
九月　是月也，菊有英，巴竹笋，芙蓉绽，山药乳，橙橘登，老荷化为衣。
十月　是月也，芦传，冬菜莳，木叶避霜，芳草敛，汉宫秋老，苎麻护其根。
十一月　是月也，芸生，蕉红，枇杷缀金，枫丹，岩桂馥，松柏后凋。
十二月　是月也，梅蕊吐，山茶丽，水仙凌波，茗有花，瑞香郁烈，山矾幽发。

花信

　　二十四番花信，一月两番，阴阳寒暖，各随其时，但先期一日，有风雨微寒即是。梁元帝《纂要》。　一月二气六候，自小寒至谷雨，凡二十四候。每候五日，一花之风信应。小寒，一候梅花，二候山茶，三候水仙；大寒，一候瑞香，二候兰花，三候山矾；立春，一候迎春，二候樱桃，三候望春；雨水，一候菜花，二候杏花，三候李花；惊蛰，一候桃花，二候棠棣，三候蔷薇；春分，一候海棠，二候梨花，三候木兰；清明，一候桐花，二候麦花，三候柳花；谷雨，一候牡丹，二候荼蘼，三候楝花，过此则立夏矣。《花木杂考》。

花异名

　　牡丹：木芍药　栀子：蔷卜、林兰　茉莉：鬘华　山矾：海桐　荷：芙蕖、芙蓉　素馨：那夕茗　蔷薇：玉雕苗　玫瑰：徘徊　萱：忘忧、宜男　夜合：蠲忿、合欢　荼蘼：佛见笑　丁香：百结　瑞香：麝囊　紫薇：百日红　木香：锦棚儿　玉簪：白鹤　芍药：将离　杜鹃：红踯躅　罂粟：米囊　秋海棠：断肠草　樱桃：崖蜜　芙蓉：拒霜　蜀葵：戎葵、芘芣、一丈红　辛夷：木笔　凌霄：紫葳　木槿：日及、丽

木、莽华

花未开名蓓蕾，蓓蕾，音倍磊。花娇盛曰旖旎，树木分散曰离披，草繁盛为芊萋葱茏，萋，音柬。草弱随风曰霍靡，桑麻满野曰铺莱，花叶参差曰狎猎，木枝重累曰欐椊，草木之叶残瘁曰菸菹，柳谓之丝，楸谓之线，樛谓之罗，杉谓之锦，楝谓之绫。楝，音促。

花神

花姑为花神。魏夫人弟子黄令徵善种花，亦号花姑，一名女夷，诗云"春圃"。

扦花

凡种植，二月为上。取木旁生小株可分者，先就连处分劈，用大木片隔开，土培令各自生根，次年方可移植，胜于种核，核五年方大。扦插令活，二年即茂，须待应移月分，则易活。　一说春花以半开者摘下，即插萝卜上，实土花盆内种之，灌溉以时，花过则根生，不伤生意，又可得种，亦奇法也。　一说用立秋时辰扦者，无有不活。

卫花

四月棘叶生。棘性暖。养华之法，以棘数枝置华丛上，可以避霜，护其华芽。凡花卉，不宜于伏热日午浇灌，冷热相逼，顿令枯萎。　凡百药瓜田旁，宜栽葱、韭、蒜类，遇麝不损。花被麝冲，急用艾、雄黄，于上风烧之，立解。　凡花园中植逼麝树，极祛邪气。　催花以马粪调水浇之，则早开数日。

雅称 吕初泰

佳卉名园，全赖布置。如玉堂仙客，岂陪卑田乞儿？金屋婵娟，宜佩木难火齐。梅标清，宜幽窗，宜峻岭，宜疏篱，宜曲径，宜危岩独啸，宜石枰着棋。兰品幽，宜曲房，宜奥室，宜磁斗，宜绮石，宜凉飙轻洒，宜朝雨微沾。菊操介，宜茅檐，宜幽径，宜蔬圃，宜书斋，宜带露餐英，宜临流泛蕊。莲肤妍，宜凉榭，宜芳塘，宜朱栏，宜碧柳，宜香风喷麝，宜晓露擎珠。牡丹姿丽，宜玉缸贮，宜雕台安，宜白鼻猧，宜紫丝障，宜丹青团扇，宜绀绿商彝。芍药丰芳，宜高台，宜清沼，宜雕槛，宜纱窗，宜修篁缥缈，宜怪石嶙峋。海棠晕娇，宜玉砌，宜朱槛，宜凭栏，宜欹枕，宜烧银烛，宜障碧纱。芙蓉襟闲，宜寒江，宜秋沼，宜轻阴，宜微霖，宜芦花映白，宜枫叶摇丹。桃靥冶，宜小园，宜别墅，宜山巅，宜溪畔，宜丽日明霞，宜轻风皓魄。杏华繁，宜屋角，宜墙头，宜疏林，宜小瞳，宜横参翠柳，宜斜插银瓶。李韵洁，宜夜月，宜晓风，宜轻烟，宜薄雾，宜泛醇酒，宜供清讴。榴色艳，宜绿苔，宜粉壁，宜朝旭，宜晚晴，宜纤态映池，宜落英点地。桂香烈，宜高峰，宜朗月，宜画阁，宜崇台，宜皓魄照孤枝，宜微飔飏幽韵。松骨苍，宜高山，宜幽洞，宜怪石一片，宜修竹万竿，宜曲涧潺潺，宜寒烟漠漠。竹韵冷，宜江干，宜岩际，宜磐石，宜雪巘，宜曲槛回环，宜乔松突兀。更兼主人蕴藉，好事能诗，佳客临门，煮茗清赏。花之快意，即九锡三加未堪比拟也。

又 王敬美

吾地人最重虎刺，杭州者不佳，不如本山，其物最喜阴，难种。然吾所爱者天竹，累累朱实，扶摇绿叶上，雪中视之尤佳。余所在种之虎刺之下。旱珊瑚盆中可种，水珊瑚最易生，乱植竹林中亦佳。蔓生者曰雪里珊瑚，不足植也。玉簪一名白鹤花，宜丛种。紫者名紫鹤，无香，可刈。剪秋罗色正红，声价稍重于剪春罗，当盛夏已开矣。秋葵、鸡冠、老少年、秋海棠皆点缀秋容草花之佳者。鸡冠须矮脚者，名广东鸡冠，宜种砖石砌中，其状有掌片、球子、缨络，其色有紫、黄、白，无所不可。老少年，别种有秋黄、十样锦，须杂植之，真如锦织成矣。就中秋海棠尤娇好，宜于幽砌北窗下，傍置古拙一峰，菖蒲、翠云草皆其益友。

盆景 吕初泰

盆景清芬，庭中雅趣。根盘节错，不妨小试见奇；弱态纤姿，正合隘区效用。紫烟笑日，烂若朱霞，吸露餐风，飘如红雨，四序含芬荐馥，一时尽态极妍。最宜老干婆娑，疏花掩映，绿苔错缀，怪石玲珑。更苍萝碧草，袅娜蒙茸；竹槛疏篱，窈窕委宛。闲时浇灌，兴到品题，生韵生情，襟怀不恶。

其二

盆景以几案可置者为佳，其次则列之庭榭。最古雅者如天目之松，高可盈尺，本大如臂，针毛短簇，结为马远之欹斜，郭熙之攫拿，刘松年之偃亚层叠，盛子昭之拖拽轩翥，栽以佳器，槎枒可观。更有一枝两三梗者，或栽三五窠，结为山林远境，高下参差。更以透漏奇石，安插得体，幽轩独对，如坐冈陵之巅，令人六月忘暑。又如闽中石梅，天生奇质，从石发枝，樛曲古拙，偃仰有致，含花吐叶，历世如生，苍藓鳞皴，花身封满，苔须数寸，随风飘飏，月瘦烟横，恍然罗浮境界也。又如水竹，亦产闽中，高仅数寸，极则盈尺，细叶老干，萧疏可人，盆植数竿，便生渭川之想。此三友者，盆几之高品也。次则枸杞，老本虬曲如拳，根若龙蛇，柯干苍老，束缚尽解，态度天然。雪中枝叶青郁，红子点缀，有雪压珊瑚之态。杭之虎刺，有百年外物，止高二三尺者，本状笛管，叶叠数层，铁干翠叶，白花红子，严冬层雪中，玩之令人忘餐。至若蒲草一具，夜则可以收灯烟，朝则可以凝垂露，诚仙灵瑞品，书斋中所必须者。佐以奇古昆石，盛以白定方窑，水底置五色石子数十，红白陆离，青碧交错，岂特充玩，亦可避邪。他如春之芳兰，夏之夜合，秋之黄密矮菊，冬之短叶水仙，载以朱几，置之庭院，俨然隐人逸士，清芬逼人。

插瓶 插花水腊毒，梅与秋海棠、珍珠花更甚。吕初泰

瓶中插花，虽是寻常供具，实关幽人情性。若非得趣，个中何能生韵飞动？瓶忌整对，亦忌一律，忌成行，亦忌粗大窑器，如纸槌、鹅颈、茄袋、蒲槌，尽堪入供，安置得所，便觉有致。至如注养，法亦各殊。梅调鼎鼐，喜注窬波。煮肉汁，去肥放冷，插花尽开，更结实。桂倚香阶，宜伴绮石。牡丹天香倾国，养以百花酿，色倍鲜妍；海

棠酒晕生脸，沃以曲米春，薄荷包根浸之。葩尤艳丽。梨花清芬，宜注雪水。芙蕖芳洁，堪濯清泉。水仙、山矾浸盐浆而香生，欲舞金凤，戎葵淹灰汁而姿采长妍，布置高低，参差映带，令境界常新，斯雅俗共赏。

其二

牡丹、芍药，当先烧枝，贮滚汤小口瓶中，插一二枝，紧紧塞口，则花叶俱荣，数日可玩。又云：密水插牡丹不悴。　戎葵、萱花，亦宜烧枝。　凤仙花、芙蓉花，凡柔枝滚汤贮瓶，插下塞口，可观数日。　栀子花，将折根搥碎，擦盐，插水，则花不黄。结成栀子，折插瓶中，其子赤色，俨若花蕊。　荷花，乱发缠折处，泥封其窍，先入瓶中至底，后灌水，不令入窍，则多存数日。　海棠花，薄荷包根水养，数日不谢。　竹枝、松枝、灵芝、吉祥草、四时花，皆宜瓶底加泥一撮，随意巧栽，宜水宜汤，俱照前法，但取自家主意，原无一定成规。　冬间插花，须用锡管，不惟磁瓶易冻，即铜瓶亦畏冻裂。虽曰硫黄不冻，恐亦难敌寒威。惟昼近窗下，夜近卧榻，庶可耐久。

奇偶

冬至阴极阳生，梅、桃、李、杏花皆五出。夏至阳极阴生，葳灵仙、鹿葱、射干、净瓶蕉、栀子花皆六出。阴阳、奇偶之数，物固不能达也。

花忌

瓶花忌置当空几上，故官哥古瓶下有二方眼，为缚于几足，不致失损也。　花忌油手拈弄，忌藏密室，夜须见天。忌用井水，味咸损花。河水并天落水佳。　花下不宜焚香，一被其毒，旋即枯萎。有麝者尤忌。　烛气煤烟皆能杀花，亦宜迸去。

餐花

偓佺食百花，生毛数寸，能飞，不畏风雨。　文宾取妪，数十年，辄弃之。后妪年九十余，见宾年更壮，拜泣。宾教令服菊花、地肤、桑寄生、松子以益气。妪亦更壮，复百余岁。《列仙传》。　雉媄公饮竹汁、饵桂得仙。　凤刚，渔阳人。常采百花，水浸封泥，埋之百日，煎为丸，卒死者入口即活。　桂花点茶，香气盈室，梅卤尤为清供之最。菊亦可用，甘菊更宜。茶与二花相为后先，可备四时之用。　凡杞、菊诸品，为蔬，为粥，为脯，为粉，皆可充用，然须目种者为佳。

花毒

萱花，其性最冷，多食泄人。茉莉，不宜点茶，高年尤忌。凌霄花，花气堕胎，花露损目。紫荆花，不宜入饭，尤忌鱼羹。腊梅，中有细虫，不可鼻嗅。珍珠兰，其毒在叶。野花，最能泻人。羊踯躅。羊食发痫。

二如亭群芳谱花部卷之一

济南　王象晋荩臣甫　纂辑

松江　陈继儒仲醇甫

虞山　毛凤苞子晋甫　同较

宁波　姚元台子云甫

济南　男王与朋、孙士鹊、玄孙兆楩　诠次

花谱一

海棠，有四种，皆木本。贴梗海棠，丛生，花如胭脂。垂丝海棠，树生柔枝长蒂，花色浅红。又有枝梗略坚，花色稍红者，名西府海棠。有生子如木瓜可食者，名木瓜海棠。木瓜叶粗，花先开。贴梗叶细，花后开。海棠盛于蜀，而秦中次之。其株翛然出尘，俯视众芳，有超群绝类之势。而其花甚丰，其叶甚茂，其枝甚柔，望之绰约如处女，非若他花。冶容不正者，比盖色之美者，惟海棠。视之如浅绛外，英英数点，如深胭脂，此诗家所以难为状也。以其有色无香，故唐相贾耽著《花谱》，以为花中神仙。南海海棠，枝多屈曲有刺，如杜梨。花繁盛开稍早，四季花灌生，花红如胭脂，无大木，即贴梗。又曰祝家桃花，同西府跗，微坚。一种黄者，木性类海棠，青叶微圆而深，光滑不相类。花半开鹅黄色，盛开渐浅红矣。又贴梗海棠，花五出，初极红，如胭脂点点然。及开，则渐成缬晕。至落，则若宿妆淡粉矣。叶间或三或五，蕊如金粟，须如紫丝，实如梨，大如樱桃，至秋熟可食，其味甘而微酸。

栽接。海棠性多类梨，核生者十数年方有花，都下接工多以嫩枝附梨而赘之，则易茂。种宜垆壤、膏沃之地。贴梗海棠，腊月于根傍开小沟，攀枝着地，以肥土壅之，自能生根。来年十月截断，十月移栽。樱桃接贴梗则成垂丝，梨树接贴梗则成西府。又春月取根侧小本种之，亦易活。或云以西河柳接亦可。海棠色红，接以木瓜则色白。亦可以枝插，不花。取已花之木，纳于根跗间即花。花谢结子，剪去，来年花盛而无叶。　浇灌。《琐碎录》：海棠花欲鲜而盛于冬至，日早以糟水浇根下，或肥水浇，或盒过麻屑粪土壅培根下，使之厚密。才到春暖，则枝叶自然大发，着花亦繁密矣。一云：此花无香而畏臭，故不宜灌粪。一云：惟贴梗忌粪，西府、垂丝亦不甚忌，止恶纯浓者耳。　插瓶。薄荷包根，或以薄荷水养之，则花开耐久。

附录。秋海棠：一名八月春。草本，花色粉红，甚娇艳，叶绿如翠羽。此花有二种：叶下红筋者为常品，绿筋者开花更有雅趣。性好阴而恶日，一见日即瘁，喜净而恶粪。宜盆栽，置南墙下，时灌之。枝上有种落地，明年自生根，夏便开花。四围用碎瓦铺之，则根不烂。老根过冬者，花更茂。旧传：昔有女子，怀人不至，泪洒地，遂生此花，色如美妇，面甚媚，名断肠花，浸花水饮之害人。于念东云：秋海棠喜阴生，又宜卑湿，茎歧处作浅绛色，绿叶，文似朱丝，婉媚可人，不独花也。

典故。宋淳熙间，秦中有双株海棠，其高数丈，翛然在众花之上，与江淮所产绝不类。荆南官舍亦有两株，略如之，姿艳柔婉，丰富之极。　昌州海棠独香，其木合抱，每树或二十余叶，号海棠香国。太守于郡前建香霏阁，每至花时，延客赋赏。　蜀嘉定州海棠有香，独异他处。《闲耕余录》。　叙州长宁县有海棠洞，昔郡人王氏环植海棠。春时花开，郡守宴察友于其下。《山堂肆考》。　嘉定府治西山多海棠，为郡察宴赏之地。《花史》。　明皇登沉香亭，召太真。时宿酒未醒，命高力士及侍儿扶掖而至，醉颜残妆，钗横鬓乱，不能再拜。明皇笑曰："海棠春睡未足耶？"《太真外传》。　真宗御制《后苑杂花》十题，以海棠为首，近臣唱和。　石崇见海棠，叹曰："汝若能香，当以金屋贮汝。"　杜子美避地蜀中，未尝有一诗说着海棠，以其生母名海棠也。王禹偁《诗话》。　蜀潘炕有嬖妾解愁，姓赵氏，其母梦吞（每）〔海〕棠花蕊而生，颇有国色，善为新声。　韩持国虽刚果特立，风节凛然，而情致风流，绝出时辈。许昌杜君章厅后小亭仅丈余，有海棠两株。持国每花开，辄载酒日饮其下，竟谢而去，岁以为常，至今故吏尚能言之。　昔罗江东隐，手植海棠于钱塘。王禹偁题云："江东遗迹在钱塘，手植庭花满院香。若使当年居显位，海棠今日是甘棠。"观此海棠亦有香者，不特昌州也。　徐俭乐道隐于药肆，家植海棠，结巢其上，引客登木而饮。　黄州定惠院东小山上，有海棠一株，特繁茂。每岁盛开，必携客置酒，已五醉其下矣。今年复与参寥师二三子访焉，则园已易主。主虽市井人，然以予故，稍加培治。山上多老枳木，性瘦韧，筋脉呈露，如老人项颈，花白而圆，如大珠累累，香色皆不凡。此木不为人所喜，稍稍伐去，以予故，亦得不伐。既饮，往憩于尚氏之第。尚氏亦市井人也，而居处修洁，如吴越间人，竹林花圃皆可喜。醉卧小板阁上，稍醒，闻坐客崔成老弹雷氏琴，作悲风晓月铮铮然，意非人间也。晚乃步出城东，鬻大木盆，意者谓可以注清泉，瀹瓜李，遂夤缘小沟，入何氏、韩氏竹园。时何氏方作堂竹间，既辟地矣，遂置酒竹阴下。有刘唐年主簿者，馈油煎饵，其名甚酥，味极美。客尚欲饮，而予忽兴尽，乃径归。道过何氏小圃，乞其丛橘，移种雪堂之西。坐客徐君得之，将适闽中，以后会未可期，请予记之，为异日拊掌。时参寥独不饮，以枣汤代之。东坡。　少游在黄州，饮于海桥老书生家，海棠丛开。少游醉，卧宿于此。明日，题其柱曰："唤起一声人悄，衾暖梦寒窗晓。瘴雨过，海棠开，春色又添多少。社瓮酿成微笑，半破瘭瓢共舀。觉健倒，急投床，醉乡广大人间小。"东坡甚爱之。　范石湖每岁移家泛湖赏海棠。　楚渊材云："吾平生无所恨，所恨者五事耳：一恨鲥鱼多骨，二恨金橘多酸，三恨莼菜性冷，四恨海棠无香，五恨曾子固不能诗。"《冷斋夜话》。　仁宗朝张冕学士赋蜀中海棠诗，沈立取以载《海棠记》中，云"山木瓜开千颗颗，水林檎发一攒攒"。注云：大约木瓜、林檎，花初开皆与海棠相类。若冕言，江西人正谓棠梨花耳，惟紫绵色者谓之海棠，似木瓜、林檎六花者非真海棠也。晏元献云"已定复摇春水色，似红如白海棠花"，亦与张冕同意。《复斋漫录》。　海棠品类甚多，曰垂丝，曰西府，曰棠梨，曰木瓜，曰贴梗。就中西府最佳，而西府之名紫绵者尤佳，以其色重而瓣多也。此花特盛于南都，余所见徐氏西园，树皆参天，花时至不见叶。西园木瓜尤异，定是土产所宜耳。垂丝，以樱桃木接，开久甚可厌，第最先花与玉兰同时，植之傍，掩映不可废也。

贴梗，草本，郡城中种之，极高大，当访求种法，以备一种。紫绵，宋小说《苕溪渔隐丛话》备载之。王敬美。

丽藻。诗五言：胭脂色欲滴，紫蜡蒂何长！梅圣俞。　摇摇墙头花，脉脉含幽姿。王岐公。　海棠花在否？侧卧卷帘看。韩偓。　薄暝霞烘烂，平明露湿鲜。长衾绣作地，密帐锦为天。宋景文。　不奈神仙品，何辜造化恩？烟愁思旧梦，雨泣怨新婚。画恐明妃恨，移同卓氏奔。王荆公。　好鸟啼春晓，晴云护草堂。日高忘盥栉，天暖减衣裳。洗砚抄花谱，钩帘看海棠。栏干闲徙倚，巢燕落泥香。张祥鸢。　是花偏灼灼，开处几丛丛。弱质不禁露，幽怀欲诉风。空庭聊取媚，傍石若为容。黄菊纷相应，餐英未许同。王士骐《题秋海棠》。　墙壁固吾分，烟霜亦是恩。光轻偏到蒂，命薄幸余根。笑泣谁能喻，荣衰不敢论。年年秋色下，幽独自相存。钟伯敬《咏秋海棠》。　七言：郁郁苍髯真道友，丝丝红蓉是乡人。　海棠花下秋千畔，背人撩鬓道匆匆。韩偓。　东风袅袅泛崇光，香雾空蒙月转廊。只恐夜深花睡去，高烧银烛照红妆。东坡。　海棠点点要诗催，日暮紫绵无数开。欲识此花奇绝处，明朝有雨试重来。《万侯雅言》。　杨柳依依水拍堤，春晴茅屋燕争泥。海棠正好东风恶，狼籍残红衬马蹄。杜伶。　晓来强自试新妆，倦整金莲看海棠。不是幽人多懊恨，可怜辜负好春光。为爱名花抵死狂，只愁风日损红芳。露章夜奏通明殿，乞借春阴护海棠。陆游。　幽姿淑态弄春晴，梅借风流柳借轻。剩种直教围野水，半开长是近清明。彦冲。　宛转风前不自持，妖娆微传淡胭脂。花如剪彩层层见，枝似轻丝袅袅垂。斯庵。　雪纵霞铺锦水头，占春颜色最风流。若教更近天街种，马上因逢醉五侯。吴融。　混是华清出月初，碧纱斜掩见红肤。便教桃李能言语，西子娇妍比得无？崔德符。　名园对植几经春，露蕊烟梢画不真。多谢许昌传雅什，蜀都曾未遇诗人。　昔闻游客话芳菲，濯锦江头几万枝。纵使许昌持健笔，可怜终古愧幽姿。俱贾岛。　不关残酒醉难醒，不为春愁懒散中。自是新晴生睡思，起来无力对东风。杨廷秀。　雨滋霞衬入朱颜，月下疑从姑射还。射，音亦。最是春工多巧思，着将色在浅深间。张新。　薄罗初试怯风凄，小样红妆着雨低。一段妖娆描不就，非关子美不能诗。　春色先阴到海棠，独留此种占秋芳。稀疏点缀猩红小，堪佐黄花荐客觞。俱俞琬纶《咏秋海棠》。　春风用意匀颜色，销得携觞与赋诗。艳质最宜新着雨，妖饶全在半开时。莫愁浅黛临窗懒，果信丹青点笔迟。朝醉暮吟看不足，美他蝴蝶宿深枝。郑谷。　垂丝别得一风光，谁道全输蜀海棠。风搅玉皇红世界，日烘青帝紫衣裳。懒无气力仍春醉，睡起精神欲晓妆。举似老夫新句子，看渠桃李敢承当。杨廷秀。　江城地瘴蕃草木，只有名花苦幽独。嫣然一笑竹篱间，桃李满山总粗俗。也知造物有深意，故遣佳人在空谷。自然富贵出天姿，不待金盘荐华屋。朱唇得酒晕生脸，翠袖卷纱红映肉。林深雾暗晓光迟，日暖风轻春睡足。雨中有泪亦凄惨，月下无人更清淑。东坡。　我初入蜀冀未霜，南充樊亭看海棠。当时已谓目未睹，岂知更有碧鸡坊。碧鸡海棠天上绝，枝枝似染猩猩血。蜀姬艳妆肯让人，花前顿觉无颜色。扁舟东下八千里，桃李真成仆奴尔。若使海棠根可移，扬州芍药应羞死。风雨春残杜鹃哭，夜夜寒衾梦还蜀。何从乞得不死方，更看千年未为足。陆放翁。　仙署名花海国移，半开风雨倍含姿。红妆向客寒犹腻，翠幔留春艳不支。欹侧漫同妃子醉，婆娑解乞沈郎诗。梁园多少青阳景，妒杀君家赤玉枝。吴国伦。　花朝曾与故人期，夜敞柴关迟所思。小阁忆君同倚处，曲栏怜我独凭时。

望中落日青丝骑，梦里东风琼树枝。可是海棠如有待，春分犹自着花迟。张祥鸢。 江皋春早饶花木，花品神仙此称独。当年坡老一题诗，到今标格超凡俗。我来黄州亦再闰，五见此花灿东谷。孤根自结白莲社，媚姿不注黄金屋。日华秾艳淡生唇，雾縠繁红微映肉。宛如初浴出华清，讵是朝酣睡未足。有时着雨更妖娴，无力胜风转娇淑。我欲题诗和坡老，抽思未得还扣腹。把酒徘徊倚啸台，行吟绕遍西池竹。苦无藻丽发巧心，数傍花枝舒拙目。问花何以拟甘棠，缘同太守来西蜀。花容诗句总绝世，高风渺渺翔鸿鹄。岁岁年年花自开，游人几和阳春曲。悠悠不尽古人情，啼莺语燕纷相触。潘允哲。 词：海棠珠缀一重重，清晓近帘栊。胭脂淡，谁与匀？偏向脸边浓。 看叶嫩，惜花红，意无穷。如花如叶，年年岁岁，共占春风。吴元献《诉衷情》。 马蹄尘扑，春风得意，笙歌逐。款门不问谁家竹，只拣红妆，高处烧银烛。 碧鸡坊里花如幄，燕王宫下花成谷。不须悔唱关山曲，只为海棠，也合来西蜀。范石湖。 从自海棠开后，泪湿香罗衫袖。何事不归来，平地把人消瘦。低首，低首，怕见陌头杨柳。陈道复《如梦令》。 花深深，一钩罗袜行花阴。行花阴，闲将柳带，细结同心。 耳边消息空沉沉，画眉楼上愁登临。愁登临，海棠开后，望到如今。郑文秀妻《忆秦娥》。

紫薇，一名百日红，一名怕痒花，一名猴刺脱。树身光滑，花六瓣，色微红紫皱，蒂长一二分，每瓣又各一蒂，长分许。蜡跗茸萼，赤茎，叶对生，一枝数颖，一颖数花。每微风至，妖娇颤动，舞燕惊鸿，未足为喻。人以手爪其肤，彻顶动摇，故名怕痒。四五月始花，开谢接续，可至八九月，故又名百日红。省中多植此花，取其耐久且烂熳可爱也。紫色之外，又有红、白二色。其紫带蓝焰者，名翠薇。

栽种。以二瓦或竹二片，当（又）〔叉〕处套其枝，实以土，俟生根分植。又春月根傍分小本种之，最易生。此花易植易养，可作耐久交。

典故。唐制，中书舍人知制诰，开元号紫薇省。姚崇为紫薇令，又改中书舍人为紫薇舍人。《唐书》。 虚白台前有紫薇两株，俗传乐天所种。 哲宗朝迩英阁讲《论语》，终篇，赐执政讲读官吏宫宴，遣中使赐御书诗各一章。东坡得乐天《紫薇》绝句。《东坡集》。 紫薇有四种：红、紫、淡红、白。紫却是正色。闽花物物胜苏杭，独紫薇作淡红色，最丑，本野花种也。白薇近来有之，示异可耳，殊无足贵。臭梧桐者，吾地野生，花色淡，人无植之者，淮扬间成大树。花微者，缙神家植之中庭，或云后庭花也。独闽中此花红鲜异常，能开百日，亦名百日红。花作长须，亦与吾地臭梧桐不同。园林中植之，灼灼出矮墙上。至生深涧中，清泉白石，斐亹夺目。每欲携子归种之，未得。后当问闽人取种。永嘉人谓之丁香花。王敬美。 紫薇迎秋即放，秋尽尚花，俗呼为百日红，盖开可百日也。有浅红、深红二种。又闻有白者，未及见。花攒枝杪，若剪轻縠，盛开时烂熳如火。干无皮，愈大愈光莹，枝叶亦柔媚可爱。即合抱者，以指搔其根，枝梢辄动。丙申寓所有小圃，方塘之侧三株，约可拱把。繁英照水，与朱鱼数十头相错，不可为状，真妙品也。于念东。

丽藻。五言：天上丝纶阁，如今万里赊。飘零空自叹，曾对紫薇花。王古丞。 盛夏绿遮眼，此花红满堂。自惭终日对，不是紫薇郎。王梅溪。 堂前紫薇花，堂下红药砌。繁华天上春，偭仄人间世。曾文昭。 明月生东海，清辉湿未干。天空云影散，林静竹光寒。影浸银河白，香飞桂子丹。紫薇低覆砌，冉冉露花团。张祥鸢。 种自金华省，分来竹素堂。蟠枝凝瑞露，接叶逗清光。不向仙郎伴，还移野老傍。三秋花烂熳，相迟一飞觞。潘允哲。 明丽碧天霞，丰茸紫绶花。香闻荀令宅，艳入孝王家。几岁自荣辱，高情方叹嗟。有人移上苑，犹足占年华。刘禹锡。 亭亭紫薇花，向我如有意。高烟晚溟蒙，清露晨点缀。岂无阳春月，所得时节异。静女不争宠，幽姿如自喜。欧文忠。 谁妙精花品？殊号标紫薇。贵应随赤驭，种合近黄扉。树动情何密，花浓艳欲飞。数枝临省户，几朵入宫闱。赵后鸣金瑟，秦娥卷绣帷。无情笑梅白，浅俗厌桃绯。张俞。 几年丹霄上，出入金华省。暂别万年枝，看花桂阳岭。南方足奇木，公府成佳境。紫茸垂组绥，金缕攒锋颖。露溽暗传香，风轻徐弄影。兴生红药后，爱与甘棠并。不学天桃姿，浮华在俄顷。刘禹锡。 七言：薄肤痒不胜轻爪，嫩干生宜近禁庐。梅圣俞。 一树浓姿独看来，秋庭暮雨洗尘埃。天涯地角同荣谢，岂必移根上苑栽？李义山。 晓凝露瑞一枝新，不占园林最上春。桃李无言又何在，向风偏笑艳阳人。杜牧之。 西掖重云关禁署，北山疏雨点朝衣。千门柳色连青琐，三殿花香入紫薇。岑参。 丝纶阁下文章静，钟鼓楼中刻漏长。坐对黄昏谁是伴？紫薇花对紫微郎。 一丛暗淡将何比，浅碧笼裙衬紫巾。除却微之应见爱，人间少有别花人。白乐天。 人言清禁紫薇郎，草诏紫薇花影傍。山木不知官况别，也随红日上东廊。陶弼。 禁门深琐寂无哗，浓墨淋漓两相麻。唱彻五更天未晓，一池月浸紫薇花。洪平斋。 风标雅合对词臣，映砌窥窗伴演纶。忽发一枝深谷里，似知茅屋有诗人。刘后村。 绿槐夹道集昏鸦，敕使传宣坐赐茶。归到玉堂清不寐，月钩初上紫薇花。周益公。 虚白堂前合抱花，秋风落日照横斜。阅人此地知多少，物化无涯生有涯。 折得芳蕤两眼花，题诗相报字横斜。筐中尚有丝纶句，坐觉天光照海涯。俱东坡。 晴霞艳艳覆檐牙，绛雪霏霏点砌沙。莫管身非香案吏，也移床对紫薇花。杨廷秀。 紫薇花对紫薇翁，名目虽同人不同。独占芳菲当夏景，不将颜色托东风。浔阳官舍双高树，兴善僧庭一大丛。何似苏州安歇处，木兰堂下月明中。白乐天。 禁中五月紫薇木，阁后近闻新着花。薄薄嫩肤搔鸟爪，离离碎叶剪城霞。凤皇浴出池波静，鸂鶒阴来日影斜。六十无名空执笔，颠毛应笑映簪花。梅圣俞。 小栏曲曲紫薇开，曲径条条长翠苔。残暑已随凉雨退，清风况逐故人来。群鸥惯狎惭真隐，五马轻辞耻自媒。短杖角中行乐处，绿阴千顷水潆回。张祥鸢。 词：今古凡花，词人尚作词称庆。紫薇名盛，似得花之圣。 为底时人，一曲希流咏。花端正，花无节，病亦归之命。陈肥遁《点绛唇》。 此木生林野。自唐家置丝纶，托根其下。常伴词臣挥帝制，因号紫薇堪诧。料想紫薇躔降种。紫薇郎，况是名同者，兼二美，作佳话。 一株乃肯临茅舍。肌肤薄、长身挺立，扶疏潇洒。定怯麻姑爬痒爪，只许素商陶冶。擎绛雪、柔枝低亚。我意香山东坡老，只小诗、便为增价。后当有，继风雅。祝和父。

玉蕊花，所传不一。唐李卫公以为琼花，宋鲁端伯以为玚花，黄山谷以为山矾，皆非也。宋周必大云：唐人甚重玉蕊花，故唐昌观有之，集贤院有之，翰林院亦有之，皆非凡境也。予自招隐寺远致一本，蔓如荼蘼，冬凋春荣，柘叶紫茎。花苞初甚微，经月渐大。暮春方八出，须如冰丝，上缀金粟。花心复有碧筒，状类胆瓶，其中别抽一英，出众须上，散为十余蕊，犹刻玉然，花名玉蕊，乃在于此。宋子京、刘原父、宋次道博洽无比，不知何故，疑为琼花。

典故。戴颙舍宅为招隐寺，在京口放鹤门外。方丈有阁，号招华，梁昭明选文于中。左有亭，名虎跑、鹿跑。右有亭，名玉蕊，有玉蕊二株，对峙一架。其株仿佛乎葡萄，而非葡萄之所可比。其叶类柘之圆尖、梅之厚薄。其花类梅，而莩瓣缩小。厥心微黄，类小净瓶。暮春初夏盛开，叶独后凋。其白玉，其香殊，其高丈余。土人佥言，此花自唐迄今，天下只此寺二株，亦犹琼花之于维扬，千余年间，凡几遭兵毁而仅余此。欲天下皆知此花非砜、非琼，复出鲜俦而自成一家也，故详纪其本末云。《全芳备祖》。　长安安业坊唐昌观旧有此花，乃唐昌公主所植。《山堂肆考》。　唐昌观玉蕊花甚繁，每发若琼林瑶树。元和中，春物方妍，车马寻玩者相继。忽有女子，年可十七八，衣绣绿衣，乘马，峨髻双鬟，容色婉娩，迥出于众，从以二女冠、三小仆。仆皆绯头黄衫，端丽无比。既下马，以白角扇障面，直造花所，异香芬馥，闻数十步。伫立良久，令小仆取花数枝而出。将乘马，回顾黄冠者曰："曩玉峰之约，自此可以行矣。"时观者如堵，咸觉烟霏鹤唳，景物辉焕。举辔百余步，有轻风拥尘，随之而去，望之已在半天矣，方悟神仙之游，余香不散者经月。《康骈谈录》。　晋宋以来，招隐寺名甲京口，古松修竹，清泉幽洞，播在谈咏，夸诩绝胜。迩者樵伐童赭，实不副名，其中玉蕊累经兵毁。自普觉师来主法席，顿还三百年旧观，加以年岁，苍翠环合，景物增邃。师与此寺、此词同永其传。《渔隐丛话》。　玉蕊，禁林旧有此花，吴人不识，自李文饶品题，始得名。《蓦宽夫诗话》。

丽藻。诗五言：玉蕊天中树，金闺昔共窥。落英闲舞雪，密叶作低帷。旧赏烟霄远，前欢岁月移。今来想颜色，还似忆琼枝。李德裕。　曾对金銮直，同倚玉树阴。雪英飞舞近，烟树动摇深。素萼年年密，衰容日日侵。劳君想华发，仅欲不胜簪。沈传师。　唐昌观中树，曾降九天人。鸾驭今何许，云英如旧春。岂无遗佩者，来效捧心颦？宋祁。　玉蕊生禁林，地崇姿亦贵。散漫阴谷中，蓬茨复何异？清芬信幽远，素彩非妖丽。苍烟蔽山日，琼瑶为之晦。岁久自扶疏，岩深愈凝邃。请观唐相吟，俗眼无轻视。王琪。　七言：正是青灯深雨夜，空传玉蕊发春晴。赵清臣。　晴空素艳照霞新，香洒天风不到尘。持赠昔闻将白雪，蕊珠宫里玉华春。杨巨源。　味道斋心祷玉宸，魂销冷眼未逢真。不如满树琼瑶蕊，笑对藏花洞里人。　羽车潜下玉龟山，尘界何由睹舞颜？惟有无情枝上雪，好风吹缀绿云鬟。严休复。　千枝花里玉尘飞，阿母宫中见亦稀。应共诸仙斗百草，独来偷折一枝归。　五色云中紫凤车，寻仙来到洞仙家。飞轮回首无踪迹，惟见斑斑满地花。俱张籍。　芳意将阑风又吹，白云离叶雪辞枝。集贤雠校无闲日，落尽瑶花君不知。　嬴女偷乘凤下迟，洞中潜歇弄琼枝。不缘啼鸟春饶舌，青琐仙郎可得知。俱白乐天。　琪树年年玉蕊新，洞中长闭彩霞春。日暮落英铺地雪，献花无复九天人。武元衡。　玉女来看玉树花，异香先引七香车。攀枝弄雪频回首，惊怪人间日易斜。刘禹锡。　一树珑璁玉刻成，飘廊点地色轻轻。女冠夜觅香来处，唯见阶前碎月明。王建。　瑶花琼蕊种何年？萧史秦嬴向紫烟。时控彩鸾过旧邸，摘花持献玉皇前。杨凝。　凤池西畔图书府，玉树玲珑景象闲。长听余风送天乐，时登高阁望人寰。青山云绕阑干外，紫殿香来步武间。曾是先贤翔集地，每看壁记一惭颜。刘禹锡。　路入平山万木清，松萝荟蔚接烟甍。鹿跑泉眼涵秋影，雁带霞容度晚晴。花径有时传相国，藓碑无字纪昭明。六朝轮璧今何在？赢得千秋蕙帐名。岳东凡。　才入平园便有声，唐昌观里久知名。已堆玉瑷分金粟，瑷,音盏。更插银花入翠罂。萝蔓春风藤（薜）〔薜〕长，山矾香气晋齐并。世间百卉应无限，不遇王公枉一生。杨东山。 维扬后土庙琼花，安业唐昌宫玉蕊。判然二物本不同，唤作一般良未是。琼花雪白轻压枝，大率形模八仙尔。比之玉蕊似实非，金粟米丝那有此？花须中有碧胆瓶，别出珑璁高半指。清馨静夜冲九天，招引瑶台玉仙子。乘风跃马汗漫游，偷折繁香分月姊。紫茎柘叶荼蘼条，少到寻常人眼底。翰林内苑集贤阁，雨露承天近尺咫。后生不识天上花，又把山矾轻拟比。郑松窗。

玉兰花，九瓣，色白微碧。香味似兰，故名。丛生，一干一花，皆着木末，绝无柔条。隆冬结蕾，三月盛开，浇以粪水，则花大而香。花落，从蒂中抽叶，特异他花。亦有黄者。最忌水浸。

接插。寄枝用木笔，体与木笔并植，秋后接之。

制用。花瓣择洗净，拖面，麻油煎食，至美。

典故。华容县观音寺一株轮囷盘郁，高十余丈，望之如玉山。 五代时，南湖中建烟雨楼，楼前玉兰花莹洁清丽，与翠柏相掩映，挺出楼外，亦是奇观。 兰溪产玉兰，下有杏溪，即兰溪支流也。 木兰花树高大，叶如枇杷，花如莲，有青、黄、红、白四种，形与玉兰相似，今疑即其黄白者耳。《大理府志》。

丽藻。散语：林兰近雪而扬绮。 玉兰早于辛夷，故宋人名以迎春，今广中尚仍此名。千千万蕊，不叶而花，当其盛时，可称玉树。树有极大者，笼盖一庭，然树大则花渐小，不可不知。余童时犹见人珍重，今不然矣。王敬美。 诗五言：暂藉辛夷质，仍分蓇卜光。微风催万舞，好雨净千妆。月向瑶台并，春还锦障藏。高枝凝汉掌，艳蕊胜唐昌。神女曾捐佩，宫妃欲试香。谁为后庭奏，一曲按霓裳。王世祯。 七言：霓裳片片晚妆新，束素亭亭玉殿春。已向丹霞生浅晕，故将清露作芳尘。眭石。 绰约新妆玉有辉，素娥千队雪成围。我知姑射真仙子，天遣霓裳试羽衣。影落空阶初月冷，香生别院晚风微。玉环飞燕元相敌，笑比江梅不恨肥。文衡山。 葱茏芳树雨初干，樽酒花前洽笑欢。日晃帘栊晴喷雪，风回斋阁气生兰。参差玉佩排空出，烂熳香鳞拥醉看。自是东君苦留客，莫教弦管易吹残。陆平泉。 千花红紫艳阳看，素质摇光独立难。但有一枝堪比玉，何须九畹始征兰。唐昌的的春犹浅，汉掌亭亭露欲溥。几曲后庭传乐府，张星和月正阑干。张茂吴。

木兰，一名木莲，一名黄心，花香如莲，其心黄色。一名林兰，一名杜兰，一名广心。树似楠，高五六丈，枝叶扶疏。叶似菌桂，厚大无脊，有三道纵纹。皮似板桂，有纵横纹。花似辛夷，内白外紫，四月初开，二十日即谢，不结实。亦有四季开者，又有红、黄、白数色。其木肌理细腻，梓人所重。十一二月采皮阴干。出蜀韶春州者各异。木兰洲在浔阳江，其中多木兰。

疗治。小儿重舌：木兰皮一尺，广四寸，去粗皮，入醋一升，渍汁噙之。 面上皯疱皯黵：木兰皮一斤，细切，以三年酢浆渍百日，晒干，捣末，浆水服方寸匕，日三。 酒疸发赤斑，燠痛，足胫肿满，小便黄，大醉当风，入水所致：木兰皮一两，黄芪二两，为末。酒服方寸匕，日二。

典故。七里洲中有鲁班刻木兰舟。《述异记》。 哀帝元年，芝生于后庭木兰树上。 张抟刺苏州，堂前植木兰花，盛时宴客，命即席赋之。陆龟蒙后至，张连酌浮之，径醉，强索笔，题两句："洞庭波浪渺无津，日日征帆送远人。"颓然醉倒。客欲续之，皆莫详其意。既而龟蒙稍醒，续曰："几度木兰船上望，不知元是此花身。"遂为绝唱。《岚斋录》。　玄宗尝宴诸王于木兰殿。时木兰花发，圣情不悦。妃醉中舞《霓裳羽衣》一曲，上始悦。　长安百姓家有木兰一株，王勃以五千买之，经年花紫。　北海于君病癞，见市有卖药姓公孙名帛者，问之，曰："明日木兰树下当授卿。"明日，于君往，授《素书》二卷，以之消灾治病，无不愈者。

丽藻。赋：玄冥授节，猛寒严烈，峨峨坚冰，霏霏白雪。木应霜而枯零，草随风而摧折。翳青翠之茂叶，繁旖旎之弱条。谅抗节而矫时，独滋茂而不雕。成公绥。　诗五言：未识春风面，先闻乐府名。洗妆浓出塞，进艇客登瀛。郑毅夫。　二月二十五，木兰开折初。初当新病酒，又似久离居。愁绝更倾国，惊新闻远书。紫丝何日障？油壁几时车？弄粉知伤重，调红或有余。波痕空映袜，烟态不胜裙。桂岭含芳远，莲塘属意疏。瑶姬与神女，长短更何如！李义山。　七言：木兰花谢可怜条，远道音书转寂寥。徐殷。　微风微雨寒食节，半开半合木兰花。裴庭裕。　紫房日照胭脂折，素艳风吹腻粉开。误得独饶脂粉态，木兰曾作女郎来。　腻如玉指涂朱粉，光似金刀剪紫霞。从此时时春梦里，应添一树女郎花。俱白乐天。　石上红花低照水，山头翠筱细含烟。天生一本徐熙画，只欠鹧鸪相对眠。张荟叟。　浓阴草色罩窗纱，风送炉烟一缕斜。庭草黄昏随意绿，子规啼上木兰花。王虞凤。　南塘女伴木兰舟，何处采莲归渡头？轻桡漫唱采莲曲，波外夕阳山更幽。许景樊女郎。　晓来随手抹新妆，半额蛾眉宫样黄。铢衣染就蔷薇露，触处闻香不炷香。君不见同时素馨与茉莉，究竟带些脂粉气。又不见钱塘欲语娇荷花，粗枝大叶忒铅华。何如个样隐君子，色香不俗真有味。根苗在处傲炎凉，敢与松柏争雪霜。椒桂蘼芜君杂处，小窗相对毋相忘。刘拍山。

辛夷，夷，荑也，苞初生似荑，而味辛也。一名辛雉，一名侯桃，未发时苞似小桃，故曰侯桃。一名木笔，一名望春，花发最早，故名望春。一名木房。生汉中、魏兴、梁州川谷。树似杜仲，高丈余，大连合抱。叶似柿叶而微长，花落始出。正、二月花开，初出枝头，苞长半寸而尖锐，俨如笔头重重，有青黄茸毛顺铺，长半分许。及开，似莲花而小如盏，紫苞红焰，作莲及兰花香。有桃红及紫二色，又有鲜红似杜鹃，俗称红石荞是也。入药用紫者，须未开收，已开不佳。用须去毛，毛射人肺，令人咳。花落无实，夏杪复着花，如小笔。宋掌禹锡云："苑中有树，高三四丈，枝叶繁茂，系兴元府进。初仅三四尺，有花无实，经二十余年方结实，盖年浅者不实，非二种也。至花开，早晚各随方土节气，苞治鼻渊、鼻鼽、鼽，音求。鼻塞、鼻疮及痘后鼻疮，并研末，入麝少许，葱白蘸入，数次甚良。分根傍小株，插肥湿地即活。本可接玉兰。

丽藻。诗五言：乙鸟归来社，辛夷开过春。宋子虚。　春雨湿窗纱，辛夷弄影斜。曾窥江梦彩，笔笔忽生花。陈眉公。　绿堤春草合，王孙自流玩。况有辛夷花，色与芙蓉乱。裴迪。　辛夷吐高花，卫公曾手植。根洗今已非，不改旧时色。平泉几易主，况乃刺史宅。韩忠献。　昔年将出谷，今日对辛夷。倚树怜芳意，攀条惜岁滋。清阴须暂憩，秀色正堪思。只待挥金日，殷勤泛羽卮。李卫公。　七言：谷口春残黄鸟稀，辛夷花发杏花飞。钱起。　辛夷始花亦已落，况我与子非壮年。杜甫。　紫粉笔含尖火焰，红胭脂染小莲花。芳情香思知多少，恼得山僧悔出家。白乐天。 梦散黄鹂满上林，辛夷花下理瑶琴。自怜颜色难为故，未信恩波有浅深。王叔承。 绣罢春衫出阁迟，辛夷花下立多时。内宫尽日无人到，不省含羞怕见谁。徐贲。 梦中曾见笔生花，锦字还将气象夸。谁信花中原有笔，毫端方欲吐春霞。张新。 木笔花名映碧栏，词臣相对动毫端。晓来似惹松烟滑，凝向春风咏牡丹。冯文度。 含锋新吐嫩红芽，势欲书空映早霞。应是玉皇曾掷笔，落来地上长成花。欧阳炯。 歌：问君辛夷花，君言已斑驳。不畏辛夷不烂开，顾我筋骸官束缚。缚遣推囚名刺史，狼籍囚徒满田地。明日不推缘国忌，依然不得花前醉。韩员外家好辛夷，开时乞取三两枝。折枝为赠君莫惜，纵君不折风亦吹。元微之。

紫荆，一名满条红。丛生。春开紫花，甚细碎，数朵一簇，无常处。或生本身之上，或附根上，枝下直出花，花罢叶出，光紧微圆。园圃庭院多植之。花谢即结荚，子甚扁，味苦，平，无毒。皮、梗、花气味功用并同，能活血消肿，利小便，解毒。

种植。冬取其荚种肥地，春即生。又春初取其根傍小条，栽之即活。性喜肥恶水。

制用：花未开时采之，滚汤中焯过，盐渍少时，点茶颇佳。或云花入鱼羹中，食之杀人，慎之。

附录。牡荆：一名黄荆，一名小荆，一名楚。处处有之。年久不樵者，其树大如碗，木心方，枝对生，一枝五叶或七叶，如榆叶长而尖，有钜齿。五月杪开红紫花，成穗。子大如胡荽，白膜裹之。有青、赤二种，青者为荆，赤者为楛。《广州记》云：荆有三种，金荆可作枕，紫荆可作床，白荆可作履。（金）① 宁浦有牡荆，指病自愈。节不相当者，月晕时刻之，与病人身齐，置病人床下，病虽危亦无害。实苦，温，无毒。除骨间寒热，通胃气，止咳逆下气。叶苦，寒，无毒。治久病霍乱转筋，血淋，下部疮湿，腰脚风湿肿痛。 蔓荆：其枝小弱如蔓，故名。蔓荆至夏盛茂，有花作穗淡红色，蕊黄白色，花下有青萼。至秋结子，大如豌豆。蒂有小盖子。七八月采，气清味辛，体轻而浮，上行而散，故所主皆头面风虚之证。 取荆沥法：用新采荆茎，截五尺长，架于两砖上，中间烧火炙之，两头以器承取。热服，或入药中。又法：截三四寸长，束入瓶中，仍以一瓶合住固济，外以糠火煨烧，其汁沥入下瓶中，亦妙。 牡荆沥治心风为第一。《延年秘录》云：热多用竹沥，寒多用荆沥。 二汁同功，并以姜汁助送，则不凝滞，但气虚不能食者用竹沥，气实能食者用荆沥。

疗治。治一切痈疽发背流注诸肿毒，冷热不明者：紫荆皮炒三两，独活去节炒三两，赤芍药炒二两，生白芷一两，木蜡炒一两，为末，用葱汤调热敷。血得热则行，葱能散气也。疮不甚热者，酒调之。痛甚及筋不伸者，加乳香。大抵痈疽流注，皆因气血凝滞，气血遇温则散，遇凉则凝。此方温平。紫荆皮破血消肿；独活止风动血，拔骨中毒，去痹湿气；芍药生血止痛；木蜡消肿散血，同独活能破石肿坚硬；白芷去风，生肌止痛。盖血生则不死，血动则流通，肌生则不烂，痛止则不焮，风出则血自散，气破则硬可消、毒自除。五者交治，病安有不愈者乎？ 妇人血气：紫荆皮为末，醋糊

---

① 金，此字于此不可解，疑为衍字。"四库全书"《本草纲目》卷三六《木之三·牡荆》集解所引无"金"字。

丸樱桃大。每酒化服一丸。　　鹤膝风挛：紫荆皮三钱，老酒煎服，日一次。　　伤眼青肿：紫荆皮，小便浸七日，晒研。用生地黄汁、姜汁调敷。不肿，用葱汁。　　狒犬咬伤：紫荆皮末，沙糖调涂，留口退肿。口中仍嚼咽杏仁，去毒。　　鼻中疳疮：紫荆花阴干，为末，贴之。　　发背初生，一切痈疽皆治：单用紫荆皮为末，酒调箍住，自然撮小不开，内服柞木饮子，乃救贫良剂也。　　痈疽未成：用白芷、紫荆皮等分，为末，酒调服。外用紫荆皮、木蜡、赤芍药等分，为末，酒调作箍药。　　痔疮肿痛：紫荆皮五钱，新水煎，食前服。　　产后诸淋：紫荆皮五钱半，酒半，水煎温服。　　湿痰白浊：牡荆子炒，为末。每酒服二钱。　　治脚气诸病：用荆茎于坛中烧烟，熏涌泉穴及痛处，使汗出，愈。　　治毒蛇望板归，螫伤满身，红肿发泡：用黄荆嫩头捣汁，涂泡上，滓敷咬处，即消。　　治诸蛇：以荆叶捣烂，袋盛，薄于肿上。　　九窍出血：荆叶捣汁，酒和，服二合。　　小便尿血：荆叶汁，酒合，服二合。　　病风数年：以七叶黄荆根皮、五加根皮、接骨草等分，煎汤，日服即愈。　　青盲内障：春初取黄荆嫩头九蒸九曝半斤，用乌鸡一只，以米饲五日，安净板上，饲以大麻子二三日，收粪干，入瓶内熬黄，和荆头为末，炼蜜丸梧子大。每服十五丸至二十丸，陈米饮下，日二。　　中风口禁：荆沥每服一升。　　头风头痛：荆沥日日服之。　　喉痹疮肿：荆沥细细咽之。或以荆一握，水煎服之。　　目中卒痛：烧荆木，取黄汁点之。　　心虚惊悸：羸瘦者，荆沥二升，火煎至一升六合，分作四服，日三夜一。　　赤白下痢：五六年者，荆沥每日服五合。　　湿癣疮癣：荆木烧取汁，日涂之。　　令发长黑：蔓荆子、熊脂等分，调涂之。　　头风作痛：蔓荆子一升，为末，绢袋浸一斗酒中七日，温饮，日三。　　乳痈初起：蔓荆子炒，为末。酒服方寸匕。滓傅之。

典故。紫荆、郁李、绣球皆非奇卉，然足点缀春光，亦是难废。下至金雀、锦带、棣棠、剪春罗，虽琐琐弥甚，园中安可无一？绣球亦无足取。初见闽人来卖一花，云是红绣毬，倭国中来者。余后至建宁，见缙绅家庭中花簇红球，俨如剪彩，名曰山丹，乃知是闽卉也。此种亦堪置庭中。王敬美。

山茶，一名曼陀罗树。高者丈余，低者二三尺，枝干交加。叶似木樨，硬有棱，稍厚，中阔寸余，两头尖，长三寸许，面深绿光滑，背浅绿，经冬不脱。以叶类茶，又可作饮，故得茶名。花有数种，十月开至二月。有鹤顶茶、大如莲，红如血，中心塞满如鹤顶，来自云南，曰滇茶。玛瑙茶、红、黄、白、粉为心，大红为盘，产自温州。宝珠茶、千叶攒簇，色深少态。杨妃茶、单叶，花开早，桃红色。焦萼白宝珠、似宝珠而蕊白，九月开花，清香可爱。正宫粉、赛宫粉、皆粉红色。石榴茶、中有碎花。海榴茶、青蒂而小。菜榴茶、踯躅茶、类山踯躅。真珠茶、串珠茶。粉红色。又有云茶、磬口茶、茉莉茶、一捻红、照殿红、千叶红、千叶白之类，叶各不同。不可胜数。就中宝珠为佳，蜀茶更胜。《虞衡志》云：广州有南山茶，花大倍中州，色微淡，叶薄有毛。结实如梨，大如拳，有数核，如肥皂子，大红。花为末，入姜汁、童便，酒调服，治吐血、衄血、下血。可代郁金，为末，麻油调涂汤火伤灼。

栽接。春间、腊月皆可移栽。四季花寄枝，宜用木体。黄香寄枝，宜用茶体，若用山茶体，花仍红色。白花寄枝，同上。一种玉茗，如山茶而色白，黄心绿萼。磬口花、邑口花宜子种。以单叶接千叶者，则花盛树久。以冬青接，十不活〔一〕。

典故。浔阳陶狄祠山茶一株，干大盈抱，枝荫满庭，二月三日祭时花特盛。好事者分种之，竟无一活。绍兴曹娥庙亦有之，止如拱把之半，土人云千年外物也。 黄山茶、白山茶、红白茶、梅皆九月开，二山茶花大而多韵，亦茶中之贵品。杨妃山茶稍后，与白菱同时开。杨妃是淡红，殊不能佳，为是冬初花，当具一种耳。白菱花纯白而雅，且开久而繁，人云来自闽中。余在闽问之，乃无此种，始在豫章得之，定是岭南花也。花至季冬始尽，性亦畏寒，花后宜藏室中。 吾地山茶重宝珠。有一种花大而心繁者，以蜀茶称，然其色类殷红，尝闻人言，滇中绝胜。余官莆，见士大夫家皆种蜀茶，花数千朵，色鲜红，作密瓣，其大如杯，云种自林中丞蜀中得来，性特畏寒，又不喜盆栽。余得一株，长七八尺，舁归，植澹圃中，作屋幕于隆冬。春时拆去，蕊多，辄摘却，仅留二三，花更大绝，为余兄所赏。后当过枝，广传其种，亦花中宝也。俱王敬美。 宝珠山茶，宝珠千叶含苞，历几月而放，殷红若丹砂，最可爱。闻滇南有高二三丈者，开至千朵，大于牡丹，皆下垂，称绝艳矣。于若瀛。

丽藻。诗五言：叶硬经霜绿，花肥映雪红。 栽培费天功，接缀假人力。俱张芸叟。 谁怜儿女花，散入冰雪中。堂中调丹砂，染此鹤顶红。东坡。 丹砂点雕蕊，经月独（舍）〔含〕苞。既足风前态，还宜雪里娇。于念东。 南国有嘉树，华居赤玉杯。曾无冬春改，常冒霰雪开。梅圣俞。 山茶本晚出，旧不闻图经。花深嫌少态，曾入苏公评。迩来亦变怪，纷然着名称。黄香开最早，与菊为辈朋。粉红更妖娆，玉环带春酲。伟哉红百叶，花重枝不胜。犹爱并山茶，开花一尺盈。日丹又其亚，不减红带鞓。吐丝心抽须，钜齿叶剪棱。白茶亦数品，玉磬尤晶明。桃叶何处来？一见一叹惊。徐溪月。 七言：劲节不推岷岭雪，芳姿偏受建溪风。古诗。 苍枝老树昔谁种？照耀万朵红相围。曾南丰。 惟有山茶殊奈久，独能深月占春风。曾裴甫。 道人赠我岁寒种，不是寻常儿女花。王梅溪。 新折嫩绿笺和日，繁艳红深夺晚霞。《桂水集》。 浅为玉茗深都胜，大白山茶小海红。名檐漫多朋援少，年年身在雪霜中。 江南池馆厌深红，零落空山烟雨中。却是北人偏爱惜，数枝和雪上屏风。俱陶弼。 游蜂掠掠粉丝黄，荷叶犹收蜜露香。待得春风几枝在，年来杀菽有飞霜。 山茶相对本谁栽？细雨无人我独来。说似与君君不见，烂红如火雪中开。俱东坡。 莺声老矣移虽晚，鹤顶丹时看始佳。雨叶鳞鳞成小盖，春枝艳艳首群花。王梅溪。 花近东溪居氏家，好携樽酒款携茶。玉皇收拾还天上，便恐筠阳无此花。 玉洁冰寒自一家，地偏惊对此山茶。归来不负西游眼，曾识人间未见花。俱俞国宝。 独坐纱窗刺绣迟，紫荆花下啭黄鹂。欲知无限伤春意，尽在停针不语时。朱淑。 胭脂染就绛裙栏，琥珀妆成赤玉盘。似共东风解相识，一枝先已破春寒。 曾将倾国比名花，别有轻红晕脸霞。自是太真多异色，品题兼得重山茶。俱张铭盘。 长明灯下石栏杆，长共松杉斗岁寒。叶厚有棱犀角健，花深少态鹤头丹。久陪方丈曼陀雨，羞对先生苜蓿盘。雪里盛开知有意，明年归后竟谁看。东坡。 树子团团映碧岑，初看唤作木稚林。谁将金粟银丝脍，簇钉朱红菜碗心。春早横招桃李妒，岁寒不受雪霜侵。题诗毕竟输坡老，叶厚有棱花色深。杨诚斋。 青女行霜下晓空，山茶独殿众花丛。不知户外千林缟，且看盆中一本红。性晚每经寒始拆，色深那爱日微烘。人言此树尤难养，暮溉晨浇自课童。刘后村。

栀子，一名越桃，一名鲜支。有两三种。处处有之。一种木高七八尺，叶似兔耳，厚而深绿，春荣秋瘁。入夏开白花，大如酒杯，皆六出，出，音缀。中有黄蕊，甚芬香。结实如诃子状，生青熟黄，中仁深红，可染缯帛。入药用山栀子，皮薄，圆小如鹊脑，房七棱至九棱者佳。一种花小而重台者，园圃中品。一种徽州栀子，小枝，小叶，小花，高不盈尺，可作盆景。《货殖传》曰：栀茜千石，亦比千乘之家。或云：此即西域之薝卜花。薝卜，金色花小而香，西方甚多，非栀也。此花喜肥，宜粪浇，然太多又生白虱，宜酌之。

栽种。带花移易活。芒种时，穿腐木板为穴，涂以泥污，剪其枝插板穴中，浮水面。候根生，破板密种之。或梅雨时以沃壤一团，插嫩枝其中，置松畦内，常灌粪水，候生根移种亦可。茶蘼、素馨皆同。千叶者，用土压其傍小枝，逾年自生根。十月内选子淘净，来春作畦种之，覆以粪土，如种茄法。

制用。大朵重台者，梅酱、糖蜜制之，可作羹果。一种花小单台者，结山栀，可入药。 折枝搥碎，其根实以白盐，则花色久而不改，可插瓶。

典故。宰相杜悰别墅建薝卜馆，形六出，器用之属亦皆象之。 孟昶十月宴芳林园，赏红栀花。其花六出而红，清香如梅。《万花谷》。 汉有栀茜园。《汉书》。 晋有华林园种栀子。今诸宫有秋栀子，守护者置吏一人。《晋书》。 栀子有三种：有大花者，结山栀，甚贱。有千叶者，大抵重瓣者叶圆而大，单瓣者叶细而长，其香一也。 染栀子花六出，虽香，不浓郁；山栀子八出，一株可香一圃。《山谷诗话》。

丽藻。散语：如人入薝卜林中，闻薝卜香，不闻他香。《佛书》。 诗五言：栀子艳色殊。杜子美。 色凝琼倚树，香似玉京来。刘梦得。 孤姿妍外净，幽馥暑中寒。杨诚斋。 禅友何时到？远从毗舍园。妙香通鼻观，应悟佛根源。王梅溪。 一花分六出，十叶是重台。玉洁浑无玷，金黄谩夺胎。北魏。繝音成。 素华偏可喜，的的半临池。疑为霜果叶，复道雪封枝。日斜光隐见，风逐影合离。梁简文帝。 林兰擅孤芳，性与凡木异。不受雪霜侵，自足中和气。欲知清净身，即此林间是。曾文昭。 栀子比众木，人间诚未多。于身色有用，与道气俱和。红取风霜实，青看雨露柯。无情移得汝，贵在应江波。杜子美。 七言：桃蹊李径年虽古，栀子红椒艳复殊。杜子美。 六花薝卜林间佛，九节菖蒲石上仙。苏东坡。 一根曾寄小峰峦，薝卜香清水影寒。玉质自然无暑意，更宜移就月中看。朱淑真。 清净法身如雪莹，肯来林下现孤芳。对花六月无炎暑，省爇铜匜几炷香。蒋梅。 未说司花刻玉工，已知名与佛相同。可怜结了薰风子，依旧身归色界中。潘郫台。 萱花薝卜亚枝柔，夏艳春娇取次收。丽朵乍开金谷障，冷香乱堕水晶球。于若瀛。 词：毗舍遥遥，异香一炷驰名久。妙馨希有，鼻观深参透。 问讯东来，知谁先后称仙友？十花为偶，近有西江守。王梅溪《点绛唇》。 花解笑，冷淡不求知。长是殿、众芳时。鲜鲜秀颈磋圆玉，洛阳翠佩剪琉璃。向人前，迎茉莉，送茶蘼。 几欲把、清香换春色。费多少、黄金酬不得。梅雨妒，麦风欺。细腰空恋当时蕊，同心犹结旧年枝。谢家娘，将远寄，待凭谁？马古洲《最高楼》。 芳从簇簇水滨生，勾引午风清。六花大似天边雪，又几时、雪有三层。明艳射回蜂翅，净香薰透蝉声。 晚檐人共月同行，疏影动银屏。指尖轻捻都如玉，听画栏、娇啭流莺。道是花枝比得，不成花也多情。张约齐《风入松》。

合欢，一名宜男，一名合婚，一名合昏，一名青棠，一名夜合。处处有之。枝甚柔弱。叶纤密，圆而绿，似槐而小，相对生，至暮而合。枝叶互相交结，风来辄解，不相牵缀。五月开花，色如蘸晕，线下半白，上半肉红，散垂如丝，至秋而实，作荚子极薄细，花中异品也。树之庭阶，使人释忿恨。根侧分条艺之，子亦可种。主安和五脏，利心志，令人欢乐。或以百合当夜合者，误。

附录。魏明帝时，苑囿及民家花树皆生连理。有合欢草，状如蓍，一株百茎，昼则众条扶疏，夜则合为一茎，万不遗一，谓之神草。宋朝东京第宅山池间无不种之，然则草亦有合欢，不独树也。　逊顿国有淫树，昼开夜合，名曰夜合欢，亦云有情树，若各自种，则无花。　古有合欢扇、合欢被、合欢带、合欢枕、合欢床、合欢彩、合欢索、合欢香囊之类，皆美其名也。其为人所慕尚上如此。

典故。晋华林园合欢四株。崔豹《古今注》云：欲蠲人之忿，则赠之以青棠。　晋嵇康尝种之舍前，曰："合欢蠲忿，萱草忘忧。"　杜羔妻赵氏，每端午取夜合欢花置枕中，羔稍不乐，辄取少许入酒，令婢送饮，便觉欢然。　夜合生宛朐及荆山，花俯垂有姿，须端紫点，手拈之即脱，才破萼，香气袭人。金陵盆植者，无根而花，花后不堪留，即留亦无能再花。于舍东。

疗治。肺痈唾浊，心胸填①错：取夜合皮一掌大，水三升，煮取一半，分二服。　扑损折骨：夜合树皮去粗皮炒黑色四两，芥菜子炒一两，为末。每服二钱，温酒卧时服，以滓傅之，接骨甚妙。　发落不生：合欢木灰二合，墙衣五合，铁精五合，水萍末二合，研匀。生油调涂，一夜一次。　小儿撮口：夜合花枝浓煮汁，拭口中，并洗之。　中风挛缩：夜合、柏、槐、桑、石榴枝各五两，并生锉，水五斗，煎取一半，浸糯米、黑豆各五升，蒸熟，入羌活末二两，防风末五钱，细面七斤半，如常酿酒法封三七日，压汁。每饮五合，勿过醉致吐，常令有酒气为佳。

丽藻。五言：消忿赠合欢。古诗。　青枝散红茸。东坡。　合欢尚知时，鸳鸯不独宿。杜子美。　一茎两三花，低垂泫朝露。开帘弄幽色，时有香风度。于若瀛。　南邻有奇树，乘春挺素华。丰翘被长条，绿叶蔽朱柯。因风吐微音，芳春入紫霞。我心美此木，愿徙着余家。夕得游其下，朝得弄其葩。杨芳。　俗人之爱花，重色不重香。吾今得真想，似矫时之常。所爱夜合花，清馥喻众芳。叶叶自相对，开敛成阴阳。不惭历草滋，独擅尧阶祥。得此合欢名，忧忿诚可忘。茸茸红白姿，百和夜风飏。沉水燎庭槛，薰陆纷缨裳。弥月固未歇，况兹夏景长。凡目不我贵，馥烈徒自将。仲尼失灭明，史迁疑子房。以貌不以行，举世同悲伤。予欲先馨德，群艳孰可方。直饶妖牡丹，须逊花中王。韩文公。　移晚较一月，花迟过半年。红开杪秋日，翠合欲昏天。白露滴不死，凉风吹更鲜。后时谁肯顾？唯我起君怜。白乐天。　绮树满朝阳，融融有露光。雨多疑濯锦，风散似分妆。叶密烟蒙火，枝低绣拂墙。更怜当暑见，留咏日偏长。元微之。　七言：夜合花开香满庭。唐诗。　合昏枝老拂檐牙，红白开成蘸晕花。最是清香合蠲忿，累旬风送入窗纱。韩忠献。　花柳重重隔翠华，玉颜无计驻羊车。碧纱笼里银缸影，照见深宫夜合花。王谊。　远游消息断天涯，燕子空能到妾家。春色不知人独自，庭前开遍合欢花。王野。　樱桃摘尽又枇杷，梅圃萧条下种麻。隙地不栽无果树，中庭

---

① 填，应作"烦"。"四库全书"《本草纲目》卷三五下《木之二·合欢》附方引韦宙《独行方》作"烦"。

那有合欢花。申瑶泉。　梅雨晴时处处蛙，寻常家酿不须赊。老亲醉后盘餐散，瓶里初开夜合花。陈眉公。

木芙蓉，灌生。叶大如桐，有五尖及七尖，冬凋夏茂。一名木莲，一名华木，一名拒霜花，一名柀木，柀，音化。一名地芙蓉。有数种，惟大红、千瓣白、千瓣半白半桃红、千瓣醉芙蓉、朝白午桃红晚大红者佳甚。黄色者种贵难得。又有四面花、转观花，红白相间。八九月间次第开谢，深浅敷荣，最耐寒而不落，不结子。总之，此花清姿雅质，独殿众芳，秋江寂寞，不怨东风，可称俟命之君子矣。欲染别色，以水调靛纸蘸花蕊上，仍裹其尖，开花碧色。五色皆可染。种池塘边，映水益妍。气味辛，平，无毒。清肺凉血，散热解毒，消肿毒恶疮，排脓止痛，有殊效。俗传叶能烂獭毛。

种植。十月花谢后，截老条一名嫩条。长尺许，卧置窖内无风处，覆以干壤及土。候来春有萌芽时，先以硬棒打洞，入粪及河泥浆水灌满，然后插入，上露寸余，遮以烂草，即活，当年即花。若不先打洞，伤其皮即死。

制用。皮柔韧，连条风戾之。至春，沤于池，以纠缠索，甚能胜水。多种之，岁可髦用。

疗治。铁箍散：又名清凉膏、清露散。治一切痈疽发背、乳痈、恶疮。用芙蓉叶，或根皮，或花，或生研，或干研末，以蜜调涂于肿处四围，中间留头，干则频换。初起者即觉清凉痛止肿消，已成者即脓聚毒出，已穿者即脓出易敛，妙不可言。或加生赤小豆末，尤妙。　久咳羸弱：芙蓉叶为末，以鱼鲊蘸食，屡效。　赤眼肿痛：芙蓉末，水和贴太阳穴。　经血不止：拒霜花、莲蓬壳等分，为末。每用米饮下二钱。　偏坠作痛：芙蓉叶、黄檗各三钱，为末，以木鳖子仁一个磨醋调，涂阴囊，其痛自止。　杖疮肿痛：芙蓉花叶研末，入皂角末少许，鸡子清调涂之。　痈疽肿毒：重阳前取芙蓉叶研末，端午前取苍耳烧存性研末，等分，蜜水调，涂四围，其毒自不走散，名铁井栏。　疔疮恶肿：九月九日采芙蓉叶，阴干，为末。每以井水调贴。　头上癞疮：芙蓉根皮为末，香油调敷。先以松花、柳枝煎汤洗之。　汤火灼疮：油调芙蓉末敷之。　灸疮不愈：芙蓉花叶研末敷之。　一切疮肿：芙蓉叶、菊花叶同煎水，频薰洗之。

典故。唐玄宗以芙蓉花汁调香粉作御墨，曰龙香剂。　孟后主成都城上遍种芙蓉。每至秋，四十里如锦绣，高下相照，因名锦城。以花染缯为帐，名芙蓉帐。《成都记》。　温州江心寺文丞相祠中有木芙蓉盛开，其本高二丈，干围四尺，花几百余，畅茂散漫。故知芙蓉有二种：出于水者，谓之草芙蓉；出于陆者，谓之木芙蓉，又名木莲。乐天诗曰"水莲开尽木莲开"，谓此。　柳州有弄色木芙蓉，一日白，二日浅红，三日黄，四日深红，比落色紫，人号为文官花。　许智老为长沙，有木芙蓉二株，可庇亩余。一日盛开，宾客盈溢。坐中有王子怀者，言花朵不逾万数，若过之，愿受罚。智老许之。子怀因指所携妓贾三英胡锦鼎文帔以酬直。智老乃命厮仆群采，凡一万三千余朵。子怀褫帔纳主人而遁。　庆历中，有朝士将晓赴朝，见美女三十余人，靓妆丽服，两两并马而行，观文丁度按辔于其后。朝士惊曰："丁素俭约，何姬之众耶？"有一人最后行，朝士问曰："观文将宅眷何往？"曰："非也。诸女御迎芙蓉馆主耳。"俄闻丁卒。《石林燕语》。　石曼卿去世后，其故人有见之者，云："我今为仙，主芙蓉城，欲呼故人共游。"不诺，忽然骑一素驴而去。欧公《归田录》。　芙蓉特宜水际，种类不同，先后开，故当杂植之。大红最贵，最先开。次浅红，常种也。白最后开。有曰三醉者，一日间凡三换色，亦奇。客言曾见有黄者，果尔，当购之。芙蓉入江西，俱成大树，人从楼上观。吾地如蓁荆状，故须三年一斫却。王敬美。

丽藻。诗五言：托根地虽卑，凌霜花亦茂。梅圣俞。　曲尘轻抱蕊，宫缬巧装丛。宋景文。　玉女袭朱裳，重重映皓质。晨霞耀丹景，片片明秋日。兰泽多众芳，妍姿不相匹。李卫公。　甚疑牡丹丛，但病皮骨老。不宜入水看，只可隔水眺。李春伯。　湖上野芙蓉，含思秋脉脉。娟娟如静女，不肯傍阡陌。诗人杳未来，幽艳冷难宅。欧公。　闲吟鲍照赋，更起屈平愁。莫引西风动，红衣不耐秋。陆龟蒙。　木末芙蓉花，山中发红萼。（閒）〔涧〕户寂无人，纷纷开且落。王维。　皓露浸湘蕊，尖①风猎绛英。繁霜不可拒，切勿受空名。宋景文。　深浅霜前后，应同旧渚红。群芳坐衰歇，聊自舞秋风。石学士。　溪边野芙蓉，花水相媚好。半看池莲尽，独伴霜菊槁。欧公。　红芳晓露浓，绿树秋风冷。共喜巧回春，不妨闲弄影。　染露金风里，宜霜玉水滨。莫嫌开最晚，元自不争春。杨诚斋。　江南江北树，秋至仅成丛。向晚谁争艳？酡颜浅作红。宋景文。　玉蕊折蒸栗，金房落晚霞。涉江从楚女，采菊听陶家。梅圣俞。　新开寒露丛，远比水边红。艳色宁相妒，嘉名偶自同。采江秋节晚，搴木古祠空。须劝勤来饮，无令便逐风。韩昌黎。　群芳摇落后，秋色在林塘。艳态偏临水，幽姿独拒霜。汉皋霞作佩，湘曲锦为裳。白首沧江上，相看醉夕阳。申瑶泉。　芳菲能几时？颜色如自爱。鲜鲜弄霜晓，袅袅含风态。蕙兰殒秋香，桃李媚春醉。时节虽不同，盛衰终一致。莫笑黄菊花，篱根守憔悴。欧阳文忠。　七言：莫怕秋无伴醉物，水莲开后木莲开。白乐天。　何事独蒙青女力，墙头催放数苞红。王禹玉。　旧时忆在延真馆，玉作芙蓉院院明。韩子苍。　就中一种芙蓉别，只染鹅黄学道妆。戴石屏。　天上碧桃和露种，日边红杏倚云栽。芙蓉生在秋江上，不向东风怨不开。高蟾。　水边无数木芙蓉，露滴胭脂色未浓。正是美人初醉着，强抬青镜照妆慵。王介甫。　翠幄临流结绛囊，多情常伴菊花芳。谁怜冷落清秋后，能把柔姿独拒霜。刘程。　种处雪消春始冻，开时霜落雁初过。谁裁金菊丛相近？织出新番蜀锦窠。欧阳公。　千林扫作一番黄，只有芙蓉独自芳。唤作拒霜知未称，看来却是最宜霜。东坡。　湖上秋风起棹歌，万株映柳更依荷。老来不作繁华梦，一树池边已觉多。刘后村。　妖红弄色绚池台，不作匆匆一夜开。若遇春时占春榜，牡丹未必作花魁。胡松窗。　木蕖何似水芙蕖，同个声名各自都。风露商量借膏沐，胭脂深浅入肌肤。唤回春色秋光里，饶得红妆翠盖无。字曰拒霜深②不恶，却愁霜重要人扶。杨诚斋。　绿裳丹脸水仙容，不谓佳名偶自同。一朵方酣初日色，千枝应发去年丛。莫惊坠落添新紫，更待微霜晕浅红。却笑牡丹犹浅俗，但将浓艳醉春风。方秋崖。　傍水施朱意自真，幽栖非是避芳尘。已呼晚菊为兄弟，更为秋江作主人。谢迁。　西园试咏郢中词，正及朱华冒绿池。绰约偏多临水态，逍遥独抱拒霜姿。吴姬晓镜临妆早，楚客霞裳集锦迟。最爱秋江留晚色，尽教白首醉琼卮。申瑶泉。　词：霜华满树，兰凋蕙惨，秋艳入芙蓉。胭脂嫩脸，黄金轻蕊，犹自怨西风。　前欢往事，当歌对酒，无限到心中。

---

① 尖，“四库全书”［宋］陈思编《两宋名贤小集》卷二四录《木芙蓉》诗作“光”。
② 深，“四库全书”［清］吴之振编《宋诗钞》卷七三录杨万里《拒霜花》诗作“浑”。

更凭朱槛忆芳容，肠断一枝红。晏珠《少年游》。　鱼藻池边射鸭，芙蓉苑里看花。日色赭黄相似，不着红鸾扇遮。　池北池南水绿，殿前殿后花红。天子千秋万岁，未央明月清风。柳耆卿《三台令》。　水①明玉润天然色，挤作高风客。不肯嫁东风，殷勤霜露中。　绿窗梳洗晚，笑把琉璃盏。慵步上妆台，酒红和困来。范石湖《菩萨蛮》。　红云半压秋波急，艳妆露啼色。佳梦入仙城，风流石曼卿。　宫袍呼醉醒，休卷西风锦。明日粉香残，六桥烟水寒。高月屋《菩萨蛮》。

木槿，一名椴，椴，音段。一名榇，榇，音衬。一名蕣，蕣，音舜。白槿曰蕣，犹仅荣一瞬之义。一名玉蒸，玉蒸，美而多也。一名朱槿，一名赤槿，一名朝菌，一名日及，一名朝开暮落花。木如李，高五六尺，多歧枝，色微白，可种可插。叶繁密，如桑叶，光而厚，末尖而有丫齿。花小而艳，大如蜀葵，五出，中蕊一条出花外，上缀金屑。一树之上，日开数百朵，有深红、粉红、白色、白曰椴，红曰榇。单叶、千叶之殊。朝开暮落，自仲夏至仲冬，开花不绝。结实轻虚，大如指顶，秋深自裂，其中子如榆荚、马兜铃之仁。嫩叶可（数）〔茹〕，作饮代茶。味平，滑，无毒。治肠风下血，痢后热渴肿痛，疥癣，润燥活血，除湿热，小儿便，妇人赤白带下。小儿忌弄，令病疟，俗名疟子花。

扦插。二三月间新芽初发时，截作段，长一二尺，如插木芙蓉法，即活。若欲插篱，须一连插去。若少住手，便不相接。

皮并根。甘，平，滑，无毒。作饮服，令人能睡。炒用。　润燥活血，洗目令目明。　花。气味与皮同，治赤白痢。作汤饮，治风。　皮及花并滑，故润燥。色如紫荆，故活血。　子。亦与皮同。

取用。湖南北多植为篱障，花与枝两用。　皮治疮癣。川中者色红，气厚力优，尤效。

疗治。赤白带下：槿根皮二两切，白酒一碗半，煎一碗，空心服。白带用红酒，甚妙。　头面钱癣：槿树皮为末，醋调，重汤顿如胶，傅之。　牛皮风癣：川槿皮一两，大风子仁十五个，半夏五钱锉，河水、井水各一碗，浸露七宿，入轻粉一钱水中，秃笔扫涂，覆以青衣，数日有臭涎出，妙。忌浴澡。夏月用尤妙。　癣疮有虫：川槿皮煎，入肥皂浸水，频擦。或以槿皮浸汁磨雄黄，尤妙。　痔疮肿痛：槿根煎汤，先薰后洗。　大肠脱肛：槿皮或叶煎汤薰洗，后以白矾、五倍末傅之。　下痢禁口：红槿皮花去蒂阴干，为末。先煎面饼二个，蘸末食。　风痰壅逆：槿花晒干，焙研。每服一二匙，空心沸汤下。白花尤良。　反胃吐食：千叶白槿花阴干，为末。陈糯米汤调，送三五口，不转再服。　偏正头风：木槿子烧烟薰患处。　黄水脓疮：木槿子烧存性，猪骨髓调涂之。

典故。汝阳王进尝戴砑绡帽打曲，上自摘红槿花一朵置于帽上。筁处二物皆极滑，久之方安。遂奏《舞山香》一曲，而花不坠。上大喜，赐金器。一厨曰："花奴资质明莹，必是神仙中谪堕来也。"《开元遗事》。

丽藻。散语：颜如舜华。《诗》。　仲夏之月木槿荣。《逸书·月令》。　草木春荣秋瘁，

---

① 水，一般作"冰"。

此花朝生暮落。嵇咸。　览庭隅之嘉木，慕朝华之可玩。卢湛。　皎日升而朝华，玄景逝而夕零。夏侯湛。　日给之花似奈，奈实而日给虚，虚伪之与真实相似也。《笃论》。　椴，木槿。榇，木槿。似李，五月始华，《月令》"木槿荣"是也。华如葵，朝生夕陨，一名舜，盖瞬之义取诸此。《诗》曰：颜如舜华。又曰：颜如舜英。颜如舜华，则言不可与久也。颜如舜英，则愈不可与久矣。盖荣而不实者谓之英。《人物志》曰：草之精秀者为英。《释草》。　览中堂之奇树，禀冲气之至清。应青春之敷蕊，逮朱夏而诞英。红葩紫蒂，翠叶素茎。傅咸。　木槿、杨柳，断殖之更生，倒之亦生，横之亦生。生之易者，莫过斯木也。然埋之既浅，又未得久，乍刻乍剥，或摇或拔，虽壅以高壤，浸以春泽，犹不脱于枯瘁者，以其根荄不固，不暇吐其萌芽，津液不得遂结其生气也。人生之于体，易伤难养，方之二木，不及远矣。而所以攻毁之者，过于刻剥，剧于摇拔也。济之者鲜，坏之者众，死其宜也。《抱朴子》。　赋：日及多名，蕤宾肇生。东方记乎夕死，郭璞赞以朝荣，潘文体其夏盛，（稽）〔嵇〕赋闵其秋零。此则京华之丽木，非于越之薜英。南中群草，众花之宝；雅什未名，骚人失藻。雨来翠润，露歇红澡。叠萼疑擎，低茎若倒。朝霞映日殊未研，珊瑚照水定非鲜；千叶芙蓉讵相似，百枝灯花复羞燃。隋·江总。　朝菌者，盖朝华而暮落，世谓之木槿，或谓之日及，诗人以薜华，宣尼以为朝菌。其物向晨而结，建明而布，见阳而盛，终日而损，不亦异乎？何名之多也！晋·潘尼。　诗五言：萧条槿花风。　槿枝无宿花。俱白乐天。　吾闻调羹槿，异味及枌榆。《月令》：冬用槿。黄山谷。　晨日映帘生，流晖种艳明。红颜易零落，何异此花荣！《六一集》。　君子芳桂性，春浓秋更繁。小人槿花心，朝在夕不存。《文粹》。　绿树竞扶疏，红姿相照灼。不学桃李花，乱向春风落。　群玉开双槿，丹荣对绛纱。含烟疑出火，隔雨怪舒霞。向晚争辞蕊，迎朝斗发花。非关后桃李，为欲继年华。杨凌。　七言：槿花一日自为荣。白乐天。　槿篱护药红通径，竹笕通泉白遍村。秦少游。　风露凄凄秋景繁，可怜荣落在朝昏。未央宫里三千女，但保红颜莫保恩。李义山。　篱外涓涓涧水流，槿花半照夕阳愁。欲题名字知相访，又恐芭蕉不奈秋。窦巩。　秋薜晚英无艳色，何因栽种在人家？使君只别罗敷面，争解回头爱白花。白乐天。　甲子虽推小雪天，刺桐犹绿槿花然。阳和长养无时歇，却是炎州雨露偏。张登。　朱槿移栽释梵中，老僧非是爱花红。朝开暮落关何事？只要人知色是空。僧绍隆。　朝菌一生迷晦朔，灵蓂千岁换春秋。如何槿艳无终日？独保栏干为尔羞。张俞。　野槿扶疏当缚篱，山深不用掩山扉。客来踏破松梢月，鹤向主人头上飞。陆云西。　晓艳欲开孙武阵，晚风争堕绿珠楼。来如急电无因驻，去似惊鸿不可收。　夹路疏篱锦作堆，朝开暮落复朝开。抽苞粗粝轻拖糁，近蒂胭脂醉抹腮。占破半年犹道少，何曾一日不芳来。花中却是渠长命，换旧添新底死催。杨诚斋。　曾闻郑女咏同车，更爱丰标澹有华。欲傍苔莓横野渡，似将铅粉斗朝霞。品题从此添高价，物色仍烦筑短沙。漫道春来李能白，秋风一种玉无瑕。陆深。

扶桑木， 东海日出处有扶桑树，此花光焰照日，叶似桑，故名扶桑，称佛桑者非。高四五尺，产南方，枝叶婆娑。叶深色，光而厚，微涩，如桑。花有红、黄、白三色，红者尤贵。又有朱槿、赤槿、日及等名，以此花与木槿相仿佛也。叶及花性甘，平，无毒。

疗治。痈疽腮肿：取叶或花同牛旁叶、白芙蓉叶、白蜜研膏敷之，即散。

丽藻。序：明道中，予为漳州军事判官。晚秋，至州西耕园驿，庭有佛桑数十株，开花繁盛。念其寒月穷山，方自媚好，乃作《耕园驿佛桑花》诗一首。既而乘桴东下，又作《溪行》一首。庆历七年，予使本路。明年夏四月，自汀来漳，复至是驿，花尚仍旧。追感昔游，因纪前事，并载旧篇，龛于西壁云。蔡君谟。 诗五言：野人家家焰，烧红有扶桑。蔡君谟。 七言：焰焰烧空红佛桑。东坡。 使轺迢递到天涯，候馆迁延感岁华。白发却攀临砌树，青条犹放过墙花。悲来惟有金城切，醉后曾乘客海槎。欲问昔游无处所，晚烟生水日沉沙。 溪馆初寒似早春，寒花相倚媚行人。可怜万木凋零尽，独见繁枝烂熳新。清艳夜沾云表露，幽香时过辙中尘。名园不肯争颜色，灼灼夭桃野水滨。俱蔡君谟。 南无丽卉斗猩红，净土门传到此中。欲供如来嫌色重，谓藏宣圣讶枝同。叶深似有慈云拥，蕊坼偏惊慧日烘。赏玩何妨三宿恋，只愁晓破太虚空。秦民怀《咏佛桑》。

蜡梅，蜡梅本非梅，以开与梅同时，花香相类，色似蜂蜡，又似女工撚蜡所成，故名。小树丛枝尖叶，木身与叶类桃而阔大尖硬，花亦五出，出，音绌。色欠晶明。子种者，经接过，花疏，虽盛开常半含，名磬口梅，言似磬之口也。次曰荷花，又次曰九英。又有开最先，色深黄如紫檀，花密香浓，名檀香梅，此品最佳。香极清芳，殆过梅，不以形状贵也，故难题咏。此花多宿叶，结实如垂铃，尖长寸余，子在其中。

种植。子既成，试沉水者种之。秋间发萌放叶，浇灌得宜，四五年可见花。 一法：取根旁自出者分栽，易成树。子种不经接者，花小香淡，名狗蝇梅，品最下。

取用。皮浸水磨墨，发光彩。花解暑生津。《本草纲目》。 禁忌。蜡梅，人多爱其香，但可远闻，不可近嗅，嗅之头痛，屡试不爽。

典故。腊梅难题咏，山谷、简斋惟五言小诗而已。 考蜡梅原名黄梅，故王安国熙宁间尚咏黄梅诗。至元祐间，苏、黄命为蜡梅，而范石湖《梅谱》又云："本非梅种，以其与梅同时，而香又近之，如鹦鹉菊亦以叶梗似菊，而花又同时也。"张翊《花经》首云"一品九命"，蜡梅亦在其中。洛阳亦有蜡梅，直九英耳。蜡梅是寒花绝品，人言腊时开，故以蜡名，非也，为色正似黄蜡耳。出自河南者曰磬口，香、色、形皆第一。松江名荷花者次之。本地狗缨下矣。得磬口，即荷花可废，何况狗缨？王敬美。 凡三种：上等磬口，最先开，色深黄，圆瓣，如白梅者佳，若瓶一枝，香可盈室。楚中荆襄者最佳。次荷花瓣者，瓣有微尖。又次花小香淡，俗呼狗英腊梅，开时无叶，叶盛则花已卸矣。《花史》。

丽藻。诗五言：金蓓领春寒，恼人香未展。虽无桃李颜，风味极不浅。 体薰山麝脐，色染蔷薇露。披拂不满襟，时有暗香度。俱黄山谷。 黄罗作广袂，绛帐作中单。人间谁敢着？留得护春寒。陈简斋。 一花香十里，更值满枝开。承恩不在貌，谁敢斗香来？ 异色深宜晚，生香故触人。不施千点白，别作一家春。俱陈后山。 粟玉圆雕蕾，金钟细著行。来从真蜡国，自号小黄香。夕吹撩寒馥，晨曦透暖光。南枝本同姓，唤我作它杨。杨廷秀。 七言：未教落素混冰池，且着轻黄缀雪衣。越使可因千里致，春风原自不曾知。晁无咎。 芳檐竹坞两幽奇，岸帻寻花醉不知。崖蜜已成蜂去尽，夜寒惟有露房垂。晁具茨。 步履寻花醉晚风，翻枝摘叶兴何穷！他年上苑求佳种，越白江红扫地空。 路入君家百步香，隔帘初试汉宫妆。只疑梦到昭阳殿，一簇轻红绕淡黄。俱韩子苍。　条风一夜入残年，冻蕊含香娇可怜。二十四番花信转，春魁还自让君先。张铭盎。　闻君寺后野花发，香蜜染成宫样黄。不拟折来遮老眼，欲知春色到池塘。黄鲁直。　恐是酥酿染得黄，月中清露滴来香。定知何逊牵诗兴，借与穿帘一点光。俱晁无咎。　冻蕾含香蜡点匀，古来幽谷有佳人。诗家只怨和羹晚，不是红梅别是春。　冷艳疏香寂寞滨，欲持（傅）〔何〕①物向时人。东风自是清狂手，办作竹篱茅舍春。赵伯成。　蜜蜂底物是生涯，花作粮粮蜡作家。岁（挽）〔晚〕无花可采，却将香蜡吐成花。杨廷秀。　化工未幻荼蘼菊，先放缃梅伴群玉。幽姿着意慕铅黄，正色何心轻萼绿。色含天苑鹅儿黄，影醮瀛波鸭头绿。日烘喜气香触须，雨洗道装鲜映肉。王梅溪。　二（妹）〔姝〕巧笑出兰房，玉质檀姿各自芳。品格雅称仙子态，精神疑着道家黄。宓妃谩诧凌波步，汉殿徒翻半额妆。一味真香清且绝，明窗忽对古冠裳。楼攻媿《咏蜡梅水仙》。　智琼额黄且勿夸，回眼视此风前葩。家家融蜡作杏蒂，岁岁逢梅是蜡花。世间真伪非两法，映日细看真是蜡。我今嚼蜡已甘腴，况此有韵蜡不如。只愁繁香欺定力，薰我欲醉须人扶。不醉花前醉经月，是酒是香君试别。陈去非。　天公点酥作梅花，此有蜡梅禅老家。蜜蜂探花作黄蜡，取蜡为花亦此物。天公变化谁得知，我亦儿嬉作小诗。君不见万松岭上黄千叶，玉蕊檀心两奇绝。醉中不觉度千山，夜（间）〔闻〕梅香失醉眠。归来却梦寻花去，梦里花仙觅奇句。此间风物属诗人，我老不饮当付君。君行适吴我适越，笑指西湖作衣钵。子瞻。　化人巧作缃样花，何年落在空王家？羽衣霓袖浣香蜡，从此人间识尤物。青琐朱郎却未知，天公下取仙翁诗。乌丸鸡趾写玉叶，却怪寒花未清绝。北风驱雪度关山，把烛看花夜不眠。明朝诗成公亦去，长使诗仙诵佳句。湖山信美更须人，已觉西湖属此君。坐想明年吴与越，行酒赋诗听去钵。陈无己。　词：蜡换梅姿，天然香韵香非俗。蝶驰蜂逐，（密）〔蜜〕在花梢熟。　岩壑深藏，几载甘幽独。因坡谷，一标题目，高价掀兰菊。王梅溪《十八香》。　一种岁前春，谁辨额黄腮白。风意只吟群木，与此花全别。　此花佳处似佳人，高人带诗格。君子岁寒相许，有芳心难结。赵介庵《好事近》。　栗玉玲珑，雍酥浮动，芳蚨染得胭脂重。风前兰麝作香寒，枝头烟雪和春冻。　蜂翅初开，蜜房香弄，佳人寒睡愁如梦。鹅黄衫子茜罗裙，风流不与红梅共。毛东堂《踏莎行》。　江南雪里花如玉，风流越样新装束。恰恰缕金裳，浓薰百和香。　分明篱菊艳，却作妆梅面。无处奈君何，一枝春已多。韩南涧《菩萨蛮》。　点缀莫窥天巧，名称却道人为。香酝蜜脾分几点，色映乌云倚一枝。遥看倒透迟。　映水不嫌疏影，娇春也自同时。红树落残风乍暖，塞②管声长晓更催。此花知不知？马古洲《十拍子》。　娇额尚涂黄，不入时妆，十分轻脆奈风霜。几度细腰寻得蜜，错认蜂房。　东阁久凄凉，江路悠长，休将颜色较芬芳。无奈世间真若伪，赖有幽香。马古洲《浪淘沙》。　蝉叶粘霜，蝇苞缀冻，生香远带风峭。岭上寒多，溪头月冷，枝北瘦，枝南小。玉奴有姊，先占立、墙阴春蚤。初试宫黄淡泊，偷分寿阳纤巧。　银烛泪珠未晓，酒钟悭、贮愁多少？记得短亭归马，暮衔蜂闹。豆蔻钗梁恨袅，但怅望、天涯岁华老。远信难封，吴云雁杳。吴梦窗《天香子》。　晓烟溪畔，曾记东风面。化工

---

① 傅，应作"何"。"四库全书"〔金〕元好问编《中州集》卷八录赵伯成《腊梅》诗作"何"。
② 塞，"四库全书"〔宋〕陈景沂《全芳备祖》前集卷四《花部》录马古洲《十拍子》作"寒"。

更与重栽剪。额黄明艳粉，不共妖红软。凝露脸，多情正似当时见。 谁向沧波岸？特地移闲馆。情一缕，愁千点。烦君搜妙语，为我催清燕。须细看，纷纷乱蕊空凡艳。叶石林《千秋岁》。 蜜叶蜡蜂房，花下频来往。不知辛苦为谁甜，山月梅花上。 玉质紫金衣，香雪随风荡。人间唤作返魂梅，仍是蜂儿样。李方舟《卜算子》。

绣球，木本，皱体。叶青色微带黑而涩。春月开花，五瓣，百花成朵，团圞如球，其球满树。花有红、白二种。宜寄枝，用八仙花体。

丽藻。诗五言：春色变园姿，虚亭袅烟雾。绿萼间琼朵，团团低入户。一夜折繁枝，凄凄风雨妒。错落水晶球，苔痕杂委露。凌晨发永叹，踟蹰伤延伫。于念东。 七言：纷纷红紫竞芳菲，争似团酥越样奇。料想花神闲戏击，随风吹起坠繁枝。琢玉英标不染尘，光含月影愈清新。青皇宴罢呈余技，抛向东风展转频。俱杨巽峰。 散作千花簇作团，玲珑如球巧如攒。风来似欲拟明月，好与三郎醉后看。张铭盂。

夹竹桃，花五瓣，长筒，瓣微尖，淡红娇艳，类桃花。叶狭长，类竹，故名夹竹桃。自春及秋，逐旋继开，妩媚堪赏。性喜肥，宜肥土，盆栽，肥水浇之则茂。何无咎云：温台有丛生者，一本至二百余干，晨起扫落花盈斗，最为奇品。性恶湿而畏寒，九月初宜置向阳处，十月入窖，忌见霜雪，冬天亦不宜大燥。和暖时，微以水润之，但不可多，恐冻。来年三月出窖。五六月时，配白茉莉，妇人簪髻，娇袅可挹。

栽种。四月中，以大竹管分两瓣合嫩枝，实以肥泥，朝夕灌水，一月后便生白根，两月后即可剪下另栽。初时用竹帮扶，恐摇动，一二月后新根扎土，便不须用。此物极易变化。

典故。夹竹桃与五色佛桑俱是岭南北来货。夹竹桃花不甚佳，而堪久藏。佛桑即谨护，必无存者。茉莉百无一二可活，然终不能盛。花大抵只宜供一岁之玩，佛桑间买一二株，茉莉三五株，花事过，即为朽株矣。木槿贱物也，然有大红千叶者，有白千叶者，二种可亚佛桑，宜觅种之。王敬美。

丽藻。诗五言：名花逾岭至，婀娜自成阴。不分芳春色，犹余晚岁心。绛分疏翠小，青入嫩红深。本识仙源种，无妨共入林。 何来武陵色，移植向深闺。叶不迎秋堕，花仍入夏齐。菲菲能拂石，冉冉更成蹊。尚挟风霜气，流莺未敢栖。王敬美。 索寞谁相问？清斋隔市嚣。忽遗芳树至，应识雅情高。布叶疏疑竹，分花嫩似桃。野人看不厌，常此对村醪。

二如亭群芳谱花部卷之二

济南　王象晋荩臣甫　纂辑
松江　陈继儒仲醇甫
虞山　毛凤苞子晋甫　同较
宁波　姚元台子云甫
济南　男王与敕、孙士熊、玄孙兆楸　诠次

花谱二

牡丹，一名鹿韭，一名鼠姑，一名百两金，一名木芍药。秦汉以前无考。自谢康乐始言永嘉水际竹间多牡丹，而北齐杨子华有画牡丹，则此花之从来旧矣。唐开元中，天下太平，牡丹始盛于长安。逮宋，惟洛阳之花为天下冠。一时，名人高士，如邵康节、范尧夫、司马君实、欧阳永叔诸公，尤加崇尚，往往见之咏歌。洛阳之俗大都好花，阅《洛阳风土记》可考镜也。天彭号小西京，以其好花，有京洛之遗风焉。大抵洛阳之花，以姚魏为冠。姚黄未出，牛黄第一。牛黄未出，魏花第一。魏花未出，左花第一。左花之前，惟有苏家红、贺家红、林家红之类。花皆单叶，惟洛阳者千叶，故名曰洛阳花。自洛阳花盛，而诸花诎矣。嗣是岁益培接，竞出新奇，固不特前所称诸品已也。性宜寒畏热，喜燥恶湿，得新土则根旺，栽向阳则性舒。阴晴相半，谓之养花天。栽接剔治，谓之弄花。最忌烈风炎日，若阴晴燥湿，得中栽接，种植有法，花可开至七百，叶面可径尺。善种花者，须择种之佳者种之。若事事合法，时时着意，则花必盛茂，间变异品，此则以人力夺天工者也。其花有姚黄、花千叶，出民姚氏家，一岁不过数朵。禁院黄、姚黄别品，闲淡高秀，可亚姚黄。庆云黄、花叶重复，郁然轮囷，以故得名。甘草黄、单叶，色如甘草。洛人善别花，见其树，知为奇花。其叶嚼之不腥。牛黄、千叶。出民牛氏家，比姚黄差小。玛瑙盘、赤黄色，五瓣。树高二三尺，叶颇短蹙。黄气球、淡黄檀心。花叶圆正，间背相承，敷腴可爱。御衣黄、千叶，色似黄葵。淡鹅黄、初开微黄，如新鹅儿，平头，后渐白，不甚大。太平楼阁、千叶。　以上黄类。　魏花、千叶，肉红，略有粉梢。出魏丞相仁溥之家，树高不过四尺，花高五六寸，阔三四寸，叶至七百余。钱思公尝曰：人谓牡丹花王，今姚花真可为王，魏乃后也。一名宝楼台。石榴红、千叶楼子，类王家红。曹县状元红、成树，宜阴。映日红、细瓣，宜阳。王家大红、红而长尖，微曲，宜阳。大红西瓜瓤、宜阳。大红舞青猊、胎微短，花微小，中出五青瓣，宜阴。七宝冠、难开。又名七宝旋心。醉胭脂、茎长，每开头垂下，宜阳。大叶桃红、宜阴。殿春芳、开迟。美人红、莲蕊红、瓣似莲。翠红妆、难开，宜阴。陈州红、朱砂红、甚鲜，向日视之如猩血，宜阴。锦袍红、古名潜溪。绯深红、比宝楼台微小而鲜。粗树高五六尺，但枝弱。开时须以杖扶，恐为风雨所折。枝叶疏阔，枣芽小弯。皴叶桃红、叶圆而皴，难开，宜阴。桃红西瓜瓤、胎红而长，宜阳。 以上俱千叶楼子。 大红剪绒、千叶，并头，其瓣如剪。羊血红、易开。锦袍红、石家红、不甚紧。寿春红、瘦小，宜阳。彩霞红、海天霞。大如盘，宜阳。 以上俱千叶平头。 小叶大红、千叶，难开。鹤翎红、醉仙桃、外白内红，难开，宜阴。梅红平头、深桃红。西子红、圆如球，宜阴。粗叶寿安红、肉红，中有黄蕊。花出寿安县锦屏山，细叶者尤佳。丹州延州红、海云红、色如霞。桃红线、桃红凤头、花高大。献来红、花大，浅红，敛瓣如撮，颜色鲜明。树高三四尺，叶团。张仆射居洛，人有献者，故名。祥云红、浅红，花妖艳多态，叶最多，如朵云状。浅娇红、大桃红，外瓣微红而深，娇径过五寸，叶似粗叶寿安，颇卷皴，葱绿色。娇红楼台、浅桃红，宜阴。轻罗红、浅红娇、娇红，叶绿可爱，开最早。花红绣球、细瓣开，圆如球。花红平头、银红色。银红球、外白内红，色极娇。圆如球。醉娇红、微红。出茎红桃、大尺余，其茎长二尺。西子、开圆如球，宜阴。 以上俱千叶。 大红绣球、花类王家红，叶微小。罂粟红、茜花鲜粗，开瓣合拢，深檀心，叶如西施而尖长，花中之烜焕者。寿安红、平头黄心，叶粗、细二种，粗者香。鞓红、单叶，深红。张仆射齐贤，自青州驮其种，遂传洛中。因色类腰带鞓，故名。亦名青州红。胜鞓红、树高二尺，叶尖长，花红赤，焕然五叶。鹤翎红、多瓣，花末白而本肉红，如鸿鹄羽毛，细叶。莲花萼、多叶，红花，青跗三重，如莲萼。一尺红、深红，颇近紫花，面大几尺。文公红、出西京潞公园，亦花之丽者。迎日红、醉西施同类，深红，开最早，妖丽夺目。彩霞、其色光丽，烂然如霞。梅红楼子、娇红、色如魏红，不甚大。绍兴春、祥云子花也，花尤富，大者径尺。绍兴中始传。金腰楼、玉腰楼、皆粉红花而起楼子，黄白间之，如金玉色，与胭脂楼同类。政和春、浅粉红，花有丝头。政和中始出。叠罗、中间琐碎，如叠罗纹。胜叠罗、差大于叠罗。瑞露蝉、亦粉红，华中抽碧心，如合蝉状。乾花、分蝉旋转，其花亦大。大千叶、小千叶、皆粉红花之杰者。大千叶无碎花，小千叶则花萼琐碎。桃红西番头、难开，宜阴。四面镜、有旋。 以上红类。 庆天香、千叶楼子，高五六寸，香而清。初开单叶，五七年则千叶矣。年远者树高八九尺。肉西、千叶楼子。水红球、千叶，丛生，宜阴。合欢花、一茎两朵。观音面、开紧，不甚大，丛生，宜阴。粉娥娇、大淡粉红，花如碗大。开盛者饱满，如馒头样。中外一色，惟瓣根微有深红。叶与树如天香，高四五尺。诸花开后方开，清香耐久。 以上俱千叶。 醉杨妃、二种：一千叶楼子，宜阳，名醉春客；一平头，极大，不耐日色。赤玉盘、千叶平头，外白内红，宜阴。回回粉西、细瓣楼（了）〔子〕，外红，内粉红。醉西施、粉白花，中间红晕，状如酡颜。西天香、开早，初甚娇，三四日则白矣。百叶仙人、 以上粉红类。 玉芙蓉、千叶楼子，成树，宜阴。素鸾娇、宜阴。绿边白、每瓣上有绿色。玉重楼、宜阴。羊脂玉、大瓣。白舞青猊、中出五青瓣。醉玉楼、 以上俱千叶楼子。 白剪绒、千叶平头，瓣上如锯齿，又名白缨络，难开。玉盘盂、大瓣。莲香白、瓣如莲花，香亦如之。 以上俱千叶平头。 粉西施、千叶，甚大，宜阴。玉楼春、多雨盛开。万卷书、花瓣皆卷筒，又名波斯头，又名玉玲珑。一种千叶桃红，亦同名。无瑕玉、水晶球、庆天香、玉天仙、素鸾、玉仙妆、檀心玉凤、瓣中有深檀色。玉绣球、青心白、心青。伏家白、凤尾白、金丝白、平头白、盛者大尺许，难开，宜阴。迟来白、紫玉、白瓣中有红丝纹，大尺许。　以上俱千叶。　醉春容、色似玉芙蓉，开头差小。玉板白、单叶，长如拍板，色如玉，深檀心。玉楼子、白花起楼，高标逸韵，自是风尘外物。刘师哥、白花带微红，多至数百，叶纤妍可爱。玉覆盆、一名玉炊饼，圆头白华。碧花、正一品，花浅碧，而开最晚。一名欧碧。玉碗白、单叶，花大如碗。玉天香、单叶，大白，深黄蕊，开径一尺，虽无千叶，而丰韵异常。一百五。多叶，白花大如碗，瓣长三寸许，黄蕊，深檀心。枝叶高大，亦如天香，而叶大尖长。洛花以谷雨为开候，而此花常至一百五日开，最先。古名灯笼。　以上白类。　海云红、千叶楼子。西紫、深紫，中有黄蕊。树生，枯燥，古铁色。叶尖长。九月内枣芽，鲜明红润。剪其叶，远望若珊瑚然。即墨子、色类墨葵。丁香紫、茄花紫、又名藕丝。紫姑仙、大瓣。淡藕丝。淡紫色，宜阴。　以上俱千叶楼子。　左花、千叶，紫花。出民左氏家。叶密，齐如截，亦谓之平头紫。紫舞青猊、中出五青瓣。紫楼子、瑞香紫、大瓣。平头紫、大径尺。一名真紫。徐家紫、花大。紫罗袍、又名茄色楼。紫重楼、难开。紫红芳、烟笼紫、浅淡。　以上俱千叶。　紫金荷、花大盘而紫赤色，五六瓣，中有黄蕊。花平如荷叶状，开时侧立翩然。鹿胎、多叶，紫花，有白点，如鹿胎。紫绣球、一名新紫花，魏花之别品也。花如绣球状。亦有起楼者，为天彭紫花之冠。乾道紫、色稍淡而晕红。泼墨紫、新紫花之子也，单叶，深黑如墨。葛巾紫、花圆正而富丽，如世人所戴葛巾状。福严紫、重叶，紫花，叶少，如紫绣毯，谓之旧紫。朝天紫、色正紫，如金紫夫人之服色。今作子，非也。三学士、锦团绿、树高二尺，乱生成丛。叶齐小短厚，如宝楼台。花千叶，粉紫色，合纽如撮瓣，细纹，多媚而欠香，根旁易生。古名波斯，又名狮子头、滚绣球。包金紫、花大而深紫，鲜粗，一枝仅十四五瓣，中有黄蕊，大红如核桃。又似僧持铜击子。树高三四尺，叶仿佛天香而圆。多叶紫、深紫，花止七八瓣，中有大黄蕊，树高四五尺，花大如碗，叶尖长。紫云芳、大紫，千叶楼子，叶仿佛天香，虽不及宝楼台，而紫容深迥，自是一样清致，耐久而欠清香。蓬莱相公、　以上紫类。　青心黄、花原一本，或正圆如球，或层起成楼子，亦异品也。状元红、重叶，深红花，其色与鞓红潜绯相类，天姿富贵。天彭人以冠花品。金花状元红、大瓣平头，微紫，每瓣上有黄须，宜阳。金丝大红、平头，不甚大。瓣上有金丝毫，一名金线红。胭脂楼、深浅相间，如胭脂染成。重叠累萼，状如楼观。倒晕檀心、多叶，红花，凡花近萼色深，至末渐浅。此花自外深色，近萼反浅白，而深檀点其心，尤可爱。九蕊珍珠红、千叶，红花，叶上有一点白如珠。叶密蘡，其蕊九丛。添色红、多叶。花始开色白，经日渐红，至落乃类深红。此造化之尤巧者。双头红、并蒂骈萼，色尤鲜明，养之得地，则岁岁皆双。此花之绝异者也。鹿胎红、鹤翎红子花也，色微带黄，上有白点，如鹿胎，极化工之妙。潜溪绯、千叶绯花，出潜溪寺。本紫花，忽于丛中特出绯者一二朵。明年移在他枝，洛阳谓之转枝花。一捻红、多叶，浅红，叶杪深红一点，如人以二指捻之。旧传贵妃匀面，余脂印花上，来岁花开，上有指印红迹，帝命今名。富贵红、花叶圆正而厚，色若新染。他花皆卸，独此抱枝而槁，亦花之异者。桃红舞青猊、千叶楼子，中五青瓣，一名睡绿蝉，宜阳。玉兔天香、二种：一早开，头微小。一晚开，头极大。中出二瓣，如兔耳。萼绿华、千叶楼子，大瓣。群花卸后始开。每瓣上有绿色。一名佛头青，一名鸭蛋青，一名绿蝴蝶，得自永宁王宫中。叶底紫、千叶，其色如墨，亦谓墨紫。花在丛中，旁心生一大枝，引叶覆其上。其开比他花可延十日，岂造物者亦惜之耶？唐末有中官，为观军容者，花出其家，亦谓之军容紫。腰金紫、千叶，腰有黄须一团。驼褐裘、千叶楼子，大瓣，色类褐衣，宜阴。蜜娇。树如樗，高三四（天）〔尺〕，叶尖长，颇阔厚。花五瓣，色如蜜蜡，中有蕊，根檀心。 以上间色。 大凡红白者多香，紫者香烈而欠清。楼子高，千叶多者其叶尖，歧多而圆厚。红者叶深绿，紫者叶黑绿，惟白花与淡红者略同。此花须殷勤照管，酌量浇灌，仔细培养。花若开盛，主人必有大喜。最忌栽宅内天井中，大凶。

牡丹皮。治手足少阴、厥阴四经血分伏火，节相火也。古方以此治相火，故仲景肾气丸用之。后人乃专以黄檗治相火，不知牡丹皮更胜。此千载秘奥，今为拈出。赤花者利，白花者补，宜分别用。

移植。移牡丹宜秋分后，如天气尚热，或遇阴雨，九月亦可。须全根宽掘，以渐至近，勿损细根。将宿土洗净，再用酒洗。每窠用熟粪土一斗，白蔹末一斤，拌匀，再下小麦数十粒于窠底，然后植于窠中，以细土覆满。将牡丹提与地平，使其根直，易生。土须与干上旧痕平，不可太低太高，勿筑实，勿脚踏。随以河水或雨水浇之，窠满即止。待土微干，略添细土覆盖。过三四日再浇，封培根土，宜成小堆，以手拍实，免风入吹坏花根。每本约离三尺，使叶相接而枝不相擦，风通气透而日色不入，乃佳。不可太密，防枝相磨，致损花芽；不可太稀，恐日晒土热，致伤嫩根。小雪前后，用草荐遮障，勿使透风。若欲远移，将根用水洗净，取红淤土罗细末，趁湿匀粘花根，随用软绵花自细根尖缠至老根，再用麻纸缠定，以水洒之。枝上红芽用香油纸或矾绵纸包扎笼住，不得损动，即万里可致也。或曰：中秋为牡丹生日，移栽必旺。 分花。拣长成大颗茂盛者，一丛七八枝或十数枝，持作一把，摔去土，细视，有根者劈开。或一二枝，或三四枝，作一窠。用轻粉加硫黄少许，碾为末，和黄土成泥，将根上劈破处擦匀，方置窠内，栽如前法。 种花。六月中，看枝间角微开，露见黑子，收置，向风处晒一日，以湿土拌，收瓦器中。至秋分前后三五日，择善地，调畦土，要极细，畦中满浇水。候干，以水试子，择其沉者，用细土拌白蔹末种之，隔五寸一枚。下子毕，上加细土一寸。冬时盖以落叶。来春二月内，用水浇，常令润湿。三月生苗，最宜爱护。六月中，以箔遮日，勿致晒损。夜则露之。至次年八月移栽。若待角干收子，出者甚少，即出亦不旺，以子干而津脉少耳。 接花。花不接不佳。接花须秋社后重阳前，过此不宜。将单叶花本如指大者，离地二三寸许斜削一半，取千叶牡丹新嫩旺条，亦用利刀斜削一半，上留二三眼，贴于小牡丹削处，合如一株，麻纸紧扎，泥封严密。两瓦合之，壅以软土，罩以蒻叶，勿令见风日，向南留一小户以达气。至来春惊蛰后，去瓦土，随以草荐围之，仍树棘数枝以御霜。茂者当年有花，是谓贴接。或将小牡丹新苗旺盛者，离地二三寸，用利刀截断，以尖刀劃一小口，取上品牡丹枝上有一二芽者，截二三寸长一段，两边斜削，插于劃处，比量吻合，麻纸扎紧，细湿土壅高一尺，瓦盆盖顶。待二七开视茂者，其芽红白鲜丽，长及一寸。此极旺者。若未发，再培之。三七开看，活者即发，否则腐毙。活者仍用土培盆合，至春分去土。恐有烈风，仍用盆盖，时常捡点。至三月中方放开，全见风日。又恐茂者长高，被风吹折，仍以草罩罩之。接头枝如及时截取者，藏新篓润土十余日，行数百里，亦可接活。立春若是子日，茄根上接之，不出一月，花即烂熳。二三月间，取芍药根大如萝卜者，削尖如马耳，将牡丹枝劈开如燕尾，插下缚紧，以肥泥培之即活，当年有花。一二年牡丹生根，割去芍药根，成真牡丹矣。又椿树接者，高丈余，可于楼上赏玩，唐人所谓楼子牡丹也。　牡丹一接便活者，逐年有花。若初接不活，削去再接，只当年有花。　牡丹本出中州，江阴人能以芍药根接之。今遂繁滋，百种幻出。余澹园中绝盛，遂冠一州。其中如绿蝴蝶、大红狮头、舞青霓、尺素最难得开。南都牡丹让江阴，独西瓜瓤为绝品，余亦致之矣。后当于中州购得黄楼子，一生便无余憾。人言牡丹性瘦，不喜粪，又言夏时宜频浇水，亦殊不然。余圃中亦用粪，乃佳。又中州土燥，故宜浇水。吾地湿，安可频浇？大都此物宜于沙土耳。南都人言：分牡丹种时，须直其根，屈之则死。深其坑，以竹虚插，培土后拔去之。此种法宜知。王敬美。　浇花。寻常浇灌，或日未出，或夜既静，最要有常。正月一次，须天气和暖，如冻未解，切不可浇。二月三次，三月五次。四月花开，不必浇，浇则花开不齐。如有雨，任之，亦不宜聚水于根旁。花卸后，宜养花，一日一次，十余日后暂止，视该浇方浇。六月暑中忌浇，恐损其根须。来春花不茂，虽旱，亦不浇。七月后七八日一浇。八月剪枯枝并叶，上炕土，五六日一浇。九月三五日一浇，浇频，恐发秋叶，来春不茂。如天气寒，则浇更宜稀。此时枝上囊芽渐出，可见浇灌之功也。十月、十一月一次或二次，须天气和暖日上时方浇，适可即止，勿伤水。或以宰猪汤连余垢，候冷透浇一二次，则肥壮宜花。十二月地冻，不可浇。春间开冻时去炕土，浇时缓缓为妙，不可湿其干。雨水、河水为上，甜水次之，咸水不宜，最忌犬粪。　养花。凡打掐牡丹，在花卸后五月间，止留当顶一芽，傍枝余朵摘去，则花大。欲存二枝，留二红芽，存三枝，留三红芽，其余尽用竹针挑去。芽上二层叶枝为花棚，芽下护枝名花床，养命护胎，尤宜爱惜。花自有红芽，至开时正十个月，故曰花胎，培养常在八九月时。隔二年一次，取角屑、硫黄碾如面，拌细土粉，挑动花根，壅入土一寸。外用土培，约高二三寸。地气既暖，入春渐有花蕾，多则惧分其脉。俟如弹子大时捻之，不实者摘去，止留中心大者二三朵，气聚则花肥，开时甚大，色亦鲜艳。开时必用高幕遮日，则耐久。花才落便剪其蒂，恐结子，则夺来春之气。剪勿太长，恐损花芽。伏中仍要遮护花芽，勿令晒损，候日不甚炎，方撤去。八月望后剪去叶，留梗寸许，存其津脉，不上溢，以养囊芽。其花棚、花床，慎不可剪。九月初，培以细土，使下另生芽。冬至，北面竖草荐，以障风寒。冬至日，研钟乳粉，和硫黄少许，置根下土中，不茂者亦茂。每掐一枝，须用泥封纸固，否则久必成孔，蜂入水灌，连身皆枯，慎之。　卫花。牡丹根甜，多引虫食。栽时，置白蔹末于根下，虫不敢近。花开渐小，由蠹虫害之。寻其穴，针以硫黄末。其旁枝叶有小孔，乃虫所藏处。或针入硫黄，或以百部塞之，则虫死，而花复盛。又有一种小蜂，能蛀枝梗，秋冬即藏枝梗中。又有红色蠹虫，能蛀木心。寻其穴，填硫黄末，或杉木钉钉之。花生白蚁，以真麻油，从有孔处浇之，则蚁死，而花愈茂。又法：于秋冬叶落时，看有穴枯枝，拆开捉尽其虫，亦妙。又五月五日，用好明雄黄研细，水调，每根下浇一小钟，不生虫。桂及乌贼鱼骨刺入花梗，必死。又最忌麝香、桐油、生漆，一着其气味，即时萎落。汴中种花者，园旁种辟麝数株，枝叶类冬青。花时，辟麝正发新叶，气味臭辣，能辟麝。凡花为麝伤，焚艾及雄黄末，上风薰之，能解其毒。忌用热手摩抚摇撼，忌栽木斛，不耐久。花旁勿令长草，夺土脉。不可踏实，地气不升。初开时，勿令秽人、僧尼及有体气者采折，使花不茂。 变花。周日用曰：愚闻熟地楠生菜兰，持硫黄末筛于其上，盆覆之，即时可待。用以变白牡丹为五色，皆以沃其根，紫草汁则变紫，红花汁则变红。又根下放白术末，诸般颜色皆变腰金。又白花初开，用笔蘸白矾水描过，待干，以臕黄和粉，调淡黄色描之，即成黄牡丹。恐为雨湿，再描清矾水一次。 剪花。花宜就观，不可轻剪。欲剪亦须短其枝，庶不伤干；又须急剪，庶不伤根。既剪，旋以蜡封其枝，剪下花先烧断处，亦以蜡封。其蒂置瓶中，可供数日玩，或养以蜂蜜。芍药亦然。如已萎者，剪去下截烂处，用竹架之水缸中，尽浸枝梗一夕，复鲜。若欲寄远，蜡封后，每朵裹以菜叶，安竹笼中，勿致摇动，马上急递，可致数百里。 煎花。牡丹花煎法与玉兰同，可食，可蜜浸。

附录。秋牡丹：草本，遍地蔓延。叶似牡丹差小。花似菊之紫鹤翎，黄心。秋色寂寥，花间植数枝，足壮秋容。分种易活，肥土为佳。 缠枝牡丹：柔枝倚附而生，花有牡丹态度，甚小，缠缚小屏，花开烂然，亦有雅趣。

疗治。癫疝偏坠，气胀不能动者：丹皮、防风等分，为末。酒服二钱，甚效。 金疮内漏：牡丹皮为末，水服三指撮，立尿出血。 下部生疮，已决洞者：牡丹末，汤服方寸匕，日三。 蛊毒：牡丹根捣末，服一钱匕，日三。

典故。韩文公侄湘落魄不羁，自言："解造逡巡酒，能开顷刻花。有人能学我，同共看仙葩。"公曰："子能夺造化而开花乎？"湘曰："何难？"乃聚土，以盆覆之，俄生碧牡丹二朵，叶出小金字一联，云："云横秦岭家何在？雪拥蓝关马不前。"后谪潮州，至蓝关遇雪，乃悟。《太平广记》。 张茂卿好事，园有一楼，四围列植奇花。接牡丹于椿树之杪。花盛开时，延宾客，推楼玩赏。 唐高宗宴君臣，赏双头牡丹，赋诗。上官昭容云："势如连璧友，心似臭兰人。"《异人录》。 武后诏游后苑，百花俱开，牡丹独迟，遂贬于洛阳，故洛阳牡丹冠天下，是不特芳姿艳质足压群葩，而劲骨刚心尤高出万卉，安得以"富贵"一语概之？ 明皇时，沉香亭前木芍药盛开，一枝两头，朝则深碧，暮则深黄，夜则粉白，昼夜之间，香艳各异。帝曰："此花木之妖也。"赐杨国忠，国忠以百宝为栏。 玄宗赏牡丹，问侍臣陈正己曰："牡丹诗，谁为称首？"对曰："李正封诗云：'国色朝酣酒，天香夜染衣。'"因谓贵妃曰："妆镜台前饮一紫金盏，则正封之诗可见矣。" 明皇植牡丹数本于沉香亭前。会花方繁开，上乘照夜白，妃子以步辇从。诏梨园子弟，李龟年手捧檀板，押众乐前，将欲歌。上曰："赏名花，对妃子，焉用旧乐词为？"遽命龟年持金花笺宣赐翰林李白，立进"清平乐"词三章。承旨，犹苦宿醒，因援笔赋之，云云。 明皇与贵妃幸华清宫，宿酒初醒，凭妃肩看牡丹。折一枝与妃，递嗅其艳，曰："此花香艳，尤能醒酒。" 明皇时，有献牡丹者，诏栽于仙春馆。时贵妃匀面，口脂在手，印于花上。来岁花开，瓣上有指印红痕，帝名为"一捻红"。 宋单父有种艺术，牡丹变易千种。上皇诏至骊山植花万本，色样各殊，内人呼为花神。《异人录》。 开元末，裴士淹使幽冀，过汾州众香寺，得白牡丹一株，移置长安私第，为都城奇赏。又兴唐寺昔有一株，开花一千朵，有正晕、红、紫、黄、白不同。《杂俎》。 诸葛颖精于数，晋王广引为参军，甚见亲重。一日共坐，王曰："吾卧内牡丹盛开，试为一算。"颖布策度一二子，曰："开七十九朵。"王入掩户，去左右，数之，政合其数。有二蕊将开，故倚栏看传记伺之。不数十行，二蕊大发。乃出谓颖曰："君算得无左乎？"颖再挑一二子，曰："过矣！乃九九八十一朵也。"王告以实，尽欢而退。　唐时，此种尚少。长庆间，开元寺僧惠澄自都下得一本，谓之洛花。白乐天携酒赏之。唐张处士有《牡丹》诗，宋苏子瞻有《牡丹记》，自古名人逸士多爱此花。　会昌中，有朝士寻芳，至慈恩寺。时东廊白花可爱，相与倾酒而坐，因云牡丹，未识红深者。院主微笑曰："安得无之？但诸贤未见尔。"朝士求之不已。僧曰："众君子欲看此花，能不泄于人否？"朝士誓云："终身不复言。"僧引至一院，有殷红牡丹一本，婆娑几及千朵，浓姿半开，炫耀心目。朝士惊赏留恋，及暮而去。信宿，有权要子弟至院，引僧曲江闲步。将出门，令小仆寄安茶笈，裹以黄帕，至曲江岸藉草而坐。忽弟子奔来，云有数十人入院掘花，禁之不止。僧俯首无言，惟自呼叹。坐中但相盼而笑。既归，至寺门，见一大畚盛花，异而去。徐谓僧曰："窃知贵院旧有名花，宅中咸欲一看，不敢预告，恐难见舍。适所寄笈子中有金三十两，蜀茶二斤，以为酬赠。　唐韩弘罢宣武节，归长安私第，有牡丹杂花，命劚去之，劚，音祝，斫也。曰："吾岂效儿女辈耶！"当时为牡丹包羞。　洛阳大内临芳殿乃庄宗所建，殿前有牡丹千余本，如百药仙人、月宫花、小黄娇、雪夫人、（粉）〔粉〕奴香、蓬莱相公、卯心黄、御衣红、紫龙杯、三云紫等。《清异录》。　唐李进贤好客。牡丹盛开，延客赏花，内室楹柱皆列锦绣，器用悉是黄金。阶前有花数丛，覆以锦幄。妓妾俱服纨绮，执丝簧，多善歌舞。客左右皆有女仆双鬟者二人，所须无不毕至，承接之意，常日指使者不如。芳酒绮肴，穷极水陆，至于仆乘供给，靡不丰盈。自亭午迄于明晨。　穆宗禁中牡丹花开，夜有黄白蛱蝶数万，飞绕花间。宫人罗扑不获。上令网空中，得数百。迟明视之，皆库中金玉，形状工巧。宫人争用丝缕络其足，以为首饰。　田弘正宅中有紫牡丹，每岁花开，有小人五六，长尺余，游于花上。人将掩之，辄失所在。　孟蜀时，礼部尚书李昊，每将牡丹花数枝分遗明友，以兴平酥同赠，曰："俟花凋谢，即以酥煎食之，无弃秾艳。"其风流贵重如此。　南汉地狭力贫，不自揣度，有欺四方傲中国之志。每见北人，盛夸岭海之强。世宗遣使入岭，馆接者遗以茉莉，名曰小南强。及镪面缚到阙，见牡丹，大骇。有缙绅谓之曰："此名大北胜。"　王简卿尝赴张无功镪牡丹会，云："众宾既集一堂，寂无所有。"俄问左右云："香发未？"答曰："已发。"命卷帘，则异香自内出，郁然满座。群妓以酒肴丝竹，次第而至。别有名姬十辈，皆衣白，凡首饰衣领皆牡丹，首戴照殿红。一妓执板奏歌侑觞，歌罢乐作，乃退。复垂帘，谈论自如。良久香起，卷帘如前。别十姬易服，与花而出，大抵簪白花则衣紫，紫花则衣鹅黄，黄花则衣红。如是十杯，衣与花凡十易，所讴者皆前辈牡丹名词。酒竟，歌乐无虑，数百十人列行送客，烛光香雾，歌吹杂作，客皆恍然如仙游。　康节访赵郎中，与章子厚同会。子厚议论纵横，因及洛中牡丹之盛。赵曰："邵先生，洛人也，知花甚详。"康节因言："洛人以见根拨而知花之高下者上也，见枝叶而知高下者次也，见蓓蕾而知高下者下也。如公所说，乃知花之下也。"章默然。《童蒙训》。　洛阳至东京六驿，旧不进花，自徐州李相迪留守时始进。岁遣牙较一员，乘驿马，一日一夕至京。所进不过姚黄、魏紫三数朵。以菜叶实竹笼子藉覆之，使马上不动摇。以蜡封花蒂，数日不落。　宋钱惟演为留守，始置驿贡洛花，识者鄙之。　李泰伯携酒赏牡丹，乘醉取笔，蘸酒图之。明晨嗅枝上花，皆作酒气。 富郑公留守西京，府园牡丹盛开，召文潞公、司马端明、邵康节先生诸人共赏。客曰："此花有数乎？请先生筮之。"既毕，曰凡若干朵。使人数之，如先生言。及①问："此花几时开尽？"先生再揲筮，良久，曰："此花尽来日午时。"坐客皆不答。郑公因曰："来日食后可会于此，以验先生之言。"次日食毕，花尚无恙。洎烹茶之际，忽群马逸出，与坐客马相踶啮，奔花丛中。既定，花尽毁折。于是，洛中愈重先生。《闻见录》。 范景仁云："去年入洛，有献黄花乞名者，潞公名之曰'女真黄'。又有献浅红乞名者，镇名之曰'洗妆红'。二花洛人盛传。" 宋淳熙三年春，如皋县孝里庄园牡丹一本无种自生。明年，花盛开，乃紫牡丹也。杭州推官某见花甚爱，欲移分一株。掘土尺许，(兄)〔见〕一石如剑，长二尺，题曰"此花琼鸟飞来种，只许人间老眼看"，遂不敢移。以是乡老诞日，值花开时，必往宴为寿。间亦有约，明日造花所，而花一夕凋者多不吉。惟李嵩三月八日生，自八十看花，至一百九岁。 青城山有牡丹树，高十丈，花甲一周始一作花。永乐中，适当花开，蜀献王遣使视之，取花以回。 陆成之宅牡丹一株，百余年矣，朵朵茂盛，颜色鲜明。有李氏者欲得之。既移其花，朵朵皆背主面墙，强之向人，不能也。未几，凋残零落，无复前观。 锡山安氏圃牡丹最盛。天顺中，老仆徐奎闻圃中叹声吃吃，听之，声出牡丹中，云："我等蒙主翁灌溉有年，未获善已，来日厄又至，奈何？"群花咸若哽咽。奎叱之，乃止。翼日，主翁邀客携酒诣圃。奎以告，客皆异之。一恶少独嗤其妄，竟阅姣且大者折以去。

丽藻。序：牡丹出丹州、延州，东出青州，南亦出越州，出洛阳者今为天下第一。洛阳所谓丹州红、延州红、青州红者，皆彼土之尤杰者。然来洛阳，才得备众花之一种，列第不出三以下，不能独立与洛阳敌。而越花以远罕识不见齿，然虽越人亦不敢自誉，以与洛阳争高下，是洛阳者为天下第一也。洛阳亦有黄芍药、绯桃、瑞莲、千叶李、红郁李之类，皆不减他出者，而洛阳人不甚惜，谓之果子花曰某花云云。独至牡丹则不名，直曰花，谓天下真花独牡丹，其名著，不假曰牡丹而可知也。其爱重如此。说者多言洛阳于三河间古善地，昔周公以尺寸考日出没，则知寒暑风雨乖与顺，于此取正。此盖天下之中，草木之华得中和之气者多，故独与他方异。予以为不然。夫洛阳于周所有之土，四方入贡道里均，乃九州之中在天地。昆仑旁礴之间，未必中也。又况天地之和气，宜遍四方上下，不宜限其中以自私。夫中与和者，有常之气。其推于物者，亦宜为有常之形。物之常者不甚美，亦不甚恶，及元气之病也。美恶隔并而不相入，故物有极美与极恶者，皆得于气之偏也。花之钟其美，与夫瘿木拥肿之钟其恶，美恶之异，是得一气之偏也。洛阳城数十里，而诸县之花莫及城中者，出其境则不可植焉。岂偏气之美者，独聚此数十里之地乎？此又天地之大不可考也。凡物不常有而为害乎人者曰灾，不常有而徒可怪骇不为害者曰妖。语曰：天反时为灾，地反物为妖。此亦草木之妖而万物之一怪也。然比夫瘿木拥肿者，窃独钟其美而见幸于人焉。余在洛阳四见春天：圣九年三月始至洛阳，其至也晚，见其晚者；明年，会与友人梅

---

① 及，应作"又"。"四库全书"〔宋〕马永卿《懒真子》卷三、〔宋〕祝穆《古今事文类聚》后集卷三十、〔宋〕陈景沂《全芳备祖》前集卷二引均作"又"。

圣俞游嵩山少室缑氏岭、石塘山紫云洞，既还，不及见；又明年，有悼亡之感，不暇见；又明年，以留守推官，岁晚解去，只见其早者，是未尝见其极盛时。然目之所瞩，已不胜其丽焉。余居府中时，尝谒钱思公于双桂楼下，见小屏立坐后，细字满其上。思公指之曰："欲作花品，此是牡丹名，凡九十余种。"余时不暇读之。然余所经见，而今人多称者，才三十许种，不知思公何从而得之多也。计其余，虽有名而不著，未必佳也。故今所录，但取其特著者而次第之。欧阳永叔《花品叙》。　记：大中祥符辛亥春，府尹任公中正宴客大慈精舍。州民王氏献一合欢牡丹，公即命图之。士庶创观阗咽终日。蜀自李唐后，未有此花。凡图画者，惟名洛阳。伪蜀王氏号其苑曰（宜）〔宣〕华。权相勋臣竞起第宅，穷极奢丽，皆无牡丹。惟徐延琼闻秦州董城村僧院有牡丹一株，遂厚以金帛，历三千里取至蜀，植于新宅。至孟氏于宣华苑广加栽植，名之曰牡丹苑。广政五年，牡丹双开者十，黄者、白者三，红白相间者四。后主宴苑中赏之，花至盛矣，有深红、浅红、深紫、浅紫、淡黄、鏂黄、洁白、正晕、倒晕、金含棱、钮含棱、傍枝副搏，合欢重台，至五十叶。蜀平花散落民间，小东门外有张百花、李百花之号，皆培子分根，种以求利，每一本或获数万钱。宋景文公初帅，蜀彭州守朱君绰始取彭州园花凡十品以献。公在蜀四年，每花时按其名往取，彭州送花遂成故事。公于十种花，尤爱重锦被堆，尝为之赋，盖他园所无也。牡丹之性，不利燥湿。彭州丘壤既得燥湿之中，又土人种莳偏得法，花开有至七百，叶面可径尺以上。今品类几五十种。有一种色淡红、枝头绝大者，舍人程公厚倅是州，目之为祥云。其花结子可种。余花多取单叶花本，以千叶花接之。千叶花来自洛京，土人谓之京花，单叶时号用花。朱彭州《牡丹》诗有"啼金点蕊密，璋玉镂跗红。香惜持来远，春应摘后空"之句。今西楼花数栏，不甚多，而彭州所供率下品。钱公成大时以钱买之，始得名花。提刑程公沂预（會）〔曾〕叹曰："自离洛阳，今始见花尔。"程公，故洛阳人也。胡元质《牡丹记》。　天彭号小西京，以其俗好花，有京洛之遗风，大家至千本。花时，自太守而下，往往即花盛处张饮帟幕，车马歌吹相属，最盛于清明寒食时。在寒食前者谓之火前花，其开稍大。火后花则易落。最喜阴晴相半时，谓之养花天。栽接剔治，各有其法，谓之弄花。其俗有"弄花一年，看花十日"之语。故大家例惜花，可就观，不敢轻剪，盖剪花则次年花绝少。惟花户则多植花以侔利。双头红初出时，一本花取直至三十千。祥云初出，亦直七八千，今尚两千。州家岁常以花饷诸台及旁郡。蜡蒂笱篮，旁午于道。予客成都六年，岁常得饷，然不能绝佳。淳熙己酉岁，成都帅以善价私售于花户，得数百苞。驰骑取之，至成都，露犹未晞。其大径尺。夜宴西楼下，烛焰与花相映发，影摇酒中，繁丽动人。嗟乎！天彭之花，要不可望洛中，而其盛已如此。使异时复两京，王公将相筑园亭以相夸尚，予幸得与观焉。其动荡心目，又宜何如也！陆放翁。　洛阳见记于欧阳公者，天彭往往有之。此不载，载其著于天彭者。彭人谓花之多叶者京花，单叶者川花。近岁尤贱川花，卖不复售。花之旧栽者曰祖花，其新接头有一春两春者，花少而富，至三春则花稍多。及成树，花虽益繁，而花叶减矣。状元红者，重叶深红花，其色舆鞓红、潜红相类，而天姿富贵。彭人以冠花品，多叶者谓之第一架，叶少而色稍浅者谓第二架。祥云者，千叶浅红花，妖艳多态，而花叶最多。花户王氏谓此花如朵云，故谓之祥云。胭脂楼者，深浅相间，如胭脂染成，重跗累萼，状如楼观。色浅者出于新繁勾氏，色深者出于花户宋氏。又有一种色稍下，独勾氏花为冠。双头红者并蒂骈萼，色尤鲜明，出于花户宋氏。始秘不传，有谢主簿者始得其种，今花户往往有之。然养之得地，则岁岁皆双，不尔则间年矣。此花之绝异者也。富贵红者，其花叶圆正而厚，色若新染未干。他花皆落，独此抱枝而槁，亦花之异者。鹿胎红者，鹤顶红子花，色红微带黄，上有白点如鹿胎，极化工之妙。欧阳公花品有鹿胎花者，乃紫花，与此颇异。醉西施者，粉白花，中间红晕，状如酡颜。紫绣球一名新紫，盖魏花之别品也。其花叶圆正如绣球状，亦有起楼者，为天彭紫花之冠。青心黄者，其花心正青，一本花往往有两品，或正圆如球，或层起成楼子，亦异矣。玉楼子者，白花起楼，高标逸韵，自然是风尘外物。大抵洛中旧品以姚魏为冠，天彭红花以状元红为第一，紫花以紫绣球为第一，黄花以禁苑黄为第一，白花以玉楼子为第一。然花户岁益培接，新特间出，将不特此而已。好事者尚屡书之。陆放翁。　评：吾亳牡丹，年来浸盛，娇容三变，犹在季孟之间。等此而上，有天香一品、妒榴红、胜娇容、宫袍红、琉璃贯珠、新红，种类不一，惟杂红最后出，颇称难得。又有大黄一种，轻腻可爱，不减三变。初开拳曲结绣，不甚舒展，须大开时，方到极妙处，为一病耳。至如佛头青为白花第一，此时极多，无难致。大抵红色以花子红、银红、桃红为上。如紫色或如木红，则卑卑不足数矣。吾亳土脉颇宜花，毋论园丁地主，但好事者皆能以子种，或就根分移。其捷径者惟取方寸之芽，于下品牡丹全根上如法接之。当年盛者长一尺余，即着花一二朵，二三年转盛。如上三变之类，皆以此法接之。其种类异者，其种子之忽变者也。其种类繁者，其栽接之捷径者也。此其所以盛也。他处好事者目击千叶大红，即以为至宝，不遑深辨。而上色上品，即吾亳好事之家惟有力者能得之。予向于牡丹亦止浮慕，近且精其伎俩。园丁好事之家穷搜而厚遗之，故所得名品颇多，草堂数武之地，种莳殆遍，率以两色并作一丛，红白异状，错综其间。又以平头紫、庆天香、先春红三色插入花丛间，杂而成文章。他时盛开，烂然若锦，点缀春光，亦一奇也。夏一无①。夏公名之臣，亳州人。御史。　传：高阳国王讳黄，字时重，姓姚氏，舜八十一代孙。先世居诸冯之姚墟。舜子商均出娥皇，数传至中央而王于汉。至晋，子姓蕃衍，富者贵者馨名上苑名园，五传而黄生。思本娥皇，易皇为黄，重出也。黄为天下正色，祖中央也。黄美丰姿，肌体腻润，拔类绝伦。游西京，术者相之，谓其有一万八千年富贵。杨勉见而奇之，曰："此皇王之胄，奇种也。"开元初，荐为先春馆上宾。上以黄先朝富贵勋旧不敢易之，命同游沉香亭。时晓日倚栏，东风拂翠。上与黄酣乐，见其冶容泛露，檀口呼风，爱幸特至，命李白赋诗美之，所谓"解释东风无限恨，沉香亭北倚阑干"，盖实录云。又召金台御史、紫霞仙官、洪状元佐饮于亭，击羯鼓为乐。黄每饮，正色不迷，得元吉凶。其醉而酣，变幻万状，向时如迎，背时如诀，忻时如语，含时如咽，时俯而愁如，时仰而悦如，时侧而跌如，而曲之时则折如也。凡作止动中规矩。识者云："岂独风流冠西洛？只疑富贵是东皇。"金台御史连章上荐，以为

---

① 一无，底本为墨丁，据《亳州晚报》2015年2月27日载亓建国《夏之臣：世界生物进化突变学说的先驱》关于夏之臣的介绍补。夏之臣，字一无，生卒年不详。明代直隶亳州张村铺（今亳州市利辛县张村镇）人。明万历十一年（1583年）进士。

富贵为众所宗，宜膺爵土，遂受封为高阳郡公，娶魏国公女紫英。相传魏本丹朱后，名紫者，从朱也。当时有姚黄、魏紫奕叶重华之谶。黄出入禁苑，紫车翠葆，高牙大纛，并拟王者。安禄山嫉之，谓其为婚同姓，上章极论。杨勉为表申解，其略曰："舜尧同祖，姚祁异姓，此尧所以以二女观舜也。况数百代以降，圣人易姓遗教，彰人耳目，于婚奚尤？禄山自负赤心，实狼子野心耳，宜勿听。"上从勉言，置不问，寻命黄就封之郡。久之，众推戴日深，尊为高阳国王。称制设官属，出警入跸，已又共称为花天子，册紫英为皇后，传国甚远。李珮。　赋：圜玄瑞精，有星而景，有云而卿。其光下垂，遇物流形。草木得之，发为红英。英之甚红，钟于牡丹。拔类迈伦，国香欺兰。我研物情，次第而观。暮春气极，绿苞如珠。清露宵偃，韶光晓驱。动荡支节，如解凝结。百脉融畅，气不可遏。兀然盛怒，如将愤泄。淑色披开，照耀酷烈。美肤腻体，万状皆绝。赤者如日，白者如月。淡者如赫，殷者如血。向者如迎，背者如诀。忻者如语，含者如咽。俯者如愁，仰者如悦。袅者如舞，侧者如跌。亚者如醉，曲者如折。密者如织，疏者如缺。鲜者如濯，惨者如别。初朣朧而下上，次鳞鳞而重叠。锦衾相覆，绣帐连接。晴笼昼薰，宿露宵浥。或灼灼腾秀，或亭亭露奇。或飐然如招，或俨然如思。或带风如吟，或泣露如悲。或垂然如缒，或烂然如披。或迎日拥砌，或照影临池。或山鸡已驯，或威凤将飞。其态万万，胡可立辨？不窥天府，孰从而见？乍疑孙武，来此教战。其战谓何？摇摇纤柯。玉栏风满，流霞（或披）〔成波〕①。历阶重台，万朵千窠。西子南威，洛神湘娥。或倚或扶，朱颜色酡。各眩红妆，争耸翠娥。灼灼夭夭，逶逶迤迤。汉宫三千，艳列星河。我见其少，孰云其多？弄彩呈妍，压景骈肩。席发银烛，炉升绛烟。洞府真人，会于群仙。晶莹往来，金釭列钱。凝睇相看，曾不晤言。未及行雨，先惊旱莲。公室侯家，列之如麻。咳唾万金，买此繁华。遑悒终日，一言相夸。列幄庭中，步障开霞。曲庑重梁，松篁交加。如贮深闺，似隔窗纱。仿佛息妫，依稀馆娃。我来观之，如乘仙槎。脉脉不语，迟迟日斜。九衢游人，骏马香车。有酒如渑，万坐笙歌。一醉是竞，莫知其他。我按花品，此花第一。脱落群类，独占春日。其大盈尺，其香满室。叶如翠羽，拥抱栉比。蕊如金屑，妆饰淑质。玫瑰羞死，芍药自失。夭桃无妍，秾李惭出。踯躅宵溃，木兰潜逸。朱槿灰心，紫薇屈膝。皆让其先，敢怀愤嫉？焕乎！美乎！后土之产物也，使其花如此，何其伟乎！何前则寂寞而不闻，今则昌然而天来？岂草木之命，亦有时而塞，亦有时而开？吾欲问汝，曷为生哉？既缄口而不言，徒留玩以徘徊。舒元舆。　尔其月陂堤上，长寿街东，张家园里，汾阳宅中，当春光之既和，蔼亭榭之载营。天宇旷霁兮丝游，景物招人而事起。彼贵子兮王孙，蠢游龙于流水。绕兹菔而密坐，藉芳草而芊芊。感盛年之若斯，伤代谢之能几？尔则粉承日华，朱含雾雨。群蒂如翔，交柯如拒。凌晨并妆，对客不语。卫尉出婵子于罗帏，卫尉，石崇。鄂君拥翠被于江渚。当其百蕊千芽，照耀朱霞，绿叶纷纭，望之转赊。若儒生之授学，列女乐于绛纱。迨夫背户迎窗，上下蒙樯，二三作队，矫矫愈鲜。飞燕进女弟于远条，飞燕，汉成帝后，女弟名合德。夫人挟三国而朝天。锦瓣重卷，檀心飞屑；柔须夜殷，怒苞晓决。宛妇姑之反唇，似相稽而无说。则有若盛时合沓，诸娣从韩姞以同

---

① 或披，应作"成波"。"四库全书"〔宋〕姚铉编《唐文粹》卷六录舒元舆《牡丹赋》作"成波"。

归；杨贵妃姊三人封秦、韩、虢国（大）〔夫〕人。飒焉凋衰，汉主放宫人而憎别。风荐小爽，雨委微温。楚妹舞歌于章台，陈后泣罢于长门。汉武后为阿娇。亦有细加巨上，慎妃横逼座之势；汉文帝慎夫人坐与后，逼袁（益）〔盎〕引却之。紫侍黄侧，班姬抗同辇之尊。汉成帝引班婕妤同辇，婕妤辞却之。或劲而昂，婕妤当逸熊于上殿；汉景帝，熊逸上殿，冯婕妤当熊而立，曰："猛兽得人则止。"。或翘而望，处子窥宋玉于东垠。既离以披，亦竞而骈。近不极态，远不尽妍。夫仿佛乎佳丽，意所想而随存。奚拔引之数妹，可罄比而殚论。徐渭。 歌：吉祥寺中锦千堆，前年买花真盛哉，道人劝我清明来。腰鼓百面如春雷，打彻凉州花自开。沙河塘上戴花回，醉倒不觉吴儿哈。岂知如今双鬓催，城西古寺没蒿莱。有僧闭门手自栽，千枝万叶巧剪裁。就中一丛何所似，码瑙盘盛金缕杯。向我食菜方清（齐）〔斋〕，对花不饮花应猜。夜来雨雹如李梅，红残绿暗吁可哀。苏东坡。 君不见沉香亭北专东风，谪仙作颂天无功。又不见君王殿后春第一，领袖众芳捧尧日。此花同春转化钧，一风一雨万物春。十分整顿春光了，收黄拾紫归江表。天香染就山龙裳，诚（庵）〔斋〕题周益公之天香堂。余芬却染水云乡。青原白鹭万松竹，被渠染作天上香。人间何曾识姚魏，相公新移洛阳裔。呼酒先招野客看，不醉花前为谁醉？杨诚（庵）〔斋〕。 洛阳地脉花最宜，牡丹尤为天下奇。我昔所记数十种，于今十年皆忘之。开图若见故人面，其间数种昔未窥。客言近岁花特异，往往变出逞新枝。洛人矜夸立名字，买种不复论家资。当时绝品可数者，魏红窈窕姚黄肥。寿安细叶开尚少，朱砂玉版人未知。传闻千叶昔未有，只从左紫名初驰。四十年间花百变，最后最好潜溪绯。今花虽新我未识，未信与旧谁妍娻。当时所见已云绝，岂有更妍此可疑。古称天下无正色，似恐世好随时移。鞓红鹤翎岂不美，敛色如避新来姬。何况远证苏与贺，有类后世夸嫱施。造化无情疑一概，偏此着意何其移！又疑人心愈巧伪，天欲斗巧穷精微。不然元化朴散久，岂特今岁尤浇漓？争新斗丽若不已，更后百载知何为。但令新花日愈好，惟有我老年之衰。欧阳公。 牡丹芳，牡丹芳，黄金蕊，红玉房。千片赤英霞烂烂，百枝绛艳灯煌煌。照地初开锦绣段，当风不结麝兰囊。仙人琪树白无色，王母蟠桃红不香。宿雾轻盈泛紫艳，朝阳照耀生红光。红紫二色间深浅，向背万态随低昂。映叶多情隐羞面，卧丛无力含醉妆。低娇笑容疑掩口，凝思怨人如断肠。秾姿贵彩信奇绝，杂卉乱花无比方。白乐天。 诗五言：落日含明艳，轻风袭暖香。王原父。 红栖金谷妓，黄值洛川妃。梅圣俞。 艳绝花百态，花中合面南。王内翰。 濯水锦窠艳，颓云仙髻繁。宋祁。 向日檀心并，承烟翠干孤。夏英公。 倾国姿容别，多开富贵家。临轩一赏后，轻薄万千花。古诗。 压枝高下锦，攒蕊浅深霞。叠彩晞阳媚，鲜芦照露斜。宋景文。 红芳争并蒂，湘叶竞骈枝。彩凤双飞稳，霞冠对舞迟。夏英公。 绿艳闲且静，红衣浅复深。花心愁欲断，春色岂知心？王维。 乱前看不足，乱后眼偏明。却得蓬蒿力，遮藏见太平。郑谷。 今日花前饮，甘心饮数杯。但看花有语，不为老人开。刘禹锡。 秀色洗红粉，晴花生雪肤。黄昏更萧索，头重欲人扶。 城里田员外，城西贺秀才。不愁家四壁，自有锦千堆。俱东坡。 压砌锦地铺，当霞日轮映。蝶舞香暂飘，蜂牵蕊难正。笼处彩云合，露湛红珠莹。结叶影交加，摇风光不定。元微之。 赁宅得花饶，初开恐是妖。粉光深紫腻，肉色退红娇。且愿风流看，惟愁日炙销。可怜零落片，留取作香烧。王建。 数朵欲倾城，安同桃李荣。未尝贫处见，不似地中生。此物疑无价，当春独有名。游蜂与蝴蝶，来往自多情。张说①。　　自古成都胜，开花不似今。径围三尺大，颜色几重深。未放香喷雪，仍藏蕊散金。要知空相谕，聊见主人心。范景仁。　　牡丹开蜀国，盈尺岂如今。妍丽色殊众，栽培功倍深。矜夸传万里，图写费千金。难就朱栏赏，徒摇远客心。范尧夫。　　明日雨当止，晨光在松枝。清香入花骨，肃肃初自持。午景发浓艳，一笑当及时。依然暮还敛，每似惜幽姿。　　幽姿不可惜，后日东风起。酒醒何所见？合粉抱青子。千花与百草，共尽无妍鄙。未忍污泥沙，牛酥煎落蕊。俱东坡。　　洛中移小景，亭北倚新妆。题处皆名品，开时正艳阳。露凝酣酒色，风度返魂香。解道称姚魏，繁华压众芳。申瑶泉。　　绣屋拥花王，秾姿斗艳阳。枝枝承日彩，片片引天香。托植依余地，含清逐后行。独怜春殿里，歌舞侍瑶觞。眭金卿②。眭公名石。　　尤物开何晚？余香贮小亭。繁华愁日暮，富贵自天成。花合隋时宠，根疑宋③末生。拂衣寻古色，屋角老松青。桑民怿。桑公名悦，海虞人。领乡荐柳州府通判。所著有《思玄集》。　　前年题名处，今日看花来。一作芸香吏，三见牡丹开。岂独花堪惜，方知老暗催。何况寻花伴，东都去未回。谁知红芳侧，春尽思悠哉！　　帝城春欲暮，喧喧车马度。共道牡丹时，相随买花去。家家习为俗，人人迷不悟。有一田舍翁，偶来买花处。低头独长叹，此叹无人悟。一丛深色花，十户中人赋。俱白乐天。　　七言：牡丹经雨泣斜阳。元微之。　　一枝香折瑞云红。韩忠献。　　天女奇姿云锦裳。张文潜。　　春残独自殿春芳。吴融。　　雾重不胜琼液冷，雨余惟见玉容低。《白氏集》。　　香泽最宜风静后，醉红须在月明时。蔡君谟。　　天香未染蜂犹懒，日幄先笼蝶已知。周益公。　　平分造化双苞出，拆破春风两面开。徐仲雅。　　玉盘迸泪伤心数，锦瑟繁弦破梦频。李商隐。　　花时何处偏相忆，寥落衰红雨后看。元微之。　　先传青帝开金屋，欲送姚黄比玉真。苏颖滨。　　尽日玉盘堆秀色，满城绣毂走春风。司马温公。　　却嫌点污青春面，自汲寒泉洗醉红。　　浴泉秦虢流丹粉，临渚娥媖冷佩衣。俱山谷。　　初洗退红唇启绛，半沾斜绿眼横波。刘巨济。　　晚来低面开檀口，似笑穷愁病长官。　　牡丹妖艳乱人心，一国如狂不惜金。曷若东园桃与李，果无成语自成阴。《炙毂子》。　　长安豪贵惜春残，争赏新开紫牡丹。别有玉盘承露冷，无人起向月中看。裴璘。　　一朵妖红翠欲流，春光回照雪霜羞。化工只欲呈新巧，不放闲人得少休。苏东坡。　　南邻北舍牡丹开，年少寻芳去又回。惟有君家老柏树，春风来似不曾来。张在。　　平章宅里一栏花，临到开时不在家。莫道两京非远别，春明门外即天涯。张籍。　　紫蕊丛开未到家，却教宾客赏繁华。始知年少求名处，满眼空中别有花。李益。　　花向琉璃池上生，光风婉转紫云霓。自从天女盘中见，直到今朝更眼明。元微之。　　落尽残红始吐芳，佳名号作百花王。竞夸天下无双艳，独占人间第一香。皮日休。　　蟾精雪魄孕云荄，春入香腴一夜开。宿露枝头藏玉块，暖风庭面倒银杯。欧阳永叔。　　霏霏雨雾作清妍，烁烁明灯照欲然。明日春阴花未老，故应未忍著酥煎。苏东坡。　　百宝阑干护晓寒，沉香亭畔若为看。春来谁作韶华主，总领群芳是牡丹。　　数（孕）〔朵〕红云

---

① 张说，疑应作"裴说"。《全唐诗》卷七二〇录此《牡丹》诗列于裴说名下。裴说，生卒年不详，桂州（今广西桂林）人。唐天祐三年（906年）状元及第。官终礼部员外郎。有《裴说集》一卷。《全唐诗》编诗一卷。

② 金卿，底本为墨丁，据"四库全书"《江南通志》卷一六六《人物志》载眭石行述补。眭石，字金卿，镇江府丹阳人。明万历二十九年（1601年）进士。由庶吉士升检讨。有《东苏集》。

③ 宋，底本缺，据"四库全书"《佩文斋广群芳谱》卷三三《花谱·牡丹二》补。

静不飞，含香含态醉春晖。东皇雨露知多少，昨夜风前已赐绯。 瑶华脉脉殿春残，姑射仙人画里看。月下敢矜容似玉，年来真有嗅如兰。 艳蕊连翩映彩霞，独将倾国殿春华。虚拟五色文通笔，散作平章万树花。 非烟非雾倚雕阑，珍重天香雨后看。愿以美人锦绣段，高张翠幕护春寒。俱冯琢庵。 洛阳春色画图中，幻出天然夺化工。不泥繁华竞红紫，一般清艳领东风。陆平泉。 近来无奈牡丹何，数十千钱买一窠。今朝始得分明见，也共戎葵不校多。柳浑。 白花淡泊无人爱，亦占芳名道牡丹。应似东宫白赞善，被人也唤作朝官。白乐天。 闲来吟绕牡丹丛，花艳人生事略同。半雨半风三月内，多愁多病百年中。杜荀鹤。 人老簪花不自羞，花应羞上老人头。醉扶归路人应笑，十里珠帘半上钩。 花开时节雨连风，却向霜余染烂红。满地春光私一物，此心未信出天工。 当时只道鹤林仙，能遣春光发杜鹃。谁信诗能回造化，直教霜枿发春妍。 城西千叶岂不好，笑舞春风醉脸丹。何似后堂冰玉洁，游蜂非意不相干。俱苏东坡。 霜台何处得奇范？分送天津小隐家。初讶山妻忽惊走，寻常只惯插葵花。邵康节。 千球紫绣煐熏炷，万叶红云砌宝冠。直把醉容欺玉罍，满将春色上金盘。苏颍滨。 千里相逢如故人，故栽庭下要相亲。明年一笑东风里，山杏江桃不当春。张文潜。 露晞春晚到春丛，拂掠残妆可意红。多病废诗仍止酒，可怜虽在与谁同？黄山谷。 不管莺声向晓催，锦衾春晚尚成堆。香红若解知人意，睡取东君不放回。韩忠献《咏锦被堆》。 枣花至小能成实，桑叶虽柔解作丝。堪笑牡丹如斗大，不成一事又空枝。王文康。 香玉封春未着花，露根烘晓见纤霞。自非水月观音样，不称维摩居士家。朱淑真。 锦园处处（琐）〔锁〕名花，步障层层簇绛纱。斟酌君恩似春色，牡丹枝上独繁华。薛惠。 姚魏从来洛下夸，千金不惜买繁华。今年底事花能贱，缘是宫中不赏花。徐意一。 春工殚巧万花丛，晚见昭仪擅汉宫。可惜芳时天不惜，三更雨歇五更风。程沧州。 桃时杏日不争浓，叶帐阴成始放红。晓艳远分金掌露，暮香深处玉堂风。名遗兰杜千年后，贵擅声歌百醉中。如梦如仙忽零落，暮霞何处绿屏空？韩琮。 宫云朵朵映朝霞，百宝栏前斗丽华。卯酒未消红玉面，薄施檀粉伴梅花。 洛阳女儿红颜饶，血色罗裙宝抹腰。借得霓裳半庭月，居然管领百花朝。王辰玉《二色牡丹》。王公名衡，太仓人。解元，榜眼。编修。 似共东风别有因，绛罗高卷不胜春。若教解语应倾国，任是无情也动人。芍药与君为近侍，芙蓉何处避芳尘？可怜韩令功成后，辜负秾华过此身。罗隐。 落尽春红始见花，花时比屋事豪奢。买栽池馆恐无地，看到子孙能几家。门倚长衢攒绣毂，幄笼轻日护香车。歌钟只管贪欢赏，肯信流年鬓有华。罗邺。 锦围初卷卫夫人，绣被犹堆越鄂君。垂手乱翻雕玉佩，细腰频换郁金裙。石家蜡烛何曾剪，荀令香炉可待薰。我是梦中传彩笔，欲书花片寄朝云。李商隐。 病眼看书痛不胜，洛花千朵焕双明。浅红酽紫各深样，雪白鹅黄非旧名。抬举精神微雨过，留连消息嫩寒生。蜡封水养松窗底，未似雕栏倚半醒。杨诚斋。 紫玉盘盛碎紫绡，碎绡拥出九娇饶。都将些子郁金粉，乱点中央花片梢。叶叶鲜明还互照，亭亭风韵不胜妖。折来细雨轻寒里，正是东风折半苞。诚斋《咏重台九心淡紫》。 翠雾红云护短墙，豪华端称作花王。洛阳宫里杨妃醉，吴国台前西子妆。芳露淡匀腮粉腻，暖风轻度口脂香。开时亦自知珍重，静镇东风白昼长。马氏。 新除药圃结亭台，倾国奇范忽自开。霜后看花还傲菊，春前破萼肯输梅。韶华岂为三冬借，阳气真从九地回。敢谓青皇私绿野，名园桃李暗相猜。申瑶泉。　临风兴叹落花频，芳意潜消又一春。应为价高人不问，却缘香甚蝶难亲。红英只称生宫里，称，上声。翠叶那堪染路尘。及至移根上林苑，王孙方恨买无因。鱼玄机。　三月一出游季园，千奇万丽攒雕栏。纷纷红紫尽辟易，中有一株白牡丹。初疑龙池宴，罢舞双成盘。又似洗头盆，暂卸天女冠。姑射寒生雪肤粟，郁仪风细霓裳单。河宗攻玉乍成斗，鲛室泪珠丛作团。优钵昙名亦浪语，璚花么麼何足观？太真霞脸太醉色，睹此亦学江妃酸。举觞酬季郎，化工在手汝不难。得非扬州观头逢七七，又何必善和坊里延端端？即使宋人琢此瓣，百岁那得兹花看？老夫久寂寞，为尔暂为欢。再进金巨罗，属客莫留残。日落不落天阑干，欲去不去心盘桓，皎然秀色转可餐。他年倘许蕊珠会，别跨长螭胜紫鸾。王凤洲。　一春无计消繁华，坐香傍色餐流霞。妖桃秾李俱小器，揩目晚看花大家。素质盈盈美无度，何年（摘）〔谪〕下瑶台路？精神飞入银河篇，体态都归《洛神赋》。神乐观主容台卿，空花压眼真无情。吾侪放浪为无事，东风斗酒消春晴。曾闻二本归天上，几度重瞳转相向。内园点缀黄金屋，禁苑安排紫丝帐。竭来此种留人间，托根洞府非尘寰。随时穷达花不识，天游何必乘青鸾。万事到头俱琐琐，大观万物皆无我。半醉题诗谢主人，名花可铸传千古。袁民悍《白牡丹》。　词：百紫千红，占春多少，共推绝世花王。西都万家俱好，不为姚黄。谩肠断巫阳。对沉香、亭（比）〔北〕新妆。记清平调，词成进了，一梦仙乡。　天葩秀出无双。倚朝晖，半如酣酒成狂。无言自有，檀心一点偷芳。念往事情伤。又新艳、曾说滁阳。纵归来晚，君王醒后，别是风光。晁无咎《夜合花》。　雪弄轻阴谷雨干，半垂云幕护残寒。化工着意呈新巧，剪刻朝霞钉露盘。　辉锦绣，掩芝兰，开元天宝盛长安。沉香亭子钩栏畔，偏得三郎带笑看。贺方回《剪朝霞》。　燕子来时春未老，红蜡团枝，费尽东君巧。烟雨弄晴芳意恼，雨余特地残妆好。　斜倚青楼临远道，不管傍人，只取东君笑。都见娇多情不少，丹青传得倾城貌。王道辅《蝶恋花》。　云横水绕芳尘陌，一万重花春拍拍。蓝桥仙路不崎岖，醉舞狂歌容倦客。　真香解语人倾国，知是紫云谁敢觅？满蹊桃李不能言，分付仙家君莫惜。范石湖《玉楼春》。　翠盖牙签几百株，杨家姊妹夜游初。五花结队香如雾，一朵倾城醉未苏。　闲小立，困相扶，夜来风雨有情无？愁红惨绿今宵看，却似吴宫教阵图。辛稼轩《鹧鸪天》。　浓翠深黄一画图，中间更有玉盘盂。先栽翡翠装成盖，更点胭脂染透苏。　香潋滟，锦模糊，主人长得醉工夫。莫携弄玉栏边去，羞得花枝一朵无。　占断雕栏只一株，春工费尽几工夫。天香夜染衣犹湿，国色朝酣酒未苏。　娇欲语，巧相扶，不妨老干自扶疏。恰如翠幕高堂上，来看红衫百子图。俱稼轩。　华堂阑槛占韶光，端不负年芳。依倚东风向晚，数行浓淡仙妆。　停杯醉折，多情多恨，次艳真香。只恐去为云雨，梦魂时恼襄王。曾海野《朝中措》。　玉宇暖清禁晓丹，葩色照晴空。珊瑚敲碎玉玲珑。人间无此种，来自广寒宫。　雕玉阑干深院静，嫣然频笑东风。曲屏须占一枝红。且图歌醉枕，香到梦魂中。张材甫《临江仙》。　一饷园林绿就，柳外莺声轻透。轻暖与轻寒，又是牡丹时候。时候，时候，岁岁年年人瘦。吴履斋《如梦令》。　维摩病起，兀坐等枯株。清晨里，谁来问？是文殊，遣名妹。夺尽群花色，浴才出，醒初解，千万态，娇无力，困相扶。绝代佳人，不入金张室，却访吾庐。对茶铛禅榻，笑杀此翁癯。瑶砌金壶，始消渠。忆升平日，繁华事，修成谱，写成图。奇绝甚，欧公记，蔡公书，古来无。　自京华隔，问姚魏，竟何如？多应是，彩云散，劫灰余。野鹿衔将花去，休回首、河洛丘墟。谩伤春吊古，梦绕汉宫都。歌罢欷歔。后村《六州歌头》。　晏起还嗔中酒时，玉牌分得牡丹枝。花下自调新乐府，写乌丝。　付与紫衣传别院，夜来翻入管弦吹。吹①得老夫重醉也，有情痴。陈眉公《浣溪沙》。

瑞香，一名露甲，一名蓬莱紫，一名风流。树高者三四尺许，枝干婆娑，柔条厚叶，四时长青。叶深绿色，有杨梅叶、枇杷叶、荷叶、挛枝。冬春之交开花成簇，长三四分，如丁香状。共数种，有黄花、紫花、白花、粉红花、二色花、梅子花、串子花。皆有香，惟挛枝花紫者香更烈。枇杷叶者结子，其始出于庐山，宋时人家种之，始著名。挛枝者，其节挛曲如断折之状，其根绵软而香，叶光润似橘叶，边有黄色者名金边瑞香。枝头甚繁，体干柔韧，性畏寒。冬月须收暖室，或窖内。夏月置之阴处，勿见日。此花名麝囊，能损花，宜另植。

栽种。梅雨时，折其枝插肥阴之地，自能生根。一云：左手折下，旋即（阡）〔扦〕插，勿换手，无不活者。一云：芒种时，就老枝上剪其嫩枝，破其根，入大麦一粒，缠以乱发，插土中即活。一说：带花插于背日处，或初秋插于水稻侧，俟生根，移种之。移时不得露根，露根则不荣。　浇灌。瑞香恶太湿，又畏日晒。以挦猪汤，或宰鸡鹅毛水，从根浇之，甚肥。蚯蚓喜食其根，觉叶少萎，以小便浇之令出，即寻逐之。须河水多浇之，以解其咸。以头垢拥根，则叶绿大。概香花怕粪，瑞香为最，尤忌人粪，犯之辄死。

附录。结香：干、叶如瑞香，而枝甚柔韧，可绾结。花色鹅黄，比瑞香稍长，开与瑞香同时，花落始生叶。　鸡舌香：产昆仑南。枝、叶及皮并似罂粟，花似梅，子似枣核，此雌者也。雄者花而不实。酿之为香，汉以赐侍中。　七里香：一名指甲花，树婆娑，略似紫薇。花开蜜色。叶如碎珠，红色，清香袭人，置发中，久而益香。捣其叶，染指甲甚红。出仙游。

疗治。急喉风：用白花瑞香捣水灌之，良。

丽藻。记：其种始出于庐山。一比丘昼寝盘石上，梦中闻花香酷烈。及觉，求得之，因名睡香。四方奇之，谓为花中祥瑞，遂名瑞香。《庐山记》。　序：瑞香，芳草也。花如丁香，而有黄、紫二种。冬春之交，其花始发，植之庭槛，则芳馨出于户外。野人不以为贵，宋景文亦缺而不载。予令春城后，二十年守成都，公庭僧圃，靡不有也。予恐其没于草，一日见知于时，殆与人事无异。感而图之，因为之序。吕大防。　诗五言：著叶团青盖，开花炷宝薰。韩子苍。　紫袖染难透，琼肤晒转香。杨诚斋。　芳蕤何蒨绚，尤物真敧旎。苏双溪。　真是花中瑞，本朝名始闻。江南一梦后，天下仰清芬。王梅溪。　众妙与春竞，纷纷持所长。此花最幽远，如以礼自将。猗兰敢回步，蔷卜亦退藏。樵隐居士。　得地托根远，交柯绕指柔。露香浓结桂，池影斗蟠虬。黛叶轻云绿，金花笑菊秋。如何南海外，百里隔炎州。钱起。　外着朝霞绮，中裁淡玉纱。森森千万笋，旋旋两三花。小霁迎风喜，轻寒索幕遮。香中真上瑞，兰麝敢名家。　短短薰笼小，团团锦帕围。浮阳烘酒思，沉水着人衣。茉莉通家远，椒花具体微。春愁浑瘦尽，

---

① 吹，底本缺，据"四库全书"《御选历代诗余》卷一八录陈继儒《浣溪沙》补。

别有瘦中肥。并杨诚斋。 幽香结浅紫，来自孤云岑。骨香不自知，色浅意殊深。移栽青莲宇，遂冠薝卜林。结为楚臣佩，散落天女襟。君持风霜节，耳聆歌笑音。一逢兰蕙质，稍回铁石心。置酒要妍（缓）〔暖〕，养花须晏阴。及此阴晴间，恐致悭膏霖。彩云知易散，鶗鴂忧先吟。明朝便陈迹，试着丹青临。东坡。 七言：此花清绝更纤浓。东坡。 玉英金实碧淋枝。陶弼。 粉面固宜垂紫袖，锦裳何必著中单。周益公。 齐开忽作栾枝锦，未拆犹疑紫素馨。杨诚斋。 槛中紫艳才盈握，天上花香暗袭人。张云叟。 风雨离披枝叶瘦，可怜终不减清香。曾文昭。 世人竞重薰笼锦，子素何曾怯瑞香。王梅溪。 便觉麝囊无远韵，频挑蚁蠹有新芽。刘后村。 沉香殿里春风早，红锦薰笼二月时。 沁枝清露濯幽葩，醉质斓斑衬晓霞。并陈予高。 晓霞染成鸡舌紫，东风吹作麝脐香。陈古涧。 织锦天孙矮作机，紫茸翻了白花枝。更将沉水浓薰却，日淡风微欲午时。 夜缀香窠沐露华，昼移翠斛馥窗纱。将身扶起帘帷看，生怕帘帷挨着花。俱杨诚斋。 庐阜当年春睡浓，花名从此擅春工。紫葩四逬呈鲜粉，如爇仙香透锦笼。 絮花簇粉烘晴日，蔼有浓香透远风。六曲阑干凝睇处，锦笼争似玉为笼。《百氏集》。 粉面芳心碧玉裳，持来宛作故山香。征途不觉春如许，更问兰芽几寸长。郑安晚。 上苑夭桃自作行，刘郎去后始回芳。厌从年少追心赏，开对宫花识旧香。折赠佳人非泛洧，好纫幽佩吊沉湘。鹤林神女无消息，为问何由返帝乡。东坡。 侵雪开花雪不侵，开时色浅不教深。碧团圆里笋成束，紫蓓蕾中香满襟。别派近传庐阜顶，孤芳元自洞庭心。诗人自有薰笼锦，不用衣篝爇水沉。杨诚斋。 计来大笋束成攒，你么开时色两般。荀令金炉爇沉水，昭容紫袖衬中单。同花异叶株株异，一种栾枝节节栾。雪里寒香得三友，溪边梅与雪边兰。杨诚斋。 玲珑巧靥紫罗裳，令得东君着意妆。带露破开宜晓日，临风微困怯春霜。发挥名字来庐阜，弹压芳菲入醉乡。最是午窗初睡醒，重重赢得梦魂香。朱淑真。 一树婆娑整复斜，使君辍赠到田家。自惭瓮牖绳枢子，不称香囊锦伞花。小借暖风为破萼，旋浇新水待抽芽。丁宁儿子勤封植，留与甘棠一样夸。刘后村。 词：公子眼花乱发，老夫鼻观先通。领巾飘下瑞香风，惊起谪仙春梦。 后土祠中玉蕊，蓬莱殿里鞓红。此花清绝更纤秾，把酒何人心动？东坡《西江月》。 腊后春前别一般，梅花枯淡水仙寒。翠云裘里紫霞冠。 妙卉只今推第一，宝香恐不是人间。为君更酌小龙团。张于湖《浣溪沙》。 护雨烘晴，紫云飘缈来深院。晚寒谁见，红杏枝头怨？ 绝代佳人，万里沉香殿。光风转，梦余千片，犹恨相逢浅。赵德庄《点绛唇》。 栏槛阴沉，紫云呈瑞余寒凛。卷帘欹枕，香逼幽人寝。 入梦何年，庐阜闻名稔。风流甚，阿谁题品，唤作薰笼锦。王梅溪《点绛唇》。 当年睡里闻香，阿谁唤作花间瑞。巾飘沉水，笼熏古锦，拥青绫被。初日酣晴，和风送暖，十分清致。掩窗纱，待香凝酒醒，尽消受、这春思。 纵把万红排比，想较伊、更争些子。诗仙老手，春风妙笔，要题教似。十里扬州，三生杜牧，可曾知此。趁紫唇微绽，芳心半透，与骚人醉。方秋崖《水龙吟》。 东风冷落旧梅台，犹喜山花拂面开。绀色染衣春意净，水沉薰骨晚风来。 柔条不学丁香结，矮树仍参茉莉栽。安得方盆载幽植，道人随处作香材。程坟《瑞鹧鸪》。

迎春花，一名金腰带。人家园圃多种之。丛生。高数尺，有一丈者。方茎厚叶，如初生小椒叶而无齿，面青背淡。对节生小枝，一枝三叶。春前有花，如瑞香花，黄色，不结实。叶苦、涩，平，无毒。虽草花，最先点缀春色，亦不可废。花时移栽，土肥则茂，焊牲水灌之则花蕃。二月中可分。

疗治。肿毒恶疮：取叶阴干，研末。酒服二三钱，汗出便瘥。

丽藻。词：纤秾娇小，也解争春早。占得中央颜色好，装点枝枝新巧。东皇初到江城，殷勤先去迎春。乞与黄金腰带，迎春花一名金腰带。压持红紫纷纷。赵介之《清平乐》。

凌霄花，一名紫葳，一名陵苕，一名女葳，一名菱华，一名武威，一名瞿陵，一名鬼目。处处皆有，多生山中，人家园圃亦栽之。野生者蔓才数尺，得木而上，即高数丈。蔓间须如蝎虎足附树上，甚坚牢，久者藤大如杯。春初生枝，一枝数叶，尖长有齿，深青色。开花一枝十余朵，大如牵牛花，头开五瓣，赭黄色，有数点，夏中乃盈，深秋更赤。八月结荚如豆角，长三寸许。子轻薄如榆，仁如马兜铃仁，根长亦如兜铃根。秋深采之，阴干。花及根甘、酸，微寒，无毒。治妇人产乳余疾、崩中、症瘕、血闭寒热、羸瘦、带下。茎、叶苦，平，无毒，主热风身痒、游风风疹、瘀血、带下、喉痹热痛，凉血生肌。

取用。凌霄花缠奇石老树，作花可观，大都与春时紫藤，皆园林中不可少者。王敬美。

禁忌。用以蟠绣大石，殊可观玩，但鼻闻伤脑，花上露入目令人蒙，孕妇经花下能堕胎，不可不慎。

疗治。妇人血崩：凌霄花为末。每酒服二钱，后服四物汤。粪后下血：凌霄花浸酒频服。消渴饮水：凌霄花一两捣碎，水一盏半，煎至一盏，分服。婴儿百日内无故口青，不饮乳：用凌霄花、大蓝叶、芒硝、大黄等分，为末，以羊髓和丸桐子大。每研一丸，以乳送下，便可吃乳。热者可服，寒者勿服。昔有人休官后云游湖湘，修合此方，救危甚多。久近风痫：凌霄花或根叶为末。每服三钱，温酒下。服毕解发，不住手梳。口嚼冷水，温则吐去。再嚼再梳，至二十口乃止。如此四十九日绝根，百无所忌。通身风痒：凌霄花为末，酒服一钱。大风疠疾：凌霄花五钱，地龙焙、僵蚕炒、全蝎炒各七个，为末。每服二钱，温酒下。先以药汤浴过，服此出臭汗为效。儒门事亲，加蝉蜕五品各九个，作一服。鼻上酒齄：凌霄花、山栀子等分，为末。每茶服二钱，日二服，数日除根。一方：用凌霄花半两、硫黄一两、胡桃四个、腻粉一钱研膏，生绢包揩。走皮疮满颊满顶，浸淫湿烂，延及两耳，痒而出水，发歇不定：用凌霄花并叶煎汤，日日洗之。妇人阴疮：紫葳为末，用鲤鱼脑或胆调涂。耳卒聋闭：凌霄叶杵自然汁滴之。女经不行：凌霄花为末。每服二钱，食前温酒下。

典故。西湖藏春坞门前有二古松，各有凌霄花络其上，诗僧清顺常昼卧其下。子瞻为郡，一日屏骑从过之，松风搔然。顺指落花觅句，子瞻为作《木兰花》。《本事集》。富郑公居洛圃中，凌霄花无所附而特起，岁久遂成大树，高数寻，亭亭可爱。

丽藻。散语：苕之华，云其黄矣。《诗》。诗五言：古苕生迤地。杜子美。凌波体纤柔，枝叶工托丽。青青乱松树，直干遭蒙蔽。不有严霜威，焉能辨坚脆。曾文昭。草木不解行，随生自有理。观此引蔓柔，必凭高树起。气类固未合，萦缠岂由己？仰见苍虬枝，上发形霞蕊。层霄不易凌，樵斧者谁子。梅圣俞。七言：固知臭味非相类，其奈萦缠不自由。曾南丰。引蔓开花欲透云，托身下倚老松身。蒋梅边。披云似有凌云志,向日宁无捧日心。珍重青松好依托,直从平地起千寻。贾昌期。 直饶枝干凌霄去,犹有根源与地平。不道花依他树发,强攀红日斗鲜明。杨绘。 袅袅枯藤浅浅葩,茑缘直上照残霞。老僧不作依附想,将谓青松自有花。赵汝回。 词:双龙对起,白甲苍髯烟雨里。疏影微香,下有幽人昼梦长。 湖风清软,双鹊飞来争噪晚。翠飐红轻,时堕凌霄百尺英。苏东坡。

素馨,一名那悉茗花,一名野悉蜜花。来自西域。枝干袅娜,似茉莉而小。叶纤而绿。花四瓣,细瘦。有黄、白二色。须屏架扶起,不然不克自竖。雨中妖态亦自媚人。

制用。采花压油,泽发甚香滑。

典故。昔刘王有侍女,名素馨。冢上生此花,因以得名。《龟山志》。 素馨出闽广者不甚香,亦间携至吾地。白者香胜于茉莉,即彼中亦未之见。广中又有树兰、赛兰二种。赛兰一名珍珠兰,即广人以为兰香者。亦曾移种吾地,多不能生。王敬美。

丽藻。记:草木之精气发于上为英华,率谓之花。然水陆所产,妍媸高下美恶(之)〔不〕等,盖万不齐焉,而人于其中择而爱之。凡欲其有益于用,非爱之而溺焉者也。产于此邦曰素馨者,香清而体白,郁郁盈盈,可掬可风,贯四时而不改,供一赏而有余,亦花之佳者也。好事者致于予,予既爱之,遂益究其用。取花之蓓蕾者,蓓蕾,花之未开者。蓓,音倍。蕾,音雷。与瓣之佳者杂贮陶瓶中,经宿以俟茗饮之入焉。然则是花之用,虽不若麻缕之与菽粟,盖亦不为无用矣。人之资于麻缕,为其可以温也;资于菽麦,为其可以饱也。今是花也,吾取焉,始以其能郁郁盈盈少裨于茗耳,即不汲汲可也。虽不汲汲,犹用之可已也。使是花之于人,如麻缕之与菽粟然,又安可已哉?可已而已,不可已而不已,引而伸之,于道其庶几乎?于治国其庶几乎?陈白沙。陈公名献章,新会人。即讨从祀文庙。 诗五言:细花穿弱缕,盘向绿云鬟。章隐。 七言:昔日云鬟锁翠屏,只今烟冢伴荒城。香销韵断无人问,空有幽花独擅名。傅大谏。 羞将姿媚随花谱,爱伴孤高上月评。独恨遇寒成弱植,色香殊不避梅兄。陈止斋。 妙香真色自天然,羞御铅华学女妍。只向温柔乡里活,怕寒不许上林传。郑松窗。 金碧佳人堕马妆,鸱鸪林里斗芬芳。穿花贯缕盘香雪,曾把风流恼陆郎。杨升庵。 素馨花发暗香飘,一朵斜簪近翠翘。宝马未归新月上,绿杨影里倚红桥。林鸿。 词:层层细剪冰花小,新随荔子云帆到。一露一番开,玉人催买栽。 爱花心未已,摘放冠儿里。轻浸水晶凉,一窝云影香。张约斋《菩萨蛮》。 调冰弄雪,想花神清梦,徘徊南土。一夏天香收不起,付与蕊仙无语。秀入精神,凉生肌骨,销尽人间暑。稼轩愁绝,惜花还胜儿女。 长记歌酒阑珊,开时向晚,笑绝金茎露。月浸阑干天似水,谁伴秋娘窗户?困殢云鬟,醉欹风帽,总是牵情处。返魂何在?玉川风味如许。刘叔安《念奴娇》。 青颦蘂素靥,海国仙人偏耐热。餐尽风香露屑。便万里凌空,肯凭莲叶,盈盈步月。悄似怜、轻去瑶阙。何人在,(意)〔忆〕①渠痴小,点点爱轻绝。 愁绝。旧游轻别。忍重看、锁香金箧。凄凉〔清〕②夜箪席〔箪〕③。〔怕〕④杳杳诗魂,真化风蝶。冷香清到骨,梦十里、梅花〔霁〕⑤雪。归来〔也〕⑥,恹恹心事,自共素娥说。尹旋津《霓裳中序第一》。

_____

①②③④⑤⑥ 忆、清、箪、怕、霁、也,六字均据"四库全书"《御定词谱》卷二九录尹焕《霓裳中序第一》校补。

茉莉，一名抹厉，一名没利，一名末利，一名末丽，一名雪瓣，一名抹丽，谓能掩众花也。佛书名缦华。谓可饰头缦也。原出波斯，移植南海。北土名奈，《晋书》"都人簪奈花"，则此花入中国久矣。弱茎繁枝，叶如茶而大，绿色，团尖。夏秋开小白花。花皆暮开，其香清婉柔淑，风味殊胜。花有草本者，有木本者，有重叶者，惟宝珠小荷花最贵。此花出自暖地，性畏寒。喜肥，壅以鸡粪，灌以焊猪汤，或鸡鹅毛汤，或米泔，开花不绝，六月六日以治鱼水一灌愈茂，故曰"清兰花，浊茉莉"。勿安床头，恐引蜈蚣。一种红者，色甚艳，但无香耳。又有朱茉莉，其色粉红。有千叶者，初开花时心如珠，出自四川。

花。气味辛，热，无毒。蒸液作面脂，头泽长发，润燥香肌。　根。气味热，有毒。酒磨，服一寸，昏迷一日乃醒；二寸二日，三寸三日。若跌损骨节脱臼接骨者，用此则不知痛。

制用。每晚采花，取井花水半杯，用物架花其上，离水一二分，厚纸密封，次日花既可簪。以水点茶，清香扑鼻，甚妙。又云：蒸取其液，可代蔷薇露。作末和面药，甚奇。其香经岁不歇。《花史》云：闻老人言，饮之得肚腹虚饱之症。香能散气，老人气虚，理或有之。昔人有"异香含异毒"之语，养老者慎之。

扦插。梅雨时取新发嫩枝，从节折断。将折处劈开，入大麦一粒，乱发缠之，插肥土上，阴湿即活。与扦瑞香法同。　收藏。霜时移北房檐下，见日不见霜。大寒移入暖处，围以草荐，盆中任其自干。至干极，略用河水盏许浇其根，仅活其命。枝叶上有白色小虫，刮去，不然即黄萎。十月入窖中，枝头入地尺许，地上加柴，柴上加土尺许，封盖严密，不透风气为佳。春分后朝南开一孔通气，立夏后方可出窖，见春风早即枯槁。出窖后，叶落无妨，先放檐下见日色处，渐移之日中，去上面及周围旧土一层，再加新土培之。二三年后取出，全换旧土，莫伤根。换土后只浇清水，不宜太肥。至叶稍大，方可浇肥，剪去枯枝。梅雨不绝，移置檐下。若南方，冬月只于朝南屋内掘一浅坑，将盆放下，以篾笼罩花口傍，以泥筑实，无隙通风。或用绵花子覆根五寸许，亦以篾罩罩之，用纸封罩，五六日一次，将花核取开，用冷茶浇之，仍以花核壅之。立夏前方可去罩，盆中周围去土一层，以肥土填上，用水浇之。大约入夏后三日，方可移出。露天最怕春风，清明前尤怕风。芽发方可浇以粪，次年和根取起，换土栽过，无不活者。如此收藏，多年可延。　茉莉自夏首至秋杪皆花开，必薄暮半放，冉冉作奇香。次晨则香减。霜后犹生朵，但渐小耳。经大寒，无不萎者。向余得一本，根下有铁少许，盖鬻者利其必萎，彼钻核者又何足异？余去其铁，易土而植之，灌以腥汁，开甚盛。遇大寒，藏之暖室，历三岁犹花，但干老花疏，总之风气不宜也。金陵易得，每岁购二三本，霜后辄弃之，不复藏。于含东。　储土。每日屋下扫聚尘土，堆积于闲静空屋，俟发热过，筛细用。

附录。指甲花：夏月开，香似木樨，可染指甲，过于凤仙花。有黄、白二色。　雪瓣：一名狗牙，似茉莉而瓣大，其香清绝。出南海。

典故。那悉茗花与茉莉花皆胡人自西域移植南海，南人爱其芳香，竞植之。《南方草木状》。　南越之境，五谷无味，百花不香，惟茉莉、悉那茗二花特芳香，不随水土而变，与夫橘北为枳者异矣。　彼处女子用彩丝穿花心以为首饰。陆贾《南越行纪》。　广州城九里曰花田，尽栽茉莉及素馨。郑松窗《诗话》。 宋孝宗禁中纳凉，多植茉莉、建兰等花，鼓以风轮，清芳满殿。

丽藻。诗五言：冰姿澹不妆。《百氏集》。 九里花田地。郑松窗。 庭中红茉莉，冬月始葳蕤。杜少陵。 佛香红茉莉，番供碧玻璃。蒋之奇。 风韵传天竺，随经入汉京。香飘山麝馥，露染雪衣轻。郑松窗。 萼跌琲珠圆，碎簇柔梢垂。蔫然经月余，艳色愈不衰。始疑神功化，火结丹砂为。谢工部。 火令行南国，彤云间丹霞。之子方热中，濯濯冰雪花。植根郐月盆，趣驾七香车。许仲启。 翠叶光如沃，冰葩淡不妆。一番秋蚤秀，彻日坐旁香。色照祗园静，清回瘴海凉。倘堪纫作佩，老子欲浮湘。刘彦冲。 旷然尘虑尽，为对夕花明。密叶低层幄，冰蕤乱玉英。不因秋露湿，讵识此香清。预恐芳菲尽，微吟小砌行。朱文公。 玉蕊琅玕树，天香知见薰。露寒清透骨，风定远含芬。爽致销烦暑，高情谢晓云。遥怜河朔饮，那得醉时闻。朱文公。 七言：寻得天花伴众芳。王右丞。 日暮园人献宝珠。王梅溪。 名字惟因佛书见，根苗应逐贾胡来。叶廷珪。 王母欲归香满路，晓风吹下玉搔头。王民瞻。 西域名花最孤洁，东山芳友更清幽。王梅溪。 暗香着人簪茉莉，红潮登颊醉槟榔。苏东坡。 自是天上冰雪种，占尽人间富贵香。不烦鼻观偷馥郁，解使心地俱清凉。许野雪。 歊烟裛①露暗香浓，曾记瑶台月下逢。万里春回人寂寞，玉颜知复为谁容？ 香俨童子沉薰鼻，姑射仙人雪作肤。谁向天涯收落蕊？发君颜色四时朱。王右丞。 风流不肯逐春光，削玉团酥素淡装。疑是化人天上至，毗陵一夜满城香。《百氏集》。 茉莉名佳花亦佳，远从佛国到中华。老来耻逐蝇头利，故向禅房觅此花。王梅溪。 露华洗出通身白，沉水薰成换骨香。近说根苗移上苑，休惭系出本南荒。叶廷珪。 玉瑳莲子作尖丸，龙脑薰香簇满冠。好是莹无红一点，若教红却不堪看。郑松窗。 灵种传闻出越裳，何人提挈上蛮航？他年我若修花史，列作人间第一香。 虽无艳态惊群目，幸有清香压九秋。应是仙娥燕归去，醉来掉下玉搔头。俱江奎。 一卉能薰一室香，炎天犹觉玉肌凉。野人不敢烦天女，自折琼枝置枕傍。刘后村。 荔枝香里玲珑雪，来助长安一夜凉。情味于人最浓处，梦魂犹觉鬓边香。许梅屋。 刻玉雕琼作小葩，清姿原不受铅华。西风偷得余香去，分与秋城无限花。赵福元。 脐麝龙涎韵不侔，薰风移种自南州。谁家浴罢临妆女，爱把闲花插满头。杨巽斋。 春困无端压黛眉，梳成松鬓出帘迟。手拈茉莉腥红朵，欲插逢人问可宜。唐寅。 江梅去去木樨晚，芝草石榴刺人眼。茉莉独立幽更佳，龙涎避香雪避花。朝来无热夜凉甚，急走山僮问花信。一枝带雨折来归，走送诗人觅好诗。杨诚斋。 西湖野僧夸藏冰，半年化作真水精。南湖诗人笑渠拙，不如侬家解干雪。藏冰窨子山之幽，镜透九地山鬼愁。侬家藏雪有妙手，分明晒在翡翠楼。向来巽二拉滕六，玉妃夜投玉川屋。剪水作花吹朔风，揉云为粉散寒空。醉挥两袖拂银汉，梢得万斛冷不融。琼田挈月拾翠羽，砌成重楼天半许。盘作青蛟吐绿雾，乱飘六出薰沉炷。人间雪脆那可藏，天上雪落何曾香？三月尽头四月首，南湖香雪今谁有？分似诚斋老诗叟，碎（接）〔接〕玉花泛春酒，一饮一石更五斗。杨诚斋。 词：五月炎州路，千丛扑地开，只疑标韵是江梅。不道薰风庭院、雪成堆。 宝髻琼瑶缀，仙衣翡翠裁，一枝长伴荔枝

---

① 裛，通"浥"。

来。甘与玉人和笑、插鸾钗。韩南涧《南柯子》。 素馨柟萼太寒生，多剪春冰。夜深绿雾侵凉月，照晶晶，花叶分明。人卧碧纱嶹净，香吹雪练衣轻。 频伽衔得堕南薰，不受纤尘。若随荔子华清去，定空埋、身外芳名。借重玉炉沉炷，起予石鼎汤声。史邦卿《风入松》。 抚莲吟就，薝卜还曾赋。相伴更无花，倦炉熏日长难度。柔桑叶里，玉碾小芙蕖。生竺国，长闽山，移向玉城住。 池亭竹院，宴坐冰围处。绿绕百千丛，夜将阑，争开迎露。然曾评论，娇〔媚〕胜江梅，香称月，韵宜风，消尽人间暑。张约斋《蓍山溪》。 北窗凉透，南窗月，浴罢满怀风露。不知何处有花来，但怪底、香清无数。 炎州珍产，吴儿未识，天与人间独步。冰肌玉骨岁寒时，倩问止、问止系堂名。堂中留住。张于湖《鹊桥仙》。 玉肌翠袖，较似荼蘼瘦。几番熏醒夜窗酒。问炎州何事，独许清凉，尘不到，一段冰壶剪就。 晚来庭户悄，暗数流光，细摘芳英黯回首。念日暮江东，偏为魂销，人易老、幽韵清标似旧。正簟纹如水帐如烟，更奈向，露浓时候。卢蒲江。 枕簟嫩凉生，茉莉香清，兰花新吐百余茎。扑得流萤飞去也，团扇多情。陈眉公《浪淘沙》。

木香，灌生，条长，有刺如蔷薇。有三种。花开于四月，惟紫心白花者为最，香馥清远，高架万条，望若香雪。他如黄花、红花、白细朵花、白中朵花、白大朵花，皆不及。

栽种：四月中扳条入土，泥壅一段。俟月余，根长自本，生枝剪断，移栽可活。剪条扦插多难活。荼蘼等同此法。

玫瑰，一名徘徊花。灌生，细叶多刺，类蔷薇，茎短。花亦类蔷薇，色淡紫，青囊黄蕊，瓣末白，娇艳芬馥，有香有色，堪入茶、入酒、入蜜。栽宜肥土，常加浇灌。性好洁，最忌人溺，溺浇即毙。燕中有黄花者，稍小于紫。嵩山深处有碧色者。

栽种。株傍生小条，不可久存，即宜截断另植，既得滋生，又不妨旧丛，不则大本必枯瘁。 夏间生嫩枝。时有黑翅黄腹飞虫，名镰花娘子，以臀入枝生子，三五日出小虫，黑嘴青身，伤枝食叶，大则又变前虫。蔷薇、月季亦生此虫，俱宜捉去。

制用。采初开花，去其囊蕊并白色者，取纯紫花瓣，捣成膏，白梅水浸少时，如无白梅，乌梅泡去黑汁亦可。顺研，细布绞去涩（汗）〔汁〕，加白糖，再研极匀，磁器收贮，任用，最香甜。亦可印作饼，晒干收用。全花白梅水浸，去涩汁，蜜煎，亦可食。 宋时宫中采花，杂脑麝作香囊，气甚清香。《花史》。

典故。玫瑰非奇卉也，然色媚而香，甚旖旎，可食，可佩，园林中宜多种。又有红、黄刺梅二种，绝似玫瑰而无香，色瓣胜之。黄者出京师。蔓花、五色蔷薇俱可种，而黄蔷薇为最贵，易蕃而易败。余圃中酴醿芳香，惟紫心小白为佳。宋人所称白醾者，今竟不知何物，疑即是白木香耳。今所植酴醾白而不香，定非宋人所珍也。王敬美。 南海谚云："蛇珠千枚，不及玫瑰。"玫瑰，美珠也。今花中亦有玫瑰，盖贵之，因以为名。

丽藻。诗五言：蕊粘宫额粉，花盛醉仙妆。唐诗。 暗炉翻阶药，遥连直署香。司空曙。 麝炷腾清燎，鲛纱覆绿蒙。宫妆临晓日，锦段落东风。无力春烟里，多愁暮雨中。不知何事意，深浅两般红。唐彦谦。 七言：非关月季姓名同，不与蔷薇谱牒通。接叶连枝千万绿，一花两色浅深红。风流各是胭脂格，雨露何私造化工。别有国香收不得，诗人薰入水沉中。杨诚斋。

刺〔蘼〕〔靡〕，灌生，茎多刺，叶圆细而青，花重叶状，似玫瑰而大，艳丽可爱，惜无香耳。春时分根旁小株种之，亦易活。

酴醾，一名独步春，一名百宜枝，一名琼绶带，一名雪缨络，一名沉香蜜友。藤身，灌生，青茎多刺，一颖三叶，如品字形。面光绿，背翠色，多缺刻。花青跗红萼，及开时变白，大朵千瓣，香微而清，盘作高架，二三月间烂熳可观。盛开时，折置书册中，冬取插鬓，犹有余香。本名荼蘼。一种色黄似酒，故加酉字。

附录。金沙罗：似酴醾，花单瓣，红艳夺目。

典故。唐时寒食宴宰相，用酴醾酒。　又召侍臣学士食樱桃，饮酴醾酒，盛以琉璃盘，和以香酪。　大西洋国花如牡丹。蛮中遇天气凄寒，零落凝结，蔼若甘露，芬芳袭人。夷女泽体腻发，香经月不灭。五代时充贡，名蔷薇水。　范蜀公居许下，造大堂，名以长啸。前有酴醾架，高广可容十客。每春季花繁，燕客其下，约曰："有飞花堕酒中者，嚼一大白。"或笑语喧哗之际，微风过之，满座无遗，时号飞英会。　舒雅作青纱连二枕，满贮酴醾、木犀、瑞香散蕊，甚益鼻根。蜀人取酴醾造酒，味甚芳烈。

丽藻。诗五言：簇簇霜葩密，层层玉叶同。梅圣俞。　无华真国色，有韵自天香。宋景文。　国艳宁施粉，天香自染衣。曾文昭。　玉女雕琼蕊，仙禽自菊衣。晏元献。　点点檀心小，盈盈玉面娇。古诗。　丛叶扶金蕊，微风动弱枝。徐致中。　秾因天与色，丽共日争光。剪碧排千萼，研朱粲万房。白乐天。　烟条染石绿，粉蕊扑鹅黄。根动形云涌，枝摇赤羽翔。前人。　故作荼蘼架，金沙只谩栽。似矜颜色好，飞度雪前开。王介甫。　来自蚕丛国，香传弱水神。析酲疑破鼻，并艳欲留春。宋景文。　清气透水槛，荣荫在天家。翠辇宸游后，球栏昼影斜。吴充。　风枝张雨盖，露脸汗何郎。收拾归醺醾，芳姿韵更香。王梅溪。　雨过无桃李，唯余雪覆墙。青天映妙质，白日照繁香。影动春微透，花寒韵更长。风流到尊酒，犹足助诗狂。陈简斋。　皓齿舞霓裳，飘飘翠带长。何郎初傅粉，荀令乍薰香。玉蕊休夸白，金沙敢并芳。可怜蜂与蝶，早晚引风狂。王荛臣。　倡女卷春裙，迎风戏玉除。近丛看影密，隔树望花稀。横枝斜绾袖，嫩叶下牵裾。墙高攀不及，花新摘未舒。莫疑插鬓少，分人犹有余。梁元帝。　新花临曲池，佳丽复相随。鲜红同映水，轻香共逐吹。绕梁寻多处，窥丛见好枝。今新犹恨少，将故复嫌萎。钗边烂熳插，无处不相宜。梁·刘璦。　荼蘼不争春，寂寞开最晚。青蛟走玉骨，羽盖悬珠幰。不妆艳已绝，无风香自远。凄凉吴宫阙，红粉埋故苑。余香入此花，千载尚凄惋。苏东坡。　下腾赤蛟身，上抽碧龙头。千枝蟠一盖，一盖簇万球。花开带月看，香要和露收。一点落衣袂，经月气未休。一摘入酿瓮，经岁味尚留。谢尧仁。　梅残红叶迟，此物共春晖。名字因壶酒，风流付枕帏。坠钿香径草，飘香净壁衣。玉气晴虹发，沉材锯屑霏。直枝多可厌，可忍摘令稀。常恨金沙学，颦时正可挥。黄山谷。　乍见疑回面，遥观误断肠。风朝舞飞燕，雨夜泣萧娘。桃李惭无语，芝兰逊不芳。山榴何细碎，石竹苦寻常。蕙惨隈栏避，莲羞近叶藏。怯教蕉叶颤，妒得柳花狂。岂可轻嘲咏，应须痛比方。白乐天。　七言：风动翠条腰袅娜。白乐天。　姑射真人玉骨香，淡月微风惜良夜。卢元赞。　高唐神女兰供泽，姑射仙人雪莹肌。杨元素。　残春铃阁无公事，来就酴醾放晚衙。王庐溪。　不作残春十日饮，定知无奈此花何。强挽春风留一醉，露香还可折朝酲。刘原父。　走上松稍绕却好，为他满插一头花。　借今落尽仍香雪，且道开时是底花。俱杨廷秀。　可怜标格真清绝，说与金沙莫效颦。古诗。　玉立春深雪不如，生香透骨雪应无。张南轩。　青蛟暖雪拏云上，白雪深春压架香。徐溪月。　可怜收拾归屏枕，颇欲浮沉付酒杯。吴顾斋。　唤将梅蕊要同韵，羞杀梨花不敢香。晏元献。　平生为爱此花浓，仰面常迎落絮风。每至春归有遗恨，典刑犹在酒杯中。韩维。　清明时节散天香，轻染鹅儿一抹黄。最是风流堪赏处，美人取作泡罗裳。欧阳公。　汉宫娇额半涂黄，肌骨浓熏班艳香。日色渐迟风力细，倚阑偷舞白霓裳。　沉水衣笼白玉苗，不蒙渐拂苦无聊。烦君斫取西庄柳，扶起春风万万条。　茶醾一架最先来，夹竹金沙次第栽。浓绿扶疏云对起，醉红撩乱雪先开。俱山谷。　长忆故山寒食夜，野茶醾发暗香来。分无素手簪罗髻，且折霜蕤浸玉醅。东坡。　后圃茶醾手自栽，清于芍药酽于梅。旧来酒客今无几，三嗅馨香懒举杯。苏颖滨。　冰肥雪艳映残春，燠日熏风入四邻。任是主人能爱惜，也拼一半与游人。张芸叟。　明红暗紫竞芬菲，送尽东风不自知。占得余香慰愁眼，百芳无得似茶醾。刘原父。　东皇收拾春归去，独遣茶醾殿后尘。怜我寒窗赋愁寂，时看玉面送残春。王卢溪。　雪干云条一架春，酒中风度梦中闻。东风不是无颜色，过了梅花便是君。卢漙江。　香雪支离半坠风，柔条无奈不成丛。阿蛮如许风流骨，打困秋千细雨中。谢幼谦。　春风满架索春饶，三月梁园雪未消。剩馥何人炷兰麝，柔条无力带琼瑶。戴石屏。　一钩斜影上茶醾，罗带飘风不自持。背却小姑私拜月，水晶帘外又来窥。陈眉公。　纷纷红紫落莓苔，带月和烟特地开。疑是玉妃新浴出，翠云梯上舞风台。徐竹隐。　雨后溪流半没沙，粉墙卖酒是谁家？客中不觉春深浅，开了茶醾一架花。　一春多雨少晴光，眼底青春去意忙。已恨点衣红作阵，绝怜满架雪生香。俱湛道山。　秾华先占早春芳，色别仙容五样妆。步屧东郊风力软，吹来只是一般香。《百花新咏》。　一年春事至茶醾，香雪纷纷又扑衣。尽把檀心好看取，与留春住莫教归。任拙斋。　茶醾架倒无人架，全似老夫狂醉时。昨夜一番溪雨横，又漂苔藓到花枝。周方彖。　晓啼朱露浑无力，绣襥罗裙不着行。若缀寿阳公主额，六宫争肯学梅妆。李峤。　琼林殿侧玉钩栏，雪覆新花四月闲。密影配容千客坐，柔条何处万龙蟠？刘原父。　雨后茶醾将结局，花时芍药正催妆。道人不管春深浅，赢得山中岁月长。王庵僧。　独嫌朱脸花颜俗，全学瑶台玉女妆。素月共成中夜色，好风分散四邻香。程金粟。　京师三月茶醾开，高架交垂自为洞。素蕊层层紫蕊香，酿归光禄春生瓮。东陌西阡走钿车，芳林广囿飞朱鞚。梅圣俞。　肌肤冰雪熏沉水，百草千花莫比方。露湿何郎试汤饼，日熏荀令炷炉香。风流彻骨成春酒，梦寐宜人入枕囊。输与能诗王主簿，瑶台影里据胡床。黄山谷。　荣华休羡黑头公，且对芳晨赏丽丛。十万青条寒挂雨，三千粉面笑临风。莫将拟雪才情赋，盍与观梅况味同。只恐春归有遗恨，典刑犹在浊醪中。刘彦冲。　花神未许春归去，故遣仙姿殿众芳。白玉体轻蟾魄莹，素纱囊薄麝脐香。梦思洛浦婵娟态，愁记瑶台淡净妆。勾引诗人清绝处，一枝和雨在东墙。朱淑真。　青蛟蜕骨万条长，玉架盘云护晓霜。外面看来些子叶，中间着得许多香。一枝缟色分明好，百卉含羞不敢芳。飞杀衔花双海燕，被渠勾引一春忙。刘溪翁。　袅袅长数寻，青青不作林。一茎独秀当庭心，数枝分作满庭阴。春日迟迟欲将半，庭影冷冷正堪玩。枝上娇莺不畏人，叶底蛾飞自相乱。秦家女儿爱芳菲，画眉相唤采菱薿。高处红须欲就手，低边绿刺已牵衣。蒲萄架上朝光满，杨柳园中暝鸟飞。连袂踏歌从此去，风吹香气逐人归。储光羲。　花飞十不奢五六，青子团枝朱红簇。江南桃李总成阴，不论少城与韦曲。荼蘼珍重不浪开，晚堆绿云点水玉。体熏山麝非一脐，水洗银河费千斛。滴成小蓓密于糁，乱走长条柔可束。醉眸须及月下来，破鼻试从风里触。先生未必被花恼，偶与门人暮春浴。为怜压架十万枝，小立旁边领新馥。剩拼好语宠琼蕤，更掇青英付醨醁。先生何得便杜门，霜鬓犹烦玉堂宿。杨廷秀。　词：红紫飘零绿满城，春风于此独留情。谁将十幅吴绫被，扑向熏笼一夜明。　　风不定，雨初晴，晓来苔上拾残英。速教贮向鸳鸯枕，犹有余香入梦清。晁次膺《鹧鸪天》。　千种繁香，香已去、翩然无迹。谁信道、荼蘼枝上，静中收得。晓镜洗妆非粉白，晚衣弄舞余衫碧。粲宝钿、珠珥不胜持，浓阴夕。　　金剪度，还堪惜。霜叶坠，无从觅。知多少、好词清梦，酿成冰骨。天女散花无圣酒，仙人种玉惭香德。怅攀条、记得鬓丝青，东风客。赵德庄《满江红》。　莺唤屏山惊觉，娇羞须倩郎扶。荼蘼斗帐冷熏炉，翠穿金落索，香泛玉流苏。　　长记枕痕消醉色，日高犹倦妆梳。一枝春瘦想如初，梦迷芳草路，望断素鳞书。张仲宗《临江仙》。　不恨绿阴桃李过，荼蘼正向人开。一樽清夜月徘徊。花如人意好，月为此花来。　　未信人间香有许，却疑同住瑶台。纷纷残雪堕深杯，直教攀折尽，犹胜酒醒回。韩南涧《临江仙》。　去年同醉，荼蘼花下，健笔赋新词。今年君去，荼蘼欲破，谁与醉为期？　　旧曲重歌斟别酒，风露泣花枝。漳水能长湘水远，流不尽、两相思。向芗林《少年游》。　翠羽衣裳白玉人，不将朱粉污天真，清风为伴月为邻。　　枕上解随良夜梦，壶中别是一家春，同心少绾更尖新。向芗林《浣溪沙》。　红退小园桃杏，绿生芳草池塘。谁家芍药殿春光？不似荼蘼官样。　　翠盖更蒙朱幰，熏炉剩爇沉香。娟娟风露满衣裳，独步瑶台月上。向芗林《西江月》。　羽盖垂垂，玉英乱簇春光满。韵香清远，暖日烘庭院。　　露泣琼枝，脸透何郎晕。凝余恨，古人不见，谁与花公论？　　野态芳姿，枝头占得春长久。怕钩衣袖，不放攀花手。　　试问东山，花似当时否？还依旧，谪仙去后，风月今谁有？俱王梅溪《点绛唇》。　红紫凋零，化工特地，剪玉栽琼。碧叶丛芳，檀心点素，香雪团英。　　柔风唤起娉婷，似无力、斜欹翠屏。细细吹香，盈盈泣露，花里倾城。赵坦庵《柳梢青》。　司春有序，排次到荼蘼。预报在庭知蕊。珠宫里晨妆罢，披香殿下，晓班齐探花，正驱使，遥问赏花期。　　元不逊，梅花浮月影，也不妒梨花带雨枝，偏恨柳绿条垂。与其向晚，包团絮，不如对酒折芳蕤。谢东君，收拾在牡丹时。刘后村《最高楼》。　曾与瑶姬约。恍相逢、翠裳摇曳，珠缨联络。风露青冥非人世，揽结玉龙骖鹤。爱不奈、千条轻弱。祷祝花神怜惜取，到开时、晴雨须斟酌。枝上雪，莫消却。　　恼人还是中狂药。凭危栏、烛光交映，乐声遥作。身上春衫香重透，看到参横月落。算茉莉、犹低一着。坐有缑山王郎子，倚玉箫、度曲难为酢。君不顾，铸成错。刘后村。　想赴瑶池约。向东风、名姬骏马，翠鞯金络。太液池边鹄群下，又似南楼呼鹤。画不就、秾纤娇弱。罗帕封香来天上，泻铜盘、沆瀣供清酌。春去也，被留却。　　芳魂再返应无药。似诗吟、绿衣黄里，感伤而作。爱惜尚嫌蜂采去，何况流莺蹴落。且放下、珠帘遮着。除却江南黄九外，有何人、敢与花酬酢？君认取，莫教错。刘后村《黄荼蘼》。　浅把宫黄约。细端相、普陀岩里，金身珠珞。萼绿华轻罗袜小，飞下祥云彩鹤。朵朵赛、蜂腰纤弱。已被色香撩病思，尽鹅儿、酒美无多酌。看不足，怕残却。　　人间难得伤春药。更枝头，流莺唤起，少年狂作。留取姚家花相伴，羞与万红同落。脸肯让、腊梅先着。乐府今无黄绢手，问斯人、清唱何人酢？休草草，认题错。同上。　　院宇重重掩。醉沉沉、亭阴〔转〕①午，绣帘高卷。金鸭香浓薰宝篆，惊起雕梁语燕。正架上、荼蘼开遍。嫩萼梢头舒素（怎）〔脸〕②。似月娥、初试宫妆浅。风力嫩，异香软。　　佳人无意拈针线。绕朱栏、六曲徘徊，为他留恋。试把花心轻轻数，暗卜归期近远。奈数了、依然重怨。把酒问春春不管，枉教人、只恁空肠断。肠断处，（今）〔怎〕③消遣。刘龙洲，俱《贺新郎》。　　今夜荼蘼风起，应是玉消琼碎。淡荡满城春，恼破愁人春睡。须醉，须醉。莫待黄梅雨细。《如梦令》。　　羞朱妒粉，染雾裁云，淡然苍佩仙裳。半额蜂妆，莫道梳洗家常。碧罗乱萦小带，翠虬寒、一架春香。清思苦，倚晴娇无力，如待韩郎。　　密幄笼芳吟夜，任露沾轻袖，月转空梁。弱骨柔姿，偏解勾引诗狂。遗钿碎金满地，（悮）〔恨〕④无情、风送韶光。闲昼永，看青青、垂蔓过墙。史可堂《声声慢》。

蔷薇，一名刺红，一名山枣，一名牛棘，一名牛勒，一名买笑。藤身。丛生。茎青，多刺。喜肥，但不可多。花单而白者更香，结子名营实，堪入药。有朱千蔷薇、赤色，多叶，花大，叶粗，最先开。荷花蔷薇、千叶，花红，状似荷花。刺梅堆、千叶，色大红，如刺绣所成，开最后。五色蔷薇、花亦多，叶而小，一枝五六朵，有深红、浅红之别。黄蔷薇、色蜜，花大，韵雅态娇，紫茎修条，繁夥可爱。蔷薇上品也。淡黄蔷薇、鹅黄蔷薇、易盛，难久。白蔷薇。类玫瑰。又有紫者、黑者、出白马寺。肉红者、粉红者、四出者、出康家。重瓣厚叠者、长沙千叶者。开时连春接夏，清馥可人，结屏甚佳。别有野蔷薇，号野客，雪白粉红，香更郁烈。法于花卸时摘去其蒂，如凤仙法，花发无已。如生莠虫，以鱼腥水浇之，倾银炉灰撒之，虫自死。他如宝相、金钵盂、佛见笑、七姊妹、十姊妹、体态相类，种法亦同。又有月桂一种，花应月圆缺。

种植。立春，折当年枝，连榾株插阴肥地，筑实其傍，勿伤皮，外留寸许，长则易瘁。或云芒种及三、八月皆可插。黄蔷薇，春初将发芽时，取长条卧置土内，两头各留三四寸即活，须见天不见日处。一云芒种日插之亦活。

附录。蔷薇露出大食国、占城国、爪哇国、回回国，番名阿刺吉，洒衣经岁，其香不歇，能疗人心疾，不独调粉为妇人容饰而已。五代时曾以十五瓶入贡。今人多取其花浸水以代露，或采茉莉为之。试法以琉璃瓶盛之，翻摇数四，其泡周上下者为真。

疗治。金疮：蔷薇炭末方寸匕敷之，日三。　　疟疾：野蔷薇花拌茶煎服即愈。

典故。武帝与丽娟看花时，蔷薇始开，态若含笑。帝曰："此花绝胜佳人笑也。"丽娟戏曰："笑可买乎？"帝曰："可。"丽娟奉黄金百斤为买笑钱。蔷薇名买笑，自丽娟始。　　梁元帝竹林堂中多种蔷薇，以长格校其上，花叶相连其下。有十间花屋，枝叶交映，芬芳袭人。　　徐知诰会客，令赋《蔷薇》诗，先成者赐以锦袍。陈濬先得之。　　东平城南许司马后圃蔷薇花太繁，欲分于别地栽插，忽花根下掘得一石，如鸡，五色粲

---

①②③ 转、脸、怎，三字均据"四库全书"［宋］刘过《龙洲词·贺新郎》校补。
④ 悮，应作"恨"。"四库全书"［宋］陈景沂《全芳备祖》前集卷一五《花部·酴醾》录史可堂《声声慢》作"恨"。

然，遂呼蔷薇为玉鸡苗。　景陵张未谪居日建亭，其侧植蔷薇，临别题诗云：他年若问鸿轩人，堂下蔷薇应解语。

丽藻。诗五言：醉晕浅深红。　猩猩凝血点，瑟瑟瘗金装。　胭脂含笑脸，苏合裹衣香。九微灯运转，七宝帐莹煌。俱白乐天。　通体全无力，酡颜不自持。　绿深微露刺，红密欲藏枝。　雨声笼锦帐，风势偃罗帏。俱魏野。　不到东山久，蔷薇几度花。白云还自散，明月落谁家？李太白。　岂知兹草丽，逢春始发花。回风舒紫萼，照日吐新芽。梁简文帝。　发萼初攒紫，余采尚飞红。新花对白日，故蕊逐春风。谢朓。　四面垂条密，浮阴入夏清。绿攒伤手刺，红坠断肠英。粉着蜂须腻，光凝蝶翅明。雨中看亦好，况复值初晴。朱庆余。　海外蔷薇水，中州未得方。旋偷金掌露，浅染玉罗裳。已换桃花骨，何须贾氏香。更烦麹生辈，同访墨池杨。杨诚斋《谢蔷薇及酒》。　美人芳树下，笑语出蔷薇。细草软侵步，香风轻拂衣。情（遥）〔随〕游蝶去，意逐彩云飞。无限伤春思，花前未忍归。高应冕。　经植宜春馆，霏靡上蕊宫。片舒犹带紫，半卷未全红。叶疏难蔽日，花密易来风。佳丽新妆罢，含笑折芳丛。鲍泉。　当户种蔷薇，枝叶太葳蕤。不摇香已乱，无风花自飞。春闺不能静，开匣理明妃。曲池浮采采，斜岸列依依。或闻好音度，时见衔泥归。（目）〔且〕对清酤湛，其余任是非。梁·柳恽。　似锦如霞色，连春接夏开。波红分影入，风好带香来。得地依东阁，当阶奉上台。浅深还有态，次第暗相催。满地愁英坠，绿堤惜棹回。芳浓濡雨露，明丽隔尘埃。似曾胭脂染，如经巧妇裁。奈花无别计，只有酒残杯。　七言：开遍蔷薇一树花。　胭脂浓抹野蔷薇。杨廷秀。　红萼似嫌尘点污，青枝飞上别林开。攀折若无花底刺，岂教桃李独成蹊。夏竦。　解向人间占五色，风流不尽是荼蘼。刘原父。　朵朵精神叶叶柔，雨晴香拂醉人头。石家锦障依然在，闲倚东风夜不收。杜牧。　凿断千家作一池，不栽桃李种蔷薇。莫教叶落秋风后，荆棘满林君始知。贾岛。　一朵长条万朵春，深红嫩绿小窗匀。只因根下千年土，曾葬西川织锦人。裴说。　朱门深锁春池满，举落蔷薇水浸莎。毕竟林塘谁是主，主人来少客来多。白乐天。　碎剪红绡间绿丛，风流疑在列仙宫。朝真更欲熏香去，争掷霓衣上宝笼。魏野。　紫透红殷态度陈，露葵生色借芳新。春风便是黄金屋，羞杀黄金屋里人。北涧。　晓风抹尽胭脂颗，夜雨催成蜀锦机。当昼开时正明媚，故乡疑是贾臣归。张祜。　红残绿暗已多时，路上山花也则稀。蘼苴余春还子细，燕支浓抹野蔷薇。诚斋《野蔷薇》。　浓似猩猩初染素，轻于燕子欲凌空。可怜细丽难胜日，照得深红作浅红。陆龟蒙。　蔷薇一架雨初收，欲候归舟频上楼。无奈梁间双燕子，对人何事语绸缪。史韺。　蔷薇香暖燕双双，误落花钿呋小厖。门外马嘶郎至也，半临明镜半依窗。杨瑞枝。　彩绳高挂翠楼西，遥见君王立御堤。笑折蔷薇插谁鬓，失声扳断凤凰枝。乔永华。　边城百卉俱寥落，四月蔷薇到处花。岂是中州容不得，也随沙漠听胡笳。黄正色。　并占东风一种香，为嫌脂粉学姚黄。饶他姊妹多相妒，总是输君浅淡妆。张铭盂《黄蔷薇》。张公名新，太仓州人。官工部郎中。　满架青龙争鼓奋，几行红粉竞辉光。倏然一阵微飚起，大地氤氲洒异香。　争爱浓香一抹红，壅培缔架费人工。何如吉贝东皋上，冬底犹能御凛风。俱王荚臣。　还列从容蹀躞归，光风骀荡发红薇。莺藏密叶宜新霁，蝶绕低林爱晚晖。艳色当轩迷舞袖，繁香满径拂朝衣。储光羲。　浥露含风匝树开，呼童净扫架边苔。湘红染就高张起，蜀锦机成新剪裁。公子但贪桃夹道，贵人自爱叶翻阶。

宁知野老茅茨下，亦有繁英送一杯。后村。 绣难相似画难成，明媚鲜妍绝比伦。露压盘条方到地，风吹艳色欲烧春。断霞转影侵西壁，浓麝分香入四邻。看取后时归故里，烂花须让锦衣新。 九天碎霞明泽国，造化工夫潜剪刻。浅碧眉长约细枝，深红刺短钩春色。晴日当楼晓香歇，锦带盘空欲成结。谢豹声催麦陇秋，春风吹落猩猩血。《才调集》。 词：玉女翠帷熏，香粉开妆面。不是占春迟，羞被群花见。 纤手折柔条，绛雪飞千片。流入紫金卮，未许停歌扇。李樀山《生查子》。

月季花，一名长春花，一名月月红，一名斗雪红[①]，一名胜春，一名瘦客。灌生。处处有，人家多栽插之。青茎长蔓，叶小于蔷薇，茎与叶俱有刺，花有红、白及淡红三色。白者须植不见日处，见日则变而红。逐月一开，四时不绝。花千叶，厚瓣，亦蔷薇之类也。性甘，温，无毒。主活血，消肿，傅毒。

种植。春前剪其枝培肥土中，时时灌之。俟生根，移种，辅以屏架。花谢结子，即摘去，花恒不绝。或云人家住宅内不宜种此花。

疗治。瘰疬未破：用月季花头二钱，沉香五钱，芫花炒三钱，碎锉，入大鲫鱼中，以鱼肠封固，酒水各一盏，煮熟食，即愈。鱼须安粪水内游死者方效。此方活人最多。

丽藻。五言：四时花不绝。张芸叟。 开花不遗月。苏颖滨。 人间不老春。《百氏集》。 群花各分荣，此花冠时序。聊披浅深艳，不易冬春虑。真宰竟何言，予将造形悟。宋景文。 幽芳本长春，暂瘁如蚀月。且将付造物，未易料枯槁[②]。也知宿根深，便作紫笋苗。乘时出婉娩，为我暖栗烈。先生早贵重，庙论推英拔。而今城东瓜，不记召南芾。陋居有远寄，小圃无阔蹖。还为久处计，坐待行年匝。腊果缀梅枝，春杯浮竹叶。谁言一萌动，已觉万木活。聊将玉蕊新，插向纶巾折。苏东坡。 七言：天下风流月季花。陈季政。 但看花开日日红。 月季只应天上物。张文潜。 春色四时常在目。 花落花开无间断，春来春去不相关。 牡丹最贵惟春晚，芍药虽繁只夏初。俱《百氏集》。 一壶不觉丛边尽，暮雨霏霏欲湿鸦。陈季政。 牡丹殊绝委春风，露菊萧疏怨晚丛。何似此花荣艳足，四时长放浅深红。韩魏公。 一番花信一番新，半属东风半属尘。惟有此花开不厌，一年长占四时春。张铭盂。 只道花无十日红，此花无日不春风。一尖已剥胭脂笔，四破犹包翡翠茸。别有香超桃李外，更同梅斗雪霜中。折来喜作新年看，忘却今晨是季冬。杨诚斋。 词：牡丹不好长春好，有个因依。一株三两枝，但是风光总属伊。 当初只为嫦娥种，月正明时，教恁芳菲，伴着团圆十二回。王冠卿。 开随律琯度芳辰，鲜艳见天真。不比浮花浪蕊，天教月月常新。 蔷薇颜色，玫瑰态度，宝相精神。休教岁时月季，仙家栏槛长春。赵坦庵《朝中措》。

金雀花，丛生，茎褐色，高数尺，有柔刺，一簇数叶。花生叶旁，色黄形尖，旁开两瓣，势如飞雀，甚可爱。春初即开采之，滚汤（人）〔入〕少盐，微焯，可作茶品清供。春间分栽，最易繁衍。

丽藻。诗七言：管领东风知几春，也将俗态染香尘。有人不具看花眼，恼杀飘蓬老病身。翁元广。

---

① 一名斗雪红，此五字底本为空白，据"四库全书"《佩文斋广群芳谱》卷四三《花谱·月季花》补。
② 槁，同"藁"。

二如亭群芳谱花部卷之三

济南　王象晋荩臣甫　纂辑
松江　陈继儒仲醇甫
虞山　毛凤苞子晋甫　同较
宁波　姚元台子云甫
济南　男王与龄、孙士禄、玄孙兆楙　诠次

花谱三

　　葵，阳草也。一名蜀葵，一名吴葵，一名露葵，一名戎葵，一名滑菜，一名卫足，一名一丈红。处处有之。本丰而耐旱，味甘而无毒，可备蔬茹，可防荒俭，可疗疾病，润燥利窍，服丹石人最宜。生郊野地，不问肥瘠，种类甚多。宿根自生，亦可子种。天有十日，葵与终始，故葵从癸。能自卫其足，又名卫足。叶微大，花如木槿而大。肥地勤灌，可变至五六十种。色有深红、浅红、紫、白、墨紫、深浅桃红、茄紫、蓝数色。_{黑者如墨，蓝者如靛。}形有千瓣、五心、重台、重叶、单叶、剪绒、钜口、细瓣、圆瓣、重瓣数种。昔人谓其疏茎密叶、翠萼艳花、金粉檀心，可谓善状此花已。五月繁华，莫过于此。庭中篱下无所不宜。茎有紫、白二种，白者为胜。又有锦葵、一名荍，一名荍苤。丛低，叶微厚，花小如钱，文彩可观，又名钱葵。色深红、浅红、淡紫，皆单叶，开亦耐久。《诗》："视尔如荍。"注：荍，蚍苤也。即此种同蜀葵。一种戎葵，奇态百出。秋葵、一名侧金盏，与蜀葵别种①。另一种高六七尺，黄花绿叶，檀蒂白心，叶如芙容，有五尖如人爪，形狭而多缺。六月放花，大如碗，淡黄色，六瓣而侧，雅淡堪观，朝开午收。花落即结角，大如拇指，长二寸许，六棱有毛，老则黑。其棱自绽，内六房，子累累在房内，与葵相似，故名秋葵，朝夕倾阳，此葵是也。秋尽收子，二月种，以手高撒。梗亦长大。子宜浸油，治杖疮，又作催生妙剂。旌节花、高四五尺，花小，类茄花，俗讹为锦茄儿花，节节对生，红紫如锦。西番葵。茎如竹，高丈余。叶似蜀葵而大。花托圆二三尺，如莲房而扁。花黄色，子如蓖麻子而扁。孕妇忌经其下，能堕胎。

　　种植。实大如指顶，皮薄而扁，子如芜荑仁，轻虚易种。收子以多为贵。八九月间锄地下种，冬有雪辄耢之，勿令飞去，使地保泽无虫灾。至春初，删其细小，余留在地，频浇水，勿缺肥，当有变异色者发生满庭，花开最久。至七月中尚蕃大，风雨后即宜扶起。壅根少迟，其头便曲，不堪观矣。寻千叶者四五种，墙篱向阳处间色种之，

---

　　① 别种，底本无此二字，语义不全。据"四库全书"《佩文斋广群芳谱》卷四七《花谱·秋葵》补。

干长而直，花艳而久，胜种罂粟十倍。 一法：陈葵子微炒，令爆咤。撒熟地，遍蹋之，朝种暮生，迟不过经宿。

制用。食葵当乘其叶嫩时，须用蒜，无蒜勿食。久病大便涩滞者宜食，孕妇宜食，易产。作菜茹甚甘美，但性太滑利，不益人。热食令人热闷。三月食生葵，动风气，发宿疾，饮食不消。四月食之，发风疾。天行病后食之，令人失明。霜后生食，动五种留饮，吐水。心有毒，服药人忌食。被犬咬者，终身勿食，食之即发。黄背紫茎者，勿食。同鲤鱼、黍米鮓食，害人。同猪肉食，令人无颜色。 插瓶用沸汤，以纸塞口则不萎。或以石灰蘸过，令干方插，花开至顶，叶仍如旧。凤仙、芙蓉插法同。 葵甚易生，地不论肥瘠，宜于不堪作田之地多种，以防荒年。采瀹，晒干收贮。 晒黄葵须破其蕊，则不腐。 花开尽，带青收其秸，勿令枯槁。水中浸一二日，取皮为缕，可织布及作绳用。 收必待霜降，伤晚则黄烂，伤早则黑涩。 枯时烧灰，藏火耐久。 花干，入香炭瑬内，引火耐烧。 叶可染纸，所谓葵笺也。

附录。蒲葵：叶似葵，可食。 凫葵：生水中，叶圆似莼，名水葵。 天葵：一名菟葵葵，雷公所谓紫背天葵，是也。叶如钱而厚嫩，背微紫，生崖石。凡丹石之类，得此始神，但世人罕识。 兔葵：似葵而叶小，状如藜。刘禹锡诗叙所云"兔葵燕麦，动摇春风"者，即此。

疗治。丹石发动，口干咳嗽者：每食后饮冬月葵齑汁一盏，便卧少时。 消渴引饮，小便不利：葵根五两，水三大盏，煮汁，平旦服，日一服。 伤寒劳复：葵子二升，梁米一升，煮粥食，取汗立安。 催生：黄葵焙，研末，熟汤下二钱。或子半合，酒研，去渣服，效。治脏干涩、难产，并进三服。腹中宽滑即生，用红花酒可下死胎。 妊娠患淋及下血：冬葵子一升，水三升，煮二升，分服。 妊娠身肿，下便不利，洒淅恶寒，起即头眩：用葵子、茯苓各三两，为糁。饮服方寸匕，日三服，小便利则愈。若转胞者，加发灰，神效。 乳汁不行及乳痈：葵及炒香、砂仁等分，为末。热酒服二钱，最效。 生产困闷：冬葵子一合捣破，水二升，煮汁半升，顿服，少时便产。昔有人如此服之，登厕立扑儿于厕中。 胞衣不下：冬葵子一合，牛膝一两，水二升，煎一升服。 妇人带下，脐腹冷痛，面色痿黄，日渐沉困：葵花根一两，阴干，为末。空心温酒服二钱匕。赤带用赤葵，白带用白葵。 小儿口唇疮及唇紧：赤葵茎炙干，为末，蜜和含之。如经年不愈，葵根烧研，酥调敷之。 小儿木舌：黄葵为末一钱，黄丹五分，敷之。 汤火伤：用瓶盛麻油，以箸取葵花入瓶内，勿犯手，密封收。伤者以油涂之，甚妙。葵叶为末敷之，亦佳。又七月七日收黄葵花，香油浸磁瓶中，治之亦佳。 肉锥怪疾，手足忽长倒生肉刺如锥，痛不可忍：食葵菜即愈。 诸瘘不合：先以泔清温洗拭净，取葵菜，微火烘暖贴之，百余叶，引浓尽，即肉生。忌诸鱼、蒜、房事。 瘰疽恶毒：肉中忽生一黡子，大如豆粟，或如李梅，或赤或黑或白或青。其瘰有核，核有深根，应心，能烂筋骨。毒入脏腑即杀人，但饮葵根汁，可折其热毒。 身面疳疮，出黄汁者：葵根烧灰，和猪脂涂之。 口吻生疮经年：葵根烧灰敷之。 便毒初起：冬葵子末，酒服二钱。 肠胃生痈，治内痈有败血，腥秽殊甚，脐腹冷痛：用此排脓。单叶红蜀葵根、白芷各一两，白枯矾、白芍药各五钱，为末，黄蜡镕化，丸桐子大。空心米饮下二十九，待脓血出尽，服十宣散补之。 诸疮肿痛：不可忍者，葵花根去黑皮，捣烂，入井华水调稠贴之。无头者，三日后取葵子吞一粒，即破。　二便不通：胀急者，生冬葵根二斤捣汁三合，生姜四两取汁一合，和匀，分二服，连用即通。　沙石淋痛：黄葵花一两炒末，米饮下一钱。　大便不通：十日至一月者，冬葵子三升，水四升，煮取一升服。不瘥，更作。又葵子末、人乳汁等分，和服，立通。　关膈胀满：大小便不通欲死者，葵子二升，水四升，煮取一升，纳猪脂、一鸡子顿服。又葵子为末，猪脂和丸桐子大。每服五十丸，效。　小便血淋：黄葵子一升，水三升，煮汁，日三。又五月五日收葵子，微炒，为末。每食前熟汤下一钱，最验。又葵根二钱，车前子一钱，水煮顿服。　二便关格，胀闷欲死，二三日则杀人：蜀葵花一两捣烂，麝香半钱，水一大盏，煎服。根亦可用。　解蜀椒毒：冬葵子煮汁饮。　蛇蝎螫伤：葵菜捣汁服。捣根汁涂亦可。　蜂蝎螫毒：五月五日午时收蜀葵花、石榴花、艾心等分，阴干，为末，水调涂之。　打伤：黄葵子二钱，酒研服。诸恶疮脓水久不瘥，黄葵作末敷，即愈。

典故。公仪休相鲁，食于舍而茹葵，葵美，愠而拔之，曰："又夺园夫红女之利乎！"董仲舒纂。　仲尼曰："鲍庄子之智不如葵，葵犹能卫其足。"《左传》。　鲁漆室之女见鲁君老、太子幼，倚柱而叹。邻妇问之，曰："昔有客马逸，践园葵，使吾终岁不饱葵。吾闻河润九里，渐濡三百里。鲁国有患，君臣父子被其辱，妇女独安所避？"《列女传》。　鲁监门女婴相从绩，婴，女名。中夜泣曰："卫世子不肖，是以泣。"其偶问其故，曰："宋司马得罪于宋，出奔于卫，马逸，食吾园葵，是岁失利一半。由是观之，祸福相及也。"《韩诗外传》。　丁次都为丁氏作奴，丁氏常使求葵。冬得生葵。问从何得此，云从日南来。《列仙传》。　周颙清贫，终日长斋。王俭问曰："卿，山中何食最胜？"答曰："赤米、白盐、绿葵、紫蓼。"《南史》。　彭城王攸在郡，王氏种葵三亩，被人盗。王密令书葵叶，明旦市中得盗。《北齐》本传。　苻坚欲南师，梦葵生城南。以问妇，曰："若军远出，难为将。"《异苑》。　黄葵常倾叶向日，不令照其根。《说文》。　浙中人种葵，俗名一丈红，有五色。《南方草木记》。

丽藻。散语：七月烹葵及菽。《诗》。　若葵藿之倾太阳，虽不为回光，然向之者，诚也。曹植。　衰荷依荫，时藿向阳，绿葵含露，白薤负霜。潘岳。　布护交加，葱草分葩。疏茎密叶，翠萼丹华。王均。　惟兹春草，怀芬吐荣。挺河渭之膏壤，吸升井之元精。绕铜爵而疏植，映昆明而罗生。作妙观于神州，扇令名于东京。驰驿命而远致，攒华林而丽庭。申修翘之冉冉，播圆叶之青青。虞翻。诗五言：流目视西园，晔晔荣紫葵。渊明。　无以肉食资，取笑葵与藿。《文选》。　刈葵莫放手，放手伤葵根。水烟迷秋草，秋露接园葵。杜甫。　惭君能卫足，叹我远游根。白日如分照，还归守故园。李太白。　艳艳江南葵，开花照天地。阶墀十日雨，百草争荟蔚。秦民悌。　炎天花尽歇，锦绣独成林。不入当时眼，其如向日心。宝钗知见弃，幽蝶或来寻。谁许清风下，芳醪对一斟。韩忠献。　采葵莫伤根，伤根葵不生。结交莫羞贫，羞贫交不成。古诗。　白若缯初断，红如颜欲酡。坐令仙驾俨，幢节纷骈罗。物性有常妍，人情轻所多。菖蒲傥自秀，弃掷不我过。温公。　宾厨何所有？炊稻烹秋葵。红粒香复软，绿叶滑且肥。饥来止于饱，饱后复何思？思忆荣遇日，迨今穷退时。今亦不冻馁，昔日无余资。口既不减食，身又不减衣。抚心私自问，何者为荣衰？白乐天。　弱质困夏永，奇姿苏晚凉。低昂黄金盘，照耀初日光。檀心自成晕，翠叶生有光。古来写生人，妙绝谁似昌？晨妆与午醉，向背分阴阳。君看此花枝，中有风露香。苏东坡。 七言：烂煮葵根斟桂醑，风流可惜在蛮村。东坡。 西崦人家应自乐，煮葵烧笋饷春耕。前人。 秋来似学金丹术，戏把硫黄制酒杯。陈司封。 一树黄葵金盏侧，劝人相对醉西风。潘德久。 此花莫遣俗人看，新染鹅黄色未干。好逐秋风天上去，紫阳宫里要头冠。李沙。 白露清风催八月，紫兰红药共凄凉。黄花冷淡无人看，独自倾心向太阳。刘原父。 黄葵贵丽不夭饶，一朵新晴松下高。还似迷英临黼座，朦胧晓日照天袍。宋景公。 昔年南国看黄葵，云髻金钗向后垂。今日村家篱落秋，秋风寂寞两三枝。王正美。 植物虽微性有常，人心翻覆至艰量。李陵卫律阴山死，不似葵花识太阳。刘后村。 红白青黄弄浅深，旌分幢列自成阴。但疑承露矜殊色，谁识倾阳无二心？杨异斋。 恐是牡丹重换紫，又疑芍药再翻红。娇娆不辨桑间女，蔽芾深迷芏下翁。陈石斋。 欲把相思远寄君，恐教牵动读书心。闲花野草休关念，养取葵心向紫宸。萧凤质女郎。 薄妆新著淡黄衣，对捧金炉侍醮迟。向月似矜倾国貌，倚风如唱步虚词。乍开檀烓疑闻语，试与云和必解吹。为报同人看来好，不禁秋露即离披。韦庄。 歌：昨日一花开，今日一花开。今日花正好，昨日花已老。始知人老不如花，可惜落花君莫扫。人生不得长少年，莫惜床头沽酒钱。请君有钱向酒家，君何不见戎葵花？岑参。 词：秋花最是黄葵好，天然嫩态迎春早。染得道家衣，淡妆梳洗时。 晚①来清露滴，一一金杯侧。插向绿云鬟，便随王母仙。晏元献《菩萨蛮》。

萱，一名忘忧，一名疗愁，一名宜男。通作谖、蕿、蘐、蕿，本作藼。苞生，茎无附枝，繁萼攒连，叶四垂。花初发如黄鹄嘴，开则六出，时有春花、夏花、秋花、冬花四季，色有黄、白、红、紫、麝香、重叶、单叶数种，与鹿葱相似，惟黄如蜜色者清香。春食苗，夏食花，其稚芽、花跗皆可食。性冷，能下气，不可多食。《草木记》：妇人怀孕，佩其花必生男。采花入梅酱、砂糖，可作美菜。鲜者积久成多，可和鸡肉，其味胜黄花菜，彼则山萱故也。雨中分勾萌种之，初宜稀，一年后自然稠密。或云：用根向上、叶向下种之，则出苗最盛。夏萱固繁，秋萱亦不可无，盖秋色甚少，此品亦庶几可壮秋色耳。

制用。采花作菹，甚利胸膈。

附录。鹿葱：色颇类，但无香尔，鹿喜食之，故以命名，然叶与花、茎皆各自一种。萱叶绿而尖长，鹿葱叶团而翠绿。萱叶与花同茂，鹿葱叶枯死而后花。萱一茎实心，而花五六朵节开；鹿葱一茎虚心，而花五六朵并开于顶。萱六瓣而光，鹿葱七八瓣。《本草》注萱云即今之鹿葱，误。

疗治。通身水肿：鹿葱根叶晒干，为末。每服二钱，入席下尘五分，食前米饮下。 中丹药毒：萱草根煎汁饮。

典故。萱有三种：单瓣者可食，千瓣者食之杀人，惟色如蜜者香清，叶嫩可充高斋清供，又可作蔬食，不可不多种也。《宋氏种植书》。 萱草忘忧，其花堪食。又有一种

---

① 晚，"四库全书"［宋］晏殊《珠玉词·菩萨蛮》作"晓"。

小而绝黄者，曰金萱，甚香而可食，尤宜植于石畔。王敬美。

丽藻。散语：焉得萱草，言树之背。《诗》。 "中药养性"谓：合欢蠲忿，萱草忘忧。《博物志》。 惠书慰沃，虽萱草忘忧，皋苏释劳，无以加也。王郎。 鹿葱根苗可以荐于俎，世人欲求男者，服之尤良也。嵇含。 赋：猗猗令草，生于中方。花曰宜男，号应祯祥。远而望之，焕若三辰之丽天；近而察之，恍若芙蓉之鉴泉。于是狡童媛女，以时来征，结九秋之永思，含春风以娱情。傅玄。 淑大邦之奇草兮，应则百之休祥。禀至贞之虚气兮，显嘉名以自彰。冠众卉而挺生兮，承木德于少阳。体柔性刚，蕙洁兰芳。结纤根以立本兮，嘘灵①渥于青云。顺阴阳以滋茂兮，实②含章之有文。远而望之，烛若丹霞照青天；近而观之，烨若芙容鉴绿泉。蓁蓁翠叶，灼灼朱华。炜若珠玉之树，焕如景宿之罗。充后妃之盛饰兮，登紫薇之内庭。回日月之辉光兮，随天运以虚盈。夏侯湛。 颂：草号宜男，既烨且贞。其贞伊何？惟乾之嘉。其烨伊何？绿叶丹华。光彩晃曜，配彼朝日。君子耽乐，好和琴瑟。固作《螽斯》，惟物孔臧。福齐太姒，永世克昌！曹植。 诗五言：萱草含丹粉。温庭筠。 忘忧当树萱。李白。 我非儿女萱。苏轼。 丛疏露始滴，芳余蝶尚留。韦应物。 腻花金英扑，纤莛玉股抽。宋景文。 若教花有语，却解使人愁。晏元献。 萱草儿女花，不解壮士忧。孟郊。 移萱树之背，丹霞间缥色。我有忧民心，对君忘不得。石舍人。 修茎无附叶，繁萼攒莛首。每欲问诗人，定得忘忧否？宋景文。 种萱不种兰，自谓忧可忘。绿叶何蓁蓁，春愁更茫茫。刘原父。 可爱宜男草，垂采映倡家。何时如此叶，结根复含花。梁简文帝。 萱草生堂阶，游子行天涯。慈亲倚堂门，不见萱草花。聂夷中。 莫讶萱枝小，能施宫样妆。只缘沾染足，绝似杜兰香。徐竹隐。 从来占北堂，雨露借恩光。与菊乱佳色，共葵倾太阳。人生真苦相，物理忌孤芳。不及空庭草，荣衰可两忘。黄山谷。 七言：宜男漫作后庭草，不似樱桃结子红。温庭筠。 清萱到处碧鬷鬷，兴庆宫前色倍含。借问皇家何种此？太平天子要宜男。黄省曾。 泰女窥人不解羞，攀花趁蝶出墙头。胸前空带宜男草，嫁得萧郎爱远游。于鹄。 词：小庭春老，碧砌红萱草。长忆小栏闲共绕，执手绿丛含笑。 别来音信全乖，旧期前事堪猜。门掩日斜人静，落花愁点苍苔。《清平乐》。 红榴花下宜男草，色与人俱好。佳人重色爱新花，只恐东风渐急、夕阳斜。 岂知浮艳难长久，看见花枝瘦。琐窗人起怨花空，不觉玉颜憔悴、减春红。刘基《虞美人》。 新制罗衣珠络缝，消瘦肌肤，欲试犹嫌重。莫信鹊声相侮弄，灯花几度成春梦。 风雨又将花断送，满地胭脂，补尽苍苔空。独自移将萱草种，金钗挽得花枝动。杨孟载《蝶恋花》。

兰，香草也。一名茼，一名都梁香，一名水香，一名香水兰，一名香草，一名兰泽香，一名女兰，一名大泽香，一名省头香。夏置发中，令头不腻。生山谷。紫茎赤节，苞生柔黄，叶绿如麦门冬而劲健特起，四时常青，光润可爱。一莛一花，生茎端，黄绿色，中间瓣上有细紫点。幽香清远，馥郁袭衣，弥旬不歇，常开于春初，虽冰霜之后，高深自如，故江南以兰为香祖。又云兰无偶，称为第一香。紫梗青花为上，青梗青花

---

① 灵，底本缺，据"四库全书"［宋］陈景沂《全芳备祖》前集卷二六《花部·萱草花》引夏侯湛《宜男花赋》补。

② 实，底本缺，据"四库全书"［宋］陈景沂《全芳备祖》前集卷二六《花部·萱草花》引夏侯湛《宜男花赋》补。一作"笑"。

次之，紫梗紫花又次之，余不入品。其类，紫者有陈梦良、色紫，每干十二萼，花头极大，为紫花之冠。至若朝晖微照，晓露暗湿，则灼然腾秀，亭然露奇，敛肤傍干，团圆四向，婉媚娇绰，伫立凝思，如不胜情。花三片，尾如带微青。叶三尺，颇觉弱黯。然而绿背虽似剑，脊至尾棱则软薄斜撤，粒许带缁，最为难种，故人希得其真者。种用黄净无泥瘦沙，忌肥，恐致腐烂。吴兰、色深紫，有十五萼，干紫英红，得所养则歧而生，至有二十萼。花头差大，色映人目，如翔鸾鸷凤，千态万状。叶高大刚毅劲节，苍然可爱。不堪受肥，须以清茶沃之，冀得其本生土地之性。潘花、色深紫，有十五萼。干紫，圆匝齐整，疏密得宜。疏不露干，密不簇枝，绰约作态，窈窕逞姿，真所谓艳中之艳、花中之花也。愈久愈见精神，使人不能舍去。花中近心处色如吴紫，艳丽过于众花。叶则差小于吴，峭直雄健，众莫能及，其气特深。未能受肥，清茶沃之。二种用赤砂泥。赵师博、色紫，十五萼，初萌甚红，开时若晚霞灿日，色更晶明。叶劲直肥竿，超出群品。　以上俱上品。　何兰、大张青、蒲统领、陈八斜、淳监粮、　以上俱中品。　萧仲和、许景初、石门红、何首座、小张青、林仲孔、庄观成、俱下品。纵土质浇灌，有太过、不及，亦无大害。金棱边；色深紫，十二萼，出于长泰陈家。色如吴兰，片则差小，叶亦劲健。所可贵者，叶自尖处分二边，各一线许，映日如金线，紫花品外之奇。用黄色粗沙和泥，少添赤沙泥，妙。半月一用肥。白者有济老、色白，有十二萼，标致不凡，如淡妆西子，素裳缟衣，不染一尘。叶似施花，更高一二尺，得所养则歧而生，亦号一线红，白花之冠。宜沟中黑沙泥和粪种，爱肥，一任浇灌。灶山、一名绿衣郎，有十二萼，色碧玉，花枝（间）〔开〕，体肤松美，颙颙昂昂，雅特闲丽，真兰中之魁品也。每生并蒂花，干最碧，叶绿而瘦薄，如苦荬菜。山下流聚沙泥种，亦可肥，戒多。黄殿讲、一名碧玉干西施，花色微黄，有十五萼，并干而生，计二十五萼。或逆于根，叶细最绿肥厚，花头似开不开。第干虽高而实瘦，叶虽劲而实柔，且朵不起秸根，有菱叶，是其所短者耳。李通判、色白，十五萼，峭特雅淡，追风浥露，如泣如诉，人多爱之。以较郑花，则减一头地。用泥同灶山。叶大施、叶剑脊最长，惜不甚劲直。惠知客、色白，有十五萼，赋质清癯，团簇齐整，娇柔瘦润，花英淡紫，片尾凝黄。叶虽绿茂，但颇柔弱。用泥同济老。马大同、色碧而绿，有十一萼，花头微大，间有向上者，中多红晕。叶则高耸，苍然肥厚。花干劲直，及其叶之半。一名五晕丝。用泥同济老。　以上俱上品。　郑少举、色白，十四萼，莹然孤洁，极为可爱。叶修长散乱，所谓蓬头少举也。有数种，花有多少、叶有软硬之别，白花之能生者无出于此。其花之资质可爱，为群花翘楚。用粪壤泥及河沙，内用草鞋屑铺四围种之，累试甚佳。大凡用轻松泥皆可。黄八兄、色白，有十二萼，善于抽干，颇似郑花。叶绿而直，惜干弱不能支持耳。用泥同济老。周染、色白，十二萼，与郑花无异，但干短弱。用泥同郑少举。　以上俱中品。　夕阳红、花八萼，花片凝尖，色则凝红如夕阳返照。肥瘦任意，当视沙之燥湿。蓄雨水沃之，令色绿为妙。观堂主、名弟同。观堂主、花白，有七萼，花聚如簇，叶不甚高。可供妇女时妆。名弟、色白，有五六萼，花似郑，叶最柔软，如新长叶则旧叶随换，人多不种。弱脚、色绿，花大如鹰爪，一干一花，比叶高二三寸。叶瘦，高二三尺。入腊方花，香馥可爱。外有云峤、朱花、青蒲、玉小娘之类。　以上俱下品。　鱼魿兰、又名赵花，十二萼，花片澄澈，如鱼魿沉水中无影。叶劲绿。此白花品外之奇。山下流聚沙泥种，戒肥腻。都梁、紫茎绿叶，芳馨远馥。都梁县西有小山，山上停水清浅，山悉生兰，山与邑得名以此。建兰、茎叶肥大，苍翠可爱。其叶独阔，今时多尚之。叶短而花露者尤佳。若非原盆，须用火烧山土栽。根甚甜，招蚁，以水盎隔之。水须日换，恐起皮，则蚁易度。频分则根舒，花开不绝，此已试妙法也，浇洗须如法。又有按月培植之方，乃闽中士绅所传，宜照行之。杭兰。惟杭城有之。花如建兰，香甚，一枝一花。叶较建兰稍阔。有紫花黄心色若胭脂，有白花黄心白若羊脂，花甚可爱。取大本根内无竹钉者，用横山黄土，拣去石块种之，见天不见日。浇以羊鹿粪水，花亦茂盛。鸡鹅毛水亦可。若浇灌得宜，来年花发，其香胜新栽者远甚。一说用水浮炭种之，上盖青苔花茂，频洒水花香。　花紫白者名苏，出法华山。江南兰只在春芳，荆楚及闽中者秋复再芳，故有春兰、夏兰、秋兰、素兰、石兰、竹兰、凤尾兰、玉梗兰。春兰花生叶下，素兰花生叶上，至其绿叶紫茎，则如今所见，大抵林愈深而茎愈紫尔。沅澧所产花在春则黄，在秋则紫，春花不如秋之芳馥。　凡兰皆有一滴露珠在花蕊间，谓之兰膏，不啻沆瀣，多取则损花。

　　正讹。兰之为世重尚矣。今世重建兰，北方尤为难致。间得一本，置之书屋，爱惜郑重，即拱璧不啻也。及详阅载集，如《邂斋闲览》《楚词辨证》《本草纲目》《草木疏》诸书，乃知今所崇尚，皆非灵均九畹故物，至有谓春花为兰、秋花为蕙者，其视"纫秋兰为佩"之语，不刺谬乎？第沿袭既久，习尚难更，姑识（简）〔兰〕端取正博雅。群芳主人题。《草木疏》云：兰为王者香草，其茎叶皆似泽兰，广而长节，节中赤，高四五尺。藏之书中，辟蠹鱼，故古有兰省芸阁，芸亦辟蠹。　兰、蕙二物，《本草》言之甚详。刘次庄云：今沅澧所生，花在春则黄，不若秋紫之芬馥。又黄鲁直云：一干一花而香有余者兰，一干数花而香不足者蕙。今按《本草》所言之兰，虽未之识，然而云似泽兰，则今处处有之。蕙则自为零陵香，尤不难识，其与人家所种叶类茅，而花有两种，如黄说者皆不相似。大抵古之所谓香草，必其花叶皆香而燥湿不变，故可刈而为佩。若今之所谓兰蕙，则其花虽香而叶乃无气，其香虽美而质弱易萎，皆非可刈而佩者也。朱文公《楚辞辨证》。《楚辞》所咏香草，曰兰，曰苏，曰茝，曰药，曰蘪，曰芷，曰荃，曰蕙，曰薰，曰麋芜，曰江蓠，曰杜若，曰杜蘅，曰揭车，曰留夷，释者但一切谓之香草而已。如兰一物，或以为都梁香，或以为泽兰，或以为猗兰草，今当以泽兰为正。山中又有一种如大叶门冬，春开花，极香，此则名幽兰，非真兰也。苏则今人所谓石菖蒲者，茝、药、蘪、芷虽有四名，正是一物，今所谓白芷是也。蕙即零陵香，一名薰麋芜，即芎䓖苗也，一名江蓠。杜若即山姜也。杜蘅，今人呼为马蹄香。惟荃与揭车、留夷，终莫能识。余他日当遍求其本，列植栏槛间，以为楚香亭。《邂斋闲览》。

　　附录。朱兰：花开肖兰，色如渥丹，叶阔而柔，粤种也。　伊兰：出蜀中，名赛兰香。树如茉莉，花小如金粟，香特馥烈，戴之香闻一步，经日不散。　风兰：温台山阴谷中，悬根而生，干短劲，花黄白，似兰而细。不用土栽，取大窠者盛以竹篮，或束以妇人头髻、铜铁丝、头发衬之，悬见天不见日处，朝夕嘅以冷茶、清水，或时取下，水中浸湿。　挂至春底，自花。即不开花，而随风飘扬，冬夏长青，可称仙草，亦可品也。最怕烟煤。一云此兰能催生，将产，挂房中最妙。　箬兰：叶似箬，花紫，形似兰而无香。四月开，与石榴红同时。大都产海岛阴谷中，羊山、马迹诸山亦有。性喜阴，春雨时种。　赛兰：蔓生。　树兰：木生，其香皆与兰等。　真珠兰：一名鱼子兰，色紫，蓓蕾如珠，花成穗，香甚浓。四月内，节边断二寸插之，即活。喜肥，忌粪，以鱼腥水浇则茂。十月半收，无风处以盆覆土封之，水浇，勿令干，来年愈茂。花戴之髻，香闻甚远。以蒸牙香、棒香，名兰香，非此不可。广中甚盛。叶能断肠。　含笑花：产广东，其花如兰，形色俱肖。花不满，若含笑然，随即凋落。予初得自广中，仅高二尺许，今作拱把之树矣，且不惧冬。

养兰口诀。正月安排在坎方，离明相对向阳光。晨昏日晒都休管，要使苍颜不改常。　二月栽培其实难，须防叶作鹧鸪斑。四围插竹防风折，惜叶犹如惜玉环。　三月新条出旧丛，花盆切记向西风。（隄）〔提〕防湿处多生虱，根下犹嫌太粪浓。以猪血和清水灌之，佳。　四月庭中日乍炎，盆间泥土立时干。新鲜井水休浇灌，腻水时倾味最甜。　五月新芽满旧窠，绿阴深处最平和。此时叶退从他性，剪了之时愈见多。　六月骄阳暑气加，芬芳枝叶正生花。凉亭水阁堪安顿，或向檐前作架遮。　七月虽然暑渐消，只宜三日一番浇。最嫌蚯蚓伤根本，苦皂煎汤尿汁调。　八月天时稍觉凉，任他风日也无妨。经年污水今须换，却用鸡毛浸水浆。　九月时中有薄霜，阶前檐下慎行藏。若生蚁螳妨黄肿，叶洒油茶庶不伤。　十月阳春暖气回，来年花笋又胚胎。幽根不露真奇法，盆满尤须急换栽。　十一月天宜向阳，夜间须要慎收藏。常教土面微生湿，干燥之时叶便黄。　腊月风寒雪又飞，严收暖处保孙枝。直教冻解春司令，移向庭前对日晖。　种植。性喜阴，女子同种则香。《淮南子》曰：男子种兰，美而不芳。其茎叶柔细，生幽谷竹林中者，宿根移植腻土多不活，即活亦不多开花。茎叶肥大而翠劲可爱者，率自闽广移来。种法：九月时，将旧盆轻击碎，缓缓挑起旧本，删去老根，勿伤细根。取有窍新盆，用粗碗覆窍，以皮屑、尿缸瓦片铺盆底，仍用泥沙半填。取三季者三篦作一盆，互相枕藉，新篦在外，分种之，糁土拥培，勿用手捺实，使根不舒畅。长满复分，大约以三岁为度。盆须架起，仍不可著泥地，恐蚯蚓、蝼蚁入孔伤根，令风从孔进，透气为佳。　十月时，花已胎孕，不可分，若见霜雪大寒，尤不可分，否则必至损花。分之次年，不可发花，恐泄其气，则叶不长。凡善于养花，切须爱其叶，叶笋则不虑花不茂也。　位置。兰性好通风，台不可太高，高则冲阳；亦不可太低，低则隐风。地不必旷，旷则有日；亦不可狭，狭则蔽气。前宜南面，后宜背北，盖欲通南薰而障北吹也。右宜近林，左宜近野，欲引东日而被西阳也。夏遇炎烈则荫之，冬逢沍寒则曝之。沙欲疏，疏则连雨不能淫；上沙欲濡，濡则酷日不能燥。至于插引叶之架，平护根之沙，防蚯蚓之伤，禁蝼螳之穴，去其莠草，除其丝网，助其新篦，剪其败叶，犹当一一留意者也。　修整。花时，若枝上蕊多，留其壮大者，去其瘦小，若留之开尽，则夺来年花信。性畏寒暑，尤忌尘埃，叶上有尘即当涤去。兰有四戒，春不出、夏不日、秋不干、冬不湿，养兰者不可不知。　浇灌。春三二月无霜雪时，放盆在露天，四面皆得浇水。浇用雨水、河水、皮屑水、鱼腥水、鸡毛水、浴汤。夏用皂角水、豆汁水，秋用炉灰、清水，最忌井水。须四面匀灌，勿得洒下，致令叶黄，黄则清茶涤之。日晒不妨。逢十分大雨，恐坠其叶，用小绳束起。如连雨三五日，须移避雨通风处。四月至七月，须用疏密得所竹篮遮护，置见日色通风处。浇须五更或日未出一番，黄昏一番，又须看干湿，湿则勿浇。梅天忽逢大雨，须移盆向背日处，若雨过即晒，盆内水热，则荡叶伤根。七八月时，骄阳方炽，失水则黄，当以腥水或腐秽浇之，以防秋风肃杀之患。九月盆干，用水浇，湿则不浇。十月至正月，不浇不妨。最怕霜雪，更怕春雪，一点著叶，一叶即毙。用密篮遮护，安朝阳日照处南窗檐下，须两三日一番旋转，使日晒匀，则四面皆花。用肥之时，当俟沙土干燥，遇晚方始灌溉，候晓以清水碗许浇之，使肥腻之物得以下渍其根，自无勾蔓逆上、散乱盘盆之患。更能预以瓮缸之属，储蓄雨水，积久色绿者，间或灌之，其叶浮然挺秀，濯然争茂，盈台簇槛，列翠罗青，纵无花开，亦见雅洁。　收藏。冬作草围，比兰高二三寸，上编草盖。寒时将兰顿在中，覆以盖，十余日河水微浇一次。待春分后去围，只在屋内，勿见风。如上有枯叶，剪去。待大暖，方可出外见风。春寒时亦要进屋。常以洗鲜鱼血水，并积雨水，或皮屑浸水、苦茶灌之。　卫护。忽然叶生白点，谓之兰虱，用竹针轻轻剔去。如不尽，用鱼腥水或煮蚌汤频洒之，即灭。或研蒜和水，新羊毛笔蘸洗去。珍珠兰法同。盆须安顿树阴下，如盆内有蚓，用小便浇出，移蚓他处，旋以清水解之。如有蚁，用腥骨或肉引而弃之。　酿土。用泥不拘，大要先于梅雨后取沟内肥泥，曝干罗细备用。或取山上有火烧处水冲浮泥，再寻蕨菜，待枯，以前泥薄覆草（土）〔上〕，再铺草，再加泥，如此三四层。以火烧之，浇入粪，干则再加再烧数次，待干取用。一云：将山土用水和匀，搏茶瓯，大猛火煅红。火煅者，恐蚁蚓伤根也。锤碎，拌鸡粪待用。如此蓄土，何患花之不茂？

典故。郑文公有贱妾曰燕姞，梦天使与己兰，曰："余为伯鯈。余，而祖也，以是为而子，以兰有国香，人服媚之。"文公与之兰而御之。辞曰："妾不才，幸而有子，将不信，敢征兰乎？"公曰："诺。"生穆公，名之曰兰。《左传》。　勾践种兰渚山，王右军兰亭是也。今会稽山甚盛，余姚县西南并江有浦亦产兰，其地曰兰墅洲，自建兰盛行，不复齿及，移入吴越辄凋。有善藏者售之，辄得高价，而香终少减。《越绝书》。　汉尚书郎每进朝时，怀香握兰，口含鸡舌香。　先主杀张裕，诸葛亮救之。帝曰："芳兰当门，不得不除。"故袁淑诗"种兰忌当门"。《蜀志》。　谢安尝谓诸子弟曰："子弟何预人事？"答曰："譬如芝兰玉树，欲其生于庭阶云尔。"《晋书》。　晋罗含字君章，莱阳人。致仕还家，阶庭忽兰菊丛生，人以为德行之感。　王摩诘贮兰，用黄磁斗，养以绮石，累年弥盛。《汗漫录》。　吴孺子藏兰百本，静开一室，良适幽情。　帝幸新丰，赐李泌汤池，给香粉兰泽。唐德宗。　龙朔年改秘书省曰兰台，秘书郎曰省郎。《唐书》。　霍定与友生游曲江，以千金求人窃贵侯亭榭中兰花插帽，兼自持往罗绮丛中卖之，士女争买，抛掷金钱。《曲江春宴录》。　宋罗畸元祐四年为滁州刺（使）〔史〕。明年治廨宇，于堂前植兰数十本，为之记曰："予之于兰，犹贤朋友，朝袭其馨，暮撷其英，携书就观，引酒对酌。"　浙江兰溪县兰阴山多兰蕙。　武义菊妃山多兰菊，旁有妃水溪。　南昌府宁州内有石室，北多兰茝。黄鲁直云：清水岩为天下胜处，岩前巨室可坐千人。　蜂采百花，俱置股间，惟兰则拱背入房，以献于王。物亦知兰之贵如此。　盱眙亦产兰，乃香草能辟不祥。　黄州东南三十里为沙湖，亦曰螺师店。予买田其间，因往相田，得疾。闻麻桥人庞安常善医而聋，遂往求疗。安常虽聋，而颖悟绝人，以指画字，不数字，辄深了人意。予戏之曰："予以手为口，君以眼为耳，皆一时异人也。"疾愈，与之同游清泉寺，在蕲水郭门外二里许。有逸少洗笔泉，水极甘，下临兰溪，水西流。予作歌云："山下兰芽短浸溪，松间沙路净无泥，萧萧暮雨子规啼。谁道人生无再少？君看流水尚能西！休将白发唱黄鸡。"是日，剧饮而归。苏东坡。　　建兰盛于五月，其物畏风、畏寒、畏鼠、畏蚓、畏蚁。其根甜，为蚁所逐，养者常以水盎隔，不令得入。予作一屋于竹林南，外施两重草席，坎地令稍深，贮兰于其上，无风有好日，开门暴之，所畜二三十盆，无不盛花者。其种亦多，玉魫为第一，白干而花上出者是也。次四季，次金边，名曰兰，其实皆蕙也。闽产为佳，赣州兰华不长劲，价当减半。王敬美。　　一茎一花者曰兰，宜兴山中特多，南京、杭州俱有，虽不足贵，香自可爱，宜多种盆中。今日绝重建兰，却只是蕙，见古人画兰殊不尔。虎丘戈生曾致一盆，叶稀而长，稍粗于兴兰，出数蕊，正春初开花，特大于常兰，香亦倍之，经月不凋，酷似马远所画。戈云得之他方，今尚活，花时当广求此种，以备春兰之绝品。于若瀛。

丽藻。散语：同心之言，其臭如兰。《易》。　　士与女方秉蕳兮。《诗》。　　妇人或赐之茝兰，则受献诸姑舅。《礼记》。　　孔子曰："与善人处，如入芝兰之室，久而不闻其芳，则与之俱化。"　　芝兰生于深谷，不以无人而不芳。君子修道立德，不为困穷而改节。俱《家语》。　　日月欲明，浮云盖之；丛兰欲发，秋风败之。《文子》。　　民之好我，芬若椒兰也。孙卿。　　传曰：德芳者佩兰。　　疏石兰以为芳。　　纫秋兰以为佩。　　蕙殽①蒸兮兰藉。　　秋兰兮蘼芜，罗生兮堂下。　　绿叶兮素枝，芳菲菲兮袭予。　　秋兰兮青青，绿叶兮紫茎。　　兰芷幽而有芳。　　户服艾以盈腰兮，谓幽兰其不可佩。　　浴兰汤兮沐芳泽。　　沅有芷兮澧有兰。　　怀兰英兮把琼若。并《楚辞》。　　十步之内必有芳兰。《说苑》。　　兰有秀兮菊有芳，怀佳人兮不能忘。汉武帝《秋风辞》。　　兰以香自焚。《东汉书》。　　其渐之滫，君子不近，遮人不服。《荀子》。　　汉宫舍汝，何以对乃辟？楚人舍汝，何以祛不祥？郑君失汝，何取乎七穆之瑞？屈原去汝，何夸乎九畹之芳？陈止斋。　　兰之漪漪，宜宵其香。遁世无闷，抱道深藏。不以无人而遂废其芳，盘礴冰霜之际，虚除萧艾之场。揭之扬之，千古有光。不采而佩，于兰无伤。岂膏黍之为用也，必焚必割？珠犀之毕通也，必剖必绝。虽佩玉而垂绅，亦吐甫而握发。李农夫。　　赋：爰有奇特之草，产乎空崖之地。仰鸟路而栽通，视行踪而莫至。挺自然之高介，岂众情之服媚。宁纫结之可求，非延伫之能洎。禀造化而均育，与卉木而齐致。入坦道而销声，屏幽山而静异。独见识于琴台，及逢知于绮季。陈周弘。　　怪②奇卉之灵德，禀国香于自然。洒嘉言而擅美，拟贞操以称贤。咏秀质于楚赋，腾芳声于汉篇。颜师古。　　叙：闽多兰，赵时（康）〔庚〕③、王贵学氏皆闽人，故后先能谱兰，诸所以为兰之事尽矣。而吾老友张应文氏顾又能为续兰谱，其所以为兰之事又大出于二谱之外，而又能为歌诗古近体几百篇以侈之。若果禅师悟后，隽语百出，而百不穷。张君，吾吴人也。郦道元高阳注江南水经，欧阳永叔庐陵而谱洛中牡丹，不是过也。予不能从嵇含晓南中花木，意亦不大好

---

① 殽，通"肴"。
② 怪，"四库全书"《御定历代赋》补遗卷一五《草木》录颜师古《幽兰赋》作"惟"。
③ 康，应作"庚"。"四库全书"［明］王世贞《弇州续稿》卷四五《国香集序》作"庚"。

之，顾独好兰，而不甚晓其事，与所以滋培之理。友人有见贻者，至冬辄萎败，亦任之而已。今从张君谱稍得其事与理，而圜居力不能致。今者似别得策第手靖节《栗里谱》与其诗各一编，陆羽、张又新《水谱》各一编，蔡君谟《茶录》一编，以佐张君之二谱。而日与之徜徉于峭蒨青葱之下，间歌陶诗，渴则拈茶水谱随意读之，觉此身如入阳羡、吸中泠已。徐翻张君所纂谱，咏其得意句，鼻观习习芬馥，两腋风举，作天际真人想，又何必左拥陈良紫，右侍鱼魫白而后快哉？或曰："兰之传自屈子《骚》始也，子何以不骚而靖节之？是援且不虞彼鞠①忌哉？"曰："不然。兰，君子也。贵而大国，贱而幽谷，所为香不改也。屈子才大于兰，而志趣不一，吾故取陶氏焉。今之鞠丽矣，非陶氏鞠也，以故不能与兰偕，兰亦不受妒，不尔宁无东篱数枝以伴我九畹哉？吾取兰而陶之，取陶而兰之，即屈子所不能妒，而况鞠也。"张君善吾言，识而弁于简端。王凤洲。　　传：友姓兰，名馨，字汝清，号无知子。始祖国香草姓也。郑文公妾燕姞梦天与国香，倚阑窥而生子。公异之，物色求香，得之幽谷，赐姓蘭②，志倚阑也，加草不忘本也。香后独茂，修德芬芳，隐居深山，虽困穷，未尝改节。仲尼称为善人君子，又伤其老草莽，遗《琴操》以彰其美。识者亦曰："使际风动时，香名岂终泯乎？"自是子孙蕃衍，布散诸国。楚屈原延之九畹，每饮不忘，忠愤不平之气赖之以泄。原感其德，佩服终身。晋有邻玉树者谢安，处之庭阶，视如子弟，至今咏兰氏必曰谢庭。历唐而宋，曰猗、曰皋。猗受知韩愈，亦困穷。愈曰"扬扬其香，不采何伤"，盖美之也。皋为朱元晦友，后病归。元晦思之，有"愿托孤根，岁晏为期"之句。其冒姓者，楚有柮，汉有台，晋有亭。又有善酿者，武帝饮之甘，呼兰生而不名。柮与桂棹同舟事君，有济川功。台于章帝时游太学，与崔骃私论武帝善恶，事闻，下有司，台自讼获免，拜令史。亭好山水，家有峻岭、茂林、曲水之景。名贤王羲之、庾蕴辈，上巳日就亭觞咏，畅叙幽情。以姓为名者，有马氏、泽氏、赛氏。马、泽俱精医，善疗肿毒疼痛。赛家广积珠如粟，人有求之，散而弗惜。又有茝、芸、蕙、荪，皆近族也。馨始生，异香满室，人称香孩儿，皆曰："何物老妪，生宁馨儿？流芳百世，必斯人也。"既长，闻木祖徕、梅华、竹直，同道相友往师之，三人曰："子幽真雅淡，和气袭人，予辈友也，敢曰师乎？"遂深相得，号为四友。时有严雪者，攻申韩术，草莽之士畏而靡者万计，惟四友正色不动。雪多方摧折之，自如也。明年春天，子布阳和之德，靡者皆起，四友名益重。后木为大夫，梅居鼎鼐，竹以笙簧才官翰林，馨独潜修不出，复与金利缔交，同心相规。时人语曰："胶漆虽谓坚，不如金与兰。"馨性刚鲠，每秋风起，怒发冲冠，若闻鸡起舞状，文华一吐，芳馨远播。人采其善，不戴之首则佩之身，奉以羞祀，苾苾芬芬，神明来格。凡大夫处士，闻其名，无不爱慕思友。里有菇，生性恶使气，人不之近，疾馨异己，面斥曰："人生当使人畏，子之得人亲媚，无乃务为容悦乎？"馨笑而不答，性恶污秽，有拔茹者，必净沙为地，时进洁汤，斯畅舒自遂，不尔则形容就悴无他归，洁其身也。秘书省有蠹鱼为害，上召馨拜掌书记，害遂息，因名其省曰兰省。功成身退，优游林泉，或登高山，或临深崖，或

---

① 鞠，应作"蘜"，同"菊"。
② 蘭，今简化作"兰"，因下文言"加草不忘本"，故此宜用繁体字。以下若非必要，概用简体字"兰"。

扫青苔，坐白石，意泊如也。闵子广于取邀馨，语曰："闻子香誉，愿效同心，分香吐怀。惟子之需，敢不构庄礼子期与俱化。"方宇。 记：兰似君子，蕙似士大夫，大概山林十蕙而一兰也。《离骚》曰"既滋兰之九畹，滋，音栽。又植蕙之百亩"，则知楚人贱蕙而贵兰矣。兰蕙丛生，莳以沙石则茂，沃之以汤茗则芳，是所同也。至其一干一花，而香有余者，兰也；一干五七花，而香不足者，蕙也。余居保安僧舍，开牖于东〔四〕〔西〕，西养蕙而东养兰，观者必问其故，故著其说。黄山谷。 操：孔子自卫反鲁，隐谷之中，见香兰独茂，喟然叹曰："夫兰当为王者香，今乃独茂，与众为侣。"乃止车，援琴鼓之曰："兰之猗猗，扬扬其香。不采而佩，于兰何伤。今天之旋，其曷为然。我行四方，以日以年。雪霜贸贸，荠麦之茂。子如不伤，我不尔觏。荠麦之茂，荠麦之有。君子之伤，君子之守。" 诗五言：兰芳无人采。古诗。 秋兰被幽壑。魏文帝。 秋兰映玉墀。《文选》。 清露被兰皋。阮嗣宗。 清露洒兰藻。谢灵运。 猗兰奕叶光。 梦兰他日应。俱杜少陵。 兰秋香风远。李白。 兰蕙缘清渠，繁华荫绿渚。张华。 英浮汉家酒，雪洒楚王琴。李峤。 光华童子佩，柔软美人心。刘梦得。 光风灭兰蕙，白露洒葵藿。寄君青兰花，惠好庶不绝。俱李太白。 春兰抱幽姿，无意生萧艾。曾文昭。 宦海三珠树，空山九畹兰。 不对金兰友，空孤曲米春。俱冯琢庵。 秋兰荫玉池，池水清且芳。双鱼自踊跃，两鸟时回翔。晋·傅玄。 艺植日繁滋，芬芳时入座。青葱春茹擢，皎洁秋英堕。温公。 健碧缤缤叶，斑红浅浅芳。幽香空自秘，风肯秘幽香。杨诚斋。 今花得古名，旖旎香更好。适意欲忘言，尘编讵能老。朱文公。 楚客重兰荪，遗芳今未歇。叶抽清浅水，花点暄妍节。紫艳映渠鲜，轻香含露洁。李卫公。 根移地因偏，花老色未改。意苏瘴雾余，气压初寒外。婆娑靖节窗，仿佛灵均佩。王右丞。 艺兰当九畹，兰生香满路。纫君身上衣，光明夺缣素。孤芳一衰歇，凋零湿秋露。佩服得君子，亦足慰迟莫。周行坡。 孤兰生幽园，众草共芜没。虽照阳春晖，复悲高秋月。飞霜早淅沥，绿艳恐休歇。若无清风吹，香气为谁发？李白。 崇兰生涧底，香气满幽林。采采欲为赠，何人是同心？日暮徒盈把，徘徊幽思深。慨然纫杂佩，重奏丘中琴。贺兰进明。 春兰如美人，不采羞自献。时闻风露香，蓬艾深不见。丹青写真色，欲补《离骚》传。对之如灵均，冠佩不敢燕。苏子瞻。 秋兰递初馥，芳意满中襟。想子空斋里，凄凉楚客心。夕风生远思，晨露洒中林。颇忆孤根在，幽期得重寻。 秋至百草晦，寂寞寒露滋。兰皋一以悴，芜秽不能治。端居念离索，无以遗所思。愿言托孤根，岁晏以为期。俱朱文公。 韦曲名园好，习池胜事繁。午风披蕙带，秋色上苔痕。密树云成幄，疏篱水绕门。不烦除客径，吾欲藉兰荪。冯琢庵。 荣荣窗下兰，密密堂前柳。初与君别时，不谓行当久。出门万里客，中道逢嘉友。未言心中醉，不在接杯酒。兰枯柳亦衰，遂令此言负。陶渊明。 兰生不当户，别是闲庭草。凤被霜雪欺，红荣已先老。谬接瑶华枝，结根君王池。顾无馨香美，叨沐春风吹。临风若可佩，卒岁长相随。李白。 七言：烟开兰叶香风暖。李白。 兰在幽林亦自芳。刘梦得。 更许光风为泛香。张文潜。 荒郊远处有芳兰。王建。 从来托迹喜深林。李寀。 松椿自有千年寿，兰蕙争传十里香。 谬道忠心比芳草，不知谗舌起椒兰。晏元献。 大厦自堪来燕雀，故人相对有芝兰。冯琢庵。 手培兰蕊两三载，日暖风和次第开。坐久不知香在室，推窗时有蝶飞来。 百草千花日夜新，此君竹下始知春。虽无艳色如娇女，自有幽香似德人。 何处幽香扑酒樽，洲中杜若畹中荪。纫来为佩裁为服，不许薋菉挂荜门。余同麓。 余公名有丁，鄞县人。探花。 阳崖月窟得芳丛，满握归来夸所逢。净扫幽径植藓墀，紫茎绿叶弄奇姿。疏帘风暖日华薄，芳馥满怀君自知。参寥。 谩种秋兰四五茎，疏帘底事太关情。可能不作凉风计，护得幽香到晚清。朱文公。 一朵俄生几案光，尚如逸士气昂藏。秋风试与平章看，何事当时林下香？赵虚斋。 雪径偷开浅碧花，冰根乱吐小红芽。生无桃李春风面，名可山林处士家。政坐国香到朝市，不容霜节老云霞。江蓠蕙圃非吾耦，付与骚人定等差。杨廷秀。 深林不语抱幽贞，赖有微风递远馨。开处何妨依藓砌，折来未肯恋金瓶。孤高可把供诗卷，素淡堪移入卧屏。莫笑门无佳子弟，数枝濯濯映陔庭。刘后村。 两盆去岁共移来，一置雕栏一委苔。我拙扶持令叶瘦，君能调护遣花开。隶人挑粪巡千匝，稚子浇泉走几回。亦欲效颦耘小圃，地荒终恐费栽培。刘后村。 灵根珍重自瓯东，绀碧吹香玉两丛。和露纫为湘水佩，凌风如到蕊珠宫。谁言别有幽贞在，我已相忘臭味中。老去相如才思减，临窗欲赋不能工。文衡山。 词：绿玉丛中紫玉条，幽花疏淡更香饶，不将红粉污高标。 空谷佳人宜作伴，贵游公子不能招，小窗相对诵《离骚》。向子諲《浣溪沙》。

附录：蕙[①]，一名薰草，一名香草，一名燕草，一名黄零香，即今零陵香也。零陵，地名，旧治在今全州。湘水发源出此草，今人所谓广零陵香，乃真薰草。今镇江丹阳皆莳此草。刈之，洒以酒，芬香更烈，与兰草并称香草。兰草即泽兰。今世所尚乃兰花，古之幽兰也。蕙草生下湿地，方茎，叶如麻相对生。七月中旬开赤花，甚香。黑实。江淮亦有，但不及湖岭者更芬郁耳。题咏家多用兰蕙而迷其实，今为拈出以正讹误。《楚词》言兰必及蕙，畹兰而亩蕙也，氾兰而转蕙也，蕙殽蒸而兰藉也。蕙虽不及兰，胜于余芳远矣。《楚辞》又有菌阁蕙楼，盖芝草干杪敷华有阁之象，而蕙华亦以干杪重重累积有楼之象云。

制用。用以浸油，妇人泽发，香无以加。 夏用，刈取，以酒油洒制，缠作把子，为头泽佩带，令头不腻，腻，发因污垢而粘臭也。与泽兰同。 可和合香及面脂澡豆。 编为席荐，性暖宜人。

疗治。伤寒下痢：蕙草、当归各二两，黄连四两，水六升，煮二升服，日三。 伤寒狐惑食肛：蕙草、黄连各四两，呚咀，以白酸浆一斗渍一宿，煮取二升，分三服。 头风旋运，痰逆恶心懒食：真零陵香、藿香叶、莎草根炒等分，为末。每服二钱，茶下，日三。 小儿鼻塞头热：用薰草一两，羊髓三两，铫内慢火熬成膏，去滓，日摩背上三四次。 头风白屑：零陵香、白芷等分，煎汁，入鸡子白搅匀，傅数十次，终身不生。 牙齿疼痛：零陵香梗叶、升麻、细辛煎水含漱。 风牙牙疳：零陵香洗炙、荜茇炒等分，为末，掺。 梦遗失精：薰草、人参、白术、白芍药、生地黄各二两，伏神、桂心、甘草炙各二两，大枣十二枚，水八升，煮三升，分二服。 妇人断产：零陵香为末，酒服二钱。服至一两，即一年绝孕，盖血闻香即散也。 五色诸痢：零陵香草去根，以盐酒浸半月，炒干。每两入广木香一钱半，为末。里急腹痛者，用冷水

---

① "蕙"在"花谱三"目录中被列为一个独立的子目，底本正文中在"蕙"前冠以"附录"似为不当。

服一钱半，通了三四次，用（熟）〔热〕米汤服一钱半，止痢。只忌生梨一味。血气腹胀，茎叶煎酒服。

典故。蕙，零陵香也。唐人名零子香，以其花倒悬如零也。《邹氏集》。

丽藻。散语：余既滋兰之九畹兮，又植蕙之百亩。　兰芷变而不芳兮，荃蕙化而为茅。何昔日之芳草兮，今直为此萧艾也？　光风转蕙，泛崇兰些。　岂惟纫夫蕙茞！既替余以蕙（帐）〔纕〕①兮，复申之以（兰）〔揽〕②茞。　中恐夫蕙华之层敷兮，纷旖旎乎都房。何曾华之无实兮，从风雨而飞飏！以为君独服此蕙兮，羌无以异于众芳。并《楚辞》。　诗五言：蕙草留芳根。春蕙忽秋草。俱李太白。　霜雪一沾凝，蕙叶亦难留。杜少陵。　被揭怀珠玉，兰蕙化为刍。赵乙。　蕙草生山北，托身失所依。植根阴崖侧，夙夜惧危颓。寒泉浸我根，凄风常徘徊。三光照八极，独不蒙余晖。樊钦。　蕙本兰之族，依然臭味同。重为水仙佩，相识《楚词》中。幻色虽非实，贞香亦竟空。云何微起馥，鼻观已先通。东坡。　七言：宠光蕙叶与多碧。杜子美。　曾伴灵均赋楚骚。参寥。　清润潘郎玉不如，中庭蕙草雪消初。杨巨源。　萧艾荣枯各有时，深藏芳洁欲奚为？世间鼻孔无凭托，且伴幽窗读《楚词》。刘后村。　寒谷初消雪半林，紫花摇弄昼阴阴。是谁曾见吹香处，千古春风楚客心。吴菊潭。

菊，一名治蘠，一名日精，一名节花，一名傅公，一名周盈，一名延年，一名更生，一名阴威，一名朱嬴，一名帝女花。《埤雅》云：菊本作蘜，从鞠，穷也，花事至此而穷尽也。宿根在土，逐年生芽。茎有棱，嫩时柔，老则硬，高有至丈余者。叶绿，形如木槿而大，尖长而香。花有千叶、单叶，有心、无心，有子、无子，黄、白、红、紫、粉红、间色、浅、深、大、小之殊。味有甘苦之辨。大要以黄为上，白次之。性喜阴恶水，种须高地，初秋烈日尤其所畏。《本草》及《千金方》皆言菊有子，将花之干者令近湿土，不必埋入土，明年自有萌芽，则有子之验也。味苦、甘、平，无毒。昔有谓其能除风热，益肝补阴，盖不知其得金水之精英，能益金水二脏也。补水所以制火，益金所以平木，木平则风息，火降则热除。用治诸风头目，其旨深微。黄者入金水阴分，白者入金水阳分，红者行妇人血分，皆可入药，久服令人长生明目，治头风，安肠胃，去目翳，除胸中烦热，四肢游气。久服轻身延年。或用之而无效者，不得真菊耳。菊之紫茎、黄色、冗心、气香而味甘者为真菊，当多种。其类有甘菊、一名真菊，一名家菊，一名茶菊。花正黄，小如指顶，外尖，瓣内细，萼柄细而长，味甘而辛，气香而烈。叶似小金铃而尖，更多亚浅，气味似薄荷。枝干嫩则青，老则紫。实如葶苈而细，种之亦生苗，人家种以供蔬茹。凡菊，叶皆深绿而厚，味极苦，或有毛，惟此叶淡绿柔莹，味微甘，咀嚼香味俱胜，撷以作羹及泛茶，极有风致。都胜、一名胜金黄，一名大金黄，一名添色喜容。蓓蕾殷红，瓣阔而短。花瓣大者皆有双画直纹，内外大小重叠相次，面黄背红，开也黄晕渐大，红晕渐小，突起如伞顶。叶绿皱而尖，其亚深，瘦则如指，肥则如掌。茎紫而细，劲直如铁，瘦矬，肥则高可至六七尺。叶常不坏，小花中之极美者也。九月末开。出陈州。御爱、出京师，开以九月末。一名

---

① 帐，应作"纕"。"四库全书"〔汉〕王逸《楚辞章句》卷一《离骚经章句第一》录作"纕"。
② 兰，应作"揽"。"四库全书"〔汉〕王逸《楚辞章句》卷一《离骚经章句第一》录作"揽"。

笑靥，一名喜容。淡黄，千叶，花如小钱大。叶有双纹，齐短而阔。叶端皆有两缺，内外鳞次，上二三层花色鲜明，下层浅色带微白。心十余缕，色明黄。叶比诸菊最小而青，每叶不过如指面大。或云出禁中，因得名。金芍药、一名金宝相，一名赛金莲，一名金牡丹，一名金骨朵。蓓蕾黄红，花金光，愈开愈黄。径可三寸厚，称之气香，瓣阔。叶绿而泽，稀而弓，长而大，亚深，枝干顺直而扶疏，高可六七尺。菊中极品。黄鹤翎、蓓蕾朱红如泥金，瓣面红背黄，开也外晕黄而中晕红。叶青，弓而稀，大而长，多尖如刺。枝干紫黑，劲直如铁，高可七八尺。韵度超脱，菊中之仙品也。蜜雀翎，久不可见。白者次之，粉者又次之，紫者为下。木香菊、多叶，略似御衣黄，初开浅鹅黄，久则淡白花。叶尖薄，盛开则微卷，芳气最烈。一名脑子菊。大金黄、花头大如折三钱，心、瓣黄，皆一色。其瓣五六层，花片亦大，一枝之杪多独生一花，枝上更无从蕊。绿叶亦大，其梗浓紫色。小金黄、花头大如折二〔钱〕，心、瓣黄，皆一色。开未多日，其瓣鳞鳞六层而细，态度秀丽，经多日则面上短瓣亦长，至于整整而齐，不止六层，盖为状先后不同也。如此秾密，状如笑靥，花有富贵气，开早。胜金黄、花头大过折二钱，明黄瓣，青黄心，瓣有五六层。花片比大金黄差小，上有细脉，枝杪凡三四花，一枝之中有少从蕊，颜色鲜明，玩之快人心目，但条梗纤弱，难得团簇，作大本须留意扶植乃成。黄罗伞、花深黄，径可二寸，体薄，中有顶瓣，纹似罗，下垂如伞，柄长而劲。叶绿而稀，厚而长，亚深。枝干细直，劲如铁，高可六七尺。报君知、一名九日黄，一名早黄，一名蟹爪黄。花黄赤而有宝色，开于霜降前，久而愈艳，径二寸有半，气香。瓣末稍歧有尖，突起。叶青而稀，长而大，亚深，茎紫。枝干劲挺，高可八九尺。金锁口、一名黄锦鳞，一名锦鳞菊。瓣叶茎干颇类黄鹤翎，开亦同时，体厚莹润，绝类西施。瓣背深红，面正黄，瓣展则外晕黄而内晕红，既彻则一黄菊耳。径可二寸有半。沈注：深红千瓣，周边黄色，半开时红黄相杂如锦。银锁口、花初黄后淡，周边白色如银，半开时黄白相杂可爱。上二花可为绝品，非其他小巧者可比。鸳鸯锦、一名四面佛，一名鸾交凤友，一名孔雀尾。初作蓓蕾时，每一蒂即逆成三四，亦有至五六者。其瓣面重黄而背重红，开也奇怪，一分为三截：下截皆黄；中截则红，其顶又红，四面支撑，红黄交杂如锦，开彻四面尽露，红背尽隐，厚径二寸余；上尖高二寸，如楼台。气香，叶黑绿泽，皱而瓦，有棱角。其尖最多，亚甚深，叶根多（宜）〔冗〕。茎紫，枝干劲挺，高可四五尺。御袍黄、一名琼英黄，一名紫梗御袍黄，一名柘袍黄，一名大御袍黄。花如小钱大，初开中赤，既开莹黄，径三寸半，瓣阔。开早，瓣末如有细毛。开最久，残则红。叶绿，稀而长，厚而大，亚深。叶根青净，茎叶枝干扶疏，高可一丈，状类御爱，但心有大小之分。青梗御袍黄、一名御衣黄，一名浅色御袍黄。朵瓣叶干俱类小御袍黄，但瓣疏而茎清耳。范谱曰：千瓣，初开深鹅黄，而差疏瘦，久则变白。侧金盏、此品类大金黄，其大过之，有及一寸八分者。瓣有四层，皆整齐。花片亦阔大，明黄色，深黄心，一枝之杪独生一花，枝中更无从蕊。名以侧金盏者，以其花大而重，欹侧而生也。叶绿而大，梗淡紫。状元黄、一名小金莲。其花焦黄焰焰，始终一色。瓣疏细而茸，作馒头之形。径二寸许，萼深绿，开甚早，气香。叶绿而大，长而瓦，厚而绵，似金芍药而尖，叶根清净。茎淡红，枝干顺直扶疏，高七八尺。剪金球、一名剪金黄，一名金凤毛，一名金楼子，一名密剪球。其色莹黄，瓣末细碎如剪，顶突有细萼，相杂茸茸，气香，其残也红。叶青而绿，皱而稠，肥而厚，阔而短，亚深，叶根冗甚。枝干劲挺，高可五六尺。黄绣球、一名金绣球，一名黄罗衫，一名木犀球，一名金球。花深黄，叶色稍淡而高大。晚黄球、深黄，千瓣，开极大。十采球、黄，千瓣，如球。大金球、金黄，千瓣，瓣反成球。小金球、一名球子菊，一名球子黄，一名金缨菊，一名金弹子。深黄，千瓣，中边一色。花较小，突起如球。球子、开以九月中，深黄，千叶，尖细重叠，皆有伦理，一枝之杪丛生百余花，若小球。菊诸黄花最小无过此者，然枝青叶碧，花色鲜明相映，尤好。金铃菊、花头甚小，如铃之圆，深黄一色。其干之长与人等，或言有高近一丈者，可以上架，亦可蟠结为塔，故又名塔子菊。一枝之上，花与叶层层相间有之，不独生于枝头。绿叶尖长，七出，凡菊叶多五出。金万铃、开以九月末，深黄，千叶。菊以黄为正，铃以金为质。是菊正黄色，而叶有铎形，则于名实两无愧也。菊有花密枝偏者，谓之鞍子菊，与此花一种，特以地脉肥瘠使之然尔。又有大黄铃、大金铃、蜂铃之类，或形色不正，较之此花，大非伦比。小金铃、一名馒头菊。花似大金铃而小，外单瓣，中筒瓣，叶似甘菊而厚大，开以十月。夏金铃、出西京。开以六月，深黄，千叶，与金万铃相类，而花头瘦小，不甚鲜茂，以生非其时故也。秋金铃、出西京。开以九月中，深黄，双纹，重叶。花中细蕊皆出小铃，萼中亦如铃叶，但此花叶短广而青，有如蜂铃状。初出时，京师戚里相传，以为爱玩。蜂铃、开以九月中，千叶，深黄。花形圆小而中有铃，叶拥聚蜂起，细视若有蜂窠之状，似金万铃，独以花形差小而尖，又有细蕊出铃叶中，以此别尔。大金铃、开以九月末，深黄。有铃者皆如铎之形，而此花之中实皆五出细花，下有大叶（开）〔承〕①之，每叶有双纹，枝与常菊相似。叶大而疏，一枝不过十数叶。俗名大金铃，花形似秋万铃。千叶小金钱、略似明州黄，花叶中外叠叠整齐，心甚大。单叶小金钱、花心尤大，开最早，重阳前已烂熳。小金钱、开早，大于小钱，明黄瓣，深黄心，其瓣齐齐三层。花瓣展，其心则舒而为筒。大金钱、开迟，大仅及折二〔钱〕，心瓣明黄一色，其瓣五层。此花不独生于枝头，乃与叶层层相间而生，香色与态度皆胜。金钱、出西京。开以九月末，深黄，双纹，重叶。似大金菊，而花形圆齐，颇类滴滴金。人未有识者，或以为棠棣菊，或以为大金铃，但以花叶（瓣）〔辨〕之，乃可见。荔枝菊、花头大于小钱，明黄。细瓣层层，鳞次不齐，中央无心，须乃簇簇未展。小叶，至开遍，凡十余层。其形颇圆，故名荔枝菊，香清甚。姚江士友云：其花黄，状似杨梅。金荔枝、一名荔枝黄。花金黄，径二寸余，厚半之，瓣短而尖，开迟。叶青而稠，大而尖，其亚浅。高可三四尺。荔枝红、一名红荔枝，红黄，千瓣。棣棠、出西京。开以九月末，双纹，多叶，自中至外长短相次，如千叶棣棠状。凡黄菊类多小花，如都胜、御爱虽稍大，而色皆浅黄。其最大者若大金铃菊，则又单叶浅（蒲）〔薄〕，无甚佳处。惟此花深黄多叶，大于诸菊，而又枝叶甚青，一枝丛生至十余朵，花叶相映，颜色鲜好。金馋子、花比甘菊差大，纤秾，酷似棣棠。色艳如赤金，它花色皆不及，盖奇品也。叶亦似，窠株不甚高。金陵最多，开早。九炼金、一名渗金黄，一名销金菊。花似棣棠菊而稍大，瓣似荔枝菊而稍秃，开

---

① 开，应作"承"。"四库全书"〔宋〕刘蒙《刘氏菊谱·大金铃第八》作"承"。

于九月前，外晕金黄，中晕焦黄。叶绿狭而尖，亚深，叶根多冗。茎紫而细，劲直如铁，高可一丈。黄二色、九月末开，鹅黄，双纹，多叶。一花之间自有深淡两色，然此花甚类蔷薇菊，惟形差小。又近蕊多有乱叶，不然亦不辨其异种也。橙菊、花瓣与诸菊绝异，黄色，不甚深。其瓣成筒，排竖生于萼上，小片婉变，至于成团。众瓣之下，又有统裙一层承之，亦犹橙皮之外包也。其中无心。小御袍黄、一名深色御袍黄。花全似御袍黄，瓣稍细，开颇迟，心起突，色如深鹅黄。菊瘦，有心不突。黄万卷、一名金盘橙。其色金黄，径二寸有半，厚三之二。其外夹瓣，其中筒瓣，开迟。叶青而稠，大而瓦，其末团，其亚深，叶根多冗。枝干偃蹇而粗大，高五六尺。邓州黄、开以九月末，单叶，双纹，深于鹅黄而浅于郁金，中有细叶出铃萼上，形样甚似邓州白，但差小耳。按陶隐居云：南阳郦县有黄菊而白，以五月采。今人间相传多以白菊为贵。又采以九月，颇与古说相异。惟黄菊味甘气香，枝干叶形全类白菊，疑弘景所说即此。金丝菊、花头大过折二〔钱〕，深黄，细瓣，凡五层一簇，黄心甚小，与瓣一色，颜色可爱。名为金丝者，以其花瓣显然起纹绺也。十月方开。此花根荄极壮。垂丝菊、花蕊深黄，茎极柔细，随风动摇，如垂丝海棠。锦牡丹、花之红、黄、赤黄者多以锦名，花之丰硕而矬者多以牡丹名。或又名秋牡丹。檀香球、色老黄，形团，瓣圆厚，开彻整齐，径几三寸，厚三之二，气香，叶干短蹙。麝香黄、花心丰腴，旁短叶密承之，格极高胜。亦有白者，大略似白佛顶而胜之远甚。吴中比年始有。黄寒菊、花头大如小钱，心、瓣皆深黄色。瓣有五层，甚细。开至多日，心与瓣并而为一，不止五层，重数甚多，耸突而高。其香与态度皆可爱。状类金铃菊，差大耳。蔷薇、九月末开，深黄，双纹，单叶，有黄细蕊出小铃萼中。枝干差细，叶有枝股而圆。又蔷薇有红黄千叶、单叶两种，而单叶者差尖，人间谓之野蔷薇，盖以单叶尔。鹅毛、开以九月，淡黄，纤如细毛，生于花萼上。凡菊，大率花心皆细，叶如下有大叶承之，间谓之托叶。今鹅毛花，自内（自）〔至〕外，叶皆一等，但长短上下有次尔，花形小于万铃。亦近年花也。金孔雀、一名金褥菊。蓓蕾甚巨，初开金黄，既开赤黄，径三寸半，厚称之。其气不嘉。瓣尖而下垂，随开随悴。叶青而浊，长大而皱，其亚深，根冗甚。枝干偃蹇而粗大，高可一丈。黄五九菊、花鹅黄色，外尖瓣一层，中瓣茸茸然，径仅如钱。夏秋二度开。叶青而稠，长而多尖，其亚深，叶根有冗。枝干细而高，仅二三尺。九日黄、大如小钱，黄瓣，黄心，心带微青，瓣有三层，状类小金钱，但此花开在金钱之前也。开时或有不甚盛者，惟地土得宜方盛。绿叶甚小，枝梗细瘦。殿秋黄、一名黄芙容，一名金芙容，一名近秋黄，一名晚节黄，一名大蜡。瓣花蜜蜡色，径二寸有半，瓣阔微皱，开于秋末。叶青稀厚而瓦，大如掌，亚深。枝干粗劲如树，高可八九尺。小殿秋黄、朵瓣叶干俱似殿秋黄，而清雅过之。叠罗黄、状如小金黄，花叶尖瘦如剪罗縠，三两花自作一高枝出丛上，态度潇洒。伞盖黄、花似御袍黄而小，柄长而细，萼黄茎青。小金眼、一名杨梅球，一名金带围，一名腰金紫。与大金眼同，花朵差小，枝干稍细，高仅三四尺。太真黄、花如小金钱，色鲜明。此花小甚。黄木香、一名木香菊，深黄，小，千瓣。花仅如钱。黄剪绒、色金黄。黄粉团、黄花千瓣，中心微赤。黄蜡瓣、花淡黄。锦雀舌、一名金雀舌。重黄，多瓣，瓣微尖，如雀舌。金玲珑、一名锦玲珑，一名金络索。金黄，千瓣，瓣卷，如玲珑。锦丝桃、一名锦苏桃。瓣背紫而面黄，余类紫丝桃。黄牡丹、其花鹅黄，其背色稍大。金纽丝、一名金撚线，一名出谷笺，一名金纹丝。色莹黄，开迟，高可一丈，瘦则薄而小，肥则与银纽丝同。锦西施、红黄，多瓣，形态似黄西施。黄西施、嫩黄，多瓣。玛瑙西施、红黄，多瓣。二色玛瑙、金红、淡黄二色，千瓣。锦褒姒、金黄，千瓣，似粉褒姒，而韵态尤胜。鸳鸯菊、一名合欢金。千朵小黄花皆并蒂，叶深碧。波斯菊、花头极大，一枝只一蓓，喜倒垂下，久则微卷。淡黄，千瓣。茉莉菊、花头巧小，淡淡黄色，一蕊只十五六瓣，或止二十片，一点绿心。其状似茉莉花，不类诸菊，叶即菊也。每枝条之上抽出十余层小枝，枝皆簇簇有蕊。紫粉团、黄花，千瓣，中心微赤。锦麒麟、一名回回菊。其花极耐霜露，径可二寸，萼黄。瓣初赤红，既开则面金黄而背赤红。叶绿而黑，长厚而尖，其亚深，叶根有冗。高可五六尺。莺羽黄、一名莺乳黄。嫩黄，千瓣，如大钱。鹅儿黄、一名鹅毛黄。开以九月末，淡黄，纤细如毛，生于花萼上。楼子佛顶、花鹅黄，其瓣大约四层：下一层瓣单而大；二层数叠，稍缩；三层亦数叠，又缩；第四层黄萼细铃，茸茸然突起作顶。径仅如钱，经霜即白。其叶微似锦绣球，青而皱，长厚而尖，其亚浅，叶根有冗。其枝干劲直，高可四五尺。凡花之外有大瓣，而中有细萼，茸茸然突起作顶，似铃非铃，似管非管者，不问千瓣、多瓣、单瓣，皆当从佛顶之称，惟铃管分明者，则不可得而混也。黄佛顶、一名佛头菊，一名黄饼子，一名观音菊。黄，千瓣，中心细瓣高起，花径寸余，心突起似佛顶，四边单瓣，瓣色深黄。黄佛头、花头不及小钱，明黄色。状如金铃菊，中外不辨，心瓣但见混同，纯是碎叶，突起甚高，又有白佛头菊之黄心也。佛头菊、无心，中边亦同。小黄佛顶、一名单叶小金钱。花佛头颇瘦，花心微注。兔色黄、蓓蕾、叶、干俱似绣芙蓉，瓣似荔枝菊，色似兔毛，径仅二寸，殊不足观。野菊、亦有三两种，花头甚小，单层，心与瓣皆明黄色，枝茎极细，多依倚他草木而长。别有一种，其花初开，心如旱莲草，开至涉日则旋吐出蜂须，周围蒙茸然，如莲花须之状。枝茎颇大，绿叶五出。能仁寺侧府城墙上最多。 以上黄色。

九华菊、此渊明所赏，今越俗多呼为大笑。瓣两层者曰九华，白瓣黄心，花头极大，有阔及二寸四五分者，其态异常，为白色之冠。香亦清胜，枝叶疏散。九月半方开。昔渊明尝言"秋菊盈园"，诗集中仅存九华之一名。喜容、千叶。花初开微黄，花心极小，花中色深，外微晕淡，欣然丰艳有喜色，甚称其名，久则变白。尤耐封植，可以引长七八尺至一丈，亦可揽结。白花中高品也。金杯玉盘、中心黄，四旁浅白，大叶三数层，花头径三寸，菊之大者不过此。本出江东，比年稍移栽吴中。粉团、亦名玉球。此品与诸菊绝异，含蕊时色浅黄带微青，花瓣成筒，排竖生于萼上。其中央初看一似无心，状如（燈）〔橙〕菊，盛开则变作一团，纯白色，形甚圆，香甚烈。至白瓣凋谢，方见瓣下有如心者甚大，白瓣皆匼匝出于上，经霜则变紫色，尤佳。绿叶甚粗，其梗柔弱。龙脑、一名小银台。出京师。开以九月末，类金万铃而叶尖，花色类人间紫郁金，而外叶纯白。香气芬烈，甚似龙脑，是香与色俱可贵也。新罗、一名玉梅，一名倭菊。出海外。开以九月末，千叶，纯白，长短相次，花叶尖薄，鲜明莹彻若琼瑶。始开有青黄细叶，如花蕊之状。盛开后细叶舒展，始见蕊。枝正紫，叶青，支股甚小。凡菊类多尖阔，而此花之蕊分为五出，如人之有支股，与花相映，标韵高雅，非寻常比。玉球、出陈州。开以九月末，多叶，白花，近蕊微有红色，花外大叶有双纹，莹白齐长，而蕊中小叶如剪茸。初开时有壳青，久乃退去。盛开后小叶舒展，皆与花外长叶相次，侧垂以玉球，目之者以其有圆聚之形也。枝干不甚粗，叶尖长无残阙，枝叶皆有浮毛，颇与诸菊异，然颜色标致，固自不凡。近年以来方有此本。出炉银、一名银红西施，一名粉芙蓉。花宝色，瓣厚大，初微红，后苍白如银出炉，终始可爱。径三寸许，形团，叶青而黄，有纹蜡色，皱而瓦，长厚而尖，叶根冗。茎青，枝干屈曲，高仅三四尺。白绣球、一名银绣球，一名白罗衫，一名琼绣球，一名玉绣毬，一名白木犀，一名玉球。色青白而有光焰，花抱蒂，大于鹅卵。其瓣有纹，中有细萼。开最久，残则牙红。叶稀而青，长大而多尖，亚深。枝干劲直而扶疏，高可一丈。玉牡丹、一名青心玉牡丹，一名莲花菊。花千瓣，洁白如玉，径二寸许，中晕青碧，开早，开彻疏爽。叶青而稀，长而厚，狭而尖，亚深，叶根有冗。茎淡红，枝干劲挺，高仅二三尺。玉芙蓉、一名酴醾菊，一名银芙容。初开微黄，后纯白。径二寸有半，香甚。开早，瓣厚而莹，疏而爽。开最久，其残也粉红。叶靛色，微似银芍药，皱而尖，叶根多冗。茎亦靛色，枝干偓寒，高仅三四尺。银纽丝、一名白万卷，一名万卷书，一名银绞丝，一名撚银条，一名鹅毛菊，一名银撚丝。初微黄，后莹白如雪，径可三寸，体薄。开早，气香味甘，萼黄。开彻瓣纽，则萼亦不见。瓣如纸撚，残则淡红。叶青而稠，亚浅。枝干劲直扶疏，高可六七尺。一羼雪、一名胜琼花。花硕大，有宝色，其瓣茸茸然，如雪花之六出。叶似白西施而长大，干枝顺直高大。玉宝相、白，多瓣。初开微红，花径三尺许，上可坐人。其瓣如大杓，容二三升。可以为粉雀舌，非也。蜡瓣西施、一名蜜西蜡瓣。花不甚大，而温然玉质，其品甚高。此外有红蜡瓣、大蜡瓣，虽冒蜡瓣之名，而实不相似，惟紫蜡瓣花略相似，而枝叶又全不类。白叠罗、一名新罗菊，一名叠雪罗，一名玉梅，一名白叠雪，一名倭菊。蓓蕾难开，中晕青而微黄，开彻莹白如雪。径可三寸，厚三之二。其瓣罗纹，其残粉红，叶青而稠，大而仰，其末团，其亚深。枝干劲挺，高仅三四尺。一团雪、一名白雪团，一名簇香球，一名斗婵娟。花极白晶莹，瓣如勺，长而厚，疏朗香清，中萼黄，开迟，最久。径可二寸，残时紫红。叶稀似艾，白而青，大而长，尖而厚，阔如掌，亚最深。叶极耐日，深冬五色，斑然如画。枝干劲直，高可六七尺。玉玲珑、一名玉连环。蓓蕾初淡黄而微青，渐作牙红，既开纯白，其瓣初仰而后覆。叶青，长而阔，厚而大，有棱角，叶根净，秋有采色。茎淡红，枝干顺直，高可至丈。玉铃、开以九月中，纯白，千叶，中有细铃，甚类大金铃。凡白花中，如玉球、红罗，形态高雅，而此花可与争胜。白麝香、似麝香黄，花差小，亦丰腴韵胜。莲花菊、如小白莲花，多叶而无心，花头疏极，潇散清绝，一枝只一葩，绿叶甚纤巧。万铃菊、中心淡黄，馆子旁白花叶绕之，花端极尖，香尤清烈。月下白、一名玉兔华。花青白色，如月下观之。径仅二寸，其形团，其瓣细而厚，叶青，似水晶球，长而狭，其背弓，其亚浅，其枝干劲挺，高可三四尺。水晶球、其花莹白而嫩，初开微青，径二寸许。其瓣细而茸，中微有黄，萼初褊薄，后乃暄泛。叶稀而弓，青而滑，肥而厚，大而长，亚浅，根有冗。茎青，枝干挺劲，高可七八尺。芙蓉菊、开就者如小木芙容，尤秾盛者如楼子芍药，但难培植，多不能繁。象牙球、其花丰硕，初开黄白色，其后牙色，微作鸭卵之形，柄弱不任。其花色稠青，而毛茎亦青。劈破玉、小白花，每瓣有黄纹如线，界之为二。大笑、白瓣，黄心，本与九华同种。其单层者为大笑，花头差小，不及两层者之大。其叶类栗木叶，亦名栗叶菊。徘徊、淡白瓣，黄心，色带微绿。瓣有四层，初开时先吐瓣三四片，只开就一边，未及其余，开至旬日，方及周遍，花头乃见团圆。按字书，徘徊为不进。此花之开若是，其名不妄。十月初方开，或有一枝花头多者至攒聚五六颗，近似淮南菊。佛顶、亦名佛头菊，中黄心极大，四旁白花一层绕之。初秋先开，白色，渐沁微红。玉楼春、一名土粉西。花初桃红，后苍白，径可二寸有半，瓣厚而大，莹而润，开疏爽，叶青而毛稀可数，大如茄叶，亚浅。枝干劲直如木，高可六七尺。酴醾、出相州。开以九月末，纯白，千叶，自中至外长短相次，花之大小正如酴醾，而枝干纤柔，颇有态度。若花叶稍圆，加以檀蕊，真酴醾也。玉盆、出滑州。开以九月末，多叶，黄心，内深外淡，而下有阔白大叶连缀承之，有如盆盂中盛花状。世人相传为玉盆菊者，大率皆黄心碎叶。初不知其得名之繇，后请于识者，乃知物之见名于人者，必有形似之实云。波斯、花头极大，一枝只一葩，喜倒垂下，久则微卷，如发之卷。白西施、一名白粉西，一名白二色。花初微红，其中晕红而黄，既则白而莹。径三寸以上，厚二寸许。瓣参差，开早。叶青而稠，狭而尖，其亚深，叶枝多冗。枝干偃蹇，高仅三四尺。银盆、出西京。开以九月中，花皆细铃，比夏秋万铃差疏，而形色似之。铃叶之下别有双纹白叶，谓之银盆者，以其下叶正白故也。此菊近来未多见。木香菊、大过小钱，白瓣，淡黄心。瓣有三四层，颇细，状如春架中木香花，又如初开缠枝白，但此花头舒展稍平坦耳。亦有黄色者。银盘、白瓣二层，黄心突起颇高，花头或大或小不同，想地有肥瘠故也。邓州白、九月末开，单叶，双纹，白叶[1]，中有细蕊出铃萼中。凡菊，单叶如蔷薇菊之类，大率花叶圆密相次，花叶，即花瓣。而此花叶皆尖细，相去稀疏，然香比诸菊甚烈，又为药中所用，盖邓州菊潭所出枝干甚纤柔，叶端有支股而长，亦不甚青。白菊、单叶，白花，蕊与邓州白相类，但花叶差阔，相次圆密，而枝叶粗繁。人多谓此为（之）邓州白，今正之。金盏银台、一名银台，一名万铃菊，一名银万管。花外单瓣或夹瓣，薄而尖，白而莹；中筒瓣，初鹅黄，后牙色。径可二寸，残则淡红。叶青而狭，长而多尖，其亚深，叶根冗甚。枝干细，偃蹇，高可五六尺。佛顶菊、大过折二〔钱〕，或如折三〔钱〕，单层，白瓣突起，淡黄心，初如杨梅之肉蕾，后皆舒为筒子状，如蜂窠。末后突起甚高，又且最大。枝干坚粗，叶亦粗厚。又名佛头菊。一种每枝多直生，上只一花，少有旁出枝。一种每一枝头分为三四小枝，各一花。淮南菊、一种白瓣，黄心。瓣有四层。上层抱心，微带黄色。下层黯淡纯白，大不及折二〔钱〕，枝头一簇六七花。一种淡白瓣，淡黄心，颜色不相染葱，瓣有四层，一枝攒聚六七花，其枝杪六花，如六面仗鼓相抵，惟中央一花大于折三〔钱〕。此则所产之地力有不同也。大率此花自有三节不同，初开花面微带黄色，中节变白，至十月开过，见霜则变淡紫色。且初开之瓣只见四层，开至多日乃至六七层，花头亦加大焉。茉莉菊、花叶繁，全似茉莉，绿叶亦似之，长大而圆净。万铃菊、心茸茸突起，花多，半开者如铃。玉盘菊、黄心突起，淡白绿边。粉蔷薇、花似紫蔷薇而粉色。玉瓯菊、或云瓯子菊，即缠枝白菊也。其开层数未及多者，以其花瓣环拱如瓯盖之状也。至十月，经

---

① 叶，"四库全书"〔宋〕刘蒙《刘氏菊谱·定品·邓州白第二十三》作"花"。

霜则变紫色。白褒姒、一名银褒姒。多瓣，小花。此花四色锦者为最，紫者次之，粉者又次之，白其尤胜者。银杏菊、淡白，时有微红，花叶尖，绿叶全似银杏叶。银芍药、一名芙蓉菊，一名楼子菊，一名琼芍药，一名太液莲，一名银牡丹，一名银骨朵。初似金芍药，后莹白，香甚，残色淡红，叶亚深，与金芍药同。小银台、一名龙脑菊，一名脑子菊，一名瑶井栏。花类金盏银台，外瓣圆厚，色正白，中筒瓣色黄，开甚早，叶厚而深绿，高大。白五九菊、一名银铃菊，一名夏玉铃。外瓣一层纯白，其中铃萼淡黄，径仅如钱。夏秋二度开。叶青，长大而尖，亚深，叶根有冗，高仅二三尺。八仙菊、花初青白色，后粉色，一花七八蕊，叶尖长而青。白粉团、一名玉粉团。千瓣，白花，似粉团。蜡瓣粉西施、一名粉西娇，一名西施娇。叶干全类三蜡，瓣似粉西施而差小，瓣厚不莹。白牡丹、纯白。鹭鸶菊、出严州。花如茸毛，纯白色，中心有一丛簇起，如鹭鸶头。蘸金白、一名蘸金香。白，千瓣，瓣边有黄色似蘸。琼玲珑、白，千瓣，参差不齐。碧蕊玲珑、白，千瓣，叶色深绿。白佛顶、一名琼盆菊，一名佛顶菊，一名佛头菊，一名银盆菊，一名大饼子菊。单瓣，中心细瓣突起，如黄佛顶。小白佛顶、一名小佛顶。心大，突起似佛顶，单瓣。白绒球、花粉白，余类紫绒球。白剪绒、一名剪鹅毛，一名剪鹅翎。色雪白。银荔枝、大概似金荔枝。白木香、一名木香菊，一名玉钱菊。白，千瓣，小花，径如钱。碧桃菊、其花纯白，叶与紫芍药相似。艾叶菊、心小，叶单，绿叶尖长，似蓬艾。白鹤顶、似鹤顶红而色较白。白鹤翎、一名银雀翎，一名银雀舌，一名玉雀舌。花纯白，与粉雀翎同，瓣皆有尖下垂。白麝香、似麝香黄，花差小，丰腴。粉蝴蝶、一名玉蝴蝶，一名白蛱蝶。千瓣，小白花。白蜡瓣、一名玉菡萏。花纯白，与粉蜡瓣同。脑子菊、花瓣微皱缩，如脑子状。缠枝菊、花瓣薄，开过转红色。楼子菊、层层状如楼子。单心菊、细花心，瓣大。五月菊、花心极大，每一须皆中空，攒成一圃，球子红白，单叶绕承之。每枝只一花，径二寸，叶似茼蒿，夏中开。近年院体画草虫，喜以此菊写生。殿秋白、一名玉玫瑰。花朵、叶、干俱类殿秋黄。寒菊、大过小钱，短白瓣，开多日，其瓣方增长。明黄心，心乃攒聚碎叶，突起颇高，枝条柔细，十月方开。　以上白色。　状元紫、花似紫玉莲而色深。顺圣浅紫、出陈州、邓州。九月中方开，多叶，叶比诸菊最大，一花不过六七叶，而每叶盘叠，凡三四重。花叶空处，间有筒叶辅之，大率花枝干类垂丝棣棠，但色紫花大尔。菊中惟此最大，而风流态度又为可贵，独恨色非黄白，不得与诸菊争先耳。紫牡丹、一名紫西施，一名山桃红，一名檀心紫。花初开，红黄间杂如锦，后粉紫，径可三寸，瓣比次而整齐，开迟，气香。叶绿而泽，长厚而尖，其亚深，叶根有冗。枝干肥壮，高仅三四尺。碧江霞、紫花青蒂，蒂角突出花外，小花，花之奇异者。双飞燕、一名紫双飞。淡紫，千瓣，每花有二心，瓣斜卷，如飞燕之翅。孩儿菊、紫萼白心，茸茸然叶上有光，与它菊异。紫茉莉、似梅花菊而紫，花虽小而标格潇洒，气味芬馥，不可以常品目之。朝天紫、一名顺圣紫。蓓蕾青碧，花初深紫，后浅紫，气香。瓣初如兔耳，后尖而覆，鬅松而整齐。径二寸有半，叶绿而稀尖，亚细密如缕，叶根清净。枝干细紫，劲而直，高可五六尺。剪霞绡、紫，多瓣，瓣边如剪。其花径二寸许，瓣疏而大，其边如绣。佛座莲、紫，千瓣，瓣颇大，且开殿众菊。或以为紫牡丹，非。瑞香紫、一名锦瑞香。花淡紫，如瑞香色。径寸许，瓣疏，尖而竖。枝叶类金荔枝。紫丝桃、一名紫苏桃，一名晓天霞。蓓蕾青绿，花茄色，中晕浓，而外晕稍淡。瓣长而尖，初如勺，后平铺瓣上，有纹，色更紫。花径二寸有半，厚称之，开彻髯松明润，枝叶俱类紫玉莲。墨菊、一名早紫。花似紫霞觞而厚大，色紫黑秾艳，开于九日前。茎叶与紫袍金带相似，高可四五尺，皆紫之极，非世俗点染之说也。夏万铃、出鄘州。开以五月，紫色，细铃，生于双纹大叶之上。以时别之者，以有秋时紫花故也。或以菊皆秋生花，而疑此菊独以夏盛。按《灵宝方》曰：菊花紫白。又陶隐居云：五月采。今此花紫色，而开于夏时，是其得时之正也。夫何疑哉？秋万铃、出鄘州。开以九月中，千叶，浅紫，其中细叶尽为五出铎形，而下有双纹大叶承之。诸菊如棣棠是其最大，独此菊与顺圣过焉，环美可爱。荔枝紫、出西京。九月中开，千叶，紫花，叶卷为筒，大小相间。凡菊，铃并蕊皆生托叶之上，叶背乃有花萼，与枝相连，而此菊上下左右攒聚而生，故俗以为荔枝者，以其花形正圆故也。花有红者，与此同名，而纯紫者盖不多得。紫褒姒、似粉褒姒而色紫。赛西施、又名倚栏娇。淡紫，小花，头倒侧如醉。紫芍药、一名红剪春。花先红后紫，复淡红，变苍白。径可三寸，厚称之。其瓣阔大而髯松，开早，气香。叶薄，绿而泽，稀而多尖。其枝干顺直，高可四五尺。绣球、出西京。开以九月中，千叶，紫花，叶尖阔，相次丛生如金铃。花似荔枝菊，花无筒叶，而萼边正平尔。花形之大，有若大金铃菊者。紫鹤翎、一名紫粉盘，一名紫雀舌。花先淡紫，后粉白色。紫玉莲、一名紫荷衣，一名紫蜡瓣。蓓蕾青绿，花紫而红，质如蜡。径可二寸，瓣如勺，终始上竖。叶全似朝天紫。玛瑙盘、淡紫，赤心，千瓣，花极丰大。紫蔷薇、花略小，似紫玉莲而色淡。紫罗伞、一名紫罗袍。花似紫雀翎，小而厚，色匀。其瓣罗纹而细，叶青，大而稠，根多冗。枝干劲直高大。紫绣球、一名紫罗衫。其花粉紫，得养则如紫牡丹之色，舊丽；失养则青红黄白夹杂而不匀，瓣结不舒。叶类锦绣球，绿而混，厚而皱。紫剪绒、四剪绒，俱小巧。紫者，其名独振。金丝菊、紫花黄心，以蕊得名。水红莲、一名菡萏红，一名荷花球，一名粉牡丹，一名紫粉莲，一名紫粉楼。花粉紫，初开似紫牡丹，其后渐淡，如水红花色。径二寸，形团，瓣疏，开早。叶绿，稀而可数，阔大而厚，皱而鏖，似艾叶。枝干劲直，高可一丈。或以为太液莲，非。鸡冠紫、一名紫凤冠。千瓣，高大起楼，取象于鸡冠花，非以鸡之冠为比也。福州紫、紫，多瓣。 以上紫色。 状元红、花重红，径可二寸，厚半之。瓣阔而短厚，有纹，其末黄，其红耐久，开早。叶似猫脚迹，绿而丽，亚深，叶根冗。枝干如铁，高仅三四尺。锦心绣口、一名杨妃茜裙红，一名美人红。径二寸许，厚半之。外大瓣一二层，深桃红。中筒瓣突起，初青而后黄，筒之中娇红而外粉，筒之口金黄烂熳，如锦香清。开与报君知同。叶绿而泽，团而弓，稀而可数，其缺刻如捷业。枝干红紫，细劲顺直，高可四五尺。紫袍金带、一名紫重楼，又一名紫绶金章。蓓蕾有顶，开稍迟，初黑红，渐作鲜红。既开，仿佛亚腰葫芦，亚处无瓣，黄蕊绕之。其彻也黄蕊不见，攒簇成球，大如鸡卵，开极耐久。叶绿而秀，阔而长，薄而多尖，叶根有冗。茎淡红，枝干劲直，高可三四尺。大红袍、蓓蕾如泥金，初开朱红，瓣尖细而长，体厚，径可二寸以上，残色木红。叶青泽，厚而大，亚深，末团，叶根清净。茎青，枝干肥壮顺直，高可四五尺。紫霞觞、一名紫霞杯。花似状元红，厚而大，开早，初重红，稍开即木红。叶青阔而皱，亚深，叶根多冗。枝干挺劲，高可四五尺。红罗伞、一名紫幢，一名锦罗伞。紫红，千瓣。庆云红、一名锦云红。蓓蕾深桃红，开则红黄，并作玛瑙色，中晕秾而外晕淡。其瓣尖细而髟松，径二寸有半，厚称之。叶青泽，厚而长，稍尖，亚深。茎青，枝干顺直，高可四五尺。海云红、一名海东红，一名相袍红，一名将袍红，一名扬州红，一名旧朝服。先殷红，渐作金红，久则木红而淡。径二寸有半。其瓣初尖而后歧，其萼黄，其彻也髟松，其叶长而大，青而多尖，其亚深，枝干壮大，高可四五尺。燕脂菊、类桃花菊，深红，残紫，比燕脂色尤重。比年始有之。此品既出，桃花菊遂无颜色，盖奇品也。缕金妆、一名金线菊。深红，千瓣，中有黄线路。出炉金、一名锦芙容。金红，千瓣，色如炉金出火。火炼金、花径仅寸许，外尖瓣猩红，其中萼金黄，朵垂，其红不变。叶绿而泽，稀而瓦，长厚而尖，亚深。枝干劲直，高可四五尺。木红球、一名红罗衫，一名红绣球。花初开殷红，稍开即木红，径可二寸有半，瓣下覆如球心，萼黄甚。茎、叶、枝、干颇类御袍黄，高可五六尺。紫骨朵、一名大红绣球，一名红绣球。蓓蕾鲜红，顶如泥金，开甚早，先红紫，后紫红，径可二寸有半，厚二寸。瓣明润丰满如榴子，其彻也攒簇如球。叶类紫霞觞，叶绿而小，根有冗。枝干劲直，高可四五尺。醉杨妃、一名醉琼环。其色深桃红，久而不变。其花疏爽而润泽，小，径近二寸以上，厚半之。其瓣尖而硬 ①，下覆如脐，花繁而柄弱，其英乃垂。其叶青厚，短大而稠，其尖多，其亚浅，叶根冗甚。茎青，枝干偃蹇，高可五六尺。太真红、娇红，千瓣。楼子红、蓓蕾甚巨。开早，初深黑，渐作鲜红，瓣垂而长，光焰夺目。既开，径二寸以上，其萼如小钱，初青后黄，其中隐然有顶，有开数瓣上竖者，茎叶如紫袍金带。枝干高大，可至四五尺。红万卷、一名红纽丝。深红，千瓣，如万卷书。一捻红、花瓣上有红点面，径三寸，瓣大而圆。红剪绒、初殷红，后木红，径寸有半。其形薄而瓦，其瓣末碎而葺，攒簇如刺。叶绿，尖而小，其亚浅，其茎红，叶根清净。枝干扶疏，高可三四尺。锦绣球、一名锦罗衫。蓓蕾如栗，其花抱蒂。其初殷红，既开鲜红，渐作红黄色，瓣阔而短。叶似紫绣球，稀而大，皱而尖，叶根有冗。鹤顶红、一名不老红。花似晚香红，薄而小，外晕粉红，中晕大红，开彻粉红。瓣下弹，大红，瓣上攒如崔顶。叶青圆而小，枝干不甚高大。鸡冠红、红，千瓣，色如鸡冠。猩猩红、花似状元红而厚，仅二寸，开早，色鲜红耐久。叶泽，长而多尖。茎青，枝干挺劲，高可四五尺。绣芙容、一名赤心黄，一名老金黄。初开赤红，既开中晕赤而外晕黄。其瓣面黄而背红，径二寸有半，厚半之，开早。棱层整齐，叶青泽而脆，亚深，叶根冗甚。枝干偃蹇而粗大，高可四五尺。桃花菊、一名桃红菊。花瓣如桃花粉红色，一蕊凡十三四片，开时长短不齐，经多日乃齐。其心黄色，内带微绿。此花嗅之无香，惟撚破闻之方知有香。至中秋便开，开至十余日渐变为白色。或生青虫，食其花片，则衰矣。其绿叶甚细小。锦荔枝、金红，多瓣。红牡丹、开早，初殷红，后银红，开最久。红茉莉、似梅花菊而红。芙容菊、状如芙容，红色。二色莲、一名赛红荷，一名西番莲，一名蜡瓣红，一名大红莲，一名红转金，一名锦蜡瓣。花先茜红，后红黄色。其萼黄，径二寸许，厚半之。瓣如勺而毛，末微皱，上簇如莲。萼黄而大，萼中或突起数瓣。叶绿，长大而多尖，其亚深，叶根有冗。干

---

① 硬，"四库全书"［清］汪灏《佩文斋广群芳谱》卷四八《花谱·菊花一》作"梗"。

劲挺，高可四五尺。襄阳红、并蒂双头。出九江彭泽。宾州红、一名岳州红，一名日轮红。重红，褊薄如镟，径二寸，中黄，萼、叶、干似紫霞觞。土朱红、其色如土朱。红二色、出西京。开以九月末，千叶，丛有深、淡红两色，而花叶之中间生筒叶，大小相应。方盛开时，筒之大者裂为二三，与花叶相杂比，茸茸然。花心与筒叶中有青黄色，颇与诸菊异。冬菊、花薄而小，径仅寸半，色深红，质如蜡瓣，阔而短，开极迟。叶疏，青而泽，初似银芍药，其后弓而厚，长而尖，亚深，尖多。茎紫，枝干顺直扶疏，高可五六尺。　以上红色。　桃花菊、多叶，至四五重，粉红色，浓淡在桃、杏、红梅之间。未霜即开，最为妍丽，中秋后便可赏。粉鹤翎、一名粉纽丝，一名玉盘丹，一名粉雀舌，一名荷花红。花粉红，大如芍药，瓣尖长而大，背淡红。初开鲜浓，既开四面支撑，紫焰腾耀，后渐白纽丝。叶青而稀，阔大如掌，亚深，叶根多冗。枝干顺直而扶疏，高可七八尺。垂丝粉红、千瓣，细如茸，攒聚相次，花下亦无托瓣，枝干纤弱。其花淡红，似银纽丝而瓣不纽。其朵俱垂，色态娇艳，与醉西施、醉杨妃各不相涉，或谓三名即一物，非也。粉蜡瓣、蓓蕾稀，花微红褪白，质如蜡色，径可二寸有半，厚称之，气香。瓣初仰而后覆，其残如红粉涂抹。叶青，长大而稀，亚深，叶根清净。枝干顺直，高可一丈。粉西施、一名红西施，一名红粉西，一名粉西。花半硕似白西施，初开红黄相杂，有宝色，开彻则淡粉红，瓣卷而纽，背惨红，如猱头然。柄弱不任，叶青而厚，长而瓦，狭而尖，亚深，叶根多冗。枝干亦类白西施。合蝉菊、九月末开，粉红，筒瓣。花形细者与蕊杂比，方盛开时筒之大者裂为两翅，如飞舞状，一枝之杪凡三四花。洒金红、一名洒金香，一名金钱豹。淡红，千瓣，瓣间有黄色如洒。孩儿菊、一名泽兰。花淡粉红色，筒瓣茸茸，四五月即开。叶青，长狭多尖，花叶皆香，茎紫，高数尺，宜小儿佩。一云置衣中发中可辟汗。红粉团、一名粉团。花粉红，径二寸，厚半之，中晕红，瓣短而多纹，枝叶似金荔枝而青。楼子粉西施、一名晚香红，一名秋牡丹，一名红粉楼，一名车轮红。其花粉红，径可三寸，厚三之二。其开也迟，瓣圆而厚，比次整齐，中深红突起，上作重台，色易淡。叶稠，青而毛，狭而尖，其亚深，叶根冗甚。枝干亦与白西施同，壮大过之。醉西施、淡红，千叶，垂英，似醉杨妃。胜绯桃、一名红碧桃。格局似碧桃，色似秋海棠，枝叶似紫芍药而高大不及。粉褒姒、花粉红而小，径二寸有半，瓣尖短厚而无纹，叶绿而泽，似状元红而尖，其亚少，叶根有冗。枝干偃蹇。或遂以粉西施当之，非也。大杨妃、一名杨妃菊，一名琼环菊。粉红，千瓣，散如乱茸，而枝叶细小，袅袅有态。赛杨妃、粉红，千瓣，花略小。粉玲珑、一名紫丁香。粉红，小花。按沈谱玲珑与万卷、万管并载，今人类多混称，不知玲珑者疏朗通透之物，卷则书卷、画卷之类，管则箫管、笔管之类，取象各不同。百咏之连环络索，即玲珑之别号，于命名之意浸失，不可不辨。垂丝粉红、出西京。九月中开，千叶。叶细如茸，攒聚相次，而花下亦无托叶。人以其枝叶纤柔，故以垂丝目之。八宝玛瑙、一名八宝菊。千瓣，粉红花，花具红黄众色。紫芙蓉、一名胜芙蓉，一名芙蓉菊。千瓣，开极大，其叶尖而小。粉万卷、粉红，千瓣。粉绣球、千瓣，淡红花。夏月佛顶菊、五六月开，色微红。佛见笑、粉红，千瓣。红傅粉、粉红，千瓣。　以上粉红色。　珠子菊、白色。见《本草注》，云：南京有一种开小花，花瓣下如小珠子。丹菊、见嵇含《菊铭》，云：煌煌丹菊，暮秋弥荣。十样锦、一本开花，形模各异，或多瓣，或单瓣，或大，或小，或如金铃，往往有六七色，黄白杂样。亦有微紫，花头小。满天星、一名蜂铃菊。春苗，掇去其颠，歧而又掇，掇而又歧，至秋而一干数千百朵。二色西施、一名红二色，一名黄二色，一名二色白，一名平分秋色。径可三寸，厚半之，开最久，瓣、叶、枝、干皆与白西施同。初开时，数朵淡红，数朵淡黄，迥然不类；半开时，五彩宝色，炫烂夺目；开彻，则皆淡桃红色矣。二色杨妃、一名二梅，一名金菊对芙蓉。多瓣，浅红、淡黄二色双出，如金银花，径仅二寸。其萼黄，其瓣如兔耳，其叶绿而不泽，厚而尖，皱而瓦。赤金盘、一名脂晕黄，一名琥珀杯。其花初开红黄而赤，金星浮动，其后渐作酱色，径可二寸，形薄而瓦，瓣如杓而尖。叶稀，绿而泽，其末团。枝干紫红，顺直而扶疏，高可一丈。锦丁香、花略似红剪绒，大寸许，瓣疏，初开黄而红，后红而黄，色易衰。叶绿，厚而短，尖而长。檀香菊、一名小檀香。叶、干似檀香球，花亦相似。梅花菊、一名试梅菊，一名银丁香，一名试梅妆，一名寿阳妆，一名银梅。每花不过数瓣，瓣大如指顶。每瓣卷皱密霭，下截深黄，上截莹白重台，仿佛水仙花下垂成毬，如梅花清逸，开早，香甚。叶绿，大而皱，尖而长，其亚深，叶根多冗。其枝干柔细而扶疏，高可一丈。或以为茉莉菊，甚谬。海棠菊、一名锦菊，一名海棠春，一名海棠娇，一名海棠红，一名小桃红，一名铁干红。色类垂丝海棠，径寸有半，形薄而瓦，瓣短，多纹而尖，愈开愈奇，有宝色，中晕赤，外晕黄，边晕纯白，或数色错出，变态不穷。叶绿而泽，厚而小，亚深。其枝干劲直扶疏，高可四五尺。蜜西施、蜜色，千瓣。蜜鹤翎、蜜色，千瓣，与金鹤翎埒。以为蜜绣球，非是。蜜绣球、一名金翅球，一名金凤团，一名蜜西牡丹。花蜜色莹润，径二寸余，气香，瓣舒，开迟，其（浅）〔残〕也红而丽。叶青而稠，大而尖，亚深，叶根冗。枝干偃蹇，高可四五尺。紫绒球、一名紫丝球，一名紫苏桃。蓓蕾圆而绿，如小龙眼大，其开也碧、绿、红、紫、黄、白诸色间杂，而紫焰为多。瓣细而镶，四面参差，茸茸如剪。径仅寸许，圆如球。叶类朝天紫，小而青尖，亚似少，叶根清净。枝干细直而劲，高可四五尺。僧衣褐、一名缁衣菊。深栭子色，小。刺猬菊。一名栗叶。花如兔毛，朵团。瓣如猬之刺，大如鸡卵。叶长而尖。枝干劲挺，高可三四尺。 以上异品。 凡黄、白二色皆可入药。其茎青而大，作蒿艾气者，味苦不堪食，蒿也，非菊也，不惟无益，且耗元气。菊之无子者名牡菊，烧灰撒地，能止蛙鼋。说出《礼记》。

附录。丈菊：一名西番菊，一名迎阳花。茎长丈余，干坚粗如竹，叶类麻，多直生，虽有傍枝，只生一花，大如盘盂，单瓣，色黄，心皆作窠如蜂房状，至秋渐紫黑而坚。取其子种之，甚易生。花有毒，能堕胎。 五月白菊：外大瓣白而微红，内铃萼亦黄色，径二寸余，高可三四尺。 七月菊：外夹瓣，中镶瓣突起，如紫薇花，色如茄花，径寸有半，厚寸许。其叶似五月翠菊。六七月花，一株不过数朵，高仅一二尺。 翠菊：一名佛螺，一名夏佛顶。蓓蕾重附层叠，似海石榴花。其花外夹瓣翠而紫，中铃萼而黄，径寸有半，开于四五月，每雨后及晴时光丽如翠羽，开最久。叶青而泽，似马兰，香甚，亚深。茎毛而红，枝干肥劲，高可二三尺。八月种子。

制用。乘露摘取甘菊，剪去枝梗，用净瓦罐下安白梅一二个，放花朵至平口。又加白梅，将盐卤汁浇满，浸过花朵，以石子压之，密封收藏。至明年六七月，取花一枝，用净水洗去盐味，同茶末入碗，注热滚汤，则茶味愈清而香蔼绝胜。伴茶收藏，不若此法。　或用净花拌糖霜，捣成膏饼食，亦甚清雅。　或用甘菊晒干，密封收藏。间取一撮，如烹茶法烹之，谓之菊汤，暑月大能消渴。每煮酒一瓶，入甘菊五六朵，封严，久愈香清。花不可多，多则味苦。或旋采，细看心内无虫者，捻碎冲酒服，亦妙。《圣惠方》云：九月九日取甘菊花，晒干，为末。每糯米一斗蒸熟，入花末五两，加细面曲搜拌，如常造酒法。候熟，澄清收藏。每服一二盏，能治头风、头旋、眩运。　汉宫人采菊花并茎，酿之以黍米，至来年九月九日熟而就饮，谓之菊花酒。　变白增年方用甘菊。三月上寅日采苗曰玉英，六月上寅日采叶曰容成，九月上寅日采花曰金精，十二月上寅日采根茎曰长生，并阴干百日，等分，成日合捣千杵，为末。每酒服一钱匕，蜜丸桐子大，酒服七丸，日三。百日身体轻润，一年发白变黑，二年齿落再生，五年八十岁老人变为儿童。　九月九日菊花末，临饮服方寸匕，饮酒令人不醉。　医工或知忌野菜，而并不识甘菊，往往求盆盎中残朵而用之，夫华盛者实衰，开残者气散，是尚可以为药乎？香菊香烈，虽能燥湿祛风，亦能助火泄气，宜酌而用之。变白延年之说，不可贪也。以菊作枕者，头痛至不可救，《德善谱》有戒。

　　定品。或问："菊奚先？"曰："色与香，而后态。""色奚先？"曰："黄。黄者，中色也。"其次莫若白。西方金气之应，菊以秋开，则于气为钟焉。陈藏器云："白菊生平泽，紫者白之变，红者紫之变也。"此紫所以为白之次，而红所以为紫之次也。有色矣而又有香，有香矣而复有态，是花之尤者也。或曰："花以艳媚为悦，而子以态为后，何欤？"曰："吾闻妍卉繁花为小人，松竹兰菊为君子，安有君子而以态为悦乎？至于具香与色而又有态，是君子而有威仪者也。菊有名龙脑者，具色与香而态不足。菊有名都胜者，具态与色而香不足。菊之黄者未必皆胜，而置于前者，重其色也。其有受色不正，虽芬香有态，吾无取焉。至若菊之名，虽有春菊、夏菊、秋菊、寒菊之异，当以开于秋冬者为贵，开于夏者为次。"渔隐云："菊，春夏开者终非其正，有异色者亦非其正。"　辨疑。或谓菊与蒿有两种，而陶隐居、日华子所记皆无千叶花，疑今谱中或有非菊者。陶隐居之说谓茎青作蒿艾气为苦薏，今观菊中虽有茎青者，然而气香味甘，枝叶纤少。或有味苦者而紫色细茎，亦无蒿艾气，今人间相传为菊，亦已久矣，故未能轻取旧说而弃之也。凡植物之见取于人者，栽培灌溉，不失其宜，则枝叶华实，无不猥大。至其气之所聚，乃有连理合颖、双叶并蒂之瑞，而况于花有变而千叶者乎？日华子曰："花大者为甘菊，花小而苦者为野菊。"若种园圃肥沃之处，复同一体，是小可变为甘也。如是则单叶变为千叶，又何疑？牡丹、芍药皆为药中所用，隐居等但记花之红白，亦不云有千叶者。今二花生于山野，类皆单叶小花，至于园圃肥沃之地，栽锄粪养，皆为千叶大花，变态百出，奚独至于菊而疑之？虽然花之变而美好，譬小人变为君子，此亦恒有之。至于非族类而冒姓名，察微君子必且心恫焉。今取假冒者数种列之左方，正名者庶几知所去取云。春菊：蒿菜花，二月末开，头大及二寸，金彩鲜明，不减于菊。蓝菊：花单薄而小，其萼黄。缠枝菊：一名艾叶菊，一名千年艾，一名千穗白，一名千岁白。白花，单瓣，铃萼，微黄，其大如钱，叶青白似艾，每株作花数千朵，开早。枝干细弱而延蔓，高可一丈。花瓣薄，开过转红。观音菊：即天竺花，自五月开至七月，花头细小，其色纯紫。枝叶如嫩柳，干之长与人等。呼为观音者，盖取钱塘有天竺观音之义云，非兰天竺也。或呼为落帚花，亦非。落帚别是一种。孩儿菊：花小而紫，不甚美观，但其嫩头柔软，置之发及衣中甚香，可辟汗气。绣线菊：头碎紫，成簇而生，心中吐出素缕如线，自夏至秋有之，俗呼为厌草花。古有厌胜法，若人带此花赌博则获胜，故名。紫菊：花如紫草，丛苗细碎，微有菊香。或云即泽兰也，以其与菊同时，又常及重九，故附于菊。一云即马兰花。藤菊：花密，条柔，以长如藤蔓，可编作屏障。亦名棚菊，种之坡上，则垂下袅袅数尺如缨络，尤宜池侧。双鸾菊：一名鸳鸯菊，即乌（啄）〔喙〕苗。花开甚多，每朵头若僧帽。拆此帽，内露双鸾并首，形似无二，外分二翼一尾。春分根种。石菊：一名大菊，即石竹也。见石竹下。六月菊：一名艾菊，一名滴露菊，一名旋覆花，即滴滴金也。见滴滴金下。夊菊：即旋覆花。　杜甫《秋雨叹》曰："雨中百草秋烂死，阶下决明颜色鲜。着叶满枝翠羽盖，花开无数黄金钱。"说者以为即《本草》决明子。此物乃七月作花，形如白扁豆，叶极稀疏，焉有翠羽盖与黄金钱也？彼盖不知甘菊一名石决，为其明目去翳，与石决明同功，故吴越间呼为石决。子美所叹正此花耳，而杜、赵二公妄引《本草》，以为决明子，疏矣。

治地。种菊之处须在向阳高原，宜阴，宜日、风、雨可到之所，四傍设篱遮护。围内开作几埂，每埂置花几缸，缸之相去一尺五六寸，仅容一人往来浇灌捕虫。缸下用砖石砌起，以便走水。傍设一小所，以藏各色器具。待花开，移赏之后，收根原藏此围，庶根苗不失而关防有地。储种。花谢后即剪去上蕂，止留近根三五寸，每缸插筹记认名色，或于缸边记号亦可。剪处用泥封口，移至向阳处晒之。土白燥时，将肥水浇一二次。天将大雪，用乱穰草覆之，以避冻损。宜稀盖，不可过密，密则苗黄。又法：以枇糠烧灰覆之，可避寒气。天日晴和，用粪搪捯菊本四边，勿着根，春苗自旺。交立春，粪即少用。有他处讨来名花根接者，明年花开必变，即以原花枝梗横埋肥地中，每节自然出苗，收起近中蕂者，则花本不变，可得真种。立春后天尚寒，且不可轻动，仍用草护其本，则新秧早发壮大。至二月内，冰雪半消，方可撤去覆草。遇奇种，宜于秋雨、梅雨二时，修下肥梗，插在肥阴之地，加意培养，亦可传种。　种子。秋菊枯后，将枯花堆放腴土上，令略着土，不必埋，时以肥沃之。明年春初，自然出苗，收种。其花色多变，或黄，或白，或红紫，更变至有变出人所不识名者，甚为奇绝。　分秧。春分至谷雨节内，看天气晴明，地土滋润，将旧收花本四围掘出总根，轻轻击开，勿损苗芽根须，择肥苗单茎，不拘根须多少。如在原本上者，须近原本有节处分，以其节中生根方旺也。秧根多须而土中之茎黄白色者，谓之老须；少而纯白者，谓之嫩须。老可分，嫩不可分。有秃白根者亦可种活，但要去其根上浮起白翳一层，以干润土种之。不可雨中分种，令湿泥着根则花不茂。土须锄松，不可甚肥，肥则笼菊头而不发。须令净去宿土，恐有虫子之害。其地比平地高尺许，每尺余栽一株，每穴加粪一杓，搪捯如法，方可搬秧植之。四围余土，锄爬壅根，高如馒头样，令易泻水。菊根恶水，水多必烂。周围留深沟泄水，但雨过，不拘何月，务将沟中水疏通流别处，不分在地在盆，即以酵熟干土壅根。或用箆箍瓦作盆埋地，令一半入土内，使地气相接，水不停积，雨过便于上盆，不伤根，不泄元气。大笑及佛顶、御爱黄，至谷雨时，以其枝插于肥地即活，至秋亦著花。豫章菊多佳者，问之园丁，云每岁以上巳前后数日分种，失时则花少而叶多，如不分置他处，非惟丛不繁茂，往往一根数干，一干之花各自别样，所以命名不同。菊开过，以茅草裹之，得春气，则其旧年柯叶复青，渐长成树，但次年不着花，第二年则接续著花，仍不畏霜。　登盆。立夏时，菊苗长盛。将上盆，先数日不可浇灌，令其坚老，上盆则耐日色。每起根上多带土，先将肥土倒松，填二三分于盆，加浓粪一杓，后搬菊秧植之。再将前土填满，亦如馒头样。种后必隔一日，早用河水浇之，又要搭棚遮避日色，遇雨露揭去。如久雨，将盆移檐下，长高尺许方可用肥。仍以红油细竹插傍，用细棕宽缚，以防风雨摧折竹。用油可避菊虎，用（综）〔棕〕耐风日。凡要菊盛花大，更无别法，只是十一月大、小雪中，分盆边旺苗栽之。如未发苗，有青叶头白芽者种之，遮霜雪要见日色，开春花自盛。　浇灌。初种时，浇水后得大日色晒三四日，候天色晴燥，早晚用河荡水浇一次。浇时，须用盆缓缓浇透；不透，恐下边土热，叶即发黄。天雨不必浇。既活，长至六七寸长，方将宿粪一杓、水一桶和匀浇一次，隔日又一次。浇时，须在雨过后一日，若晴久土燥，不可浇肥，亦不可浇在花根边，令根伤损。先将缸内土四边掘壅根上，如高阜样，肥灌四周底处，量看枝叶绿色深翠即止，大约瘦者多浇，肥者少浇，否则令蕊笼闭，青叶胜。交芒种节后，黄梅久，极易伤根，大雨时行尤为难看。梅天但遇大雨一歇，便浇些少冷粪以扶植之，否则无故自瘁。若厌浇粪，用粪泥于根边周围堆壅半寸，再雨湿泥，功倍于粪，且不坏叶。六七月内不可用粪，用则枝叶皆蛀，每晨用河水浇灌。若有拧鸡鹅毛水，停积作冷清，或浸蚕沙清水，时常浇之，尤妙。尤须蓄土以备封培，其根复生，其本益固，自此以后不可浇肥。芒种后，如苗瘦者，止用污泥水，隔三五日一浇，以天色晴雨为则。六月大暑中，每早止用河水浇。此月天热粪燥，用粪则伤菊。此后至花蕊发如黄豆大，方浇清淡粪水一二次。花将放时，又浇肥一次，则花开丰艳可观。此花大率恶水，水多则有虫伤湿烂之患。紫金铃一种，忌肥喜阴，又不可见水，宜大树下阴处种之，略见日影，常令肥润而已。不可令中间头长脑，头一起即掐一段。根下乱头不可去，待乱枝茂根瘦即花盛。此种及蜜芍药、金芍药、银芍药不宜见粪，惟沃以污泥稀水。紫线盘不宜见肥。金铃一种，绝妙，极难活，但置阴处，多见水，不见肥。《东篱品汇》云：浇花以喷壶喷之最良。　惜花。秋时有狂风骤雨，每本再拣坚直篱竹绑定，用莎草从根缚二三节，勿令摇动伤残。菊性畏热，须傍高篱大树以避日色。花开盛大，不可置之日晒雨灌，须放阴处以待夜露。天寒有霜，移置屋下，根缚纸条，就盖引水，使根常润而不伤水，则花久可观，叶秀可爱。黄梅雨久，花根浸烂，花叶将萎，即拔起，剪去烂须，止留直根，重插平湿土内，如插花法，既可留种，亦可有花。　护叶。养花易，养叶难。凡根有枯叶，不可摘去，去则气泄，其叶自下而上逐渐黄矣。根边用碎瓦或花盖密盖，防雨溅泥污叶，或椇糠、螺壳亦可。叶有泥，以清水洗净，各月皆然。浇粪、浇水慎勿令著叶，一著叶随即黄落。欲叶青茂，时以韭汁浇根，妙。缸下用大砖垫高缸底，以走积雨，则叶不损。如此护之，则枝叶翠茂。清晨叶带露甚脆，一触则落。一法：以稻草剪作尺许，分开缚在四围根上，去根四五寸许，周围分撒如蓑衣盖泥，亦是护叶。一法：四五月大雨，脚叶易坏，须设棚遮盖。　芟蕊。长高尺许，芒种节中，每枝逐叶上近干处生出眼，一一掐去。此眼不掐，便生附枝。掐时切须轻手，左手双指拈梗，右手指甲掐蕊，勿猛摘猛放，盖菊叶甚脆，略一触即堕矣。至结蕊时，每株顶心上留一蕊，余则剔去。如蕊细，用针挑，其逐节间或先掐眼不尽，至此时又结蕊，亦尽去之。随加土平缸，庶一枝之力尽归一蕊，开花尤大，可径三四寸，惟甘菊、寒菊独梗而有千头，不可去。立秋后，不论枝长短，并不可损蕊。至黄豆大，隔二三日浇肥一次，则花大色浓。至霜降，花大发矣。中有早晚不同，开早者，先移赏玩，后开者又作一番，其间不开放并零落者存之作本。如欲蕊多，至春苗尺许时，摘去其颠，数日则歧出两枝，又摘之。每摘益歧，至秋则一干所出数百千朵，婆裟团栾，如车盖熏笼。人力勤，土又膏沃，花亦为之屡变。菊之本性，有易高者，醉西施之类是也；有原低者，紫芍药之类是也。欲其低摘正头，欲其高摘傍头，庶无过、不及之患。　　压插。五月梅雨时，将摘下肥壮小枝长三五寸者，齐节边截取，插入肥腴土内约寸半许，以泥埋过节为止，以其节能出根故耳。移置阴处，或用箬簋遮护，令不见日，频以水浇，间用肥水。待至盈尺，略见日影。至中秋，不必遮藏，与种菊同开，但花略小耳，可移盆中，置几上清玩。插大芋头内埋土中，亦佳。此根收起，来年发苗更旺。凡菊开花时，有苗头近梗，掐下。以污泥、猪粪酿肥，下花，苗头在内，上盖松泥，此苗即活。冬间分得芽头，须用猪粪酿泥种之。凡雍花以头垢，不生莠虫，欲其净则浇雍，舍肥粪而用河泥。紫金铃及蜜芍药、紫牡丹、白牡丹、秋牡丹、金宝相、银宝相、紫宝相、金边紫铃难栽，宜多插。　　栽接。四月间梅雨时，将贱菊本干肥大者截去苗头，近根止留数寸，将他色菊苗头截下，以利刀披削如鸭嘴样。将前去苗头本上以利刀劈开，仅可容苗头削枝插落，即用麻线缚定，以污泥涂之，再以纸箬包裹，至活方去，则一本可容三色，且至深秋。接头长完，无痕可见。　　酿土。种菊，土力最要，（植）〔埴〕壤、黄壤、赤壤为上，沙壤、碛壤、黑壤次之。俱在每岁秋冬择高阜肥地，将土挑起，泼以浓粪，筛过，杂以鸡鹅粪壤令肥，用草荐盖之，勿令泄气。正、二月内再酵数次，候至分菊时，仍以细筛筛过，用蚌壳搬入盆内五六寸许，栽菊。遇雨过，根露，覆以肥土，可收雨泽，不使根烂。菊喜新（上）〔土〕，大率每年换土分种，若旧土，恐力不厚，花发瘦小。初种，土培十分之四，至黄梅前三二日再培土三分。雨后淋去，再宜封培。至蕊发如菉豆大，掐后又培土二分，以时消息。又一法：以肥松土，用细筛筛入甄，蒸二三沸，取起倒出，晒干，入盆植菊，能杀虫，无侵蚀之患。　　蓄水。蓄水之法，花傍四角设四缸，一蓄粪水，一蓄污肥水，二蓄河水、雨水。浇花，河水、雨水为上，洗鲜肉、退鸡鹅毛水、缫丝汤俱佳。酿鸡鹅毛水法，用缸盛贮，投韭菜一把或枇杷核，则毛尽烂。一云：先时以死蟹酿水浇花，不生莠虫，又能肥花。用粪各有次序：一次，粪二水八；越半旬第二次，粪三水七；再越半月第三次，粪、水相半；又越半旬第四次，粪七水三；第五次，全粪可也。救花大肥，用野芥菜子满缸下之，以减其力，腊月内掘地埋缸，积浓粪，上盖板，填土密固。至春，渣滓融化，止存清水，名曰金汁。五六月菊黄萎，用此浇之，足以回生，且开花肥润。　　捕虫。初种时，长至五六寸，即有黑小地蚕啮根，早晚宜看除之。又生一种细虫穿叶，惟见白头萦回，可用针刺死之。立夏至小满四五月中，防麻雀折枝作窠。雨过后，或生青寸白虫食脑叶，或生如（風）〔虱〕黑莠虫，以指弹梗去之，时常须看。芒种后四五月，时有黑壳虫，似萤火，肚下黄色，尾上二钳，名曰菊牛，又名菊虎，或清晨，或将暮，或雨过晴时，忽来伤叶，可疾寻杀之。此虫飞极快，迟则不及。若花头垂软，即看四围钳处，用甲指摘去过伤处一二寸，免致伤此一本。此虫一啮，即生子（便）〔梗〕上，变作蛀虫。从损处劈开，中有小虫，可撚杀之。黄梅雨中湿热时，候叶底生虫，名象干虫，青色，如蚕食叶，上半月在叶根之上干，下半月在叶根之下干，破干取之，旋以纸撚缚住，常以水润之，花亦无恙。至六七月雨过时，又生细细青绵虫，食头。此虫极难寻见，可先看叶下，有虫粪如沙泥，即虫生处，觅去之。高仅三尺许，摘苗之后，小暑至秋分时，常要看节边蛀孔，有虫在内，用针或铁线插入孔，上半月向上搜，下半月向下搜，虫死即好。枝上生蟹虫，用桐油围梗上，虫自死。瘿头者曰菊蚁，以鳖甲置旁引出，弃之。瘠枝者曰黑蚰，以麻裹箸头，轻将去之。无故叶黄，色憔悴，土内必有蛴螬或蚯蚓食根，可用铁钩抓开根下土泥，寻虫死之。或以石灰水灌过，以河水解之。喜蛛侵脑，当去其丝。又防节眼内生虫，亦以铁丝搜杀之。蕊将发头，或蕊脑已发，上生黑青莠虫，可用棕刷拂去，间用茅灰掺虫，或以鱼腥水洒之，或将洗鲜鱼水、或死蟹水洒叶上，或种韭、薤、葱、蒜于菊根傍，皆去虫法也。常要除去蜓蚰，则苗叶可免伤害。　染色。菊无蓝、墨二色，传有染法。须先多种一捧雪、银芍药、月下白三种花，蕊将开，用金墨研浓，下油一二点，或和以乳汁，用牙刷溅墨锉入蕊心。待露过夜，次早又染。凡三四遍，则花墨色。蓝，用新收青绵，夜至露中候湿，次早绞绵色水滴蕊中心，开时花作蓝色。一法：用硇砂一二厘入水，用五色颜料，俱可染花，极易入瓣，但花不耐久，即便凋萎，真赏者不取。或于九月收霜贮瓶，埋之土中。菊有含蕊，调色点之，透变各色。或取黄、白二色，各披半边，用麻扎合，所开花朵半白半黄。如欲催花，于大蕊时罩龙眼壳，先于隔夜浇硫黄水，次早去壳，花即大开。依法留之，可至春初。马粪酿水亦可。　花忌。忌燥寒、燥热天色。　忌大风、大雨、烈日。　忌四围高墙。　忌地势污下。　忌贪多助长，如用罐口、硫黄、马茎催放药物之类。　忌孤高无傍枝。　忌四面一齐，似灯笼样。　忌圈缚盘结。　忌麝脐触犯。

制用。重五日采白菊茎，常服，令头不白。《仙经》。　重九日取菊花末，水服二钱，治醉酒不醒。

疗治。九月九日白菊二斤，茯苓一斤，捣末，炼过松脂和丸鸡子大。每服一丸，治头眩。久服令人颜色不老。　丹法用白菊汁、莲花汁、地血汁、樗汁，合丹蒸服。　九月取菊花作枕袋枕之，治头项强不能顾视，大良。　治风眩旋风：九月九日取菊花，曝干，为末。用糯米一斗蒸熟为饭，以菊花末五两拌入饭内，如常酝法。用细面曲为末，酒候熟压之。每日暖饮一二杯，大效。　治男妇久患头风眩闷，头发干落，胸中痰壅，每发即头眩眼昏欲倒：先灸（雨）〔两〕风池各二十七壮，并服后酒及散，永瘥。其法：春末夏初收白菊软苗，阴干，捣末。空腹无灰酒服方寸匕，日再，渐加三方寸匕。羹粥汁服亦得。八月合花收，曝干三大斤，生绢袋盛，贮三大斗酒中七日，服之，日三次，常令酒气相续为佳。　膝风疼痛：菊花、陈艾叶作护膝，久则自除。　癍痘目翳：用白菊花、谷精草、菉豆皮等分，为末。每一钱，干柿饼一枚、粟米泔一盏同煮，候泔尽食柿，日食三枚，浅者五七日，远者半月，效。　病后生翳：白菊花、蝉脱等分，为散。每（日）〔用〕二三钱，入蜜少许，水煎服，大人、小儿皆宜，屡验。　疔肿垂死：菊花一握，捣汁一升，入口即活，神验。冬月采根。　女人阴肿：甘菊苗捣烂煎汤，先熏后洗。　酒醉不醒：九月九日真菊花为末，米饮服方寸匕。　眼目昏花：甘菊一斤，红椒去目六两，为末，新地黄汁和丸桐子大。临卧，茶清下五十九。　痈疽瘰疬疔肿，一切无名肿毒：用野菊花，连茎捣烂酒煮，热服取汗，以渣傅之，即愈。又野菊花茎叶、苍耳草各一握共捣，入酒一碗绞汁服，以渣敷之，取汗即愈。六月六日采苍耳叶，九月九日采野菊花，为末，每酒服三钱亦可。　天泡湿疮：野菊花根、枣木煎汤洗。

典故。日精、治蘠，皆菊之花茎别名也，生依水边，其花煌煌，霜降之节，唯此草盛茂。九月，律中无射，俗尚九日，候时之草也。《风土记》。　茱萸为辟邪翁，菊花为延寿客，故九日假此二物以消阳九之厄。《仙书》。　邓州南阳郡土贡白菊三十斤。《九域志》。　陶隐居与藏器皆言：白菊疗疾有功。《本草图经》言：今服饵家多用白者。《抱朴子》有言：丹法用白菊汁。　《牧竖闲谈》云：蜀人多种菊，以苗可入菜，花可入药，园圃悉植之。效野人多采野菊供药肆，颇有大误。真菊延龄，野菊泻人。　东平府有溪堂，为郡人游赏之地。溪流石崖间，至秋，州人泛舟溪中，采石崖之菊以饮，每岁必得一二种新异花。沈谱。　吴致尧《九疑考古》云：舂陵旧无菊，自元次山始植。沈谱云：次山作《菊圃记》云，在药品为良药，为蔬菜是佳蔬。　菊山在萧山县西三里，多甘菊。《越州图经》。　《本草》与《千金方》皆言菊花有子。魏钟会《菊花赋》有"方实离离"之言。马伯州《菊谱》有金箭头菊，花长而末锐，枝叶可茹，最愈头风，谓之风药菊，冬收而春种之。据此二说，则菊之为花，果有结子者。　南阳郦县有甘谷，谷中水甘美。其上有大菊落水，从山流下，得其滋液。谷中饮此水者，上寿百二三十，中寿百余岁，七八十则谓之夭。《风俗通》。　重九都下赏菊，菊有数种，有黄白色蕊若房曰万铃菊，粉红色曰桃红菊，白而檀心曰木香菊，黄色而圆曰金铃菊，纯白而大曰喜容菊，无处无之。酒家皆以菊花缚成洞户。《东京梦华录》。　紫菊之名，见于孙真人《种花法》，又见于诸谱中。此品传植已久，故唐宋诗人称述亦多。萧颖士《菊荣篇》"紫英黄萼，照耀丹墀"，杜荀鹤诗"雨匀紫菊丛丛色"，赵嘏诗"紫艳半开篱菊静"，夏英公诗"落尽西风紫菊花"，韩忠献公诗"紫菊披香碎晓霞"，则紫花定是佳品。　刘家谱菊有顺圣浅紫之名。按宋朝嘉祐中有油紫，英宗时有黑紫，神宗时色加鲜赤，目为顺圣紫。　屈原《离骚经》："朝饮木兰之坠露兮，夕餐秋菊之落英。"王逸注云："言（但）〔旦〕饮香木之坠露，吸正阳之津液；暮食芳菊之落华，吞正阴之精蕊。"洪兴祖补注云："秋花无自落者，当读如我落其实而取其华之落。"又据一说云："《诗》之《访落》，以落训始也，意落英之落为始开之花，芳馨可爱。若至于衰谢，岂复有可餐之味？"　魏文帝《与钟繇书》曰："岁往月来，忽焉九月九日。九为阳数，俗宜其名，以为宜于长久。是月芳菊纷然敷荣，辅体延年，莫斯之贵。谨奉一束，以助彭祖之术。"《本纪》。　陶潜九月九日无酒，坐宅边菊丛中，摘花盈把，怅望久之。见白衣至，乃江州太守王弘，为庞通转送酒，遂即酣饮，醉而后归。《续晋阳秋》。　汉武帝宫人贾佩兰九日佩茱萸，食饵，饮菊花酒，云令人长寿。《风土记》。　卢公范重阳日上五色糕、菊花枝、茱萸树。　宣帝时，异国贡紫菊一茎，蔓延数亩，味甘，食者至死不饥渴。《宝椟记》。　朱孺子入玉笥山，服菊花，乘云升天。《名山记》。　康风子服甘菊花、桐实后得仙。《神仙传》。　湖广久患风羸，汲郦县菊水饮之，疾遂瘳，年百余岁。《荆州记》。　《列仙传》：文宾取妪数十年，辄弃之。后妪老，年九十余。续见，宾年更壮，拜泣。至正月朝，会乡亭西社中。宾教令服菊花、地肤、桑上寄生、松子以益气。妪亦更壮，复百余岁。　汝南桓景随费长房游学。长房谓曰："九月九日，汝南当有灾危，急令家人缝绛囊，盛茱萸系臂上，登高，饮菊花酒，此祸可消。"景从其言，举家登山。夕还，鸡犬俱暴死。长房曰："此可代矣。"今人九月九日登高，是其遗事。《续齐谐记》。　唐高宗时，李适为学士。凡天子飨会游幸，唯宰相及学士得从。秋登慈恩寺，浮图献菊花酒称寿。《李适传》。　唐《辇下岁时记》：九月宫掖间争插菊花，民俗尤甚。杜牧诗云："黄花插满头。"　荆公诗："黄鞠飘零满地金。"欧阳曰："秋花不比春花落，凭仗诗人仔细看。"荆公笑曰："欧九不学故也。不见《楚词》云'餐秋菊之落英'云云。"噫！荆公盖拗性自文耳。《诗》之《访落》，训落为始，盖谓花始敷也。草之精秀者为英，本鞠之始英，以其精华所聚而餐之，不然残芳剩馥，岂堪咀嚼乎？尝询楚黄土人，实无此种。史正志《叙》。　陆龟蒙自号天随生，宅荒，少墙屋，多隙地，前后皆树以杞菊。春苗恣肥，得以采撷，供左右杯案。及夏五月，枝叶老硬，气味苦涩，旦暮犹责儿辈掇拾不已，遂作《杞菊赋》。《文粹》。　苏东坡守胶西，传舍索然，人不堪其忧，日与通守刘廷式循古城废圃，求杞菊食之。作《后杞菊赋》。《东坡文集》。　南阳内乡县西北有菊潭，出析谷东石涧山。其水重于诸水，旁生甘菊，九月花开，水极（其）〔甘〕馨，有数十家惟饮此水，寿多至百岁。《一统志》。　南方花发，较北地常先，一月独菊花开最迟，菊性宜冷也。东坡尝言：岭南气候不常，吾谓菊花开时乃重阳，故在海南蓻菊九畹，后至冬半始开，乃以十一月望日与客泛酒，作重九会云。《遯斋闲览》。　重阳都下赏菊，菊有数种，缚成洞户，都人都出郊登高。前一二日，各以粉面蒸糕遗送，上插剪彩小旗，糁钉果实，如石榴子、栗、黄银杏、菘子肉之类。《风土记》。　余闻有麝香菊，黄花千叶，以香得名；有锦菊者，粉红碎花，以色得名；有孩儿菊者，粉红青萼，以形得名；有金丝菊者，紫花黄心，以蕊得名。尝访于好事，求于园圃，既未之见，故特论其名色，列于记花之后焉。《花史》。　王龟龄十朋取庄园卉，目为十八香，以菊为冷香。　张南轩为江陵之数月，方春经行郡圃，命采杞菊，付之庖人，或谓："先生居方伯之位，颐指如意，乃乐从野人之餐，得无矫激，有同于脱粟布被者乎？"先生应之曰："天壤之间，孰为正味？厚或腊毒，淡乃其至。惟杞与菊，中和所萃，验南阳与西河，又赖龄之可制。"于是又作《续杞菊赋》。《文集》。　陆公平泉初入史馆，偶与同馆诸公以事谒分宜。众皆竞前呈身，遂至喧挤。公独逡巡却步。时分宜庭中盛陈盆菊。公徐谓曰："诸君且从容，莫挤坏陶渊明也。"闻者心愧。张七泽。　成都府学有神曰菊花仙，相传为汉宫女。诸生求名者往祈影响，神必明告。仙为汉宫女，盖在汉宫饮菊花酒者。或云成都府汉文翁石室壁间画一妇人，手持菊花，前对一猴，号菊花娘子。大比之岁，士人多乞梦，颇有灵异。《夷坚志》。　亳社吉祥僧刹，有僧诵华严大典。忽一紫兔自至，驯伏不去，随僧坐起，听经坐禅，惟餐菊花，饮清泉。僧呼菊道人。　舒州菊多品，如蜂儿菊者鹅黄色，水晶菊者花面甚大，色白而透明。又有一种名末利菊者，初开花小，四瓣，如末利，既开，花大如钱。　菊，至江阴、上海、吾州而变态极矣，有长丈许者，有大如碗者，有作异色、二色者，而皆名粗种。其最贵，乃各色剪绒，各色撞，各色西施，各色狼牙，乃谓之细种，种之最难，须得地得人，燥湿以时，虫蠹日去，花须少而大，叶须密而鲜，不尔便非上乘。元驭阁老尤爱种菊。京师有一种大红，曰麻叶红、相袍红。元驭为翰林时，特命囊之马首归。今吾地尚有此种，然开不能大佳，想亦地气使然。菊中有黄、白报君知，最先开。甘菊可作汤，寒菊可入冬，皆贱种也，而皆不可（费）〔废〕。又有一种，五六月开，亦异种也。王敬美。 潜江有铺茸菊，色绿，其花甚大，光如茸，二月间开。 临安有大笑菊，其花白心黄叶，如笑，或云即枇杷菊。长沙菊多品，如黄色曰御爱、笑靥、孩儿黄、满堂金、小千叶、丁香寿、安真珠，白色曰叠罗、艾叶球、白饼、十月白、孩儿白、银盆，大而色紫者曰荔枝菊。 闻他处有十样菊者，一丛之上，开花凡十种。 婺女有销金北紫菊，紫瓣黄沿；销银黄菊，黄瓣白沿；有干红菊，花瓣干红，四沿黄色，即是销金菊。三菊乃佛头菊种也。 浙有荷菊，日开一瓣，开足成荷花形，众菊未开不开，众菊已谢不谢。又有脑子菊，其香如脑子花，色黄，如小黄菊之类。又有茉莱菊、麝香菊、水仙菊。水仙者，即金盏银台也。 金陵有松菊，枝叶劲细如松，其花如碎金层，出于密叶之上。 临安西马城园子，每岁至重阳谓之斗花，各出奇异，有八十余种。俱《花史》。

丽藻。散语：季秋之月，菊有黄花。《月令》。 兰有馨兮菊有芳。汉武《秋风词》。 三径就荒，松菊犹存。陶靖节。 绿叶云布，黄蕊星罗。卢湛。 菊，草属也，以黄为正，是以概称黄花。 记：菊，黄中之色，香味和正，花、叶、根实皆长生药也。北方随秋之早晚，独岭南不然，至冬乃盛发。岭南地暖，百卉造作无时，而菊独后开。考其理，菊性介烈，不与百卉并盛衰，须霜降乃发，而岭南常以冬至微霜，故也。其天姿高洁如此，宜其通仙灵也。吾在海南艺菊九畹，以十一月望与客泛菊作重九。书此为记。苏东坡。 序：菊，苗可以采，花可以药，囊可以枕，酿可以饮，所以高人隐士，篱落畦圃之蒔，不可一日无此花也。陶渊明植于三径，采于东篱，裛露掇英，泛以忘忧。钟会赋以五美，谓“圆华高悬，准天极也；纯黄不杂，后土色也；早植晚发，君子德也；冒霜吐颖，象劲直也；杯中体轻，神仙食也”，其为所重如此。然品类有数十种，而白菊一二年多有变黄者。予在三水植白菊百余株，次年尽变为黄花。今以色之黄白及杂色品类可见于吴门者，二十有七种，大小颜色殊异而不同。自昔好事者为牡丹、芍药、海棠、竹笋作谱记者多矣，独菊花未有为之谱者，殆亦菊花之缺文也。余始[1]以所见为之，若夫耳目之未接，品类之未备，更俟博雅君子与我同志者续之。史正志。 草木之有花，浮冶而易坏，凡天下轻脆难久之物，皆以花比之，宜非正人达士之所好。然余观屈原之为文，香草龙凤以比忠正，而菊与菌、桂、荃、蕙、兰、芷同为所取。松者，天下坚正之木也，陶渊明乃以松配菊，连语而称之。夫屈原、渊明实皆正人达士，其于菊贵重之如此，是菊虽以花为名，固与浮冶易坏之物不可同年而语也，且菊固有异于物者。凡花者以春盛，而实者以秋成，菊独以秋花悦茂于风霜摇落之时，此其得时者异也。有花叶者，花未必可食，而康风子乃以食菊仙，此其花异也。花可食者，根叶未必可食，而陆龟蒙云“春苗恣肥，得以采撷，供左右杯案”，《本草》云“以正月取根”，此其根叶异也。夫以一草之微，自本至末，有功于人如此，加以色香态度，纤妙闲雅，可为丘壑燕静之娱。然则古人取以比德，而配以岁寒之松，夫岂徒然

---

① 始，“四库全书”［宋］祝穆《古今事文类聚》后集卷二九《花卉部》录史正志《菊谱序》作“姑”。

而已哉！洛阳风俗大抵好花，菊品比他州为盛。刘原孙隐居伊洛，广植诸菊，朝夕啸咏其侧，盖已有意谱之而未暇也。崇宁甲申九月，余为龙门之游，得至君居，顾而乐之，相与订论。因随其名品，论序于左，以列诸谱之次。刘蒙。　山林好事者，或以菊比君子，其说以为岁华婉婉，草木变衰，乃独烨然秀发，傲睨风露，此幽人逸士之操，虽寂寥荒寒，而味道之腴，不改其乐。《月令》以动植志气候，如桃、桐华直云"始华"，至菊独曰"菊有黄华"，岂以正色独立，不伍众草，变词而言之欤？范至能《菊谱序》。　传：先生姓黄，字华。其先曰精者，初生筮之，繇曰：烨烨煌煌，绿衣黄裳，德与坤协，数用九彰，九九相仍，俾尔寿昌，佐用炎皇，启于兑方，世为中黄。夫中，五数也，寄旺四时。九九，重阳数也。兑，秋方也。虽寄旺四时，而盛必于秋乎？陶氏旺春，刘氏旺夏，陶、刘氏谢，而中黄氏其昌乎？后日精以养生术佐农皇氏，寿登一百二十余岁，嘉其功，封之雍州之土，为寿乡公，赐姓中黄氏。后有落蓣者，注姬公旦《尔雅》，旦上其名，缀衣荐服于帝，帝服之喜，特赐御爱黄。至孙英，其祚始落三湘，与屈原同夕餐。英子为华，西入秦，遇阳翟大贾，炫金争文价咸阳市。华文五色备，名挨次《月令》，至今《夏小正》以华之善记节为名。华后入汉，以服饵法干上，出入宫禁，后妃、侍儿咸与之饮酒，乞其祝辞，曰"长寿长寿"。宣帝时，华以外国肥甘进，上尝之喜，曰："金盏银柈，真神仙食也，吾不能效武帝食露盘矣。"华尝以气岸高自标置，曰："予圜冠准天，纯色准地，当赞天地，开八荒寿域，黄中通理，独畅四支，非予前闻人佐农皇志也。"时阳九厄矣，遂入平盖山炼九华大药，时时与好事者出沽酒市中，见者咸呼为九华先生。彭泽令陶潜方弃官柴桑，闻先生名，特延致之，后徙宅东。潜不敢名，惟以九华呼之。潜当九月九日无酒，与先生口讲服饵法，语之曰："南山朝来，致有佳气耳。"少时，江州刺史王弘送酒至。潜以酒让先生饮，先生嘻曰："吾得拍浮此足矣。"潜平日交惟两人，先生与五鬣大夫也。五鬣在先生上，先生戏与五鬣较短长，曰："汝虽长，遭斧创；我虽短，升中堂。"又以其能相殿最，曰："吾茹，能使饥人辟粮。汝能乎？"曰："能。""吾饮，能使癃残人康宁寿考。汝能乎？"曰："能。"曰："吾一出能使时王知正气；一灰迹，能使诸蝈族吞其噪而不声。汝能乎？"曰："不能矣。"曰："不能，何以上吾也？"五鬣亦曰："吾一出，能栋天子明堂；不灰迹，能染历代之文章。子能乎？"曰："不能也。"曰："此吾所以上子也。"潜闻而笑曰："九华既失，五鬣亦未为得也。二三子黜德灭巧，将太上从，太上无名，功故无穷。"于是二人者相与持酒，欢甚。潜颓然醉，醉则遣客，而二人者侍门下，至蒙霜露不去。先自谱其族，凡一百六十三。黜其冒姓名者，曰滴金、马兰、童万、钱覆等，凡六种，题曰《九华寿谱》，藏于家云。杨维桢。　颂：先民有作，咏兹秋菊，绿叶黄花，菲菲或或，芳逾兰蕙，茂过松竹。其茎可玩，其葩可服。成公绥。　英英丽草，禀气灵和。春茂翠叶，秋曜金华。布濩高原，蔓衍陵阿。杨芳吐馥，载芳载葩。爰拾爰采，投之醇酒。御于王公，以介眉寿。傅统妻辛氏。　赋：日之贞矣，于彼重阳。菊之荣矣，于彼华芳。含天地之贞气，吸日月之淳光。云布雾合，箕舒翼张。郁兮蔓衍，郁兮芬芳。珉枝金萼，翠叶红芒。其在夕也，言庭燎之皙皙；其向晨也，谓明星之煌煌。尔其万里年华，九州春色。花的烁兮如锦，草绵连兮似织。当此时也，和其光，同其尘，应春光而早植。及夫秋星下照，金气上腾，风萧萧兮瑟瑟，霜刺刺兮棱棱。当此时也，弱其志，强其骨，独岁寒而晚登。杨炯。　惟杞惟菊，偕寒互绿。或颖或苕，烟披雨沐。我衣败绨，我饭脱粟。羞惭齿牙，苟且梁肉。蔓延骈罗，其生实多。尔杞未棘，尔菊未莎。其如予何？其如予何？陆龟蒙《杞菊诗》。　诗四言：采采者菊，芬其荣斯。紫英黄萼，照灼丹墀。恺悌君子，佩服攸宜。王国是维，大君是毗。贻尔子孙，百禄萃之。　岁方晏矣，霜落残促。谁其荣斯，有英者菊。岂微春华，懿此贞色。人之侮我，混于薪棘。诗人有言，好是正直。俱萧颖士。　五言：芳菊舒金英。唐德宗。　黄花催逸兴。李白。　细叶抽轻翠，圆花簇嫩黄。唐太宗。　雨荒深院菊，霜倒半池莲。异方初艳菊，故里亦高桐。愁眼看霜露，寒城菊自花。羹煮秋莼滑，杯迎露菊新。俱杜甫。　撷其黄金蕊，泛此白玉卮。欧文。　轻霜临菊月，细雨似梅天。王潜斋。　菊嫩金风起，荷疏珠露圆。将秋数行雁，离夏几声蝉。古诗。　九日龙山饮，黄花笑逐臣。醉看风落帽，舞爱月留人。李白。　每恨陶彭泽，无钱对菊花。如今九日至，自觉酒须赊。杜甫。　白雁独横秋，黄花伴醉游。眼看风物换，愁杀仲宣楼。李梦阳。　九日不出门，十日见黄菊。灼灼尚繁英，美人无消息。贾岛。　强饮登高去，无人送酒来。遥怜故乡菊，应傍战场开。岑参。　紫菊宜新寿，茰茱辟旧邪。愿陪长久宴，岁岁捧香花。赵彦昭。　暗暗淡淡紫，融融冶冶黄。陶令篱边宅，罗含舍里香。李义山。　粲粲黄金裙，亭亭白玉肤。极知时好异，拟与岁寒俱。堕地良不忍，抱枝宁自枯。吴履斋。　辟恶茱萸囊，延年菊花酒。与子结绸缪，丹心此何有？郭元振。　九日山僧院，东篱菊也黄。俗人多泛酒，谁解助茶香。释皎然。　佳节逢吹帽，黄金染菊丛。渊明何处饮？三径冷香中。王十朋。　青蕊冒珍丛，幽姿含晓露。政尔破荒寒，讵免伤迟暮。味苦谁能爱？香含只自珍。长将潭底水，普供世间人。俱杨诚斋。　冷艳吐金英，疏香入玉罂。偏宜处士居，不种朱门下。于若瀛。　瑞塔千寻起，仙舆九日来。茰房陈宝席，菊蕊散花台。御气鹏霄近，升高凤野开。天歌将梵乐，空里共徘徊。　凤刹侵云半，虹旌倚日边。散花多宝塔，张乐布金田。时菊芳仙酝，秋兰动睿篇。香街稍欲晚，清跸扈归天。　金节三秋晚，重阳九日欢。仙杯还泛菊，宝馔且调兰。御风云霄近，乘高宇宙宽。今朝万寿节，宜向曲中弹。俱宋之问。　御气幸金方，凭高荐羽觞。魏文颂菊蕊，汉武赐茰囊。去雀留笙吹，归鸿识舞行。年年重九庆，日日奉天长。沈佺期。　可叹东篱菊，茎疏叶且微。虽言异兰蕙，亦自有芳菲。未泛盈樽酒，徒沾清露辉。当荣君不采，飘落欲何依？李太白。　寒花开已尽，菊蕊独盈枝。旧摘人频异，轻香（猶）〔酒〕暂随。地偏初衣夹，山拥更登危。万国皆戎马，酣歌泪欲垂。杜子美。　篱落岁云暮，数枝聊自芳。雪栽新蕊密，金拆小包香。千载白衣酒，一生青女霜。春丛莫轻薄，彼此有行藏。罗隐。　嫩菊含新彩，远山闭夕烟。凉风惊绿树，清韵入朱弦。思妇机中锦，征人塞外天。雁飞鱼在水，书信若为传。鱼玄机。　不随群草出，能后百花荣。气为凌秋健，香缘饮露清。细开宜避世，独立每含情。可道蓬蒿地，东篱万代名。李梦阳。　诛茆疏野径，种菊拟山家。秀擢三秋干，奇分五色葩。凌霜留晚节，殿岁夺春华。为道餐英好，东篱兴独赊。申瑶泉。　西苑宸游地，东篱菊已花。当年夸野色，此日丽天葩。轻白凌寒露，深红散晚霞。秋英疑可茹，无复楚人嗟。唐文献。　结庐在人境，而无车马喧。问君何能尔？心远地自偏。采菊东篱下，悠然见南山。山气日夕佳，飞鸟相与还。此中有真意，欲辨已忘言。　秋菊有佳色，裛露掇其英。泛此忘忧物，远我遗世情。一觞虽独进，杯（进）〔尽〕壶自倾。日入群动息，归鸟趋林鸣。啸傲东轩下，聊复得此生。俱渊明。　今日云景好，水绿秋山明。携壶酌流觞，寒菊泛寒荣。地远松石古，风扬弦管清。窥觞照欢颜，独笑还自倾。落帽醉山月，空歌怀友生。李白。　骚人足以思，香草比君子。况此霜下杰，清芬绝兰茝。气禀金行秀，德备黄中美。古来崔发翁，餐英饮其水。但恐蓬蔂伤，课童加料理。苏允明。　故里樊川菊，登高素浐源。他时一笑后，今日几人存？巫峡蟠江路，终南对国门。系舟身万里，伏枕泪双痕。为客裁乌（惜）〔帽〕，从儿具绿樽。佳辰对群盗，愁绝更堪论。杜甫。　菊以黄为正，君子正其名。所以东坡老，欲扫紫与颓。东皋千株菊，畦圃吁未经。单心复缠枝，千叶并万铃。庶以说耳目，何用挼品评。节物苟如此，敢与时好争。高咏南山诗，悠然念渊明。钱牧斋。钱公名谦益，常熟人。探花，大学士。　和泽周三春，烨烨凉秋节。露凝无游氛，天高风景彻。陵岑耸逸峰，遥睇皆奇绝。芳兰开林耀，青松冠岩列。怀此贞秀姿，卓为霜中杰。衔觞念幽人，千载抚尔诀。俭素不复转，厌厌觉良月。渊明。　家家菊尽黄，梁园独如霜。莹净真琪树，分明对玉堂。仙人披雪氅，素女厌红妆。粉蝶来难见，麻衣拂更香。面风摇羽扇，含露滴琼浆。高艳遮银井，繁枝覆象床。桂丛惭并发，梅萼妒先芳。一入瑶花咏，从兹播乐章。刘禹锡。　越山春始寒，霜菊晚愈好。朝来出细蕊，稍觉芳岁老。孤根荫长松，独秀无众草。晨光虽照耀，秋雨半摧倒。先生卧不出，黄蕊纷一扫。无人送酒壶，空肠嚼珠宝。香风入牙颊，楚些发天藻。新英蔚已满，宿根寒不槁。扬扬弄芳蝶，生死何足道？颇讶昌黎公，恨尔生不早。韩愈。　七言：丛菊两开他日泪。杜少陵。　眼前景物年年别，只有黄花似故人。古诗。　苦遭白发不相放，羞见黄花无数新。杜甫。　牢里乌纱莫吹却，免教白发见黄花。徐竹隐。　秋风为我语篱菊，且耐寒香伴白云。王沧湾。　草卧夕阳牛犊健，菊留秋色蟹螯肥。方秋崖。　莫言满眼无知己，耐久黄花是故人。徐集孙。　犹作霓裳舞妖态，零红坠粉湿秋痕。张芸窗《杨妃菊》。　何时一饱与子同，更煎土茗浮甘菊。陆放翁。　不许秋风常管束，竟随春卉斗芳菲。似嫌九月清霜重，亦对三春丽日开。《咏春菊》。　独坐异乡①为异客，每逢佳节倍思亲。遥知兄弟登高处，遍插茱萸少一人。王维。　秋丛绕舍似陶家，遍绕篱边日渐斜。不是花中偏爱菊，此花开处更无花。元微之。　节去蜂愁蝶不知，晓庭和露折残枝。自缘今日人心别，未必秋香一夜衰。郑谷。　花上清光花下阴，素娥惜此万黄金。一杯寒露三更后，谁信幽人更苦心。张本。　斗鸡台下秋风里，白白黄黄无数花。日暮城南城北道，半随榛棘上樵车。王庭坚。　九日东篱采菊英，白衣遥见眼能明。向今自有杯中物，一段风流可得成。韩子苍。　一夜新霜著瓦轻，芭蕉新折败荷倾。奈寒唯有东篱菊，金粟初开晓更清。白乐天。　雪彩冰姿号女华，寄身多是地仙家。有时南国和霜立，几处东篱伴月斜。唐张贲。　秋风两度身为客，已见重阳未到家。村酒不堪供节事，只将青眼看黄花。　谁将陶令黄金花，幻作酴醿白玉香。小草真成有风味，东园添我老生涯。黄山谷。　共坐栏边日欲斜，更将金蕊泛流霞。欲知却老延龄药，百草开时始见花。欧文忠。　城荒落叶风飕飕，淮水茫茫古渡头。白首不堪行乐（也）〔地〕，黄花点点是离愁。赵信庵。　落托山园载酒来，江梅含雪倚春台。菊花无藉秋光老，犹自离披带雨

①独坐异乡，一般作"独在异乡"。

开。　黄花照眼又经秋，山自青青江自流。多谢龙头鳌禁客，年年把酒对江楼。　羞与春花艳冶同，殷勤培溉待西风。不须牵引渊明比，随分篱边要几丛。刘后村。　独向邻园看菊回，隔篱惊见一枝梅。西风怜我太寂寞，特地遣花将句来。徐介轩。　茎细花黄叶又纤，清香浓烈味还甘。祛风偏重山泉渍，自古南阳有菊潭。文保雍。　妍暖春风荡物华，初回午梦颇思茶。难寻北苑浮香雪，且就东篱撷嫩芽。郑景龙。　筑台结阁两争华，便觉流涎过麹车。户小难禁竹叶酒，睡多须藉菊苗茶。洪尊。　盈盈宫额半涂黄，不减花前旧样妆。笑杀阿娇金屋贮，香衾寒怯夜来霜。　越娘初试素罗裳，爱向秋风学靓妆。一夜不胜琼佩冷，晚香亭馆有新霜。俱新贵。　冷艳疏枝擢素秋，结茅相对转清幽。摘来自喜簪蓬鬓，只恐黄花笑白头。申瑶泉。　黄花应不种朱门，自合移根老瓦盆。露委烟斜看不足，呼儿长夜倒芳尊。于念东。　芳丛烨烨殿秋光，娇倚西风学道妆。一自义熙人去后，冷烟疏雨几重阳？戴紫宸。戴公名君恩，澧州人。都御史。　雨中百草秋烂死，阶下决明颜色鲜。著叶满枝翠羽盖，开花无数黄金钱。凉风萧萧吹汝急，恐汝后时难独立。堂上书生空白头，临风三嗅馨香泣。　澹云微雨暮秋天，为爱黄花带晚烟。闻说名园千百种，愿分秋色至篱边。陆氏。　庭前甘菊移时晚，青蕊重阳不堪摘。明日萧条尽醉醒，残花烂熳开何益？篱边野外多众芳，采撷细琐升中堂。念兹空长大枝叶，结根失所缠风霜。杜子美。　谁采繁花席上题？偶将名姓托唐妃。日烘花萼醺时面，雨换华清沐后衣。隔坐似邀秦国语，挥毫未放谪仙归。欲从颜色窥生相，已落诗家第二机。李东阳。　露冷江蘋雁度时，萧萧黄菊满疏篱。寒枝带雨开仍艳，晚节凌霜赏未迟。移傍小檐承绮席，纵观深夜倒金卮。摘来冉冉香盈把，共泛西风醉莫辞。　莫惜寒花开太晚，孤怀深喜客来双。疏枝最耐存霜圃，晚节偏宜映月窗。同调自应兰是籍，浊醪何有玉为缸。篱边无限陶潜（與）〔兴〕，倒著纶巾醉未降。俱方九功。　水浸长天摇砌明，亭亭珠玉绽秋英。晚香冷秀经霜后，淡意疏容与景迎。篱下留连非藉酒，雨中寻觅最多情。飞尘不到莎厅下，爱尔幽香浸骨清。吴执御。　秋风菊圃吹寒风，报道阿家花早丛。莺羽半遮西子白，翠翎斜映太真红。参差万朵霜天晚，稠叠千枝烟雨空。肯与山樵分秀色，移栽不远过墙东。马德澄。　贪看晚节傲霜飔，淡色幽香冷不辞。入坐巨罗争自引，归来款段未须骑。推敲月下犹孤语，竞病风流彼一时。若使东篱主人在，攒眉那肯和新诗。王世贞。　词：去年秋晚此园中，携手玩芳丛。拈花嗅蕊，恼烟撩雾，沉醉倚西风。　今年重对芳丛处，追往事，又成空。敲遍阑杆，向人无语，惆怅满枝红。欧阳公《少年游》。　老夫白发，尚儿戏、废圃一番料理。餐饮落英并坠露，重把《离骚》拈起。冷艳幽香，深黄浅白，占断西风里。飞来双蝶绕丛，欲去还止。　尝试铨次群芳，梅花差可，伯仲之间耳。佛说诸天金世界，未必庄严如此。尚友灵均，定交元亮，结好天随子。篱边坡下，一杯聊泛霜蕊。刘后村《念奴娇》。　与客携壶上翠微，江涵秋影雁初飞。尘世难逢开口笑，好花须插满头归。　酩酊但酬佳节了，登临不用怨斜晖。古往今来谁不老？多少，牛山何必更沾衣。苏东坡《定风波》。　黄菊满东篱，与客携壶上翠微。已是有花兼有酒，良期。不用登临怨落晖。　满酌不须辞，莫待无花空折枝。寂莫酒醒人散后，堪悲。节去花愁蝶不知。黄山谷《南乡子》。　未老金茎，些子正气，东篱淡薄齐芳。分头添样白，同局几般黄。向闲处、须一一排行。浅深饶间新妆。那陶令，漉他谁酒，趁醒消详。　况是此花开后，便蝶恋无花，管甚蜂忙。

你从今、采却蜜成房。秋英诚商量。多少为谁，甜得清凉。待说破，长生真诀，要饱风霜。陈龙川《秋兰香》。 寒丛弄日，宝钿承露，篱落亭亭相倚。当年彭泽未归来，料独抱、幽香一世。 疏风冷雨，淡烟残照，日日重阳天气。帽檐已是半欹斜，问瓮里、新刍熟未？卢蒲江《鹊桥仙》。 黄菊枝头生晓寒。人生莫放酒杯干。风前横笛斜吹雨，醉里簪花倒著冠。 身健在，且加餐。舞裙歌扇尽清欢。黄花白发相牵挽，付与时人冷眼看。《鹧鸪天》。 雅致妆庭宇，黄花开淡伫，细香明艳尽天与。助秀色堪餐，向晓自有真珠露。刚被金钱妒，拟买秋天，容易独步。 粉蝶无情蜂已去。要上金尊，惟有诗人曾许。待宴赏重阳，恁时尽把芳心吐。陶令经回顾。免憔悴东篱，冷烟疏雨。柳耆卿《受恩深》。 一种浓华别样妆，留连春色到秋光。能将天上千年艳，翻作人间九月黄。 凝薄雾，傲繁霜，东篱恰似武陵乡。有时醉眼偷相顾，错认陶潜作阮郎。张于湖《鹧鸪天》。 江水浸云影，鸿雁欲南飞。携壶结客，何处空翠缈烟霏。尘世难逢一笑，况有紫英黄菊，须插满头归。风景今朝是，身世昔人非。 酬佳节，须酩酊，莫相违。人生如寄，何事辛苦怨斜晖。无尽今来古往，何限春花秋月，变化倏无依。问取牛山客，何必独沾衣。朱文公《水调歌头》。 薄雾浓云愁永昼，瑞脑喷香兽。时节又重阳，玉枕纱厨，半夜凉初透。 东篱把酒黄昏后，有暗香盈袖。莫道不销愁，帘卷西风，人似黄花瘦。李易安《醉花阴》。 忆得去年今日，黄花正满东篱。曾与主人临小槛，共折香英泛酒枝。长条插鬓垂。 人貌不应迁换，珍丛又睹芳菲。重把一樽寻旧径，可惜光阴去似飞。风高露冷时。晏叔原《破阵子》。

二如亭群芳谱花部卷之四

济南　王象晋荩臣甫　纂辑
松江　陈继儒仲醇甫
虞山　毛凤苞子晋甫　同较
宁波　姚元台子云甫
济南　男王与胤、孙士禧、玄孙兆桂　诠次

花谱四

芍药，一名余容，一名铤，一名犁食，一名将离，一名婪尾春，一名黑牵夷。本草》曰：芍药犹婥约，美好貌。处处有之，扬州为上，谓得风土之正，犹牡丹以洛阳为最也。白山、蒋山、茅山者俱好。宿根在土，十月生芽，至春出土，红鲜可爱。丛生，高一二尺，茎上三枝五叶，似牡丹而狭长。初夏开花，有红、白、紫数色，世传以黄者为佳。有千叶、单叶、楼子数种。结子似牡丹子而小。黄者有御衣黄、浅黄色，叶疏，蕊差深，散出于叶间。其叶端色又肥碧，高广类黄楼子。此种宜升绝品。黄花之冠。黄楼子、盛者五七层，间以金线，其香尤甚。袁黄冠子、宛如髻子，间以金线，色比鲍黄。峡石黄冠子、如金线冠子，其色深如鲍黄。鲍黄冠子、大抵与大旋心同而叶差不旋，色类鹅黄。道妆成、黄楼子也。大叶中深黄小叶数重，又上展淡黄大叶。枝条（硕）〔硬〕①而绝黄，绿叶疏长而柔，与红紫稍异。此品非今日小黄楼子，乃黄丝头，中盛则或出四五大叶。妒鹅黄；黄丝头也。于大叶中一簇细叶，杂以金线，条高，绿叶疏柔。红者有冠群芳、大旋心冠子也。深红堆叶，项分四五旋，其英密簇，广可半尺，高可六寸，艳色绝妙。红花之冠。枝条硬，叶疏大。赛群芳、小旋心冠子也。渐添红而紧小，枝条及绿叶并与大旋心一同。凡品中言大叶、小叶、堆叶者，皆花瓣也；言绿叶者，枝叶也。尽天工、柳蒲青心红冠子也。于大叶中小叶密直，妖媚出众。枝硬而绿叶青薄。点妆红、红缬子也。色红而小，并与白缬子同，绿叶微瘦长。积娇红、红楼子也。色淡红，与紫楼子无异。醉西施、大软条冠子也。色淡红，惟大叶有类大旋心状，枝条软细，须以物扶助之。绿叶色深厚，疏长而柔。湖缬、红色，深浅相杂，类湖缬。鼋池红、开须并蕚，或三头者，大抵花类软条。素妆残、退红茅山冠子也。初开粉红，即渐退白，青心而素淡。稍若大软条冠子，绿叶短厚而硬。浅妆匀、粉红冠子也。红缬中无点缬。醉娇红、深红楚州冠子也。亦若小旋心状，中心则堆大叶，叶下亦有一重金线。枝条高，绿叶疏而柔。拟香英、紫宝相冠子也。紫楼子心中细叶上不

---

① 硕，应作"硬"。"四库全书"〔宋〕王观《扬州菊花谱·道妆成》作"硬"。

堆大叶者。妒娇红、红宝相冠子也。红楼子心中细叶上不堆大叶者。缕金囊、金线冠子也。稍似细条深红者，于大叶中细叶下抽金线，细细相杂，条叶并同深红冠子。怨春红、硬条冠子也。色绝淡，甚类金线冠子而堆叶，条硬，绿叶疏平，稍若柔。试浓妆、绯多叶也。绯叶五七重，皆平头，条赤而绿，叶硬，背紫色。簇红丝、红丝头也。大叶中一簇红丝细细，枝叶同紫者。取次妆、淡红多叶也。色绝淡，条叶正类绯多叶，亦平头。效殷妆、小矮多叶也。与紫高多叶一同，而枝条低，随燥湿而出。有三头者、双头者、鞍子者、银丝者，俱同根，因土地肥瘠而异。合欢芳、双头并蒂而开，二朵相背。会三英、三头聚一萼而开。拟绣鞯；鞍子也。两边垂下，如所乘鞍子状，地绝肥而生。紫者有宝妆成、冠子也。色微紫，于上十二大叶中密生曲叶，回环裹抱团圆。其高八九寸，广半尺余，每（小）〔一〕①小叶上络以金线，缀以玉珠，香欺兰麝，奇不可纪。枝条硬而叶平。为紫花之冠。叠香英、紫楼子也。广五寸，高盈尺，于大叶中细叶二三十重，上又耸大叶，如楼阁状。枝条硬而高，绿叶疏大而尖柔。蘸金香、蘸金蕊紫单叶也。是瞥子开不成者，于大叶中生小叶，小叶尖蘸一线金色。宿妆殷、紫高多叶也。条、叶、花并类绯多叶，而枝叶绝高，平头。凡槛中虽多，无先后开，并齐整。聚香丝；紫丝头也。大叶中一丛紫丝细细。枝条高，绿叶疏而柔。白者有杨花冠子、多叶白心，色黄，渐拂浅红，至叶端则色深红，间以金线。白花之冠。菊香琼、青心玉板冠子也。本自茅山来，白英团搊坚密，平头。枝条硬，绿叶短且光。晓妆新、白缬子也。如小旋心状，顶上四向，叶端点小殷红色，一朵上或三点、或四五点，象衣中之点缬。绿叶柔而厚，条硬而低。试梅妆、白冠子也。白缬中无点缬者是。银含棱。银缘也。叶端一棱白色。

根。入药，味酸寒，单叶者佳。赤白视花色，白者益脾，能于土中泻木；赤者散邪，能行血中之滞气。同白术补脾，同芎藭泻肝，同人参补气，同当归补血，以酒炒补阴，同甘草止腹痛，同黄连止泻痢，同防风发痘疹，同姜枣温经散湿，虚寒人及产后忌用。

分植。芍药大约三年或二年一分，分花自八月至十二月，其津脉在根，可移栽。春月不宜，谚云："春分分芍药，到老不开花。"以其津脉发散在外也。栽向阳，则根长枝荣，发生繁盛。相离约二三尺，一如栽牡丹法，不可太远、太近。穴欲深，土欲肥，根欲直。将土锄虚，以壮河泥拌猪粪或牛羊粪栽，深尺余尤妙。不可少屈其根梢，只以水注实，勿踏筑，覆以细土，高旧土痕一指。自惊蛰至清明，逐日浇水，则根深枝高，花开大，而且久不茂者亦茂矣。以鸡矢和土培花丛下，渥以黄酒，淡红者悉成深红。　余以牡丹天香国色，而不能无彩云易散之恨，因复创一亭，周遭悉种芍药，名其亭曰"续芳"。芍药本出扬州，故南都极佳。一种莲香白，初淡红，后纯白，香如莲花，故以名。其性尤喜粪。予课童溉之，其大反胜于南都，即元驭所爱也。其他如墨紫、朱砂红之类，皆妙甚，已致数种归。开时客皆蚁集，真堪续芳矣。王晋美。　修整。春间，止留正蕊，去其小苞，则花肥大。新栽者止留一二蕊。一二年后，得地气，可留四五，然亦不可太多。开时扶以竹，则花不倾倒。有雨遮以箔，则耐久。花既落，

---

① 小，应作"一"。"四库全书"〔宋〕王观《扬州芍药谱·宝妆成》作"一"。

巫剪其蒂，盘屈枝条，以线缚之，使不离散，则脉下归于根。冬间频浇大粪，明年花繁而色润。处暑前后平土剪去，来年必茂。冬日宜护，忌浇水。

采制。秋时采根，单叶者气味全厚，可入药。采得，用竹刀刮去皮并头上土，蜜水拌蒸，从巳至未，晒干收贮。中寒者酒炒。妇人血药，醋炒。

服食。安期生《服炼法》云：芍药有二种。治病用金芍药，色白，多脂；肉色紫者不用。凡采得，净洗去皮，东流水煮百沸，阴干三日，木甑内上覆净黄土蒸一日夜，取出阴干，捣末。麦饭或酒服三钱匕，日三。满三日，可登岭绝粒。　春采芽或花瓣，以面煎之，味脆美，可以久留。　制食之毒，莫良于芍药，故独得药之名，所谓芍药之和具而后食之者。

疗治。风毒骨痛：芍药二分，虎骨一两炙，为末，绢袋盛，酒三升渍五日。每服三合，日三。　脚气肿痛：白芍药六两，甘草一两，为末。空心白汤点服。　消渴引饮：白芍药、甘草等分，为末。每用一钱，水煎服，日三。辛祐之患此九年，服药止而复作，服此方七日，顿愈。　崩中下血，小腹痛甚者：芍药一两炒黄色，柏叶（四）六〔两〕微炒。每服二两，水一升，煎六合，入酒五合，再煎七合，空心两次服。或为末，酒服二钱。　经水不止：白芍药、香附子、熟艾叶各一钱半，水煎服。　血崩带下：赤芍药、香附子等分，为末。每服二钱，盐一捻，水一盏，煎七分，温服，日二服。十服见效。　鱼骨哽咽：白芍药嚼细咽汁。　腹中虚痛：白芍药三钱炙，甘草一钱，夏月加黄芩五分，恶寒加肉桂一钱，冬月大寒再加桂一钱，水二盏，煎一半，温服。　小便五淋：赤芍药一两，槟榔一个，面裹煨，为末。每服一钱，水一盏，煎七分，空心服。　衄血不止：赤芍药为末，水服二钱匕。　衄血咯血：白芍药一两，犀角末二钱半，为末。新水服一钱匕，血止为限。　赤白带下，年久不瘥者：白芍药三两，干姜半两炒黄，捣末。空心水饮服二钱匕，日再。又芍药炒黑研末，酒服。金疮出血：白芍药一两炒黄，为末。或酒或米饮服二钱，渐加之，仍以末傅疮上，良验。　痘疮胀痛：白芍药为末，酒服半钱匕。　木舌肿满，塞口杀人：赤芍药、甘草煎水热漱。

典故。花有红叶黄腰者，号金带围，有时而生，则城中当出宰相。韩魏公守维扬日，郡圃芍药盛开，得金带围四，公选客具乐以赏之。时王珪为君倅，王安石为幕官，皆在选中，而缺其一。花开已盛，公谓今日有过客即使当之。及暮，报陈太傅升之来。明日遂开宴，折花插赏。后四人皆为首相。刘攽《芍药谱》。　昔有猎于中条山，见白犬入地中，掘得一草根，携归植之。明年花开，乃芍药也，故谓芍药为白犬。　东武旧俗，每岁四月大会于南禅、资福两寺，芍药供佛最盛，凡七十余朵，皆重跗累萼。中有白花，正圆如覆盂，其下十余叶承之如盘，东坡名之曰"玉盘盂"。　宣庙幸文渊阁，命于阁右筑石台，植淡红芍药一本。景泰初，增植二本，左纯白，右深红。后学士李贤命之曰"醉仙颜"，淡红也；曰"玉带白"，纯白也；曰"宫锦红"，深红也。与众赋诗，名曰《玉堂赏花集》。　芍药有二种，有草芍药，有木芍药。木者花大而色深，俗呼为牡丹，非也。崔豹《古今注》。　牛亨问曰："将离，相赠以芍药，何也？"董子答曰："芍药一名可离，将别，故赠之。亦犹相招，赠之以文无，故文无名当归。"　胡峤诗曰"瓶里数枝婆尾春"，时人莫喻。桑维翰曰："唐宋文人谓芍药为婆尾春，婆尾酒①乃最后之杯，芍药殿春，故有是名。" 东坡云："扬州芍药为天下冠。蔡繁卿为守，始作万花会，用花千万余枝，既残诸园，又吏因缘为奸，民大病之。余始至，问民疾苦，以此为首，遂罢之。万花本洛阳故事，亦必为民害也，会当有罢之者。钱惟演为留守，始置驿贡洛花，识者鄙之，曰：此宦妄爱君之意也。"《渔隐》。

丽藻。散语：伊其相谑，赠之以芍药。《诗》。 芍药，离草也。《韩诗外传》。 叙：天地之功，至大而神，非人力所能窃胜。惟圣人为能体法其神，以成天下之化，其功盖出其下，而曾不少加以力。不然，天地固亦有间而可穷其用矣。余尝论天下之物，悉受天地之气以生，其小大短长、辛酸甘苦，与夫颜色之异，计非人力之可容致巧于其间也。今洛阳之牡丹、维扬之芍药，受天地之气以生，而小大浅深，一随人力之工拙，而移其天地所生之性，故奇容异色，间出于人间。以人而盗天地之功而成之，良可怪也。然而天地之间，事物纷纭，出乎其前不得而晓者，此其一也。洛阳风土之详，已见于欧阳公之记，此不复论。维扬大抵土壤肥腻，于草木为宜。《禹贡》曰"厥草惟夭"是也。居人以治花相尚，方九月、十月时，悉出其根，涤以甘泉，然后剥削老硬病腐之处，揉调沙粪以培之，易其故土。凡花，大约三年或二年一分，不分则旧根老硬而侵蚀新芽，故花不成就。分之数则小而不舒，不分与分之太数，皆花之病也。花颜色之浅深，与叶蕊之繁盛，皆出于培壅剥削之力。花既萎落，亟剪去其子，屈盘枝条，使不离散，脉理不上行而皆归于根，明年新花繁而色润。杂花根窠多不能致远，惟芍药及时取根，尽去本土，贮以竹席之器，虽数千里之远，一人可负数百本而不劳。至于他州，则壅以沙粪，虽不及维扬之盛，而颜色亦非他州所有者比也。亦有逾年即变而不成者，此亦系土地之宜不宜，而人力之至不至也。花品旧传龙兴寺山子、罗汉、观音、弥陀之四院，冠于此州。其后民间稍稍厚略以丐其本，培壅治事，遂过于龙兴之四院。今则有朱氏之园最为冠绝，南北二圃所种几于五六万株，意其自古种花之盛，未之有也。朱氏当其花之盛开，饰亭宇以待来游者，逾月不绝，而朱氏未尝厌也。扬之人与西洛不异，无贵贱皆喜戴花，故开明桥之间，方春之月，拂旦有花市焉。州宅旧有芍药厅，在都厅之后，聚一州绝品于其中，不下龙兴、朱氏之盛。往岁郡将召移，新守未至，监护不密，悉为人盗去，易以凡品，自是芍药厅徒有其名尔。今芍药有三十四品，旧谱只取三十一种。如绯单叶、白单叶、红单叶，不入名品之内，其花皆六出，维扬之人甚贱之。余自熙宁八年季冬守官江都，所见与夫所闻，莫不详熟，又得八品焉，非平日三十一品之比。此皆世之所难得，今悉列于左。旧谱三十一品，分上中下七等，此前人所定，今更不易。王观《扬州芍药谱叙》。 天下名花，洛阳牡丹、广陵芍药为相伴埒。《禹贡》记扬州草木夭乔，圣人之言，然未见其为夭乔也。广陵芍药有自他方（种）〔移〕来种之者，经岁则盛，至有十倍其初，而胜广陵所出远甚。地气所宜，信其为天乎？然则医书本草所载，虽小物，方土所出，山川原野气力不同，或相倍蓰十百如此花矣，不可不察也。然芍药之盛，环广陵四五十里之间为然，外是则薄劣不及。洛阳牡丹縣人力接种，故岁岁变更日新。而芍药自以种传，独得于天然，非剪剔、培壅、灌溉以时，亦不能全盛，又有风雨、寒暄、气节不齐，故其名花绝品有至十四五年得一见者，

---

① 酒，底本缺，据"四库全书"［宋］陶榖《清异录》卷上《花》"婪尾春"补。

其开不能成，或变为他品。此天地尤物，不与凡品同。待其地利、人力、天时参并具美，然后一出意，其造物亦自珍惜之尔。芍药始开时，可留七八日，自广陵南至姑苏，北入射阳，东至通州海上，西止滁和州，数百里间，人人厌观矣。广陵至京师千五百里，骏马疾足可六七日至也。上不以耳目之玩勤远人，而富商大贾逐利纤啬不顾，又无好事有力者招致之，故芍药不得至京师，而洛阳牡丹独擅其名。其移根北方者，六年以往则不及初年，自是岁加劣矣，故北方之见芍药者，皆其下者也。然种芍药为生者，犹得厚价重利云。熙宁六年，敉罢海陵至广陵。正四月花时，会友傅钦之孙莘老偕行，相与历览人家园圃及佛舍所种，凡三万余株芍药，嫩好及虽好而不至者尽具矣。扶风马玿，府大尹给事公子也，博物好奇，为余道芍药本末，及取广陵人所第名品示予。予按，唐氏藩镇之盛，扬州号为第一，万商千贾，珍货之所丛集，百氏小说尚多记之，而莫有言芍药之美者，非天地生物无祖①于古而特隆于今也。殆时所好尚不齐，而古人未必能知正色尔。白乐天诗言，牡丹取丛大花繁者为佳，此最洛人所卑下者。古人之不知芍药何疑，然当时无记录，故后世莫知其详。今此复无传说，使后胜今犹不足恨，或人情好尚更变，骎骎日久，则名花奇品遂将泯默无传。来者莫知有此，不亦惜哉！故因次序为谱三十一种，皆使画工图写，以示未尝见者使知之，其尝见者固以吾言为信矣。刘贡夫《谱序》。 论：维扬，东南一都会也，自古号为繁盛。唐末乱离，群雄据有，数经战焚，故遗基废迹，往往芜没而不可见。今天下一统，井邑田野，虽不及古之繁盛，而人皆安生乐业，不知有兵革之患。民间及春之月，惟以治花木、饰亭榭，以往来游乐为事，其幸矣哉！扬之芍药甲天下，其盛不知起于何代。观其今日之盛，古想亦不减于此矣。或者以谓自有唐若张祜、杜牧、卢仝、崔涯、章孝标、李嵩、王播，皆一时名士，而工于诗者也，或官于此，或游于此，不为不久，而略无一言一句以及芍药，意其古未有之，始盛于今，未为通论也。海棠之盛，莫甚于西蜀，而杜子美诗名又重于张祜诸公，在蜀日久，其诗数千篇，而未尝一言及海棠之盛。张祜辈诗之不及芍药，不足疑也。芍药三十一品，乃前人之所次，余不敢辄易。后八品，乃得于民间而最佳者。然花之名品，时或变易，又安知止此八品而已哉？后将有出兹八品之外者，余不得而知，当俟来者以补之也。王观。 诗五言：傍砌看红药。杜甫。 夹砌红药栏。白居易。 凝脂新赐浴，半面更啼红。陈良。 烟轻琉璃叶，风亚珊瑚朵。 仙禁生红药，微芳不自持。幸因清绝地，还遇艳阳时。张九龄。 跗萼晴相照，芳香暖竞飘。波翻蜀地锦，霞萃赤城标。刘原父。 千叶扬州种，春深霸众芳。无言比君子，窈窕有温香。王梅溪。 月娥双双下，楚艳枝枝浮。洞里逢故人，绰约青宵游。孟郊。 斜月正当楼，花雾压城重。起傍药栏行，花亦方在梦。李春伯。 醉红如堕珥，奈此恼人香。政尔无言笑，未应吴国亡。黄山谷《题醉西施》。 微雨温清晓，老夫门未开。煌煌玉仙子，并拥翠蕤来。胭脂洗尽不自惜，为雨归来更无力。老夫五十尚可痴，凭轩一赋会真诗。陈去非。 春色今方满，名花尔较迟。含芳如有意，呈彩亦当时。调鼎需仙液，挥毫停凤池。天工知不浅，一夜露华滋。眭石。 凡卉与时谢，妍华丽兹晨。欹红醉浓露，窈窕留余春。孤赏白日暮，暄风动摇频。夜窗蔼芳气，幽卧知相亲。愿致溱洧赠，

---

① 祖，"四库全书"《佩文斋广群芳谱》卷四五《花谱·芍药》引刘攽《芍药谱序》作"闻"。

悠悠南国人。柳子厚。　今日忽不乐，折尽园中花。园中亦何有，芍药饶①残葩。久旱复遭雨，纷披乱泥沙。不折亦安用，折去还可嗟。（奔）〔弃〕②掷谅未能，送与谪仙家。还将一枝春，插向两髻丫。苏东坡。　紫禁肃阴阴，彤庭赫弘敞。风动万年枝，日华承露掌。玲珑结绮钱，深沉映朱网。红药当阶翻，青苔依砌上。兹言翔凤池，鸣佩多清响。信美非吾室，中园思偃仰。朋情以郁陶，春物方骀荡。安得凌风翮？聊恣山泉响。谢玄晖。　罢草紫泥诏，起吟红药诗。词头封送后，花口拆开时。坐对钩帘久，行观步履迟。两三丛烂熳，十二叶参差。背日房微敛，当阶朵旋欹。钗茎抽碧股，粉蕊扑黄丝。动荡情无限，低斜力不支。周回看未足，化谕语难为。勾漏丹砂里，僬侥火焰旗。彤云剩根蒂，绛帻欠缨緌。况有清风动，仍兼宿露垂。疑香熏卷画，似泪着胭脂。白乐天。　七言：芍药初登童子科。陈肥遯。　露红烟紫不胜妍。曾南丰。　忽见孤芳欲断魂。蔡君谟。　多情应认紫薇郎。　丹砂缬妙深难染，白玉冠巍莹绝瑕。　红玉斫成楼突兀，白云争簇髻巍峨。　娇红闹密轻多叶，醉粉欹邪奈软条。　粉妆瑞玉千丛密，冠绶真金半尺围。俱韩魏公。　香于兰芷偏饶艳，画入缣绡未逼真。蔡君谟。　一枝剩欲簪双髻，未有人间第一人。陈无己。　西掖阶前辞御伞，琼林殿后媚天衣。张芸叟。　玉龙十二蓬山顶，宝髻三千汉殿中。　密叶自成金屦饰，乱英谁缉紫草香。　半妆宫面迎风笑，间色仙衣带露收。俱陈辅良。　油壁车中同载女，菱花镜里并妆人。穆伯长。　自洗铜瓶插歊侧，要令书卷识奢华。赵紫芝。　今日阶前红芍药，几花欲老几花新。开时不欲比色相，落后始知如幻身。白乐天。　浩态狂香昔未逢，红灯烁烁绿盘龙。觉来独坐忽惊恐，身在仙宫第几重？韩昌黎。　广陵之花品绝高，得地不移归造化。旋心弱体不胜枝，宝髻歊斜犹堕马。韩忠献。　阿姨天上舞霓裳，姊妹庭前剪雪霜。要与牡丹为近侍，铅华不御学梅妆。邵康节。　蚕老桑柔戴胜鸣，翻阶芍药占春荣。牵风孙寿愁眉破，带雨骊姬泪眼横。洪驹父。　含露仙姿近玉堂，翻阶美态醉红妆。对花未免须酣舞，到底昌黎是楚狂。邵康节。　酒酣谁欲张蛛网？金钿偏宜间宝冠。露裛更深云髻重，蝶栖长苦玉楼寒。韩忠献。　感伤纶阁多情客，珍重维扬好事僧。酌处酒杯深蘸甲，折来花朵细含棱。　倚竹佳人翠袖长，大寒犹着薄罗裳。扬州近日红千叶，自恃风流学楚狂。　春风十里珠帘卷，仿佛三生杜牧之。红药梢头初茧栗，扬州风物鬓成丝。黄山谷。　一声啼鴂画楼东，魏紫姚黄扫地空。多谢化工怜寂寞，尚留芍药殿春风。苏东坡。　日暮君王举凤觞，醉来忽地倚红妆。雕栏芍药亲教折，传递佳人嗅艳香。黄省曾。　词：人间花老，天涯春去，扬州别是风光。红药万株，佳名千种，天然浩态狂香。尊贵御衣黄。未便教西洛，独占花王。困倚东风，汉宫谁敢斗新妆。　年年高会维扬。看家夸绝艳，人诧奇芳。结萼当屏，联葩就幄，红遮绿绕华堂。花面映交相。更秉简观洧，幽意难忘。罢酒风亭，梦魂惊恐在仙乡。晁无咎《望海潮》。　一梦扬州事。画堂深、金瓶万朵，元戎高会。座上祥云层台起，不减洛中姚魏。叹别后、关山迢递。国色天香何处在？想东风、犹忆狂书记。惊岁月，一弹指。　数枝清晓烦驰骑。向小窗、依稀重

---

　　① 饶，"四库全书"［宋］祝穆《古今事文类聚》后集卷三〇《花卉部》、［宋］陈景沂《全芳备祖》前集卷三《花部》引苏轼诗作"绕"，［宋］苏轼《东坡全集》卷九录作"袅"。
　　② 奔，应作"弃"。"四库全书"［宋］苏轼《东坡全集》卷九录《送笋芍药与公择二首》作"弃"。

见，芜城妖丽。料得花怜侬消瘦，侬亦怜花憔悴。谩①怅望、竹西歌吹。老矣应无骑鹤日，但春衫、点点当时泪。那更有，旧情味。刘后村《贺新郎》。　日借轻黄珠缀露。困倚东风，无限娇春处。看尽娇红浑谩语，淡妆偏称泥金缕。　不共铅黄争胜负。殿后开时，故欲寻春去。去似朝云无定所，那堪更着催花雨。陈兆湖《蝶恋花》。　把酒问花，萤粟梢头，春今几何？笑身居近侍，翻阶万玉，面匀菩萨，髻拥千螺。一一牙签，英英碧字，占定花间甲乙科。归来也，傍紫薇吟处，操作阳和。　祇今花事无多。看几许风烟付与他。待围将翡翠，怕蜂粘粉，织成云锦，遣凤衔梭。谁剪并刀，赠之燕玉，莫负双娥娇溜波。花应道，尽花强人面，底用能歌。方秋崖《沁园春》。　窗纱深掩护芳尘。翠眉颦，越精神。几雨几晴，做得这些春。切莫近前轻着语，题品错，怕渠嗔。　碧壶谁贮玉粼粼？醉香茵，晚风频，吹得酒痕，如洗一番新。只恨谪仙浑懒却，辜负那，倚阑人。方秋崖《江神子》。　洛下根株，江南栽种。天香国色千金重。花边三阁建康春，风前十里扬州梦。　油壁轻车，青丝短鞚。看花日日催宾从。而今何许定王城，一枝且为邻翁送。张于湖《踏莎行》。　鶗鴂怨花残。谁道春阑？多情红药待君看。浓淡晓妆新意态，独占西园。　风叶万枝繁。犹记平山。五云楼映玉成盘。二十四桥明月下，谁凭朱栏？韩南涧《浪淘沙》。　闲时盈盈，向人自笑还无语。牡丹飘雨，开作群花主。　柔美温香，剪染劳天女。青春去、花间歌舞。学个狂韩愈。王梅溪《点绛唇》。　熏风时候，芍药披晴昼。天上玉栏干，展一杯、天家锦绣。汉宫唐殿，嫔御逞妖娆，飞燕女，太真妃，一样新妆就。　黄金撚线，色与红芳斗。谁把绛绡衣，误将他、胭脂渍透？晚风生处，襟袖卷浓香，持玉斝，秉纱笼，倚醉听更漏。陈济翁《蓦山溪》。　访莺花陈迹，姚魏遗风，绿阴成幄。尚有余香，付宝阶红药。淮海维扬，物华天产，未觉输京洛。时世新妆，施朱傅粉，依然相若。　束素腰纤，捻红唇小，郭袖娇羞，倚阑柔弱。玉佩琼琚，劝王孙行乐。况是韶华，为伊挽驻，未放离情薄。顾盼歌前，留连醉里，莫教零落。刘斫父《醉蓬莱》。　杜鹃啼老春红，翠阴满眼愁无奈。飞来何处？凤骈鸾驭，霞琚云佩。风槛娇凭，露梢慵亸，酒痕微退。念洛阳人去，香魂又返，依然是、风流在。　十年一觉，扬州春梦，离愁似海。浩态难留，暗香吹散，几时重会。向樽前笑折，一枝红玉，帽檐斜戴。卢蒲江《水龙吟》。　人生行乐，算一春欢赏，都来几日。绿暗红稀春已去，赢得星星宾白。醉里狂歌，花前起舞，挤罚金杯百倍。淋漓宫锦，忍辜妖艳姿色。　须信殿得韶光，只愁花谢，又作经年别。嫩紫娇红邀客语，应为主人留客。月落乌啼，酒阑烛暗，离绪伤吴越。竹西歌吹，不堪老去重忆。曾海野《念奴娇》。　恨春易去。甚春却向扬州住。微雨。正萤粟梢头弄诗句。虹桥二十四，总是行云处。无语。渐半脱宫衣笑相顾。　金壶细叶，千朵围歌舞。谁念我、发成丝，来此共樽俎。后日西园，绿阴无数。寂寞刘郎，自修花谱。姜白石《侧犯》。

水仙，丛生，宜下湿地。根似蒜头，外有薄赤皮。冬生叶，如萱草，色绿而厚。冬间于叶中抽一茎，茎头开花数朵，大如簪头，色白，圆如酒杯，上有五尖，中心黄蕊

---

① 谩，"四库全书"［宋］刘克庄《后村集》卷一九《贺新郎·客赠芍药》作"漫"。

颇大，故有金盏银台之名。其花莹韵，其香清幽。一种千叶者花片卷皱，上淡白而下轻黄，不作杯状，世人重之，以为真水仙。一云单者名冰仙，千叶名玉玲珑，亦有红花者。此花不可缺水，故名水仙。根味苦、微辛，寒滑，无毒，治痈肿及鱼骨哽。花作香泽，涂身理发，去风气。

种植。五月初收根，用小便浸一宿，晒干，拌湿土，悬当火烟所及处。八月取出，瓣瓣分开，用猪粪拌土植之，植后不可缺水。起时、种时，若犯铁器，永不开花。诀云：六月不在土，七月不在房，栽向东篱下，寒花朵朵香。又云：和土晒，半月方种，以收阳气，覆以肥土、白酒糟，和水浇之，则茂。爱护。霜重时，即搭棚遮盖，以避霜雪。向南开一门，天晴日暖则开之，以承日色。北方土寒，凡牡丹、贴梗海棠俱用此法，不特水仙也。又法：初起叶时，以砖压住，不令即透，则他日花出叶上。杭州近江处，园丁种之成林，以土近咸卤，故花茂。

取用。水仙花以精盆植之，可供书斋雅玩。　插瓶用盐水，与梅花同。

疗治。妇人五心烦热：水仙花、干荷叶、赤芍药等分，为末。每二钱，白汤下，热自退。

典故。汤夷，华阴人，服水仙八石为水仙，是名河伯。《清泠传》。　杭州西湖有水仙王庙。《东坡诗注》。　拘楼国有水仙树，树腹中有水，谓之仙浆，饮者七日醉。　杨诚斋以千叶为真水仙，而余以为不如单叶者多丰韵。　谢公梦一仙女畀水仙花一束，明日生谢夫人，长而聪慧，能吟咏。　姚姥住长离桥，夜梦见星坠地，化水仙一丛，摘食之。既觉生女，长而令淑有文。　唐玄宗赐虢国夫人红水仙十二盆，盆皆金玉七宝所造。　宋杨仲囤自萧山致水仙一二百本，极盛。乃以两古铜洗蓻①之，学《洛神赋》体作《水仙花赋》。　凡花重台者为贵，水仙以单瓣者为贵。出嘉定，短叶高花，最佳种也，宜置瓶中。其物得水则不枯，故曰水仙，称其名矣。前接腊梅，后接江梅，真岁寒友也。王敬美。　水仙四叶一茎，花集茎端，垂垂若裁，冰镂雪心，作浅黄色，芬冽逼人。江南处处有之，惟吴中嘉定种为最，花簇叶上，他种则隐叶内耳。蓄种囊以（沙）〔纱〕，悬于梁间风之。未播，先以敝草履寸断，杂溲渟浸透，俟有生意，方入土，以入土早晚为花先后。金陵即善植者，十丛不一二花。余每岁向友人乞三四茎置斋头，香可十日。兹十日者，纵非风雨，亦不易出斋头也。于念东。

丽藻。散语：水夷倚浪以微盼。水夷，水神也。《文选》。　凌波微步，罗袜生尘。《洛神赋》。　序：世以水仙为金盏银台，盖单叶者甚似真有一酒盏，深黄而金色。至千叶水仙，其中花片卷皱密蹙，一片之中，下轻黄而上淡白，如染一截者，与酒杯之状绝不相似，而千叶者乃真水仙云。杨诚斋。　诗五言：蔤叶秀且耸，兰香细而幽。徐致中。　弱植愧兰荪②，高操攦冰霜。朱元晦。　翠带拖云舞，金卮照雪斟。林可山。　如闻交佩解，疑是洛妃来。朔吹欺罗袖，朝霜滋玉台。僧船窗。　水花垂弱蒂，袅袅绿云轻。自是压群卉，谁言梅是兄？于念东。　七言：何时持上紫宸殿，乞与江梅定等差。黄山谷。　晓风洛浦凌波际，夜月江皋解佩时。徐于渊。　晓梦盈盈湘水春，翠虬白凤照江滨。香魂

---

① 蓻，同"蓺"，种植。
② 荪，一般作"荪"。

莫逐冷风散，拟学黄初赋洛神。_{倪瓒。} 罗带无风翠自流，晚寒微斜玉搔头。九疑不见苍梧远，怜取湘江一片愁。_{文衡山。} 玉质金相翠带围，霜华月色共辉辉。江妃方欲凌波去，汉女初从解佩归。_{张铭盖。} 碧江香和楚云飞，销尽冰心粉色微。乍向月中看素影，却疑波上步灵妃。_{孙不之。} 偶向残冬遇洛神，孤情只道立先春。今从九月过三月，疑是前身与后身。 物值同时妒亦宜，梅花今见子离离。相逢洞口千红里，素影当前君不知。 万花如焰柳如烟，常恐冰绡畏不前。曾在水边衣不湿，可知入火不能然。 每笑梅花太畏喧，一身自许历寒温。春风特念冰霜后，邀与春花共慰存。_{俱钟伯敬。钟退庵，名惺，竟陵人。闽中督学。所著有《隐秀轩集》。} 幽修开处月微茫，秋水凝神黯淡妆。绕砌雾浓空见影，隔帘风细但闻香。瑶坛夜静黄冠湿，小洞秋深玉佩凉。一段凌波堪画处，至今词赋忆陈王。_{梁辰鱼。} 岁华摇落物萧然，一种清风最可怜。不许淤泥侵皓素，全凭风露发幽妍。骚魂洒落沉湘客，玉色依希捉月仙。却笑涪翁太脂粉，误将高雅匹婵娟。_{刘后村。} 凌波仙子生尘袜，波上盈盈步微月。是谁招此断肠魂，种作寒花寄愁绝。含香体素欲倾城，山矾是弟梅是兄。坐对真成被花恼，出门一笑大江横。_{黄山谷。} 娟娟湘洛净如罗，幻出芳魂俨素娥。夜静有人来鼓瑟，月明何处去凌波？萧疏冷艳冰绡薄，绰约风鬟露气多。直是灵根堪度世，妖容知不傍池荷。_{屠隆。} 词：绿华居处渺云深，不受一尘侵。细看宜州新句，平生才是知音。 凌波一去，平山梦断，谁最关心。惟有青天碧海，知渠夜夜孤衾。_{曾渔父《朝中措》。} 云卧衣裳冷。看萧然、风前月下，水边幽影。罗袜尘生凌波步，汤沐烟波万顷。爱一点、娇黄成晕。不记相逢曾解佩，甚多情、为我香成阵。待和泪，揾残粉。 灵均千古怀沙恨。想当初、匆匆忘把此花题品。烟雨凄迷僝僽损，翠袂遥遥谁整？谩写入、瑶琴幽愤。弦断招魂无人赋，但金杯的皪银台润。愁滞酒，又还醒。_{辛稼轩《贺新郎》。} 梦湘云，吟湘月，吊湘灵。有谁见、罗袜尘生。凌波步稳，背人羞整六铢轻。娉娉袅袅，晕娇黄、玉色轻明。 香心静，波心冷，琴心怨，客心惊。怕佩解、却返瑶京。杯擎清露，醉春兰交与梅兄。苍烟万顷，断肠是、雪冷江清。_{高宾王《金人捧露盘》。} 佩解洛波遥，弦冷湘江渺。月底盈盈误不归，独立风尘表。 窗绮护幽妍，瓶玉扶轻袅。到后知谁语素心，寂寞山寒峭。_{卢直院《卜算子》。} 雪妒云娥羞相倚，凌波共酌春风醉。的皪玉壶寒，肯教金盏单。只疑双蝶梦，翠袖和香拥。香外有鸳鸯，风流烟水乡。_{高竹屋《菩萨蛮》。}

玉簪花，一名白萼，一名白鹤仙，一名季女。_{白萼象其色，白鹤象其形，季女象其卦。}处处有之。有宿根，二月生苗成丛，高尺余。茎如白菜，叶大如掌，团而有尖，面青背白。叶上纹如车前，叶颇娇莹。七月初，丛中抽一茎，茎上有细叶十余，每叶出花一朵，长二三寸，本小末大，未开时正如白玉搔头簪形，开时微绽四出，_{出，音缀。}中吐黄蕊，七须环列，一须独长，甚香而清，朝开暮卷。间有结子者，圆如豌豆，生青熟黑。根连生，如鬼臼、射干之类，有须毛。死则根有一臼，新根生则旧根腐。亦有紫花者，叶微狭，花小于白者，叶上黄绿相间，名间道花。又有一种小紫，五月开花小白，叶石绿色。此物损牙齿，不可着牙。

　　根。性甘、辛，寒，有毒。解毒，涂肿下骨。　叶。性同根，解蛇虺毒。
　　种植。春初雨后分其勾萌，种以肥土，勤浇灌，即活。分时忌铁器。
　　制用。花瓣拖面，香油炸过，入少糖霜，香清味淡，可克清供。取未开者，装铅粉在内，以线缚口久之。妇女用以傅面，经岁尚香。

疗治。乳痈初起：根擂，酒服，以滓敷之。　　下鱼骨哽：根同山查捣自然汁，以小竹筒灌之咽中。　　取牙根：干者一钱，白硇七分，白砒、威灵仙各三分，草乌头一分半，为末。以少许点痛处，即自落。　　蛇虺螫伤：取叶捣汁，和酒服，以渣敷之，中心留一孔泄气。

典故。汉武帝宠李夫人，取玉簪搔头，后宫人皆效之。玉簪花之名始此。

丽藻。诗五言：冰姿新出浴，云鬟玉搔头。古诗。　　七言：披拂西风如有待，徘徊凉月更多情。孙铎。　　素娥昔日晏仙家，醉里从他宝髻斜。遗下玉簪无觅处，如今化作一林花。吴震斋。　　宴罢瑶池阿母家，嫩琼飞上紫云车。玉簪堕地无人拾，化作东南第一花。黄山谷。　　玉色瓷盆绿柄深，夜凉移向小窗阴。儿童莫讶心难展，未展心时正似簪。饭牛翁。　　雪魄冰姿俗不侵，阿谁移植小窗阴。若非月姊黄金钏，难买天孙白玉簪。罗隐。　　瑶池仙子宴流霞，醉里遗簪幻作花。万斛浓香山麝馥，随风吹落到君家。王介甫。　　不信搔头花底重，数茎秋濯露溶溶。腰憎荆玉生前折，影比崔娘月里逢。摘去何人怜素腕，插来是处映秋容。薄愁莫减冰霜骨，十二金钗好向从。方广德。

凤仙，一名海纳，一名旱珍珠，一名小桃红，一名染指甲草。人家多种之，极易生。二月下子，随时可种，即冬月严寒，种之火坑亦生。苗高二三尺，茎有红、白二色，肥者大如拇指，中空而脆。叶长而尖，似桃柳叶，有钜齿，故又有夹竹桃之名。开花，头、翅、羽、足俱翘然如凤状，故又有金凤之名。色红、紫、黄、白、碧及杂色，善变易。有洒金者，白瓣上红色数点，又变之。异者自夏初至秋尽，开卸相续。结实累累，大如樱桃，形微长有尖，色如毛桃，生青熟黄，触之即裂，皮卷如拳，故又有急性之名。子似萝卜子而小，褐色，气味苦，温，有小毒，治产难、积块、噎膈，下骨哽，透骨通窍。叶甘，温，滑，无毒，活血、消积。根苦、甘、辛，有小毒，散血通经，软坚透骨，治误吞铜铁。此草不生虫蛊，蜂蝶亦多不近，恐不能无毒。花卸即去其蒂，不使结子，则花益茂。

制用。采肥茎沟腌，可为菹。　　花酒浸一宿，可食。　　取红花捣烂煮犀杯，色如蜡，可克旧犀。初煮出，忌见风，见风即裂。　　庖人烹鱼肉，难卒烂，投数粒，同山查，即易烂。　　女人采红花，同白矾捣烂，先以蒜擦指甲，以花傅上，叶包裹，次日红鲜可爱，数日不退。　　能损齿，服者不可着牙，多用亦戟入喉。　　插瓶，用沸水或石灰入汤，可开半月。

疗治。调经安胎：白凤仙花虚装一坛，好烧酒装满，浸三七日，日饮之，经调即能受胎。　　产难催生：凤仙子二钱，研末。水服，勿近牙。外以蓖麻子，随年数捣涂足心。　　噎食不下：凤仙花子酒浸三宿，晒干为末，酒丸菉豆大。每服八粒，温酒下，不可多用。　　咽中骨哽，欲死者：白凤仙子研水一大呷，以竹筒灌入咽，其物即软。不可经牙。或为末吹之。　　牙齿欲取：金凤花子研水[①]，入砒少许，点疼牙根，取之。　　小儿痞积：急性子、水红花子、大黄各一两，俱生研末。每味取五钱，外用

---

① 水，应作"末"。"四库全书"《本草纲目》卷一七下《草之六》引《摘玄方》作"末"。

皮硝一两拌匀。将白鹁鸽一个，白鸭亦可，去毛屎，剖腹，勿犯水，以布拭净，将末装内，用线扎定。沙锅内入水三碗，重重纸封，以小火煮干，将鸽鸭翻调焙黄色，冷定。早辰食之，日西时疾软，三日大便下血，病去。忌冷物百日。　蛇伤：擂酒服即解。　腰胁引痛，不可忍者：研饼晒干，为末。空心每酒服三钱。　风湿卧床不起：金凤花、柏子仁、朴硝、木瓜煎汤洗浴，每日二三次。内服独活寄生汤。　咽喉物哽：金凤花根捣烂噙咽，骨自下，鸡骨尤效。即以温水漱口，免损齿。亦治误吞铜铁。　打杖肿痛：凤仙花叶捣如泥，涂肿破处，干则又上，一夜血散即愈。冬月收取干者，研末，水和涂之。　马患诸病：白凤仙花连根叶熬膏。遇马有病，抹其眼四角上，即汗出而愈。

典故。凤仙，五月间主水。　宋光宗李后，小字讳凤，宫中避之，呼为好女儿花。　张宛丘呼为菊婢。　韦君呼为羽客。　谢长裾见凤仙花，命侍儿进叶公金膏，以麈尾稍染膏洒之，折一枝插倒影山侧。明年，此花金色不去，至今有斑点，大小不同，若洒金，名倒影花。　李玉英秋日采凤仙花染指甲，后于月中调弦，或比之落花流水。《花史》。

丽藻。诗五言：金凤乃婢妾，颜色徒相鲜。张右史。　鲜鲜金凤花，得时亦自媚。物生无贵贱，罕见乃为贵。徐溪月。　手植中庭地，分破紫兰畹。绿叶纷映阶，红芳烂盈眼。辉辉丹穴禽，娇娇翅翎展。刘原父。　天雷雕九陵，梧桐日枯槁。凤德何其衰，惊飞下幽草。九苞空仿佛，众彩各自好。黄中独含章，见晚更倾倒。托根慢亭峰，弱质深自保。便翻金翅短，淡泊乃几道。俗眼迷是非，人间迹如扫。刘柳父。　七言：飞花只合秦楼去，莫与金钗压翠蝉。僧北涧。　九苞颜色春意动，丹穴威仪秀气攒。题品直须名最上，昂昂骧首倚朱栏。晏元献。　忆绕朱栏手自栽，绿丛高下几番开。中庭雨过无人迹，狼藉深红点绿苔。欧阳公。　细看金凤小花丛，费尽司花染作工。雪色白边袍色紫，更饶深浅四般红。杨诚斋。　夜捣守宫金凤蕊，十尖轻换红莺嘴。闲来一曲鼓瑶琴，数点桃花泛流水。杨维祯。　金凤花开色更鲜，佳人染得指头丹。弹筝乱落桃花瓣，把酒轻浮玳瑁斑。拂镜火星流夜月，画眉红雨过春山。有时（谩）〔漫〕托香腮想，疑是胭脂点玉颜。　金盘和露捣仙葩，解使纤纤玉有瑕。一点愁疑鹦鹉（啄）〔喙〕，十分春上牡丹芽。娇弹粉泪抛红豆，戏掐花枝镂绛霞。女伴相逢频借问，几番错认守宫砂。汉武于端午取蜥蜴，饲以丹砂，体尽赤。次年午日捣之，涂宫人臂，如私偶则色灭。俱存斋。　花有金凤为小丛，秋色已深方盛发。英英秀质实且体，文采烂然无少阙。纤茎翩翩翠影动，红白粉乱如点缀。谁云脆弱易飘堕，自卵至翼亦数月。铺茸剪彩转难似，只把长条恣穿结。常疑一似小儿花，性命所系不忍折。君不见昨夜雨今朝风，一队惊飞返丹穴。文与可。　词：秋花姝丽，疑是虞庭集蠹，烂霞开。不向丹山植，还自蕊宫来。　飞来金屈戍，添上玉搔头。暗拨求凰操，韵声幽。夏茂卿《女冠子》。夏公名树芳，江阴人。领乡荐。所著有《消暍集》。

罂粟，一名米囊花，一名御米花，一名米壳花。青茎高一二尺，叶如茼蒿，花有大红、桃红、红紫、纯紫、纯白，一种而具数色。又有千叶、单叶，一花而具二类，艳丽可玩。实如莲房，其子囊数千粒，大小如葶苈子。

种艺。八月中秋夜或重阳月下子。下毕，以扫帚扫匀，花乃千叶。两手交换撒子，则花重台。或云以墨汁拌撒，免蚁食。须先粪地极肥松，用冷饮汤并锅底灰和细干土拌匀，下讫，仍以土盖。出后，浇清粪，删其繁，以稀为（昔）〔贵〕①，长即以竹篱扶之。若土瘦，种迟，则变为单叶，然单叶者粟必满，千叶者粟多空。《花史》。

典故。花之红者杜鹃，叶细、花小、色鲜、瓣密者曰石岩，皆结数重台，自浙而至，颇难蓄。余干、安仁间遍山如火，即山踯躅也，吾地以无贵耳。渥丹，草种也，有散丹，有卷丹，诗人称之，最为近古，宜蓄芍药之后。罂粟，花最繁华，其物能变，加意灌植，妍好千态。曾有作黄色、绿色者，远视佳甚，近颇不堪。闻其粟可为腐，涩精物也。又有一种小者，曰虞美人，又名满园春，千叶者佳。王敬溪。

丽藻。说：罂小如罂，粟细如粟。与麦偕种，与穄偕熟。苗堪春菜，实比秋谷。研作牛乳，烹为佛粥。叹我气衰，饮食无几。食肉不消，食菜寡味。柳槌石钵，煎以蜜水。便口利喉，调肺养胃。三年杜门，莫适往还。幽人纳刺，相对忘言。饮之一杯，失笑欣然。苏子由。　诗七言：万里客愁今（目）〔日〕散，马前初见米囊花。雍陶。　鸟语蜂喧蝶亦忙，争传天诏诏花王。东君羽卫无供给，探借春风十日粮。　铅膏细细点花梢，道是春深雪未消。一斛千囊苍玉粟，东风吹作米长腰。　茶粒齐圜剖罂子，作汤和蜜味尤宜。中年强饭却丹石，安用咿嗟成涥糜。俱谢幼槃。

丽春， 罂粟别种也。丛生，柔干，多叶，有刺，根苗一类而具数色，红者、白者、紫者、傅粉之红者、间青之黄者、微红者、半红者、白肤而绛理者、丹衣而素纯者、殷红而染茜者，姿状葱秀，色泽鲜明，颇堪娱目，草花中妙品也。江浙皆有，金陵更佳。

金钱花， 一名子午花，午开子落。一名夜落金钱花，予改为金榜及第花。花秋开，黄色，朵如钱，绿叶柔枝，婀娟可爱。梁大同中进自外国，今在处有之。栽磁盆中，副以小竹架，亦书室中雅玩也。又有银钱一种，七月开，以子种。

典故。花以金钱名，言其形之似也，惟欠棱廓耳。《格物丛话》。　日开而夜落，花时常在于秋。《风土记》。　郑荣尝作《金钱花》诗，未就。梦一红裳女子掷钱与之，曰："为君润笔。"及觉，探怀中，得花数朵，遂戏呼为润笔花。《花史》。　梁豫州掾属以双陆赌金钱，钱尽，以金钱花补足。鱼洪谓得花胜得钱。《酉阳杂俎》。

丽藻。诗五言：能买三秋景，难供九府输。　繁多终不臭，风流不自贫。俱《百氏集》。　七言：厚重圆殊秦半两，轻飘薄似汉三分。《百氏集》。　阴阳为炭地为炉，铸出金钱不用模。谩向人前逞艳色，不知还解济贫无。皮日休。　巧冶都由造化炉，风磨雨洗好形模。花均②果有神通力，买断春光用得无？章艺斋。　名贵已居三品上，价高仍在五铢先。春来买断深红色，烧得人心似火然。石懋。　也无棱郭也无神，露洗还同铸出新。青帝若教花里用，牡丹应是得钱人。来鹄。

剪春罗， 一名剪红罗。蔓生。二月生苗，高尺余，柔茎绿叶，似冬青而小，对生抱茎。入夏开深红花，如钱大，凡六出，周回如剪成，茸茸可爱。结实如豆，内有细

---

① 昔，应作"贵"。"四库全书"《佩文斋广群芳谱》卷四六《花谱·罂粟花》引作"贵"。
② 均，应作"神"。"四库全书"［宋］陈景沂《全芳备祖》前集卷二六《花部·金钱花》引章艺斋诗作"神"。

子。人家多种之盆盎中，每盆数株。竖小竹苇，缚作圆架如筒，花附其上，开如火树，亦雅玩也。味甘，寒，无毒。

附录。剪红纱花：高三尺，叶旋覆。秋夏开花，状如石竹花而稍大，四围如剪，瓣鲜红可爱。结穗亦如石竹，穗中有细子。方书不见用，想亦利小便，主痛肿也。

疗治。火带疮，绕腰生者：剪春罗花或叶捣烂，蜜调涂之。为末敷亦可。

丽藻。诗七言：谁把风刀剪薄罗？极知造化著功多。飘零易逐春光老，公子樽前奈若何！翁元广。

剪秋罗，一名汉宫秋。色深红。花瓣分数歧，尖峭可爱。八月间开。春时待芽出土寸许，分其根种之，种子亦可。喜阴地，怕粪触。种肥土，清水灌之。用竹圈作架扶之，可玩。春夏秋冬，以时名也。

附录。剪罗花：甚红，出南越。性畏寒，壅以鸡粪，浇以捋猪汤、退鸡鹅水则茂。冬入窖中。　剪金罗：金黄色花，甚美（记）〔艳〕。

金盏花，一名长春花，一名杏叶草。茎高四五寸，嫩时颇肥泽。叶似柳叶，厚而狭，抱茎生，甚柔脆。花大如指顶，瓣狭长而顶圆，开时团团如盏。子生茎端，相续不绝。结实萼内，色黑，如小虫蟠屈之状。味酸，寒，无毒。

附录。金盏草：一名杏叶草。蔓延篱下，叶叶相对。夏开花，子如鸡头实。

制用。金盏花叶味酸，炸熟，水浸过，油盐拌食。

疗治。肠痔下血久不止：金盏花叶为末、棕灰等分，空心百沸汤调，每服三钱。

鸡冠花，有扫帚鸡冠，有扇面鸡冠，有缨络鸡冠。有深紫、浅红、纯白、淡黄四色。又有一朵而紫黄各半，名鸳鸯鸡冠。又有紫、白、粉红三色一朵者。又有一种五色者，最矮，名寿星鸡冠。扇面者以矮为贵，扫帚者以高为趣。今处处有之。三月生苗。入夏，高者五六尺，矮者才数寸。叶青柔，颇似白苋菜而窄。䒦有赤脉，䒦，稍、哨二音。红者茎赤，黄者、白者茎青白，或圆或扁，有筋起。五六月茎端开花，穗圆长而尖者如青箱之穗，扁卷而平者如雄鸡之冠，花大有围一二尺者，层层叠卷可爱。穗有小筒，子在其中，黑细光滑，与苋实无异。花最耐久，霜后始蔫。苗、花、子气味俱同，甘，寒，无毒，主治疮痔及血病，止肠风、泻血、赤白痢、崩中带下，分赤白用。子入药须炒。

种植。清明下种，喜肥地，用簸箕、扇子撒种则成大片。高者宜以竹木架定，庶遇风雨，不摧折卷屈。

疗治。吐血不止：白鸡冠花，醋浸煮七次，为末。每服二钱，热酒下。　结阴便血：鸡冠花、椿根、白皮等分，为末，炼蜜丸桐子大。每服三十九，黄芪汤下，日服。　粪后下血：白鸡冠花并子炒，煎服。　五痔肛肿，久不愈，变成瘘疮：用鸡冠花、凤眼草各一两，水二碗，煎汤频洗。　下血脱肛：白鸡冠花、防风等分，为末，糊丸桐子大。空心米饮，每服七十九。一方：白鸡冠花炒、棕榈灰、羌活一两，为末。每服二钱，米饮下。　经水不止：红鸡冠花一味，晒干，为末。每服二钱，空心酒调下。忌鱼腥猪肉。　产后血痛：白鸡冠花酒煎服之。　妇人白带：白鸡冠花晒干，为末。每旦空心酒服三钱。赤带用红者。　白带沙淋：白鸡冠花、苦壶芦等分，烧存性，空心火酒服之。　赤白下痢：鸡冠花煎酒服。赤用红，白用白。

典故。矮鸡冠，或云即玉树后庭花。苏子由诗注。 宋时汴中谓鸡冠花为洗手花。中元节前，儿童唱卖以供祖先。 解缙尝侍上，上侧命赋鸡冠花诗。缙曰："鸡冠本是胭脂染。"上忽从袖中出白鸡冠，云是白者。缙应声曰："今日如何浅淡妆？只为五更贪报晓，至今戴却满头霜。《花史》。

丽藻。诗五言：雨余疑饮啄，风动欲飞鸣。 对立如期斗，初开若欲飞。俱《百氏集》。 秋至天地闭，百芳变枯草。爱尔得雄名，宛然出陈宝。未甘阶墀陋，肯与时节老。赤玉刻缜栗，丹芝谢雕槁。鲜鲜云叶卷，粲粲兔翁好。由来名实副，何必荣华早。君看先春花，浮浪难自保。 神农纪百卉，五色异甘酸。乃有秋花实，全如鸡帻丹。笼烟何笄笄，泣露更团团。取譬可无意，得名殊足观。通真归造化，任巧即雕劖。赤玉书留魏，魏文帝求赤玉书，云："赤如鸡冠。"丹砂同诵韩，韩文公《斗杂》诗云："头垂碎丹砂。"诚能因造化，谁谓入时难。有客驱札颖，临风运笔端。尝嗟古吟阙，每惜此芳残。揣情苦精妙，继音惭未安。梅圣俞。 七言：紫冠黄钿网丝窠。黄山谷。 西风吹得一枝生，昂首风前不飞去。郭内翰。 有时风动头相倚，似向阶前欲斗时。 出墙那得丈高鸡？只露红冠隔锦衣。却是吴儿工料事，会稽真个不能啼。 陈仓金碧夜双斜，一只今栖纪渻家。别有飞来矮人国，化成玉树后庭花。俱杨诚斋。 如飞如舞对瑶台，一顶春云若剪裁。谁教移根萱英畔，玉鸡知应太平来。王连原。 木鸡不与众鸡同，曾逐旌阳上碧空。学得仙家餐玉法，至今木血不能红。赵山台。 一丛浓艳对秋光，露滴风摇倚砌傍。晓景乍看何处似，道家新染紫罗裳。《百花集》。 擢擢高花血染猩，却怜金距起闲争。宋家窗下宜栽此，莫问临风不解鸣。杨巽斋。 秋光及物眼犹迷，着叶婆娑拟碧鸡。精彩十分俱欲动，五更只欠一声啼。赵循道。 亭亭高出竹篱间，露滴风吹血色干。学得京城梳洗样，旧罗包却绿云鬟。钱熙。 日下飞来孰可侪？云中养就气偏柔。懒施金距当雄敌，为戴霞冠慕远游。独立莓苔闲伴鹤，卑栖蘋藻静群鸥。何如化作幽人梦，啼破三湘万古愁。何栋如。

山丹，一名连珠，一名红花菜，一名红百合，一名川强瞿。根似百合，体小而瓣少，可食。茎亦短小，叶狭长而尖，颇似柳叶，与百合迥别。四月开花，有红、白二种，六瓣，不四垂，至八月尚烂熳。又有四时开花者，名四季山丹，结小子，燕齐人采其花晒干，名红花菜。气味甘，凉，无毒。治疮肿、惊邪，活血。一种高四五尺，如萱花，花大如碗，红斑黑点，瓣俱反卷，一叶生一子，名回头见子花，又名番山丹。一种高尺许，花如朱砂，茂者一干两三花，无香。亦喜鸡粪。其性与百合同，色可观。根同百合，可食，味少苦，取种者辨之。须每年八九月分种则盛。

种植。一年一起。春时分种，取其大者，并食小者。用肥土，如种蒜法，以鸡粪壅之则茂，一干五六花。

疗治。疗疔疮恶肿：山丹花蕊敷之。

丽藻。诗七言：花似鹿葱还耐久，叶如芍药不多深。清晨瓦斛移山麓，聊着书窗伴小吟。杨诚斋。

沃丹，一名山丹，一名中庭花。花小于百合。亦喜鸡粪。其性与百合略同，然易变化。开花甚红，诸卉莫及，故曰沃丹。

石竹，草品，纤细而青翠。花有五色、单叶、千叶，又有剪绒，娇艳夺目，婀娟动人。一云千瓣者名洛阳花，草花中佳品也。次年分栽则茂，枝蔓柔脆，易至散漫，须用细竹或小苇围缚，则不摧折。王敬美曰："石竹虽野花，厚培之能作重台异态。他如夜落金钱、凤仙花之类，俱篱落间物。"

丽藻。诗五言：麝香眠石竹。杜子美。　石竹绣罗衣。李太白。　真竹乃不花，尔独艳暮春。何妨儿女眼，谓尔胜霜筠。世无王子猷，岂有知竹人？粲粲好自持，时来称此君。张文潜。　一自幽山别，相逢此寺中。高低俱出叶，深浅不分丛。野蝶难争白，庭榴暗让红。谁怜芳最久，春露到秋风。　七言：所重晚芳聊在目，可关秋色易为花。深枝苒苒装溪翠，碎片英英剪海霞。林和靖。　麝香眠后露檀匀，绣在罗衣色未真。斜倚细丛如有恨，冷摇数朵欲无春。王文公。　种玉乱抽青节瘦，刻缯轻点绛华圆。风霜不放飘零落，雨露应从爱惜偏。王荆石。　长夏幽居景不穷，花开芳砌翠成丛。窗南高卧追凉际，时有微香逗晚风。杨监臣。　词：古罗衣上金针样，绣出芳妍。玉砌朱栏，紫艳红英照日鲜。　佳人画阁新妆了，对立丛边。试摘婵娟，贴向眉心学翠钿。晏元献《采桑子》。

四季花，一名接骨草。叶细花小，色白。自三月开至九月，午开子落。枝叶捣汁，可治跌打损伤。九月内剖根分种。

滴滴金，一名夏菊，一名艾菊，一名旋覆花，一名叠罗黄。茎青而香，叶青而长，尖而无丫，高仅二三尺。花色金黄，千瓣最细，凡二三层，明黄色，心乃深黄，中有一点微绿者，巧小如钱。亦有大如折二钱者，所产之地不同也。自六月开至八月。苗初生，自陈根出，既则遍地生苗，缘花梢头露滴入土即生新根，故名滴滴金。尝劚地验其根，果无联属。

丽藻。诗七言：满庭黄色抑何深，一滴梅霖一滴金。莫使贪夫来见此，闻名亦起觊觎心。谢幼槃。　秋来蔓草莫相侵，露滴花梢满地金。若入仙人丹灶里，还如松有岁寒心。《百花集》。

二如亭群芳谱

卉谱小序

盖闻窗草不除，谓与自家生意一般，而折柳必谏，岂为是拘拘者哉？古先哲人，良有深意，非直为一植之微也。试睹勾萌之竞发，抚菁葱之娱目，有不欣然快然，如登春台，如游华胥者乎？感柯条之憔瘁，触生机之萎蕍，有不戚然慨然，如疾痛乍撄、痏瘝在体者乎？此何以故？自家之生意也。既为自家生意，而忍任其摧败，不为滋培，岂情也哉？然则培之植之，使邑茂条达，正以完自家之生意也。作卉谱。

济南王象晋荩臣甫题

二如亭群芳谱

卉谱首简

验草

黄帝问于师旷曰："欲知岁之苦乐善恶，可得闻乎？"师旷对曰："岁欲丰，甘草先生；岁欲俭，苦草先生；岁欲恶，恶草先生；岁欲旱，旱草先生；岁欲潦，潦草先生；岁欲疫，病草先生；岁欲流，流草先生。"

又蒹葭初生，剥其小白花尝之，味甘主水，馊主旱。

卉之性

葶苈死于盛夏，款冬华于严冬。草木之向阳生者，性暖而解寒；背阴生者，性冷而解热。　橘柚凋于北徙，石榴郁于东移。鸠食桑椹而醉，猫食薄荷而晕。芎䓖以久服而身暴亡，黄颡杂荆芥而食必死。　草谓之华，木谓之荣，不荣而实谓之秀，荣而不实谓之英。

卉之似

蛇床似蘪芜，荠苨似人参，百部似门冬，拔揳似萆薢，房葵似狼毒，杜蘅似细辛。　南方之草木谓之南荣，草之长如带，薜荔之生似帷。唐诗云："草带消寒翠，云霞生薜帷。"

卉之恶

《楚词》云："资菉葹以盈室。"盈室，谓满朝也，（北）〔比〕谗佞满朝也。资，蒺藜也。菉，菉（菉）〔蓐〕①也。葹，卷葹草，拔心不死。三者皆恶草也。

总论

凡花卉蔬果，所产地土不同，在北者则耐寒，在南者则喜暖，故种植浇灌，彼此殊功。开花结实先后亦异，高山平地早晚不侔，在北者移之南多茂，在南者移之北易变。如橘生淮南，移之北则为枳；菁盛北土，移之南则无根；龙眼、荔枝繁于闽越，榛、枣、瓜、蓏盛于燕齐。物不能违时，人岂能强物哉？善植物者，必如柳子所云：顺

---

① 菉菉，"四库全书"〔明〕彭大翼《山堂肆考》卷二三六《草·菉葹》引作"菉蓐"。菉蓐，草名，即荩草。郑樵《尔雅注》：荩草亦名菉蓐。

其天以致其性，而后寿且孳也。斯得种植之法矣。

题咏

离离原上草，一岁一枯荣。野火烧不尽，春风吹又生。_{白乐天。}

（落）〔花〕落江堤簇暖烟，雨余江色远相连。香轮莫碾青青破，留与游人一醉眠。郑谷。

芳草和烟暖更青，闲门要路一时生。年来简点人间事，惟有春风不世情。罗邺。

春草绵绵不可名，水边原上乱抽荣。似嫌车马繁华处，才入城门便不生。刘原父。

渐觉东皇意思匀，陈根初动夜来新。忽惊平地有轻绿，已盖六街无旧尘。莫为荣枯吟野草，且怜愁醉扼香轮。诗人空怨王孙远，极目萋萋又一春。程伯淳。

二如亭群芳谱卉部卷之一

济南　王象晋荩臣甫　纂辑
松江　陈继儒仲醇甫
虞山　毛凤苞子晋甫　同较
宁波　姚元台子云甫
济南　男王与朋、孙士良、曾孙启郘　诠次

卉谱一

蓍，神草也，能知吉凶。上蔡白龟祠傍生，作丛，高五六尺，多者五十茎，生便条直。秋后花生枝端，红紫如菊花，结实如艾实。蓍满百茎，其下神龟守之，其上常有青云覆之。《易》曰：圣人幽赞于神明而生蓍。又曰：蓍之德圆而神，天子蓍长九尺，诸侯七尺，大夫五尺，士三尺。《传》曰：天下和平，王道得而蓍茎长丈，其丛生满百。今八十茎以上者已难得，但得满六十茎、长六尺者即可用，以末大于本者为主，次蒿，次荆，皆以月望浴之，然则揲①卦无蓍，亦可以荆蒿代。

实。苦、酸，平，无毒。益气充肌，聪耳明目，久服不饥不死，轻身前知。

芝，瑞草也。一名三秀，一名菌蕙。《神农经》所传五芝云：赤者如珊瑚，白者如截肪，黑者如泽漆，青者如翠羽，黄者如紫金。气和畅，王者慈仁，则芝草生，玉茎紫笋。又云：圣人休祥，有五色神芝含秀而吐荣。《论衡》云：芝草一年三花，食之令人眉寿。有青云芝、生名山。青盖三重，上有云气，食之寿千岁，能乘云通天。龙仙芝、状似飞龙，食之长生。金兰芝、生冬山阴金石之间。上有水，盖饮其水，寿千岁。九曲芝、朱草九曲，每曲三叶。火芝、叶赤茎青，赤松子所服。月精芝、秋生山阳石上。茎青上赤，味辛苦。盛以铜器，十月服，寿万岁。夜光芝、生华阳洞山之阴，有五色浮其上。萤火芝、生常良山。叶似草，实如豆。食一枚，心中一孔明；食七枚，七孔明，可夜书。白云芝、云母芝、皆生名山阴白石上，白云覆之。秋采食，令人身轻。商山紫芝、四皓避秦，入蓝田采而食之，共入商洛隐地肺山，又转深入终南山，汉祖召之不出。九光芝、七明芝、皆瑞芝，实石也，状如盘槎，生临水之高山。凤脑芝、苗如匏，结实如桃。五德芝、状如车马。万年芝、金兰芝。句曲山有五芝，求之者投金环一双于石间，勿顾念，必得。第一龙仙芝，食之为太极仙。第二参成芝，食之为太极大夫。第三燕胎芝，食之为正一郎中。第四夜光洞鼻芝，食之为太清左御史。第五玉料芝，食之为三官真御史。或云：芝，黄色者为善，黑色者为恶。

---

① 揲，底本为墨团，据"四库全书"《佩文斋广群芳谱》卷八八《卉谱·蓍》补。

制用。灵芝，仙品也。山中采归，以箩盛，置饭甑上蒸熟，晒干藏之，不环。用锡作管套根，插水瓶中，伴以竹叶、吉祥草，则根不朽。上盆亦用此法。

典故。芝有二种，紫、白二色，形如菌。生于朽木根、朽（壤）〔壤〕上者，菌也。芝则有茎，长尺余，与灵芝相似，豫章西山最多。其灵芝，生石上，形如石，可服，秋采之。菌、芝可种于阶前。《臞仙神隐》。　嘉靖年，宛平县民进芝五本，李果以玄岳鲜芝四十本进。三十六年，礼部类进千余本。明年，鄠县民聚芝百八十一本为山以进，内有径一尺八寸者数本，号白仙应万年山。巡抚黄光昇进四十九本。十月，礼部类进一千八百六十四本。四十三年，黄金进芝山四座，计三百六十本。　汉武元封二年，甘泉宫产灵芝，九茎连叶，乃作《芝房之歌》，以荐宗庙。　汉宣元康中，金芝九茎产合德殿，色如金。　明帝永平十七年，芝生殿前。　桓帝时，芝生黄藏府。　唐太宗贞观中，安礼门御榻产灵芝五茎。贞观十七年，太子寝室中产紫芝共十四茎，并为龙兴凤翥之形。　玄宗天宝中，有玉芝产于大同殿柱础，一本两茎，神光照殿。　肃宗上元二年，含辉院生金芝。又延英殿御座上生玉芝，一茎三花。　武宗起望仙台，空中生灵芝二株，色如红玉。　宋徽宗政和中，蕲州产芝，遍境计黄芝一万一千六百本，内一本紫色九干，尤奇。　夜明芝一株九实，实坠地，如七寸镜，夜视有光。茅君种于句曲山。《杂俎》。　汉建初三年，灵零县女子博宁宅生芝五本，叶紫色。《论衡》。　唐杜荀崔庭前椿树生二芝。明年及第，因名之曰科名草。　张九龄居母丧，不胜衰毁，有紫芝产于座侧。　韩思复为滁州刺史，有黄芝五株生州署。　邵君协宰新昌，五色灵芝十二枝生便坐之室。　贞观中，滁州山原遍生芝草。　天宝初，临川李嘉胤所居柱上生芝，形类天尊。　青龙元年五月庚辰，神芝生长平之习阳，其色紫丹，散为三十六茎，似珊瑚之形。缪袭《神芝赞》。　成化间，长洲漕湖滩上生一物，白似雪，俨如小儿手臂，长尺许，名曰肉芝。时人不识也，以为异物，取而弃之湖中。　浙江乌程县大中丞潘印川季驯治河有功，常筑舍于昆山下，有芝生于庭，始则一本，色烂然紫。继乃日盛，生至百本，扶疏偃仰，照耀人目，因标之曰芝林。　万历三十年，德平葛祥宇宅产芝，明年登科。　三十一年，费县王左海、新城王芃臣宅皆产芝，明春俱得隽。　东坡诗序云：夜梦游一人家，开堂西门有小园古井，井上有苍石，石上生紫藤如龙蛇，枝叶如赤箭。主人言："此石芝也。"余率尔折食之，味如鸡苏，众皆惊笑。明日作诗以记之。　罗门山食石芝为地仙。　韩终食山芝，延寿，通神明。　兰陵萧静之掘地得物，类人手，肥润而红。烹食之，逾月，发再生，貌少力壮。后遇道士，顾静之曰："神气若是，必饵仙药。"指其脉曰："所食者肉芝也，寿等龟鹤矣。"　谢幼贞嗜菌。庭中勿生一菌，状若飞鸟。沈子玉曰："此飞禽芝，以处女中单覆之则活，煮而食可数百岁。谢入取中单，有邻女乞火跨之，翩然飞去。谢但叹恨。　芝号无根，以其天所特产，非人力也。然载之《图经》芝牒不可胜数，诸凡草木芝固贵，而产于铁石者谓之玉芝。昔东王父服蓬莱玉芝，寿九万岁。赤松居昆仑，尝授神农服芝法，而广成居崆峒之上，亦尝以授轩辕。《水经》言：具茨山有轩辕受芝图处，盖芝图自是始也。曹大章。

丽藻。散语：王者德先地序，则芝草生。《尚书大传》。　王者服之则延年，与真人同。《瑞应纪》。　瑶光得则芝生。董仲舒。　濯灵于朱柯。张平子。　五芝含气而晨敷。孙绰。　其色丹紫，其质光耀，委绥连属，恍似珊瑚。缪袭。　歌：漠漠高山，深谷逶迤。

晔晔紫芝，可以疗饥。唐虞世远，吾将何归？ 商山四皓。 诗四言：煌煌灵芝，一年三秀。嵇康。 五言：空闻紫芝歌，不见杏坛丈。 但使芝兰秀，何须栋宇邻？ 知名未足称，局促商山芝。俱杜少陵。 七言：灵根盘错呈天瑞，宝叶蝉联表地祥。李（仲）〔绅〕。 知君此计诚长往，芝草琅玕日应长。杜少陵。 数尽潘园赋众芳，何如神草被昆冈。庭中玉露傅三秀，木末丹霞散九光。出其蓑蒲昭圣瑞，归同天韭作仙粮。野夫亦有黄公癖，地肺何年许并藏？王凤洲。 闲凭高阁一徜徉，芝草窗前细吐香。隐几云光回素壁，枕书山翠湿匡床。曾闻夜照青藜火，却喜风生玉树凉。中有纵横词赋客，风流谁似蔡中郎。妓薛素素。 空堂明月清且新，幽人睡息来初匀。了然非梦亦非觉，有人夜扣祈孔宾。披衣相从到何许，朱阑碧井开琼户。忽惊石上堆龙蛇，玉茎紫笋生无数。铿然散折青珊瑚，味如蜜藕和鸡苏。苏东坡。

菖蒲，一名昌阳，一名菖歜，一名尧韭，一名荪。有数种。生于池泽蒲叶肥根，高二三尺者，泥蒲也，名白菖；生于溪涧蒲叶瘦根，高二三尺者，水蒲也，名溪荪；生于水石之间，叶有剑脊，瘦根密节，高尺余者，石菖蒲也；养以沙石，愈剪愈细，高四五寸，叶茸如韭者，亦石菖蒲也；又有根长二三分，叶长寸许，置之几案，用供清赏者，钱蒲也。服食入药，石蒲为上，余皆不堪。此草新旧相代，冬夏常青。《罗浮山记》言：山中菖蒲一寸二十节。《本草》载石菖蒲一寸九节者良。味辛，温，无毒。开心，补五脏，通九窍，明耳目，久服可以乌须发，轻身延年。《经》曰：菖蒲九节，仙家所珍。《春秋斗运枢》曰：玉衡星散为菖蒲。《孝经援神契》曰：菖蒲益聪，生石碛者祁寒，盛暑凝之以层冰，暴之以烈日，众卉枯瘁，方且郁然丛茂，是宜服之却老。若生下湿之地，暑则根虚，秋则叶萎，与蒲柳何异？乌得益人哉？种类有虎须蒲，灯前置一盆，可收灯烟，不薰眼。泉州者不可多备，苏州者种类极粗。盖菖蒲本性见土则粗，见石则细。苏州多植土中，但取其易活耳。法当于四月初旬收缉几许，不论粗细，用竹剪净剪，坚瓦敲屑，筛去粗头，淘去细垢，密密种实，深水蓄之，不令见日。半月后长成粗叶，修去。秋初再剪一番，斯渐纤细。至年深月久，盘根错节，无尘埃油腻相染，无日色相干，则自然稠密，自然细短。或曰：四月十四菖蒲生日，修剪根叶，无逾此时，宜积梅水，渐滋养之。又有龙钱蒲，此种盘旋可爱，且变化无穷，缺水亦活。夏初取横云山砂土，拣去大块，以淘净粗者。先盛半盆，取其泄水细者盖面，与盆口相平，大窠一可分十小窠，一可分二三，取圆满而差大者作主，余则视盆大小旋绕明植。大率第一回不过五窠六窠，二回倍一，三回倍二，斯齐整可观。经雨后，其根大露，以沙再壅之，只须置阴处，朝夕微微洒水，自然荣茂，不必盛水养之。一月后便成美观，一年后盆无余地，二年尽可分植矣。藏法与虎须蒲略同。此外，又有香苗、剑脊、金钱、牛顶、台蒲，皆品之佳者。尝谓化工造物，种种殊途，靡不借阳春而发育，赖地脉以化生，乘景序之推移而荣枯递变，均未足拟，卓然自立之君子也。乃若石菖蒲之为物，不假日色，不资寸土，不计春秋，愈久则愈密，愈瘠则愈细，可以适情，可以养性。书斋左右一有此君，便觉清趣潇洒，乌可以常品目之哉？他如水蒲虽可供渣，香蒲虽可采黄，均无当于服食，视石蒲不啻径庭矣。

栽种。养盆蒲法：种以清泉洁石，壅以积年沟中瓦末，则叶细。畏热手抚摩及酒气、腥味、油腻、尘垢污染，若见日及霜雪、烟火，皆蕤。喜雨露，遂挟而骄。夜息至天明，叶端有缀珠，宜作棉卷小杖挹去，则叶杪不黄。爱涤根，若留以泥土，则肥而粗，须常易去水滓，取清者续以新水养之，久则细短，油然葱蒨。水用天雨。严冬经冻则根浮萎腐。九月移置房中，不可缺水。十一月宜去水，藏于无风寒密室中，常墐其户。遇天日暖，少用水浇，或以小缸合之，则气水洋溢，足以滋生，不然便枯死。菖蒲极畏春风，春末始开，置无风处，谷雨后则无患矣。语云："春迟出，春分出室，且莫见雨。夏不惜，可剪三次。秋水深，以天落水养之。冬藏密，十月后以缸合密。"又云："添水不换水：添水使其润泽，换水伤其元气。见天不见日：见天挹雨露，见日恐粗黄。宜剪不宜分：频剪则短细，频分则粗稀。浸根不浸叶：浸根则滋生，浸叶则溃烂。"又云："春初宜早除黄叶，夏日长宜满灌浆，秋季更宜沾重露，冬宜暖日避风霜。"又云："春分最忌摧花雨，夏畏凉浆热似汤，秋畏水痕生垢腻，严冬止畏见风霜。" 养石上蒲法：芒种时种以拳石，奇峰清漪，翠叶蒙茸，亦几案间雅玩也。石须上水者为良。根宜蓄水，而叶不宜近水，以木板刻穴架置宽水瓮中，停阴所，则叶向上。若室内，即向见明处长，当更移转置之。武康石浮松，极易取眼，最好扎根，一栽便活。然此等石甚贱，不足为奇品。惟昆山巧石为上，第新得深赤色者，火性未绝，不堪栽种。必用酸米泔水浸月余，置庭中，日晒雨淋。经年后，其色纯白，然后种之，篾片抵实，深水盛养一月后便扎根，比之武康诸石者，细而且短。羊肚石为次，其性最咸，往往不能过冬。新得者枯渴，亦须浸养期年，使其咸渴尽解，然后种之，庶可久耳。凡石上菖蒲，不可时刻缺水，尤宜洗根，浇以雨水，勿见风烟，夜移见露，日出即收。如患叶黄，壅以鼠粪或蝙蝠粪，用水洒之。若欲其直，以绵裹箸头，每朝捋之亦可。若种炭上，炭必有皮者佳。 菖蒲，梅雨种石上则盛而细，用土则粗。《艺花谱》。

制用。五月、十二月采根，取一寸九节者，铜刀刮去黄黑硬节皮一重，以嫩桑枝拌，蒸熟曝干，锉之，以备服食。若常用，只去毛微炒。 凡使，勿用泥菖、夏菖及露根者。菖蒲生蛮谷中者尤佳。 黔蜀人常将随行，以治卒患冷气心腹痛，取一二寸挝碎，同吴茱萸煎汤饮。或嚼一二寸，热汤或酒下，妙。 至夏抽梗于丛叶中，谓之蒲檊。黄生其中，当欲开时取之。 端午，以菖蒲或缕或屑泛酒。章简公《端午帖子》：菖华泛酒尧樽绿，菰叶萦丝楚粽香。《岁时杂记》。 端午刻菖蒲为小人或葫芦，戴之辟邪。

疗治。菖蒲味辛、苦，气温，无毒。一寸九节者良。五月采，阴干。 服食法：甲子日取菖蒲一寸九节者，阴干百日，为末。每酒服方寸匕，日三。久服耳目聪明，益智不忘。 五月五日取菖蒲，为末。酒服方寸匕，饮酒不醉。久服聪明。忌铁器。 三十六风有不治者，服之悉效。菖蒲薄切，日干三斤，盛以绢袋，清酒一斤，悬浸之，密封百日，如菜绿色。以一斗熟黍米纳中，封十四日，取出日饮。 癫痫风疾：九节菖蒲，不闻鸡犬声者，去毛，木臼捣末，以黑獖猪心一个批开，砂罐煮汤，调服三钱，日一服。 尸厥之病卒死，脉犹动，听其耳目中如微语声，股间暖者，是也。魇死之病，卧忽不寤。勿以火照，但痛啮其踵及足拇趾甲际，唾其面即苏。仍以菖蒲末吹鼻中，桂末纳舌下，并以菖蒲根汁灌之。 卒中客忤：菖蒲根捣汁含之，立止。 除一切恶：端午日切菖蒲，渍酒饮之。或加雄黄少许。 喉痹肿痛：菖蒲根嚼汁，烧铁秤锤淬酒一杯，饮之。 霍乱肿痛：生菖蒲锉四两，水和捣汁，分四温服。 鼓胀食积、气积、血积之类：石菖蒲八两锉，班蝥四两去翅足，同炒黄，去斑蝥净，为末，醋和丸梧子大。每服三五十九，温白汤下，治肿胀尤妙。或入香附末二钱。　肺损吐血：九节菖蒲末、白面等分。每服三钱，新汲水下，日一。　解一切毒：石菖蒲、白矾等分，为末。新汲水下。　赤白带下：石菖蒲、破故纸等分，炒，为末。每服二钱，更以菖蒲浸酒调服，日一。　胎卒动不安，或腰痛、胎转抢心、下血不止，或日月未足而欲产：并以菖蒲根捣烂，绞汁一二升服。　耳卒聋闭：菖蒲根一寸，巴豆一粒去心，同捣作七九，绵裹一九塞耳，日一换。一方不用巴豆，用蓖麻子仁。　病后耳聋：生菖蒲汁滴之。　蚤虱入耳：菖蒲末炒热，袋盛枕之，即愈。　产后崩中，下血不止：菖蒲一两半，酒二盏，煎取一盏，去滓，分三服，食前温服。　诸般赤眼，攀睛云翳：菖蒲自然汁，文武火熬作膏，日点之，效。　针眼独生：菖蒲根同盐研傅。　飞丝入目：石菖蒲捶碎，左目塞右鼻，右目塞左鼻，百发百中。　头疮不瘥：菖蒲末，油调傅之，日二夜二。　痈疽发背：生菖蒲捣贴之。疮干者，为末，水调涂。　便毒：生菖蒲根捣傅之。　有人遍身生疮，痛而不痒，手足尤甚，粘着衣被，不得睡：菖蒲三斗，日干，为末。布席上卧，仍以被覆之数日，其疮如失。后以治人，应手神验。　风癣有虫：菖蒲末五斤，酒渍釜中，蒸之使味出。先绝酒一日，每服此酒一升或半升。　阴汗湿痒：石菖蒲、蛇床子等分，为末。日搽二三次。　妒乳乳痈：蒲黄草根捣封之，并煎汁饮及食之。　热毒下痢：蒲根二两，粟米二合，水煎服，日二。　舌肿满口或生疮：蒲黄频掺，自愈，加干姜末尤妙。　肺热衄血：蒲黄、青黛各一钱，新汲水服。或去青黛，入油、发灰等分，生地黄汁调下。　吐血唾血：蒲黄末二两，每日温酒或冷水服三钱，妙。　老幼吐血，或小便出血：蒲黄末，每服半钱，生地黄汁调下，量人加减。或入发灰等分。　小便转胞：布包蒲黄裹腰肾，令头至地数次，取通。　金（鎗）〔疮〕出血闷绝：蒲黄半两，热酒灌。　淤血内漏：蒲黄末，水服方寸匕，尽二两，愈。　肠痔出血：蒲黄，水服方寸匕，日三。　小儿奶痔：蒲黄，空心酒服方寸匕，日三。　脱肛：蒲黄和猪脂傅，日三。　日月未足，胎动欲产及胎衣不下：蒲黄二钱，井华水服。　催生：蒲黄、陈皮为末，另收，临时各炒一钱，新汲水服，立产，屡效。　产后下血欲死：蒲黄二两，水二升，煎八合，顿服。　产后血淤：蒲黄三两，水三升，煎一升，顿服。　儿枕血瘕：蒲黄三钱，米饮服。　产后烦闷：蒲黄方寸匕，东流水服，效。　扑损淤血烦闷：蒲黄末三钱，空心温酒服。　关节痛：蒲黄八两，熟附子一两，为末。每服一钱，凉水下，日一。　阴下湿痒：蒲黄末敷，数次愈。　脓耳：蒲黄末掺之。　口耳大衄：蒲黄半两，阿胶炙半两。每用二钱，水一盏，生地黄汁一合，煎至六分，温服。急以帛系两乳，止乃已。　耳中出血：蒲黄炒黑，研末，掺入。　小儿瘟疟，积热不解：菖蒲煎汤浴。

　　典故。冬至后菖始生。菖，百草之先生者也。于是始耕。《月令》。　尧时，天降精于庭为韰，感百阴为菖蒲。《典术》。　菖蒲名尧韭，能乌发。《吕氏春秋》。　汉武帝上嵩山，忽见有人长二丈，耳出头下垂肩。帝礼而问之，曰："吾九疑山中人也，闻中岳石上有菖蒲，一寸九节，食之可以长生，故来采之。"忽不见。帝谓侍臣曰："彼非欲服食，以此喻朕耳。"《神仙传》。　番禺东涧中生菖蒲，皆一寸九节。安期生服之，仙去，但留玉舄在。《草木状》。　王兴采菖蒲食之，得长生。《神仙传》。　韩终服菖蒲十三年，身生毛，目视万言，冬袒不寒。《本草》。　苏子由盆中石菖蒲忽生九花。　僧普寂大好菖蒲，房中种之，成仙人、鸾凤、狮子之状。《海墨微言》。　张籍：石上蒲一寸十二节。　梁太祖后张氏尝见菖蒲花，光彩照灼，非世所有，问侍者，皆不见。因取吞之，后生武帝。　梁文帝南巡至新野临潭水，两见菖蒲花，乃歌曰："两菖蒲，新野乐。"遂建两菖蒲寺以美之。　赵隐之母蒋氏见菖蒲花，大如车轮，傍有神人守护，戒勿泄，则享富贵。年九十四岁，向子孙言之。言讫，得疾而终。　菖蒲以九节为宝，以虎须为美，江西种为贵，本性极爱阴。清明后则剪之，冬则以缸覆之。不惟明目，兼助幽人之致。余尝过武当山青羊涧，见幽胜处辄生泉石上，真有仙气，宜多蓄之。王敬美。　蒲谷璧，《礼图》悉作草稼之象。今人发古冢，得蒲璧，刻文蓬蓬如蒲花敷时，谷璧如粟粒耳。　永元中，御刀黄文济家斋前种菖蒲忽生花，光影照壁，成五采。其儿见之，余人不见也。少时，文济被杀。

　　丽藻。散语：扬之水不流束蒲。　彼泽之坡，有蒲与荷。　其簌维何，维笋及蒲。俱《诗》。　子执蒲璧。《礼》。　药实灵品，爰辅乃性。除痾卫福，蠲邪养正。古词。　序：凡草木之生石上者，必须微土以附其根，惟石菖蒲并石取之，濯去泥土，渍以清水，置盆中，可数十年不枯，虽不甚茂，而节叶坚瘦，根须连络，苍然于几案间，久而益可喜也。其轻身延年之功，既非昌阳之所能及。至于忍寒苦，安淡泊，与清泉白石为侣，不待泥土而生者，亦岂昌阳之所能仿佛哉？余游慈湖山中，得数本，以石盆养之，置舟中。顾恐陆行不能致也，乃以遗九江道士胡洞微，使善视之。余复过此，将问其安否？因为之赞。东坡。　传：昌阳，字子恒，一字子仙，蜀郡严道人也。始祖韭在唐帝廷，甚见贵重，赐姓尧氏。既而感百阴，貌异常日，遂变氏，名曰昌蒲，遁入山泽间化去。世传其神为列星，厥胤皆以为氏，蕃布四方。至五世孙菹，始以滋味干周文王。文王悦之，时置齿牙间，俾为膳宰，世其官。成王时有共豆实，为五齐之首者曰本，其后有仕鲁者曰歜。僖公三十年冬，王使宰周公阅来聘，公备物享之，歜与席焉。其族人有隐居嵩高者。汉武闻其名，然不能致也。阳龙骨而凤姿，须鬐戟张秀整，拔乎其粹。性疏挺高洁，不耀其华，历寒燠有常，虽冻虐炎烁之，不少变容色，于世味淡然无一嗜，所须惟清泉白石而已。平生惟与淇澳先生相敬重，每见必交拜。谓兰子、江蓠子有芳韵，而无高节，虽近处不狎也。然自其先得引年却老方，安期、韩众之流常服之，至阳益精。韩愈为国子博士，以儒鸣，犹对诸生称道之，故其名益章彻。时宪宗好神仙，闻而召之。始至，望其风度，喟然曰："是所谓列仙之儒居山泽，而形容甚臞者。"与授太保，兼奉御大夫，不拜。引至别殿，询其方，乃臆对皇帝王仁寿之道，累数百言，且谓："上得其道，则不须臣；失其道，臣虽日共膳，无益也。"上不能强之，罢去。乃从柳泌服金丹，日加燥渴，已而暴崩。穆宗即位，遂杖杀泌，流众方士于岭表，而征阳为给事中，寻拜侍读学士。上尝丙夜读书，召阳侍侧，目益明。累迁侍中，爵上洛郡公，赐第一区，擅池岛之胜。既贵显极矣，然直容清操不少渝。其初自王封戚里，官署私第多致泉石以延之，为席上珍，皆曰："见昌公，使人尘俗自消。"至有图其状而传之者，其为世所爱重至此。久之，就封郡，以寿终，赠太师，谥靖节。子始生，识农耕之候，征为劝农使。其孙曾亦皆挺挺有祖风焉。　诗五言：新蒲含紫茸。谢灵运。　风断青蒲节。　碧节吐寒蒲。俱杜甫。　鸳鸯绿蒲上。李太白。　萧然一寸节，不改四时青。　灵根九节厚，不改四时青。俱《百氏集》。　根盘龙骨瘦，叶耸虎须长。姚恩岩。　清浅白石滩，绿蒲向堪把。家住水东西，浣纱明月下。王维。　南山北垞下，结宇临欹湖。每欲采樵去，扁舟出菰蒲。裴迪。　鲁国寒事早，初霜刈渚蒲。挥镰若转月，拂水生连珠。此草最可珍，何必贵龙须。织作玉床席，欣承清夜娱。罗衣能再拂，不畏素尘芜。　神人多古貌，双耳下垂肩。嵩山逢汉武，言是九疑仙。我来采菖蒲，服食可长年。言终忽不见，灭影入云烟。俱李太白。　山中亦何有？草木媚深幽。菖蒲人不识，生此乱石沟。山高霜雪苦，黄叶不得抽。下有千岁根，蟠缩如盘虬。常有鬼神守，德薄安敢偷！苏东坡。　古涧生菖蒲，根瘦节蟠密。仙人教我服，刀匕蠲百疾。阳狂华阴市，颜朱发如漆。岁久功当成，寿与天地毕。　菖蒲古上药，结根已千年。闻之安期生，采服可以仙。斯人非世人，两耳长垂肩。松下语未终，竦身上青天。俱陆放翁。　七言：明朝知是天中节，旋刻菖蒲要辟邪。王沂公。　一拳石上起根苗，堪与仙家伴寂寥。自恨立身无寸土，受人滴水也难消。咸龙涧。　耳出头颅下及肩，嵩山人说地行仙。长餐九节菖蒲叶，十五桃花美少年。陈眉公。　石上生①菖蒲，一寸十二节。仙人劝我食，令我头青面如雪。缝人寄君一绛囊，书中不得传此方。君能来作栖霞侣，与君同入丹玄乡。张籍。　雁山菖蒲昆山石，陈叟持来慰幽寂。寸根蟠密九节瘦，一拳突兀千金直。清泉碧缶相发挥，高僧野人动颜色。盆山苍然日在眼，此物一来俱扫迹。根盘叶茂看愈好，向来恨不相从早。所嗟我亦饱风霜，养气无功日衰槁。陆放翁。

吉祥草，从生，不拘水土石上，俱可种。色长青，茎柔，叶青绿色，花紫，蓓结小红子，然不易开花。候雨过，分其根种于阴崖处即活，惟得水为佳。亦可登盆，用以伴孤石灵芝，清雅之甚，堪作书窗佳玩。或云花开则有赦，一（名）〔云〕花开则家有喜庆事。人以其名佳，多喜种之。或云：吉祥草苍翠若建兰，不藉土而自活，涉冬不枯。杭人多植瓷盎，置几案间。今以土栽，有歧枝者非是。

　　附录。吉利草：形如金钗股，根类芍药，最解蛊毒，入广者宜备之。

商陆，一名蓫薚，蓫，音逐。薚，音汤。一名苋陆，一名当陆，一名白昌，一名夜呼，一名章柳，一名马尾。所在有之，人家园圃亦种为蔬。苗高三四尺，青叶，大如牛舌而长。茎青赤，至柔脆。夏秋间开红紫花作朵。根如萝卜而长，八九月采。气味辛，平，有毒。通大小肠，泻十种水病及蛊毒，堕胎，焮肿毒，傅恶疮，杀鬼精物。

　　制用。取白商陆根，铜刀刮去皮，薄切，东流水浸两宿。漉出，甑蒸，以黑豆或叶一层，商陆一层，如此蒸之，从午至亥。取出，去豆，曝干，锉用入药。赤者、黄者有毒，不堪用。　白者，根、茎、苗俱可洗食，或用灰汁煮过亦良，服丹砂、乳石人用之尤利。味苦冷，得大蒜良。　赤者，但可贴肿，服之伤人，血痢不已，令人见鬼神。张仲景云：商陆以水服杀人。服硇砂、砒石、雌黄、板锡。　禁忌。忌犬肉。

　　辨讹。赤昌：苗叶绝相类，服之伤筋骨，消肾。

　　疗治。肿满，小便不利：以赤根捣烂，入麝三分，贴脐，帛束之，小便利，肿即消。　水肿，以指画肉上，随散不成文者：白商陆、香附子炒干，出火毒，酒浸一夜，日干，为末。每服二钱，米饮下。或以大蒜同白商陆煮汁服，亦可。其茎叶作蔬，亦

---

① 生，底本无，据"四库全书"〔唐〕张籍《张司业集》卷二《七言古诗·寄菖蒲》补。

治肿。 人心昏塞多忘，喜卧：取白商陆花阴干百日，捣末。日暮水服方寸匕，乃卧思所欲事，即于眠中醒悟。 湿气脚软：樟柳根切小豆大，煮熟，更以绿豆同煮为饭，每日食之，以瘥为度，最效。 水气肿满：白商陆根去皮，切如豆大二大盏，以水二升煮一升，更以粒米一大盏同煮成粥，每日空心服之，取微利，不得杂食。又方：用白商陆六两，取汁半合，和酒半升，看人与服，当利下水取效。又方：白商陆一斤，羊肉六两，水一斗，煮取六升，去滓，和葱豉作臛食之。 腹中暴症，有物如石，痛刺啼呼，不治，百日死：多取商陆根捣汁，或蒸之，以布藉腹上，安药，勿覆，冷即易，昼夜勿息。 痃癖如石，在胁下，坚硬：生商陆根汁一升，杏仁一两，浸去皮，捣如泥，以商陆汁绞杏仁泥，火煎如饧。每服枣许，空腹热酒服，以利下恶物为度。 产后腹大坚满，喘不能卧：樟柳根三两，大戟一两半，甘遂炒一两，为末。每服二三钱，热汤调下，大便宣利为度。此治水圣药也。 尸注，腹痛胀急，不得喘息，上攻心胸，旁攻两胁痛，或磈块涌起：煮商陆根，囊盛，更互熨之，取效。 小儿将痘，发热失表，忽作腹痛及膨胀努气，干霍乱：由毒气与胃气相搏，欲出不得出也。商陆根和葱白捣，傅脐上，痘出方免无（商）〔虞〕①。 耳卒热肿：生商陆削尖（约）〔纳〕②入，日再易。 喉卒攻痛：商陆根切，炙热，隔布熨之，冷即易，立愈。 瘰疬喉痹攻痛：生商陆根捣作饼，置病上，以艾灸二四壮，良。 一切毒肿：商陆根和盐少许捣傅，日再易。 石痈如石坚硬，不作脓者：生（虞）〔商〕③陆根捣擦之，燥即易，取软为度。亦治湿漏诸疖。 疮伤水毒：（章柳）〔商陆〕④根捣炙，布裹熨之，冷即易。

红花， 一名红蓝，一名黄蓝。处处有之。花色红黄，叶绿似蓝，有刺。春生苗，嫩时亦可食。夏乃有花，花下作梂，多刺。花出梂上，梂中结实，白颗如小豆大。其花可染真红，及作胭脂，为女人唇妆。其子捣碎煎汁，入醋拌蔬食，极肥美。又可为车脂及烛花。味辛，温，无毒。行男子血脉，通女子经水。多则行血，少则养血，润燥、止痛、散肿，亦治蛊毒。

种植。地欲熟。二月雨后种，如种麻法。根下须锄净，勿留草秒。五月种晚花。春初即留子，入五月便种，若待新花取子便晚。新花熟取子，曝干收，若郁浥即不生。 收采。花生，须日日乘凉采尽，旋即碓捣，熟水淘，布袋绞去黄汁。更捣，以酸粟米清沺又淘，又绞去汁，青蒿覆一宿，晒干收好。勿令浥湿，浥湿则色不鲜。晚花色更鲜明，耐久不皱，胜春种者。入药酒洗用。

疗治。六十二种风兼腹内血气刺痛：用红花一大两，分四分，以酒一大升，煎钟半，顿服。不止，再服。 一切肿疾：红花熟捣，取汁服。不过三服，瘥。 喉痹不通：红花捣汁一小升服之，以瘥为度。如无生花，干者浸湿，绞汁煎服，极验。 热病胎死及下胎衣：红花酒煮汁，饮二三盏。 产后血晕，心闷气绝：红花一两，为末。分作二服。酒二盏，煎一盏，连服。如口噤，斡开灌之，入小便尤妙。 聤耳出水：

---

① 商，应作"虞"。"四库全书"《本草纲目》卷一七上《草之六·商陆》附方引《摘玄方》作"虞"。
② 约，应作"纳"。"四库全书"《本草纲目》卷一七上《草之六·商陆》附方引《圣济录》作"纳"。
③ 虞，应作"商"。"四库全书"《本草纲目》卷一七上《草之六·商陆》附方引《张文仲方》作"商"。
④ 章柳，应作"商陆""四库全书"《本草纲目》卷一七上《草之六·商陆》附方引《千金方》作"商陆"。

红花三钱半，枯矾五钱，为末，以绵杖缴净吹之。无花，用枝叶。一方去矾。　噎膈：端午采头次红花，无灰酒拌，焙干；血竭，瓜子样者。等分，为末。无灰酒一盏，隔汤顿热，徐咽。初服二分，次日四分，三日五分。　天行疮痘：水吞子数颗，功与花同。　血气刺痛：红蓝子一升，捣碎，以无灰酒一大升拌子曝干，重捣筛，蜜丸梧子大。空心酒下四十九。　疮疹不出：红花子、紫草茸各半两，蝉蜕二钱半，水酒钟半，煎减半，量大小加减，服。　女子中风，血热烦渴：红蓝子五合熟捣，旦日取半大匙，以水一升煎，取七合，去渣，细细咽之。　伤寒发狂，惊怖恍惚：用番红花二分，水一盏浸一夕，服。　乳头裂破：胭脂、蛤粉，为末傅之。　婴儿鹅口，白厚如纸：用坏子胭脂，以乳汁调涂之，一宿效。男用女乳，女用男乳。　漏疮肿痛：猪胆七个，绵胭脂十个，洗，水和匀，搽七次，效。　防痘入目：胭脂嚼汁点之。　痘疮倒陷：干胭脂三钱，胡桃烧存性一个，研末。用胡荽煎酒服一钱，再服取效。

典故。新昌徐氏妇产晕已死，但胸膈微热。名医陆某曰："血闷也。"取红花数十斤，大锅煮汤，盛三桶置窗格下，升妇其上熏之。汤冷，易热者。有顷，指动。半日乃苏。

丽藻。诗五言：红蓝与芙蓉，我色与欢敌。莫案石榴花，历乱听侬摘。宋文帝。

茜草，一名蒨，蒨，音茜。草盛为蒨。一名茅蒐，蒐，音搜。一名茹藘，牵引为茹，连覆为藘。藘，音闾。一名地血，一名牛蔓，一名染绛草，一名血见愁，一名过山龙，一名风车草。十二月生苗，蔓延数尺。方茎，中空，有筋，外有细刺。数寸一节，每节五叶，叶如乌药叶而糙涩，面青背绿。七八月开花。结实如小椒，中有细子。茜根色红而气温，味微酸而带咸。色赤入营，气温行滞，味酸入肝，咸走血，手足厥阴血分之药也，专行血活血。

辨讹。赤柳草根与茜相似，但酸涩，误服患内障，速服甘草水可解。

修治。凡使，用铜刀于槐砧上锉，日干，勿犯铅铁器。

疗治。妇人五十后经水不止者，作败血论：茜根一两，阿胶、侧柏叶炙、黄芩各五钱，生地黄一两，小儿胎发一枚烧灰，分作六帖，每帖水一盏半，煎七分，入发灰服。　女子经闭：茜根一两，煎酒服，一日即通，甚效。　心痹心烦内热：茜根煮汁服。　解蛊毒，吐下血如猪肝：茜根、蘘荷叶各三钱，水四升，煮汁二升服即愈，自当呼蛊主姓名。　黑髭发：生地黄三升取汁，茜一斤，以水五大碗煎茜绞汁，将渣再煎三度，以汁同地黄汁微火熬如膏，瓶盛之。每日空心温酒服半匙，一月髭发如漆。忌萝卜、五辛。　蝼蛄漏疮：茜根烧灰、千年石灰等分，为末。油调傅。　脱肛不收：茜根、石榴皮各一握，酒一盏，煎七分，温服。　预解痘疹：时行痘疹正发，服此则可无患。茜根煎汁，入少酒饮之。

丽藻。散语：茹藘在阪。《诗》。　千亩卮茜，其人与千户侯等。《史记》。

蓝，杂草也。有数种：大蓝，叶如莴苣而肥厚，微白，似蘗，蓝色；小蓝，茎赤，叶绿而小；槐蓝，叶如槐叶。皆可作靛，至于秋月煮熟染衣，止用小蓝。崔寔曰：榆荚落时可种蓝，五月可刈蓝，六月可种冬蓝、大蓝。

种植。大蓝也，宜平地耕熟种之，爬匀，上用荻帘盖之，每早用水洒。至生苗，去帘。长四寸，移栽熟肥畦，三四茎作一窠，行离五寸，雨后并力栽，勿令地燥。白背即急锄，恐土坚也。须锄五遍，日灌之。如瘦，用清粪水浇一二次。至七月间，收刈作靛。　今南北所种，除大蓝、小蓝、槐蓝之外，又有蓼靛，花、叶、梗、茎皆似蓼。种法，各土农皆能之。种小蓝，宜于旧年秋及腊月。临种时，俱各耕地一次，爬平，撒种后横直复爬三四次。仅生五叶即锄，有草再锄。五月收割，留根。候长，再割一次。　打靛。夏至前后，看叶上有皱纹，方可收割。每五十斤，用石灰一斤，于大缸内水浸。次日变黄色，去梗，用木杷打，转粉青色，变过至紫花色，然后去清水，成靛。《便民图纂》。　染蓝。小蓝，每担用水一担，将叶茎细切，锅内煮数百沸，去渣，盛汁于缸。每熟蓝三停，用生蓝一停，摘叶于瓦盆内，手揉三次，用熟汁浇，接滤相合，以净缸盛。用以染衣，或绿或蓝，或沙绿、沙蓝，染工俱于生熟蓝汁内斟酌。割后仍留蓝根。七月割，候八月开花、结子，收。来春三月种之。

典故。葰园供染绿纹绶。葰，音稷。葰，小蓝也。《汉宫仪》。　仲夏令民勿艾[1]蓝以染。蓝，青色，火之母。勿艾蓝，恐伤火也。《月令》。

疗治。非独可染青纹，其汁饮之，最能解虫豸诸药毒，兼治诸时行热毒，如大头瘟等病，服大蓝汁即解。　口鼻唇疮蚀：捣大蓝叶，日三洗。或大蓝靛傅。

擘蓝，一名芥蓝。叶色如蓝，芥属也，南方谓之芥蓝。叶可擘食，故北方谓之擘蓝。叶大于菘，根大于芥台，苗大于白芥，子大于蔓菁，花淡黄色。三月花，四月实，每亩可收三四石。叶可作菹，或作干菜，又可作靛染帛，胜福青。

种植。种无时，收根者须四五月种。少长，擘其叶，渐擘根渐大，八九月并根叶取之。地须熟耕，多用粪土。喜虚浮土，强者多用灰粪和之。疏行则本大而子多，每本约相去一尺，即干枯之后根复生叶。或并劚去大根，稍存入土，细根来年亦生，经数年不坏。

制用。苗、叶、根、心俱堪为蔬，四时皆可食。子可压油。食根之菜，本皆在土中，独此在土上。根剥去皮，可煮食，或糟藏酱豉皆可。茎叶用麻油煮食，并饮汁，能散积痰。叶及子能消食积，解面毒，蔬中佳品也。

丽藻。诗五言：芥蓝如菌蕈，腕黄牙颊香。苏东坡。

苜蓿，一名木粟，一名怀风，一名光风草，一名连枝草。张骞自大宛带种归，今处处有之。苗高尺余，细茎，分叉而生。叶似豌豆颇小，每三叶攒生一处。梢间开紫花，结弯角，中有子黍米大，状如腰子。三晋为盛，秦齐鲁次之，燕赵又次之，江南人不识也。味苦，平，无毒。安中，利五脏，洗脾胃间诸恶热毒。

种植。夏月取子，和荞麦种。刈荞麦时，苜蓿生根。明年自生，止可一刈。三年后便盛，每岁三刈，欲留种者止一刈。六七年后垦去根，别用子种。若效两浙种竹法，每一亩，今年半去其根，至第三年去另一半。如此更换，可得长生，不烦更种。若垦后次年种谷，必倍收。为数年积叶坏烂，垦地复深，故今三晋人刈草三年即垦作田，亟欲肥地种谷也。

制用。叶嫩时炸作菜，可食。亦可作羹。忌同蜜食，令人下利。采其叶，依蔷薇

---

① 艾，通"刈"。

露法蒸取馏水，甚芬香。　开花时刈取，喂马牛，易肥健。食不尽者晒干，冬月锉喂。

疗治。热病烦满，目黄赤，小便黄：捣汁一升，顿服，吐利即愈。　沙石淋痛：捣汁煎饮。

典故。宛左右以蒲萄为酒，富人藏酒至万余石，久者数十年不败。俗嗜酒，马嗜苜蓿。汉使取其实来，于是天子始种苜蓿、蒲萄肥饶地。及天马多，外国使来众，则离宫别观傍尽种苜蓿、蒲萄极望。《史记·大宛传》。　世祖初令各社种苜蓿，防饥年。《元史·食货志》。　乐游苑自生玫瑰树，下多苜蓿。苜蓿一名怀风，或谓光风其间，肃然自照，风过其花有光采。

丽藻。诗五言：朝日上团团，照见先生盘。盘中何所有？苜蓿长阑干。饮涩匙难绾，羹稀箸易宽。何以谋朝夕？何以保岁寒？薛令之。　七言：宛马总肥春苜蓿，将军只数汉嫖姚。杜子美。

（疾黎）〔蒺藜〕，一名茨，蒺，疾也。藜，利也。茨，刺也。其刺伤人甚疾而利也。一名推升 [1]，一名旁通，一名屈人，一名止行，一名休羽。多生道旁及墙头。叶四布，茎淡红色，旁出细茎，一茎五七叶，排两旁，如初生小皂荚叶，圆整可爱。开小黄花，结实，每一朵蒺藜五六枚，团砌如扣。每一蒺藜子如赤根菜子及小菱三角四刺。子有仁，味苦，无毒，治恶血，破积聚，消风下气，健筋益精，坚牢牙齿，止小便遗沥、泄精、溺血，催生，堕胎。久服长肌肉，明目轻身。

修治。凡使，拣净，从午蒸至酉，晒干，木臼春，令刺尽。酒拌再蒸，从午至酉，晒干用。炒去刺亦可。不计丸散，用皆去刺。

附录。沙苑蒺藜：出陕西同州牧马草地，近道亦有之。细蔓，绿叶，绵布沙上。七月开花，黄紫色，如豌豆花而小。九月结荚，长寸许，形扁，缝在腹背，与他荚异。中有子，似羊内肾，大如黍粒，褐绿色。味甘，温，无毒，微腥。补肾，治腰痛、泄精、虚损、劳乏。

服食。本地蒺藜，候八九月将熟时，收取根、茎、花、实，不拘多少，洗净，水熬数沸，以烂为度。大盆内木杓碾烂，滤净汁，锅内再熬至稀稠，调匀。每一斤入蜂蜜四两，再熬一沸，装入磁罐，埋土内，去火毒。每空心温酒调下一两，大有补益。　蒺藜子，七八月熟时收取一硕，日干，春去刺，杵为末。每服二钱，新汲水调下，日三，勿令中绝，断谷长生。服之一年以后，冬不寒，夏不热；二年，老者复少，发白复黑，齿落更生；服之三年，身轻长生。《神仙秘旨》。

疗治。腰脊引痛：蒺藜子捣末，蜜和丸胡豆大。酒服二九，日三服。卒中、五尸同。　通身浮肿：杜蒺藜日日煎汤洗之。　大便风秘：蒺藜子炒二两，猪牙皂荚去皮酥炙五钱，为末。每服一钱，盐茶汤下。　月经不通：杜蒺藜、当归等分，为末。米饮，每服三钱。　胎在腹中，并包衣不下及胎死者：蒺藜子、贝母各四两，为末。米汤下三钱，少顷不下，再服。　蛔虫心痛，吐清水：七月七日采蒺藜子，阴干，方寸匕，日三服。　万病积聚：七八月收蒺藜子，水煮熟，曝干，蜜丸桐子大。每酒服七

---

① 推升，"四库全书"〔宋〕李昉等《太平御览》卷九九七《百卉部四·蒺藜》作"升推"。

丸，以知为度。其汁煎如饴服。　　三十年失明：蒺藜子，七月七日收，阴干，捣散。食后水服二钱，日二。　　牙齿动摇，疼痛及打动者：土蒺藜去角生碾五钱，淡浆水半碗，蘸水入盐温漱，甚效。或以根烧灰贴牙，即牢固也。　　牙齿出血不止，动摇：白蒺藜末，旦旦擦之。　　打动牙疼：蒺藜子或根，为末，日日揩之。　　鼻塞出水，多年不闻香臭：蒺藜二握，当道车碾过，水一大盏，煮取半盏。仰卧，先满口含饭，以汁一合灌鼻中，不过再灌，嚏出一两个息肉，似赤蛹虫，即愈。　　面上瘢痕：蒺藜子、山栀子各一合，为末，醋和，夜涂旦洗。　　白癜风：白蒺藜子六两，生捣为末。每汤服二钱，日二服，一月绝根。服至半月，白处见红点，神效。　　一切丁肿：蒺藜子一升，熬捣，以醋和，封头上拔根。　　疥癣风疮作痒：蒺藜苗煎汤洗。　　鼻流清涕：蒺藜苗二握，黄连二两，水二升，煎一升，少少灌鼻中取嚏，不过再服。　　诸疮肿毒：蒺藜蔓洗三寸截之，以水五升煮取二升。去滓，纳铜器中，又煮取一升，纳小器中煮如饴状，以涂肿处。　　蠷螋尿疮绕身匝即死：以蒺藜叶捣傅之。无叶，用子亦可。

　　丽藻。散语：困于石，据于蒺藜。《易》。　　墙有茨，《诗》注：（疾）〔茨〕，蒺藜也。不可扫也。《诗》。

二如亭群芳谱卉部卷之二

济南　王象晋荩臣甫　纂辑
松江　陈继儒仲醇甫
虞山　毛凤苞子晋甫　同较
宁波　姚元台子云甫
济南　男王与敕、孙士祐、玄孙兆邰　诠次

卉谱二

阑天竹，一名大椿。干生年久，有高至丈余者，糯者矮而多子，粳者高而不结子。叶如竹小锐，有刻缺，梅雨中开碎白花，结实枝头，赤红如珊瑚成穗。一穗数十子，红鲜可爱，且耐霜雪，经久不脱。植之庭中，又能辟火。性好阴而恶湿，栽贵得其地。秋后髡其干，留孤根，俟春遂长条，肆而结子，则身低矮，子蕃衍。可作盆景，供书舍清玩。浇用冷茶，或臭酒糟水，或退鸡鹅翎水最妙。壅以鞋底泥则盛。

种植。春时分根旁小株种之即活。亦可子种。

虎刺，一名寿庭木。叶深绿而润，背微白，圆小如豆，枝繁细，多刺。四月内开细白花，花开时子犹未落，花落结子，红如丹砂。子性坚，虽严冬厚雪不能败。产杭之萧山者，不如虎丘者更佳。最畏日炙，经粪便死，即枯枝不宜热手摘剔，并忌人口中热气相近。宜种阴湿之地，浇宜退鸡鹅水及腊雪水。培护年久，绿叶层层如盖，结子红鲜若缀火齐然。

种植。春初分栽。此物最难长，百年者止高三四尺。

芸香，芸，音云，盛多也。《老子》曰：万物芸芸。一名山矾，一名椗花，椗，音定。一名柘花，一名玚花，一名春桂，一名七里香。叶类豌豆，生山野，作小丛。三月开小白花而繁，香馥甚远。秋间叶上微白如粉。江南极多。大率香草花过则已，纵有叶香者，须采而嗅之方香。此草香闻数十步外，栽园亭间，自春至秋清香不歇，绝可玩。簪之可以松发，置席下去蚤虱，置书帙中去蠹。古人有以名阁者。

种植。此物最易生。春月分而压之，俟生根移种。

附录。茅香：闲地种之，洗手，香终日。一年数刈。房中时烧少许，亦佳。《本草》云：苗叶煮作浴汤，令身香。同蕙本尤佳。　郁金：芳草也。产郁林州。十二叶为百草之英。《周礼》：凡祭祀、宾客之裸事，和郁鬯以实彝，盖酿之以降神者。又香可佩，宫嫔多服之。

疗治。烂弦风眼：叶三十片，老姜三片，浸水，蒸热洗之，妙。

典故。芸香出于阗国，其香洁白如玉，入土不朽。唐元载造芸晖堂，以此为屑涂壁。　山矾一名海桐树，婆娑可观。花碎白而香。宋人灰其叶造黝紫色，今人不知也，以山谷诗，遂得兄梅，幸矣。柑橘花皆清香，而香橼花尤酷烈，甚于山矾。结实大而香。山亭前及厅事两墀皆可植。王敬美。

丽藻。散语：茎类秋竹，枝象青松。成公绥。 序：江南野中有一种小白花，高数尺，春开极香，野人号为椒花。王荆公尝欲求栽，又欲作诗而陋其名，予请名曰山矾。盖野人采椒花叶以染紫，必借矾而成色，故名山矾。海崖孤绝处有补陀落伽山，译者以为小白花山。予疑即此山矾花尔，不然，何以观音老人坚坐不去耶？黄山谷。 五言：晚就芸香阁。杜子美。 七言：可惜不当梅蕊破，幽香合在弟兄间。曾文清。 漫山白蕊殿春华，多贮清香野老家。须向风前招蝶使，密通家籍省梅花。张季灵。 折来随意插铜壶，能白能香雪不如。匹似梅花输一着，枝肥叶密欠清癯。邹艮山。 玲珑叶底雪光寒，春尽香薰草木间。移植小轩供燕坐，恍疑身在普陀山。祝和父。 北岭山矾取意开，轻风正用此时来。生平习气难料理，爱看幽香未拟回。黄山谷。 春冰薄压枝柯倒，分与清香是月娥。忽似雪天深涧底，老松擎出白婆娑。王禹偁。 山矾花落春风起，吹妾芳情渡江水。梦中蝴蝶相交飞，门外鹊声郎马归。孙蕡。 词：细叶黄金嫩，繁花白雪香。共谁连璧向河阳。自是不须汤饼、试何郎。 婀娜璁珑髻，轻盈淡薄妆。莫令韩寿在伊傍。便逐游蜂惊蝶、过东墙。徐师川《南柯子》。

蕉，一名甘蕉，一名芭蕉，一名芭苴，一天苴，一名绿天，一名扇仙。草类也。叶青色，最长大，首尾稍尖。鞠[①]不落花，蕉不落叶，一叶生，一叶焦，故谓之芭蕉。其茎软，重皮相裹，外微青，里白。三年以上即著花，自心中抽出一茎，初生大萼，似倒垂菡萏，有十数层，层皆作瓣，渐大则花出瓣中，极繁盛，大者一围余。叶长丈许，广一尺至二尺，望之如树。生中土者花苞中积水如蜜，名甘露。侵晨取食，甚香甘，止渴延龄，不结实。生闽广者结蕉子，凡三种，未熟时苦涩，熟时皆甜而脆。一种大如指者，长（大）〔六〕七寸，锐似羊角，两两相抱，剥其皮黄白色，味最甘，名羊角蕉，性凉去热。一种大如鸡卵，类牛乳，名牛乳蕉，味微减。一种大如莲子，长四五寸，形正方，味最劣。《建安草木状》云：芭树子房相连，味甘美，可蜜藏。根堪作脯，发时分其匀萌，可别植。小者以油簪横穿其根二眼，则不长大，可作盆景，书窗左右不可无此君。此物捣汁，治火鱼毒甚验。性畏寒，冬间删去叶，以柔穰苴之，纳地窖中，勿着霜雪冰冻。又有美人蕉、自东粤来者，其花开若莲而色红若丹。产福建福州府者，其花四时皆开，深红照眼，经月不谢，中心一朵晓生甘露，其甜如蜜。即常芭蕉亦开黄花，至晓瓣中甘露如饴，食之止渴。产广西者，树不甚高，花瓣尖，大红色，如莲甚美。又有一种，叶与他蕉同，中出红叶一片，亦名美人蕉。一种叶瘦，类芦箬，花正红，如榴花，日折一两叶。其端一点鲜绿可爱，春开，至秋尽犹芳，亦名美人蕉。胆瓶蕉、根出土时肥饱，状如胆瓶。朱蕉、黄蕉、牙蕉。皆花也，色、叶似芭蕉而微小，花如莲而繁，日放一瓣，放后即蒉而结子，名蕉黄，味甘可食。《霏雪录》云：蕉黄如柿，味香美胜瓜。冬收严密，春分匀萌，一如芭蕉法。

附录。凤尾蕉：一名番蕉，能辟火患。此蕉产于铁山。如少萎，以铁烧红穿之即

---

① 鞠，通"菊"。

活。平常以铁屑和泥壅之则茂而生子，分种易活。江西涂州有之。　水蕉：白花，不结实。取其茎，以灰练之，解散如丝，绩以为布，谓之蕉葛。出交趾。　甘蕉：出赤岩山水石间，有甘蕉林，高者十余丈。

制用。蕉根有两种，一种粘者为糯蕉，可食。取作大片，灰汁煮令熟。去灰汁，又以清水煮。易水，令灰味尽，取压干，以盐、酱、芜荑、椒、干姜、熟油、胡椒等杂物研渍一两宿。出，焙干，略挝令软，全类肉味。

疗治。发背欲死：芭蕉根捣烂涂之。一切肿毒、赤游风疹、风热头痛，方同上。　风虫牙痛：芭蕉自然汁一碗，煎热含漱。　天行热狂：芭蕉根捣汁饮。　消渴饮水、骨节烦热：生芭蕉根捣汁，时饮一二合。　血淋涩痛：芭蕉根、旱莲草各等分，水煎服，日二。　产后血胀：捣芭蕉根绞汁，温服二三合。　疮口不合：芭蕉根取汁抹之，良。　小儿截惊：以芭蕉汁、薄荷汁煎匀，涂头顶留囟门，涂四肢留手足心勿涂，甚效。　肿毒初发：研末，和生姜汁涂之。又芭蕉叶熨斗内烧存性，入轻粉、麻油调涂，一日三上，或消或破，皆无痕。

典故。僧怀素性嗜书，无纸，种蕉数万本，取叶供书，号所居曰绿天。　南番阿鲁诸国无米谷，惟种芭蕉、椰子取实代粮。《星槎览胜》。　芭蕉惟福州美人蕉最可爱，历冬春不凋，常吐朱莲如簇。吾地种之能生，然不花，无益也。又有一种，名金莲宝相，不知所从来。叶尖小如美人蕉，种之三四岁，或七八岁，始一花。南都户部、五显庙各有一株，同时作花，观者云集。其花作黄红色，而瓣大于莲，故以名。至有图之者。然予童时见伯父山园有此种，不甚异也。此却可种，以待开时赏之。若甘露则无种，蕉之老者辄生在泉漳间，则为蕉实耳。王敬美。　福州有铁蕉，赣州有凤尾蕉，似同类而稍异状，然好以铁为粪，将枯，钉其根则复生，亦异物也。云能辟火，园林中存三二株亦可。前人。

丽藻。文：淇园长贞干臣修竹稽首言：切寻姑苏台前甘蕉一丛，宿渐云露，荏苒岁月。今月某日，有台西阶泽兰、萱草，到园同诉，自称今月某日，巫岫敛云，秦楼开照，乾光弘普，罔幽不烛，而甘蕉攒茎布影，独见障蔽，虽处台隅，遂同幽谷。臣谓偏辞难信，取察以情，登摄甘蕉左近杜若、江蓠，依原辨复，两草各处，异列同款，既有证据，差非风闻。妨贤败类，孰过于此！而不除翦，宪章何用？请以见事，徒根剪叶，斥出台隅。庶惩彼将来，谢此众屈。沈约《修竹弹芭蕉》。　诗五言：庭际何所有？有萱复有芋。自闻秋雨声，不种芭蕉树。边恢泉。边公名贡，历城人。尚书。　根自苏台徙，阴生蒋径幽。当空炎日障，倚槛碧云流。未展心如结，微舒叶渐抽。琐窗迷翠黛，张幕动清油。书借临池用，光分汗简留。流甘掩中土，为绤衣南州。只益莓苔润，翻令蕙若忧。荷风同委露，梧叶共鸣秋。梦境知谁得，人生似尔浮。漫劳弹事苦，终日傍林丘。徐茂吴。　七言：芭蕉半卷西池雨，日暮门前双白鸥。何扶。　紫燕将雏语夏深，绿槐庭院不多阴。西窗一夜无人问，展尽芭蕉数尺心。王介甫。　罗袜生春踏软沙，钗横玉燕鬓松鸦。春心正似芭蕉卷，羞见宜男并蒂花。唐庠。　宵来轻雨蕉声送，蕉雨流情情欲冻。燕领春风窥几时，开帘放出天涯梦。俞琬纶。　词：云一锅，玉一梳，淡淡衫儿薄薄罗，轻颦双黛螺。　秋风多，雨如何，帘外芭蕉三两窠。夜长人奈何？李后主《长相思》。

蘘荷，一名蘘草，一名菖苴，一名覆菹，一名猼菹，猼，音博。一名嘉草。似芭蕉而白色，花生根中，花未败时可食，久则消烂。根似姜而肥，宜阴翳地，依荫而生树荫下，最妙。二月种，一种永生不须锄耘，但加粪耳。八月初踏其苗令死，则根滋茂。九月初取其傍生根为菹，亦可腌贮，以备蔬果。有赤、白二种，制食赤者为胜，入药白者为良。其叶冬枯。十月中以糠厚覆其根，免致冻死。气味辛，温。叶名蘘草，气味苦、甘、寒，主温疟寒热，酸嘶邪气，诸恶疮虫毒，辟不祥。

修治。凡使，白蘘荷以铜刀刮去粗皮一层，细切，入砂锅中研如膏，取自然汁炼作煎，新器摊冷，如干胶状，刮取用。

辨讹。凡使，勿用革牛草，其形真相似。

疗治。卒中蛊毒，下血如鸡肝，昼夜不绝，脏肺败坏待死者：以蘘荷叶密置病人席下，勿令知之，必自呼蛊主姓名。　喉中似物吞吐不出，腹胀赢瘦：取白蘘荷根捣汁服，蛊立出。　喉舌疮烂：酒浸蘘荷根半日，含漱其汁，瘥，乃止。　吐血痔血及妇人腰痛：向东蘘荷根一把，捣汁三升服。　月信涩滞：蘘荷根细切，水煎取二升，空心入酒和服。　风冷失声，咽喉不利：蘘荷二两，捣绞汁，入酒一大盏和匀，细细服，取瘥。　伤寒时气，温病初得，头疼壮热脉盛者：用生蘘荷根叶捣绞汁，服三四升。　杂物入目：白蘘荷根取心绞汁，滴入目，立出。　赤眼涩痛：捣汁点。

典故。苏颂《图经》言：荆襄江湖多种。访之，无复识者。惟杨升庵杨公名慎，成都人。状元。《丹铅录》云：《急就章》注蘘荷即今甘露。考之《本草》，形性相同，甘露即芭蕉也。李时珍。　中蛊者：服蘘荷汁并卧其叶，即呼蛊主姓名。多食损药力，又不利脚，人家种之，云辟蛇。陶弘景。　按干宝《搜神记》云：外姊夫蒋士先得疾下血，言中蛊。其家密以蘘荷置于席下。忽大笑曰："蛊我者，张小小也。"乃收小小，已亡走。自此解蛊药用之，多验。苏颂。　蘘荷、茜根为治蛊毒之最。陈藏器。　仲冬以盐藏蘘荷，用备冬储，又以防蛊。《荆楚岁时记》。　蘘荷似芭蕉而白色，其子、花生根中，花未败时可食。崔豹《古今注》。　丘琼山丘公名濬，广东人。大学士。《群书抄方》载中蛊毒用白蘘荷，引柳子厚诗云云，且曰子厚在柳州种之，其地必有此种。仕于兹土者物色之，盖亦不知为何物也。

丽藻。散语：醢豚若狗脍苴莼。苴莼，蘘荷也。王逸注：莼，音纯。《离骚》。　蘘荷依阴时葵向阳。潘岳《闲居赋》。

书带草，丛生。叶如韭而更细，性柔纫，色翠绿鲜妍。出山东淄川县城北黉山，郑康成读书处，名康成书带草。艺之盆中，蓬蓬四垂，颇堪清赏。

丽藻。赋：彼碧者草，云书带名。先儒既没，后代还生。有味非甘，莫共三山芝校；无香可媚，难将九畹兰争。叨词林畔，种在经苑〔中荣〕①。翠影临波，恐彼②芙蓉见鄙。贞姿傍砌，愁为芍药相轻。发叶抽英，因天受性。纷稚圭池上之宅，拂仲蔚门前之径。不省教施异术，安得返魂？未尝辄入明廷，何当指佞？几临寒日，幸到青春。莎蕊未传于渔父，蒲草窃咏于诗人。霜亦曾沾，潘令偏知白蕰；风常遍起，宋生惟道

① "四库全书"［唐］陆龟蒙《甫里集》卷一五《赋·书带草》"苑"字后有"中荣"两字。
② 彼，"四库全书"［唐］陆龟蒙《甫里集》卷一五《赋·书带草》作"被"。

青蘋。栽培只倚于贤邻，搴撷长忧乎稚戏。出惭无用，舒还有异。当《琴操》发伯牙山水之情，值儒编动啮齿《阳秋》之思。敢日求友，宁忘慕义。吴生楫上，空羡苔滋。魏主帷中，惟通蕙气。或乃兰荧越徼，薰茂周原。幽搜莫及，兴咏徒存。此则对仲举萧疏之室，处子山摇落之园。不识深宫，岂是曾为帝女？非侵远道，谁言能忆王孙？徒爱其敛疏烟，披晓露，弱可揽结，匀能布护。萧萧而不计荣枯，漠漠而何干好恶。金灯照灼，尚惊秦帝之焚；粉蝶留连，真谓羽陵之蠹。尔乃高推篱菊，瑞许阶萱。我则惟亲志士，每聚流萤，岂便离蒿莱于隙地，希杜若于遥汀？傥遇翰林主人之一顾，庶几长保岁寒于青青。陆龟蒙。 诗七言：仍栖故垒学庚桑，书带沿街薜荔墙。王凤洲。

翠云草，性好阴，色苍翠可爱。细叶柔茎，重重碎蹙，俨若翠钿。其根遇土便生，见日则消。栽于虎刺、芭蕉、秋海棠下极佳。

种植。春雨时分其勾萌，种于幽崖深谷之间即活。

虞美人草，独茎三叶，叶如决明。一叶在茎端，两叶在茎之半相对。人或抵掌讴歌《虞美人曲》，叶动如舞，故又名舞草。出雅州。

附录。独摇草：岭南生无风独摇，带之能令夫妇相爱。草头如弹子，尾若乌尾，两片关合，见人自动。 薇蘅草：锡义山方圆百里，形如城，有石坛，长十数丈，世传列（山）〔仙〕所居。有道士披发饵术，数十人。山高谷深，多生薇蘅草，有风不偃，无风独摇。《水经注》。

丽藻。诗五言：昔日称倾国，俄顷遽陨身。 君王诚慷慨，为妾总销魂。伏剑酬君贶，留花吊楚人。风翻红袖舞，露泫翠眉颦。吴会依春树，乌江伴渚蘋。浮云随代变，芳草逐年新。空使英雄泪，感慨欲沾巾。孙齐之。 七言：蔷薇开尽绿阴凉，西国名花此际芳。夜月空悬汉宫镜，幽姿犹带楚云妆。 楚宫花态至今存，倾国倾城总莫论。夜帐一歌身易殒，春风千载恨难吞。胭脂脸上啼痕在，粉黛光中血泪新。谁道汉宫花似锦？也随荒草任朝昏。俱孙齐之。 楚宫人去霸图移，剩有芳名寄一枝。浥露晚妆余涕泪，临风夜舞忆腰肢。乍翻尚自疑红药，欲刈终难混绿葵。若使灵均当日见，不将哀怨托江蓠。 红颜一日尽江湄，芳草能传易代姿。尚想施朱留（井）〔片〕萼，翻疑化碧有单枝。迎风似逐歌声起，宿雨那经舞袖垂。微艳（草）〔莫〕教轻委地，徘徊犹似美人贻。徐茂吴。 鸿门刀斗纷如雪，十万降兵夜流血。咸阳宫殿三月红，霸业已随烟烬灭。刚强必死仁义王，阴陵失道非天亡。英雄本学万人敌，何用屑屑悲红妆？三军败尽旌旗倒，玉帐佳人坐中老。香魂夜逐剑光飞，清血化为原上草。芳心寂寞寄寒枝，旧曲闻来似敛眉。哀怨徘徊愁不语，恰如初听楚歌时。滔滔逝水流今古，楚汉兴亡两丘土。当年遗事总成空，慷慨尊前为谁舞？曾惜。

老少年，一名雁来红。至秋深，脚叶深紫而顶叶娇红，与十样锦俱以子种，喜肥地。正月撒于耰熟肥土上，加毛灰盖之，以防蚁食。二月中即生，亦要加意培植。若乱撒花台，则蜉蚰伤叶，则不生矣。谱云：纯红者老少年，红紫黄绿相兼者名锦西风，又名十样锦，又名锦布衲。以鸡粪壅之，长竹扶之，可以过墙。二种，俱壮秋色。

丽藻。诗五言：叶从秋后变，色向晚来红。徐竹隐。 开了元无雁，看来不是花。若为黄更紫，乃借叶为葩。藜苋真何择，鸡冠却较差。未应樲菊辈，赤脚也容它。杨诚斋。 七言：记得去年今日别，矮篱花满雁来红。胡月山。 何事还丹可驻年，一枝真作草中仙。霜华洗尽朱颜在，不学春花巧弄妍。　　霜叶回红底是春，可中朱草对时新。衰迟不为矜颜色，留与群芳殿后尘。　　疏疏密密缀新红，庭下看来锦一丛。不分芳华易消歇，剩将老色借秋风。俱陆平原。

鸳鸯草， 叶晚生。其稚花在叶中，两两相向，如飞鸟对翔。

丽藻。诗五言：绿阴满香砌，两两鸳鸯小。但娱春日长，不拘秋风早。薛涛。

芦， 一名苇，一名葭。花名蓬蕽，笋名䕩。䕩，音拳。生下湿地，处处有之。长丈许，中虚，皮薄，色青，老则白。茎中有白肤，较竹纸更薄。身有节如竹，叶随节生，若箬叶下半裹其茎，无旁枝。花白作穗，若茅花。根若竹根而节疏，堪入药。取水底味甘辛者，去须节及黄赤皮，其露出水外及浮水中者不堪用。

根。甘，寒，无毒。治开胃消渴，客热反胃，呕逆，伤寒，内热时疾，烦闷，泻痢，大渴，孕妇心热。　　笋。小苦，冷，无毒。治膈间客热，止渴，利小便，解河豚鱼虾及诸肉毒。　　茎叶。甘，寒，无毒。治霍乱呕逆，肺痈烦热，痈疽。蓬治金疮，生肉。

种植。春时取其勾萌，种浅水河濡地即生。有收其花絮，沾湿地即成芦体，总不如成株者，横埋湿地内，随节生株，最易长成。

附录。荻：一名薍，一名萑，一名蒮。萑，音桓。短小于苇而中空，皮厚，色青苍。江东呼为乌蒮，蒮，音丘。或谓之蔏。　　蒹：一名帘，似萑而细，高数尺，中实。是数者皆芦类也。其花皆名（芀）〔芀〕，（芀）〔芀〕，音调。其名䕩萌，堪食，如竹笋可煮食，亦可盐腌致远。又有名笮者，亦芦之一种，用以被屋，可数十年。

疗治。骨蒸肺痿，不能食：芦根、麦门冬、地骨皮、生姜各十两，橘皮、茯苓各五两，水二斗，煮八升，去滓，分五服，取汗瘥。　　劳复食复欲死：并以芦根浓汁饮。　　哕哕不止，厥逆者：芦根三斤切，水煮浓汁频饮，必效。若以童子小便煮服，不过三升，愈。　　五噎吐逆，心膈气滞，烦闷不下食：芦根五两锉，水三大盏，煮一盏，去滓温服。　　反胃上气：芦根、茅根各一两，水四升，煮二升，分服。　　霍乱烦闷：芦根三钱，麦冬一钱，水煎服。　　霍乱胀痛：芦根一升，生姜一升，橘皮五两，水八升，煎三升，分服。　　食狗肉毒心下坚，或腹胀口干，忽发热妄语：芦根煮汁服。　　中马肉、鮹鳀鱼毒，蟹、药、箭诸毒：俱同。　　霍乱烦渴腹胀：芦叶一握，水煎服。又方：芦叶五钱，糯米二钱半，竹茹一钱，水煎，入姜汁、蜜各半合，煎两沸，时时呷之。　　吐血不止：芦荻外皮烧灰，勿令白，为末，入蚌粉少许，研匀。麦冬汤服一二钱，三服可救一人。　　肺痈咳嗽，烦满微热：苇茎切三升，水二斗，煎汁五升，入桃仁五十枚，薏仁、瓜瓣各半斤，煮取二升服，当吐出脓血而愈。　　发背溃烂：陈芦叶为末，葱椒汤洗净，傅之，神效。　　痈疽恶肉：白炭灰、荻灰等分，煎膏涂之。蚀尽恶肉，以生肉膏贴之，亦去黑子。此药只可留十日，久则不效。　　小儿秃疮：以盐汤洗净，蒲苇灰傅之。　　干霍乱，心腹胀痛：芦蓬茸一把，水煮浓汁，顿服二升。　　诸癥血病：水芦花、红花、槐花、白鸡冠花、茅花等分，水二钟，煎一钟服。

典故。元日，悬苇索于门，百鬼畏之。　　闵子骞事亲孝。后母生二子，衣之絮，衣骞以芦花。父察知，欲出后母。骞告父曰："母在一子寒，母去三子单。"遂不出，其母亦化而慈。　　伍子胥逃至武昌江上，求渡。渔父歌曰："与子期分芦之漪。"　董昭之至江边，见水上群蚁罣①一短芦，救出。后系狱，群蚁穿穴，遂得出。　雁门山岭高峻，乌飞不越。惟有一缺，雁来往向此中过，号雁门。山中多鹰。雁至此皆相待，两两随行，衔芦一枝。鹰惧芦，不敢促。《说文》。

丽藻。散语：蒹葭苍苍。　毳衣如菼。俱《诗》。　雁衔芦而翔，以避缯缴。《淮南子》。　诗五言：渚秀芦笋绿。杜子美。　衔芦过岱岭，日望鸳鸯洲。古诗。　一一衔芦枝，散落天地间。李太白。　无竹栽芦看，思山叠石为。　园亭当水中，两岸芦花雪。夜深人未眠，碧水荡秋月。潘女郎。　摧折不自守，秋风吹若何？暂时花带雨，几处叶沉波。体弱春苗蚤，丛长夜露多。江湖后摇落，亦恐岁蹉跎。杜少陵。　蝉鸣空桑林，八月萧关道。出塞复入塞，处处黄芦草。从来幽并客，皆向沙场老。莫作游侠儿，矜夸紫骝好。王昌龄。　避世水云国，卜邻鸥鹭家。风前挥玉麈，霜后幻芦花。骨相缘诗瘦，秋声诉月华。欲招卢处士，归去老生涯。杨诚斋。　七言：白鸟一双帘外去，芦花风静钓舟闲。赵讷轩。　十年九陌寒风夜，梦扫芦花絮客衣。张宾。　归燕羁鸿共断魂，荻花枫叶泊孤村。张横渠。　最爱芦花经雨后，一蓬烟火饭渔船。林和靖。　白蘋满棹归来晚，秋着芦花一夜霜。苏养直。　忘却芦花丛里宿，起来误作雪天吟。张一斋。　门外酒帘风未定，橹声摇玉出芦花。赵讷轩。　苇花平岸带霜容，总似窗前书带丛。董思白。　琵琶亭前夜泊舟，荻花索索风飗飗。浔阳夜静月如昼，琵琶寂寞江空流。王云溪。　罢钓归来不系船，江村月落正堪眠。纵然一夜风吹去，只在芦花浅水边。司空曙。　竹映风窗数阵斜，旅人愁坐思无涯。夜来留得江湖梦，总为霜天似荻花。唐彦谦。　雨折霜干不耐秋，白花黄叶使人愁。月明小艇湖边宿，疑是江南鹦鹉洲。东坡。　眇眇临窗思美人，荻花枫叶带离声。夜深吹笛移船去，三十六湾秋月明。郑克己。②　灞桥水散九河流，风起芦花两岸秋。同是倦游君已去，夕阳亭上望行舟。　蝉声处处和骊歌，风度漕河起夕波。独有故人分手地，蒹葭秋色暮烟多。冯琢庵。　水国蒹葭夜有霜，月寒山色共苍苍。谁言千里自今夕，离梦杳如关塞长。薛涛。　此处天开云意闲，何当曲曲翠浮湾。携来日母岚光外，对尔春驹灏气间。茭苇沿溪栽玉案，芙蓉出水逞芳颜。老僧清供石岩白，邀共桃笙坐碧潺。王用晦。　萧萧芦苇没长堤，夜色秋光总入题。水落山空云影薄，天高水阔浪痕齐。商船泊岸牙樯密，旅馆招人酒斾低。一片孤帆随鸟没，又闻柔橹夕阳西。陈氏。　歌：芦花作主我作客，芦花点头我拍膝。白鸥衔住绿蓑衣，使我欲行行不得。我醉欲倩芦花扶，芦花太懒可奈何！不如呼出青天月，大家跃入金葫芦。眉公。

蓼，一名水荭花。其类甚多，有青蓼、香蓼，叶小狭而薄；紫蓼、赤蓼，叶相似而厚；马蓼、水蓼，叶阔大，上有黑点；木蓼，一名天蓼，蔓生，叶似柘。六蓼花皆红白，子皆大如胡麻，赤黑而尖扁，惟木蓼花黄白，子皮生青熟黑。人所堪食者三种：一青蓼，叶有圆有尖，圆者胜；一紫蓼，相似而色紫；一香蓼，相似而香，并不甚辛，可食。诸蓼春苗夏茂，秋始花，花开蓓蕾而细，长二寸，枝枝下垂，色粉红可观。水边更多，故又名水荭花。身高者丈余，节生如竹，秋间烂熳可爱。一种丛生，高仅二尺

---

① 罣，同"挂"。
② 此诗著者，"四库全书"《全唐诗》卷五三八署为许浑，题作《三十六湾》；《宋金元明四朝诗·宋诗》卷七一署为姜夔，题作《过湘阴寄千岩》。文皆有出入。

许，细茎弱叶似柳，其味香辣，人名辣蓼。并冬死，惟香蓼宿根重生，可为生菜。青蓼可入药。古人用蓼和羹，后世饮食不复用，人亦鲜种艺。今但以平泽所生香、青、紫三蓼为良。辛，温，无毒。实主明目，温中，耐风寒，下水气，去痈疡，止霍乱，去面浮肿，疗小儿头疮。苗叶除大小肠邪气，利中益智。一云青色者蓼，紫者荼。

制用。《礼记》：烹鸡豚鱼鳖，皆实蓼于腹中，而和羹脍亦须切蓼。　春初以壶卢盛水浸蓼子，高挂火上使暖，生红芽，以备五辛盘，与大麦面相宜。　食蓼过多，发心痛。和生鱼食，生阴核痛。二月食蓼损胃，久食令人寒热，损髓减气少精。忌近阴，令阴弱。妇人月事来，食蓼、蒜成淋。

疗治。伤寒劳复，卵肿或缩入腹痛：蓼子一把，取汁饮一升。　霍乱烦渴：蓼子一两，香薷二两，每一钱水煎服。夏月烦渴死，同治。　气痢：清明前一日五更，采大蓼晒干，为末。米饮下一钱，极效。　小儿头疮：蓼子为末，蜜和鸡子白调涂，虫出，不作痕。　蜗牛咬，毒行遍身：蓼子煎水浸之，立愈。　狐尿疮，恶犬咬，蛇伤：苗捣汁敷，仍绞汁服。　脚暴软赤：蓼烧灰，淋汁浸之，以桑叶蒸罯，立愈。　脚风痹：花、叶煎汁洗之，良。　霍乱转筋：蓼叶煮汤捋脚，良。又蓼叶一升，水三升，煮汁二升，入香豉一升，更煮一升半，分三服。　胃脘冷，不能饮食，耳目不聪明，四肢无气，冬卧足冷：八月三日取蓼，日干，如五升大六十把，水六石，煮取一石，去滓，如法酿酒。待熟，日饮之。十日后，目明气壮。　肝虚转筋吐泻：赤蓼茎叶切三合，水一盏，酒三合，煎四合，分二服。　血气攻心，痛不可忍：蓼根洗锉，浸酒饮。　瘰疬：水荭子不拘多少，一半微炒，一半生，同研末。食后好酒下二钱，日三。　已破者亦治，好则止。　癖痞腹胀，坚硬如杯碗：水荭花子一升，另研。独蒜三十颗去皮，麝香一钱，皮硝四两，石臼捣烂，摊患处，加油纸长帛束之。次日取看，未效再贴。倘有脓，勿恐，仍看虚实，日服钱氏白饼子塌气丸、消积丸，至半月，甚者一月，无不瘥者。喘满者实，不喘者虚。　胃脘血气作痛：水荭花一大撮，水二钟，煎一钟服，累验。　心气疗痛：水荭花为末，热酒服二钱。又法：男用酒、水各半，女用醋、水各半，煎服，立效。　久疮生肌：水荭花根煎汤淋洗，仍以叶晒干，为末，撒疮上，日一次。

丽藻。散语：蓼虫在蓼则生，在芥则死，非蓼仁而芥贼也。《战国策》。　赋：睹兹茂蓼，纷葩吐盈。猗那随风，绿叶厉茎。爰有蠕虫，厥状似螟。群聚其间，食之以生。则罔不知辛，况乎人以安逸为心乎？汉·孔臧。　诗五言：蓼花被堤岸。柳子厚。　盐豉荐芹蓼。郑毅夫。　蓼杂芳菲畴。韩文。　群芳坐衰歇，聊自舞春风。石曼卿。　丛蓼虽可喜，轻红随秋薄。苏东坡。　簌簌复悠悠，年年拂漫流。差池伴黄菊，冷落过清秋。晚带鸣虫急，寒藏宿鹭愁。故溪归不得，凭仗系渔舟。郑谷。　七言：水蓼冷花红簌簌。白乐天。　雨湿蓼花千穗红。温庭筠。　蓼花无数入船窗。李元膺。　暮天新雁起汀洲，红蓼花开水国愁。罗邺。　花穗迎秋结晚红，园林清淡更西东。宋景文。　簌簌菰蒲映蓼花，水痕天影浸秋霞。林和靖。　今日特向东城开，画时只合衔鱼翠。梅圣俞。　分红间白汀洲晚，拜雨揖风江汉秋。看谁耐得清霜去，却恐芦花先白头。刘后村。　红穗已沾巫峡雨，绿痕犹带锦江泥。狂吟不觉惊鸥梦，坐困翻疑在旧溪。张忠定。　秋归南浦蟋蟀鸣，霜落横湖溪水清。卧雨幽花无限思，抱丛寒蝶不胜情。东坡。　金气棱棱泽国秋，马兰花发满汀洲。富春山下连鱼屋，采石江头映酒楼。舒梓溪。舒公名芬，南昌人。状元。词：金井先秋，梧叶飘黄。几回惊觉梦初长。雨微烟淡，疏柳池塘。渐蓼花明，菱花净，藕花凉。　　幽人已惯，衾单枕冷，任商飙、催换年光。问谁相伴，终日清狂。有竹间风，樽中酒，水边床。王晋卿《行香子》。

菰，一名茭草，江南人呼菰为茭，以其根交结也。一名蒋草，蒲类也。根生水中，江湖陂池中皆有之，江南两浙最多。叶如蔗荻，春末生白芽如笋，名菰菜，又名茭白，一名蘧蔬。味清脆，生熟皆可啖。其中心白薹，如小儿臂软白，中有黑脉，名菰手，一云中有黑灰如墨者名乌郁，亦可食。作首者非。八月开花如苇，茎硬者谓之菰蒋草，至秋结实，名雕胡米，岁饥，人以当粮。气味甘，冷滑，无毒。利五脏邪气，治心胸浮热，除肠胃热痛，解酒齇面赤，白癞，疬疡，去烦止渴，利大小便。

种植。谷雨时于水边深栽，则笋肥大，盛野生者。

制用。雕胡米合粟为粥，可食。　茭（苣）〔白〕嫩者可生食。又可晒干，合肉煮食甚佳。　叶可作荐，刈以秣马，甚肥。《本草纲目》。　禁忌。菰之种类皆极冷，不可过食。性滑，发冷气，令人下焦寒，伤阳道。同蜜食发痼疾，服巴豆人忌食。

疗治。开胃解酒，压丹石毒：茭白合鲫鱼作羹食。　小儿风疮，久不愈：菰蒋节烧灰研傅。　治消渴，止小便利：菰根捣汁饮。　火烧疮：茭根烧灰，鸡子白调涂。　毒蛇咬伤：菰根烧灰傅。

丽藻。诗五言：白蒋风飙脆。杜子美。　七言：波漂菰米沉云黑。杜子美。　空江浩荡景萧然，尽日菰蒲泊钓船。青草浪高三月渡，绿杨花漾一溪烟。情多莫举伤春目，愁极兼无买酒钱。犹有渔人数家住，不成村落夕阳边。张泌。

莼，一名茆，茆，卯、柳二音。一名锦带，一名水葵，一名露葵，一名马蹄草，一名缺盆草。生南方湖泽中，最易生。种以水浅深为候，水深则茎肥而叶少，水浅茎瘦而叶多。其性逐水而滑，惟吴越人[1]善食之。叶如荇菜而差圆，形似马蹄。茎紫色，大如箸，柔滑可羹。夏月开黄花，结实青紫，大如棠梨，中有细子。三四月嫩茎未叶，细如钗股，黄赤色，名稚莼，稚，小也。又名雉尾莼，体软味甜。五月叶稍舒长者名丝莼。丝，茎如丝也。九月萌在泥中，渐粗硬，名瑰莼，或作葵莼。十月、十一月名猪莼，猪莼，可喂猪也。又名龟莼，味苦体涩，不堪食，取汁作羹，犹胜他菜。味甘，寒，无毒。治消渴热痹，厚肠胃，安下焦，逐水，解百药毒并蛊气。

制用。四月食莼菜鲫鱼羹，开胃。《内景经》。　禁忌。莼性虽冷，热食及多食拥气，损人胃及齿，令人颜色恶，损毛发。和醋食，令人骨瘘发痔，（阅）〔关〕节急，嗜睡。《脚气论》：中（令）〔冷〕，人食此，误人极深。　七月勿食，莼上有蜗虫，杀人。

疗治。一切痈疽：莼菜捣烂傅之，未成即消，已成即毒散。春夏秋用茎，冬用子，叶亦可。　头上恶疮：黄泥包豆豉煨熟，取出，为末，莼菜油调傅。　各种疔疮：莼菜、大青叶、臭紫草等分，擂烂，酒一碗浸，去滓，温服，三服立愈。

典故。张翰，字季鹰，有清材，善属文。齐王同辟为东曹掾，因见秋风起，思吴中

---

[1] 人，底本缺，据"四库全书"《佩文斋广群芳谱》卷一五《蔬菜·莼》补。

菰菜、莼羹、鲈鱼脍，曰："人生贵适志，何能羁宦数千里外，以要名爵乎？"遂命驾而归。俄而冏败，人以为知几①。《晋书》。　莼菜生松江华亭谷，郡志载之甚详，吾家步兵所为寄思于秋风者也，然武林西湖亦有之。袁中郎状其味之美云："香脆滑柔，略如鱼髓蟹脂，而轻清远胜。其品无得当者，惟花中之兰、果中之杨梅，可以异类作配。"余谓："花中之兰是矣，果中杨梅岂堪敌莼？何不以荔枝易之？"中郎又谓："问吴人，无知者。"盖莼惟出于吾郡，所产既少，又其味易变，不能远致故耳。张七泽。

丽藻。散语：思乐泮水，薄采其茆。《诗》。　诗五言：君思千里莼。　绿繁煮细莼。　豉化莼丝熟，刀鸣脍缕飞。俱杜子美。　秋风昨夜起，那不忆鲈莼。冯琢庵。　七言：陆瑁湖边水漫流，洛阳城外问渔舟。鲈鱼正美莼丝熟，不到秋风已倦游。陆平泉。　秋风吹得莼丝滑，夜雨新炊粳饭香。正喜故人茆屋下，橙斋鲈脍话斜肠②。眉公。　波心未吐心如结，水叶初齐叶尚含。脂自凝肤柔绕指，转教风味忆江南。　鲛杼纷纷散作丝，龙涎宛宛滑流匙。诗人采茆元从水，莫误嘉蔬唤露葵。　平湖倒影南山绿，中汇三潭灵怪潜。荡桨忽惊云雾气，骊龙颔下割龙髯。　谁握冰丝摘露丛，水晶帘展玉璁珑。鱼须细细龙油滑，道是鲛人织锦宫。　兔丝自是难胜织，试比莼丝总不任。闻说西陵苏小小，当年戏采结同心。　莼丝不似藕丝轻，傍腕缠绵入手萦。漫咏东人空杼轴，西湖经纬自纵横。俱徐茂吴。

荇菜，一名荇菜，一名凫葵，一名水葵，一名荇公须，一名荇丝菜，一名水镜草，一名藒，藒，音恋。一名屏风，一名厣子菜，一名金莲子，一名接余。处处池泽有之。叶紫赤色，形似莼而微尖长，径寸余，浮在水面。茎白色，根大如钗股，长短随水浅深。夏月开黄花，亦有白花者。实大如棠梨，中有细子。气味甘，冷，无毒。治小渴，利小便，去诸热毒、火丹、游肿。

制用。茎、叶、根、花并可伏硫、煮砂、制矾。用苦酒浸其白茎，肥美，可以案酒。

疗治。一切痈疽疮疖：荇丝菜或根、马蹄草茎或子各半碗，马蹄，即莼。苎麻根五寸去皮，石器捣烂，傅毒四围。春、夏、秋日换四五次，冬换二三次，换时以荠水洗，甚效。　谷道生疮：荇叶捣烂，绵裹纳之，日三。　毒蛇螫伤，牙入肉中，痛不可堪者：勿令人知，以荇叶覆其上，穿以物包之，折牙自出。　点眼去翳：荇丝菜根一钱半捣烂，荇丝菜，叶如马蹄，开黄花。川练子十五个，胆矾七分，石决明五钱，皂荚一两，海螵蛸二钱，各为末，同菜根以水一钟煎二宿，去滓。一日点数次，七日见效。

典故。《尔雅》曰：荇，接余，其叶苻，丛生水中，茎如钗股，叶在茎端，随水浅深。《诗》曰：参差荇菜，左右流之。三相参为参，两相差为差，言出之无类。左右，言其求之无方。王文公曰：荇余，惟后妃可比焉。其德行如此，可以比妾余草矣。若蘋蘩藻，所谓余草，旧说藻华白，荇华黄。《颜氏家训》云：今荇菜，是水有之。黄华似莼，是也。夫后妃祭荇，夫人祭蘩，大夫妻祭蘋藻。至于盛之、湘之、奠之，无所不为焉。亦其位弥高者，其事弥略之证也。又后妃言河，夫人、大夫妻言涧；后妃言洲，夫人言沼，大夫妻言滨、言潦，亦言杀也。且蘋蘩蕴藻，涧溪沼沚之毛也，而荇则异矣。

---

① 几，同"机"。
② 肠，疑应作"阳"。

故后妃采荇,《诗传》以为夫人执蘩菜以助祭神,缋德与信,不求备焉。沼沚溪涧之草,犹可以荐后妃,则荇菜也。据此荇菜,厚于蘋蘩,故曰后妃有关雎之德,乃能共荇菜,备庶物以事宗庙。荇之言行也,蘋言宾,藻言澡,蘩言盛,然则言荇菜、言采、言芼,是亦共之而已。故教成之祭芼,用蘋藻以成妇顺。《埤雅》。 吾乡荇菜烂煮之,其味如蜜,名曰荇酥。郡志不载,遂为渔人野夫所食。此见于《农田余话》。俟秋明水清时,载菊泛泖,脍鲈捣橙,并试前法,同与藕丝荇酒。陈鹰公。 荇菜首见于三百篇。吾乡陂泽中多有之。《农田余话》谓熟煮,其味如蜜,名曰荇酥,然知之者绝少。张七泽。

丽藻。诗七言:紫茎屏风文绿波。 水荇牵风翠带长。 春光淡沱秦东亭,渚蒲芽白水荇青。俱杜子美。 晴摇荇带新含翠,雨濯荷筒渐着花。 泉分石窦泻珠光,坐把矶边水荇香。何处歌声最幽窈?临流那复羡沧浪。彭绍贤。

萍,以与水平,故名萍。一名水花,一名水白,一名水帘,一名薸。以无定性,随风漂流,故名薸。处处池沼水中有之。季春始生,杨花入水所化,一叶经宿即生数叶,叶下有微须,即其根也。浮于流水则不生,浮于止水一夕生九子,故名九子萍。无根而浮,常与水平。有大小二种:小者面背俱(奇)〔青〕①,为萍。大者面青背紫,为薸,一名紫萍。今薸有麻藻,异种,长可指许,叶相对联缀,不似萍之点点清轻也。萍乃阴物,静以承阳,故曝之不死。惟七月中采取,拣净,以竹筛摊晒,盆水在下承之,即枯死。晒干,为末,可驱蚊虫。味辛,寒。能疗暴热身痒,下水气胜酒,长须发。久服身轻,善治疯疾。

制用。取浮萍,重五午时投厕中,绝青蝇。 五日午时取浮萍阴干,加雄黄,作纸缠香烧之,能祛蚊虫。《法天生意》。 七月七日取赤浮萍晒干,为末。遇冬雪寒,水调二盏服,又用汉椒末拌浮萍末擦身,不畏寒。

疗治。时行热病:四月十五日取小浮萍一两,麻黄去根,桂心、附子炮去脐皮,各半两,四物捣为末。每一两,水一钟半,入生姜二片,葱头二根,煎至八分,和查热服,衣盖取汗,神效。 夹惊伤寒:紫背浮萍一钱,犀角屑半钱,钩藤钩三七个,为末。每服半钱,蜜水调下,连进三服,出汗为度。 消渴饮水,日至一石者:浮萍捣汁服之。又方:用干浮萍、栝楼根等分,为末,人乳汁和丸梧子大。空腹饮服二十九,三年者数日愈。 小便不利,膀胱水气流滞:浮萍日干,为末。饮服方寸匕,日二服。 水气洪肿,小便不利:浮萍日干,为末。每服方寸匕,白汤下,日二服。 霍乱心烦:芦根炙一两半,浮萍焙,人参、枇杷叶炙各一两。每服五钱,入薤白四寸,水煎温服。 吐血不止:紫背浮萍焙半两,黄芪炙二钱半,为末。每服一钱,姜蜜水调下。 鼻衄不止:浮萍末吹之。 中水毒病,手足指冷至膝肘即是:浮萍日干,为末。饮服方寸匕,良。 大肠脱肛:紫浮萍为末,干贴之。 身上虚痒:浮萍末一钱,用四物汤加黄芩一钱,煎汤调下。 风热瘾疹:浮萍蒸过焙干,牛蒡子酒煮晒干炒,各一两,为末。每薄荷汤服一二钱,日二次。 风热丹毒:浮萍捣汁,遍涂之。 汗斑癜风:端午日收紫背浮萍,晒干。每四两煎水浴,并以萍擦之。或入汉防己二钱亦

---

① 奇,应作"青",下文"大者面青背紫"可证。"四库全书"《佩文斋广群芳谱》卷九一《卉谱·萍》作"青"。

可。　少年面疱：《外台》用浮萍日挼揋之，并饮汁少许。又方：用紫背萍四两，防己一两，煎浓汁洗之。乃以萍于斑疕上热擦，日三五次。物虽微，其功甚大，不可小看。　粉滓面皯：沟渠浮萍为末，日傅之。　大风疠疾：浮萍草三月采，淘三五次，窨三五日，焙，为末，不得见日。每服二钱，食前温酒下。常持观音圣号，忌猪、鱼、鸡、蒜。又方：七月七日取紫背浮萍，日干，为末，半升入好消风散五两。每服五钱，水煎频饮。仍以煎汤洗浴。　癜疮入目：浮萍阴干，为末。以生羊子肝半个，同水半盏煮熟，捣烂绞汁，调末服。甚者不过一服，已伤者十服见效。　弩肉攀睛：青萍少许研烂，入片脑少许，贴眼上，效。　毒肿初起：萍草捣傅之。　发背初起，肿焮赤热：浮萍捣，和鸡子清贴之。　杨梅疮癣：水萍煎汁，浸洗半日，数日一作。　烧烟去蚊：五月浮萍阴干用。

典故。楚王渡江，得萍实，大如斗，赤如日，剖而食之，甜如蜜。　江右萍乡县，相传楚王得萍实于此邑，因以名。而范石湖以为去大江远，非是。然萍实因渡江而得，非谓得之大江中，传闻必有所自，未可遽疑其说。　张子野诗笔老妙，歌词乃其余技耳。《华州西溪》云："浮萍破处见山影，小艇归时闻草声。"与余和诗云："愁似鳏鱼知夜永，懒同蝴蝶为春忙。"若此之类，皆可以追配古人，而世俗但称其歌词。昔周昉画人物，皆入神品，而世俗但知有周昉士女，皆所谓"未见好德如好色者"欤？

丽藻。散语：呦呦鹿鸣，食野之苹。《诗》。　季春，萍始生。《月令》。　萍树根于水，木树根于土。《淮南子》。　苹，萍也。大者曰蘋。《尔雅》。　萍，苹也。无根，浮水而生。《说文》。　《周礼》：萍氏掌水禁。郑氏云：以不沉溺取名，使之几酒谨酒也。　赋：嗟杨花之漠漠，纷辞树而绵绵。乍飘飖于幕底，忽荡漾于池边。雨过易质，浸久移妍。根无寸蒂，叶吐双骈。傍汀兰而戢戢，映岸草之芊芊。鱼惊跳而忽破，风漪敛而还连。委柔姿兮晓涨，寄弱质兮春田。流潆凝兮并止，归波逝兮均迁。商羊舞兮保世以滋大，肥蟥见兮聚族而纤妍。有似乎边塞征人，关河客子，去国辞家，流行坎止，意忽忽以何之？惟苍苍之默使。感兹萍质，恨此萍踪。慨他乡之萍梗，怜知己之萍逢，有如一枝暂栖，两心密契，不约而联，无根而蒂。始宛转而密依，忽参商而遥逝。知宛在兮水中，恨长波之靡际。嗟嗟！每生有识，我辈钟情，欣綵合起，恨以离生。虽离合之皆幻，终怅怏而难平。若夫合不心醉，离不骨惊，齐悲愉于一致，反寄羡无识之浮萍。

<small>杨云鹤　杨君名云鹤，临邛人。进士，知县。</small>　夫萍为风约，起灭不常，水草中至鲜小琐细物也。顾萍氏掌禁于《秋官》，萍生纪日于《月令》，燕飨则乐嘉宾于鱼藻，朝会则示周行于鹿苹，萍之时义大矣。成都杨令公年方二十，视篆梁溪，甫下车，辄以浮萍一赋，见视清华流丽，骎然大家。夫相如、子云之在蜀都也，翩翩皆以赋鸣，吐凤凌云，喷薄西京之上。即我明用修杨子，灵心作赋，秀拔峨眉，公岂其苗裔耶？遂率尔效颦而抽辞以拟之。其词曰：粤万卉之布汇，禀一气之陶钧。纷纷纶纶，职职芸芸，毓彼池面，贴于波纹。既曰杨花之转蜕，复云老血之为精。巧随浪以开合，逐流水以低平。兆翔鸿之始见，应谷雨而萌生。采芳馨于雷泽，撷异美于昆明。一名水帘，亦呼藻蘋。西河之侧，南涧之滨，羌乍斟而止渴，竭久服而轻身。汉昆明池，翠网横披于曲岸；楚昭王渡，赤斗直触于江濆。周穆巡方，则取摘湖头以资鹤唳；太原吏隐，则数车捆载而为鸭茵。漂潋连绵，馥郁葐蒀。可以羞王公，可以荐鬼神，若夫不根不蒂，时合时

张，江妃题字，汉女搴芳。翠盖覆而蛟龙匿影，青雷破而明月舒光。重叠侵沙，开幕春之烟景；参差委岸，宣大块之文章。紫叶带流，快题诗于李白；秋风春草，喜琢句于刘商。色映菰蒲，似酆宾之铺宝甋，而斜临曲渚；光分杜若，如洛姝之遗翠钿，而乱蛊横塘。若乃波翻浪急，雨骄风妒，自西自东，曷冯归路？孤标冷澹兮埒孝子之履霜，时危震荡兮恍羁臣之莫诉。至若良朋怆别，执友临歧，臭兰偶契，金石遽违，玉玦遥分于塞外，宝钗划断于中闺，是何异萍水之相遭而瞥焉？转化于天涯，胡然而散，（明）〔胡〕① 然而聚。消息盈虚，浮萍莫喻。生马生人，倏忽为帝，即乾坤亦水上之萍，抑螺蠃螟蛉之一致。有酒既清，有肴既蒸。太虚为御，久凿奚争？万期须臾，睒瞵电惊，毋掘泥以扬波，畴皆醉而独醒。纵心浩然，何虑何营？吾将濯足万里，拟身蓬阆而戞长啸于青冥。夏茂卿。 诗五言：萍蓬无定居。 萍泛若窴缘。 萍飘忽流涕，衰飒近中堂。 相看万里别，同是一浮萍。 萍浮无休日，桃阴想旧蹊。 此生任春草，垂老独飘萍。俱杜子美。 杨花三月暮，泛泛水中萍。 可怜池里萍，葐蒀紫复青。工随浪开合，能逐水低平。微根无所缀，细叶讵须茎？飘荡终难测，流连如有情。吴均。 七言：川合东西瞻使节，地分南北任流萍。杜子美。 见说杨花能变化，是他种子亦轻浮。 点点青青浮野塘，不容明月照沧浪。风吹雨逐沙泥上，燕子衔来绕画梁。昔有请仙题苹用梁字韵。乩仙。 乍因轻浪叠晴沙，又趁回风拥钓槎。莫怪狂踪易飘泊，前身不合是杨花。刘师邵。 晓来风约半池明，重叠浸沙绿蛊成。不用临池重相笑，最无根蒂是浮名。陆龟蒙。 青草秋风老此身，一瓢长醉任家贫。醒来还爱浮萍草，飘寄官河不属人。刘商。

蘋，一名荇菜，一名四叶，一名田字草。叶浮水面，根连水底，茎细于莼荇，叶大如指顶。面青背紫，有细纹，颇似马蹄决明之叶。四叶合成，中折十字。夏秋开小白花，故称白蘋。其叶攒簇如萍，故《尔雅》谓大者为蘋也。气味甘，寒，滑，无毒。主治暴热，下水，利小便。

辨讹。其叶径一二寸。有一缺而形圆，如马蹄者，莼也。似莼而稍尖长者，荇也。其花并有黄、白二色，叶径四五寸，如小荷叶而黄花，结实如小角黍者，萍蓬草也。楚王所得萍实乃此萍之实也。四叶合成一叶，如田字形者，蘋也。如此分别，自然明白。

疗治。热疮：捣涂。 蛇伤，毒入腹：捣汁饮。 止消渴：曝干，栝楼等分，为末，人乳和丸服。

丽藻。散语：于以采蘋，南涧之滨。《诗》。 蘋繁蕴藻之菜，可荐于鬼神，或羞于王公。《左传》。 诗五言：（闻）〔阁〕② 道通丹地，江潭隐白蘋。杜子美。 昆山犹在目，挂席又维艇。湖外蘋花白，霜前枫叶青。墙乌随落日，水鸟下寒汀。驿路天将暮，柴门半未扃。郭鲲溟。 七言：处处清江带白蘋。杜子美。 偶向江边采白蘋，还随女伴赛江神。众中不敢分明语，暗掷金钱卜远人。于鹄。 秋老萍花贴岸开，雪鸥一点夜飞来。逢人尽道游烟雨，月白何曾独上台。陈眉公。 何处明珠出自然？青蘋白藻水痕鲜。一枝微向波心动，万蕊应从石底穿。玉律初回风欲暖，翠烟不断月犹悬。亭瞻后乐思先

---

① 明，应作"胡"。"四库全书"《佩文斋广群芳谱》卷九一《卉谱·萍》作"胡"。
② 闻，应作"阁"。"四库全书"〔宋〕郭知达编《九家集注杜诗》卷二三《奉送严公十韵入朝》作"阁"。

正，敢谓布踪合浦仙。范继道。

藻，水草也。有二种。水藻叶长二三寸，两两相对生，即马藻也。聚藻叶细如丝，节节连生，即水蕴也，俗名鳃草，又名牛尾蕴。《尔雅》云：菳，牛藻也。郭璞注云：细叶，蓬茸如丝，可爱。一节长数寸，长者二三十节。气味甘，大寒，滑，无毒。去暴热热痢，止渴。凡天下极冷，无过藻菜。荆扬人遇岁饥，以叶当谷食。

制用。二藻皆可食。煮熟，接去腥气，米面糁蒸为茹，甚滑美。入药以马藻为胜。

疗治。治热肿丹毒：藻菜切捣傅之，厚三分，干即易，其效无比。　去暴热热痢，止渴：捣汁饮。　小儿赤白游疹，火焱热疮：捣烂封之。

集解。藻，水草之有文者，出于水下。其字从澡，言自洁如澡也。《书》曰：藻火粉米。藻取其清，火取其明也。山节藻棁，盖非特为取其文，亦以禳火。今屋上覆橑，谓之藻井，取象于此，亦曰绮井，又谓之覆海，亦或谓之恶顶。《风俗通》曰：殿堂室象东井形，刻作荷菱。荷菱，水草也，所以厌火，与此同类。《诗》：鱼在在藻，有颁其首。王在在镐，岂乐饮酒？鱼在在藻，有莘其尾。王在在镐，饮酒乐岂？盖鱼性食藻，王者德至渊泉，则藻茂而鱼肥，故以颁首莘尾为得其性。谚传曰：士卒兔藻。言其和睦欢悦，如兔之戏于水藻也。《花史》。

淡竹叶，根名碎骨子。生原野，处处有之。春生苗，高数寸，细茎绿叶，俨如竹米落地所生茎叶。根一窠数十须，须结子如麦冬，但坚硬耳。八九月抽茎，结小长穗。采无时。性甘，寒，无毒。叶去烦热，利小便，清心。根能坠胎催生。取根苗捣汁，和米作（麹）〔曲〕①，酿酒甚芳烈。

取用。花用绵收之，可作画灯青翠、砂绿等色用。

卷耳，宿莽也。一名枭耳，一名常思，一名蒏草，一名必栗香。叶如鼠耳，丛生，如盘。性甚奈拔，其心不死。可以毒鱼，捣碎置上流，鱼悉暴鳃。入书笥中，白鱼不能损书。

丽藻。散语：采采卷耳，不盈倾筐。《诗》。　诗五言：江上秋已分，林中瘴犹剧。娃子告劳苦，无以供日夕。蓬莠独不焦，野蔬暗泉石。卷耳况疗风，童儿且时摘。侵星驱之去，烂熳任远适。放筐亭午际，洗剥相蒙幂。登床半生熟，下箸还小益。加点瓜蒌间，依稀橘奴迹。乱世诛求急，黎民糠籺窄。饱食复何心，荒哉膏粱客。富家厨肉臭，战地骸骨白。寄语恶少年，黄金且休掷。杜少陵。

虎耳草，一名石荷叶。茎微赤，高二三寸，有细白毛，一茎一叶，状如荷盖，大如钱。又似初生小葵叶及虎耳之形，面青，背微红，亦有细赤毛。夏开小花，淡红色。生阴湿处，栽近水石上亦得。气味辛，寒，微苦。

疗治。生用吐利，熟用则止吐利。　擂酒服，治瘟疫。　捣汁滴耳中，治聤耳。　阴干，置桶中烧烟，熏痔疮肿痛。

车前，一名芣苢，一名地衣，一名当道，一名牛舌，一名牛遗，一名马舄，一名车轮菜，一名虾蟆衣。好生道傍及牛马迹中，处处有之，开州者胜。春初生苗，叶布

---

① 麹，应作"麴"，简化作"曲"。据"四库全书"〔明〕方以智《通雅》卷四二《竹苇》作"麴"。

地如匙面，年久者长及尺余。中抽数茎，作长穗。结实如葶苈，赤黑色。围茎上如鼠尾。花青色微赤，甚细密。五月采苗，八九月采实。人家园圃或种之。味甘，寒，无毒。养肺，强阴，益精，除湿痹，利水道，导小肠热不走气，止暑湿，泻痢，治产难，压丹石毒，去心胸烦热。久服轻身、明目、耐老，令人有子。

制用。陆玑言：嫩苗作茹，大滑。　王旻《山居录》有种车前剪苗食法，昔人常以为蔬矣。今野人犹采食。　《神仙服食经》云：车前一名地衣，雷之精也，服之羽化。　大抵入服食须佐他药，如六味地黄丸之用泽泻可也。若单用，则泄太过，恐非久服之物。

修制。凡用，须以水淘洗去泥沙，晒干。入汤液，炒过用。入丸散，酒浸一宿，蒸熟研烂，作饼晒干，焙研。

疗治。小便血淋作痛：车前子晒干，为末。每服二钱，车前叶煎汤下。　石淋作痛：车前子二升，以绢袋盛，水八升，煮取三升，服之，须臾石下。　老人淋病，身体热甚：车前子五合，绵裹煮汁，入青粱米四合煮粥食，常服明目。　孕妇热淋：车前子五两，葵根切一升，以水五升，煎取一升半，分三服，以利为度。　滑胎易产：车前子为末，酒服方寸匕。不饮酒者水调服。　横产不出：车前子末，酒服二钱。　阴冷闷疼，渐入囊内，肿满杀人：车前子末，饮服方寸匕，日二服。　瘾疹入腹，体肿舌强：车前子末粉之，良。　阴下痒痛：车前子煮汁频洗。　久患内障：车前子、干地黄、麦门冬等分，为末，蜜丸桐子大，服之，累试有效。　肝肾俱虚，眼昏黑花，或生障翳，迎风有泪：久服补肝肾，增目力。车前子、熟地黄酒蒸焙三两、兔丝子酒浸五两，为末，炼蜜丸桐子大。每温酒下三十九，日二服。　风热目暗涩痛：车前子、宣州黄连各一两，为末。食后温酒服一钱，日二服。　小便不通：车前草一斤，水三升，煎取一升半，分三服。一方入冬瓜汁。一方入桑叶汁。　初生尿涩不通：车前捣汁，入蜜少许，灌之。　小便尿血：车前捣汁五合，空心服。　鼻衄不止：生车前叶捣汁，饮之甚善。　金疮血出：车前叶捣傅之。　热痢不止：车前叶捣汁，入蜜一合煎，温服。　产后血渗入大小肠：车前草汁一升，入蜜一合，和煎一沸，分二服。　湿气腰痛：虾蟆草连根七科，葱白连须七科，枣七枚，煮酒一瓶，常服，终身不发。　喉痹乳蛾：虾蟆衣、凤尾草擂烂，入霜梅肉煮酒，各少许。再研绞汁，以鹅翎刷患处，随手吐痰，即消。　目赤作痛：车前草自然汁调朴硝末，卧时涂眼胞上，次早洗去。　小儿目痛：车前草汁和竹沥点之。　目中微翳：车前叶、枸杞叶等分，手中揉汁出，以桑叶两重裹之，悬阴处一夜，破桑叶取点，不过三五度。

典故。欧阳公常得暴下病，国医不能治，夫人买市人药一帖进之而愈。力叩其方，则车前子一味为末，米饮服二钱匕，云此药利水道而不动气，水道利则清浊分，而谷藏自正矣。

丽藻。诗：开州五月车前子，作药人皆道有神。惭愧文君怜病眼，三千里外寄闲人。

茵陈蒿，生泰山及丘陵坡岸上。近道亦生，不如泰山者佳。初生苗高三五寸，叶似青蒿而紧细，背白，经冬不死，更因旧苗而生，故名茵陈。五月、七月采茎叶阴干。性苦，平，微寒，无毒。治风湿寒热，邪气热结，黄疸，小便不利。江南所用者，茎叶皆似家茵陈而大，高三四尺，气极芬香，味甘辛。吴中所用乃石香菜也，叶至细，色黄，味辛，甚香烈，性温，若误作解脾药服，大令人烦。

制用。蒌蒿菜：蒌蒿即茵陈嫩苗，以沸汤瀹过，浸于浆水，则成齑。如以清水或石灰水、矾水拔之，去其猛气，晒干，可留制食腌焙，干极香美。蒌蒿根腌，晒干，或仍蒸晒，皆可。

附录。山茵陈：二月生苗。其茎如艾，叶如淡青蒿，皆白。叶歧紧细而匾整。九月开细黄花，结实大如艾子。亦有无花实者。

疗治。大热黄疸，伤寒头痛，风热瘴疟：茵陈细切，煮羹食。生食亦宜。 遍身风痒生疮疥：茵陈煮汁洗，立瘥。 疬疡风：茵陈蒿两握，水一斗五升，煮取七升。先以皂荚汤洗，次以此汤洗之，冷更作。隔日一洗，不然恐痛也。 风疾挛急：茵陈蒿一斤，秫米一石，曲三升，和匀，如常法酿酒服。 痛黄如金，好眠吐涎：茵陈蒿、白藓皮等分，水二钟煎服，日二。 遍身黄疸：茵陈蒿一把，同生姜一块捣烂，于胸前、四肢日日擦之。 男子酒疸：用茵陈蒿四根，栀子七个，大田螺一个连壳捣烂，以百沸白酒一大盏冲汁饮之。 眼热赤肿：山茵陈、车前子等分，煎汤，调茶调散服数服。 小儿痘疮发痒：茵陈烧烟熏之，良。

丽藻。诗七言：黄蒿古城云不开。杜子美。 坐来薜荔时添润，齐罢茵陈尚送香。王元美。 不许龙泉放白毫，此来非是浪登高。迷邦未许餐山蕨，出塞何妨烹野蒿。愧乏三长书史册，谁将一割试铅刀？边台明月春风好，驽马生憎恋旧槽。黄正色。

蒲公英，一名金簪花，一名紫花地丁，一名黄花地丁，一名耩耨草，一名蒲公罂，一名凫公英，一名白鼓丁，一名耳瘢草，一名狗乳草。处处有之，亦四时常有。小科布地，四散而生。茎、叶、花、絮并似苦苣，但差小耳。叶有细刺，中心抽一茎，高三四寸，中空。茎叶断之皆有白汁。茎端出一花，色黄如金钱。嫩苗可生食。花罢成絮，因风飞扬，落湿地即生。二月采花，三月采根。有紫花者名大丁草。甘，平，无毒。解食毒，化滞气，散热毒，消恶肿、结核、丁肿，乌须发，壮筋骨。白汁涂恶刺、狐尿刺疮，即愈。

制用。蒲公英四时皆有，惟极寒时小而可用，采之炸熟食。《野菜谱》。

疗治。还少丹：昔日越王遇异人，得此方，能固齿，壮筋骨，生肾水。凡年未及八十者服之，须发返黑，齿落更生；年少服之，至老不衰。得遇此者，宿有仙缘，当珍重之。蒲公英连根叶取一斤，洗净，勿令见天日，晾干。斗子解盐一两，香附子五钱，二味为细末，入蒲公草淹一宿，分为二十团，皮纸裹三四层，六一泥如法固济，（皂）〔灶〕①内焙干，武火煅，通红为度。冷定取出，去泥，为末。早晚擦牙漱之，吐咽任便，久久妙。 乳痈红肿：蒲公英一两，忍冬藤二两，捣烂，水二钟，煎（二）〔一〕②钟，食前服，睡觉即消。 疳疮疔毒：蒲公英捣烂敷之。别更捣汁，和酒煎服，取汗。 多年恶疮及蛇螫肿痛：蒲公英捣烂贴之。

典故。孙思邈云：曾夜以手触庭树，痛不可忍。经十日，痛日深，疮日大，色如熟小豆。以大丁草白汁涂之，随手愈，未十日平复如故。《千金方》。

---

① 皂，应作"灶"。"四库全书"《本草纲目》卷二七《菜之二·蒲公英》附方引《瑞竹堂方》作"灶"。

② 二，应作"一"。"四库全书"《本草纲目》卷二七《菜之二·蒲公英》附方引《积德堂方》作"一"。

灯心草，一名虎须草，一名碧玉草。生江南泽地，陕西亦有。丛生。茎圆细而长直，即龙须之类，但龙须紧小，瓤实，此草稍粗，瓤虚白。性甘，寒，无毒。泻肺，治阴窍涩不利，行水，除水肿癃闭，降心火，止血，通气，止渴，散肿。吴人莳之，取瓤为炷，以草织席及蓑，外丹家用以伏硫砂。

制用。蒸熟，待干，折其瓤，是谓熟草，可然灯。不蒸，生剥为草，可入药。灯心最难研，以粳米粉浆染过，晒干，研末，入水澄之，浮者是灯心，晒干用。

疗治。五淋：败席煮服，良。　急喉痹：烧灰吹之，捷效。　小儿夜啼：烧灰涂（孔）〔乳〕上饲儿，即止。　阴疳：灰入轻粉、麝香擦。　破伤出血：灯草嚼烂傅之，立止。　衄血不止：灯心一两为末，入丹砂一钱，米饮每服二钱。　喉风痹塞：用灯心一握，阴阳瓦烧存性，炒盐一匙，每吹一捻，数次立愈。一方：用灯心灰二钱，蓬砂末一钱，吹之。又：灯草、红花烧灰，酒服一钱，即消。　痘疮烦喘，小便不利：灯心一把，鳖甲二两，水一升半，煎六合，分二服。　夜不睡：灯草煎汤代茶渴饮。　通利水道，天一丸：白飞霞制，大段小儿生理向上，本天一生水之妙，以水道通利为捷径也。灯心十斤，研取粉，晒干，二两五钱，赤白茯苓二两，泽泻三两，人参一斤切熬膏，和药丸如龙眼大，朱砂为衣。每用一丸，随病换引。　湿热黄疸：灯草根四两，酒水各半，入瓶内煮半日，露一夜，温服。

凤尾草，柔茎青色，叶长寸余，附茎对生，每边各七八叶相连。本宽以渐而狭，顶尖。叶边亦有小尖，俨如凤尾。喜阴，春雨时移栽，见日则瘁。

酸浆草，一名醋浆，一名苦耽，一名苦葴，葴，音针。一名灯笼草，一名皮弁草，一名王母珠，一名洛神珠，即今所称红姑娘也。酸浆、醋浆，以子之味名也。灯笼、皮弁，以壳之形名也。苦耽、苦葴，以苗之味名也。王母、洛神珠，以子之形名也。所在有之，惟川陕者最大。苗如天茄子，高三四尺。叶嫩时可食。四五月开小白花，结薄青壳，熟则红黄色。壳中实大如龙眼，生青，熟则深红。实中复有细子，如落苏之子，食之有青草气，小儿喜食之。性苦，寒，无毒。治内热烦满、黄病、大小便涩、骨热咳嗽、小儿无辜疬子、寒热、大腹，杀虫，去蛊毒，煮汁或生捣汁服。其实，产难吞之立产，能落胎，孕妇忌。研膏傅小儿闪癖。

辨讹。世有以龙葵为酸浆者，不知二物苗叶虽同，但龙葵茎光无毛，五月入秋开小白花，五出，黄蕊，结子五六颗，多者十余颗，累累下垂，无壳有盖，蒂长一二分，生青，熟紫黑。酸浆同时开小花，黄白色，紫心白蕊，花如杯，无瓣，有五尖，结一壳，含五棱，一枝一颗，下悬如灯笼状，壳中子一颗。以此分别，便自明白。

疗治。热咳咽痛：酸浆草为末，白汤服，仍以醋调敷喉外。　喉疮作痛：酸浆草炒焦，研末，酒调服之。　灸疮不发：酸浆叶贴之。　三焦肠胃热，妇人胎热难产：酸浆实五两，茺实三两，马蔺子炒、大盐榆白皮炒二两，柴胡、黄芩、栝楼各一两，为末，炼蜜丸桐子大。每服三十丸，木香汤下。　天泡湿疮：酸浆实壳生捣敷。或为末，油调敷。

三叶酸，一名酸浆草，一名三角酸，一名雀儿酸，一名酸啾啾，一名酸母，一名酸箕，一名鸠酸，一名小酸茅，一名雀林草，一名赤孙施。苗高一二寸，极易繁衍。丛生道旁阴湿处。一茎三叶，如浮萍两片，至晚自合帖如一。四月开小黄花，结小角，长一二分，中有黑实，至冬不凋。嫩时小儿喜食，用揩瑜石器，白如银。食之解热渴。捣傅治恶疮痒瘘及汤火伤、蛇虺伤，煎汤洗痔痛脱肛，甚效。

疗治。小便血淋：酸草捣汁，煎五苓散服。　诸淋赤痛：三叶酸浆草洗研，取自然汁一合，酒一合，和匀，空心温服，立通。　二便不通：酸草一大把，车前草一握，捣汁，入沙糖一钱，调服一盏，不通再服。　赤白带下：三叶酸草阴干，为末。空心温酒服三钱匕。　痔疮出血：雀林草一大握，水二升，煮一升服，日三，效。　癣疮作痒：酸母草擦之数次，愈。　蛇虺螫伤：醋草捣敷。　牙齿肿痛：酸浆草一把洗净，川椒四十九粒去目，同捣烂，绢片裹定如箸大，切成豆粒大。每以一块塞痛处，即止。

兔丝， 一名兔缕，一名兔蘽，一名兔芦，一名兔丘，一名女萝，在草曰兔丝，在木曰女萝。一名赤网，一名玉女，一名唐蒙，一名火焰草，一名野狐丝，一名金线草。蔓生。处处有之，以冤（司）〔句〕① 者为胜。生怀孟及黑豆上者入药更良。夏生苗，色红黄如金，细丝遍地，不能自起，得草梗则缠绕而生。其子入地，初生在根，及长延草物，其根自断。无叶，有花，白色微红，香亦袭人。结实如秕豆而细，色黄，生于梗上。味辛、甘、平，无毒。主续绝伤，补不足，坚筋骨，添精益髓，养肌强阴，去腰痛膝冷，泻精尿血，溺有余沥。久服去面皯，悦颜色。

修治。温水淘去沙泥，酒浸一宿，曝干，捣之。不尽者再浸、曝、捣，须臾悉细。又法：酒浸四五日，蒸晒四五次，研作饼，焙干，再研末。或云：曝干，入纸条数枚同捣，即刻成粉，且省力，不粘。

辨讹。勿使天碧草子，真相似，味酸涩。

服食。《抱朴子》仙方：兔丝子一斗，酒一斗浸，曝干，再浸，又曝，酒尽乃止。捣筛，为末。每酒服一钱，日二。治腰膝，去风，明目。久服令人光泽，老变为少，十日外饮啖如汤沃雪。

疗治。消渴：兔丝子煎汁，任意饮，以止为度。　阳气虚损：兔丝子、熟地黄等分，为末，酒和丸梧子大。每服五十丸，气虚人参汤下，气逆木香汤下。　固阳：兔丝子二两，酒浸十日，水淘净。杜仲一两，蜜炙。俱焙研，薯蓣末酒煮，糊丸梧子大。每空心酒下五十丸。　思虑太过，心肾虚损，真阳不固，渐有遗沥，小便白浊，梦寐频泄：兔丝子五两，白茯苓三两，石莲肉二两，为末，酒糊丸梧子大。每服三五十丸②，空心盐汤下。　小便淋沥：兔丝子煮汁饮。　小便赤浊，心肾不足，精少血燥，口干烦热，头晕怔忡：兔丝子、麦门冬等分，为末，蜜丸梧子大。盐汤每下七十丸。　腰膝疼痛，或顽麻无力：兔丝子洗一两，牛膝一两，同入银器内，酒浸一寸五分，曝，为末，将原酒煮糊丸梧子大。每空心酒服二三十丸。　肝伤目暗：兔丝子三两，酒浸三日，曝干，为末，鸡子白和丸梧子大。空心温酒下三十丸。　身面卒肿：兔丝子一升，酒五升渍二三宿。每饮一升，日三服，不消再造。　妇人横生：兔丝子末，酒服

---

① 司，应作"句"。"四库全书"《佩文斋广群芳谱》卷九八《药谱·兔丝》作"句"。冤句为古县名，故城在今山东菏泽市西南。

② 丸，底本缺，据"四库全书"《本草纲目》卷一八上《草之七·菟丝子》附方引《和剂局方》补。

二钱。一加车前子等分①。　　眉炼癣疮：兔丝子炒研，油调傅。　　谷道赤痛：兔丝子熬黄黑，为末，鸡子白和涂之。　　痔如虫咬：方同上。　　面疮粉刺：兔丝苗绞汁涂，不过三上。　　小儿头疮：兔丝苗煮汤频洗。

丽藻。散语：茑与女萝，施于松柏。《诗》。　　诗五言：兔丝及水萍，所寄终不移。江海。　　兔丝附蓬麻，引蔓故不长。　　兔丝固无情，随风任倾倒。谁使女萝枝，而来强萦抱。李太白。　　人生莫依倚，依倚事不成。君看兔丝蔓，依倚荆与榛。荆榛易蒙密，百鸟撩乱鸣。下有狐兔窟，奔走亦纵横。樵童斫将去，柔蔓与之并。翳荟生可耻，束缚死无名。桂树月中出，珊瑚石上生。俊鹘度海食，应龙升天行。灵物本特达，不复相缠萦。缠萦竟何者，荆棘与飞茎。元微之。　　君为女萝草，妾作兔丝花。轻条不自引，为逐春风斜。百丈托远松，缠绵成一家。谁言会面易，各在青山崖。女萝发馨香，兔丝断人肠。枝枝相纠结，叶叶竞飘扬。生子不知根，因谁共芬芳。中巢双翡翠，上宿紫鸳鸯。若识二草心，海潮亦可量。白乐天。

屋游，一名瓦衣，一名瓦苔，一名瓦藓，一名博邪，一名昨叶，一名兰香。此瓦屋上苔衣也，生久屋之瓦，木气泄则生，其长数寸。叶圆而肥嫩，长寸余，顶生小白花，名瓦松。甘、寒，无毒。治浮热在皮肤，往来寒热，时气烦闷，小儿痫热。

疗治。鼻衄：研末，新汲水调服二钱。　　热毒，牙龈宣露：煎水，入盐漱。　　犬咬：为末按之即止。

苔，一名绿苔，一名品藻，一名品萡，以形如品字也。萡，音池。一名泽葵，一名绿钱，一名重钱，一名圆藓，一名垢草。空庭幽室，阴翳无人行，则生苔藓。色既青翠，气复幽香，花钵拳峰，颇堪清赏。欲石上生苔，以荚泥、马粪和匀，涂润湿处，不久即生。

附录。水苔：一名石发，一名石衣，一名水衣，一名薄。生石上，色青绿，蒙茸如发。初生嫩者，择去虫石，以石压干，入盐、油、酱、姜、椒切、韭芽同拌食。亦可油酱炒食。　　海藻一名海苔。在屋曰昔邪，在墙曰墙衣。

典故。张华撰《博物志》进武帝。帝嫌烦，令削之，赐侧理纸。王子年云：侧理，陟厘也，以水苔为之，后人讹为侧理。蔓金苔出祖黎国，大如鸡卵，色如金，若萤火之聚，投之水中，蔓延波澜上，如火。晋元帝时贡自外国。宫人被幸者，赐之，置漆盘中，光照满室。又名夜月苔。　　石崇砌上，就苔藓刻百花，饰以金玉，曰："壶中之景，不过如是。"　　宋王徽，太保弘之弟也。辞江湛之，举足不逾阃十余载，栖迟环堵，苔草没阶。　　侯景围台城既急，时甘露厨中所有干苔，悉分给军士。　　倪元镇阁前置梧石，日令人洗拭。及苔藓盈庭，不容水迹，绿蓐可爱。每遇坠叶，令童子以针掇杖头挑出，不使点坏。　　王彦章葺园亭，叠坛种花，急欲苔藓少助野意，而经年不生。顾弟子曰："叵耐这绿拗儿！"　　鞠国在拔野古东北五百里。六日行至其国，有树无草，但有苔。　　陈思王初丧，应刘端忧多暇。绿苔生阁，芳尘凝榭。

丽藻。散语：华殿尘兮玉阶苔。班婕好。　　待来竟不来，落花寂寂委青苔。　　赋：肃兮若远山之松柏，泛兮若平郊之烟雾。春澹荡兮景物华，承芳卉兮藉落花。莫不文石兮

镂瓦，碧地兮青阶。别生分类，西京南越，则乌韭兮绿钱，金苔兮石发。杨炯。 若夫桂洲含润，松崖秘液。绕江曲之寒沙，抱岩幽之吉石。泛萦塘而积翠，萦修树而凝碧。契山客之寄情，谐野人之妙适。及其瑶房有寂，琼室无光。菲微君子之砌，蔓延君侯之堂。引浮青而泛露，散轻绿而承霜。起金钿之旧感，惊玉箸之新行。若夫弱质绵幂，纤滋布护。措形不用之境，托迹无人之路。望夷险而齐归，在高深而委遇。惟爱惜之未染，何悲欢之诡赴？宜其背阳就阴，违喧处静，不根不蒂，无迹无影。耻桃李之暂芳，笑兰桂之非永。故顺时而不竞，每乘幽而自整。王勃。 诗五言：苍苔依砌土。谢玄晖。 苔痕上阶绿。刘禹锡。 青苔倚空墙。张景阳。 虫书玉佩藓。 归休步紫苔。 苔移玉座春。 苔竹素所好。 苔藓山门古。 门前迟行迹，一一生绿苔。 上有堕泪碑，青苔久磨灭。 陈公读书台，石柱久青苔。 兴来无洒扫，随意坐莓苔。 雨抛金锁甲，苔卧绿沉枪。 前佛不复见，百身一莓苔。俱杜子美。 苔色生衣袂，潮痕上井栏。李嘉祐。 石苔凌几杖，空翠扑肌肤。 石画妆苔色，风梭织水纹。上官昭容。 空山不见人，但闻人语响。返景入深林，复照青苔上。王维。 塌地坐弹棋，注酒莓苔上。 水际暗香来，怕是桃花涨。康对山。康公名海，武功人。状元。 礼法非吾设，疏狂任世猜。池幽属玉喜，堂小郁金开。时看群儿戏，或邀邻叟来。宛然在深谷，随意步莓苔。于念东。 一雨生无蒂，孤茵湿欲寒。被阶藏石瘦，席径受花安。易作夤缘想，难拈空色看。纹全如侧理，有意鸟书残。 研上碧于染，鬖髿满绿钱。根微踏未断，丝细势相联。每向重阴合，偏逢雨过鲜。绵绵缘阁上，漠漠没阶前。滋石随潮长，浮查逐脉纤。江淹曾有赋，无用总堪怜。俱前人。 七言：石田茅屋荒苍苔。杜子美。 辇路青苔雨后深。杨后。 青苔雨后深红点。欧阳文忠。 斫竹穿花破绿苔。苏东坡。 莫厌潇湘少人处，水多菰米岸莓苔。杜牧。 苍苔浊酒林中静，碧水春风野外昏。杜子美。 可怜此地无车马，颠倒青苔落绛英。 闲花落地滋苔径，细雨和烟着柳枝。 澄溪雨过苔还净，深树云来鸟不知。 闲窗雨过苔花润，小簟风来薜叶凉。陆龟蒙。 飞觞倒入冰壶影，访迹徐披石鼓苔。王凤洲。 春青秋紫绕池台，个个圆如济世财。雨后无端满穷巷，买花不得买愁来。郑谷。 鸡人一唱漏声催，晓起临妆候驾来。待到玉阶明月上，寂寥花影过苍苔。车大任。 落花时节点苍苔，深掩重门昼不开。蝴蝶不知春已去，又随飞絮过墙来。朱静庵女郎。 深宫一入锁天台，漠漠春云覆紫苔。人在桃花千树里，年年惟有燕飞来。屠纬真。屠公名隆，郑县人。礼部郎中。因君日日苦萦怀，走讯春愁破碧苔。日午扣帘妆未罢，可知清梦昨宵来。 绿树重重烟半开，碎绵飞绕遍青苔。春风自是多情致，可得吹君入梦来。俱俞君宣。俞公名琬纶，长洲县人。进士。知县。 寂历空庭缀绮钱，缘阶依砌更蝉连。长门底是生金辇，芳径无从认翠钿。宜藉落花相掩映，肯教新草独芊眠。违喧只合幽人侣，怪得江淹怨思偏。 瑶砌琼铺紫翠匀，高台曲榭净无尘。停云斐亹没阶绿，经雨葳蕤涩浪新。侧理成时无汗简，文茵烂处绝车轮。径开二仲逢迎少，镇日荒荒覆碧筠。 点地斑斑积翠平，年年和草玉阶生。石家砌上镂春卉，晋帝宫中号夜明。乍讶绿筠经雨长，不因白露减秋清。坐时随意妨行滑，几日空庭断屐声。俱徐茂吴。 杖头不挂古苔钱，每趁渔人一放船。分韵谁裁蔬笋句，行觞有政绿醽旋。水禽明促乌乌语，海月凝妆袅袅莲。安得元晖工画手，淡皴浓泼写涛笺。王用晦。

二如亭群芳谱

鹤鱼谱小序

鹤，羽禽也。鱼，鳞虫也。于群芳何与？然而羽衣蹁跹，锦鳞游泳，一段活泼之趣，亦足窥化机之一班，动护惜之一念，书窗外间一寓目，何减万绿一红动人春色？夫闻野闻天，在渊在渚，诗人与园檀园谷，并侈咏歌，安见鹤与鱼不可偶群芳也？作鹤鱼谱。

济南王象晋荩臣甫题

二如亭群芳谱

鹤鱼谱首简

相鹤经 <small>淮南八公</small>

鹤，阳鸟也。因金气、依火精以自养。金数九，火数七，七年小变，十六年大变，百六十年变止，千六百年形定。体尚洁，故色白；声闻天，故头赤；食于水，故喙长；轩于前，故后指短；栖于陆，故足高而尾雕；翔于云，故毛丰而肉疏。大喉以吐故，修头以纳新，故寿不可量，所以体无青、黄二色者；木土之气内养，故不表于外。鹤之上相，瘦头朱顶，露眼玄睛，高鼻短喙，髀颏毵耳，<small>髀，故解反。毵，德宅反。</small>长颈促身，燕膺凤翼，龟背鳖腹，轩前垂后，高胫粗节，洪髀纤指。此相之备者也。鸣则闻于天，飞则一举千里。二年落子毛，易黑点。三年产伏。复七年羽翮具，复七年飞薄云汉，复七年舞应节，复七年昼夜十二时鸣中律。复百六十年不食生物，腹大毛落，茸毛生，雪白或纯黑，泥水不污。复百六十年雄雌相视，目睛不转而孕。千六百年后饮而不食。鸾凤同为群。圣人在位，则与凤皇翔于甸。

又

鹤不难相，人必清于鹤而后可以相鹤。夫顶丹颈碧，毛羽莹洁，胫纤而修，身耸而正，足瘤而节高，颇类不食烟火人，乃可谓之鹤。望之如雁鹜鹅鹳，然斯下矣。养以屋，必近水竹。给以料，必备鱼稻。蓄以笼，饲以熟食，则尘浊而乏精采，岂鹤俗也？人俗之耳。欲教以舞，俟其馁，置食于阔远处，拊掌诱之，则奋翼而鸣，若舞状。久则闻拊掌必起，此食化也，岂若仙家和气自然之感召哉！

养鱼经

尝怪金鱼之色相变幻，遍考鱼部，即《山海经》《异物志》亦不载。读《子虚赋》有曰"网玳瑁、紫贝"，及《鱼藻》同置五色文鱼，固知其色相自来本异，而金鱼特总名也。惟人好尚与时变迁，初尚纯红、纯白，继尚金盔、金鞍、锦被及印红头、裹头红、连鳃红、首尾红、鹤顶红、若八卦、若骰色，继尚黑眼、雪眼、珠眼、紫眼、玛瑙眼、琥珀眼、四红至十二红、二六红，甚有所谓十二白，及堆金砌玉、落花流水、隔断红尘、莲台八瓣，种种不一，总之随意命名，从无定颜者也。至花鱼，俗子目为癞，不知神品都出是花鱼，将来变幻可胜记哉！而红头种类，竟属庸板矣。第眼虽贵于红凸，然必泥此，无全鱼矣。乃红忌黄，白忌蜡，又不可不鉴，如蓝鱼、水晶鱼，自是陂塘中物，知鱼者所不道也。若三尾、四尾、品尾，原系一种，体材近滞，而色都鲜艳，可当具品。第金管、银管，广陵、新都、姑苏竞珍之。夫鱼，一虫类，而好尚每异，世风之华实，兹非一验与？

二如亭群芳谱鹤鱼部卷全

济南　王象晋荩臣甫　纂辑
松江　陈继儒仲醇甫
虞山　毛凤苞子晋甫　同较
宁波　姚元台子云甫
济南　男王与龄、孙士禛、曾孙系煇　诠次

鹤鱼谱

鹤，仙人之骐骥也。一说：鹤，曜也，其羽白色曜曜然也。一名仙客，一名胎仙。阳鸟而游于阴，行必依洲渚，止不集林木，秉金气、依火精以生。有白者，有玄者，有黄者，有苍者，有灰者，总共数色。首至尾长三尺，首至足高三尺余，喙碧绿色，长四寸。丹顶赤目，赤颊青脚，修颈高足，粗膝凋尾，皓衣玄裳。颈有黑带，雌雄相随，如道士步斗之状，履迹而孕。又曰：雄鸣上风，雌鸣下风，声交而孕，岁生数卵。四月雌鹤伏卵，雄往来为卫，见雌起则啄之，见人窥其卵则啄破而弃之。常以夜半鸣，声唳霄汉。雏鹤三年顶赤，七年翻具，十年十二时鸣，三十年鸣中律，舞应节。六十年丛毛生，泥不能污。一百六十年，雌雄相视而孕。一千六百年，形始定，饮而不食，乃胎生。大喉以吐，故长颈以纳新，能运任脉，无死气于中，故多寿。一曰鹤为露禽，逢白露降，鸣而相警。即驯养于家者，亦多飞去。相鹤之法，隆鼻短口则少眠，高脚疏节则多力，露眼赤睛则视远，回翎亚膺则体轻，凤翼雀尾则善飞，龟背鳖腹则能产，轻前重后则善舞，洪髀纤指则能行，羽毛皓洁，举则高至，鸣则远闻。鹤以扬州吕四场者为佳，其声较他产者更觉清亮，举止耸秀，别有一番庄雅之态。别鹤胫黑鱼鳞纹，吕四产者绿色龟纹，相传为吕仙遗种。

附录。鹤子草：当夏开花，形如飞鹤，嘴翅尾足，无所不备。出南海，云是媚草，有双虫生蔓间，食其叶，久则蜕而为蝶，赤黄色。女子佩之，号为媚蝶，能致其夫怜爱。《草木状》。

疗治。鹤卵，煮一枚与小儿食，预解痘毒，多者令少，少者不出。《活幼全书》。　鹤骨酥炙，入滋补药。　胫骨为笛，声甚清越。　脮中砂石子磨水服，解蛊毒邪气。《嘉祐集》。

典故。鹤千岁集于偃盖松。《六帖》。　千岁之鹤能登木，未千岁者终不集树。《抱朴子》。　白鹤知夜半。鹤，水鸟也，夜半水位，感其时则喜而鸣。《春秋繁露》。　青田有白鹤，年年来伏雏，精白可爱，世谓神仙所养。《永嘉志》。　辽东华表，有鹤止其上鸣，曰："有鸟有鸟丁令威，去家千年今始归，城郭虽故人民非。"　周穆王时，涂修国献丹鹤，一雌一雄。饲以汉高之粟，饮以溶溪之水，唼以太湖之萍。唼，音匝。《拾遗记》。　周穆王南征，一军尽化，君子为鹤为猿。《抱朴子》。 周灵王太子晋好吹笙，作凤鸣，上嵩山。三十年七月七日乘白鹤于缑氏山头，举手谢时人，后数日去。《列仙传》。 闵公二年，狄人伐卫。卫懿公好鹤，今大名府有鹤城，即懿公养鹤处。有乘轩者。将战，国人受甲者皆曰："使鹤！鹤实有禄位，子焉能战？"《左传》。 师旷援琴而鼓，一奏之有玄鹤集于郭门，再奏之延颈而鸣，舒翼而舞。《史记》。 诏曰："朕郊见上帝巡于北边，见群鹤留止，光景并见。其赦天下。"《汉书》。 汉章帝至岱宗，柴望毕，曰："鹤三十从西南来，立坛下。"《东观汉记》。 晋陆机有异材。成都王颖假机大都督讨长沙王乂，败绩，被收。机神色自若，叹曰："华亭鹤唳，岂可复闻乎？"遂遇害。 湘东王修竹林堂，新杨①太守郑裒送雄鹤于堂。其雌者尚在裒宅，霜天夜月，无日不鸣，商旅江津，闻者堕泪。时有野鹤飞赴堂中，驱之不去，即裒之雌也。交颈、颉颃、抚翼，闻奏钟磬，翻然共舞，婉转低昂，妙契弦节。 临江乡有南翔寺。初，寺基出片石，方径丈余，常有二白鹤飞集其上，人皆以为异。有僧号齐法师者，谓此地可立伽蓝，即鸠财募众，不日而成，因聚徒居焉。二鹤之飞，或自东来，必有东人施财；自西来，则施者亦自西至。其他皆随方而应，无一不验。久之，鹤去不返。僧号泣甚切，忽于石上得一诗，曰："白鹤南翔去不归，惟留真迹在名基。可怜后代空王子，不绝薰脩享二时。"因名其寺曰南翔。《昆山县志》。 支公好鹤，住剡东岇山。有人遗其双鹤，少时翅长欲飞。支意惜之，乃铩其翮。鹤轩翥不复能飞，乃反顾翅，垂头视之，如有懊丧意。林曰："既有凌霄之姿，何肯为人作耳目之玩！"养令翮成，置使飞去。 桓闿事陶弘景，辛勤十余年。一旦有二青童白鹤自空而下，集庭中。桓服天衣，乘白鹤升天而去。《广志》。 隋炀帝东京成，诏定舆服羽衣，课州县送羽毛。时乌程有树，高百尺，鹤巢其上。百姓欲取鹤羽，乃伐树根。鹤恐杀其子，遂自拔鬐毛投地。呜呼！《四月》之雅曰："匪鹑匪鸢，翰飞戾天。"至此，虽戾天之鸢，亦无所逃矣。 太康二年冬，大寒。南州人见二白鹤于桥下曰："今兹寒不减，尧崩年。"言毕，并飞去。《异苑》。 唐张九龄母梦九鹤自天而下，集于庭，遂生九龄。后为宰相。 宋杨大年初生，母梦羽人，自言武夷仙君托化。既生，乃一鹤雏。弃之江，追视之，则鹤蜕，而婴儿具焉，体尚有毛，其长盈尺，经月乃落。 苏仙君名耽，桂阳人。有白鹤数十降于门，遂骑鹤升云而去。后有白鹤集郡城楼上，或挟弹弹之，鹤以爪攫楼板，攫，音角。书云："城郭是，人民非，三百甲子一来归，吾是苏仙君，君弹我何为？"《神仙传》。 唐韦嗣立宅后林木邃密，有黄鹤一双潜于宅左，每有喜庆事，必先期盘翔。《清异录》。 茅君盈留句曲山，一日告三弟曰："吾去有局任，不得数相往来。"父老歌曰："三神乘白鹤，各在一山头。白鹤翔金穴，何时复来游？"《茅君内传》。 太和中，长安慈恩寺有一美人，从数青衣夜游，题诗曰："黄子陂头好月明，强踏华亭到晓行。烟收山色翠黛横，折得荷花远恨生。"俄，僧将烛之，化为白鹤飞去。《河东记》。 李卫公游嵩山，闻呻吟声，乃一病鹤。见李，作人言曰："我被樵者伤脚，得人血则愈，但人血不易得。"乃拔眼睫毛，曰："持此照之，即知矣。"李公自照，乃马头也。至路中，所遇皆非全人，或犬、鼋、驴、马之类，惟一老翁是人。以鹤故告翁，针臂出血。公受之，往濡鹤伤处。

① 杨，"四库全书"［明］董斯张《广博物志》卷四四《鸟兽一》引《渚宫故事》作"阳"。

鹤谢曰："公即为宰相。后当鹤升。"语毕，冲天而去。　固州司马裴沉于郑州道左见病鹤呻吟。有老人曰："得三世人血涂之，则能飞矣。惟洛中葫芦生三世人也。"裴访生，授针刺臂，得血涂之，遂飞去。　哈参行，遇玄鹤被伤，乃收养之。既愈，放去。一夜，雌雄皆衔明珠以报。《搜神记》。　荀环好道术，事母至孝，潜栖却粒。尝游江夏黄鹤楼，望西南一物飘然降自霄汉。俄至，乃驾鹤仙也。就席，羽衣虹裳，相与款对。已乃辞去，跨鹤腾空，眇然烟灭。《述异记》。　卫济川养六鹤，日以粥饭啖之，三年识字。济川检书，皆使鹤衔取之，无差。《记事珠》。　晁采畜一白鹤，名素素。一日，雨中忽忆其夫，试谓鹤曰："昔王母青鸾，绍兰燕子，皆能寄书达远，汝独不能乎？"鹤延颈向采，若受命状。采即援笔直书三绝，系于其足，竟致其夫，寻即归。　某挥使有女病瘵，尪然待尽，出叩蓬头。蓬头曰："与我寝处一宵，尚何病哉？"挥使大怒，欲掴其面。细君屏后趋出止之，谓挥使曰："神仙救人，终不以淫欲为事。倘能起病，何惜其躯？"遂许诺。其夜，蓬头命选壮健妇女四人，抱病者而寝，自运真阳，逼热病体，众见痨虫无数飞出，用扇扑去。黎明，辅以汤药饮食，痼疾顿除，一家惊喜愧谢。遂还西川鹤鸣观，乘石鹤而去。先是观前旧有两石鹤，不知何代物也。蓬头乘其雄者上升。其雌者中夜悲啼，土人惊怪，争来击落其喙，至今无喙石鹤一只存焉。　山阴祝瀚，字惟容，为南昌知府，廉明有威，听决无滞。时逆濠渐炽，戕民黩货。瀚屡裁抑之，郡人赖以稍安。王府有鹤带牌者，纵于道，民家犬噬之。濠牒府，欲捕民抵罪，倾夺其资。瀚批牒曰："鹤虽带牌，犬不识字。禽兽相争，何预人事？"濠卒不能逞。世颇传批鹤带牌语，以为奇，而未知其为瀚也。　予山中，徐德夫送一鹤至。已受所，张公复送一鹤配之。每欲作诗咏其事，偶读皇甫湜《鹤处鸡群赋》，遂为阁笔。其中有句云："同李陵之入胡，满目异类；似屈原之在楚，众人皆醉。惨淡无色，低徊不平，每戒比之匪人，常耻独为君子。"陈眉公。　元藏机有驯鸟三，类黄鹤，时翔空中，呼之立至，能授人语，常航海飘至一岛。岛人曰："此沧州产也。"分蒂瓜长二尺，碧枣、丹栗大如梨。池中有四足鱼、金莲花，妇人采为首饰，曰："不戴金莲花，不得在仙家。"　昔刘渊材迂阔，尝蓄两鹤。客至，夸曰："此仙禽也。凡鸟卵生，此独胎生。"语未毕，园丁报曰："鹤夜生一卵。"渊材呵曰："敢谤鹤耶！"未几，鹤展颈伏地，复诞一卵。渊材叹曰："鹤亦败道。吾乃为禹锡佳话所误。"　陈州倅卢某畜二鹤，甚驯。一创死，一哀鸣不食。卢勉饲之，乃就食。一旦，鸣绕卢侧。卢曰："尔欲去耶？有天可飞，有林可栖，不尔羁也。"鹤振翮云际，数四回翔，乃去。卢老无子，后归卧黄溥溪上，晚秋萧索，曳杖林间。忽一鹤盘空，鸣声凄断。卢仰祝曰："非我陈州侣耶？"即当下，鹤竟投怀中，牵衣旋舞不释。卢泣曰："我老，无血胤，形悲影吊尔。幸留，当如孤山逋老，共此残年。"遂引归，为写《溪塘泣鹤图》，中绘己像，置鹤其傍。后卢殁，鹤亦不食死。家人瘗之墓左。

丽藻。散语：鸣鹤在阴，其子和之。《易》。　鹤鸣于九皋，声闻于天。《诗》。　鹤喜阴而恶阳。《禽经》。　王乔抱鹤以冲天。《天台赋》。　黄鹤之飞尚不得过，猿猱欲度愁攀援。　叠霜毛而弄影，振玉羽而临霞。朝戏乎芝田，夕饮乎瑶池。　宁作野中之双凫，不愿云间之别鹤。鲍照。　纷纵体而迅赴，若惊鹤之群罴。《西京赋》。　夫黄鹤一举千里，集君华池，啄君稻粱，君犹贵之，以其从来远也。《韩诗外传》。　鹤，羽族灵也，而变小大不同。金九火也，而变生焉，七年一小变，十六年再变，百六年大变，千年变苍，二千年变黑，所谓玄鹤也。变极而与圣人同隐显灵，其至矣。杨子。 赋：白鸟朱冠，鼓翼河干。举修距而跃跃，奋皓翅之翄翄。翄，音安。宛回颈而顾步，啄沙碛而相欢。岂忘赤霄之上，忽池籞而盘桓。饮清流而不举，食稻粱而未安。故知野禽野性，未脱笯樊，赖吾王之广爱，虽禽鸟兮抱恩。方腾骧而鸣舞，凭朱槛而翩跹。路乔如。 昏气夜歇，景物澄廓。星翻汉回，晓月将落。感寒鸡之早晨，怜霜雁之远漠。惊临风之潇条，对流光之照灼。唳清响于丹墀，舞飞容于金阙。始连轩以凤跄，终宛转而龙跃。蹢躅徘徊，振迅腾跃。惊身蓬集，矫翅雪飞。将兴中止，若往而归。飒沓矜顾，迁延迟暮。指会规翔，临期矩步。态有遗妍，貌无停趣。奔机逗节，角睐分形。长扬缓鹜，并翅连声。轻迹凌乱，浮影交横。忽星离而云罢，整神容以自持。仰天居之崇绝，更惆怅以惊思。鲍照。 何匠氏之殊绝，超丹青之矩度。写仙禽以逼真，陋凡鸟而不顾。想意像而经营，运精思以驰骛。假孤致于墨华，得高标于豪素。丽藻质以明烟，挥风翮而刷雾。岂偶尔而仿佛，真天然之神趣。伟兹羽之独灵，考仙经之遗篇。钟浮旷以化胎，善导引而延年。志清迥而内真，仪皎洁而外宣。音独唳以闻野，翼一飞而翀天。朝翱翔于玉林，夕饮喙乎丹泉。止必择地，动不妄迁。协云箫而清哢，随蜕驾以遥旋。厌仓鹒之嗜嗜，淄白鹭之娟娟。岂能言之鹦鹉，非好杀之鹰鹯。拂练光而凝想，挹绘采而生怜。松团碧盖，苔断紫钱。徘徊竹下，俯仰海边。翮穷秋而益劲，心岁寒而弥坚。乃若琴樽寡和，山林无主，翠嶒绝邻，华表谁语？路杳杳以失云，庭栖栖而宿雨。露凄凄以沾阶，霜肃肃而入户。抗圆吭以长吟，整修毛而独舞。意衎衎而欲伸，态昂昂而犹武。续遗哀于绝弦，悲吊影于废庑。琴有别鹤操。怀万里之长风，眺三湘之极浦。忆烟水而茸巢，甘雁鹜以为伍。憩夜渚而苇寒，食秋塘而蓼苦。孰图画之见珍，惟网罗而受侮。及夫上都富舍，画彩盈庭。锦灿烂兮金谷，花窈窕兮朱亭。刻犀象兮绣柱，闲孔雀兮翠屏。彼灵质之殊操，羞文章以自呈。无俗状以骇众，亦飞去而冥冥。怅良工之弗值，羌谁识其高情。抚斯图以睇视，久延伫以徜徉。欣物品之有遇，见嗜尚之匪荒。既获贮于广篚，遂荐观于华堂。俨缟衣而不惊，腾玉羽而将翔。恍映雪而偃蹇，若顺风而飘扬。集宾客以举目，顾轩楹而有光。吁嗟鸟类，比之君子，遇则霄汉，失则荆杞。弃捐胡忧？登庸胡喜？非特宠而乘轩，亦何心于倾市。阖闾葬女，舞白鹤于市，万民观之，遂拥使与鹤俱殉。依日月于蓬壶，隔尘沙于弱水。闻玉笛之我招，绕珠树而相倚。感主人之畜养，常反顾于千里。凛风义之莫渝，重披图而自矢。何景明。 记：熙宁十年秋，彭城大水，云龙山人张君之草堂，山人名天骥。水及其半扉。明年春，水落，迁于故居之东，东山之麓。升高而望，得异境焉，作亭于其上。彭城之山，冈岭四合，隐然大如环，独缺其西一面，而山人之亭适当其缺。春夏之交，草木际天；秋冬雪月，千里一色。风雨晦明之间，俯仰百变。山人有二鹤，甚驯而善飞。旦则望西山之缺而放焉，纵其所如，或立于陂田，或翔于云表；莫则傃东山而归，傃，向也。故名之曰放鹤亭。郡守苏轼时从宾客僚吏往见山人，饮酒于斯亭而乐之。揖山人而告之曰："子知隐居之乐乎？虽南面之君未可与易也。《易》曰：'鹤鸣在阴，其子和之。'《诗》曰：'鹤鸣于九皋，声闻于天。'盖其为物清远闲放，超然于尘垢之外，故易诗人以比贤人君子。隐德之士狎而玩之，宜若有益而无损者，然卫懿公好鹤则亡其国。周公作《酒诰》，卫武公作《抑戒》，以为荒惑败乱无若酒者，而刘伶、阮籍之徒，以此全其真而名后世。嗟夫！南面之君，虽清远闲放如鹤者，犹不得好，好之则亡其国；而山林遁世之士，虽荒惑败乱如酒者，犹不能为害，而况放鹤乎？由此观之，其为乐未可以同日而语也。"山人忻然而笑曰："有是哉！"乃作放鹤招鹤之歌。东坡。　赞：图蓬山之奇禽，想瀛洲之缥缈。紫顶烟脆，丹眸星皎。昂然伫眙，霍若惊缴。形留座隅，势出天表。谓长鸣于风霄，终寂立于霜晓。疑习益古，俯察逾妍。无疑倾市，听似闻弦。倘感至精以变化，或可弄景以浮烟。李白。　歌：鹤飞去兮西山之缺，高翔而下览兮择所适。翻然敛翼，宛将集兮，忽何所见，矫然而复系。独终日于涧谷之间兮，啄苍苔而履白石。　鹤归来兮，东山之阴。其下有人兮，黄冠草履葛衣而鼓琴。躬耕而食兮，其余以汝饱。归来归来兮，西山不可以久留。东坡。君不见，鸷在梁，日食鱼脑虾蟆肪，肠膻舌垢骨不香。有鹤有鹤何清凉，自歌自舞如人长。如人长，化为鹭，投入王郎梦中啄清露。顶相红，翅毛薄，雪中一点桃花落。口衔太上赤霄书，骑君游魂入君幕。已矣乎，发已秃，日月两丸共一壳，日月送汝三十幅，何不从我山之南？山之北，先生百拜谢鹤奴，须臾鹤去云模糊。云模糊，不可呼，北斗柄折海水枯。陈眉公。　诗五言：翩跹仙顶鹤。　摩霄鹤数群。　归美辽东鹤。　鹤下云汀近。　晴飞半岭鹤。　鸣鹤不归林。李太白。　鹤唳必青天。　王乔鹤不群。　独鹤先依渚。杜子美。　客有鹤上仙，飞飞凌太清。　方知黄鹤举，千里独徘徊。徒霜镜中发，羞彼鹤上人。　飞来两白鹤，暮啄青泥芹。李太白。　锡飞常近鹤，杯渡不惊鸥。　王乔下天坛，微月映皓鹤。　人传有笙鹤，时顾北山头。　太史候兔影，王乔随鹤翎。　梅黄雨扑地，水白鹤横天。黄山谷。　不知鸥与鹤，天畔弄晴晖。朱湾。　吹笛龙初下，横琴鹤乍低。　北山无怨鹤，南浦有冥鸿。　鹤声缥缈外，仙乐有无中。俱冯琢庵。　鹤长兔自短，吾亦任吾大。王荩臣。　鹤瘦带道容，松老入诗格。袁石公。　仙鹤下人间，独立霜毛整。矫然江海思，永与云路永。杜子美。　天汉凉秋夜，沉沉一镜明。山空猿屡啸，林静鹤频鸣。张璘女郎。　虬枝挂层轩，孤鹤巢其上。警露一声长，天风散哀响。于念东。　空庭复何有？白鹤照秋水。渺渺望茶烟，时出幽篁里。冯琢庵。　独夜出其栅，空阶自偶影。摩空六翼闲，警露孤心耿。于念东。　久锁冲天（质）〔鹤〕①，金笼忽自开。无心恋池沼，有意出尘埃。鼓翼离幽砌，凌云上紫台。应陪鸾凤侣，仙岛任徘徊。郑蠹。　海鹤劳相赠，长鸣似念群。翻疑千仞下，声已九天闻。愿比双黄鹤，同栖三素云。只愁珠树影，难谒玉宸君。　病鹤何年病，经秋尚未苏。骨惊清露冷，影对夕阳孤。泽雉堪相狎，韝鹰莫浪呼。何当双翼健，万里下平芜。俱冯琦。　丁令辞世人，拂衣向仙路。伏炼九丹成，方随五云去。松萝蔽幽洞，桃杏深隐处。不知曾化鹤，辽海归几度？李太白。　驯狎经时久，襦褋短翮存。不随淮海变，空惭稻粱恩。独立秋天净，单栖夕露繁。欲飞还敛翼，讵敢望乘轩。张众父。　一自青田至，偏与绿野亲。飞腾终恋主，饮啄更宜人。唳识鸣皋旧，梳看堕羽新。去来从尔性，吾亦任吾真。　偶自迷花县，依然到竹扉。肯随兔鸟去，偏逐燕巢归。午梦惊棋局，宵鸣立钓矶。碧山长好住，莫向海云飞。俱申瑶泉。　便欲冲霄去，能无恋主情。梦中愁失路，客里得同心。巢树经春长，临轩一水

---

① 质，应作"鹤"。"四库全书"〔宋〕龚明之《中吴纪闻》卷四录郑蠹《失鹤诗》作"鹤"。

盈。今宵不成寐，重听九皋声。董玄宰。 心为辞官逸，交因卧病疏。舞阶调稚鹤，放水狎游鱼。懒著登楼赋，闲看种树书。短篱交茂木，浑是野人居。 露下秋宇净，清夜响胎禽。乍惊开六翼，羁泪耿孤心。绵邈芝田阻，寂寞九皋深。宁为耳目玩，终栖沧海浔。俱于若瀛。 美人抱瑶瑟，哀怨弹别鹤。雌雄南北飞，一旦异栖托。谅非金石性，安得宛如昨？生为并蒂花，亦有先后落。秋林对斜日，光景自相薄。犹欲悟君心，朝朝佩兰若。陆龟蒙。 蛰龙三冬卧，老鹤万里心。昔时贤俊人，未遇犹视今。嵇康不得死，孔明有知音。又如垄底松，用舍在所寻。大哉霜雪干，岁久为枯林。在昔庞德公，未从入州府。襄阳耆旧间，处士节独苦。岂无济时策，终竟畏罗罟。林茂鸟有归，水深鱼知聚。举家隐鹿门，刘表焉得取？蓬生非无根，漂荡随高风。天寒落万里，不复归本丛。客子念故宅，三年门巷空。怅望但烽火，戎车满关东。生涯能几何？常在羁旅中。杜甫。 七言：霜黄碧梧白鹤栖。李太白。 古木松杉巢水鹤。 黄鹤失侣亦哀号。杜子美。 辽鹤归时认城廓，杜鹃声里含君臣。 华亭鹤唳讵可闻，上蔡苍鹰何足道？ 背飞鹤子遗琼蕊，相趁凫雏入蒋芽。李太白。 天寒白鹤归华表，日落青龙见水中。 久拚野鹤如双鬓，遮莫邻鸡下五更。 独鹤不知何事舞，饥乌似欲向人啼。杜子美。 愿得化为松上鹤，一双飞去入青云。步飞烟女郎。 依旧慈乌啼树杪，总无白鹤到人间。 山僧野老堪同坐，海鹤汀鸥莫浪猜。俱冯琢庵。 鹤过几回沉影去，僧来时复带云还。 鹤有累心犹被斥，梅无高韵也遭删。袁石公。 清溪道士人不识，上天下天鹤一只。洞门深锁碧窗寒，滴露研朱点《周易》。明皇赐叶法善。 为因性癖爱出居，尽日溪边坐看鱼。何事驱车游朔漠，猿惊鹤怨欲何如？丁明登。 檐铃无语闭珠宫，紫阁凉生玉殿风。孤鹤夜惊苍海月，仙人归去绿云中。许景樊女郎。 黄鹄矶头黄鹤还，至今踪迹落人间。旧曾游处难忘却，城上楼台江上山。冯琢庵。 独眠石室竹千竿，看尔仙姿振羽翰。别后山僧寄书至，开函先问鹤平安。 开笼有鹤印苍苔，鹤到真如道士来。我已机心浑忘却，自鸣自舞莫相猜。俱陈眉公。 独钟灵秀号胎仙，众羽回翔敢占仙。一点丹诚堪贯日，几声清唳透天关。王荩臣。 瑞羽奇姿跟跄形，称为仙驭过仓溟。何年厚禄曾居卫，几世前身本姓丁。幸有远云兼远水，莫临华表与华亭。劳君赠吾清歌侣，将去田园夜坐听。薛能。 昔人已乘白云去，兹地空余黄鹤楼。黄鹤一去不复返，白云千载空悠悠。晴川历历汉阳树，春草萋萋鹦鹉洲。日暮乡关何处是？烟波江上使人愁。崔颢。 昨日看成送鹤诗，高笼提出白云司。朱门乍入应迷路，玉树容栖莫拣枝。双舞云中花落处，数声池上月明时。三山碧海未归去，且向人间呈羽仪。刘禹锡。 司空怜尔尔须知，不信听吟乞鹤诗。羽翼势高宁惜别，稻粱恩厚肯愁饥。夜栖莫共乌争树，晓浴先饶凤占池。稳上青云休回顾，的应胜在白家时。白居易。 爱尔昂藏惊露鸣，不堪踯躅绕花行。月明珠树栖难稳，雨湿苍苔步未成。投足樊笼悲失计，鹤以入笼伤足。侧身天地迥含情。莫将兔胫论长短，六翮冲霄万里轻。《咏跕鹤》。 秋风吹却九皋禽，一片闲云千里心。碧落有情空怅望，青天无路可追寻。时来白雪翎犹短，去日丹砂顶渐深。华表柱头留语后，不知消息到如今。李远《失鹤》。 正怜标格出华亭，况是昂藏入相经。碧落顺风新得志，故巢因雨却闻腥。几时翔集来华表，每日沉吟看画屏。为报鸡群虚嫉妒，红尘向上有青冥。韩偓《失鹤》。 旅舍依栖晓复曛，独悲仙鸟逐人群。素姿带月形难辨，丹顶经霜色更分。顾影自怜双侣在，鸣皋相和九天闻。应知万里心犹远，何日修翎向白云？ 方九功。 极目长空雁影南，千峰当槛落晴岚。清秋斜日窥金象，古木寒云锁石龛。地迥楼台三岭接，天低烟树万家含。虚疑缥缈缑山顶，时有箫声驻鹤骖。冯琢庵。 舞鹤曾披鲍照文，雪中妍态更纷纷。碧空摇曳仙人驭，缟素腾骧君子军。响作佩环敲夜月，影翻帘幕卷晴云。寒鸥饥鹊空相妒，云汉孤踪自不群。陈仲醇。 秋暮遥闻警露悲，凌风独傲岁寒时。六花玉剪青田翮，三树珠嵘碧落姿。北海霜鸿犹避弋，西雍云鹭可为仪。从今清赏银屏夜，不遣红儿按柘枝。前人。 客从海上馈仙禽，藻质双双辞故林。六翮已摧怜矫逸，几声空唳响秋阴。回翔岂破雷门鼓，别怨俄悲子牧琴。何日翩翩同刷羽，共依沧海弄清音。于若瀛。 一鹤西还手自将，碧松深处静焚香。玄裳度海月生梦，白玉成田秋有粮。不放孤飞随漠落，欲因同驾入苍茫。烟霞看尔真仙侣，岩洞千秋佛日长。眭石。 翛然仙驭下寥天，疏竹深松共海烟。世外三山玄圃近，空中孤影白云悬。月明石屋长依竹，霜老丹砂莫计年。此日逃禅依绣佛，青城华表定谁传。前人。 玉羽新秋带阆风，一尊江色小轩同。三千界内僧还我，七十年来鹤亦翁。高石过云山树碧，斜阳到岸浪花红。远公已弛东林禁，岁岁长筵听晚钟。前人。 一声遥唳下晴虚，半亩闲庭饮啄初。云汉岂无俦侣在，罡风自怯羽毛疏。佐卿沙苑回翔后，吴咏梁园感慨余。幸傍高人结知己，不须饥舞叹无鱼。王带如。王公名濚，益都人。会魁。今官太仆少卿。 隐雾巢松遍海瀛，翩然唼藻集池坪。即看饮啄神偏王，政使飞冲羽自轻。偃仰流云殊有意，徘徊清沚亦多情。秋高露滴流清响，嘹唳惊风万壑晴。王冲孺。冲孺，予弟也，名象益。颇负时名。 天风澹宕鹤翩飞，华表千年今日归。定有江妃摇玉佩，还惊洛浦弄珠衣。声余焦尾云裳冷，孤并蟾蜍月魄稀。我自忘机谁具眼，知君不为稻粱肥。王用晦。用晦，予弟也，名象明。颇负时名。 王子吹笙乘作仙，双飞伏子下青田。能惊乌尾身如雪，不入鸡群羽亦玄。声满十洲知半夜，九成五色已千年。迢迢峻岳经多少，争得闲庭松上眠。王与端。与端，予侄也，字方函。上林丞。 丹顶霜毫倚碧霄，趁人迟暮偶相招。飞从瑶水来程远，归向璇宫去路遥。珠树三山虚老干，玉禾九畹长灵苗。清风明月楼头满，谢得追随破寂寥。王与胤。与胤，予子也。以庶常改授御史。

金鱼，有鲤、鲫、鳅、鳖数种，鳅、鳖尤难得，独金鲫耐久，肉味短而韧。甘、咸、平，无毒。自宋以来，始有蓄者，今在在养玩矣。初出黑色，久乃变红，又或变白，名银鱼。有红、白、黑斑相间者，名玳瑁鱼。鱼有金管者、三尾者、五尾者，甚且有七尾者，时颇尚之。然而游衍动荡，终乏天趣，不如任其自然为佳。

喂养。金鱼最畏油，喂用无油盐蒸饼，须过清明日，以前忌喂。 生子。金鱼生子多在谷雨后。如遇微雨，则随雨下子。若雨大，则次日黎明方下。雨后将种鱼连草捞入新清水缸内，视雄鱼缘缸赶咬雌鱼，即其候也。咬罢，将鱼捞入旧缸，取草映日，看其上有子如粟米大，色如水晶者即是。将草捞于浅瓦盆内，止容三四指水，置微有树阴处晒之，不见日不生，烈日亦不生，一二日便出。大鱼不捞，久则自吞唼咬子。时草不宜多，恐碍动转。 筑池。土池最佳，水土相和，萍藻易于茂盛。鱼得水土气，性适易长，出没于萍藻间，又有一种天趣。勿种莲蒲，惟置上水石一二于池中，种石菖蒲其上，外列梅竹金橘，影沁池中，青翠交荫。草堂后有此一段景致，即蓬莱三岛未多让也。一云金鱼宜瓮中养，不近土气，则色红鲜。 收藏。冬月将瓮斜埋地内，夜以草盖覆之，禅严寒时常有一二指薄冰，则鱼过岁无疾。 占验。鱼浮水面必雨，缸底热也。此雨征也。　　鱼病。鱼翻白及水有沫，亟换新水，恐伤鱼。芭蕉根或叶捣碎入水，治火鱼毒神效。鱼瘦生白点，名鱼虱，用枫树皮或白杨皮投水中即愈。一法：新砖入粪桶浸一日，晒干投水亦好。　　鱼忌。橄榄渣、肥皂水、莽草捣碎，或诸色油入水，皆令鱼死。鱼池中不可沤麻及着咸水、石灰，皆令鱼泛。鱼食鸽粪、食杨花及食自粪，遍皆泛，以圊粪解之。缸内宜频换新水，夏月尤宜勤换。鱼食鸡鸭卵黄，则中寒而不子。　　卫鱼。池傍树芭蕉，可解泛。树葡萄架，可免鸟雀粪，且可遮日色。岸边种芙蓉，可避水獭。

治疗。久病禁口，病势欲死：用金丝鲤鱼一尾，重一二斤者，如常治净，用盐、酱、葱，必入胡椒末三四钱，煮熟置病人前嗅之，欲吃随意，连汤食一饱，病即除根，屡治有效。

典故。丹水出京兆上洛县冢岭山，入于支洵，水中有丹鱼。夏至十夜，伺鱼浮出水，有赤光如火，网取，割其血涂足，涉水如履平地。《抱朴子》。　　浙江昌化县有龙潭，广数百亩，产金银鱼，祷雨多应。　　金鱼出功婆塞江，脑中有金。《博物志》。　　晋桓冲游庐山，见湖中有赤鳞鱼。《述异记》。　　苏城有水仙祠，颇灵异。祠中有鱼池石岸，水亦清洁。邻人蒋氏子浴池中，见金鲤游泳，捕之，鱼入石岸。乃探手取之，其手入石中，牢不能出，自辰至未，百计莫解。父母惊惶，恳祷神前，始得出。其子神思昏迷，如梦寐中。归而病甚，未几卒。　　元时燕帖木儿奢侈无度，于第中起水晶亭。亭四壁水晶缕空，贮水养五色鱼其中，剪彩为白蘋、红蓝等花置水上。壁内置珊瑚栏杆，镶以八宝奇石，红白掩映，光彩玲珑，前代无有也。《解醒语》。　　异时宦游所经历，至济南，谒德藩。游真珠泉，泉东西可十余丈，南北三丈许。东一亭枕之，其下瑟瑟群起，拍掌振屧则益起，缅缅而上，空明莹彻，与天日争彩。金鲤百头，小者亦可三尺。其西泉窦宫墙而出，为大池，皆以白石甃甍。中有水殿，前后各五楹，彩鷁容与，箫鼓四奏，王时劳赐肴醴，往往丙夜。又西为长沟，曲折以达后圃，芍药数百本，高楼踞之。泉出后宫墙，为水碓水磨，以达大明湖。湖景尤自韶丽。王凤洲。　　石浦真武殿前，新甃石池。一夕大风雨雷电。翌旦，池中见大金鱼，莫知所从来。《昆山县志》。

丽藻。散语：鱼潜在渊，或在于渚。　　鱼在在藻，依于其蒲。　　鱼跃于渊。　　猗与漆沮，潜有多鱼。俱《诗》。　　腾文鱼以警乘，鸣玉鸾以偕逝。《洛神赋》。　　赋：中庭分寻辰，甃甍兮为池。修鳞兮下上，朱华兮参差。绿蘋波兮乍惊眄，繁英风兮照历乱。下上兮星列，参差兮霞绚。容何为兮颀且都，意何为兮围未舒。聊鼓沫兮就人，悦若怯兮潜予。虚予怀兮未敢言，相对兮各茫然。沧波兮万顷，目断兮谁传。期振袂兮清冷，何升斗兮足怜。王凤洲。　　天地好生万物，以成蠢尔庶类，各肖厥形，虽赋予之不齐，均挺异而含灵。睹鳞介之游泳，观羽翼之骞腾。或潜伏于太阴，或飞矗于高冥。虽小大之分殊，贵得性而忘情。若夫凤翔千仞，鹏抟九霄，神龙巨鲲，海运逍遥，徙若移山，喷若惊涛。羌无心与物竞，胡异患之能挠。相盆池之儵鱼，禀冲和之土德。谢主人之侈惠，藉余波而假息。方彼鱼之在辙，冀蹄涔之已足。矧盈坎之渟潆，乃优游而纵逸。日相羊于清沼，行千里于只尺。虽蒙恩于曲全，终眷恋于川泽。曹大章。　　诗五言：池塘养锦鳞。戴叔伦。　　心澹水木会，兴幽鱼鸟通。岑嘉州。　　岂无成龙姿，限此一勺水。一钓连六鳌，愿学任公子。冯琢庵。　　自识濠梁乐，盆鱼亦足欢。相忘勺水窄，不美五湖宽。跃水朱光溜，依萍景色攒。天机应有在，时向静中观。　澄波映空翠，涵泳集锦鳞。聚吹星彩动，潜避月钩新。触荇欣穿叶，乘流乐契人。莲香尽可戏，底用纵通津。于念东。　　七言：鱼吹细浪摇歌扇，燕蹴飞花落舞筵。杜甫。　松下上疑君是鹤，濠间莫问我非鱼。冯琢庵。　嫩荷香扑钓渔亭，水面文鱼作队行。宫女齐来池面看，傍帘呼唤勿高声。吴国伦。　猩红数点媚清冷，暖藻香萍度此生。莫向江湖贪广阔，近来鱼网大纵横。王世贞。　咫尺无烦能济胜，回旋或可副探奇。虚堂集客云先到，密树藏人月一窥。历历文鱼衔藻荇，飞飞翠羽触罘罳。昔年堁壤金丹壑，莫是山川亦有时。

邹愚公。邹公名迪光，梁溪人。官〔湖广提学副使〕。

群芳谱跋语

回忆甲寅、乙卯间，同乡二三贵人得时行志，衔宪握爵，念之所向，山岳动而风雷驰，三事六曹而下，颐指唯命。予时方备员秘省，迂愚戆拙，不能承顺意旨，用是摈归林麓。八庚岁蘥①，未敢以片楮达长安。客有怜予者造而请曰："子读圣贤书，终以岩穴老乎？长安贵人岂竟不可以人理格，子能悔过输诚，失东隅收桑榆，亦未可知。河清难俟，子将谁怼？"予曰："唯唯否否。人各有能有不能，舍所能则失己强，所不能未必得人，且从古圣贤亦何尝恋恋名位也？参赞位育，老安少怀，素位可行，岂异人任？子试观吾农圃功成，出而郊圻，入而苑囿，满目菁葱，八口温饱，是亦一小参赞小安怀也。岂必乞墦登垅，乘高策肥乃愉快哉？语云：君子固穷，达人知命。予之穷，予之命也。吾行吾素，何怨何援？子休矣。顺时安命，深耕疾耰，以旦夕从事于农圃，聊悠游以卒岁可已。"客辗然长啸而去。

天启辛酉，花朝好生居士再题于涉趣园。

---

① 蘥，音 yuè，通"籥"。岁蘥，犹"岁籥"，即"岁月"。如："紫凤回春岁籥调，乾清嘉会庆三朝。"［乾隆《御制诗集二集》卷六六《乾清宫小宴诸王即席得句》］